# 锚固类结构优化设计与施工

胡井友　曾宪明　赵　健
高　谦　贾金青　张明聚　等　著

人民交通出版社股份有限公司

# 内 容 提 要

本书指出了锚固类结构在其发展应用历程中,至今仍未很好解决的涉及设计与施工等方面的若干关键技术问题,并提供了大量工程实例。本书分8篇,共40章,对这些问题进行了深入系统的研究,并提出了相应的优化设计与施工方法;指出了目前世界各国相关技术标准普遍采用的基于平均剪应力的设计理论和方法的缺点与不足,建议代之以更加先进、合理、科学的基于临界锚固长度的设计理论和方法。

本书可供岩土工程勘察、设计、施工、监理、监测、质检和工程维护技术人员参考,也可供大专院校相关专业师生,以及相关科研院所技术人员学习与借鉴。

**图书在版编目(CIP)数据**

锚固类结构优化设计与施工／胡井友等著. —北京:
人民交通出版社股份有限公司,2015.1
ISBN 978-7-114-10831-0

Ⅰ.①锚…　Ⅱ.①胡…　Ⅲ.①锚固—岩土工程—结构设计　②锚固—岩土工程—工程施工　Ⅳ.①TV223.3

中国版本图书馆 CIP 数据核字(2013)第 183181 号

书　　名:锚固类结构优化设计与施工
著 作 者:胡井友　曾宪明　赵　健　高　谦　贾金青　张明聚　等
责任编辑:吴有铭　李　农　丁　遥　潘艳霞
出版发行:人民交通出版社股份有限公司
地　　址:(100011)北京市朝阳区安定门外外馆斜街 3 号
网　　址:http://www.ccpress.com.cn
销售电话:(010)59757973
总 经 销:人民交通出版社股份有限公司发行部
经　　销:各地新华书店
印　　刷:北京市密东印刷有限公司
开　　本:787×1092　1/16
印　　张:41.5
字　　数:1048 千
版　　次:2015 年 1 月　第 1 版
印　　次:2015 年 1 月　第 1 次印刷
书　　号:ISBN 978-7-114-10831-0
定　　价:200.00 元
(有印刷、装订质量问题的图书,由本公司负责调换)

# 作 者 简 介

**胡井友**，西南交通大学岩土工程博士，总参工程兵科研三所前高级工程师，长期从事锚固类结构的设计理论研究与实践工作。获得军队、省(部)、市级科学技术进步奖多项，在国内外发表论文和出版专著多篇(部)。采用锚索、锚杆、土钉支护和复合土钉支护技术，主持设计、建造在我国特别是西南地区有影响的基坑、边坡、地基、隧道、桥梁(墩)加固支护工程约百余项。近年来潜心研究和实践新型可回收预应力锚索(杆、钉)工法，完成大量典范工程，体现了我国的代表性建造水平。以锚固类结构支护技术为基础，创立了昆明军龙岩土工程有限公司，任董事长。

**曾宪明**，同济大学博士，大连理工大学博士后，总参工程兵科研三所研究员，华东交通大学教授，总参优秀中青年专家，总参军训和兵种部学科学术带头人，香港滑坡灾害与防治国际讲座演讲专家，马来西亚和新加坡岩土工程国际会议技术咨询专家，首届国际锚固类结构与岩土工程稳定性会议发起者、会议副主席，中国岩石力学与工程学会岩石动力学专业委员会、中国建筑学会建筑施工学术委员会基坑工程专业委员副主任委员，国际岩石力学学会中国国家小组成员，在国内外发表论文150余篇，公开出版专著十余部，内部出版多部，获得国家、军队、人防、省、市级科技进步奖二十余项，同中国矿业大学、中国科技大学、同济大学、北京科技大学、西南交通大学、华东交通大学、西安交通大学、西安建筑科技大学、四川大学、湖南大学、东南大学、长沙理工大学、昆明理工大学、石家庄铁道学院等高等院校联合，培养博士研究生和硕士研究生数十名，大型工具书《岩土工程师手册》常务副主编。

**赵健**，辽宁工程技术大学硕士，总参工程兵科研三所工程师，长期从事岩土工程施工管理和防护工程技术方面的试验研究工作，曾获军队和地方科学技术进步奖多项，在国内有影响的专业期刊发表论文十余篇。作为主要技术骨干和主持人之一，自始至终参与和主持研究了国家自然科学基金多个项目[50279054(2003.1～2005.12)；10772199(2008.1～2010.12)；51278492(2013.1～2015.12)]。

**高谦**，博士，教授，博士生导师，中国岩土锚固工程协会理事，中国有色金属学会采矿分会岩体力学专委会副主任，中国煤炭工业协会煤矿专业委员会专家，国际工程地质与环境学会会员。主要从事采矿与岩土工程监测、可靠度评价、数值分析和岩石工程系统优化等方向的研究。毕业于河海大学工程力学专业，于北京科技大学土木与环境工程学院从事教学和研究工作。获省部级科技进步奖 3 项，出版专著 2 部，出版教材 3 部，参编《岩土锚固技术手册》，参编《充填采矿技术与应用》。承担国家"863"、"十一五"支撑项目各一项，在国内外核心学术刊物及学术会议上发表论文 80 余篇。

**贾金青**，大连理工大学结构工程研究所所长，教授，博士生导师，中国岩土锚固工程协会常务理事，中国岩石力学工程学会技术咨询委员会委员，中国建筑学会基坑工程专业委员会委员。主要从事结构工程、岩土工程及工程新材料的研究和开发应用。作为主要起草人，编写了《建筑边坡支护技术规范》、《岩土锚杆设计与施工规范》等 4 部国家标准；获得了《一种基坑侧壁的柔性支护方法》等 5 项国家发明专利；出版《桥梁工程设计计算方法及应用》、《钢骨高强混凝土短柱的力学性能》及《深基坑预应力锚杆柔性支护法的理论及实践》等 3 部专著；在国内外核心刊物上发表论文百余篇。主持参加了近百项纵向及横向科研项目；主持完成了一百余项大型深基坑、高边坡及结构工程的设计、试验与施工，解决了工程中大量疑难复杂的技术问题。

**张明聚**，清华大学博士，北京工业大学教授，中国岩石力学学会地下工程与地下空间分会理事和中国建筑学会基坑工程专业委员会委员。主要从事岩土工程与地下工程的教学和科研工作，在城市深基坑工程与地下工程等领域取得了创新性科研成果，并在实际工程中得到应用。主持国家自然科学基金项目 1 项，参加国家科技支撑计划课题 1 项、国家自然科学基金 2 项，参加省/直辖市科研项目 3 项，主持企业委托横向项目 16 项；获得解放军科技进步奖三等奖 1 项、河南省科技进步奖二等奖 1 项、教育部科技成果 1 项、河南省洛阳市科技进步一等奖 1 项、中国铁道建筑总公司科学技术奖一等奖 1 项；获得河北省研究生教育先进工作者荣誉称号；发表学术论文 40 余篇（其中 EI 收录 17 篇，ISTP 收录 1 篇）；参加编写专著和规范各 1 部。

# 前 言

　　自举世公认先进的岩土锚固技术——锚杆(1872)、锚索(1934)和土钉墙(1970)工法问世以来,我国一直在学习、模仿、引进,这些工法在我国获得了大量应用,也产生了很多重要成果。1992年,具有中国特色的土钉支护和复合土钉支护工法在深圳文锦广场大厦基坑工程中的首次成功应用,震动了全国岩土锚固工程界。二十多年来,其工程应用铺天盖地,全国开花,理论上也有所突破。

　　突破点就在于,在土钉墙和锚杆相关规范不建议、不提倡甚至禁止采用土钉墙和锚杆技术的特殊不良地质体如软土中,土钉支护和复合土钉支护获得了广泛而成功的应用。这是中国岩土锚固工程界的骄傲! 但是,无论是土钉支护、复合土钉支护,还是锚杆、锚索、土钉墙工法,至今依然存在很多重大技术问题亟待解决! 本书试图对上述问题进行小心梳理,并尝试性地对其中某些问题进行了初步探索。

　　在岩土锚固工程界,锚杆"定时炸弹"是一个很尖锐、挑战性极强的问题。此问题最初由重庆大学郭映忠教授于2000年5月在香港"边坡灾害及其防治研讨会"上提出。本书作者曾为此专门作了书面答复。不仅仅是锚杆,锚索、土钉墙、土钉支护、复合土钉支护、加筋土结构又何尝不是如此呢? 这是一个重大问题,一个涉及千千万万岩土工程安全、子孙后代安危的国计民生问题! 实际上,我国几乎所有永久性岩土锚固工程都不可避免地存在这一问题。

　　在国家自然科学基金资助项目"锚杆锚索耐久性、使用寿命与防护对策研究"研究过程中,本书作者曾与项目合作者陈肇元院士、王靖涛研究员商讨并提出,是否可将所有上述结构统称为"锚固类结构",使之在一定程度上可统一起来进行研究与应用。"锚固"是锚杆、锚索、土钉墙、土钉支护、复合土钉支护、加筋土的共性所在,一个"类"字区分了它们程度不同的作用机制、相异的设计理论与方法,以及有差异的施工工艺等。两位先生一致同意"锚固类结构"的概念、含义和表述,即:"锚固类结构是指锚杆、锚索、土钉墙、土钉支护、复合土钉支护,以及加筋土一类岩土工程加固支护结构,它们彼此复合或与其他传统工法复合可构成复合锚固类结构,但统称为锚固类结构"。"锚固类结构"一词于2004年首次出现在《岩石力学与工程学报》上。近十年过去了,该称谓已大量出现在我国各种专业期刊上。

　　本书针对我国锚固类结构研究与应用的实际情况,首先明确提出了制约锚固技术进一步发展的众多尖锐问题,并通过大量工程事故实例分析了其中的深层次原因;然后以专题(篇)方式,较深入探讨了其中若干突出问题;最后将研究所得归纳于土钉支护结构、复合土钉支护结构、预应力锚索结构、预应力锚杆柔性支护结构、加筋土挡墙结构的优化设计与施工相应篇章中,以便应用。

本书第 3 篇第 9 章和第 8 篇第 37 章由张明聚教授等执笔;第 8 篇第 38 章和第 40 章由高谦教授等执笔;第 8 篇第 39 章由贾金青教授等执笔;其余篇章由曾宪明教授、胡井友博士和赵健硕士执笔。全书由胡井友博士和曾宪明教授统稿。

本书所提出亟待解决的锚固类结构关键理论与应用技术问题,只是全部问题中的一部分。本书试图解决的又仅是所提出问题的一部分,且解决的程度还很有限,有些问题仍处在解决过程之中。要基本解决本书所提问题,根据锚固类结构发展应用历程粗略估计,大约需要几十年至上百年时间。若要很好地解决全部问题,时间将更长。

解决上述问题靠一个人不行,靠一个团队也不行,要靠岩土工程界研究和应用锚固类结构的全体同仁,以很好解决其中的系统问题、系列问题、相互作用问题、衍生问题、似是而非问题、优化问题,等等。

感谢总参工程兵科研三所、北京工业大学、北京科技大学、大连理工大学和人民交通出版社对本书的关心、支持和指导!

感谢作者的战友和同事,在本书写作过程中所给予的支持和帮助。他们是:王天运博士、汪剑辉硕士、张福明副研究员、张胜民副研究员、宋红民高级工程师、辛凯博士、刘飞博士、肖玲硕士、徐孝华高级工程师、李世民硕士、林大路硕士、赵强硕士、杜宁波学士等。

感谢著者的学生兼合作者,他们所做的大量工作在本书中均有反映。他们是:喻晓今教授、侯丰泽教授、朱阳博士、姚鹏远博士、郑志辉博士、杜云鹤博士、李哲博士、贺若兰博士、左魁博士、范俊奇博士、赵林博士、曾文婷硕士、闫顺硕士、白布刚硕士、冯同新硕士、陆卫国硕士、王启睿硕士、潘道军硕士等。

最后感谢读者诸君对本书的关注、期盼和厚爱,敬请批评指正。

作者
2014 年 5 月

# 目 录

## 第四篇   岩土高边坡破坏模式和锚固类结构防护对策研究与应用

第六篇　新型锚固结构研究与应用

## 第七篇　新型锚固结构的优化设计研究与应用

## 第八篇 锚固类结构设计理论与应用技术

# 第一篇

## 锚固类结构存在的问题及工程事故原因分析

本篇含第1、2章。根据锚固类结构研究与应用的历史和现状,第1章梳理并提出了制约锚固技术进一步发展与应用的16个典型问题。指出,这些问题大多具有国际性,并非我国所特有;对其中任一问题的有效研究解决,都将会有力促进锚固技术科学的进步、发展和广泛应用。第2章依据大量客观、翔实文献资料,定量地统计分析了发生在我国的243起边坡与基坑工程事故(险情)的314条原因,得出了各种工法的采用频率、失事频率和处理措施频率定量指标值,和锚固类结构采用频率最高、失事频率较低、处理措施频率也最高的结论,全面回应了所提出问题的不可回避性。同时指出,造成工程事故险情的并非仅是所谓的设计、施工、监理、勘察、规范等原因,深层次原因乃是对锚固类结构的认识尚存在严重局限性,亟待研究解决。

# 1 制约锚固类结构发展与应用的若干问题

## 1.1 概　　述

本章根据笔者研究所得和工程实践,提出了制约锚固类结构进一步发展与应用的诸多问题。这些问题有的涉及应用基础研究,有的涉及设计方法与工艺研究,还有的涉及施工机具与量测技术研究。上述问题中,部分尚处于研究空白状态,部分是已做了一定工作但还远未得到解决,还有一部分属于研究工作虽已完成但亟待重新给予审视以至于要全部或部分推倒重做。上述问题带有国际性,它们的有效解决,将显著改变我国在该领域若干方面的落后状况,有力促进锚固类结构技术科学水平的进步与发展。

锚固类结构是指注浆锚杆、锚索、土钉一类岩土工程加固支护结构[1],包括单一锚固类结构和复合锚固类结构。单一锚固类结构即指各类锚固类结构。复合锚固类结构是指锚固类结构彼此或与其他传统工法结合使用的岩土工程加固支护结构。复合土钉支护可归类于复合锚固类结构。

锚杆(1872)、锚索(1934)、土钉墙(1970)、土钉支护(1992)、复合土钉支护(1992)工法问世以来,在人类的工程建设中,已有难以计数的研究与应用,并有许多优异的科研成果。锚固类结构对人类工程建设的历史和现实贡献是巨大的,将来的应用前景也势必广阔。

但是,锚固类结构研究与应用中存在的、急需解决的问题仍然很多,而且解决起来也很难。这些问题正在制约着锚固类结构的进一步发展。以下提出若干主要问题,供相关工程技术人员和研究生参考。

## 1.2　锚固类结构诸界面剪应力相互作用关系问题

一般认为,锚固类结构存在3个界面:钢筋(钢绞线)与砂浆之间的界面称为第1界面;砂浆与孔壁之间的界面称为第2界面;发生在围岩介质内部的锥形破裂面称为第3界面。人们对第1界面的特性研究得较多,第2界面的稍少,第3界面的更少。而将第1、2、3界面统一起来,按照相互影响、相互作用的观点进行系统研究,相应的成果国内外尚未见发表。

3

笔者认为,根据对第1、2界面剪应力相互作用试验结果推断,在连续介质中,诸界面剪应力不仅沿锚固类结构杆体轴线自外锚端始是衰减的,而且在垂直于锚固类结构杆体方向上以杆体轴线为中轴线对连续介质而言也是呈空间衰减态势的,因而剪应力的分布状态是一个空间锥形。这仅是一种猜想,尚需科学证明。

## 1.3  锚固类结构杆体临界锚固长度问题

临界锚固长度是指一定岩土介质中,锚固类结构杆体的极限锚固长度。未达此长度,其承载力尚有一定潜力可挖;超过此长度,其承载力无明显增加。很多试验结果已证实,此极限长度是客观存在的,在不改变客观条件时,它大体是一个常数。这是一个极其重要的概念。

在设计锚固力比极限锚固力大得多的场合,单纯靠延长锚固长度不仅是浪费,而且会给工程留下事故隐患。很多工程事故就是这样造成的。笔者已发表试验判别临界锚固长度的方法[2],可供有兴趣的读者作进一步研究时参考。此问题是1990年左右提出来的,后来很多研究生发表了这方面的研究论文,一时形成热潮,但至今仍远未得到解决。需要指出,国外无临界锚固长度的明确概念,不过,在某些地层中,用锚固体直径 $d$ 的倍数来表示锚孔设计控制深度的做法(我国也有),在一定程度上隐含了临界锚固长度的概念。

## 1.4  平均剪应力设计方法问题

平均剪应力设计方法,就是假定沿锚固类结构杆体长度方向上,第1、2界面剪应力为平均分布模式,并据设计要求确定其锚固长度的设计方法。我国建筑、铁路、公路、矿山、水电等各行业的现行相关技术标准,大多是如此规定的。国外也大体相仿。但已有许多试验证实,剪应力并非均匀分布,而是靠近外锚端部位应力值很高,然后逐渐衰减,直至为零;是否至零的必要条件,就是杆体长度不短于一个临界锚固长度。按照平均剪应力的设计方法,我国设计了数不清的工程,其历史贡献是很大的。然而科学技术在发展,已发现这种方法存在弊端,理应给予修正。这种方法最大、最危险的弊端在于:若设计锚固力不足,就通过延长杆体长度来弥补,超过临界锚固长度后,再延长杆体长度,不仅造成浪费,而且会给工程埋下安全隐患。而在此情形下没有发生工程事故,并非由于这一方法的科学合理性,而是得益于较高的安全系数。

## 1.5  微观结构理论应用范围问题

锚固类结构杆体拉拔试验百十年来国内外做了成千上万次。最近几十年来占主导地位的思维模式却是由 D. J. Pinchin 和 D. Tabor(1978)提出的此后又由 A. Benter、S. Diamond 和 S. Mindess(1985)和其他人[3-8]进一步研究和发展的著名的微观结构理论。

微观结构理论认为:

"浆体材料在界面处存在一个相对较弱的界面区。此界面区主要由氢氧化钙晶体、C—S—H 等组成,对界面力学特性起着非常重要的作用。由于界面层材料的微观构造尺寸即使与很细的钢纤维相比仍然非常小,因而纤维直径的变化不会引起界面层微观结构的变化。"

鉴于此,D. J. Pinchin 等提出了基于平均剪应力的界面剪切强度与摩擦剪应力计算方法,并认为可以用表面处理相同的钢条或钢筋替代钢纤维进行试验,以确定锚杆界面的力学特性。

锚杆界面微观结构理论,在国际上的影响是不言而喻的,以致影响到了许多国家其中也包括我国在内的相关技术标准的制定。但是,这个理论在将钢纤维从基体中拔出的试验研究结论推广应用于锚杆设计时是存在重大缺陷的,准确地说,这种推广与大量原型锚杆拉拔试验结果不符。

究其原因主要有两方面:一是该理论的应用超出了本身适用范围;二是尺度效应影响。锚杆界面微观结构理论承认即便很短的钢纤维在从混凝土和水泥浆基体中拔出时也不是理想均匀的。但是,钢纤维直径与锚杆直径尺寸通常相差两个数量级。本来就不很均匀的钢纤维与基体间界面剪应力在被放大 100 倍以后,仅就相似模型原理的几何相似而言,不就是我们所不能容忍和接受的锚杆与浆体界面间平均剪应力的问题吗?

此外,锚杆界面微结构理论所研究的是钢纤维与打筑在其内的砂浆之间的界面,即按定义为第 1 界面(但无第 2 界面)。而通常大量使用的是钻孔注浆锚杆,其第 2 界面(砂浆与孔壁之间)上的剪应力是第 1 界面剪应力传递并衰减的结果,因而前者的力学特性更为重要,实际上大多数技术标准是以第 2 界面为对象建立平均剪应力设计方法的。将一个打筑在砂浆中的钢纤维界面力学性能研究结论,推广应用于锚杆的第 2 界面上,失之千里是正常的。

# 1.6 锚固类结构的"定时炸弹"问题

采用锚固类结构所加固支护的各类岩土工程数不胜数。锚固类结构安装完成之时,就是其使用寿命开始之日,而我们却不知它使用寿命为几何。这就相当于在各类永久性工程中安装了数不清的"定时炸弹",待到它们使用寿命终结,工程就将毁于一旦,以致造成灾难性后果。近 20 年来,关于锚固类结构耐久性、使用寿命与防护对策的研究,已开展并完成了多个项目的研究工作,取得了若干阶段性成果。但离解决问题仍很遥远,预测预报其使用寿命的误差范围还较宽,且一时难以检验,特别是多因素耦合腐蚀问题十分复杂,急需有理论和试验研究上的突破。总的来说,我们对此问题的重视程度尚不高,经费投入很有限,尤其是由于缺乏近期经济效益而使研究者寥寥。

# 1.7 锚固类结构的3个"同时转移"特性问题

已有的现场拉拔试验和理论分析计算均已表明,锚固类结构杆体在其受力、变形、破坏过程中,表现出一种动态变化特性,即存在 3 个"同时转移"问题:①当杆体受力或拉拔力达到一定程度时,其外端部位峰值剪应力将发生向杆体内部转移;②与此同时,内端部剪应力的零值点也将发生向杆体深部的转移;③与此同时,外端部与峰值剪应力转移相对应部位的浆体局部将产生破坏,其空间位置也向杆体内部转移。就是说,峰值剪应力及其相应部位的浆体破坏,以及零值剪应力,向杆体深部的转移是同时发生的。这是从个别试验中发现的现象,是否具有普遍规律尚待研究。笔者还发现,在峰值与零值剪应力同时发生转移之间的空间距离大体为一常数。据此推断,这个距离就是临界锚固长度。是否确实如此,还需进一步研究证实。毋庸置疑,上述 3 个"同时转移"现象是新颖而有趣的,循此可以更深入地探讨锚固类结构的作用机制和破坏机制。

## 1.8 复合锚固类结构加固支护的优化组合问题

对于地质条件比较复杂或者比较重要的工程,目前大都采用复合锚固类结构进行加固或支护,以提高工程的安全度。但是,复合锚固类结构在应用中存在优化组合问题,并非简单叠加即可,否则,各单一锚固类结构的优势就难以同时发挥出来,从而形成聚集效应。这方面已做了一定的探讨性工作,但还很不够,还未形成共识,也没有可供遵循的技术标准。

## 1.9 地下工程新型复合锚固类结构优化设计方法问题

经对一次试验奇异现象的分析和随后的试验验证,笔者提出了一种新型复合锚固类结构形式。这种结构形式就是在按一定孔径、间距(密度)、长度、锚固区厚度设计基础上,在锚孔里端预留一段一定长度的空孔,填以特殊材料形成。这样做的结果,就是在围岩介质中构筑一个弱化区,使原来的二介质系统(①锚固区或锚固区加衬砌;②围岩)成为三介质系统(①锚固区或锚固区加衬砌;②弱化区;③围岩)。在爆炸应力波作用下,弱化区首先产生变形、破裂、破碎、压实(对于岩石介质)或变形、大变形、破裂、破碎、压密(对于土介质),同时大量吸收爆炸能,缓解锚固区危机,达到提高洞室抗力的目的。据初步试验,这种新型锚固类结构,与无弱化区的具有相同支护参数的锚固类结构相比,其抗力可提高 4.6 ~ 6.6 倍(对于土介质)或 2倍以上(对于岩石介质)。在基本不增加工程投资成本前提下,采用这种新型复合锚固类结构支护,可使洞室抗力成倍增加,因而其效费比甚佳。但此种结构仍存在优化设计问题,并主要与四种因素有关:①弱化孔孔径;②弱化孔密度;③弱化孔深度;④弱化孔深度与锚固区厚度的比值。

## 1.10 国外屈服锚杆、吸能锚杆的借鉴应用研究问题

W. D. Ortlepp[9-10](南非,1994,1998)设计了一种简单有效且可重复的试验方法,对屈服锚杆和普通砂浆锚杆的抗爆性能进行了宏观对比试验,锚杆的屈服构件设在内锚头部位。结果表明:①在装药量接近的情况下,由 5 根 $\phi25mm$ 的全长注浆锚杆(静抗力 1 350kN)加固的混凝土块的最大抛射高度为 4.7m,是无锚杆加固混凝土块最大抛射高度的 90% ,其中 3 根锚杆被拉断,2 根锚杆被拔出;②由 5 根 $\phi22mm$ 的屈服锚杆(静抗力 1 105kN)加固的混凝土块的最大抛射高度仅为 0.5m,锚杆未受到任何破坏;③屈服锚杆在变位 0.5m 的过程中比全注浆锚杆多吸收了超出 20 倍的能量;④屈服锚杆能够承受 12m/s 的试件抛射速度。

Anders Ansell[11-13](瑞典,2000,2005,2006)研制了一种新型的用于抗爆的锚杆,并称其为吸能锚杆。吸能锚杆的杆体用软质圆钢制作,不需套管,内锚段杆体呈肋状,并冲压有若干个椭圆形的孔。垫板是一个壳形圆盘。当受高速冲击时,杆体受拉变长,杆径变细,从而使内锚段以外部分的杆体与砂浆脱离,锚杆外端便可自由让压。这种全长注浆的锚杆还有很好的抗腐蚀效果。文献[12-13]介绍了对这种锚杆进行的自由跌落试验。结果表明:与静载试验结果相同,当受动载作用时,杆体的塑性应变沿杆长分布不均匀,自锚杆外锚头部位向内递减,其塑性屈服没有被充分利用;动载作用下,外锚头处的螺母以及内锚头段是可靠的;在 12m/s 的加载速度下,距螺母 50mm 处,杆体断裂。文献[12]还介绍了对这种锚杆(软质圆钢)在高速

加载机上进行的动力试验,并根据试验结果,提出了对这种锚杆进行抗爆设计的基本原则。

上述屈服锚杆、吸能锚杆的作用机制是使其杆体局部产生可控塑性变形,从而吸收大量爆炸能。我国也自行设计了屈服锚杆,但未进行类似的比较试验。国外屈服锚杆、吸能锚杆加固效果极其优越,很值得我国借鉴。

## 1.11　影响锚固类结构应用的特殊地层的钻孔机具问题

锚固类结构的应用、发展与钻孔机具紧密相关。在难以成孔的软土、厚杂填土中采用高压注浆锚管支护替代锚杆或土钉支护是我国的一大特色。然而,这种方法对砾石层特别是厚砾石层却不适用。不仅如此,无论是挤压、冲击、旋转还是冲击加旋转方式的国内外各型先进钻机,在砾石层中的钻孔效果都不像厂家说明书所描述的那样简易有效,致使一线工程技术人员十分头痛。由此影响了锚固类结构在这种特殊地层中的快速有效应用。因此,急需发展相应的钻孔机具,以促进锚固类结构更加广泛的应用。

## 1.12　影响锚固类结构应用的某些特殊不良地层边坡的破坏模式问题

边坡破坏模式,是指无支护条件下,自然或人工边坡发生失稳破坏的典型空间形态、规模、特征和机制。边坡破坏模式是稳定性分析和支护参数设计的基础和前提。边坡破坏模式研究在世界范围内有据可查的已有90多年的历史(1916),并已建立了公认经典的30多个边坡破坏模式。但是,仍有不少特殊地层的边坡破坏模式研究尚处于空白状态,如流沙、砾石层边坡等。流沙流量、流速有大小、快慢之分,砾石特征尺寸有大小、生成有厚薄、胶结有松紧之别,情况较为复杂,并且往往构不成一个完整的边坡(壁)。在此情况下,相应的锚固类结构设计与应用,往往依靠工程经验,不免带有盲目性。

## 1.13　锚固类结构支护边坡破坏的临界位移速率问题

边坡破坏的临界位移速率,是指一定介质边坡产生倾向于临空面一侧的位移的临界速率,超过此速率,边坡将丧失其稳定性。锚固类结构(包括任何加固支护类型结构)支护边坡的临界位移速率,总是由自然状态下边坡基体本身的临界位移速率所控制,并且总是前者小于或等于后者。因此,研究并掌握一定介质边坡在自然和人工开挖条件下的临界位移速率值,是最根本和最重要的,舍此难以进行边坡失稳预警预报。任何类型边坡均存在一个临界位移速率值,类型不同,其值相异。一般岩质边坡的临界位移速率值较大,比较难测;土质边坡的较小,不难测得。通过试验研究,人们已经掌握了有限几种介质(如软土、强膨胀土等)边坡的临界位移速率,但对大多数类型尤其是混合类型边坡的临界位移速率仍处于未知状态。

## 1.14　锚固类结构抗动载效应与机制问题

关于锚固类结构抗动载问题,已做了许多工作,并取得了不少成果。但由于问题比较复杂,仍有继续深入研究的必要性。仅就动载作用形式而言,既有偶然性爆炸作用动载,包括顶爆、侧爆和内爆炸动载;也有平面装药爆炸动载。后者对结构及洞室一般只产生整体作用,而偶然性爆炸动载对结构及洞室,既可能产生整体作用,也可能产生局部作用,还可能产生介于前两者之间的过渡作用,情形更为复杂。研究中发现,爆炸应力波作用峰值幅度往往并不是最高的,而是爆炸波过后的结构的往复振动波形幅值更高,特别是还存在迫振之后的共振效应,结构的破坏(平行于洞轴线的位于洞室拱顶和边墙的贯通性裂缝)主要由结构的往复振动和共振效应所引起。这是一个偶然现象,还是具有普遍规律性,尚需进一步研究证实。

## 1.15  锚固类结构理想诸界面剪应力量测技术问题

研究锚固类结构不可避免地要研究理想第 1、2、3 界面剪应力特性。人们已研究的第 1 界面差不多是理想界面,因为应变片厚度较薄,且紧密粘贴在钢筋或钢绞线表面。理想第 2、3 界面剪应力实测结果国内外尚未见发表。人们试图采用在孔壁上预置应变砖的方法,测试第 2 界面剪应变,但获得的仅是邻近该界面的应变值。笔者曾采用先在钢筋上粘贴应变片,然后置入 PVC 管(模拟钻孔)内进行注浆,接着切除 PVC 管,并在砂浆柱上粘贴应变片,最后打筑模拟地下岩洞的混凝土介质的方法,尝试地测得了理想第 2 界面剪应力分布形态,及其与第 1 界面剪应力的相互作用关系。但这种做法毕竟与实际施工工艺是完全相反的。由此可见,发展相应的量测技术是何等重要。

## 1.16  锚固类结构钻孔偏斜率测试技术问题

锚固类结构杆体的设计钻孔达到一定深度后,钻头在自重作用或钻头沿软弱裂隙钻进条件下,即会产生不容忽视的钻孔轴线偏斜问题。我国相关规范规定这种偏斜率允许为 1/30,即钻孔深度为 30m 的锚孔,其允许偏斜量为 1m。目前国外的钻孔深度纪录已超过 100m,我国也已达到 80m 左右。但是,这些深孔的偏斜率究竟是多少,并未真正测得,往往是根据 10m 左右的偏斜结果去推断整个孔深的偏斜量,很多重要工程甚至重大工程钻孔偏斜精度都是如此处理的。钻孔偏斜率为未知的危害有以下几点:①设计长度不真实,且实际长度一般短于设计长度,致使工程不安全因素增加;②如不采取有效措施,在张拉预应力时,钢绞线将在重力作用下,在孔凸出部位与孔壁接触,致使注浆时该部位钢绞线无砂浆包裹,从而严重影响锚索的耐久性和使用寿命。

## 1.17  锚固类结构中锚杆、锚索、土钉墙、土钉支护作用
## 机制异同问题

此问题在我国学术界和工程技术科学领域的争论是异常激烈的,远未形成共识。这正说明该问题正处于无序阶段。

笔者认为,注浆锚杆与锚索仅有材质上的差异,一般都需考虑力平衡原理,不稳定体力须用内锚固段锚固力来平衡,内锚固段须穿过滑移面锚固在稳定地层中,因而主要取锚固原理。土钉墙方法是对新奥法的改进和发展。它同样要考虑力平衡条件,但对不稳定体力主要不是通过锚固力来平衡,而是通过土钉杆体和注浆体以及面层对岩土介质进行改性加固作用,使之成为一种其物理力学性质得到显著提高的稳定的新地质体,因而其长度不一定要穿过滑移面,

故主要取加固机制。土钉支护法是在新奥法和土钉墙法基础上发展起来的。它是在土钉加固改性后仍不稳定条件下将其杆体延伸至滑移面之外,利用延长部分的锚固力来辅助性地平衡不稳定新地质体,因而它取加固基础上的锚固机制。复合土钉支护是土钉与其他传统工法有机结合的产物,形式众多,其作用机制也比单一土钉支护复杂得多,但存在优化复合问题。

# 1.18 小 结

笔者依据自己的工作经验和他人的研究所得,提出了制约锚固技术进一步发展的 16 个典型问题。这些问题,既涉及应用基础研究,也涉及设计方法与施工工艺;既涉及施工机具研制,也涉及量测仪器研制;还涉及对国外先进技术的借鉴问题。上述任一问题的很好解决,都会使我们的研究(制)工作前进一步;上述问题如能全部得到很好解决,将会极大地促进锚固类结构在我国的应用与发展,改变我国在该领域若干方面的落后状况,使我们前进几大步。笔者估计,要全部解决这些问题大约需要几十年甚至上百年时间。

## 参 考 文 献

[1] 曾宪明,杜云鹤,范俊奇,等.锚固类结构第二交界面剪应力演化规律、衰减特性与计算方法探讨[J].岩石力学与工程学报,2005,8

[2] 曾宪明,赵林,李世民,等.锚固类结构杆体临界锚固长度与判别方法试验研究[J].岩土工程学报,2008.30:404-409

[3] D J Pinchin,D Tabor. Interfacial phenomena in steel fiber reinforced cement I:Structure and strength of interfacial region[J]. Cement and Concrete Research,1978,8:15-24

[4] A Bentur,S Diamond,S Mindess. The microstructure of the steel fiber-cement interface[J]. Journal of Materials Science,1985.20:3620-3626

[5] M N Khalaf, C L Page. Steel/mortar interface:microstructure features and mode of failure[J]. Cement and Concrete Research,1997,8:197-208

[6] Stang H,Li Z,Shah'S P. The pull-out problem—the stress versus fracture mechanical approach [J]. ASCE,J. Engng Mech. ,1990,116(10):2136-2150

[7] A K Patrikis,M C Andrews,R J Yong. Analysis of the single-fibre pull-out test by the use of Ram an spectroscopy. Part I:pull-out of aramid fibers from an epoxy resin[J]. Composites Science and Technology,1994,52:387-396

[8] Zongjin Li,Barzin Mobersher,Surendra P Shah. Characterization of interfacial properties in fibre reinforced cementitious composites [J]. Journal of American Ceramic Society,1991,74:2156-2164

[9] Ortlepp W D. Grouted Rock as Rockburst Support:A Simple Design Approach and An Effective Test Procedure[J]. Journal of The South African Institute of Mining & Metallurgy,1994,94 (2):47-63

[10] Ortlepp W D,Stacey T R. Performance of tunnel support under large deformation static and dynamic loading[J]. Tunneling and Underground Space Technology, 1998, 13(1):15-21

[11] Anders Ansell. Testing and modelling of an energy absorbing rock bolt[A]//Jones N,Breb-

< 9 >

bia C A. Structure under shock and impact VI[C]. The University of Liverpool, U. K. and Wessex Institute of Technology, U. K. ,2000,417-424

[12] Anders Ansell. Laboratory testing of a new type of energy absorbing rock bolt[J]. Tunneling and Underground Space Technology, 2005, 20(4):291-300

[13] Anders Ansell. Dynamic testing of steel for a new type of energy absorbing rock bolt[J]. Journal of Constructional Steel Research,2006, 62(5):501-512

< 10 >

# 2 岩土边坡基坑工程事故原因统计分析

## 2.1 假设条件分析

### 2.1.1 工程勘察

工程勘察资料及结论是工程设计的基本依据。勘察资料不详、不准、疏漏、失误，勘察结论不完备、不准确、不正确均可能导致设计失误，进而造成工程失事。因此，工程勘察应作为工程事故原因分析的因素之一。

### 2.1.2 工程设计

工程设计在详细占有勘察资料基础上，依据建筑投资方提出的设计要求和其他资料，如地下管线分布图等进行。工程设计在基坑边坡工程建设中占有举足轻重的地位。这是由于地质条件千差万别，而一般设计理论的假定条件较为简化，有些则在简化的条件下也不十分成熟。工程设计一般涉及掘支方案、降水方案、应急方案的选择和确定等。在对支护参数进行设计时，需进行稳定性分析计算及与之紧密相关的边壁(坡)破坏模式的选定等。任何一个环节不慎，均可能造成边壁(坡)变形失稳。

在有些情况下，掘支方案与降水方案由不同的设计单位提出。有时建设方在很大程度上介入或控制了某种方案的选择，但毕竟一个不认可上述某种方案而又负责任地进行后续大量分析计算工作的设计行为是令人难以理解的。因此，拟把工程设计作为事故原因的一个重要因素加以考虑。

### 2.1.3 工程施工

假定工程事故的另一重要因素为工程施工。施工质量、施工工艺、材料质量、施工机械化程度、施工速度和时机、施工管理水平等，都可能成为工程险情或事故的直接或间接原因之一。信息施工要求施工单位还应具有工程监测的手段、仪器、能力和信息反馈处理能力(往往与设计方协商后负责按设计方修改设计图纸施工)。

### 2.1.4　工程监理

监理是受建设方委托,监督处理施工是否按设计图纸施行,确保工程质量的又一个很重要的环节。这项工作做好了,可以避免某些质量事故的发生。假设工程监理为事故原因分析的一个因素。

### 2.1.5　工程投资方或大包方

某些工程事故与技术问题无关,而是由于投资方或大包方盲目压价、层层分包、不适当地参与选择或强行拍板某种围护或降水方案,或无力使工程款到位、长时间拖欠有关各方尤其是施工方工程款,以致贻误支护时机、工程质量得不到保证等所引起的。故在工程事故原因分析中,理应考虑这一因素。

### 2.1.6　规范问题

随着科学技术迅速发展,有关规范的某个规定显得不尽科学、合理、适用,以致成为事故原因之一,是可能的。将规范问题列为事故原因因素之一。

### 2.1.7　水患、环境、不良地质条件等

根据调查研究和人们的经验,水患是造成许多工程事故的直接或间接的客观原因之一,有时被认为是唯一原因。环境及不良地质条件等亦然,例如,由复杂地下管线或软土、流沙引发的工程事故就很多。但是即使如此,此处不拟将这些因素单独或综合地作为工程失事原因加以考虑。其理由如下:①这些因素都是客观因素,而客观因素经过人的努力,一般还是可以认识的。一个雄辩的事实是,同样的水患条件,或同样的复杂环境,或同样令人头痛的软土地质条件,更多的工程都建造成功了。②这些因素的危害程度难以定性更无法定量描述,不易分辨清楚。③这些因素容易成为人为失误因素的借口。笔者在某篇文章的注评中就曾列举这样一个事实:本来根据监测结果,有关技术人员向某指挥部三次提出建议,必须加固某边坡。但指挥部负责人置若罔闻,结果造成滑坡 10 余万立方米,直接经济损失超过 100 万元。而该指挥部在向上汇报时称这次滑坡事故为"自然灾害",最后不了了之。

自然灾害问题,不是不存在,也不是不考虑,只是完全意义的像 R. L. 舒斯特等所述及的那种没任何人为工程活动,由海啸、地震等引起的人类无法精准预测也无力抗拒的天然山体崩塌、山坡大规模滑移这种自然灾害,在所分析的失事实例中尚未出现。

这说明,把水患、环境及不良地质条件等因素分别作为工程事故原因的因素之一加以考虑,有其弊端,也不尽科学、合理。这些因素是客观存在的。在工程事故分析中,怎样考虑与这些因素有关的原因呢? 我们认为,应从职责找原因,才不失为一个可行的办法。例如,水患严重,你事前认识(勘察)到了没有? 没有认识到,情况不清楚,勘察方有责任(事故原因或原因之一);认识到了,而方案不力、不妥或计算有误,设计方(有时还有建设方)有责任;方案很好,而施工不当,或质量低劣,则为施工原因(有时还有监理原因,如不严格等)。又如,地下管线复杂引发的工程事故。设计前,建设方是否提供了周围地下管线分布图,是否清楚、准确? 倘若建设方提不出,或提出的资料不清楚、不准确,则建设方有责任。否则可类似地追寻设计、施工等方面造成事故的原因。再如,不良地质条件下发生的事故,我们不宜简单地把事故原因归究于地质条件"不良"。如果对不良地质体的工程特性了解不细致、不深入,有关物理力学性

能试验未做,或做得不准确、不严格,或建议设计取值不合理等等,便是勘察方面的职责原因。

综上所述,造成工程事故的原因可能涉及许多方面。但在本假设条件下,只考虑与下列因素有关:勘察、设计、施工、监理、投资方(大包方)、规范。

# 2.2 工程失事实例来源及说明

## 2.2.1 工程失事实例来源

关于工程事故的完整描述、客观分析的报道较为难得。这里提供的有关工程失事实例,其来源有三:一是研究报告撰写人亲自参与过调查或事故处理设计与施工的若干工程,占小部分,属于第一手资料;二是研究报告撰写人收集的近年来在公开刊物或论文集或专著(手册)中发表或引用的工程失事实例,这些实例对原作者而言,大都是第一手资料,对笔者而言则是二手资料,这些实例占有相当部分;三是有关专家、学者如唐业清、崔江余、李启民、余志成、田裕甲、李占滋、顾建生、周志道等所做的调查统计工作,占有较大比例。我们所做的工作只是在这三类资料基础上,按照所提出的工程事故分析假设条件,给予分门别类和综合分析,提出若干对有关读者或许有某种参考意义的结论和建议。

## 2.2.2 几点说明

1)尊重事故论证会的结论性意见

工程失事后,建设管理部门一般要组织有关专家进行事故原因分析与处理措施论证,并提出结论性意见。这些结论有一定的权威性和公正性。我们在统计这些事故的原因时,采取实录的做法。

2)尊重原作者关于事故原因的分析

撰写有关工程事故分析案例的作者,一般或为知名学者,或为经验丰富的专家及工程技术人员,当他们有幸了解到第一手资料后,有些通过分析整理成文。其数据及事故原因分析有较高的置信度,同样予以照录。个别情况下,我们对原作者的原因分析不敢苟同者,也只在注评中加以讨论。

3)笔者根据原作者对事故的描述或倾向性意见推断事故原因

由于不难理解的某些不方便的原因,有些作者未能明确指出工程事故原因。但细读事故描述及倾向性意见,仍能窥见其所指原因。我们据此列出了有关工程事故的原因供分析之用。

4)多原因实录

某些工程事故原因较为单一,更多的工程事故是由多方面原因造成的。对此采取了一一照录的做法,尽量不使其有所遗漏。因而出现了事故原因数大于事故数的情况。

5)勘误等

我们在保持原文基本事实、基本观点不变的前提下,对个别文字印刷错误作了更正;对节选文章的标题作了修改或补加;对某些图号等也作了必要调整;个别情况下,对文字作了修改和压缩。

6)其他说明

所涉及的全部事故原因分析,仅供读者参考,并可在类似工程中引以为鉴。但一律不得成为有关事故纠纷中的资料依据加以引述和引证。

# 2.3 工程失事实例

工程失事实例见表 2-1。

工程失事(险情)实例一览表      表 2-1

| 序号 | 工程名称 | 资料来源 | 围护结构(基础)类型 | 原因 | | | | | | 处理措施 |
|---|---|---|---|---|---|---|---|---|---|---|
| | | | | 勘察 | 设计 | 施工 | 监理 | 投资方(大包方) | 规范 | |
| 1 | 某综合大楼 | 冼逻 | 人工挖孔桩 | √ | | | | | | 不详 |
| 2 | 某办公楼 | 林本海 | 毛石基础 | √ | | √ | | | | 灰土井墩托换加固 |
| 3 | 某地下贮水池 | 管立夫等 | 钢管桩 | | √ | √ | | | | 混凝土灌注桩+内撑 |
| 4 | 乌海大厦基坑 | 崔玮 | 沉管灌注桩 | | √ | | | | | 堆砂法,木撑 |
| 5 | 某基坑 | 谢永利等 | 深层搅拌桩 | √ | √ | √ | | | | 建议卸荷、钢板桩补强 |
| 6 | 大连某深基坑 | 张维正等 | 锚喷网 | | √ | √ | | | | 卸荷+预锚 |
| 7 | 某深基坑 | 张鑫等 | 土钉支护 | | √ | √ | | | | 不详 |
| 8 | 天津某工程 | 张惠甸 | 锚碇式板桩结构 | | √ | | | | | 不详 |
| 9 | 深圳新世界大厦基坑 | 陈德兴等 | 人工挖孔桩 | | √ | | | | | 土钉支护 |
| 10~17 | 南京某小区二组团工程 | 周洪涛等 | 深层搅拌桩 | | | 8 | | | | 不详 |
| 18 | 辽宁机械进出口大厦基坑 | 刘治模 | 悬臂式预制桩 | | | √ | √ | | | 不详 |
| 19 | 大连海远大厦基坑 | 刘治模 | 钢管桩 | | | √ | √ | | | 不详 |
| 20 | 大连天津街高层副食品商场 | 刘治模 | 混凝土灌注桩 | | | √ | √ | | | 不详 |
| 21 | 大连海味饭店大厦 | 刘治模 | 混凝土灌注桩 | | | √ | √ | | | 补打锚杆 |
| 22 | 成都锦绣花园工程深基坑 | 任辉启等 | 喷锚网 | | | √ | √ | | | 喷锚网 |
| 23 | 成都人民商场营业楼基坑 | 黄强 | 灌浆锚杆支护 | | | √ | | | | 增设灌注桩、灰砖支护 |
| 24 | 武汉泰合广场深基坑 | 王爱勋等 | 钻孔灌注桩+锚杆 | | | √ | √ | | √ | 注浆;高压施喷注浆帷幕等 |
| 25 | 某工程基础 | 俞增民 | 人工挖孔桩 | | | √ | | | √ | 钻孔灌注桩等 |

| 序号 | 工程名称 | 资料来源 | 围护结构(基础)类型 | 原因 | | | | | | 处理措施 |
|---|---|---|---|---|---|---|---|---|---|---|
| | | | | 勘察 | 设计 | 施工 | 监理 | 投资方(大包方) | 规范 | |
| 26 | 某商住楼基坑工程 | 俞增民 | 钻孔灌注桩+水泥搅拌桩+内撑 | | | √ | | | | 加强降、止、压水和注浆 |
| 27 | 某基坑 | 俞增民 | 地下连续墙+内撑 | | | √ | | | | 综合治理水患 |
| 28 | 镇江德辉广场基坑 | 邓学才 | 深层搅拌桩 | | | √ | | | | 止水、降水、压浆 |
| 29 | 某倒虹管 | 赵成宪等 | 放坡+井点降水 | | | √ | | | | 综合治理 |
| 30 | 某泵站 | 赵成宪等 | 放坡+井点降水 | | | √ | | | | 综合治理 |
| 31 | 黄浦江上游引水工程某段管道 | 赵成宪等 | 放坡+井点降水 | | √ | | | | | 综合治理 |
| 32 | 浦东某港倒虹管 | 赵成宪等 | 放坡 | | | √ | | √ | | 综合治理 |
| 33 | 福建船政学校宿舍楼基础 | 郑建兴 | 沉管灌注桩 | | | √ | | | | 锚杆静压桩补强 |
| 34 | 攀钢热电鼓风机站 | 史永忠 | 部分预锚支护 | | | √ | | | | 预锚、挡墙、抗滑桩等 |
| 35 | 某工程 | 王杰 | 树根桩+深层搅拌桩或树根桩+压密注浆 | | | √ | | | | 地下连续墙 |
| 36 | 某工程 | 王杰 | 钻孔灌注排桩+压密注浆 | | | √ | | | | 深层搅拌桩 |
| 37 | 某工程 | 王杰 | 深层搅拌桩 | | √ | | | | | 增大桩入土深度等 |
| 38 | 某工程 | 王杰 | 地下连续墙 | | √ | | | | | 增大墙入土深度等 |
| 39 | 某深基坑 | 曾宪明等 | 人工挖孔桩+预锚 | | √ | √ | | | | 喷锚网加固 |
| 40 | 鞍山某大厦 | 孟达等 | 灌注桩+锚杆 | | √ | √ | | | | 增大桩入土深度,深井降水等 |
| 41 | 浙江某大型软土基坑 | 吴星 | 水泥土挡墙 | | √ | √ | | | | 混合半自立式挡土墙等 |

| 序号 | 工程名称 | 资料来源 | 围护结构(基础)类型 | 原因 | | | | | | 处理措施 |
|---|---|---|---|---|---|---|---|---|---|---|
| | | | | 勘察 | 设计 | 施工 | 监理 | 投资方(大包方) | 规范 | |
| 42 | 山东邮电通讯物资大楼基坑 | 王洪恩等 | 土钉支护 | | √ | √ | | | | 降水,预锚加固等 |
| 43 | 广州某大厦基坑 | 刘瑞朝等 | 喷锚网支护 | √ | √ | √ | | | | 不详 |
| 44 | 石家庄某高层建筑基坑 | 余志成等 | 灌注桩+锚杆 | | √ | | | | | 不详 |
| 45 | 长春新世界广场工程 | 余志成等 | 人工挖孔桩+锚杆 | | √ | | | | | 不详 |
| 46 | 济南某大厦工程 | 余志成等 | 悬臂灌注桩,钢管悬臂桩,放坡 | | √ | | | √ | | 不详 |
| 47 | 南京进香河农贸市场大楼基坑 | 余志成等 | 钻孔灌注桩+锚杆 | | √ | √ | | | | 不详 |
| 48 | 南京交通银行大楼基坑 | 余志成等 | 悬臂灌注桩 | | √ | √ | | | | 不详 |
| 49 | 南京人民商场改建一期工程 | 余志成等 | 排桩,深层搅拌桩 | | √ | | | | | 不详 |
| 50 | 上海某工程基坑 | 余志成等 | 钻孔灌注桩+压密注浆 | | √ | √ | | | | 不详 |
| 51 | 上海某工程基坑 | 余志成等 | 水泥搅拌桩 | | √ | | | | | 不详 |
| 52 | 上海某工程基坑 | 余志成等 | 护壁桩,地下连续墙 | | √ | | | | | 加大桩、墙埋入深度 |
| 53 | 杭州凯旋门大厦深基坑 | 江虹 | 钻孔灌注桩+水泥搅拌桩,钢管内撑 | | √ | √ | | | | 桩间加网喷,坑内外降水等 |
| 54 | 闪光大厦基坑 | 李东霞等 | 护坡桩,混凝土预制管沉井降水 | | √ | √ | | | | 土钉墙方法加固 |

| 序号 | 工程 名 称 | 资料来源 | 围护结构（基础)类型 | 原因 | | | | | | 处 理 措 施 |
|---|---|---|---|---|---|---|---|---|---|---|
| | | | | 勘察 | 设计 | 施工 | 监理 | 投资方(大包方) | 规范 | |
| 55 | 某教工宿舍楼 | 涂序文 | 人工挖孔桩 | | | √ | | | | 砖砌圆筒沉井护壁工艺 |
| 56 | 宁波镇海广播电视大厦 | 黄强 | 混凝土灌注桩 | | | √ | | | | 不详 |
| 57 | 深圳海王大厦基础 | 程鉴基 | 大直径人工挖孔桩 | | √ | √ | | | | 化学灌浆 |
| 58 | 洛阳某基坑 | 曾宪明 | 无支护 | | √ | √ | | √ | | 综合法 |
| 59 | 上海某引水工程 | 施履祥等 | 放坡，井点降水 | | | √ | | | | 板桩等 |
| 60 | 上海肇嘉滨污水泵站 | 施履祥等 | 钢板桩＋内撑 | | √ | √ | | | | 增井点、沟管排水,宜用沉井施工法 |
| 61 | 上海重型机械厂深基坑 | 施履祥等 | 板桩,钢筋混凝土桩 | | √ | √ | | | | 二级井点降水,坑边不堆土,加横撑 |
| 62 | 铜山单集泵站 | 訾剑华 | 放坡1:3 | | √ | √ | | | | 设置降水系统,固坡,清基 |
| 63 | 某工程基坑 | 王翠微等 | 护坡桩＋锚杆 | | | √ | | | | 不详 |
| 64 | 宫华大酒店工程 | 田裕甲等 | 土钉墙 | | | √ | | √ | | 堵缝、排水等综合措施 |
| 65 | 某深基坑抢险工程 | 田裕甲等 | 人工挖孔桩等 | | | √ | | | | 锚杆加固,排水等 |
| 66 | 银都大世界 | 田裕甲等 | 人工挖孔桩＋锚索 | | √ | √ | | | | 综合措施 |
| 67 | 某人防办公大楼 | 田裕甲等 | 人工挖孔桩＋圈梁＋放坡 | | √ | | | | | 加锚索背柱,桩间网喷 |
| 68 | 裕丰大厦基坑 | 田裕甲等 | 网喷,锚杆(索)支护 | | √ | √ | | | | 提高预锚吨位,井点降水等 |
| 69 | 泰安大厦基坑 | 田裕甲等 | 挖孔桩护壁 | | | √ | | | | 切断水源,保证挖孔桩质量 |
| 70 | 某交易所大厦基坑 | 田裕甲等 | 无支护 | | √ | √ | | | | 型钢支撑、封水等 |

| 序号 | 工程名称 | 资料来源 | 围护结构(基础)类型 | 原因 | | | | | | 处理措施 |
|---|---|---|---|---|---|---|---|---|---|---|
| | | | | 勘察 | 设计 | 施工 | 监理 | 投资方(大包方) | 规范 | |
| 71 | 上海广东路某基坑 | 田裕甲等 | 地下连续墙 | | | √ | | | | 不详 |
| 72 | 武汉某高层建筑 | 田裕甲等 | 承载桩 | | | √ | | | | 不详 |
| 73 | 珠海曼哈顿广场基坑 | 田裕甲等 | 地下连续墙 | | | √ | | | | 不详 |
| 74 | 北海凌元宫基坑 | 田裕甲等 | 素混凝土灌注桩 | | √ | | | | | 不详 |
| 75 | 北部湾商城 | 田裕甲等 | 素混凝土灌注桩 | | √ | | | | | 不详 |
| 76 | 柳州兴隆大厦基坑 | 田裕甲等 | 挖孔桩 | | | √ | | | | 封闭桩间土，排水 |
| 77 | 厦门某商业城 | 李占滋 | 人工挖孔桩+圈梁 | | √ | √ | | | | 抗剪强度参数值减小等 |
| 78 | 福州某大楼基坑 | 李占滋 | 冲孔灌注桩+锁口梁+角撑 | | √ | | | | | 不详 |
| 79 | 福州某大楼基坑 | 李占滋 | 钢筋混凝土预制桩+锁口梁 | | | √ | √ | | | 不详 |
| 80 | 厦门厦禾路某饭店基坑 | 李占滋 | 人工挖孔桩+锁口梁 | | √ | √ | | | | 不详 |
| 81 | 福州湖东路某大厦基坑 | 李占滋 | 冲孔灌注桩+内撑+锁口梁 | | √ | √ | | √ | | 不详 |
| 82 | 厦门厦禾路某大厦基坑 | 李占滋 | 地下连续墙 | | √ | | | | | 不详 |
| 83 | 福州五四路某酒店基坑 | 李占滋 | 预制桩 | | √ | √ | | | | 不详 |
| 84 | 某商厦基坑 | 朱向荣等 | 粉喷桩 | | √ | √ | | | | 旋喷桩等 |
| 85 | 无锡吉祥大厦深基坑 | 王胜天等 | 灌注桩+圈梁 | | √ | √ | | √ | | 滤网管井等 |
| 86 | 长沙华联大厦深基坑 | 谭族荣等 | 悬臂桩+圈梁 | √ | √ | √ | | | | 增设悬臂桩等 |
| 87 | 某沉淀池基础 | 刘寿才 | 振动沉管灌注桩 | | √ | √ | √ | | | 短桩补强等 |
| 88 | 上海新律大厦桩基工程 | 顾建生等 | 预制桩 | | | √ | | | | 不详 |

| 序号 | 工程名称 | 资料来源 | 围护结构（基础）类型 | 原因 | | | | | | 处理措施 |
|---|---|---|---|---|---|---|---|---|---|---|
| | | | | 勘察 | 设计 | 施工 | 监理 | 投资方（大包方） | 规范 | |
| 89 | 浦东通贸大厦 | 顾建生等 | 预制桩 | | | √ | | | | 不详 |
| 90 | 上海良友商厦 | 顾建生等 | 预制桩 | | | √ | | | | 补打钢管桩和钢筋混凝土短桩 |
| 91 | 浦东大康花园B楼 | 顾建生等 | 预制桩 | | | √ | | | | 补桩 |
| 92 | 浦东富都大厦 | 顾建生等 | 预制桩 | | | √ | | | | 不详 |
| 93 | 上海嘉定商厦桩基工程 | 顾建生等 | 预制桩 | √ | | | | | | 重新制桩等 |
| 94 | 上海某沉淀池 | 顾建生等 | 钻孔灌注桩 | | | √ | | | | 补桩、压密注浆等 |
| 95 | 上海举贤商厦工程 | 顾建生等 | 钻孔桩 | | | √ | | | | 不详 |
| 96 | 上海某6号高层住宅楼 | 顾建生等 | 钻孔灌注桩 | | | √ | | | | 不详 |
| 97 | 浦东供销商厦 | 顾建生等 | 围护桩 | | √ | √ | | | | 不详 |
| 98 | 浦东某高科技大厦 | 顾建生等 | 深层搅拌桩 | | | √ | | | | 修正施工工艺 |
| 99 | 黄埔宁中大厦 | 顾建生等 | 钻孔灌注桩＋深层搅拌桩＋压密注浆 | | | √ | | | | 在渗水处加做压密注浆 |
| 100 | 上海东方尤邸工程 | 顾建生等 | 地下连续墙 | | | √ | | | | 不详 |
| 101 | 上海多伦商厦 | 顾建生等 | 地下连续墙 | | | √ | | | | 不详 |
| 102 | 某工业大楼深基坑工程 | 唐业清等 | 搅拌桩 | √ | √ | | | | | 不详 |
| 103 | 海口宇海宾馆基坑 | 唐业清等 | 喷锚支护 | | √ | | | | | 不详 |
| 104 | 广州某深基坑 | 唐业清等 | 支护桩 | | √ | | | | | 不详 |
| 105 | 太原某商业银行营业大厦深基坑 | 唐业清等 | 支护桩 | | √ | | | | | 不详 |

| 序号 | 工程名称 | 资料来源 | 围护结构（基础）类型 | 原因 | | | | | | 处理措施 |
|---|---|---|---|---|---|---|---|---|---|---|
| | | | | 勘察 | 设计 | 施工 | 监理 | 投资方（大包方） | 规范 | |
| 106 | 北京某工程深基坑 | 唐业清等 | 支护桩＋锚杆 | | | √ | | | | 不详 |
| 107 | 上海某大厦工程 | 唐业清等 | 地下连续墙＋内撑 | | | √ | | | | 不详 |
| 108 | 上海某相邻高层建筑基础 | 唐业清等 | 预制桩基础 | | | √ | | | | 合理安排打桩顺序,控制打桩速率 |
| 109 | 海口宏威大厦基坑 | 唐业清等 | 放坡＋井点降水＋喷锚支护 | | √ | √ | | | | 不详 |
| 110～204 | 不详 | 唐业清等 | 不详 | 2 | 51 | 30 | 10 | | | 不详 |
| 205 | 铁路病害边坡 | 顾湘生等 | 一般支挡 | | √ | | | | | 预锚、减载等 |
| 206 | 某电站厂房（滑坡） | 张福明等 | 无支护 | √ | | √ | | | | 预锚为主的综合治理 |
| 207 | 某电站洞脸边坡 | 曾宪明 | 无支护 | | √ | | | | | 预锚 |
| 208 | 山区地基（滑坡） | 王银善 | 无支护 | | | √ | | | | 钢筋混凝土柱＋毛料石 |
| 209 | 某路基（坍陷） | 谭毓浚 | 无支护 | √ | | | | | | 注浆加固 |
| 210 | 某工程挡土墙（倒塌） | 罗维德 | 浆砌石挡土墙 | | | √ | | | | 拆除重建,反滤带排水等 |
| 211 | 某重力式挡土墙（倒塌） | 于志清等 | 堆砌重力式挡土墙 | | | √ | | | | 部分拆除,内侧加固等 |
| 212 | 某工程（黄土岭滑坡） | 潘永坚 | 无支护 | | | √ | | | | 不详 |
| 213 | 深圳某大厦基坑 | 曾宪明 | 人工挖孔桩 | | √ | √ | | | | 土钉支护加固 |
| 214 | 深圳卫生防疫站办公楼基坑 | 曾宪明 | 预制桩 | | √ | √ | | | | 土钉支护加固 |
| 215 | 深圳银水大厦 | 曾宪明 | 深层搅拌桩 | | √ | √ | | | | 土钉支护加固 |
| 216 | 深圳某住宅楼基坑（险情） | 曾宪明 | 土钉支护 | | √ | √ | | √ | | 土钉支护加固 |

| 序号 | 工程名称 | 资料来源 | 围护结构(基础)类型 | 原因 | | | | | | 处理措施 |
| | | | | 勘察 | 设计 | 施工 | 监理 | 投资方(大包方) | 规范 | |
|---|---|---|---|---|---|---|---|---|---|---|
| 217 | 深圳地王大厦 | 曾宪明 | 人工挖孔桩+圈梁 | | √ | | | | | 土钉支护加固 |
| 218 | 深圳某大厦基坑 | 曾宪明 | 地下连续墙 | | √ | √ | √ | | | 土钉支护加固 |
| 219 | 深圳某银行大厦基坑(险情) | 曾宪明 | 土钉支护 | √ | | √ | | √ | | 土钉支护加固 |
| 220 | 烟台海关大楼基坑 | 曾宪明 | 钢管桩 | | √ | | | | | 土钉支护加固 |
| 221 | 北京万福大厦(管线损坏) | 曾宪明 | 土钉支护 | | | √ | | | | 土钉支护加固 |
| 222 | 北京某大厦基坑 | 曾宪明 | 土钉支护 | | √ | √ | | | | 桩+注浆等 |
| 223 | 宁波某工程基坑 | 曾宪明 | 土钉支护 | | √ | √ | | | | 不详 |
| 224 | 杭州某工程基坑(险情) | 曾宪明 | 土钉支护 | | | √ | | | | 土钉支护加固 |
| 225 | 广州妇儿中心大厦基坑 | 曾宪明 | 护壁桩 | | √ | | | | | 土钉支护加固 |
| 226 | 山西某边坡 | 曾宪明 | 无支护 | | | | | √ | | 减载放坡 |
| 227 | 郑州某工程基坑 | 曾宪明 | 预制桩 | | √ | | | | | 不详 |
| 228 | 深圳某大厦深基坑 | 曾宪明 | 人工挖孔桩+圈梁 | | √ | √ | | | | 土钉支护加固 |
| 229 | 某电站高边坡(失稳) | 曾宪明 | 原钢筋混凝土挡墙 | | √ | | | | | 预锚等综合措施 |
| 230 | 上海某工程主楼基坑 | 周志道等 | 钢板桩+钢管撑 | | √ | √ | | | | 邻近民房拆除等 |
| 231 | 上海某工程 | 周志道等 | 地下连续墙+内撑 | | | √ | | | | 不详 |
| 232 | 上海某基坑工程 | 周志道等 | 灌注桩+搅拌桩+钢管撑 | | | √ | | | | 暗梁支撑,注浆加固,锚杆静压桩等 |
| 233 | 上海某基坑工程 | 周志道等 | 水泥搅拌桩 | | | √ | | | | 挡土墙外侧粉喷加固 |

| 序号 | 工 程 名 称 | 资料来源 | 围护结构(基础)类型 | 勘察 | 设计 | 施工 | 监理 | 投资方(大包方) | 规范 | 处 理 措 施 |
|---|---|---|---|---|---|---|---|---|---|---|
| | | | | 原　因 | | | | | | |
| 234 | 上海某超大型基坑工程 | 周志道等 | 厚地连墙+钢筋混凝土支撑 | | | √ | | | | 不详 |
| 235 | 上海某基坑工程 | 周志道等 | 灌注桩+水泥搅拌桩+钢筋混凝土内撑 | √ | √ | | | | | 综合治理 |
| 236 | 上海某基坑工程 | 周志道等 | 灌注桩+水泥搅拌桩 | | | √ | | | | 不详 |
| 237 | 上海某基坑工程 | 周志道等 | 钢板桩+水泥搅拌桩+钢筋混凝土内撑 | | | √ | | | | 不详 |
| 238 | 上海东湖商务楼基坑 | 周志道等 | 钢筋混凝土板桩 | √ | √ | | | | | 不详 |
| 239 | 广州新华侨大厦基坑 | 程鉴基 | 地下连续墙 | | | √ | | | | 化学灌浆 |
| 240 | 广州湖北大厦基坑 | 程鉴基 | 钻孔桩+旋喷桩 | | | √ | | | | 化学灌浆 |
| 241 | 深圳华侨大酒店大厦基坑 | 程鉴基 | 钢板桩 | | | √ | | | | 化学灌浆 |
| 242 | 广州海洋馆基坑 | 徐勋长等 | 钢筋混凝土护坡桩 | | | √ | | | | 喷锚(管)网支护 |
| 243 | 珠海渔委商住楼基坑 | 陈处宽 | 深层搅拌桩+圈梁 | | | √ | | | | 综合治理 |

# 2.4 工程失事原因统计结果及分析

## 2.4.1 工程失事原因统计结果

从以上所列举失事工程243项统计,有失事原因314条。

若将失事工程原因看作离散随机变量 $X$,取样本容量 $n=314$,据统计数据可列出失事工程原因频数分布表(表2-2)和失事原因经验分布表(表2-3)。相应的 $X$ 的分布折线见图2-1。

**失事原因频数分布表**　　　　　　　　　　　　　　　　表2-2

| % | 1 | 2 | 3 | 4 | 5 | 6 |
|---|---|---|---|---|---|---|
| $n_x$ | 12 | 124 | 146 | 7 | 20 | 2 |

| $X$ | 1 | 2 | 3 | 4 | 5 | 6 |
|---|---|---|---|---|---|---|
| $W$ | 0.039 | 0.399 | 0.469 | 0.023 | 0.064 | 0.006 |

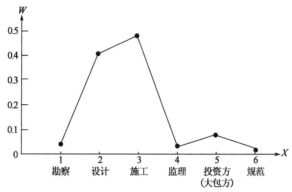

图 2-1　失事原因 $X$ 的分布折线

以 $F^*(x)$ 表示事件 $\{X \leqslant x\}$ 出现的频率,则随机变量 $X$ 的经验分布函数为:

$$F^*(x) = \begin{cases} 0 & (x < x_1) \\ \sum\limits_{i=1}^{k} W_i & (x_k \leqslant x < x_{k+1}, k = 1, 2, \cdots, l-1) \\ 1 & (x \geqslant x_1) \end{cases} \qquad (2\text{-}1)$$

当样本容量 $n \to \infty$ 时,有:

$$P\left\{ \left| \frac{m}{n} - p \right| < \varepsilon \right\} > 1 - \delta \qquad (2\text{-}2)$$

且可取 $\delta$,使 $0 < \delta < \dfrac{pq}{n\varepsilon^2}$。这里 $m/n$ 是几次重复试验中事件的频率,$P$ 是该事件在每次试验中出现的概率,而 $q = 1 - p$,故当样本容量 $n$ 充分大时,经验分布函数 $F^*(x)$ 和分布函数 $F(x) = p\{X \leqslant x\}$ 二者是非常接近的。本节事故原因分析以及后面几节中,关于"围护结构类型"及"工程处理措施"的统计分析,相应的 $n$ 值均较大,因而随机变量 $X$(或 $Y$,或 $Z$)的分布函数均具有式(2-1)的形式。

### 2.4.2　工程失事原因分析

1)工程失事主要原因

根据统计结果,在 314 项"原因"中,由施工方面引起的原因,其频率 $W_3 = 0.469$;设计原因的频率 $W_2 = 0.399$,二者频率之和为 0.868。由此可以得出一个看法,即目前我国深基坑事故频仍的主要原因是施工和设计方面存在的问题造成的。由于有相当一部分围护工程及降水设计方案是由施工单位自己搞的,并非设计院出图,因而就设计与施工二者来说,施工又是主要的。不解决好施工的问题,基坑事故频繁的状况难有明显改变。施工方面问题主要表现在以下方面:

(1)施工队伍杂乱,素质较差,不少施工队伍名义上隶属于某些大公司,实际上是民工队,公司只收管理费。

(2)施工管理水平低。

(3)工法、规范意识差,施工质量无保证。

(4)没有或缺少监控意识和监测能力。

(5)施工设备陈旧老化或不匹配,机械施工水平低。

(6)缺乏在复杂条件下施工的经验,快速反应能力差。

(7)缺乏自提设计方案的能力,操作不规范,等等。

工程设计方面存在的主要问题是:

(1)缺乏复杂地质条件或复杂环境下的设计经验,表现为某些设计计算取值欠审慎等。

(2)对某些新的工法不甚了解或不了解,名义上是设计方出图,实际上是施工单位搞设计,这种情况不少。

(3)对某些设计理论特别是其应用范围、假设条件的理解欠深入、全面;边壁(坡)破坏模式概念尚待进一步确立。例如,有的设计计算搞得很细很精确,但选定的破坏模式不对,这就从根本上错了,这种设计很容易出问题。

(4)工作程序不规范,没有勘察资料也设计出图的事时常发生。

2)投资方(大包方)原因

由投资方(大包方)原因造成工程失事的频率 $W_5 = 0.064$,仅低于"施工"和"设计",值得重视。投资方原因主要表现为不切实际地盲目压价;不适当地干预场地探孔及测试方案、基坑围护及降水方案(目的还是压价);让承包方垫资,或拖欠工程进度款,或拖签或不签应签的签证,等等。大包方原因主要表现为层层分包、单纯追求进度等。对分包方而言,大包方为甲方。以上投资方对有关工程经费问题的不恰当做法,大体也适于某些大包方。

3)其他原因

工程失事的其他原因,勘察 $W_1$、监理 $W_4$、规范 $W_6$ 分别为 0.039、0.023 和 0.006。勘察原因主要表现为地质描述不详或有遗漏。钻孔深度和数量不够均可能造成遗漏。监理原因主要表现在对施工质量的失控或把关不严上。规范原因体现在某些规定的科学性和适用性值得商榷。

# 2.5 失事工程围护结构类型统计结果及分析

## 2.5.1 统计结果

在 243 例失事工程中,除不详者外,总计有 148 例工程采用了各种围护结构形式。

将失事工程围护结构类型看作离散随机变量 $Y$,取样本容量 $n = 148$,据统计数据可列出其频数分布表(表2-4)和经验分布表(表2-5)。相应的 $Y$ 的分布折线见图2-2。

失事工程围护结构类型频数分布表　　　　　　　　　　表2-4

| $Y$ | 1 | 2 | 3 | 4 | 5 | 6 | 7 | 8 | 9 | 10 | 11 |
|---|---|---|---|---|---|---|---|---|---|---|---|
| $n_y$ | 63 | 2 | 2 | 9 | 1 | 8 | 4 | 2 | 15 | 17 | 15 |

失事工程围护结构类型经验分布表　　　　　　　　　　表2-5

| $Y$ | 1 | 2 | 3 | 4 | 5 | 6 | 7 | 8 | 9 | 10 | 11 |
|---|---|---|---|---|---|---|---|---|---|---|---|
| $W$ | 0.426 | 0.081 | 0.014 | 0.061 | 0.007 | 0.054 | 0.027 | 0.014 | 0.101 | 0.115 | 0.101 |

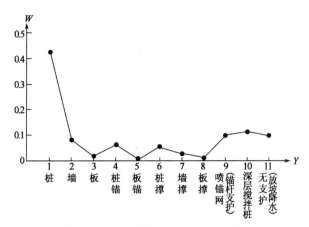

图2-2 失事工程围护结构 $Y$ 的分布折线

### 2.5.2 几点分析

(1)桩的采用频率 $W_1$ 最高,失事的频率也最高。

(2)喷锚网(含锚杆支护)$W_9$、深层搅拌桩 $W_{10}$ 和无支护 $W_{11}$ 等三类的采用频率次之,失事频率也次之。单纯的锚杆支护方案一般不可取;无支护若改为适当支护,则失事频率会降低。

(3)墙 $W_2$、桩锚 $W_4$、桩撑 $W_6$ 采用频率及失事频率又次之。

(4)桩锚 $W_5$、板 $W_3$、墙撑 $W_7$、板撑 $W_8$ 等四种围护结构的采用频率及失事频率最小。

在这里,失事频率最小的围护结构,不一定就是最好的结构形式。因其采用频率也最小。同样,采用频率最高的(或次高的),也不一定就是最佳的(或次佳的)结构类型。因其失事频率也最高(或次高)。失事工程围护结构类型统计结果,只能给人一个关于目前各种结构形式应用状况的大致印象。但是,如果把这一结果同失事工程处理措施结合起来分析,便可获得更多的认识。

# 2.6 失事工程处理措施统计结果及分析

### 2.6.1 概况

失事工程处理措施,包括如下两种情况:

(1)绝大部分处理措施已实施,并获成功。

(2)个别工程处理措施正在实施或准备实施,前者已取得显著效果,而后者经专家论证认为合理可靠。

### 2.6.2 处理措施统计结果

除不详者外,共有90例工程给出了处理措施。

将失事工程处理措施看作离散随机变量 $Z$,取样本容量 $n=90$,据统计数据可列出其频数分布表(表2-6)和经验分布表(表2-7)。相应的 $Z$ 的分布折线见图2-3。

**失事工程处理措施频数分布表**　　　　　　　　　　　　表2-6

| $Z$ | 1 | 2 | 3 | 4 | 5 | 6 | 7 | 8 | 9 | 10 | 11 |
|-----|-----|-----|-----|-----|-----|-----|-----|-----|-----|-----|-----|
| $n_z$ | 13 | 1 | 4 | 3 | 1 | 1 | 30 | 2 | 10 | 24 | 1 |

| $Z$ | 1 | 2 | 3 | 4 | 5 | 6 | 7 | 8 | 9 | 10 | 11 |
|---|---|---|---|---|---|---|---|---|---|---|---|
| $W$ | 0.144 | 0.011 | 0.044 | 0.033 | 0.011 | 0.011 | 0.333 | 0.022 | 0.111 | 0.267 | 0.011 |

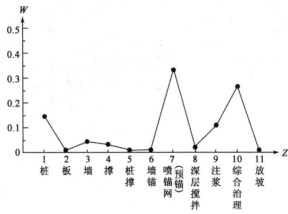

图2-3 失事工程处理措施 $Z$ 的分布折线

### 2.6.3 几点分析

(1)喷锚网(包括预应力锚杆或锚索)支护采用频率 $W_7$ 最高,有1/3的失事工程采用该方法处理。综合治理措施 $W_{10}$ 次之,桩 $W_1$ 又次之。在90例失事工程中,上述三类方法占67例,其采用频率之和为0.744。其他处理措施除注浆法 $W_9$ 具有不容忽视的频率值0.111外,其他都较小(板 $W_2=0.011$,墙 $W_3=0.044$,撑 $W_4=0.033$,桩撑 $W_5=0.011$,墙锚 $W_6=0.011$,深层搅拌桩 $W_8=0.022$)。

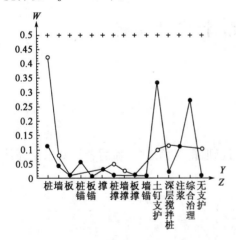

图2-4 二类曲线比较

(2)比较失事工程"围护结构类型"和"处理措施"发现:不少工程采用某种围护结构失事后,又采用同样的结构形式取得了成功。这一点,对于喷锚网和桩十分突出。这一现象表明,一般来说,不能简单地把某个工程失事的原因归咎于它所采用的某种结构类型及其工法本身。正如不能简单地把一个工程事故归咎于自然灾害一样。

(3)把图2-2和图2-3合成一张图(图2-4),以资比较。在148例失事工程中,采用"桩"失事的频率 $W_1$ 为0.426,相应的"喷锚网" $W_9$ 为0.101,前者约为后者4.2倍;在90例处理措施中,桩的采用频率 $W_1$ 为0.144,相应的喷锚网 $W_7$ 为0.333,后者约为前者的2.3倍。两相比较,反差显著。由此可以看出,喷锚网的市场采用频率较高。

(4)在处理措施中,综合治理措施的采用频率仅低于喷锚网,值得重视。综合治理措施是各种技术措施的综合运用,其特点是针对性很强,其有效性的前提是专家会诊,找准了病因。

< 26 >

# 参 考 文 献

［1］ 中国岩土锚固工程协会.岩土锚固工程技术[M].北京:人民交通出版社,1996
［2］ 黄熙龄,钱力航,黄强.复杂条件下的地基与基础工程[M].沈阳:东北大学出版社,1993
［3］ 龚晓南,张航.第四届地基处理学术讨论会论文集[C].杭州:浙江大学出版社,1995
［4］ 中国岩石力学与工程学会岩石锚固与注浆技术专业委员会.中国锚固与注浆工程实录选
　　　[G].北京:科学出版社,1995
［5］ 黄强.深基坑支护工程设计技术[M].北京:中国建筑工业出版社,1995
［6］ 刘建航,侯学渊.基坑工程手册[M].北京:中国建筑工业出版社.1997
［7］ 上海市土木工程学会岩石力学与基础工程学术委员会.深基坑施工技术交流会论文集
　　　[C].1991
［8］ C K SHEK,J S KUANG,C W W NG. Proceedings of the second international symposium on
　　　structures and foundations in civil engineering[C]. Hong Kong:1997(1):7-10
［9］ 侯学渊,顾尧章,等.高层建筑的岩土工程问题[M].杭州:浙江大学出版社,1994
［10］ (美)R L 舒斯特,等.滑坡的分析与防治[M].铁道部科学研究院西北研究所,译.北京:
　　　中国铁道出版社,1987
［11］ 唐长馥,唐启明,郑国强,等.工程事故与危险建筑[M].上海:同济大学出版社,1994
［12］ 余志成,施文华.深基坑支护设计与施工[M].北京:中国建筑工业出版社,1997
［13］ 柳州欧维姆建筑机械有限公司.OVM 通讯,1997
［14］ 工程力学编辑委员会.工程力学,1996(增刊)
［15］ 曾宪明,曾荣生,陈德兴,等.岩土深基坑喷锚网支护法原理·设计·施工指南[M].上
　　　海:同济大学出版社,1997
［16］ 防护工程学会.中国土木工程学会第五次学术年会论文集[C].重庆:1996
［17］ 宋二祥.基坑支护技术进展[J].建筑技术,1998(增刊)
［18］ 中国岩土锚固工程协会.岩土锚固新技术[M].北京:人民交通出版社,1998

# 第二篇

## 临界锚固长度研究与应用

---

　　本篇含第 3~5 章。第 3、4 章阐述了锚固类结构临界锚固长度的明晰概念,详尽评述了国内外的相关研究进展。第 5 章介绍了一次专门研究并测试临界锚固长度的现场试验结果和结论;在此基础上,提出了判定临界锚固长度指标值的试验方法。

# 3 国外关于锚固类结构杆体临界锚固长度的研究

## 3.1 概　　述

锚固类结构杆体临界锚固长度是指一定岩土介质中锚固类结构杆体的极限锚固长度,超过该长度,其承载力将不再明显增加;不达此长度,其承载力尚有一定潜力可挖。锚固类结构杆体临界锚固长度问题研究,涉及诸界面剪应力或侧阻力分布形态、规律和机制,涉及锚固类结构杆体第1界面(杆体—注浆体)、第2界面(注浆体—孔壁介质)和第3界面(发生在围岩介质内部,大体呈圆弧锥形)剪应力相互作用关系问题,涉及界面剪应力沿杆体轴线和垂直于该轴线的两个正交方向上的衰减特性和速率,还与地层条件、环境条件、施工工艺及工程质量等紧密相关,情况较为复杂。半个多世纪以来,国外从不同的侧面对临界锚固长度的相关问题进行了研究,但系统的研究仍较为缺乏,直接的研究极为少见,仍处于局部发现问题局部探讨解决阶段,因而此问题尚未真正解决。本章综合论述了国外关于锚固类结构杆体临界锚固长度问题相关研究的进展。

国外关于锚固类结构杆体临界锚固长度问题的相关研究方法主要有:试验方法、解析方法、数值分析方法、综合方法。研究的核心是界面剪应力分布特性与规律,主要有两类相左的观点:一种认为界面剪应力是均匀分布的;另一种则相反,并由此建立了临界锚固长度的概念。以下综合地给予介绍,但主要是后一种观点。这与笔者倾向性有关。

## 3.2　关于平均剪应力的研究结论和理论基础

锚固类结构杆体临界锚固长度的概念和设计方法,根本区别于平均剪应力的概念和设计方法。但长期以来,平均剪应力的观点在国际占有主导地位,一个重要的证据就是许多国家的相关技术标准中,大都采用了平均剪应力的概念和设计方法。我国受国外影响,其情形亦相仿。因而讨论临界锚固长度问题,就无法避免谈到平均剪应力问题。有关平均剪应力的研究著述甚多,这里只介绍有代表性的观点及其理论基础。

H. Stang 等研究了滑移与剪应力分布规律,指出采用他们的分析模型可以推导出沿钢纤维的界面平均剪应力分布[1]（1990）。在此计算模型中，剪切层外的浆体材料被假设为刚性材料，并且不考虑泊松比的影响。笔者分析认为，钢纤维是直接打筑在浆体材料中的，因而上述模型描述的是第 1 界面剪应力分布形态，并且是按平均剪应力处理的。

Patrikis、Andrews 和 Yong 等根据其他研究者的工作，推导建立了沿钢纤维界面剪应力的分布模型[2]（1994）。在此模型中，作者应用了 cox 的剪力层理论并且考虑了泊松比的影响。与文献[1]分析模型相似，该模型也是以第 1 界面为研究对象的。这两个模型都显示出当钢纤维的长细比较小（如 $L/D=1$，$L$ 为锚固段长度，$D$ 为纤维或锚杆钢筋直径——笔者注，以下同）时，界面剪应力趋向于均匀分布。问题是：①锚杆能不能简化为钢纤维？大量试验证明是不行的；②实际锚固段长度 $L$ 怎么可能只与锚杆或锚孔直径 $D$ 一般大？③锚固段长度很短，发生破坏和转移的峰值剪应力及其演化特性就难以测得。

文献[3]也提出了类似于文献[1-2]的分析模型[3]（1991），并指出，当钢纤维长细比很小时，界面开裂时的受力即为最大拔出力；界面黏结被破坏后，由于界面正压力的存在，机械咬合作用与界面摩擦力仍对钢筋滑移产生抗力，此时摩擦力沿钢纤维分布也可视为均匀分布。如果界面剪应力沿钢纤维长度方向为均匀分布，则界面剪应力可以很容易地求得。文献[3]所提出第 1 界面剪应力的公式与我国现行规范同，较大的区别在于纤维的长细比 $L/D$ 很小。

早在 20 世纪 80 年代，Lang G. 等[4-5]（1979）就对单根锚杆的黏结强度进行了研究。拉拔试验时不饱和聚酯药卷状黏结锚杆的平均黏结强度，假定为沿锚固段黏结体—钢筋界面（即第 1 界面）全长均匀分布，其值为 $\tau_u \geq 10\mathrm{MPa}$。作者认为，该值适用于试块（200mm 立方体）抗压强度约为 20MPa 的混凝土和埋深约为 $9d$ 的情形（$d$ 为锚杆直径）。研究发现，平均黏结强度随混凝土强度的增加而增加。文献[4-5]有如下特点：①界面黏结强度取为平均值；②研究对象为第 1 界面。

20 世纪 80 年代及以后，人们就用不同的试件与方法研究了钢纤维与水泥浆体材料界面的微观结构[6-8]（1978，1985，1997）。研究发现：浆体材料在界面处存在一个相对较弱的界面区。此界面区主要由氢氧化钙晶体、C—S—H 等组成，对界面力学特性起着非常重要的作用。此界面层材料的微观构造尺寸即使与很细的钢纤维相比仍然非常小，因而纤维直径的变化不会引起界面层微观结构的变化。有鉴于此，提出了基于平均剪应力的界面剪切强度与摩擦剪应力计算方法，并认为可以用表面处理相同的钢条或钢筋替代钢纤维进行试验，以确定界面的力学特性。文献[6-8]研究的都是打筑在浆体材料中钢纤维（或锚杆钢筋）的力学性能（第 1 界面），研究也很深入，可看作是平均剪应力的基本理论依据，至今仍有重要影响而被引用。但该理论经不起试验和工程实践检验是不争的事实，原因可能是其应用超出了理论的适用范围。

文献[9]（1999）综合报道了国外的锚固类结构杆体极限承载力研究的情况。Little John 和 Bruce（1975）认为，一般情况下，锚杆极限拔出承载力按下式计算：

$$P = \pi \cdot D \cdot L \cdot \tau_{\mathrm{uct}} \tag{3-1}$$

式中，$P$ 为极限承载力；$\tau_{\mathrm{uct}}$ 为土与注浆界面的侧向剪切应力；$D$、$L$ 分别为砂浆锚固体的直径和胶结长度。

假设锚杆处在硬岩中，则

$$\tau_{\mathrm{uct}} = 10\% \cdot S_a \qquad (S_a < 600\mathrm{psi}, 即 4.1\mathrm{MPa}) \tag{3-2}$$

式中，$S_a$ 为单向压缩强度。

如果锚杆处在黏质土中，则

$$\tau_{uct} = \alpha \cdot S_u \tag{3-3}$$

式中,$S_u$ 为土的平均不排水剪切强度;$\alpha$ 为黏着系数,通常在 0.3 ~ 0.75 范围内变化 (Tomlinson,1957;Peck,1958;Wood-ward 等,1961),对坚硬土层,$\alpha$ 取较小值。

Hanna(1982)提出,对于粒状土,界面极限剪应力按下式计算:

$$\tau_{uct} = q \cdot A \cdot \tan\varphi \tag{3-4}$$

式中,$q$ 为有效注浆压力,$q$ 通常限于小于 345kPa(50psi)或每 0.304 8m(1ft)超载 14kPa (2psi)的情况(Little John,1970);$\varphi$ 为土界面的摩擦角;$A$ 为小于 1 的无量纲经验系数。

Little John (1970)提出了一种评价低压注浆锚杆极限承载力的方法:

$$p = L \cdot n \cdot \tan\varphi \tag{3-5}$$

式中,$L$ 为锚固长度;$\varphi$ 为内摩擦角;$n$ 为取决于土的渗透性、注浆压力和覆土厚度的参数。

对于有效锚固面积而言,承载力表示为:

$$p = \pi \cdot D \cdot L \cdot \sigma'_n \cdot \tan\varphi + \frac{\pi}{4}(D^2 - d^2)\gamma \cdot Z \cdot N_q \tag{3-6}$$

式中,$\varphi$ 为外套表面摩擦角;$D$ 为固定锚杆的有效直径;$d$ 为锚杆上外套的有效直径;$\gamma$ 为土的重度;$Z$ 为锚杆上部的覆盖层厚度;$L$ 为锚固长度;$N_q$ 为承载力因数;$\sigma'_n$ 为锚固长度内有效平均接触压力。

在有较高注浆压力条件下,锚杆极限承载力用下式表示(Jorge,1969):

$$p = K \cdot \pi \cdot D \cdot L \cdot \sigma'_v \cdot \tan\varphi \tag{3-7}$$

式中,$K$ 为锚杆外套壁上土压力系数;$\varphi$ 为锚杆外套表面摩擦角,通常小于土的内摩擦角;$\sigma'_v$ 为靠近锚固段的平均有效覆土压力。

在高压注浆条件下,锚杆极限承载力由下式计算(Ostermayer,1974):

$$P = a \cdot P_c \cdot \pi \cdot D \cdot L \cdot \tan\varphi \tag{3-8}$$

式中,$P_c$ 为注浆压力;$a$ 为小于 1 的无量纲系数;其余符号意义同前。

锚杆极限承载力是人们特别关心的,因为它与临界锚固长度相对应。但上述式(3-1)~式(3-8)是基于平均剪应力的系列公式,其中锚固长度 $L$ 是无限制的,因而在逻辑上是相悖的,仅在一定条件下具有经验性参考价值。

## 3.3　关于临界锚固长度的现场试验结果

现场试验是国外确定临界锚固长度的主要方法之一。很多现象是从现场试验中发现的,临界锚固长度现象即是如此。但要把现场试验做得很精细便很难,若不精细则破坏过程可能不完整,破坏机制的分析就可能出现偏差。很多文献给出的结果出现矛盾结论,就缘于此。

以下介绍文献[9]援引的几个比较典型的现场试验结果。

Fujita 等(1977)利用一种分析模型和 30 个现场试验结果,得出砂层中平均最大表面摩擦阻力与标准贯入试验 $N$ 值的平均值密切相关。在这种介质中,锚杆锚固长度为 6m 左右,超过此长度,极限抗拔力增加很少。Ostermayer(1974)所做独立试验也证明了这一点(图 3-1)。其临界锚固长度是由拉拔力与位移的相关关系表述并确定的。这是国外较早发现临界锚固长度现象的例子。

Bustamente(1975,1976)、Ostermayer 和 Scheele(1977)、Shielde 等(1978)、Bustamente (1980)、Dauisand Plumelle(1982)研究了沿压力注浆和超高压注浆锚杆的荷载转移问题。Ostermayer 和 Scheele(1977)给出不同密度的砾质砂中沿注浆锚杆侧向界面剪应力的分布曲线,如图 3-2 所示。

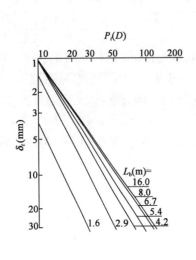

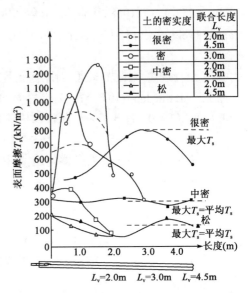

| 土的密实度 | | 联合长度 $L_v$ |
| --- | --- | --- |
| ○-- | 很密 | 2.0m |
| ●-- | | 4.5m |
| ○-- | 密 | 3.0m |
| □-- | 中密 | 2.0m |
| | | 4.5m |
| △-- | 松 | 2.0m |
| ▲-- | | 4.5m |

图 3-1　砂土中锚固长度对荷载与锚杆位移的影响　　　　图 3-2　压力注浆锚杆侧向界面剪应力的分布

　　由图 3-2 可见,在不同介质中,界面剪应力峰值均不相同,但由于试验锚杆较短,峰值和零值剪应力的转移不明显。笔者认为,图中的曲线峰值是发生过多次转移后的峰值,曲线形态只是某个阶段的形态,缺乏一般性。

　　Bustamente(1980)完成了塑性黏土中装有量测元件的锚杆拉拔试验,发现拉拔承载力与锚杆长度不成比例(图 3-3)。

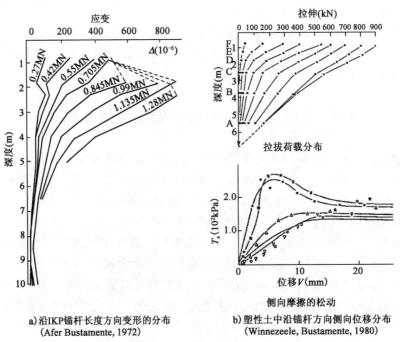

a)沿IKP锚杆长度方向变形的分布　　　b)塑性土中沿锚杆方向侧向位移分布
　　(Afer Bustamente, 1972)　　　　　　(Winnezeele, Bustamente, 1980)

图 3-3　锚杆拉拔试验结果

笔者认为,这是一个非常经典的结果,其中既有峰值应变和侧阻力的转移,也有零值转移。这在国外文献中并不多见。

澳大利亚 Marc A. Woodward[10](1997)报道,在西澳大利亚黑德兰港的耐尔森 BHP 铁矿翻车机矿井,进行了 2 组 4 根锚索试验,研究确定了在红土层和砾岩层中,锚索注浆体与地层之间(即第 2 界面)的极限黏结应力为 477kPa,此时锚索长度为 8m。试验方法依照 BS8081:1989《英国地锚施工标准规范》进行。方法是:测取荷载—位移关系曲线,将设计弹性极限荷载确定在整个试验极限荷载的 62.5% 处。这里所谓极限黏结力就是我们通常所指发生转移之前的峰值剪应力。试验方法也有可借鉴之处,设计荷载的确定是偏于安全的,但由于未安装测点进行量测,临界锚固长度尚难以确定。

英国 M. J. Turner[11] 报道采用一种高强、价廉、防腐、抗弯折和抗撕裂性能优异的新型 Paraweb 聚酯织带材料替代土钉并进行了现场测试,试验测得织带与水泥浆之间"界面上达到的最大黏结应力为 41kPa,并且没有损伤和明显的位移"。笔者认为,此"最大黏结应力"就是尚未发生转移的峰值应力,但由于缺少零值点测试结果,临界锚固长度尚不能确定。

文献[12](1984)报道在非黏性土中进行了大量锚固试验,致密砂层中锚杆最大表面黏结力分布长度甚短,而在松砂和中密砂中,表面黏结力分布则较长且接近于均匀分布;随着外荷载增加,表面黏结力的峰值点向锚固段远端转移。笔者认为,这是国外较早涉及黏结应力峰值点转移的论述。

文献[13](1995)报道了所研究荷载由锚索向黏结砂浆传递的特性为:在位移较小时,便达到峰值荷载,此后随位移增加,荷载下降,直至残余荷载仅约为峰值的 1/2 为止。笔者认为,峰值荷载下降至残余荷载的实质,是外锚端附近浆体局部发生破坏、峰值剪应力发生向杆体深部转移的结果。这些结果和现象均与临界锚固长度的确定密切相关。

文献[14-15](1981,1990)分别报道了土钉支护的现场测试结果与分析,研究发现土钉受力很不均匀,既存在最大值点,也存在较小值和零值点。但未发现转移现象,因而临界锚固长度尚不确定。

文献[16](2004)报道了采用玻璃纤维增强聚合物(glass fiber reinforced polymer,简称 GFRP)筋材所制成的 GFRP 螺纹锚杆的性能。试验指出,GFRP 螺纹锚杆与混凝土具有优异的黏结性能,它们之间的化学胶结力可以达到黏结强度的 80%,较之一般钢筋锚杆更高,且轴向应力随深度的变化,既存在峰值点,也存在零值点。但未出现峰值和零值点的转移现象,因而难以确定杆体的临界锚固长度。需要指出,GFRP 是以玻璃纤维为增强材料,以合成树脂为基体,通过掺入适量辅助剂,经拉挤成型和表面处理而形成的一种新型复合筋材,目前国内外已有大量应用[17-18]。

文献[19-22](1983,1995,1997,1997)报道了锚杆在荷载作用下,锚固段沿长度分布的界面黏结力很不均匀的试验研究结果。采用较长锚固段条件下,加载开始时,黏结应力峰值出现在临近自由段处,而在离自由段较远的锚固段深部,则不出现黏结应力(即零值点——笔者注),随着荷载升高,黏结应力峰值逐步向锚固段深部转移,而锚固段前端的黏结应力则显著下降。当荷载进一步升高、黏结应力峰值转移至锚固段底部时,锚固段前部较长范围内的黏结应力值进一步下降,而趋近于零(图3-4)。这是关于界面黏结应力研究较深入的例子,很值得我国读者学习和借鉴。稍有遗憾之处在于,文献[19-22]均未发现,在峰值应力点发生转移同时,零值点也会发生向杆体深部转移,且逐次发生的峰值与零值点之间的空间距离若大体为一常数,则此常数就是临界锚固长度。

文献[23-24](1977,1977)分别报道在硬砂土和非黏性土中观测到了锚杆临界锚固长度现象,即锚杆杆体超过一定长度时,锚固力并不增加或增加不显著(图3-5)。

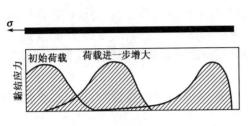

图3-4　拉力型锚杆锚固段全长黏结应力的分布

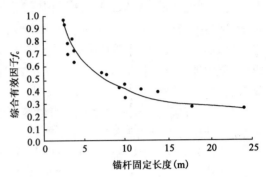

图3-5　锚杆固定长度与综合有效因子$f_c$的关系曲线

文献[25](1997)研究了注浆锚杆的注浆体与钢筋束之间的界面(即第1界面)力学性能。指出:在锚固段长度增加过程中,位移有下降趋势。这种下降趋势抑制了极限承载力随着锚固段长度增加而无限增加的趋势。这意味着,在一定岩土介质中,锚固类结构杆体存在一个极限承载力值。笔者认为,此值是与临界锚固长度相对应的。

文献[26](1995)报道,19世纪80年代,美国、日本等国研究开发了一种新型单孔复合锚固技术,显著改善了锚杆传力机制,能大幅度提高锚杆的承载力和耐久性。美国采用此技术,使软土中锚杆的承载力达到1 337kN。1989年,澳大利亚在Warragamba重力坝加固工程中采用由65根$\phi$15.2mm钢绞线组成的单孔复合锚索,使其承载力达到了16 500kN。笔者认为,这一技术的实质,就是多次利用了一定岩土介质中的临界锚固长度;在这种情况下,锚杆(索)长度势必加长,且单元锚杆(索)之间彼此不相扰。

## 3.4　关于临界锚固长度的室内试验结果

相似模拟试验也是一种很有效的研究方法,国内外均采用较多。该方法的特点是,模型是对原型的一种简化,试验条件较好控制,只要所建立相似法则抓住了事物的本质方面,试验结果仍有较高置信度。

以下介绍国外有代表性的模型试验结果。

日本S. Sakurai[27](1998)报道了锚杆加固节理岩体的机制与分析方法。试验方法为:用熟石膏制作3个试件,其中不连续面由在三维方向上随机放置的许多薄纸片形成,然后钻孔、注浆,分别安装铜锚杆、熟石膏锚杆、不安装锚杆。试验获得三种支护形式下轴向应力与轴向应变关系曲线(图3-6)。该试验做得很精细。作者未刻意研究锚杆临界锚固长度,但笔者认为,在该试验条件下,在比例极限点处与相应轴向应力相对应的锚杆长度可认为就是临界

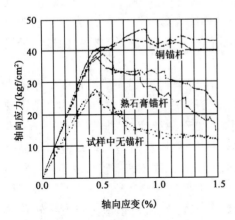

图3-6　考虑锚杆作用的应力应变关系

注:1kgf/cm$^2$ = 0.098 066 5MPa

锚固长度。

文献[28-29](1995,1996)根据室内系统试验,提出了计算锚杆长度、直径、锚固段长度与拉拔力之间的关系式。不过计算方法受室内试验条件限制,难以获得临界状态下的锚杆杆体及锚固段长度。

文献[30](2002)经研究认为,对于破碎围岩的加固,锚索长度 $L$ 应大于 3 倍以上的群锚间距 $d$,而 $d \leqslant (1/2 \sim 1/3)L$。这一结果与总参工程兵科研三所的研究结果相近。这里实际上涉及一个优化锚固长度问题。

文献[31](1975)报道,锚索锚固段侧阻力分布是很不均匀的,侧阻力按指数形式衰减,其形式与文献[15]给出的完全相同。实际上,Hawkers 和 Evans 早在 1951 年就认识到了钢材与浆体界面(即第 1 界面)黏结应力的非均匀分布形态,并提出了相应计算公式。其形式与式(3-9)完全相同。

文献[32](1997)报道了仿真模拟计算的结果:杆体与注浆体界面(即第 1 界面)剪切强度随侧限刚度增大而增大,注浆长度 $L$ 短于 15cm 时,剪切强度 $\tau$ 大体为一常数(15.1MPa),$L$ 为 $15 \sim 35$cm 时,$\tau$ 随注浆长度增加而减小($L = 35$cm,$\tau = 8$MPa),此后注浆长度的增加对剪切强度的影响不明显。需要指出,上述剪切强度是指平均剪切强度,因而长度越长,$\tau$ 值越低。当注浆长度增加对 $\tau$ 值几乎无影响时,可认为此长度就是临界锚固长度。

文献[33](1997)介绍了国际上著名的岩土工程分析软件 FLAC-3D,该软件的基本原理与方法源于 Cundall 等人提出的显式有限差分法。采用该方法也可分析计算锚固类结构作用机制及临界锚固长度问题,但仍应以试验结果作比对。

文献[34-35](1996,1999)报道分别采用在冲(淤)积土中进行竖直锚杆试验和砂土中进行拉锚墙加固的数值模拟方法,也观测到和发现了上述现象。这是国外直接观测和分析临界锚固长度现象的例子,时间跨度近于 30 年。

文献[36](1999)通过数值分析和模型试验研究后指出,锚索体与浆体材料之间(即第 1 界面)的黏结应力在中等及坚硬地层中呈指数分布形态,并受控于荷载大小、锚索体与地层及浆体材料弹性模量之间的比值,比值越小,锚固段外端应力越集中,比值越大,侧阻力分布越均匀。Hawkers 和 Evans(1951)以及后来的 Phillips 给出了一个钢体与浆体间黏结应力分布的计算公式,该公式与式(3-9)完全相同。以该公式为基础,进而假定锚固体与岩体间(即第 2 界面)也存在类似的关系式。笔者认为,在被加固支护介质连续性尚好条件下,第 2 界面剪应力就是第 1 界面剪应力衰减的结果,因而这个假设是可以接受的。

# 3.5　关于临界锚固长度的理论研究结果

理论研究是对原型和模型试验研究的重要补充手段,它一般包括解析方法和数值方法,还可包括半理论半经验、半数值半经验方法。理论研究的价值依赖于计算模型的正确性和计算参数取值的可靠性。以下简介国外采用理论研究方法探讨锚固类结构杆体临界锚固长度相关问题的情况。

文献[37-39](1967,1969,1971)研究了荷载从锚索(杆)传递到灌浆体的力学机制(即第 1 界面)。研究指出,锚索(杆)表面上存在着微观的粗糙皱曲,浆体围绕着锚索(杆)表面将其充满,而形成灌浆柱,在锚索(杆)与灌浆柱之间的黏结被破坏之前,其黏结力发挥作用,当锚索(杆)与浆体产生一定的相对位移之后,两者界面的某些部位即遭到破坏,这时,锚索与灌浆柱之间摩擦阻力就发挥主要作用。最后的结果可能是灌浆柱的开裂和压碎,锚头滑动并附带部分砂浆体而被拔出。笔者认为,这些国外较早期的观点,今天一般都是认同的,它们是研究锚固类结构杆体临界锚固长度的基础。

文献[40](1986)指出拉力型锚索表面剪应力(即第1界面)不是均匀分布的,而是呈以下指数形式:

$$\tau_x = \tau_0 e^{-\frac{Ax}{d}} \tag{3-9}$$

式中,$\tau_x$ 为距锚固段近端距离为 $x$ 处的剪应力;$\tau_0$ 为邻近锚固段的剪应力;$d$ 为锚索直径;$A$ 为锚索中黏结应力与主应力相关的常数;$x$ 为距离变量。

上式与我国许多研究者发表的若干公式相近。采用半理论半经验方法也是求得锚固类结构杆体临界锚固长度的途径之一。

文献[41-42](1988,1994)报道了锚固结构与节理岩体的相互作用关系。文献[43-46](1989,1991,1997,1980)报道了加固节理岩体的离散模型特性。上述文献资料均涉及了锚固节理岩体的机制与有效锚固长度问题。建立加固节理岩体分析模型研究,是一个现实而又非常敏感的问题。笔者认为,在节理岩体中,临界锚固长度问题是同样存在的。当注浆体及其与结构面的黏结强度不小于节理岩体介质强度且注浆饱满时,采用连续介质模型分析其临界锚固长度仍然是可行的。

文献[47](1999)假定锚杆尾端的轴向拉应力为 $\sigma$,破坏区长度为 $a$,总破坏区长度为 $b$,最大侧剪应力为 $\tau_f$,则未破坏区剪应力 $\tau_1(x)$ 和破坏区剪应力 $\tau_2(x)$ 可分别用指数方程和抛物线方程来描述:

$$\tau_1(x) = \frac{\alpha}{2}\sigma e^{-2\alpha x/D} \tag{3-10}$$

$$\tau_2(x) = \tau_f + \frac{2\tau_f}{3b}x - \frac{\tau_f}{3b^2}x^2 \tag{3-11}$$

式中,$\alpha$ 为参数;$D$ 为锚杆直径。

需要指出,上述破坏区长度 $a$ 具有转移特性,在较理想条件下,其转移与峰值侧剪应力的转移基本上是同时发生的。

文献[48](1999)综合论述了与临界锚固长度有关的锚固类结构的破坏模式问题。作者认为:在极限抗拔荷载作用下,一种假设是锚杆(索)沿浆体与岩土体之间界面(即第2界面)产生破坏;二是破裂面发生在岩土体内部,破裂面为圆锥面(Mors,1959)(即第3界面);Balla(1961)经大量试验研究,认为此破裂面为圆弧锥面。笔者认为,第1界面即钢筋(索)杆体与浆体的交界面的破坏也不容忽视,且3个界面间存在复杂的相互作用关系。这三种破坏方式都有可能发生,但一般不会同时发生。在不同的破坏方式下,杆体将具有不同的临界锚固长度。

文献[49-50](2002,1975)研究认为,内锚固段相对于加固范围内应力叠加区或塑性区的长度直接关系到加固效果,以及内锚固段的轴向应力和剪应力分布形态。内锚固段极限承载力是灌浆材料与围岩之间(第2界面)以及与束体材料之间黏力(第1界面)的函数。灌浆材料与周围岩体剪切强度的大小直接决定了极限抗拔承载力的大小。剪切强度与以下3个力有关:黏结力、嵌固力和摩擦力(浆体材料破坏后才起作用且远小于前两个力——笔者注)。笔者认为,这里所谓极限承载力就是与临界锚固长度相对应的承载力。极限承载力采用试验方法是不难获得的,但临界锚固长度采用简单拉拔试验则不易获得。

文献[51](1995)采用三阶段线性函数描述了预应力锚索锚固体与孔周围岩间界面(第2界面)剪应力—剪切位移关系。第一阶段为弹性阶段,界面处于无损状态。第二阶段为软化损伤阶段,采用降低弹性模量方法描述界面上剪应力随剪切位移增长而降低的性质。第三阶段为界面上的残余强度阶段,此时界面处于完全损伤阶段,其上仅有摩阻力存在。作者的论述清晰而简化。不过,从第二阶段开始,已涉及浆体局部破坏转移,从工程安全性角度考虑,设计临界锚固长度宜确定在第二阶段之内。

文献[52](1975)经研究建立了锚杆锚固段侧阻力的以下指数形式:

$$\tau = \frac{\alpha}{2}\sigma e^{-2\alpha\frac{x}{d_g}} \tag{3-12}$$

式中,$\alpha = 2G_rG_g/E_b[G_r\ln(d_g/d_b) + G_g\ln(d_o/d_g)]$;$G_r = E_r/2(1+\nu_r)$;$G_g = E_g/2(1+\nu_g)$;$\tau$ 为剪应力;$\sigma$ 为锚固段法向应力;$E_r$、$\nu_r$ 为岩体的杨氏模量和泊松比;$E_g$、$\nu_g$ 为注浆体材料的杨氏模量和泊松比;$d_g$ 为钻孔直径;$d_o$ 为岩体影响直径。

文献[52]反映了锚固类结构杆体界面侧阻力的非均布特性,能够求得峰值侧阻力,但不便求出临界锚固长度。

文献[53](2004)报道采用二阶段线性函数来描述预应力锚索锚固段注浆体与岩体之间界面(第2界面)剪应力与剪切位移关系。第一阶段对应于弹性阶段,此时界面处于无损状态。第二阶段锚固体与围岩体之间产生相对运动,界面上仅有残余强度存在。这是一种有益的尝试。对于永久性工程而言,将弹性极限范围内的剪应力按照一定百分比进行折减后作为设计剪应力标准值,不失为取代平均剪应力设计方法的试验方法之一。

文献[54](1990)报道,研究锚杆锚固段侧阻力分布规律,可采用孔壁岩土体位移的半解析解。方法是将岩土体视为弹性半无限空间介质,锚固段轴向与半无限体的自由面垂直。弹性半无限体内某点作用垂直于自由面的集中力,引起半无限体内部垂直于自由面的位移,则此问题可用第一 Mindlin 位移解进行描述。但应用该方法仍有一些技术细节需作处理。

文献[55-56](1971,1972)报道采用牛顿迭代法可获得结构破坏前的响应曲线,但当荷载增至结构承载能力的极限点附近时,应用该方法往往无法获得收敛点。于是采用了包含有迭代荷载变量的约束方程技术,针对结构进入负刚度阶段以及转折的临界点问题,有效地解决了临界后的响应问题。文献[57](1981)报道在归纳总结前人研究成果基础上,将这些方法应用到间接法中,使弧长法发展成为可以方便地引入有限元计算的程序之中,用以求解非线性有限元方程。这样做的结果,就使得研究锚固类结构临界后响应问题成为可能,其理论意义是不言而喻的。但对重要工程的安全性而言,临界点及临界锚固长度的获取更有其实用价值。

文献[58](1996)报道了基于锚杆荷载传递理论的分析方法,作者假定摩擦阻力沿锚杆锚固段长度按幂函数分布,在此基础上,给出了一定条件下岩石锚杆的相关参数。作者承认界面剪应力分布不均匀,但摩阻力只有在第1或第2界面发生破坏后才产生,在破坏前主要是黏结力起作用,且后者比前者大得多。

## 3.6 关于临界锚固长度的动载试验结果

静力条件下,锚固类结构杆体临界锚固长度现象是存在的,动力条件下是否也存在呢? 结论是动力条件下同样存在。以下介绍的这些试验结果,尽管当时并不旨在研究锚杆的临界锚固长度,但从中仍能窥见其影子。

美国 F. O. Otuonye[59-60](1988,1993)对矿井内全长树脂锚杆对爆炸荷载动力响应进行了现场试验。结果表明:①由外锚头附近杆体应变计测得的锚杆频响与外锚头上加速度计测得的数据相关性很好,说明应变计可用于锚杆动力响应测量;②锚杆外锚头处的振动和应变值均高于内锚头处的相应值(这表明锚杆受力不均匀,且与静载下的分布规律相近——笔者注);③阻尼自然频率(125.2Hz)对锚杆动力作用是主要的,占86.5%,而阻尼频率(1 755.0Hz)动力作用较小,只占12.9%;④爆炸振动波衰减可能是由于重复爆炸在岩体内形成裂隙及其扩展所致;另外,锚杆与岩体间注浆胶结体被破坏,也导致了爆炸振动波衰减,减少了通过注浆胶结体传递给锚杆的能量。

挪威 Gisle Stjem[61](1998)报道,为评估近距离爆炸对注浆锚杆的影响,在挪威 Grong 矿场进行了现场试验研究,包括锚杆拉拔试验及对岩石和锚杆进行振动测量。将临近爆炸点(3.4m)锚杆与安装在较远处(22.0m)锚杆作对比,发现拉拔强度没有下降。把近期灌浆锚杆与早期灌浆锚杆作对比,发现在爆炸荷载作用后两者拉拔强度没有区别。对早先拉拔过的锚杆再次进行拉拔,结果显示出浆体存在"愈合"效应。试验表明,爆炸后锚杆/砂浆性能没有下降。因此得出结论:充分注浆锚杆可以应用在作业面上或接近作业面处。这项研究表明,近距离爆炸对锚杆锚固效果和临界锚固长度无影响。

英国 D. K. V. Mothersille 和 H. Xu[62-63](1989,1993)对冲击荷载作用下预应力对锚杆动力响应的影响进行了实验室模型试验。结果表明,动载沿锚固段按指数规律衰减,冲击荷载大小一定时,锚杆上任意点的动应力都随预应力增加而减小。笔者认为,该项试验以及上述多项研究结果表明,动、静力条件下锚杆轴向受力规律相似具有一定普遍性。

瑞典 Anders Ansell[64-66](2000,2005,2006)研制了一种用于抗爆的新型锚杆,并称其为"吸能锚杆"。吸能锚杆的杆体用软圆钢制作,不设套管,内锚段杆体呈肋状,并冲压有若干个椭圆形孔。垫板是一个壳形圆盘。当受高速冲击时,杆体受拉变长,杆径变细,从而内锚固段以外杆体与砂浆脱落,锚杆外端便可自由让压。文献[64-65]介绍了对这种锚杆进行的自由跌落试验。结果表明:当受动载作用时,杆体塑性应变沿杆长分布不均匀,自锚杆外锚头向内递减(静载下受力规律亦大体如此——笔者注),其塑性屈服没有被充分利用;动载作用下,外锚头处螺母以及内锚头段是可靠的;在12m/s的加载速度下,距螺母50mm处杆体发生断裂。文献[66]对这种(软圆钢)锚杆在高速加载机上进行了动力试验,并根据试验结果提出了对这种锚杆进行抗爆设计的基本原则。我国也研究了原理与之相近的"屈服锚杆"。这也是有效利用临界锚固长度的一种方法。

英国 Ana Ivanovic 等[67](2002)采用基于有限差分法的集中参数数值模型,计算分析了冲击荷载作用下预应力对锚杆动力响应的影响。主要得出以下结论:①锚杆长度一定时,自由段长度与锚固端长度比值增加将导致响应基频降低;②锚头是锚杆响应对预应力变化最敏感的部位;③锚杆振动加速度衰减随预应力增加而增加;④预应力增加将导致锚杆锚固段动应力降低。这些结论与作者先前试验研究结论相一致。

## 3.7 小　结

(1)国外关于锚固类结构杆体临界锚固长度的相关研究由来已久,但直接的研究仍较为少见,尤其是系统的研究未见先例。

(2)国外关于锚固类结构杆体界面剪应力分布形态为均匀分布的观点是主流,一直占据主导地位,其研究结果和结论至今仍大量应用于各类技术标准之中而在设计施工使用。界面剪应力为非均匀分布的观点虽在少数,但也具有重要影响。

(3)国外关于锚固类结构杆体临界锚固长度问题的相关研究,一般都先于我国,且研究仍在继续而未结束,其原因是远未能完全解决此问题。

(4)国外关于锚固类结构杆体临界锚固长度问题的研究,目前仍处于定性阶段,与我国的情况大同小异、相差无几。

(5)国外关于锚固类结构杆体临界锚固长度问题的研究,目前尚未提出试验判别临界锚固长度的方法,也未建立沿锚杆(索)体轴线和垂直于该轴线的两个正交方向上界面剪应力的衰减特性的概念和规律,也未建立由三个同时转移(峰值应力转移、零值应力转移、注浆体局部破坏转移)和一个常数(峰值应力点与零值点之间的空间距离为常数)确定的临界锚固长度的概念和方法。

(6)国外采用缩短锚杆临界锚固长度以提高锚固效果的方法有:①采用高压注浆工艺改变介质物理力学参数指标值;②内锚端采用扩大头形式;③采用螺纹钢锚杆;④采用吸能锚杆;⑤采用新型复合筋材锚杆;⑥采用单孔复合锚固技术等。以上技术,我国均有研究与应用。

(7)动载条件下,锚杆诸界面剪应力分布形态与静载条件下的相仿,临界锚固长度现象是同样存在的。

## 参 考 文 献

[1] Stang H,Li Z,Shah'S P. The pull-out problem-the stress versus fracture mechanical approach [J]. ASCE,J. Engng Mech. 1990,116(10):2136-2150

[2] A K Patrikis, M C Andrews,R J Yong. Analysis of the single-fibre pull-out test by the use of Ram an spectroscopy. Part I: pull-out of aramid fibers from an epoxy resin[J]. Composites Science and Technology,1994,52:387-96

[3] Zongjin Li, Barzin M Obersher,Surendra P shah. Characterization of interfacial properties in fibre reinforced ccm entitious composites[J]. Journal of American Ceramic Society,1991,74:2156-2164

[4] Lang G,Vollmer H. Dubelsysteme fur Schwerlastverbindungen. Die Bautechnik,1979,6

[5] Lang G. Festigkeitseigenschaften von verbundanker-systeen. Bauingenieur,1979,54

[6] D J Pinchin,D Tabor. Interfacial phenomena in steel fiber reinforced cement I:Structure and strength of interfacial region[J]. Cement and concrete research,1978,8:15-24

[7] A Bentur, S Diamond,S Mindess. The microstructure of the steel fiber-cement interface, Journal of Materials Science,1985,20:3620-3626

[8] M N Khalaf,C L Page. Steel/mortar interface:microstructure features and mode of failure[J]. Cement and concrete research,1997,9:197-208

[9] 左魁,曾宪明,成竹刚.国外深基坑围护方法综述[R].洛阳:总参工程兵科研三所,1999

[10] (澳大利亚)Marc A. Woodward.锚索设计、试验、监测和施工方法[M].朱大明,译.∥曾宪明,王振宇,徐孝华,等.国际岩土工程新技术新材料新方法.北京:中国建筑工业出版社,2003

[11] (英)M J Turner.永久性防腐土钉墙的性能、设计与施工[M].李世民,译.∥曾宪明,王

振宇,徐孝华,等. 国际岩土工程新技术新材料新方法. 北京:中国建筑工业出版社,2003

[12] Stillborg B. Experimental investigation of steel cables for rock reinforcement in hard rock Doctoral thesis[D]. Sweden: Lulea University of Technology. 1984

[13] Fuller P G, Cox R H T. Mechanics load transfer from steel tendons of cement based grouted [A]. In: Proc. of Fifth Australasian Conference on the Mechanics of Structures and Materials[C]. Melbourne: Australasian Institute of Mining and Metallurgy. 1995

[14] Shen C K, Bang S, Romstad K M, et al. Field measurement of an earth support system[J]. Journal Geotechnical Engineering,ASCE, 1981, 107(12): 1625-1642

[15] Plumelle C, Schlosser F, Delage P, et al. French national research project on soil nailing: clouterre[A]. In: Proc. Of Design and Performance of Earth Retaining Structures(25)[C]. [s. l. ]: ASCE, Geotechnical Special Publication, 1990, 660-675

[16] Achillides Z, Pilakoutas K. Bond behavior of fiber reinforced polymer bars under direct pullout conditions[J]. Journal of Composites for Construction, 2004, 8(2): 173-181

[17] Chen R H L, Choi J H. Effects of GFRP reinforcing rebars on shrinkage and thermal stresses in concrete[C] // Proceedings of the 15th ASCE Engineering Mechanics Conference. New York: Columbia University, 2002: 1-8

[18] Gremel D, Brothers H. Commercialization of glass fiber reinforced polymer(GFRP) rebar [M]. [s.l. ]: SEAOH Convention, 1999

[19] Hobst L, Zajic J. Anchoring in Rock and Soil[M]. New York: Elsevier Scientific Publishing Company, 1983

[20] Barley A D. Theory and practice of the single bore multiple anchor system[A]. In: Proc, Int. Symp. on Anchors in Theory and Practice[C]. Salzburg: [s. n. ], 1995, 315-323

[21] Barley A D. The single bore multiple anchor system[A]. In: Proc. Int. Symp. on Ground Anchorages and Anchored Structures[C]. London: Themas Telford, 1997,65-75

[22] Woods R I, Barkhordari K . The influence of bond stress disrtibution on ground anchor design [A]. In: Proc. Int. Symp. on Ground Anchorages and Anchored Structures[C]. London: Themas Telford, 1997. 55-64

[23] Evangelista A, Sapio G. Behaviour of ground anchors in stiff clays[A]. In: Proceedings of the 9th International Conference on Soil Mechanics and Foundation Engineering[C]. Tokyo: The Japanese Society of Soil Mechanics and Foundation Engineering, 1977,39-47

[24] Ostermayer H, Scheele F. Research on ground anchors in noncohesive soils[A]. In: Proceedings of the 9th International Conference on Soil Mechanics and Foundation Engineering [C]. Tokyo: The Japanese Society of Soil Mechanics and Foundation Engineering, 1977,92-97

[25] Jarred D J, Haberfield C M. Tendon/grout interface performance in grouted anchors[A]. Proc. Ground Anchorages and Anchored Structured[C]. London: Thomas Telford, 1997

[26] 朱维申,白世伟.预应力锚索加固机理研究[R]. 武汉:中国科学院武汉岩土力学研究所,1995

[27] (日)S Sakurai.锚杆加固节理岩体的机理与分析方法[M].张新乐,译. //曾宪明,王振宇,徐孝华,等. 国际岩土工程新技术新材料新方法. 北京:中国建筑工业出版社,2003

［28］ Benmorkane B，Chennouf A，Mitri H S. Laboratory evaluation of cement-based grouts and grouted rock anchors［J］. Journal of Rock Mech. Min. Sci. & Geomech. ，1995，32（7）：633-642

［29］ Collin J G. Controlling sacrificial problems on reinforced steepened slopes［J］. Geotextiles and Geomembranes，1996，14：125-140

［30］ Hoek E. 实用岩石工程技术［M］. 刘丰收,崔志芳,王学潮,等译. 郑州:黄河水利出版社,2002

［31］ Farmer A. Stress distribution along a resin grouted rock anchor［J］. Int. J. Rock Mech. And Geomech. ，1975（12）:681-686

［32］ Jarred D J，Haberfield C M. Tendon/grout interface performance in grouted anchors［A］. In：Proc. Ground Anchorages and Anchored Structures［C］. London：Thomas Telford,1997

［33］ Itasca Consulting Group Inc. FLAC3D（Version 2. 0）users manual［R］. USA：Itasca Consulting Group Inc. ，1997

［34］ Liao H J ，Ou C D，Shu S C. Anchorage Behavior of Shaft Anchors in Alluvial Soil［J］. Journal of Geotechnical Engineering，1996，122（7）：526-533

［35］ Briaud J L，Lim Y J. Tieback Walls in Sand：Numerical Simulation and Design Implications［J］. Journal of Geotechnical and Geoenvionmental Engineering，1999，125（2）：101-106

［36］ Serrano A，Olalla C. Tensile resistance of rock anchors［J］. Int. J. Rock Mechanics and Mining Science. 1999，36：449-474

［37］ Lutz L,Gergeley P. Mechanics of band and slip of deformed bars in concrete［J］. Journal of American Concrete Institute,1967,64（11）：711-721

［38］ Hansor N W. Influence of surface roughness of prestressing strand on band performance［J］. Journal of Prestressed Concrete Institute,1969,14（1）：32-45

［39］ Goto Y. Cracks formed in concrete around deformed tension bars［J］. Journal of American Concrete Institute,1971,68（4）：244-251

［40］ （英）汉纳 T H.锚固技术在岩土工程中的应用［M］. 胡定,译. 北京:中国建筑工业出版社,1986

［41］ Sharma K G，Pande G N. Stability of rock masses reinforced by passive, fully-grouted rock bolts［J］. Int. J. Rock Mech. Min. Sci. & Geomech. Abstr. ，1988，25（5）：273-285

［42］ Chen S H，Pande G N. Rheological model and finite element analysis of jointed rock masses reinforced by passive. Fully-grouted bolts［J］. Int. J. Rock Mech. Min. Sci. & Geomech. Abstr. ，1994，31（3）：273-277

［43］ Aydan O. The stabilisation of rock engineering structures by rockbolts［Ph. D Thesis］［D］. Japan：Nagoya University,1989

［44］ Swoboda G，Marence M. FEM Model of rock bolts［A］. In：Proc. Computer Methods and Advances in Geomechanics［C］. Rotterdam：A. A. Balkema，1991

［45］ Chen S H，Egger P. Elasto-viscoplastic distinct modelling of bolt in jointed rock masses［A］. In：Proc. Comp. Meth. And Adv. ，in Geomech［C］. Rotterdam：A. A. Balkema，1997

［46］ Owen D R J，Hinton E. Finite Elements in Plasticity：Theory and Practice［M］. Swansea：Prineridge Press Ltd. ，1980

［47］ Li C, Stillborg B. Analytical models for rock bolts［J］. Int. J. Rock Mech. Sci. and Geo-mech. Abstr. , 1999,36(8)：1013-1029

［48］ Ilamparuthi K, Muthukrishnaiah K. Anchor in sand bed：delineation of rupture surface［J］. Ocean Engineering,1999,26(6)：1249-1273

［49］ Kilic A, Yasar E, Celik A G. Effect of grout properties on the pull-out load capacity of fully grouted rock bolt［J］. Tunneling and Underground Space Technology, 2002, 17：355-362

［50］ Farmer A. Stress distribution along a resin grouted anchor［J］. Int. J. Rock Mech. and Geo-mech. , 1975, 12：681-686

［51］ Benmokrane B, Chennouf A, Mitri H S. Laboratory evaluation of cement-based grouts and grouted rock anchors［J］. Int. J. Rock Mech. Min. Sci. and Geomech. , 1995, 32：633-642

［52］ Farmer I W, Holmberg A. Stress distribution along a resin groute rock anchor［J］. International Journal of Rock Mechanics and Mining Sciences and Geomechanics Abstracts, 1975, 12：347-351

［53］ Cai Y, Esaki T, Jiang Y J. An analytical model to predict axial load grouted rock bolt for soft rock tunneling［J］. Tunnelling and Underground Space Technology, 2004, 19：607-618

［54］ Poulos H G, Davis E H. 岩土力学弹性解［M］. 孙幼兰,译. 徐州：中国矿业大学出版社,1990

［55］ Wemper G. Discrete approximation related to nonlinear theories of solids ［J］. Int. J. Soilds Struct, 1971,7：1581-1599

［56］ Riks E. The application of Newton,s method to the problem of elastic stability［J］. J. Appl. Mech. , 1972,39：1060-1066

［57］ Crisfield M A. A Fast Incremental/Iterative Solution Procedure That Handles Snap-Through ［J］. Computers and Structures, 1981, 13：55-62

［58］ Collin J G. Controlling Surficial Problems on Reinforced Steepened Slopes ［J］. Geotextiles and Geomembranes 1996,14：125-140

［59］ Otuonye F O. Response of grouted roof bolts to blasting loading［J］. International Journal of Rock Mechanics and Mining Sciences & Geomechanics Abstracts, 1988,25(5)：345-349

［60］ Otuonye F O. Influence of shock waves on the response of full contact rock bolts［A］//Proceedings of 9th Symposium on Explosives and Blasting Research［C］. San Diego, California, 1993：261-270

［61］ Gisle Stjem, Arne Myrvang. The influence of blasting on grouted rockbolts［J］. Tunneling and Underground Space Technology,1998,13(1)：65-70

［62］ Mothersille D K V. The influence of close proximity blasting on the performance of resin bonded bolts. PhD thesis. University of Bradford, U. K. 1989

［63］ Xu H. The dynamic and static behaviour of resin bonded rock bolts in tunneling. PhD thesis, University of Bradford, U. K. 1993

［64］ Anders Ansell. Testing and modelling of an energy absorbing rock bolt［A］//Jones N, Brebbia C A. Structure under Shock and impact VI［C］. The University of Liverpool, U. K. and Wessex Institute of Technology, U. K. , 2000,417-424

< 44 >

[65] Anders Ansell. Laboratory testing of a new type of energy absorbing rock bolt[J]. Tunneling ad Underground Space Technology,2005,20(4):291-300

[66] Anders Ansell. Dynamic testing of steel for a new type of energy absorbing rock bolt[J]. Journal of Constructional Steel Research,2006,62(5):501-512

[67] Ana Ivanovic, Richard D Neilson, et al. Influence of prestress on the dynamic response of ground anchorages[J]. Journal of Geotechnical and Geoenvironmental Engineering,2002, 128(3):237-249

# 4 国内关于锚固类结构杆体临界锚固长度的研究

## 4.1 概　述

我国对锚固类结构杆体临界锚固长度问题的相关研究,迄今为止已经历了数十年时间,积累了许多成果和经验。但是,总的说来,国内研究起步显著晚于国外,并且在研究过程中借鉴了国外许多方法和经验。与国外的相近之处在于:研究方法相差无几,研究的系统性不强,离真正解决问题尚有很大距离。尽管我国关于锚固类结构杆体临界锚固长度问题的相关研究起步晚于国外,但关于该问题的直接研究在近年来还是明显多于国外。一个直接的原因是,锚固类结构杆体临界锚固长度的明晰概念不是源于国外,而是源于国内,尽管国外发现这个问题比国内早了十多年的时间。我国已提出试验判别临界锚固长度的方法,已研究确定某些介质的临界锚固长度及相应的技术规范,但未见国外发表相关成果。

我国对锚固类结构杆体临界锚固长度的认识,经历了一个较长的时间历程。最初只是对诸界面平均剪应力的概念和方法提出质疑,这也与国外的影响有关。然后发现在一定岩土介质中,锚固力并不随锚杆长度的延长而增加,由此引起较长时间的思考。后来又发现峰值剪应力会发生向杆体深部的转移,而且这种转移是与浆体局部破坏转移及零值剪应力向杆体深部转移差不多同时发生;在剪应力峰值与零值点之间的空间距离几近一常数。这个常数是什么呢? 呼之欲出的就是临界锚固长度。这一时间历程差不多是三十多年。其间许多研究者做了很有意义的工作。以下评述若干有代表性的研究成果。

## 4.2　现场试验与监测结果

现场试验与监测是研究锚固类结构杆体临界锚固长度的主要方法之一,历来受到人们关注。但现场条件一般较恶劣,有时试验数据特别是监测数据的获得不一定很完备。这是在以现场试验数据为基础进行半数值分析时应特别注意的。

文献[1](2004)根据对锚杆拉拔试验结果的分析及对锚杆与锚索锚固段受力差异的比较,提出了非全长黏结型锚固段剪应力沿长度的分布模式为:

$$\tau(x) = \frac{2npx}{\pi dL_c^2}e^{-n(x/L_c)^2} \tag{4-1}$$

式中,$\tau(x)$ 为沿杆体长度方向任意距离变量 $x$ 点处的剪应力;$n$ 为与力的边界条件以及与加固材料性质等有关的综合修正常数,$0 \leq n \leq L_c$;$L_c$ 为锚固段长度;$p$ 为轴向拉力;$d$ 为钻孔孔径;$x$ 为沿杆体长度方向上的距离变量。

锚固段长度 $L_c$ 的表达式为:

$$L_c = K\sqrt{2n/e} \cdot \frac{p}{\pi d[\tau]} \tag{4-2}$$

式中,$K$ 为安全系数;$[\tau]$ 为注浆体与孔壁间允许剪切强度;其余符号意义同上。

文献[1](2004)研究的是第 2 界面上剪应力分布规律与相应的锚固段长度。结果表明,剪应力是非均匀分布的。只是一定岩土介质中的临界锚固长度大体是一个常数,与是否"允许"无关。

文献[2](2005)通过对锚杆承载机制的分析,根据预应力锚杆在同一拉拔力作用下锚固段的切向位移越小锚杆承载性能越好这一特性,给出了杆体切向位移计算方法。作者利用预应力锚杆在拉拔过程中所测得的切向位移,对杆体锚固段长度作了较系统分析,并由此得出了在 180kN 预拉力作用下锚杆的最佳锚固段长度为 6m。试验场地位于山东泰安市境内的某高速公路段,地层情况不详。

文献[3](2004)报道结合某工程深基坑边墙单孔复合型锚杆施工,对锚固体在不同张拉荷载下的应力分布状态进行了现场测试研究。根据单孔复合型锚杆的结构特点,对代表性锚固体建立有限元数值模型,对锚固体的应力—应变特征进行了数值分析。根据上述两方面的工作,综合地对单孔复合型锚杆锚固体的应力分布规律和锚固机制进行了研究。典型的承载体张拉与锚固应变增长关系曲线见图 4-1、图 4-2。

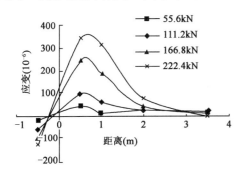

图 4-1　141 号-A2 承载体张拉与锚固体应变增长关系曲线

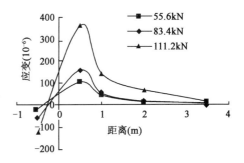

图 4-2　179 号-A3 承载体张拉与锚固体应变增长关系曲线

从以上两图可明显看出,随着荷载升高,既有应变峰值点的转移,也有零值点的转移。但都不是很显著,因而还不便确定临界锚固长度值。试验所处地层主要为粉质黏土、粉质粉土、密实细砂和中砂层。单孔复合型锚杆的研制,最初是为了改善单孔非复合型锚杆的受力状态,但是引入临界锚固长度的概念后,必要时就可使临界锚固长度有效地加以延长。在设计锚固力显著大于临界锚固长度所能提供的最大锚固力的场合,采用单孔复合型锚杆可能是解决此悖论问题的有效方法之一。

文献[4](2004)报道为深入研究全长黏结砂浆锚杆锚固机制,完成了螺纹钢锚杆与圆钢锚杆对比试验研究。试验结果表明,前者受力范围比后者小且衰减快。螺纹钢锚杆界面黏结应力水平高于圆钢锚杆,且其变形破坏更显著;前者以屈服形式破坏,而后者则被整体拔出;前者由于存在起伏螺纹使其与黏结物之间存在明显挤压、剪胀、剪断等作用,从而较大地提高了锚固强度。典型试验结果见图4-3、图4-4。

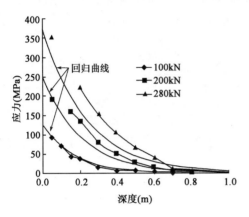

图4-3 不同荷载下螺纹钢锚杆应力变化图

图4-4 不同荷载下圆钢锚杆应力变化图

该项试验做得较为精细,规律性甚好,螺纹钢锚杆出现明显峰值和零值,但未发生转移;圆钢锚杆应力峰值已发生转移,但零值点已超过杆体长度。尽管不能确定这两种类型锚杆的临界锚固长度,但螺纹钢锚杆的临界锚固长度将更短,却是可以定性确定的。这里给人的启示是,在相同的地层中,锚固类结构不同,相应临界锚固长度不等。

文献[5](2006)报道了玻璃纤维增强聚合物锚杆承载特性现场试验的情况。试验采用千斤顶施加拉拔荷载,用锚杆应力计和分布式光纤BOTDR技术测量锚杆应力,研究不同荷载条件下玻璃纤维增强聚合物锚杆应力随深度变化的典型曲线,如图4-5所示。

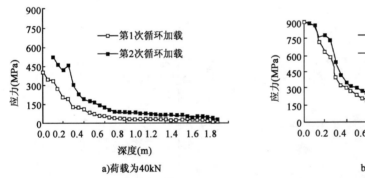
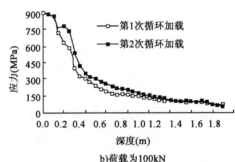

a)荷载为40kN

b)荷载为100kN

图4-5 分布式光纤实测的锚杆应力随深度变化曲线

图4-5a)表明,峰值应力和零值应力点都在发生转移,但后者是非真零值点;图4-5b)表明,峰值应力未转移,且无零值点。这说明:①试验条件下的临界锚固长度可能大于设计锚杆锚固长度1.8m;②GFRP锚杆界面剪应力分布形态与一般锚杆相近。

文献[6](2004)结合南京市玄武湖隧道基坑支护工程,介绍了自钻式土钉与深层搅拌桩相结合的复合土钉支护技术的设计和施工方法。通过对复合土钉支护的土钉受力、深层水平位移等的现场测试和分析,研究了复合土钉支护在施工及使用阶段的工作性能。这些工作为研究复合土钉临界锚固长度积累了有益资料。

文献[7](1999)报道,在600kN张拉荷载作用下的锚杆,其主要受力范围在距孔口0.7~1.2m内,在锚杆强度高于水泥浆体强度、锚杆足够长、岩体强度较高且完好条件下,即使受循环荷载作用,这一深度虽会不断加深,但锚杆的受力深度仍不超过距孔口深度2m。这里清晰描述了注浆体逐次发生局部破坏的转移现象。

文献[8-9](2001,2001)指出,在反复张拉荷载作用下,锚杆、砂浆与岩体共同承担外荷载。在低荷载作用下,三者同步协调,随着外荷载增大,这种协调工作状态被破坏,首先出现砂浆体被拉断,然后出现砂浆体与孔壁被拉脱,使锚杆受力深度增大。试验条件下,砂浆体产生初始破坏的相应荷载为250~450kN,破坏深度随荷载大小和循环次数变化,一般破坏深度为距孔口1.2~1.6m。这里再次涉及注浆体局部破坏向深部的转移现象。这种转移一般是与峰值剪应力的转移相伴而生。

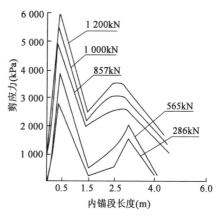

图4-6 剪应力沿锚固段分布

文献[10](1999)报道了岩质高边坡预应力锚固研究成果,讨论了岩体蠕变对预应力损失的影响,给出了内锚固段轴力与剪应力沿长度的变化规律,指出剪应力主要集中在内锚固段的外端部(图4-6)。

文献[11](2004)结合某软岩高边坡工程,对土钉支护结构的受力和位移进行了系统的现场测试。通过对开挖过程中土钉所受轴力的试验数据分析,研究了土钉支护技术的加固机制,总结出确定软岩高边坡最危险滑裂面的判据。需要特别指出的是,该文献给出了土钉轴力沿杆长分布的双峰曲线,即双弓型分布形态曲线(图4-7)。

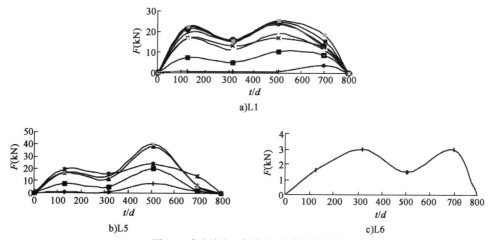

图4-7 高边坡施工各阶段土钉轴力分布图

双弓型或多弓型是滑塌面有两个或多个的反映,常见于不良地质体如杂填土和软岩中。其临界锚固长度一般应以其中较大者的峰值和零值是否同时发生向杆体深部的转移来判断。

文献[12](1996)经对基坑工程拉力型锚杆锚固段黏结应变分布形态的现场实测后指出,沿锚固段分布的黏结应力是很不均匀的,黏结应力主要分布在锚固段前端8~10m范围内,即使在最大张拉荷载作用下,锚固段后端相当长一段长度内也几乎测不到黏结应力值(即零值应力)。在外力作用下,拉力型锚杆的锚固体存在严重应力集中现象;应力峰值点的转移,说明锚固段前端界面可能已出现局部破坏。

文献[13](1995)报道在李家峡水电站工程中对预应力锚索传力深度进行了实测,其典型结果见图4-8。文献[14](2003)报道在长江三峡船闸高边坡锚索支护工程中对3000kN级锚索传力深度进行实测,其典型曲线见图4-9(为方便比较,笔者对图形作了90°旋转)。上述两项成果中,实测应变衰减规律相近,传力深度不同,且第二项成果曲线已出现应变零值点,较为难得。

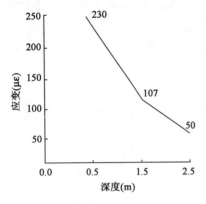
图4-8 李家峡水电站600kN级预应力锚索岩体竖向应变与深度关系实测曲线

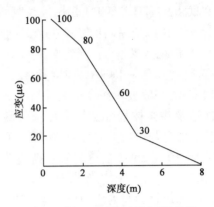
图4-9 长江三峡船闸边坡3000kN级锚索岩体竖向应变

文献[15-16](1983,2004)以及原水利部东北勘察设计研究院和西北勘察设计研究院、清华大学、中国科学院武汉岩土力学研究所等单位均对锚固类结构受力状态与作用机制进行了深入研究。指出对于拉力型锚索,在超张拉条件下,当拉力值达到1.3~1.5倍拉力设计值时,砂浆芯柱开始破裂,轴向力向根部转移,与此同时,根部产生变形反应。

文献[17](1998)完成了预应力锚索内锚固段受力特点现场试验研究,其代表性试验结果见图4-10。

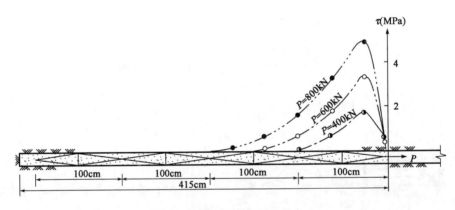
图4-10 邻近第2界面剪应力分布

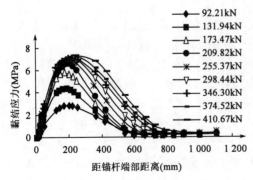
图4-11 第1界面剪应力分布

文献[18](2004)报道在小湾拱坝进行了锚杆与混凝土之间(第1界面)黏结—滑移的系列动力试验,其主要试验结果见图4-11。

上述图4-10、图4-11以及后图4-16界面不同,规律相近,且均存在零值点转移,但峰值转移不甚明显,故临界锚固长度尚不能确定。曲线形态相近表明,在连续介质中,第2界面剪应力确是第1界面剪应力衰减传递的结果。

西安冶金建筑学院赵树德在20世纪80年代初发表了一篇名为《岩洞工程短锚支护的探

讨》的论文,强调对于全长锚固的砂浆锚杆来说,其锚固力并不随锚杆长度增加而增大。表 4-1 所示拉拔试验结果是该文的主要依据之一,在此予以引用。该文还指出最佳锚固长度 $L = (20 \sim 30)d$,式中 $d$ 为锚孔孔径。这是我国较早发现临界锚固长度现象的例子。

全长锚固砂浆锚杆试验结果 表 4-1

| 序　号 | 有效锚杆长度(cm) | 破坏时最大荷载(kN) | 实际破坏方式 | 备　注 |
|---|---|---|---|---|
| 1 | 45 | 22.0 | 拔出 | (1)锚杆用 16 锰钢 φ22mm。 |
| 2 | 35 | 21.4 | 拉拔器歪,试验停 | (2)锚杆孔径为 48mm,灰砂 |
| 3 | 40 | 19.5 | 未破坏 | 比为 1∶1,水灰为 0.43,养护 |
| 4 | 50 | 23.2 | 拔出 | 期为一个月。 |
| 5 | 40 | 19.5 | 拔出 | (3)锚杆间距为 1.5 ~ 2.0m。 |
| 6 | 40 | 19.0 | 拔出 | (4)9 号、10 号锚杆设置在石 |
| 7 | 45 | 19.5 | 拔出 | 英正长斑岩上,其余锚杆均设在 |
| 8 | 90 | 26.0 | 拔出 | 白岗岩上。 |
| 9 | 140 | 23.5 | 拔出 | (5)锚杆没有一根被拉断,也 |
| 10 | 115 | 22.9 | 拔出 | 看不出流动径缩现象。 |
| 11 | 200 | 20.7 | 试验停 | (6)安装锚杆区域,节理裂隙 |
| 12 | 190 | 19.5 | 试验停 | 中等发育,岩体为中等块状结构 |
| 13 | 190 | 19.0 | 试验停 | |
| 14 | 140 | 23.0 | 拔出 | |

文献[19](1989)报道,从 1987 年开始,即对黄土坑道中动载条件下锚杆临界锚固长度进行试验研究和有限元数值模拟分析,提出了土中喷锚网支护的"临界荷载法",获得部级科技成果一等奖。该方法已于 1990 年编入有关规范使用。这在已知的国内文献中是较早研究锚杆临界锚固长度的成果。此后又研究提出了软土、厚填土和强膨胀土中的锚杆临界锚固长度。

文献[20-22](1992,2005,2004)指出,研究锚固类结构诸界面剪应力分布规律和演化特征,最终是为了探讨其作用机制和破坏模式,确定其临界锚固长度,为大量岩土加固支护工程优化设计提供科学依据。研究表明,诸界面上既存在剪应力的峰值点,也存在零值点;它们都存在向里端(拉力型锚索)或向外端(压力型锚索)发生转移的问题;峰值点和零值点转移的同时,浆体材料局部破坏部位也发生转移;峰值点与零值点之间的杆体长度大体(由不大的摩阻力所引起)为一常数,此常数即为临界锚固长度;超过临界锚固长度的设计不仅是不合理的,而且是不安全的。

文献[23](2008)研究提出了试验判定临界锚固长度的方法。其方法是:

(1)判断最靠近外锚端处的测点应变峰值是否发生向杆体深部的转移。如转移,在较理想条件下,逐次转移的峰值应大体相等。

(2)观察外锚端浆体是否产生局部破坏,并观察破坏是发生在第 1 界面还是第 2 界面,或在两个界面上同时发生。浆体破坏转移是与相应界面上应变峰值转移相对应并同时发生的。

(3)判断远离外锚端的测点应变值是否为零值,其转移是否与上述(1)和(2)两个转移同时发生。

(4)若上述(1)~(3)均成立,且在杆体直径足够大、长度足够长条件下,逐次发生的峰值点和零值点之间的空间长度接近相等,则此长度为临界锚固长度。

(5)临界锚固长度值的误差,是相邻两个测点之间的距离。

# 4.3　模型试验结果

采用模型试验方法研究锚固类结构杆体临界锚固长度是另一种有效方法,它是对现场试验与监测的重要补充。在相似法则建立得较好、试验做得很精细条件下，就规律的探讨而言，其价值并不亚于现场试验。但我国在这方面所做工作不是很多、很充分。

文献[24]（2002）阐述了在张拉荷载作用下全长黏结锚杆的模拟试验结果和工作机制，指出锚杆在轴向受拉过程中，受锚杆螺纹影响，锚杆与黏结介质混凝土之间（即第1界面）将产生法向剪胀变形，从而导致锚杆周边混凝土出现径向和环向裂纹，见图4-12。

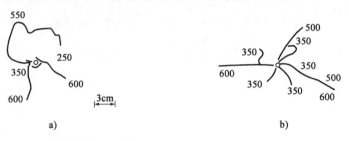

a)

注：$P$=250kN时锚杆周边出现环状
张开裂纹；$P$=350kN时产生径向可见
裂纹；$P$=550~600kN时原裂纹扩张，
宽为0.20mm左右。

b)

注：$P$=350kN时出现多条径向
短小裂纹；$P$=500kN时扩裂现象
普遍，裂纹长为6cm左右。

图4-12　锚杆周边混凝土破坏形态素描图

图中结果很有意义，表明在一定条件下，锚杆与周围混凝土界面及其附近将产生局部破坏，由此导致相应部位的峰值剪应力会发生向杆体深部的转移。试验还测得，在3个加载循环下，界面剪应力稳定时的锚杆长度约为0.8m。

文献[25]（2002）根据模型试验结果，重点分析了块状岩体中锚索长度及预应力大小对加固效果的影响，并给出了影响范围与特征。研究指出，要使锚索对破碎岩体有效发挥加固作用，其长度 $L$ 最小要等于2倍间距 $d$，即 $L \geqslant 2d$；当 $L < d$ 时，锚索有可能与岩体一起脱落。锚索长度以 $L = (2 \sim 3)d$ 为宜。该项成果对类似条件下的加固工程设计具有参考价值，并与国外相关研究结论一致。

文献[26]（2004）报道经对花岗岩、砂岩和石灰岩3种岩石进行试验，分析了不同岩体材料、张拉方案和试验段长度对试验结果的影响，测定了3种岩石内锚固段注浆体与孔壁之间（即第2界面）的峰值抗剪强度，并取得了与通常认识相反的结论：岩体强度越高，峰值抗剪强度就越低（国外也发现了这一现象——笔者注）。作者指出，锚索第2界面峰值抗剪强度为：砂岩 $\tau_0^g = 5.64\text{MPa}$；石灰岩 $\tau_0^g = 6.76\text{MPa}$；花岗岩 $\tau_0^g = 2.24\text{MPa}$。这些试验结果对相同地层条件下的加固支护设计具有参考意义。

文献[27]（2003）报道了以黄土地层作为对象的锚杆室内模型试验。该文献按理论推导了最佳安装角 $\alpha_{\text{opt}}$ 的计算公式，提出了剪应力沿锚杆长度分布的"黄金分割"规律，得出了各种不同锚固角条件下的有效锚固长度。不同安装角度的拉力型锚杆应变沿杆长的典型分布形态，见图4-13和图4-14。

由图4-13显见，应变峰值高但未发生转移，应变零值点已转移但可能已超过试验锚杆长度0.8m。由图4-14可见，应变峰值低而未发生转移，零值转移不明显。故临界锚固长度尚不确定。60°倾角锚杆应变峰值显著低于30°倾角锚杆（约低90%），可能是锚杆受剪成分增加而量测元件难以反映出来的原因所致。

文献[28]（2007）报道了全长黏结玻璃增强聚合物锚杆破坏机制拉拔破坏模型试验。研究指出，在砂浆体强度较高条件下，可能发生锚杆拉断破坏，也可能发生剪切破坏；在轴向拉应力先达到锚杆抗拉强度时，则会在自由段发生拉断破坏；在最大剪应力先达到纤维丝的抗剪强度时，则在锚固段内先发生剪切破坏。试验测得的锚固段杆体表面剪应力典型分布曲线见图4-15。

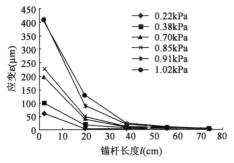

图 4-13　60°倾角拉力型锚杆应变沿杆长分布图

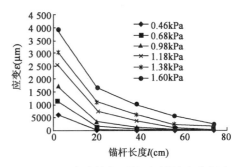

图 4-14　30°倾角拉力型锚杆应变沿杆长分布图

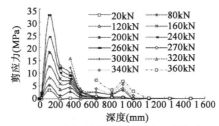

a)应变片测试的剪应力与深度关系

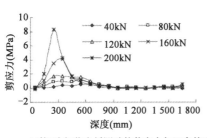

b)第3次加载光纤测试的剪应力与深度关系

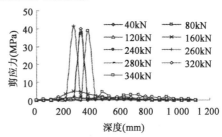

c)第6次加载光纤测试的剪应力与深度关系

图 4-15　模型 3 锚固段杆体表面剪应力分布

　　这是一个比较典型的剪应力峰值点与零值点同时发生向杆体深部转移的例子,转移后峰值与转移前相差无几,转移前、后峰值与零值点之间的空间距离大体为常数,此常数即是临界锚固长度。

　　文献[29](1998)完成了预应力锚索内锚固段受力特点与破坏特征模型试验研究,其典型试验结果见图 4-16。

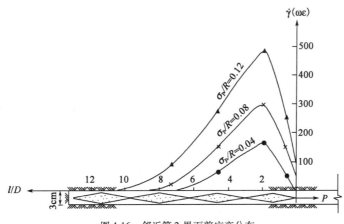

图 4-16　邻近第 2 界面剪应变分布

文献［30］（2006）为研究锚固类结构杆体临界锚固长度,进行了系列室内模型试验。实测锚杆内锚固段杆体第 1 界面轴应变分布曲线如图 4-17 所示。以第 1 界面试验曲线为基础,经分析求得第 2 界面剪应力分布形态,如图 4-18 所示。

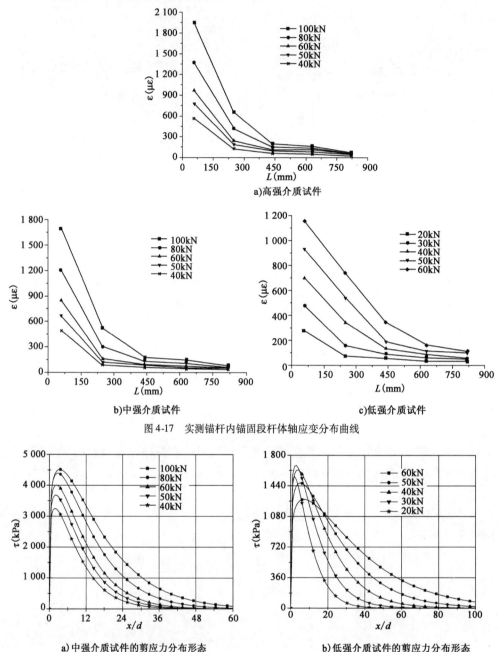

图 4-17　实测锚杆内锚固段杆体轴应变分布曲线

图 4-18　锚杆第 2 界面剪应力分布形态

## 4.4　理论研究结果

理论分析研究锚固类结构杆体临界锚固长度问题,包括解析、数值模拟、半理论半经验分析,以及半数值分析等。这方面的成果比较多。理论分析是研究临界锚固长度问题的重要方法之一。

文献[31](2005)采用理想弹塑性荷载传递函数,通过分析极限承载力与锚杆长度的关系,推导了锚杆临界锚固长度的解析算式,在此基础上进一步分析了摩阻力分布、极限锚固力与锚固长度的关系。分析指出,当锚固长度小于工程临界锚固长度时,摩阻力分布较为均匀,且锚固长度的增加对极限承载力的提高作用明显。基于这一点,建议锚杆的设计长度应小于工程临界锚固长度:

$$l'_c = 2/K = 2\sqrt{EA/\lambda} \tag{4-3}$$

式中,$l'_c$ 为理论临界锚固长度;$E$ 为锚固体综合模量;$A$ 为锚固体综合面积;$\lambda$ 为侧摩阻刚度系数,可通过锚杆试验的 $p$-$s$ 关系反演获得。

文献[31](2005)是一篇文题即针对锚杆临界锚固长度的论文,非常难得。

文献[32](2004)报道了关于预应力锚索锚固段侧阻力的非线性分析方法。其典型算例结果见图 4-19。

图 4-19 显示,侧阻力分布不均匀,邻近外端点处有一峰值,但未发生转移;峰值沿杆体长度向里端衰减,其零值已超过试验锚固段长度(7m),故该工程设计锚固长度大于临界锚固长度。

文献[33](2004)对高压注浆土钉进行了研究,通过抗拔力学模型探讨了高压注浆土钉的特性和抗拔荷载传递机制,给出了有、无高压条件下土钉界面黏结强度的标准值(建议),其结果为表 4-2 所涵盖。笔者认为,一定岩土介质的临界锚固长度本来是一定的,如果通过高压注浆等措施,能使介质物理力学参数指标值提高,则临界锚固长度也会有相应变化,一般会缩短。

文献[34](2003)在 Mindlin 问题位移解基础上,导出了拉力型锚杆受力的弹性解,计算了锚杆在不同岩体中的有效锚固长度,认为影响锚杆有效锚固长度的因素是:岩体物理力学参数、荷载、施工质量、岩体松弛深度范围、膨胀性、节理裂隙分布特性等。不同直径、不同拉拔力、不同岩体介质中锚杆轴力分布典型曲线见图 4-20 ～图 4-22。

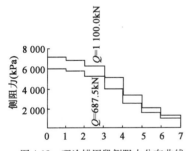

图 4-19 理论锚固段侧阻力分布曲线

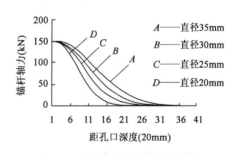

图 4-20 不同直径锚杆轴力分布曲线

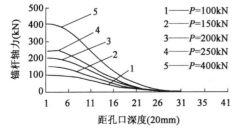

图 4-21 不同拉拔力作用下锚杆轴力分布曲线

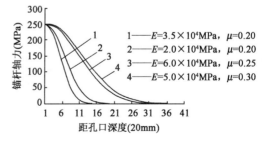

图 4-22 不同岩体介质中锚杆轴力分布曲线

上述计算结果的启示是:锚杆直径越大,拉拔力就越高;支护介质越软弱,锚杆临界锚固长度就越长,反之越短。不过,上述曲线图中,轴力峰值均未出现转移,而零值却出现了明显转移,因此,临界锚固长度尚不能准确确定。

文献[35](2007)报道了基于非线性 Mohr-Coulomb 强度准则下锚索极限抗拔力研究成果。作者根据预应力锚索破裂面(第 2 界面)的形状参数方程、非线性 Mohr-Coulomb 强度准则和极限平衡原理,推导出一个能够考虑锚索破裂面形状、岩土体种类、抗拉强度、围岩压力和注浆压力等因素的预应力锚索极限抗拔承载力计算公式。其典型结果见图 4-23 和图 4-24。其中,图 4-23 是沿第 3 界面破坏($\theta \neq 90°$),图 4-24 是沿第 2 界面的破坏($\theta = 90°$),$m$ 是由三轴试验确定的岩土材料非线性参数。

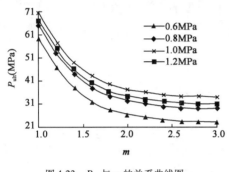

图 4-23　$P_{ult}$ 与 $m$ 的关系曲线图

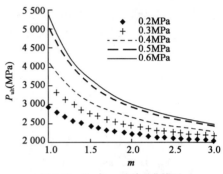

图 4-24　$P_{ult}$ 与 $m$ 的关系曲线图

这里作者通过破裂面与锚固体夹角 $\theta$ 的变化,探讨了第 2 和第 3 界面的相互关系,甚为难得。实际上,第 2、第 3 界面上的剪应力均由第 1 界面衰减、传递而来,3 个界面间存在着较复杂的相互作用关系。

文献[36](2004)以锚索拔出(第 1 界面)为对象建立理论分析模型,对岩锚界面端部的断裂力学行为进行了研究。作者指出,剪应力和径向应力在界面的两个端部(内端部和外端部)都有较强应力集中现象,应力集中可能直接引起端部破坏,而平均应力设计方法则忽略了这一现象。并认为岩锚外端部破坏不宜使用最大剪应力强度破坏准则,而应采用断裂力学中表征奇异应力场强度的应力强度因子。

文献[37](2004)给出了锚杆与锚固体(第 1 界面)黏结未破坏和已破坏两种情况下锚杆轴应力—轴位移关系,提出利用锚杆拉拔试验数据来反演确定最大侧剪应力 $\tau_f$、变形参数 $\alpha$ 和总破坏区长度。研究指出,高的岩石单轴抗压强度、较大的锚固面积比有助于提高锚固节理的剪切刚度,倾斜锚杆加固的节理剪切刚度、节理抗剪强度均比垂直锚杆的更大。

文献[38](2004)以大量试验资料为基础,提出了一个描述预应力锚索破裂面形状的双参数方程。在此基础上根据极限平衡原理及岩体的 Hoek-Brown 准则,研究了预应力锚索的极限承载力,指出锚杆极限抗拔力取决于锚索破裂面形状、岩体种类、无侧限抗压强度、风化程度、灌浆材料和灌浆压力等。作者主要研究了第 2、第 3 界面极限承载力问题。极限承载力问题搞清楚了,临界锚固长度问题也将迎刃而解。

文献[39](2004)将剪切滞模型的基本原理应用于预应力锚索作用机制研究,认为应用该模型可研究预应力锚索侧阻力分布模式及荷载—位移特性。其典型结果如图 4-25 所示。

文献[40](2006)根据弹性理论轴对称问题的基本理论和方法,在引入锚杆影响范围内平均轴向应力(平均轴向应变)假设以及考虑界面本构关系条件下,推导建立锚杆黏结良好和脱黏两种情况下界面应力分布公式。剪应力沿锚杆分布特性如图 4-26 所示。

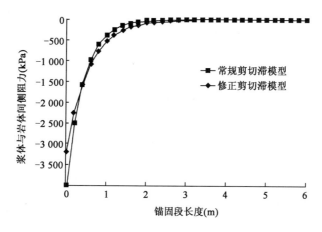

图4-25 预应力锚索侧阻力分布

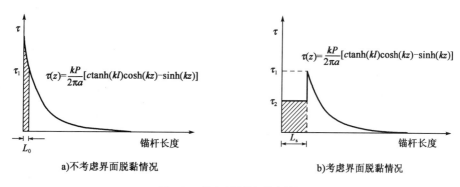

a)不考虑界面脱黏情况　　　　　　　　　　b)考虑界面脱黏情况

图4-26 剪应力沿锚杆分布特性

文献[41](2006)以胶结式预应力锚索锚固段与围岩体界面特性、锚固段极限黏结强度以及侧阻力分布规律为基础,给出了预应力锚索锚固段合理长度的计算方法,研究了岩体特性、灌浆材料特性、束体材料以及三者之间相对刚度等因素对锚索锚固段荷载传递特性的影响机制问题。其典型计算结果如图4-27～图4-29所示。

可以认为,图4-28和图4-29中的$\tau_1$是由图4-27中的$\tau_1$转移而来,如能证明或证实相应的$l_2$(图4-28)和$l_3$(图4-29)接近相等且等于图4-27中的$l$,则它们就是临界锚固长度。

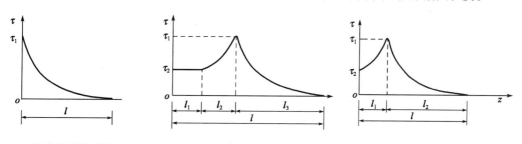

图4-27 弹性阶段锚固段侧阻力分布　　图4-28 塑性阶段锚固段侧阻力分布　　图4-29 典型的锚固段侧阻力分布

文献[42](2005)通过拟合不同类型工程中锚杆拉拔试验实测数据,提出了锚固段轴力分布的三参数复合幂函数模型,以及锚索锚固段轴力分布的两参数复合幂函数模型,由静力平衡条件建立了剪应力沿锚固长度的分布规律。文章分析了剪应力分布的特征,提出了一种锚索有效锚固长度计算方法,给出了参数$G$的取值,指出按平均强度法确定锚索有效锚固长度是偏于不安全的。文章还指出,由于岩土材料的复杂性,锚杆轴力分布的理论解与试验实测值差异较大:理论解得锚杆轴力峰值出现在锚杆外端部,实测值则出现在锚杆内部[34,43-45]。笔者认为,以试验依据分析剪应力分布特征不失为一个较可靠的方法,但试验数据常因环境恶劣不易取得且不很完备,尤其是现场试验。

文献[46](2002)采用动力瞬态激振方法使锚杆引起弹性振动,通过测定锚杆的振动响应来估计和推断锚杆的极限承载力。与极限承载力相对应的锚杆长度即为临界锚固长度。这是一种将人工神经网络这种非线性动力系统运用于锚固工程无损检测的灰色系统预测方法。

文献[47](2007)采用数值分析方法,从土体应力路径的角度研究了土钉支护的工作性能和作用机制。研究指出,应力路径分析方法能很好地反映随基坑开挖、支护工序推进,土体应力不断转移、叠加的力学响应过程;土钉的应力传递作用又将钉头部位土体的应力转移至钉尾深部的土体。笔者认为,上述转移是浆体局部产生破坏并转移的结果,常与临界锚固长度的确定相伴而生。

文献[48-49](2000,2000)报道三峡永久船闸工程人工开挖岩质边坡最高达170余米,一般坡高为100~160m,闸室边墙部位为50~70m的直立坡。为保证船闸边坡的稳定性,共采用了3 000kN和1 000kN级锚索4 000多根,高强锚索100 000多根对边坡进行加固。文献[50](2002)为研究预应力锚索对三峡船闸高边坡岩体的加固效果,采用三维显式有限差分法,建立预应力锚固数值仿真模型进行了一系列计算机模拟试验。其典型计算结果见图4-30。该曲线表明,轴力零值点有转移而峰值点无转移,故临界锚固长度尚不确定。

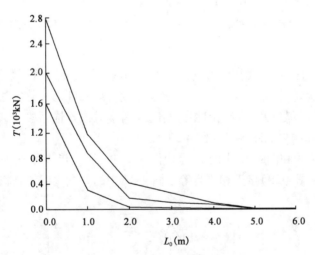

图4-30　不同吨位预应力锚索内锚固段轴力分布曲线

文献[8,34,44,51-52](2001,2003,2000,1998,2004)基于弹性半无限体的Mindlin位移解(解析解),采用锚固体与孔壁岩土严格全程黏结的共同变形假设,建立力学模型,以半数值形式的计算机求解或微分方程的解析推导,得到了若干侧阻力沿锚杆杆体长度分布的理论解。这些成果丰富了研究侧阻力分布规律的方法,有重要参考价值。不过,所得分布规律与工程实际尚有若干差异。

文献[53](2006)以岩土介质的半无限弹性体假设为基础建立一维力学模型,利用半无限体Mindlin问题的位移解析解,以半数值法求得岩土体与锚固体的孔壁界面(即第2界面)位移差值。通过引入侧阻力与位移差值的滑移—软化模型关系,对锚索锚固段的侧阻力分布进行了半数值求解。其典型结果见图4-31～图4-33。

计算结果表明:不同拉拔力、不同弹性模量、不同迭代次数条件下,侧阻力峰值和零值均会发生沿杆体深部的转移,其实质仍然是浆体材料局部破坏已发生转移的结果。需要指出,3组曲线靠近外端处的峰值,此前似已发生过转移。

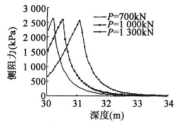

图4-31　不同拉拔力作用下的侧阻力分布曲线

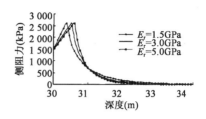

图4-32　岩土体不同弹性模量的侧阻力分布曲线

文献[54](1995)以李家峡水电站岩质高边坡工程为背景,通过大吨位试验分析和有限元数值模拟方法研究了预应力长锚索单体加固机制。研究指出,锚固作用范围只在锚头、锚根附近约2m的区域内,采用增大锚固力、改变锚固角、变更锚索长度等措施,应力影响变化范围不显著。笔者认为,这里所谓"锚根"(即内锚固段)受应力影响范围,实际上就是指锚杆有效锚固长度;介质不同,受应力影响范围也不同。

文献[55](2004)经研究指出,锚索内锚固段最小安全长度$L_{min}$一般随预应力吨位$t$、锚索砂浆混合体弹性模量$E_s$的增加而增加;随岩体变形模量$E_r$、砂浆抗剪强度$\tau_c$的增加而减小,如下式所示:

$$L_{min} = \frac{K_2 t}{2\pi R \tau_c}\left(\frac{E_s}{E_r}\right)^{1/m} \tag{4-4}$$

式中,$K_2$为试验拟合参数;$R$为锚索砂浆混合体横截面面积。在这里,$L_{min}$可近似理解为临界锚固长度,但不等于临界锚固长度,因其临界锚固长度设计预应力吨位和设计吨位均无关。

文献[56](2004)采用简化Bishop条分法和复合形法,建立了软土地区复合土钉支护结构内部整体稳定性安全系数计算模型,利用全局差分法建立灵敏度分析模型,研究了安全系数及其灵敏度与各设计参数之间的变化关系。其中,安全系数$F_s$与土钉长度$L$的关系,以及钉长灵敏度$S_L$与$L$的关系,见图4-34。

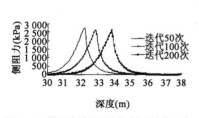

图4-33　锚固失效的"累进破坏"计算现象

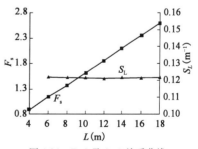

图4-34　$F_s$-$L$及$S_L$-$L$关系曲线

由图4-34可知,安全系数$F_s$随土钉长度$L$增加而增加,但这应限制在土钉临界锚固长度之内;钉长$L$的灵敏度$S_L$总大于零,而无论$L$是为6m,还是18m,变化幅度并不大,换言之,$S_L$对长度的变化不敏感。

文献[57](2004)分析了复合地基临界桩长的定义及研究现状,通过数值模拟方法,揭示了复合地基临界桩长的客观存在性质,对临界桩长问题进行了探讨。笔者认为,桩主要承压,锚固类结构锚固体主要受拉或压,二者有一定可比性;迄今最大直径的锚固体已达到或超过较小的或微型的桩直径。因而相应的研究结果在一定条件下可以互相借鉴和参考。

文献[58](2006)对无支护及有支护隧道围岩在爆炸荷载作用下应力波传播特性进行了有限元数值模拟。研究表明,锚杆对应力波传播衰减作用明显,其关系可用指数函数来拟合。笔者认为,这一结论很有意义,说明在动载下,动应力分布也是不均匀的,而且其规律与静载下的相近。

# 4.5  综合研究结论

关于锚固类结构杆体临界锚固长度问题的综合研究,也是一种有效方法,能够综合、定性地对该问题的研究成果进行评述、归纳、比对、提炼、分析和阐释。但采用该方法提出的成果很少。

文献[59](2005)根据岩土锚固的有关试验资料,分析了影响锚杆灌浆体与岩土体间黏结强度的主要因素,提出了黏结强度的建议值,指出锚杆受荷时,沿锚固段长度黏结应力分布的不均匀性,其程度随锚固段长度的增加而加剧;以往在计算锚杆抗拔力公式中对不同锚固长度的锚杆均采用单一的黏结强度是不合理的,而应引入锚固长度对黏结强度的影响系数。作者在综合国内外相关资料基础上,提出了锚固段注浆体与岩土体间(第 2 界面)黏结强度的建议值(引用于表 4-2、表 4-3 中),可供读者参考。

**锚杆灌浆体与土体间黏结强度 $f_{mg}$ 建议值**          表 4-2

| 土 的 种 类 | 土 的 状 态 | 黏结强度(MPa) | |
| --- | --- | --- | --- |
| | | 一次低压或无压注浆 | 二次高压注浆 |
| 淤泥质土 | — | 20 ~ 25 | 35 ~ 50 |
| 黏性土 | 软塑 | 30 ~ 40 | 60 ~ 70 |
| | 可塑 | 30 ~ 40 | 60 ~ 70 |
| | 硬塑 | 50 ~ 60 | 90 ~ 110 |
| | 坚硬 | 60 ~ 70 | 110 ~ 130 |
| 砂土 | 松散 | 80 ~ 140 | — |
| | 稍密 | 180 ~ 220 | — |
| | 中密 | 200 ~ 250 | — |
| | 密实 | 270 ~ 350 | — |

注:锚杆的锚固段长度为 10 ~ 12m。

**锚杆灌浆体与岩体间黏结强度建议值**          表 4-3

| 岩 石 种 类 | 岩石单轴饱和抗压强度(MPa) | 锚杆体与岩石间黏结强度标准值(MPa) |
| --- | --- | --- |
| 硬岩 | >60 | 1.5 ~ 2.8 |
| 中硬岩 | 30 ~ 60 | 1.0 ~ 1.5 |
| 软岩 | <30 | 0.3 ~ 1.0 |

注:锚杆的锚固段长度为 6.0 ~ 8.0m。

文献[60](2003)在综合论述地锚荷载传递机制以及岩土锚固作用机制后强调指出,围绕地锚荷载传递机制的研究,应考虑黏结应力非均匀分布的事实,进而提出切合实际的单锚和群锚有效承载力的实用计算方法。另据文献[60]报道,中国台湾在砂性土的抗浮工程中,应用了内锚固段被扩成圆锥体的锚杆,借助旋转的叶片,可在该部位形成直径为0.6m的锥体,当锚固长度为6~10m时,锚杆的极限承载力可达960~1400kN,比直径为12cm的圆柱形内锚固段的锚杆承载力提高2~3倍。在香港新机场建设中,采用单孔复合锚固创造了单根土层锚杆承载力的纪录。锚杆被置于砂和全风化崩解的花岗岩层中,由7个单元锚杆组成,单元锚杆的固定长度分别为5m和3m,锚杆固定总长度为30m,在3000kN荷载作用下,未见异常变化。上述第1例是在一定岩土介质中,有效缩短锚固类结构杆体临界锚固长度的例子,第2例则是有效利用临界锚固长度以提高承载力的例子。即使如此,它们仍然存在一个临界锚固长度问题。

# 4.6 小 结

(1)关于锚固类结构杆体临界锚固长度问题的相关研究,我国滞后国外15~30年时间,并且长期以来,我国参考和借鉴了国外许多技术方法和经验。

(2)临界锚固长度问题的提出和持续研究,经历了数十年时间历程,至今也仅能认为取得阶段性成果,仍有许多问题需研究解决。

(3)土钉支护的兴起和发展,特别是土钉支护技术在新奥法和土钉墙工法不建议使用的不良地质条件下(如软土、厚填土等)的成功应用,及锚固类和复合锚固类结构概念的提出,使得注浆土钉、锚杆和锚索在一定条件下可以统一起来进行研究。

(4)关于临界锚固长度问题的研究,近年来我国开展得非常活跃,其认识深度已不亚于国外。特别是在界面剪应力在两个正交方向上的衰减,以及以三个转移(峰值点、零值点、浆体局部破坏)确定临界锚固长度的试验方法等方面特色明显,在国外未见同类成果发表。

(5)提出、研究并解决锚固类结构杆体临界锚固长度问题的实质,旨在彻底告别界面平均剪应力的概念和设计方法,建立以临界锚固长度为基本依据的设计计算方法,显著提高工程安全度。

## 参 考 文 献

[1] 肖世国,周德培.非全长粘结型锚索锚固段长度的一种确定方法[J].岩石力学与工程学报,2004,23(9):1530-1534

[2] 张友葩,高永涛,吴顺川.预应力锚杆锚固段长度的研究[J].岩石力学与工程学报,2005,24(6)

[3] 邬爱清,韩军,罗超文,等.单孔复合型锚杆锚固体应力分布特征研究[J].岩石力学与工程学报,2004,23(2):247-251

[4] 荣冠,朱焕春,周创兵.螺纹钢与圆钢锚杆工作机理对比试验研究[J].岩石力学与工程学报,2004,23(3):469-475

[5] 李国维,黄志怀,张丹,等.玻璃纤维增强聚合物锚杆承载特征现场试验[J].岩石力学与工程学报,2006,25(11):2240-2246

［6］ 段建立,谭跃虎,樊有维,等.复合土钉支护的现场测试研究［J］.岩石力学与工程学报,2004,23(12):2128-2132

［7］ 朱焕春,吴海滨,赵海斌.反复张拉荷载作用下锚杆工作机理试验研究［J］.岩土工程学报,1999,21(6):662-665

［8］ 杨松林,荣冠,朱焕春.混凝土中锚杆传递机理的理论分析和现场试验［J］.岩土力学,2001,22(1):72-74

［9］ 樊启祥,顾文红.三峡永久船闸高强结构锚杆现场试验研究及质量控制［J］.岩石力学与工程学报,2001,20(5):657-660

［10］ 张发明,邵蔚侠.岩质高边坡预应力锚固问题研究［J］.河海大学学报,1999,27(6):18-26

［11］ 娄国充,周德培.软岩高边坡土钉支护的监测分析与优化设计［J］.岩石力学与工程学报,2004,23(16):2734-2738

［12］ 程良奎,胡建林.土层锚杆的几个力学问题［A］//中国岩土锚固工程协会.岩土工程中的锚固技术［C］.北京:人民交通出版社,1996

［13］ 水利部西北勘测设计研究院.岩质高边坡开挖及加固措施研究［R］.1995:212-261

［14］ 程良奎,范景伦.岩土锚固［M］.北京:中国建筑工业出版社,2003

［15］ 李锡润,林韵梅.预紧式锚杆附加应力场分布规律和支护参数选择［J］.地下工程,1983,(5):11-16

［16］ 孙学毅.边坡加固机理探讨［J］.岩石力学与工程学报,2004,23(16):2818-2823

［17］ 顾金才,明治清,沈俊,等.预应力锚索内锚固段受力特点现场试验研究//中国岩土锚固工程协会.岩土锚固新技术.北京:人民交通出版社,1998

［18］ Wu Shenxing. Dynamic experimental study of bond-slip between bars and the concrete in Xiao Wan arch dam, New Developments in Dam Engineering-Wieland, Ren & Tan(eds). © 2004 Taylor & Francis Group, London:951-959

［19］ 曾宪明,曹长林.土中喷锚网支护抗爆设计方法研究与应用(基本成果).洛阳:总参工程兵科研三所,1989

［20］ 曹长林,曾宪明.黄土坑道喷锚网支护的抗爆性能—Ⅲ,支护受力变形特性:临界承载能力［J］.防护工程.1992,14(1):46-55

［21］ 曾宪明,杜云鹤,范俊奇,等.锚固类结构第二交界面剪应力演化规律、衰减特性与计算方法探讨［J］.岩石力学与工程学报,2005,8

［22］ Zeng X M,Li Shimin. Prototype and model comparison test study on dynamic load resistance of soil-nail support. International Conference on soil Nailing & Stability of Soil and Roak Engineering, Nanjing,2004

［23］ 曾宪明,赵林,李世民,等.锚固类结构杆体临界锚固长度与判别方法试验研究.防护工程,2008(1)

［24］ 朱焕春,荣冠,肖明,等.张拉荷载下全长粘结锚杆工作机理试验研究［J］.岩石力学与工程学报,2002,21(3):379-384

［25］ 陈安敏,顾金才,沈俊,等.预应力锚索的长度与预应力值对其加固效果的影响［J］.岩石力学与工程学报,2002,21(6):848-852

［26］ 徐景茂,顾雷雨.锚索内锚固段注浆体与孔壁之间峰值抗剪强度试验研究［J］.岩石力学

与工程学报,2004,23(22):3765-3769

[27] 陈广峰,米海珍.黄土地层中锚杆受力性能试验分析[J].甘肃工业大学学报,2003,29(1):116-119

[28] 李国维,高磊,黄志怀,等.全长黏结玻璃纤维增强聚合物锚杆破坏机制拉拔模型试验[J].岩石力学与工程学报,2007,26(8):1653-1663

[29] 郑全平.预应力锚索加固作用机理与设计计算方法[J].防护工程,1998(11)

[30] 曾宪明,范俊奇,李世民.锚固类结构界面剪应力相互作用关系研究[J].预应力技术,2006

[31] 张洁,尚岳全,叶彬.锚杆临界锚固长度解析计算[J].岩石力学与工程学报,2005,24(7):1134-1138

[32] 何思明,张小刚,王成华.预应力锚索的非线性分析[J].岩石力学与工程学报,2004,23(9):1535-1541

[33] 李志刚,任佰俪,秦四清.高压注浆土钉特性及应用[J].岩石力学与工程学报,2004,23(9):1564-1567

[34] 曹国金,姜弘道,熊红梅.一种确定拉力型锚杆支护长度的方法[J].岩石力学与工程学报,2003,22(7):1141-1145

[35] 邹金锋,李亮,杨小礼,等.基于非线性 Mohr-Coulomb 强度准则下锚索极限抗拔力研究[J].岩土工程学报,2007,29(1):107-111

[36] 杨春林,郑百林,贺鹏飞,等.岩锚界面及其端部附近应力场奇异行为的弹性力学分析[J].岩石力学与工程学报,2004,23(6):946-951

[37] 杨松林,徐卫亚,黄启平.节理剪切过程中锚杆的变形分析[J].岩石力学与工程学报,2004,23(19):3268-3273

[38] 何思明,王成华.预应力锚索破坏特性及极限抗拔力研究[J].岩石力学与工程学报,2004,23(17):2966-2971

[39] 何思明,张小刚,王成华.基于修正剪切滞模型的预应力锚索作用机理研究[J].岩石力学与工程学报,2004,23(15):2562-2567

[40] 何思明,李新坡.预应力锚杆作用机制研究[J].岩石力学与工程学报,2006,25(9):1876-1880

[41] 何思明,田金昌,周建庭.胶结式预应力锚索锚固段荷载传递特性研究[J].岩石力学与工程学报,2006,25(1):118-121

[42] 朱玉,卫军,廖朝华.确定预应力锚索锚固长度的复合幂函数模型法[J].武汉理工大学学报,2005,27(8):60-63

[43] 薛守义,刘汉东.岩体工程学科性质透视[M].郑州:黄河水利出版社,2002

[44] 尤春安.全长粘结式锚杆的受力分析[J].岩石力学与工程学报,2000,19(3):339-341

[45] 蒋忠信.拉力型锚索锚固段剪应力分布的高斯曲线模式[J].岩土工程学报,2001,23(6):696-699

[46] 许明,张永兴,阴可.锚杆极限承载力的人工神经网络预测[J].岩石力学与工程学报,2002,21(5):755-758

[47] 贺若兰,张平,刘宝琛.土钉支护工作性能的应力路径分析[J].岩土工程学报,2007,29(8):1256-1259

[48] 盛谦,丁秀丽,冯夏庭,等.三峡船闸高边坡考虑开挖卸荷效应的位移反分析[J].岩石力学与工程学报,2000,19(增):987-993

[49] 徐年丰.三峡永久船闸高边坡开挖及加固支护设计[J].岩石力学与工程学报,2000,19(增):1071-1076

[50] 丁秀丽,盛谦,韩军,等.预应力锚索锚固机理的数值模拟试验研究[J].岩石力学与工程学报,2002,21(7):980-988

[51] 王建宇,牟瑞芳.按共同变形原理计算地锚工程中粘结型锚头内力[A]∥中国岩土锚固工程协会.岩土锚固新技术.北京:人民交通出版社,1998

[52] 张四平,侯庆.压力分散型锚杆剪应力分布与现场试验研究[J].重庆建筑大学学报,2004,26(2):41-47

[53] 蒋良潍,黄润秋,蒋忠信.锚固段侧阻力分布的一维滑移—软化半数值分析[J].岩石力学与工程学报,2006,25(11):2187-2193

[54] 朱维申,白世伟.预应力锚索加固机理研究[R].武汉:中国科学院武汉岩土力学研究所,1995

[55] 李宁,张平,李国玉.岩质边坡预应力锚固的设计原则与方法探讨[J].岩石力学与工程学报,2004,23(17):2972-2976

[56] 万林海,余建民,冯翠红.软土复合土钉支护结构参数优化设计[J].岩石力学与工程学报,2004,23(19):3342-3347

[57] 张忠坤,李海斌,殷宗泽,等.路堤下复合地基临界桩长探讨[J].岩石力学与工程学报,2004,23(3):522-526

[58] 荣耀,许锡宾,等.锚杆对应力波传播影响的有限元分析[J].地下空间与工程学报.2006,2(1):115-119

[59] 韩军,陈强,刘元坤,等.锚杆灌浆体与岩(土)体间的粘结强度[J].岩石力学与工程学报,2005,24(19):3482-3486

[60] 张乐文,李术才.岩土锚固的现状与发展[J].岩石力学与工程学报,2003,22(增1):2214-2221

# 5 锚固类结构临界锚固长度的试验与判别

## 5.1 概　　述

本章论述了锚固类结构杆体临界锚固长度的概念,指出临界锚固长度的存在是一个普遍现象。此现象表明,杆体平均剪应力的理论基础,即锚杆界面微观结构理论的适用范围尚可商榷。在此基础上,给出了试验条件、方法、结果、结论和判别临界锚固长度的方法。最后将研究结果与其他研究者的成果作了综合比较分析,由此证实,在较理想条件下,锚固类结构杆体第1和(或)第2界面浆体局部破坏转移、峰值剪应力转移、零值剪应力转移大体是同时发生的,此时峰值和零值点间的空间距离就是临界锚固长度。

锚固类结构杆体临界锚固长度,这一近十几年来在我国发展起来的概念的含义在于:在任一岩土介质中,锚固类结构杆体长度都存在一个极限值,未达此值,锚固潜力即未充分发挥;超过此值,超出部分就将做无用功。后者具有极为重要的意义:超出部分不仅是一种浪费,而且对锚固类结构杆体界面平均剪应力的设计方法提出疑问,并指出平均剪应力的理论基础即锚杆界面微观结构理论的适用范围值得商榷。平均剪应力的概念为,沿锚固体全长分布的诸界面剪应力是均匀的,当设计锚固力不够时,可按比例增加杆体长度。按照临界锚固长度的观点,这不仅于事无补,还会给工程留下潜在危险。因设计锚固力大小是根据工程需要按技术标准要求确定,但一定岩土介质可能是无法提供的,特别是软岩和软土等不良地层。

锚固类结构拉拔试验,在近百年来国内外做了成千上万次。最近几十年来占主导地位思维模式的是由 D. J. Pinchin 和 D. Tabor(1978)提出的、此后又由 A. Benter、S. Diamond 和 S. Mindess(1985)等人进一步研究和发展的著名的微观结构理论❶。

自从锚固类结构杆体临界锚固长度的问题提出来之后,围绕此问题国内已开展了许多研究[1-14]。国外也开展了相近的研究[15-18],只是提法各不相同。研究所采用的方法大体可归为4类:数值分析方法、解析方法、现场监控和辅助试验方法、综合方法。这些方法能从不同侧面反映或揭示出锚固类结构杆体临界锚固长度的本质,但离解决此问题仍有不小距离。

---

❶ 微观结构理论的表述见第 1 章第 1.5 节中的引文。

本章简介了在山西太谷某山地黄土中所进行的旨在研究锚杆临界锚固长度的现场试验的条件、方法、结果、结论和判别临界锚固长度的方法,并综合分析了其他研究者的相关成果,指出临界锚固长度的存在是一个普遍现象。

# 5.2 试验条件

## 5.2.1 土层条件

试验场地位于山西太谷县境内的某黄土塬下部。黄土塬高约100m,地下水位深度(从塬顶起算)为106m。场地土层坚硬致密,表面风化层较薄。除去风化层后,测得土层主要物理力学参数指标值如下:含水率 $w = 6\%$,天然重度 $\gamma = 19.9 \mathrm{kN/m^3}$,液限 $w_\mathrm{L} = 31.0\%$,塑性指数 $I_\mathrm{P} = 13.1$,孔隙比 $e = 1.18$,压缩系数 $a_{1-2} = 0.17 \mathrm{Pa^{-1}}$,湿陷系数 $\delta_\mathrm{s} = 0.027$,自重湿陷系数 $\delta = 0.007$,黏聚力 $c = 39.9 \mathrm{kPa}$,内摩擦角 $\varphi = 35°$。

## 5.2.2 试验方法

试验锚孔位于地面以上1m、塬顶以下99m处。在设计锚孔处,首先除去厚度为30~40cm的表面风化土层,使之露出新鲜、未经风化及扰动的竖直土层面。接着按一定间距、孔径和孔深凿孔,然后推送锚杆、注浆、养护并张拉。锚杆间距约为3m,主要考虑以互相不影响为宜。设计锚孔直径为120mm。设计锚孔深度不等,分别为1m、2m、4m、8m、16m,但施工时2m长度锚杆因故缺失,长度为16m的锚孔只钻凿了12m。注浆方式为重力式注浆,浆液中掺有早强剂,养护时间为48h。养护时间是对实际施工周期的模拟。养护时间一到即开始进行张拉试验。

## 5.2.3 测点布置

测点布置见图5-1。

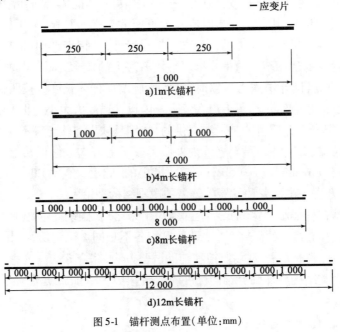

图 5-1 锚杆测点布置(单位:mm)

# 5.3 试 验 结 果

长度分别为1m、4m、8m和12m的全长注浆锚杆的 $L$-$\varepsilon$ 关系曲线分别见图5-2~图5-5。

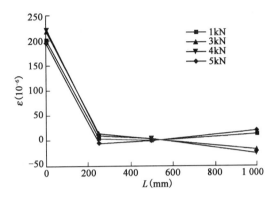

图5-2 1m长度锚杆的应变值沿杆体长度的分布

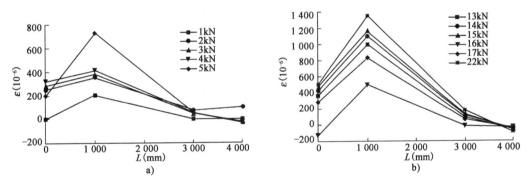

图5-3 4m长度锚杆的应变值沿杆体长度的分布

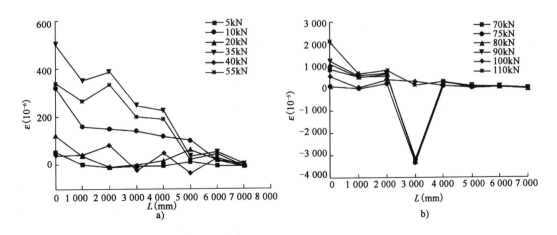

图5-4 8m长度锚杆的应变值沿杆体长度的分布

< 67 >

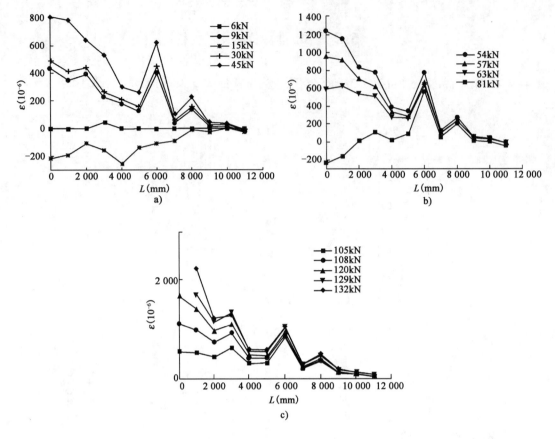

图5-5　12m长度锚杆的应变值沿杆体长度的分布

# 5.4　试验结果分析

### 5.4.1　1m长度锚杆

1m长度锚杆在外锚端具有最大值,在锚固段内具有较小值。随着荷载增大,应变值一般呈增大趋势,但个别点有时出现负值(负值问题既有一定普遍性,又有一定规律性)。1m长度锚杆应变峰值较小,未出现转移现象;在 $L = 450mm$ 处,各级荷载下的应变值均接近于零,却不是真正的零值点,因为在 $L = 1m$ 的内锚固端,应变值并不为零,而是有一定波动。综上所述,峰值点和零值点未同时发生转移,由此判定锚杆临界锚固长度将大于1m。

### 5.4.2　4m长度锚杆

4m长度锚杆应变值一般随荷载升高而增加。这符合一般规律。从外锚固端 $L \rightarrow 0$ 处至 $L = 1m$ 处,应变峰值发生过一次转移。与此同时,发生在该杆体上的零值点,仍随着荷载的增加而发生非零值的转移。这意味着峰值点和零值点的转移不是同时发生。就是说,在4m的杆体上,不存在锚杆的临界锚固长度值。锚杆临界锚固长度在此地层条件下将超过4m。

### 5.4.3 8m 长度锚杆

在图 5-4a) 上, 锚杆应变值随荷载增加而增大, 在外锚端处, 当外加荷载为 65kN 时, 应变有一个最大值, 在 $L = 7m$ 的内锚固段内, 存在一零值点, 但二者均未产生转移。

在外加荷载 $p = 50kN$ 时, 在 $L = 5m$ 处出现一最大值点, 但该点随后随荷载增加而发生的变化过程中, 仍遵循先前的一般规律。由此判定该点不具典型性。因而锚杆杆体临界锚固长度仍存在不确定性。

在图 5-4b) 上, 当以绝对值来分析杆体应变值时, 其峰值发生了较规律的向杆体深部的转移, 这在 $L = 1m$、$3m$ 和 $5m$ 处最为显著, 在 $L = 2m$ 和 $4m$ 处较为明显。但在上述发生转移的点中, 只有在 $L = 1m$ 处的转移 (从 $L = 0m$ 处转移而来) 值才可认为是极限值的转移。在 $L = 6m$ 和 $L = 7m$ 点处, 应变值均接近于零, 但并非真等于零, 而是随荷载增加而有微小变化, 只是由于最大数据坐标值过大, 在这些点处曲线曲率接近于零。由此判定该点为非零值点。据此可初步判定杆体临界锚固长度 $L_0 > L_7 - L_1 = 7m - 1m = 6m$。

### 5.4.4 12m 长度锚杆

由于加载等级较多, 为清晰起见, 对 12m 长度锚杆整个加载过程给出了图 5-5。

图 5-5a) 总的趋势是: 随荷载升高, 杆体应变值增大。在 $L = 6m$ 处略有局部增大现象。在 $L = 0m$ 点处, 存在最大值点, 故发生极限值转移和浆体材料局部破坏转移, 应首先从此点开始, 由此判定 $L = 6m$ 处的峰值, 不是 $L = 5m$ 处应变值转移而来。在 $L = 7 \sim 11m$ 区段, 由于应变值均不大, 可近似看作零值点。

同图 5-5a) 相比, 图 5-5b) 相应荷载增加了 1 倍, 对应的应变值也增加了 1 倍略强, 但二者曲线形态规律未变。这表明, 在图 5-5b) 上, 既存在最大值点, 也存在零值点, 不过均无转移现象发生。由此判定砂浆局部破坏尚未发生, 临界锚固长度尚未知。

图 5-5c) 中, 荷载进一步增加约 0.4 倍, 杆体应变片在 $L = 0m$ 处发生破坏, 在 $L = 1m$ 处杆体应变峰值较图 5-5b) 上的最大值增加了 5.6 倍。此前荷载—应变的大体对应关系已不复存在。此时距外锚端最近的零值点为 $L = 9m$。由此判定: 在 $L = 0m$ 处砂浆局部已发生破坏, 并已转移至 $L = 1m$ 处 (如果在 $L = 0 \sim 2m$ 区段所布测点更为密集, 此一分析可能还需修正); 相应的峰值应变也发生了大体而不是完全相同的转移 [砂浆局部破坏后, 第 1 界面或 (和) 第 2 界面之间黏结力丧失, 但还存在不大的摩阻力效应]。综上分析可知: 此时锚杆杆体临界锚固长度 $F_0 \approx F_9 - F_1 = 9m - 1m = 8m$。

### 5.4.5 试验条件下杆体临界锚固长度值

据 5.4.1 节, $F_0 > 1m$; 据 5.4.2 节, $F_0 > 4m$; 据 5.4.3 节, $F_0 > 7m$; 据 5.4.4 节, $F_0 = 8m$。综合分析上述 4 种情况, 可确定此条件下杆体临界锚固长度为 8m。这意味着, 考虑测试误差和一定安全系数后, 此条件下工程锚杆的设计长度不宜超过 11 ~ 12m。

需要指出的是, 在加载至最大荷载 141kN 之后 [图 5-5c)], 仍施加了两级分别为 48kN 和 49kN 的外载, 均因杆体已发生径缩而加不上荷载, 于是试验停止。倘若杆体直径足够, 前述浆体局部破坏转移、峰值和零值应变点的转移就会继续下去, 直至浆体完全破坏为止。

### 5.4.6 负应变现象分析

在笔者所做诸多静力试验中,产生负应变是一个普遍现象,动力试验也如此。不宜简单对之予以剔除。

在杆体长度分别为1m、4m、8m和12m的锚杆中,应变值无一例外地均出现了大小不等的负值,且具有以下规律:往往开始时均为正值,此后部分变为负值,再以后或变为正值(如1m、4m和12m长度锚杆),或未及变为正值时锚杆结构即已破坏(如8m长度锚杆)。

分析认为:这种应变值忽正忽负现象,是杆体应变测点封胶介质与周围砂浆介质在杆体轴向拉力作用下产生相互作用效应的表现。它由贴片工艺所引起。贴片前须对钢筋杆体进行去锈打磨处理,然后涂底胶、接线、封胶防潮(1~3次)、滚砂(在胶体固结前)。上述工作完成后,应变测点部位一般会比钢筋表面高出一部分,从而形成多个微型凸台。第1界面上此种凸台介质,其黏结强度往往高于砂浆与钢筋间黏结强度,当对钢筋杆体施加轴向拉力时,应变片会受拉,当微型凸台受到砂浆阻挡时,应变片就会受压。由此推论,当应变片由受压转化为受拉状态时,必然伴随有钢筋明显的位移(滑移)发生。由于人工施作的胶体和浆体的不均匀性,应变值变正变负的幅度大小和时机,也不尽相同。综上所述,在此试验条件下分析时将负应变值作绝对值处理是可行的,不宜人为删除。

# 5.5 临界锚固长度判定方法

任何单一或复合(混合)介质中均存在一个临界锚固长度值。在不同介质中其值不相等。一般情况下,在较软介质中其值较长,在较硬介质中其值较短。但在最硬最完整介质中又另当别论。

综合本次试验及笔者此前所做类似试验,提出以下均匀介质中判别临界锚固长度的方法:

(1)判断最靠近外锚端处的测点应变峰值是否发生向杆体深部的转移。如转移,在较理想条件下,逐次转移的峰值应大体相等。

(2)观察外锚端浆体是否产生局部破坏,并观察破坏是发生在第1还是第2界面,或在两个界面上同时发生。浆体破坏转移是与相应界面上应变峰值转移相对应并同时发生的。

(3)判断远离外锚端的测点应变值是否为零值,其转移是否与上述(1)和(2)两个转移同时发生。

(4)若(1)~(3)均成立,且在杆体直径足够大、长度足够长条件下,逐次发生的峰值点和零值点之间的空间长度接近相等,则此长度为临界锚固长度。

(5)临界锚固长度值的误差,是相邻两个测点之间的距离。

# 5.6 与相关成果的比较分析

图3-4给出了一条典型曲线。从该曲线可明显看出黏结应力峰值和零值不断且同时发生向杆体深部转移的现象。但该图反映的似乎是一组概念曲线,无具体数据,而且可能是援引国外的文献。

图4-15c)显示,通过模型试验,采用分布式光纤BOTDR检测技术,真实地测得了峰值和

零值剪应力发生转移的现象。需要指出的是,在该图中第一个峰值(约大于40MPa处)之前,转移现象似已多次发生。

图 4-31 显示考虑锚固体与孔壁界面相互作用的滑移—软化非线性特性,通过分析在侧阻力作用下锚固体拉伸位移与半无限弹性空间岩土体位移间的差值关系(即滑移量),对侧阻力分布进行的半数值求解结果。计算结果清晰表明峰值和零值不断发生向杆体深部的转移现象。

需着重指出:上述 3 例中,初始峰值与转移后的峰值大体相等,峰值点与对应的零值点之间的空间距离基本为常数。综上所述可知:关于临界锚固长度现象,很多研究者的成果均可从不同侧面给予证明和证实,只是对相应研究结果的理解和阐释尚存在差异。

## 5.7 设计与施工方法

采用基于临界锚固长度的设计方法是当今国内外有效应用锚固类结构的一种必然趋势。其方法如下:

(1)熟练掌握试验确定锚固类结构杆体临界锚固长度的基本方法。

(2)通过现场试验确定临界锚固长度值。在掌握相邻工程同类地层中相应参数的试验值时,也可以借用。

(3)锚固类结构杆体设计长度按略长于临界锚固长度值确定。

(4)设计锚固力按杆体临界锚固长度所能提供的极限锚固力的 0.75~0.80(永久工程)或 0.80~0.85(临时工程)确定。

(5)将监测结果随时反馈于设计与施工全过程,并及时调整设计参数和施工工艺。监测参数主要是支护结构的受力变形。

施工方法与普通方法完全相同。

## 5.8 小 结

(1)锚固类结构杆体存在临界锚固长度是一个普遍现象,以临界锚固长度为依据进行工程设计是科学、合理和优化的方法,也是一种必然趋势。

(2)临界锚固长度存在的意义在于它是对平均剪应力的理论基础,即锚杆界面微观结构理论适用范围的商榷。世界大多数国家其中也包括我国的相关技术标准大多数至今仍采用平均剪应力的概念和设计方法。

(3)临界锚固长度存在的实质,是剪应力分布不均匀导致第 1 和(或)第 2 界面层不断产生局部破坏并发生向杆体深部转移的结果。

(4)判定临界锚固长度的方法,是确定上述界面层局部破坏转移、峰值和零值剪应力(应变)转移是否基本同时发生,峰值和零值剪应力(应变)测点之间的空间距离是否基本(忽略上述界面层破坏后仍存在的工程意义不大的摩阻力影响)为常数。若是,这个距离就是临界锚固长度,否则就不是。

(5)临界锚固长度值的试验误差是任意两个测点间的距离,此因素应在设计安全系数中予以考虑。

# 参 考 文 献

[1] 韩军,陈强,刘元坤,等.锚杆灌浆体与岩(土)体间的黏结强度[J].岩石力学与工程学报,2005,24(19):3482-3486

[2] 张洁,尚岳全,等.锚杆临界锚固长度解析计算[J].岩石力学与工程学报,2005,24(7):1134-1138

[3] 朱玉,卫军,廖朝华.确定预应力锚索锚固长度的复合幂函数模型法[J].武汉理工大学学报,2005,27(8):60-63

[4] 肖世国,周德培.非全长黏结型锚索锚固段长度的一种确定方法[J].岩石力学与工程学报,2004,23(9):1530-1534

[5] 陈广峰,米海珍.黄土地层中锚杆受力性能试验分析[J].甘肃工业大学学报,2003,29(1):116-119

[6] 李国维,高磊,等.全长粘结玻璃纤维增强聚合物锚杆破坏机制拉拔模型试验[J].岩石力学与工程学报,2007,26(8):1653-1663

[7] 蒋良维,黄润秋,蒋忠信.锚固段侧阻力分布的一维滑移—软化半数值分析[J].岩石力学与工程学报,2006,25(11):2187-2191

[8] 荣冠,朱焕春,周创兵.螺纹钢与圆钢锚杆工作机理对比试验研究[J].岩石力学与工程学报,2004,23(3):469-475

[9] 邬爱清,韩军,等.单孔复合型锚杆锚固体应力分布特征研究[J].岩石力学与工程学报,2004,23(2):247-251

[10] 何思明,张小刚,王成华.基于修正剪切滞模型的预应力锚索作用机理研究[J].岩石力学与工程学报,2004,23(15):2562-2567

[11] 孙学毅.边坡加固机理探讨[J].岩石力学与工程学报.2004,23(16):2818-2823

[12] 徐景茂,顾雷雨.锚索内锚固段注浆体与孔壁之间峰值抗剪强度试验研究[J].岩石力学与工程学报,2004,23(22):3765-3769

[13] 何思明,李新坡.预应力锚杆作用机制研究[J].岩石力学与工程学报,2006,25(9):1876-1880

[14] 李国维,黄志怀,等.玻璃纤维增强聚合物锚杆承载特征现场试验[J].岩石力学与工程学报,2006,25(11):2240-2246

[15] WOODS R I,BARKHORDARI K. The influence of bond stress distribution on ground anchor design[C] // Proc Int Symp on Ground Anchorages and Anchored Structures. London: Themas Telford, 1997: 55-64

[16] BARLEY A D. Theory and practice of the single bore multiple anchor system[C] // Proc Int Symp on Anchors in Theory and Practice,Salzburg. 1995:315-323

[17] HOBST L,ZAJIC J. Anchoring in rock and soil[M]. New York:Elsevier Scientific Publishing Company,1983

[18] BARLEY A D. The single bore multiple anchor system[C] //Proc Int Symp on Ground Anchorages and Anchored Structures. London:Themas Telford,1997:65-75

< 72 >

# 第三篇

## 界面剪应力相互作用关系和平均剪应力研究与应用

本篇含第 6～9 章。第 6、7 章对国内外关于锚固类结构第 1、2、3 界面剪应力相互作用关系的概念和相关成果作了阐述和综合分析,并给出了一项专门的室内模拟试验结果和结论。第 8、9 章阐述了平均剪应力的历史渊源、现实影响和众多弊端,并给出了系统的现场试验和理论计算成果与结论。

# 6 锚固类结构诸界面剪应力相互作用关系研究进展

锚固类结构具有国内外一致公认的技术先进性,它们对人类工程建设的贡献是巨大的。但锚固类结构至今仍存在着若干问题亟待研究解决。这些问题制约着锚固类结构的可靠应用与进一步发展。问题之首,当属锚固类结构诸界面剪应力相互作用关系与设计方法问题。资料显示,国内外对锚固类结构诸界面剪应力相互作用关系的系统研究未见报道,而对锚固类结构的设计,国内外技术标准均采用了以第 2 界面平均剪应力为主的设计方法,这既不符合工程实际和大量严谨的试验结果,又使工程存在潜在危险性,是工程事故频发的重要原因之一,应予以摒弃。

## 6.1 问　题

锚固类结构具有毋庸置疑的技术先进性。它们在全世界各类岩土工程中的应用数量巨大,对人类工程建设的贡献和所产生的社会经济效益是无法计数的。但是,锚固类结构至今仍存在若干问题亟待研究解决。这些问题制约着锚固类结构的可靠应用与进一步发展。

1999 年,笔者对当时及之前发生在我国的 243 例边坡和基坑工程事故进行了调查、统计和分析,计有工程失事原因 314 条,其中"设计"原因的频率为 39.9%,"规范"原因的频率为 0.6%。在 148 例采用各种支护结构形式的工程中,桩锚(支撑桩加锚杆或锚索)支护工程失事频率占 6.1%,板锚(钢板桩加锚杆)支护工程占 0.7%,喷锚网(含单一锚杆)支护工程占 10.1%,三项合计为 16.9%。在 90 例失事工程的加固处理中,墙锚(地下连续墙加锚杆或锚索)占 1.1%,喷锚网(含预应力锚杆或锚索)占 30.0%,两项合计占 31.1%。2003 年 10 月,本着求教的目的,在丹东召开的中国岩土锚固工程第十二次学术会议上,笔者列举了"锚固类结构的十大问题";2005 年 8 月,为了同样的目的,在洛阳召开的岩石力学与工程学会锚固与注浆专业委员会学术会议上,又列举了"锚固类结构的十三大问题",引起与会专家极大关注。

在上述问题中,首要的是锚固类结构诸界面剪应力相互作用关系与设计方法问题。诸界面剪应力分布状态和演化规律是建立相应设计理论与方法的基本依据和前提条件。

锚固类结构与被加固支护的岩土介质构成一个复杂系统,锚固类结构诸界面剪应力间存在着强烈而复杂的相互作用、相互影响的关系。对此,相关的研究成果国内外未见发表。已有的关于诸界面剪应力的研究,一般是独立进行的。即便在这些独立进行的研究中,大多也不很充分,其间存在着不容忽视的问题。国内外对第1界面剪应力研究较多,在相关的文献资料中,约占90%,但对其峰值与零值剪应力同浆体材料局部破坏同时发生向钻孔深部的转移特性及规律并未搞清楚。对第2界面剪应力研究较少,在相关的文献资料中,约占9%,而理想第2界面剪应力分布国内外并没有真正测到过,所测得的仅是邻近第2界面剪应力。对第3界面剪应力研究甚少,迄今为止尚停留在理论分析和数值模拟阶段,系统而完备的实测数据国内外未见发表,在相关的文献资料中,仅占0.1% ~0.3%。

与诸界面剪应力相互作用效应紧密相关的是设计方法问题。总参工程兵科研三所研究员、中国工程院院士顾金才在其主持研究《预应力锚索作用机理、设计方法与深钻孔精度研究》(国家科技进步二等奖)过程中,采用多种技术措施,测得与第2界面"邻近的"的"交结面"上剪应力分布规律后指出,剪应力沿孔壁的分布远不是均匀的。中国工程院院士郑颖人早在1982年发表的一篇题为《锚喷支护参数分析与选用原则》的论文中就曾指出:"黏结式锚杆各段受力不同,靠近洞壁段受力大,反之则小,这里只算平均拉力"。

实际上,关于锚固类结构诸界面剪应力分布的非均匀性问题,数十年来,已为许多研究者所测得和认识,只不过对第2界面而言测得的仅是邻近第2界面剪应力而已。但是我国的相关技术标准至今采用的仍然是基于平均剪应力的概念与设计方法。《岩土工程勘察规范》(GB 50021—94)第3.7.6条关于计算粉土和砂土以及黏性土中锚杆抗拔力的方法、《建筑地基基础设计规范》(GBJ 7—89)第8.7.1条关于单根锚杆抗拔力计算方法、《建筑基坑支护技术规程》(JGJ 120—99)关于锚杆受拉极限承载力计算方法(参照美国锚杆标准导得)、《建筑地基基础设计规范》(GB 50007—2002)第8.6.3条关于单根锚杆抗拔承载力值$R_t$的计算方法、《铁路隧道新奥法指南》(铁道部基本建设总局,基技〔1988〕111号)第5.1.6条关于锚杆抗拔力的检查和安全标准、《锚杆喷射混凝土支护技术规范》(GB 50086—2001)第4.2.5条关于黏结型锚固体锚固段长度的计算方法、《水工预应力锚固设计规范》(SL 212—98)第4.2.2条关于胶结式锚杆锚固段长度的计算公式、《建筑边坡工程技术规范》(GB 50330—2002)第7.2.3条和第7.2.4条关于锚杆锚固体与地层和锚杆钢筋与锚固砂浆锚固长度的计算方法、中国工程建设标准化协会标准《岩土锚杆(索)技术规程》(CECS 22:2005)第7.5节关于锚固段长度的算式和经验值等,莫不如此,仅是公式形式略有差异。

在国外,美国永久土钉委员会(Permanent Soil Nail Committee,2000)颁布的《永久土钉锚杆规程》(*Recommended Guideline for Permanent Soil Nail Anchors*),美国材料试验科学(American Society for Testing and Materials,简称ASTM)委员会2002年颁布的现行美国"Reinforcing Steel Properties ASRM A615"和"Prestressing Steel Properties ASTM A722",1989~1996年间美国联邦公路局(FHWA)出版的《土钉墙设计施工与监测手册》(*Manual for Design and Construction Monitoring of Soil Nail Walls*)、《锚杆》(FHWA/RD-82/047)、《永久地层锚杆》(FHWA-DP-68-IR)、《土钉加固现场检验员手册》(FHWA-SA-93-068)、《用于公路边坡稳定和开挖的土钉加固》(FHWA-RD-89-198),英国技术标准理事会(British Board of Agre'ment,简称BBA)2002年颁布的《公路工程建设规程》(*Highways Agenty Requirements*)、《英国地锚施工标准规范》(BS8081:1989;至1997年仍在使用)、《英国增强土/加筋土及其他填料标准》(BS 8006:1995),澳大利亚《Austroads桥梁设计规范》和《混凝土结构》(AS 3600—1997)、《标准锚固力测定程序》(1971,参照美国标准),以及法国、瑞士、捷克和日本等先后在20世纪70~90年代颁布的地层锚杆技术规范、锚索技术条例、土钉技术指南等,均采用了以第2界面为主的平均

剪应力的概念与设计方法。

平均剪应力最大的害处在于:只要设计锚固力不够,就增加锚杆(索)体长度,于是就出现了类似于8m深淤泥基坑中土钉被设计成50余米长度的许多荒唐事情。一方面,锚固类结构诸界面剪应力具有极其显著的非均匀性是不争的事实;另一方面,国内外相关技术标准仍普遍采用平均剪应力的概念和设计方法也是不争的事实。二者反差如此之大,原因究竟何在?笔者分析原因有四:一、受1953年发表的新奥法的影响;二、受国外先进国家技术标准影响;三、受平均剪应力的基本理论"钢纤维与水泥浆体材料界面的微观结构理论"(Pinchin D. J. Tabor D,1978)的影响;四、与科研的急功近利与浮躁之风有关。其实,土钉支护和复合土钉支护在软土一类不良地质体中的大量成功应用就已打破新奥法的应用禁区;钢纤维与水泥浆体材料之间的界面剪应力在长细比等于1时被证明是比较均匀的,但将其推广应用于锚杆钢筋就是一种确定无疑的误导。

综上所述可知:

(1)关于锚固类结构诸界面剪应力相互作用关系及机制,国内外均未进行过系统的研究。孤立的研究难窥全豹。

(2)即使孤立的研究迄今为止大多也很不充分,尤其是第2、第3理想界面剪应力并未真正测到过。

(3)基于平均剪应力的概念与设计方法,既不符合剪应力分布特征与演化规律的实际,又存在潜在的危险,已到了不得不进行修改的地步。

(4)国外的成果仅限于借鉴。新奥法有其适用范围。微观结构理论是平均剪应力的理论基础,但具有无可争辩的误导性。

(5)开展锚固类结构诸界面剪应力相互作用关系与设计方法研究,建立诸界面剪切破坏判据和更符合实际的设计计算方法,将有力地推动锚固技术的进步,促进国家经济建设的发展,避免和减少灾难性事故发生,具有极为重要的科研价值和广泛的应用前景。

## 6.2　国内外研究结果和结论

将锚固类结构的第1、第2和第3界面明确地给予划分和界定,主要是为了方便讨论,而国内外确存在将诸界面互相混指和彼此替代的现象。此外,为了追根溯源,笔者不得不提到某些早期(20世纪60～80年代)的重要相关文献,但以近期的为主。国外对锚固类结构诸界面剪应力分布规律的研究十分重视,业已做了大量的试验研究工作,其起步也远早于我国,并已初步形成了一些计算方法。只不过这些方法并不完全统一,反映出对该问题的研究还在继续深入进行。

铁道部第二勘测设计院蒋忠信研究了拉力型锚索第2界面剪应力分布特性[1](2001),指出其分布符合高斯曲线,并与4个现场实测结果作了比较。不过,这4个现场测试结果均不是理想第2界面上的应变分布。这也是不得已而为之。铁道部第二勘测设计院科研所在用钢纤维混凝土喷锚墙加固DK146膨胀岩试验工点路堑边坡的两个断面5排长4m的锚杆中,对每根锚杆布置了4个钢筋计进行测试,所得结果为邻近锚杆杆体的砂浆介质内部的电阻式应变分布[2](1995)。铁道部科学院西北分院在上述膨胀岩土工程试验中,对用土钉加固南昆铁路DK50+437.5膨胀性红土试验工点路堑边坡断面的6根长4m的土钉,除去两端0.5m外,等间距地安装了4个电阻应变式钢筋计进行测试,所得结果与文献[2]相同。四川省建筑科学研究院余坪等在试验锚索的长 3m 锚固段内粘贴 6 个应变片,进行了 6 级张拉试验,所得结果为第 1 界面剪应变分布状态[3](1996)。冶金部建筑研究总院程良奎等对北京京城大厦深基坑工程中长 12m 拉力型锚杆,粘贴应变片进行了 5 级拉拔试验,所得结果仍为锚杆第 1 界面应变分布状态[4](1996)。

武汉水利电力大学水电学院朱焕春报道了反复张拉荷载下锚杆工作机制的现场试验研究[5](1999),不仅测试了第 1 界面上的轴向应变分布状态(沿杆体全长粘贴应变片),而且测试了邻近第 2 界面上的一定范围(在孔口 1m 范围内的孔壁上预置应变砖,其上粘有三向应变片)的剪应变分布状态。后者研究的是邻近第 2 界面问题。

总参工程兵科研三所郑全平研究员完成了预应力锚索内锚固段受力特点与破坏特征模拟试验研究[6](1998)。为获得第 2 界面剪应力分布规律,先在紧贴锚索受力筋处粘贴多个 45° 应变花;每一个应变花可得一点三个方向的应变量 $\varepsilon_1$、$\varepsilon_2$ 和 $\varepsilon_3$,再联合求解得到剪应变 $\gamma_{xy} = 2\varepsilon_2 - \varepsilon_1 - \varepsilon_3$,最后利用注浆体剪切模量 $G_g$,通过 $\tau_{xy} = G_g \cdot \gamma_{xy}$,求得该点剪应力 $\tau_{xy}$。同法可求得各点剪应力。这实际上是根据量测结果计算确定的第 2 界面剪应力。

顾金才院士等在洛阳市龙门东山的石灰岩中,完成了预应力锚索内锚固段受力特点现场试验研究[7](1998)。顾先生指出:

"现场试验技术难度很大,主要是在钻孔内的注浆体中布置测试元件的方法和测试元件的防潮绝缘技术问题不好解决。我们经过多方努力,才攻克这两个难题,使试验获得了圆满成功。""注浆体与孔壁之间的剪应力分布状态",是"通过实测的注浆体与孔壁之间的剪应变 $\gamma_g$,按公式 $\tau_g = G\gamma_g$ 换算成剪应力,然后画出沿内锚段长度的分布状态"。

就是说,这里所谓第 2 界面上剪应力分布状态采用了与文献[6]完全相同的"测试加计算"的方法。采用这种方法,首先要测得"紧贴锚索受力筋处"(即第 1 界面)的三向应变量。

长江科学院岩基研究所邬爱清等在国家自然科学基金资助下进行了单孔复合型锚杆锚固体应力分布特征的研究[8](2004)。测试参数主要是应变,测试方法是在钻孔的不同位置埋设应变砖,测试长度为 3.2m。应变砖通过灌浆方式固定于钻孔的不同位置。每个应变砖中沿锚杆轴向和垂直于锚杆轴线方向分别布置有应变测试元件,并进行了三维有限元分析计算。作者给出的仍然是邻近第 2 界面上的剪应变分布结果;虽然对垂直于锚杆轴线方向的应变作了测试,但未给出结果,估计是由于锚孔内空间有限,该方向的分布规律难以测出。作者指出,测试结果与计算结果在反映锚固体应变变化规律方面有较好的一致性。笔者估计在量值方面是难以一致的,因为两者毕竟不是同一个界面(计算按理想第 2 界面进行)。

为深入了解砂浆锚杆工作机制,合理进行锚固工程设计计算,武汉大学水利水电学院荣冠等进行了螺纹钢与圆钢锚杆工作机制对比(模拟)试验研究[9](2004)。测试方法是在模拟锚杆(长为 1.0m,直径为 32mm)杆体上粘贴应变片,在模拟加固介质混凝土内布置三向应变砖。锚杆直接打筑在混凝土中,与一般钻孔注浆锚杆工艺有别。前者测出的是第 1 界面(类似于击入钉,无第 2 界面)上的轴向应变分布,后者测出的是剪应变在介质中的衰减特性。

武汉大学水利水电学院杨松林等报道了混凝土中锚杆荷载传递机制的理论分析和现场试验[10](2001)。理论分析的对象是理想的第 1 界面,采用的是 Mindlin 弹性理论解,现场试验则与文献[9]相同。作者指出"理论值和实际值的明显差别","主要是现场张拉试验不满足变形协调条件"。不过,笔者认为,与理论的适用性、特别是理论与试验研究的对象并不是同一个界面似也有关。

< 78 >

河海大学吴申兴(音)等报道在小湾拱坝进行了锚杆与混凝土之间黏结—滑移的系列动力试验研究[11](2004)。矩形混凝土试件特征尺寸为长×宽×高=600mm×600mm×2 200mm(下部加宽至1 300mm),锚杆沿高度方向设置。螺纹钢锚杆杆体内部(通过切开后车槽)和混凝土试件表面均贴有应变片。由文章的示意图看,锚杆是打筑在混凝土试件中的。作者既给出了界面上剪应力沿锚杆长度的分布形态,也给出了混凝土试件表面应变沿锚杆长度的分布曲线,还通过力的平衡分析,给出了一个计算界面剪应力的拟合公式。该项试验设计是很新颖的,成果质量也很好,只是如果锚杆是打筑在混凝土中的,那就不存在第2界面,同文献[9]试件条件相近,与一般的注浆锚杆从钻孔工艺到注浆材料均有较大差异。

中国矿业大学刘波(音)等报道,在北京某工程现场进行了土钉界面应力、应变状态等的测试和分析[12](2000)。试验将测试元件应变片等间距地粘贴在土钉杆体表面,所测结果为第1界面上的轴向应变分布形态。

总参工程兵科研三所徐景茂等进行了锚索内锚固段注浆体与孔壁之间峰值抗剪强度试验研究[13](2004),提出了两种测试第2界面峰值剪应力方法:①将已测到的邻近理想第2界面剪应力分布曲线进一步简化为三角形,然后通过积分求得;②沿锚索张拉体试件两端各施加一个大小相等、方向相同的力$P_1$和$P_2$($P_1$为拉拔力,$P_2$为推力),根据叠加原理,认为此时剪应力沿试验段全长近似为均匀分布状态。第一种方法类似于美国的方法,在长度为$L$范围内所求得的是平均剪应力;在$L \rightarrow 0$时求得的是峰值剪应力,但其分布形态为未知,尤其是与零值剪应力和注浆体局部破坏同时发生向深部转移的峰值剪应力也为未知。$L \rightarrow 0$求得的剪应力与发生转移时最大剪应力在概念上有所不同,后者更有实际意义。上述第二种方法与锚索实际受力状态有所不同,且有应力集中的问题产生(应力重叠部分)。此外,$P_1$相当于拉力型锚索的拉力,$P_2$相当于压力型锚索的拉力,二者的剪应力分布是否完全对称且量值相等还有待于试验证实。

中国科学院与水利部成都山地灾害与环境研究所何思明等,对预应力锚索破坏特性和极限抗拔力进行了研究[14](2004)。研究提出了一个描述锚索破裂面形状的双参数方程,并根据极限平衡原理及岩体的Hoek-Brown准则,研究了锚索的极限抗拔承载力。计算分为两种情况:①浆体材料和接触面强度小于(孔周)岩石强度;②浆体材料和接触面强度大于(孔周)岩体强度。情况①中考虑了较多影响因素,但剪应力$\tau^*$值仍然是平均分布在锚固段上的,因为,$\tau^* = P_{ult}/(\pi dL)$式中$P$为拉拔力;$d$为锚索直径;$L$为锚索长度;$\pi$为圆周率。第②种情况是假定第1、第2界面抗剪强度均足够大,从而会出现第3个由一个幂次函数确定的曲线锥形破裂面(即第3界面)。这是同时考虑第2、第3界面的不多的例子。

湖南五凌水电开发有限责任公司、清华大学岩土工程研究所杨松林等,对岩体节理剪切过程中锚杆的变形进行了研究[15](2004)。"当锚杆与砂浆的黏结未破坏时,以指数曲线来描述锚杆的侧剪应力分布;而对锚杆与砂浆的黏结遭到破坏的区段,采用抛物线来拟合"。显然,作者这里研究的是锚杆第1界面问题。

河海大学土木工程学院曹国金博士等研究提出了一种确定拉力型锚杆支护长度的方法[16](2003)。其方法为:在Mindlin问题位移解基础上,导出拉力型锚杆受力的弹性解,给出锚杆在计算条件下的有效锚固长度约为2m,并对影响锚杆有效锚固长度的因素进行了分析。作者"假设水泥浆体与岩体为性质相同的弹性材料","锚杆与水泥浆体之间的变形处于弹性状态",从而"可得锚杆所受的剪应力沿杆体分布"状态为一以锚杆长度$z$为变量的指数函数。这里作者研究的是第1界面问题。

河南科技大学王霞等采用 ANSYS 程序对"锚索锚固段摩阻力分布及扩散规律"进行了模拟研究[17](2004)。这是对第 2 界面剪应力分布及其衰减规律所作研究的为数不多的例子之一。但作者所给出由其他人测得的两个试验结果,其中一个是第 1 界面上的"锚杆轴力和摩阻力沿锚固段长度的分布",另一个则是邻近第 2 界面上"锚固体与孔壁之间剪应力"分布,而剪应力的衰减特性则无可资验证的试验结果和结论。

国家电力公司昆明勘测设计研究院科研所赵华等报道了"小湾水电站岩锚支护试验研究"[18](2002),其中对锚索内锚段应力进行了测试。测试方法为采用加拿大 ROCTEST 公司进口的钢缆测力计和电阻应变片对锚索内锚固段和自由段的应力分布规律进行量测。这里试验研究的对象和方法显然与文献[2]同,即邻近第 2 界面问题。

西北勘测设计院谷建国等报道,为提高李家峡水电站双曲拱坝左岸拱肩安全度,开展了"特大吨位预应力锚索试验研究"[19](2002)。研究方法是在钢绞线上粘贴应变片,研究的对象是第 1 界面。

云南大朝山水电有限责任公司甘文鸿报道[20](2002)的大朝山水电站地下洞室锚杆、锚索的测试方法和研究对象与文献[19]同。

煤炭科学研究总院闫莫明研究员提出了单束锚索树脂锚固条件下锚固段长度的确定方法[21](2002)。所给出的树脂锚固剂与钢绞线的黏结(即第 1 界面)长度、树脂锚固剂与钻孔岩壁的黏结(即第 2 界面)长度公式与我国现行规范给出的基本一致,它建立在平均黏结强度基础之上。

大连理工大学贾金青博士等,引述了程良奎给出的一个计算锚杆抗拔阻力转而计算第 2 界面剪应力的公式[22](2004)。该公式是对平均剪切强度公式的有益修正。

大约在 20 世纪 80 年代中期(书损不详),我国煤炭科学研究院出版了一本名为《锚杆技术及应用》的书。该书由段振西审阅,淮南矿务局、冶金建筑研究总院等许多单位提供了宝贵资料[23](约 1975)。书中讨论了"杆体与锚固剂之间的锚固力与黏结力"、"锚固剂与锚固体(围岩、混凝土)之间的锚固力与黏结力"、"锚固体出现锥形剪切破坏的可能性"。作者指出:"黏结强度的测定,一般均是通过拉拔得到锚固力,再除以黏结面的总面积而得出,它是一个平均值。假定黏结力沿整个锚长内为均匀分布"。可以认为,这是这个时期有代表性的观点。

西安冶金建筑学院赵树德在 20 世纪 80 年代初发表了一篇名为《岩洞工程短锚支护的探讨》的文章,强调对于全长锚固的砂浆锚杆来说,其锚固力并不随锚杆长度增长而增大。拉拔试验结果是该文的主要依据之一。该文还指出最佳锚固长度 $L = (20 \sim 30)d$,这里 $d$ 为锚孔孔径。作者对试验现象的敏锐观察甚为难得,尽管还未涉及第 2、第 3 界面剪应力分布状态及转移特性等问题。

中国工程院院士、原空军工程学院郑颖人等[24](1982)为确定由于锚杆受拉而增加的洞周附加抗力 $\sigma_b$ 时指出:"必须先弄清锚杆所受拉力。楔缝式和胀壳式锚杆所受拉力各处都相同,但黏结式锚杆各段受力不同,靠近洞壁段受力大,反之则小,这里只算平均拉力。"可说明两点:①第 2 界面剪应力分布不均匀;②当时也是按平均值处理的。

铁道部专业设计院[25](1983)提出了一个"选定锚杆直径通常以锚杆能承受最大拉力或承载来确定"的方法。该方法所述锚杆与围岩间的剪切强度,即为第 2 界面上的平均剪切强度。

同济大学地下建筑教研室[26](1976)提出了一个根据砂浆与钢筋的黏结力计算锚固长度的方法。该方法假定第 1 界面黏结强度为平均强度。

为探索锚喷结构有关理论及合理的设计施工方法,国家建委于1972年8月组织水电部水电六局、水电部东北电力设计院、四川省电力建设三公司、交通部科研院西南研究所和同济大学等单位组成课题组开展研究工作。该课题组于1973年5月提出了一份当时在国内很有影响的科技报告《锚喷支护结构设计理论及施工方法调查汇编》[27]❶。其中所提出的锚杆与砂浆黏结强度的计算公式与文献[25]完全相同。

文献[28](1986)总结归纳了我国水电部门在1986年以前近20年间研究与应用预应力锚索的成果及经验。其中在锚索设计部分,提出了两个计算内锚固段锚固长度 $L_m$ 的公式:一个是按设计荷载校核钢筋或钢绞线与砂浆之间的握裹力是否满足要求;另一个是按钢筋或钢绞线被拉断的极限荷载与总握裹力平衡而建立的。这两个公式中的黏结力均是按平均值考虑的,未涉及第2、第3界面问题。作者列举了:①梅山水库大坝工程;②麻石大坝工程;③双牌水库大头坝工程;④白山大坝工程;⑤南河大坝墩锚工程;⑥葛洲坝闸墩加固工程;⑦丰满坝基锚固工程;⑧丰满大坝西导流壁锚固工程;⑨250工程集渣坑边墙加固工程;⑩某40m跨洞库拱部加固工程;⑪碧口电站隧道加固工程;⑫1170大跨(24m)洞室锚固工程;⑬白山电站地下厂房下流边墙锚固工程;⑭小浪底坝址大跨度隧道加固工程;⑮310工程进水口山体加固工程中预应力锚索的设计、施工与监测情况。在这些工程中完成了大量的试验研究,但均未对第2、第3界面剪应力进行测试,只在④、⑤、⑧、⑪和⑬项工程中测试了锚索的第1界面轴向应变分布规律。上述情况大体反映了这个时期我国关于锚索设计与研究工作的主要特点。

2001年12月中国水利水电出版社出版了由水利水电规划设计总院组织编撰的《预应力锚固技术》[29]一书。该书是对我国应用预应力锚索技术以来的三十余年间(1964~2001)的研究与实践的全面总结,其中也涉及英、美、日、捷克等国的相关成果和经验。该书第一章第四节给出了与我国现行规范一致的计算第2界面平均剪应力公式;在第二章第二节则给出了:①以第1界面平均剪应力为基础的按胶结材料同钢丝或钢绞线握裹力决定的计算内锚固段长度的公式;②以第2界面平均剪应力为基础的按胶结材料同岩石孔壁的黏聚力决定的计算内锚固段长度的公式。上述①、②两个公式与文献[28]提出的相同。

在提出预应力锚索"内锚固段摩阻力分布规律"之后,该书有如下有一段文字:

"实际上,胶结材料同孔壁之间的摩阻力并不是均匀分布的,许多研究和试验成果表明,锚固段沿孔壁的剪应力呈倒三角形分布,其分布是不均匀的,而沿锚固段长度迅速递减,并不是锚固段越大,其抗拔力越大,当锚固段长到一定程度,拉拔力提高并不显著,所以增加锚固段长度并不是提高设计张拉力的好办法。正因为如此,国际预应力混凝土协会实用规范(FIP)也特别规定锚固长度不宜超过10m"。

对于注浆锚杆,据国外资料介绍,黏性土中第2界面上剪应力[30](2000)可表示为 $\tau_u = as_u$,其中,$s_u$ 为土的不排水抗剪强度;$a$ 为黏结系数,取 $a = 0.3 \sim 0.75$,对硬土取低值。对于低压注浆锚杆,黏结强度与有效注浆压力有关,在无黏性砂土中,取 $\tau_u = PA\tan\varphi$,其中 $A$ 为小于1的无量纲经验系数;$P$ 为有效注浆压力,具体应用 $P$ 值时通常限制在0.35MPa或 $0.046H$MPa以内;$H$ 为覆土深度(m);$\varphi$ 为无黏性土内摩擦角。

击入钉是土钉的一种特殊形式,它是靠动力将钉体击入土层中并完全靠摩阻力对不稳定土层进行加固支护的,因而无第2界面。我国对击入钉第1界面剪应力分布研究甚少。国外对击入钉的 $\tau_u$ 值有时按式 $\tau_u = \gamma H\mu^*$ 计算,其中,$H$ 为覆土深度;$\gamma$ 为重度;$\mu^*$ 为视摩擦系数,

---

❶ 该报告未正式出版,但在业内有较大影响。

在砂土中当覆土较深时 $\mu^* = \tan\varphi$，而在覆土较浅时，由于土钉受拉时引起土体的剪胀效应，可产生较高的横向土压力，所以 $\mu^*$ 可大于1。当覆土厚度小于6m时，$\mu^*$ 可增至2，应用时建议不大于1.5。对于无黏性土中的注浆钉，常用压力灌浆来防止孔壁土体松动出现空洞并压密土体，有报道此时 $\mu^*$ 值可高到3。但也有资料认为注浆孔壁界面上的横向土压力在不同埋深处均相近。对于黏性土，常有资料取界面黏结强度为 $\tau_u = \gamma H \cdot \tan\varphi + c$，其中，$c$ 为介质黏聚力。但法国的研究结论认为，界面黏结强度与土钉的埋置深度无关。陈肇元院士分析其原因可能是视摩擦系数随深度减小，与正应力随深度增大正好相反，二者的影响互相抵消。法国对注浆土钉第2界面黏结性能做过比较系统的研究，并将黏结强度与用旁压仪测出的极限压力相联系，但结果也较为离散。

上述工作反映了国外锚杆、土钉在相应地层中的试验结果和经验，非常可贵。不过，都是基于平均剪应力的概念和方法。

美国联邦公路局的FHWA-SA-96-069R号报告认为：

"土钉内部钢筋段的局部平衡表明，沿土钉全长拉力的变化率等于该点单位长度上作用的剪力，用数学表示为 $dT/dL = \pi D\tau = Q$，其中：$dT$ 为长度 $dL$ 上土钉拉力的变化；$D$ 为土钉钻孔孔径（钢筋和水泥浆体的外径）；$\tau$ 为水泥浆—土体界面上作用的剪应力；$Q$ 为土钉单位长度的作用剪力（抗拔阻力）"[31]（2000）。

这个式子在 $dL \to 0$ 时求得的剪力从概念上看是无懈可击的，但未知与零值点和浆体局部破坏部位同时发生转移的极限剪应力为几何，而且因为杆体过短也无法测得；当 $dL$ 等于锚固段长度时就又回到了平均剪应力的概念，同我国现行的规范相同。显然，这里研究的是第2界面剪应力问题，未涉及第1、第3界面。

实际上美国的设计依据并不以此概念和相应的计算为主，而是以当地经验和实践来估算设计中使用的土钉抗拔阻力。在《锚杆》（报告号为FHWA-RD-82/047[32]）（1982）、《永久地层锚杆》（报告号为FHWA-DP-68-IR[33]）（1988）、《用于公路边坡稳定和开挖时土钉加固》（报告号为FHWA-RD-89-198[34]）（1991）、《土钉加固现场检验员手册》（报告号为FHWA-SA-93-068[35]）（1994）等美国联邦公路局的几个技术标准中，均概述了估算土层锚杆和土钉抗拔阻力以试验为基础的设计指标值，但这些指标值均为平均值。

法国Clouterre研究项目对土钉第2界面黏结性能做过比较系统的研究，并把土钉抗拔试验结果概括成为材料种类和设置技术的函数[36]（1991）。对每种材料类型和施工方法来说，单位极限黏结应力表示为旁压仪极限压力的函数。旁压仪被广泛用于法国以便初步估算极限钉—土抗拔阻力。然而，这个抗拔阻力是单位黏结应力与钉体长度的乘积，是一个平均值。

德国斯图加特大学的 R. Eligehausen、B. Lehr 和 J. Meszaros 等为了研究黏结锚杆的性能[37]（2003），调查破坏荷载的主要影响因素，进行了1 200次单根锚杆和350次锚杆组的抗拉试验，研究了安装方法（如洗孔、混凝土湿度）的敏感性，以及混凝土中存在的裂缝对锚杆黏结性能的影响程度，提出了多个计算单锚和群锚黏结性能的经验公式。不过，对锚杆诸界面均未布点进行量测。由此不难看出，这是基于诸界面平均黏结性能认识指导的结果。

文献[38-40]（1997,1978,1998）研究了温度对黏结强度的影响，指出黏结强度随温度的增加而有所降低。强度的降低与产品有关。对于乙烯树脂和不饱和聚酯树脂，80℃时的黏结强度约为20℃时的0.7倍。文献[41]（1994）还研究了冻融循环对黏结锚杆 $M_{12}$ 蠕变性能的影响。这些工作对我国有一定的借鉴意义，虽然它们只涉及峰值黏结强度而未涉及其转移特性。

Eligehausen、Mallée、Rehm[41]（1994）、Cook[42]（1993）和其他研究者还给出了黏结锚杆的设计模型。斯图加特大学对此进一步作了开发，认为用它可计算黏结锚杆加固在中心受拉荷载作用下的破坏荷载。该模型描述的是第1界面问题，并将黏结强度取为平均值。

法国 Marc Panet[44]（2003）研究提出了被动锚杆加固岩体的两种实用设计方法，即：①单根被动锚杆对单个不连续面的加固设计方法；②把被加固介质视为复合材料，并分析其力学性能。这两种设计方法都是以第2界面上所提供的设计锚固力"是足够的"为前提，从而避免了对诸界面剪应力分布形态、剪应力大小及其极限状态转移的讨论。

澳大利亚 Marc A. Woodword 采用《英国地锚施工标准规范》（BS8081：1989），于1997年，在位于西澳大利亚黑德兰港的耐而森 BHP 铁矿扩大生产能力的建设项目（CEP）中，进行了预应力锚索的设计、试验、监测和施工方法研究，特别是对内锚段注浆体与地层之间剪应力（即第2界面剪应力）进行了多次相关测试并用于正式设计[45]（2003）。作者指出："达到800kN加载时锚索试验证明，注浆体与地层之间的黏结应力至少为424kPa"；此时，"锚索标准直径为150mm"，"锚固段长度为4m"。笔者认为，这个黏结应力值正是按照平均剪应力公式 $\tau_u = T/\pi DL = 800kN/(3.14 \times 0.15m \times 4m) = 424kPa$ 算出来的，作者实际上也只测试了各级张拉荷载和对应的拉伸值。作者指出："现行澳大利亚规范如《Austroads 桥梁设计规范》和《混凝土结构》（AS 3600—1997）中有关锚索设计、施工和试验方面的内容非常有限"，所以才采用英国规范。这表明，不仅澳大利亚，而且英国所采用确定有关锚索第2界面剪应力的概念和方法，与我国现行规范相同。

日本 S. Sakurai 对锚杆加固节理岩体的机制进行了室内试验研究[46]（2003）。室内试验的试样由熟石膏制作而成，其中含有不连续面。不连续面由在三维方向上随机放置的许多薄纸片形成。用这些试样模拟节理高度发育的岩体。岩石锚杆由安置于试样内的铜棒模拟，铜棒完全与试样黏结在一起。试验时，在下述三种情形下获得了锚杆轴向应力与轴向应变的关系：①无锚杆；②铜锚杆；③熟石膏锚杆。熟石膏锚杆由熟石膏制作。其制作方法为：在试样中钻孔，然后向孔内注入熟石膏形成。这种特殊的试验使得铜锚杆和熟石膏锚杆都缺失第2界面，类似于击入钉的情形（钉孔与钉体直径相等），与一般注浆锚杆、注浆土钉和锚索的诸界面受力特点尚有较大差异。

英国 M. J. Turner 采用一种高强、价廉、防腐、抗弯折和抗撕裂性能优异的 Paraweb 聚酯织带材料替代岩土工程中大量使用的钢筋土钉，并对单个土钉的水泥浆体与土界面上的黏结应力进行了测试[47]（2003）。用永久土钉加固的试验边坡是根据《英国增强土/加筋土及其他填料施工标准》（BS 8006：1995）规定的方法，并采用具有专利权的加筋土/土钉分析程序进行设计的。测试采用了两种方法：①在坡面和加载块上建立测点进行光学测量；②在与①相对应的两个位置上用水平变形测定器测量坡面的水平位移。采用液压千斤顶对永久土钉和常规土钉进行了加载试验，以检验其性能与设计要求是否一致。作者"对这两种形式的土钉的水泥浆与土界面上的设计黏结应力都进行了测试。界面上达到的最大黏结应力为 $41kN/m^2$，并且没有损伤和位移"。这里所谓"最大黏结应力"按照所述测试方法为第2界面最大平均黏结应力，并用同文献[45]一样的公式计算得来。

德国 R. Eligehausen 和 H. Spieth 为研究锚杆的黏结性能，用单根钢筋进行了不同安装情况、不同厚度握裹层的拉拔试验[48]（2003）。试验介质为混凝土。试验采用两种注浆方法。这两种方法所用浆液均含有乙烯基树脂和水泥混合物。在混凝土试件表面粘贴应变片以测量其变形。为增大应变片与混凝土之间的匹配性，在混凝土试件表面涂了两层聚四氟乙烯底胶。

用液压机对锚杆钢筋进行拉拔。作者指出："为简化起见,把混凝土握裹层的平均黏结强度用直线连接起来。但黏结强度随握裹层厚度的增加可能是不同的。"由此可知,这里所谓的界面黏结强度同样是基于平均值的概念和方法。

台湾 Chunghua 大学 Wu J. 等采用螺纹钢进行了粉细砂介质中击入钉与注浆钉界面上剪应力量值的室内对比试验,所得剪应力前者比后者低30%[49](2004)。计算采用界面最大剪应力的公式与我国大陆相关规范所采用的完全相同,只是符号不同而已。

日本 Saga 大学的 Chai X. J. 等为研究水泥土中水泥含量与注浆土钉(第2)界面上剪应力关系,在砂质黏土中掺入不同比例的水泥(3.5% ~ 35%),进行了系列室内试验研究[50](2004),其中界面平均抗剪强度公式与我国现行规范相同。

澳大利亚 Vienne 技术大学的 Brandl H. 在 2004 年10月南京"土钉支护与岩土工程稳定性国际会议"(International Conference on Soil Nailing & Stability of Soil and Rock Engineering)上所作专题报告(2004)[51]中指出,土钉与周围土体相互作用,由于受多种因素影响,只能在有限范围内采用计算方法进行分析,对其破坏机制的研究可借助拉拔试验来进行。他介绍了法国早期的一个在松散砂中完成的足尺现场试验情况。但这个著名事例研究的却是第1界面剪应变的函数值分布。

H. Stang 等研究了滑移与剪应力分布规律,指出采用他们的分析模型可以推导出沿钢纤维的界面剪应力分布[52](1990)。在此计算模型中,剪切层外的浆体材料被假设为刚性材料,并且不考虑泊松比的影响。笔者分析认为,钢纤维是直接打筑在浆体材料中的,因而上述模型描述的是第1界面剪应力分布形态,并且是按平均剪应力处理的。

Patrikis、Andrews 和 Yong 等根据其他研究者的工作,推导建立了沿钢纤维界面剪应力的分布模型[53](1994)。在此模型中,作者应用了 Cox 的剪力层理论并且考虑了泊松比的影响。与文献[52]分析模型相似,该模型也是以第1界面为研究对象的。这两个模型都显示出当钢纤维的长细比较小(如 $L/D = 1$)时,界面剪应力趋向于均匀分布。笔者认为,这一结论在理论上是无可非议的,也与美国的极限概念和我国顾金才先生主张的"拉拔试验段要尽可能短"相一致。问题是:①锚杆能不能简化为钢纤维?大量试验证明是不行的;②实际锚固段长度($L$)怎么可能只与锚孔直径($D$)一般大?③锚固段长度很短,发生破坏和转移的峰值剪应力及其演化特性就难以测得。

香港科技大学 Zongjin Li 等也提出了类似于文献[52-53]的分析模型[54](1991),并指出,当钢纤维长细比很小时,界面开裂时的受力即为最大拔出力;界面黏结被破坏后,由于界面正压力的存在,机械咬合作用与界面摩擦力仍对钢筋滑移产生抗力,此时摩擦力沿钢纤维分布也可视为均匀分布。如果界面剪应力沿钢纤维长度方向为均匀分布,则界面剪应力可很容易求得。文献[54]提出的第1界面剪应力的公式再次回到了我国现行规范的形式,较大的区别在于纤维的长细比 $L/D$ 很小。

新加坡 Luo S. Q. 等[55](2004)认为土钉界面相互作用机制十分复杂,主要有两种理论方法计算土钉极限侧面阻力:一种是弹性分析方法(Schlooser,1982);另一种是塑性分析方法(Jewell,1990;Jewell 和 Pedley,1990 和 1992)。但这两种方法均存有争议。于是作者在 2001 年提出了一个"塑性土—弹性钉破坏模型"。这个模型有其新颖性。作者的本意是研究注浆钉的第2界面剪应力,但为验证此模型而试验的3排16个应变测点均粘贴在钉体表面,因而测得的是第1界面剪应力分布。

朝鲜 Hongik 大学 Kim Hong-Tack 等为研究面层刚度对土钉"摩擦应力"(friction stress)

（宜为黏结应力）的影响[56]（2004），进行了不同面层刚度的土钉室内系列对比试验。结果表明，面层刚度越大，第 2 界面摩擦应力越大，而作者所采用的实测元件应变片则是粘贴在钉体表面的，即测取的是第 1 界面上的轴向应变。

东北勘测设计院周增富（1991）翻译了日本山田邦光一篇名为《岩土边坡锚固》[57]的文献资料。作者在分析讨论锚索张拉力与其安全系数的关系时，提出了一个计算第 2 界面上的黏结力公式。该公式以锚固段长度 $L$ 内的平均黏结强度为基础来表述总黏结力 $F$。

早在 20 世纪 80 年代，Sell R. 等[58]（1973）和 Lang G. 等[59-60]（1979），就对单根锚杆的黏结强度进行了研究。拉拔破坏时不饱和聚酯药卷状黏结锚杆的平均黏结强度，假定为沿锚固段黏结体—钢筋界面全长均匀分布，其值为 $\tau_u \geqslant 10\text{MPa}$。作者认为，该值适用于试块（200mm 立方体）抗压强度约为 20MPa 的混凝土和埋深约为 $9d$ 的情形（$d$ 为锚杆直径——笔者注）。研究发现，平均黏结强度随混凝土强度的增加而增加。文献[59-60]有如下特点：①界面黏结强度取为平均值；②研究对象为第 1 界面。

Cook[61]（1994）在低强度和高强度混凝土中进行了 20 次产品试验，研究发现，安设有黏结锚杆的混凝土的强度对锚杆黏结强度有一定影响。高强混凝土对黏结强度的影响与产品相关。$f_{cc} = 25\text{MPa}$ 时测得的黏结强度可用于 $f_{cc} = 55\text{MPa}$ 的混凝土中。对于强度更高的混凝土，由于钻孔孔壁更为光滑，其黏结强度可能降低。作者讨论的是打筑在混凝土中锚杆的平均黏结强度。

在 20 世纪 80 年代及以后，人们用不同的试件与方法研究了钢纤维与水泥浆体材料界面的微观结构[62-64]（1978，1985，1997）。文献[62-64]研究的都是打筑在浆体材料中钢纤维（或锚杆钢筋）的力学性能（第 1 界面），研究也很深入，可看作是平均剪应力的基本理论依据，至今仍有重要影响而被引用。但该理论经不起试验和工程检验是不争的事实，原因可能是其应用超出了理论的适用范围。

澳大利亚煤炭工业研究试验室提出了"标准锚固力测定程序"[65]（1971），据此可以确定界面上的剪应力，作者说明该程序是根据美国的方法发展起来的。测定方法是进行拉拔试验，测定程序是测定"锚头最大锚定力"和"荷载/位移特性"，再根据锚固段长度和孔径参数求出界面上剪应力。这只能求出该界面上的平均黏结强度。

美国波特兰有限公司基础学科副主席及总工程师唐奈·J. 道特斯等[66]（1971）撰写了一篇名为《岩石锚杆锚固体系的现场试验》的论文，文章"希望对从事现场试验以及岩石锚杆设计等两部门的人员，都具有实用价值"。文章阐述了通过拉拔试验及分析获得设计锚固拉力的方法。该方法以平均剪应力为基础。作者强调的是"荷载"与"变位"参数的测取，并且与澳大利亚"标准锚固力测定程序"的说明[65]是吻合的。与上述研究相近的工作，我国主要是在 20 世纪 90 年代及以后做的。这表明：①在对锚固强度的相关研究方面，我国要比先进国家晚起步 10～15 年时间。这一差距的缩短，与"具有浓厚中国特色的土钉支护"（中国工程院院士、总参科技委常委钱七虎语——笔者注）于 1992 年以来在我国的蓬勃兴起有关；②20 世纪 80 年代美国在该问题上研究水平即如文献[66]所述，用今天的眼光看这还是较为粗糙的，它所采用的概念和方法显然是以平均锚固强度为基础，并且一直延续至今；反观我国的情况又未尝不是如此。

日本隧道技术协会 1979 年编写了《新奥法量测规则（草案）及解释》[67]，其中第 11 条明确规定"锚杆拉拔试验是为确认锚杆安设后的锚固效果"，"应用时采取在锚杆上贴应变片的方法进行"。在第 14 条中规定,"锚杆轴力量测的目的是量测锚杆轴力并依其应力度获得是否增设锚杆等的判断资料。量测采用贴在锚杆上的应变片或量测锚杆"来进行。显然,这里关注的均是第 1 界面问题。这种做法主要源于新奥法的影响[68](1982)。

# 6.3 小　　结

### 6.3.1　关于国内的研究

(1)国内关于锚固类结构第 1 界面剪应力分布规律的研究,包括室内外试验和理论分析计算,已经做了较多的工作,成果较为丰富。但峰值剪应力转移等特性仍未搞清楚,强制和非强制性技术标准仍然不适当地采用了平均剪应力的概念和方法。

(2)对邻近第 2 界面上剪应力分布形态的研究,所做工作还很有限,有些问题还未真正搞清楚,如不同加固介质中锚固类结构杆体的临界锚固长度问题等。

(3)至于理想第 2 界面剪应力分布形态,我们还没有真正测到过,还有不少问题需要探讨。

(4)关于界面剪应力沿垂直于杆体轴线方向衰减问题,所做工作不多,主要还停留在理论探讨阶段,系统的测试未见发表。

(5)在我国工程界和学术界,对锚固类结构的 3 个破坏界面给予明确区分的意识还不是很强。有时提得较为笼统,有时出现混淆和相互替代现象。

(6)锚固类结构诸界面平均剪应力的概念和方法自 20 世纪 70 年代以来是一脉相承的;尽管早已发现了问题,却未真正有效地予以解决。

(7)将第 1、第 2 和第 3 界面视为一个系统,进而研究诸界面剪应力的相互作用关系和机制,以及设计方法,这种研究方法和结论,国内未见发表。

### 6.3.2　关于国外的研究

(1)国外尚没有"锚固类结构"、"锚固类结构第 1、第 2 和第 3 界面"的明确概念,一般是混称的,有时需要仔细阅读才能分辨其所指。

(2)国外研究锚固类结构界面剪应力的方法主要有以下几种:①经验法;②解析法;③数值分析法(本章述及较少)。但实际用于设计的主要是①和②两种方法。

(3)国外对锚固类结构界面剪应力分布规律的研究和实践比我国早 10~15 年时间,经费投入也大得多。尽管如此,关于理想第 2、第 3 界面剪应力分布形态的试验研究成果同样未见报道(数值模拟的除外)。

(4)国外绝大多数国家和地区关于界面剪应力分布均是采用平均值的概念和方法,在所述及的资料中,只有美国的概念要先进一些,但也未见付诸应用,见之于设计技术标准的主要是通过试验法获得的有效数据,并且同样是基于平均剪应力的方法。

(5)国外对第 1 界面受力性能的研究,明显多于第 2 界面;也有将前者替代后者或混为一谈的情况。这同我国工程界的有些做法是相似的。

(6)国外没有对临界锚固长度、界面剪应力的峰值点和零值点同浆体材料局部破坏部位同时发生转移、界面剪应力沿垂直于杆体轴线方向的衰减规律等进行系统研究,而这些问题均与诸界面剪应力相互作用关系密切相关。

（7）国外早期关于浆体材料的微观结构研究成果，以及将浆体材料中钢纤维的研究结果推广至混凝土中锚杆钢筋的结论，在国际上被广泛引用，可看作是平均剪应力的理论基础，但却具有误导性而不能应用。

（8）国外关于锚固类结构诸界面剪应力相互作用关系和机制研究成果未见发表。

## 参 考 文 献

[1] 蒋忠信.拉力型锚索锚固段剪应力分布的高斯曲线模式[J].岩土工程学报,2001,23(6)：696-699

[2] 李敏,蒋忠信,秦小林.南昆铁路膨胀岩(土)路堑边坡应力测试分析[J].中国地质灾害与防治学报,1995(专辑)：60-69

[3] 余坪,余渊.滑坡防治预应力锚索的试验研究[J].中国地质灾害与防治学报,1996(1)：59-63

[4] 程良奎.土层锚杆的几个力学问题[J]//中国岩土锚固工程协会.岩土锚固工程技术.北京：人民交通出版社,1996：1-6

[5] 朱焕春.反复张拉荷载作用下锚杆工作机理试验研究[J].岩土工程学报,1999,21(6)：662-665

[6] 郑全平.预应力锚索加固作用机理与设计计算方法[J].中国防护工程科技报告,1998

[7] 顾金才,明治清,沈俊,等.预应力锚索内锚固段受力特点现场试验研究[J]//中国岩土锚固工程协会.岩土锚固新技术.北京：人民交通出版社,1998

[8] 邬爱清,韩军,罗超文,等.单孔复合型锚杆锚固体应力分布特征研究[J].岩石力学与工程学报,2004,23(2)：247-251

[9] 荣冠,朱焕春,周创兵.螺纹钢与圆钢锚杆工作机理对比试验研究[J].岩石力学与工程学报,2004,23(3)：469-475

[10] 杨松林,荣冠,朱焕春.混凝土中锚杆荷载传递机理的理论分析和现场试验[J].岩土力学,2001,22(1)：71-74

[11] Wu Shenxing. Dynamic experimental study of bond-slip between bars and the concrete in XiaoWan arch dam[J]. New Developments in Dam Engineering-Wieland, Ren & Tan(eds), © 2004 Taylor & Francis Group, London：951-959

[12] Bo Liu, Libing Tao, Longguang Tao. Field Tests of Nails' Strains and Their Spatial Behavior in Vertical Soil Nailing Wall of Deep Excavation[C]. Proceedings of the International Symposium of Civil Engineering in the 21st Century, Beijing, China, 11-13 October, 2000：417-423

[13] 徐景茂,顾雷雨.锚索内锚固段注浆体与孔壁之间峰值抗剪强度试验研究[J].岩石力学与工程学报,2004,23(22)：3765-3769

[14] 何思明,王成华.预应力锚索破坏特性及极限抗拔力研究[J].岩石力学与工程学报,2004,23(17)：2966-2971

[15] 杨松林,徐卫亚,黄启平.节理剪切过程中锚杆的变形分析[J].岩石力学与工程学报,2004,23(19)：3268-3273

[16] 曹国金,姜弘道,等.一种确定拉力型锚杆支护长度的方法[J].岩石力学与工程学报,2003,22(7)：1141-1145

[17] 王霞,郑志辉,等.锚索内锚固段摩阻力分布及扩散规律研究[J].煤碳工程,2004(7):45-48

[18] 赵华,董泽荣,等.小湾水电站岸锚支护试验研究[M]//徐祯祥,等.岩土锚固技术与西部开发.北京:人民交通出版社,2002

[19] 谷建国,王再芳,等.特大吨位预应力锚索试验研究[M]//徐祯祥,等.岩土锚固技术与西部开发.北京:人民交通出版社,2002

[20] 甘文鸿.大朝山水电站地下洞室主要支护施工技术[M]//徐祯祥,等.岩土锚固技术与西部开发.北京:人民交通出版社,2002

[21] 闫莫明.单束锚索树脂锚固[M]//徐祯祥,等.岩土锚固技术与西部开发.北京:人民交通出版社,2002

[22] Jia Jinqing,Zheng Weifeng,et al. The research on prestressed anchor flexible retaining method for deep excavation[C]. Int'l Conference on Soil Nailing & Stability of Soil and Rock Engineering:21-22 October 2004,Nanjing,China

[23] 煤炭科学研究院.锚杆技术及应用[M].[出版者不详],1975

[24] 郑颖人,杨会龙.锚喷支护参数分析与选用原则[R].空军工程学院科技报告,1982

[25] 铁道部专业设计院.锚杆支护设计探讨[R].铁道部专业设计院科技报告,1983

[26] 同济大学地下建筑教研室.锚杆·喷射混凝土支护——地下建筑工程专题[R].同济大学科技报告,1976

[27] 水电部第六工程局,水电部东北电力设计院,同济大学,等.锚喷支护结构设计理论及施工方法调查汇编[R].科技报告,1973

[28] 水利水电地下建筑物情报网.预应力锚固技术与工程应用[J].地下工程技术,1986(1)

[29] 赵长海,董在志,陈群香.预应力锚固技术[M].北京:中国水利水电出版社,2001

[30] 陈肇元,崔京浩.土钉支护在基坑工程中的应用[J].2版.北京:中国建筑工业出版社,2000

[31] 美国联邦公路局.FHWA-SA-96-069R 土钉墙设计施工与监测手册[M].余诗刚,译.北京:中国科学技术出版社,2000

[32] Weatherby D E. Tiebacks,Federal Highway Administration[S]. Washington D. C. ,FHWA-RD-82-047,1982

[33] Cheney,Richard S. Permanent Ground Anchors,FWHA-DP-68-1R,Federal Highway Administration,Washingtion D. C. ,1988

[34] Elias V,Juran I. Soil Nailing for Stabilization of Highway Slopes and Excavations,Federal HighwayAdministration,Washington D. C. ,FHWA-RD-89-198,1991

[35] Porterfield J A,Cotton D M,Byrne R J. Soil Nailing Field Inspectors Manual,Federal Highway Administration,Washington D. C. ,FWHA-SA-93-068,1994

[36] French National Research Project Clouterre. Recommendations Clouterre 1991 (English Translation) Soil Nailing Recommendations,Federal Highway Administration,Washington D. C. ,FHWA-SA-93-026,1991

[37] (德)R Eligehausen,B Lehr,J Meszaros,et al. 两种黏结锚杆抗拉性能与设计[M].张新乐,译//曾宪明,王振宇,等.国际岩土工程新技术新材料新方法.北京:中国建筑工业出版社,2003

[38] Eligehausen R,Mallée R Rehm G. Befestigungstechnik. In:Betonkalender 1997,Ernst & Sohn,Verlag Für Architektur und technische Wissenschaften,Berlin,1997

[39] Rehm G. Langzeitverhalten von HILTI-Verbundankern HVA. Gutachtliche Stellungnahme vom 23. 06. 1978,not published

[40] Cook R A,Kunz J,Fuchs W,et al. Behavior and Design of Single Adhesive Anchors under Tensile Load in Uncracked Concrete. ACI Structural Journal,January-February 1998

[41] Eligehausen R,Mallée R,Rehm G. Fixings formed with Resin Anchors. Betonwerk + Fertigteil-Technik,1994:10-12

[42] Cook R A. Behavior of Chemically Bonded Anchors,Journal of Structural Engineering,1993, 19(9)

[43] Fuchs W,IExpansion R,Breen J E. Concrete Capacity Design(CCD) APPROACH FOR Fastening to Concrete. ACI-Structural Journal,1995,92:73-94

[44] (法)Marc Panet. 被动锚杆加固岩体的实用设计方法[M]. 张新乐,译//曾宪明,王振宇, 等. 国际岩土工程新技术新材料新方法. 北京:中国建筑工业出版社,2003

[45] (澳大利亚)Marc A,Wood Word. 锚索设计、试验、监测和施工方法[M]. 朱大明,译//曾宪明,王振宇,等. 国际岩土工程新技术新材料新方法. 北京:中国建筑工业出版社,2003

[46] (日)S Sakurai. 锚杆加固节理岩体的机理与分析方法[M]. 张新乐,译//曾宪明,王振宇,等. 国际岩土工程新技术新材料新方法. 北京:中国建筑工业出版社,2003

[47] (英)M J Turner. 永久性防腐土钉墙的性能、设计与施工[M]. 李世民,译//曾宪明,王振宇,等. 国际岩土工程新技术新材料新方法. 北京:中国建筑工业出版社,2003

[48] (德)R Eligchausen,H Spieth. 插入式钢筋连接的性能与方法[M]. 蔡灿柳,译//曾宪明, 王振宇,等. 国际岩土工程新技术新材料新方法. 北京:中国建筑工业出版社,2003

[49] Wu J,Zhang Z. Experimental study of the pull-out resistance of soil nails,Int'l Conference on Soil Nailing & Stability of Soil and Rock Engineering:21-22 October 2004,Nanjing,China: 205-212

[50] (日)Chai X J,Hayashi S,Du Y J. Contribution of dilatance to pull-out capacity of nails in sandy clay,Int'l Conference on Soil Nailing & Stability of Soil and Rock Engineering:21-22 October 2004,Nanjing,China,73-80

[51] (澳大利亚)Brandl H,Adam D. Soil and rock nailing-stability analyses and case studies,Int'l Conference on Soil Nailing & Stability of Soil and Rock Engineering:21-22 October 2004, Nanjing, China:1-16

[52] Stang H,Li z,Shah S P. The pull-out problem-the stress versus fracture mechanical approach, ASCE,J. Engng Mech. ,1990,116(10):2136-2150

[53] A K Patrikis,M C Andrews ,R J Yong. Analysis of the single-fibre pull-out test by the use of Ram an spectroscopy. Part I:pull-out of aramid fibers from an epoxy resin,Composites Science and Technology 52,1994:387-396

[54] Zongjin Li,Barzin M obersher,Surendra P shah. Characterization of interfacial properties in fibre reinforced composites,Journal of American Ceramic Society, 74,1991:2156-2164

[55] Luo S Q. Stabilization of slopes in residual soils with soil nailing,Int'l Conference on Soil Nailing & Stability of Soil and Rock Engineering:21-22 October 2004,Nanjing,China

［56］ Kim Hong-Tack, Kang In-Kyu, Kwon Young-Ho, et al. Influence of Facing Stiffness on Global Stability of Soil Nailing Systems, Int'l Conference on Soil Nailing & Stability of Soil and Rock Engineering:21-22 October 2004, Nanjing, China

［57］ (日)山田邦光. 岩土边坡锚固. 周增富, 译. 1991

［58］ Sell R. Festigkeit und Verformung Mit Reaktionsharzm Örtelpatronen Versetzter Anker, Verbindung-stechnik 5, 1973, 8

［59］ Lang G, Vollmer H. Dubelsysteme fur Schwerlastverbindungen. Die Bautechnik, Volume 6, 1979

［60］ Lang G. Festigkeitseigenschaften von verbundanker-systeen. Bauingenieur 54, 1979

［61］ Cook R A, Bishop M C, Hagedoorn H S, et al. Adhesive bonded anchors. Structural and Effects of In-service and Installation Conditions. Structural and Materials Research Report No. 94-2A. University of Florida, 1994

［62］ D J Pinchin, D Tabor. Interfacial phenomena in steel fiber reinforced cement I:Structure and strength of interfacial region, Cement and concrete research, 1978, 8:15-24

［63］ A Bentur, S Diamond, S Mindess. The microstructure of the steel fiber-cement interface, Journal of Materials Science, 1985, 20:3620-3626

［64］ M N Khalaf, C L Page. Steel/mortar interface:microstructure features and mode of failure, Cement and concrete research, 1997, 9:197-208

［65］ (澳大利亚)矿业与金属学会. 岩石锚杆论文集[R]. 交通部科学研究院西南研究所, 译, 1971

［66］ (美)唐奈·J 道特斯, 金尼斯·L 福格. 岩石锚杆体系的现场试验[R]. 空军后勤部设计研究所, 译, 1971

［67］ (日)隧道技术协会. 新奥法量测规则(草案)及解释[J]. 关宝树, 译. 情报资料, 1979

［68］ 韩瑞庚. 新奥法的量测[R]. 空军工程学院情报参考资料, 1982

# 7 锚固类结构诸界面剪应力空间 连续衰减试验研究

采用高、中、低强三种围岩介质,在室内进行了锚杆第1、第2界面剪应力分布形态测试。在此基础上,分析了锚杆第1、第2界面剪应力相互作用关系。研究指出:第2界面剪应力是第1界面剪应力衰减的结果;第1、第2界面剪应力沿杆体轴线方向和垂直于杆体轴线方向都是衰减的,并且存在极限剪应力、零值剪应力与浆体局部破坏基本同时发生向杆体深部的转移现象;着重指出平均剪应力的理论基础——锚杆界面微观结构理论具有不争的误导性。

## 7.1 概　　述

锚固类结构除击入式土钉外,一般都存在3个界面剪应力相互作用关系问题。锚固类结构诸界面剪应力分布形态的确定是建立相应设计理论和方法的基础和前提。受 D. J. Pinchin 等人于1978年发表、此后又有不少研究者进一步研究和发展的锚杆界面微观结构理论影响[1-6],世界各国包括我国的相关技术标准采用的设计方法大多是基于平均剪应力的概念和方法。大量试验研究结果表明,剪应力并不是均匀分布的[7-14]。不过这些测试结果具有以下特点:①第1界面剪应力是较理想的(应变片直接粘贴在杆体表面);②第2界面剪应力不是理想的而是邻近该界面(通过量测加计算求得或采用应变砖测得);③未能考虑诸界面剪应力相互作用关系。

本项研究采用较特殊方法,对第1、第2界面剪应变以及沿垂直于杆体轴线方向的围岩介质中应变同时进行了比较测试和分析❶。研究指出,锚固类结构诸界面剪应力分布形态不仅沿杆体轴线方向是衰减的,而且沿垂直于杆体轴线方向也是衰减的,并非均匀分布,且彼此间存在着显著的相互影响的关系。

## 7.2 试 验 方 法

### 7.2.1 试件打筑

为模拟实际施工工艺并测取理想第2界面以及围岩介质内部剪应力分布特性,试件制作

---

❶ 该项试验由曾宪明提出方案,由范俊奇等组织实施并完成总结。

采用了如下方法:①制作锚杆,在其表面设计位置粘贴应变片,以测取第1界面剪应变分布形态;②将锚杆置于模拟锚孔的PVC管中,并灌浆形成锚固体;③切除PVC管,在锚固体表面与第1界面测点相对应的位置粘贴应变片,以测取第2界面剪应变分布形态;④将锚固体再次置入孔径更大的PVC管中并打筑水泥浆体以模拟围岩介质;⑤再次切除PVC管,在对应位置粘贴应变片,并将除测点之外的介质表面全部凿毛;⑥重复④和⑤工序,直至完成试件制作。试件养护期以最后一层围岩介质达到28d为准。

打筑完毕后的试件见图7-1,测点布置见图7-2。

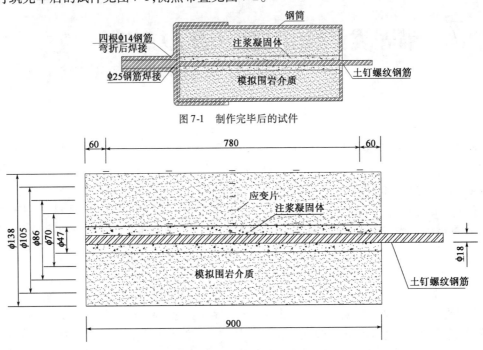

图7-1 制作完毕后的试件

图7-2 试件应变测点布置(单位:mm)

### 7.2.2 围岩介质及注浆体强度特性

围岩介质的强度按显著高于、等于、显著低于注浆体强度设计,实测结果见表7-1。

围岩介质及注浆体试件抗压强度 表7-1

| 介 质 类 型 | 单轴抗压强度(MPa) | |
| --- | --- | --- |
| | 7d | 28d |
| 高强介质 | 31.8 | 53.14 |
| 中强介质 | 19.2 | 32.22 |
| 低强介质 | 3.70 | 7.26 |
| 注浆体 | 19.2 | 32.22 |

# 7.3  试 验 结 果

不同荷载条件下各类试验锚杆实测轴应变沿杆体长度方向的分布形态如图4-17所示。图中杆体长度(内锚固段)均为90cm。对于高、中强介质试件,图中曲线对应的外加荷载分别为40kN、50kN、60kN、80kN和100kN;对于低强介质试件,对应的外加荷载分别为20kN、30kN、

40kN、50kN 和 60kN。

由图 7-3 知,锚杆杆体轴应变沿杆体轴向是按指数规律衰减的。据此,分别对不同介质试件杆体轴应变进行近似拟合,其结果为:

$$\varepsilon\left(\frac{x}{d}\right) = \frac{4P_0}{\pi d^2 E_s} e^{-K_P\left(\frac{x}{d}\right)^{1.18}} \tag{7-1}$$

式中,$\varepsilon(x/d)$ 为第 1 界面上轴向应变(με);$x$ 为注浆体上某点至外荷载作用点的距离(m);$d$ 为锚杆钢筋直径(m);$K_P$ 为荷载系数,与外荷载 $P_0$ 相关;$E_s$ 为锚杆钢筋弹性模量(MPa);$P_0$ 为锚杆外荷载。

$K_P$ 与外荷载 $P_0$ 之间的关系可用下式表示:

$$\left.\begin{array}{ll} \text{高强介质:} & K_P = 0.15579e^{-0.01149P_0} \\ \text{中强介质:} & K_P = 0.11601e^{-0.01157P_0} \\ \text{低强介质:} & K_P = 0.14734e^{-0.03801P_0} \end{array}\right\} \tag{7-2}$$

利用杆体轴应力与轴应变的关系,可把轴应变方程改写成轴应力方程:

$$P(x) = P_0 e^{-K_P\left(\frac{x}{d}\right)^{1.18}} \tag{7-3}$$

这种转换对于分析第 1 界面剪应力基本可行,因为应变片是粘贴在钢筋表面的;但对分析第 2 界面只具有参考意义,因为该界面力学特性是非线性的。

## 7.4  第 1 界面剪应力分布形态

锚杆承载时,锚固段注浆体内的轴力随着离承压板距离的增大而减小,在某一段注浆体上的轴力之差应由注浆体与杆体(第 1 界面)之间的剪力来平衡,因而可从中取出一微段作力的平衡分析,见图 7-3。

图 7-3 中,在长为 $\Delta x$ 的一段浆体柱上,其轴力分别为 $P_1$、$P_2$。这一段上注浆体与杆体第 1 界面的平均黏结应力(即剪应力)为 $\tau_1$,其轴力之差应等于这一段注浆体表面的剪切力 $Q\Delta L = \tau_1 \pi d \Delta x$($d$ 为注浆体直径),则可据式(7-4)算出此微段上的平均剪应力 $\tau_{1\Delta x}$:

$$\tau_{1\Delta x} = \frac{P_2 - P_1}{\pi d \Delta x} \tag{7-4}$$

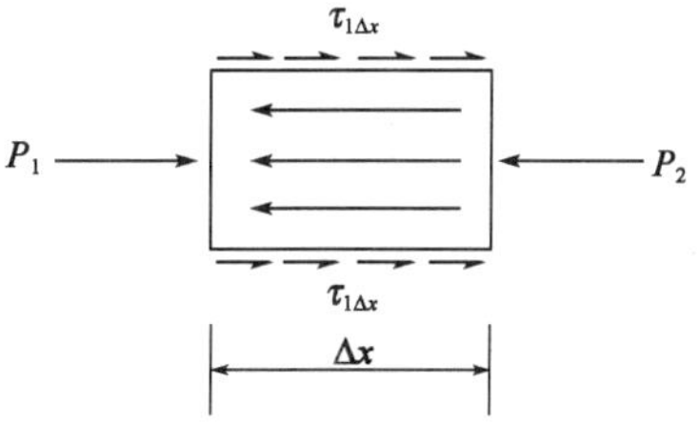

图 7-3  加载时锚杆杆体受力分析图

当此微段 $\Delta x$ 足够短时,则所求的剪应力即可看作峰值剪应力。试验中,沿锚杆轴线方向上两相邻测点之间的长度为 190mm,利用式(7-4)可分别算出各类锚杆两相邻测点间的平均剪应力。此时,第 1 界面上任一点的剪应力可表示为:

$$\tau_{1\Delta x} = \frac{P_2 - P_1}{\Delta x} = \frac{\Delta P}{\Delta x} = \frac{dP}{dx} = \frac{d\left[P_0 \cdot e^{-K_P\left(\frac{x}{d}\right)^{1.18}}\right]}{dx} \tag{7-5}$$

$$= \frac{-1.18K_P P_0}{d}\left(\frac{x}{d}\right)^{0.18} e^{-K_P\left(\frac{x}{d}\right)^{1.18}}$$

式(7-5)是一个以试验结果为基础的经验公式。试验做得越精细,公式的可靠性就越好。将相应参数代入式(7-5)即可求得不同试件第 1 界面上任一点剪应力分布形态,计算结果见图 7-4。

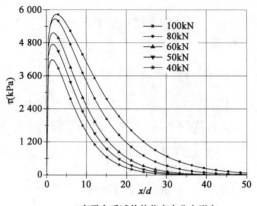

a)高强介质试件的剪应力分布形态

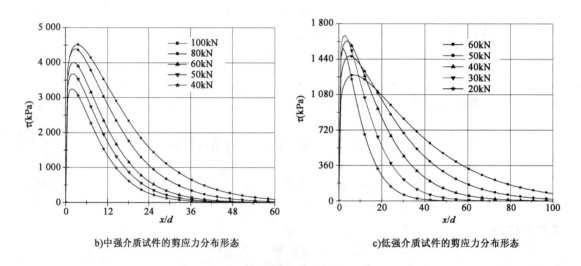

b)中强介质试件的剪应力分布形态

c)低强介质试件的剪应力分布形态

图7-4 锚杆第1界面剪应力分布形态

# 7.5 第2界面剪应力分布形态

杆体的拉应力是通过注浆体的剪切变形传递给围岩的,近似假设注浆体为刚体(这一假设对于土介质尤其是软土较为可行),则可从注浆体中取出长度为 $dx$ 的微段进行分析(图7-5)。

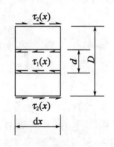

图7-5 加载条件下锚固体
受力分析简图

由 $dx$ 微段的轴向平衡条件有:

$$\sum x = 0 \qquad \pi d \tau_1(x) dx - \pi D \tau_2(x) dx = 0$$

得:

$$\tau_2(x) = \frac{d}{D} \tau_1(x)$$

将式(7-5)代入上式即可得到第2界面上任一点的剪应力:

$$\tau_2(x) = \frac{-1.18 K_P P_0}{\pi \cdot d \cdot D} \left(\frac{x}{d}\right)^{0.18} e^{-K_P \left(\frac{x}{d}\right)^{1.18}} \tag{7-6}$$

由式(7-6)可得到不同外荷载作用下各类试件第2界面上剪应力分布形态,如图7-6所示。

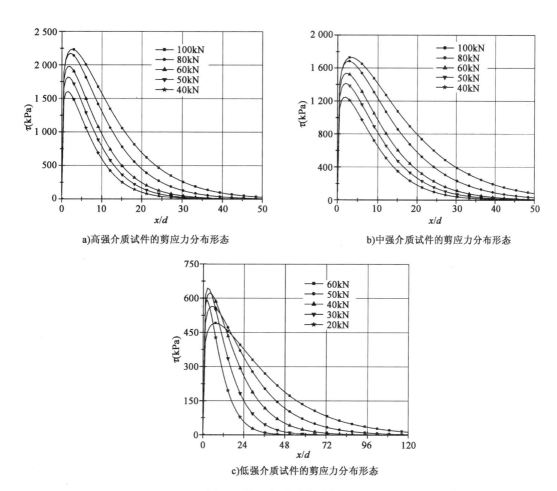

a)高强介质试件的剪应力分布形态          b)中强介质试件的剪应力分布形态

c)低强介质试件的剪应力分布形态

图 7-6    第 2 界面剪应力分布形态

需要指出,试验中,第 2 界面因故损坏两个应变测点,试验曲线难以画出。但由式(7-6)比照剩余测点数据,均有相当程度的吻合,表明图 7-6 所示曲线具有参考意义。

# 7.6    综合分析

(1)锚杆轴向应变衰减特性。图 4-17 表明,无论高、中、低强介质,在沿杆体轴线方向上,第 1 界面轴向应变都是衰减的。但介质不同,衰减速率不同,高强介质衰减快,低强介质衰减慢。在试验条件下,上述特性体现在荷载系数的差异上,即式(7-2)。上述特性是锚固类结构杆体临界锚固长度随介质变软而增长的根本原因。

(2)锚杆外端点效应及浆体局部破坏转移特性。在外端点处,由于 $\triangle x = 0$,$\triangle x/d = 0$,故剪应力为零。但极限剪应力发生在紧靠外端点处。因此,注浆体若沿第 1 或第 2 界面发生破坏,即首先发生在该点处。宏观观察表明,此时进一步加载,此破坏即发生向杆体深部的转移。其破坏与相应的极限剪应力紧密相关。图 7-4 和图 7-6 表明,在靠近外端点处,剪应力并非最大。这是因为量测读数时,该点处浆体局部破坏已经发生。

(3)峰值点及其转移特性。综合分析图 7-4 和图 7-6 知,无论是高、中、低强介质,抑或第 1、第 2 界面,在每一级荷载条件下,都存在一个剪应力峰值点。随着外加荷载等级升高,该峰值点发生向极限值点的转移($y$轴之上）；当达到极限值点后，该点处浆体产生破坏，极限剪应力发生向杆体深部的转移（$x$轴之右）。

（4）零值点及其转移特性。在图7-4和图7-6中，不管是高、中、低强介质，还是第1、第2界面的剪应力曲线，都是从峰值开始衰减至零的。因此每一级荷载条件下，都存在一个零值点；随着荷载的增加，零值点发生向锚杆杆体深部的转移。

（5）同时转移特性。上述浆体局部破坏转移、剪应力极限值点转移和零值点转移是基本同时发生的。如果不是破坏后的浆体在拉拔过程中还存在不大的摩阻力效应（随破坏长度增加而略有增加），上述三个转移现象将同时发生。亦即极限剪应力值点与零值点之间的空间距离基本保持为一个常数，这个常数就是临界锚固长度。

（6）第2界面剪应力是第1界面剪应力衰减的结果。比较图7-4和图7-6，相对于高、中、低强介质，第2界面的剪应力分布特征与第1界面的基本相近，但同一荷载条件下的量值有较大差别。当加载均在100kN、100kN、30kN时，第1界面剪应力分别达到5 800kPa（高强介质）、4 600kPa（中强介质）、1 700kPa（低强介质），第2界面剪应力分别为2 245kPa（高强介质）、1 720kPa（中强介质）、650kPa（低强介质），后者分别为前者的61.3%、62.6%、62.8%。

（7）试验中对围岩介质进行了系统测试，但因部分测点破坏未给试验结果。从剩余测点的测试数据可以看出：第3界面剪应力是第2界面剪应力进一步衰减的结果，其量值与介质力学强度有关。3个界面剪应力量值的关系为：第1界面＞第2界面＞第3界面；只有①杆体强度、②第1界面黏结强度、③浆体强度、④第2界面黏结强度均显著高于围岩介质强度时，第3界面破坏才有可能发生。

（8）图4-1、图4-10、图4-11、图4-16给出4位研究者分别对锚索邻近第2界面，锚杆邻近第2界面，锚杆第1界面剪应力分布形态所做实测结果。将这些结果与图7-4、图7-6比较可见，它们的规律是相近的。但它们又不在同一个界面上。这表明：①平均剪应力的概念和方法经不起科学试验检验，应予摒弃；②界面剪应力分布形态遵从衰减规律，是一个普遍现象；此衰减包括沿杆体和垂直于杆体两个正交方向上的衰减；③锚固类结构界面剪应力分布规律问题在一定程度上可以统一起来进行研究。

（9）微观结构理论是平均剪应力概念和设计方法的理论基础。由于该理论的应用超出了本身的适用范围，因而具有很大误导性。

## 7.7　小　　结

（1）实测锚杆轴向应变呈衰减分布形态；对于不同介质，衰减速率不同，在高强介质中衰减更快；因而临界锚固长度在高强介质中最短，在低强介质中较长，在中强介质中居中。

（2）本章建立的以试验数据为基础的剪应力分布经验公式，对于第1界面是可行的，对于第2界面由于介质的非线性特性而只具有参考意义。

（3）本章在计算第2界面剪应力分布形态时所采用的注浆体为刚体的假设只适用于软土一类介质。

（4）锚杆界面剪应力分布在沿杆体和垂直于杆体两个正交方向上都是衰减的，而不是均匀分布的，锚杆界面微观结构理论具有不争的误导性。

（5）锚固类结构诸界面剪应力间存在显著相互作用关系，第3、第2界面剪应力是第2、第1界面剪应力不断衰减的结果。

(6)第 1、第 2 界面剪应力发生沿杆体的衰减过程伴随有砂浆局部破坏转移、剪应力极限值点转移和零值点转移现象发生。上述 3 个转移大体同时进行。

(7)锚固类结构诸界面剪应力问题在一定程度上可以统一起来进行研究。

# 参 考 文 献

[1] Pinchin D J,Tabor D. Interfacial phenomena in steel fiber reinforced cement Ⅰ:structure and strength of interfacial region[J]. Cement and concrete research,1978,8:15-24

[2] Benter A,Diamond S,Mindess S. The microstructure of the steel fiber-cement interface[J]. Journal of Materials Science,1985,20:3620-3626

[3] Stang H,Li Z,Shah S P. The pull-out problem-the stress versus fracture mechanical approach [J]. ASCE,J. Engng Mech. ,1990,116(10):2136-2150

[4] Patrikis A K,Andrews M C,Yong R J. Analysis of the single-fiber pull-out test by the use of Ram an spectroscopy. part Ⅰ:pull-out of agamid fibers from an epoxy resin[J]. Composites Science and Technology,1994,52:387-396

[5] Li Zongjin,Barzin M O,Surendra P S. Characterization of interfacial properties in fiber reinforced cementations composites[J]. Journal of American Ceramic Society,1991,74:2156-2164

[6] Khalaf M N,Page C L. Steel/mortar interface. microstructure features and mode of failure[J]. Cement and Concrete Rescarch,1997,9:197-208

[7] 郑颖人,杨会龙.锚喷支护参数分析与选用原则[R].西安:空军工程学院,1982

[8] 郑全平.预应力锚索加固作用机理与设计计算方法[R].北京:中国防护工程科技报告,1998

[9] 顾金才,明治清,沈俊,等.预应力锚索内锚固段受力特点现场试验研究[A]∥中国岩土锚固工程协会.岩土锚固新技术.北京:人民交通出版社,1998

[10] 徐景茂,顾雷雨.锚索内锚固段注浆体与孔壁之间峰值抗剪强度试验研究[J].岩石力学与工程学报,2004,23(22):3765-3769

[11] 王霞,郑志辉,孙福英,等,锚索内锚固段摩阻力分布及扩散规律研究[J].煤炭工程,2004,(7):45-48

[12] 邬爱清,韩军,罗超文,等.单孔复合型锚杆锚固体应力分布特征研究[J].岩石力学与工程学报,2004,23(2):247-251

[13] Wu Shenxing. Dynamic experimental study of bond-slip between bars and the concrete in Xiaowan arch dam[A],In:New Developments in Dam Engineering-Wieland[C]. London:Taylor and Francis Group,2004:951-959

[14] 曾宪明,杜云鹤,范俊奇,等.锚固类结构第二交结面剪应力演化规律、衰减特性与计算方法探讨[J].岩石力学与工程学报,2005(8):4610-4626

< 97 >

# 8 锚固类结构界面非平均剪应力分布的现场试验研究

## 8.1 概　述

素填土的处理是城市建设中经常遇到的难题。因为素填土是人类活动所形成的无规则的堆填物,其成分复杂,无规律性,含腐殖质及水化物,性质随堆填龄期而变化。素填土结构松散、压缩性高,其物理力学性质在水平与垂直方向上均呈现不均匀性,稳定性较差。在同一场地的不同位置,此类土层地基承载力和压缩性也有较大差异。对素填土地基的处理国内有很多文献进行了报道,常用的方法有表层压实法、换土垫层法、桩基础、各类复合地基。但是这些方法难以用于边坡支护。

对深厚素填土边坡支护报道的文献极为有限。有的文献指出用化学注浆法可以解决局部渗漏水问题,对注浆附近素填土的性能改善可起到一定作用。有的文献指出在素填土中不易形成深孔,因而锚杆抗拔力不足,于是采用加密锚杆的方法进行补救(间距加密到 300 ~ 500mm),以密集的短锚杆群支撑加固滑动面。

由于城市素填土材料非常复杂,所以不能认为某地试验的分析结果可以用于其他地区,应该广泛收集并分析研究地基土的调查数据,才能够系统地解决好城市素填土地基加固问题。并且施工必须与监测相结合,以便必要时修改设计。

地下水对素填土的性能有负面影响。因为垃圾中的黏土粒、有机质分解产生的胶结物质以及垃圾本身的逐渐压密是决定黏聚力大小的主要因素;内摩擦角则是由于垃圾中材料颗粒间的镶嵌及相互摩擦而产生的,因此排水固结后,素填土的 $c$、$\varphi$ 值一般会有所增大。可见,在垃圾填埋中合理设置渗滤层及排出渗滤液是至关重要的。压力注浆不但能改变素填土的成分,更能将其压密,使素填土 $c$、$\varphi$ 值增大,改善素填土性能指标。

总之,素填土边坡支护有一定难度,虽有成功先例,但坡高一般在 10m 以内,且多为临时边坡。本章结合对一深度为 14.1m 永久性素填土边坡的支护,完成了复合土钉在素填土边坡中的现场试验研究❶。

---

❶ 该项试验由曾宪明提出方案,由翟金明、杨昌浦、徐勋长、贺若兰等组织实施并完成总结。

试验结果表明:土钉界面剪应力的分布远不是均匀的。

## 8.2 工 程 概 况

某公寓为 27 层商住楼,其东侧为城西供电局已建 7 层办公楼。基坑北侧 3.5m 外为交通繁忙的交通主干线桐梓坡路,路面高出该公寓地面 9.5m 左右。基坑开挖前,北边已有高度为 9m 左右、坡角为 30°~40°的由素填土形成的边坡。人行道已有宽度为 5mm 的裂缝。因边坡下部有大量抛置片石,厚度约为 2m,施工时需要全部取出,因而不得不进行垂直开挖。开挖后将使该边坡形成长度为 147m、深度为 14.1m 的直立边坡,并需进行永久支护。基坑平面如图 8-1 所示。

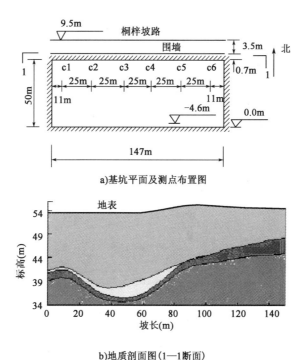

a)基坑平面及测点布置图

b)地质剖面图(1—1断面)

图 8-1 基坑平面测点布置与地质剖面图

注:图 b)中自上而下为素填土、粉质黏土、第四系残积粉质黏土、元古界板溪群强风化岩。

## 8.3 工程地质及水文地质条件

该场地位于剥蚀残冲积沟谷,主要由素填土、粉质黏土层组成(图 8-1)。各层土的分布及特征如下:

(1)素填土:厚度为 10.4~16m,褐色及褐灰杂色,掺有大量黏性土,夹有 10%~30% 卵石、圆砾石、碎砖、有机质(为腐烂的植物残骸及其他杂物),结构松散,密实程度不等,由生活垃圾和建筑垃圾组成。

(2)粉质黏土:灰黄、灰绿色,含有机质及未完全腐烂的植物残骸,湿,可塑,不均匀;并含有 20%~40% 的石英质卵石,其粒径为 3~5cm,湿,可塑至硬塑状态,层厚为 0.4~0.8m。

（3）第四系残积粉质黏土：褐黄或褐绿色，呈条纹状，由板岩风化而成，残留少量风化岩块，稍湿，硬塑状态，层厚为 0.28 ~ 0.4m。

（4）元古界板溪群强风化岩：褐黄色，大部分已风化呈土状，揭露厚度为 0 ~ 0.6m。

该场地地下水埋深在路面下 5.8m 左右。水来源为生活排放水和大气降水，属上层滞水。含水层为人工素填土和粉质黏土层。填土层结构松散，属强透水层。场地内地下水对混凝土具有弱腐蚀性。

## 8.4　复合土钉支护方案

该边坡主要由素填土构成，结构松散，成分复杂，边坡上部地势较高，地下水丰富，又属于永久支护，设计时应考虑边坡的位移与沉降控制，并加强对上层滞水的处理。由于地质条件复杂，边坡支护采用理论计算和工程类比法相结合原则，根据设计和施工经验，该边坡可采用土钉支护。但考虑到永久性边坡应有效控制其位移，所以设计增加了预应力锚杆支护。在通过多方案的可行性、安全性、经济性比选，并经专家论证认可后，确定采用复合土钉支护方案。

（1）土钉参数计算。计算包括土钉长度、喷射混凝土厚度的确定，土钉支护抗滑动、抗倾覆和地基承载力验算。并对土钉长度、倾角作了优化处理，以避免土钉端部处于同一立面上和避开地下市政管线设施。最终设计剖面如图 8-2 所示。

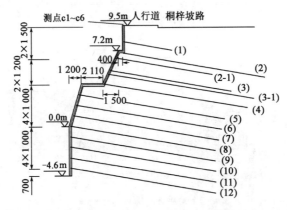

图 8-2　边坡支护方案（1—1 断面）（单位：mm）

注：土钉长度，(1)6 000，(2)18 000，(2-1)12 000，(3)15 000，(3-1)18 000，
(4)16 000，其他均为 18 000。(5)、(7)、(9)为预应力锚杆，长 18 000。

（2）土钉和预应力锚杆布置均采用梅花形。钢筋网参数为 $\phi 8mm@200mm \times 200mm$。设在面层之间的锚杆加强筋为 $\phi 16mm$，同锚杆牢固焊接。喷射混凝土强度为 C20，厚度为 100mm ± 20mm。土钉和锚杆注浆所用浆液为水泥净浆，水灰比为 0.45。注浆压力为：土钉 0.4 ~ 0.6MPa，预应力锚杆 1.5MPa，浆液凝固体强度为 M15。

（3）把第①、②、③排设置为预应力锚杆。

## 8.5　现场试验结果

现场试验内容包括：①土钉受力变形特性测试；②边坡位移测试；③地面沉降观测；④土钉拉拔力试验。

### 8.5.1 土钉受力变形测试结果

1 号试验土钉应变随时间的关系曲线及沿钉长的分布形态,见图 8-3 和图 8-4。

2 号试验土钉应变随时间的关系曲线及沿钉长的分布形态,见图 8-5 和图 8-6。

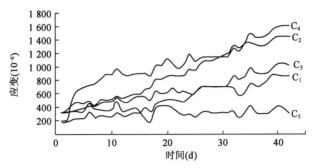

图 8-3  1 号土钉微应变—时间关系曲线

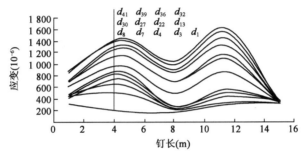

图 8-4  1 号土钉微应变沿钉长分布形态

$d_i$-第 $i$ 天测得的微应变值

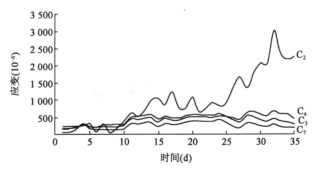

图 8-5  2 号土钉微应变—时间关系曲线

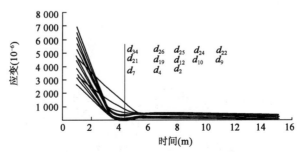

图 8-6  2 号土钉体微应变随时间变化曲线

$d_i$-第 $i$ 天测得的微应变值

3 号试验土钉应变随时间的关系曲线及沿钉长的分布形态,见图 8-7 和图 8-8。

4 号土钉应变随时间的关系曲线及沿钉长的分布曲线,见图 8-9 和图 8-10。

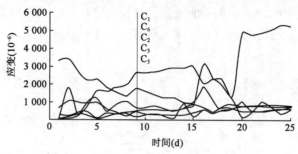

图 8-7　3 号土钉微应变—时间关系曲线

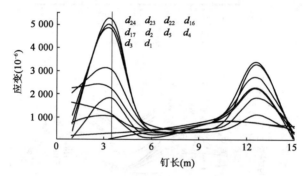

图 8-8　3 号土钉应变沿钉长分布形态
$d_i$-第 $i$ 天测得的微应变值

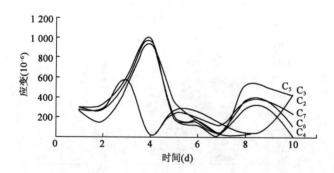

图 8-9　4 号土钉应变—时间关系曲线

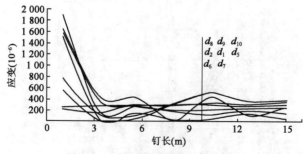

图 8-10　4 号土钉应变沿钉长分布形态
$d_i$-第 $i$ 天测得的微应变值

### 8.5.2 边坡位移测试结果

边坡位移测试结果,见图 8-11 ~ 图 8-13。

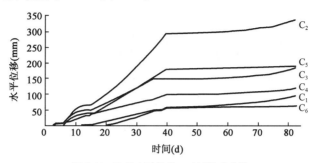

图 8-11　边坡水平位移—时间关系曲线

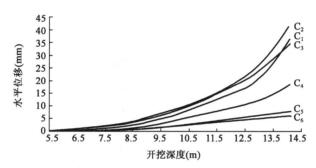

图 8-12　边坡水平位移—开挖深度关系曲线

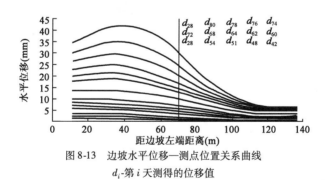

图 8-13　边坡水平位移—测点位置关系曲线
$d_i$-第 $i$ 天测得的位移值

### 8.5.3 地面沉降测试结果

地表沉降采用水准仪量测,测试结果见图 8-14 和图 8-15。

### 8.5.4 土钉拉拔力测试结果

土钉拉拔力测试结果见表 8-1。

土钉拉拔力及拔伸位移测试结果　　　　　　　　　　　　　　表 8-1

| 土钉编号 | 钉长(m) | 设计值(kN) | 试验值(kN) | 拔伸位移(mm) |
|---|---|---|---|---|
| 5 | 15 | 320 | 360 | 10.2 |
| 6 | 12 | 280 | 320 | 6.88 |
| 7 | 12 | 280 | 320 | 21.71 |

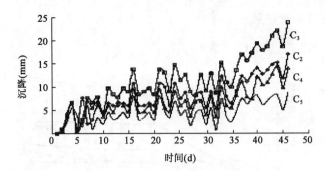

图 8-14　地表沉降—时间关系曲线

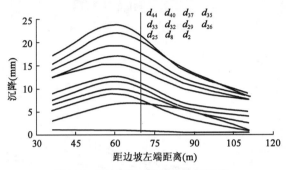

图 8-15　边坡沉降—测点位置关系曲线

$d_i$-第 $i$ 天测得的沉降值

# 8.6　测试结果分析

### 8.6.1　土钉受力变形特性

土钉受力变形具有以下规律:

(1)应变值随时间延长而逐步增加,最终趋于稳定,但各点增加的幅度有所不同,如图 8-3 (1 号土钉)、图 8-5(2 号土钉)所示。

(2)各应变测点在不同时刻(初期、中期、终期)分别取得最大值,而后趋于稳定状态,如图 8-7(3 号土钉)、图 8-9(4 号土钉)所示。

上述规律是由素填土的非均质性和松散性决定的。在测点取得峰值的相应点处,可能存在潜在滑移面。这意味着,对松散素填土而言,边坡潜在滑移面在坡高一定条件下可能不止一个。这是素土边坡一个十分重要的特性。

### 8.6.2　土钉应变沿钉长的分布形态

土钉应变沿钉长的分布形态主要有两种形式:

(1)双弓型:由图 8-4 和图 8-8 可见,1 号和 3 号土钉分别在 4m 和 12m 处附近,以及 3m 和 12m 处附近出现两个弓形,它是逐步地有规律地增大的。这种双弓型在一般岩土介质边坡中是不常见的,它表明潜在滑移面在该试验条件下将不少于两个(支护参数加强或减弱,峰值的个数均会发生变化)。这一分析结论与 8.6.1 节的推断是吻合的。

（2）峰值点和零值点转移型：如图 8-6 和图 8-10 所示，2 号和 4 号土钉靠近钉头部位首先产生峰值，而远离钉头的部位其值较小，并逐步趋于零。随着峰值进一步加大，砂浆与介质间黏结力被破坏，土钉应变峰值下降并发生向邻近里端转移；与此同时，零值点也发生类似转移。峰值点和零值点转移的本质是部分界面黏结力丧失的结果。因此，峰值点转移、零值点转移，同浆体局部破坏转移是同时发生的。需要指出，峰值点与零值点之间的距离就是临界锚固长度。该试验条件下，临界锚固长度约为 9m。

### 8.6.3 边壁水平位移特性

边壁水平位移是指基坑靠桐梓坡路一侧的边壁上部倾向基坑内的水平位移。边壁水平位移具有下列特点：

（1）随着时间延长，边壁水平位移量值增加；但各测点量值增加的幅度有所不同，填土厚度越大，位移越大，反之亦然；至 40d 后趋于稳定（图 8-11）。

（2）随着开挖深度增大，边壁水平位移量值增大，且测点所处部位的填土厚度愈大，其位移量值愈大（如 $C_1 \sim C_3$），反之较小（如 $C_4 \sim C_6$），具有很强的规律性（图 8-12）。

（3）边壁水平位移与相应测点位置的关系曲线见图 8-13。将图 8-13 与图 8-12 作比较，可看出，水平位移曲线的包络线与填土厚度的边界线就几何图形而言是相似的。这表明，填土厚度较小者水平位移量值较小，填土厚度较大者水平位移量值较大，在最大填土厚度点处（距西壁 40~60m），边壁具有最大水平位移量值。

土钉面层是大体均匀布设的，而预应力锚杆仅在桐梓坡路一则边壁中部布置了 3 排，注浆压力在各层介质中基本相同。在这种条件下，由于填土介质比其他土层介质具有大得多的松散性、压缩性和非完整性，因而边壁的变形主要由填土介质所控制是合理的。

### 8.6.4 地面沉降特性

（1）由图 8-14 可见，地面沉降量随时间延长而增加，但增加幅度有所不同，位于填土厚度较大点处的测点，其增值较大，反之较小。

（2）地面沉降不均匀（图 8-15）。沉降量大小依测点位置不同而不同。实际上沉降量受控于相应测点下部的填土厚度。在厚度较大的点处，地面沉降量较大，反之较小。把图 8-15 同图 8-13 相比较，二者具有相同的规律性。

### 8.6.5 土钉抗拔特性

表 8-1 表明，在该试验条件下，一组（3 根）土钉的极限承载力比设计值高 12.5% ~ 14.3%。松散介质难以提供较大的黏结力或摩阻力。土钉良好的抗拔特性源于土钉的加固作用，其中水泥浆液在填土介质各种宏观和微观缝（孔）隙中的渗透、挤压作用是其重要因素之一。试验表明，水泥浆液不规则渗透路径在杂填土介质中可达 20m 之多。土钉的加固作用使得填土介质成为一种物理力学性能指标更为优越的新地质体，因而能够提供较大的黏结力和摩阻力。

### 8.6.6 土钉与预应力锚杆的相互作用

最初的边壁防护设计采用的是单一土钉支护。为进一步控制边壁变形，3 排预应力锚杆是后增加的。土钉按加固基础上的锚固原理设计，预应力锚杆按锚固原理设计，二者对边壁不稳定体的作用按叠加原理考虑。实际情形比这复杂得多。锚杆张拉时,邻近土钉里端的拉应变增加,外端拉应变减小或短时波动;锚杆自由段为4m,预拉力约为50kN(低预应力),它对约束第1个潜在滑移面(3~4m)是有利的,但对稳定第2个潜在滑移面至少在初期不十分有利。对此还须深入研究。

# 8.7 小 结

(1)素填土中土钉应变沿钉长的分布形态之一为双弓型,它表明潜在滑移面有两个,推断甚至有多个。这是素填土边壁(坡)不同于一般黏土边坡的重要特点之一。

(2)土钉应变峰值点与零值点向土钉里端的转移是同时发生的,它标志着土钉局部破坏已经发生(界面黏结力丧失),与此同时钉体释放了部分能量。这是一般锚固类结构(土钉、锚杆、锚索)的共同破坏特征。

(3)在同时转移的土钉应变峰值点与零值点之间的距离,即为临界锚固长度。该试验条件下,土钉临界锚固长度约为9m。一般而言,超过临界锚固长度的设计是不适宜的,但存在多个潜在滑动面的情形又另当别论。

(4)复合土钉支护填土边壁(坡)水平位移和垂直沉降,随时间延长和开挖深度增大而增加,但位移的主要部分在支护均衡条件下是由填土厚度控制的,厚度越大,则位移和沉降量越大。

(5)填土边壁(坡)中土钉具有较好的抗拔承载力,这得益于土钉支护的加固(改性)作用。土钉抗拔承载力是其最终发挥锚固作用的前提和基础。

(6)土钉与预应力锚杆的相互作用较为复杂,某些认识还只是定性的、粗浅的,有必要进一步作深入研究。

(7)大量实测数据和分析表明,土钉界面剪应力的分布远不是均匀的,采用平均剪应力的概念和设计方法,在学术和技术上都是十分有害的。

# ⑨ 锚固类结构诸界面非平均剪应力分布的理论分析计算

## 9.1 概　　述

为进一步论证平均剪应力与实际情形不相符,专门进行了本次数值分析计算●。

土钉支护施工特点是分层开挖、分层施作土钉及面层,故其挡土结构嵌入土中深度为零。当边坡土体发生较大程度的应力释放后变形就会较大。因此,当坡体土质较差,坡底面以下存在软弱土层或需要严格控制坡顶变形时,工程上常在边坡土方开挖和支护结构施工前,沿边坡边线预先施加具有一定挡土或止水功能的排桩或连续墙体,如竖向锚杆(管)、水泥土连续墙、型钢桩等,然后再施工支护土钉。

由于超前桩墙的存在,"边挖边支"的土钉支护变成"预支后再挖再支",支护结构具有一定嵌入深度且边坡形状得到了控制。因此,施工超前桩墙的复合土钉支护与一般土钉支护作用机制是有区别的。施工超前桩墙的复合土钉支护与锚拉桩作用机制相似,只是桩断面较小,锚杆层数较多。在多个复合支护的基坑工程设计中,尝试采用改进杆系有限单元法,对挡土结构水平位移值进行计算,结果表明理论计算值与工程现场实测值吻合较好,证明该方法是可行的。

## 9.2　计算原理及施工动态分析

### 9.2.1　计算原理

弹性地基杆系有限单元法原理为:根据支护结构受力特性,把各个组成部分理想化为杆系单元。沿竖向将超前桩及喷射混凝土面层划分为 $n$ 个单元,$(n+1)$ 个节点,沿水平方向按平面应变问题取单位宽度;考虑到计算精度,各开挖层面、土层分布、地下水位、支护土钉位置等均作为节点处理。忽略轴向力的影响,挡土结构(超前桩、喷射混凝土面层)的每一单元均取

---

● 该项计算由张明聚、孙铁成等完成。

为具有 2 个自由度的"梁单元";支护土钉则作为 1 个自由度的"二力杆单元";弹簧可任意作用在开挖面以下挡土结构节点上,不作为单元,仅在形成总体刚度矩阵时将土弹簧刚度值叠加到相应节点中;荷载为主动压力侧的土压力和水压力。

### 9.2.2 外荷载及各杆系单元刚度计算

1)主动土压力

坑外侧土压力计算取矩形土压力分布,荷载计算宽度取单位宽度,主动土压力计算采取以下两种方法:

(1)采用 Rankine 主动土压力公式,同时考虑土压力的折减计算,土压力折减系数 $\zeta$ 主要考虑以下两方面原因:其一,由于土钉支护结构中土钉密度较大,土钉依靠钉土之间相对位移产生摩阻力分担了部分土压力,并约束了土体侧向变形,使土钉支护主动土压力减少;上下土钉间土体形成的承压拱具有一定自承能力,削弱了主动土压力量值。试验表明,喷射混凝土面层荷载压力为库仑主动土压力值的 60% ~ 70%。其二,由于 Rankine 主动土压力值是按垂直边坡考虑的,当边坡坡角小于 90°时主动土压力将会减小,故应考虑由于坡角影响而产生的土压力折减系数 $\zeta$,其计算可参考现行《建筑基坑支护技术规程》(JGJ 120)。

(2)采用已折减的地区经验土压力系数进行计算,即:主动土压力 = 竖向应力 × 经验土压力系数。

2)梁单元计算

取梁轴线为 $x$ 轴,忽略轴力影响以简化计算。梁单元刚度矩阵表达式为:

$$\begin{Bmatrix} Y_i \\ M_i \\ Y_j \\ M_j \end{Bmatrix} = \frac{E_i I_i}{l_i^3} \begin{bmatrix} 12 & 6l_i & -12 & 6l_i \\ 6l_i & 4l_i^2 & -6l_i & 2l_i^2 \\ -12 & -6l_i & 12 & -6l_i \\ 6l_i & 2l_i^2 & -6l_i & 4l_i^2 \end{bmatrix} \cdot \begin{Bmatrix} v_i \\ \varphi_i \\ v_j \\ \varphi_j \end{Bmatrix} \tag{9-1}$$

式中,$Y_i$、$Y_j$ 为节点 $i$、$j$ 剪切力;$M_i$、$M_j$ 为节点 $i$、$j$ 弯矩;$v_i$、$v_j$ 为节点 $i$、$j$ 横向位移;$\varphi_i$、$\varphi_j$ 为节点 $i$、$j$ 转角;$l_i$ 为单元长度;$E_i I_i$ 为单元挡土结构截面的抗弯刚度,按下式计算:

$$E_i I_i = E_{2i} \cdot \frac{1}{12} (h_i + h'_i)^3 \tag{9-2}$$

将超前桩等效为喷射混凝土材料的连续墙体,按二者刚度相等原则,有:

$$E_{1i} \cdot \frac{\pi d^4}{64} = E_{2i} \cdot \frac{1}{12} S_i h'^3_i \tag{9-3}$$

得到宽度为 $S_i$(超前桩中心间距)的喷射混凝土连续墙体等效厚度 $h'_i$ 为:

$$h'_i = \sqrt[3]{\frac{3 E_{1i} \pi d^4}{16 E_{2i} S_i}} \tag{9-4}$$

式中,$h'_i$ 为单元喷射混凝土厚度,计算时考虑喷射混凝土面层施工滞后影响,取实际施工厚度的 1/2;$d$ 为单元超前桩直径;$E_{1i}$、$E_{2i}$ 分别为单元超前桩和喷射混凝土面层材料弹性模量。

3)支护土钉刚度

土钉可用与拉伸刚度等效的弹簧模拟,第 $j$ 排土钉等效弹簧刚度计算如下:

$$K_{Tj} = \frac{3E_c A_c E_s A_s}{3E_c A_c l_{ij} + E_s A_s l_{aj}} \cdot \frac{1}{S_j \cdot \cos\alpha_j} \tag{9-5}$$

式中，$K_{Tj}$ 为每延米墙宽的土钉水平向弹簧刚度；$S_j$ 为土钉水平间距；$l_{ij}$ 为土钉自由段长度；$l_{aj}$ 为土钉锚固段长度；$\alpha_j$ 为土钉水平倾角；$E_s$ 为杆体弹性模量；$A_s$ 为杆体截面面积；$E_c$ 为杆体和注浆体的综合弹性模量；$A_c$ 为锚固体截面面积。

4）土弹簧刚度

在弹性地基梁单元的每一处节点各设置一附加弹性支承杆，节点土弹簧刚度 $K_{Si}$ 为：

$$K_{Si} = \frac{k_{Si-1} \cdot l_{i-1}}{6} + \frac{k_{Si} \cdot (l_{i-1} + l_i)}{6} + \frac{k_{Si-1} \cdot l_i}{6} \tag{9-6}$$

式中，$l_i$ 为计算单元长度；$k_{Si}$ 为单元地基土水平向基床系数，采用"$m$ 法"计算，地基土水平向基床系数的比例系数 $m$ 值可凭经验取值或参考现行《建筑基坑支护技术规程》(JGJ 120) 中的公式计算。

### 9.2.3 考虑支护土钉滞后的施工动态分析

模拟施工过程的计算方法要考虑支护土钉滞后情况。具有多层支护土钉体系的基坑，一般采取分层开挖分层支护工艺。后续各层支护土钉（如第二层、第三层……）是在桩墙及上层支护土钉已经受力并已产生了位移后才设置的，这可视作支护土钉滞后情形，而这种滞后又影响到桩墙变形与支护土钉轴力的分布。假定超前桩墙与喷射混凝土面层结构的位移一致，则第 $i$ 次开挖工况平衡方程可归纳如下：

$$\{F_i\} = [K_i]\{\delta_i\} = [K_{Si}]\{\delta_i\} + \sum_{j=1}^{i-1} [K_{Tj}](\{\delta_i\} - \{\delta_j\} + [K_{Ei}])\{\delta_i\} \tag{9-7}$$

式中，$\{F_i\}$ 为第 $i$ 工况土压力、墙后堆载、支护土钉施加的预应力等组成的荷载列阵；$[K_i]$ 为第 $i$ 工况由各杆单元刚度组成的总刚度矩阵；$\{\delta_i\}$ 为第 $i$ 工况土弹簧刚度矩阵；$[K_{Si}]$ 为在开挖过程中不断变化矩阵，每开挖一段，该段范围加于支挡结构的土体弹簧相应被取消；$[K_{Tj}]$ 为第 $j$ 道支护土钉刚度矩阵，当 $i = 0$ 时 $j = 0$，取 $\{\delta_j\} = \{\delta_o\} = 0$；$[K_{Ei}]$ 为第 $i$ 工况超前桩和喷射混凝土面层综合单元总刚度。

# 9.3 工程实例分析—Ⅰ

广州农林下路商住大厦基坑西侧开挖深度为 13.1m，邻近农林下路市政道路，距基坑开挖线 3.5m 有一排两层的商铺（浅基础，框架结构），采用超前钢管注浆桩—土钉复合结构支护。基坑土体物理力学参数指标值见表 9-1，风化基岩为泥质粉砂岩。

**土体物理力学参数**　　　　　　　　　　　　　　　　　　　表 9-1

| 土层编号 | 土层名称 | 厚度 (m) | 重度 $\gamma$ (kN/m³) | 内摩擦角 $\varphi$ (°) | 黏聚力 $c$ (kPa) | $m$ 值 (MN·m⁴) | 经验土压力系数 |
|---|---|---|---|---|---|---|---|
| 1 | 杂填土 | 14 | 19 | 10 | 10 | 2.0 | 0.4 |
| 2 | 黏土 | 3.9 | 19.5 | 15 | 20 | 5.5 | 0.4 |
| 3 | 粉质黏土 | 4.7 | 19.9 | 22 | 25 | 9.7 | 0.2 |
| 4 | 强风化岩 | 3.5 | 20 | 30 | 45 | 19.5 | 0.1 |
| 5 | 中风化岩 | 8 | 20 | 35 | 60 | 27 | 0.05 |

复合结构设计断面见图 9-1,坡面采用 1:0.2 放坡挂 $\phi16mm$@1 300mm×1 500mm 钢筋网后,喷射 10mm 厚度的 C20 速凝混凝土;在基坑土方开挖前施工两排超前钢管注浆桩,钻孔直径为 130mm,内插 $\phi89mm$ 焊管($\delta=5mm$),全段注入水灰比为 0.5 的水泥净浆,近基坑侧的超前桩为挡土桩,基坑外侧超前桩为控制坑顶变形的锚拉桩;施工土钉共 10 排,钻孔直径均为 110mm,注浆体水灰比为 0.5(水泥净浆)。

土方开挖前在超前挡土桩之间埋设了 1 个测斜孔(图 9-1),测斜孔钻孔直径为 110mm,孔深为 17.2m,测斜管采用内径为 43mm、外径为 53mm、壁厚为 5mm 的 PVC 硬塑料管,用水泥、砂和细石填满钻孔和测斜管之间缝隙。采用英国 GIMK4 测斜仪,分别测量各开挖工况已施工土钉后测斜管每 50cm 不同深处的位移量。

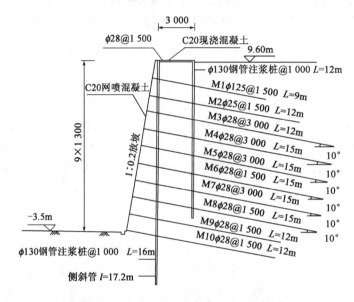

图 9-1  工程西侧基坑支护结构示意图(单位:mm)

地面超载取值:距离坡顶 1.0~3.5m 考虑正常施工堆载取为 15kPa,3.5~7.0m 的二层商铺取为 25kPa,7.0~14.0m 路面取为 40kPa。主动侧土压力计算按地区经验土压力考虑,根据各层土质情况采取分层经验土压力系数,同时应考虑面层土压力受土钉作用和坡角影响的折减系数。

各排土钉弹簧刚度计算取值为,$E_s=2\times10^5 MPa$,$E_c=4.86\times10^4 MPa$,$A_s=6.154\,4\times10^{-4}\,m^2$,$A_c=9.498\,510^{-3}\,m^2$,$\alpha_j=10°$,$S_j=1.50m$。假设复合土钉支护体滑动破裂面为直线破裂面,且下端点通过坡脚,破裂面与水平面间夹角 $\frac{\beta+\varphi}{2}$,其中 $\beta$ 为坡角,$\varphi$ 为开挖深度范围内土体的综合内摩擦角;土钉自由段长度 $l_f$ 值取为自由段长度,土钉锚固段长度 $l_a$ 值取为稳定段长度;分层土钉 $K_T$ 计算取值见表 9-2。

**土钉弹簧刚度 $K_T$ (MN/m²) 计算值** 表 9-2

| 开挖深度(m) | 土 钉 排 数 | | | | | | | | | | |
|---|---|---|---|---|---|---|---|---|---|---|---|
| | 0 | 1 | 2 | 3 | 4 | 5 | 6 | 7 | 8 | 9 | 10 |
| 7.00 | 12.80 | 20.40 | 23.10 | 29.20 | 35.10 | 37.10 | — | — | — | — | — |
| 9.75 | 1.80 | 15.10 | 16.50 | 19.30 | 21.50 | 26.60 | 34.50 | 37.10 | — | — | — |
| 13.10 | 12.80 | 11.80 | 12.50 | 14.00 | 15.00 | 17.20 | 20.10 | 24.10 | 30.10 | 42.10 | 42.10 |

注:0 排土钉为锚拉桩。

$\phi130mm@1\,000mm$ 超前挡土桩等效力为 1m 宽度喷混凝土材料的连续墙体厚度 $h'_i$ 为:

$$h'_i = \sqrt[3]{\frac{3E_1\pi d^4}{16E_2S_i}} = \sqrt[3]{\frac{3 \times 3.44 \times 10^4 \times 3.14 \times 130^4}{16 \times 2.55 \times 10^4 \times 1\,000}} = 60.99mm$$

式中,$E_1 = 3.44 \times 10^4 MPa$;$E_2 = 2.55 \times 10^4 MPa$;考虑喷混凝土面层施工滞后,挡土墙体计算厚度为:

$$h_i + h'_i = \frac{1}{2} \times 100 + 60.99 = 110.99mm$$

工况计算模拟实际施工情况,即首层开挖深度为 1.6m,以后各层开挖深度均为 1.3m。采用 FRWS4.0 杆系有限元分析程序计算,主要开挖深度面层位移计算结果与测斜结果比较见图 9-2,其中工况 5、7、10 分别对应基坑第 5、7、10 次开挖。

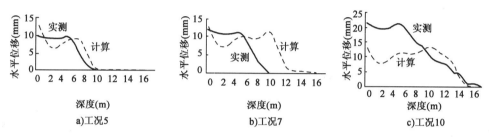

图 9-2 各工况面层位移计算与实测曲线比较

结果表明:实测面层水平位移出现两个峰值,其中第一个峰值出现在坡顶,第二个峰值出现在 4~5m 深度范围内,两个峰值均随基坑挖深而增加。理论计算也出现了两个位移峰值,且计算值与实测值较为相符,较好地反映了该工程实际位移情况。

(1)第二个计算峰值较实测峰值下移,且峰值点下移量随基坑加深而增加,工况 5 下移 1.2m,工况 7 下移 4.2m,工况 10 下移 4.8m。产生峰值下移的主要原因是:其一,选择的计算参数与实际尚有一定误差;其二,第 3 层粉质黏土层分层厚度较大,单一的分层土压力系数难以精确反映实际土层强度的纵向变化情况。

(2)工况 5 的坡顶水平位移偏差较大,但随着基坑开挖深度增大,该偏差值逐渐减小。主要原因是后排超前锚拉桩在计算时将其假设为施加在坡顶的支护土钉,没有考虑它在基坑开挖深度较浅时所起的挡土作用,但随着基坑开挖深度增大,其挡土作用会逐渐降低。

(3)工况 10 在边坡上部的计算位移值偏小。主要是由于坡顶堆载变化所引起,基坑施工后期由于受施工场地限制,喷混凝土施工使用的 12m³ 柴油空压机等置于坡顶测斜孔附近,致使边坡土体受到震动引起坡顶位移增加。

# 9.4  工程实例分析—Ⅱ

## 9.4.1  工程概况

上海市区某基坑工程,开挖深度为 5.2m,平面形状不规则,如图 9-3 所示。基坑围护结构采用土钉—搅拌桩墙复合支护体系,不设内支撑。共设 4 排土钉,第一、三、四排土钉长度为 6m,第二排土钉长度为 9m,水平和垂直向间距均为 1m。

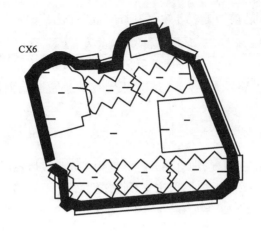

CX6

图 9-3　基坑平面示意图

### 9.4.2　计算简图和材料参数

1）有限元网格划分

计算以北侧 CX6 点为例,基坑开挖深度为5.2m。工程经验表明,基坑开挖影响宽度为开挖深度的 3~4 倍,影响深度为开挖深度的 2~4 倍。据此确定网格划分示于图 9-4,由该图可见计算域宽度为 60m,深度为 30m。

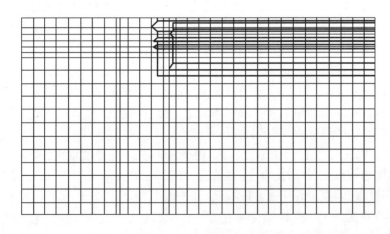

图 9-4　有限元计算网格划分图

2）初始边界约束条件与荷载条件

设定初始边界约束条件时,假设计算域两侧设有水平链杆,底部设有铰支座,顶部取为荷载已知自由边界。初始地应力场令为自重应力场,地表超载为 10kN/m。

3）材料参数

复合土钉支护结构中,土钉弹性模量值为 $E_1 = 3 \times 10^4$ MPa,单元土钉面积为 $A_1 = 0.007\,85$m$^2$。搅拌桩墙弹性模量值为 $E_M = 500$MPa,泊松比为 $\mu_M = 0.30$,单位厚度面积为 $A_M = 0.7$m$^2$。土层材料性态参数按上海市相应土层性态参数平均值取用,并按固结不排水考虑。土层泊松比取为 $\mu = 0.49$,其余参数如表9-3 所示。考虑土钉注浆对土体固结改性作用,土钉加固区变形量和黏聚力根据工程经验按原值的 1~1.5 倍取值。

计算取用土层参数表 表9-3

| 土　　层 | $H(m)$ | $\gamma(kN/m^3)$ | $E(kPa)$ | $c(kPa)$ | $\varphi(°)$ |
|---|---|---|---|---|---|
| 第一层杂填、暗浜填土 | 1.5 | 19 | 8.0 | 12 | 15 |
| 第二层粉质黏土、淤泥质粉质黏土 | 4.5 | 18.7 | 5.0 | 14 | 12 |
| 第三层淤泥质粉质黏土 | 6.0 | 18.0 | 4.5 | 7 | 13 |
| 第四层淤泥质黏土 | 8.0 | 17.6 | 4.0 | 7.5 | 9 |
| 第五层灰色黏土 | 10.0 | 19.0 | 10.0 | 11 | 18 |

### 9.4.3　有限元计算结果与分析

为了解复合土钉挡墙作用机制,通过弹塑性有限元计算,研究同一地质和开挖施工条件下无土钉加固和有土钉加固的情况,结果如图9-5～图9-9所示。

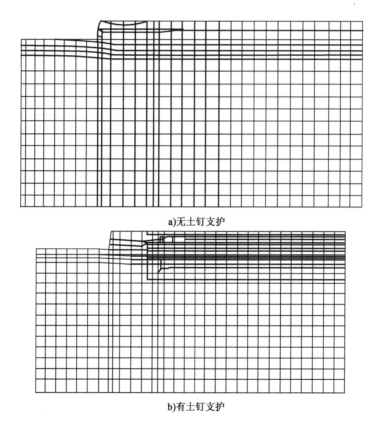

a)无土钉支护

b)有土钉支护

图9-5　不同支护结构开挖变形比较(挖深为3.5m)

从图9-5、图9-6可看出,土钉加固后基坑变形明显减小,无土钉时随基坑开挖将在基坑顶部和底部出现塑性区,土钉加固后,土体没有出现塑性破坏,仅在地表后部8～9m处出现拉张区(图9-7)。计算与实际结果较相符,说明所采用计算方法具有合理性。

从分步开挖时轴力变化情况看,第一、三排土钉端部仍承受一定拉力,轴力分布规律为中部大,两端小。这是土钉受力不均匀性的一个证明。

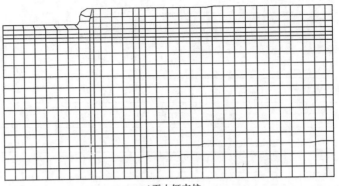

a)无土钉支护

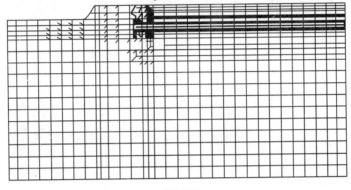

b)有土钉支护

图 9-6　不同支护结构开挖矢量场比较

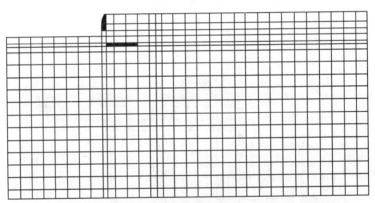

a)无土钉支护(存在塑性区)

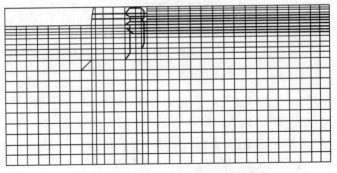

b)有土钉支护(只在表面形成拉张区)

图 9-7　不同支护结构由开挖引起塑性区比较

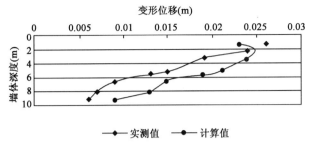

图 9-8　土钉支护实测值与计算值比较

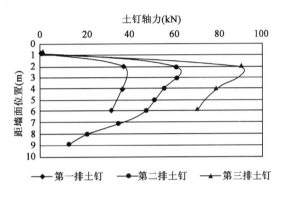

图 9-9　第三步开挖时各排土钉轴力分布曲线

# 9.5　小　　结

上海地区含水饱和淤泥质和砂质粉土地层,通过在基坑开挖前先沿坑周施作搅拌桩墙形成止水帷幕,在开挖过程中设置土钉,同时对地层进行注浆加固使其固化改性,由此形成基坑复合土钉支护结构是可行的。这类技术在40多个基坑工程中取得了成功应用,表明这种技术已趋于成熟。

复合土钉支护面层受到的主动土压力值比桩(墙)锚支护结构受到的小。由于受超前桩作用,复合土钉支护边坡上部位移与一般土钉支护不同,表现在上部位移受到控制并有所减小,一般会在边坡顶部和中上部位置出现两个位移峰值,且顶部峰值稍大。通过改变杆系有限元传统分析思路,考虑土压力折减、土钉施工滞后等技术特点,可求解复合土钉支护结构位移,其精度能满足工程设计要求。复合土钉支护面层水平位移计算值主要受到土压力系数、坡顶堆载、$m$ 值、基坑深度、分层开挖高度等计算参数影响。

两个工程实例的数值分析具有以下共同特点:

(1)土钉界面剪应力(侧阻力)在滑面处最大,此后逐渐衰减至零。

(2)在土钉有效受力区段,存在最大剪应力和最小剪应力,并具有向杆体深部的转移特性。

(3)土钉最大、最小剪应力的转移特性是与滑面处浆体局部破坏同时发生的;最大剪应力发生的空间部位与局部破坏部位相对应。

(4)土钉界面剪应力完全不取平均分布状态。

# 第四篇

## 岩土高边坡破坏模式和锚固类结构防护对策研究与应用

本篇含第 10、11 章。岩土高边坡破坏模式、预测预警与锚固类结构的优化设计紧密相关。第 10 章介绍了国内外 100 多年来人类对岩土高边坡破坏模式、预测预警的研究成果,归纳出了数十种经典边坡破坏模式。第 11 章介绍了锚固类结构设计、使用寿命与防护对策研究的国内外成果、存在的问题和解决的方法。

# 10 岩土高边坡破坏模式、预测预警及防治方法研究与应用

本章综合论述了岩土高边坡破坏模式、预测预警与防治方法研究的国内外进展,提出了存在的若干重要问题和解决问题的方法建议。研究强调指出,对人类在该方面的大量研究成果,应慎重加以整理,建立起相应的技术咨询系统,以充分加以利用;而对存在的重点、难点和关键问题,应开展相应的原创性研究,并不断将研究成果补充到已建立的技术咨询系统中,使其更加完备、科学和合理,更好地造福于人类。

## 10.1 引　　言

边坡破坏模式是边坡破坏的空间分布形态和造成此形态的机制的抽象。对岩体而言,是指边壁(坡)优势面组合与滑动等的形式;对土体而言,是指一定滑动面的形式,它们的内涵是不稳定体的形态特征和破坏机制。边坡破坏模式是边坡稳定性分析的基础和前提,也是边坡预测预警和有效防治的必要条件之一。人类对边坡破坏模式的研究已有久远的历史,并已建立起了数十个经典破坏模式。这是人类共同的财富,应充分加以利用。采用这些破坏模式,可以有效地指导岩土高边坡的治理。

搞清楚了岩土高边坡破坏模式,就清楚了它的滑塌形态、滑动方向、规模大小和滑塌机制。但是,它何时才会滑?这是一个预测预警准则问题。没有准则,就没法预警。这是一个理论技术难度很大的问题。对此,多年来国内外已做了不少研究,但还不统一、有争议,离解决问题还有很远距离。例如,美国人提出以位移(变形)参数指标值作为破坏准则。然而,一个不再发展变化的历史上的位移量不是至关重要的,甚至是没有多大意义的。因此,相比之下,边坡变形速率更为重要。于是,S. D. Wilson 和 P. E. Mikkelsen(美国)于 1978 年又提出以位移速率作为破坏准则。但是,有位移就有位移速率,不是只要存在位移速率边坡就会发生破坏。研究结果和经验告诉我们,一定边坡介质条件下,只有达到并超过某个临界变形速率值时,边坡才会产生破坏。因此,只有临界变形速率才能作为破坏准则。迄今为止,我们仅知道有限的几种边坡介质的临界变形速率,更多的尚为未知之数。结合我国高、陡、危边坡工程,既要对各种行之有效的预测预报方法进行归纳总结,建立起预测预报系统,又要进一步开展相应的破坏准则和

预测预报研究,这将是十分必要而紧迫的。

我国岩土高边坡的防治,宜采用以锚固类结构为核心的综合技术措施。锚固类结构的先进性无人怀疑,它们对人类工程建设的贡献是巨大的。锚固类结构在岩土工程中的研究与应用已有十余年至一百多年不等的时间,业已提出了许多优秀的研究成果。这些成果对于指导岩土高边坡防治将是卓有成效的。但迄今为止,锚固类结构中仍存在许多问题未得到解决。这些问题直接制约着锚固类结构的应用与发展。例如,锚固类结构都存在一个临界锚固长度问题,超过临界锚固长度的设计不仅不经济,而且存在潜在危险;不同介质中锚固类结构的临界锚固长度不等,具体工程中其临界锚固长度为多少,一般不清楚。又如,一般锚孔长于10m后,就开始发生偏斜,且偏斜方向带有随机性,因而锚孔轴线不是一根直线,也不是一根平面曲线,而是一根空间曲线。各国对锚孔偏斜率的规定有所不同,我国规定为1/30。这意味着,钻一个30m长的锚孔,偏斜1m是合理的。我国锚索长度最长已达80m,国外已超过100m。此时锚孔偏斜的设计允许值是多少? 它们的真实偏斜率又是多少? 在这种情况下,推送到锚孔中的锚索在重力作用下必与孔壁发生多处接触,尽管设有对中支架,但在大吨位的预应力作用下,对中支架于事无补。于是,与孔壁接触部位的摩阻力就使得设计锚固力变得很不真实。长锚孔轴线空间形态分布规律研究在国内外均为空白,倾斜及水平长锚孔的偏斜率的量测还缺乏有效手段,设计锚固力存在不真实问题,这些都是工程安全的隐患。再如,我国普遍倾向于使用自由锚索。其原因在于自由锚索工序简化,施工方便,造价较低,并且在特殊场合便于对预应力进行调整。但自由锚索只适用于工程重要性程度较低的工程,对于重要工程应慎用。这是因为自由锚索外锚头的应力松弛问题难以避免,且在振动条件下更易于产生;耐久性也存在问题;一旦外锚头失效,就意味着整根锚索报废。而二次灌浆锚索可通过第二次注浆将预应力"冻结"在岩体内,即便外锚具失效,锚索仍能照常发挥作用,因此具有双保险功效。由于这里存在很大的误区,结合工程现场进一步进行两种锚索的对比试验加以证实也是十分必要的。在三峡电站边坡加固方案论证会上,采用二次灌浆锚索还是采用自由锚索,在专家学者中引起了长时间的激烈争论,最终倾向性的意见还是前者。

综上所述可知:

(1)边坡破坏模式是稳定性分析、预测预警和防治的基础和前提,已有的破坏模式研究成果在指导边坡稳定性分析、滑坡预测预报和防治方面将发挥重要作用,但它又不能完全概括各工程现场复杂的地质条件。因此,还必须结合现场条件开展新型边坡破坏模式的研究。

(2)边坡预测预警研究是国际性难题。一方面,对已取得的国内外优秀成果须建立预测预警系统,充分而有效地加以利用;另一方面,还须结合现场情况,进一步深入开展预测预报工作。

(3)以锚固类结构为核心的滑坡综合防治技术,已有大量成果和成功经验,这对于指导滑坡防治是有益的。但另一方面,锚固类结构还有许多重要问题亟待研究解决。

结合工程实际情况,研究并解决上述问题不仅具有典型意义,可对岩土高边坡治理提供直接支持,而且还具有重要的科研价值和广阔的应用前景。

## 10.2 岩土高边坡破坏模式问题的国内外研究结果与结论

边壁(坡)变形破坏模式是稳定性分析的基本依据,它对方案设计、工法与工程成败具有决定性意义。破坏模式选取不当,再精确的设计,再先进的工法也将黯然失色,难以达到设计施工的预期目的。

人类对岩土高边坡破坏模式的研究已有数十年历史。研究是从简单破坏模式开始的。

1916 年,Petterson 和 Hultin 提出了均质软黏土的圆弧破坏模式(单滑式)[1-2];1953 年,Toms 和 Fukuoka 分别提出土坡的复旋滑和黏土的连续单滑破坏模式[3-4]。

1946 年,新西兰的 Benson 叙述了倾斜的砂质黏土岩上的玄武岩块的平移块滑破坏模式[5]。1953 年,Skempton 发表了产生于风化黏土或斜坡基岩碎屑上的片滑破坏模式[6]。1954 年,Henkel 和 Skempton 提出了由初期片滑发展起来的复合平移滑动破坏模式[7]。

1953 年,Legget 和 Bartley 提出了泥流破坏模式[8]。1955 年,Skaven H. S. 阐述了流滑破坏模式[9]。1969 年,Skempton 和 Hutchinson 以及 Záruba 和 Mencl 分别提出土流和岩屑流破坏模式[10-11]。

1961 年,Bazett 等提出了下伏于超固结黏土层下的纯砂层或粉土层的崩塌破坏模式[12]。

1971 年,英国岩石力学家 E. Hoek 经过详细的研究,在前人工作基础上,归纳出岩体边坡的破坏模式主要有 4 种,即圆弧破坏模式、平面破坏模式、楔形破坏模式和倾倒破坏模式[13]。实际上,这些破坏模式的应用范围不仅包括了岩石,也包括一部分土壤介质,如圆弧破坏模式。这一结果此后被各种文献大量引用,并在工程中被大量采用,在国际上具有很大影响,以至于在一定程度上和在一定范围内,人们以为边坡破坏模式仅限于这 4 种。

近十余年来,岩土深基坑高边坡破坏模式研究具有方兴未艾之势,其间,中国工程技术人员也作出了自己的贡献。

1989 年,中华人民共和国国家标准《建筑地基基础设计规范》(GBJ 7—89)推荐了折线破坏模式[14]。

1992 年,中国科学院地质研究所工程地质力学开放试验室罗国煜等提出了火成岩地区边坡变形破坏的 15 种破坏模式[15]。不仅对已有的某些破坏模式作了进一步的细分,例如将楔形破坏细分为 4 种类型,将圆弧破坏模式细分为 5 种类型,将崩塌破坏模式细分为 3 种类型,而且增加了岩体松动破坏模式,发展和促进了破坏模式的研究。

1990 ~ 2005 年,总参工程兵科研三所结合推广岩土深基坑土钉支护法和复合土钉支护法,对软土、强膨胀页岩和填土的破坏形态和机制进行了试验研究,提出了流鼓破坏模式、胀裂破坏模式[16]以及不同类型填土的多个破坏模式。

20 世纪 40 年代以后,国内外对破坏模式的研究由简单破坏模式发展到了复杂破坏模式,即组合破坏模式(由两种或两种以上简单破坏模式构成)。1932 年,海姆(Heim)归纳出了岩崩—碎屑流组合破坏模式[17]。1952 年,扎留巴(Záruba Q.)归纳出了岩石转动—倒塌组合模式[18]。1972 年,尼姆乔克(Nemcok A.)、帕谢克(Pasek J.)、里巴尔(Rybár J.)等归纳出了岩石滑坡—岩崩组合破坏模式[19-21]。1973 年,夏普(Sharp R. P.)归纳出了转动滑坡—土流组合破坏模式。1980 年,杜永康、余定生对倾倒—滑动、滑动—倾倒、滑动—倾倒—滑动等组合破坏模式作了深入研究[22]。1994 年,总参工程兵科研三所结合著名的广州 065 工程 18m 深基坑大滑坡机制分析和工程处理设计与施工,提出了圆弧—平面组合破坏模式[23]。

作者总结归纳了 90 多年来人类对岩土高边坡破坏模式的研究成果,将已有经典破坏模式进行分类,如图 10-1 所示。

综上所述可知:

(1)边坡破坏模式是稳定性分析、滑坡预测预报和防治的基础和前提,具有决定性意义。

(2)对边坡破坏模式的研究已有 90 多年有据可查的历史,至今仍在发展中。

(3)许多经典的边坡破坏模式可对岩土高边坡的治理提供卓有成效的指导。

(4)对已有经典破坏模式所不能概括的岩土高边坡工程,应有针对性地开展新型边坡破坏模式研究。

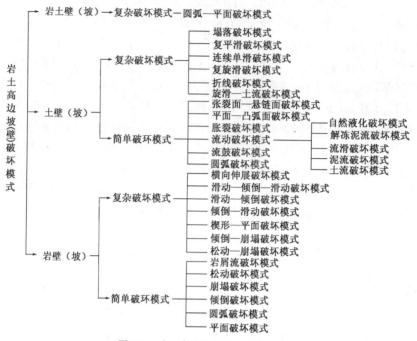

图 10-1　岩土高边坡(壁)破坏模式分类

## 10.3　岩土高边坡滑塌预测预警问题的国内外研究结果与结论

边坡预测预警研究,是国内外岩土工程界和学术界都十分关注、已取得不少成果、仍有大量工作要做、难度很大的问题。总体来说,对于此项研究,国外起步早于我国,国外不少成果我国目前仍在借鉴使用。

德国数学、生物学家 Verhulst 在 1837 年建立了以其名字命名的模型,简称 V 氏模型。该模式最初用于生物繁殖随时间发展变化的预测,后来人们通过国内外几个重大滑坡的反演预测研究,认为 V 氏非线性灰色模型应用于滑坡临滑时间预测具有很好的适用性[24]。

20 世纪末期,Е. Л. 叶米里扬诺娃就发表了计算稳定系数法[25]。其方法为:先分别确定斜坡当前的稳定系数 $K$、周期 $T$ 内稳定系数可逆动的负差幅度的年平均值 $A_{cp}$ 及其可能的最大值 $A_{max}$、斜坡稳定系数不可逆变化的年平均速度 $\Delta K_{cp}$ 及其在周期 $T$ 内的预报 $\Delta K = f(t)$,则预报周期结束时的稳定系数 $K' = K - \sum_{i=1}^{T} \Delta K$,如果 $K' - A_{max} > 1$,则滑坡发生的可能性小;如果 $K' - A_{max} < 1$,则滑坡可能发生;如果 $K' - A_{cp} < 1$,则滑坡发生的可能性很大。显然,这一预测结果仅仅是事件发生的一种概率,而且由于各有关系数不可能准确预测,更加大了预测结果的不确定性。在斜坡稳定性计算中,常有 $K > 1$ 时斜坡不稳定,$K < 1$ 时斜坡反而稳定的例子,更何况是对数年后稳定系数的预测。

斋腾迪孝滑坡预报法是 20 世纪 80 年代末提出来的[26],在国际上有较大影响,至今我国仍在研究与应用。斋腾迪孝提出最好在斜坡变形初期依据蠕变曲线第二阶段进行概略预报,接近崩塌时,依据第三阶段蠕变曲线进行临滑预报。当坡体位移进入第三蠕变阶段后,利用简单的图解法常可作出令人满意的预测。

孙景恒等认为:边坡失稳破坏的发展过程曲线与描述生物生长规律的生物生长曲线类似……可以采用预测生物生长的方法对边坡失稳时间进行预报[27],并对此进行了应用研究,效果尚好。但铁道部科学研究院西北分院徐峻龄则认为:Pearl 曲线与表征斜坡破坏的蠕变曲线在形态和含义上完全不同,尤其是后期。后者显示的是越到后期变化速率越大,剧滑时间预报就是在该曲线上寻求 $\Delta t \to 0, \Delta s \to \infty$ 的那一点,物理概念清晰而明确。而前者越到后期变化速率越小,利用这一曲线进行剧滑时间预报的物理概念不甚明确[28]。

Phillips J. D. [29-30]深入研究了混沌现象,并建立了边坡破坏的混沌模式。边坡系统内部各个子系统之间及系统与外界环境因素之间的相互作用、相互制约,使边坡的演化过程表现为确定性与确定的随机性(即混沌)综合运动的特点,滑坡的发生是系统内各要素通过一系列非平衡不稳定产生的空间的、时间的、功能的、结构的自组织过程,从而导致开放系统远离平衡状态,发生一系列的混沌现象。对混沌现象的本质认识,在现代科学技术中起着十分重要的作用,被誉为 20 世纪第 3 次科技革命。

Sah N. K. 等[31]借助于人工神经网络(Artificial Neural Network)方法,充分利用已有的研究成果,对边坡稳定性预测进行研究,取得了一定的研究成果。

Packard N. H. 和 Eckmann 等[32-33]研究提出了相空间重构法,它是混沌时间序列预测的基础。其基本思想是:系统中任一分量的变化都由与之相互作用着的其他分量所决定,故这些相关分量的信息就隐含在任一分量的发展过程之中,在由一维观测序列及其适当延时值所构成的维度合适的相空间中,系统演化的动力学行为可由此空间中点的演化轨迹无歧义地表达出来。

雨致滑坡是一个国际上延续争论了 30 多年的问题。争论的焦点为究竟是连续降雨导致滑坡,还是强降雨导致滑坡,还是连续降雨后的强降雨导致滑坡? 连续降雨或强降雨导致的滑坡何时开始? 其中 Kim S. K. 等[34],Pierson T. C. 等[35],Folloni G. 等[36]做了大量的工作,其研究成果具有一定的代表性。

地理信息系统技术(GIS)的飞速发展,为日益增多的岩土工程问题研究开辟了一条新的途径。Carrara A. 等,Fritsch D. 较早地进行了基于 GIS 的岩土边坡(滑坡)方面的研究工作[37-38]。

基于现场位移量测信息为数值分析提供实用的"计算参数"的反分析方法从 20 世纪 80 年代开始发展,至今已不再是单纯确定计算参数,而是作为工程预测分析的一部分,有着良好的应用前景。反分析的基本思想最先由 Kavangh(1973)、Gioda 和 Maier(1980)等人提出。Sakurai(1983)首次给出了均匀地应力与岩体弹性模量的有限元反分析数值解。

滑坡灾害风险评价是滑坡灾害风险管理的基础性工作,是制订各项防灾减灾措施,尤其是非工作防灾减灾措施的重要依据。因此,滑坡灾害风险评价对于减轻滑坡灾害的损失具有重要意义,已引起人们高度重视。H. H. Einstein(1988)[39]给出了滑坡灾害评估的框架建议。R. Anbalagan 和 Bhawani Singh(1996)[40]在 R. Anbalagan 前期关于山区滑坡灾害风险评价制图和区划制图研究基础上,提出了滑坡灾害风险评价制图的新方法和风险评价矩阵。上述研究对我国的相应研究具有启迪作用。

综上所述,国外关于滑坡预测预报研究具有以下特点:

(1)研究起步早;

(2)研究途径多样化;

(3)某些研究已较成熟;

(4)离全面解决问题还有较远距离。

国内关于滑坡预测预报研究虽然起步晚于国外,但最近十余年取得了突破性进展。

灰色预测预报在国内已有大量研究和应用。灰色系统理论由我国学者邓聚龙提出。他指出:灰色系统建立的是微分方程描述的模型,微分方程所揭示的是事物发展的连续的长过程[41]。显然,灰色预测适用于依据位移数据进行滑坡预报。晏同珍[42]和梅荣生[43]均曾较早采用这种方法进行滑坡预报方面的探讨。后者研究指出,当滑坡处于蠕动阶段时,可用灰色模型进行滑坡变位趋势预测;当滑坡处于滑动阶段时,则可进行剧滑时间预报。

徐峻龄[28]回归分析方法:在二维坐标系中,据滑坡位移—时间关系的散点分布趋势,可在二变量间用回归分析方法建立起一个一元二次方程 $y = ax^2 + bx + c$,通过把表示该方程的曲线适当外延即可对滑坡作出预测预报。此外,如用位移 $s$ 和时间 $t$ 取代上述方程中的变量,二者应符合方程 $t = as^2 + bs + c$,按求导办法即可确定滑坡剧滑的时刻。

廖小平把塑性力学理论引入滑坡理论,提出了滑体变形功率预报理论,并将其用于黄茨等滑坡的预报,均取得良好效果[44]。用这种方法,可依据多个测点的资料预报出一个统一的剧滑时刻。无疑,这是滑坡预报的一个突破性进展。

黄志全等运用现代混沌理论与神经网络方法的基本原理,把混沌理论与神经网络结合起来,建立了边坡稳定性预测的混沌神经网络模型。64 个典型滑坡实例的研究结果表明,该模型具有较高的精度[45]。唐璐等也对混沌和神经网络结合的滑坡预测方法进行了研究[46]。

殷坤龙等在滑坡时空预测基本论点的基础上,建立了滑坡时空预测的信息模型和 Ver-hulst 灰色模型。重庆市和鸡鸣市滑坡灾害的实例分析研究证明这两种模型是可靠的。

黄志全基于单状态变量摩擦定律,把协同和分岔理论联系起来,建立了边坡失稳时间预报的协同分岔模型[47]。对新滩滑坡的预报证明该方法精度较高。

李邵军等将滑坡监测与当前先进的三维可视化及地理信息技术相结合,建立了三维滑坡的监测信息系统,实现了滑坡监测信息与监测场址三维地理信息的综合表达,为滑坡监测方案、设计和监测成果的综合分析提供了一个可视化的信息平台[48]。针对滑坡位移复杂的非线性演化问题,结合时间序列分析的基本思想,采用遗传算法确定时间序列模型的结构和参数,从而获得滑坡变形的预测模型。采用该方法对福宁高速公路八尺门滑坡进行智能预测分析,其结果与灾测结果的相对误差仅为 1.25% ~ 4.39%。

谢全敏等从系统理论的观点出发,提出了滑坡灾害复杂大系统的概念。以此为基础,作者探讨了滑坡灾害风险特征及滑坡灾害风险估价的基本内容,提出并系统地阐述了以滑坡危险性分析、承灾体易损性分析,和滑坡灾害破坏损失评估为核心内容的滑坡灾害风险评价的系统理论[49]。

廖野澜等提出以“黄金率灰色拓扑选择”建立预报模型的方法,对隔河岩水电站引水隧洞洞群施工期监测得到的收敛位移数据进行了数据列预报,在此基础上,利用时间 $t_1$ 与速率 $v_1$ 的关系,提出了短期塌方预报方法[50]。

刘汉东以 1985 年 6 月 12 日凌晨长江三峡新滩滑坡为例,进行了工程地质力学白光散斑模型试验[51],用白光散斑照相技术和自动记录仪测量模型表面的位移矢量场,模型试验过程为 1 410min,破坏前位移量为 21.20mm。依据位移—时间关系和边坡模型滑面的抗剪强度,分别用斋藤法、灰色系统预测理论和有限单元法进行了中长期定时预报,预报的失稳时间分别为 1 395、1 435 和 1 415min,与试验模型实际破坏的时间基本一致。

王在泉以隔河岩水电站厂房基坑集水井边坡工程施工过程中的动态稳定预测、变形规律分析及失稳时间预报为例,研究了边坡动态稳定性与边坡发育阶段的关系,据实测资料分析了边坡的稳定状态及趋势,提出了非等间距 GM(1,1)-Verhulst 灰色联合失稳时间预报模型[52]。

张玉祥对岩土工程中的时间序列预报问题进行了研究,认为在该类问题中,灰色建模存在着一定的问题。通过对两个实例的分析,指出神经元网络法是解决岩土工程时间序列预报问题的有效方法[53]。

许东俊等以多年边坡位移监测资料为基础,提出了预测滑坡时间的两种方法。第 1 种是根据位移—时间曲线,将从等速蠕变阶段转入加速阶段的位移速率作为滑坡临界速率的方法;第 2 种是作用序列分析法,即根据前几年位移规律预测后几年位移发展趋势,并用国内外滑坡实例确定的滑坡位移速率作为滑坡判据的方法。用这 2 种方法,提前一年预报的滑坡时间和滑坡位移速率同实测值吻合较好[54]。

唐天国等进行了高边坡安全监测的改进 GM 模型预测研究[55]。由于一般的 GM(1,1)预测存在较大的局限性及系统误差,对一般 GM(1,1)模型进行了误差来源追踪分析并提出改进方法,得到改进后的 GM(1,1)预测模型,并将其用于高边坡安全监测。依据碧口水电站高边坡连续 8 年的监测数据,建立了碧口水电站高边坡灰色安全监控模型。把改进的 GM(1,1)预测模型与一般的 GM(1,1)模型、统计模型等预测模型进行了对比,同时还进行了平均误差、相关系数以及最大误差分析对比。研究表明,改进 GM(1,1)模型监控精度较高,预测结果与实际吻合较好。

陈志坚等提出了基于剪切位移的层状岩质边坡稳定性预测预报模型[56]。在阐述了层状岩质边坡的工程特性和控稳因素后,提出了层状岩质边坡内地下水的分布特征。针对包气带裂隙水对边坡稳定性的重要影响,提出了将其概化为经水力折减后的面力的模拟方法,并将包气带水力折减系数作为反演参数,采用三维非线性有限元法和可变容差优化方法,建立了基于潜在滑裂面剪切位移实测值的边坡稳定性预测预报模型。该模型在江阴长江大桥等工程实践中取得了令人满意的效果。

杨治林根据地下水作用下复合介质边坡岩体位移的分岔特征,给出了边坡岩体在渐近性破坏过程中的位移计算公式及岩体突发失稳的充分条件。针对地下水主要是通过物理化学作用软化滑面带岩体的特点和机制,建立了此类边坡剧动式灾变的位移判据[57]。

孙星亮等进行了自适应时序模型在地下工程位移预报中的应用研究[58]。自适应时序模型的基本原理就是将自适应滤波理论应用于自回归时序 AR(n)模型中。该模型在一定程度上根据量测数据和估计结果自行调整模型参数,通过递推算法自动对模型参数加以修正,使其接近某种最佳值,即便在尚不完全掌握序列特性的情况下,也能得到满意的结果。对山东龙口洼里煤矿一回采巷道金属支架的收敛位移和北京地铁某区间隧道北正线中洞断面收敛位移进行自适应建模,预报结果表明,此方法可行,预报结果也令人满意。

丁继新等详细研究了三峡地区部分县市的滑坡和降雨历史资料,从滑坡与降雨量、暴雨以及降雨时间三者的关系分析了降雨与降雨型滑坡的关系。在此基础上,提出了降雨因子的概念。同时,还提出了一种预报降雨型滑坡的新方法,定量化地描述了降雨型滑坡的易发程度。按照一定的标准,对每种降雨因子进行分级,通过多因子叠合分析来研究降雨因子与降雨型滑坡之间的关系,并据此预报滑坡的易发程度。将这种滑坡预报新方法应用于三峡万县地区,证明可以比较准确地确定滑坡发生的时间[59]。这种滑坡预报方法将为根据历史降雨和滑坡资料来预测降雨型滑坡奠定良好基础。

王旭春对三峡库区滑坡预测预报 3S 系统的关键问题进行了研究[60]。三峡水库的形成将面临水库的正常运行和现有城镇安全两大方面问题,并突出表现在岸坡的稳定性上。作者研究确定了滑坡地质信息 GIS 可视化空间数据库的建立途径与方法,建立了滑坡体 GIS 地质信息数据库等。

周萃英从斜坡岩体的结构组成、运动特征、岩石力学试验、统计物理学特征及分形几何学等方面研究了斜坡系统的复杂性特征,提出了斜坡系统是开放的、复杂的新认识,指出滑坡预测同时应重视确定性知识与非确定性知识的综合运用,且应立足于基于满意原则的预测思想,应以预测过程和结论的"满意解"为原则,不必花费高代价去追求"最优解"[61]。

马崇武进行了滑坡机制及其预测预报的力学研究[62],其工作体现在三个方面:①破坏机制与稳定性分析;②滑坡的临界时间预报;③高速滑坡的强度预测。其中滑坡的临界时间预报是基于塑性功率的概念[44],并有所改进。

陈益峰等提出了一种最大 Lyapunov 指数的改进算法[63]。这种改进算法不仅对小数据序列较为可靠,而且计算量小。通过对边坡位移历史数据序列进行特征分析,计算出最大 Lyapunov 指数,并利用最大 Lyapunov 指数破坏模式进行边坡位移预测。笔者认为,这种改进的方法比已有的研究方法更可靠,而且操作起来比较方便。对三峡水库高边坡和新滩滑坡实际位移数据进行预测,结果令人满意。

滑坡预报的临界变形速率法[64-66]:国内外都报道过滑坡预报的位移速率法,笔者也作过探讨,感觉使用时有不方便之处,根本原因是没有一个准则或判据。位移速率为何值时边坡才会发生剧滑? 自然界各种介质边坡均存在一个临界变形速率,在临界速率到达之前的速率并不会造成边坡失稳。一定介质边坡在给定条件下的临界速率是一个常数,找到了这个常数也就找到了预测预报的准则或判据。笔者研究确定了三种简单介质的临界变形速率:强膨胀页岩、软土、厚填土。我国地大物博,地质条件千变万化,各种各样的简单介质以及更加复杂的复合介质数不胜数,要确定它们各自的临界变形速率值是极其困难的。但临界变形速率法不失为一种可靠的滑坡预报方法,1991 年,它为小浪底水电站某洞脸边坡的开裂变形进行较准确预测预报和加固支护方案提供了依据。

以上概述了我国近十余年在滑坡预测预报研究与应用方面的主要成果、方法和经验,也提到某些可以用于滑坡预测预报的方法。实际上,滑坡预报在国内外都是一个古老的话题。将上述研究总结归纳如下:

(1)我国有关滑坡预测预报的研究起步晚于国外,借鉴了国外不少理论与方法。

(2)我国最近十余年来关于滑坡预测预报的研究进展较快,有的工作取得了很大突破。将这些成果进行认真、系统的归纳和总结并形成预测预报专家系统,对岩土高边坡的预测预报具有极重要意义。

(3)至今我国离系统、全面、可靠、精确的滑坡预测预报仍有很远距离。因此,结合岩土高边坡工程实际,进一步开展此项研究是十分必要的。

# 10.4 岩土高边坡滑塌综合防治方法

滑坡防治方法多种多样,各有所长,且国内外大致相近。我国同国外的差距,主要体现在材料和工艺上。从大型机械设备到小型仪器装置工作性能,很多都还存在一定差距。我国目前用国产钻机钻的锚索孔最长为80m,而国外最长的早已达到一百多米。我国目前还没有自己生产的大型岩石隧道掘进机,而美国第二代产品也早已问世。

滑坡防治技术各有千秋。例如滑坡防水、截水及排水措施,陡坡清方减载,抗滑段填方加载,抗滑桩及抗滑挡土墙,坡面植被防护等,均被证明是可靠、经济、有效的方法,应视情加以采用。不过,笔者认为,岩土高边坡的防治,应采用以锚固类结构为主体的综合技术措施,以提高所采用措施的技术含量,推动科学技术的发展与进步。

锚固类结构的技术先进性和可靠性,以及良好的经济效益,在国内外都是公认的。但是,无论是国内还是国外,以下重大或重要问题还没有得到很好解决,或者尚未涉及:

(1)锚固类结构第 2 界面(锚杆砂浆与孔壁之间界面)上剪应力分布特征研究得还很不充分,实际上理想第 2 界面剪应力并未真正测到过,主要还停留在理论分析阶段,而相应规范给出的只是一个平均剪应力公式,不仅不符合剪应力分布的实际情形,而且隐含着不安全因素。关于此问题的国内文献可参见文献[67-76],国外文献可参见文献[77-86]。

(2)第 1 界面[锚杆(索)体与砂浆之间的界面],第 2 界面与第 3 界面(发生在岩土介质内近似圆锥形的破坏面)的相互作用关系研究基本上还是空白。由经验可知,在一定条件下,三者间应存在定量的相关关系,设计准则应由三者来控制,而不是只由其中一个面来控制。目前国内外大多是以第 2 界面为主来控制的。尽管有的同时考虑了第 2、第 1 界面,但不是从它们的相互作用关系角度考虑的,而是分别考虑的。关于此问题的国内文献可参见文献[87-96],国外文献可参见文献[97-106]。

(3)剪应力沿垂直于锚固类结构杆体轴线方向的衰减规律研究工作极其有限,国内外限于理论研究的文章也极少。但是这项工作做好了,就有可能揭示第 3 界面产生的机制。

(4)锚固类结构杆体临界锚固长度问题研究得很不充分,关于峰值剪应力和零值剪应力以及锚杆(索)砂浆局部破坏同时向杆体深部发生转移的现象和机制研究,国内外均未涉及。临界锚固长度研究的重要性在于超过临界锚固长度的设计不仅是不经济的,而且存在潜在危险。笔者提出了关于锚杆临界锚固长度的概念后,引起一些青年学子的兴趣,近年来有不少文章对此概念进行讨论,并且提出了一些设计计算方法。总体来说,此问题的研究尚在起步阶段。至于对上述三个因素"同时转移"问题的研究,还有待来者。不过这两个问题之间是有密切联系的。在同时发生转移的峰值剪应力与零值剪应力的对应部位之间,始终是一个常数,这个常数就是临界锚固长度。不同岩土介质中临界锚固长度值不相等。

(5)锚孔轴线空间分布形态与最大偏斜率研究,是一个很新、很难、很重要的问题。孔眼偏斜,轴线较长,介质不均匀,使得钻孔轴线远不是一根直线或平面曲线,而是一根很不规则的空间曲线。关于这条空间曲线的分布规律研究,国内外均未见报道。三峡电站试验锚索的偏斜率是用简单方法量测后取得的,一般不会很精确。我国规范移植了国外标准,规定锚孔偏斜率为 1/30。如此大的偏斜率,摩擦阻力是多少?设计锚固力在多大程度上是真实的?可以断言,长度超过 30m 的预应力锚索和锚杆,设计预应力一般都是失真的。这难道不危险吗?尽管规范有明确规定,但实际上绝大多数锚孔并未进行偏斜率测试,设计锚固力的失真性也基本上未作考虑。

(6)锚固类结构高预应力误区问题。锚固类结构尤其是锚索的预应力在国内外均有不断攀升破纪录的情况。过高的预应力吨位会在岩体介质内产生强烈的应力集中现象,也会加速金属杆体应力腐蚀的发生,不利于边坡的长期稳定。

(7)重要岩土高边坡加固支护工程中目前采用的自由锚索均宜改为二次灌浆预应力锚索,其原因前已述及。

(8)锚固类结构抗动载问题研究还很不深入和充分,与前述静力条件下相对应的动载条件下诸界面剪应力分布问题研究尚为空白。

上述问题除第 7 个问题外都是非常前沿、亟待解决、影响锚固类结构进一步发展与应用的问题,也是国内外带有共性的问题。结合岩土高边坡工程现场实际情况,既认真总结归纳以往进行边坡防治的成功经验和有效方法,使之形成方便实用的技术咨询系统,又针对防治技术研究中存在的严重问题,深入开展以锚固类结构为主体的综合防治技术研究,这对促进岩土高边坡工程的建设和推动科学技术的发展,都是十分必要的。

# 10.5  岩土高边坡破坏模式与预测预警

### 10.5.1  研究目标

目标一:建立岩土高边坡破坏模式分析系统(综合集成);结合工程实际情况,针对已有国内外经典破坏模式所不能概括的岩石高边坡问题开展新型破坏模式研究(原始创新)。

目标二:建立岩土高边坡滑坡预测预报系统(综合集成);结合岩土高边坡工程实际情况,选择具有典型性和量大面广的破坏模式,开展滑坡预测预报研究(原始创新)。

目标三:建立以锚固类结构为核心的边坡综合防治技术咨询系统(综合集成);结合高边坡工程实际,针对国内外尚未深入研究的一系列重大前沿问题有重点地开展研究(原始创新)。

目标四:在上述三个系统基础上建立一个统一的"岩土高边坡破坏模式、预测预报与防治方法系统"。

### 10.5.2  研究内容

1)针对研究目标一的主要研究内容

对人类已有的30余个经典破坏模式进行综合研究,对其破坏形态、破坏机制、破坏特征、时空效应、适用范围和条件进行科学、准确和详细描述,并输入计算机,构成系统以供设计选用。

对已有经典破坏模式所不能概括的高边坡工程,开展破坏模式的创新性研究。

2)针对研究目标二的主要研究内容

目前已有一定影响、在一定程度上已经实践检验的国内外滑坡预测预报方法已有数十种。这些方法是人类的共同财富,系统地对其加以综合、归纳、整理是一件承前启后、十分必要的工作。将上述方法的假设条件、应用范围、数学物理模型(编程)等一并输入计算机中,构成能快速反应的预测预报系统,可为现有不稳定边坡的预测预报提供多种方案的比选,使滑坡预报的范围和时间定量化和优化。

在现有工作的基础上进一步开展以实测为基础、以临界变形速率概念为指导的滑坡预测预报研究工作。

最后,将这些具有原创性的方法补充到相应的子系统中,使其更加完备。

3)针对研究目标三的主要研究内容

对锚杆锚索的研究已有久远的历史,对土钉墙、土钉支护和复合土钉支护的研究与应用也已取得较丰富的经验。以这些研究成果和经验为基础,建立以锚固类结构为核心的滑坡综合防治技术咨询系统,是一种明智的选择,但其工作量也是浩大的。

锚固类结构尚待研究解决的重大前沿问题较多(国内外均如此),只能择其要者进行研究。

### 10.5.3  需解决的关键问题

(1)岩土高边坡破坏模式分析系统是对有史料记载以来人类研究边坡破坏模式90多年工作的系统总结与归纳,这项工作此前国内外无人做过,无从借鉴,缺乏经验。这是关键问题之一。

(2)新型边坡破坏模式的研究必须紧密结合现场实际,并且在采用已有经典破坏模式无法进行相关分析的条件下进行。建立一个能反映客观实际、为世人所公认的新的边坡破坏模式并非易事。这是关键问题之二。

（3）现已发表的滑坡预测预报系统一般是以作者所研究提出的方法为主建立起来的。本项研究则是要在工程实践检验的基础上，将国内外所有公认行之有效的方法集成为一体，组成一个大系统。这项工作此前未见发表，其工作量巨大，涉及多领域、多学科的专业知识与经验，难度很大。这是关键问题之三。

（4）美国国家科学院和运输研究部门在20世纪50年代就提出滑坡预测预报的位移准则和位移速率准则，20年后又作了补充、修改和完善。实践证明，只有临界变形速率才能作为判别准则。但中等以上岩体一般变形量较小，剧滑阶段短而滑速很高，要有效确定并测取其临界变形速率值，不采取特殊、专门措施难以实现。这是关键问题之四。

（5）锚固类结构研究与应用的历史有的已长达一百多年，取得的成果及经验极其丰富，国内外相关技术标准数不胜数。但也有一些经验或规定是不尽合理或有争议的，如我国相关技术标准规定的锚杆最小保护层厚度、最小水灰比、锚索的金属对中支架等。取人类研究与应用锚固类结构成果的精华，建立以锚固类结构为核心的综合滑坡防治技术咨询系统，有许多技术难点需要攻关。目前，国内外未见类似的系统建立和发表。这是关键问题之五。

（6）锚固类结构发展应用至今，还存在许多重大前沿问题需研究解决，否则将给工程留下安全隐患。但是这些问题解决起来非常困难，例如不同介质中长锚孔轴线空间形态的描述问题，并不是一个纯理论问题，研究并解决此问题，无论是采用理论分析还是试验研究的方法，都是非常棘手的。这是关键问题之六。

### 10.5.4　研究思路

项目总体分为三大块：①破坏模式；②预测预报；③滑坡防治。

每一块均由两部分组成：一是对国内外已有研究成果进行归纳、提炼，并构成相应的系统；二是就存在的问题展开研究。

项目总体研究思路见图10-2，具体研究思路见图10-3～图10-5。

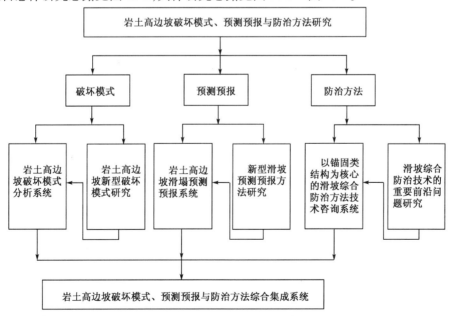

图10-2　研究的总体思路

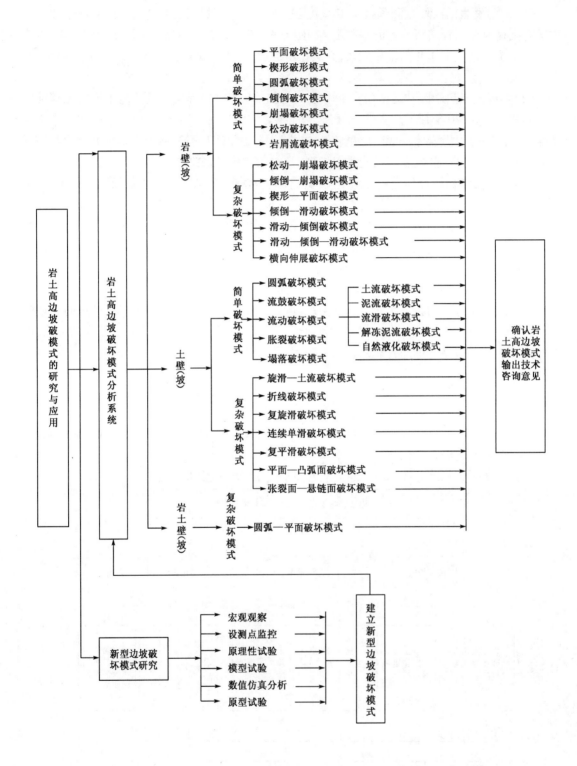

图 10-3　研究目标一的研究思路

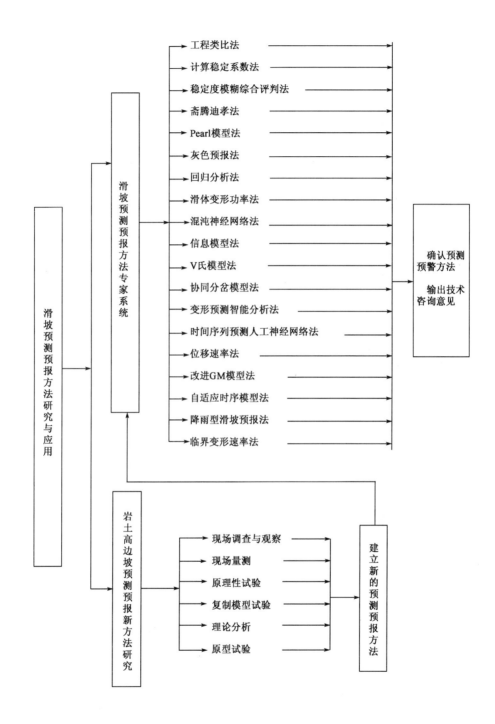

图 10-4　研究目标二的研究思路

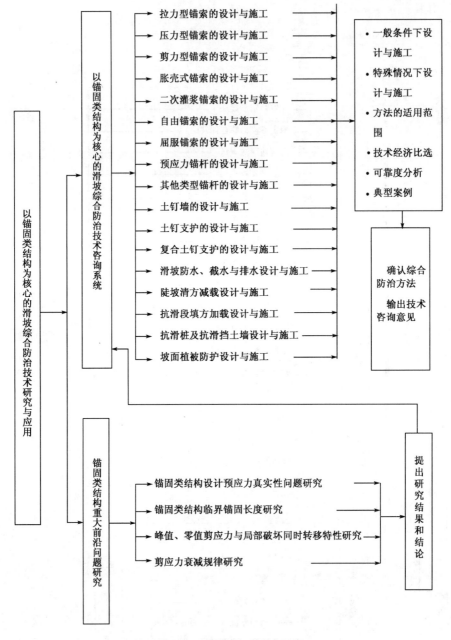

图 10-5　研究目标三的研究思路

# 10.6　小　　结

（1）在岩土高边坡破坏模式、预测预警与防治方法研究方面,业已取得大量研究成果,将这些成果集成起来,组成相应的技术咨询系统,对于指导工程设计与施工是十分必要的。

（2）在岩土高边坡破坏模式、预测预警与防治方法研究方面,还存在许多难点、热点和未很好研究解决的问题。针对这些问题开展研究,是科学技术发展和工程建设的需要。

（3）将上述研究成果再次集成,并补充到已建立的技术咨询系统中。这样,系统将更加完善和优化,并将产生巨大的经济效益和社会效益。

# 参 考 文 献

[1] Petterson K E. Kajraseti Göteborg den 5 mars,Tekn. , V. U. ,1916,46,H. 30:281-287

[2] Hultin S. Grusfyllningar for Kajbyggnader. Bidrag till fragen on deras stabiliter, Tekn. Tidskr. , V. U. ,1916,46, H. 31:292-294

[3] Toms A H. Recent research into coastal landslides at folkestone warren. Kent, England, Proc. 3 Int. Conf. Soil Mech. Fornd Engng,1953,2:288-293

[4] Fukuoka M. Landslides in Japan. Proc. 3 Int. Conf. Soil. Mech. Found. Engng,1953,2:234-238

[5] Benson W N. Landslides and their relation with engineering in the Dunedin District. New Zealand, Economic Geology,1946,41:328-347

[6] Skempton A W. Soil mechanics in relation to geology. Proc. Yorkshire Geol. Soc. , Part 1, 1953,3:33-62

[7] Henkel D J, Skempton A W. A landslide at jackfield. Proc. European Conf. Stability of Earth Slopes,1954,1:90-101

[8] Legget R F, Bartley M V. An engineering study of glacial deposits at steep rock lake. Ontario, Canada, Economic, Geology 1953,48:513-540

[9] Skaven H S. Undervannsskreki trondheim havneomrade. Norwegian Geotechnical Institute, Publ. 1955, 7:1-12

[10] Skempton A W, Hutchinson J. Stability of natural slopes and embankment foundations. Proc. 7 Int. Conf. Soil Mech. Found. Engng. , State of the Art Volume, Mexico,1969,:291-340

[11] Za'ruba Q ,Mencl V. Landslides and Control Elsevier, Amsterdam,1969

[12] Bazett D J, Adams J L, Matyas E L. An investigation of a slide in a test trench excavated in fissured sensitive clay. Proc. 5 Int. Conf. on Soil Mech. Found. Eng,1961, 1:431-435

[13] Hoek E. Recent Rock Slops Stability Research of the Royal School of Mines, London. Proc. , 2nd International Conference on Stability in Open Pit Mining, Vancouver, 1971, Society of Mining Engineers, American Institute of Mining, Metallurgical and Petroleum Engineers, New York, 1972:23-46

[14] 中华人民共和国国家标准.GBJ 7—89 建筑地基基础设计规范[S]. 北京:中国计划出版社,1989

[15] 罗国煜,王培清,陈华生,等.岩坡优势面分析理论与方法[M]. 北京:地质出版社,1992

[16] 曾宪明,等. 特殊不良地质体变形破坏形态研究[C]. 广东省深基坑开挖工程学术研讨会,1996

[17] Heim A. Bergsturz und Menschenleben. Fretz and Wasmuth Verlag, Zurich, 1932:218

[18] Záruba Q. Periglacial phenomena in the Turnor Region. Sborni'k ústr' edni'ho ú stavu Geologicde'ho, Vol. 19, 1952

[19] P L 舒斯特,R J 克利泽克. 滑坡的分析与防治[M].铁道部科学研究院西北研究所,译. 北京:中国铁道出版社, 1987:9-34

［20］ Freollund D J, Krahn J. Comparison of slope stability methods of analysis. Canadian Geotechnical J, 1973, 14(3): 429

［21］ Nemcok A, Pasek J, Rybár J. Classification of Landslides and Other Mass Movements. Rock Mechanics, 1972, 4(2): 71-78

［22］ 中国科学院地质研究所. 岩体体地质力学问题(三)［M］. 北京:科学出版社, 1980

［23］ 曾宪明, 曾荣生, 陈德兴, 等. 岩土深基坑喷锚网支护法原理、设计、施工指南［M］. 北京:中国建筑工业出版社, 1997

［24］ Yin Kunlong. A computer-assisted mapping of landslide hazard evaluation. Proc. of 6th IAEG Congress. Lisbon, 1994

［25］ E 刀 叶米里扬诺娃. 滑坡作用的基本规律［M］. 铁道部科学研究院西北研究所, 译. 重庆: 重庆出版社, 1986

［26］ 山田刚二, 渡正亮, 小桥澄治. 滑坡和斜坡崩坍及其防治［M］.《滑坡和斜坡崩坍及其防治》翻译组, 译. 北京:科学出版社, 1980

［27］ 孙景恒, 李振明, 等. Pearl 生长模型预报边坡失稳时间［J］. 华北水利水电学报, 1993 (2):37-42

［28］ 徐峻龄. 有关滑坡预报问题的讨论［M］∥滑坡文集. 北京:中国铁道出版社, 2000

［29］ Phillips J D. Nonlinear dynamical system in geomorphology: revolution or evolution. Geomorphology, 1992 (5): 219-229

［30］ Phillips J D. Nonlinear dynamics and the evolution of relief. Geomorphology, 1995 (14):57-64

［31］ Sah N K, Sheorey P R, Upadhyaya L N. Maximum likelihood estimation of slope stability. Int. J. Rock. Mech. Sci.&Geomech. Abs., 1994, 31(1): 47-53

［32］ Packard N H. Geometry from a time series. Phys. Rev. Lett, 1980, 45(6):701-712

［33］ Eckmann J P, Ruelle D. Ergodic theory of chaos and strange attractors. Rev. Mod. Phys., 1985, 57(6): 617-624

［34］ Kim S K, Hong W P, Kim Y M. Prediction of rainfall triggered landslides in Korea. In: Bell ed. Landslides. Rotterdam: balkema, 1991:989-994

［35］ Pierson T C, Iverson R M, Ellen S D. Spatial and temporal distribution of shallow landsliding during intense rainfall, southeastern Oahu, lawaii. In: Bell ed. Landslides. Rotterdam: Balkema, 1991: 393-1398

［36］ Folloni G, Ceriani M, Padovan N, et al. Rainfall and soil slipping events in Valtellina. In: Bell ed. Landslides. Rotterdam: balkema, 1991: 183-198

［37］ Carrara A, Guzzetti F. Use of GIS technology in the prediction and monitoring of landslide hazard. Natural Hazards, 1999, 20(2):117-135

［38］ Fritsch D. Three-dimensional geographic information system: status and prospects. In: Proceedings of International Archives of Photo grammetry and Remote Sensing. Vienna: ［s. n. ］, 1996: 215-221

［39］ Einstein H H. Special lecture: Landslide risk assessment procedure. Proc. 5th. Int. Symp. Landslide: lausanne, 1988, 2: 1075-1090

［40］ Anbalagan R, Singh B. Landslide hazard and risk assessment mapping of mountainous terrainsa case study from Kumaun Himalaya. India Engineering geology, 1996, 43: 237-246

[41] 邓聚龙.灰色控制系统[M].武汉:华中工学院出版社,1987

[42] 晏同珍.水文工程地质与环境保护[M].武汉:中国地质大学出版社,1994

[43] 梅荣生.滑坡剧滑时间预测模型建模方法[J].中国地质灾害与防治学报,1993(4):71-74

[44] 廖小平.滑坡破坏时间预报新理论探讨[J].地质灾害与环境保护,1994,5(3):25-29

[45] 黄志全,崔江利,等.边坡稳定性预测的混沌神经网络方法[J].岩石力学与工程学报,2004,23(22):3808-3812

[46] 唐璐,齐欢.混沌和神经网络结合的滑坡预测方法[J].岩石力学与工程学报,2003,22(12):1984-1987

[47] 黄志全,张长存,等.滑坡预报的协同分岔模型及其应用[J].岩石力学与工程学报,2002,21(4):498-501

[48] 李邵军,冯夏庭,等.基于三维地理信息的滑坡监测及变形预测智能分析[J].岩石力学与工程学报,2004,23(21):3673-3678

[49] 谢全敏,边翔,等.滑坡灾害风险评价的系统分析[J].岩土力学,2005,26(1):71-74

[50] 廖野澜,谢谟文.监测位移的灰色预报[J].岩石力学与工程学报,1996,15(3):269-274

[51] 刘汉东.边坡位移矢量场与失稳定时预报试验研究[J].岩石力学与工程学报,1998,17(2):111-116

[52] 王在泉.边坡动态稳定预测预报及工程应用研究[J].岩石力学与工程学报,1998,17(2):117-122

[53] 张玉祥.岩土工程时间序列预报问题初探[J].岩石力学与工程学报,1998,17(5):552-558

[54] 许东俊,陈从新,等.岩质边坡滑坡预报研究[J].岩石力学与工程学报,1999,18(4):369-372

[55] 唐天国,万星,等.高边坡安全监测的改进GM模型预测研究[J].岩石力学与工程学报,2005,24(2):307-312

[56] 陈志坚,李筱艳,等.基于剪切位移的层状岩质边坡稳定性预测预报模型[J].岩石力学与工程学报,2003,22(8):1315-1319

[57] 杨治林.地下水作用下复合介质边坡岩体的位移判据研究[J].岩石力学与工程学报,2003,22(5):820-823

[58] 孙星亮,汪稔.自适应时序模型在地下工程位移预报中的应用[J].岩石力学与工程学报,2004,23(9):1465-1469

[59] 丁继新,尚彦军,等.降雨型滑坡预报新方法[J].岩石力学与工程学报,2004,23(21):3738-3743

[60] 王旭春.三峡库区滑坡预测预报3S系统关键问题研究[D].中国矿业大学北京校区岩土工程研究所博士论文.北京,1999

[61] 周萃英.斜坡岩体复杂性特性及其预测新认识[J].岩石力学与工程学报,2000,19(1):34-38

[62] 马崇武.边坡稳定性与滑坡预测预报的力学研究[D].兰州大学物理科学与技术学院力学系博士论文.兰州,1999

[63] 陈益峰,吕金虎,等.基于 Lyapunov 指数改进算法的边坡位移预测[J].岩石力学与工程学报,2001,20(5):671-675

[64] 曾宪明,黄久松.土钉支护设计与施工手册[M].北京:中国建筑工业出版社,2000

[65] Zeng Xianming, Tan S Y. Proceedings of the International Conference on Soil Nailing & Stability of Soil and Rock Engineering[C], 2004, Nanjing, China

[66] 曾宪明,王振宇,等.国际岩土工程新技术新材料新方法[M].北京:中国建筑工业出版社,2003

[67] 蒋忠信.拉力型锚索锚固段剪应力分布的高斯曲线模式[J].岩土工程学报,2001,23(6):696-699

[68] 李敏,蒋忠信,秦小林.南昆铁路膨胀岩(土)路堑边坡应力测试分析[J].中国地质灾害与防治学报,1995(专辑):60-69

[69] 余坪,余渊.滑坡防治预应力锚索的试验研究[J].中国地质灾害与防治学报,1996(1):59-63

[70] 程良奎.土层锚杆的几个力学问题[M]//中国岩土锚固工程协会.岩土锚固工程技术.北京:人民交通出版社,1996

[71] 朱焕春.反复张拉荷载作用下锚杆工作机理试验研究[J].岩土工程学报,1999,21(6):662-665

[72] 郑全平.预应力锚索加固作用机理与设计计算方法[R].中国防护工程科技报告,1998

[73] 顾金才,明治清,等.预应力锚索内锚固段受力特点现场试验研究[M]//中国岩土锚固工程协会.岩土锚固新技术.北京:人民交通出版社,1998

[74] 邬爱清,韩军,等.单孔复合型锚杆锚固体应力分布特征研究[J].岩石力学与工程学报,2004,23(2):247-251

[75] 荣冠,朱焕春,等.螺纹钢与圆钢锚杆工作机理对比试验研究[J].岩石力学与工程学报,2004,23(3):469-475

[76] 杨松林,荣冠,等.混凝土中锚杆荷载传递机理的理论分析和现场实验[J].岩土力学,2001,22(1):71-74

[77] 美国联邦公路局.FHWA-SA-96-069R 土钉墙设计施工与监测手册[S].佘诗刚,译.北京:中国科学技术出版社,2000

[78] Weatherby D E. Tiebacks, Federal Highway Administration, Washington D. C., FHWA-RD-82-047, 1982

[79] Cheney, Richard S. Permanent Ground Anchors. FWHA-DP-68-1R, Federal Highway Administration, Washington D. C., 1988

[80] Elias V, Juran I. Soil Nailing for Stabilization of Highway Slopes and Excavations. Federal Highway Administration, Washington D. C., FHWA-RD-89-198,1991

[81] Porterfield J A, Cotton D M, Byrne R J. Soil Nailing Field Inspectors Manual. Federal Highway Administration, Washington D. C., FWHA-SA-93-068,1994

[82] French National Research Project Clouterre. Recommendations Clouterre 1991 (English Translation) Soil Nailing Recommendations. Federal Highway Administration, Washington D. C., FHWA-SA-93-026, 1991

[83] R Eligehausen, B Lehr, J Meszaros, W Fuchs.两种粘结锚杆抗拉性能与设计[M].张新

乐,译//曾宪明,王振宇,等.国际岩土工程新技术新材料新方法.北京:中国建筑工业出版社,2003

[84] Sell R. Festigkeit und Verformung Mit Reaktionsharzm Örtelpatronen Versetzter Anker. Verbindung-stechnik 5, Volume 8, 1973

[85] Lang G, Vollmer H. Dubelsysteme fur Schwerlastverbindungen. Die Bautechnik, Volume 6, 1979

[86] Lang G. Festigkeitseigenschaften von verbundanker-systeen. Bauingenieur 54, 1979

[87] Wu Shenxing. Dynamic experimental study of bond-slip between bars and the concrete in XiaoWan arch dam. New Developments in Dam Engineering-Wieland, Ren & Tan(eds), © 2004 Taylor & Francis Group, London, ISBN 04 1536 240 7: 951-959

[88] Bo Liu, Libing Tao, Longguang Tao. Field Tests of Nails' Strains and Their Spatial Behavior in Vertical Soil Nailing Wall of Deep Excavation. Proceedings of the International Symposium of Civil Engineering in the 21st Century, Beijing, China, 11-13 October, 2000: 417-423

[89] 徐景茂,顾雷雨.锚索内锚固段注浆体与孔壁之间峰值抗剪强度试验研究[J].岩石力学与工程学报,2004,23(22):3765-3769

[90] 何思明,王成华.预应力锚索破坏特性及极限抗拔力研究[J].岩石力学与工程学报,2004,23(17):2966-2971

[91] 杨松林,徐卫亚,等.节理剪切过程中锚杆的变形分析[J].岩石力学与工程学报,2004,23(19):3268-3273

[92] 曹国金,姜弘道,等.一种确定拉力型锚杆支护长度的方法[J].岩石力学与工程学报,2003,22(7):1141-1145

[93] 王霞,郑志辉,等.锚索内锚固段摩阻力分布及扩散规律研究[J].煤炭工程,2004(7):45-48

[94] 赵华,董泽荣,等.小湾水电站岸锚支护试验研究[M]//徐祯祥,等.岩土锚固技术与西部开发.北京:人民交通出版社,2002

[95] 谷建国,王再芳,等.特大吨位预应力锚索试验研究[M]//徐祯祥,等.岩土锚固技术与西部开发.北京:人民交通出版社,2002

[96] 甘文鸿.大朝山水电站地下洞室主要支护施工技术[M]//徐祯祥,等.岩土锚固技术与西部开发.北京:人民交通出版社,2002

[97] Cook R A, Bishop M C, Hagedoorn H S, et al. Adhesive bonded anchors. Structural and Effects of In-service and Installation Conditions. Structural and Materials Research Report No. 94-2A. University of Florida, 1994

[98] Eligehausen R, Mallée R Rehm G. Befestigungstechnik. In: Betonkalender 1997, Ernst & Sohn, Verlag Für Architektur und technische Wissenschaften, Berlin, 1997

[99] Rehm G. Langzeitverhalten von HILTI-Verbundankern HVA. Gutachtliche Stellungnahme, 1978,23(6)

[100] Cook R A, Kunz J, Fuchs, et al. Behavior and Design of Single Adhesive Anchors under Tensile Load in Uncracked Concrete. ACI Structural Journal, January-February,1998

[101] Eligehausen R, Mallée R, Rehm G. Fixings formed with Resin Anchors. Betonwerk + Fertigteil-Technik, 1994, 10-12

[102] Cook R A. Behavior of Chemically Bonded Anchors. Journal of Structural Engineering, 1993,119(9)

[103] Fuchs W, IExpansion R, Breen J E. Concrete Capacity Design (CCD) APPROACH FOR Fastening to Concrete. ACI-Structural Journal, 1995, 92:73-94

[104] Marc Panet. 被动锚杆加固岩体的实用设计方法[M]. 张新乐,译∥曾宪明,王振宇,等. 国际岩土工程新技术新材料新方法. 北京:中国建筑工业出版社,2003

[105] Marc A Wood Word. 锚索设计、试验、监测和施工方法[M]. 朱大明,译∥曾宪明,王振宇,等. 国际岩土工程新技术新材料新方法. 北京:中国建筑工业出版社,2003

[106] S Sakurai. 锚杆加固节理岩体的机理与分析方法[M]. 张新乐,译∥曾宪明,王振宇,等. 国际岩土工程新技术新材料新方法. 北京:中国建筑工业出版社,2003

# 11 锚固类结构设计和使用寿命研究与应用

## 11.1 问 题

锚固类结构的明显特点是:隐蔽性、较恶劣的地下腐蚀环境和对耐久性的严格要求。随着这类结构已经和正在出现一些问题,人们对其安全性与耐久性问题越来越关注。

20 世纪 70 年代以来,我国在各类岩土工程中使用了大量锚杆,80 年代以后使用了许多锚索,90 年代至今使用了更多的土钉,其总数当以亿万计。这些锚固类结构的技术先进性和经济性无人怀疑。问题是,在用做永久支护的无数工程中,它们的使用寿命究竟有多长? 是否有一天会寿终正寝,成为工程中的"定时炸弹",使工程毁于一旦? 这些问题目前我们尚不能很好作答。1986 年,国际预应力协会(FIP)曾对 35 起因腐蚀造成锚索体断裂的事故进行调查,发现其中永久锚索占 69%,临时锚索占 31%,断裂部位多数位于锚头附近和自由段范围内。这是自由段无砂浆握裹以及张拉过程中锚具对锚头附近部位具有刻痕损伤之故。据说巴基斯坦一蓄能池工程(法国设计建造)也曾发生过锚索自由段氢脆断裂,致使外锚头凌空飞起,险些造成工伤事故。据报道,A. Coyne 于 1933 ~ 1934 年在为加固舍尔法大坝所设计的 34 根10 000kN 级预应力锚索中就采用了防腐技术措施,但在 20 年后对该坝进行检查时发现预应力损失即达 9%。出现这种情况,估计与锚头松弛及腐蚀因素有关。Romanoff 于 1962 年对埋设在土介质中的钢柱的锈蚀情况进行了观察,发现钢柱的锈蚀主要发生在置于回填土中的部分,而置于原状土中的基本无锈蚀。原因是回填土土质疏松,其中含有大量氧气。观察发现,不加任何防护的洁净碳钢,在潮湿的坑道内放置一昼夜即可见显著锈斑,三昼夜便出现连续锈层。我国安徽梅山水库的预应力锚索在使用 6 ~ 8 年后,发现有 3 根锚索的部分钢绞线因应力腐蚀而断裂(兼有氢脆)。河南焦作市冯营矿锚杆,有砂浆握裹部位,8 年期基本无锈蚀;无砂浆或砂浆握裹不良部位,坑蚀最深处为 0.65mm,腐蚀速率为 0.041mm/年。焦作市焦东矿锚杆,安装时对中不良握裹层最薄处仅为 1 ~ 2mm,12 年期表层中性化深约 0.8mm,杆体表面有浮锈;但握裹层厚大于 3mm 段则无锈蚀。鹤壁矿务局四矿楔缝式锚杆,28 年期坑蚀深度分别为0.4 ~ 1.5mm(2 号和 5 号锚杆,有渗漏水)和 0.05 ~ 0.10mm(1 号、3 号和 4 号锚杆,无渗漏水)。我国某铜矿区采用普通硫酸盐水泥砂浆灌注锚杆,由于腐蚀环境恶劣,两年后表层砂浆即变为豆腐渣一样的松散体。成昆线羊臼河 1 号隧道,在应用喷锚衬砌 10 年后,喷层表面被腐蚀成厚 1cm 的酥松白色层。总参工程兵科研三所的初步研究结果表明:优质砂浆锚杆的使用寿命为 75 ~ 169 年;施工质量不良者约为 50 年;质量不良且环境恶劣者其寿命为 20 ~ 25 年。

综上所述可知,锚固类结构的安全性和耐久性问题十分突出,必须引起高度重视。解决锚固类结构耐久性、使用寿命预测和防护对策问题的重要意义有两方面:一方面,使这类目前在我国乃至世界仍占主导地位的工程加固、支护先进工法的设计和施工走上定量控制阶段,将具有巨大的经济效益、社会效益和重要科研价值;另一方面,对其在重大工程中的使用寿命进行较可靠预测,并提出相应的加固处理对策,对国计民生具有重要意义。

## 11.2　国内关于锚固类结构使用寿命与防护对策的研究

随着新奥法在全世界的风行,我国铁路公路隧道、电站地下厂房、岩土高边坡、港口岸坡、桥墩涵洞等大量、广泛使用了锚固类结构。仅 1980 年以后,按新奥法原理建造的铁路隧道即约占我国隧道总座数和总长度的 10%。不仅如此,这些支护方法在所建造的岩土工程中都是按照主要承载结构设计的(即使在隧道复合衬砌中也是如此)。这意味着,这些支护结构的失效,就是相应工程的破坏。

但是,我国关于锚固类结构耐久性与安全性的研究,少之又少。

国内的相关研究有 20 世纪 80 年代末、90 年代初的水工钢闸门防腐研究,以及环氧涂层在水利工程中的防腐研究等。近年来,我国土木工程界许多专家学者对工程的安全性和耐久性问题非常重视,在各种不同场合大声呼吁,认为结构耐久性和使用寿命问题的研究近年来已成为结构工程学科的主要发展前沿,并做了不少调研及探讨性工作。为改变耐久性基础性研究的落后现状,国家科委于 1995 年组织了国家基础性研究重大项目(攀登计划 B),进行重大土木与水利工程工程安全性与耐久性的基础研究。刘西拉等以几种典型的重大结构物为依据,以结构"生命过程"的三阶段为主线,系统地研究了结构的安全性和耐久性。所获初步成果,如混凝土冻融破坏预测模型和大气环境下混凝土中钢筋锈蚀预测模型,大体代表了我国现阶段在该方面的研究水平。姚燕等针对影响混凝土耐久性的碱—集料反应、腐蚀、冻融、钢筋锈蚀等因素,开展了混凝土抗碱—集料反应性、混凝土耐久性、混凝土安全性专家系统,获得若干可喜科研成果。2001 年 11 月 17 日 ~ 18 日,中国工程院土木水利建筑学部等单位在北京举办的"土建结构工程的安全性与耐久性"工程科技论坛,集中反映了国家有关机关和专家对工程耐久性问题的重视。

不过,上述研究的腐蚀条件与锚固类结构的有所不同。锚固类结构的使用寿命取决于它们的耐久性,而对使用寿命的最大威胁则来自于腐蚀。对锚固类结构造成腐蚀的环境是岩土介质及地下水中的侵蚀性质,双金属作用以及地层中存在着的杂散电流;在一定条件下,岩土介质中的酸碱度、氯化物以及硫酸盐等,均可对锚固类结构造成腐蚀。锚杆锚索一般都施加预应力,目前有的锚索预应力已超过 10 000kN,并且还有向更高吨位发展的趋势。但研究表明,在接近锚杆屈服极限应力作用下,其锈蚀速率随时间延长而增大,试验后 90d 对锚杆试件进行抗拉强度试验,其承载力损失约为 5%。由此可见,应力腐蚀问题不容忽视。锚固类结构的缺陷十分严重,这大多是盲目追求施工进度、偷工减料所致。锚杆锚索安装后通常灌注水泥砂浆或纯水泥浆,这种水泥(有的甚至是早强或超早强水泥)含量高、砂含量高或无砂的胶凝介质,较之混凝土更不耐腐蚀;加之握裹层薄、水灰比大(0.6~0.7)或为方便灌注随意采用水灰比,无压(重力法)或低压灌注使得锚索锚杆浆液灌注不饱满,干缩严重,最小握裹厚度得不到保证,局部无握裹层的情况较为严重。锚固类结构的对中支架也有不容忽视的问题。在锚索锚杆在我国应用的几十年中,几乎都是采用焊接钢筋支架(锚杆、土钉)或枣核状撑环(锚索)来解决杆体对中及增大握裹力问题。而支架或撑环外的锚索锚杆在重力作用下必然部分与孔壁接触。这意味着灌注浆液后,这些部位的握裹层厚度为零。研究表明,在这种条件下,接触孔壁部位面积越大,其锈蚀面积及深度就越大。由于工程地质条件千差万别,锚固类结构还可能处于密闭潮湿、永久浸泡、干湿交替等多种环境下工作。初步研究表明:①在永久浸泡条件下,锚杆体在弱酸性溶液中的平均腐蚀速率为中性和弱碱性中的2倍以上,而在弱碱性溶液中的腐蚀速率又比中性的略高;②置于密闭且空气相对湿度为100%条件下的锚杆,其腐蚀速率仅为永久浸泡和干湿交替试件腐蚀速率的1/5左右;③无论在何种试验环境中,锚杆腐蚀量均随时间延长而增加,腐蚀速率则随时间延长而减小。由于锚固类结构属于隐蔽工程,要对其全寿命有较为准确的把握,较一般混凝土结构耐久性研究更为困难。

以上分析表明,锚固类结构的腐蚀环境、耐久性特性研究,有其复杂性和有别于一般混凝土结构的特点。国内直接针对锚固类结构使用寿命及防护对策所做研究工作鲜见报道。1985年7月至1987年7月,总参工程兵科研三所对砂浆锚杆的腐蚀与防护进行研究,开展了锚杆使用寿命问题初步探讨,得出了一些有益结果。但现场取样尚不广泛,室内试验欠系统深入,考虑时空效应的理论分析计算及一大批各种条件下的试件(至今仍原样保存在工程现场)试验,因经费等原因未能完成。

1996~1997年,总参工程兵科研三所开展了地下工程水泥砂浆在腐蚀环境下的耐久性试验研究,制作516个试件,进行了为期720d的单因素腐蚀试验。根据试验结果,可以预估水泥砂浆在腐蚀环境下的强度损失率的发展趋势。在已知腐蚀环境中腐蚀介质浓度,并给定强度损失率限值的条件下,可推算出地下工程中水泥砂浆的耐腐蚀年限。不过,没有进行耦合因素试验研究。

锚固类结构在我国各类工程各种地层条件中的应用已有20~40年不等的历史。但很少有技术标准对它们的耐久性、使用寿命、设计寿命和防护对策提出相应要求。鉴于国内外锚固类结构腐蚀破坏现象时有发生,总参工程兵科研三所于1999年根据自身长期从事预应力锚索研制、设计和施工的经验,并借鉴国外技术标准,编制了岩土工程预应力锚索设计与施工技术规范,其中专辟一章,对预应力锚索的腐蚀与防腐提出了要求。不过所提要求带有定性性,尚缺乏足够的理论基础和试验依据,仍然无法对锚索的设计寿命、残余寿命进行预测,所提防护措施要求多建立在工程经验基础之上。

综上所述可知:

(1)锚固类结构的耐久性问题非常突出,其腐蚀环境与一般土建结构工程的具有较大差异,不可等同,某些研究方法和成果可以借鉴,却不能也不可能替代它。

(2)我国对锚固类结构的安全性与耐久性问题的研究尚在起步阶段,所做工作主要有:①"砂浆锚杆的腐蚀与防护研究"课题;②"地下工程水泥砂浆在腐蚀环境下的耐久性试验"课题;③《岩土工程预应力锚索设计与施工技术规范》中对锚索"腐蚀与防腐"章节的研编。

## 11.3　国外关于锚固类结构使用寿命与防护对策的研究

相比之下,国外特别是发达国家,如美国、英国、法国和加拿大等,对锚固类结构耐久性的研究较为重视,其起步也远早于我国。这与发达国家大规模基本建设早、应用这些先进技术早、暴露出的严重问题早和经济实力雄厚、科研投入多等有关。

1872 年,英国首次使用金属锚杆。1900 年到第一次世界大战期间,在各种矿山中采用全长锚固木锚杆支护。1973 年,在西弗吉尼亚州伯克利一个煤矿的巷道中无意中穿透了一些在第一次世界大战前修建的巷道,发现这些旧巷道大量使用了全长锚固木锚杆支护。这些锚杆和巷道顶部当时仍处于良好状态。但第一次有记载的系统使用金属锚杆作为支护结构是在 1927 年的圣约瑟夫铅矿。直到 1945 年,才在工程文献上出现有价值的关于锚杆作为一种支护系统的文章。从那时起,锚杆支护得到了迅速推广。英国国家煤炭局(National Coal Board)所属各矿 1945 ~ 1957 年每年锚杆使用量为 50 万根。1971 年英国锚杆用量是 5 500 万 ~ 6 500万根。

锚杆支护法在美国于 1910 年开始使用。1912 年,艾尔费维·布希(Alfred Busch)在阿伯施莱辛(Aberschlesin)的费里登斯(Friedens)煤矿开始使用锚杆支护顶板。1915 ~ 1920 年,美国的金属矿山开始使用锚杆支护,并有所发展和推广。1940 年后,锚杆支护在地下煤矿井下支护方面得到了广泛应用。据记载,1947 ~ 1949 年,美国全面应用锚杆支护,1951 年有 500 个以上的现场在使用,当时锚杆的使用量是 260 万根/月。

20 世纪 50 年代后半期以后,其他各国开始进行锚杆支护的研究和使用,法国 1969 年的锚杆使用量为 570 万根。

日本于 1950 年引进锚固技术,由于地质条件比较复杂和缺乏这方面的知识及经验,在此后的 22 年中没有推广应用。日本在 1971 年有 32 个金属矿山使用金属锚杆,在隧道等土木工程中有 21 处使用锚杆支护。

1966 年,前苏联斯科琴斯矿业研究所研究开发了新型螺纹锚杆,由于其支护效果优异,在联合企业的机修车间安设了每年生产能力为 18 万根螺纹锚杆的螺纹轧钢机。1970 年,前苏联煤炭工业中广泛使用了锚杆支护,仅库荷巴斯矿区就用其支护了 713km 长的准备巷道。

1960 ~ 1970 年,澳大利亚新南威尔士煤矿在国外出版物中特别是在美国矿业局介绍的锚杆支护方法的启发下进行了局部性的试验并引起了极大的兴趣,锚杆使用量每年约 130 万根。

波兰捷莫维特(Ziemowit)煤矿在一个时期内锚杆月使用量为 8 210 根。

预应力锚索是继锚杆之后发展起来的,它大都用于永久性的重要或重大工程中,特别是用于普通锚杆远不能提供足够的设计锚固力、地下工程的空间受到严格限制的场合。1918 年即有使用锚索的记载(西里西安矿山),不过没有施加预应力。1934 年,阿尔及利亚在加高舍尔法大坝时使用的预应力锚索被认为是最早的工程实例之一。尽管可能小于锚杆的使用量,锚索在世界各国的各类工程中的使用数量仍是庞大的。

国外土钉墙技术是在锚固技术基础上发展起来的。它产生于 20 世纪 70 年代,发展于 80 年代,成熟于 90 年代,比我国早 15 年左右,其使用数量却不亚于锚杆。

锚固类结构在全世界的广泛应用与 1952 年路易斯·阿帕内科(Louis A. Panek)等发表的悬吊作用理论、雅各比(Jacobi)等发表的组合梁作用理论,特别是 1955 年拉布希威兹(T. L. V. Rabcewicz)发表的新奥法有很大关系。

由于国外应用锚固类结构技术较早,因而对这些方法的耐久性问题的观测和认识也较早。采用这些先进的支护技术,虽然已经获得了巨大的成功,但也发生过不少锚固类结构设计寿命远未达到而出现失效的问题,从而引起了人们的警觉。在 20 世纪 70 年代末、80 年代初,法国、瑞士、捷克斯洛伐克、澳大利亚先后颁布了地层锚杆的技术规范、锚索技术条例;90 年代后又制定了土钉技术指南。这些技术标准充分考虑了锚固类结构在腐蚀环境中的防护问题,对其设计和施工作了严格规定。1975 年,挪威岩石爆破技术研究所(*Norwegian Institute of Rock Blasting Techniques*)的 R. Schach 等出版了《岩石锚杆实用手册》(*Rock Bolting-a Practical Hand book*)(1979 年再版)。20 世纪 90 年代,德国出版了包括土锚和岩锚在内的系列丛书。如1982 年由 Hanna T. H. 编撰的 *Foundation in Tension Ground Anchors* 和 B. Stillborg 编撰的 *Professional Users Handbook for Rock Bolting*,对基础工程中的拉锚(索)和岩石锚杆的全方位防腐提出了明确要求。1974 ~ 1981 年,美国 ASTM 委员会(American Society for Testing and Materials)出版了一套八本专门论述地上地下各种腐蚀对金属材料的效应丛书,其中包括自然环境腐蚀、应力腐蚀和防蚀措施等,具有较大影响。英国 M. J. Turer 对永久性防腐土钉墙进行了系统的试验研究,提出了一种高强、耐腐、经济的聚酯织带材料替代钢筋土钉,效果很好。但对这种土钉材料的使用寿命未提出任何数据,仅以"永久性"冠之。德国的 R. Eligshausen 和H. Spieth 对插入式螺纹钢筋的连接结构性能进行了研究,指出这种钢筋如果孔眼不净、黏结不牢固,其使用寿命可由 100 年减至 75 年,其推算依据和细节均未给出。

1989 ~ 1996 年,美国联邦公路局出版了《土钉墙设计施工与监测手册》(*Manual for Design and Construction Monitoring of Soil Nail Walls*)(FHWA-SA-96-069R)、《锚杆》(FHWA/RD-82/047)、《永久地层锚杆》(FHWA-DP-68-IR)、《土钉加固现场检验员手册》(FHWA-SA-93-068)和《用于公路边坡稳定和开挖的土钉加固》(FHWA-RD-89-198),主要介绍了美国及西欧的锚杆、土钉墙设计、施工和监测新技术,对永久锚杆和土钉作了细致的规定。规定永久土钉系统的使用寿命是 75 ~ 100 年,临时土钉系统的使用寿命是 1.5 ~ 3 年。并指出:

> "欧洲和美国使用了 20 年土钉墙(1976 ~ 1996)后才证实其长期工作性能;要重视专门的腐蚀研究和测试方法才可将土钉用于永久性公路工程;自钻进土钉不适于应用在腐蚀性介质中,而涂层包括镀锌、环氧和喷涂金属粉不应该看成是可接受的防腐措施,而应该通过消耗钢筋(即为设计钢筋直径的 125% ~ 150%)来实现防腐目的。"

这些观点有的与国内外一些流行的观点和做法相左,值得思考和探讨。

综上所述,国外对锚固类结构安全性和耐久性的研究与应用具有以下特点:

(1)发现问题早。这与国外应用这些先进技术早有关。

(2)研究和采取措施早。发现问题即开展研究,而且这种研究是全方位进行的,既有现场调查研究,也有室内模拟研究;既有探蚀仪器的研制,也有预防措施研究。研究之后很快将成果结论编入各种相关技术标准,付诸应用。

(3)重视程度高。对这些问题的研究并不是专家个人行为(表现形式有时是,如发表论文、出版标准等),也不全是财团企业行为,而主要是在政府部门指导下由各类基金组织资助进行。

## 11.4 锚固类结构耐久性问题分析

关于锚固类结构安全性和耐久性所需探讨的问题尚多,需要对此作认真的调查研究、分析和梳理,从中提炼出亟待解决的关键问题,并据此开展锚固类结构使用寿命与防护对策的研究,以求使问题得到较好的解决。我国对锚固类结构安全性与耐久性问题的研究还刚刚起步,远落后于国外。兹将存在的主要问题列举如下:

(1)对锚固类结构在我国各类重要和重大工程中的使用现状缺乏基本了解,对其剩余寿命难以作出定性评价,更难作出定量评估。以往更多地强调的是这些支护结构的强度、锚固力及满足力平衡条件的内部、外部及整体稳定性的分析和评价,在很大程度上忽视了对其在各种腐蚀环境下的工作性能、状态、破坏机制及防护对策的研究。二十余年来,我国若干重大工程采用国际招标,一些国外公司组织或参与了对相应中标工程的管理或咨询,锚固类结构的防腐措施因此有较大改善和加强,但要对这些支护方法的安全性和耐久性作出较全面准确的评估尚非易事。不采用先进的测试手段,不组织跨部门、跨行业的工程技术专家和学者进行样本数量足够大的抽样调研,不从体制上给予支持,完成这项工作是非常困难的。

(2)在设计施工预应力锚索锚杆吨位上存在很大的误区。预应力对于遏制大坝、山体、洞室和边坡等的变形并保持其整体稳定性是非常必要的。由此,国内锚索锚杆越做越大,预应力越来越高。20世纪70年代,一般洞室锚索(如胀壳式)仅有200~300kN,二次灌浆锚索只有500、600或900kN(引用于表11-1)。现在锚索预应力已创下超过10 000kN的吨位纪录。

国内采用预应力锚索的工程实例

表11-1

| 序　　号 | 工程名称 | 加固对象 | 支护部位 | 吨位(10kN/孔) |
|---|---|---|---|---|
| 1 | 梅山水库 | 基岩 | 右岸坝基 | 240 或 324 |
| 2 | 麻石大坝 | 绿石白云母石英岩 | 坝基 | 220 |
| 3 | 镜泊湖310工程 | 闪长岩 | 岩塞上部岩体边坡 | 95 |
| 4 | 丰满电厂250工程 | 变质砾岩 | 集渣坑边墙 | 50 |
| 5 | 碧口水电站 | 绢云母石英千枚岩 | 泄洪隧洞 | 30 或 220 |
| 6 | 碧口水电站 | | 左岸进水口边坡 | 30 或 220 |
| 7 | 双牌溢流坝工程 | 砂岩与板岩互层 | 坝基 | 150 或 230 |
| 8 | 某地下工程 | 泥岩或泥质泥灰岩 | T字形交叉接头处 | 50 |
| 9 | 白山电站尾水管 | 混合岩 | 1号~2号、2号~3号岩墙 | 60 |
| 10 | 吉林市人防801工程 | 花岗岩 | 岩柱 | 60 |
| 11 | 白山电站大坝 | 混凝土 | 15号坝段 | 30 或 60 |
| 12 | 白山电站地下厂房 | 混合岩 | 下游高边墙 | 60 |
| 13 | 白山电站大坝 | 混凝土 | 17号、19号段 | 30 或 60 |
| 14 | 丰满水电站 | 混凝土墙与基岩 | 西导流壁 | 40~60 |
| 15 | 丰满水电站 | 混凝土与基岩 | 坝基 | 200 |
| 16 | 330工程 | 混凝土 | 大型弧门支墩 | 345 |
| 17 | 南河水电站 | 混凝土 | 闸墩 | 60 |
| 18 | 黄河小浪底水电站 | 泥质钙质粉砂岩 | 坝基断层 | 30 或 60 |
| 19 | 洪门水库 | 混凝土与细砂岩 | 溢流堰体 | 244 |
| 20 | 三峡水利枢纽工程 | 岩石 | 边坡 | 300 |
| 21 | 李家峡水电站 | 岩石 | 边坡 | 300 |
| 22 | 李家峡水电站 | 混凝土与基岩 | 重力坝 | 1 000 |
| 23 | 二滩水电站 | 岩石 | 地下厂房 | 175 |
| 24 | 石泉水电站 | 混凝土与基岩 | 重力坝 | 600~800 |

预应力并非越高越好。研究表明,预应力值越高,相同条件下的应力腐蚀速率越大。在确保把工程变形限制在合理范围以内与把应力腐蚀速率控制在可接受范围以内二者之间,应该存在最佳值点,研究探讨此最佳值点是困难的,但也是可能的。任何有所偏废的做法都是不合理、不可取的。

(3)锚固类结构的缺陷对其耐久性的影响十分显著。锚固类结构的缺陷包括两方面问题:一是由于我国工艺水平不高,不少材质本身存在缺陷;二是施工水平和管理水平不高,使得锚固类结构的施工质量一般难以达到设计(寿命)要求。后者的问题可能更严重一些。如水灰比指标,除重大工程较为严格外,一般都达不到规范要求(0.45~0.5)。且不论这一要求本身就偏高(日本规范为0.38~0.44;美国技术标准为0.4~0.5;根据笔者的试验研究,日本的下限值较为合理),实际施工中水灰比的掌握常具有随意性,由于偷工减料,有的已达到0.6~0.7或以上,情况是十分严重的。此外注浆压力、锚头的防护、地下腐蚀环境的测试和评价、握裹层的最小厚度(我国和德国规范均为5mm,也是不尽合理的,但绝大多数也达不到该要求)等,在现行标准中,或者无明确规定,或者规定不合理,或者施工根本满足不了规定要求。不能有针对性地抓住主要缺陷问题开展研究,提出相应的预测预报方法,对其剩余寿命进行评价同样是非常困难的。

(4)现行锚固类结构施工工艺存在普遍而严重的隐患,对其安全性和耐久性的影响不可低估。现行注浆工艺普遍采用水泥砂浆或净浆灌注,其砂含量和水泥含量高,较之普通混凝土更不耐腐蚀。尤其是为了加速固化,不少二次灌浆锚索的第一次注浆工艺采用早强或超早强水泥,水泥熟料中对早期强度贡献较大的矿物成分含量大为增加,其结果是有利于砂浆凝固体的强度而很不利于其耐久性。我国20世纪70年代至80年代,地下空间中主要使用胀壳式锚索支护,楔缝式锚杆和胀壳式锚杆也有相当多的应用。这类锚索和锚杆的内锚头直接与孔壁接触,部分砂浆握裹层厚度为零,对其耐久性十分不利。目前国外在永久性工程中,或者已不使用这类锚索和锚杆,或者做了其他改进。即使对于二次灌浆锚索,在工艺上也存在致命的并且较普遍被忽略了的弊端,这就是:二次灌浆锚索的内锚固段总有一部分握裹层厚度为零;其中部由于孔轴偏斜(即使达到规范要求的偏斜率1/30也是如此),仍有一部分杆体直接与孔壁接触而使砂浆握裹层厚度为零。这是因为:①我国目前施工的一般锚索,为加大其在砂浆凝固体中的握裹力,内锚固均做成枣核状,核外并无防护,推送到位后在重力作用下,内锚固段直接与部分孔壁接触,结果注浆时接触部分无砂浆,导致握裹层厚度为零。②任何钻机钻出的锚孔都不是理想的直孔,孔深几十米后会发生较大偏斜。我国规范规定偏斜率不大于1/30,而目前我国最大孔深已达80m(铜街子水电站),偏斜量可达约2.7m,是一般锚孔尺寸的10倍以上。实际上锚孔孔轴线远不是一根平面直线或曲线,而是一根不规则的空间曲线。因而在施加预应力过程中,部分索段将不可避免地与孔壁接触,导致这些索段握裹层厚度为零,且这些索段与孔壁间的摩擦阻力使所施加的预应力不真实。德国人很讲究锚索自由段的永久防护,采取了涂层外加玻璃钢罩双层防护措施,但在上述条件下,外罩的握裹层厚度仍为零。同样,我国砂浆锚杆和全长注浆永久土钉的对中支架基本上是用金属焊接在杆体上的(这在美国已被禁止使用而代之以塑料制品),这些对中支架大都与孔壁接触,因而握裹层厚度同样为零。

(5)恶劣的地下腐蚀环境及综合因素影响是研究锚固类结构安全性与耐久性的基本问题。干湿交替、永久浸泡、密闭潮湿、一定条件下的介质电阻率、酸碱度、氯化物、硫酸盐等因素对锚固类结构都会造成一定程度的腐蚀,但腐蚀速率是不同的。置于密闭且空气相对湿度为100%条件下的锚杆,其腐蚀速率仅为永久浸泡和干湿交替条件下腐蚀速率的1/5左右。研究表明,介质电阻率、酸碱度、氯化物和硫酸盐只有在一定条件下才对锚固类结构构成腐蚀或严重腐蚀,在另一条件则不构成腐蚀,其间存在某些临界值点(研究确定这些点的临界值及其作用机制显然是必要的)。诸多不利因素的耦合作用不一定是各单一因素效应的简单叠加。若把前述各种因素,如材料缺陷、应力腐蚀、施工因素等一并耦合,研究难度将很大,但是这种最不利组合实际上是可能存在的。

(6)走出锚固类结构防腐误区,开展有效防护对策研究势在必行。目前工程界已开始重视锚固类结构的防腐问题,主要对杆体采用镀锌、环氧和喷涂金属粉等涂层措施。但美国的研究认为,这些防腐措施是不可接受的,并在相关技术标准中明文规定不宜采用。这表明,我们对防腐材料的认定及其防腐效果评价,只能从严谨的科学研究入手。当然,美国人认为"只有防腐蚀可通过提供的消耗钢筋,即采用超尺寸钢筋来保证,这些土钉才可用于永久性加固工程"的观点,也不可照搬。因为无论杆体是主动受力(即施加预应力)还是被动受力(不施加预应力而靠介质变形使之受力),当其表层一定厚度被腐蚀之后,均无法受力而必然失效。

## 11.5　需要解决的几个关键问题

需要解决的问题较多,择其要者列举如下:

(1)多因素耦合效应的机制分析计算。单因素试验和分析只是一种简化条件,客观上是极少存在的,多数情况下都存在几种因素的耦合作用。耦合作用因素越多,问题就越复杂。在理论和技术上解决此问题将成为研究的突破口。

(2)工程稳定性与耐久性的临界点研究。从工程稳定的角度出发,设计锚固类结构的预应力是完全必要的;但是预应力吨位越高,腐蚀速率越大,最终仍难以达到"永久"稳定的目的。这两者都需合理考虑,不可偏废,尤其是在当今预应力设计吨位不断攀升的情况下,更有其现实意义。也许在预应力设计吨位与最小应力腐蚀速率之间存在最佳值点,研究并获得此最佳值点将是非常有意义的。

(3)在防腐对策上需要重点解决的另一个技术难点是钻孔精度与锚索杆体的匹配问题。如前所述,锚孔的轴线轨迹是一条不规则空间曲线,其最大偏斜量可在几十厘米到几米之间变化,而锚孔孔径一般在100~340mm间变化,二者相差一个数量级或以上。张拉过程中则不可避免地出现部分索体与孔壁相接触从而导致索体握裹层厚度为零且预应力严重失真的问题。这一问题几乎从锚索在我国应用开始一直延续至今。普通的对中支架难以承受高吨位荷载的挤压,自由锚索的双层防护装置在该部位的握裹层厚度仍然为零,且其破坏的概率事实上比二次灌浆锚索高得多,在重要工程中一般不倾向于使用。此外,在施加预应力过程中,内锚固段握裹层会产生张裂缝,由此留下腐蚀隐患。这些问题的解决显然有利于提高锚索等的安全性与耐久性,但难度很大。

## 11.6　开展锚固类结构使用寿命与防护对策研究的思路

根据以上分析,国外的相关技术可以借鉴,但由于国情、工程地质及环境条件等差异而不宜照搬。国外一般都没有发表理论技术细节,可操作性也较差。根据我国的实际情况,只能抓住主要问题进行较深入探讨。

（1）针对早期应用锚固类结构的有代表性的重要工程,进行其工作现状的调查研究,以求对我国早期锚固类结构工作性能和状况有一个基本认识。调研从宏观和微观两方面着手,宏观观察已破坏的工程锚杆和锚索,或已被腐蚀的锚头;采用无损探测技术对其隐蔽部分(不少属于全隐蔽情况)进行探测,并对其腐蚀环境进行监测。评估所需数据通过以下途径获得:检查结构符合原设计的程度、检查劣化现状、试验室试验(岩相分析、化学分析、砂浆与钢筋钢绞线性能分析)、劣化程度评估、当前状态下的结构再分析等。非破损检测方法可视情考虑选用分析法、物理方法和电化学方法等。

（2）各种工况的模拟试验研究和理论分析。各种工况主要指:①由施工低劣造成的锚固类结构各种缺陷的腐蚀效应研究;②现行工艺造成的致命腐蚀隐患研究;③应力腐蚀问题;④理想条件下的全寿命研究。

试验分为单因素和两种以上因素的耦合试验。考虑的主要因素如下:腐蚀条件(碳化、氯离子扩散、电化学腐蚀、应力腐蚀);环境条件(密闭潮湿、干湿交替、永久浸泡、氯化物等的掺量);结构的缺陷条件(局部裸露、砂浆密实度、应力条件、握裹层厚度);防腐条件(涂层、阴极保护、阻锈剂、不锈钢)。试验方法视情采用加速试验预测法、比较预测法、经验预测法等。

理论分析研究工作可分为两部分:①考虑时空效应并与室内模拟试验方案相对应的有限元数值模拟计算以及人工神经网络分析;②数学模型预测方法及预测寿命的随机方法。数学模型方法预测的可靠程度与模型的合理性以及材料与环境参数的准确性有关。现在已发展了不同劣化过程的数学模型用于寿命预测,这些模型主要可考虑不同的侵蚀介质如水、盐类或气体从砂浆握裹层表面向里侵入的过程,包括渗透、扩散和吸附等。随机方法的前提是认为使用寿命受设计标准、材料性能、使用环境诸多因素影响,不可能准确预测。随机方法有两种:①可靠度方法,其中将加速退化试验原则与概率思想相结合;②统计与确定性相结合,如用 Fick 扩散模型,将碳化深度用正态密度函数随机表示,统计参数如水灰比与碳化速率的关系根据现场调查获得,根据边界条件和假设,可求得若干年后碳化至某一深度的概率。

在试验研究和理论分析的基础上,可建立各种工况下锚固类结构的使用寿命预测模型,对各种工况下锚固类结构的剩余寿命提出较为准确、可靠的评估方法,作为有关决策部门提前采取相应对策的参考依据。

（3）锚固类结构防腐对策研究。这项工作包括:对国内外已有防护措施及研究结论,特别是有争议的问题(例如我国目前的一些防腐措施正是美国标准不允许使用的)进行试验检验和机制分析,真正提出一些有效的防护对策,以显著延长其使用寿命。

# 11.7 小 结

（1）锚固类结构的破坏在某些场合已经非常严重,其对重要或重大工程安全的威胁,随着时间推移将日渐显现出来,不可等闲视之。

（2）我国对锚固类结构安全性与耐久性问题的研究尚少,对防护对策有效性的研究也很欠缺,标准的防腐对策还缺少原创性。

（3）国外对锚固类结构的安全性与耐久性的研究起步较早,所做试验研究、理论分析、防腐技术措施和技术标准应用工作较多,值得借鉴,但也不能照搬。

（4）锚固类结构在我国各类岩土工程中的应用已有几十年的历史,使用数量巨大,且一般都是按主要承载结构设计的。目前我国对这类结构的使用寿命、残余寿命、设计寿命的研究还非常欠缺,很多问题说不清楚,甚至还未引起人们的足够重视。这无异于在我们的各类工程中埋下了数不清的"定时炸弹"。

(5)我们对锚固类结构安全性与耐久性问题的严重性了解不多,研究尚少,并不是问题不严重。恶劣的地下腐蚀环境、普遍的基于各种原因引起的支护结构不同程度的缺陷、现行不正确且难以解决的施工工艺等,都会给支护结构的使用寿命带来严重影响。

(6)必须重视对锚固类结构使用寿命的研究,以期对各种工况下的残余寿命有比较可靠的把握,在其寿终正寝之前,采用相应对策予以加固处理,"定时炸弹"问题亦可得到有效解决。

## 参 考 文 献

[1] 曾宪明,陈肇元,等.锚固类结构安全性与耐久性问题探讨[J].岩石力学与工程学报,2004,23(13):2235-2242

[2] 孔恒,马念杰,等.钢筋锈蚀对其力学性能的影响[J].中国煤炭,2001,27(11):24-28

[3] 张弥.我国铁路隧道结构安全性和耐久性分析[C]//陈肇元,钱家茹,等.工程科技论坛:土建结构工程的安全性与耐久性.北京:清华大学出版社,2001:1-4

[4] 李世平,吴振业,等.岩石力学简明教程[M].北京:煤炭工业出版社,1996

[5] 闫莫明,徐祯祥,等.岩土锚固技术手册[M].北京:人民交通出版社,2004

[6] 徐祯祥.岩土锚固工程技术发展的回顾[M]//徐祯祥,等.岩土锚固技术与西部开发.北京:人民交通出版社,2002

[7] 张明聚.中国人民解放军理工大学博士后研究工作报告:复合土钉支护技术研究[R].中国人民解放军理工大学,2003

[8] 徐至钧,赵锡宏.逆作法设计与施工[M].北京:机械工业出版社,2002

[9] 中华人民共和国国家标准.GB 50068—2001 建筑结构可靠度设计统一标准[S].北京:中国建筑工业出版社,2001

[10] 中华人民共和国国家标准.GBJ 83—85 建筑结构设计通用符号计量单位和基本术语[S].北京:中国计划出版社,1984

[11] 黄兴隶.工程结构可靠性设计[M].北京:人民交通出版社,1989

[12] 李田,刘西拉.混凝土结构的耐久性设计[J].土木工程学报,1994,27(2):47-55

[13] ACI Committee. Service-life prediction. State-of-the-art report,ACI365. R-00,2000

[14] Ruoxue Zhang, Sankaran Mahadeven. Reliability-based reassessment of corrosion fatigue life. Structural Safety, 23:77-91

[15] Rokhlin S L, Kim J Y , et al. Effect of pitting corrosion on fatigue crack initiation and fatigue life. Engineering Fracture Mechanics,1999,62(4):425-444

[16] Harlow D G, Wei R. Probability modeling for the growth of corrosion pits. In: Chang C. I. , Sun C. T. , ed. Structural integrity in aging aircrafts. ASME, 1995:185-194

[17] Bamforth P. Predicting the Risk of Reinforcement Corrosion in Marine Structures. Corrosion Prevention & Control, Aug, 1996

[18] S L Amey, et al. Predicting the Service Life of Concrete Marine Structures:An Environmental Methodology,ACI Structural Journal,March-April,1998

[19] 刘西拉.结构工程耐久性的基础研究[C]//陈肇元,钱家茹,等.工程科技论坛:土建结

构工程的安全性与耐性性. 北京:清华大学出版社,2001:200-206

[20] 姚燕.混凝土材料的耐久性——重大工程混凝土安全性的研究进展[C]//陈肇元,钱家茹,等. 工程科技论坛:土建结构工程的安全性与耐久性. 北京:清华大学出版社,2001:266-273

[21] 陈肇元.混凝土结构的耐久性与使用寿命[C]//陈肇元,钱家茹,等.工程科技论坛:土建结构工程安全性与耐久性.北京:清华大学出版社,2001:17-24

[22] 牛荻涛.混凝土结构耐久性与寿命预测[M].北京:科学出版社,2003

[23] 张誉,蒋利学,等.混凝土结构耐久性概论[M].上海:上海科学技术出版社,2003

[24] 曾宪明,雷志梁,等.关于锚杆"定时炸弹"问题的讨论——答郭映忠教授[J].岩石力学与工程学报,2002,21(1):143-147

[25] 李永和,葛修润.喷锚结构中钢锚杆锈蚀量的估计分析[J].煤炭学报,1998,23(1):48-52

[26] 范建海,张世飙,等.锚杆锈蚀对锚喷支护安全性影响分析[J].安全与环境工程,2002,9(4):48-50

[27] 邓聚龙.灰预测与灰决策(修改版)[M].武汉:华中科技大学出版社,2002

[28] 刘思峰,郭天榜,等.灰色系统理论及其应用[M].北京:科学出版社,1999

[29] 邓聚龙.灰色系统理论教程[M].武汉:华中理工大学出版社,1990

[30] 邓聚龙.灰理论基础[M].武汉:华中科技大学出版社,2002

[31] 卞汉兵,吴胜兴.锈蚀钢筋混凝土结构仿真分析中的几个关键问题[C]//陈肇元,钱家茹,等.工程科技论坛:土建结构工程的安全性与耐久性.北京:清华大学出版社,2001,341-345

[32] 惠云玲,林志伸,等.锈蚀钢筋性能试验研究分析[J].工业建筑,1997,27(6):10-13

[33] 马良喆,陈慧娟,等.钢筋锈蚀后力学性能的试验研究[J].施工技术,2000

[34] 袁迎曙,贾福萍,蔡跃.锈蚀钢筋的力学性能退化研究[J].工业建筑,2000,30(1):43-46

[35] 曹楚南.腐蚀电化学原理.北京:化学工业出版社,1985

[36] 中华人民共和国国家标准.GB 50010—2002 混凝土结构设计规范[S].北京:中国建筑工业出版社,2002.

[37] 洪定海.混凝土中钢筋的腐蚀与保护[M].北京:中国铁道出版社,1998

[38] 周世峰,董遂成,等.地下工程水泥砂浆在腐蚀环境下的耐久性试验研究[J].防护工程,1998,3(1):43-48

[39] 胡明玉,唐明述.碳硫硅钙石型硫酸盐腐蚀研究综述[J].混凝土,2004,176(6):17-19

[40] 项耆行.建筑工程常用材料试验手册[M].北京:中国建筑工业出版社,1998

[41] 雷志梁,张文巾,等.砂浆锚杆的腐蚀及防护研究[R].总参工程兵科研三所,1987

[42] 黄晋昌.混凝土及钢筋混凝土的腐蚀与防护[J].铁道工程学报,2000(3):99-104

[43] 王媛俐,姚燕.重点工程混凝土耐久性的研究与工程应用[M].北京:中国建材工业出版社,2001

[44] 覃丽坤,宋玉普,等.处于海洋环境的钢筋混凝土耐久性研究[J].混凝土,2002(12):3-5

[45] 周俊龙,杨德斌.地下工程混凝土耐久性问题[J].防护工程,2003,25(2):66-70

[46] 雷志梁,等.《锚杆孔渗漏水防治及锚杆防锈》科研报告[R].中国人民解放军61489部队

[47] 董遂成,等.《已建人防工程耐久性评估与分析》科研报告[R].中国人民解放军 61489 部队

[48] 卫军,桂志华,等.混凝土中钢筋锈蚀速率的预测模型[J].武汉理工大学学报,2005,27 (6):45-47

[49] 李果,袁迎曙,耿欧.气候条件对碳化混凝土内钢筋腐蚀速度的影响[J].混凝土,2005, 8:40-43

[50] 贺鸿珠,范立础.混凝土中钢筋锈蚀测定的 Kramers-Kronig 积分变换法[J].同济大学学 报(自然科学版),2005,33(1):33-36

[51] 刘宝俊.材料的腐蚀及其控制[M].北京:北京航空航天大学出版社,1998

[52] 朱湘荣,王相润.金属材料的海洋腐蚀与防护[M].北京:国防工业出版社,1999

[53] 中国腐蚀与防护学会.金属的局部腐蚀[M].北京:化学工业出版社,1997

[54] Yoon S, Wang K, Weiss W, et al. Interaction between Loading, corrosion, and serviceability. ACI Material Journal, 2000, 97(6): 637-644

[55] Li C Q. Corrosion initiation of reinforcing steel in concrete under natural salt spray and service loading-results and analysis. ACI Material Journal, 2000, 97(6): 690-697

[56] 贡金鑫,王海超,等.腐蚀环境中载荷作用对钢筋混凝土梁的腐蚀影响[J].东南大学学 报,2005,35(3):421-426

[57] 何世钦,贡金鑫.负载钢筋混凝土梁钢筋锈蚀及使用性能试验研究[J].东南大学学报, 2004,34(4):474-479

[58] 张平生,卢梅,等.锈损钢筋力学性能[J].工业建筑,1995,25(9):41-44

[59] 惠云玲,林志伸,等.锈蚀钢筋性能试验研究分析[J].工业建筑,1997,27(6):10-13

[60] 章鑫森,戴靠山.锈蚀钢筋的力学性能退化模型[J].重庆建筑,2004(S1)

[61] 范颖芳,周晶.考虑蚀坑影响的锈蚀钢筋力学性能研究[J].建筑材料学报,2003,6(3): 248-252

[62] P K Mehta, R W Burrows. Building Durable Structures in the 21st Century. Concrete International, March 2001

[63] Ch Gehlen, P Schiessl. Probability-Based Durability Design for the Western Scheldt Tunnel. Structural Concrete, June 1999, Pt1, No2

# 第五篇

## 锚固类结构耐久性和使用寿命
## 预测研究与应用

---

　　本篇含第 12 ~ 18 章。第 12 章介绍了灰预测理论。第 13 章给出了锚杆腐蚀试验结果和结论。第 14 章对锚杆砂浆锚固体使用寿命作了灰预测。第 15 章阐述了现场缩尺锚杆的腐蚀耦合效应与机制。第 16 章研究了室内缩尺锚杆的耦合腐蚀效应问题。第 17 章探讨了耦合腐蚀条件对锚杆力学性能的影响。第 18 章对 17 年期现场试验锚杆进行了全面测试和分析。

# 12 锚固类结构使用寿命灰预测理论概述

## 12.1 引　言

自然现象往往是灰色的,灰色现象里含有已知的、未知的与非确定的种种信息,存在数据不足的表现。这种少数据与少信息带来的不确定性,称为灰色不确定性。灰色系统理论(简称灰理论或灰论,Grey Theory)❶,是研究少数据不确定性的理论。该理论由邓聚龙教授于20世纪90年代初提出,它的研究对象是"部分信息已知,部分信息未知"的"小样本"、"贫信息"不确定性系统,通过对"部分"已知信息的生成、开发去了解、认识现实世界,实现对系统运行行为和演化规律的正确把握和描述。具体讲,在少数据不确定的背景下,进行数据的处理、现象的分析、模型的建立、发展趋势的预测、事物的决策、系统的控制与状态评估,这也是灰理论的技术内容。

## 12.2　灰色系统理论的发展与应用概况

1982 年,北荷兰出版公司出版的"Systems & Control"(《系统与控制通信》)期刊上发表了我国学者邓聚龙教授的第一篇灰色系统论文《灰色系统的控制问题》(*The Control Problems of Grey Systems*)。1982 年《华中工学院学报》第三期上发表了邓聚龙教授的第一篇中文灰色系统论文《灰色控制系统》,标志灰色系统理论这一新兴横断学科经过其创始人多年卓有成效的努力后面世。这一新理论得到国内外学术界和广大实际工作者的极大关注,不少著名学者和专家给予充分肯定和支持,许多中青年学者加入灰色系统理论研究行列,开展理论探讨并在不同领域中进行应用研究工作。据不完全统计,近年来,SCI(科学引文索引)、EI(工程索引)、ISTP(科技会议索引)以及 SA(英国科学文摘)、MR(美国数学评论)、MA(德国数学文摘)等国际权威性检索杂志跟踪、检索我国学者的灰色系统论著 500 多次(其中邓聚龙教授的论著被检索、摘录 100 多次)。灰色系统理论的应用范围已经拓展到工业、农业、社会、经济、能源、交通、地

---

❶　该理论的原创者为邓聚龙教授,闫顺首次将该理论用于锚固类结构使用寿命的预测预报。

理、地质、石油、地震、气象、水利、环境、生态、医学、体育、教育、军事、法学、金融等众多科学领域,成功解决了生产、生活和科学研究中的大量实际问题,已有 200 多项灰色系统理论及应用成果获得国家和省、部级科技进步成果奖。在 1992 年召开的第七次全国灰色系统学术会议上,中国科学院院士陈克强教授曾指出:"自然科学各学科诞生之初,能在 10 年内迅速突破,获得重大发展的为数不多,灰色系统理论就是其中之一。"灰色系统理论的蓬勃生机和广阔前景在日益广泛地为国际、国内各界所认识和重视。

## 12.3　灰色系统理论的主要内容

(1)灰色朦胧集、灰色代数系统、灰色矩阵、灰方程等是灰色系统理论的基础。

(2)灰色系统分析包括灰色关联分析、灰色聚类和灰色评估等方面的内容。

(3)灰色预测是基于 GM 模型作出的定量预测,按照其功能和特征可以分成数列灰预测、灾变灰预测、季节灾变灰预测、拓扑灰预测、系统灰预测和气络灰预测等几种类型。

(4)灰色决策包括灰靶决策、灰色关联决策、灰色统计、聚类决策、灰色局势决策和灰色层次决策等。

(5)灰色控制的主要内容包括本征性灰色系统的控制问题和以灰色系统方法为主构成的控制,如灰色关联控制和 GM(1,1)预测控制等。

(6)灰色优化技术包括灰色线性规划、灰色非线性规划、灰色整数规划和灰色动态规划等。

## 12.4　灰　色　预　测

灰色预测是指采用 GM(1,1)模型对系统行为特征值发展变化进行的预测;对行为特征值中的异常值发生的时刻进行估计;对在特定时区发生的事件进行未来时间分布的计算;对杂乱波形的未来态势与波形进行整体研究;对系统多个因子的动态关联进行 GM(1,1)与 GM(1,$N$)的配合研究。其实质都是将"随机过程"当作"灰色过程",将"随机变量"当作"灰变量",并以灰色系统理论中的 GM(1,1)为主进行处置。

按照功能分,灰色预测有五种,即数列预测、灾变预测、季节灾变预测、拓扑预测、系统预测。数列预测实质上是光滑灰过程的建模问题。灾变预测是跳变灰过程,是跳变点时间分布序列的建模预测。季节灾变预测是季节分布灰过程,是灰时区序列的建模预测。拓扑预测是灰过程的多重时区序列建模预测,即多个等高点的时间分布预测,即图形预测。系统预测是多维光滑灰过程的建模预测。

用来作灰色预测的数据,其内涵特点有:

(1)序列性。灰预测的原始数据,一般以时间序列的形式出现,这就是数据的序列性。

(2)少数据性。由于少到 4 个数据可建立灰预测模型,因此灰预测的原始序列可以少到只有 4 个数据。这就是灰预测数据的少数据性。

(3)全信息性。行为数据是影响行为的所有因子共同作用于行为的结果。印象行为数据中包含全部行为信息,这就是数据的全信息性。

(4)时间传递性。建立灰色预测模型的数据,是时间存在轴上的数据,可以通过模型来获得未来轴上的数据,即预测数据。这是数据从现在传递到未来的时间传递性。

（5）灰因白果律。前因引起后果的规律称为因果律（Causality）。由于灰预测数据具有全信息性,具有全信息性的数据本身是确定的数,这是白果,然而引起这一数据的因子太多,这是灰覆盖,因此该数据符合灰因白果律。

# 12.5　灰色预测的GM(1,1)模型

## 12.5.1　GM(1,1)定义型

1）GM(1,1)定义型的形式

令 $x^{(0)}$ 为 GM(1,1) 建模序列：
$$x^{(0)} = (x^{(0)}(1), x^{(0)}(2), \cdots, x^{(0)}(n))$$

令 $x^{(1)}$ 为 $x^{(0)}$ 的累加,生成序列,即 AGO 序列：
$$x^{(1)} = (x^{(1)}(1), x^{(1)}(2), \cdots, x^{(1)}(n))$$
$$x^{(1)}(1) = x^{(0)}(1)$$
$$x^{(1)}(k) = \sum_{m=1}^{k} x^{(0)}(m)$$

令 $z^{(1)}$ 为 $x^{(1)}$ 的均值（MEAN）序列：
$$z^{(1)}(k) = 0.5x^{(1)}(k) + 0.5x^{(1)}(k-1)$$
$$z^{(1)} = (z^{(1)}(2), z^{(1)}(3), \cdots, z^{(1)}(k))$$

则 GM(1,1) 的定义型,即 GM(1,1) 的灰微分方程模型为：
$$x^{(0)}(k) + az^{(1)}(k) = b \tag{12-1}$$

式中, $x^{(0)}(k)$ 为灰导数; $z^{(1)}(k)$ 为白化背景值; $a$ 为发展系数; $b$ 为灰作用量。

2）GM(1,1)模型参数的辨识

（1）GM(1,1)的矩阵方程

令 $x^{(0)}$ 为 GM(1,1) 建模序列：
$$x^{(0)} = (x^{(0)}(1), \quad x^{(0)}(2), \cdots, x^{(0)}(n))$$

GM(1,1) 的定义型为：
$$x^{(0)}(k) + az^{(1)}(k) = b$$

将 $k = 2, 3, \cdots, n$ 代入上式,有：
$$x^{(0)}(2) + az^{(1)}(2) = b$$
$$x^{(0)}(3) + az^{(1)}(3) = b$$
$$\vdots$$
$$x^{(0)}(n) + az^{(1)}(n) = b$$

上述方程组可转化为下述矩阵方程：
$$y_N = BP$$
$$y_N = [x^{(0)}(2), x^{(0)}(3), \cdots, x^{(0)}(n)]^{\mathrm{T}}$$
$$B = \begin{bmatrix} -z^{(1)}(2) & 1 \\ -z^{(1)}(3) & 1 \\ \vdots & \vdots \\ -z^{(1)}(n) & 1 \end{bmatrix}$$

$$P = \begin{bmatrix} a \\ b \end{bmatrix}$$

式中,$B$ 为数据矩阵;$y_N$ 为数据向量;$P$ 为参数向量。

（2）矩阵辨识算式

在最小二乘准则下,$y_N = BP$ 的解为:

$$P = \begin{bmatrix} a \\ b \end{bmatrix} = (B^{\mathrm{T}}B)^{-1}B^{\mathrm{T}}y_N \tag{12-2}$$

上式即为 GM(1,1)参数 $a$、$b$ 的矩阵辨识算式。式中 $(B^{\mathrm{T}}B)^{-1}B^{\mathrm{T}}$ 事实上是数据矩阵 $B$ 的广义逆矩阵。

（3）参数辨识算式

将 GM(1,1)参数的矩阵辨识算式展开,便得到下述参数辨识算式:

$$a = \frac{\sum_{k=2}^{n} z^{(1)}(k) \sum_{k=2}^{n} x^{(0)} - (n-1) \sum_{k=2}^{n} z^{(1)}(k)x^{(0)}(k)}{(n-1) \sum_{k=2}^{n} (z^{(1)}(k))^2 - (\sum_{k=2}^{n} z^{(1)}(k))^2} \tag{12-3}$$

$$b = \frac{\sum_{k=2}^{n} x^{(0)}(k) \sum_{k=2}^{n} (z^{(1)}(k))^2 - \sum_{k=2}^{n} z^{(1)}(k) \sum_{k=2}^{n} z^{(1)}(k)x^{(0)}(k)}{(n-1) \sum_{k=2}^{n} (z^{(1)}(k))^2 - (\sum_{k=2}^{n} z^{(1)}(k))^2} \tag{12-4}$$

### 12.5.2　GM(1,1)白化型

1）GM(1,1)白化型机制

GM(1,1)灰微分方程 $x^{(0)}(k) + az^{(1)}(k) = b$ 的内涵是:

（1）$x^{(0)}(k)$ 为灰导数,对应于 $\dfrac{\mathrm{d}x^{(1)}}{\mathrm{d}t}$。

（2）$z^{(1)}(k)$ 为背景值,对应于 $x^{(1)}(t)$。

（3）$a$ 为发展系数,$b$ 为灰作用量,是微分方程的参数。

这表明 GM(1,1)灰微分方程对应于下述（白）微分方程:

$$\frac{\mathrm{d}x^{(1)}}{\mathrm{d}t} + ax^{(1)} = b \tag{12-5}$$

上式称为 GM(1,1)的白化型。

2）GM(1,1)白化型的响应式

基于 GM(1,1)白化型,当 GM(1,1)建模序列 $x = (x(1), x(2), \cdots, x(n))$ 时,GM(1,1)的白化响应式（解）为:

$$\left. \begin{array}{l} \hat{x}^{(1)}(k+1) = \left( x^{(0)}(1) - \dfrac{b}{a} \right) e^{-ak} + \dfrac{b}{a} \\[2mm] \hat{x}^{(0)}(k+1) = \hat{x}^{(1)}(k+1) - \hat{x}^{(1)}(k) \end{array} \right\} \tag{12-6}$$

3）GM(1,1)白化型的意义

（1）GM(1,1)白化型并不是从定义型推导出来的,仅仅是一种"借用"、"白化默认"。所以 GM(1,1)白化型本身,以及一切从白化型推导出来的结果,只有在不与定义型有矛盾时才成立,否则无效。

（2）GM(1,1)白化型是真正的微分方程。如果白化型模型精度很高，则表明达到了用序列建立模型 GM(1,1)以接近真正的微分方程模型的目标。事实上，级比落在指定区域的序列，都可以获得相当高的精度（90%以上）。

# 12.6 数列灰预测步骤

### 12.6.1 检验级比，判断建模可行性

对于给定序列 $x = (x(1), x(2), \cdots, x(n))$，计算其级比：

$$\sigma(k) = \frac{x(k-1)}{x(k)} \qquad (12\text{-}7)$$

进而获得级比序列：

$$\sigma = (\sigma(2), \sigma(3), \cdots, \sigma(n))$$

然后检验级比 $\sigma(k)$ 是否落入可容覆盖中。级比的可容覆盖为：

$$\sigma(k) \in (e^{-\frac{2}{n+1}}, e^{\frac{2}{n+1}})$$

《灰色系统理论教程》等著作中指出：灰建模序列 $x$ 的级比 $\sigma(k)$ 必须落在可行区域 It G 中，It G $= (0.135\,3, 7.389)$，该序列才能进行 GM(1,1)建模并进行数列灰预测。

### 12.6.2 数据变换

为获得精度较高的 GM(1,1)模型，级比 $\sigma(k)$ 被限制在 It G 中靠近 1 的子区间 It GM 中，It GM $\in$ It G，It GM $= (1-\varepsilon, 1+\varepsilon)$，$\varepsilon$ 指足够小的实数。因此，若序列的级比没有完全落入可容覆盖，就需要对灰建模数据进行处理，使经处理后的序列级比 $\sigma(k)$ 尽量靠近 1。

数据处理的途径有对数处理、方根处理、平移处理三种。在对数处理中，通过选取合适的对数阶次来实现；在方根处理中，通过选取合适的方根次数来实现；在平移处理中，通过选取合适的平移值来实现。

进行变换后，获得新的数据序列，按上述方法再进行级比检验，判断其是否落入可容覆盖，直至变换后的数据序列级比均落入可容覆盖，才能作为建模序列。

### 12.6.3 GM(1,1)建模

GM(1,1)建模的主要内容是参数 $a$（发展系数）与 $b$（灰作用量）的辨识，以及 GM(1,1)模型的选取。

建模通常涉及的模型有定义型［式（12-1）］、白化型［式（12-5）］等。根据不同的建模需要，选取合适的模型。

### 12.6.4 检验

1）事中检验

采取预测值与实测值进行比较的残差检验方法和级比偏差检验。

（1）残差检验

令 $\Delta(k)$ 为残差值，并令 $\varepsilon(k)$ 为残差相对值，即：

$$\Delta(k) = x^{(0)}(k) - \hat{x}^{(0)}(k) \tag{12-8}$$

$$\varepsilon(k) = \frac{x^{(0)}(k) - \hat{x}^{(0)}(k)}{x^{(0)}(k)} \times 100\% \tag{12-9}$$

$\varepsilon(\mathrm{avg})$ 为平均残差:

$$\varepsilon(\mathrm{avg}) = \frac{1}{n-1} \sum_{k=2}^{n} |\varepsilon(k)| \times 100\% \tag{12-10}$$

$p^{\circ}$ 为平均精度:

$$p^{\circ} = [1 - \varepsilon(\mathrm{avg})] \times 100\% \tag{12-11}$$

检验要求 $\varepsilon(\mathrm{avg}) < 10\%, p^{\circ} > 90\%$。

(2)级比偏差检验

令 $\rho(k)$ 为级比偏差

$$\rho(k) = 1 - u\sigma^{(0)}(k) \tag{12-12}$$

$$u = \frac{1 - 0.5a}{1 + 0.5a} \tag{12-13}$$

从而可以求出级比偏差序列:

$$\rho = (\rho(2), \rho(3), \cdots, \rho(n))$$

计算 $\rho(\mathrm{avg})$,若小于 10%,则为合格。

2)事后检验

事后检验主要指滚动检验(Rolling Check)。因为 GM(1,1)模型的数据允许少到 4 个。所以具有 4 个以上数据的序列,可通过滚动检验来检验预测模型的可信度。

滚动检验是指用前面的数据建模,预测后一个数据,如此一步一步地向前滚动,而预测值与实际值的残差,便反映了预测模型的可信度。残差越小,可信度越大。

令 $x^{(0)}$ 为原始序列,$x_i^{(0)}$ 为子列:

$$x_i^{(0)} = ((x^{(0)}(i-s), \cdots, x^{(0)}(i-1), x^{(0)}(i))$$

$x_i^{(0)}$ 为 4 数据新陈代谢子列时,$i = 3$。

$i+1$ 点的滚动残差为:

$$\varepsilon_{\mathrm{run}}(\mathrm{avg}) = \frac{x^{(0)}(i+1) - \hat{x}^{(0)}(i+1)}{x^{(0)}(i+1)} \times 100\% \tag{12-14}$$

则平均滚动残差为:

$$\varepsilon_{\mathrm{run}}(\mathrm{avg}) = \frac{1}{n-4} \sum_{i=4}^{n-1} |\varepsilon(i+1)| \tag{12-15}$$

平均滚动精度为:

$$p_{\mathrm{run}}^{\circ} = [1 - \varepsilon_{\mathrm{run}}(\mathrm{avg})] \times 100\% \tag{12-16}$$

一般 $p_{\mathrm{run}}^{\circ} > 80\%$,最好 $p_{\mathrm{run}}^{\circ} > 90\%$。

事后检验也可以采用实际检验的方法,即通过实际发生的数据与预测数据对比,以了解其预测精度。

### 12.6.5 预测

根据选定的 GM(1,1)模型获取指定时间的预测值,也可预测满足需要大小的预测值。

### 12.6.6 预报

采取一定的表达方式对预测结果进行描述。

# 12.7 残差 GM(1,1)建模

根据灰预测精度的需要,为提高数列灰预测的精度,可建立残差值的 GM(1,1) 模型,再将残差 GM(1,1) 的预测值 $\hat{\varepsilon}(n+\xi)$ 加到原预测值 $\hat{x}^{(0)}(n+\xi)$ 上,即 $\hat{x}^{(0)}(n+\xi)+\hat{\varepsilon}(n+\xi)$,以补偿原预测值,达到提高精度的目的。

但由于残差 $\varepsilon(k)$ 的符号可正可负,不能用一般的方法建模,采用的方法有数据平移和非等间隔残差建模两种方法。

# 12.8 小 结

(1)灰色系统理论经过 20 多年的发展,具有系统的理论基础和强大的生命力,奠定了它作为一门新兴横断学科的学术地位。

(2)灰色系统理论是一种科学的预测方法,被证明能够成功地解决生产、生活和科学研究中的大量实际问题,具有广阔的应用前景,已经在多个行业和领域得到广泛的应用。

(3)灰色系统理论建立在严格的数学推导基础上,具有多种数学模型类别,能够满足多种预测的需要。

(4)采用灰预测方法,能够对预测结果进行修正,补偿原预测值,进一步提高预测的精度。

(5)作为尝试,本项研究拟采用灰理论对锚固类结构使用寿命进行预测。

## 参 考 文 献

[1] 邓聚龙.灰预测与灰决策(修订版)[M].武汉:华中科技大学出版社,2002

[2] 刘思峰,郭天榜,党耀国.灰色系统理论及其应用[M].北京:科学出版社,1999

[3] 邓聚龙.灰色系统理论教程[M].武汉:华中理工大学出版社,1990

[4] 邓聚龙.灰理论基础[M].武汉:华中科技大学出版社,2002

[5] 卞汉兵,吴胜兴.锈蚀钢筋混凝土结构仿真分析中的几个关键问题[C]//陈肇元,钱家茹,谷书娥.工程科技论坛:土建结构工程的安全性与耐久性.北京:清华大学出版社,2001:341-345

[6] 惠云玲,林志伸,李荣.锈蚀钢筋性能试验研究分析[J].工业建筑,1997,27(6):10-13

[7] 马良喆,陈慧娟,白常举.钢筋锈蚀后力学性能的试验研究[J].施工技术,2000,12

[8] 袁迎曙,贾福萍,蔡跃.锈蚀钢筋的力学性能退化研究[J].工业建筑,2000,30(1):43-46

[9] 曹楚南.腐蚀电化学原理[M].北京:化学工业出版社,1985

[10] 中华人民共和国国家标准.GB 50010—2002 混凝土结构设计规范[S].北京:中国建筑工业出版社,2002

[11] 洪定海.混凝土中钢筋的腐蚀与保护[M].北京:中国铁道出版社,1998

[12] 周世峰,董遂成,严东晋.地下工程水泥砂浆在腐蚀环境下的耐久性试验研究[J].防护工程,1998,3(1):43-48

[13] 胡明玉,唐明述.碳硫硅钙石型硫酸盐腐蚀研究综述[J].混凝土,2004,176(6):17-19

[14] 项鹴行.建筑工程常用材料试验手册[M].北京:中国建筑工业出版社,1998

[15] 雷志梁,张文巾,徐跃庭,等.砂浆锚杆的腐蚀及防护研究[R].总参工程兵科研三所,1987,8

[16] 黄晋昌.混凝土及钢筋混凝土的腐蚀与防护[J].铁道工程学报,2000,9

[17] 王嫒俐,姚燕.重点工程混凝土耐久性的研究与工程应用[M].北京:中国建材工业出版社,2001

# 13 模型锚杆腐蚀试验及其使用寿命灰预测

## 13.1 引　言

腐蚀是影响锚杆使用寿命的最重要因素,而钢筋锈蚀将会导致锚固类结构承载能力下降,是影响锚固类结构使用寿命的最主要因素。钢筋锈蚀是一个电化学过程,电化学腐蚀过程的起始与发展还取决于许多复杂的因素。国内外有关锈蚀钢筋力学性能的研究取得了一定的成果,较为一致的看法是:钢筋锈蚀轻微时,钢筋的抗拉能力可按剩余截面积的大小计算,不考虑钢筋强度的降低;锈蚀到一定程度后,不仅钢筋截面积减小,其强度和延性也会有不同程度的降低;而不均匀锈蚀与坑蚀会引起受拉钢筋内的应力集中,是引起钢筋强度降低的主要原因;钢筋严重锈蚀后,应力—应变曲线发生很大变化,没有明显的屈服点,屈服强度与抗拉强度非常接近,容易引起结构突然的脆性破坏。

对不同直径和锈蚀环境的研究结果表明:钢筋严重锈蚀后,没有明显的屈服点,屈服强度与抗拉强度非常接近,容易引起结构的突然破坏;截面损失率大于5%时,锈蚀后的伸长率降低程度与截面损失率成二次方关系,锈蚀后屈服强度与极限强度的降低程度与截面损失率之间不存在简单的线性关系;截面损失率小于5%时,屈服强度和抗拉强度与母材相同;直径不同钢筋之间的锈蚀没有差异。

对5种不同直径钢筋的快速锈蚀研究结果表明,锈蚀后伸长率的降低程度与质量损失率之间是幂函数关系,锈后屈服强度与极限强度的降低程度与质量损失率之间呈线性关系,但不同直径钢筋的降低程度不一样;细钢筋对锈蚀敏感,粗钢筋抗锈蚀能力强,相对高的钢筋强度对于锈蚀有一定的减缓作用。

但以上研究都没有明确给出钢筋的锈蚀状况随时间变化的规律,也未能定量给出钢筋在一定环境下的寿命。因此,根据总参工程兵科研三所开展的旨在研究裸露钢筋腐蚀速度的室内试验[1],采用邓聚龙教授提出的灰预测方法,在少数据的情况下对较短试验时间内获得的数据进行灰预测分析,研究锚杆在不同腐蚀环境下的寿命,具有重要意义。

---

❶　该项试验由周世峰等完成。

## 13.2 钢筋锈蚀机制

锚杆钢筋锈蚀是一个电化学腐蚀过程,在锈蚀钢筋表面至少同时进行两个电极反应,一个是金属的阳极溶解反应,即金属被氧化,以离子形式进入溶液,其化学反应方程式为:

$$Fe \rightarrow Fe + 2e^-$$

在阳极附近,$Fe^{2+}$ 与 $OH^-$ 形成难溶的 $Fe(OH)_2$,并在富氧条件下进一步氧化为 Fe,即:

$$Fe^{2+} + 2OH^- \rightarrow Fe(OH)_2$$

$$4Fe(OH)_2 + O_2 + 2H_2O \rightarrow 4Fe(OH)_3$$

$Fe(OH)_3$ 脱水后,变成疏松、多孔、非共格的红绣 $Fe_2O_3$,即:

$$2Fe(OH)_3 \rightarrow Fe_2O_3 + 3H_2O$$

在少氧条件下,$Fe(OH)_2$ 氧化不很完全,部分形成黑锈 $Fe_3O_4$,即:

$$6Fe(OH)_2 + O_2 \rightarrow 2Fe_3O_4 + 6H_2O$$

因此,最终的锈蚀产物取决于供氧状况。

锈蚀的阴极过程是溶液中各种去极化剂在腐蚀电池的阴极上被还原的过程。对于金属腐蚀来说,氢离子和氧分子的阴极还原反应是最常见的两个阴极去极化过程,相应发生的金属腐蚀分别被称为析氢腐蚀和吸氧腐蚀。

电解质溶液中的 $H^+$ 和溶解氧浓度直接影响腐蚀电池的阴极过程性质。钢筋在酸性介质中的腐蚀,主要受氢的电极化过程控制。当锚杆处于强酸或较强酸性环境介质中时,则可能发生析氢腐蚀,此时,由于钢筋处在砂浆包围之中,腐蚀反应产生的氢气很难及时排出,氢气在钢筋锈蚀时进入钢筋之中,极易产生"氢脆"现象。

在中性、弱酸性或碱性介质中,铁腐蚀主要受氧的去极化过程控制,化学反应式为:

$$O_2 + 2H_2O + 4e \rightarrow 4OH^-$$

在阴极产生的 $OH^-$ 通过砂浆空隙中的液相被送往阳极,这样,就形成了腐蚀电池的闭合回路。在这种情况下,腐蚀速度由氧向钢铁表面扩散的速度(或氧的浓度)所决定,铁的表面开始形成氢氧化物膜,使腐蚀速度随时间增长而减缓到一个稳定值,与氢离子浓度无关。当 pH 值大于 10 时,腐蚀速度很快降低;pH 值大于 12 时,腐蚀几乎停止。这是因为铁表面逐渐形成了十分稳定的氧化物保护膜,使得阳极溶解受到阻滞,这就是钢筋锈蚀中的钝化作用。

## 13.3 钢筋的腐蚀试验

### 13.3.1 试验设计

试件采用 A3 钢筋,车光后尺寸为 $\phi 8mm \times 40mm$,光洁度▽5,用汽油、丙酮清洗油污,置于干燥器皿中备用。试件的放置方式为永久浸泡、密闭潮湿、干湿交替三种。密闭潮湿,指试件悬挂于密封容器内水面以上。永久浸泡,指试件位于密封容器内水面以下 5cm。干湿交替,指试件一周位于水面以下 5cm,一周位于水面以上,如此循环。模拟酸性环境时,用稀硫酸与自来水调配试剂至所需 pH 值,试件永久浸泡于容器内水面以下 5cm。模拟碱性环境时,用氢氧化钙与自来水调配试剂至所需 pH 值,试件永久浸泡于容器内水面以下 5cm。上述浸泡液每月更换一次。

### 13.3.2 试验结果及分析

试验结果见图 13-1。

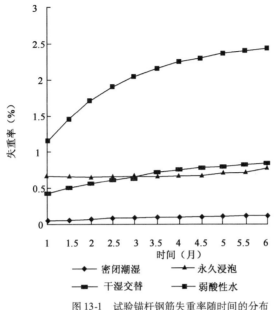

图 13-1　试验锚杆钢筋失重率随时间的分布

（1）从图中可以看出，在密闭潮湿、永久浸泡、干湿交替、弱酸性水溶液浸泡四种不同的腐蚀环境下，锚杆体在弱酸性水溶液中的失重率最大，在密闭潮湿环境中的失重率最小。这是缺氧条件下，弱酸性水溶液中杆体腐蚀电池的阳极反应以氢的还原为主所致。氢气析出时所产生的逸出力使得钢筋表面钝化膜难以形成。

（2）干湿交替与永久浸泡条件下的失重率相差不多，但干湿交替条件下失重率的增长速度要略大于永久浸泡条件。这是因为永久浸泡条件下，钢筋表面的钝化膜一旦形成，腐蚀的进一步发展就变得非常缓慢。

（3）置于密闭潮湿条件下的锚杆，其失重率仅为永久浸泡和干湿交替条件下试件失重率的 1/5 左右。这是因为潮湿环境中杆体表面附着一层空气凝结水，其水离子含量及电导率均较低，使得腐蚀电池效率不高。该条件下不存在氧的浓差效应，也是产生上述差异的原因之一。

（4）无论在何种试验环境中，锚杆失重率均随时间延长而增加，但增加速度则随时间延长而减小。这是由于随着腐蚀产物在杆体表面增厚，氧或氢离子向其基面扩散，阳极溶解或氢气逸出所受阻力均增大。

## 13.4　灰预测方法与可行性检验

### 13.4.1　模型中长期预测的可行性

根据已有研究结果，当 $-a \leqslant 0.3$ 时，GM(1,1)模型可用于中长期预测。所以控制 $a$ 值大小及模型精度，利用 GM(1,1)模型对锚杆试件的失重率进行中长期预测是可行的。

### 13.4.2 钢筋的承载力损失阈值

实际工程中对结构安全性有直接影响的是钢筋的承载能力,故选取钢筋的承载力损失率作为破坏标准。钢筋的承载力损失率可表示为:

$$\frac{\Delta P}{P} = \frac{f_{y0}S_0 - f_y'S_1}{f_{y0}S_0} \times 100\% \tag{13-1}$$

式中,$\Delta P$ 为承载力减少量(kN);$P$ 为初始承载力(kN);$f_{y0}$ 为钢筋的初始强度(MPa);$f_y'$ 为钢筋的强度破坏阈值(MPa);$S_0$ 为钢筋的初始截面积(mm²);$S_1$ 为破坏时的截面积(mm²)。

钢筋混凝土规范是以不小于95%的保证率,规定普通钢筋的强度标准值为235MPa,故选取钢筋的强度标准值作为其初始强度,即:

$$f_{y0} = f_{y,k} \tag{13-2}$$

采用工程中常用的安全系数 $n = 1.2$,令钢筋的强度破坏阈值为:

$$f_y' = f_{ys}/1.2 \tag{13-3}$$

当不考虑其他因素时,钢筋截面积没有变化,$S_1 = S_0$。将式(13-2)和式(13-3)代入式(13-1),可计算出承载力损失率阈值为16.67%。

钢筋在受到腐蚀的情况下,不仅截面积会减小,随着腐蚀程度的加剧,屈服强度也会有所降低。当钢筋的锈蚀率大于10%且小于60%时,锈蚀前后的屈服强度有以下关系:

$$f_{ys} = \frac{0.985 - 1.028\rho_s}{1 - \rho_s}f_y \tag{13-4}$$

式中,$f_{ys}$ 为钢筋锈蚀后的屈服强度;$f_y$ 为钢筋锈蚀前的屈服强度;$\rho_s$ 为钢筋的截面损失率。将式(13-4)代入式(13-1),可得到:

$$\frac{\Delta P}{P} = \frac{f_{y,k}S_0 - f_{ys}S_1}{f_{y,k}S_0} = \frac{f_{y,k}S_0 - \dfrac{0.985 - 1.028\rho_s}{1 - \rho_s}f_{y,k}S_1}{f_{y,k}S_0} = 0.015 + 1.028\rho_s \tag{13-5}$$

式中,符号意义同上。

当承载力损失率阈值为16.67%时,由式(13-5)可得到相应的钢筋截面损失率为14.76%。由于试验钢筋完全浸泡在水下,认为钢筋锈蚀是全面均匀的,失重率(锈蚀前后钢筋重量之差与钢筋原始重量的比值)与截面损失率为线性关系,于是得到钢筋的失重率为14.76%,以此作为灰预测数据序列的阈值。

### 13.4.3 灰预测步骤

数列灰预测的六个步骤为:①级比检验、建模可行性判断;②数据变换处理;③GM(1,1)建模;④检验;⑤预测;⑥预报。按照以上步骤自行编制 MATLAB 算法程序进行计算和检验。

建模过程中,事中检验采取预测值与实测值相比较的残差检验方法和级比偏差检验。若检验满足精度要求,将正负残差的平均值 $\varepsilon_+$(avg)、$\varepsilon_-$(avg)取平均后计入预测值,作为预报值,最后将预报值减去平移值 $Q^*$ 即得到最终结果。

不同腐蚀条件下的 GM(1,1)模型所用数据序列如表13-1所示。

### 13.4.4 灰预测可行性检验

为进一步验证对锚杆钢筋的腐蚀试验数据进行灰预测的可行性,采取预测值与实际值相比较的方法,利用原始数据序列的前一部分作为建模数据,对后一段时间的数据进行预测和验证,检验结果如表13-2所示。由该表可以看出,利用原始数据序列的前8组数据对后3组数据进行预测,结果较为接近,说明采用灰预测对试验结果进行分析是可行的,具有较高的置信度。

**GM(1,1)建模的数据序列**　　　　　　　　　　　　　表 13-1

| 数 据 序 列 | | 腐 蚀 环 境 | | |
|---|---|---|---|---|
| 序　　号 | 时间(月) | 永 久 浸 泡 | 干 湿 交 替 | 弱 酸 性 水 |
| 1 | 1 | 0.660 9 | 0.424 4 | 1.140 8 |
| 2 | 1.5 | 0.661 4 | 0.497 3 | 1.466 2 |
| 3 | 2 | 0.662 2 | 0.563 | 1.714 7 |
| 4 | 2.5 | 0.663 6 | 0.621 4 | 1.904 6 |
| 5 | 3 | 0.665 9 | 0.672 4 | 2.049 6 |
| 6 | 3.5 | 0.669 6 | 0.716 1 | 2.160 4 |
| 7 | 4 | 0.675 8 | 0.752 6 | 2.245 |
| 8 | 4.5 | 0.685 9 | 0.781 7 | 2.309 6 |
| 9 | 5 | 0.702 7 | 0.803 6 | 2.359 |
| 10 | 5.5 | 0.730 3 | 0.818 1 | 2.396 7 |
| 11 | 6 | 0.775 8 | 0.825 4 | 2.425 5 |

**灰预测可行性验证**　　　　　　　　　　　　　表 13-2

| 腐蚀条件 | 检 验 1 | | | 检 验 2 | | | 检 验 3 | | |
|---|---|---|---|---|---|---|---|---|---|
| | 预测值 | 实际值 | 误差(%) | 预测值 | 实际值 | 误差(%) | 预测值 | 实际值 | 误差(%) |
| 密闭潮湿 | 0.124 1 | 0.114 4 | −8.48 | 0.133 3 | 0.117 3 | −13.64 | 0.142 8 | 0.119 6 | −19.40 |
| 干湿交替 | 0.859 2 | 0.803 6 | −6.92 | 0.922 4 | 0.818 1 | −12.75 | 0.990 2 | 0.825 4 | −19.97 |
| 永久浸泡 | 0.684 6 | 0.702 7 | 2.32 | 0.688 6 | 0.730 3 | 5.71 | 0.692 5 | 0.775 8 | 10.74 |
| 弱酸性水 | 2.554 7 | 2.359 | −8.30 | 2.719 2 | 2.396 7 | −13.46 | 2.891 2 | 2.425 5 | −19.32 |

# 13.5　灰预测结果及结论

以失重率为预测序列,所求得模型的参数、检验指标及预测结果如表13-3所示。

**GM(1,1)模型建模参数及灰预测结果**　　　　　　　表 13-3

| 腐蚀环境 | 平移值 $Q^*$ | 发展系数 $a$ | 灰作用量 $b$ | 平均精度 $p^o$ | 平均级比偏差 | 预测寿命(年) |
|---|---|---|---|---|---|---|
| 密闭潮湿 | 0.2 | −0.020 7 | 0.263 5 | 0.984 | 0.014 7 | 8.2 |
| 永久浸泡 | 0 | −0.015 9 | 0.625 5 | 0.979 6 | 0.014 9 | 8.4 |
| 干湿交替 | 0 | −0.049 8 | 0.523 4 | 0.956 7 | 0.037 3 | 3.2 |
| 弱酸性水 | 1 | −0.009 | 11.483 5 | 0.991 4 | 0.006 8 | 2.4 |

(1)GM(1,1)模型的参数可以看出,发展系数 $a$ 的绝对值均远小于0.3,说明模型能够用于中长期预测。同时,模型的平均精度均在0.95以上,平均级比偏差最大值仅为0.037 3,满足建模要求,建模是合理的,而且模型的精度较高。

(2)从预测曲线与原始数据点的比较(图13-2～图13-5)可以看出,预测曲线穿过原始数据点,而后向上发展,两者的发展趋势是一致的。不同的工况,曲线的发展态势明显不同,但都不是线性变化的,较接近实际情况。

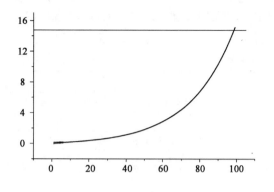

图 13-2　密闭潮湿条件下的预测曲线与原始数据点

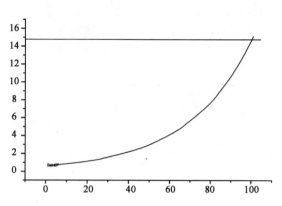

图 13-3　永久浸泡条件下的预测曲线与原始数据点

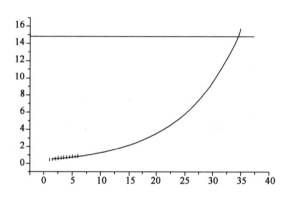

图 13-4　干湿交替条件下的预测曲线与原始数据点

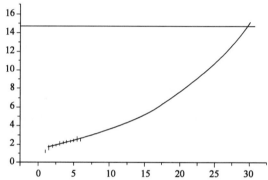

图 13-5　弱酸性水环境中的预测曲线与原始数据点

（3）从预测结果看，按照所选定的失重率阈值14.76%，在永久浸泡条件下，锚杆钢筋的寿命最长，达到8.3年；密闭潮湿条件下的寿命居其次，为8.2年；在弱酸性水中，锚杆钢筋的寿命最短，仅为2.4年，这是由于在弱酸性环境下，钢筋表面所生成的氧化膜钝化层容易被酸性水破坏，导致钢筋锈蚀发展较快，寿命大为缩短。

## 13.6　焦东矿缩尺锚杆使用寿命预测

焦东矿缩尺锚杆是17年前埋设于河南焦作市焦东煤矿现场的一批旨在研究应力腐蚀和化学腐蚀耦合效应的缩尺锚杆。该缩尺锚杆采用Q235钢制作，直径为3mm。其外部裹有厚度为6mm的水泥砂浆。试件制作完毕后，即装在直径为40mm、长为60mm的圆形钢筒内，通过加力扳手对缩尺锚杆施加预拉力，与此同时对外围圆形钢筒施加预压力。

在巷道的边坡上钻孔，将一批缩尺锚杆置于其中，然后用水泥砂浆封孔。17年后对该批缩尺锚杆进行发掘，经测试，测得空气的相对湿度为93%~95%，接近试验中的密闭潮湿工况。试件的拉伸试验表明，由于综合因素影响，与龄期为零的缩尺锚杆试件相比，17年龄期的缩尺锚杆试件的平均破坏荷载及其峰值分别要低52.9%~49.2%和18.4%~22.2%。这表明，按照所选定的破坏阈值14.67%，该现场缩尺锚杆早已破坏，与预测结果基本一致，进一步说明利用灰理论对锚固类结构使用寿命进行预测是可行的。

---

# 13.7  小    结

（1）在密闭潮湿、永久浸泡、干湿交替、弱酸性水溶液浸泡四种不同的腐蚀环境下，锚杆体在弱酸性水溶液中的失重率最大，密闭潮湿环境中的最小；干湿交替与永久浸泡条件下的失重率相差不多，但干湿交替条件下失重率的增长速度要略大于永久浸泡条件；置于密闭潮湿条件下的锚杆，其失重率仅为永久浸泡和干湿交替条件下试件失重率的1/5左右；锚杆失重率均随时间延长而增加，但增加速度则随时间延长而减小。

（2）采用GM(1,1)模型，利用一部分试验数据对另一部分试验数据进行检验，结果较为接近，表明采用该模型对锚固类结构使用寿命进行预测是可行的。

（3）采用GM(1,1)模型，利用已有试验数据，对试验周期以后的四种工况下锚杆的使用寿命进行了灰预测，它们分别是8.2年、8.4年、3.2年和2.4年。

（4）根据对17年前现场缩尺锚杆的强度损失率和失重率等参数的测试结果和综合分析可知，上述四种工况下锚杆使用寿命的预测结果具有较高的置信度。

（5）破坏阈值是灰预测中一个极为重要的参数指标值，但此处所提出的确定破坏阈值的方法和值的大小不一定是最佳的，仅供参考。

（6）所列四种工况仅是一种简化处理，实际工况复杂得多，且存在多种因素的耦合作用问题，后面还将作进一步探讨。

## 参 考 文 献

[1] 曾宪明，陈肇元，王靖涛，等.锚固类结构安全性与耐久性问题探讨[J].岩石力学与工程学报，2004，23(13)：2235-2242

[2] 孔恒，马念杰，王梦恕，等.钢筋锈蚀对其力学性能的影响[J].中国煤炭，2001，27(11)：24-28

[3] 张弥.我国铁路隧道结构安全性和耐久性分析[C]∥陈肇元，钱家茹，等.工程科技论坛：土建结构工程的安全性与耐久性.北京：清华大学出版社，2001

[4] 李世平，吴振业，李晓.岩石力学简明教程[M].北京：煤炭工业出版社，1996

[5] 闫莫明，徐祯祥，苏自约.岩土锚固技术手册[M].北京：人民交通出版社，2004

[6] 徐祯祥.岩土锚固工程技术发展的回顾[M]∥徐祯祥，等.岩土锚固技术与西部开发.北京：人民交通出版社，2002

[7] 张明聚.中国人民解放军理工大学博士后研究工作报告：复合土钉支护技术研究[R].中国人民解放军理工大学，2003

[8] 徐至钧，赵锡宏.逆作法设计与施工[M].北京：机械工业出版社，2002

[9] 中华人民共和国国家标准.GB 50068—2001  建筑结构可靠度设计统一标准[S].北京：中国建筑工业出版社，2001

[10] 中华人民共和国国家标准.GBJ 83—85  建筑结构设计通用符号计量单位和基本术语[S].北京：中国计划出版社，1984

[11] 黄兴隶.工程结构可靠性设计[M].北京：人民交通出版社，1989

# 14 锚杆砂浆锚固体使用寿命灰预测

## 14.1 引 言

水泥砂浆是锚固类结构的重要组成部分,对锚杆锚索体起着重要的防护作用,其耐久性也是锚固类结构耐久性的重要组成部分,对研究水泥砂浆的使用寿命具有重要意义。锚固类结构常处于地质条件复杂恶劣的地下环境中,其使用寿命受环境条件的影响很大。这些自然环境条件具有一定的不确定性,要对锚固类结构的使用寿命进行较为全面、定量的分析和研究,仅采取现场试验并不能获得理想的结果。采用室内加速试验的方法,既能够模拟实际环境中的各种不利因素,又可以在较短的时间内得到理想的试验数据,是科学研究最常用的方法之一。即使如此,由于试件的寿命往往长达十年、几十年,甚至上百年,仍然无法获得试件的使用年限。若采取有效的预测方法获得试件的寿命,势必会大大缩短试验时间,减少人力与财力的耗费。采用灰理论来分析试验数据,使我们能够在较短的时间内获得预期的成果。

## 14.2 砂浆对钢筋的保护作用和砂浆的碳化

砂浆的凝结硬化是水泥水化作用的结果。如硅酸三钙水解反应:

$$2(2CaO \cdot SiO_2) + 6H_2O \rightarrow 3CaO \cdot 2SiO_2 + 3H_2O + 3Ca(OH)_2$$

水泥水化时析出大量的氢氧化钙,在正常温度条件下,砂浆孔隙和毛细孔道中所含水分都被这些氢氧化钙所饱和,其 $pH > 12.5$,剩余的氢氧化钙则沉淀于砂浆内部微孔中。

处在强碱性环境中的钢筋,其表面生成 $17 \sim 50 \text{Å}$ 的致密氧化膜,使钢筋处于钝化状态。同时,砂浆层对钢筋也起着物理保护作用。然而,钢筋的钝化状态在化学热力学上是不稳定的。钝态的保持也是有严格条件的,一旦条件变化,钢筋的钝化状态便向活化状态转化,于是腐蚀开始并持续发展。水泥砂浆是一种多孔体,不可能绝对不透水和空气,当空气或水沿着这些孔隙渗入时,空气中或水中溶解的二氧化碳即与砂浆中的氢氧化钙反应,生成弱碱性物质碳酸钙,这个过程称为碳化过程,其反应如下:

$$CO_2 + Ca(OH)_2 \rightarrow CaCO_3 \downarrow + H_2O$$

< 168 >

砂浆保护层经碳化后碱性急剧下降,就是说,砂浆被二氧化碳中性化了。另外,当硫化氢、硫酸等弱酸或酸性水渗入到砂浆后也会使砂浆中性化。砂浆中性化深入到钢筋表面时,钢筋表面附近的电解质溶液的 pH 值也逐渐下降到 9 左右,这时原来存在于钢筋表面的钝化膜由稳定状态逐步变成不稳定状态而破坏,从而为钢筋发生电化学腐蚀创造了条件。此时钢筋的腐蚀属于在中性或弱碱性介质中的腐蚀,其腐蚀速度取决于介质中溶解氧的浓度和电解质的电导率。因此,砂浆保护层密实性越差,组织越不均匀,或表面缺陷、裂缝越严重,则碳化速度越快,另一方面还为空气中的氧和侵蚀性水向钢材趋近提供了通路,势必加快钢筋腐蚀速度。

# 14.3 水泥砂浆的加速腐蚀试验

总参工程兵科研三所完成了一项水泥砂浆室内加速试验。以该试验结果为依据,对锚杆砂浆寿命进行了灰预测和检验。以下简要介绍试验条件和结果。

### 14.3.1 试验原理

水泥砂浆室内加速腐蚀试验研究采用控制环境条件的方法进行。所谓控制环境条件是指自始至终地控制介质(化学离子)的浓度,加速腐蚀是通过提高介质浓度来实现的,这也是目前国内外开展这类试验研究所采用的主要方法。

### 14.3.2 试验设计

1)腐蚀介质

由于对地下工程构成侵蚀作用的水中通常含有 $Na^+$、$H^+$、$Cl^-$、$SO_4^{2-}$ 等离子,故选取易溶的 $Na_2SO_4$、$HCl$、$H_2SO_4$ 作为介质,配制腐蚀溶液进行腐蚀试验。

2)腐蚀浓度

为在较短时间内获得较长时间的腐蚀结果,选取 $Na_2SO_4$ 溶液中 $SO_4^{2-}$ 的浓度分别为 1.0%、1.5%、3.0%。酸溶液腐蚀试验中,$HCl$ 的浓度分别是 1.0%、3.0%、5.0%;$H_2SO_4$ 的浓度分别是 1.0%、3.0%、5.0%。

3)腐蚀时间

盐溶液腐蚀试验的试验龄期分别为 6 个月、12 个月、18 个月和 24 个月;酸溶液腐蚀试验的试验龄期分别为 2 个月、4 个月、6 个月、8 个月、10 个月、12 个月。

4)试件制作

水泥砂浆标准试件尺寸为 $7.07cm \times 7.07cm \times 7.07cm$,试件强度等级为 M5,采用 42.5 级普通硅酸盐水泥和普通砂,按质量配合比水泥∶砂∶水 =1∶8.6∶1.5 配制,在室内空气中养护 28d 后即成。其中有一组试件为对照组,养护后即测其抗压强度,以便与受腐蚀后的试件强度作比较。

### 14.3.3 试验过程

(1)将制作好的水泥砂浆试件放入配制好的不同溶液中。

(2)按预定的试验龄期,分期分批地将浸泡在溶液中的砂浆试件取出,测定其受腐蚀后的抗压强度。

将砂浆试件放在静载压力试验机上,按每秒钟 0.5 ~ 0.75kN 的加荷速度测其抗压强度。

当试件接近破坏而开始迅速变形时,停止调整试验机油门,直至试件破坏,记录破坏荷载。为保持试件截面均匀受压,在试件的上下表面铺一层金刚砂或湿润的标准砂。

砂浆立方体抗压强度按下式计算:

$$f_{m,cu} = \frac{N_u}{A}$$ (14-1)

式中,$f_{m,cu}$ 为砂浆立方体抗压强度(MPa);$N_u$ 为立方体破坏压力(N);$A$ 为试件承压面积($mm^2$)。

砂浆立方体抗压强度计算精确至 0.1MPa,以 6 个试件强度的算术平均值作为该组试件的抗压强度值,平均值精确至 0.1MPa。

(3)整理各类试验数据。

### 14.3.4 试验结果

(1)抗压强度是衡量水泥砂浆质量的重要标准,测出相应试验龄期下试件的抗压强度,求出其强度损失率,以此为标准来衡量砂浆腐蚀程度。试验数据如表 14-1、表 14-2 所示。

盐溶液中砂浆强度损失率(%) 　　　　　表 14-1

| 腐蚀介质 | 浓度(%) | 试 验 龄 期 (年) | | | |
|---|---|---|---|---|---|
| | | 0.5 | 1 | 1.5 | 2 |
| $SO_4^{2-}$ | 1.0 | −3.1 | −3.8 | −2.9 | −1.8 |
| | 1.5 | −4.2 | −4.4 | −1.9 | 0.6 |
| | 3.0 | −5.1 | −4.3 | 0.5 | 3.2 |

酸溶液中砂浆强度损失率(%) 　　　　　表 14-2

| 腐蚀介质 | 浓度(%) | 试 验 龄 期 (月) | | | | | |
|---|---|---|---|---|---|---|---|
| | | 2 | 4 | 6 | 8 | 10 | 12 |
| HCl | 1.0 | 2.6 | 3.5 | 8.1 | 7.6 | 13.6 | 13.4 |
| | 3.0 | 3.1 | 8.3 | 10.4 | 16.3 | 17.5 | 22.5 |
| | 5.0 | 4.7 | 12.4 | 14.9 | 22.2 | 23.8 | 32.1 |
| $H_2SO_4$ | 1.0 | 3.0 | 3.9 | 9.5 | 9.0 | 15.0 | 13.5 |
| | 3.0 | 5.1 | 8.1 | 17.6 | 18.3 | 25.4 | 25.8 |
| | 5.0 | 9.1 | 13.0 | 24.1 | 24.6 | 36.2 | 41.4 |

(2)砂浆在不同浓度 $Na_2SO_4$ 溶液中强度损失率与时间的关系如图 14-1 所示。水泥砂浆试块在盐类介质侵蚀下,受腐蚀初期,强度损失率为负值,其抗压强有所提高,出现"腐蚀强化"现象,并存在一段由强度开始提高至恢复到原始强度的"腐蚀强化阶段"。随着腐蚀介质浓度的增加,"腐蚀强化阶段"变短,随着强度损失加快,其抗腐蚀耐久性降低。

(3)在试验初期出现"腐蚀强化"现象,主要是由于溶液中存在的 $SO_4^{2-}$ 离子与水泥石中的氢氧化钙反应生成石膏,石膏又与水泥石中的水化铝酸钙反应生成钙矾石($C_2A \cdot 3CaSO_4 \cdot 32H_2O$)晶体,钙矾石中含有大量的结晶水,具有明显的吸水膨胀性,膨胀后体积约为原体积的1.5 倍以上。结晶物的生成使得水泥砂浆结构变得致密坚实,初期抗压强度有所提高,但随着结晶物的不断增多,砂浆内应力不断增大,超过水泥砂浆体内部分子的内聚力时,砂浆体将产生微裂缝,从而导致水泥砂浆承载力下降。

（4）有关资料显示,硫酸盐对水泥砂浆或混凝土还存在一种称为碳硫硅钙石型的腐蚀,是由于硫酸盐与水泥砂浆中的碳酸盐和水化硅酸钙反应生成无胶结作用的碳硫硅钙石($CaCO_3 \cdot CaSiO_3 \cdot CaSO_4 \cdot 15H_2O$),随着水化硅酸钙的不断消耗,胶凝材料逐渐变成"泥质"。抗硫酸盐水泥并不能避免水泥砂浆遭受碳硫硅钙石型腐蚀,而矿渣水泥具有很好的耐碳硫硅钙石型腐蚀的性能。

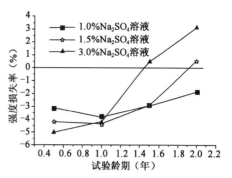

图 14-1　砂浆在不同浓度 $Na_2SO_4$ 溶液中的强度损失率

（5）在酸性介质侵蚀下,砂浆试块的强度损失率与受腐蚀时间大体呈线性变化,如图 14-2、图 14-3 所示。介质浓度越大,图中的直线斜率就越大,水泥砂浆的强度损失率增长也越快。在相同介质浓度下,硫酸的腐蚀破坏作用大于盐酸。

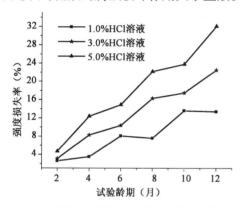

图 14-2　砂浆在不同浓度 HCl 溶液中的强度损失率

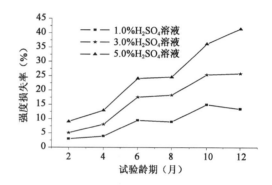

图 14-3　砂浆在不同浓度 $H_2SO_4$ 溶液中的强度损失率

（6）酸溶液对水泥砂浆的腐蚀作用明显强于盐溶液的腐蚀作用,而硫酸溶液的腐蚀作用又明显强于盐酸溶液。这是由于酸与水泥石的某些组分发生化学反应,生成易被水溶解或没有胶结性能的松软物质二水石膏,使水泥砂浆产生由表及里的逐层破坏。即:

$$nCaO \cdot mSiO_2 + H_2SO_4 \rightarrow Ca_2SO_4 + Si(OH)_2 \tag{14-2}$$

$$Ca(OH)_2 + H_2SO_4 = CaSO_4 + 2H_2O \tag{14-3}$$

$$CaSO_4 + 2H_2O \rightarrow CaSO_4 \cdot 2H_2O \tag{14-4}$$

盐酸与水泥石中的 $Ca(OH)_2$ 产生以下反应:

$$Ca(OH)_2 + 2HCl = CaCl_2 + 2H_2O \tag{14-5}$$

生成的 $CaCl_2$ 易溶于水,造成砂浆强度下降。

## 14.4　水泥砂浆在试验环境下的使用寿命灰预测

### 14.4.1　模型中长期预测的可行性

由于试验得到盐溶液中的砂浆强度损失率较低,而且由于在开始时存在"腐蚀强化阶段",强度损失率为负值,到试验结束时,盐溶液中最大的强度损失率仅达到3.2%,所以要预测至砂浆的强度损失率降低到阈值,需要进行中长期预测。根据《灰色系统理论及其应用》,

当$-a \leq 0.3$时，$GM(1,1)$可用于中长期预测。而在所建模型中，$-a$值均不大于$0.05$，所以利用$GM(1,1)$模型对砂浆的强度损失率进行中长期预测是可行的。

### 14.4.2 砂浆试件的强度破坏阈值

在检验砌体工程的砂浆强度时，要求任一组试件的强度不小于$0.75f_{m,k}$（$f_{m,k}$为砂浆标准强度）。考虑到试验所用砂浆的强度离散性小于砌体工程所用砂浆的强度离散性，偏于安全地选择$0.75f_{m,k}$作为砂浆试件的强度破坏阈值，即认为当砂浆强度降低到该值时，已经没有足够的承载能力而不能再继续使用。测得试件的平均抗压强度值为$f_m$，则可得到建模用强度损失率的阈值为25%。

### 14.4.3 灰预测方法

按照13.4.3所述建模步骤，利用MATLAB程序进行计算。

# 14.5 灰预测结果及结论

（1）由表14-3可知，模型的平均精度最小值$p_{min}^{o}$为0.969 4，平均级比偏差的最大值$\rho(avg)_{max}$为0.053 2。按照灰色理论的提出者邓聚龙教授的经验，这是可行的。说明该模型的选取是合理的，预测结果具有较高的置信度。

（2）由图14-4~图14-6可以看出，在$Na_2SO_4$溶液中，以两年时间内砂浆的强度损失率作为预测数据序列，所得到的模型值与已知数据非常接近，在图14-4和图14-6中甚至出现多处近乎重合的数据点；在HCl和$H_2SO_4$溶液中，以一年内的强度损失率作为预测数据序列进行预测，所得到的模型值与已知数据也很接近。这进一步证明了预测结果的可靠性。

**水泥砂浆强度损失率$GM(1,1)$模型的参数及检验指标**　　　　　　　　表14-3

| 腐蚀介质 | 浓度（%） | 原始数据序列 | | | | | | 平移值$Q^*$ | $a$ | $b$ | 平均精度$p^o$ | 平均级比偏差$\rho(avg)$ |
|---|---|---|---|---|---|---|---|---|---|---|---|---|
| | | 1 | 2 | 3 | 4 | 5 | 6 | | | | | |
| $SO_4^{2-}$ | 1.0 | -3.1 | -3.8 | -2.9 | -1.8 | — | — | 50 | -0.021 2 | 44.684 8 | 0.991 | 0.014 |
| | 1.5 | -4.2 | -4.4 | -1.9 | -0.6 | — | — | 50 | -0.052 0 | 42.057 5 | 0.995 | 0.020 |
| | 3.0 | -5.1 | -4.3 | 0.5 | 3.2 | — | — | 50 | -0.074 7 | 41.048 | 0.989 | 0.036 |
| HCl | 1.0 | 2.5 | 3.5 | 8 | 7.5 | 13.5 | 13.5 | 50 | -0.042 9 | 50.824 4 | 0.978 | 0.043 |
| | 3.0 | 3 | 8 | 10 | 16 | 17.5 | 22.5 | 50 | -0.056 4 | 53.087 | 0.988 | 0.029 |
| | 5.0 | 4.7 | 12.4 | 14.9 | 22.2 | 23.8 | 32.1 | 50 | -0.068 | 55.841 8 | 0.982 | 0.043 |
| $H_2SO_4$ | 1.0 | 3 | 4 | 9.5 | 9 | 15.5 | 14 | 50 | -0.042 5 | 51.946 6 | 0.972 | 0.052 |
| | 3.0 | 5.1 | 8.1 | 17.6 | 18.3 | 25.4 | 25.8 | 50 | -0.061 4 | 55.581 4 | 0.969 | 0.048 |
| | 5.0 | 9.1 | 13.0 | 24.1 | 24.6 | 36.2 | 41.4 | 50 | 0.088 2 | 56.697 9 | 0.973 | 0.053 |

（3）根据$GM(1,1)$模型及其对试验实测值的验证结果，对$Na_2SO_4$溶液中砂浆强度损失率试验周期24个月、HCl和$H_2SO_4$溶液中试验周期12个月之后的腐蚀状态进一步进行了灰预

测,直至达到并超过阈值线为止(图 14-1～图 14-3)。结果表明,预测曲线形态的发展是渐进、自然而和谐的,无畸变现象发生。根据灰预测的基本原理,相应试验周期之后的预测结果具有与试验周期之内相同的置信度。

（4）由表 14-4 可知,试验条件下砂浆的使用寿命,就不同的腐蚀介质而言,$SO_4^{2-}$ 离子中的最长(在浓度为 1.0% 时,使用寿命为 12.4 年),HCl 次之,$H_2SO_4$ 中的最短(在浓度为 5.0% 时,仅有半年的使用寿命)。总体来说,使用寿命均不长。不过,这里所做的是加速腐蚀试验,未涉及具体工程的腐蚀环境。

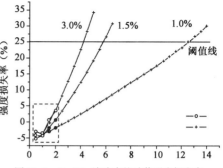

图 14-4 Na₂SO₄ 溶液中的砂浆强度损失率

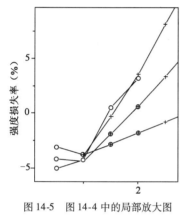

图 14-5 图 14-4 中的局部放大图

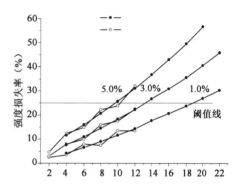

图 14-6 HCl 溶液中的砂浆强度损失率

根据预测值得到水泥砂浆的使用寿命(年)　　　　　　表 14-4

| 腐蚀介质 | 溶液中的介质浓度（%） | | | |
|---|---|---|---|---|
| | 1.0 | 1.5 | 3.0 | 5.0 |
| $SO_4^{2-}$ | 12.4 | 5.8 | 4.3 | — |
| HCl | 1.6 | — | 1.1 | 0.8 |
| $H_2SO_4$ | 1.5 | — | 0.8 | 0.5 |

（5）根据试验条件下水泥砂浆试件的使用寿命,采用 GM(1,1)模型求出后,据此求出使用寿命与离子浓度的关系曲线和函数表达式,再以具体工程的腐蚀环境的相应参数代入式中,即可对该工程中锚固类结构的使用寿命作出比较可靠的预测预报。使用寿命与离子浓度的函数表达式为:

$$y = A + Be^{Cs} \tag{14-6}$$

式中,$y$ 为使用寿命(年);$s$ 为腐蚀溶液浓度(%);$A$、$B$、$C$ 为与腐蚀环境有关的系数。

## 14.6　焦东矿锚杆砂浆使用寿命预测

焦东矿是焦作市近郊的一个煤矿,在 20 世纪 80 年代开采过程中巷道内普遍采用了锚杆支护,由国家自然科学基金资助的旨在研究其耐久性的现场试验锚杆就埋设在该现场。2003年 7 月,对该矿的腐蚀环境进行了测试。地层的腐蚀等级一般分为 4 级,即很强、强、中等和弱。经对测试结果进行综合分析,并根据地层及地下水的实测值至少有两项涵盖相应的腐蚀等级时,可将该地层划分为该腐蚀等级的原则,确定焦东矿的地层腐蚀等级为中等。

研究表明,对于注浆及对中良好、握裹层厚度足够大(大于3cm)的锚杆,主要应考虑砂浆的腐蚀,此时水泥砂浆的使用寿命即为锚杆的使用寿命。根据已确定的焦东矿现场的腐蚀等级,将该腐蚀等级中的$SO_4^{2-}$浓度的下限值0.1%和上限值0.2%分别代入式(14-6),可求得砂浆的使用寿命分别为171年和123年。实际地质环境中,锚杆还会受到其他腐蚀因素的影响,这里只考虑单因素$SO_4^{2-}$离子浓度的影响,所得到的使用寿命是偏于危险的,实际寿命比这个值要小。

## 14.7  小　结

(1)采用灰色理论所建立的GM(1,1)模型具有较高的精度,模型值与真实值非常接近,说明模型的建立是可行的。

(2)采用GM(1,1)模型对砂浆试件在加速腐蚀条件下的设计寿命进行了预测。根据灰预测的基本原理,预测结果具有较高的置信度。

(3)水泥砂浆腐蚀试验是加速试验,试件的设计寿命并不等于具体工程中锚固类结构的使用寿命。欲对具体工程的锚固类结构使用寿命进行预测,尚需利用使用寿命与腐蚀浓度之间的函数关系。

(4)焦作市焦东矿锚杆使用寿命的预测是基于单一腐蚀因素条件进行的。实际上该矿锚杆存在多种腐蚀因素的耦合作用问题,因而预测结果是偏于危险的。

(5)对锚固类结构的使用寿命进行比较可靠的预测,一直是一个很棘手的问题。采用灰理论进行预测,仅是初步尝试,还有许多问题需深入探讨。

(6)以室内试验结果为依据,采用灰色理论首次对锚固类结构的使用寿命进行了预测预报,并尝试解决了如何将室内加速试验结果有效地用于不同腐蚀环境的问题。

## 参 考 文 献

[1] 李田,刘西拉.混凝土结构的耐久性设计[J].土木工程学报,1994,27(2):47-55

[2] ACI Committee. Service-life prediction[R]. State-of-the-art report, ACI365. R-00,2000

[3] Ruoxue Zhang, Sankaran Mahadeven. Reliability-based reassessment of corrosion fatigue life[J]. Structural Safety, 23:77-91

[4] Rokhlin S L, Kim J Y, Nagy H, et al. Effect of pitting corrosion on fatigue crack initiation and fatigue life[J]. Engineering Fracture Mechanics 1999,62 (4):425-444

[5] Harlow D G, Wei R. Probability modeling for the growth of corrosion pits[C]∥ Chang C I, Sun C T,et al. Structural integrity in aging aircrafts. ASME,1995:185-194

[6] Bamforth P. Predicting the Risk of Reinforcement Corrosion in Marine Structures[J]. Corrosion Prevention & Control, Aug, 1996

[7] S L Amey, et al. Predicting the Service Life of Concrete Marine Structures:An Environmental Methodology[J]. ACI Structural Journal,March-April, 1998

# 15 现场缩尺锚杆的腐蚀耦合效应与机制

## 15.1 引　言

国外对锚固类结构的安全性与耐久性问题已经做了许多工作,国内所做工作相对较少。但无论国内和国外,关于特长周期条件下锚固类结构耐耦合腐蚀因素现场试验成果均未见发表。1986 年 5 月,总参工程兵科研三所于河南省焦作市朱村矿的腐蚀环境中埋设了一批施加不同等级预应力的试验锚杆和缩尺锚杆。试验周期分为 1 年、5 年和 10 年。对 1 年期的缩尺锚杆进行试验后,由于经费原因,5 年和 10 年期一直未进行试验。直至 2003 年 7 月在国家自然基金资金资助下,才将这批缩尺锚杆发掘出来,进行较全面的测试和研究❶。

本章仅对缩尺锚杆腐蚀效应进行研究。

## 15.2 试　验　方　法

缩尺锚杆采用 Q235 钢制作,加工后直径为 3mm。其外部分别裹有厚度为 6mm 的普通硅酸盐水泥砂浆、外加剂水泥砂浆和丙烯酸水泥砂浆。试件制作完毕,即装在直径为 40mm、长度为 60mm 的圆形钢筒内,通过加力扳手给缩尺锚杆施加预拉力,与此同时对钢筒体施加预压力。预加力大小及缩尺锚杆编号见表 15-1。

**预应力砂浆锚杆试件编号**　　　　　　　　　　　　　　　表 15-1

| 砂浆种类 | 钢筋保护层类型 | 1 年期预加力(N) | | | | 17 年期预加力(N) | | | | | | | |
|---|---|---|---|---|---|---|---|---|---|---|---|---|---|
| | | 800 | | 1 500 | | 800 | | 1 500 | | 800 | | 1 500 | |
| 普通砂浆 | 无 | 12 | 13 | 43 | | 35 | 40 | 44 | 45 | 36 | 37 | 46 | 47 |
| | 氯磺化聚乙烯涂料 | 5 | 8 | 1 | 2 | 19 | 34 | 3 | 9 | 30 | 39 | 4 | 17 |
| | 丙烯酸水泥浆涂料 | 28 | 29 | 6 | 7 | 14 | 21 | 10 | 11 | 29 | 33 | 20 | 26 |
| 掺外加剂砂浆 | 无 | 25 | 31 | 15 | 16 | 41 | 50 | 18 | 22 | 32 | 49 | 23 | 24 |
| 丙烯酸砂浆 | 无 | 53 | 60 | 38 | 62 | 52 | 57 | 59 | 61 | 51 | 55 | 54 | 56 |

---

❶　该项试验由曾宪明、赵健等完成。

将加工、组装完毕的试件(共59件)运至试验现场,置于钻孔内并用水泥砂浆对孔口进行封堵。17年后对该批缩尺锚杆进行发掘,并对以下条件和参数进行测试:①缩尺锚杆及钢筒体的腐蚀环境;②缩尺锚杆的腐蚀状况;③缩尺锚杆及钢筒体的强度损失率;④各种因素对缩尺锚杆及钢筒体使用寿命的影响程度。

缩尺试件模拟的是锚杆抗化学腐蚀和应力腐蚀耦合效应的一种理想工况(施工质量良好),试件钢筒体模拟的是锚杆抗化学腐蚀和应力腐蚀耦合效应的不良工况(注浆不饱满导致孔内锚杆钢筋局部或大部裸露)。

## 15.3 缩尺锚杆腐蚀环境测试

缩尺锚杆的腐蚀环境主要指温度、湿度和地下水中各种腐蚀物含量。测试结果为:
(1)温度:19.5℃。
(2)湿度:93% ~95% 。
(3)地下水腐蚀物含量测试结果见表15-2。

朱村煤矿地下水腐蚀物含量测试结果 表15-2

| 项 目 | 符 号 | 含量(mg/L) | 离 子 | 含量(mg/L) | 含量(毫克当量/L) |
|---|---|---|---|---|---|
| 总酸度 | | 0.318 | $Ca^{2+}$ | 88.18 | 4.40 |
| 游离二氧化碳 | $CO_2$ | 14.0 | $Mg^{2+}$ | 38.04 | 3.13 |
| 侵蚀性二氧化碳 | $CO_2$ | 0.00 | $Cl^-$ | 24.3 | 0.685 |
| 溶解氧 | $O_2$ | 0.30 | $SO_4^{2-}$ | 5.28 | 0.110 |
| pH | | 7.44 | $CO_3^{2-}$ | 0.00 | 0.00 |
| | | | $HCO_3^-$ | 317.90 | 5.21 |

## 15.4 缩尺锚杆钢筒体腐蚀状况测试

1)缩尺锚杆钢筒体坑蚀深度
朱村煤矿缩尺锚杆钢筒体坑蚀深度测试结果见表15-3。相应于该表的坑蚀深度柱状图见图15-1。

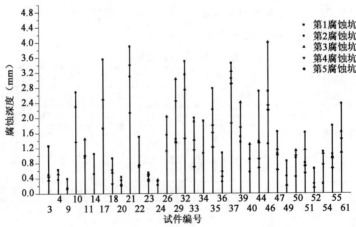

图15-1 朱村煤矿缩尺锚杆钢筒体坑蚀深度柱状图

| 序　　号 | 试件编号 | 各次坑蚀深度实测结果(mm) | | | | |
|---|---|---|---|---|---|---|
| | | 1 | 2 | 3 | 4 | 5 |
| 1 | 3 | 1.26 | 0.50 | 0.36 | 0.44 | |
| 2 | 4 | 0.63 | 0.37 | 0.52 | | |
| 3 | 9 | 0.39 | 0.12 | 0.16 | | |
| 4 | 10 | 2.30 | 2.69 | 1.38 | | |
| 5 | 11 | 0.95 | 0.98 | 1.45 | 1.00 | |
| 6 | 14 | 1.05 | 0.52 | | | |
| 7 | 17 | 1.73 | 3.56 | 2.50 | | |
| 8 | 18 | 0.93 | 0.62 | 0.56 | 0.25 | |
| 9 | 20 | 0.44 | 0.35 | 0.25 | 0.20 | |
| 10 | 21 | 3.90 | 3.10 | 2.15 | 3.40 | |
| 11 | 22 | 0.70 | 1.50 | 0.76 | | |
| 12 | 23 | 0.55 | 0.46 | 0.38 | 0.32 | 0.50 |
| 13 | 24 | 0.22 | 0.32 | 0.36 | | |
| 14 | 26 | 1.12 | 1.55 | 2.04 | | |
| 15 | 29 | 1.44 | 1.37 | 3.03 | 2.44 | 1.35 |
| 16 | 32 | 3.50 | 3.15 | 2.75 | 1.45 | |
| 17 | 33 | 1.90 | 2.00 | 1.42 | 1.14 | 0.70 |
| 18 | 34 | 1.92 | 1.06 | | | |
| 19 | 35 | 2.78 | 2.22 | 1.81 | 1.60 | 1.22 |
| 20 | 36 | 1.07 | 0.31 | 0.45 | 0.57 | |
| 21 | 37 | 3.45 | 3.04 | 3.24 | 1.85 | 2.90 |
| 22 | 39 | 1.36 | 1.50 | 2.41 | 1.74 | |
| 23 | 40 | 0.90 | 0.56 | 1.30 | | |
| 24 | 44 | 1.37 | 2.70 | 0.68 | 0.90 | 1.34 |
| 25 | 46 | 2.70 | 1.31 | 4.00 | 2.32 | 2.2 |
| 26 | 47 | 1.05 | 1.63 | 1.16 | 1.00 | 0.62 |
| 27 | 49 | 0.85 | 0.45 | 0.21 | | |
| 28 | 50 | 0.43 | 0.93 | 1.13 | 0.98 | |
| 29 | 51 | 0.80 | 1.61 | 1.15 | 0.52 | 0.72 |
| 30 | 52 | 0.65 | 0.25 | 0.15 | | |
| 31 | 54 | 0.25 | 1.10 | 1.05 | 0.75 | |
| 32 | 55 | 1.03 | 1.79 | 0.96 | 0.91 | 0.66 |
| 33 | 61 | 1.62 | 2.37 | 1.08 | 1.43 | |

注:编号为 1、2、5、6、7、8、12、13、15、16、25、27、28、31、38、43、53、60、62 的缩尺锚杆在 1 年龄期时检测发现钢筒体完好,没有坑蚀现象。

2）缩尺锚杆的钢筒体失重量、失重率、平均腐蚀速率和宏观描述

朱村煤矿缩尺锚杆钢筒体腐蚀状况测试结果见表15-4。相应于该表的缩尺锚杆钢筒体失重量、失重率和平均腐蚀速率变化曲线见图15-2。

朱村煤矿缩尺锚杆钢筒体测试结果 表15-4

| 序号 | 缩尺锚杆钢筒体编号 | 失重量（g） | 失重率（%） | 平均腐蚀速率（mm/年） | 宏 观 描 述 |
|---|---|---|---|---|---|
| 1 | 3 | 16.99 | 0.080 | 0.072 | 外壁一侧严重锈蚀，内壁80%面积锈蚀 |
| 2 | 4 | 3.36 | 0.016 | 0.014 | 外壁一侧严重锈蚀，内壁30%面积锈蚀 |
| 3 | 9 | 17.39 | 0.082 | 0.074 | 外壁有连续锈迹，内壁40%面积有锈迹 |
| 4 | 10 | 11.32 | 0.054 | 0.048 | 外壁有一处坑蚀，内壁80%面积有锈迹 |
| 5 | 11 | 18.15 | 0.086 | 0.077 | 外壁有两处坑蚀，内壁20%面积有锈迹 |
| 6 | 14 | 4.15 | 0.019 | 0.017 | 外壁有两处坑蚀，内壁80%面积有锈迹 |
| 7 | 17 | 12.63 | 0.059 | 0.053 | 外壁有带状点蚀，内壁70%面积锈蚀 |
| 8 | 18 | 3.32 | 0.016 | 0.014 | 外壁有带状蚀，内壁60%面积有锈迹 |
| 9 | 20 | 12.73 | 0.060 | 0.054 | 外壁大面积锈蚀，内壁可见少许金属色 |
| 10 | 21 | 15.46 | 0.073 | 0.065 | 外壁有严重坑蚀，内壁80%面积锈蚀 |
| 11 | 22 | 17.34 | 0.082 | 0.073 | 外壁锈蚀层均匀，内壁60%面积有锈迹 |
| 12 | 23 | 8.8 | 0.042 | 0.037 | 外壁一侧锈蚀严重，内壁40%面积锈蚀 |
| 13 | 24 | 1.16 | 0.005 | 0.004 | 外壁锈蚀轻微，内壁有少许锈斑 |
| 14 | 26 | 10.55 | 0.050 | 0.045 | 外壁有两处小坑蚀，内壁有少许锈蚀 |
| 15 | 29 | 20 | 0.095 | 0.085 | 外壁一侧有严重坑蚀，内壁全面积锈蚀 |
| 16 | 32 | 15.85 | 0.075 | 0.067 | 外壁有几处严重锈蚀坑 |
| 17 | 33 | 7.14 | 0.034 | 0.030 | 外壁有1处坑蚀，内壁有对应结晶 |
| 18 | 34 | 3.72 | 0.018 | 0.016 | 外壁有3处坑蚀，内壁40%面积有锈迹 |
| 19 | 35 | 25.83 | 0.122 | 0.110 | 外壁有大面积坑蚀，内壁有严重锈蚀 |
| 20 | 36 | 2.54 | 0.012 | 0.011 | 外壁一侧锈蚀严重，内壁70%面积锈蚀 |
| 21 | 37 | 20.57 | 0.097 | 0.087 | 外壁有严重坑蚀，内壁60%面积有锈蚀 |
| 22 | 39 | 8.57 | 0.041 | 0.036 | 外壁一侧有坑蚀，内壁10%面积锈蚀 |
| 23 | 40 | 1.66 | 0.008 | 0.007 | 外壁有少许点蚀，内壁50%面积有锈迹 |
| 24 | 41 | 8.21 | 0.039 | 0.035 | 外壁均匀锈蚀，内壁有锈迹 |
| 25 | 44 | 10.4 | 0.049 | 0.044 | 外壁一侧有坑蚀，内壁全部锈蚀 |
| 26 | 46 | 19.04 | 0.090 | 0.081 | 外壁有2处坑蚀，内壁锈蚀与砂浆黏结 |
| 27 | 47 | 6.18 | 0.029 | 0.026 | 外壁有带状点蚀，内壁60%面积锈蚀 |
| 28 | 49 | 11.67 | 0.055 | 0.049 | 外壁有少许点蚀，内壁80%面积有锈迹 |
| 29 | 50 | 12.69 | 0.060 | 0.054 | 外壁锈蚀轻微，内壁锈蚀严重 |
| 30 | 51 | 10.85 | 0.051 | 0.046 | 外壁一侧有坑蚀，内壁40%面积锈蚀 |
| 31 | 52 | 7.83 | 0.037 | 0.033 | 内、外壁有轻微锈蚀层 |
| 32 | 54 | 7.92 | 0.038 | 0.033 | 外壁一侧有锈蚀坑，内壁40%面积锈蚀 |
| 33 | 55 | 11.3 | 0.054 | 0.041 | 外壁大面积有锈迹，内壁有点蚀坑 |
| 34 | 61 | 9.94 | 0.047 | 0.042 | 外壁有3处坑蚀，内壁有大面积锈蚀 |

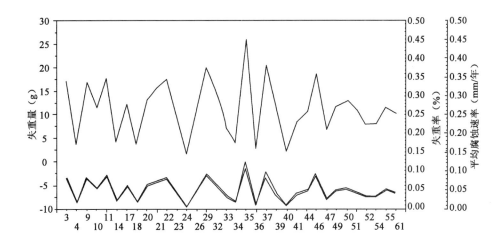

图 15-2　朱村煤矿缩尺锚杆钢筒体的失重量、失重率和平均腐蚀速率变化曲线

3）缩尺锚杆钢筒体的强度损失率

缩尺锚杆钢筒体强度损失率的对比试验结果见图 15-3。

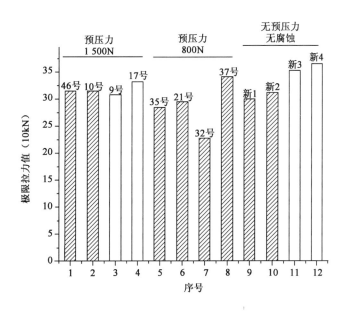

图 15-3　缩尺锚杆钢筒体强度损失率的对比试验结果

## 15.5　缩尺锚杆的宏观结果与强度损失率

1）缩尺锚杆的宏观结果

将现场挖掘出的缩尺锚杆卸去紧固螺母，释放掉预应力，拆去钢筒体，剖开砂浆及钢筋保护层（涂料）后发现：杆体表面无锈迹、无点蚀、无坑蚀，同新钢筋相比，只是无光泽而不新鲜。据此判定，该批缩尺锚杆基本上不存在失重问题。

2）缩尺锚杆的强度损失率

朱村煤矿缩尺锚杆（预加力 800N）拉伸试验结果见表 15-5。

朱村煤矿缩尺锚杆拉伸试验结果（预加力为 800N 的试件） 表 15-5

| 缩尺锚杆编 号 | 破坏荷载（kN） | 破坏荷载峰值（kN） | 累积位移（mm） | 断裂位置 | 砂浆种类 | 钢筋保护层 |
|---|---|---|---|---|---|---|
| 37 | 1.73 | 2.78 | 8.95 | 0.73$L$ 处 | 普通砂浆 | 无 |
| 30 | 1.80 | 2.83 | 8.70 | 端部处 | 普通砂浆 | 氯磺化聚乙烯涂料 |
| 33 | 1.90 | 2.77 | 10.08 | 0.98$L$ 处 | 普通砂浆 | 丙烯酸水泥浆涂料 |
| 49 | 2.52 | 2.98 | 7.35 | 端部处 | 掺外加剂砂浆 | 无 |
| 55 | 2.93 | 3.07 | 2.68 | 端部处 | 丙烯酸砂浆 | 无 |
| 均值 | 1.988 | 2.840 | 8.770 | — | — | — |

注:55 号缩尺锚杆不参与取均值;$L$ 为缩尺锚杆长度,下同。

朱村煤矿缩尺锚杆（预加力 1 500N）拉伸试验结果见表 15-6。

朱村煤矿缩尺锚杆拉伸试验结果（预加力为 1 500N 的试件） 表 15-6

| 缩尺锚杆编 号 | 破坏荷载（kN） | 破坏荷载峰值（kN） | 累积位移（mm） | 断裂位置 | 砂浆种类 | 钢筋保护层 |
|---|---|---|---|---|---|---|
| 47 | 1.66 | 2.63 | 7.35 | 0.95$L$ 处 | 普通砂浆 | 无 |
| 17 | 2.26 | 2.83 | 6.99 | 0.8$L$ 处 | 普通砂浆 | 氯磺化聚乙烯涂料 |
| 26 | 2.56 | 3.00 | 6.79 | 端部处 | 普通砂浆 | 丙烯酸水泥浆涂料 |
| 23 | 1.67 | 2.55 | 6.82 | 0.7$L$ 处 | 掺外加剂砂浆 | 无 |
| 54 | 3.03 | 3.19 | 4.90 | 0.93$L$ 处 | 丙烯酸砂浆 | 无 |
| 均值 | 2.038 | 2.753 | 6.988 | — | — | — |

注:54 号缩尺锚杆不参与取均值。

朱村煤矿缩尺锚杆（无预加力、无腐蚀的新鲜试件）拉伸试验结果见表 15-7。

朱村煤矿缩尺锚杆拉伸试验结果（无预加力、无腐蚀的新鲜试件） 表 15-7

| 缩尺锚杆编 号 | 破坏荷载（kN） | 破坏荷载峰值（kN） | 累积位移（mm） | 断裂位置 | 砂浆种类 | 钢筋保护层 |
|---|---|---|---|---|---|---|
| 试件 1 | 3.24 | 3.74 | 6.4 | 0.93$L$ 处 | 无 | 无 |
| 试件 2 | 2.94 | 3.53 | 5.47 | 0.93$L$ 处 | 无 | 无 |
| 试件 3 | 2.94 | 3.63 | 6.36 | 0.93$L$ 处 | 无 | 无 |
| 平均 | 3.040 | 3.633 | 6.077 | — | — | — |

相应于表 15-5 ～ 表 15-7 的缩尺锚杆破坏荷载和位移柱状图见图 15-4 和图 15-5。

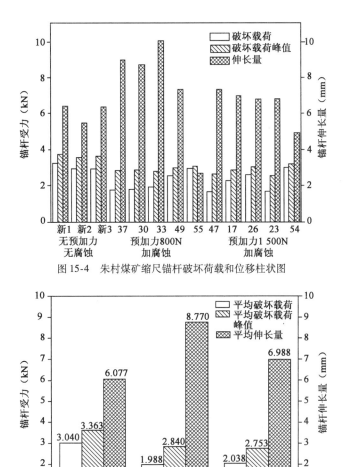

图 15-4  朱村煤矿缩尺锚杆破坏荷载和位移柱状图

图 15-5  朱村煤矿缩尺锚杆平均破坏荷载和平均位移柱状图

# 15.6  试验结果与结论

1)环境因素的影响

(1)地层的腐蚀等级一般分为 4 级,即很强、强、中等和弱。由表 15-2 可知,朱村煤矿地下水 pH 值为 7.44,介于腐蚀等级为中等的 pH 值 6.5~8.5 之间,可初步认为其腐蚀等级为中等。但朱村煤矿地下水中 $CO_2$ 含量高达 14.0mg/L,比属于很强腐蚀等级的 5mg/L 高出约 2 倍;而朱村煤矿地下水中 $SO_4^{2-}$ 与 $Cl^-$ 含量之和为 29.58mg/L,该值又处于弱腐蚀等级 <100mg/L 的范围之内。根据地层及地下水的实测值至少有两项涵盖相应的腐蚀等级时,即可将该地层划分为该腐蚀等级的一般原则,可以确定朱村煤矿现场地层的腐蚀等级为中等。

(2)温度是腐蚀的催化因素。温度越高,腐蚀速率越大。通常腐蚀速率与温度之间呈指数关系。在本项试验中,埋设现场温度变化很小,常年保持恒定。因此,对锚杆腐蚀速率影响不大。

(3)湿度对腐蚀的影响很大。空气中的水分对于金属溶解的离子化过程及介质电解质的离子化都是必要条件。水分除了参与腐蚀的基本过程之外,对于涉及介质腐蚀的其他因素几乎都有影响。但是介质含水量很高时,氧的扩散渗透受到阻碍,腐蚀减轻,含水量增加,介质电阻率减小,氧浓差电池的作用也增加,在湿度为70% ~ 90%时出现最大值。当介质湿度再增加并接近饱和时,氧浓差作用减小。由于现场湿度接近饱和,其对锚杆的腐蚀速率会有所降低。

(4)对现场地下水取样化验结果进行综合分析可知:pH值显示为中性,总酸度值偏高,氯离子含量在阴离子含量中最高。通常土壤中含盐量为80 ~ 1 500mg/kg,在土壤电解质中的阳离子一般是钾、钠、镁和钙离子,阴离子是碳酸根、氯和硫酸根离子。其含盐量越大,电导率就越大,从而提高了对介质的腐蚀性。因此,氯离子对锚杆腐蚀具有显著作用。

2)缩尺锚杆钢筒体腐蚀状况分析

(1)缩尺锚杆钢筒体是为给缩尺锚杆施加预应力而设计制作的,钢筒体的腐蚀代表了施工质量不佳、局部无砂浆包裹这种工况的工程锚杆的腐蚀。因而研究钢筒体的腐蚀同样是十分重要的。

(2)单根缩尺锚杆钢筒体的坑蚀是不均匀的,所有缩尺锚杆钢筒体坑蚀状况也是不相同的,坑蚀深度在0.15 ~ 4.0mm之间。但是,只有最大坑蚀深度才能作为控制性指标参数。据此推知,经过17年腐蚀,一根 $\phi$40mm 的缩尺锚杆钢筒体,已损失了10%的直径和19%的截面积。

(3)虽然每根缩尺锚杆钢筒体的坑蚀深度和分布形态各不相同,但仍有比较一致的分布规律,这就是所有坑蚀现象均比较集中地发生在金属钢筒体与孔壁接触部位及其附近,其中部分钢筒体甚至因锈蚀而与孔壁发生黏结。对该现象的一种可能解释是接触部位比较潮湿,且含有腐蚀性物质,更易于使金属材料发生腐蚀。

(4)编号为1、2、5、6、7、8、12、13、15、16、25、27、28、31、38、43、53、60、62 的19根缩尺锚杆钢筒体在1年龄期时检测发现:钢筒体完好,没有坑蚀现象发生。这表明,坑蚀现象有一个渐进的过程,任何单位时间内发生的坑蚀深度并不相等。因此,不宜采用平均速率的概念推断结构及构件的使用寿命。

(5)在钢筒体上的小孔周围,由于渗漏水的出现,腐蚀更加严重。坑蚀现象在所有测试的缩尺锚杆钢筒体上都存在,情况十分普遍,以致存在无法进行全部测量的大面积点蚀的情况。

3)缩尺锚杆钢筒体的失重量、失重率和平均腐蚀速率

(1)失重是指单根缩尺锚杆钢筒体因腐蚀所失去的质量的绝对值。即使是同一现场,腐蚀环境和条件大体相同,锚杆钢筒体的失重量也是极不均匀的。失重量在5g以下者为7根,占总根数的20.6%;失重量在15g以上者为9根,占总根数的26.5%;其余18根失重量均在5 ~ 15g之间,占总根数的52.9%。失重量的概率分布大体为正态分布,即在同一现场,试验锚杆钢筒体腐蚀较严重和较轻微的均较少,介于二者之间的居多。这是更为具体的腐蚀环境差异造成的。

(2)失重率是指单根锚杆钢筒体所失去质量同该根锚杆钢筒体原质量之比。因此,失重量不均匀,失重率也是不均匀的,而且其概率分布也大体为正态分布,即失重率最高者1根为0.122%,最低者1根为0.005%,余者均散布其间。失重率最高者是最低者的24.4倍,由此可见同一现场环境下的腐蚀差异之大。

(3)平均腐蚀速率的计算公式如下:

$$v = \frac{365(W_1 - W_2)}{2\pi R(L + R)T\rho} \tag{15-1}$$

式中,$v$ 为钢筋(钢绞线)腐蚀速率(mm/a);$W_1$ 为钢筋(钢绞线)腐蚀前的质量(g);$W_2$ 为钢筋(钢绞线)腐蚀后的质量(g);$\pi$ 为圆周率,取 3.141 592 6;$R$ 为钢筋(钢绞线)试件的半径(mm);$L$ 为钢筋(钢绞线)试件的长度(mm);$T$ 为钢筋(钢绞线)试件的腐蚀时间(d);$\rho$ 为钢筋(钢绞线)试件的密度(g/mm³)。

式(15-1)是以失重量的概念推导建立起来的,只是另增加了一个时间因子,因而其实测曲线也具有与失重率规律一致的分布形态。平均腐蚀速率是在均匀腐蚀的假定基础上建立的,而实际腐蚀状态是极不均匀的,因此其计算结果是偏于危险的。就单根缩尺锚杆钢筒体而言,失重率也是一个平均值的概率,这是二者曲线分布形态一致且差异甚小的主要原因。分析认为,最具有实际意义的是实测到的最大坑蚀深度及其与对应试件的腐蚀速率。

4)缩尺锚杆钢筒体强度损失率

(1)12 根缩尺锚杆钢筒体断裂拉力峰值大小不一,较为分散。但观察其破坏形态,发现其中有 8 个试件的断裂发生在两端的螺纹连接处或焊缝处,表明螺纹使试件在该部位强度降低,或焊缝强度不足导致数据有一定程度失真。

(2)编号为 9 号和 17 号的缩尺锚杆钢筒体,以及对比试验采用的新 3 号和新 4 号缩尺锚杆钢筒体,其断裂发生在杆体中间部位,两端焊峰强度足够,试验数据具有较高的置信度。

(3)经必要误差修正后可知,现场缩尺锚杆钢筒体的强度损失率为 7.55% ~ 13.26%。以偏于安全考虑,17 年期的强度损失率的标准值宜为 14%。

5)现场缩尺锚杆的破坏荷载与位移

(1)在各种类型的砂浆保护层中,只有丙烯酸砂浆防护效果最佳,它使缩尺锚杆具有最大的破坏荷载及其峰值荷载,并具有最小的位移量。其他种类砂浆锚杆均相差无几,且均无锈迹。这表明,钢筋表面有无涂料并不重要,而且还可将除丙烯酸砂浆锚杆之外的缩尺试件取均值进行分析。

(2)无预应力且无腐蚀环境的缩尺锚杆,其平均破坏荷载及其峰值,分别比有预应力加腐蚀环境的高 52.9% ~ 49.2% 和 18.4% ~ 22.2%,而平均伸长量又比后者分别低 30.7% 和 13.0%。这一结果表明:旧缩尺试件破坏起始点和峰值点均显著提前,而位移量明显增大。显然,这种差异不是锈蚀引起的。

(3)两种类型的预应力缩尺锚杆的腐蚀环境可认为相同,且均无明显锈蚀,二者的差异与应力腐蚀有关。施加较小预加力(800N)的缩尺锚杆,其平均破坏荷载比施加较大预加力(1 500N)的低 2.3%;而前者的峰值破坏荷载比后者高 3.2%。一般认为,当拉应力的大小达到材料屈服强度的 70% ~ 90% 时,即可使材料产生应力腐蚀断裂。由于所设计拉应力的大小仅为相应试件屈服强度的 39.4% 和 72.1%(平均值),因而应力腐蚀的差异性很难区分出来。综合考虑,施加较小预应力的缩尺锚杆,其平均伸长量反而比施加较大预应力的高这一试验结果,可视为误差。

(4)缩尺锚杆的应力腐蚀效应(强度降低)是存在的,但不是很明显。而旧试件的破坏载荷峰值却比新试件低 18.4% ~ 22.2%。是何原因使新旧缩尺锚杆之间产生如此大的差异?锈蚀和应力腐蚀均解释不了。一种可能的解释是材料老化所致;另外也可能由于冶炼工艺的进步而存在材质上的差异。但无论如何,这一事实不得不引起人们的高度重视。

## 15.7 小 结

1)关于腐蚀等级和腐蚀环境

(1)朱村煤矿现场环境腐蚀等级为中等。

(2)温度对锚杆的腐蚀效应不明显。湿度不是引起锚杆腐蚀的主要因素。地下水中 $Cl^-$ 含量对锚杆腐蚀具有显著影响。

2)关于缩尺锚杆钢筒体(不良工况)

(1)单根缩尺锚杆钢筒体坑蚀深度深浅不一。缩尺锚杆钢筒体坑蚀分布状态各不相同。描述缩尺锚杆钢筒体腐蚀状况,采用平均腐蚀速率偏于危险,宜使用与最大坑蚀深度相对应的腐蚀速率进行描述。

(2)缩尺锚杆钢筒体的失重量、失重率和平均腐蚀速率分布均为正态分布。试验锚杆钢筒体的失重率极不均匀,其最高者是最低者的24.4倍。

(3)在中等腐蚀环境中,缩尺锚杆钢筒体17年龄期强度损失约为14%,直径损失约为10%,截面积损失约为19%。这意味着,以材料强度的标准值设计的、安全系数为1.14的工程锚杆,此时已处于临界状态。

3)关于缩尺锚杆(良好工况)

(1)在各种类型的砂浆保护层中,丙烯酸砂浆防护效果最优;只要有足够的砂浆保护层厚度,锚杆表面是否另加防护涂层,其防护效果并不明显。

(2)由于综合因素影响,旧缩尺锚杆试件的破坏起始点和峰值点均显著提前。同新缩尺锚杆试件相比,旧缩尺锚杆试件的平均破坏载荷及其峰值分别要低52.9%~49.2%和18.4%~22.2%。这须引起人们的高度重视。

## 参 考 文 献

[1] 刘西拉.结构工程耐久性的基础研究[C]//陈肇元,钱家茹,等.工程科技论坛:土建结构工程的安全性与耐性性.北京:清华大学出版社,2001:200-206

[2] 姚燕.混凝土材料的耐久性——重大工程混凝土安全性的研究进展[C]//陈肇元,钱家茹,等.工程科技论坛:土建结构工程的安全性与耐久性.北京:清华大学出版社,2001:266-273

[3] 陈肇元.混凝土结构的耐久性与使用寿命[C]//陈肇元,钱家茹,等.工程科技论坛:土建结构工程安全性与耐久性.北京:清华大学出版社,2001:17-24

[4] 牛荻涛.混凝土结构耐久性与寿命预测[M].北京:科学出版社,2003

[5] 张誉,蒋利学,张伟平,等.混凝土结构耐久性概论[M].上海:上海科学技术出版社,2003

[6] 曾宪明,雷志梁,张文巾,等.关于锚杆"定时炸弹"问题的讨论——答郭映忠教授[J].岩石力学与工程学报,2002,21(1):143-147

[7] 李永和,葛修润.喷锚结构中钢锚杆锈蚀量的估计分析[J].煤炭学报,1998,23(1):48-52

[8] 范建海,张世飚,陈建平,等.锚杆锈蚀对锚喷支护安全性影响分析[J].安全与环境工程,2002,9(4):48-50

# 16 室内缩尺锚杆的腐蚀耦合效应研究与应用

## 16.1 概　　述

近些年来,锚固工程的安全性评估及寿命预测问题,已成为广大专家学者和工程技术人员关注的热点。其核心则是锚索、锚杆的耐久性及使用寿命问题。总参工程兵科研三所曾于 20 世纪 90 年代中期,针对腐蚀溶液浓度变化对锚杆腐蚀影响展开专题研究,其后又对水泥砂浆在含 $SO_4^{2-}$ 和 $Cl^-$ 溶液中强度随时间变化规律进行了研究。通过这些研究,基本掌握了溶液浓度变化对锚杆和砂浆握裹层腐蚀程度的影响趋势。但这些研究多是针对某单一因素对锚杆腐蚀的影响而展开,对多因素耦合作用下锚杆腐蚀行为的研究还未见报道,这一点对锚杆而言恰恰是至关重要的。实际锚杆所处地质环境极其复杂,工作条件十分恶劣,影响因素众多,而且互相耦合,与单一因素腐蚀现象、结果均有很大差别,使得现有科研成果很难直接推广应用到工程中去。例如以往对锚索、锚杆耐久性研究就未考虑荷载的影响,荷载和腐蚀介质耦合机制下的腐蚀规律不清楚。国内外最近的研究表明:混凝土构件在荷载和腐蚀介质耦合作用下,整个构件的腐蚀速度明显加快,腐蚀程度较无荷载构件更加强烈,严重影响到构件的正常使用。虽然混凝土构件与锚索、锚杆在结构形式及受力状态等方面均不可比拟,但却可以互相借鉴,有所启发。

基于上述原因,开展了锚杆在潮湿空气和 $Na_2SO_4$ 溶液中有、无荷载耦合情况下的腐蚀对比研究❶,旨在弄清荷载对腐蚀到底有何种影响及影响的程度。

## 16.2 试　验　方　案

本试验主要采取室内模拟的方法,分别模拟缩尺锚杆在潮湿空气、$Na_2SO_4$ 水溶液及有荷载耦合潮湿空气、$Na_2SO_4$ 水溶液中的腐蚀过程,研究锚杆在潮湿空气和 $Na_2SO_4$ 溶液中的腐蚀规律,分析对比荷载对锚杆腐蚀程度的影响。

---

❶ 该项研究由肖验、曾宪明等完成。

本试验共使用了 384 根试验锚杆。其中潮湿空气中无荷载腐蚀锚杆 1 组,分为 8 个龄期,每个龄期 3 根,共计 24 根,主要模拟潮湿空气中处于自由状态锚杆的腐蚀规律;潮湿空气有荷载耦合腐蚀锚杆 5 组,分为 8 个龄期,每组每龄期 3 根,共计 120 根,主要研究荷载大小对潮湿空气中锚杆腐蚀的影响规律;$Na_2SO_4$ 溶液中无荷载腐蚀锚杆 5 组,分为 8 个龄期,每组每龄期 3 根,共计 120 根,主要研究腐蚀溶液浓度变化对腐蚀的影响;$Na_2SO_4$ 溶液中有荷载耦合腐蚀锚杆 5 组,分为 8 个龄期,每组每龄期 3 根,共计 120 根,主要研究荷载大小对溶液中锚杆腐蚀的影响。试验锚杆的分配见表 16-1。

腐蚀介质参数及锚杆试验组数分配表　　　　　　　　表 16-1

| 腐蚀条件及参数 | | 荷 载 等 级（N） | | | | | |
|---|---|---|---|---|---|---|---|
| | | 0 | 300 | 600 | 900 | 1 200 | 1 500 |
| 潮湿空气 | | 24 | 24 | 24 | 24 | 24 | 24 |
| $Na_2SO_4$ 溶液（质量百分浓度） | 0.3% | 24 | 24 | — | — | — | — |
| | 0.9% | 24 | — | 24 | — | — | — |
| | 2.7% | 24 | — | — | 24 | — | — |
| | 8.1% | 24 | — | — | — | 24 | — |
| | 24.3% | 24 | — | — | — | — | 24 |

## 16.3　锚杆腐蚀程度的测试方法

本试验中采用的腐蚀溶液为 $Na_2SO_4$ 水溶液,锚杆在其中的腐蚀特征近似为均匀腐蚀。因此,对腐蚀程度的定量评定方法可采用失重法,即通过腐蚀前后试验锚杆的质量差来衡量其腐蚀程度。试验开始前,将表面处理干净的锚杆用光电读数天平称量并记录其质量指标值,置入腐蚀液中,待试验期到达后,再将锚杆表面的腐蚀物清除干净,并用天平称量其质量指标值,两次质量差值就可作为该锚杆整个腐蚀期间的质量损失量。

在试验中,每 31d 为一个试验龄期,试验共 8 个龄期,合计 248d。

## 16.4　实验室环境参数

试验采用室内模拟的方法,其条件为:无空气流动,环境相对封闭。为保证结果具有可靠性,采用加热器和加湿器来控制环境的温度和湿度,使温度大体保持在 20℃,相对湿度保持在 75% 左右,环境压力为 1 个大气压。

## 16.5　试验锚杆参数

1)材料综合性能

试验锚杆的材料牌号为冷轧 Q235A 钢,化学成分为 C:0.14% ~ 0.22%,Mn:0.3% ~ 0.65%,Si:0.3%,S:0.05%,P:0.045%。其机械物理性能是:屈服极限 509.7MPa,强度极限 720.3MPa,弹性模量 196 ~ 206GPa,延伸率 10%。试件材料保持出厂时的原始状态,未加热处理。

2）试件尺寸

本试验时间仅为 248d,在此期间内锚杆腐蚀总的失重量不可能太大,必须要用高精度的质量测试仪器才能保证试验结果的可靠性。总参工程兵科研三所的光电读数分析天平精度可满足要求,但称重范围只有 200g。因此为便于锚杆质量的称量,锚杆尺寸不宜选取过大。经分析确定锚杆的有效长度为 80mm,直径 3.2mm,同时为了方便施加荷载,在试件的两端各加工螺纹 M8×10,试件大体形状如图 16-1 所示。

图 16-1　试验锚杆示意图

# 16.6　试 验 装 置

对于潮湿空气中无荷载的腐蚀,只需将试验锚杆置于潮湿空气中即可,不需要其他装置;而溶液中无荷载锚杆腐蚀试验,可将锚杆置于长盒形塑料容器中,加腐蚀液体淹没试验锚杆即可。对于空气和腐蚀溶液中有荷载锚杆耦合腐蚀试验,由于涉及荷载的施加问题,则需另外设计专用装置。

对于空气中有荷载腐蚀锚杆,采用的试验装置如图 16-2 所示。试验装置的基本原理是采用杠杆加力的方法。图中的试验锚杆 4 通过下接头 3 和锁紧螺母 1 固定在底板 2 上,而后经过上接头 5 和活节螺栓 6 及传力螺栓 7 连接到加力杠杆 8 的左端,当杠杆右端悬挂一定质量的重物时,在固定螺栓 9 和支撑杆 10 的作用下,将右端的重力转换为左端对锚杆的拉力。整个试验装置通过底板 2 固定到一个支撑钢架上。整个试验装置放置在潮湿的密闭环境里,锚杆就会在荷载和潮湿空气的耦合作用下进行腐蚀。使用这种方法,可保证在试验期间作用在锚杆上的荷载大小始终保持不变。

对于溶液中有荷载的锚杆腐蚀试验,采用的装置如图 16-3 所示。

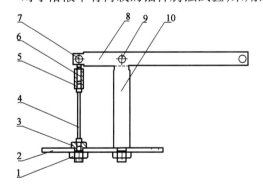

图 16-2　锚杆在潮湿空气中的承载腐蚀装置示意图
1-锁紧螺母;2-固定底板;3-下接头;4-试验锚杆;5-上接头;6-活节螺栓;7-传力螺栓;8-加力杠杆;9-固定螺栓;10-支撑杆

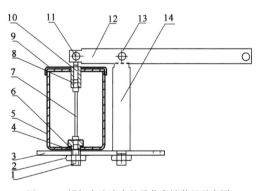

图 16-3　锚杆在溶液中的承载腐蚀装置示意图
1-下接头螺栓;2-锁紧螺母;3-固定底板;4-压紧垫片;5-塑料容器;6-橡胶密封垫片;7-试验锚杆;8-上接头;9-顶盖;10-活节螺栓;11-传力螺栓;12-加力杠杆;13-固定螺栓;14-支撑杆

锚杆在溶液中有荷载耦合的腐蚀试验装置,也是利用杠杆加力原理,不同的是由于要在塑料容器 5 中盛放腐蚀液体,要求下接头螺栓 1 与容器的底面密封性能好,不能漏液。在本试验中,在下接头螺栓1和容器底之间夹了一层橡胶密封垫片6,而且垫片上面涂有704密封胶,同时用压紧垫片4压紧。结果证明效果良好,整个试验期间均未出现液体渗漏现象。为减小蒸发量,保持溶液浓度的稳定性,在塑料容器上加盖,盖上留有小孔,便于空气中的氧气溶解到溶液中。

## 16.7 试验仪器及化学药品

1)电子天平

名称:高精密电子天平,型号:BA-VC2002-01,精度:0.01g,量程:600g。

2)台秤

名称:普通磅秤,型号:TGT200,精度:50g,量程:200kg,等级:Ⅲ。

3)分析天平

名称:光电读数分析天平,型号:TG328B,精度:0.1mg,量程:200g,等级:Ⅲ。

4)化学器皿

800mL烧杯2个,10L容量瓶1个,干燥器2个,白滴瓶1个,其他玻璃仪器及化学器皿若干。

5)其他工具

活口扳手、螺丝刀、小镊子若干,水银温度计、指针式湿度计各1只,加热器、加湿器各1台,橡胶手套若干。

6)化学药品

95%浓硫酸500mL,无水硫酸钠50kg,蒸馏水800kg,无水酒精1 000mL,三氧化二锑500g,氯化亚锡500g,浓盐酸5 000mL,滤纸若干张,水玻璃和704密封胶各4盒,pH试纸1盒,聚氨酯树脂2筒。

## 16.8 腐蚀溶液配制

根据试验要求,腐蚀溶液中$SO_4^{2-}$的质量百分浓度分别要达到0.3%、0.9%、2.7%、8.1%和24.3%,共5个浓度等级,并且要求腐蚀溶液呈弱酸性。通常地层腐蚀等级最强时的pH值为6,故本试验中溶液的pH值也确定为6。

试验中采用硫酸盐加蒸馏水再加极少量稀硫酸的方法来配制腐蚀溶液,硫酸盐采用无水$Na_2SO_4$,用电子天平精确称量其质量,用磅秤称量蒸馏水质量,将$Na_2SO_4$倒入蒸馏水中搅拌,直至没有可见颗粒物,而后用吸管将浓硫酸向溶液慢慢滴入,搅拌均匀后用pH试纸测试,当pH值调整为6时即可使用。

## 16.9 荷载施加方法

根据试验要求,试件预加载分为5个不同的等级,分别要达到锚杆材料许用设计强度的6.5%、13%、19.5%、26%和32.5%。另根据规范,锚杆的设计强度不应大于材料屈服强度的80%。试件直径为3.2mm,可以算出外加力的大小为300N、600N、900N、1 200N、1 500N。

< 188 >

考虑到荷载数值较大,不易施加,因此在图 16-2、图 16-3 所示的装置中,设计了杠杆加力机构,使杠杆右端长度为左端的 5 倍,于是实际悬挂在杠杆右端的重物质量仅为左端拉力的五分之一。据此,杠杆右端悬挂物质量分别为 6kg、12kg、18kg、24kg 和 30kg。另考虑到加力杠杆本身的质量,经计算杠杆两侧实际悬挂的重物质量分别为:5.60kg、11.60kg、17.60kg、23.60kg、29.60kg。精度误差为 ±50g。重物采用编织袋内装干燥砂的方法,在磅秤上准确称量之后,悬挂在杠杆右端即可。

# 16.10　腐蚀物清除方法

腐蚀锚杆表面锈蚀物的清除是一个关键环节,如果清除不干净,就会使最终结果比真实的试验结果要小,造成轻微腐蚀的假象;而如果清除过度,就会使最后结果比真实的试验结果要大,造成严重腐蚀的假象。为使结果真实可靠,专门配置了用于清除腐蚀物的克拉克溶液,其配比为:1L 浓盐酸 +20g 三氧化二锑 +50g 氯化亚锡。同时,清洗的时间也很关键,过长或过短都会影响试验精度。经过反复试验对比,确定 2min 清洗效果最佳。

试验步骤如下:

(1)按照图纸要求加工试验锚杆和试验装置。

(2)将加工好的试件表面油污用碱溶液清洗干净,再用脱脂棉蘸丙酮溶液擦洗,最后用蒸馏水冲洗并用电吹风吹干,放入干燥器中备用。

(3)将试验锚杆用光电读数天平称量,记录初始质量。然后分别安装到各自的试验装置中,那些需要在溶液中加荷载的锚杆,要在螺纹表面涂抹 704 密封胶之后安装到底座上。

(4)用电子天平准确称量 $Na_2SO_4$ 药品,在容量瓶中加蒸馏水配置成所需浓度的溶液。检查各试验装置无异常后,按编号添加不同浓度的腐蚀溶液。

(5)定期观测记录锚杆腐蚀情况,发现腐蚀溶液蒸发、渗漏要及时补充。

(6)待到设定龄期到达后,将锚杆取出,擦去表面的腐蚀生成物,放入配置好的腐蚀物清洗液中,2min 后取出,用蒸馏水洗净,烘干后置于光电读数天平称量并记录,然后用干净滤纸包裹放入干燥器备用。

# 16.11　试验结果与结论

## 16.11.1　锚杆在潮湿空气中腐蚀结果及分析

试验锚杆在潮湿环境中,表面缓慢生成一层深褐色细颗粒状氧化物,质地较为坚硬,与基体金属结合紧密,用棉纱等物不易擦去。

空气中锚杆腐蚀平均失质量数据如表 16-2 和图 16-4 所示。

由表 16-2 可见,在腐蚀开始阶段,不同荷载组别间失重量差别很大,31d 时最大相差 4.57 倍,62d 时最大相差 2.81 倍。但随着腐蚀时间的延长,不同组别间失重量差距开始减小,数据开始变得集中,从 93d 到 248d,最大相差倍数分别为 1.30 倍、1.33 倍、1.32 倍、1.24 倍、1.11 倍和 1.15 倍。另外由图 16-4 可以看出,不同荷载组腐蚀曲线之间有多处交叉,部分时间区段上的曲线接近重合,仅靠简单比较很难准确判断荷载大小对失重量的影响。

| 试验时间<br>（d） | 自然腐蚀失重量<br>（g） | 荷 载 等 级 （N） | | | | |
|---|---|---|---|---|---|---|
| | | 300 | 600 | 900 | 1 200 | 1 500 |
| 31 | 0.004 7 | 0.013 8 | 0.021 5 | 0.012 9 | 0.018 1 | 0.012 9 |
| 62 | 0.009 9 | 0.023 6 | 0.024 1 | 0.027 8 | 0.018 3 | 0.015 3 |
| 93 | 0.034 0 | 0.031 7 | 0.032 8 | 0.031 2 | 0.030 5 | 0.039 8 |
| 124 | 0.044 1 | 0.033 2 | 0.040 1 | 0.040 4 | 0.037 6 | 0.040 3 |
| 155 | 0.044 2 | 0.035 2 | 0.041 7 | 0.043 7 | 0.044 0 | 0.046 5 |
| 186 | 0.046 0 | 0.041 6 | 0.045 8 | 0.049 6 | 0.051 5 | 0.047 5 |
| 217 | 0.052 5 | 0.049 9 | 0.053 3 | 0.050 5 | 0.055 2 | 0.053 0 |
| 248 | 0.059 7 | 0.052 0 | 0.056 0 | 0.057 2 | 0.058 4 | 0.056 9 |

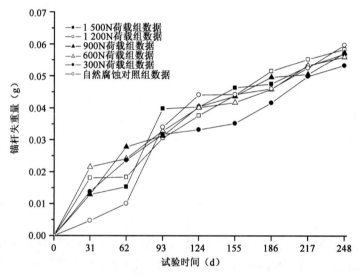

图 16-4 锚杆在潮湿空气中失重量与时间关系曲线

　　为严格从数学上检验以上不同试验组别之间的腐蚀结果是否存在显著差异，此处引用了方差分析方法。检验假设外荷载对腐蚀无显著性影响。将不同试验组别的腐蚀数据加以分析，所得结果如表 16-3 所示。

方 差 检 验 分 析　　　　　　　　　　　　表 16-3

| 来　　源 | 离差平方和 | 自　由　度 | 差方估计值 | $F$ 值 | $F_{0.99}$ |
|---|---|---|---|---|---|
| 组间 | 0.000 12 | 5 | $2 \times 10^{-5}$ | 0.1 | 3.49 |
| 组内 | 0.010 1 | 42 | $2.4 \times 10^{-4}$ | — | — |
| 总和 | 0.010 23 | 47 | — | — | — |

　　方差分析结果显示，当取检验显著性水平 $\alpha = 0.01$ 时，可得到统计量 $F$ 值为 $0.1 < F_{0.99}$ (5,42) =3.49，故可接受原假设，即认为荷载对潮湿空气中锚杆的腐蚀无显著影响。

　　潮湿空气中荷载并未对锚杆腐蚀产生明显影响，其原因在于材料在空气中的腐蚀影响因素较多（如温度、湿度、材料不均匀性、大气成分微小变化等），在相同的试验时间内，即使条件相同的试验组内腐蚀数据也存在高度离散性。因此即便不同数值的荷载会对腐蚀结果产生些许影响，往往会被其他更加敏感的因素所掩盖，难以明确体现出荷载对腐蚀程度的贡献值，也可以说荷载的影响相对于其他的影响因素而言小到可以被忽略的地步。因此，锚杆在空气中的腐蚀可以不考虑荷载大小的影响，而按照普通大气腐蚀规律计算。

据此，将同一龄期内不同荷载下的腐蚀数据取算术平均值，则可得到锚杆在潮湿空气（温度20℃、相对湿度75%）中的腐蚀平均失重量曲线，如图16-5所示。

### 16.11.2 锚杆在 $Na_2SO_4$ 溶液中单纯腐蚀结果及分析

锚杆在 $Na_2SO_4$ 溶液中无荷载作用时腐蚀生成物由外至内分为3层。最外层是红褐色絮状氧化物，质地较软；紧接着是较薄一层黑色物质，亦较柔软；最里面是一层极薄的坚硬黑色膜体，紧紧贴在基体金属上，很难除去。试验结果如表16-4、图16-6和图16-7所示。

锚杆在溶液中无荷载耦合腐蚀失重量（g）　　　　　　　　表16-4

| 试验时间<br>（d） | 腐蚀液浓度（%） | | | | |
|---|---|---|---|---|---|
| | 0.3 | 0.9 | 2.7 | 8.1 | 24.3 |
| 31 | 0.100 5 | 0.088 2 | 0.078 3 | 0.057 5 | 0.033 5 |
| 62 | 0.185 6 | 0.184 8 | 0.148 4 | 0.097 5 | 0.040 9 |
| 93 | 0.245 4 | 0.233 5 | 0.219 0 | 0.124 1 | 0.062 1 |
| 124 | 0.324 0 | 0.302 8 | 0.275 9 | 0.163 5 | 0.090 5 |
| 155 | 0.383 8 | 0.363 6 | 0.300 2 | 0.197 3 | 0.125 8 |
| 186 | 0.426 8 | 0.436 3 | 0.356 3 | 0.218 4 | 0.145 7 |
| 217 | 0.488 6 | 0.477 3 | 0.397 4 | 0.256 2 | 0.155 4 |
| 248 | 0.518 3 | 0.535 0 | 0.470 3 | 0.276 6 | 0.185 4 |

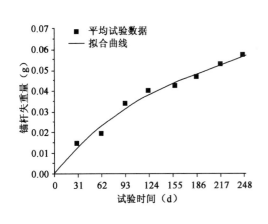

图16-5　锚杆在潮湿空气中平均失重量与时间关系

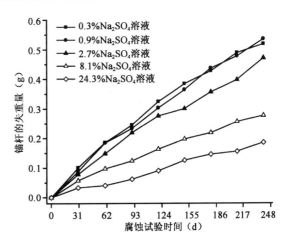

图16-6　溶液中无荷载腐蚀失重量与时间关系

锚杆在不同浓度溶液中的腐蚀程度差别很大。以0.3%、0.9%两种浓度的腐蚀性最强，而2.7%、8.1%和24.3%三种浓度腐蚀性依次下降。根据表中数据，从31d到248d的8个时间段内，不同浓度溶液中失重量最大相差倍数分别为3、4.54、3.95、3.58、3.05、2.99、3.14和2.89倍。可见，在其他因素相同的情况下，浓度的差别是造成腐蚀程度不同的重要原因。

另外，失重量随浓度变化的规律比较复杂，0.3%和0.9%这两种浓度的溶液之间差别不

&lt; 191 &gt;

大,二者失重量曲线有多处交叉,可以认为腐蚀速度基本相近,那么根据插值算法可以推断,浓度介于0.3%~0.9%的溶液腐蚀失重量也应在数量上与此二者相近。但随着浓度从0.9%到24.3%逐渐增加,失重量数据却越来越小,呈现大幅下降的趋势。锚杆在$Na_2SO_4$溶液中腐蚀失重量随浓度变化并不是单调关系,而是表现为一条上凸曲线,即存在一个腐蚀性最强的临界浓度。在该浓度之前,腐蚀性随浓度增大而增加,如纯水腐蚀性较弱,随着水中离子浓度的增加,腐蚀性也逐渐增强;当浓度达到临界浓度时,腐蚀性最强;在临界浓度之后,溶液实际腐蚀强度随浓度增大反而减小,直至溶液浓度达到饱和为止,其腐蚀速度也降到最小。

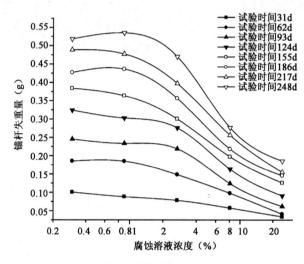

图 16-7　溶液中无荷载腐蚀失重量与浓度关系

此外,在给定的浓度条件下,失重量与时间关系曲线微向上凸,由此可知该曲线的二阶导数为负值,可以看出随时间增加,虽然失重量越来越大,但腐蚀速度却在逐渐减小。

### 16.11.3　锚杆在 $Na_2SO_4$ 溶液中荷载耦合腐蚀结果及分析

有荷载时的腐蚀生成物由外到内分为两层,外层是深褐色絮状氧化物,柔软松散易除去;内层是黑色物质,也很软,与无荷载情况相似。与上节不同的是,无黑色致密薄膜层。擦去这两层腐蚀物质,即露出亮银白色金属基体。试验结果如表16-5、图16-8和图16-9所示。

锚杆在溶液中有荷载耦合腐蚀失重量(g)　　　　　　　　　　表 16-5

| 试验时间<br>(d) | 加 载 等 级 (N) | | | | |
|---|---|---|---|---|---|
| | 300 | 600 | 900 | 1 200 | 1 500 |
| 31 | 0.207 5 | 0.250 3 | 0.284 3 | 0.180 9 | 0.074 4 |
| 62 | 0.242 2 | 0.356 0 | 0.353 9 | 0.244 4 | 0.279 1 |
| 93 | 0.333 2 | 0.420 8 | 0.356 5 | 0.251 1 | 0.279 7 |
| 124 | 0.384 1 | 0.436 1 | 0.401 2 | 0.380 2 | 0.362 5 |
| 155 | 0.542 0 | 0.859 0 | 0.599 9 | 0.426 5 | 0.416 3 |
| 186 | 0.638 8 | 0.881 3 | 0.621 3 | 0.467 0 | 0.604 0 |
| 217 | 0.725 1 | 0.921 6 | 0.860 5 | 0.685 5 | 0.614 0 |
| 248 | 0.824 7 | 1.123 2 | 1.174 3 | 1.065 3 | 0.742 6 |

由于荷载的耦合作用,锚杆腐蚀程度要比无荷载腐蚀严重得多,失重量数据明显增大。同时,由于浓度大的腐蚀溶液对应的外荷载也大,增加的荷载带来的失重量的增大抵消了由于浓度增加而造成的失重量减小,从而使不同浓度溶液的腐蚀失重量的差值变小,从 31d 到 248d,腐蚀结果最大相差倍数分别为 3.82 倍、1.47 倍、1.68 倍、1.20 倍、2.06 倍、1.89 倍、1.51 倍和 1.58 倍,比无荷载时显然小得多。

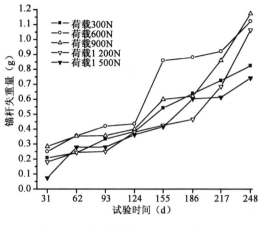

图 16-8　锚杆耦合腐蚀失重量与时间关系

研究发现,不同时间段内出现锚杆失重量最大值时溶液的浓度也由低浓度向高浓度方向移动。无荷载时,最大值出现的浓度范围在 0.3% ~ 0.9% 之间,而在耦合条件下,最大值出现在 0.9% ~ 2.7% 之间。由此可见,确定腐蚀的严重程度不仅要看溶液的浓度大小,还要考察荷载数值的大小。

当有外荷载耦合作用时,失重量与时间关系曲线开始变得略向下凹,曲线的二阶导数变为正值,说明在失重量随时间增加的同时,腐蚀速度随时间增长也呈现逐渐加快的趋势。可见,在浓度相同情况下,增加荷载会使锚杆在溶液中的腐蚀速度加快。在这种加速腐蚀情况下,锚杆寿命会急剧缩短。

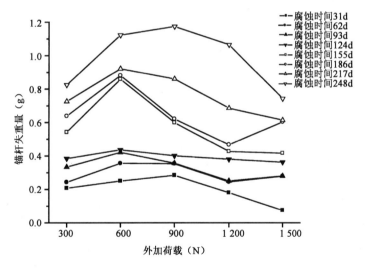

图 16-9　锚杆耦合失重量与荷载关系

### 16.11.4　荷载对锚杆腐蚀的影响程度及原因分析

上节试验数据显示,荷载对腐蚀有明显的促进作用。为确定具体的量化指标,用相同介质浓度、相同腐蚀时间下的锚杆耦合腐蚀失重量数据除以单纯溶液腐蚀的失重量数据,即可得到某一浓度下荷载对腐蚀程度的加速效果,在此称为荷载腐蚀加速倍数,数据如表 16-6 所示。然后将同一荷载、8 个不同时间段内的加速倍数取平均值,就可得到不同荷载的平均加速倍数,如图 16-10 所示。

| 试验时间 (d) | 荷 载 等 级 （N） | | | | |
|---|---|---|---|---|---|
| | 300 | 600 | 900 | 1 200 | 1 500 |
| 31 | 2.06 | 2.84 | 3.63 | 3.15 | 2.22 |
| 62 | 1.30 | 1.93 | 2.38 | 2.51 | 6.82 |
| 93 | 1.36 | 1.80 | 1.63 | 2.02 | 4.50 |
| 124 | 1.19 | 1.44 | 1.45 | 2.33 | 4.01 |
| 155 | 1.41 | 2.36 | 2.00 | 2.16 | 3.31 |
| 186 | 1.50 | 2.02 | 1.74 | 2.14 | 4.15 |
| 217 | 1.48 | 1.93 | 2.17 | 2.68 | 3.95 |
| 248 | 1.59 | 2.10 | 2.50 | 3.85 | 4.01 |

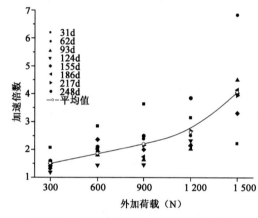

图 16-10　耦合腐蚀平均加速效果与荷载关系

由表 16-6 结果可知,当外加荷载依次为 300N、600N、900N、1 200N 和 1 500N 时,平均荷载腐蚀加速倍数分别为 1.49 倍、2.05 倍、2.19 倍、2.61 倍和 4.12 倍,可见荷载对溶液的腐蚀能力有强烈的促进作用,而且随着荷载增大,加速倍数也急剧增大,作用效果也越来越明显。同时从图 16-10 的曲线趋势可以看出,耦合加速倍数曲线的增长与荷载增长之间呈非线性关系,即当荷载达到一定比例时,加速曲线会突然快速上升,加速倍数会出现成倍增加的现象。

荷载能够促进锚杆在溶液中加速腐蚀的原因是:在无荷载腐蚀条件下,一方面,钝化作用在锚杆金属基体表面生成较为致密的保护膜(试验中观察到的是一层黑色致密薄膜),一定程度上延缓了腐蚀进一步发生;另一方面,腐蚀的生成物(试验中呈现红褐色絮状附着物)会在锚杆上慢慢沉积下来,随着时间的延续,沉积物的厚度逐渐增加,使得腐蚀性离子到达金属表面越来越困难,从而使腐蚀速度变慢。当锚杆有外加荷载作用时,锚杆会产生弹性变形,长度伸长,保护膜本身脆性大而延展性小,受力之后极容易发生开裂或者与锚杆金属机体剥离,腐蚀介质便可顺着微裂缝进入到金属表面,保护膜作用受到一定削弱,从而使腐蚀速度较无荷载腐蚀要快一些。荷载越大,保护膜裂缝也越大,腐蚀介质也越容易到达金属表面,从而加速作用也越明显;同时,由于锚杆材料本身不可避免地存在众多杂质颗粒和微观缺陷,当有外荷载作用时,就会在杂质和缺陷周围的晶界中产生巨大的内应力,这种内应力使得晶界发生畸变,从而在畸变区出现优先溶解的阳极行为,外荷载越大,畸变程度越严重,阳极行为越明显,宏观效果就是腐蚀速度明显加快。

# 16.12　小　　结

(1)试验条件下,锚杆在潮湿空气中的腐蚀程度与锚杆材料性质、温度、湿度及大气成分等气象环境因素有密切关系,而与有无外荷载及荷载数值大小之间并无明显关系。

（2）锚杆在 $Na_2SO_4$ 溶液中的腐蚀程度随介质浓度变化并非单调增加，而是大体上呈现上凸函数形式，即存在一个腐蚀最强的临界浓度，当实际腐蚀介质浓度小于该临界浓度时，增加浓度会促进腐蚀的发生；而当浓度大于临界浓度时，增加浓度又会抑制腐蚀进行。

（3）荷载对锚杆在溶液中的腐蚀过程有明显的促进作用，而且荷载数值越大，这种作用的效果越明显。可见，长期承受大吨位荷载的锚杆与普通不受力金属构件的腐蚀有显著差别，在评估锚杆耐久性时应给予充分关注。因此，用普通金属防护手册中的常用腐蚀数据来预测锚杆的使用寿命存在严重隐患，会使锚杆寿命评估结论的不可信度大幅度增加。

## 参 考 文 献

[1] 张弥.我国铁路隧道结构安全性和耐久性分析[C]∥陈肇元，钱家茹，等.工程科技论坛：土建结构工程的安全性与耐久性.北京：清华大学出版社，2001：1-4
[2] 陈肇元.混凝土结构的耐久性与使用寿命[C]∥陈肇元，钱家茹，等.工程科技论坛：土建结构工程安全性与耐久性.北京：清华大学出版社，2001：17-24
[3] 覃丽坤，宋玉普，赵东拂.处于海洋环境的钢筋混凝土耐久性研究[J].混凝土，2002，12（3）
[4] 曾宪明，雷志梁，张文巾等.关于锚杆"定时炸弹"问题的讨论——答郭映忠教授[J].岩石力学与工程学报，2002，21（1）：143-147
[5] 周俊龙，杨德斌.地下工程混凝土耐久性问题[J].防护工程，2003（2）
[6] 雷志梁，等.锚杆孔渗漏水防治及锚杆防锈.中国人民解放军61489部队，1982，3
[7] 董遂成，等.已建人防工程耐久性评估与分析.中国人民解放军61489部队，1983，7
[8] 卫军，桂志华，王艺霖.混凝土中钢筋锈蚀速率的预测模型[J].武汉理工大学学报，2005，27（6）：45-47
[9] 李果，袁迎曙，耿欧.气候条件对碳化混凝土内钢筋腐蚀速度的影响[J].混凝土，2005，8：40-43
[10] 贺鸿珠，范立础.混凝土中钢筋锈蚀测定的 Kramers-Kronig 积分变换法[J].同济大学学报（自然科学版），2005，33（1）：33-36

# 17 耦合腐蚀条件下锚杆的力学性能研究与应用

## 17.1 概　　述

锚杆经过腐蚀之后,其力学性能必定会发生变化,与未经腐蚀的锚杆相比将有很大差别。但目前的相关资料显示,我国还没有对耦合腐蚀条件下锚杆进行过系统的力学性能研究。尽管有相关单位对工程中已破坏的锚杆进行了一些调查研究,但这些资料较为分散,没有进行系统的整理和综合分析,还不能反映腐蚀锚杆力学性能的变化。而本试验❶的目的,就是通过对经过248d 腐蚀的384 根经历不同腐蚀条件的锚杆进行力学性能测试,深入探讨腐蚀锚杆的极限承载力与腐蚀条件及腐蚀时间之间的关系、腐蚀锚杆的塑性变形能力与腐蚀条件及腐蚀时间之间的关系、腐蚀后锚杆极限承载力损失率与锚杆腐蚀质量损失率之间的关系,从而为锚杆寿命的预测和可靠性计算提供理论和实践依据。

## 17.2 试　验　方　法

### 17.2.1 试验内容

本试验主要检测经过腐蚀的锚杆的静态力学性能,包括腐蚀后锚杆的极限承载力和塑性变形伸长量。将经过除锈处理的锚杆固定在夹具上,而后安装到液压万能材料试验机上。调整回油阀门,将试验机加载速度调整到0.4mm/s,并将该速度固定,使所有的试件均按此速度加载,以保证试验条件的统一性,同时将试验机上荷载和位移信号线接到瞬态记录仪记录下来。

### 17.2.2 试验装置

1)液压数显万能材料试验机

型号:WES-100B,试验机级别:1.0,最大试验力:100kN,生产单位:长春试验机制造厂。

---

❶ 该项试验由曾宪明、肖玲等完成。

2)游标卡尺

测量范围:0~125mm,分度值:0.02mm,生产单位:青海量具刃具有限责任公司。

3)瞬态记录仪

型号:CS21086,生产单位:四川实时信号研究所。

# 17.3  锚杆材料力学性能测试与分析

为便于对比分析腐蚀后锚杆的力学性能变化,取9根未腐蚀锚杆进行测试,其材料性能如表 17-1 所示。

锚杆力学参数指标值 表 17-1

| 标准试件编号 | 极限承载力(N) | 断裂承载力(N) | 伸长量(mm) | 断裂承载力/极限承载力 |
|---|---|---|---|---|
| 1 | 5 799 | 4 149 | 8.9 | 0.711 |
| 2 | 5 763 | 3 987 | 8.8 | 0.686 |
| 3 | 5 826 | 4 209 | 9.1 | 0.722 |
| 4 | 5 780 | 4 164 | 8.4 | 0.712 |
| 5 | 5 887 | 4 112 | 8.6 | 0.698 |
| 6 | 5 786 | 4 078 | 8.1 | 0.705 |
| 7 | 5 748 | 4 119 | 7.2 | 0.716 |
| 8 | 5 795 | 4 069 | 8.2 | 0.702 |
| 9 | 5 750 | 4 004 | 9.5 | 0.697 |
| 平均值 | 5 793 | 4 099 | 8.5 | 0.705 |

以下各节中数据均是相同腐蚀条件、相同时间内 3 根试验锚杆数据的平均值。

# 17.4  潮湿空气中腐蚀锚杆力学性能测试与分析

## 17.4.1  腐蚀锚杆极限承载力与腐蚀时间关系

潮湿空气中腐蚀锚杆极限承载力与腐蚀时间的关系见图 17-1。

根据腐蚀试验结果,空气中锚杆腐蚀后质量损失量最大值仅为锚杆原质量的 1% 左右,但空气中锚杆腐蚀具有极其严重的不均匀性。因此,图 17-1 所示的锚杆极限承载力曲线出现多次起伏振荡,锚杆承载力绝大多数值在 5 350~5 650N 之间波动,个别数据最大达到 5 725N,短期内与时间关系似乎并不明显。造成这种现象是由于不同腐蚀时间的锚杆失重量是由不同的锚杆数据得到的,虽然失重量随时间总的趋势是增长的,但失去的材料在锚杆表面分布很随机,因此导致曲线振荡。但有一点是肯定的,经过腐蚀,锚杆的整体承载力有一定下降,尽管幅度不大,但也较为明显。从长期来看,尽管空气中腐蚀速率较慢,但承载力终归是要缓慢下降的,与溶液中腐蚀相比,只是时间较长而已。

另外根据上章研究结果,空气中锚杆腐蚀失重量与荷载之间并无显著关系。同样采用方差分析方法对上述图表中的数据进行分析,也可以得到相似结果,即荷载对锚杆极限承载力影响不明显。不同外荷载作用下的锚杆,经历相同腐蚀时间之后,其承载力曲线之间互相重叠交

< 197 >

叉,难以判断到底外荷载对锚杆的最终承载力有何种影响。据此认为外荷载对锚杆腐蚀之后的最终承载力无影响。

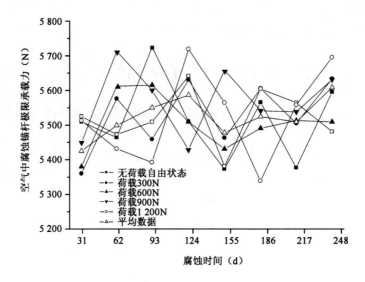

图 17-1　空气中腐蚀锚杆的极限承载力与时间关系

将不同荷载下的数据取平均值,即可得到空气中腐蚀锚杆平均承载力与时间的关系,如图 17-2 所示。

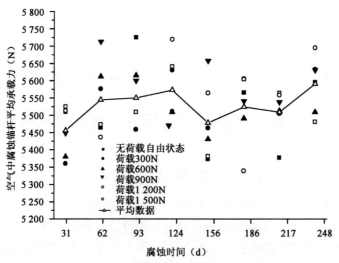

图 17-2　空气中腐蚀锚杆平均承载力与时间关系

按照上述平均承载力计算,在经过 31d、62d、93d、124d、155d、186d、217d、248d 后,锚杆的最大承载力损失率分别达到 5.8%、4.3%、4.2%、3.8%、5.4%、4.6%、4.9% 和 3.5%。不难看出,上述结果大体在 3.5% ~ 5.8% 之间波动。因此,可以确定在潮湿空气中,外荷载对锚杆腐蚀之后的承载力不产生明显影响,经过 248d 的腐蚀,承载力损失率为 3.5% ~ 5.8%。可见空气腐蚀的不均匀性导致承载力的变化范围较大。

### 17.4.2　锚杆伸长量与腐蚀时间关系

空气中腐蚀锚杆伸长量与时间的关系见图 17-3。

由上图可以看出,锚杆在空气中腐蚀之后,其伸长量呈现缓慢下降的趋势。但由于在空气中的腐蚀具有高度不均匀性,因此伸长量曲线出现多次起伏和振荡。并且不同外荷载作用下的锚杆伸长量曲线之间互相交叉,对空气中锚杆腐蚀伸长量没有显著性影响。不同荷载组别取平均值,可得到不同龄期的伸长量,如图17-4所示。

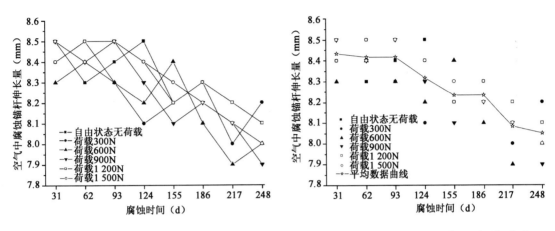

图17-3 空气中腐蚀锚杆伸长量与时间关系　　　　图17-4 空气中腐蚀锚杆平均伸长量与时间关系

据图中曲线显示,截至248d,锚杆伸长量平均值为8.1mm,波动范围是±0.2mm,伸长量损失率约为4.7%,波动范围±2.4%。与前述极限承载力损失率相比,伸长量损失率及其波动范围均更大,表明锚杆的伸长量比承载力更容易受到腐蚀的影响。也就是说,腐蚀对塑性的影响要比对承载力的影响更大。

## 17.5　$Na_2SO_4$ 溶液中腐蚀锚杆的力学性能测试与分析

### 17.5.1　腐蚀锚杆极限承载力与腐蚀时间关系

$Na_2SO_4$ 溶液中腐蚀锚杆极限承载力与腐蚀时间关系见图17-5。

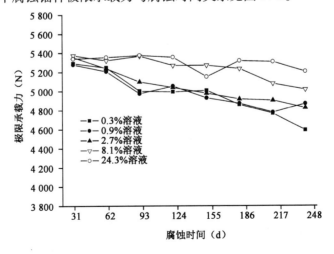

图17-5　$Na_2SO_4$ 溶液中腐蚀锚杆极限承载力与时间关系

图中曲线显示,在单纯溶液腐蚀条件下,随着腐蚀时间的延长,锚杆承载力缓慢减小,其趋势近乎为一条向下倾斜的直线。在腐蚀的开始阶段,不同浓度下的锚杆承载力数据还比较集中,互相之间差别不大;随着时间的延长,溶液浓度不同导致的腐蚀程度差异使承载力差别越来越大,下降幅度与腐蚀溶液浓度密切相关。图中以0.3%和0.9%两种溶液腐蚀后锚杆承载力下降最快,其次是2.7%,最小是8.1%和24.3%两种。这一结果与第16章中锚杆的失重量趋势是完全一致的。这说明单纯溶液腐蚀相对来说还是比较均匀的。

截至248d,浓度分别为0.3%、0.9%、2.7%、8.1%及24.3%的溶液中腐蚀之后锚杆的承载力依次为4 591N、4 868N、4 823N、5 017N和5 206N,与未经腐蚀的锚杆相比,极限承载力分别损失了20.75%、16.00%、16.74%、13.40%和10.13%,与空气中锚杆腐蚀相比,承载力损失率增大了3～6倍,可见溶液腐蚀对锚杆承载力的危害程度之大。

### 17.5.2 锚杆伸长量与腐蚀时间关系

$Na_2SO_4$溶液中腐蚀锚杆伸长量与腐蚀时间关系见图17-6。

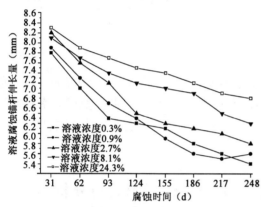

图17-6 $Na_2SO_4$溶液中腐蚀锚杆伸长量与时间关系

首先,单纯溶液腐蚀之后的锚杆伸长量随时间延长而逐渐下降。当腐蚀时间达到248d后,浓度为0.3%、0.9%、2.7%、8.1%和24.3%溶液中的腐蚀锚杆,其伸长量分别为未腐蚀锚杆的65.9%、68.2%、70.6%、75.3%和81.2%,分别下降了34.1%、31.8%、29.4%、24.7%、18.8%。可见,经过溶液强烈腐蚀之后,锚杆伸长量都有大幅度下降,材料塑性变差,抵抗变形能力变弱,极易产生拉断破坏。

同时,即使腐蚀时间相同,溶液浓度不同也会导致锚杆伸长量有所不同。图中显示,腐蚀锚杆伸长量最大的是24.3%溶液,其次是8.1%和2.7%两种,而0.9%和0.3%的伸长量最小。表现为浓度大的溶液对应的锚杆伸长量大,浓度小的溶液对应的锚杆伸长小,即溶液的腐蚀性越强,腐蚀之后的锚杆伸长量越小,塑性变得越差。

同样,将单纯溶液腐蚀之后锚杆伸长量损失率与锚杆承载力损失率对比可发现,伸长量损失率要大于承载力损失率。截至248d,浓度分别为0.3%、0.9%、2.7%、8.1%、24.3%的溶液中,锚杆伸长量损失率比承载力损失率分别要大13.4%、15.8%、12.7%、11.3%和8.7%,这与空气中腐蚀的结论是一致的。至此,可以确定地说,锚杆塑性对腐蚀的敏感性要高于承载力对腐蚀的敏感性。

## 17.6 耦合腐蚀条件下锚杆力学性能测试与分析

### 17.6.1 锚杆极限承载力与腐蚀时间关系

耦合腐蚀锚杆极限承载力与腐蚀时间的关系见图17-7。

该图显示,在有荷载耦合的溶液腐蚀条件下,锚杆承载力随时间增长呈现加速下降的趋势,曲线略向上凸,与单纯溶液腐蚀曲线的平滑下降相比,承载力下降速度明显加快。图中数据同样是随时间增长而逐渐离散,可见不同腐蚀条件对锚杆的影响程度会随时间延长而被逐渐放大,可以推断,腐蚀时间越长,对锚杆承载力的估计就越难。

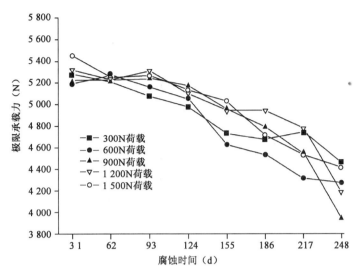

图 17-7　耦合腐蚀锚杆极限承载力与时间关系

到腐蚀试验结束时为止,荷载为300N、600N、900N、1 200N和1 500N的耦合腐蚀锚杆极限承载力分别达到4 619N、4 276N、3 941N、4 188N和4 415N,与未腐蚀锚杆相比其损失率分别为20.27%、26.19%、31.97%、27.71%和23.79%,比单纯溶液腐蚀结果显然要大得多,荷载在其中的作用不容忽视。

另外,与单纯溶液腐蚀不同的是,不同耦合腐蚀条件下的承载力曲线出现相互交错,数据有多处重叠。这是由于试验中浓度大的溶液对应的外荷载也大,而较大的荷载对腐蚀的促进作用掩盖了较大的浓度对腐蚀的抑制作用,致使试验结果出现交织现象。由此也可以看出,在有荷载耦合作用下,锚杆腐蚀过程和结果更趋复杂。

### 17.6.2　耦合腐蚀锚杆伸长量与腐蚀时间关系

耦合因素作用下,锚杆伸长量与腐蚀时间的关系见图17-8。

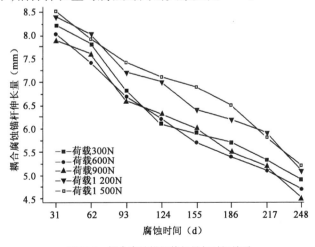

图 17-8　耦合腐蚀锚杆伸长量与时间关系

有荷载耦合作用时,腐蚀锚杆的伸长量随时间呈现快速下降的趋势,其下降速度明显比单纯溶液腐蚀要快得多。并且耦合的作用使得伸长量与荷载之间的关系变得十分复杂,曲线间多次出现重叠交叉。但总的差别还是比较清楚的,与荷载为600N和900N相对应的锚杆伸长量最小,300N时的伸长量稍大,伸长量最大的是1200N和1500N两种荷载对应的锚杆。

与单纯溶液腐蚀相同,随时间的增长,腐蚀之后的锚杆伸长量逐渐减小。截至248d,荷载为300N、600N、900N、1200N及1500N的锚杆伸长量分别为未腐蚀锚杆的57.6%、55.3%、52.9%、60%和61.2%,损失率高达42.4%、44.7%、47.1%、40%和38.8%,可见外荷载作用效应相当大。

与耦合腐蚀后锚杆的承载力损失率相比,伸长量损失率分别比其大22.1%、17.8%、15.1%、12.3%和15.1%,再次验证了腐蚀对锚杆塑性影响要比对承载力损失率的影响大得多这一重要结论。

# 17.7 荷载对腐蚀锚杆承载力和塑性的影响分析

### 17.7.1 荷载对锚杆极限承载力的影响

如果用同一龄期、同一浓度条件下有荷载耦合腐蚀锚杆承载力损失率除以单纯腐蚀锚杆承载力损失率,就可以得到荷载对锚杆承载力损失的影响程度指标值,如表17-2所示。

耦合对锚杆承载力损失率的加速倍数　　　　　　　　　　　表17-2

| 外荷载比例 (%) | 试 验 时 间 (d) | | | | | | | |
|---|---|---|---|---|---|---|---|---|
| | 31 | 62 | 93 | 124 | 155 | 186 | 217 | 248 |
| 6.5 | 1.03 | 1.06 | 0.91 | 1.02 | 1.52 | 1.20 | 1.02 | 1.11 |
| 13 | 1.17 | 1.03 | 0.92 | 1.07 | 1.35 | 1.49 | 1.45 | 1.64 |
| 19.5 | 1.30 | 1.13 | 0.79 | 0.98 | 1.02 | 1.14 | 1.40 | 1.91 |
| 26 | 1.14 | 1.19 | 1.14 | 1.09 | 1.62 | 1.68 | 1.42 | 2.07 |
| 32.5 | 0.74 | 1.24 | 1.26 | 1.51 | 1.19 | 2.26 | 2.60 | 2.35 |

从上表中可以看出,在腐蚀初期(31~124d),除个别耦合腐蚀数据小于单一溶液腐蚀外,多数耦合腐蚀速度大于简单腐蚀速度,但倍数不大(范围在1.02~1.51之间),差别不太明显;但随着时间延长,在腐蚀后期(155~248d),耦合腐蚀锚杆承载力的损失量有明显变化,如图中的增大倍数为1.02~2.6。对不同时间的加速倍数取平均值,当荷载比例分别为6.5%、13%、19.5%、26%和32.5%时,平均加速倍数为1.11、1.27、1.21、1.42和1.64,可见耦合之后腐蚀锚杆承载力损失率加速倍数随着外荷载的增大而增大,图17-9所示曲线可充分说明这一点。

试验证明,锚杆在荷载和腐蚀介质耦合作用

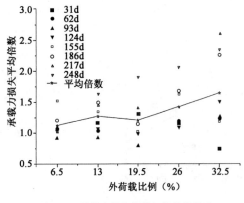

图17-9　承载力损失倍数与荷载的关系

下,其寿命较无荷载溶液腐蚀条件下会有所缩短,加载吨位越高,缩短幅度越大。由此可见,大吨位、长时间的荷载会对锚杆使用寿命构成严重威胁,在预测锚杆寿命及评估其可靠性时对预应力问题应慎重对待。

### 17.7.2 荷载对腐蚀锚杆塑性的影响

在有外荷载耦合作用时,腐蚀锚杆的伸长量要比单纯溶液腐蚀的值小,也就是说荷载耦合对腐蚀锚杆的塑性有很大影响。用耦合腐蚀锚杆伸长量损失率除以单纯溶液腐蚀锚杆伸长量损失率,可以得到荷载对锚杆塑性损失率的加速倍数,结果如表17-3所示。

荷载对锚杆伸长量损失率的减小作用 表17-3

| 外荷载比例 (%) | 试 验 时 间 (d) | | | | | | | |
|---|---|---|---|---|---|---|---|---|
| | 31 | 62 | 93 | 124 | 155 | 186 | 217 | 248 |
| 6.5 | 0.43 | 0.50 | 0.85 | 1.14 | 1.18 | 1.12 | 1.19 | 1.24 |
| 13.0 | 0.83 | 0.92 | 1.06 | 1.15 | 1.17 | 1.15 | 1.21 | 1.41 |
| 19.5 | 2.00 | 1.00 | 1.46 | 1.16 | 1.19 | 1.36 | 1.43 | 1.60 |
| 26.0 | 0.25 | 1.63 | 1.18 | 1.15 | 1.50 | 1.53 | 1.37 | 1.62 |
| 32.5 | 0 | 1.00 | 1.38 | 1.40 | 1.45 | 1.54 | 1.80 | 2.06 |

表中数据显示,除腐蚀开始阶段(31d、62d和93d 3个龄期),由于腐蚀还没有稳定进行,部分数据小于1以外,从124d到248d,所有数据大于1。大量数据再次说明,外荷载会加速锚杆塑性的损失,对锚杆寿命产生严重影响。

暂不考虑31d和62d数据的特殊性,将表中数据从93d到248d按时间取平均值,得到不同比例荷载对腐蚀锚杆伸长量损失率的平均加速倍数,当荷载比例分别为6.5%、13%、19.5%、26%和32.5%,平均加速倍数达到1.12倍、1.19倍、1.37倍、1.39倍和1.61倍。可见,随着荷载比例的增大,对伸长量损失率的加速作用越来越显著,见图17-10。

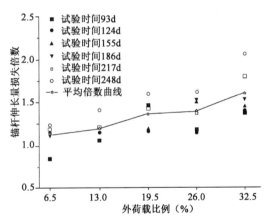

图17-10 耦合腐蚀中荷载比例与伸长量损失率加速倍数关系

## 17.8 锚杆极限承载力损失率与质量损失率的关系

在整个试验过程中发现,锚杆腐蚀之后的力学性能影响因素很多,与时间关系相当复杂,同时腐蚀过程中诸多随机因素的作用,导致很难对锚杆承载力曲线进行准确的数字拟合,从而使估计变得较为困难。而锚杆腐蚀质量损失率与时间关系则相对较为简单,容易用简单公式描述。如能找到锚杆质量损失率与承载力损失率之间的关系,那么就可以用质量损失率来估计承载力损失率。因此,如果将与腐蚀锚杆的质量损失率相对应的承载力损失率绘于坐标图中,就会得到一系列质量损失率与承载力损失率的关系点,而后再用曲线拟合的方法,就可以得到经验公式。

### 17.8.1 单纯溶液腐蚀锚杆极限承载力与失重率关系

单纯溶液中腐蚀锚杆质量损失率与承载力损失率的关系见图 17-11。

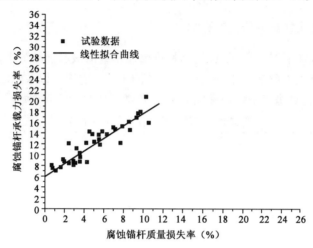

图 17-11　单纯溶液腐蚀锚杆质量损失率与承载力损失率关系

采用线性拟合方程:$Y = A + BX$,其中 $Y$ 为锚杆承载力损失率,$X$ 为锚杆质量损失率。对于单纯溶液腐蚀,经过最小二乘法计算,得到:$A = 6.18096$,$B = 1.14773$。那么,单纯溶液腐蚀的锚杆质量损失率与承载力损失率关系就可以用经验公式来描述:

$$Y = 6.181 + 1.148X \qquad (17\text{-}1)$$

### 17.8.2 耦合溶液腐蚀锚杆极限承载力与失重率关系

同样采用线性拟合方程:$Y = A_1 + B_1X$,其中 $Y$ 为锚杆承载力损失率,$X$ 为锚杆质量损失率。对于耦合溶液腐蚀,经过最小二乘法计算,得到:$A_1 = 3.15498$,$B_1 = 1.14875$。

对于耦合溶液腐蚀的锚杆(图 17-12),其质量损失率与承载力损失率关系可用以下方程描述:

$$Y = 3.155 + 1.149X \qquad (17\text{-}2)$$

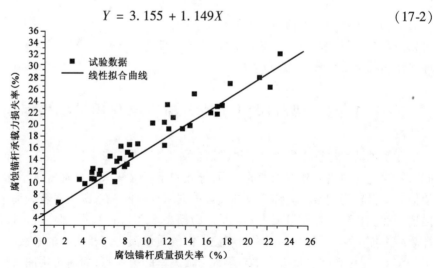

图 17-12　耦合腐蚀锚杆质量损失率与承载力损失率关系

比较以上两个拟合公式,发现拟合后的曲线斜率基本相同,所不同的是截距有显著差别,单纯腐蚀截距约比耦合腐蚀大3.026。也就是说,虽然在耦合腐蚀条件下,锚杆质量损失率比单纯溶液腐蚀要大很多,导致耦合腐蚀锚杆承载力损失率比单纯溶液腐蚀锚杆承载力损失率大,但是当锚杆的质量损失率相等时,耦合腐蚀锚杆承载力损失率却要比单纯溶液腐蚀略小。这可以用冷拉效应来解释。

需要指出,拟合曲线与个别试验数据间存在一定的误差,也就是说,试验所得数据实际上包括在以拟合曲线为中心、以某一数据为半径的误差带内。通过采用合适的拟合方法,能够保证拟合曲线的误差带最小。因为实际腐蚀环境中的情况千差万别,锚杆材料本身存在不均匀性,即使是在实验室条件下,严格控制试验环境,重复做相同的腐蚀试验,也会在结果上有所不同,这是客观的,也是真实的。究其根源是因为很多人力难以控制的随机因素在起作用。但因为整体试验条件相同,所以试验结果总在某一数值上波动,而随机因素的作用强弱则决定了波动范围的大小,也就是误差带范围的宽窄。因此,在腐蚀试验中,不能试图得到一个非常准确而且固定的数值,而只能得到一个相对较为准确并且尽量狭窄的范围,保证结果落在该范围内的概率最大,这是由测不准原理决定的。试验重复次数越多,试验条件越严格,试验结果越接近于真实值。

上述结果都是在均匀腐蚀或者是近似均匀腐蚀的假设条件下得到的,虽然腐蚀不可避免地存在一定程度的不均匀性,但还没有超出全面腐蚀的范畴。整体腐蚀较轻,而只在局部微小区域内发生严重坑蚀的情况不包含在本讨论中,也就是说整体质量损失率很小而承载力损失率很大的锚杆局部严重腐蚀不在此列。

# 17.9 小　结

(1)潮湿空气中锚杆腐蚀速度很慢,腐蚀后锚杆极限承载力和伸长量都随时间延长呈现极缓慢下降趋势,外荷载的有无及大小对其影响不甚明显。

(2)锚杆在单纯溶液中时,腐蚀后的极限承载力和伸长量均与腐蚀时间及溶液浓度有关。当溶液浓度一定时,极限承载力和伸长量都随时间增长呈下降趋势,至试验结束时止,锚杆承载力损失率达10.13% ~ 20.75%,伸长量损失率达18.8% ~ 34.1%,具体比例与浓度有关;当腐蚀龄期相等时,浓度大的溶液腐蚀性相对较弱,腐蚀锚杆的极限承载力和伸长量损失率较小,而浓度小的溶液腐蚀性相对较强,腐蚀锚杆的极限承载力和伸长量损失率较大。

(3)锚杆在腐蚀溶液和荷载的耦合作用下,腐蚀速度明显加快,在腐蚀溶液浓度和腐蚀时间相同前提下,耦合腐蚀后的锚杆极限承载力和伸长量都比单纯溶液腐蚀中的大得多,承载力下降倍数为1.11 ~ 1.64,伸长量下降倍数为1.12 ~ 1.61,具体值与荷载大小密切相关,证明荷载耦合腐蚀确比单纯溶液腐蚀对锚杆寿命影响更加严重。

(4)不论有无外荷载耦合,当腐蚀时间、腐蚀条件相同时,同一根腐蚀锚杆的伸长量损失率都要大于其极限承载力损失率,单纯溶液腐蚀的相差幅度为8.7% ~ 15.8%,耦合腐蚀相差达15.1% ~ 22.1%,说明溶液中锚杆塑性对腐蚀的敏感度要远大于其极限承载力对腐蚀的敏感度,即锚杆腐蚀后的塑性比承载力更容易遭到削弱。

## 参 考 文 献

[1] 刘宝俊. 材料的腐蚀及其控制[M]. 北京:北京航空航天大学出版社,1998

[2] 朱湘荣,王相润. 金属材料的海洋腐蚀与防护[M]. 北京:国防工业出版社,1999

[3] 中国腐蚀与防护学会.金属的局部腐蚀[M].北京:化学工业出版社,1997

[4] Yoon S, Wang K, Weiss W, et al. Interaction between loading, corrosion, and service ability [J]. ACI Material Journal, 2000, 97(6): 637-644

[5] Li C Q. Corrosion initiation of reinforcing steel in concrete under natural salt spray and service loading-results and analysis [J]. ACI Material Journal, 2000, 97(6):690-697

[6] 贡金鑫,王海超,李金波.腐蚀环境中荷载作用对钢筋混凝土梁的腐蚀影响[J].东南大学学报,2005,35(3):421-426

[7] 何世钦,贡金鑫.负载钢筋混凝土梁钢筋锈蚀及使用性能试验研究[J].东南大学学报,2004,34(4):474-479

# 18 现场早期砂浆锚杆的腐蚀状况调研

## 18.1 引　言

我国许多铁路隧道、国防人防坑道、电站地下厂房、岩土高边坡、港口岸坡、桥墩涵洞和基坑工程大量使用了锚索、锚杆和土钉支护技术,其数量巨大。我国对混凝土结构耐久性研究已做了较多工作,但对锚固类结构的研究与应用起步较晚,对其耐久性和使用寿命问题的研究所做工作不多。

我国在各类工程中使用的大量锚杆的腐蚀状况和由此引起的安全性和耐久性问题十分突出,必须引起高度重视。在国家自然科学基金资金资助下,我们于2003年7月着手开展锚索锚杆的耐久性、使用寿命与防护对策方面的研究。本章概述了关于从已建工程中取出的早期使用一定年限的锚杆的腐蚀现状,对其锈蚀情况和环境因素做了宏观观察和分析,并进行了锚杆钢筋的力学强度试验,取得了3~28年不同龄期的锚杆锈蚀状况的第一手资料。

## 18.2　取样锚杆概况

早期锚杆多以无砂浆的楔缝式锚杆为主,只作临时支护。后来逐渐发展了砂浆锚杆结合喷射混凝土支护,要求有较长的使用年限,因此,人们十分关心已建工程锚杆的锈蚀状况及其对工程使用寿命的影响程度。为弄清这个问题,在A工程、B矿、C矿、D矿、E工程等5地取了锚杆和喷射混凝土挂网钢筋样品,进行了腐蚀状况检查❶。取样情况见表18-1,部分地点地下水质分析结果见表18-2。

## 18.3　取样锚杆腐蚀状况及讨论

1)A工程

取样锚杆外观见图18-1。砂浆柱直径为46mm,较为密实,密度为1.70g/cm³,砂浆握裹层

---

无缺陷。钢筋端部一段长度为 20mm，因伸出侧墙外而未裹砂浆，该段有一层浮锈。锚杆对中情况不良，砂浆层最厚处为 22mm，最薄处为 3mm，经过 3 年时间，砂浆尚未开始中性化，处于锚杆孔中的钢筋完好无锈。

**已建工程锚杆取样概况** 表 18-1

| 取样工程 | 使用年限（年） | 取样根数 | 锚杆尺寸 | | 取样方法 | 锚杆及砂浆简况 | 使 用 环 境 |
|---|---|---|---|---|---|---|---|
| | | | 直径（mm） | 长度（m） | | | |
| A 工程 | 3 | 2 | 20 | 2.5 | 人工凿出 | 砂浆锚杆螺纹钢筋 | 锚杆穿过两层岩石，一层为铁质砂岩，是透水层，厚 1m；另一层为泥质砂岩，遇水膨胀发软，是不透水层。锚杆周围无水源，干燥 |
| B 矿 | 8 | 3 | 16 | 2.0 | 爆破取样 | 砂浆锚杆光面钢筋 | 石质为石灰岩，取样地点潮湿多水，早期曾被大水淹过 |
| C 矿 | 12 | 3 | 16 | 2.0 | 钻机钻出 | 砂浆锚杆螺纹钢筋 | 石质为石灰岩，取样所在巷道已废弃，周围有渗漏水 |
| D 矿 | 28 | 5 | 22 | 1.2 | 钻机钻出 | 楔缝锚杆螺纹钢筋 | 取样时锚杆孔中未见渗漏水，但周围环境十分潮湿，地面设有排水明沟，沟中常年流水 |
| E 工程 | 17 | 3 | 16 | 1.5 | 爆破取样 | 喷射混凝土挂钢筋网厚 45mm | 工程三面临海，海水涨潮水位低于工程地坪。取样地点距口部 5m，距工程地坪 1.5m |

**取样工程中地下水的成分**（毫克当量/L） 表 18-2

| 取样工程 | $Cl^-$ | $SO_4^{2-}$ | $CO_3^{2-}$ | $HCO_3^-$ | $NO_3^-$ | 游离 $CO_2$ | 溶解氧 | $Ca^{2+}$ | $Mg^{2+}$ | pH |
|---|---|---|---|---|---|---|---|---|---|---|
| A 工程 | 0.338 | 1.082 | 2.76 | 3.46 | 0.377 | | | | | 10.15 |
| B 矿 | 0.606 | 0.73 | 0 | 4.42 | 0 | 7.00 | 7.50 | 3.50 | 1.95 | 7.70 |
| C 矿 | 0.324 | 2.344 | 0 | 4.57 | 0 | 5.00 | 7.70 | 6.20 | 1.77 | 7.72 |
| D 矿 | 1.523 | 13.10 | 0 | 7.80 | 0 | | 7.80 | 10.04 | 10.52 | 7.33 |

注：E 工程内部无水，因此未做水质分析。

2）B 矿

B 矿采用爆破方法取样，样品外观见图 18-2。钢筋锈蚀较重，有砂浆包裹的部位钢筋基本无锈蚀，锈蚀的部位是因无砂浆或砂浆包裹不良，经测量 3 根钢筋平均锈蚀面积为 83%，每根钢筋上都有不同程度的坑蚀，坑蚀最深处达 0.65mm，换算为年半径减值为 0.041mm/年。

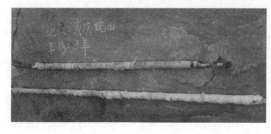

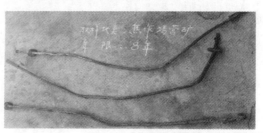

图 18-1 A 工程锚杆外观　　　　　　　　图 18-2 B 矿锚杆外观

3)C 矿

C 矿样品外观见图 18-3。锚杆对中情况见图 18-4。锚杆对中不良,3 根均偏离砂浆一边,握裹层最薄处仅为 1～2mm,砂浆较为疏松,其他部位砂浆密实度良好。在握裹层为 1～2mm 处钢筋上,有一层很薄浮锈,砂浆界面已泛白,表层中性化深度约为 0.8mm。握裹层较厚处砂浆 12 年未中性化,只发现砂浆与岩石黏结面有小于 0.3mm 的泛白层,用酚酞检查砂浆中性化情况,见图 18-5。砂浆握裹层厚度大于 3mm 钢筋段未锈蚀。

图 18-3　C 矿锚杆外观

图 18-4　C 矿锚杆对中情况

4)D 矿

D 矿锚杆局部腐蚀情况见图 18-6,锚杆外观见图 18-7。

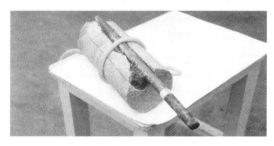

图 18-5　C 矿锚杆中性化情况

图 18-6　D 矿锚杆中段局部锈蚀情形

D 矿 5 根锚杆均系楔缝式螺纹钢锚杆,锈蚀程度不同,拱顶和侧墙各有 1 根中段锈蚀较重,分布较多坑蚀,深度为 0.4～1.5mm(2 号、5 号)。每根锚杆尾部丝扣段及其邻近部位锈蚀较为严重,深度 1～2.5mm,靠近孔底 50～60cm 段锈蚀最轻,除上面有水流过的锚杆外,其他 3 根在此部位锈蚀为 0.05～0.10mm。楔叉处叉角与岩石接触部位锈蚀严重,深度为 1～6mm。造成这种状况的原因如下:

(1)2 号、5 号锚杆孔中部常有渗漏水,属于干湿交替环境,白色沉积物不规则地附于钢筋之上,造成局部较多坑蚀。其他 3 根锚杆孔则无水,属于潮湿环境,故中段及底部呈均匀薄锈。

(2)尾部丝扣段所垫木板取样时已严重腐烂,厚度为 5cm 的松木板与丝扣间的间隙易积水及杂质,造成该部位及其附近钢筋处于较为恶劣的腐蚀环境中。

(3)楔叉处叉角与岩石接触点处为应力集中部位,且周围易积水和杂质,故该部位腐蚀较重。

5)E 工程

E 工程所取样品为喷射混凝土挂网钢筋,钢筋外观见图 18-8。洞内无水源,钢筋在厚达 4cm 混凝土层保护下 17 年无丝毫锈蚀,说明在如此厚度的混凝土层保护下钢筋完全能够抵抗海洋性气候的侵蚀。

图 18-7　D 矿锚杆外观　　　　　　　　图 18-8　E 工程喷射混凝土挂网钢筋取样外观

# 18.4　取样锚杆的力学性能测试

将同一地区锚杆锈蚀最严重段、轻微段和不锈段分别做强度试验,得出锚杆承载力损失差异,见表 18-3。

取样锚杆抗拉强度试验结果　　　　　　表 18-3

| 取样工程 | 不锈或锈蚀轻微段 | | 锈 蚀 严 重 段 | | 承载力损失率(%) | |
|---|---|---|---|---|---|---|
| | 锈蚀状况 | 抗拉强度(MPa) | 锈 蚀 状 况 | 抗拉强度(MPa) | 实测 | 预测 |
| B 矿(8 年) | 轻微浮锈 | 400 | 中部坑蚀最深 0.65mm | 373 | 6.8 | 8.1 |
| C 矿(12 年) | 不锈 | 565 | 均匀浮锈 | 545 | 3.5 | |
| D 矿(28 年) | 轻微浮锈 | 554 | 中部坑蚀,直径减 2.2mm | 449 | 19 | 20 |
| | | | 环状锈蚀,直径减 4.5mm | 370 | 33.2 | 45 |

注:承载力损失率的实测值是根据表中实测的抗拉强度数据计算所得,预测值是由实测的腐蚀速度计算出锚杆断面减少值,再由断面与强度的关系算得。

# 18.5　测试结果与结论

1)腐蚀环境评析

地层的腐蚀等级一般分为 4 级,即很强、强、中等和弱等。其中 pH 值在 6.5~8.5 之间,为中等;$CO_2$ 含量高于 5mg/L,属于很强腐蚀等级;$SO_4^{2-}$ 与 $Cl^-$ 含量之和低于 100mg/L,属于弱腐蚀等级。根据地层及地下水的实测值至少有两项涵盖相应的腐蚀等级时,即可将该地层划分为该腐蚀等级的原则,可以确定取样地区的腐蚀等级分别为:A 工程为弱等,B 矿、C 矿和 D 矿均为中等。

2)取样锚杆腐蚀状况

把各处取样锚杆腐蚀状况分为砂浆握裹对中良好和握裹不良两种情况来分析。

对于砂浆层握裹对中良好的锚杆来说,其锈蚀发生在砂浆层中性化之后。取样表明,在 3~17 年龄期,砂浆保护下的钢筋丝毫没有锈蚀。对砂浆层握裹不良或无砂浆保护的锚杆来说,其锈蚀要严重得多,直接影响了锚杆的力学性能。使用 3 年期的锚杆即使没有砂浆保护,其锈蚀也很轻微,砂浆层的中性化在短期内没有开始。随着龄期的增长,对于握裹不良的锚杆,砂浆层的中性化和钢筋的锈蚀程度也随着增长。随着腐蚀产物在钢筋表面增厚,氧或氢离子向钢筋基面扩散所遇到的阻力逐步增大,同时阳极溶解或氢气逸出也遇到越来越大的阻力,锈蚀速度开始减慢;当锈蚀产物从钢筋上脱落的速度与其生成速度相平衡时,锈蚀物就不再增厚,腐蚀速度趋于一个定值。因此,钢筋腐蚀程度随时间延长而增加,腐蚀速度则随时间延长而降低。

研究还发现:锚杆在有渗漏水的部位腐蚀程度更加严重。在锚杆与岩石接触的受力部位腐蚀程度也比较严重,初步认为这与应力腐蚀有关。

3)锚杆腐蚀对其力学性能的影响

由取样锚杆抗拉强度试验结果知:抗拉强度在腐蚀轻微时与其使用年限无明显关系;在锈蚀严重时,抗拉强度与腐蚀均匀程度有很大关系,局部坑蚀的深度或直径的减少量与锚杆抗拉强度的减少呈指数关系。测试结果也表明,承载力的损失实测值小于预测值。由此可见,按公式计算的预测值是偏于安全的。

# 18.6 小　　结

(1)锚杆的腐蚀直接影响着它的力学性能,也决定了它的使用寿命。而所有的取样都反映出砂浆保护层对锚杆的握裹是否对中及握裹厚度与腐蚀环境因素相比,前者对锚杆的锈蚀程度起决定性作用。在砂浆握裹良好的情况下,锚杆的锈蚀是在砂浆被中性化之后才开始的,而砂浆在腐蚀环境中的中性化速度是十分缓慢的。因此,在锚杆的施工中应严格控制砂浆握裹层的对中及厚度,进而延缓锚杆腐蚀速度,提高其使用寿命。

(2)传统的普通水泥砂浆作为锚杆注浆材料,其碳化速度在地下工程锚杆孔中极为缓慢,可不考虑砂浆碳化对锚杆锈蚀的影响。

(3)早期安装锚杆方法(注浆后人力将钢筋插入,锚杆无对中措施)不能保证锚杆对中,砂浆握裹层厚度一般达不到设计要求(5mm)。锚杆孔中如果有水,水会自握裹层薄弱处侵蚀锚杆。锚杆孔中有渗漏水,砂浆又有缺陷或无砂浆层的锚杆均产生了不同程度的锈蚀。

(4)锚杆因环境条件、使用年限不同而具有不同的锈蚀程度。处于干湿交替或接触水的锚杆部位锈蚀最重,腐蚀速率为0.03~0.08mm/年,承载力下降较大;裸露于环境但不直接与水接触的部位锈蚀最轻,为0.002~0.004mm/年,承载力下降极小;砂浆握裹层良好的锚杆8~12年无锈蚀。锈蚀最重的楔缝式锚杆28年后已不能满足使用要求。

(5)试验表明:锚杆锈蚀程度越深,承载力下降越大。实测承载力损失值小于理论预测值。

## 参 考 文 献

[1] 张平生,卢梅,李晓燕.受损钢筋力学性能[J].工业建筑,1995,25(9)

[2] 惠云玲,林志伸,李荣.锈蚀钢筋性能试验研究分析[J].工业建筑,1997,27(6)

[3] 袁迎曙,贾福萍,蔡跃.锈蚀钢筋的力学性能退化研究.工业建筑,2000,30(1)

[4] 章鑫森,戴靠山.锈蚀钢筋的力学性能退化模型[J].重庆建筑,2000

[5] 范颖芳,周晶.考虑坑蚀影响的锈蚀钢筋力学性能研究[J].建筑材料学报,2003,6(3)

[6] P K Mehta, R W Burrows. Building Durable Structures in the 21$^{st}$ Century[J]. Concrete International, 2001,3

[7] Ch Gehlen P Schiessl. Probability-Based Durability Design for the Western Scheldt Tunnel [J]. Structural Concrete, 1996,6(2)

# 第六篇

## 新型锚固结构研究与应用

本篇含第 19~29 章。第 19 章阐述了锚固类结构抗动静载性能的国内外研究进展,提出了一种新型锚固结构的概念、原理和构造形式。从第 20 章起,分别阐述了岩土中新型锚固结构抗爆效应与机制研究的宏观结果、量测结果、单轴和改进单轴试验、三轴试验、数值模拟、半理论半经验分析结果和结论。

# 19 锚固类结构抗动静载性能研究 与应用进展

锚固与复合锚固类结构具有优异的抗动静载性能,其中有的结构形式已有大量成功应用。但是,锚固和复合锚固类结构抗静载问题研究与应用较多,对抗动载问题研究与应用相对较少。这一状况国内外大体相近。有些锚固和复合锚固结构形式,如国外的吸能锚固和屈服锚固结构,我国的新型复合锚固结构,均有各自特色,特别是都具有极大的抗动载潜能和效费比,将其用于抗静载也是可探讨的。尽管对这些结构所做试验是初步的,都只完成了效应试验,尚未做深入机制研究,但其发展前景看好,值得人们关注、借鉴并进一步探讨。

## 19.1 引 言

在抗静载作用方面,锚固和复合锚固类结构在一般岩土工程特别是在新奥法不建议使用的软土、流沙、厚杂填土等一类复杂地质体工程中已有大量成功应用,其对人类工程建设的贡献和所产生的社会、经济和军事效益公认是无法估计的。而在抗动载作用方面,这类结构同样具有优异性能。

本章综合论述了锚固和复合锚固类结构抗动静性能研究的国内外进展[1]。限于篇幅,对抗静载问题只作了概括论述,重点主要在抗动载问题上。对特别值得人们关注与借鉴之处,笔者作了较细评述。

## 19.2 国内研究结果和结论

我国开展锚固和复合锚固类结构抗静载研究与应用较多,而开展抗动载问题研究较少。在抗动载研究上,我国开展单一锚固类结构抗爆性能研究较多,而开展复合锚固类结构抗爆性能研究相对较少。锚固和复合锚固类结构抗动载研究主要是从现场试验研究、数值计算和设计理论探讨三方面展开。

### 19.2.1 试验研究

试验研究结果一般可靠性较好,置信度较高,比较接近实际情况,是研究该问题的主要方法。

文献[2](1979)根据喷锚支护岩石坑道抗顶爆试验分析指出：锚杆受力特征是先受压缩作用，后受拉伸作用，且拉应力峰值要高于压应力峰值；喷层抗爆作用主要在于防止不稳定岩石崩落和阻止稳定围岩在强大爆炸冲击荷载作用下发生剥离破坏；锚杆抗爆作用主要在于改善坑道受力状态，减轻和限制围岩剥落以及悬吊大块险石。

文献[3](1981)采用喷锚网支护作为我国第一条内爆试验巷道永久性支护方案。该试验巷道用于模拟矿井下爆炸及研究相应防爆措施。文献[4](1987)报道这条巷道在370余次炸药、煤尘、瓦斯等爆炸试验中均完好无损。

文献[5](1986)对砂砾地层中直墙拱顶形坑道喷锚支护在顶爆和侧爆条件下抗爆性能进行了比较试验。结果发现：①同等条件下，侧爆破坏作用要明显大于顶爆；②爆心距坑道较近时，喷锚支护不仅会出现严重破坏，而且爆炸产生的一氧化碳气体还会沿裂缝进入坑道内，引起坑道内人员中毒；③顶爆时，喷层主要是环向受压，内力分布较对称，而侧爆时，喷层主要是承受弯矩作用，内力分布明显不对称；④侧爆时，坑道断面位形变化是平移、变形、扭转三者复合，顶爆时，坑道断面位形变化仅限于形状改变；⑤在冲击振动方面，侧爆和顶爆相比，坑道底板振动加速度较大，且频率较低，因此，侧爆对坑道内人员和设备威胁更大。

文献[6-8](1990,1991,1992)进行了黄土坑道喷锚网支护抗爆性能试验研究。

文献[6]根据试验结果，分别论述了在顶部平面装药和集团装药爆炸作用下，喷锚网支护和无支护黄土坑道破坏形态。结论包括：①在地面空气冲击波作用下，黄土坑道破坏发生在两侧边墙中部，支护参数设计须在此部位给予加强，坑道断面形状宜选用曲墙型；②地面空气冲击波作用下黄土坑道喷锚网支护受力破坏这一动力问题，工程上可作为拟静力问题考虑；③集团装药爆炸作用下，黄土坑道破坏主要发生在爆心投影点下坑道拱顶附近，支护参数设计须在此部位给予加强。

文献[7]介绍了上述两种加载条件下，喷射混凝土、喷网、喷锚支护和无支护黄土坑道围土动压分布形态，对其与破坏形态的关系以及试验中发现的爆炸压密效应、嵌固层效应等作了讨论；比较了两种加载条件下，坑道支护不同受力变形特点，并与有限元计算结果进行了比较分析。

文献[8]在对黄土坑道临界破坏进行约定的基础上，用逼近法求得了毛洞、素喷混凝土支护坑道、喷网支护坑道和喷锚支护坑道临界承载力。

文献[9](1996)分析指出回采巷道基本特征是：围岩松软，成层性显著，受爆破震动和开采动载反复作用，并提出了回采巷道锚杆支护抗爆设计若干基本原则。

文献[10]对某巷道内爆破对树脂锚杆影响进行了现场观测。研究指出：①爆破震动会导致树脂锚杆卸载，甚至会使其完全丧失支护能力；②锚杆预应力不同，锚杆卸载后终值也不同；③受爆破影响的树脂锚杆须进行重复张拉，方能保证其设计预应力。

文献[11](2004)介绍了屈服锚杆原理及制作和安装方法，并报道了某次试验中对其抗爆性能的验证。试验坑道为圆形断面，围岩采用屈服锚杆与喷网联合支护。根据爆后实测结果，屈服锚杆所受压应力和拉应力均很大，超过了材料屈服应力，接近材料极限抗拉强度，说明屈服锚杆在爆炸荷载作用下，能较充分发挥加固围岩作用。美国和南非也分别独立地对屈服锚杆进行了研究，后者显示其性能特别优异。

文献[12](1996)对李家峡水电工程边坡锚固结构(1 000kN级预应力锚索和600kN级预应力高强锚杆)对近区爆破响应进行了现场测试。分析认为：①在李家峡爆破安全准则条件下，距预裂面3m以外岩体动力响应不会对锚固结构产生很大影响；②爆破的主要影响来自预裂爆破和主炮爆破,其设计合理性是降低对锚固结构影响的关键;③锚固结构预应力有利于限制外锚头松动和减小锚固结构横向振动。

文献[13-14](1996,2000)根据李家峡水电工程高边坡施工中现场试验,研究了爆炸对锚固结构的影响,得出结论:①开挖爆破时,由于药量大、距离近,将产生较大冲击荷载,介质及层面反、折射作用等都会对边坡上已建或正在施工的锚固结构带来较大不利影响;②600kN预应力高强锚杆实测最大轴向加速度为$2.8g$,垂直向为$1.75g$,实测锚索最大轴向加速度为$1.50g$,垂直向为$0.35g$,相应轴向振速为$5.12cm/s$;③采用动静力分析法在计入爆破对预应力锚杆(索)不利影响条件下,李家峡左肩典型滑面$f_{24}$-▽2080,$f_{20}$-▽2080是最危险滑面之一,在单响药量为$100\sim300kg$时,该滑面安全系数将下降$4.4\%\sim6.8\%$。

文献[15](1998)报道,1989年底,在漫湾水电站左岸边坡预应力锚索加固工程中,进行了国内首次大吨位预应力锚索对边坡开挖爆破适应性现场观测试验。结果显示:预应力锚索对爆破动载有较好适应性,在一定条件下对锚固性能影响不大;只要选择合理装药量,且锚索施工质量可靠,可以保证锚索锚固性能。

文献[16](2003)对紫坪铺高陡边坡施工开挖期间爆破对预应力锚索的影响进行了测试研究。通过对多点位移计测得的位移—时间曲线进行分析,得到了边坡下部岩石开挖爆破振动效应与边坡上部预应力锚索拉固作用之间的关系,为进一步优化进水口高陡边坡预应力锚索设计提供了试验依据。

文献[17](2004)分析指出:爆破是锚索预应力损失的重要因素之一,当在距锚索3m以内进行爆破时,锚索预应力有明显损失,其量值比锚索在相应时间受静载作用所发生的大36倍左右,但在距离为5m以远,普通爆破影响不甚显著;爆破冲击作用还会使锚固段锚固力发生变化,尤其对破碎松散岩体会产生较大影响。

文献[2-17]研究的均是单一锚固类结构。

文献[18](1982)对某次坑道抗爆试验中预应力锚索加固效果进行了调查分析。根据调查,处在断层破坏带与节理纵横交错地段、岩石完整性差的大锚杆段(锚索—锚杆—喷网联合支护)未遭到破坏,而与其相邻的毛洞和离壁被复段却遭到严重破坏。大锚杆段中除4根锚索遭到破坏外,其余均未破坏。在遭到破坏的锚索中,有2根位于坑道两侧拱脚处,钢绞线断口均呈颈缩状,是被塌落结构体所拉断,整块落石特征尺寸分别约为$5.0m\times3.9m\times1.9m$和$3.0m\times2.0m\times1.9m$;另两根锚索,一根是锚头,另一根是锚头和不长的一段锚索固定于断层下盘,其他部分则固定在断层上盘。

文献[19](1987)也介绍了文献[3]所述某次预应力锚索加固洞室抗爆试验研究。对试验结果的分析表明:采用锚索—锚杆—喷网联合支护形式,对于改善坑道受力状态、减少最小防护层厚度、缩减相邻洞库间安全距离等具有较高实用价值。

文献[20](2003)进行了单一锚固类结构与新型复合锚固类结构(锚杆—构造措施)黄土洞室在TNT集团装药顶爆下的原型与模型对比试验。研究指出,在相对平面度$\xi=0.6$条件下:①毛洞具有较低抗动载能力;②复合锚固类结构抗动载能力分别为单一锚固类结构和毛洞的4.6倍和16.9倍,相应的临界加载装药量为单一锚固类结构和毛洞的6.6倍和33倍;③复合锚固类结构具有更好的抗动载性能;④复合锚固类结构优异的抗爆性能源于介质弱化机制;⑤弱化效应与弱化比面积及介质特性有关,因而存在抗爆效应优化问题;⑥研究建立的相似模型与相似法则,经试验验证是正确的,可据此进行类似试验设计;⑦黄土毛洞在$\xi=0.6$条件下的临界承载能力比$\xi=1.0$条件下的低$42\%\sim56\%$。

文献[18-20]研究的均是复合锚固类结构。其中文献[20]是仅见的新型复合锚固类结构抗爆性能对比试验研究。

### 19.2.2 数值计算

数值计算是试验研究的重要辅助手段,可以给出试验难以获得的某些信息,有助于了解问题实质。但由于锚固和复合锚固类结构抗爆问题数值计算较为复杂,迄今为止,我国在这方面所做工作尚不多。

文献[21](1984)进行了土中喷锚支护洞室在侧爆条件下的非线性动态有限元分析。计算模型简化为平面应变状态。锚杆材料模型取为几何非线性杆单元,喷射混凝土和洞室近区土体材料模型取为 Drucker-Prager 模型,洞室远区材料模型取为线弹性,荷载取为三角形荷载。研究获得了洞室周边位移、喷层应力、塑性区范围、围岩应力及锚杆受力状况计算结果,并与试验结果进行了比较,两者在规律上较为一致。

文献[22](2004)运用基于三维快速拉格朗日有限差分原理数值计算软件,分析了预应力锚索对洞室抗爆加固机制。计算完整地模拟了炸药起爆、爆炸应力波传播、应力波与结构体相互作用,以及应力波对结构破坏效应全过程。计算利用程序提供的锚索单元专门模拟锚索作用,而不是将锚索预应力作为集中力施加在加固面上,较为准确地模拟了锚索与被加固介质的共同工作,比较符合试验实际情况。计算结果与试验结果在规律性上较为一致。

文献[23](2006)采用 Ansys 软件对锚杆支护隧道围岩在爆炸荷载作用下的应力波传播过程进行了数值模拟。爆炸荷载采用国际上常用计算模式。计算表明:有支护隧道围岩在爆炸荷载作用下振速随距离变化具有明显衰减特征(这一特征与静载下剪应力衰减特征相近,值得关注),锚杆应力分布并不是对称的,故设计时不一定选用对称布置方式。

文献[24](2006)对无支护及有支护隧道围岩在爆炸荷载作用下的应力波传播特性进行了有限元数值模拟。分析表明:在近距离爆炸波传播中,计算结果具有很好的规律性;锚杆对应力波传播衰减作用明显,其关系可用指数函数来拟合(需要指出,这一规律与静力条件下是相近的);爆炸荷载作用下围岩周边各点振速并不相同,且相差较大,建议在设计支护系统时,可采用不对称支护系统。

文献[21-24]研究的均是单一锚固类结构。

文献[25](1988)对软弱围岩隧道中无支护、薄层混凝土支护、薄层混凝土—径向锚杆支护、薄层混凝土—径向锚杆—超前锚杆支护、厚层喷射混凝土—径向锚杆—超前锚杆支护五种形式,在爆破激振力作用下的位移场和应力场进行了有限元分析。分析结论对软弱围岩隧道安全施工具有较重要意义。文献[25]中第 1 种和第 4、5 种支护形式分别为单一和复合锚固类结构。

### 19.2.3 设计理论探讨

锚固和复合锚固类结构抗爆问题理论分析较为复杂,涉及爆炸力学、应力波理论、岩石动力学、强度理论、结构动力学等多方面专业知识。迄今为止,我国在这方面所做工作尚少。

文献[26](1989)在诸多试验基础上,根据坑道锚喷支护受力破坏特点,从受力机制上将其划分为五种类型,即"结构力学型"破坏、受压破坏、剪切破坏、拉伸剥离破坏和横向断裂破坏。并指出爆炸荷载有其动态效应和准静态效应。准静态效应下,坑道支护破坏形态与静态下的相仿,而拉伸剥离破坏和横向断裂破坏是动态效应特有破坏形式。

文献[27](1993)根据试验实测资料,分析了顶爆下围岩与坑道锚喷支护相互作用的若干特点。指出锚杆一端固定在围岩深部,通过砂浆与喷层表面垫板,有效约束了锚杆长度范围内的围岩变形,承担了围岩中较大份额荷载,锚杆应变波形比围岩应变波形饱满得多,即在动载作用全过程中,锚杆发挥了很好的支护作用。

文献[28-29](2005,2006)运用应力波理论和波函数展开法,研究了爆炸应力波与锚杆的相互作用,给出了爆破震动作用下锚杆周围砂浆体中动应力和峰值振速分布特性,比较了不同频率应力波对锚杆的影响,导出了不同频率应力波作用下砂浆锚杆安全质点振速范围。结果表明:入射频率越高,砂浆锚杆所允许安全质点振速范围越大。

文献[30-31](2004,2006)在文献[20]试验研究基础上,对土钉支护瞬态应力和应变累计效应进行了研究。文献[30]以黏弹性理论为基础,推导了 Maxwell 模型下洞室拱顶土钉应力解,通过与试验数据对比分析,得到了洞顶土钉在爆炸应力波作用下的瞬态应力公式,并从相应应力角度检验了结果正确性。文献[31]考察对比了毛洞试验段、单一锚固试验段以及复合锚固试验段瞬态应变与爆炸当量的关系,及三者瞬态应变与加载次数的关系。指出药量、加载次数和不同支护参数是影响瞬态应变的重要因素,复合锚固结构具有更好降低动应变量值、提高工程抗力的能力。文献[31]还提出了累次应变综合值概念。

文献[26-29]和[30-31]分别研究的是单一和复合锚固类结构。

### 19.2.4　抗静载问题研究与应用

锚固和复合锚固类结构在岩土工程中应用十分广泛。我国在 20 世纪 60 年代末引进先进的新奥法后,在隧道中大量采用喷锚临时支护加二次永久混凝土衬砌,按照定义,就是一种复合锚固类结构形式。近十几年来,我国在铁道工程、交通工程、采矿工程,尤其是城建工程中,将锚杆、锚索、土钉与地下连续墙、深层搅拌桩、人工挖孔桩、钢板(管)桩、超前微型桩、挡土墙、加筋土墙等复合起来,提出了众多复合锚固类结构形式,并将其应用于隧道、边坡、基坑和地基加固支护中,取得了极大的社会、经济效益。在锚固类结构获得广泛应用同时,又开展了很多试验研究和理论分析工作,发表了大量论文,促进了锚固类结构的发展。

上述新型复合类结构在抗静作用方面尚未见应用。

### 19.2.5　小结

(1)我国对锚固和复合锚固类结构抗静载问题研究较多,对抗动载问题研究相对较少。

(2)我国对单一锚固类结构抗爆性能研究,明显多于复合锚固类结构。

(3)单一锚固类结构具有良好的抗爆性能,复合锚固类结构则具有更加优异的抗爆性能。

(4)锚固技术加构造措施是一种特殊形式的复合锚固类结构,具有异乎寻常的抗动静载研究、开发与应用价值。

(5)总体来说,我国对复合锚固类结构抗动静载性能研究还不甚深入、细致,试验研究和工程应用较多,理论研究还缺乏系统性和可靠性。

## 19.3　国外研究结果和结论

同我国情况相似,国外对锚固和复合锚固类结构抗静载问题研究与应用较多,发表抗动载文献相比之下要少得多。在抗动载研究上,国外开展的多是单一锚固类结构抗爆性能研究,关于复合锚固类结构抗爆性能研究文献尚未见发表,并且一般也不如此称谓。国外抗动载研究主要从现场试验、室内(模型)试验、数值计算三方面展开。

### 19.3.1　现场试验研究

国外对锚固类结构抗爆性能现场试验研究做得较多、较细。不过,均为单一锚固类结构形式。

文献[32](1984)报道,南非曾在一金矿坑道中,对屈服锚杆和普通锚杆抗爆性能作过对比试验。屈服锚杆的屈服构件设在内锚头部位。试验在坑道一侧安装普通锚杆,另一侧安装屈服锚杆。在其他条件完全相同情况下,装药爆炸后,采用普通锚杆支护坑道一侧全部塌落,而用屈服锚杆支护一侧则完好无损。这里重点研究的是屈服锚杆。

R. K. Thorpe 等[33](美国,1985)对半球形密闭洞室内爆炸作用下锚杆动力响应进行了现场试验研究。试验测得压缩波到达时间与利用一维流体动力程序计算的应力波到达时间吻合。动力试验后的静力测试显示,锚杆预应力无损失,说明动力响应处于弹性阶段。试验结果为进一步建立用于分析部分注浆锚杆动力特性的数值模型提供了验证数据。这是一个典型的锚固类结构抗内爆问题研究。

瑞典 B. Stillborg[34](1984)对锚索在坚硬岩体中的抗爆加固效果进行了现场试验研究。结果表明,锚索在承受峰值质点速度为 500mm/s 的爆炸时,其性能并未降低。

美国 F. O. Otuonye[35-36](1988,1993)对矿井内全长树脂锚杆对爆炸荷载动力响应进行了现场试验。结果表明:①由外锚头附近杆体应变计测得的锚杆频响与外锚头上加速度计测得的数据相关性很好,说明应变计可以用于锚杆动力响应测量;②锚杆外锚头处的振动和应变值均高于内锚头处的相应值(这表明锚杆受力不均匀,且与静载下的分布规律相近);③阻尼自然频率(125.2Hz)对锚杆动力作用是主要的,占86.5%,而阻尼频率(1 755.0Hz)动力作用较小,只占12.9%;④爆炸振动波衰减可能是由于多次重复爆炸在岩体内形成裂隙及其扩展所致,另外,锚杆与岩体间注浆胶结体被破坏,也导致了爆炸振动波衰减,减少了通过注浆胶结体传递给锚杆的能量。

英国 G. S. Littlejohn 等[37-38]等(1987,1989)在 Penmaenbach 隧道施工期间对长度为 6m、直径为 25mm 的树脂锚杆抗爆性能进行了现场测试。结果表明:即使锚杆在距隧道工作面距离为 1m 处,其锚固力也没有明显损失,树脂和锚杆之间黏结性能保持良好;施加预应力可降低爆炸震动对锚杆的影响;锚杆自由段越长,锚杆受动荷载就越大。Littlejohn 等还建立了一个锚头处的 PPV(峰值质点速度)与所受峰值动载之间的线性关系式。

英国 D. C. Holland 和 A. A. Rodger 等[39-40](1989,1995)对 Penmaenbach 隧道和 Peny Clip 隧道(均位于英国北威尔士)施工过程中安装的树脂锚杆抗爆性能进行了研究。Holland 发现预应力增加将导致对锚杆振动加载作用的降低。在 Penmaenbach 隧道施工现场,Rodger 等发现即使锚杆离爆破面距离仅有 0.7m,预应力也未出现显著降低,树脂与锚杆也未分离。在 Peny Clip 隧道施工现场,Rodger 等还研究了不同岩体质量对树脂锚杆抗爆加固作用的影响。两处试验场研究结果都表明锚头振动加速度响应谱主要取决于锚杆长度、自由段相对长度、预应力大小及围岩质量等。

加拿大 D. D. Tannant 等[41](1995)对坑道中仅端锚的锚杆在爆炸荷载作用下的动力响应进行了现场试验研究。现场试验包括两种情形,第一种是测量锚杆对邻近平行坑道内部爆炸的动力响应,第二种是测量锚杆对本坑道侧壁内部钻孔满填塞爆炸的动力响应。对于第一种情形,爆炸激起了锚杆轴向和横向振动,坑道壁上 PPV 值约为1m/s,锚杆振动时间持续了30～40ms,大于坑道壁振动时间,锚杆最大应力低于其屈服应力,爆炸对坑道壁造成了轻微剥落破坏,降低了一定的锚杆预应力,但整体稳定性依然良好;对于第二种情形,横向振动是锚杆主要振动模式,持续时间为200ms,坑道壁上 PPV 值大于1m/s,锚杆峰值应力低于其屈服应力,爆炸使坑道壁外凸,并降低了锚杆预应力。

挪威 Gisle Stjern[42](1998)报道,为评估近距离爆炸对注浆锚杆的影响,在挪威 Grong 矿场进行了现场试验研究,包括锚杆拉拔试验及对岩石和锚杆进行振动测量。将邻近爆炸点(3.4m)锚杆与安装在较远处(22.0m)锚杆作对比,发现拉拔强度没有下降。把近期灌浆锚杆与早期灌浆锚杆作对比,发现在爆炸荷载作用后两者拉拔强度没有区别。对早先拉拔过的锚杆再次进行拉拔,结果显示出浆体存在"愈合"效应。试验表明爆炸后锚杆/砂浆性能没有下降。因此得出结论:充分注浆锚杆可以应用在作业面上或接近作业面处。

文献[43](1991)报道了美军对加筋土掩体进行的抗爆试验。与钢筋混凝土掩体相比,加筋土掩体具有造价低廉、构筑方便特点。试验中加筋土采用宽度为4cm、厚度为0.5cm、长度为4m 的钢带作为增强材料。试验结果引人关注。总体上说,加筋土掩体是一种有效防护结构。对于复土内的爆炸,多数爆炸未引起墙板破坏,最严重者也只是局部性破损,未危及整个结构。由于掩体构造特性,局部破坏仅损坏数量有限的墙板,并可很快修复。

### 19.3.2 室内(模型)试验

同现场试验相比,国外对锚固类结构抗爆性能室内(模型)试验开展得少一些。这可能与模型试验条件离实际工程要远一些有关。

文献[42]在进行现场试验同时,还进行了实验室研究,包括测量砂浆抗压和抗弯强度,及分析锚杆、砂浆和岩石组成的岩芯磨光薄片。结果表明,距爆炸点距离不同的锚杆,以及凝固程度不同的砂浆在受到爆炸荷载作用时,在裂缝形态及频度方面没有显示出任何差异。

美国 J. P. Conway 等[44](1975)对屈服锚杆进行了室内动力试验,结果表明屈服锚杆具有很好的抗动载性能,与静力试验相比,动力试验屈服荷载略有增加(15%)。

英国 D. K. V. Mothersille 和 H. Xu[45-46](1989,1993)对冲击荷载作用下预应力对锚杆动力响应的影响进行了实验室模型试验。结果表明,动载沿锚固段按指数规律衰减,冲击荷载大小一定时,锚杆上任意点的动应力都随预应力增加而减小。笔者认为,该项试验以及上述多项结果表明,动、静力条件下锚杆轴向受力规律相似具有一定普遍性。

南非 W. D. Ortlepp[47-48](1994,1998)设计了一种简单有效且可重复的试验方法,对屈服锚杆和普通砂浆锚杆抗爆性能进行了宏观对比试验。结果表明:

"在装药量接近相同情况下,由5根φ25mm 的全长注浆锚杆(静抗力1 350kN)加固的混凝土块最大抛射高度为4.7m,是无锚杆加固混凝土块最大抛射高度的90%,试验中有3根锚杆被拉断,2根锚杆被拔出;由5根φ22mm 的屈服锚杆(静抗力1 105kN)加固的混凝土块最大抛射高度仅为0.5m,锚杆未受到任何破坏;屈服锚杆在变位过程中比全长注浆锚杆多吸收了超过20倍的能量;屈服锚杆能够承受12m/s 的试件抛射速度。"

笔者认为,这种类型的屈服锚杆抗爆效应十分优异,试验方法也很新颖,很值得学习和借鉴。

瑞典 Anders Ansell[49-51](2000,2005,2006)研制了一种用于抗爆的新型锚杆,并称其为"吸能锚杆"。吸能锚杆的杆体用软圆钢制作,不设套管,内锚段杆体呈肋状,并冲压有若干个椭圆形孔,垫板是一个壳形圆盘。当受高速冲击时,杆体受拉变长,杆径变小,从而内锚固段以外杆体与砂浆脱落,锚杆外端便可自由让压。文献[49-50]介绍了对这种锚杆进行的自由跌落试验。结果表明:当受动载作用时,杆体塑性应变沿杆长分布不均匀,自锚杆外锚头向内递减(静载下受力规律亦大体如此——笔者注),其塑性屈服没有被充分利用;动载作用下,外锚头处螺母以及内锚头段是可靠的;在12m/s的加载速度下,距螺母50mm处杆体发生断裂。文献[51]对这种(软圆钢)锚杆在高速加载机上进行了动力试验,并根据试验结果,提出了对这种锚杆进行抗爆设计的基本原则。这种吸能锚杆也很值得我国借鉴。

### 19.3.3 数值分析

国外的硬件和软件均有一定优势,但发表相关文献较少,这或许缘于单一计算结论尚难以用于实际工程设计与安全评估。

文献[41]采用一维有限差分法对仅端锚的锚杆在爆炸荷载作用下的动力响应进行了数值分析。结果表明,端锚锚杆振动可通过一根梁的轴向和横向振动来分析,锚杆内锚头与岩体间连接方式以及外锚头与垫板间连接方式对锚杆动应变值影响很大,内锚头和岩体间连接是数值分析中最复杂的单元,内锚头和外锚头处的连接也是研究端锚锚杆动力特性中复杂的边界条件。

英国 Ana Ivanovic 等[52](2002)采用基于有限差分法的集中参数数值模型计算分析了冲击荷载作用下预应力对锚杆动力响应的影响。主要得出以下结论:①锚杆长度一定时,自由段长度与锚固段长度比值增加将导致响应基频降低;②锚头是锚杆响应对预应力变化最敏感的部位;③锚杆振动加速度衰减率随预应力增加而增加;④预应力增加将导致锚杆锚固段动应力降低。这些结论与作者先前试验研究结论相一致。

瑞士 H. Hagedorn[53](2004)采用 UDEC 程序评估了喷锚支护洞室在两次相继冲击作用后的稳定性。结果表明,钻孔壁与围岩裂隙相交处握裹注浆(环氧树脂)层的破坏避免了锚杆本身破坏,因而锚杆对围岩仍有加固作用,但须考虑对喷层造成的局部破坏影响。

新加坡 P. J. Zhao 等[54](2003)结合一维弹性波理论和梁的动力分析方法,将喷锚网支护中钢纤维喷射混凝土层简化为一简支弹塑性梁,由此建立了一种冲击荷载作用下喷层抗剥落简化设计计算方法。算例表明,该方法是可靠有效的。

### 19.3.4 抗静载问题研究与应用

国外尚无锚固和复合锚固类结构这种称谓。但锚固和复合锚固类结构抗静载问题研究与应用却不乏其例[55-57],尤其是关于前者,发表了不计其数的文献资料。对于后者,提出的研究与应用成果亦不在少数,其中有的结构形式具有先进性和新颖性。如1985年,法国在一处深度为21m的基坑开挖临时支护中(由 Montpellier Opera 施工开挖)采用的角钢击入钉,上部加一排锚杆的做法;1990年,法国在 Cotiere 隧道北进口(一条高速铁路隧道入口)高度为28m的边坡支护中采用的10排长度为15m的注浆土钉,上部加2排长度为30m的锚杆的"土钉—拉锚"复合系统;德国在一处柏林土钉墙工程中采用的一种"土钉—拉锚—竖桩"复合支护系统;美国在 Oregon DOT Portland 和 Light Rail 工程中采用的一种"加筋土墙—土钉墙"复合挡土结构;1997年日本研发的"板墙土钉支护法"(以预制钢筋混凝土板替代传统土钉支护中的喷射混凝土面层)等,均可认为是复合锚固类结构在抗静载方面的研究与应用。

本章所述新型复合锚固类结构形式及其研究与应用成果国外未见发表。

### 19.3.5 小结

综上所述,锚固和复合锚固类结构抗动静载性能研究是一个较复杂问题,其研究面很宽,内容主要涵盖锚固和复合锚固类结构在动静载作用下的响应、加固效应、破坏机制,动静载对锚固力影响、新型抗动静载锚固技术,以及复合锚固类结构的优化复合设计理论与方法等方面。虽然各类锚固结构抗动静载性能的研究存在诸多共同特点,但对于特定工程结构、地质环境、锚固形式、荷载大小等条件,结论往往存在较大差异甚至相互矛盾,需要具体问题具体分析,不可以偏概全。然而,试验研究总是主要研究方法,数值计算和理论分析则是不可或缺的辅助研究手段。国外研究具有以下特点:

(1)国外尚无"单一锚固类结构"、"复合锚固类结构"这种称谓,但在抗静载研究与应用方面也不乏其例。

(2)国外对锚固类结构抗爆性能试验研究非常重视,试验做得较多、较全和较细,特别是某些原型试验规模很大,有的试验方法很新颖,且近30年来在持续进行研究,但均为单一锚固类结构,关于复合锚固类结构文献未见发表。后者受力更为复杂,研究起来更困难。

(3)国外关于锚固类结构抗爆性能数值计算文献甚少,某些用于工程设计的计算结论往往与相应试验研究结果相印证。

(4)国外对某些锚固类结构(如吸能锚杆支护和屈服锚杆支护结构,前者国内未见发表,后者国内有研究,但原理有别)抗爆性能研究成果,对我国具有借鉴意义。

以下问题,无论国内或国外,均具有共性:

(1)复合锚固类结构抗动、静载性能研究均很不够,尤其是对前者的研究与应用更欠缺。

(2)国外提出的特殊形式的锚固结构(屈服锚杆和吸能锚杆支护结构),其抗爆性能极为优异,我国尚未见发表,具有良好开发应用前景,我国应加以借鉴并深入研究。

(3)本文所述新型复合锚固类结构国内外未见发表,其优异的抗动、静性能迄今仅见冰山一角,探讨其复杂作用机制和优化设计方法尚有许多工作要做。

(4)有关复合锚固类结构试验研究及应用成果,迄今还未能上升到系统、严密、公认的理论阐释程度。

## 参 考 文 献

[1] 曾宪明,陈肇元,等. 锚固类结构安全性与耐久性问题探讨[J]. 岩石力学与工程学报,2004,23(13):2235-2242

[2] 曹国庆. 喷锚支护抗爆性能与设计[J]. 防护工程,1979,1(2):34-51

[3] 王学礼. 锚喷支护在内爆巷道中的应用[J]. 建井技术,1981,2(2):17-20

[4] 王学礼. 内压巷道锚、喷、网支护参数的选择及实践效果[J]. 建井技术,1987,8(2):40-42

[5] 任辉启. 砂砾地层中坑道喷锚支护在顶爆和侧爆条件下的抗爆性能[J]. 防护工程,1986,8(1):12-18

[6] 曾宪明,肖峰,等. 黄土坑道喷锚网支护的抗爆性能(Ⅰ,破坏形态)[J]. 防护工程,1990,12(3):20-27

[7] 肖峰,曾宪明. 黄土坑道喷锚网支护的抗爆性能(Ⅱ,围压分布形态)[J]. 防护工程,

1991,13(4):37-45

[8] 曹长林,曾宪明. 黄土坑道喷锚网支护的抗爆性能(Ⅲ,支护受力变形特性;临界承载能力)[J]. 防护工程,1992,14(1):46-55

[9] 康天合,薛亚东. 基于围岩条件与动载作用的回采巷道锚杆支护设计原则[J]. 岩石力学与工程学报,1996,15(s1):571-576

[10] 侯忠杰. 爆破对树脂锚杆载荷的影响[J]. 矿山压力与顶板管理,1997,14(1):36-39

[11] 盛宏光,张勇. 钻地武器侵彻爆炸条件下坑道岩体的锚固技术初探[C]// 中国土木工程学会防护工程分会第九次学术年会论文集. 长春,2004(2):1542-1547

[12] 张云,刘开运. 近区爆破对锚固设施的影响研究[J]. 水力发电,1996(8):23-26

[13] 陆遐龄. 爆破对600kN预应力锚杆影响及锚固测力探讨[C]// 中国土木工程学会防护工程分会第五次学术年会论文集. 成都,1996:453-464

[14] 陆遐龄. 岩石高边坡爆破开挖对锚固设施的影响[J]. 爆破,2000,17(s1):147-151

[15] 宋茂信. 岩体边坡开挖爆破对预应力锚索锚固性能影响的现场观测[J]. 防护工程,1998,20(3):74-77

[16] 苏华又,张继春. 紫坪铺高陡边坡抗爆破震动分析[J]. 岩石力学与工程学报,2003,22(11):1916-1918

[17] 周德培. 锚索预应力损失的影响因素及对策[C]// 中国岩石力学与工程学会第八次学术大会论文集. 成都,2004:610-613

[18] 朱如玉,王承树. 某观察坑道在爆炸荷载作用下的破坏情况的宏观调查分析[J]. 爆炸与冲击,1982,2(2):17-26

[19] 黄承贤. 在爆炸荷载作用下长锚杆喷锚支护坑道的动态反应[J]. 岩土力学,1987,8(3):1-11

[20] 曾宪明,杜云鹤,李世民. 土钉支护抗动载原型与模型对比试验研究[J]. 岩石力学与工程学报,2003,22(11):1892-1897

[21] 孙永志,刘朝,等. 土中喷锚支护洞室非线性动态有限元分析[J]. 防护工程,1984,6(1):19-31

[22] 郑际汪,陈理真. 爆破荷载作用下隧道围岩稳定性分析[J]. 矿山压力与顶板管理,2004,21(4):53-55

[23] 杨苏杭,沈俊,等. 预应力锚索对洞室抗爆加固效应的三维动力分析[J]. 防护工程,2006,28(1):20-24

[24] 荣耀,许锡宾,等. 锚杆对应力波传播影响的有限元分析[J]. 地下空间与工程学报,2006,2(1):115-119

[25] 赵幸源. 隧道爆破开挖效应的动静力有限元分析[C]// 中国土木工程学会隧道及地下工程学会第五届年会论文集. 南京,1988:591-599

[26] 王承树. 爆炸荷载作用下喷锚支护破坏形态[J]. 岩石力学与工程学报,1989,8(1):73-91

[27] 王承树. 动载下围岩与坑道喷锚支护的相互作用[C]// 曹志远. 结构与介质相互作用理论及其应用——全国首届结构与介质相互作用学术会议论文集. 南京:河海大学出版社,1993:853-857

[28] 易长平. 爆破震动对地下洞室的影响研究[D]. 武汉大学博士学位论文,2005

[29] 易长平,卢文波. 爆破震动对砂浆锚杆的影响研究[J]. 岩土力学,2006,27(8): 1312-1316

[30] 喻晓今,曾宪明,等. 土钉瞬态应力的试验研究[J]. 岩石力学与工程学报,2004,23 (s1):4438-4441

[31] 喻晓今,余学文,等. 数种情形下土钉的瞬态应变累积效应分析[J]. 华东交通大学学报,2006,23(4): 1-4

[32] 沈德义,刘五一. 介绍国外几种可用于动载条件的锚杆[R], 1984:9-11

[33] Thorpe R K, Heuze F E. Dynamic response of rock reinforcement in a cavity under internal blast loading: an add-on test to the pre-mill yard event. DE86004667, 1985

[34] Stillborg B. Experimental investigation of steel cables for rock reinforcement in hard rock. Doctoral thesis. Luleå University, Luleå, Sweden, 1984

[35] Otuonye F O. Response of grouted roof bolts to blasting loading. International Journal of Rock Mechanics and Mining Sciences & Geomechanics Abstracts, 1988, 25(5):345-349

[36] Otuonye F O. Influence of shock waves on the response of full contact rock bolts. In: Proceedings of 9th Symposium on Explosives and Blasting Research. San Diego, California, 1993:261-270

[37] Littlejohn G S, Rodger A A, et al. Monitoring the influence of blasting on the performance of rock bolts at Penmaenbach tunnel. In: Proceedings of 1st International Conference on Foundations & Tunnels. Edinburgh, 1987(2): 99-106

[38] Littlejohn G S, Rodger A A, et al. Dynamic response of rock bolt systems. In: Proceedings of 2nd International Conference on Foundations & Tunnels. London, 1989(2): 57-64

[39] Holland D C. The influence of close proximity blasting on the performance of resin bonded rock bolts. Master of Science thesis, University of Aberdeen, U. K. ,1989

[40] Rogder A A, Holland D C, et al. The behaviour of resin bonded rock bolts and other anchorages subjected to close proximity blasting. In: Proceeding of 8th International Congress on Rock Mechanics. Tokyo, 1995: 665-670

[41] Tannant D D, Brummer R K, Yi X. Rock bolt behaviour under dynamic loading: field test and modelling. International Journal of Rock Mechanics and Mining Sciences & Geomechanics Abstracts, 1995, 32(6): 537-550

[42] Gisle Stjern, Arne Myrvang. The influence of blasting on grouted rockbolts. Tunneling and Underground Space Technology, 1998, 13(1): 65-70

[43] 李晓军. 美军加筋土掩体的抗爆试验[J]. 防护工程快报, 1991, 69

[44] Conway J P, et al. Laboratory studies of yielding rock bolts. PB245560,1975

[45] Mothersille D K V. The influence of close proximity blasting on the performance of resin bonded bolts. PhD thesis . University of Bradford, U. K. ,1989

[46] Xu H. The dynamic and static behaviour of resin bonded rock bolts in tunneling. PhD thesis. University of Bradford, U. K. ,1993

[47] Ortlepp W D. Grouted Rock as Rockburst Support: A Simple Design Approach and An Effective Test Procedure. Journal of The South African Institute of Mining & Metallurgy, 1994,94 (2):47-63

［48］ Ortlepp W D, Stacey T R. Performance of tunnel support under large deformation static and dynamic loading. Tunneling and Underground Space Technology, 1998,13(1):15-21

［49］ Anders Ansell. Testing and modelling of an energy absorbing rock bolt. In: Jones N, Brebbia C A, Structure under shock and impact VI. The University of Liverpool, U. K. and Wessex Institute of Technology, U. K. , 2000: 417-424

［50］ Anders Ansell. Laboratory testing of a new type of energy absorbing rock bolt. Tunneling and Underground Space Technology, 2005, 20(4):291-300

［51］ Anders Ansell. Dynamic testing of steel for a new type of energy absorbing rock bolt. Journal of Constructional Steel Research, 2006, 62(5):501-512

［52］ Ana Ivanovic, Richard D Neilson, et al. Influence of prestress on the dynamic response of ground anchorages. Journal of Geotechnical and Geoenvironmental Engineering, 2002, 128 (3): 237-249

［53］ Hagedorn H. Dynamic rock bolt test and UDEC simulation for a large carven under shock load. In: Proceeding of International UDEC/3DEC Symposium on Numerical Modeling of Discrete Materialsin Geotechnical Engineering, Civil Engineering, and Earth Sciences. Bochum, Germany, 2004: 191-197

［54］ Zhao P J, Lok T S, et al. Simplified spall-resistance design for combined rock bolts and steel fiber reinforced shotcrete support system subjected to shock load. In:Proceedings of 5th Asia-pacific conference on shock & impact loads on structures. Changsha, China, 2003: 465-478

［55］ 陈肇元,崔京浩. 土钉支护在基坑工程中的应用[M]. 2版. 北京:中国建筑工业出版社, 2000:5-6

［56］ 美国联邦公路局. FHWA-SA-96-069R 土钉墙设计施工与监测手册[M]. 佘诗刚,译. 北京:中国科学技术出版社,2000:94-95

［57］ Gyaneswor Pokharel, Tatsumi Ochiai. Design and construction of a new soil nailing (PAN Wall) method. Ground Engineering, 1997,30(5): 28

# 20 岩石中新型复合锚固结构抗爆效应宏观结果与分析

## 20.1 概　　述

锚固类结构包括单一锚固和复合锚固结构[1-4]。复合锚固类结构是指各单一锚固类结构彼此或与其他各种传统工法联合使用的一类岩土工程加固支护结构。

复合锚固类结构[5-8]在一般岩土工程特别是在新奥法不建议使用的软土、流沙、厚杂填土等一类复杂地质体工程中已有大量成功应用,其对人类工程建设的贡献和所产生的社会、经济和军事效益公认是无法估计的[8-11]。

复合锚固类结构种类繁多,如城建工程中常用的桩—锚(杆、索、钉)结构,墙(地下连续墙、搅拌桩墙等)—锚(杆、索、钉)结构等。其间存在优化复合问题,并非简单组合即可。

本书所指"新型复合锚固结构"是指"锚杆—构造措施"型。这种复合结构形式是由均匀布设的锚杆结合锚杆里端规律设置的一段表面经过处理的空孔构成,如图 20-1 所示。这种复合锚固结构主要用于地下空间的加固支护。

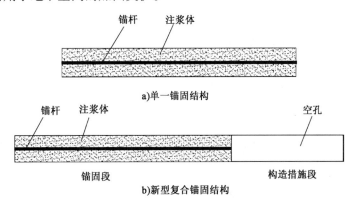

图 20-1　单一锚固结构与新型复合锚固结构比较示意图

为叙述方便,本书以下所述"复合锚固结构"就专指这种新型复合锚固结构。

这种特殊复合锚固结构在岩土体中造成三介质系统,明显区别于传统的二介质系统或毛洞单介质系统,如图 20-2 所示。

 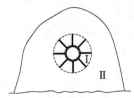 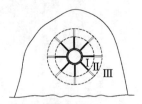

a)单介质系统　　　　　b)双介质系统　　　　　c)三介质系统
(毛洞围岩)　　　　　(喷锚衬砌—围岩)　　　　(喷锚衬砌—弱化区—围岩)

图 20-2　单、双、三介质系统的概念

2001 年,项目组完成了黄土中毛洞、单一锚固结构与新型复合锚固结构现场对比试验和复制模型试验。2002 年,课题组进行了复合锚固和单一锚固对比单轴抗压强度试验(Ⅰ)。2003 年,课题组进行了复合锚固结构和单一锚固结构静力单轴试验(Ⅱ)。2004～2005 年,对两种结构的抗爆作用机制进行了理论探讨。

此后,本课题组于 2006 年进行了三介质系统和二介质系统的水泥土试件静力三轴对比试验。两种脆性材料试件的静力试验都表明,在试件上所构筑的空孔能够产生显著的"弱化效应"。

然而,土介质的力学性能不同于岩石介质,尚不清楚这种复合锚固结构是否能有效提高岩石洞室的抗爆能力。静力试验条件与动载试验条件相差甚远,且所制作的混凝土试件是二介质系统,水泥土试件是强度很低的三介质系统,因而与本项目最终要研究的问题仍有较大的差异。

为此,课题组于 2007 年开展了此次试验研究,主要目的是考察复合锚固结构相对于单一锚固结构能否较大幅度提高岩石洞室的抗爆性能。

一般而言,应首先构筑岩石地下空间锚固类结构,然后进行爆炸试验并进行量测。但有以下几个因素需认真考虑:

①岩石种类繁多,只考虑其中一两种也是缺乏典型性的。

②岩体一般都具有节理、裂隙,量测数据的规律性一般较差。

③本项目属于应用基础较强的项目,对试验数据的可靠性、准确性和规律性均有较高要求。

④在理想注浆加固条件下,任一节理裂隙岩体均可近似视为完整性较好的介质,其整体强度由岩块和注浆体二者间的较低者控制。

鉴于以上考虑,课题组选择强度较高的水泥砂浆介质(其均质性优于混凝土),进行了此次地下空间复合锚固结构与单一锚固结构抗爆性能的对比试验研究。

本次试验只是两种锚固结构抗爆性能对比试验❶,未涉及相似模型问题。

# 20.2　试　验　目　的

本项目的试验目的主要包括以下几点:
①研究复合锚固结构与单一锚固结构受力变形和破坏特性差异。
②探讨复合锚固结构与单一锚固结构不同的抗爆炸振动特性和规律。

---

❶　本项试验由李世民、林大路、汪剑辉、赵强、杜宁波、曾宪明等完成,以下第 21～25 章同。

③提出复合锚固结构相对于一般锚固结构的抗爆潜能指标及弱化机制。

# 20.3 试 验 方 法

在试验现场开挖两个大小相同的方形石坑,在两个坑内浇筑水泥砂浆试件、安装量测探头,待试件充分养护完毕后进行TNT集团装药顶部爆炸试验。在石坑内浇筑试件的主要目的是尽可能为试件四壁及底部提供与实际较接近的边界条件(透射边界条件)。

爆炸加载采用逐级提高的方式。每次爆炸后,对试件都进行宏观观察,并清理试件表面。在小药量下主要通过测得的数据来对比分析两种锚固结构抗爆性能的差异,待试件洞壁上出现肉眼可见的破坏后,主要通过宏观观察的结果,如洞壁裂缝尺寸,砂浆剥落面积、体积,洞底堆石高度等,来对比分析两种锚固结构抗爆性能的差异。

试验中应保证两个试件的试验条件一致,尽可能减少试验条件的人为误差,以避免条件差异对试验结果造成的影响。

# 20.4 试 验 场 地

试验场地选在某坑道一较宽敞的侧间内,如图20-3所示。两个试件相距约10m,第一个试件进行爆炸试验所产生的地冲击振动对第二个试件的影响甚微,可不予考虑。量测间选在坑道口部的一隔间内,距爆炸现场约有100m。在坑道内进行试验,虽减慢了整个试验的进度,但却提供了十分安全的试验环境,相当于将整个试验由野外转入了室内。

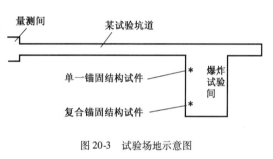

图20-3 试验场地示意图

# 20.5 试件设计与制作

### 20.5.1 设计原则

在进行试件设计前,需认真考虑以下原则:
①试件内构筑的洞室的特征尺寸不宜过小,否则不便施工及安装量测探头。
②考虑边界效应,在石坑内浇筑试件,拟通过坑壁提供边界支撑条件;此外,整个试件的特征尺寸应足够大(大于洞室跨度3倍以上)。
③除弱化区外,用作对比试验的两类试件从设计、制作、特征尺寸等均须完全相同。
④模拟被覆层的试件一侧厚度宜显著大于其他三侧厚度(其厚度不小于洞跨的3倍)。
⑤锚固类结构杆体长度为洞跨的1/2。
需要指出,最初设计的抗爆试件是置于地面之上的。鉴于单轴试验无侧向约束以及三轴静力试验有侧向约束的经验教训,并考虑地下坑道的实际受力条件,经再三斟酌,最终将原设计方案加以修改,将方形试件置于地下进行动载试验。

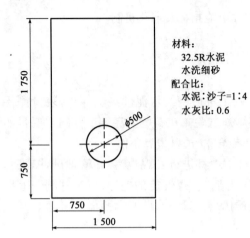

材料:
　32.5R水泥
　水洗细砂
配合比:
　水泥:沙子=1:4
　水灰比:0.6

图 20-4　试件及洞室立面图及设计参数(单位:mm)

### 20.5.2　试件、洞室的设计参数

　　根据设计原则,所设计的试件、洞室尺寸及材料参数见图 20-4。试件纵向尺寸与宽度相等,即 2 500mm。

### 20.5.3　支护参数的设计

　　支护参数设计首先应符合实际工程的一般情况,其次要便于制作、试验与观测。两类锚固结构的支护设计参数见图 20-5。

### 20.5.4　试件的制作

#### 1)锚杆的制作

　　采用 J422 焊条的焊芯制作锚杆,其材料弹模接近于普通碳钢,直径为 3.2mm。将焊芯外的焊皮剥去,用砂纸磨光焊芯,加工成如图 20-6 所示的尺寸,并在锚杆端部套 $\phi$3mm 的螺丝。制作好的两类锚杆见图 20-7。

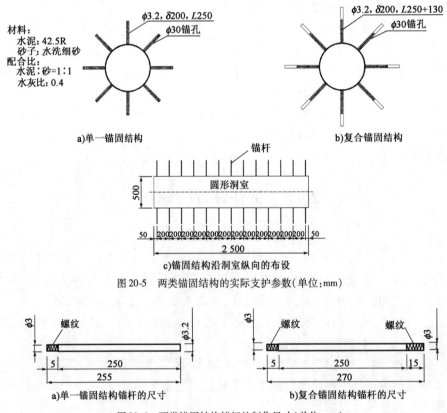

材料:
　水泥: 42.5R
　砂子:水洗细砂
配合比:
　水泥:砂=1:1
　水灰比:0.4

$\phi$3.2, $\delta$200, L250
$\phi$30锚孔

$\phi$3.2, $\delta$200, L250+130
$\phi$30锚孔

a)单一锚固结构　　　　　　　　b)复合锚固结构

锚杆

圆形洞室

50　200 200 200 200 200 200 200 200 200 200 200 200　50

2 500

c)锚固结构沿洞室纵向的布设

图 20-5　两类锚固结构的实际支护参数(单位:mm)

$\phi$3　螺纹　　　　　　　$\phi$3.2

5　　250
255

a)单一锚固结构锚杆的尺寸

$\phi$3　螺纹　　　　螺纹　　$\phi$3

5　　250　　15
270

b)复合锚固结构锚杆的尺寸

图 20-6　两类锚固结构锚杆的制作尺寸(单位:mm)

　　锚杆锚固段长度为 250mm。螺纹段长度为 5mm,用于制作锚固体时套接橡皮垫,以及浇筑试件时通过安装螺母来固定锚杆。复合锚固结构锚杆另一段螺纹段长度为 15mm,用于制作复合锚固结构的"构造措施"段。

2)锚固体的制作

选内径为15mm的PVC管,截取相应的锚杆长度,见图20-8。为注浆后方便拆除PVC管,将其沿纵向切割成两半,然后用透明胶带重新粘在一起。在长度为5mm的锚杆螺纹段上套一直径为15mm、厚度为5mm的橡皮垫,如图20-9所示。然后将锚杆连同橡皮垫插入PVC管内,见图20-10。橡皮垫既能起到密封的作用,又能起到锚杆对中作用。注浆过程中为确保锚固体砂浆密实,不断轻轻敲击PVC管,直到管口浆液表面冒出少许气泡为止。注浆过程中应确保锚杆居中放置。待浆液注满并密实后竖直放置PVC管,见图20-11。注浆锚固体在室内凝固36h后,将PVC管拆除,再养护锚固体28d即成。制作好的锚固体见图20-12。

用类似的方法制作带应变片的锚固体,须注意制作过程中不得损坏贴在锚杆上的应变片。

图20-7 制作完毕的模拟锚杆

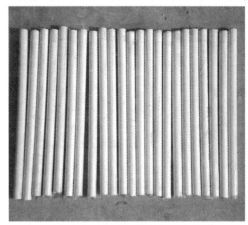

图20-8 制作锚固体用的PVC管

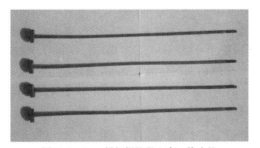

图20-9 5mm锚杆螺纹段上套一橡皮垫

图20-10 锚杆连同橡皮垫插入PVC管

图20-11 注浆后竖直放置待固化试件

图20-12 制作好的锚固体

3)复合锚固结构"构造措施"段的制作

选内径为15mm的PVC管,截取相应于构造孔的设计长度(130mm)。在制作好的锚固体的长度为 15mm 的螺纹上套接 2 个小橡皮垫,并用螺母将其固定牢靠。然后在橡皮垫上涂抹环氧树脂胶,再将 PVC 管套在橡皮垫上,同时在 PVC 管的另一头也用环氧树脂粘一个橡皮垫,在室温下晾放 24h,使环氧树脂胶固化。PVC 管被充分地密封并牢固地固定在锚固体上。复合锚固结构的制作示意图见图 20-13。制作复合锚固结构用的锚固体、PVC 管、橡皮垫及螺母见图 20-14。制作完毕的复合锚固结构见图 20-15。

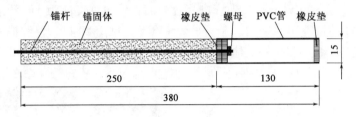

图 20-13　复合锚固结构的制作示意图(单位:mm)

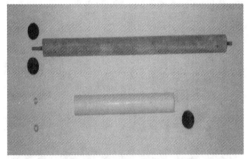

图 20-14　制作复合锚固结构用的锚固体、PVC 管等

图 20-15　制作完毕的复合锚固结构

4)地下洞室衬套的制作

地下洞室衬套采用厚度为 1mm 的白铁皮制作,采用铆钉铆接的方法将 1 000mm × 2 500mm 的白铁皮卷成外径为 500mm、长度为 1 000mm 的圆柱形,见图 20-16。用手提钻在铁皮套桶交错套接处钻孔,再用铆钉将铁皮套桶连接固定(用铆钉钳从套筒外可方便地将铆钉紧固),制作成 2 个长度为 2 500mm 的铁皮衬套,见图 20-17。

图 20-16　制作衬套用的铁皮套桶

图 20-17　制作完毕的衬套

5)内撑支架的制作

由于铁皮衬套刚度较低,在浇筑试件时可能会产生一定的变形,因此须在衬套内安设内撑支架以限制整个衬套的变形。此外,内撑支架还具有对洞室定位的作用。

采用厚度为 50mm 的木板制作铁皮衬套的内撑支架,内撑支架的外径为 499mm。制作好的内撑支架如图 20-18 所示。共制作了 14 个内撑支架,每个铁皮衬套用 7 个内撑支架支撑,7 个内撑支架等间距地固定在铁皮桶内,如图 20-19、图 20-20 所示。

图 20-18　制作好的内撑支架

图 20-19　安放好内撑支架后的衬套

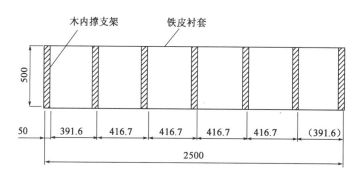

图 20-20　在衬套内等距安放木内撑支架示意图(单位:mm)

6)锚固体与衬套的连接

用厚度为 2mm 的钢板制作 2 500mm×20mm×2mm 的钢条,在钢条中线上钻孔,其孔心位置相应于锚杆沿洞室纵向布设的位置,如图 20-21 所示。共制作 16 根钢条,每个试件用 8 个。制作完毕的钢条如图 20-22 所示。

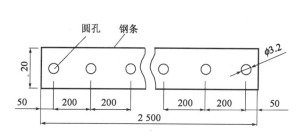

图 20-21　钢条设计示意图(单位:mm)

图 20-22　加工完毕的钢条

先在锚固体底部涂抹环氧树脂胶,再将长度为 5mm 螺纹段穿入钢条上的钻孔,并用螺母将锚固体拧紧固定在钢条上,然后在室外晾晒至环氧树脂胶充分固化后移入室内。这样锚固体就被牢固地连接在钢条上,见图 20-23 和图 20-24。

锚固体与钢条连接完毕后,在铁皮衬套上对应于锚杆的安装位置钻孔,孔径略大于螺母的外径,再将钢条连同锚杆一起安装在铁皮衬套上。其方法是在钢条和衬套上钻孔,用铆钉将钢

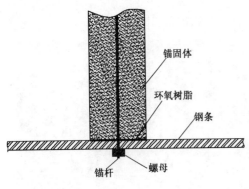

图 20-23 锚固体固定于钢条示意图

条与衬套连接固定,用铆钉钳安装铆钉。安装过程中保证螺母穿入衬套内,安装示意图见图 20-25,组装后的锚固体见图 20-26。

7) 石坑的设计与开挖

开挖两个石坑,石坑的大小与试件的大小一致,即 2 500mm×1 500mm×2 500mm,为便于作业人员施工,在石坑的一侧面再开挖一 800mm×800mm×2 500mm 的竖井,并将竖井的边角用砖块和水泥浆衬砌牢固,见图 20-27。开挖好的石坑见图 20-28。石坑介质是风化较严重的红石岩,其硬度较高,完整性较好。

a)单一锚固结构与钢条的连接

b)复合锚固结构与钢条的连接

图 20-24 锚固体固定于钢条实物图

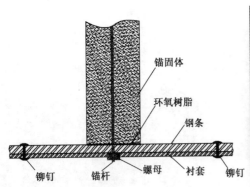

图 20-25 锚固体与铁皮衬套连接示意图

图 20-26 锚固体与铁皮衬套的连接

8) 试件的浇筑

将两个衬套按设计位置分别吊放在石坑内,用钢模板堵住工作竖井端。采用一个铁制漏斗连接一根内径为 160mm 的 PVC 管向坑内灌浆,待浆液淹没锚固体至一定高度时,用铁锨直接倒浆。灌浆过程中注意沿坑壁四周均匀灌浆,以保证衬套位置不变,并注意不损坏锚固体。浇筑过程见图 20-29 和图 20-30。浇筑完毕后,待水泥浆凝固 3d 后将钢模拆去,养护试件至 28d 后,将铁皮衬套和钢条拆除。至此,试件制作完毕。

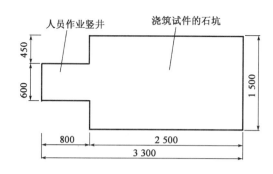

图 20-27　石坑示意图(单位:mm)

图 20-28　开挖好的石坑

图 20-29　待吊放入石坑内的衬套及锚固体

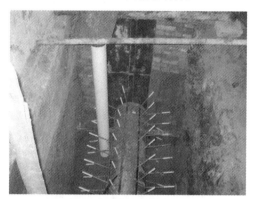

图 20-30　水泥砂浆的浇筑

# 20.6　量测系统和测点布置

### 20.6.1　量测系统

量测参数有 3 种,分别为应变、加速度和位移。

每个试件测点总数为 32 个,其中:应变测点 23 个,编号依次为 S1,S2,……,S23,如图 20-31、图 20-34 所示;加速度测点 5 个,编号依次为 A1、A2、A3、A4、A5,如图 20-35 所示;位移测点 4 个,编号依次为 S1、S2、S3、S4,如图 20-36 所示。

在试验测量中,采用两台各有 16 个通道的瞬态记录仪,一台是 CS2020 瞬态记录仪,另一台是 TEST2000 瞬态记录仪。测量的基本流程是:

### 20.6.2　应变测点的布置

(1)锚杆与锚固体应变测点布置见图 20-31,二者的位置是相对应的。只在洞室纵向正中间一排锚固结构上布设应变测点。锚杆应变在制作锚固体前粘贴,锚固体应变在锚固体制作完成后粘贴。

制作好的带应变测点的锚杆及锚固体如图 20-32 和图 20-33 所示。

< 235 >

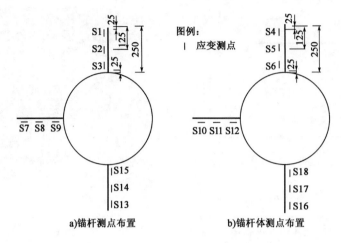

a)锚杆测点布置　　　　　　b)锚杆体测点布置

图 20-31　锚杆及锚固体应变测点布置(单位:mm)

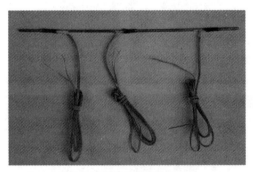

图 20-32　粘贴了应变片的锚杆

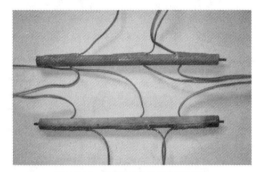

图 20-33　粘贴了应变片的锚固体

(2)洞室应变测点布置见图 20-34。洞室应变粘贴在洞室内表面的爆心之下及以远,并规律分布。

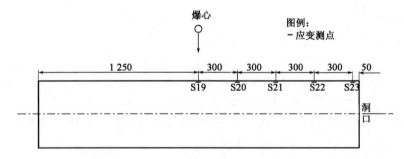

图 20-34　洞室应变测点布置(单位:mm)

应变片采用航空工业总公司七〇一所研制的高精度、低蠕变、小温漂的单轴缩醛箔式型电阻应变片。锚杆应变采用"BX120-1AA"型应变计量测,锚固体及洞室采用"BX120-8AA"型应变计量测。所采用应变片的基本参数见表 20-1 和表 20-2。

**"BX120-1AA"型应变计的主要参数**(锚杆应变)　　　　　　表 20-1

| 序　号 | 主 要 指 标 | 单　　位 | 参　　数 |
|---|---|---|---|
| 1 | 温度范围 | ℃ | − 30 ~ + 80 |
| 2 | 应变极限 | % | 3.0 |

| 序　号 | 主要指标 | 单　位 | 参　数 |
|---|---|---|---|
| 3 | 电阻值 | Ω | $120 \pm 0.1$ |
| 4 | 疲劳寿命 | — | $10^7$ |
| 5 | 黏结剂 | — | $AST-610$ |
| 6 | 敏感栅尺寸 | mm | $1 \times 1$ |
| 7 | 基底尺寸 | mm | $3 \times 2$ |

**"BX120-8AA"型应变计的主要参数**（锚固体及洞室应变）　　表 20-2

| 序　号 | 主要指标 | 单　位 | 参　数 |
|---|---|---|---|
| 1 | 温度范围 | ℃ | $-30 \sim +80$ |
| 2 | 应变极限 | % | 3.0 |
| 3 | 电阻值 | Ω | $120 \pm 0.1$ |
| 4 | 疲劳寿命 | — | $10^7$ |
| 5 | 黏结剂 | — | AST-610 |
| 6 | 敏感栅尺寸 | mm | $8 \times 3$ |
| 7 | 基底尺寸 | mm | $13 \times 4$ |

### 20.6.3　加速度测点布置

加速度测点布置在洞室内表面的拱顶部位（与应变测点相对应），用以量测不同锚固结构的振动特性和规律，见图 20-35。

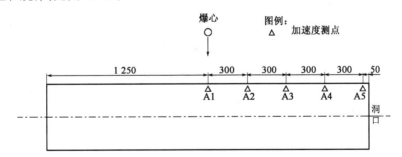

图 20-35　洞室加速度测点布置（单位:mm）

振动特性采用北戴河实用电子技术研究所研制的 SD 系列压电式加速度传感器量测。加速度传感器基本参数见表 20-3。

**SD 系列压电式加速度传感器参数**　　表 20-3

| 测点 | 传感器号 | 传感器型号 | 量程（$m/s^2$） | 电荷灵敏度[$pC/(ms^{-2})$] | 横向电荷灵敏度（%） |
|---|---|---|---|---|---|
| A1 | 294 号 | SD1407 | 50 000 | 1.752 | 4.9 |
| A2 | 119 号 | SD1402 | 15 000 | 5.864 | 4.1 |
| A3 | 123 号 | SD1402 | 15 000 | 4.317 | 2.6 |
| A4 | 127 号 | SD1402 | 15 000 | 6.121 | 1.5 |
| A5 | 576 号 | SD1403 | 15 000 | 12.088 | 0.6 |

### 20.6.4 洞室位移测点布置

位移测点布置在与加速度测点相对应的部位,用以量测不同锚固结构的相对位移特性和规律,只布设 4 个位移计,见图 20-36。

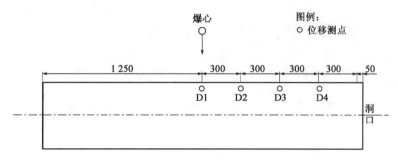

图 20-36 洞室位移测点的布置(单位:mm)

位移量测采用辽宁阜新市祥瑞传感器有限公司研制的 FX-71 型直流差动变压器式位移传感器,其基本参数见表 20-4。

FX-71 型直流差动变压器式位移传感器基本参数　　　　　　表 20-4

| 型　　号 | 精度等级(%) | 供电电压(V) | 满量程输出电压(V) | 量程(mm) |
| --- | --- | --- | --- | --- |
| FX-71 | 0.5 | 9～15(DC) | ≥±2(DC) | ±300 |

传感器布设完毕时的洞室见图 20-37。

图 20-37 布设传感器后的洞室

# 20.7　爆炸加载等级

加载等级按照由低到高的原则进行,直至将洞室完全炸塌并堵塞为止。水平方向爆心位置始终位于试件上表面的平面中心。每次爆炸严格保证爆心的位置。炸药为 TNT 集团装药。药量较小时,在装药底部垫砖块,每炮更换一次。药量增大到一定等级后,直接将集团装药放在试件表面上爆炸,每次爆炸后,清理爆坑,再将装药放在爆坑底部。试验过程中严格保证两个试件的加载条件一致。详细的加载等级及备注说明见表 20-5。第 14 炮后,撤除位移传感器和加速度传感器,停止量测,只进行宏观观测。

| 炮 号 | 装药量(g) | 备 注 |
|---|---|---|
| 1 | 100 | 在装药下垫 3 块砖 |
| 2 | 100 | 在装药下垫 3 块砖 |
| 3 | 200 | 在装药下垫 3 块砖 |
| 4 | 400 | 在装药下垫 3 块砖 |
| 5 | 400 | 在装药下垫 3 块砖 |
| 6 | 800 | 在装药下垫 3 块砖 |
| 7 | 800 | 在装药下垫 3 块砖 |
| 8 | 1 200 | 在装药下垫 3 块砖 |
| 9 | 1 600 | 不垫砖,装药直接接触试件表面 |
| 10 | 2 000 | 装药放在试件表面炸出的爆坑内 |
| 11 | 2 400 | 装药放在试件表面炸出的爆坑内 |
| 12 | 3 000 | 装药放在爆坑底,在爆坑上叠放 4 块预制的混凝土板 |
| 13 | 3 600 | 装药放在爆坑底,在爆坑上覆盖 4 块预制混凝土板,在板上再堆放 8 个沙袋 |
| 14 | 4 200 | 装药放在爆坑底,直接在装药上覆盖 4 个沙袋 |
| 15 | 4 800 | 装药放在爆坑底,直接在装药上覆盖 6 个沙袋 |
| 16 | 5 400 | 装药放在爆坑底,直接在装药上覆盖 8 个沙袋,两个试件开始同时放炮 |
| 17 | 6 000 | 装药放在爆坑底,先在装药上覆盖 8 个沙袋,再覆盖 60 锹碎石 |
| 18 | 6 600 | 装药放在爆坑底,先在装药上覆盖 9 个沙袋,再覆盖 60 锹碎石 |
| 19 | 7 200 | 装药放在爆坑底,直接在装药上覆盖 60 锹碎石 |
| 20 | 实弹 | 炮弹放在爆坑底,先在炮弹上覆盖 8 个沙袋,再覆盖 60 锹碎石 |

# 20.8  试验宏观观察结果

### 20.8.1  试件表面及边壁破坏情况的观测结果

爆炸试验前,对两个试件表面及洞室内壁的裂纹进行了详细的宏观观察和记录。两个试件洞壁表面较为完整、光滑,只观察到微小的干缩裂纹。

每次爆炸试验后,详细观测了试件表面的裂纹扩展及爆坑的形成情况,并在试验现场详细描绘了示意图。第 17 炮后,试件表面全部被炸坏,爆坑已扩展至全部表面。

对试件边壁(竖井端)的破坏情况也进行了观测,第 13 炮后,两个试件边壁开始出现了破坏,在现场详细描绘了边壁破坏的示意图。

### 20.8.2  洞室破坏情况的观测结果

最关心的是洞室内壁的破坏情况,每次爆炸试验后进行了仔细观测。第 14 炮后,两个试件洞壁开始出现裂缝、剥落、崩塌等破坏,如图 20-38 ~ 图 20-43 所示。

< 239 >

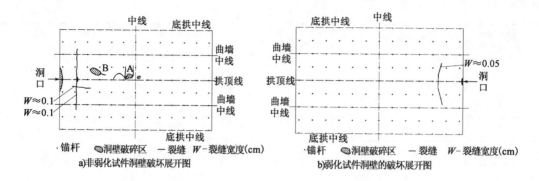

a)非弱化试件洞壁破坏展开图　　　　　　b)弱化试件洞壁的破坏展开图

图 20-38　第 14 炮后,试件洞壁破坏展开图

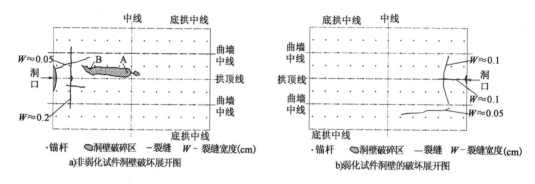

a)非弱化试件洞壁破坏展开图　　　　　　b)弱化试件洞壁的破坏展开图

图 20-39　第 15 炮后,试件洞壁破坏展开图

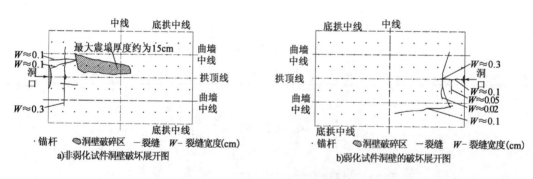

a)非弱化试件洞壁破坏展开图　　　　　　b)弱化试件洞壁的破坏展开图

图 20-40　第 16 炮后,试件洞壁破坏展开图

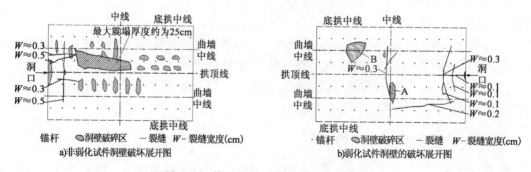

a)非弱化试件洞壁破坏展开图　　　　　　b)弱化试件洞壁的破坏展开图

图 20-41　第 17 炮后,试件洞壁的破坏展开图

a)非弱化试件洞壁的破坏

b)弱化试件洞壁的破坏

图 20-42　第 18 炮后,试件洞壁的破坏

a)非弱化试件洞壁的破坏

b)弱化试件洞壁的破坏

图 20-43　第 19 炮后,试件洞室的破坏

### 20.8.3　试件爆坑深度的观测结果

第 6 炮后,试件表面开始出现了爆坑。表 20-6 统计了两个试件的爆坑深度。

两个试件的爆坑深度　　　　　　　　　　　　　　表 20-6

| 炮　次 | 药量(g) | 爆　坑　深　度（cm） | | |
| --- | --- | --- | --- | --- |
| | | $A$ 非弱化试件 | $B$ 弱化试件 | 比值 $A/B$ |
| 7 | 800 | 1.0 | 2.0 | 0.500 |
| 8 | 1 200 | 2.5 | 3.5 | 0.714 |
| 9 | 1 600 | 11 | 12 | 0.917 |
| 10 | 2 000 | 22 | 19 | 1.158 |
| 11 | 2 400 | 33 | 29 | 1.138 |
| 12 | 3 000 | 42 | 38 | 1.105 |
| 13 | 3 600 | 50 | 47 | 1.064 |
| 14 | 4 200 | 62 | 59 | 1.051 |
| 15 | 4 800 | 75 | 71 | 1.014 |
| 16 | 5 400 | 83 | 79 | 1.051 |
| 17 | 6 000 | 88 | 87 | 1.011 |

| 炮　次 | 药量(g) | 爆　坑　深　度（cm） | | |
|---|---|---|---|---|
| | | *A* 非弱化试件 | *B* 弱化试件 | 比值 *A/B* |
| 18 | 6 600 | 103 | 98 | 1.051 |
| 19 | 7 200 | 114 | 118 | 0.966 |
| 20 | 实弹 | 120 | 122 | 0.984 |

### 20.8.4　洞室内落石高度的观测结果

表 20-7 统计了两类试件洞室内爆心下方的落石堆积高度。

两类试件洞室内爆心下方的落石堆积高度　　　　　　　　表 20-7

| 炮　次 | 药量(g) | 落石堆积高度（cm） | | |
|---|---|---|---|---|
| | | *A* 非弱化试件 | *B* 弱化试件 | 比值 *A/B* |
| 15 | 4 800 | 5 | 0 | ∞ |
| 16 | 5 400 | 9 | 0 | ∞ |
| 17 | 6 000 | 15 | 6 | 2.5 |
| 18 | 6 600 | 30 | 9 | 3.3 |
| 19 | 7 200 | 45（基本堵塞洞室） | 27 | 1.7 |
| 20 | 实弹 | 完全堵塞洞室 | 40 | — |

## 20.9　宏观观测结果比较分析

（1）由于试验准备工作做得较细较充分,两类试件的宏观破坏结果的规律性都较强。这是一项重要经验。最终决定将试件置于岩坑中以满足实际的边界条件的选择是慎重、可靠和正确的。

（2）对试件的制作过程进行了详尽描述。之所以这样做,是因为此前尚无制作这类试件的先例。需特别指出,这样制作试件,所测得第 2 界面剪应力是处在理想界面上的,而不是邻近理想界面。实际上欲测得理想界面上诸力学参数指标值,是异常困难的,至今国内外未见发表。

（3）对爆炸试验前地表干缩裂纹进行了详细测量,目的是与爆炸所产生的裂缝（级）区别开来。干缩裂纹是由于浇筑试件在上表找平时,水泥砂浆水灰比较大造成的,一般裂纹较短较窄;另一种干缩裂纹发生在试件边界处,裂缝较长且略宽。上述两类干缩裂纹均较浅,它是人工抹平时抹子沾水造成表面砂浆水灰比增大而引起的,因而不会对整个试件的强度和稳定性产生明显影响。有趣的是,随着加载等级的升高,爆炸应力波及随后的固体振动作用"优先地"使这些干缩裂纹向两端延长和向两侧增宽。没有反复、细致的测量和记录,获得此认识是不可能的。爆炸使干缩裂纹优先延长和加宽的机制,可以用断裂力学的原理来阐释。

（4）随着装药量的增加,弹坑的形成有一个过程,最初是无反应,接着是表面浆皮脱落,然后出现微小弹坑并逐步增大,与此同时,弹坑附近出现放射状裂纹和裂缝。

（5）最初的弹坑近似于圆形,此后逐步演变成了近似矩形。这是边界条件和装药条件引起的。

①边界条件:在宏观图上方一侧,沿岩坑边线有一堵厚度约为 40cm 的坑道房间间隔墙。在药量较小时,边墙反射作用不明显,装药量较大时,墙反射空气冲击波超压增大,在一定程度上抑制了附近地表的破坏,造成破坏不对称。

②装药条件:集团装药块由标准质量为 200g 的 TNT 单块组合捆绑而成,一律为矩形的面体装药量较小时,弹坑形状不明显,装药量较大时,弹坑形状可能会受装药形状影响。由于两个试件的边界条件和装药条件完全相同,因而不会对试验结果带来影响。

(6)试件弹坑深度分析

弱化与非弱化试件弹坑深度,在装药量较小(800~1 200g)时,非弱化与弱化试件弹坑深度的比值在 0.5~0.7 之间,随着装药量增加(1 600~7 200g),这一比值大多数在 1.0 附近。这说明两类试件就上表面弹坑而言可认为无明显差异,药量较小时的弹坑差异主要源于量测误差,因为弹坑尺寸越小,量测误差越大。两类试件装药量与弹坑深度的关系曲线见图 20-44。

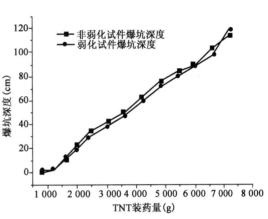

图 20-44　两类试件弹坑深度与装药量关系曲线

相应的拟合函数方程见下式

弱化试件:$y = 0.017\ 8x - 13.89$,其中 $y$ 为爆坑深度(cm),$x$ 为药量(g)。

非弱化试件:$y = 0.017\ 6x - 12.32$,其中 $y$ 为爆坑深度(cm),$x$ 为药量(g)。

(7)坑道立面破坏效应分析。从第 13 炮开始,坑道立面进入破坏状态。随着爆炸威力增大而加剧。破坏形式为开裂和崩塌。相同爆炸条件下,非弱化试件坑道立面破坏程度明显严重一些,如第 16 炮后,非弱化试件立面上部垮掉了坑道拱顶以上覆盖厚度的 1/4 左右,而此时弱化试件仍能保护整体稳定而不垮。这是一个非常重要的事实。这可能与爆炸应力波强度在弱化区有一定的衰减有关。需要强调指出的是,立面对坑道而言是唯一一个自由面,在爆炸荷载作用下,无论是弱化试件,还是非弱化试件,都是较软弱部位,极易产生崩塌和开裂破坏,只是严重程度不同而已。因此,立面破坏应是防护的重点部位之一。这也是本次试验得到的重要启示之一。

(8)洞室内表面破坏效应分析

洞室内表面的破坏方式、特点及规律是本项研究最为关心的重点内容。洞室内表面的破坏具有以下特点:

①洞室内表面的破坏始于第 14 炮,而在第 13 炮时两类试件的立面已有竖向裂缝出现,说明洞室内表面的破坏迟于立面。

②洞室内表面的破坏方式是开裂和震塌,破坏区域主要是爆心投影点下方的拱顶及其与口部之间。

③破坏规律是随着爆炸威力加大,裂缝增长、增宽、增多,落石增多、增大并连成一片,形成震塌区。震塌机制:主要爆炸应力进入拱顶自由面时,形成反射拉伸波,使衬砌介质及模拟岩体介质砂浆体受拉造成震塌。爆炸后结构的往复振动(机械振动效应)也会产生往复拉压的交变应力,导致纵、环向裂缝产生。

④第14炮造成单一锚固结构洞室产生了小规模震塌,爆心投影点下方洞壁最大震塌深度约为1cm,一处离爆心投影点较远的部位,震塌深度最大为3cm,而相应的复合锚固结构洞室丝毫没有震塌破坏发生;第15、16炮造成单一锚固结构洞室产生较大规模震塌时,相应的复合锚固结构洞室爆心下方拱顶依然无震塌发生;当第17炮造成单一锚固结构洞室出现更大规模震塌破坏(范围为曲墙中线以上50%区域,最大深度约25cm)时,复合锚固结构洞壁爆心投影点附近才开始出现零星落石,震塌深度最大为2cm,一处离爆心投影点较远的曲墙部位,震塌深度最大为10cm。上述结果是本项目研究最为关心的核心所在。结果表明,复合锚固结构试件的构造措施段具有意想不到的、异乎寻常的吸收爆炸能作用。这种吸能是以弱化区首先变形、破坏换得的。

⑤需要指出,试验试件是比照一般工程经验设计的,并不是优化设计,如果是优化设计,构造措施段区域介质的破坏过程应是:A 变形→B 大变形→C 孔壁破裂→D 孔壁破碎→E 压实→F 大部分爆炸波能量传至加固区结构,如此将获得极大的经济效益。估计此次试验,构造措施段区域介质只经历了 A、B、C 三个阶段。由此推断优化设计应考虑 4 个因素而不是 3 个,即空孔直径、空孔密度、空孔深度、空孔区深度与加固区深度的比值。只有加固区有足够的强度、刚度和稳定性,弱化区破坏过程的各个阶段才有完整的前提条件。这一点是过去未考虑到的,以后还应深入探讨。

(9)洞内落石高度的分析

两个试件洞内落石高度量测方法完全相同,即每次量测的震塌下落的块石高度都是累积高度。单一锚固结构试件与复合锚固结构试件落石高度的比值范围在 1.7～∞ 之间,而有效数据在 1.7～3.3 范围内,平均值为 2.5。这个值也是很有意义的,它表明,就破坏程度而言,复合锚固结构洞室比单一锚固结构洞室的平均要低 2.5 倍。这个值虽然不高,但与前面的分析结论一致,仍是较显著的,说明此次试验基本达到了预期目的。

# 20.10 小　　结

(1)两个试件爆坑深度和大小基本一致,表明试验过程中两个试件的加载条件是一致的,试验结果是可靠的。

(2)在由低到高的累次加载作用下,单一锚固结构洞室在第 14 炮(药量:4.2kg)后出现了震塌破坏;复合锚固结构洞室在经受了第 14 炮、第 15 炮(药量:4.8kg)、第 16 炮(药量:5.4kg)后依然完好,在第 17 炮(药量:6.0kg)后出现了轻微震塌破坏。这表明,复合锚固结构洞室的临界破坏荷载显著高于单一锚固结构洞室。

(3)较之单一锚固结构,复合锚固结构加固的岩石洞室具有更高的抗爆性能,复合锚固结构用于岩石类介质洞室的抗爆加固是完全可行的。

(4)复合锚固结构优异的抗爆性能是构造措施段区域的围岩介质首先变形、破坏后换得的,其作用机制主要是弱化区的变形和破坏吸收了大量爆炸能。

(5)较之单一锚固结构洞室,复合锚固结构洞室具有受力更均匀、分散的特点。这同样缘于构造措施段的作用。

(6)洞内落石高度表明,在累次爆炸加载作用下,就破坏程度而言,单一锚固结构洞室是复合锚固结构洞室的 2.5 倍。

(7)复合锚固结构存在优化设计问题,优化设计因素包括:空孔直径、空孔密度、空孔深度、空孔区深度与加固区深度的比值。

（8）在优化设计条件下，构造措施段区域介质的破坏过程应是：A 变形→B 大变形→C 孔壁破裂→D 孔壁破碎→E 碎石压实→F 大部分爆炸波能量传至加固区，如此将获得更大的技术经济效益。只有加固区有足够的深度、强度、刚度和稳定性，构造措施段区域介质破坏过程的各个阶段才有实现的前提条件。

## 参 考 文 献

[1] 曹国庆.喷锚支护抗爆性能与设计[J].防护工程,1979,1(2):34-51

[2] 王学礼.锚喷支护在内爆巷道中的应用[J].建井技术,1981,2(2):17-20

[3] 王学礼.内压巷道锚、喷、网支护参数的选择及实践效果[J].建井技术,1987,8(2):40-42

[4] 任辉启.砂砾地层中坑道喷锚支护在顶爆和侧爆条件下的抗爆性能[J].防护工程,1986,8(1):12-18

[5] 曾宪明,肖峰,等.黄土坑道喷锚网支护的抗爆性能(Ⅰ,破坏形态)[J].防护工程,1990,12(3):20-27

[6] 肖峰,曾宪明.黄土坑道喷锚网支护的抗爆性能(Ⅱ,围压分布形态)[J].防护工程,1991,13(4):37-45

[7] 曹长林,曾宪明.黄土坑道喷锚网支护的抗爆性能(Ⅲ,支护受力变形特性;临界承载能力)[J].防护工程,1992,14(1):46-55

[8] 康天合,薛亚东.基于围岩条件与动载作用的回采巷道锚杆支护设计原则[J].岩石力学与工程学报,1996,15(增1):571-576

[9] 侯忠杰.爆破对树脂锚杆载荷的影响[J].矿山压力与顶板管理,1997,14(1):36-39

[10] 盛宏光,张勇.钻地武器侵彻爆炸条件下坑道岩体的锚固技术初探[C]∥中国土木工程学会防护工程分会第九次学术年会论文集.长春:2004(2)

[11] 朱如玉,王承树.某观察坑道在爆炸荷载作用下的破坏情况的宏观调查分析[J].爆炸与冲击,1982,2(2):17-26

# 21 岩石中新型复合锚固结构抗爆机制微观结果与分析

本章对岩石中新型复合锚固结构与单一锚固结构抗爆效应现场对比试验结果进行了分析。根据分析需要,给出了一部分试验结果。

## 21.1 结构振动特性

1)波形特征

两类结构的加速度波形无明显差异。波形上升和下降时间均很短,在微秒数量级。这是因为爆心距测点的距离很短。此后结构作追振运动,经 10ms 左右后衰减至零。

2)振动特性

两类结构最大的差异在于:在爆炸荷载较低条件下,单一锚固结构的振动加速度值较大,复合锚固结构的较小,见第 1、3、7 炮所测波形,前者量值为后者的 1.6 ~ 12.3 倍;在高荷载条件下,二者量值相当。分析认为,这一异常变化是由构造措施所引起的。在爆炸荷载作用下,爆炸应力波在一般锚固类结构围岩介质中是沿半球面波传播至结构的。但复合锚固结构则不同,爆炸应力波在围岩介质中的传播,首先不是到达结构,而是进入弱化区。爆炸应力波进入空孔区后导致卸载,使孔壁群产生应力集中并逐步发生开裂和破碎,在此过程中大量吸收爆炸能量,使传至结构的振动加速度值大幅度减小。当破裂和破碎的孔壁介质在更高的爆炸荷载作用下进一步被压实之后,所吸收的能量就很小而可忽略,因而此时它与一般锚固结构受力相近,振动特性亦相仿。

复合锚固结构的上述振动特性具有极重要意义:采用这种结构形式,在基本不增加或很少增加工程成本的条件下,可大幅度提高工程抗动载能力。当然,弱化区的设计需要优化,还需要进一步进行研究。

3)结构振动与共振效应

结构振动与共振效应的典型加速度波形见图 21-1。

结构的爆炸振动规律是研究的目标之一,而结构的共振是本次试验发现的一个新现象。振动探头最初接收到的是爆炸应力波到达后产生的加速度信号,但此后的信号则是结构往复

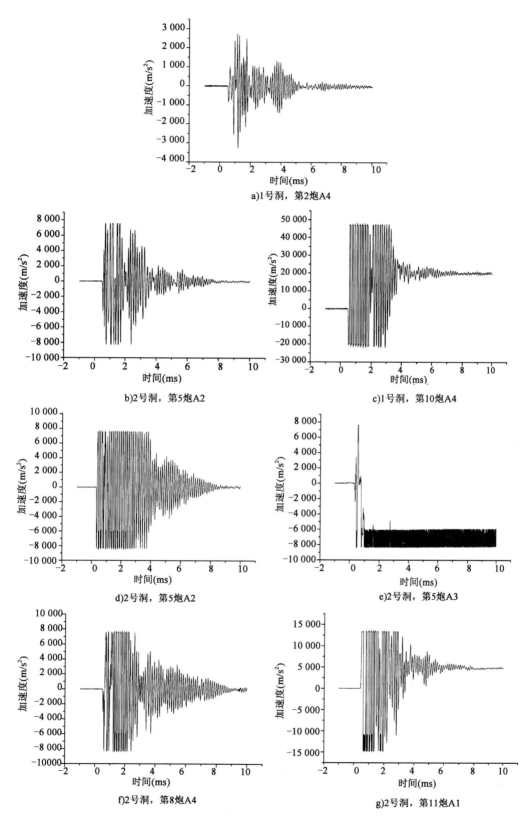

a)1号洞，第2炮A4

b)2号洞，第5炮A2

c)1号洞，第10炮A4

d)2号洞，第5炮A2

e)2号洞，第5炮A3

f)2号洞，第8炮A4

g)2号洞，第11炮A1

图21-1 结构振动与共振效应

振动的结果。结构振动与共振问题之所以不能忽视,其原因是:结构振动幅值大,振动频率高,振动周期长,其值往往比爆炸应力波到达时所产生的加速度值大得多。可以认为,结构的破坏(纵向裂缝)往往不是由真正的加速度信号所引起的,而是与结构的振动和共振有关。结构的振动与共振的害处在于:混凝土是一种抗压性能较好而抗拉性能较差的材料,在高速往复振动过程中,结构拱顶和仰拱,以及两侧曲墙对称地、反复地、大幅度地从受压状态变到受拉状态,易使结构产生破坏。可以预测,有效消除上述振动和共振现象将具有极重要意义。

## 21.2 位移特性

(1)爆炸条件下结构拱顶的位移波形见第8炮所测。

(2)低荷载条件下,坑道拱顶位移量很小;高荷载条件下位移探头极易损坏。因此,位移波形十分难得。

(3)所有的位移均为相对位移,即位移值中既包含拱顶向下的位移,也包含拱顶向上的位移。

(4)结构存在负位移现象。负位移的实质是位移方向的改变,即拱顶向上位移,仰拱向下位移,二者同时发生。这是结构反弹的结果。当拱顶向下、仰拱向上运动时,两侧曲墙将向外运动,挤压围岩介质,其过程相当于一个弹性环受集中力作用。负位移现象表明,此时结构尚处于弹性工作状态。

(5)将两类结构的4个测点取平均值进行分析发现:1号试件(一般锚固结构)的位移量值为 $\delta_1 = 22.8\text{mm}$,2号试件(新型锚固结构)的量值为 $\delta_2 = 14.9\text{mm}$,而 $\eta = \delta_1/\delta_2 = 0.65 = 65\%$。这表明,新型锚固结构的变形量,在同等爆炸条件下,仅为一般锚固结构位移量的65%。

(6)新型锚固结构的位移量为什么会变小呢?还是弱化区在起作用。在同样爆炸条件下,弱化区首先产生应力集中和大变形,接着产生裂缝和破碎,但这种开裂和破碎只是发生在岩土介质内部而不是坑道内表面,因而位移探头无法接收到。这实际上是坑道内表面的危机被转移到了弱化区的结果。这种危机的转移对于防护工程避免被毁伤具有重大意义。

## 21.3 结构受力变形特性

1号洞和2号洞室第4炮和第7炮的应变波形如图21-2~图21-5所示。

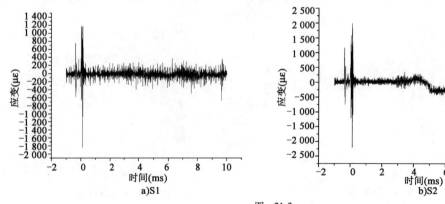

图 21-2

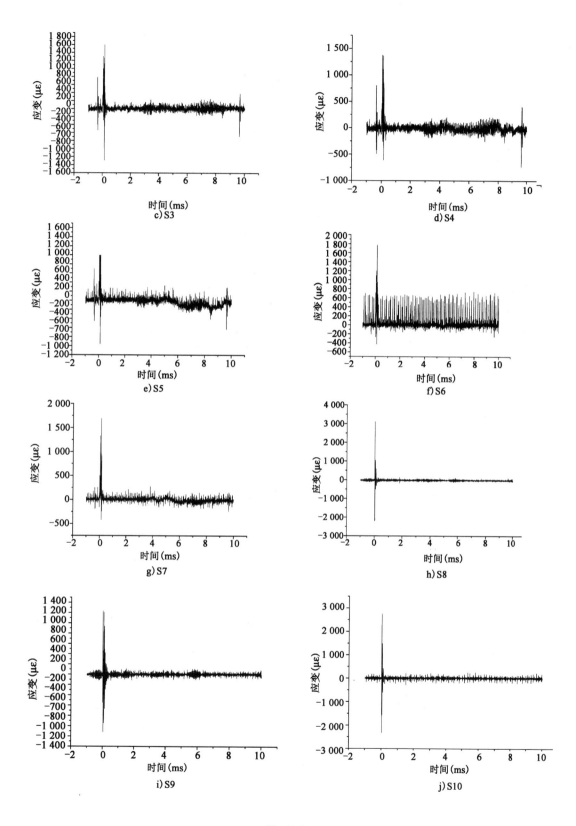

c) S3

d) S4

e) S5

f) S6

g) S7

h) S8

i) S9

j) S10

图 21-2

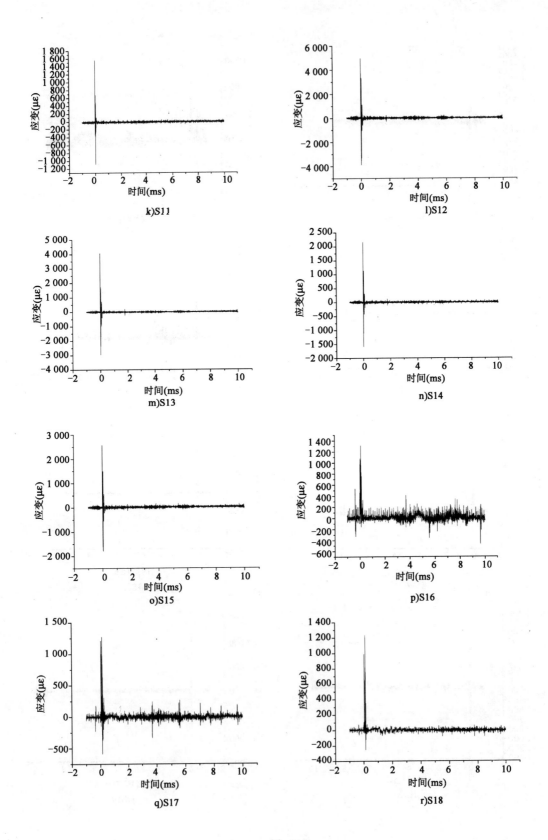

k)S11

l)S12

m)S13

n)S14

o)S15

p)S16

q)S17

r)S18

图　21-2

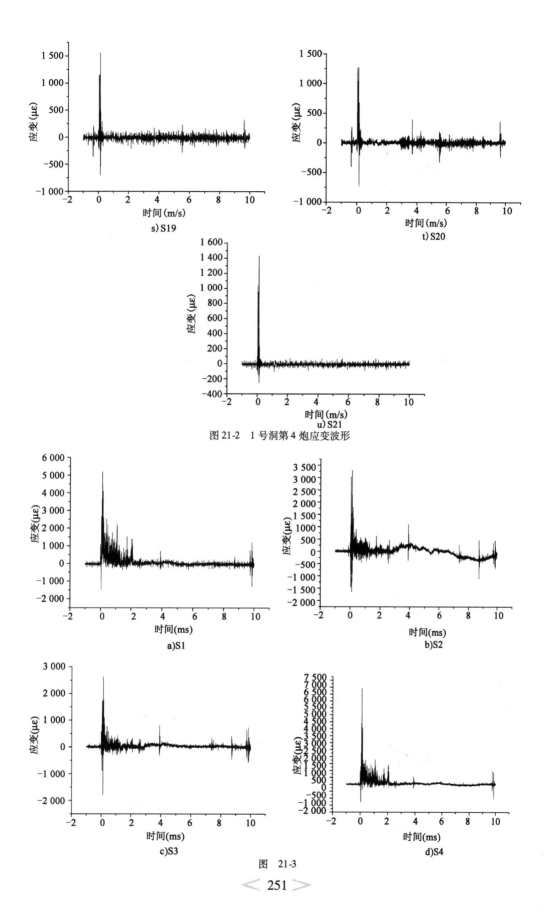

s) S19

t) S20

u) S21

图 21-2　1 号洞第 4 炮应变波形

a)S1

b)S2

c)S3

d)S4

图　21-3

< 251 >

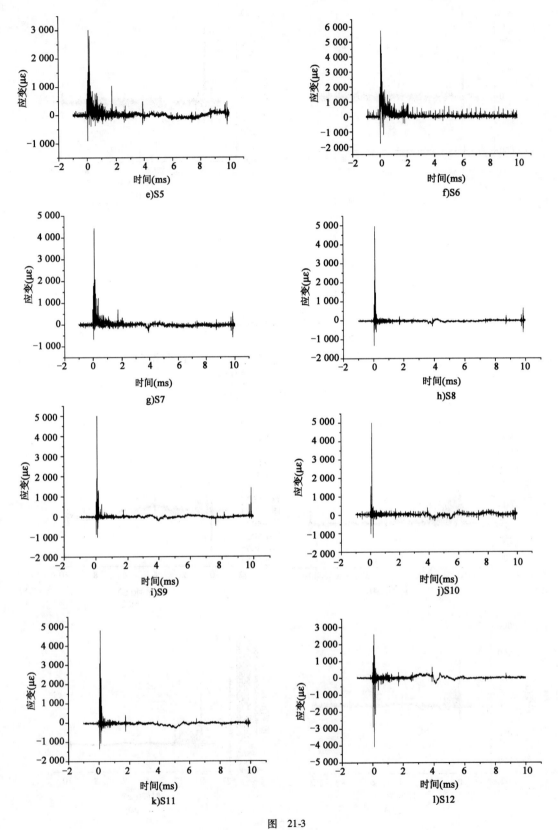

图 21-3

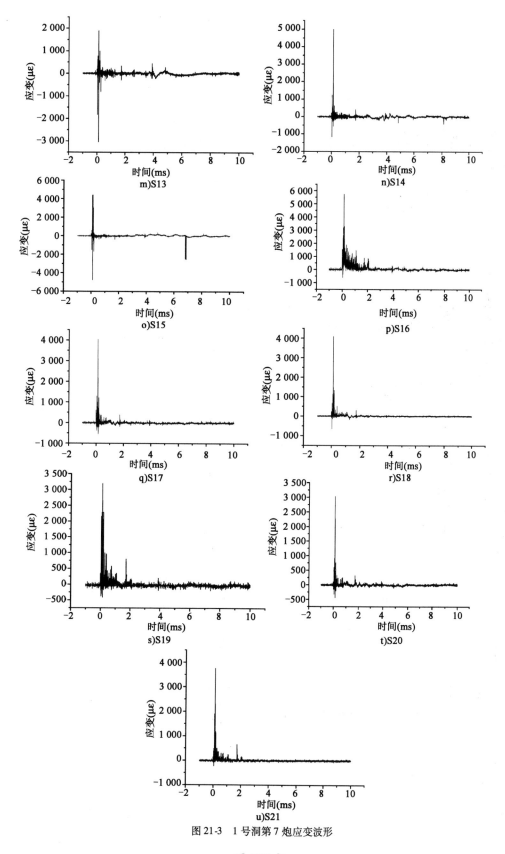

图 21-3　1 号洞第 7 炮应变波形

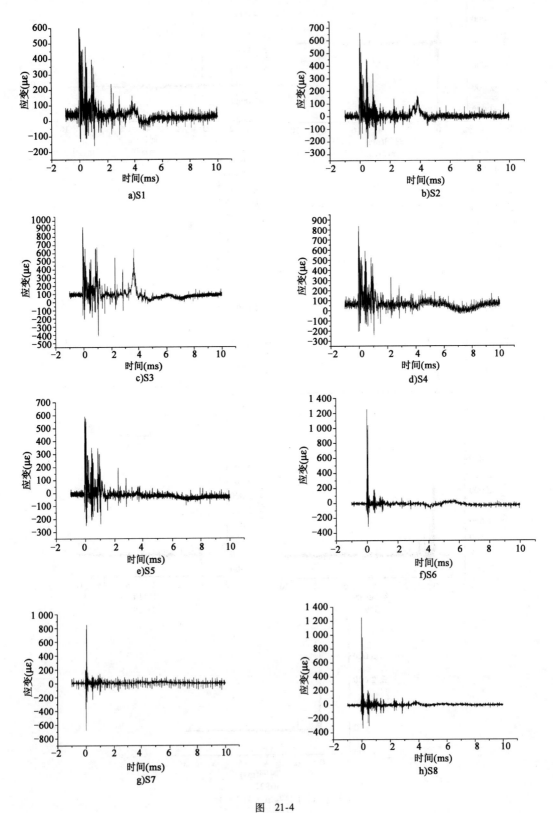

a)S1

b)S2

c)S3

d)S4

e)S5

f)S6

g)S7

h)S8

图 21-4

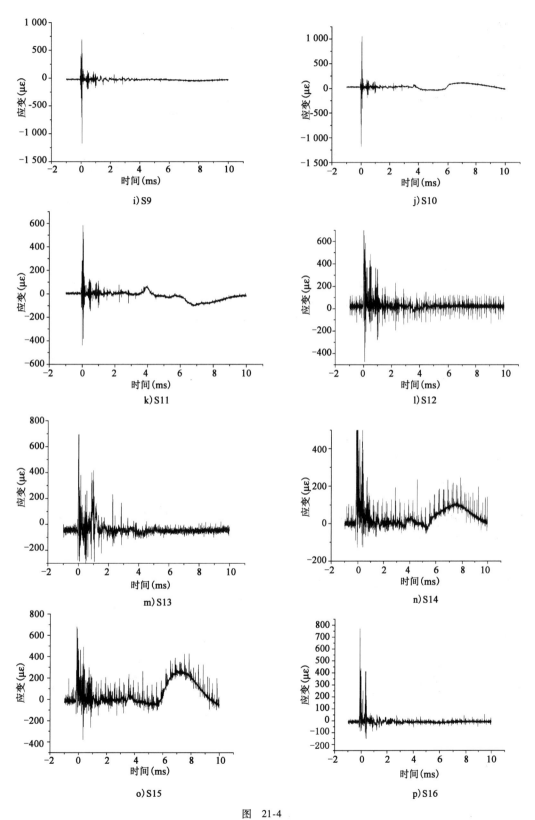

i) S9

j) S10

k) S11

l) S12

m) S13

n) S14

o) S15

p) S16

图 21-4

< 255 >

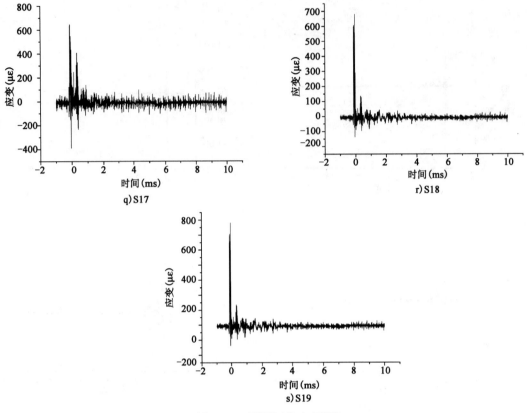

q) S17

r) S18

s) S19

图 21-4　2号洞第4炮应变波形

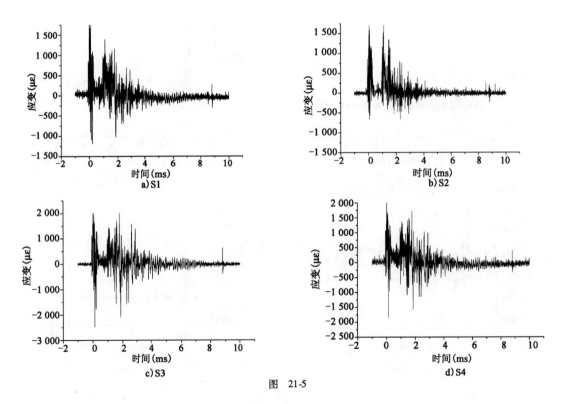

a) S1

b) S2

c) S3

d) S4

图　21-5

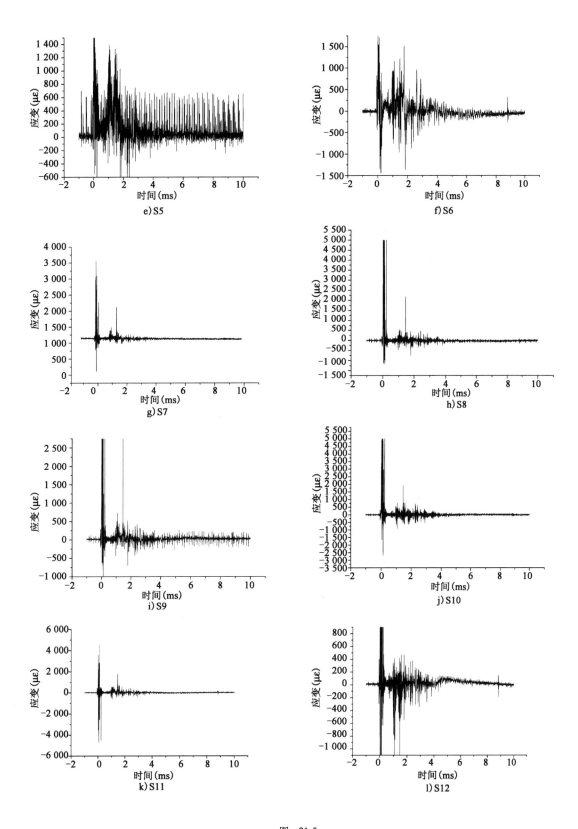

e) S5

f) S6

g) S7

h) S8

i) S9

j) S10

k) S11

l) S12

图 21-5

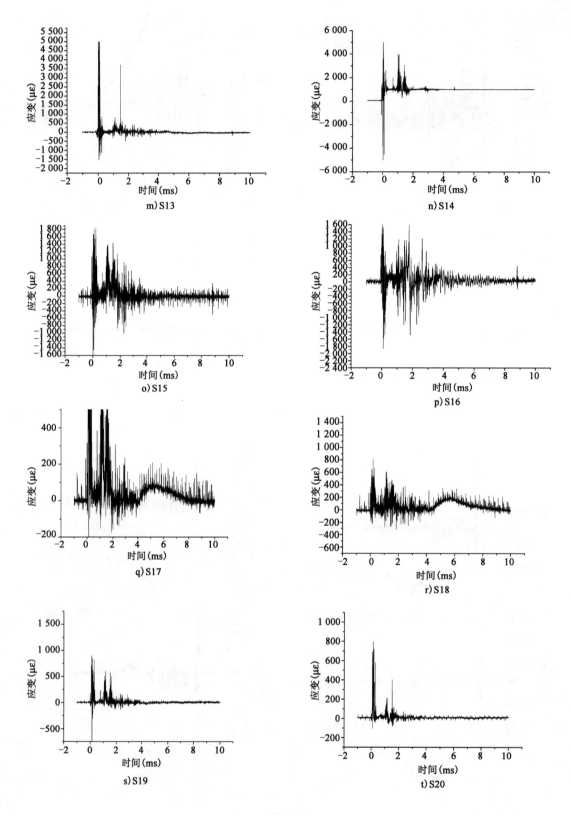

图 21-5

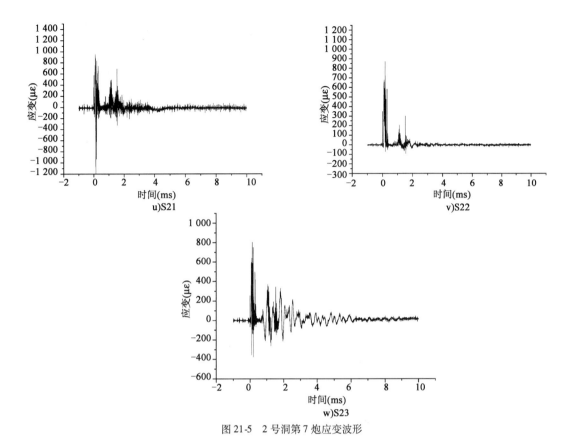

图 21-5  2 号洞第 7 炮应变波形

### 1）波形特征

一般锚固结构中锚杆应变波形上升和下降时间较短,在微秒量级,作用时间短,主要在2～4ms 范围内。在作用时间内会出现反弹(产生负应变),但时间短暂。

特殊锚固结构中锚杆应变波形上升和下降时间也很短,也在微秒数量级,但作用时间较长,约为 10ms,是单一锚固的 2.5～5 倍,在作用时间内,结构同样出现反弹,但作用时间较长,其幅度与正向相当或略小。这是比较明显的差异。这一差异与爆炸应力波通过衰减区(弱化区)时情形较为复杂有关。

### 2）受力变形特征

两类不同结构受力的最主要差异在于应变幅值悬殊。一般锚固结构中锚杆应变幅值较大,特殊锚固结构中锚杆应变幅值较小。以第 4、7 炮实测应变峰值为例,将两类结构对应炮号、对应测点、对应时刻应变峰值列于表 21-1 和表 21-2。

**第 4 炮峰值应变（µε）比较**　　　　　　　　　　　　　表 21-1

| 洞号 | S1 | S2 | S3 | S4 | S5 | S6 | S7 | S8 | S9 | S10 | S11 |
|---|---|---|---|---|---|---|---|---|---|---|---|
| 1 号 | 1 900 | 2 200 | 1 600 | 1 300 | 1 450 | 1 750 | 1 700 | 3 000 | 1 200 | 2 750 | 1 500 |
| 2 号 | 590 | 650 | 920 | 840 | 7 400 | 580 | — | 1 230 | 820 | 1 220 | 1 160 |
| 1 号/2 号 | 3.22 | 3.38 | 1.74 | 1.55 | 3.63 | 3.02 | — | 2.44 | 1.46 | 2.25 | 1.30 |
| 洞号 | S12 | S13 | S14 | S15 | S16 | S17 | S18 | S19 | S20 | S21 | S22 |
| 1 号 | 4 900 | 4 000 | 2 200 | 3 100 | 1 300 | 1 310 | 1 230 | 1 540 | 1 300 | 1 420 | — |
| 2 号 | 1 200 | 580 | — | 700 | 690 | 500 | 680 | 770 | 660 | 680 | 680 |
| 1 号/2 号 | 4.08 | 6.90 | — | 4.43 | 1.88 | 2062 | 1.81 | 2.00 | 1.97 | 2.09 | — |

| 洞号 | S1 | S2 | S3 | S4 | S5 | S6 | S7 | S8 | S9 | S10 | S11 |
|---|---|---|---|---|---|---|---|---|---|---|---|
| 1 号 | 5 300 | 3 800 | 2 600 | 6 900 | 3 000 | 5 700 | 4 400 | 4 850 | 4 900 | 4 800 | 4 750 |
| 2 号 | 1 700 | 1 750 | 1 700 | 1 750 | 1 500 | 1 500 | — | 2 400 | 2 500 | 2 500 | — |
| 1 号/2 号 | 3.12 | 2.20 | 1.53 | 3.94 | 2.00 | 3.80 | — | 2.02 | 1.96 | 1.92 | — |

| 洞号 | S12 | S13 | S14 | S15 | S16 | S17 | S18 | S19 | S20 | S21 | S22 | S23 |
|---|---|---|---|---|---|---|---|---|---|---|---|---|
| 1 号 | 4 200 | 3 000 | 5 000 | 4 900 | 5 650 | 4 100 | 4 150 | 3 200 | 3 100 | 3 700 | — | — |
| 2 号 | 1 200 | 1 850 | — | 1 650 | 1 400 | 1 900 | 1 250 | 1 400 | 1 100 | 1 450 | 1 250 | 900 |
| 1 号/2 号 | 3.5 | 1.62 | — | 2.97 | 4.04 | 2.16 | 3.32 | 2.29 | 2.82 | 2.55 | — | — |

第 7 炮峰值应变($\mu\varepsilon$)比较 — 表 21-2

由上表可以看出，在爆炸条件下，对应测点、对应时刻的应变比值为 1.30～6.90 和 1.53～4.04，而且绝大部分分布在 2～4 之间。这表明一般锚固结构的锚杆应变峰值是新型锚固结构的 2～4 倍，最大达 6.9 倍。这一结果与宏观结果、结构位移及振动特性一致。

不同锚固结构中锚杆应变值的悬殊差异同样源于弱化区的存在。低压时爆炸应力波传播至锚杆里端前的空孔时，造成锚杆普遍产生相对卸载，如第 3 炮应变波形。随着荷载逐步升高，孔壁介质应力集中明显，锚杆应变值增大（大于一般锚固结构中锚杆应变值，见第 13 炮应变波形）；当荷载进一步升高，孔壁介质进入开裂、破碎阶段，结构出现全面卸荷，新型锚固结构中锚杆应变值大幅度减小；当弱化区被完全压实后，两类锚固结构中锚杆应变值趋于接近。整个过程较为复杂。

上述对应测点、对应时刻的数据比值有较大差异，其原因是：结构材料和围岩介质的不均匀性；量测存在误差；爆心与各测点的位置差异导致受力方式有别等。但无论如何，两类不同结构的受力变形存在极显著差异是毋庸置疑的。

## 21.4　拱顶表面应变分布特性

拱顶表面应变测点的布设，最初是为了测试应变随距爆心距离增加而衰减的特性。从第 4、7 炮的 S19～S22 来看，由于测点彼此相距过近，实际发生的衰减不是很明显。但非常有意义的是，两类不同锚固结构的对应测点、对应时刻的应变峰值存在较大差异，即一般锚固类结构的值较大，新型锚固类结构的值较小，前者与后者之比在 1.97～2.09（第 4 炮）和 2.29～2.28（第 7 炮）之间。这充分说明，由于弱化区的吸能作用，传至新型锚固结构表面的爆炸能大为减小，因而其应变值比一般锚固类结构小得多。这再次证明了弱化区吸能作用的有效性。

## 21.5　小　结

（1）爆炸条件下，应力波作用于一般锚固结构的时间为 2～4ms，作用于新型锚固结构的时间约为 10ms，后者比前者长 2.5～5 倍。这与应力波通过弱化区时的情形十分复杂有关。

（2）爆炸条件下，一般锚固结构的锚杆应变峰值是新型锚固结构的 2～4 倍，最大达 6.9 倍，后者是弱化区吸能作用所致。

（3）爆炸条件下，一般锚固类结构拱顶表面应变峰值较大，新型锚固结构的较小，前者与后者之比在 1.97~2.09(第4炮)和 2.29~2.28(第7炮)之间。

# 参 考 文 献

[1] 黄承贤. 在爆炸荷载作用下长锚杆喷锚支护坑道的动态反应[J]. 岩土力学,1987, 8(3):
    1-11

[2] 曾宪明,杜云鹤,李世民. 土钉支护抗动载原型与模型对比试验研究[J]. 岩石力学与工程
    学报,2003,22(11):1892-1897

[3] 孙永志,刘朝,等. 土中喷锚支护洞室非线性动态有限元分析[J]. 防护工程,1984, 6(1):
    19-31

[4] 赵幸源. 隧道爆破开挖效应的动静力有限元分析[C]//中国土木工程学会隧道及地下工
    程学会第五届年会论文集. 南京,1988:591-599

[5] 郑际汪,陈理真. 爆破荷载作用下隧道围岩稳定性分析[J]. 矿山压力与顶板管理,2004,
    21(4):53-55

[6] 杨苏杭,沈俊,等. 预应力锚索对洞室抗爆加固效应的三维动力分析[J]. 防护工程,
    2006, 28(1):20-24

[7] 荣耀,许锡宾,等. 锚杆对应力波传播影响的有限元分析[J]. 地下空间与工程学报,
    2006, 2(1):115-119

[8] 王承树. 爆炸荷载作用下喷锚支护破坏形态[J]. 岩石力学与工程学报,1989, 8(1):
    73-91

[9] 王承树. 动载下围岩与坑道喷锚支护的相互作用[C]//曹志远. 结构与介质相互作用理
    论及其应用——全国首届结构与介质相互作用学术会议论文集. 南京:河海大学出版社,
    1993:853-857

[10] 易长平. 爆破振动对地下洞室的影响研究[D]. 武汉大学博士学位论文,2005

[11] 易长平,卢文波. 爆破振动对砂浆锚杆的影响研究[J]. 岩土力学,2006, 27(8):
    1312-1316

[12] 喻晓今,曾宪明,等. 土钉瞬态应力的试验研究[J]. 岩石力学与工程学报,2004,23(增
    1):4438-4441

[13] 喻晓今,余学文,等. 数种情形下土钉的瞬态应力累积效应分析[J]. 华东交通大学学报,
    2006,23(4):1-4

# 22 土中新型复合锚固结构抗爆效应与机制现场试验研究

本章概述了在 TNT 集团装药隔离顶爆条件下土钉支护黄土洞室临界抗力现场试验及结果。在建立模型相似法则基础上,进行了相似模型试验,不仅验证了该法则,而且也验证了原型洞室的临界抗力试验结果。

## 22.1 概　　述

大量工程实践、试验研究与理论分析计算业已证明土钉支护具有良好的抗静载性能和优越的经济技术效果,可在城建、交通、铁路、冶金、水电、煤炭和人防等行业广泛应用[1-3]。据报道,1989 年美国加州北部发生 7.1 级的 Loma Prieta 地震,使国道 1-880 和地方道路上的许多桥梁、挡土墙工程等遭到严重破坏。而震区内的 8 个土钉墙工程(其中有 3 个位于震中 33km 范围内),其结构均未出现损坏迹象[4-7]。这表明,土钉墙结构抗震性能也很好。土钉支护抗爆性能如何? 国内外均未见报道。一般爆炸荷载与地震荷载作用时间相差 2 ~ 3 个数量级,作用方式有别,完全不可比拟。以往国内外做过大量锚杆喷射混凝土抗不同爆炸荷载试验研究,获得许多有价值成果[8-10]。但土钉支护与喷锚支护的工作特性、作用机制及设计方法尚有一定差异,简单移植或借用锚杆支护的成果结论于土钉支护,似乎不合适、不合理,也不科学。

鉴于此,项目组开展了土中新型复合土钉支护抗爆性能的试验研究。

## 22.2　现场试验条件与方法

### 22.2.1　试验场地工程地质条件与洞室支护参数设计

试验地位于河南洛阳伊川县境内的郭塞村老虎山黄土阶地上,场地土为典型的洛阳黄土 $(Q_2)$ ,其物理力学参数指标值见表 22-1。试验段共分为 3 段:①毛洞段;②土钉支护段;③新型复合土钉支护段(土钉支护加构造措施段)(分别简称毛洞、支护段、构措段)。试验洞室跨度为 1.95m,系直墙半圆拱形。试洞长度为 12m,即每个试验段长度为 4m。各试验段量测断面位于相应各段中部,拱顶及底板的测点位于爆芯投影点正下方。爆芯至拱顶面层的距离为 2.61m,此时相对平面度为 $\xi=0.6$,是典型的爆炸局部作用问题。原型试验洞室断面见图22-1。

试验场地黄土物理力学参数指标值 表22-1

| 含水率 $w$ (%) | 密度 $\rho_n$ (g/cm³) | 相对密度 $G_s$ | 孔隙比 $e$ (%) | 孔隙率 $n$ (%) | 干密度 $\rho_d$ (g/cm³) | 无侧限抗压强度 $R$ (kPa) | 弹性模量 $E$ (MPa) | 割线模量 $E_0$ (MPa) | 泊松比 $\upsilon$ | 黏聚力 $c$ (kPa) | 内摩擦角 $\varphi$ (°) |
|---|---|---|---|---|---|---|---|---|---|---|---|
| 21 | 1.85 | 2.61 | 70.7 | 41.4 | 1.53 | 86.3 | 66.64 | 19.60 | 0.13~0.27 | 27.4 | 29 |

各试验段支护参数设计见图22-2。

各试验段测点布置见图22-3。

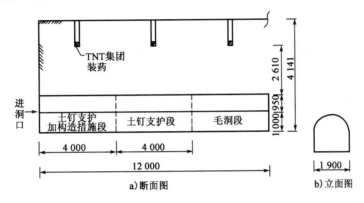

图22-1 原型试验洞室断面图(单位:mm)

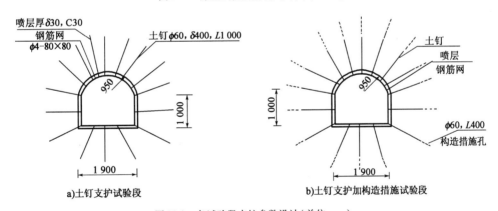

图22-2 各试验段支护参数设计(单位:mm)

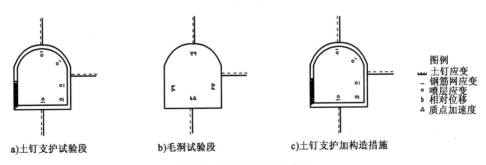

图22-3 各试验段的测点布置

### 22.2.2 洞室临界抗力的宏观约定

为进行对比试验分析,对各种支护条件下黄土洞室的临界抗力作了下述宏观约定,以此作为控制爆炸加载的依据。

1) 毛洞临界破坏动载

围土介质、洞形、洞跨、埋深和掘进方法一定条件下,爆后毛洞表面局部只产生毫米数量级的细小裂缝和特征尺寸不大于厘米数量级的"爆皮",洞室整体稳定性依然良好,补做土钉支护加固处理后,即可长期使用,且加固处理时无不安全感,此时的爆炸荷载称为黄土毛洞的临界破坏动载。

2) 土钉支护洞室的临界破坏动载

围土介质、洞形及其几何尺寸、埋深、支护参数及施工工艺一定条件下,爆后土钉面层局部(一般在爆芯下的拱顶部位)产生毫米数量级的细小裂缝,对应部位的土层内产生连通性差的离层区,裂缝长度不大于土钉间距,土钉钉头部位无破碎现象,面层"爆皮"特征尺寸在厘米数量级,此时钢筋网无局部裸露现象发生,洞室整体稳定性依然良好,破坏部位做简单加固处理后即可长期使用,此时的爆炸荷载称为土钉支护洞室的临界破坏动载。

3) 复合土钉支护(土钉—构造措施)洞室的临界破坏动载

围土介质、洞跨、埋深、土钉支护参数、构造措施及施工工艺一定条件下,爆后复合土钉支护面层局部只产生毫米数量级的细小裂缝和不连通的离层区,离层区最大特征尺寸不大于土钉间距,土钉钉头部位无破碎现象,面层局部剥落("爆皮")最大特征尺寸在厘米数量级,洞室整体稳定性依然完好,对破坏部位作简单加固处理后即可长期使用,此时的爆炸荷载称为复合土钉支护黄土洞室的临界破坏动载。

### 22.2.3 爆炸加载条件

三种支护条件下黄土洞室抗爆炸作用临界承载能力试验采用逐级加载法(表 22-2)。

临界承载能力试验的实际加载等级

表 22-2

| 加载序号 | TNT 集团装药量(kg) | | | 备　注 |
|---|---|---|---|---|
| | 毛　洞 | 支　护　段 | 构　措　段 | |
| 1 | 0.2 | 0.3 | 0.3 | |
| 2 | 0.5 | 0.5 | 0.5 | |
| 3 | 0.3 | 0.3 | 0.3 | |
| 4 | 1.0 | 1.0 | 1.0 | |
| 5 | — | 1.5 | 1.5 | 1. 每个试验段均加载至约定的临界破坏状态时止。 |
| 6 | | 2.0 | 2.0 | 2. 第 1～15 炮均为无填塞爆破。 |
| 7 | | 2.5 | 2.5 | 3. 第 16 炮为满填塞爆破 |
| 8 | | 3 | 3 | |
| 9 | | 4 | 4 | |
| 10 | | 5 | 5 | |
| 11 | | — | 6 | |
| 12 | | | 7 | |

| 加载序号 | TNT 集团装药量（kg） | | | 备　注 |
|---|---|---|---|---|
| | 毛　洞 | 支　护　段 | 构　措　段 | |
| 13 | — | — | 8 | |
| 14 | — | — | 9 | |
| 15 | — | — | 10 | |
| 16 | — | — | 33 | |

# 22.3　黄土洞室抗爆炸作用临界承载能力试验结果

前一级加载均会对后一级产生累积破坏效应。但由于这种对比试验的加载条件几乎是相同的,因而这种累积效应不影响对比试验结果及分析,况且实际上也存在类似的加载方式。药孔爆炸后均会受到一定程度的破坏,但每次都严格控制爆高,对孔底因爆炸压缩而缺失的部分土壤一律采用人工回填并夯实,以控制相同的爆距条件。各试验段均在最后一级加载时产生了临界破坏,即毛洞、支护段、构措段产生临界破坏时的 TNT 集团装药量分别为 1kg、5kg 和 33kg。此时洞室拱顶所受爆炸压力分别为 0.09MPa、0.33MPa 和 1.52MPa,即复合土钉支护洞室的临界承载压力分别为土钉支护和无支护洞室的 4.7 倍和 17.0 倍。

# 22.4　现场试验结果分析结论

(1)在无支护条件下,黄土洞室抗爆炸荷载的临界承载能力较低,为 1kgTNT 集团装药隔离顶爆。此时拱顶介质所受爆炸压力约为 0.09MPa。

(2)在土钉支护参数较弱条件下,洞室抗爆炸荷载的临界承载压力为无支护毛洞的 3.7倍。支护参数进一步增强,临界承载能力还会进一步提高。临界承载能力显著提高的根本原因在于土钉长度范围内介质就整体而言,其物理力学性质已有很大改善,并已成为一种与原介质有较大差异的加固介质。加固介质作为结构物,其力学强度增高,变形刚度增大,整体稳定性增强。毛洞条件下,洞室处于单一黄土介质之中;土钉支护后,加固支护结构与被加固介质共同形成了新的结构体,它是一种变形刚度差异较大的双介质结构体系。其中变形刚度较小的介质(黄土)吸收的爆炸能量相对较大,变形刚度大的吸收的爆炸能量相对较小,从而导致土钉支护洞室的临界承载能力显著提高。此外,面层也具有一定支撑作用,可防止浅层剥落和坍塌。

(3)复合土钉支护试验段,其临界承载压力在土钉支护基础上进一步提高了 3.7 倍。土钉支护加构造措施在较单一、均匀的黄土介质中,形成三介质系统,并使原介质的变形刚度小于土钉支护介质,而大于有构造措施的介质。三种介质变形刚度不同,各自吸收的爆炸能也不同。爆炸后,最软弱介质产生的变形相对最大,吸收爆炸能最多,次软弱介质次之,刚度相对最大的复合土钉支护介质又次之。从而导致后者在较高动载作用下所吸收爆炸能相对较少,其最终临界承载压力在土钉支护基础上再次得到大幅度提高。

(4)该试验条件($\xi = 0.6$)下黄土毛洞和土钉支护洞室临界承载压力均小于平面波条件($\xi = 1.0$)下的相应临界压力(表22-3)。这是一个很有趣的现象。这表明,对同一地下结构物而言,其抵抗爆炸局部作用的能力比抵抗爆炸整体作用的能力低 42% ~ 56%。此现象对于设计者来说具有重要意义。

不同爆炸条件下临界承载压力的比较 表 22-3

| 支 护 类 型 | 临界承载压力 | | $\Delta P_1/\Delta P_2$ |
|---|---|---|---|
| | $\Delta P_1(\xi = 0.6)$ | $\Delta P_2(\xi = 1.0)$ | |
| 无支护洞室 | 0.09 | 0.14 | 56% |
| 土钉支护洞室 | 0.33 | 0.47 | 42% |

## 22.5 爆炸荷载作用下复合土钉支护黄土洞室相似模型准则

为验证上述试验结果,进行了土钉支护黄土洞室复制模型试验。

### 22.5.1 现象分析

无支护毛洞条件下采用 TNT 集团装药进行隔离爆炸(顶爆),土中爆炸应力波对洞室产生压缩、反射拉伸、绕射和稀疏等作用,致使洞室产生破坏。因此可将其广义地视为"结构物"。应力波在介质和结构物中的传播会发生衰减,而且对于不同介质其衰减系数有所不同。爆炸前处于静止状态的"结构物"因其具有较大的质量,爆炸后将具有较大的惯性能。

综上所述,无支护毛洞条件下,采用 TNT 集团装药进行隔离爆炸,所需考虑的主要因素是:①炸药爆炸能 $E_b$,它与炸药体积和密度有关;②"结构物"弹性能;③爆炸应力波衰减能;④"结构物"惯性能等。

### 22.5.2 支配现象的物理法则

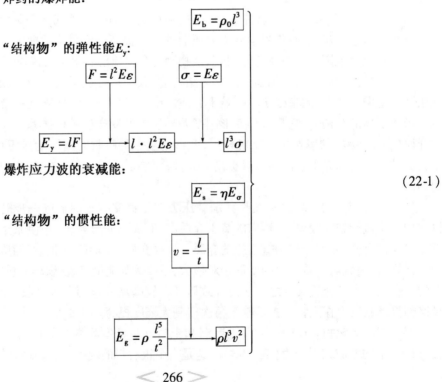

炸药的爆炸能:

$$E_b = \rho_0 l^3$$

"结构物"的弹性能 $E_y$:

$$F = l^2 E \varepsilon \qquad \sigma = E \varepsilon$$

$$E_y = lF \rightarrow l \cdot l^2 E \varepsilon \rightarrow l^3 \sigma$$

爆炸应力波的衰减能:

$$E_s = \eta E_\sigma$$

"结构物"的惯性能:

$$v = \frac{l}{t}$$

$$E_g = \rho \frac{l^5}{t^2} \rightarrow \rho l^3 v^2$$

(22-1)

式中，$E_b$ 为炸药的爆炸能；$\rho_0$ 为炸药的密度；$l$ 为长度；$E_y$ 为结构物的弹性能；$F$ 为弹性力；$E$ 为弹性模量；$\varepsilon$ 为应变；$\sigma$ 为应力；$E_s$ 为爆炸应力波能量；$\eta$ 为衰减系数；$E_\sigma$ 为介质中爆炸应力波在某点处衰减后的能量；$E_g$ 为结构物的惯性能；$v$ 为速度；$\rho$ 为介质的密度。

"结构物"的弹性能是存在的，但土壤介质不可能是理想弹性体，因而存在爆炸能量衰减问题。笔者已建立非自由场条件下爆炸近区地下结构物的应力波衰减规律的经验公式，却未见爆心至近区再至地下结构物的应力波衰减规律的一般数学描述，它是非常复杂的。如果使原型的材料与模型的相同，则爆炸应力波在介质中的衰减能这一因素即可十分合理地被忽略，即：

$$\boxed{E_\sigma = E'_\sigma} \longrightarrow \boxed{\frac{E_\sigma}{E'_\sigma} = 1} \qquad (22\text{-}2)$$

式中，$E'_\sigma$ 为模型的衰减能。

于是式（22-1）成为：

$$\left.\begin{array}{l} E_b = \rho_0 l^3 \\ E_y = \sigma l^3 \\ E_g = \rho l^3 v^2 \end{array}\right\} \qquad (22\text{-}3)$$

由式（22-3）可确定两个主 $\pi$ 数：

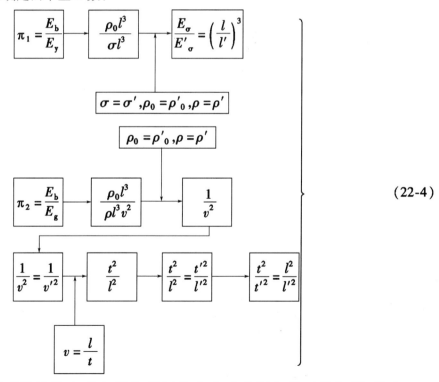

$$\qquad (22\text{-}4)$$

式中，由于原型结构物介质和爆炸所用炸药介质分别与模型的相同，故有 $\rho = \rho'$，$\rho_0 = \rho'_0$。

根据 $\pi_1$，炸药比尺与结构物比尺成（3 次方）比例地缩小（对于模型）或增大（对于原型）。根据 $\pi_2$，现象的观察时间应与 $l$ 成（2 次方）比例地减小。然而，爆炸应力波只有到达地下洞室拱顶嵌固层所在平面内，并在反射拉伸波作用下使洞室拱顶发生破坏才是最重要的，而"结构物"随时间的变化过程（随爆炸应力波的衰减过程）并不是关注的重点，故此 $\pi_2$ 可以忽略。因而在模型中使用与原型相同的材料时，相似模型的相似准则为：

$$\pi_1 = \frac{l^3}{l'^3} \qquad (22\text{-}5)$$

### 22.5.3 相似模型设计

现场试验洞室是一个自模拟问题，既可把它看成是一个原型洞室，也可以把它视为模型洞室。当把它看作原型时，按 3 倍缩尺比例并据式（22-5）可求得复制模型试验相关参数，如表 22-4 所示。

**相似模型试验的相关参数**　　　　　　　　　　　　　　　表 22-4

| 相关几何参数（m） | 指　标　值 | 炸药质量（g） |
|---|---|---|
| 洞室跨度 $l$ | 0.64 | 第 1 次爆炸 7.3 |
| 洞室长度 $L$ | 1.33 | 第 2 次爆炸 18.3 |
| 爆心投影点位置 $L/2$ | 0.67 | 第 3 次爆炸 11.0 |
| 爆炸距离 $R$ | 0.87 | 第 4 次爆炸 36.5 |

注：考虑洞室空间效应，试验相似模型洞室长度 $L$ 被延为 2m。

复制模型试验洞室的设计见图 22-4。

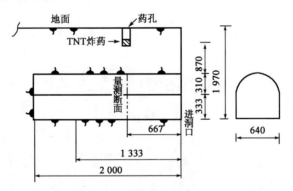

图 22-4　相似模型洞室的设计（单位：mm）

# 22.6　复制模型试验及结果

复制模型试验地点选在原型洞室试验场附近，洞室介质均系与原型洞室相同的原状土。复制模型试验洞室严格按设计尺寸施工，误差不大于 ±10mm；地表水平平整，立面垂直，装药量及装药位置准确。洞室内表面在爆前进行 2 次喷白处理，以便观测；爆后其表面以出现微小裂纹或微爆皮为约定的临界破坏状态。考虑到原型洞室在出现临界破坏（1kgTNT 装药）之前，按设计方案依次进行了 3 次爆炸试验，药量分别为 200g、500g 和 300g，为保证模型试验条件相似，按缩尺比例及式（22-5）进行相应装药量的 3 次爆炸加载之后再进行临界破坏荷载爆炸试验。4次爆炸的装药量依次为7.3g、18.3g、11.0g和36.5g。

第1次爆炸:地表出现4条裂纹,沿垂直于洞轴线方向的裂纹分布稍长,约3.4cm,洞脸部位未发现裂纹和裂缝,洞室拱顶无裂缝和土颗粒掉落。

第2次爆炸:地表裂纹长度及宽度均有增加,在洞脸部位出现竖向裂纹,不连续。洞室内表面无变化。

第3次爆炸:地表裂纹长度及宽度在原来基础上进一步增加,在洞脸部位出现竖向裂纹,不连续。洞室内表面仍无变化。

第4次爆炸:地表裂纹进一步变长变宽。在洞室拱顶左、右两侧各出现1条裂纹;左侧裂纹宽度为0.3~0.5mm,长度为200mm;右侧裂纹宽度与左侧相当,长度为230mm。两条裂纹在拱顶没有连接(图22-5)。此外,洞室内表面无其他破坏现象发生。根据约定,上述破坏现象表明模型洞室已进入临界破坏状态。

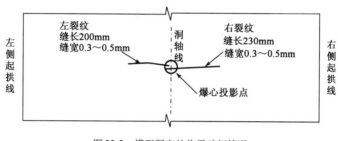

图22-5 模型洞室的临界破坏情况

## 22.7 试验结果综合分析结论

此次相似模型试验旨在重现原型坑道中出现的破坏现象和破坏程度,检验坑道的临界承载能力,验证所建立相似法则的合理性及适用性。模型试验完全达到了预期的效果。试验表明:

(1)在预定产生临界破坏的TNT集团装药爆炸条件下,相似模型洞室破坏现象和破坏程度与原型洞室非常一致,表明在模型洞室内取得的结果和结论完全可以应用于原型。

(2)原型试验条件下,毛洞临界承载能力为1kgTNT爆药隔离爆炸。这一结果与3倍缩尺比例的模型洞室按式(22-5)求得的36.5gTNT集团装药爆炸是等效和可比拟的,表明所建立的复制模型相似法则具有良好适用性,是科学、合理的,可以推广应用于类似条件下的试验研究。

(3)原型试验构筑了3个试验段。而模型坑道只构筑了相应的一段(无支护段),由于研究经费短缺,未构筑土钉支护和复合土钉支护试验段。但在无支护段所取得的对相似法则进行成功验证的结论,对其他两个试验段同样是适用的。因为模型与原型洞室介质、支护材料相同,爆炸方式及爆炸应力波传播、作用方式不变,仅应力波强度及支护结构抗力有差异。

## 22.8 小 结

(1)黄土毛洞在$\xi=0.6$条件下具有一定抗动载能力;在相同条件下,土钉支护和复合土钉支护抗动载压力分别为黄土毛洞的3.7倍和17倍,相应的装药量为黄土毛洞的5倍和

33 倍。

（2）各种支护条件下,复合土钉支护具有最好的抗动载性能,因而预期具有极大的经济技术效益和广阔的开发应用空间。

（3）土钉支护加构造措施优异的抗爆性能源于介质的弱化机制。弱化效应与弱化比面积及介质特性有关,因而存在抗爆效应的优化问题。对此,还需作进一步探讨。

（4）研究建立的复制模型相似法则 $\pi_1 = l^3/l'^3$ ,经试验验证是正确的,可据此进行类似试验设计。

（5）黄土毛洞在 $\xi = 0.6$ 条件下的临界承载能力比 $\xi = 1.0$ 条件下的降低42% ~56% 。这需要设计者引起注意。

# 参 考 文 献

[1] 沈德义,刘五一. 介绍国外几种可用于动载条件的锚杆[R],1984:9-11

[2] Stillborg B. Experimental investigation of steel cables for rock reinforcement in hard rock[D]. Doctoral thesis. Luleå University, Luleå, Sweden, 1984

[3] Thorpe R K, Heuze F E. Dynamic response of rock reinforcement in a cavity under internal blast loading: an add-on test to the pre-mill yard event[R]. DE86004667,1985

[4] Otuonye F O. Response of grouted roof bolts to blasting loading[J]. International Journal of Rock Mechanics and Mining Sciences & Geomechanics Abstracts,1988,25(5):345-349

[5] Otuonye F O. Influence of shock waves on the response of full contact rock bolts[C] // Proceedings of 9th Symposium on Explosives and Blasting Research. San Diego, California, 1993:261-270

[6] Littlejohn G S, Rodger A A, et al. Monitoring the influence of blasting on the performance of rock bolts at Penmaenbach tunnel[C] // Proceedings of 1st International Conference on Foundations & Tunnels. Edinburgh, 1987(2): 99-106

[7] Littlejohn G S, Rodger A A, et al. Dynamic response of rock bolt systems[C] // Proceedings of 2nd International Conference on Foundations & Tunnels. London, 1989(2): 57-64

[8] Holland D C. The influence of close proximity blasting on the performance of resin bonded rock bolts[D]. Master of Science thesis, University of Aberdeen, U. K. ,1989

[9] Rogder A A, Holland D C, et al. The behaviour of resin bonded rock bolts and other anchorages subjected to close proximity blasting // Proceeding of 8th International Congress on Rock Mechanics. Tokyo, 1995:665-670

[10] Tannant D D, Brummer R K, Yi X. Rock bolt behaviour under dynamic loading: field test and modelling[J]. International Journal of Rock Mechanics and Mining Sciences & Geomechanics Abstracts,1995, 32(6): 537-550

# 23 新型复合锚固结构静力破坏效应与机制单轴试验研究

## 23.1 概　述

2002 年年底,项目组在总参工程兵科研三所五室 5 000kN 静载试验机上进行了模型试块的静力加载对比试验。在此之前,完成了土中复合锚固结构抗动载试验研究。现场试验表明,复合土钉支护具有良好的抗爆性能。试验证实,无支护黄土坑道的临界承载能力为相对平面度 $\xi = 0.60$ 条件下的 1kgTNT 装药量隔离爆炸;单一土钉支护则为 5kg;复合锚固结构即土钉支护加构造措施的抗力为 33kg。如此优异的抗力效果,其机制何在? 为此,在现场试验的基础上,又进一步建立相似模型的相似法则,完成了相似模型试验。试验证明模型试验的结果可以推广到原型,所建立的相似法则在试验条件下具有普遍的适用性。至此,对土钉支护的抗爆机制有了一定认识,但仍显不足,有必要进一步简化条件,进行静力试验研究。本章即是对这次静力试验的条件和结果的综合分析和小结。从试验的数据分析上来看,初步达到了试验的目的。但在数据的整理分析中也看出了这次试验的不足之处,这将对进一步试验起到借鉴作用。

## 23.2 试 验 目 的

通过对模拟试件的试验研究,探讨坑道工程静力弱化机制,分析由弱化所引起坑道工程抗动载能力提高的本质,为防护工程设计提供必要实用的试验数据和理论依据。

## 23.3 试 验 方 案

该试验共制作两组(每组各 3 块)模型试件,第 1 组为非弱化试件,第 2 组为弱化试件。两组试件同时制作,同条件养护 28d。其后将模型试件置于 5 000kN 静力试验机上进行对比试验。试验测试的内容为:

(1)试验表面出现宏观细微裂缝的位置、时间及产生临界破坏的位置;证实试验的假设是否成立。

（2）试件产生极限破坏时的宏观观测对比试验。

（3）利用应变片测量。试件在受压状态下的应变，从而得出两组模型的对比数据。

（4）利用人工测量和位移传感器两种测量方式对试件受压时的位移变化进行量测，了解位移变化规律。

# 23.4 试验模型

### 23.4.1 模型设计

非弱化静力试验模型被设计为 300mm×300mm×300mm 的立方体（C20 混凝土），将应变片在试件两侧对称布置，每边各三个（共六个），间距为 50mm，见图 23-1。

弱化静力试验模型设计为分体的，下层为 300mm×300mm×180mm，上层为 300mm×300mm×120mm。下层上部为模拟弱化部分，模型孔距为 40cm×0.155＝6.2cm，呈梅花形排列，孔深为 62mm，见图 23-2（C20 混凝土）和图 23-3。

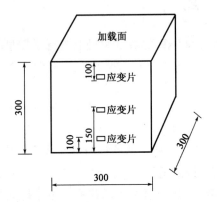

图 23-1　非弱化静力试验模型（单位：mm）

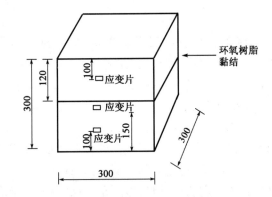

图 23-2　弱化静力试验模型（单位：mm）

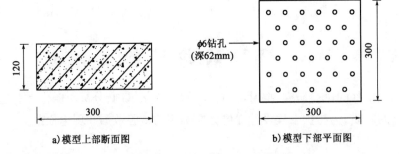

a）模型上部断面图　　　　　b）模型下部平面图

图 23-3　弱化相似模型的设计（单位：mm）

原型加载时洞跨为 1.9m，产生临界破坏时装药量为 1kg，根据已推导建立的相似法则，

$$\pi_1 = \frac{P}{l'^3} = \frac{1\,kg}{(1.93m)^3} = 0.139$$ 。又，原型 $l = 1.93m$，设计模型 $l' = 0.3m$，则 $\frac{0.3m}{1.93m} = 0.155$（倍）。

为保持几何相似，原型弱化孔特征尺寸（孔深）0.4m 亦应缩小相应的倍数，即弱化孔深为

$l' = 0.4\text{m} \times 0.155 = 0.062\text{m}$，即 62mm；原型孔径为 40mm，故模型孔径为 $40\text{mm} \times 0.155 = 6.2\text{mm}$。

### 23.4.2 模型制作

制作模型的水泥强度等级为 32.5（与动力试验相同），混凝土配合比为：水泥∶石子∶砂子 = 1∶2∶2，水灰比为 0.4∶1.0。在实际的浇筑过程中加入了 100kg 的水泥，200kg 的砂子、石子，由于砂子的含水率较大，加入的水量为 33kg。

模型总高为 30cm。为实现弱化孔制作，将模型分为上、下两块。上部高 12cm，下部高 18cm。在制作模型时，采用了 $\phi$5mm 的钢钉外套塑料管来做预埋件。浇筑好后养护 7d 后，将钢钉拔出，共养护 28d。两种模型（三种试件）见图 23-4。

a)非弱化试件　　　　　　　　b)弱化试件上层　　　　　　　　c)弱化试件下层

图 23-4　三种试件养护

养护完毕后，用 $\phi$6mm 电钻在下部试件上将孔洞里的塑料管钻出或打磨掉。然后将上、下两块试件合而为一，其间用薄层环氧树脂胶黏结或水泥砂浆黏结［黏结时须用泡沫材料对孔口进行有效封闭，防止胶（浆）体进入孔内］。

### 23.4.3 模型测点布置及测量系统

1）模型测点布置

每个模型贴 6 个应变片，分别位于模型两侧的上、中、下三点处（图 23-5），编号为 1～6号。弱化模型的第二个应变片实际上就贴在被弱化部位。应变片采用高精度、低蠕变、小温漂的酚醛环氧基箔片应变片，电阻值为 120Ω。

加载方法为逐级缓慢加载，同时测取模型加载方向上的位移（位移传感器）。位移传感器采用电感式位移计，测量范围为 0～5cm。安装如图 23-6 所示。

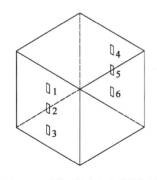 

图 23-5　试件两侧应变片编号位置　　　　　　图 23-6　位移传感器

2）测量系统

应变和位移测量系统示意图见图 23-7 和图 23-8。

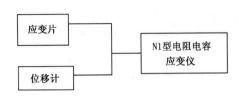

图 23-7 应变测试系统方框图

图 23-8 测量系统

# 23.5 试验内容与结果

由于试验的前期并不顺利,时间跨度较长,该试验历时两周。试验时间见表 23-1。

试验时间表

表 23-1

| 试验序号 | 试件号 | 类 型 | 试验时间 | 备 注 |
|---|---|---|---|---|
| 1 | 1 号 | 非弱化试件 | 2002-12-31 | |
| 2 | 4 号 | 弱化试件 | 2003-1-2 | |
| 3 | 2 号 | 非弱化试件 | 2003-1-13 上午 | 试验完成 |
| 4 | 5 号 | 弱化试件 | 2003-1-13 下午 | |
| 5 | 3 号 | 非弱化试件 | 2003-1-14 上午 | |
| 6 | 6 号 | 弱化试件 | 2003-1-14 下午 | |

## 23.5.1 1 号试件

1）宏观描述

1 号试件为非弱化试件,试件在加载到 790kN 时,试件角部发生混凝土剥落现象,同时有长度为 2cm 和 6cm 的细小裂缝出现,试件达到临界破坏（图 23-9）。继续加载时破坏程度随之加大。加载到 2 000kN 时,试件表面出现多条裂缝,最大裂缝长为 20cm,裂缝宽度达到 1.5mm。

加载到 2 400kN 时,试件表面有大量的裂缝和混凝土剥落,裂缝多数贯穿。试件达到极限破坏。

2）位移测量

混凝土试件的铅直方向位移随荷载变化曲线见图 23-10、图 23-11 和表 23-2。

由图可见,曲线出现与 $x$ 轴平行的多个平台,然后上翘。这是应力积累到一定程度后,位移发生突变的结果。由于宏观测量采用钢卷尺人工测读,测量精度只能达到 1mm,因而误差较大。

图 23-9 试件到临界破坏

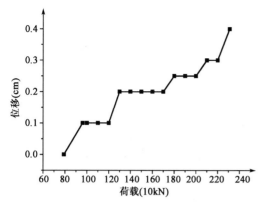

图 23-10　宏观测量荷载—位移变化曲线

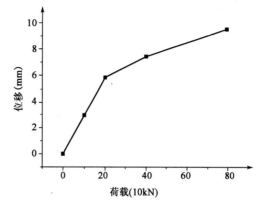

图 23-11　传感器测量荷载—位移曲线

**1 号试件荷载—位移实测数据**　　　　　表 23-2

| 荷载（10kN） | 0 | 10 | 20 | 40 | 79.4 |
|---|---|---|---|---|---|
| 位移（mm） | 0 | 2.944 | 5.838 | 7.432 | 9.527 6 |
|  | 0 | 3.12 | 6.18 | 7.865 | 10.08 |

　　由于两方面原因,位移测量数据不完整:构件受压面不平整使得在小荷载下就产生大的位移,实际上构件仅是局部破坏就到极限破坏的位移量。位移传感器在量程和安装上存在不足,有一定误差。

　　3）应变测量

　　模型 1 号试件加载为 100～2 400kN,试件达到极限破坏。试验测试结果见表 23-3。

**1 号试件应变实测数据**　　　　　表 23-3

| 荷载（10kN） | 各测点应变（μɛ） | | | | | |
|---|---|---|---|---|---|---|
| | 1 号测点 | 2 号测点 | 3 号测点 | 4 号测点 | 5 号测点 | 6 号测点 |
| 0 | 0 | 0 | 0 | 0 | 0 | 0 |
| 10 | 4 | 4 | 0 | −6 | 3 | 0 |
| 20 | 8 | 7 | 2 | −825 | 50 | 20 |
| 40 | 140 | −23 | 7 | — | 184 | 60 |
| 79.4 | 304 | 85 | 58 | — | 240 | 50 |
| 96 | 16 | −55 | −2 | — | 65 | 40 |
| 100 | 265 | −6 | −5 | — | 80 | 47 |
| 110 | 485 | 215 | 110 | — | 345 | 67 |
| 120 | 525 | 274 | 120 | — | 325 | 40 |
| 130 | 608 | 190 | 164 | — | 395 | 55 |
| 140 | 725 | 365 | 211 | — | 430 | 53 |
| 150 | 815 | 411 | 242 | — | 460 | 45 |
| 160 | 510 | 265 | 275 | — | 345 | 0 |
| 170 | 995 | 525 | 336 | — | 556 | 55 |
| 180 | 1 111 | 593 | 378 | — | 616 | 62 |
| 190 | 1 203 | 660 | 432 | — | 652 | 57 |
| 200 | 1 420 | 835 | 585 | — | 755 | 275 |
| 210 | 1 560 | 907 | 626 | — | 840 | 90 |
| 220 | 1 654 | 930 | 650 | — | 955 | 10 |
| 231 | 1 770 | 1 035 | 683 | — | 1 023 | 110 |
| 240 | 2 170 | 1 398 | 928 | | 1 543 | 545 |

荷载—应变曲线见图 23-12 和图 23-13。

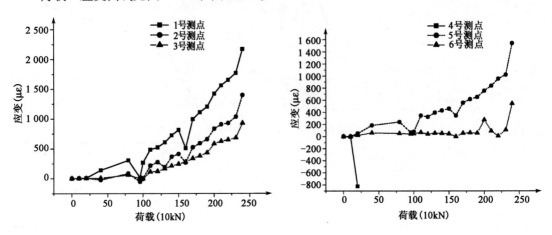

图 23-12  1、2、3 号测点的荷载—应变曲线          图 23-13  4、5、6 号测点的荷载—应变曲线

将试件两对应位置的应变值取均值,其结果见表 23-4,相应的曲线见图 23-14。

平均应力与应变实测数据

表 23-4

| 平均应力($10^{-2}$kPa) | 上部测点应变($\mu\varepsilon$) | 中部测点应变($\mu\varepsilon$) | 下部测点应变($\mu\varepsilon$) |
|---|---|---|---|
| 0 | 0 | 0 | 0 |
| 111.1 | 5 | 3.5 | 0 |
| 222.2 | 416.5 | 28.5 | 11 |
| 444.4 | 140 | 80.5 | 33.5 |
| 882.2 | 304 | 162.5 | 54 |
| 1 066.7 | 16 | 5 | 19 |
| 1 111.1 | 265 | 37 | 21 |
| 1 222.2 | 485 | 280 | 88.5 |
| 1 333.3 | 525 | 299.5 | 80 |
| 1 444.4 | 608 | 292.5 | 109.5 |
| 1 555.6 | 725 | 397.5 | 132 |
| 1 666.7 | 815 | 435.5 | 143.5 |
| 1 777.8 | 510 | 305 | 137.5 |
| 1 888.9 | 995 | 540.5 | 195.5 |
| 2 000 | 1 111 | 604.5 | 220 |
| 2 111.1 | 1 203 | 656 | 244.5 |
| 2 222.2 | 1 420 | 795 | 430 |
| 2 333.3 | 1 560 | 873.5 | 358 |
| 2 444.4 | 1 654 | 942.5 | 330 |
| 2 566.7 | 1 770 | 529 | 396.5 |
| 2 666.7 | 2 170 | 970.5 | 736.5 |

从 1 号试件的应变测量数据及曲线中可以看出,测点 4 在 300kN 时出现损坏。从对称的应变曲线可看出,试件在荷载作用下受力不甚均匀。

### 23.5.2 2 号试件

1) 宏观描述

2 号试件为弱化试件,试件在加载到 910kN 时,试件表面出现裂缝,试件达到临界破坏状态。在加载到 1 853kN 时,试件表面有大量的裂缝和混凝土剥落,裂缝多数贯穿,试件达到极限破坏。

2) 位移测量

试件荷载与位移实测数据和曲线见图 23-15、表 23-5 和图 23-16。

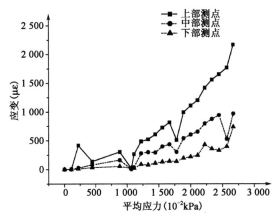

图 23-14  1 号试件平均应力—应变曲线

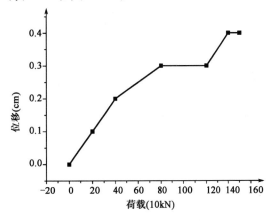

图 23-15  2 号试件宏观测量荷载—位移变化曲线

**实测 2 号试件位移数据**                                        表 23-5

| 荷载(10kN) | 0 | 20 | 40 | 80 | 120 | 140 | 150 | 160 |
|---|---|---|---|---|---|---|---|---|
| 位移<br>(mm) | 0 | 0.422 | 2.29 | 3.91 | 4.327 | 5.855 | 5.896 | 5.9 |
|  | 0 | 0.45 | 2.42 | 4.14 | 4.58 | 6.2 | 6.24 | 6.244 |

从图 23-15 和图 23-16 可以看出,宏观测量的位移为 4mm,而传感器测量的结果为 6.3mm,两种观测手段存在一定差异。

3) 应变和位移

2 号试件加载为 100 ~ 1 853kN,试件达到极限破坏。试验测试结果见表 23-6。

**2 号试件应变测试数据**                                        表 23-6

| 荷载<br>(10kN) | 各测点应变($\mu\varepsilon$) | | | | | |
|---|---|---|---|---|---|---|
|  | 1 号测点 | 2 号测点 | 3 号测点 | 4 号测点 | 5 号测点 | 6 号测点 |
| 0 | 0 | 0 | 0 | 0 | 0 | 0 |
| 20 | 115 | 190 | 203 | 116 | 128 | 208 |
| 40 | 105 | 296 | 450 | 102 | 182 | 445 |
| 80 | 90 | 400 | 715 | 428 | 545 | 490 |
| 120 | 255 | 452 | 600 | 705 | 914 | 575 |
| 140 | 465 | 520 | 530 | 925 | 1 760 | 640 |
| 150 | 517 | 560 | 555 | 1 015 | 1 345 | 860 |
| 160 | 500 | 605 | 565 | 1 200 | 1 435 | 720 |

相应的荷载—应变曲线见图 23-17 和图 23-18。

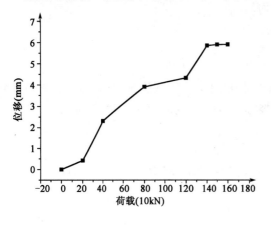

图 23-16　传感器测荷载—位移关系曲线

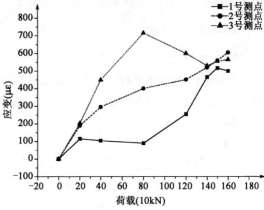

图 23-17　2 号试件 1、2、3 号测点的荷载—应变曲线

将试件两侧对应部位的应变值取均值,其结果见表 23-7,相应的曲线见图 23-19。

**2 号试件平均应力与应变实测数据**　　　　　　　　　　　　　　表 23-7

| 平均应力($10^{-2}$kPa) | 上部测点应变($\mu\varepsilon$) | 中部测点应变($\mu\varepsilon$) | 下部测点应变($\mu\varepsilon$) |
|---|---|---|---|
| 0 | 0 | 0 | 0 |
| 222.2 | 115.5 | 159 | 205.5 |
| 444.4 | 103.5 | 239 | 447.5 |
| 888.9 | 259 | 472.5 | 602.5 |
| 1 333.3 | 480 | 683 | 587.5 |
| 1 555.6 | 695 | 1 140 | 585 |
| 1 666.7 | 766 | 952.5 | 707.5 |
| 1 777.8 | 850 | 1 020 | 642.5 |

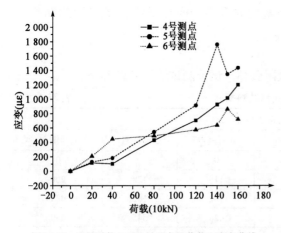

图 23-18　2 号试件 4、5、6 号测点的荷载—应变曲线

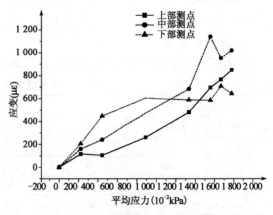

图 23-19　2 号试件平均应力—应变关系曲线

2 号试件为弱化试件,从应变测量数据可看出,在试件接近临界破坏时,5 号测点的应变值大于 4、6 号测点的应变值,因为 5 号测点的位置正处于弱化层。

### 23.5.3 3号试件

1）宏观描述

3号试件为非弱化试件，试件在加载到780kN时，试件角部发生混凝土剥落现象，试件达到临界破坏。继续加载时破坏随之增大。加载到1 150kN时，试件表面中部出现多条裂缝。加载到1 600kN时，试件表面有规则地出现更多裂缝，如图23-20所示。

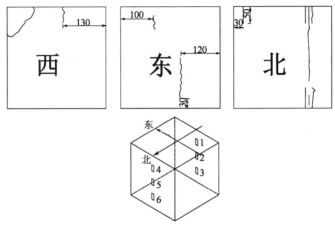

图23-20　3号试件宏观破坏示意图（单位：mm）

继续加载至3 700kN时，试件表面有大量的裂缝和混凝土剥落，裂缝多数贯穿。试件达到极限破坏，见图23-21。

在混凝土试件的加载方向（铅直）上，试件尺寸从原来的30.0cm缩减到29.5cm。

2）位移测量

实测3号试件荷载—位移结果见图23-22、表23-8和图23-23。

图23-21　3号试件极限破坏图景照

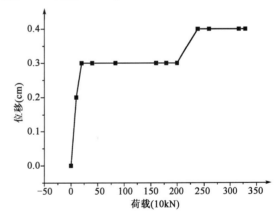

图23-22　宏观测量3号试件荷载—位移关系曲线

**3号试件荷载—位移实测数据**　　　　　　表23-8

| 荷载（10kN） | 20 | 40 | 83 | 160 | 179 | 200 | 238 | 259 | 317 | 329 |
|---|---|---|---|---|---|---|---|---|---|---|
| 位移（mm） | 0.95 | 2.225 | 3.905 | 6.385 | 6.885 | 7.46 | 8.545 | 9.344 | 11.044 | 12.14 |
|  | 1.01 | 2.35 | 4.13 | 6.76 | 7.29 | 7.89 | 9.04 | 9.89 | 11.69 | 12.85 |

3）应变测量

3号试件加载为100～3 700kN，试件最终达到极限破坏。应变测试结果见表23-9、

图 23-24 和图 23-25。

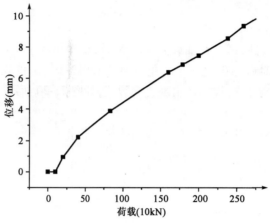

图 23-23　传感器测量荷载—位移关系曲线

### 3 号试件应变实测数据

表 23-9

| 荷载 | 各测点应变（$\mu\varepsilon$） | | | | | |
|---|---|---|---|---|---|---|
| （10kN） | 1 号测点 | 2 号测点 | 3 号测点 | 4 号测点 | 5 号测点 | 6 号测点 |
| 0 | 0 | 0 | 0 | 0 | 0 | 0 |
| 10 | 30 | 0 | − 1 018 | 10 | 25 | − 1 005 |
| 20 | 80 | 10 | − 1 010 | 6 | 50 | − 1 013 |
| 40 | 232 | 47 | − 1 035 | 17 | 106 | − 1 018 |
| 83 | 547 | 212 | − 1 046 | 100 | 302 | − 1 020 |
| 160 | 1 039 | 536 | − 1 005 | 150 | 603 | 32 |
| 179 | 1 235 | 642 | 32 | 220 | 715 | 56 |
| 200 | 1 410 | 735 | 75 | 285 | 818 | 74 |
| 238 | 1 655 | 895 | 180 | 415 | 995 | 110 |
| 259 | 1 895 | 1 022 | 275 | 550 | 1 165 | 145 |
| 317 | 2 215 | 1 302 | 415 | 1 017 | 1 617 | 234 |
| 329 | 2 492 | 1 450 | 487 | 1 270 | 2 079 | 336 |
| 370 | 2 765 | 1 527 | 588 | 2 465 | 2 280 | 369 |

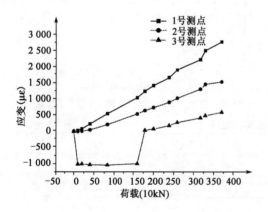

图 23-24　3 号试件 1、2、3 号测点荷载—应变关系曲线

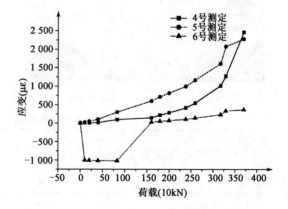

图 23-25　3 号试件 4、5、6 号测点荷载—应变关系曲线

从图中可以看出,下部两个测点在小荷载时出现负值应变,说明试件的下部受拉。将对应部位的实测数据取均值,其结果见表 23-10 和图 23-26。

3 号试件平均应力—应变实测数据　　　　　　　　表 23-10

| 平均应力($10^{-2}$kPa) | 上部测点应变($\mu\varepsilon$) | 中部测点应变($\mu\varepsilon$) | 下部测点应变($\mu\varepsilon$) |
|---|---|---|---|
| 0 | 0 | 0 | 0 |
| 111.1 | 20 | 12.5 | −1 011.5 |
| 222.2 | 43 | 30 | −1 011.5 |
| 444.4 | 124.5 | 76.5 | −1 026.5 |
| 922.2 | 323.5 | 257 | −1 033 |
| 1 777.8 | 594.5 | 569.5 | −486.5 |
| 1 988.9 | 727.5 | 678.5 | 44 |
| 2 222.2 | 847.5 | 776.5 | 74.5 |
| 2 644.4 | 1 035 | 945 | 145 |
| 2 877.8 | 1 222.5 | 1 093.5 | 210 |
| 3 522.2 | 1 616 | 1 459.5 | 324.5 |
| 3 655.6 | 1 881 | 1 764.5 | 411.5 |
| 4 111.1 | 2 615 | 1 903.5 | 478.5 |

### 23.5.4　4 号试件

1)宏观描述

4 号试件为弱化试件,试件在加载到 1 190kN 时,试件上半部分出现贯穿性细裂缝,较均匀地分布在试件的四侧面,试件达到临界破坏。继续加载时破坏程度随之增大。试验加载至 1 550kN 时,试件下半部分表面出现裂缝。加载到 2 290kN 时,试件上、下两部分表面裂缝发生部分贯穿。加载到 2 770kN 时,试件表面产生大量裂缝和混凝土剥落,裂缝多数贯穿,试件达到极限破坏,见图 23-27 和图 23-28。

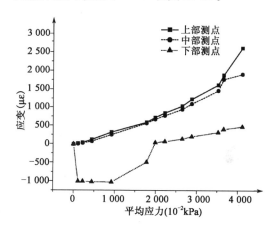

图 23-26　3 号试件实测平均应力—应变关系曲线

图 23-27　4 号试件临界破坏图景

2)位移测量

4号试验位移量测结果见图23-29、表23-11和图23-30。

图23-28　4号试件产生极限破坏后图景

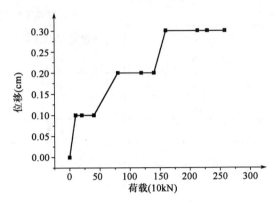

图23-29　4号试件宏观测量荷载—位移关系曲线

**4号试件荷载与位移实测数据**

表23-11

| 荷载(10kN) | 10 | 20 | 40 | 80 | 119 |
|---|---|---|---|---|---|
| 位移(mm) | 0.01 | 0.774 | 1.776 | 3.325 | 4.6 |
| | 0.01 | 0.82 | 1.88 | 3.52 | 4.87 |
| 荷载(10kN) | 140 | 160 | 213 | 229 | 258 |
| 位移(mm) | 5.187 | 5.19 | 7.2 | 9.01 | 10.215 |
| | 5.49 | 5.49 | 7.62 | 9.53 | 10.81 |

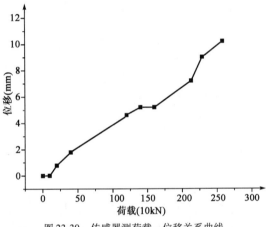

图23-30　传感器测荷载—位移关系曲线

3)应变测试结果

4号试件的加载为100~2 400kN,试件达到极限破坏。与荷载相对应的应变测试结果见表23-12。

**4号试件应变测试数据**　　　　　　　　　　表23-12

| 荷载(10kN) | 各测点应变(με) | | | | | |
|---|---|---|---|---|---|---|
| | 1号测点 | 2号测点 | 3号测点 | 4号测点 | 5号测点 | 6号测点 |
| 0 | 0 | 0 | 0 | 0 | 0 | 0 |
| 10 | 8 | 20 | 0 | 5 | 15 | 0 |
| 20 | 30 | 35 | 0 | 7 | 37 | 8 |
| 40 | 55 | 52 | 0 | 35 | 92 | 27 |
| 80 | 190 | 50 | -35 | 130 | 196 | 39 |
| 119 | 530 | 93 | -75 | 255 | 284 | 94 |
| 140 | 710 | 135 | -74 | 290 | 300 | 130 |
| 160 | 1 145 | 215 | -94 | 330 | 300 | 193 |
| 213 | 2 515 | 525 | -235 | 645 | 385 | 325 |
| 229 | 3 057 | 678 | -285 | 827 | 475 | 420 |
| 258 | 4 020 | 915 | -385 | 1 215 | 707 | 1 078 |
| 277 | 4 170 | 805 | -365 | 475 | 187 | 195 |

相应的荷载—应变关系曲线见图23-31和图23-32。

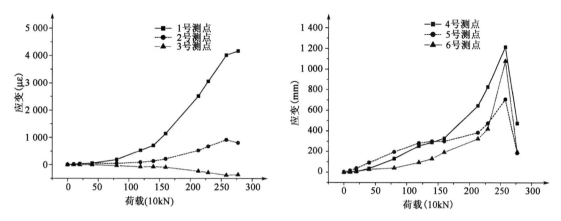

图23-31  4号试件1、2、3号测点的荷载—应变曲线　　图23-32  4号试件4、5、6号测点的荷载—应变关系曲线

将试件两侧对称部位的应变取均值,其结果见表23-13,平均应力—应变曲线见图23-33。

实测4号试件应变均值　　　　　　　　　　表23-13

| 平均应力($10^{-2}$kPa) | 上部测点应变($\mu\varepsilon$) | 中部测点应变($\mu\varepsilon$) | 下部测点应变($\mu\varepsilon$) |
|---|---|---|---|
| 0 | 0 | 0 | 0 |
| 111.1 | 6.5 | 17.5 | 0 |
| 222.2 | 18.5 | 36 | 4 |
| 444.4 | 45 | 72 | 13.5 |
| 888.9 | 160 | 123 | 2 |
| 1 322.2 | 392.5 | 188.5 | 9.5 |
| 1 555.6 | 500 | 217.5 | 28 |
| 1 777.8 | 737.5 | 257.5 | 49.5 |
| 2 366.7 | 1 580 | 455 | 45 |
| 2 544.4 | 1 942 | 576.5 | 67.5 |
| 2 866.7 | 2 617.5 | 811 | 346.5 |
| 3 077.8 | 2 322.5 | 496 | −85 |

从曲线中可以看出,当荷载达到2 580kN时,应变达到最大值,随着荷载的增加,应变减少,说明试件在此时已达到极限破坏。

### 23.5.5  5号试件

1)宏观描述

5号试件为非弱化试件,试件在加载至780kN时,试件表面出现多条细小裂缝,长度多为4cm左右,试件达到临界破坏。继续加载时破坏程度随之增大。加载到3 200kN时,试件表面出现多条裂缝,并已部分贯穿,裂缝宽度达到1.5mm。加载到3 400kN时,试件表面有大量裂缝和混凝土剥落,裂缝多数贯穿,试件达到极限破坏(图23-34)。

在混凝土试件的加载方向上,试件尺寸从原来的30.0cm变化到29.6cm。

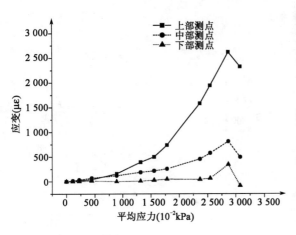

图 23-33　4 号试件平均应力—应变关系曲线

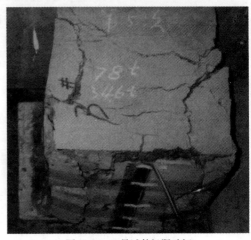

图 23-34　5 号试件极限破坏

2）位移测量结果

5 号试件位移量测试结果见图 23-35、图 23-36 和表 23-14。

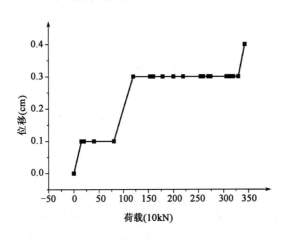

图 23-35　宏观测量荷载—位移曲线

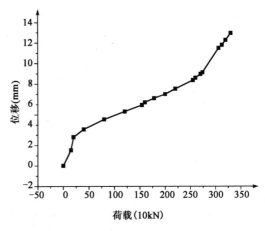

图 23-36　传感器测量荷载—位移曲线

实测 5 号试件位移数据　　　　　　　　　　　　　表 23-14

| 荷载(10kN) | 0 | 15 | 20 | 40 | 80 | 120 | 154 | 160 | 178 | 200 |
|---|---|---|---|---|---|---|---|---|---|---|
| 位移（mm） | 0 | 1.455 | 2.652 | 3.377 | 4.28 | 5.005 | 5.6 | 5.85 | 6.235 | 6.61 |
| | 0 | 1.54 | 2.81 | 3.57 | 4.53 | 5.3 | 5.93 | 6.19 | 6.6 | 7 |
| 荷载(10kN) | 220 | 255 | 260 | 270 | 274 | 306 | 313 | 320 | 330 | |
| 位移（mm） | 7.113 | 7.905 | 8.118 | 8.463 | 8.624 | 10.86 | 11.15 | 11.605 | 12.24 | |
| | 7.53 | 8.37 | 8.59 | 8.96 | 9.13 | 11.49 | 11.8 | 12.28 | 12.95 | |

3）应变测量结果

相应的应变曲线如图 23-37 和图 23-38 所示。

5 号试件加载为 0 ~ 3 400kN，试件达到极限破坏。与荷载相对应的应变测试结果见表 23-15。

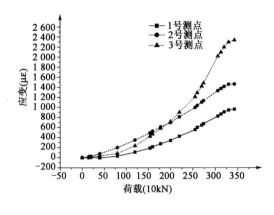

图 23-37　5 号试件 1、2、3 号测点的荷载—应变曲线

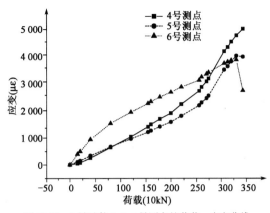

图 23-38　5 号试件 4、5、6 号测点的荷载—应变曲线

**5 号试件应变实测数据**　　　　　　　　　　　　　　　　　表 23-15

| 荷载 (10kN) | 各测点应变（με） | | | | | |
|---|---|---|---|---|---|---|
| | 1 号测点 | 2 号测点 | 3 号测点 | 4 号测点 | 5 号测点 | 6 号测点 |
| 0 | 0 | 0 | 0 | 0 | 0 | 0 |
| 15 | 0 | 20 | 15 | 50 | 115 | 400 |
| 20 | 5 | 26 | 20 | 79 | 155 | 500 |
| 40 | −5 | 78 | 35 | 260 | 345 | 942 |
| 80 | 30 | 200 | 85 | 650 | 673 | 1 535 |
| 120 | 110 | 350 | 235 | 1 040 | 965 | 1 945 |
| 154 | 190 | 492 | 420 | 1 410 | 1 210 | 2 265 |
| 160 | 217 | 525 | 465 | 1 495 | 1 265 | 2 335 |
| 178 | 275 | 610 | 580 | 1 695 | 1 415 | 2 505 |
| 200 | 340 | 695 | 715 | 1 910 | 1 585 | 2 680 |
| 220 | 425 | 810 | 900 | 2 240 | 1 810 | 2 878 |
| 255 | 555 | 995 | 1 210 | 2 730 | 2 195 | 3 130 |
| 260 | 600 | 1035 | 1 290 | 2 878 | 2 300 | 3 250 |
| 270 | 645 | 1 100 | 1 420 | 3 085 | 2 460 | 3 360 |
| 274 | 674 | 1 132 | 1 482 | 3 192 | 2 550 | 3 415 |
| 306 | 824 | 1 332 | 2 017 | 4 195 | 3 518 | 3 750 |
| 313 | 865 | 1 375 | 2 095 | 4 345 | 3 640 | 3 805 |
| 320 | 905 | 1 415 | 2 195 | 4 552 | 3 820 | 3 860 |
| 330 | 945 | 1 460 | 2 295 | 4 777 | 4 030 | 3 880 |
| 343 | 960 | 1 465 | 2 335 | 5 020 | 3 995 | 2 740 |

实测 5 号试件平均应力—应变结果见表 23-16 和图 23-39。

| 平均应力(10⁻²kPa) | 上部测点应变(με) | 中部测点应变(με) | 下部测点应变(με) |
|---|---|---|---|
| 0 | 0 | 0 | 0 |
| 166.7 | 25 | 67.5 | 207.5 |
| 222.2 | 42 | 90.5 | 260 |
| 444.4 | 127.5 | 211.5 | 488.5 |
| 888.9 | 340 | 436.5 | 810 |
| 1 333.3 | 575 | 657.5 | 1 090 |
| 1 711.1 | 800 | 851 | 1 342.5 |
| 1 777.8 | 856 | 895 | 1 400 |
| 1 977.8 | 985 | 1 012.5 | 1 542.5 |
| 2 222.2 | 1 125 | 1 140 | 1 697.5 |
| 2 444.4 | 1 332.5 | 1 310 | 1 889 |
| 2 833.3 | 1 642.5 | 1 595 | 2 170 |
| 2 888.9 | 1 739 | 1 667.5 | 2 270 |
| 3 000 | 1 865 | 1 780 | 2 390 |
| 3 044.4 | 1 933 | 1 841 | 2 448.5 |
| 3 400 | 2 509.5 | 2 425 | 2 883.5 |
| 3 477.8 | 2 605 | 2 507.5 | 2 950 |
| 3 555.6 | 2 728.5 | 2 617.5 | 3 027.5 |
| 3 666.7 | 2 861 | 2 745 | 3 087.5 |
| 3 811.1 | 2 990 | 2 730 | 2 537.5 |

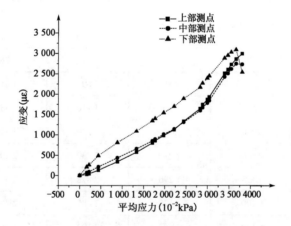

图 23-39　5 号试件平均应力—应变关系曲线

### 23.5.6　6 号试件

1) 宏观描述

6 号试件为弱化试件,试件在加载至 880kN 时,试件有细小裂缝出现,试件达到临界破坏。继续加载时破坏程度随之增大。加载到 1 590kN 时,试件表面产生多条裂缝,裂缝形态见图 23-40。

加载到 2 300kN 时,试件表面产生大量裂缝,且多数贯穿。试件破坏形态较规律,见图 23-41。

加载到 3 400kN 时,试件表面有大量的裂缝和混凝土剥落。试件达到极限破坏。

2)位移测量结果

6 号试件实测位移结果见图 23-42、表 23-17 和图 23-43。

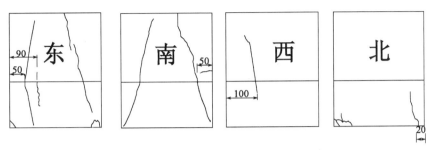

图 23-40  6 号试件在加载至 1 590kN 时的破坏形态(单位:mm)

图 23-41  6 号试件加载至 2 300kN 时破坏形态

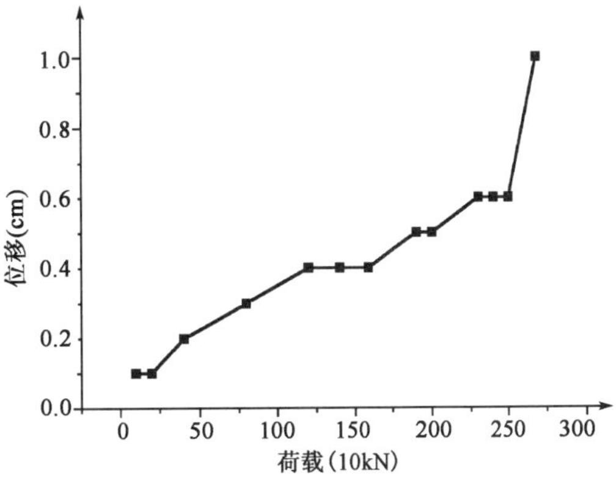

图 23-42  6 号试件宏观测量荷载—位移变化曲线

**6 号测点位移实测数据**                                                                                                            表 23-17

| 荷载(10kN) | 0 | 10 | 20 | 40 | 80 | 120 | 140 | 159 | 190 | 200 | 230 | 240 | 250 |
|---|---|---|---|---|---|---|---|---|---|---|---|---|---|
| 位移(mm) | 0 | 0 | 0 | 0.5 | 2.845 | 4.268 | 4.845 | 6.233 | 5.826 | 6.055 | 6.51 | 7.18 | 7.995 |
| | 0 | 0 | 0 | 0.53 | 3.01 | 4.52 | 5.13 | 6.6 | 6.165 | 6.41 | 1.89 | 7.6 | 8.46 |

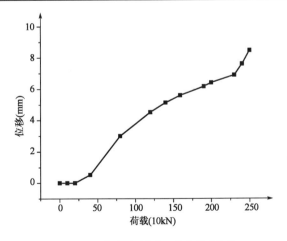

图 23-43  传感器测荷载—位移关系曲线

3）应变测量结果

6号试件荷载—应变实测结果见表23-18。

**6号试件应变实测结果** 表23-18

| 荷载 (10kN) | 各测点应变($\mu\varepsilon$) | | | | | |
|---|---|---|---|---|---|---|
| | 1号测点 | 2号测点 | 3号测点 | 4号测点 | 5号测点 | 6号测点 |
| 0 | 0 | 0 | 0 | 0 | 0 | 0 |
| 10 | 0 | 45 | 35 | −1 008 | 6 | 23 |
| 20 | 18 | 20 | 120 | −1 005 | 6 | −1 015 |
| 40 | 53 | 230 | 340 | 5 | 20 | −1 020 |
| 80 | 115 | 366 | 562 | 140 | 75 | 5 |
| 120 | 50 | 648 | 1 008 | 345 | 180 | 195 |
| 140 | −50 | 825 | 1 283 | 465 | 290 | 390 |
| 159 | −265 | 917 | 1 655 | 566 | 385 | 673 |
| 190 | −1 070 | 642 | — | 851 | 595 | 1 435 |
| 200 | −1 630 | 572 | — | 960 | 682 | 1 825 |
| 230 | — | 210 | — | 1 425 | 840 | 2 833 |
| 240 | — | 145 | — | 1 895 | 1 020 | 3 515 |
| 250 | — | 140 | — | 1 430 | 1 247 | 4 320 |

相应于表23-18的荷载—应变关系曲线见图23-44和图23-45。

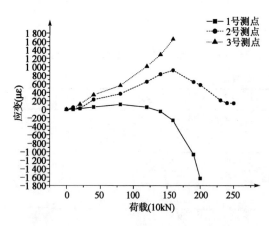

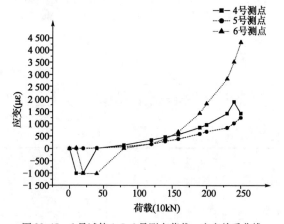

图23-44 6号试件1、2、3号测点荷载—应变关系曲线　　图23-45 6号试件4、5、6号测点荷载—应变关系曲线

实测6号试件平均应力和应变结果见表23-19和图23-46。

**实测6号试件平均应力—应变数据** 表23-19

| 平均应力($10^{-2}$kPa) | 上部测点应变($\mu\varepsilon$) | 中部测点应变($\mu\varepsilon$) | 下部测点应变($\mu\varepsilon$) |
|---|---|---|---|
| 0 | 0 | 0 | 0 |
| 111.1 | −504 | 25.5 | 29 |
| 222.2 | −493.5 | 13 | −447.5 |
| 444.4 | 29 | 125 | −340 |
| 888.8 | 127.5 | 220.5 | 283.5 |

| 平均应力($10^{-2}$kPa) | 上部测点应变($\mu\varepsilon$) | 中部测点应变($\mu\varepsilon$) | 下部测点应变($\mu\varepsilon$) |
|---|---|---|---|
| 1 333.3 | 197.5 | 414 | 601.5 |
| 1 555.5 | 207.5 | 557.5 | 836.5 |
| 1 766.6 | 150.5 | 651 | 1 164 |
| 2 111.1 | −109.5 | 618.5 | — |
| 2 222.2 | −335 | 627 | — |
| 2 555.5 | — | 525 | — |
| 2 666.6 | — | 582.5 | — |
| 2 777.7 | — | 693.5 | — |

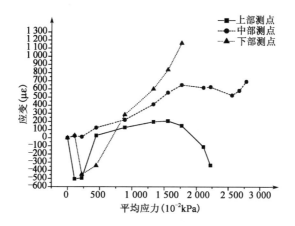

图 23-46　6 号试件平均应力—应变关系曲线

# 23.6　试验结果分析

## 23.6.1　临界破坏荷载分析

从 6 个共 3 组的模型试件对比试验中可以看出:由于试件本身制作精度的问题,多个试件均发生局部破坏,但是从 3 组对比试验中发现,弱化试件的临界破坏荷载值均比非弱化试件高,提高了 1.13 ~ 1.53 倍,见表 23-20。

**临界破坏荷载值比较**　　　　　　　　　　表 23-20

| 试　件　组 | 试　　件 | | 荷载(10kN) | 提高倍数 |
|---|---|---|---|---|
| | 类　型 | 编　号 | | |
| 第 1 组 | 非弱化试件 | 1 | 79 | 1.15 |
| | 弱化试件 | 2 | 91 | |
| 第 2 组 | 非弱化试件 | 3 | 78 | 1.53 |
| | 弱化试件 | 4 | 119 | |
| 第 3 组 | 非弱化试件 | 5 | 78 | 1.13 |
| | 弱化试件 | 6 | 88 | |

但同时也可看出,3组试件的极限破坏值都不同,而且非弱化试件荷载值均大于弱化试件,在高压区中,弱化试件在弱化区的变化和破坏都未能首先发生,3组试件在宏观上破坏基本一致。

造成上述结果的原因,分析认为是由于试件弱化部分的设计还存在一些缺陷,使得试件弱化部分未能达到破坏时,试件整体已发生了破坏。

### 23.6.2 极限破坏荷载分析

3组试件极限破坏荷载比较见表23-21。

**3组试件极限破坏荷载比较**　　　　　　　　表 23-21

| 试 件 组 | 试 件 | | 极限荷载(10kN) |
| | 类 型 | 编 号 | |
| --- | --- | --- | --- |
| 第1组 | 非弱化试件 | 1 | 240 |
| | 弱化试件 | 2 | 185.3 |
| 第2组 | 非弱化试件 | 3 | 370 |
| | 弱化试件 | 4 | 277(258) |
| 第3组 | 非弱化试件 | 5 | 340 |
| | 弱化试件 | 6 | 340 |

分析3组试验数据可以看出,非弱化试件的极限荷载大多大于弱化试件。这是由于试件中的弱化层使试件在极限破坏时整体不如非弱化层,而试件又无侧限造成的。由于试件无侧限,弱化部位在破裂之后破碎、压实过程就显现不出来,这是单轴试验的缺陷。

### 23.6.3 荷载应变特性分析

每个试件贴6个应变片,分别位于试件两侧的上、中、下3点处。弱化试件的第二个应变片实际上就处于被弱化部位。从试验数据分析上看,试验前预计的在较低荷载时,非弱化模型的上、下两点应变较大,中间点较小;弱化模型上、中、下3点大体相同;而在较高荷载时,非弱化模型上、中、下3点应变大体相同,而弱化模型则会出现中间点大,上、下两点较小(中间点因变形而耗散能量)。在试验后数据分析中发现:非弱化试件基本上达到试验的最初预计,但是弱化试件应变只有2号试件达到了最初预计。

### 23.6.4 荷载—位移特性分析

3组试件荷载—位移特性比较见表23-22和图23-47。

**3组试件荷载—位移特性比较**　　　　　　　表 23-22

| 试 件 组 | 试 件 | | 位 移 | |
| | 类 型 | 编 号 | 宏观测量(mm) | 传感器测量(mm) |
| --- | --- | --- | --- | --- |
| 第1组 | 非弱化试件 | 1 | 4 | 10.8 |
| | 弱化试件 | 2 | 4 | 6.3 |
| 第2组 | 非弱化试件 | 3 | 4 | 12.8 |
| | 弱化试件 | 4 | 3 | 10.8 |
| 第3组 | 非弱化试件 | 5 | 4 | 12.95 |
| | 弱化试件 | 6 | 10 | 8.46 |

通过 3 组试件的静载试验位移测量,宏观测量的数据比传感器测量的数据小得多。分析认为,宏观误差较大,但较为可靠;传感器量测,精度较高,但因标定(将 $\mu\varepsilon$ 换算成 mm)时也存在误差,因而可靠性较低,只能作为参考。

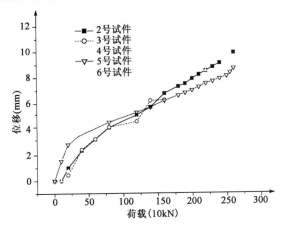

图 23-47　传感器测量位移比较

## 23.7　小　　结

2002 年年底,项目组在总参工程兵科研三所五室 5 000kN 静载试验机上进行了模型试块的静力加载对比试验。从这次静力试验条件和结果的综合分析来看,初步达到了试验目的,分析认为,这次试验中弱化效应不甚明显且极限破坏荷载比非弱化的还低的主要原因是:

(1)黄土是一种较典型的弹塑性材料,而混凝土是一种脆性材料,二者弱化特性差异较大。

(2)对于混凝土弱化试件来说,弱化与非弱化部分的比面积值可能大大高于黄土介质的相应值;在非弱化部分的材料尚未破坏之前,结构已发生整体开裂破坏,并使弱化孔成为结构裂缝的一部分,或对结构破坏起了某种程度的加速作用。这在加载等级较高时比较明显。

(3)由于试件尺寸较大,无标准铁模,故采用自行设计加工的木模制作了全部试件。这些木模不很规则,导致试件受力不甚均匀。测试结果和宏观破坏结果均可证实这一点。

(4)实际试验条件是三维问题,机制试验则是一维问题(无侧限压缩),弱化效应显然有较大差异。

(5)实际试验是动力问题,机制试验则是静力问题,动力提高系数的影响也是导致弱化效应不甚显著的重要因素之一。

由于上述原因,项目组对试验的试件加工、数量及试验的方案都进行了改进。于 2003 年 5 月中旬进行了第二次试验。

## 参 考 文 献

[1] Gisle Stjern, Arne Myrvang. The influence of blasting on grouted rockbolts[J]. Tunneling and Underground Space Technology, 1998, 13(1): 65-70

[2] Conway J P, et al. Laboratory studies of yielding rock bolts[R]. PB245560, 1975

[ 3 ] Mothersille DKV. The influence of close proximity blasting on the performance of resin bonded bolts[ D ]. PhD thesis . University of Bradford, U. K. 1989

[ 4 ] Xu H. The dynamic and static behaviour of resin bonded rock bolts in tunneling[ D ]. PhD thesis, University of Bradford, U. K. 1993

[ 5 ] Ortlepp W D. Grouted Rock as Rockburst Support: A Simple Design Approach and An Effective Test Procedure[ J ]. Journal of The South African Institute of Mining & Metallurgy. 1994, 94(2):47-63

[ 6 ] Ortlepp W D, Stacey T R. Performance of tunnel support under large deformation static and dynamic loading[ J ]. Tunneling and Underground Space Technology, 1998, 13(1):15-21

[ 7 ] Anders Ansell. Testing and modelling of an energy absorbing rock bolt[ A ]. In: Jones N, Brebbia C A, Structure under shock and impact VI[ C ]. The University of Liverpool, U. K. and Wessex Institute of Technology, U. K. , 2000:417-424

[ 8 ] Anders Ansell. Laboratory testing of a new type of energy absorbing rock bolt[ J ]. Tunneling and Underground Space Technology, 2005, 20(4):291-300

[ 9 ] Anders Ansell. Dynamic testing of steel for a new type of energy absorbing rock bolt[ J ]. Journal of Constructional Steel Research. 2006, 62(5):501-512

< 292 >

# 24 新型复合锚固结构静力破坏效应与机制改进单轴试验研究

## 24.1 概　　述

2001 年所进行的土中现场试验表明,复合锚固结构具有良好的抗爆性能。试验证实,无支护黄土坑道的临界承载能力在相对平面度 $\xi = 0.60$ 条件下为 1kgTNT 装药量隔离爆炸;单一锚固结构的则为 5kg;复合锚固结构(土钉支护加构造措施)的抗力为 33kg。如此优异的抗力效果,其机制何在? 为此,在现场试验的基础上,又进一步建立相似模型的相似法则,完成了复制模型试验。试验证明模型试验的结果可以推广到原型,所建立的相似法则在试验条件下具有普遍的适用性。至此,对土钉支护的抗爆机制有了一定认识。但仍显不足,有必要进一步简化条件,进行静力试验研究。

2002 年年底,项目组在总参工程兵科研三所五室 5 000kN 静载试验机上进行了模型试块的静力加载对比试验。从这次静力试验条件和结果的综合分析来看,初步达到了试验目的,但也出现了一些始料未及的情况和问题。

根据第 I 次静力单轴试验的经验和教训,项目组对试件加工、数量及试验的方案都进行了改进和调整,并于 2003 年 5 月中旬进行了第 II 次静力单轴试验。本章是对这次试验的总结。

## 24.2 试 验 目 的

通过进行第 II 次试验,试图证明第 I 次试验效果欠佳的分析是否正确,并期望能够得到以下几方面的结果:

(1)探讨弱化比面积与弱化效应的关系。弱化比面积反映的是孔距与孔径的综合效应。

(2)探讨不同材料与弱化效应的关系。不同材料主要指混凝土和不同水泥掺量的黄土介质。前者的应用背景是岩石中的防护结构,后者则是土中结构,并需与现场试验作比较。

(3)探讨弱化孔长度对弱化效应的影响,以便为设计提供试验依据。

# 24.3 试验方案

各组试件同时制作,同条件养护28d。其后将模型试件置于5 000kN静力试验机上进行对比试验。试验测试的内容为:

(1)试验表面出现宏观细微裂缝的位置和时间,及产生临界破坏的位置;验证试验假设的合理性。

(2)试件产生极限破坏时的宏观观测及对比分析。

(3)采用应变测试结果,对各组模型进行对比分析。

(4)利用位移传感器、百分表及千分表等其他测量手段对试件受压时的位移变化进行测量,分析位移变化规律。

试验流程为:

(1)所有试件一律采用标准的20cm×20cm×20cm的钢模制作,以使试件更为规整。

(2)非弱化试件在试模内进行一次打筑,然后在两侧面粘贴应变片。

(3)弱化试件的打筑方法与非弱化试件的相同。打筑的相同时制孔,并于3d后脱模、贴应变片(贴片位置与非弱化试件相对应)。

(4)水泥土试件的打筑方法:先将黄土、水泥按设计的配合比和水灰比进行准确称量,然后一并倒入容器内搅拌均匀;最后倒入试模内进行试件制作。

(5)试件打筑完毕,一律用厚玻璃板(尺寸大于试件)在试件上表面磨平。

(6)所有试件均按相同的条件进行良好养护;养护28d后在3 000kN静载试验机上进行无侧限抗压强度试验。

# 24.4 试验模型

## 24.4.1 模型设计

1)原试件有关几何参数

原试件孔为 $\phi$6mm,间距为62mm,模型边长为300mm;

原试件孔数为 $(300mm \div 62mm)^2 \approx 25$ 个(孔);

原试件每孔截面面积 $S = 3.14 \times (3mm)^2 = 28.26mm^2$;

原试件所有孔截面面积 $S = 25(个) \times 28.26mm^2 = 706.5mm^2$;

原试件总截面面积 $S_0 = 300mm \times 300mm = 90\ 000mm^2$;

原试件比面积 $S/S_0 = \dfrac{706.5}{90\ 000} = 0.785\%$。

2)新制试件的几何关系

设试件边长为 $a$,钻孔半径为 $r$,孔中心间距为 $b$(图24-1)。则有:

截面总面积: $\qquad\qquad\qquad S_0 = a^2$

单孔面积: $\qquad\qquad\qquad A = \pi r^2$

单边所能设置的孔数(取整数): $\qquad n = \dfrac{a}{b+2r}$

截面所能设置的总孔数：
$$N = n^2 = \left(\frac{a}{b+2r}\right)^2$$

截面全部孔总面积：
$$S = N \cdot A = \pi r^2 \left(\frac{a}{b+2r}\right)^2$$

截面比面积：
$$\eta = \frac{S}{S_0} = \frac{\pi r^2 \left(\frac{a}{b+2r}\right)^2}{a^2} = \frac{\pi r^2 a^2}{(b+2r)^2} \cdot \frac{1}{a^2} = \frac{\pi r^2}{(b+2r)^2}$$

当 $\eta$、$a$、$r$ 值一定时，孔间距 $b$ 为：
$$\eta(b+2r)^2 = \pi r^2$$
$$b_{1,2} = -2r \pm r\sqrt{\pi/\eta}$$

3）新试件的孔间距计算

当 $\eta = 3.14\%$，$r = 6\mathrm{mm}$ 时，有：
$$b = -2 \times 6 \pm 6\sqrt{3.14 \times \frac{100}{3.14}} = -12\mathrm{mm} \pm 60\mathrm{mm}$$
$$b_1 = -12 + 60 = 48\mathrm{mm}$$
$$b_2 = -12 - 60 = -72\mathrm{mm} \quad （舍去）$$

当 $\eta = 7.065\%$，$r = 6\mathrm{mm}$ 时，有：
$$b = -2 \times 6 \pm 6\sqrt{3.14 \times \frac{100}{7.065}} = -12\mathrm{mm} \pm 40\mathrm{mm}$$
$$b_3 = -12 + 40 = 28\mathrm{mm}$$
$$b_4 = -12 - 40 = -52\mathrm{mm} \quad （舍去）$$

当 $\eta = 12.26\%$，$r = 6\mathrm{mm}$ 时，有：
$$b = -2 \times 6 \pm 6\sqrt{3.14 \times \frac{100}{12.26}} = -12\mathrm{mm} \pm 30.36\mathrm{mm}$$
$$b_5 = -12 + 30.36 = 18.36\mathrm{mm}$$
$$b_6 = -12 - 32.65 = -44.65\mathrm{mm} \quad （舍去）$$

以上除舍去的 3 个负根外，可得以下 3 个有效正根：

$b_1 = 48\mathrm{mm}$，此时 $S/S_0 = 3.14\%$；

$b_3 = 28\mathrm{mm}$，此时 $S/S_0 = 7.065\%$；

$b_5 = 18.36\mathrm{mm} \approx 18\mathrm{mm}$，此时 $S/S_0 = 12.26\%$。

4）验算

当 $r = 6\mathrm{mm}$，$b_1 = 48\mathrm{mm}$，$a = 200\mathrm{mm}$ 时，

截面总面积：$S_0 = a^2 = 200 \times 200 = 40\,000\mathrm{mm}^2$

单孔面积：$A = \pi r^2 = 3.14 \times 6^2 = 113.04\mathrm{mm}^2$

单边所能设置的孔数：
$$n = \frac{a}{b+2r} = \frac{200}{48+2\times 6} \approx 3 \text{ 个}$$

截面所能布置的总孔数：
$$N = n^2 = \left(\frac{200}{48+2\times 6}\right)^2 = 11 \text{ 个}$$

截面全部孔总面积：
$$S = N \cdot A = \pi r^2 \left(\frac{a}{b+2r}\right)^2 = 3.14 \times 6^2 \times \left(\frac{200}{48+2\times 6}\right)^2 = 1\,256\mathrm{mm}^2$$

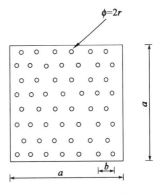

$\phi = 2r$

图 24-1 试件几何条件

截面比面积：$\eta = S/S_0 = 1\,256/40\,000 = 0.031\,4 = 3.14\%$

$$\text{或 } \eta = \frac{\pi r^2}{(6+25)^2} = \frac{3.14 \times 6^2}{(48+2\times6)^2} = 0.031\,4 = 3.14\%$$

当 $r = 6\text{mm}$，$b_3 = 28\text{mm}$ 时，$n_3 = \dfrac{a}{b+25} = \dfrac{200}{28+2\times6} = 5$ 个；

当 $r = 6\text{mm}$，$b_5 = 18.36\text{mm}$ 时，$n_5 = \dfrac{200}{18.36+2\times6} \approx 6$ 个。

即与上述 $b_1$、$b_3$、$b_5$ 相应的孔数有：

$$n_1 = 3 \text{ 个}$$
$$n_3 = 5 \text{ 个}$$
$$n_5 = 6 \text{ 个}$$

需要注意：真实比面积的大小应据实际钻孔条件并通过量测和计算确定；布孔要均匀。

5）混凝土试件设计

（1）比面积为原试件的 4 倍、9 倍、16 倍的试件各 1 组

比面积为原试件的 4 倍时，$S/S_0 = 31.4‰ = 3.14\%$

比面积为原试件的 9 倍时，$S/S_0 = 70.65‰ = 7.065\%$

比面积为原试件的 16 倍时，$S/S_0 = 125.6‰ = 12.26\%$

应变片应贴在试模的对称两侧，每侧贴 2 片，共 4 片（图 24-2）。

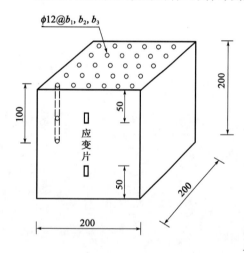

$r = \phi/2 = 6\text{mm}$；

$b_1 = 48\text{mm}$；

$b_2 = 28\text{mm}$；

$b_3 = 18\text{mm}$；

水泥强度等级：32.5；

混凝土配合比：水泥：石子：砂子 $= 1:2:2$；

石子粒径 $<15\text{mm}$；

水灰比：0.5；

孔深均为 100mm。

（2）非弱化模型 1 组（3 块）

除无弱化孔外，其他制作条件、要求、贴片位置及数量均与弱化模型相同。

6）水泥土试件设计

（1）弱化模型

图 24-2　三种模型的设计及测点布置（单位：mm）

弱化模型的钻孔尺寸为 $\phi12\text{mm} @ 18\text{mm}$。水泥掺量分别为土壤重量的 7.5%、15% 和 30% 的试件各 1 组（3 块）。其中：

水泥强度等级为 32.5；

土壤为老虎山（动力试验现场）典型的 $Q_2$ 黄土（无石子和砂）；

水泥掺量为土壤重量 30% 的试件的水灰比为 0.5；另外两组试件的加水量与该试件的同（即不考虑水灰比）；

试件的几何尺寸、制作方法和测片位置等同前。

（2）非弱化模型

水泥掺量为15%的非弱化模型1组（3块）。

除无弱化孔外，非弱化模型的几何尺寸、制作方法等均与弱化模型相同。

7）孔深效应试件（水泥土）

用水泥土制作孔深效应试件。

以水泥掺量为15%的试件为基准，通过改变孔深来制作试件。

水泥土试件已制有水泥掺量为15%、孔深为100mm的1组试件。另设计两组水泥掺量相同而孔深分别为50mm和150mm试件各1组，见图24-3。

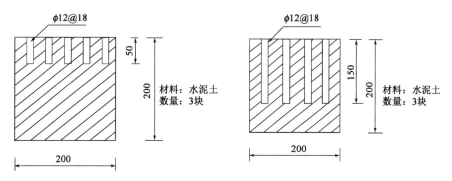

图24-3　孔深效应试件剖面图（单位：mm）

8）试件

综上所述，共计制作10组（30块）模型，见表24-1。

试件制作一览表　　　　　　　　　　　　　　　　　　　　表24-1

| 试件类型 | 效应类别 | 试件序号 | 试件组号 | 试件尺寸（mm） | 弱化孔深（mm） | 孔径（mm） | 孔间距（mm） | 水泥掺量（%） |
|---|---|---|---|---|---|---|---|---|
| 混凝土试件 | 比面积效应 | 1 | ① | 200×200×200 | 100 | 12 | 48 | 水泥：石子：砂子 = 1:2:2 |
| | | 2 | ② | 200×200×200 | 100 | 12 | 28 | |
| | | 3 | ③ | 200×200×200 | 100 | 12 | 18 | |
| | | 4 | ④ | 200×200×200 | 0 | 0 | 0 | |
| 水泥土试件 | 材性效应 | 5 | ① | 200×200×200 | 100 | 12 | 18 | 7.5 |
| | | 6 | ② | 200×200×200 | 100 | 12 | 18 | 15 |
| | | 7 | ③ | 200×200×200 | 100 | 12 | 18 | 30 |
| | | 8 | ④ | 200×200×200 | 0 | 0 | 0 | 15 |
| 水泥土试件 | 孔深效应 | 9 | ① | 200×200×200 | 50 | 12 | 18 | 15 |
| | | 10 | ② | 200×200×200 | 150 | 12 | 18 | 15 |

由表24-1可看出，三种效应的试验均是单因素试验：

（1）比面积效应：1、2、3号试件尺寸、孔深、混凝土材料均相同，只有孔间距不同；1～3号可与4号比较。

（2）材料效应：5、6、7号试件尺寸、孔深、孔径、孔间距均相同，只有水泥掺量不同。

（3）孔深效应：9、10及6号试件尺寸、孔径、孔间距、水泥含量均相同，只有孔深不同；9、10、6号可与8号比较。

每块模型贴应变片 4 片,电测位移计 1 个,小计 5 个点。全部测点数为 5×30(块)=150 个(测点)。

### 24.4.2 试件加工

由于试件上需制有数量不等的孔眼,为方便试件的加工和满足试件要求,采取将试件浇筑成型,养护 3d 后钻孔的方法(图 24-4)。但是由于孔眼过密,采用台钻、冲击钻钻孔均未取得好的效果。于是采用了以下预埋件成孔方案。

图 24-4　试件台钻打孔(弱化孔)法

1)模具

预埋件模具用厚度为 5mm 的钢板制成的如图 24-5 所示的模板,用于固定预埋件。

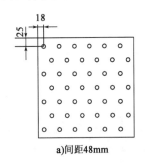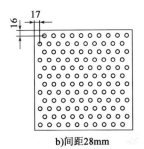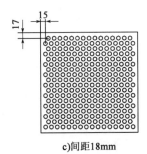

a)间距48mm　　　　　　　b)间距28mm　　　　　　　c)间距18mm

图 24-5　用于固定预埋件的钢模板(单位:mm)

制作试件的钢板规格为 20cm×20cm×20cm(图 24-6)。为使插入预埋件时方便出浆和减少阻力,预埋件采用 φ12mm 的无缝钢管制作。

图 24-6　20cm×20cm×20cm 的钢模

2)浇筑

此次浇筑的模型种类较多,在模具不足的情况下,采用了分批浇筑的方法。一次浇筑 3~6 件。在浇筑过程中严格按照试验方案提出的试验配比要求实施,采用了磅秤、同质量的铁桶等工具,配料通过滚筒式搅拌机均匀搅拌,振动台振动(图 24-7)。

浇筑过程与一般浇筑模块试件基本一样,不同之处为在浇筑完毕后,插入预埋件,再次在振动台上进行振动,直到预埋件插入足够的深度时停止,试件制作完毕后 5~8h 将预埋件拔去。图 24-8 为试件制作工艺场景。

图 24-7　浇筑工具

a)搅拌水泥土

b)模块找平

c)插入预埋件

d)预埋完毕

e)拔预埋件

f)完成的试件

图 24-8　试件加工过程

在试件制作过程中,无缝钢管起了重要的作用,它使试件表面的平整度得到了保证,不过拔出预埋件的时间由于当时气温各不相同而不一样。

3)养护

由于混凝土和水泥土本身材质的差别,采用了两种不同的养护方法:将混凝土试件全部浸泡在水中,而水泥土试件采用滴灌方法养护(图24-9)。

a)混凝土试件浸泡养护

b)水泥土试件滴灌养护

图24-9 养护方法

### 24.4.3 测量系统

1)模型测点布置

每个模型贴4个应变片,分别位于模型两侧的上、下两部分的中点处(图24-10),编号为1~4号。2、4号测点在被弱化部位。应变片采用高精度、低蠕变、小温漂的酚醛环氧基箔片应变片,电阻值为120Ω。

加载时逐级缓慢加载,同时测取模型加载方向上的位移(位移传感器)。位移传感器采用电感式位移计,测量范围为0~5cm。位移传感器的标定通过千分表、百分表分别标定,千分表标定了1mm,百分表标定了8mm。通过曲线拟合($y = ax + b$),千分表$a$为3 885.45$\mu\varepsilon$,百分表$a$为3 256.58$\mu\varepsilon$,两个值相差不大,故平均值为3 571.015$\mu\varepsilon$,说明位移传感器变化1mm,所产生微应变值为3 571.015$\mu\varepsilon$。标定曲线见图24-11和图24-12。

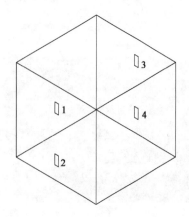

图24-10 试件两侧应变片测点的位置及编号

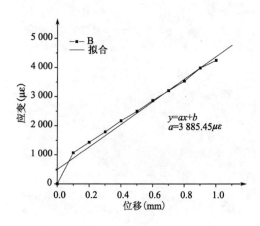

图24-11 千分表标定曲线

试件及位移传感器在 5 000kN 静载试验机上的安装见图 24-13。

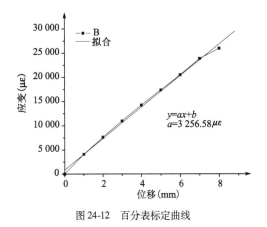

图 24-12 百分表标定曲线

图 24-13 试件和位移传感器在压力机上的安装

2)测量系统

应变和位移测量系统框图见图 24-14,试验时测量实景见图 24-15。

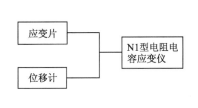

图 24-14 应变测试系统框图

图 24-15 试验时测量实景

### 24.4.4 试件安装

试件找平很重要,第一次试验时采用在试件上、下表面垫橡皮板的做法,结果使得位移的测量数据有明显的误差。本次试验最初拟采用石英砂找平,但因人工难以铺平而放弃,最后采用了用金刚砂制作的最粗型号的砂布(70 号)铺垫法。试验时,将砂布剪成尺寸为 20cm×20cm 方块,平整地置于试件的上、下受压端面。试验表明,效果较好。

弱化试件安装时均使用弱化面向下,即 2、4 号测点的应变反映的便是弱化层的特性。

## 24.5 试 验 结 果

水泥含量较少的水泥土干燥时易裂,且贴片困难,18 块水泥土试件中能做试验的为 10 块,加上混凝土试件,共计 23 块试件。试验时间见表 24-2。

### 24.5.1 第 1 组试件

第 1 组试件(3 块)是混凝土非弱化试件,考虑到对比试验的需要,故进行了该组试件试验。

< 301 >

| 试验序号 | 试件组号 | 试件类型 | | | | 试验时间 | 备注 |
|---|---|---|---|---|---|---|---|
| | | 材质 | 孔深(mm) | 孔间距(mm) | 水泥掺量 | | |
| 1 | 第1组 | 混凝土 | 0 | 0 | 20% | 2003-08-06 下午 | |
| 2 | | | | | | 2003-08-07 上午 | |
| 3 | | | | | | | |
| 4 | 第2组 | | 100 | 48 | | 2003-08-07 下午 | |
| 5 | | | | | | | |
| 6 | | | | | | | |
| 7 | 第3组 | | 100 | 28 | | 2003-08-08 上午 | |
| 8 | | | | | | | |
| 9 | | | | | | | |
| 10 | 第4组 | 水泥土 | | 18 | | 2003-08-08 下午 | |
| 11 | | | | | | | |
| 12 | | | | | | | |
| 13 | 第5组 | | 0 | 0 | 15% | 2003-08-11 上午 | 试验失败 |
| 14 | | | | | | | |
| 15 | 第6组 | | 50 | | 15% | 2003-08-12 上午 | |
| 16 | | | | | | | |
| 17 | | | | | | | |
| 18 | 第7组 | | 100 | 18 | 15% | | |
| 19 | 第8组 | | 150 | | 15% | | |
| 20 | | | | | | | |
| 21 | 第9组 | | 100 | | 30% | 2003-08-12 下午 | |
| 22 | | | | | | | |
| 23 | | | | | | | 试验完成 |

1)1 号试件

(1)宏观破坏

1 号试件在加载到 2 000kN 时,试件角部发生混凝土剥落现象,同时有长度为 2cm 和 6cm 的细小裂缝出现,试件达到临界破坏(图 24-16)。继续加载时破坏程度随之增大,试件表面出现多条裂缝,但均未贯穿,裂缝宽度达到 1.0mm。

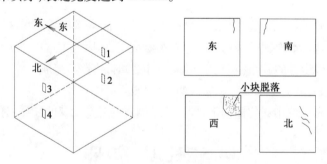

图 24-16　1 号试件临界破坏示意图

加载到 2 370kN 时,试件表面有大量的裂缝和混凝土剥落,裂缝多数贯穿,确认试件达到极限破坏(图 24-17)。

(2)测量结果及分析

①测试结果

1 号试件加载从 100 ~ 2 370kN,试件达到极限破坏。试验测试结果见表 24-3。

1 号试件测量数据表                          表 24-3

| 荷载(10kN) | 应 变 (με) | | | | 位 移 | | 备 注 |
|---|---|---|---|---|---|---|---|
| | 1 | 2 | 3 | 4 | CGQ(με) | RG(cm) | |
| 0 | 0 | 0 | 0 | 0 | — | 0 | |
| 10 | 55 | 105 | −105 | −185 | — | 0.15 | |
| 20 | 95 | 155 | 365 | −330 | — | 0.2 | |
| 40 | 240 | 335 | −660 | −630 | — | 0.25 | — |
| 80 | 520 | 750 | — | −1 225 | — | 0.3 | |
| 120 | 810 | 1 275 | — | −2 410 | — | 0.3 | |
| 140 | 1 120 | 1 885 | — | −3 850 | — | 0.3 | |
| 200 | 1 380 | 2 500 | — | −5 050 | — | 0.4 | 脱落,裂缝 |
| 220 | 1 525 | 2 975 | — | −5 215 | — | 0.4 | — |
| 237 | — | — | — | −3 915 | — | 0.8 | 破坏 |

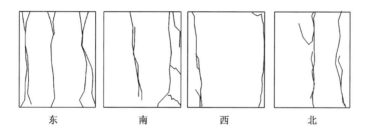

东　　　　　　南　　　　　　西　　　　　　北

图 24-17　1 号试件极限破坏示意图

②位移测量结果分析

1 号试件在加载方向上的位移随荷载的变化曲线如图 24-18 所示。

由于采用钢卷尺人工测量,测量精度只能达到毫米数量级,在小于 1mm 时有较大误差。测量结果表明,在加载方向上,试件尺寸从初读数 21.3cm 变化到 20.5cm,总的变化不大。

需要指出,人工钢卷尺测量结果表明,试件的位移随荷载在初期阶段($ab$)近似呈线性变化。此后均呈非线性变化,特别是在 $c$ 点之后的 2 220 ~ 2 370kN 之间出现陡升现象,表明试件已达到极限破坏。

此次位移传感器因安装不当,未获得有效数据。

③应变测量结果

实测荷载—应变曲线如图 24-19 所示。

将数据进一步进行处理,把 1、3 号测点和 2、4 号测点分别求平均值,得到表 24-4 和图 24-20 所示的平均应力和应变之间的关系。

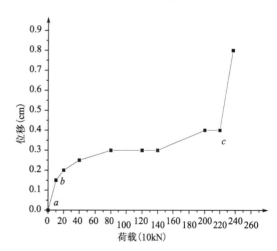

图 24-18　1 号试件荷载—位移关系曲线
（钢卷尺测量）

### 1号试件与平均应力相对应的应变实测值　表24-4

| 应力(MPa) | 1、3号测点应变(με) | 2、4号测点应变(με) | 应力(MPa) | 1、3号测点应变(με) | 2、4号测点应变(με) |
|---|---|---|---|---|---|
| 0 | 0 | 0 | 29.4 | 810 | 1 842.5 |
| 2.45 | 55 | 145 | 34.3 | 1 120 | 2 867.5 |
| 4.9 | 95 | 242.5 | 49 | 1 380 | 3 775 |
| 9.8 | 240 | 482.5 | 53.9 | 1 525 | 4 095 |
| 19.6 | 520 | 987.5 | 58.065 | — | — |

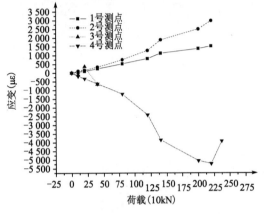

图24-19　各测点的荷载—应变关系曲线　　　图24-20　1号试件平均应力—应变关系曲线

从图24-20可明显看出,试件下部点测值比上部点大得多,分析认为可能是试件在静载下受力不均造成的。

2) 2号试件

(1) 宏观破坏

2号试件在加载至2 100kN时有少量混凝土剥落现象发生,试件达到临界破坏。荷载加至2 300kN时,静力加载机读数盘刻度准线已呈现不稳定的现象,随即听见有混凝土崩裂的声音,试件表面开始产生大量裂缝。到2 650kN时试件完全破坏。

(2) 测量结果及分析

① 测量结果

2号试件加载范围为0~2 650kN,并在最后一级加载时达到极限破坏状态。试验测试结果见表24-5。

### 2号试件测量数据表　表24-5

| 荷载(10kN) | 应　变　(με) | | | | 位　移 | | 备　注 |
|---|---|---|---|---|---|---|---|
| | 1 | 2 | 3 | 4 | CGQ(με) | RG(cm) | |
| 0 | 0 | 0 | 0 | 0 | 0 | 0 | |
| 10 | 15 | 10 | 25 | 75 | 1 110 | 0.05 | |
| 20 | 40 | 47 | 160 | 135 | 2 320 | 0.1 | |
| 40 | 115 | 115 | 355 | 290 | 4 950 | 0.15 | — |
| 80 | 315 | 295 | 750 | 645 | 9 070 | 0.15 | |
| 120 | 575 | 495 | 1 230 | 1 080 | 12 810 | 0.2 | |
| 160 | 905 | 820 | 1 805 | 1 595 | 16 810 | 0.2 | |

| 荷载(10kN) | 应　变　（με） | | | | 位　移 | | 备　注 |
| --- | --- | --- | --- | --- | --- | --- | --- |
| | 1 | 2 | 3 | 4 | CGQ(με) | RG(cm) | |
| 200 | 1 265 | 1 195 | 2 415 | 2 250 | 21 310 | 0.25 | |
| 210 | 1 435 | 1 365 | 2 640 | 2 495 | 22 685 | 0.25 | 小块脱落 |
| 220 | 1 620 | 1 560 | 2 890 | 2 820 | 25 215 | 0.3 | —— |
| 230 | 1 730 | 1 645 | 2 985 | 2 930 | 26 030 | 0.3 | |
| 265 | 1 985 | — | — | — | — | — | 极限破坏 |

②位移测量结果分析

2 号试件位移测量结果如图 24-21 和图 24-22 所示。

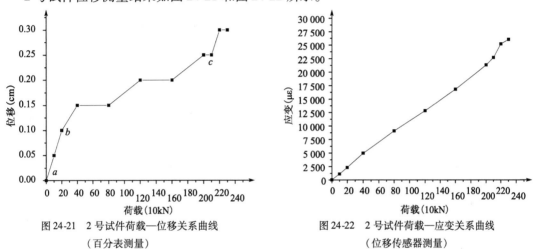

图 24-21　2 号试件荷载—位移关系曲线
（百分表测量）

图 24-22　2 号试件荷载—应变关系曲线
（位移传感器测量）

由图 24-21 可以看出，同 1 号试件类似，2 号试件有较短的线性段，较长的非线性段，以及应力集聚到一定程度时发生的位移突变段。

用位移传感器所测得的最大位移为 7.3mm，与用钢卷尺测试的结果有较大差异。分析认为，这种差异是传感器的标定造成的。钢卷尺虽然精度不高，但可靠性好，不可能产生大于 1mm 的误差。

③应变测量结果分析

2 号试件的测试结果如图 24-23 所示。

将数据作进一步处理，对 1、3 号测点和 2、4 号测点数据分别求平均值，得到表 24-6 与图 24-24 所示平均应力与平均应变之间的关系。

**2 号试件与平均应力相对应的应变实测值**　　　　　　表 24-6

| 应力(MPa) | 1、3 号测点应变(με) | 2、4 号测点应变(με) | 应力(MPa) | 1、3 号测点应变(με) | 2、4 号测点应变(με) |
| --- | --- | --- | --- | --- | --- |
| 0 | 0 | 0 | 39.2 | 1 355 | 1 207.5 |
| 2.45 | 20 | 42.5 | 49 | 1 840 | 1 722.5 |
| 4.9 | 100 | 91 | 51.45 | 2 037.5 | 1 930 |
| 9.8 | 235 | 202.5 | 53.9 | 2 255 | 2 190 |
| 19.6 | 532.5 | 470 | 56.35 | 2 357.5 | 2 287.5 |
| 29.4 | 902.5 | 787.5 | 64.925 | — | — |

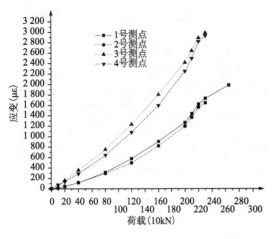

图 24-23　2 号试件荷载—应变关系曲线

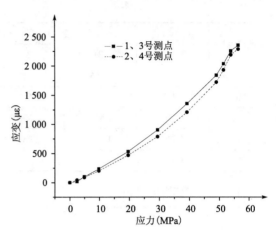

图 24-24　2 号试件平均应力—应变关系曲线

图 24-25　3 号试件的极限破坏实景

由图 24-24 可看出,试件上、下部测点的应变曲线规律基本相同,数值相差不大。这是比较正常的。

3)3 号试件

(1)宏观破坏

3 号试件从加载开始至破坏,宏观破坏的现象与 1、2 号试件基本一致。试件加载至 2 8650kN 时出现极限破坏,见图 24-25。

(2)测量结果及分析

①测量结果

3 号试件加载范围为 0 ~ 2 500kN,并在最后一级加载时产生极限破坏。试验测试结果见表 24-7。

②位移测量结果分析

3 号试件位移测量结果如图 24-26 和图 24-27 所示。

3 号试件测量数据表　　　　　　表 24-7

| 荷载(10kN) | 应　　变　（με） | | | | 位　　移 | | 备　　注 |
|---|---|---|---|---|---|---|---|
| | 1 | 2 | 3 | 4 | CGQ(με) | RG(cm) | |
| 0 | 0 | 0 | 0 | 0 | 0 | 0 | |
| 10 | 85 | 100 | 40 | 40 | −100 | 0 | |
| 20 | 155 | 180 | 75 | 95 | 1 035 | 0.1 | |
| 40 | 285 | 345 | 155 | 230 | 3 755 | 0.15 | |
| 80 | 560 | 680 | 390 | 580 | 7 635 | 0.15 | — |
| 120 | 875 | 1 045 | 670 | 1 005 | 10 690 | 0.18 | |
| 160 | 1 210 | 1 440 | 1 000 | 1 475 | 13 395 | 0.2 | |
| 200 | 1 655 | 1 985 | 1 430 | 2 095 | 16 575 | 0.2 | |

| 荷载(10kN) | 应 变（με） | | | | 位 移 | | 备 注 |
|---|---|---|---|---|---|---|---|
| | 1 | 2 | 3 | 4 | CGQ(με) | RG(cm) | |
| 210 | 1 825 | 2 200 | 1 580 | 2 340 | 17 525 | 0.2 | |
| 220 | 1 965 | 2 375 | 1 710 | 2 545 | 18 415 | 0.2 | — |
| 230 | 2 150 | 2 615 | 1 875 | 2 810 | 19 550 | 0.2 | |
| 240 | 2 290 | 2 800 | 2 000 | 3 015 | 20 430 | 0.2 | |
| 250 | 2 550 | 3 155 | 2 230 | 3 375 | 20 950 | 0.2 | 极限破坏 |

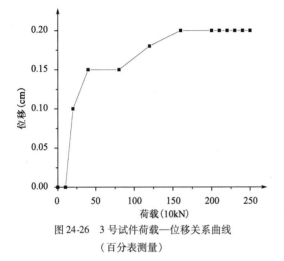

图 24-26　3 号试件荷载—位移关系曲线
（百分表测量）

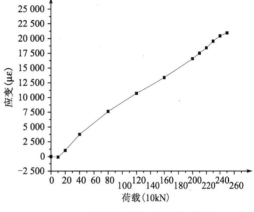

图 24-27　3 号试件荷载—应变关系曲线
（位移传感器测量）

图 24-26 和图 24-27 所示曲线特征与前述 1、2 号试件相似。位移传感器所测位移最大值为 5.8mm。

③应变测量结果分析

实测荷载—应变关系曲线如图 24-28 所示。

3 号试件的应变曲线规律较为一致,并且与 1、2 号试件的变化规律基本相同,量值也大体相近,说明试件制作比较标准,受力比较均匀。将平均应力—应变曲线绘出,可见这一特点更加显著(表 24-8 和图 24-29)。

**3 号试件与平均应力相对应的应变实测值**　　　　表 24-8

| 应力(MPa) | 1、3 号测点应变(με) | 2、4 号测点应变(με) | 应力(MPa) | 1、3 号测点应变(με) | 2、4 号测点应变(με) |
|---|---|---|---|---|---|
| 0 | 0 | 0 | 49 | 1 542.5 | 2 040 |
| 2.45 | 62.5 | 70 | 51.45 | 1 702.5 | 2 270 |
| 4.9 | 115 | 137.5 | 53.9 | 1 837.5 | 2 460 |
| 9.8 | 220 | 287.5 | 56.35 | 2 012.5 | 2 712.5 |
| 19.6 | 475 | 630 | 58.8 | 2 145 | 2 907.5 |
| 29.4 | 772.5 | 1 025 | 61.25 | 2 390 | 3 265 |
| 39.2 | 1 105 | 1 457.5 | — | — | — |

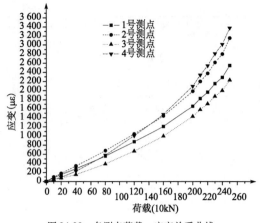

图 24-28  各测点荷载—应变关系曲线

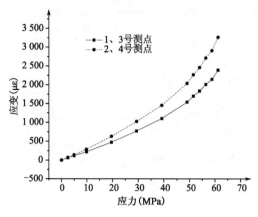

图 24-29  3 号试件平均应力—应变关系曲线

### 24.5.2  第 2 组试件

第 2 组试件为混凝土弱化试件,共 3 块。试件孔深为 100mm,孔间距为 48mm,2、4 号测点位于弱化部位。

1)4 号试件

(1)宏观破坏

试件在加载至 680kN 时,表面开始出现细小裂缝,首先出现在弱化部分。加载至 1 300kN 时,有明显的破坏现象,试件的下方(弱化部分)边缘基本被压碎。至 1 690kN 时,试件完全破坏。试件由于弱化层的原因,上部表面和下部表面有明显的差别。上部表面没有裂缝,而下部表面则有贯穿的裂缝(图 24-30 和图 24-31)。

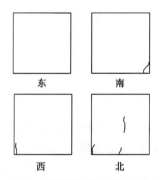

图 24-30  4 号试件临界破坏形态(680kN)

图 24-31  4 号试件的极限破坏实景

(2)测量结果及分析

①测量结果

4 号试件加载范围为 0~1 690kN,并在最后一级加载时达到极限破坏。试件承受荷载的能力低于第 1 组非弱化试件。试验测试结果见表 24-9。

②位移测量结果分析

4 号试件位移测量结果如图 24-32 所示。

钢卷尺测量的数据从图 24-32 中可以看出存在一定的误差,$a$ 段随荷载增加无明显位移产生,这是不真实的,实际上存在位移,只是肉眼无法辨识罢了。$b$ 段说明试件在经过屈服后,已经发生极限破坏,无法承受更大的荷载,位移陡增。

**4号试件测量数据表** 表24-9

| 荷载(10kN) | 应变（με） | | | | 位移 | | 备注 |
|---|---|---|---|---|---|---|---|
| | 1 | 2 | 3 | 4 | CGQ(με) | RG(cm) | |
| 0 | 0 | 0 | 0 | 0 | 0 | 0 | — |
| 10 | 100 | − 15 | 380 | 500 | − 50 | 0 | |
| 20 | − 25 | 10 | 760 | 1 075 | 6 835 | 0 | — |
| 40 | − 45 | − 5 | 1 410 | 1 105 | 11 200 | 0 | |
| 80 | − 105 | − 50 | 1 510 | 555 | 23 445 | 0 | 有少量脱离 |
| 90 | − 115 | − 55 | 1 560 | 525 | 26 570 | 0.05 | |
| 100 | − 130 | − 50 | 1 630 | 515 | — | 0.1 | |
| 105 | − 140 | − 55 | 1 685 | 505 | — | 0.1 | |
| 110 | − 135 | − 45 | 1 720 | 500 | — | 0.15 | |
| 115 | − 135 | − 45 | 1 645 | 505 | — | 0.2 | — |
| 120 | − 125 | − 30 | 1 615 | 495 | — | 0.2 | |
| 130 | − 120 | 5 | 1 570 | 475 | — | 0.2 | |
| 140 | − 110 | 50 | 1 250 | 390 | — | 1.05 | |
| 150 | 25 | 240 | 1 725 | 300 | — | 1.05 | |
| 160 | 245 | 505 | 575 | 210 | — | 1.05 | |
| 169 | 35 | — | — | — | — | — | 极限破坏 |

位移传感器测量在加载至100kN时重新调平,所以在0~100kN范围内无相应位移,在测量过程中出现过超量程现象。从测量的结果看,最大位移为7.2mm(图24-33)。

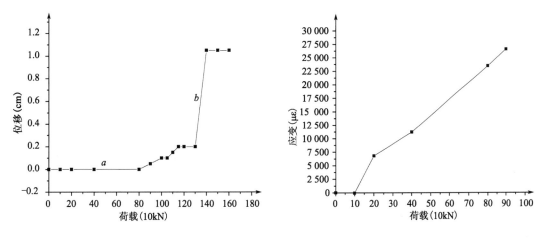

图24-32　4号试件荷载—位移关系曲线　　　　图24-33　4号试件荷载—应变关系曲线

（百分表测量）　　　　　　　　　　　　　　（位移传感器测量）

③应变测量结果分析

4号试件荷载—应变关系曲线如图24-34所示。由图24-34可见,同前述1、2、3号试件相比,4号试件应变曲线较为混乱无序。这可能与弱化部位和非弱化部位应力状态不同有关。处于弱化部位的2、4号测点,在试验开始阶段其应变值均比非弱化对应部位高,这一点特别值得关注,这在5号试件中更为明显。这意味着弱化部位首先要产生应力集中现象并发生破坏。

这正是我们所期望的。

图 24-34 中 2、4 号测点应变值较小,可能与相应的应变片在粘贴时不够牢固有关,也可能在图 24-32 中 a 点部位时,破坏就已发生了。将 1、3 号测点和 2、4 号测点的应变值分别取均值,得到平均应力—应变曲线,见表 24-10 和图 24-35。由图 24-35 显见,弱化部位的应变曲线开始增长较快,后来大幅度降低;非弱化部位的应变曲线开始增长较慢,此后增长幅度超过弱化部位的应变值,最终下降至相近水平,从而形成了由一组麻花形曲线构成的"弱化效应区"。

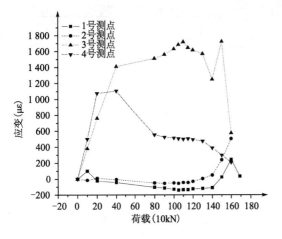

图 24-34　4 号试件荷载—应变关系曲线

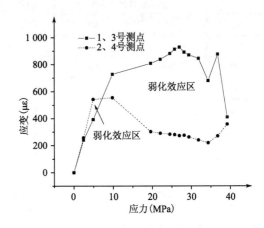

图 24-35　4 号试件平均应力—应变关系曲线

**4 号试件与平均应力相对应的应变实测值**　　　　　　　　　　表 24-10

| 应力(MPa) | 1、3 号测点应变(με) | 2、4 号测点应变(με) | 应力(MPa) | 1、3 号测点应变(με) | 2、4 号测点应变(με) |
|---|---|---|---|---|---|
| 0 | 0 | 0 | 26.95 | 927.5 | 272.5 |
| 2.45 | 240 | 257.5 | 28.175 | 890 | 275 |
| 4.9 | 392.5 | 542.5 | 29.4 | 870 | 262.5 |
| 9.8 | 727.5 | 555 | 31.85 | 845 | 240 |
| 19.6 | 807.5 | 302.5 | 34.3 | 680 | 220 |
| 22.05 | 837.5 | 290 | 36.75 | 875 | 270 |
| 24.5 | 880 | 282.5 | 39.2 | 410 | 357.5 |
| 25.725 | 912.5 | 280 | | | |

2)5 号试件

(1)宏观破坏

试件加载至 300kN 时弱化层下部边缘即出现细小裂缝,但加载至 1 500kN 时,试件表面也没有明显裂缝。之后试件表面突然出现大量裂缝。加载至 1 750kN 时,试件产生极限破坏。

(2)测量结果及分析

①测量结果

5 号试件的加载范围为 0~1 750kN,并在最后一级加载时产生极限破坏。试验测试结果见表 24-11。

| 荷载(10kN) | 应变（με） | | | | 位移 | | 备注 |
|---|---|---|---|---|---|---|---|
| | 1 | 2 | 3 | 4 | CGQ(με) | RG(mm) | |
| 0 | 0 | 0 | 0 | 0 | 0 | 0 | |
| 10 | 75 | 100 | −90 | 95 | 0 | 1.035 | — |
| 20 | 155 | 305 | 95 | 715 | 3 825 | 1.28 | |
| 40 | 700 | 845 | 655 | 1 540 | 11 705 | 1.58 | 细小裂缝 |
| 50 | 885 | 1 245 | 830 | 2 010 | 14 350 | 1.67 | |
| 60 | 945 | 1 620 | 995 | 2 475 | 16 880 | 1.72 | |
| 70 | 1 000 | 2 065 | 1 175 | 2 865 | 19 000 | 1.78 | |
| 80 | 1 110 | 2 415 | 1 400 | 3 180 | 20 890 | 1.84 | |
| 90 | 1 320 | 2 665 | 1 685 | 3 480 | 22 715 | 1.9 | |
| 100 | 1 500 | 2 850 | 1 935 | 3 705 | 24 595 | 1.94 | |
| 110 | 1 790 | 2 975 | 2 225 | 3 705 | 26 700 | 1.99 | — |
| 120 | 2 125 | 3 025 | 2 485 | 3 360 | — | 2.04 | |
| 130 | 2 600 | 2 785 | 2 655 | 3 730 | — | 2.09 | |
| 140 | 3 010 | 2 430 | 2 835 | 2 400 | — | 2.13 | |
| 150 | 3 430 | 1 950 | 3 055 | 2 130 | — | 2.19 | |
| 160 | 4 100 | — | 3 300 | 1 880 | — | 2.29 | |
| 175 | 5 935 | — | — | — | — | 2.88 | 极限破坏 |

②位移测量结果分析

5 号试件位移测量结果如图 24-36 和图 24-37 所示。

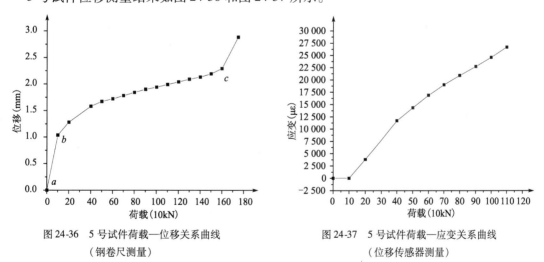

图 24-36　5 号试件荷载—位移关系曲线
（钢卷尺测量）

图 24-37　5 号试件荷载—应变关系曲线
（位移传感器测量）

由于人工钢卷尺测量误差过大,于是采用百分表替代,因而测试精度有较大提高,曲线在 ab 段内,基本上是线性分布,b 点之后为非线性分布。ab 段因为砂布与试件之间存在位移,加载范围在 0～100kN 之间位移即达到 1mm。c 点之后试件即将完全破坏,故位移较大。

位移传感器测量在 0～100kN 之间加载时,其位移由于测试方法的原因予以忽略。加载至 100kN 时开始调平,测得最大位移为 7.2mm。

< 311 >

③应变测量结果分析

5号试件的荷载—应变关系曲线如图24-38所示,这是两组对比非常鲜明的曲线。弱化曲线(2、4号测点)在破坏之前一直具有比非弱化曲线(1、3号测点)高得多的应变值;破坏之后曲线下降。此时非弱化曲线继续单调上升。弱化部位测点最大应变值出现在1 200kN左右,此时试件整体上已经破坏(此时位移传感器已经测不到数据)。但非弱化部位仍未破坏,加载仍在继续,直到加载至1 600kN时,试件产生大的位移(图24-38),表现为弱化部位产生碎裂,非弱化部位仍然比较完整。这正是弱化效应十分显著的表现。

将荷载换算成平均应力,将1、3号测点及2、4号测点应变分别取平均值,如表24-12和图24-39所示。在图24-39中,上述特点更为明显。

5号试件与平均应力相对应的应变实测值　　　　　　　　　　表24-12

| 应力(MPa) | 1、3号测点应变(με) | 2、4号测点应变(με) | 应力(MPa) | 1、3号测点应变(με) | 2、4号测点应变(με) |
| --- | --- | --- | --- | --- | --- |
| 0 | 0 | 0 | 22.05 | 1 502.5 | 3 072.5 |
| 2.45 | 82.5 | 97.5 | 24.5 | 1 717.5 | 3 277.5 |
| 4.9 | 125 | 510 | 26.95 | 2 007.5 | 3 340 |
| 9.8 | 677.5 | 1 192.5 | 29.4 | 2 305 | 3 192.5 |
| 12.25 | 857.5 | 1 627.5 | 31.85 | 2 627.5 | 3 257.5 |
| 14.7 | 970 | 2 047.5 | 34.3 | 2 922.5 | 2 415 |
| 17.15 | 1 087.5 | 2 465 | 36.75 | 3 242.5 | 2 040 |
| 19.6 | 1 255 | 2 797.5 | 39.2 | 3 700 | — |

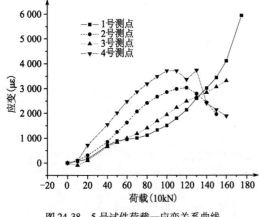

图24-38　5号试件荷载—应变关系曲线　　　　　图24-39　5号试件平均应力—应变关系曲线

分析图24-39知,前述麻花形曲线基本形成,但不完全,即在 a、b 两点未闭合。这是因为试件即将破坏时,荷载不稳定,位移变化快,人工测读数据跟不上的结果。实际上这也是由两条曲线构成的麻花形封闭曲线,因而存在两个"弱化效应区"。

3)6号试件

(1)宏观破坏

试件在加载至400kN时,表面弱化部位出现细小裂缝,西北角产生少量爆皮,试件的下方(弱化部分)边缘被挤压破碎。加载至950kN时,试件出现第一条贯穿性裂缝。加载至2 110kN时试件完全破坏。由于弱化层的存在,试件上、下表面具有明显差异,上表面没有出现裂缝,而下表面有纵横贯穿的裂缝(图24-40和图24-41)。

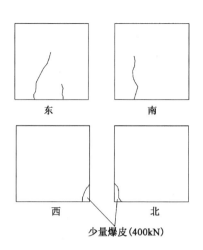

少量爆皮(400kN)

图 24-40　6 号试件破坏示意图(900kN)

图 24-41　6 号试件极限破坏实景

（2）测量结果及分析

①测量结果

6 号试件的加载范围为 0～2 110kN,并在最后一级加载时产生极限破坏。试验测试结果见表 24-13。

<table>
<tr><td rowspan="2">荷载(10kN)</td><td colspan="4" style="text-align:center">应　变　(με)</td><td colspan="2" style="text-align:center">位　移</td><td rowspan="2">备　注</td></tr>
<tr><td>1</td><td>2</td><td>3</td><td>4</td><td>CGQ(με)</td><td>RG(mm)</td></tr>
<tr><td>0</td><td>0</td><td>0</td><td>0</td><td>0</td><td>0</td><td>0</td><td rowspan="3">—</td></tr>
<tr><td>10</td><td>130</td><td>48</td><td>−10</td><td>−15</td><td>20</td><td>0.905</td></tr>
<tr><td>20</td><td>255</td><td>185</td><td>−25</td><td>−25</td><td>2 315</td><td>1.045</td></tr>
<tr><td>40</td><td>475</td><td>545</td><td>−45</td><td>−40</td><td>8 200</td><td>1.15</td><td>少量爆皮</td></tr>
<tr><td>80</td><td>850</td><td>1 145</td><td>−55</td><td>20</td><td>15 825</td><td>1.255</td><td rowspan="6">—</td></tr>
<tr><td>100</td><td>1 025</td><td>1 445</td><td>−35</td><td>80</td><td>18 595</td><td>1.315</td></tr>
<tr><td>110</td><td>1 120</td><td>1 610</td><td>−20</td><td>115</td><td>19 760</td><td>1.335</td></tr>
<tr><td>120</td><td>1 210</td><td>1 770</td><td>0</td><td>150</td><td>20 800</td><td>1.37</td></tr>
<tr><td>130</td><td>1 350</td><td>1 990</td><td>25</td><td>195</td><td>221 940</td><td>1.42</td></tr>
<tr><td>191</td><td>3 075</td><td>1 020</td><td>75</td><td>660</td><td>26 970</td><td>1.91</td></tr>
<tr><td>211</td><td>—</td><td>—</td><td>—</td><td>—</td><td>—</td><td>3.31</td><td>极限破坏</td></tr>
</table>

6 号试件测量数据表　　　　表 24-13

②位移测量结果分析

6 号试件位称测量结果如图 24-42 和图 24-43 所示。

由图 24-42 可以看出,百分表测量的结果有以下特点:线性段较短($ab$ 段);非线性段长;$c$ 点之后曲线出现陡升现象,表明构件已经破坏。

位移传感器在加载达100kN时位置作调平处理,故在100kN前没有位移记录,在测量过程中出现过超量程现象。试验测得最大位移为7.4mm。

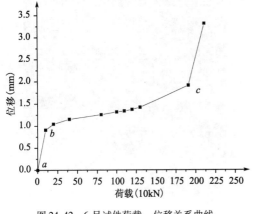

图24-42　6号试件荷载—位移关系曲线
（百分表测量）

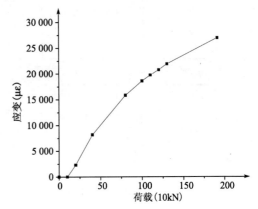

图24-43　6号试件荷载—应变关系曲线
（位移传感器测量）

（3）应变测量结果分析

测试结果表明,弱化部位的应变值总在前期高于对应的非弱化部位的应变值,并在破坏之后迅速降低。而此时非弱化部位并未进入破坏状态。3、4号测点的应变值与1、2号测点相比过小,可能是应变片的粘贴不是很牢靠,也可能是荷载不对称所致。将1、3号测点和2、4号测点分别取均值,得到的平均应力—应变关系曲线和实测数据,分别见图24-44、图24-45和表24-14。

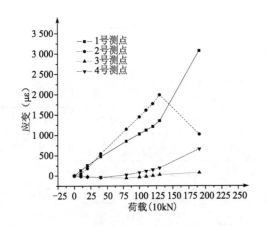

图24-44　6号试件的荷载—应变关系曲线

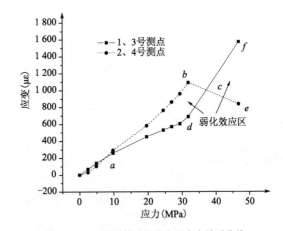

图24-45　6号试件平均应力—应变关系曲线

**6号试件与平均应力相对应的应变实测值**　　　　　　　　　　　　　表24-14

| 应力（MPa） | 1、3号测点应变（$\mu\varepsilon$） | 2、4号测点应变（$\mu\varepsilon$） | 应力（MPa） | 1、3号测点应变（$\mu\varepsilon$） | 2、4号测点应变（$\mu\varepsilon$） |
|---|---|---|---|---|---|
| 0 | 0 | 0 | 26.95 | 570 | 862.5 |
| 2.45 | 70 | 31.5 | 29.4 | 605 | 960 |
| 4.9 | 140 | 105 | 31.85 | 687.5 | 1 092.5 |
| 9.8 | 260 | 292.5 | 31.85 | 687.5 | 1 092.5 |
| 19.6 | 452.5 | 582.5 | 46.795 | 1 575 | 840 |
| 24.5 | 530 | 762.5 | 51.695 | — | — |

由图 24-45 可见,弱化与非弱化部位的测试曲线构成一个封闭的曲线 abcd。这是弱化试件的基本特征。点 a、b、c、d 所构成区域即为弱化效应区。未封闭的 e、c、f 所构成区域也是弱化效应区。未封闭的原因与 5 号试件同。此区域面积越大,则弱化效应越显著。本试验条件系双介质单向加载,若为三介质三向加载,弱化效应将更为显著。

### 24.5.3 第 3 组试件

第 3 组试件为混凝土弱化试件,共 3 块。试件孔深 100mm,孔间距 28mm,2、4 号测点在弱化部分。

1)7 号试件

(1)宏观破坏

试件在加载到 1 750kN 时,位于弱化部位的试件表面有细小裂缝产生,试件下方(弱化部分)边缘被挤压破碎。加载至 2 100kN 时试件完全破坏。由于弱化层的存在,试件上部表面和下部表面具有明显差别,上表面没有裂缝产生,下表面具有纵横交错的贯穿性裂缝(图 24-46)。

(2)测量结果及分析

①测量结果

7 号试件的加载范围为 0 ~ 2 100kN,并在 2 100kN 时达到极限破坏。试验测试结果见表 24-15。

图 24-46　7 号试件极限破坏实景

7 号试件测量数据表

表 24-15

| 荷载(10kN) | 应　变　(με) | | | | 位　移 | | 备　　注 |
|---|---|---|---|---|---|---|---|
| | 1 | 2 | 3 | 4 | CGQ(με) | RG(mm) | |
| 0 | 0 | 0 | 0 | 0 | 0 | 0 | |
| 10 | 50 | 205 | -20 | −5 | 0 | 1.41 | |
| 20 | 115 | 420 | −30 | −5 | 985 | 1.615 | |
| 40 | 270 | 880 | −50 | −5 | 3 785 | 1.81 | — |
| 60 | 435 | 1 285 | −50 | 10 | 6 720 | 1.91 | |
| 80 | 595 | 1 595 | −35 | 45 | 8 975 | 1.97 | |
| 90 | 680 | 1 775 | −225 | 80 | 10 045 | 2.005 | |
| 100 | 785 | 1 955 | −5 | 115 | 11 115 | 2.05 | |
| 114 | 915 | 2 165 | 25 | 180 | 12 395 | 2.09 | |
| 131 | 1 085 | 2 450 | 75 | 270 | 13 875 | 2.155 | |
| 159 | 1 430 | 2 885 | 175 | 430 | 15 620 | 2.33 | — |
| 181 | 1 690 | 1 355 | 330 | 665 | 16 620 | 2.57 | |
| 208 | 705 | 570 | 745 | 1 550 | 18 395 | 3 | |
| 210 | −545 | — | — | — | — | — | 极限破坏 |

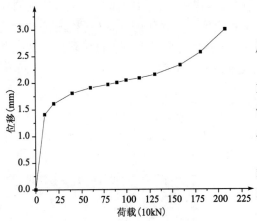

图 24-47  7 号试件荷载—位移关系曲线
（百分表测量）

②位移测量结果分析

7 号试件荷载—位移关系曲线如图 24-47 所示。

百分表测量结果表明加载范围在 0 ~ 100kN 时，位移变化较大，原因是加载机械部件之间，加载机与试件之间的缝隙被压缩造成的。

传感器测量的最大位移量为 5.2mm。加载至 100kN 时，位移传感器开始调平，于是出现了图 24-47 中 ab 段水平线，这意味着在相应于加载等级为 100kN 的荷载作用下，所发生的试件位移未能被记录下来。

③应变测量结果分析

7 号试件荷载—应变关系曲线如图 24-48 所示。由图 24-48 可见，荷载与应变关系曲线的规律与前述 4、5 和 6 号试件的相同，即位于弱化部位测点的应变值总是大于非弱化部位，无论是否出现偏载。只是本试验条件下，介质弱化的程度更高，因而弱化效应更为显著。这一点从图 24-49 中看得更清楚。

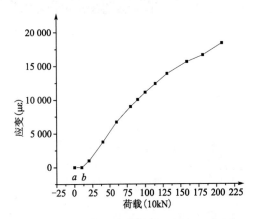

图 24-48  7 号试件荷载—应变关系曲线
（位移传感器测量）

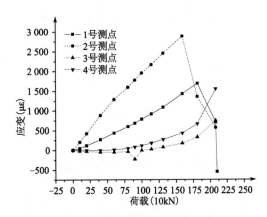

图 24-49  7 号试件荷载—应变关系曲线

将荷载换算成作用于单位面积上的平均应力；将弱化与非弱化对应部位测点应变值分别取平均值（表 24-16），由此绘出的平均应力—应变关系曲线，见图 24-50。该图表明，封闭曲线 abc 所圈成面积比 4、5 和 6 号试件的更大。由此可知，介质被弱化程度愈高，弱化效应愈显著。但未形成封闭区的 dce 曲线，其情形与上述 5、6 号试件相仿。

**7 号试件与平均应力相对应的应变实测值**                                    表 24-16

| 应力（MPa） | 1、3 号测点应变（$\mu\varepsilon$） | 2、4 号测点应变（$\mu\varepsilon$） | 应力（MPa） | 1、3 号测点应变（$\mu\varepsilon$） | 2、4 号测点应变（$\mu\varepsilon$） |
|---|---|---|---|---|---|
| 0 | 0 | 0 | 14.7 | 242.5 | 647.5 |
| 2.45 | 35 | 105 | 19.6 | 315 | 820 |
| 4.9 | 72.5 | 212.5 | 22.05 | 452.5 | 927.5 |
| 9.8 | 160 | 442.5 | 24.5 | 395 | 1 035 |

| 应力（MPa） | 1、3号测点应变（με） | 2、4号测点应变（με） | 应力（MPa） | 1、3号测点应变（με） | 2、4号测点应变（με） |
|---|---|---|---|---|---|
| 27.93 | 470 | 1 172.5 | 44.345 | 1 010 | 1 010 |
| 32.095 | 580 | 1 360 | 50.96 | 725 | 1 060 |
| 38.955 | 802.5 | 1 657.5 | — | — | — |

2) 8 号试件

（1）宏观破坏

试件在加载过程中，当加载至 1 670kN 时，表面出现细小裂缝，且首先出现在弱化部分。此时试件的下方（弱化部分）边缘已被挤压破碎。当加载至 1 830kN 时，试件完全破坏。由于弱化层的存在，试件上、下部表面有明显的差异，上表面没有裂缝，下表面存在纵横交错且贯穿的裂缝。

（2）测量结果及分析

① 测量结果

8 号试件加载范围为 0 ~ 1 830kN，并于 1 830kN 时达到极限破坏。试验测试结果见表24-17。

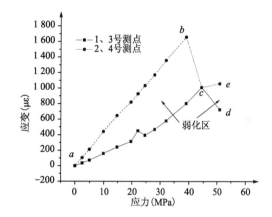

图 24-50　7 号试件平均应力—应变关系曲线

**8 号试件实测数据表**　　表 24-17

| 荷载（10kN） | 应 变 （με） | | | | 位 移 | | 备 注 |
|---|---|---|---|---|---|---|---|
| | 1 | 2 | 3 | 4 | CGQ（με） | RG（mm） | |
| 0 | 0 | 0 | 0 | 0 | 0 | 0 | |
| 10 | 0 | 155 | 5 | 35 | −50 | 1.35 | |
| 20 | 30 | 375 | −5 | 70 | 360 | 1.58 | |
| 40 | 105 | 845 | −5 | 195 | 3 720 | 1.74 | |
| 60 | 185 | 1 215 | 15 | 345 | 6 490 | 1.83 | |
| 80 | 280 | 1 540 | 35 | 495 | 8 885 | 1.92 | |
| 90 | 315 | 1 710 | 55 | 580 | 9 700 | 1.965 | |
| 100 | 345 | 1 865 | 75 | 655 | 10 895 | 2 | — |
| 110 | 370 | 2 075 | 105 | 750 | 11 835 | 2.045 | |
| 120 | 395 | 2 335 | 140 | 845 | 12 745 | 2.09 | |
| 130 | 415 | 2 645 | 195 | 960 | 13 710 | 2.145 | |
| 140 | 440 | 3 015 | 270 | 1 085 | 14 645 | 2.21 | |
| 167 | 565 | 2 495 | 595 | 1 335 | 17 715 | 2.46 | |
| 183 | 600 | 1 600 | 1 140 | — | — | — | 极限破坏 |

② 位移测量结果分析

8 号试件荷载—位移关系曲线如图 24-51 所示。试件总位移量较小，且在 ab 段有各种缝隙被压缩的成分。传感器测量的最大位移量为 4.9mm。位移传感器在加载达 100kN 时调平，故此前位移为零（图 24-52）。

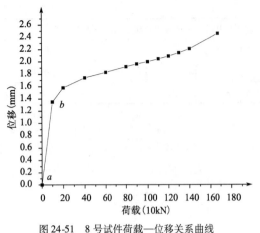

图 24-51　8 号试件荷载—位移关系曲线

（百分表测量）

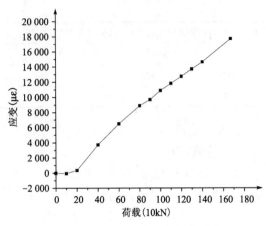

图 24-52　8 号试件荷载—应变关系曲线

（位移传感器测量）

③8 号试件应变测量结果与分析

8 号试件的荷载—应变关系曲线如图 24-53 所示。由该图可见,弱化部位应变值显著大于非弱化部位,其规律与 7 号试件相同。差异只在于体现弱化效应强弱的封闭曲线(表 24-18 和图 24-54),因加载至 1 830kN 时,1、3 号测点的高应变值未能及时读取而未形成麻花形封闭曲线(其实,客观上它是闭合的,而且弱化效应十分显著)。

**8 号试件与平均应力相对应的应变实测值**　　　　　　　　　表 24-18

| 应力(MPa) | 1、3 号测点应变(με) | 2、4 号测点应变(με) | 应力(MPa) | 1、3 号测点应变(με) | 2、4 号测点应变(με) |
|---|---|---|---|---|---|
| 0 | 0 | 0 | 24.5 | 210 | 1 260 |
| 2.45 | 2.5 | 95 | 26.95 | 237.5 | 1 412.5 |
| 4.9 | 17.5 | 222.5 | 29.4 | 267.5 | 1 590 |
| 9.8 | 55 | 520 | 31.85 | 305 | 1 802.5 |
| 14.7 | 100 | 780 | 34.3 | 355 | 2 050 |
| 19.6 | 157.5 | 1 017.5 | 40.915 | 580 | 1 915 |
| 22.05 | 185 | 1 145 | 44.835 | 870 | — |

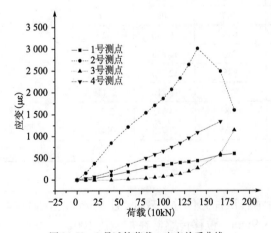

图 24-53　8 号试件荷载—应变关系曲线

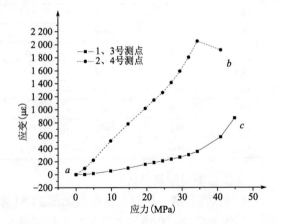

图 24-54　8 号试件平均应力—应变关系曲线

3)9号试件

（1）宏观破坏

9号试件当加载至480kN时，表面开始产生细小裂缝，且集中在弱化区部分。试件的下方（弱化部分）边缘已被挤压破碎。当加载至1 700kN时，试件完全破坏。由于弱化层的存在，试件上、下表面有明显的差别，上表面无裂缝，下表面存在多条纵横交错且贯穿的裂缝（图24-55和图24-56）。

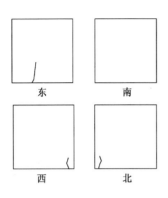

图24-55  9号试件加载至480kN时的破坏状态　　　　图24-56  9号试件极限破坏实景

（2）测量结果及分析

①测量结果

9号试件的加载范围为0～1 700kN，并在最后一级荷载时试件达到极限破坏。试验测试结果见表24-19。

**9号试件测量数据表**　　　　　　　　　　　　　　　表24-19

| 荷载(10kN) | 应　　变　（με） | | | | 位　　移 | | 备　　注 |
| --- | --- | --- | --- | --- | --- | --- | --- |
| | 1 | 2 | 3 | 4 | CGQ(με) | RG(mm) | |
| 0 | 0 | 0 | 0 | 0 | 0 | 0 | |
| 10 | 110 | 45 | 125 | 95 | −50 | 0.095 | |
| 20 | 210 | 85 | 285 | 220 | 1 625 | 0.25 | |
| 40 | 390 | 375 | 690 | 490 | 3 245 | 0.46 | |
| 60 | 570 | 455 | 1 045 | 775 | 5 655 | 0.61 | |
| 80 | 770 | 705 | 1 435 | 1 070 | 6 950 | 0.72 | — |
| 90 | 870 | 860 | 1 680 | 1 215 | 8 005 | 0.78 | |
| 100 | 985 | 1 105 | 2 035 | 1 345 | 10 545 | 0.86 | |
| 110 | 1 145 | 1 365 | 2 365 | 1 465 | 12 710 | 0.92 | |
| 120 | 1 265 | 1 585 | 2 690 | 1 620 | 13 645 | 0.99 | |
| 130 | 1 425 | 1 835 | 2 860 | 1 765 | — | 1.03 | |
| 153 | 1 860 | 2 800 | 1 685 | 1875 | — | 1.045 | |
| 170 | 1 370 | 2 190 | 500 | — | — | 3.29 | 极限破坏 |

②位移测量结果分析

9号试件位移测量结果如图24-57和图24-58所示。

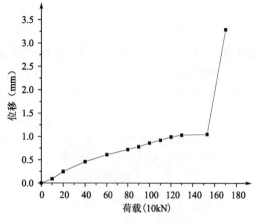

图 24-57　9 号试件荷载—位移关系曲线
（百分表测量）

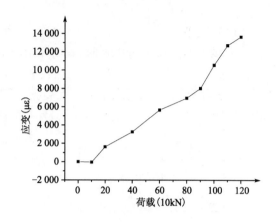

图 24-58　9 号试件荷载—应变关系曲线
（位移传感器测量）

从图 24-58 可见,位移变化曲线的线性段较短,非线性段较长,加载到 1 530kN 后,位移突然增大,说明试件已经破坏。此前位移传感器已超量程,加载至 1 200kN 后便已不能工作。但从位移传感器所测的曲线可以看出,其最大位移为 3.8mm,和百分表测得结果相当。

③应变测量结果与分析

9 号试件的荷载—应变关系曲线如图 24-59 所示。由图 24-59 可见,荷载—应变关系曲线有一定异常。1、2 号测点的规律是正常的:弱化部位的应变较大,非弱化部位的较小。但 3、4 号测点的规律就出现了异常,应仔细检查试件测点线头编号,有可能编反。平均应力—应变曲线(表 24-20 和图 24-60)虽然也出现了闭合曲线 abc,但它不是正常的弱化效应,而是负弱化效应。

**9 号试件与平均应力相对应的应变实测值**　　　　　　　　　　　　表 24-20

| 应力(MPa) | 1、3 号测点应变(μ ε) | 2、4 号测点应变(μ ε) | 应力(MPa) | 1、3 号测点应变(μ ε) | 2、4 号测点应变(μ ε) |
|---|---|---|---|---|---|
| 0 | 0 | 0 | 24.5 | 1 510 | 1 225 |
| 2.45 | 117.5 | 70 | 26.95 | 1 755 | 1 415 |
| 4.9 | 247.5 | 152.5 | 29.4 | 1 977.5 | 1 602.5 |
| 9.8 | 540 | 432.5 | 31.85 | 2 142.5 | 1 800 |
| 14.7 | 807.5 | 615 | 37.485 | 1 772.5 | 2 337.5 |
| 19.6 | 1 102.5 | 887.5 | 41.65 | 935 | — |
| 22.05 | 1 275 | 1 037.5 | — | — | — |

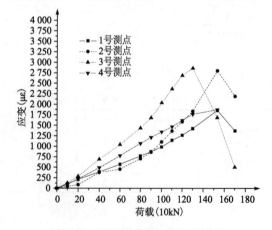

图 24-59　9 号试件荷载—应变关系曲线

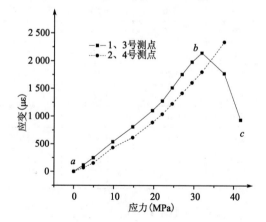

图 24-60　9 号试件平均应力—应变关系曲线

### 24.5.4　第4组试件

第4组试件为混凝土弱化试件,共3块。试件弱化孔深度为100mm,孔间距为18mm,2、4号测点位于弱化部分。

1)10号试件

(1)宏观破坏

试件在加载至200kN时,其表面有细小裂缝产生,首先出现在弱化部分;试件下方(弱化部分)边缘处基本被压碎(图24-61)。加载至970kN时试件完全破坏。

(2)测量结果及分析

①测量结果

10号试件加载范围为0~970kN,并在最后一级荷载时产生极限破坏。试验测试结果见表24-21。

10号试件测量数据表　　　　　表24-21

| 荷载(10kN) | 应　变　（$\mu\varepsilon$） | | | | 位　移 | | 备　注 |
|---|---|---|---|---|---|---|---|
| | 1 | 2 | 3 | 4 | CGQ($\mu\varepsilon$) | RG(mm) | |
| 0 | 0 | 0 | 0 | 0 | 0 | 0 | |
| 10 | 15 | 5 | 0 | −5 | −70 | 0.53 | |
| 20 | 650 | −20 | 5 | −710 | 2 560 | 0.79 | |
| 30 | 380 | 0 | 85 | — | 5 420 | 1.03 | |
| 40 | 640 | 140 | 105 | — | 7 220 | 1.21 | |
| 50 | 925 | 230 | 115 | — | 8 485 | 1.36 | — |
| 60 | 1 320 | 380 | 190 | — | 10 870 | 1.51 | |
| 70 | 1 575 | 530 | 270 | — | 12 750 | 1.61 | |
| 80 | 1 880 | 750 | 320 | — | 17 850 | 1.71 | |
| 90 | 1 890 | 960 | 390 | — | 21 300 | 1.83 | |
| 97 | 990 | — | — | — | — | — | 极限破坏 |

②位移测量结果分析

10号试件的荷载—位移关系曲线如图24-62所示。在图24-62中,ab段位移可能有一定的误差,并不完全是试件的位移;这一误差是各种加载机械部件之间的缝隙以及试件与加载装置间的缝隙造成的。在ab段之后,测试误差应较小。曲线表明,随着荷载增加,位移是非线性增大的。

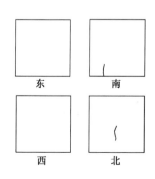

图24-61　10号试件在加载至300kN
　　　　　时的破坏示意图

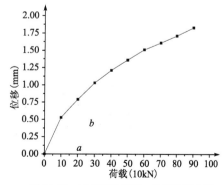

图24-62　10号试件荷载—位移关系曲线
　　　　　（百分表测量）

位移传感器所测最大位移为 5.9mm（图 24-63）。其曲线形态及特点与图 24-62 相近。

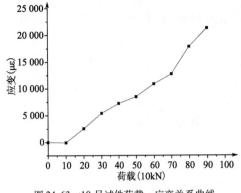

图 24-63　10 号试件荷载—应变关系曲线
（位移传感器测量）

③应变测量结果分析

10 号试件荷载—应变关系曲线如图 24-64 所示。试件共 4 个测点，因故损坏一个测点（4 号测点）。这是第二个反常试件，即：弱化部位的测点应变值不是比非弱化部位的大，而是小，这是不合理的。其原因待查（测点线头编号）。正是由于上述反常现象，弱化效应未能出现，产生的是负弱化效应（图 24-64）。实测 10 号试件平均应力—应变实测结果见表 24-22 和图 24-65。产生负弱化效应的原因可能是试件介质非理想均匀以及偏载造成的。

**10 号试件与平均应力相对应的应变实测值**　　　　　　表 24-22

| 应力（MPa） | 1、3 号测点应变（με） | 2、4 号测点应变（με） | 应力（MPa） | 1、3 号测点应变（με） | 2、4 号测点应变（με） |
|---|---|---|---|---|---|
| 0 | 0 | 0 | 12.25 | 520 | 230 |
| 2.45 | 7.5 | 5 | 14.7 | 755 | 380 |
| 4.9 | 327.5 | −20 | 17.15 | 922.5 | 530 |
| 7.35 | 232.5 | 0 | 19.6 | 1 100 | 750 |
| 9.8 | 372.5 | 140 | 22.05 | 1 140 | 960 |

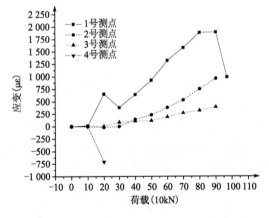

图 24-64　10 号试件荷载—应变关系曲线

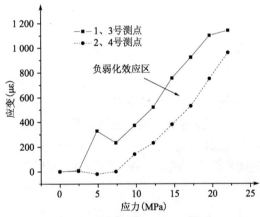

图 24-65　10 号试件平均应力—应变关系曲线

2）11 号试件

（1）宏观破坏

试件在加载至 600kN 时，其表面有细小裂缝产生，试件下方（弱化部分）边缘部位已基本压碎（图 24-66）。加载至 1 070kN 时试件完全破坏。由于弱化层的存在，试件上、下表面有明显的差异，上表面无裂缝，而下表面有纵横交错、贯通性强的裂缝，业已完全破坏。

（2）测量结果及分析

①测量结果

11 号试件加载范围为 0～1 070kN，并在最后一级加载时产生极限破坏。试验测试结果见表 24-23。

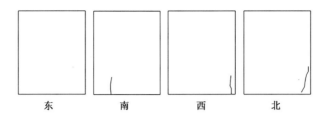

东　　　　南　　　　西　　　　北

图 24-66　11 号试件在加载至 600kN 时的破坏形态

**11 号试件测量数据表**　　　　　　　　表 24-23

| 荷载(10kN) | 应 变 (με) | | | | 位 移 | | 备 注 |
|---|---|---|---|---|---|---|---|
| | 1 | 2 | 3 | 4 | CGQ(με) | RG(mm) | |
| 0 | 0 | 0 | 0 | 0 | 0 | 0 | |
| 10 | −10 | −15 | 0 | 30 | 1 035 | 0.16 | |
| 20 | −5 | 0 | 15 | 90 | 465 | 0.34 | |
| 30 | −5 | −5 | 40 | 190 | 2 040 | 0.54 | |
| 40 | 5 | 10 | 65 | 330 | 3 530 | 0.54 | — |
| 50 | −15 | −35 | 70 | 380 | 5 205 | 0.63 | |
| 60 | −20 | −70 | 135 | 380 | 6 790 | 0.73 | |
| 70 | 10 | −90 | 305 | 505 | 9 405 | 0.83 | |
| 80 | 65 | −50 | 400 | 665 | 11 240 | 0.94 | |
| 90 | 145 | −20 | 610 | 830 | 13 620 | 1.00 | |
| 107 | 350 | 330 | 745 | 190 | — | — | 极限破坏 |

②位移测量结果分析

11 号试件荷载—位移关系曲线如图 24-67 所示。图 24-67 的曲线表明,随着弱化程度提高,曲线弯曲程度有所增大。混凝土是一种脆性材料,由于不断弱化,原有的脆性就整体而言会有所降低,总位移量也在明显减小。采用位移传感器测得的荷载—应变关系曲线具有类似的形态及特点(图 24-68)。

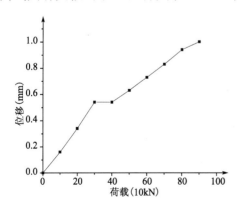

图 24-67　11 号试件荷载—位移关系曲线
（百分表测量）

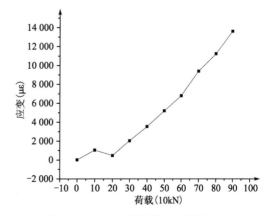

图 24-68　11 号试件荷载—应变关系曲线
（位移传感器测量）

位移传感器测得的最大位移为 3.8mm,大于百分表的测量结果。

③应变测量结果分析

11 号试件的荷载—应变关系曲线如图 24-69 所示。图 24-69 的曲线表明,4 号测点具有明显的弱化效应,但 2 号测点不明显。就平均应力—应变关系曲线(图 24-70 和表 24-24)而言,试件存在显著的弱化效应,且其规律是:弱化部分应变值前期高,后期低;非弱化部位的变形特点则相反。于是出现了非常典型的闭合曲线 *abc*。

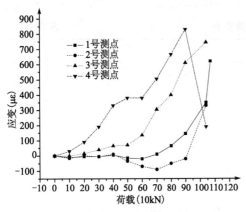

图 24-69　11 号试件荷载—应变关系曲线　　　图 24-70　11 号试件平均应力—应变关系曲线

**11 号试件与平均应力相对应的应变实测值**　　　　　　　　　　　　表 24-24

| 应力(MPa) | 1、3 号测点应变(με) | 2、4 号测点应变(με) | 应力(MPa) | 1、3 号测点应变(με) | 2、4 号测点应变(με) |
|---|---|---|---|---|---|
| 0 | 0 | 0 | 14.7 | 77.5 | 225 |
| 2.45 | 5 | 22.5 | 17.15 | 157.5 | 297.5 |
| 4.9 | 10 | 45 | 19.6 | 232.5 | 357.5 |
| 7.35 | 22.5 | 97.5 | 22.05 | 377.5 | 425 |
| 9.8 | 35 | 170 | 25.48 | 547.5 | 260 |
| 12.25 | 42.5 | 207.5 | 26.215 | — | — |

3)12 号试件

(1)宏观破坏

12 号试件在加载至 140kN 时,表面产生细小裂缝,并出现在弱化部分,试件的下方(弱化部分)边缘基本被压碎。当加载至 890kN 时,试件完全破坏。试件由于弱化层的原因,上、下表面具有明显的差异,上表面没有裂缝,而下表面存在纵横贯穿的裂缝。

(2)测量结果及分析

①测量结果

12 号试件加载范围为 0～890kN,并在最后一级荷载时,试件达到极限破坏。试验测试结果见表 24-25。

**12 号试件测量数据表**　　　　　　　　　　　　表 24-25

| 荷载(10kN) | 应　变　(με) | | | | 位　移 | | 备　注 |
|---|---|---|---|---|---|---|---|
| | 1 | 2 | 3 | 4 | CGQ(με) | RG(mm) | |
| 0 | 0 | 0 | 0 | 0 | 0 | 0 | |
| 10 | 50 | 15 | 5 | 55 | −30 | 1.06 | — |
| 20 | 180 | 385 | 55 | 235 | 4 185 | 1.58 | |
| 30 | 355 | 575 | 110 | 475 | 8 865 | 1.78 | |

| 荷载(10kN) | 应 变 （$\mu\varepsilon$） | | | | 位 移 | | 备 注 |
|---|---|---|---|---|---|---|---|
| | 1 | 2 | 3 | 4 | CGQ($\mu\varepsilon$) | RG(mm) | |
| 40 | 580 | 660 | 190 | 610 | 11 265 | 1.95 | |
| 50 | 655 | 910 | 300 | 875 | 12 940 | 2.13 | |
| 60 | 320 | 770 | 445 | 1 185 | 16 040 | 2.43 | — |
| 70 | 305 | 545 | 625 | 1 500 | 16 690 | 2.59 | |
| 80 | 275 | 495 | 1 500 | 2 185 | 21 165 | 2.8 | |
| 89 | 285 | 430 | 1 590 | 1 950 | — | 3.15 | 极限破坏 |

②位移测量结果与分析

12 号试件位移测量结果如图 24-71 和图 24-72 所示。

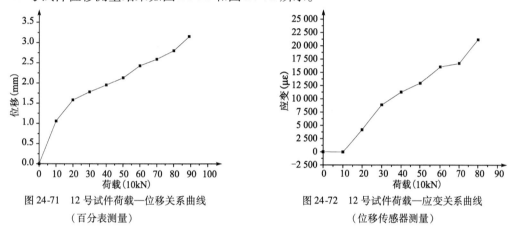

图 24-71　12 号试件荷载—位移关系曲线　　　　图 24-72　12 号试件荷载—应变关系曲线
（百分表测量）　　　　　　　　　　　　　（位移传感器测量）

由图 24-72 可见,12 号试件的线性段较短;随着荷载增加,试件主要作非线性变化;在破坏之前有硬化迹象。

加载范围 0 ~ 100kN 时,百分表测得位移变化较大,原因可能是纱布被压缩以及各种加载机械部件的缝隙被闭合造成的。传感器测量的最大位移量为 4.9mm。位移传感器在加载至 100kN 时调平,所以出现了图 24-72 中曲线刚开始时的一段水平直线段。

③应变测量结果与分析

12 号试件荷载—应变关系曲线如图 24-73 所示。由图 24-73 可见,弱化部位测点应变值规律地高于非弱化部位,只是非弱化部位应变值在弱化部位应变值下降同时出现升高的现象没有出现。这是试件加载较快、脆性材料破坏过程较为短暂造成的。正因如此,其平均应力—应变关系曲线没有形成封闭曲线(图 24-74 和表 24-26)。

**12 号试件与平均应力相对应的应变实测值**　　　　表 24-26

| 应力(MPa) | 1、3 号测点应变($\mu\varepsilon$) | 2、4 号测点应变($\mu\varepsilon$) | 应力(MPa) | 1、3 号测点应变($\mu\varepsilon$) | 2、4 号测点应变($\mu\varepsilon$) |
|---|---|---|---|---|---|
| 0 | 0 | 0 | 12.25 | 477.5 | 892.5 |
| 2.45 | 27.5 | 35 | 14.7 | 382.5 | 977.5 |
| 4.9 | 117.5 | 310 | 17.15 | 465 | 1 022.5 |
| 7.35 | 232.5 | 525 | 19.6 | 887.5 | 1 340 |
| 9.8 | 385 | 635 | 21.805 | 937.5 | 1 190 |

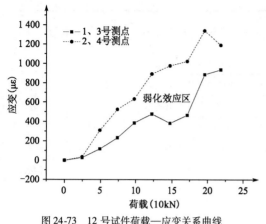

图 24-73　12 号试件荷载—应变关系曲线

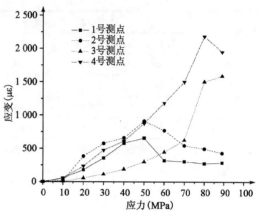

图 24-74　12 号试件平均应力—应变关系曲线

### 24.5.5　第 5 组试件

第 5 组试件为水泥土非弱化试件,共 3 块,因故损坏 1 块,余 2 块。水泥的掺量为 15%。由于试件破坏荷载较低,为提高试验精度,从本组试验开始,试验均在 500kN 静载压力机上进行。

1)13 号试件

(1)宏观破坏

由于水泥土试件养护较为困难,所以保存下来的试件表面有纵横分布的细小裂缝。当荷载达到 40kN 时,试件上垂直于加载方向的裂缝多趋于闭合;当达到 90kN 时,试件表面出现新的裂缝,试件达到临界破坏。再加载到 208kN 时,试件被彻底压碎。

(2)测量结果及分析

①测量结果

13 号试件加载范围为 0～208kN,并在最后一级荷载时,试件达到极限破坏。试验测试结果见表 24-27。

**13 号试件测量数据表**　　　　　　　　　　　　　　　表 24-27

| 荷载(10kN) | 应　　变　（με） | | | | 位　　移 | | 备　　注 |
| | 1 | 2 | 3 | 4 | CGQ(με) | RG(mm) | |
|---|---|---|---|---|---|---|---|
| 0 | 0 | 0 | — | — | — | 0 | |
| 1 | −14 | 50 | — | — | — | 0.015 | |
| 2.05 | −15 | 155 | — | — | — | 0.245 | |
| 3 | 20 | 300 | — | — | — | 0.39 | |
| 4 | 50 | 450 | — | — | — | 0.455 | |
| 5 | 105 | 580 | — | — | — | 0.5 | |
| 6 | 185 | 675 | — | — | — | 0.55 | |
| 7 | 275 | 760 | — | — | — | 0.595 | — |
| 8 | 380 | 845 | — | — | — | 0.65 | |
| 9 | 570 | 955 | — | — | — | 0.705 | |
| 10 | 800 | 1 070 | — | — | — | 0.755 | |
| 11 | 1 100 | 1 190 | — | — | — | 0.8 | |
| 12 | 1 410 | 1 325 | — | — | — | 0.835 | |
| 13 | 1 760 | 1 460 | | | | 0.87 | |
| 14 | 2 180 | 1 625 | | | | 0.915 | |

| 荷载(10kN) | 应　变　（με） | | | | 位　移 | | 备　注 |
| --- | --- | --- | --- | --- | --- | --- | --- |
| | 1 | 2 | 3 | 4 | CGQ(με) | RG(mm) | |
| 15 | 2 625 | 1 785 | — | — | — | 0.965 | |
| 16 | 2 930 | 1 975 | — | — | — | 1.03 | |
| 17 | 3 210 | 2 110 | — | — | — | 1.11 | — |
| 18 | 3 180 | 2 250 | — | — | — | 1.2 | |
| 19 | 3 120 | 2 250 | — | — | — | 1.285 | |
| 20 | 2 240 | 2 010 | — | — | — | 1.405 | |
| 20.8 | 1 680 | 1 740 | — | — | — | 1.525 | 极限破坏 |

②位移测量结果与分析

13 号试件荷载—位移曲线如图 24-75 所示。

由于采用了 500kN 静载加载机的缘故,无法安装位移传感器,故从本组试验开始,位移只用百分表测量。由图 24-75 可见,位移变化特点:线性段(ab 段)较短,非线性段(b 点之后)较长,d 点后试件有一定硬化特征。

③应变测量结果与分析

图 24-76 中 1、2 号测点处于对称位置,但两条曲线变化形态存在较大差异,表明试件材料具有非均质性和非线性特点。不过曲线变化规律还是大体相近的。应变值均随荷载增大而增加,并在 170～180kN 附近达到最大值。由于应变片粘贴的缘故,13 号试件 3、4 号测点的应变值未能测出。

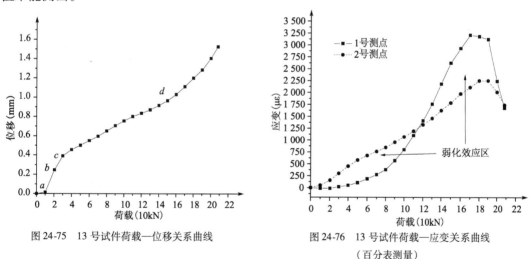

图 24-75　13 号试件荷载—位移关系曲线

图 24-76　13 号试件荷载—应变关系曲线

（百分表测量）

2）14 号试件

14 号试件由于加载操作过速,在未测得数据的情况下即已被压坏,故没有数据。

### 24.5.6　第 6 组试件

第 6 组试件为水泥土弱化试件,共 3 块。水泥的掺量为 15%,弱化孔深度为 50mm,孔间距为 18mm。2、4 号测点位于弱化部位。

1）15 号试件

（1）宏观破坏

水泥土试件养护的特点是湿润时不开裂,干燥时开裂。此时所贴应变片极易因试件爆皮而影响量测精度。由此报废了许多试件及测点。保存下来的试件其上仍有纵横分布的裂缝,当荷载达到 40kN 时,15 号试件上垂直于加载方向的裂缝多已闭合,同时,试件表面出现新的裂缝。此时试件达到临界破坏。最终加载到 102kN 时,试件被压碎。

(2)测量结果及分析

①测量结果

15 号试件加载范围为 0~130kN,并在最后一级加载时,试件达到极限破坏。试验测试结果见表 24-28。

15 号试件测量数据表 表 24-28

| 荷载(10kN) | 应 变 (με) | | | | 位 移 | | 备 注 |
|---|---|---|---|---|---|---|---|
| | 1 | 2 | 3 | 4 | CGQ(με) | RG(mm) | |
| 0 | 0 | 0 | 0 | 0 | | 0 | |
| 1 | 90 | −15 | 1 290 | 110 | — | 0.325 | |
| 2 | 190 | 30 | 1 935 | 865 | — | 0.405 | |
| 3 | 295 | 185 | 2 640 | 2 365 | — | 0.455 | |
| 4 | 400 | 440 | 3 175 | 3 590 | — | 0.505 | |
| 5 | 525 | 910 | 3 705 | 4 425 | — | 0.53 | |
| 6 | 650 | 1 600 | 4 240 | 5 185 | — | 0.565 | — |
| 7 | 820 | 2 690 | 4 755 | 5 625 | — | 0.61 | |
| 8 | 960 | 3 665 | 5 170 | 6 080 | — | 0.635 | |
| 9 | 1 160 | 4 570 | 5 595 | 6 475 | — | 0.65 | |
| 10 | 1 400 | 5 355 | 6 000 | 6 940 | — | 0.665 | |
| 11 | 1 740 | 6 260 | 6 360 | 7 540 | — | 0.68 | |
| 12 | 2 125 | 7 300 | 6 655 | 8 370 | — | 0.71 | |
| 13 | 3 030 | 5 255 | 6 540 | 2 130 | — | 0.73 | 极限破坏 |

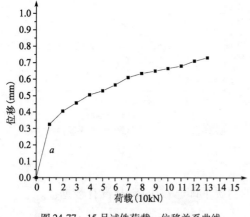

图 24-77　15 号试件荷载—位移关系曲线
（百分表测量）

②位移测量结果与分析

15 号试件荷载—位移关系曲线如图 24-77 所示。15 号试件是 12 号试件的对比试验试件,前者是弱化试件,后者是非弱化试件。由图 24-77 可见:弱化试件的破坏荷载明显降低(约 25%);最大位移量显著减少(约 40%);没有明显的材料硬化现象。上述现象表明,试件材料经弱化后,整体强度降低,破坏现象提前。这是合理的。不过,此时非弱化部分并没有破坏,这才是最重要的。

③应变测量结果与分析

15 号试件荷载—应变关系曲线如图 24-78 所示。试件变形具有以下特点:荷载较低时(30~40kN),弱化部位的应变值均低于非弱化部位;荷载进一步增加时,弱化部位应变值高于非弱化部位;弱化部位首先达到材料的强度极限值而产生破坏,表现为应变值陡然大幅度下降,此时非弱化部位应变值尚不太高,与此相对应的是该部位试件材料尚未破坏。这是具有典型意义的结果。需要指出的是,低荷载段的应变变化特点由于荷载较低等原因可看成是一种加载设备与试件相互作用,试件内部应力调整,以及试验误差综合影响的结果。在表 24-29 和图 24-79 中,由封闭曲线 *abc* 构成弱化效应区是十分显著的。

**15 号试件与平均应力相对应的应变实测值**                                表 24-29

| 应力(MPa) | 1、3 号测点应变(με) | 2、4 号测点应变(με) | 应力(MPa) | 1、3 号测点应变(με) | 2、4 号测点应变(με) |
|---|---|---|---|---|---|
| 0 | 0 | 0 | 1.715 | 2 787.5 | 4 157.5 |
| 0.245 | 690 | 62.5 | 1.96 | 3 065 | 4 872.5 |
| 0.49 | 1 062.5 | 447.5 | 2.205 | 3 377.5 | 5 522.5 |
| 0.735 | 1 467.5 | 1 275 | 2.45 | 3 700 | 6 147.5 |
| 0.98 | 1 787.5 | 2 015 | 2.695 | 4 050 | 6 900 |
| 1.225 | 2 115 | 2 667.5 | 2.94 | 4 390 | 7 835 |
| 1.47 | 2 445 | 3 392.5 | 3.185 | 4 785 | 3 692.5 |

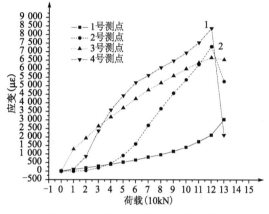

图 24-78　15 号试件荷载—应变关系曲线　　　　图 24-79　15 号试件的平均应力—应变关系曲线

2)16 号试件

(1)宏观破坏

所有水泥土试件表面在加载前均存在若干细小裂缝,它是由干裂造成的。16 号试件也不例外。当加载达到 40kN 时,试件表面出现新的裂缝,试件达到临界破坏。当加载至 120kN 时,试件下部被压碎,试验停止。

(2)测量结果及分析

①测量结果

16 号试件试验测试结果见表 24-30。

**16 号试件测量数据表**                                表 24-30

| 荷载(10kN) | 应　　变　　(με) | | | | 位　　移 | | 备　　注 |
|---|---|---|---|---|---|---|---|
| | 1 | 2 | 3 | 4 | CGQ(με) | RG(mm) | |
| 0 | 0 | 0 | 0 | 0 | — | 0 | |
| 1 | 45 | 580 | −15 | 35 | — | 1.03 | |
| 2 | 90 | 1 615 | −15 | 255 | — | 1.145 | — |
| 3 | 155 | 2 055 | −15 | 645 | — | 1.215 | |
| 4 | 235 | 2 970 | −20 | 1 215 | — | 1.315 | |
| 5 | 330 | 2 020 | −40 | 1 990 | — | 1.48 | |

| 荷载（10kN） | 应　变　（με） | | | | 位　移 | | 备　注 |
|---|---|---|---|---|---|---|---|
| | 1 | 2 | 3 | 4 | CGQ（με） | RG（mm） | |
| 6 | 430 | 2 125 | −70 | 2 580 | — | 1.65 | |
| 7 | 540 | 2 145 | −65 | 3 075 | — | 1.82 | |
| 8 | 640 | 2 115 | −65 | 3 560 | — | 1.98 | — |
| 9 | 730 | 2 135 | −50 | 3 990 | — | 2.12 | |
| 10 | 830 | 2 130 | −40 | 4 440 | — | 2.3 | |
| 11 | 950 | 2 065 | −10 | 4 685 | — | 2.48 | |
| 12 | 1 020 | 2 010 | 65 | 5 585 | — | 2.8 | 极限破坏 |

②位移测量结果与分析

16号试件荷载—位移关系曲线如图24-80所示。16号与15号为同一组试件，曲线规律也大体相近；虽然加载等级无大的差异，但位移的量值却很不一样，前者比后者大得多。这可能与很多因素有关，材料的非均质性和非线性是其中原因之一。

③应变测量结果与分析

16号试件荷载—应变关系曲线如图24-81所示。由图24-81可见，弱化部位的应变值均显著高于非弱化部位，而且高出的幅度也相当。这是合理的。被弱化部分的受力条件与非弱化部分相同（力传递性原理），但因部分介质被去掉，剩余介质即所谓被弱化介质因此必然产生

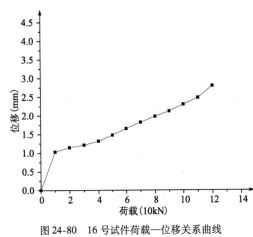

图24-80　16号试件荷载—位移关系曲线
（百分表测量）

应力集中现象，并首先出现破坏。而此时非弱化部分尚处于稳定状态。图24-82和表24-31中弱化效应区尚未出现封闭形态，只是与弱化部位的破坏状态相对应的应变数据未被及时采集到而已。显然，弱化效应对本试件来说是非常显著的。

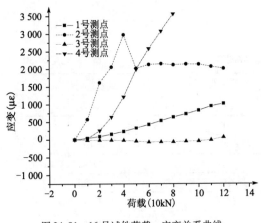

图24-81　16号试件荷载—应变关系曲线

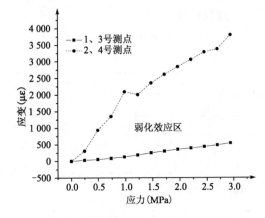

图24-82　16号试件平均应力—应变关系曲线

| 应力(MPa) | 1、3 号测点应变(με) | 2、4 号测点应变(με) | 应力(MPa) | 1、3 号测点应变(με) | 2、4 号测点应变(με) |
|---|---|---|---|---|---|
| 0 | 0 | 0 | 1.715 | 302.5 | 2 610 |
| 0.245 | 30 | 307.5 | 1.96 | 352.5 | 2 837.5 |
| 0.49 | 52.5 | 935 | 2.205 | 390 | 3 062.5 |
| 0.735 | 85 | 1 350 | 2.45 | 435 | 3 285 |
| 0.98 | 127.5 | 2 092.5 | 2.695 | 480 | 3 375 |
| 1.225 | 185 | 2 005 | 2.94 | 542.5 | 3 797.5 |
| 1.47 | 250 | 2 352.5 | — | — | — |

3)17 号试件

(1)宏观破坏

由于水泥土试件存在干裂问题,所以保存下来的试件表面难免存在纵横交错的细小裂纹。当荷载达到 40kN 时试件上垂直于加载方向的水平向裂缝多已闭合,与此同时,试件表面出现新的竖向裂缝。此时试件已进入临界破坏状态。试验加载到 162kN 时,试件完全破坏。

(2)测量结果及分析

①测量结果

17 号试件加载范围为 0～160kN,并在最后一级加载时达到极限破坏。试验测试结果见表 24-32。

| 荷载(10kN) | 应 变 (με) | | | | 位 移 | | 备 注 |
|---|---|---|---|---|---|---|---|
| | 1 | 2 | 3 | 4 | CGQ(με) | RG(mm) | |
| 0 | 0 | — | 0 | 0 | — | 0 | |
| 1 | 180 | — | 110 | −25 | | 1.29 | |
| 2 | 300 | — | 155 | −15 | | 1.6 | |
| 3 | 395 | — | 175 | 20 | | 1.81 | |
| 4 | 515 | — | 190 | 60 | | 1.97 | |
| 5 | 665 | — | 195 | 140 | | 2.105 | |
| 6 | 825 | — | 205 | 240 | | 2.225 | |
| 7 | 1 025 | — | 220 | 325 | | 2.335 | |
| 8 | 1 240 | — | 250 | 520 | | 2.445 | — |
| 9 | 1 490 | — | 275 | 845 | | 2.555 | |
| 10 | 1 750 | — | 315 | 1 305 | | 2.68 | |
| 11 | 1 990 | — | 365 | 1 735 | | 2.8 | |
| 12 | 2 235 | — | 435 | 2 295 | | 2.92 | |
| 13 | 2 500 | — | 515 | 2 940 | | 3.07 | |
| 14 | 2 765 | — | 615 | 3 685 | | 3.22 | |
| 15 | 3 030 | — | 765 | 4 555 | | 3.4 | |
| 16 | 3 255 | — | 945 | 6 220 | | 3.67 | 极限破坏 |

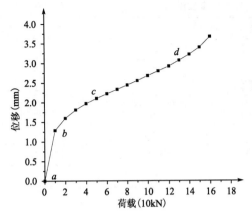

图 24-83　17 号试件荷载—位移关系曲线
（百分表测量）

②位移测量结果与分析

17 号试件的荷载—位移关系曲线如图 24-83 所示。该图具有以下特点：$ab$ 段荷载不大但位移较大。该位移并不完全是真实的，其中，有加载设备部件之间以及加载设备与试件之间各种缝隙被压缩的成分；把 $ab$ 段近似看成线性的是可以接受的，但也不是完全真实的；如果加载等级再细分，这就可能是一条弯曲的线段，只是难以做到且必要性不大罢了；$c$ 点是弯曲下凹点，$d$ 点则是曲线的上凹点，仅从这种曲线形态看，这种水泥土试件材料与前述混凝土试件的有相似之处，因而其脆性是肯定的，差异只是程度不同而已。

③应变测量结果与分析

17 号试件荷载—应变关系曲线如图 24-84 所示。该试件因故损坏了 2 号测点。但 3、4 号测点仍然可供比较。4 号测点位于弱化区，3 号测点位于非弱化区。4 号测点应变值在低荷载段比 3 号测点的略小（这一现象前面已经出现并述及），但在加载等级为 60kN 之后大幅度增加，相应的 3 号测点应变值变化幅度则较小，充分反映弱化效应非常显著。这在图 24-85 和表 24-33 中反映更为明显。由于试件材料在强度极限值后的数据未能测到，因而曲线没能闭合。

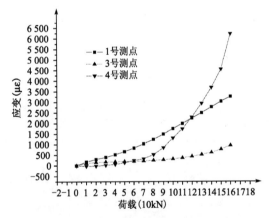

图 24-84　17 号试件荷载—应变关系曲线

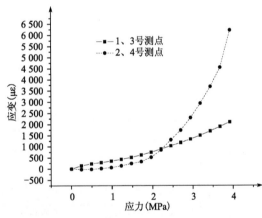

图 24-85　17 号试件平均应力—应变关系曲线

**17 号测点与平均应力相对应的应变实测值**　　　　　　　　　　表 24-33

| 应力（MPa） | 1、3 号测点应变（με） | 2、4 号测点应变（με） | 应力（MPa） | 1、3 号测点应变（με） | 2、4 号测点应变（με） |
| --- | --- | --- | --- | --- | --- |
| 0 | 0 | 0 | 2.205 | 882.5 | 845 |
| 0.245 | 145 | −25 | 2.45 | 1 032.5 | 1 305 |
| 0.49 | 227.5 | −15 | 2.695 | 1 177.5 | 1 735 |
| 0.735 | 285 | 20 | 2.94 | 1 335 | 2 295 |
| 0.98 | 352.5 | 60 | 3.185 | 1 507.5 | 2 940 |
| 1.225 | 430 | 140 | 3.43 | 1 690 | 3 685 |
| 1.47 | 515 | 240 | 3.675 | 1 897.5 | 4 555 |
| 1.715 | 622.5 | 325 | 3.92 | 2 100 | 6 220 |
| 1.96 | 745 | 520 | — | — | — |

### 24.5.7 第7组试件

第7组试件为水泥土弱化试件,共3块,因故损坏2块,余1块。在该试件中,水泥的掺量为15%,弱化孔深度为100mm,孔间距为18mm。该组试件旨在探讨弱化孔深度对弱化效应的影响,由于试件难以制作,且因故损坏2块,余下的18号试件数据只具有参考价值。该试件的2、4号测点位于弱化部位。

18号试件:

(1)宏观破坏

该试件加载前其表面存在若干因干燥而造成的纵横交错的裂缝。当荷载达到70kN时,试件上垂直于加载方向的水平向裂缝产生闭合,同时试件表面出现新的竖向裂缝,试件达到临界破坏状态。进一步加载至129kN时,试件达到完全破坏。

(2)测量结果及分析

①测量结果

该试件加载范围为0~129kN,当加载至最后一级荷载时,试件达到极限破坏。试验测试结果见表24-34。

**18号试件测量数据表** 表24-34

| 荷载(10kN) | 应 变 (με) | | | | 位 移 | | 备 注 |
| --- | --- | --- | --- | --- | --- | --- | --- |
| | 1 | 2 | 3 | 4 | CGQ(με) | RG(mm) | |
| 0 | 0 | 0 | 0 | 0 | — | 0 | |
| 1 | −10 | −20 | 55 | 40 | — | 0.37 | |
| 2 | −35 | −50 | 50 | 75 | — | 0.37 | |
| 3 | −85 | −105 | 95 | 120 | — | 0.475 | |
| 4 | −160 | −165 | 170 | 175 | — | 0.565 | |
| 5 | −235 | −210 | 260 | 240 | — | 0.665 | |
| 6 | −285 | −245 | 395 | 320 | — | 0.74 | — |
| 7 | −355 | −285 | 605 | 340 | — | 0.835 | |
| 8 | −415 | −310 | 860 | 375 | — | 0.935 | |
| 9 | −460 | −320 | 1 240 | 525 | — | 1.02 | |
| 10 | −460 | −285 | 1 645 | 690 | — | 1.095 | |
| 11 | −415 | −200 | 2 190 | 1 220 | — | 1.235 | |
| 12.9 | −250 | 35 | 2 850 | 1 205 | — | 1.415 | 极限破坏 |

②位移测量结果与分析

18号试件的荷载—位移曲线如图24-86所示。由图24-86可见,随着弱化孔深度加大,试件产生极限破坏的加载等级有所降低,相应地,位移量也有所减少;与弱化孔深度较小的15~17号试件相比,18号试件荷载—位移关系曲线首次出现 *ab* 段平台,表明随着弱化孔深度增大,试件材料的刚性在减少,而柔性有所增加。

③应变测量结果与分析

18号试件荷载—应变关系曲线如图24-87所示。图24-87所示曲线具有以下特点:位于弱化部

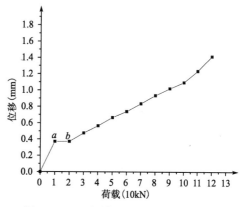

图24-86 18号试件荷载—位移关系曲线
(百分表测量)

位的 2 号测点在低荷载段应变值较小,加载至 40kN 以后应变值逐步升高,大于非弱化部位的应变值;这种试验现象基本上是正常的。位于弱化部位的与 2 号测点相对应的 4 号测点的情况与上述现象恰好相反。这可能与材料的不均匀性有关,也可能与测点编号有误有关,需要再仔细核查。在低压阶段,2、4 号测点平均应变值仍然高于 1、3 号测点的对应值。因此,可以这样理解,随着弱化孔加深,不仅试件整体强度降低,而且,该强度受弱化区强度所控制。

表 24-35 和图 24-88 反映了同上的类似情况。

**18 号试件与平均应力相对应的应变实测值**　　　　　表 24-35

| 应力(MPa) | 1、3 号测点应变(με) | 2、4 号测点应变(με) | 应力(MPa) | 1、3 号测点应变(με) | 2、4 号测点应变(με) |
|---|---|---|---|---|---|
| 0 | 0 | 0 | 1.715 | 480 | 312.5 |
| 0.245 | 32.5 | 30 | 1.96 | 637.5 | 342.5 |
| 0.49 | 42.5 | 62.5 | 2.205 | 850 | 422.5 |
| 0.735 | 90 | 1.225 | 2.45 | 1 052.5 | 487.5 |
| 0.98 | 165 | 170 | 2.695 | 1 302.5 | 710 |
| 1.225 | 247.5 | 225 | 2.94 | 1 550 | 620 |
| 1.47 | 340 | 282.5 | | | |

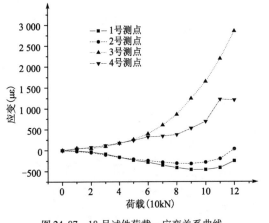

图 24-87　18 号试件荷载—应变关系曲线

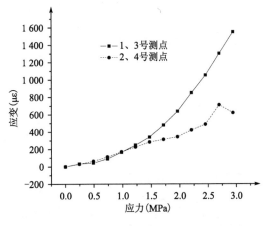

图 24-88　18 号试件平均应力—应变关系曲线

### 24.5.8　第 8 组试件

第 8 组试件为水泥土弱化试件,共 3 块,因故损坏 1 块,余 2 块。这组试件的水泥掺量为 15%,弱化孔深度为 150mm,孔间距为 18mm。2、4 号测点位于弱化部位。

1)19 号试件

(1)宏观破坏

由于水泥土试件干裂的原因,所以保存下来的该试件表面存在纵横交错的细小裂缝。当荷载达到 70kN 时该试件上垂直于加载方向的裂缝多已闭合,与此同时,试件表面出现新的竖向裂缝,试件达到临界破坏状态。试件加载到 114kN 时达到极限破坏。

(2)测量结果及分析

①测量结果

19 号试件加载范围为 0～114kN,并在最后一级加载时,达到极限破坏状态。试验测试结果见表 24-36。

| 荷载(10kN) | 应 变(με) | | | | 位 移 | | 备 注 |
|---|---|---|---|---|---|---|---|
| | 1 | 2 | 3 | 4 | CGQ(με) | RG(mm) | |
| 0 | 0 | 0 | 0 | 0 | — | 0 | |
| 1 | −20 | 10 | 55 | −30 | — | 0.52 | |
| 2 | −55 | 10 | 85 | −70 | — | 0.855 | |
| 3 | −450 | 10 | 115 | −115 | — | 1.105 | |
| 4 | −15 | 20 | 125 | −170 | — | 1.325 | |
| 5 | −30 | 90 | 145 | −235 | — | 1.535 | — |
| 6 | −280 | 310 | 185 | −315 | — | 1.74 | |
| 7 | −465 | 695 | 280 | −330 | — | 1.96 | |
| 8 | −465 | 1 240 | 470 | −265 | — | 2.15 | |
| 9 | −120 | 1 865 | 785 | −165 | — | 2.15 | |
| 10 | 580 | 2 530 | 1 360 | 20 | — | 2.56 | |
| 11.4 | 1 755 | 4 220 | 2 730 | 600 | — | 2.88 | 极限破坏 |

②位移测量结果与分析

19 号试件荷载—位移关系曲线如图 24-89 所示。该图表明:由于弱化深度加大,荷载—位移曲线明显出现变异(台阶),原有的圆滑曲线已不复存在。随着弱化孔深度加大,试件产生极限破坏的荷载在进一步降低;与此相反,位移量则是在明显增加。

③应变测量结果与分析

19 号试件的荷载—应变关系曲线如图 24-90 所示。该图曲线形态具有以下特点:1、2 号测点比较正常;2 号测点位于弱化部位,45kN 以后应变值逐步升高,产生应力集中现象。3、4 号测点则不是很正常;4 号测点位于弱化部位,其应变值与位于

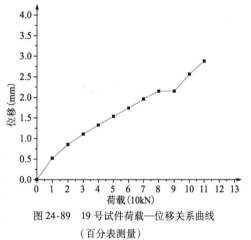

图 24-89  19 号试件荷载—位移关系曲线
(百分表测量)

非弱化部位的 3 号测点出现交错上升的情况。不过,由平均应力—应变曲线(表 24-37 和图 24-91)仍可看出,弱化区效应仍很明显,如图 24-91 中接近闭合曲线的 *abc* 所示。

**19 号试件与平均应力相对应的应变实测值**     表 24-37

| 应力(MPa) | 1、3 号测点应变(με) | 2、4 号测点应变(με) | 应力(MPa) | 1、3 号测点应变(με) | 2、4 号测点应变(με) |
|---|---|---|---|---|---|
| 0 | 0 | 0 | 1.47 | 232.5 | 312.5 |
| 0.245 | 37.5 | 20 | 1.715 | 372.5 | 512.5 |
| 0.49 | 70 | 40 | 1.96 | 467.5 | 752.5 |
| 0.735 | 282.5 | 62.5 | 2.205 | 452.5 | 1 015 |
| 0.98 | 70 | 95 | 2.45 | 970 | 1 275 |
| 1.225 | 87.5 | 162.5 | 2.695 | 2 242.5 | 2 410 |

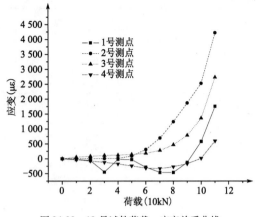

图 24-90  19 号试件荷载—应变关系曲线

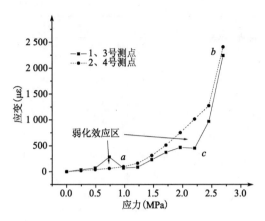

图 24-91  19 号试件的平均应力—应变关系曲线

2)20 号试件

(1)宏观破坏

当荷载达到 50kN 时,20 号试件表面垂直于加载方向的裂缝大多已闭合,与此同时,出现新的竖向裂缝,达到临界破坏状态。试件加载到 100kN 时,达到极限破坏。

(2)测量结果及分析

①测量结果

20 号试件的加载范围为 0~100kN,并在最后一级加载时达到极限破坏。该试件共设应变测点 4 个,其中,2 号测点因为粘贴欠牢靠而无法使用。试验测试结果见表 20-38。

**20 号试件测量数据表**                                                                表 24-38

| 荷载(10kN) | 应　　变 （μ$\varepsilon$） | | | | 位　　移 | | 备　　注 |
| --- | --- | --- | --- | --- | --- | --- | --- |
| | 1 | 2 | 3 | 4 | CGQ(μ$\varepsilon$) | RG(mm) | |
| 0 | 0 | — | 0 | 0 | 0 | 0 | |
| 1 | −100 | — | 525 | 60 | −100 | 0.49 | |
| 2 | −115 | — | 830 | 440 | 1 035 | 0.57 | |
| 3 | 5 | — | 1 090 | 1 310 | 3 755 | 0.655 | |
| 4 | 330 | — | 1 300 | 2 555 | 7 635 | 0.855 | |
| 5 | 800 | — | 1 485 | 3 795 | 10 690 | 1.055 | — |
| 6 | 1 350 | — | 1 660 | 4 785 | 13 395 | 1.245 | |
| 7 | 1 960 | — | 1 685 | 3 800 | 16 575 | 1.435 | |
| 8 | 2 670 | — | 1 720 | 3 815 | 17 525 | 1.635 | |
| 9 | 3 270 | — | 1 790 | 3 795 | 18 415 | 1.825 | |
| 10 | 2 400 | — | 1 950 | 2 060 | 19 550 | 0 | 极限破坏 |

②位移测量结果与分析

20 号试件荷载—位移曲线如图 24-92 所示。同 19 号试件相比,20 号试件的破坏荷载略小,相应的位移也小一些。这两个试件为同一类型试件,产生差异的原因可能是材料的非均质性所致。尽管存在一定差异,曲线形态还是相近的,即随着弱化孔深度进一步加深,曲线出现了平台(19 号试件)和斜坡(20 号试件)。总之,与非弱化试件相比,包括 20 号试件在内的弱化试件均具有以下两个特点:试件的破坏荷载降低,相应的位移量减小;曲线形态发生变异,试件整体刚度有所下降。这正是弱化效应所致。

③应变测量结果分析

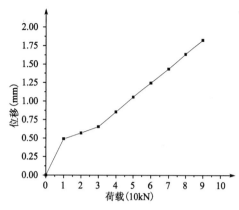

图 24-92　20 号试件荷载—位移关系曲线
（百分表测量）

20 号试件测点的荷载—应变关系曲线如图 24-93 所示。4 号和 3 号测点是对应点,前者位于弱化区,后者位于非弱化区。二者如同扭麻花般发生着有趣的变化:当荷载在 25kN 时,4 号测点应变值略小于 3 号测点;荷载在 25kN 后,4 号测点应变值陡然增加,而 3 号测点应变值仍作缓慢增加,于是两条曲线组成斜"8"字形。4 号测点在加载达到 25kN 之后开始产生应力集中,至 $b$ 点达到最大值,$b$ 点是弱化材料进入极限破坏状态的起点。而此时非弱化区仍然受力不大,依旧完好无损。这可看成弱化效应最为典型的例子之一。实际上,显著的弱化效应在表 24-39 和图 24-94 中更为清楚。

20 号试件与平均应力相对应的应变实测值
表 24-39

| 应力(MPa) | 1、3 号测点应变($\mu\varepsilon$) | 2、4 号测点应变($\mu\varepsilon$) | 应力(MPa) | 1、3 号测点应变($\mu\varepsilon$) | 2、4 号测点应变($\mu\varepsilon$) |
|---|---|---|---|---|---|
| 0 | 0 | 0 | 1.47 | 1 505 | 4 785 |
| 0.245 | 312.5 | 60 | 1.715 | 1 822.5 | 3 800 |
| 0.49 | 472.5 | 440 | 1.96 | 2 195 | 3 815 |
| 0.735 | 547.5 | 1 310 | 2.205 | 2 530 | 3 795 |
| 0.98 | 815 | 2 555 | 2.45 | 2 175 | 2 060 |
| 1.225 | 1 142.5 | 3 795 | — | — | — |

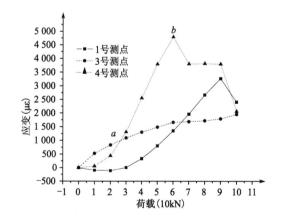

图 24-93　20 号测点荷载—应变关系曲线

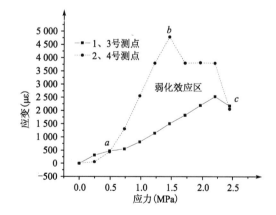

图 24-94　20 号试件平均应力—应变关系曲线

## 24.5.9　第 9 组试件

第 9 组试件为水泥土弱化试件,共 3 块。水泥的掺量为 30%,弱孔深度为 100mm,孔间距为 18mm。2、4 号测点位于弱化区。

1)21 号试件

(1)宏观破坏

21 号试件在加载至 60kN 时,出现微小裂缝,达到临界破坏状态;在加载至 100kN 时,试件中部出现裂缝;在加载至 145kN 时,加载出现不稳定的情况。继续加载至 214kN 时,试件达到极限破坏。

(2)测量结果及分析

①测量结果

21 号试件加载范围为 0~214kN。试验测试结果见表 24-40。

21 号试件测量数据表 表 24-40

| 荷载(10kN) | 应 变 (με) | | | | 位 移 | | 备 注 |
| | 1 | 2 | 3 | 4 | CGQ(με) | RG(mm) | |
|---|---|---|---|---|---|---|---|
| 0 | 0 | 0 | 0 | 0 | — | 0 | |
| 1 | 0 | 15 | 30 | 90 | — | 0.44 | |
| 2 | 5 | 20 | 75 | 305 | — | 0.86 | |
| 3 | 5 | 10 | 130 | 550 | — | 1.185 | |
| 4 | 0 | −40 | 185 | 900 | — | 1.36 | |
| 5 | −5 | −25 | 260 | 1 320 | — | 1.475 | |
| 6 | −5 | −5 | 355 | 1 730 | — | 1.56 | |
| 7 | 5 | 30 | 465 | 2 105 | — | 1.63 | |
| 8 | 10 | 145 | 590 | 2 460 | — | 1.73 | |
| 9 | 20 | 290 | 715 | 2 795 | — | 1.785 | |
| 10 | 45 | 435 | 850 | 3 095 | — | 1.84 | |
| 11 | 70 | 565 | 970 | 3 135 | — | 1.88 | — |
| 12 | 65 | 595 | 905 | 3 000 | — | 1.89 | |
| 13 | 80 | 720 | 945 | 3 105 | — | 1.895 | |
| 14 | 105 | 865 | 900 | 3 235 | — | 1.92 | |
| 15 | 140 | 1 040 | 1 050 | 3 335 | — | 1.94 | |
| 16 | 165 | 1 190 | 1 095 | 3 405 | — | 1.95 | |
| 17 | 190 | 1 330 | 1 120 | 3 510 | — | 1.955 | |
| 18 | 225 | 1 440 | 1 165 | 3 640 | — | 1.93 | |
| 19 | 275 | 1 525 | 1 235 | 3 750 | — | 1.9 | |
| 20 | 400 | 1 745 | 1 435 | 3 725 | — | 1.81 | |
| 21 | 650 | 2 320 | 1 660 | 3 505 | — | 1.77 | |
| 21.4 | — | — | — | — | | 5.77 | 极限破坏 |

②位移测量结果与分析

21 号试件荷载—位移关系曲线如图 24-95 所示。

该试件是与第 18 号试件相对应的,两者弱化孔密度和长度均相同,差异只是水泥含量不同。该试件水泥含量为30%,18号试件为15%。比较图24-96和图24-87可知:21号试件比18号试件的破坏荷载约高1倍,而位移量相差无几。21号试件与18号试件的曲线形态明显不同,前者线性段较长,后者的较短;前者在b点之后呈渐进弯曲形;后者在b点之后近似为一条直线。由于试件水泥含量增加,试件强度明显增大,直接导致破坏荷载显著增大。

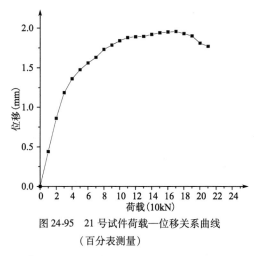

图24-95　21号试件荷载—位移关系曲线

（百分表测量）

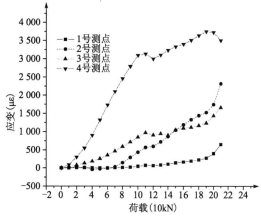

图24-96　21号试件荷载—应变关系曲线

③应变测量结果与分析

21号测点的荷载—应变关系曲线如图24-96所示。由图24-96显见:位于弱化区的2、4号测点应变值较大,位于非弱化区的1、3号测点应变值较小。这是前述分析中已多次出现的典型规律。虽然荷载对称性难以做到很理想,一般在试件两侧由于荷载不均衡的原因可能会产生一定差异,但无论是位于哪一侧的测点,其应变值分布的上述规律总是不变。这是非常有意义的事情。该试件的弱化效应区(表24-41和图24-97)同样未封闭,但显然比图24-89中的大。

**21号试件与平均应力相对应的应变实测值**　　　　　　表24-41

| 应力(MPa) | 1、3号测点应变(με) | 2、4号测点应变(με) | 应力(MPa) | 1、3号测点应变(με) | 2、4号测点应变(με) |
|---|---|---|---|---|---|
| 0 | 0 | 0 | 2.94 | 485 | 1 797.5 |
| 0.245 | 15 | 52.5 | 3.185 | 512.5 | 1 912.5 |
| 0.49 | 40 | 162.5 | 3.43 | 502.5 | 2 050 |
| 0.735 | 67.5 | 280 | 3.675 | 595 | 2 187.5 |
| 0.98 | 92.5 | 470 | 3.92 | 630 | 2 297.5 |
| 1.225 | 132.5 | 672.5 | 4.165 | 655 | 2 420 |
| 1.47 | 180 | 867.5 | 4.41 | 695 | 2 540 |
| 1.715 | 235 | 1 067.5 | 4.655 | 755 | 2 637.5 |
| 1.96 | 300 | 1 302.5 | 4.9 | 917.5 | 2 735 |
| 2.205 | 367.5 | 1 542.5 | 5.145 | 1 155 | 2 912.5 |
| 2.45 | 447.5 | 1 765 | 5.243 | — | — |
| 2.695 | 520 | 1 850 | — | — | — |

图24-97表明,位于弱化区的2、4号测点的应变值,比位于非弱化区的1、3号测点的高得多。这种高应变值现象,是弱化区介质存在高应力的结果。将图24-97同图24-88进行比较,发现两者的峰值应力有很大差异,21号试件的峰值应力为5.243MPa,18号试件的则只有2.94MPa,两者相差78%。

2)22 号试件

（1）宏观破坏

22 号试件在加载至 130kN 时，表面出现微小裂缝，试件达到临界破坏状态，在加载至 190kN 时，加载出现不稳定的情况。继续加载至 293kN 时，试件完全破坏。

（2）测量结果及分析

①测量结果

22 号试件加载范围为 0～293kN，并在最后一级加载时达到极限破坏状态，试验停止。试验测试结果见表 24-42。

②位移测量结果与分析

22 号试件荷载—位移关系曲线如图 24-98 所示。图 24-98 所示曲线具有以下特点：位移随着荷载增加而增大，其线性段（$ab$）较短，约为 0.625mm。破坏荷载同 21 号试件（214kN）相比更大（290kN），说明即使是同一试件，介质材料的离散性仍然是存在的。

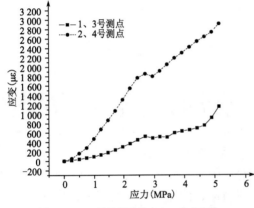

图 24-97　21 号试件平均应力—应变曲线

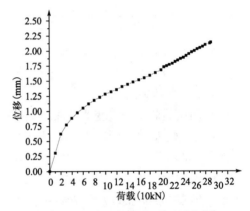

图 24-98　22 号试件荷载—位移关系曲线
（百分表测量）

**22 号试件测量数据表**　　　　　　　　表 24-42

| 荷载（10kN） | 应　变（$\mu\varepsilon$） | | | | 位　移 | | 备　注 |
|---|---|---|---|---|---|---|---|
| | 1 | 2 | 3 | 4 | CGQ（$\mu\varepsilon$） | RG（mm） | |
| 0 | 0 | 0 | 0 | 0 | — | 0 | |
| 1 | 275 | −15 | 65 | 15 | | 0.305 | |
| 2 | 505 | −25 | 135 | 15 | | 0.62 | |
| 3 | 670 | −30 | 180 | 25 | | 0.775 | |
| 4 | 815 | −30 | 225 | 35 | | 0.885 | |
| 5 | 930 | −30 | 275 | 60 | | 0.975 | — |
| 6 | 1 035 | −20 | 335 | 65 | | 1.05 | |
| 7 | 1 130 | −5 | 395 | 85 | — | 1.12 | |
| 8 | 1 200 | 15 | 475 | 110 | | 1.18 | |
| 9 | 1 280 | 50 | 550 | 145 | | 1.23 | |
| 10 | 1 365 | 85 | 640 | 185 | | 1.28 | |

| 荷载(10kN) | 应 变 （με） | | | | 位 移 | | 备 注 |
| --- | --- | --- | --- | --- | --- | --- | --- |
| | 1 | 2 | 3 | 4 | CGQ(με) | RG(mm) | |
| 11 | 1 460 | 130 | 750 | 245 | — | 1.32 | |
| 12 | 1 560 | 185 | 855 | 290 | — | 1.355 | |
| 13 | 1 665 | 255 | 975 | 355 | — | 1.405 | |
| 14 | 1 780 | 330 | 1 100 | 420 | — | 1.44 | |
| 15 | 1 900 | 415 | 1 235 | 495 | — | 1.48 | |
| 16 | 2 025 | 520 | 1 390 | 595 | — | 1.515 | |
| 17 | 2 160 | 625 | 1 520 | 675 | — | 1.55 | |
| 18 | 2 285 | 735 | 1 680 | 780 | — | 1.59 | |
| 19 | 2 455 | 875 | 1 865 | 845 | — | 1.635 | |
| 20 | 2 605 | 975 | 2 030 | 895 | — | 1.68 | |
| 20.5 | 2 755 | 1 030 | 2 225 | 955 | — | 1.73 | |
| 21 | 2 855 | 1 060 | 2 320 | 1 000 | — | 1.75 | |
| 21.5 | 2 940 | 1 085 | 2 415 | 1 030 | — | 1.77 | |
| 22 | 3 020 | 1 115 | 2 515 | 1 085 | — | 1.79 | — |
| 22.5 | 3 105 | 1 135 | 2 635 | 1 145 | — | 1.82 | |
| 23 | 3 195 | 1 165 | 2 750 | 1 195 | — | 1.845 | |
| 23.5 | 3 300 | 1 175 | 2 870 | 1 265 | — | 1.87 | |
| 24 | 3 385 | 1 195 | 2 980 | 1 325 | — | 1.89 | |
| 24.5 | 3 485 | 1 210 | 3 100 | 1 415 | — | 1.92 | |
| 25 | 3 585 | 1 215 | 3 225 | 1 490 | — | 1.95 | |
| 25.5 | 3 670 | 1 230 | 3 335 | 1 550 | — | 1.98 | |
| 26 | 3 765 | 1 235 | 3 440 | 1 635 | — | 2 | |
| 26.5 | 3 845 | 1 230 | 3 545 | 1 720 | — | 2.03 | |
| 27 | 3 925 | 1 245 | 3 640 | 1 790 | — | 2.05 | |
| 27.5 | 3 985 | 1 260 | 3 745 | 1 875 | — | 2.07 | |
| 28 | 3 985 | 1 245 | 3 855 | 1 975 | — | 2.1 | |
| 28.8 | 3 455 | 1 225 | 3 970 | 2 075 | — | 2.125 | |
| 29.3 | 2 825 | 1 185 | 4 075 | 2 180 | — | 2.14 | 极限破坏 |

③应变测量结果分析

22 号试件荷载—应变关系曲线如图 24-99 所示。图 24-99 中曲线形态表明,这是一组不正常的曲线,其规律恰好与前述规律相反;弱化区应力水平低,非弱化区应力水平高,这是不合理的。出现这种现象的可能原因,是测点的编号可能出错,因此有必要仔细进行核实。表 24-43 和图 24-100 显示了弱化效应的负效应区。

**22 号试件与平均应力相对应的应变实测值** 表 24-43

| 应力(MPa) | 1、3 号测点应变(με) | 2、4 号测点应变(με) | 应力(MPa) | 1、3 号测点应变(με) | 2、4 号测点应变(με) |
| --- | --- | --- | --- | --- | --- |
| 0 | 0 | 0 | 0.98 | 520 | 32.5 |
| 0.245 | 170 | 15 | 1.225 | 602.5 | 45 |
| 0.49 | 320 | 20 | 1.47 | 685 | 42.5 |
| 0.735 | 425 | 27.5 | 1.715 | 762.5 | 45 |

| 应力（MPa） | 1、3号测点应变（με） | 2、4号测点应变（με） | 应力（MPa） | 1、3号测点应变（με） | 2、4号测点应变（με） |
|---|---|---|---|---|---|
| 1.96 | 837.5 | 62.5 | 5.39 | 2 767.5 | 1 100 |
| 2.205 | 915 | 97.5 | 5.512 5 | 2 870 | 1 140 |
| 2.45 | 1 002.5 | 135 | 5.635 | 2 972.5 | 1 180 |
| 2.695 | 1 105 | 187.5 | 5.757 5 | 3 085 | 1 220 |
| 2.94 | 1 207.5 | 237.5 | 5.88 | 3 182.5 | 1 260 |
| 3.185 | 1 320 | 305 | 6.002 5 | 3 292.5 | 1 312.5 |
| 3.43 | 1 440 | 375 | 6.125 | 3 405 | 1 352.5 |
| 3.675 | 1 567.5 | 455 | 6.247 5 | 3 502.5 | 1 390 |
| 3.92 | 1 707.5 | 557.5 | 6.37 | 3 602.5 | 1 435 |
| 4.165 | 1 840 | 650 | 6.492 5 | 3 695 | 1 475 |
| 4.41 | 1 982.5 | 757.5 | 6.615 | 3 782.5 | 1 517.5 |
| 4.655 | 2 160 | 860 | 6.737 5 | 3 865 | 1 567.5 |
| 4.9 | 2 317.5 | 935 | 6.86 | 3 920 | 1 610 |
| 5.022 5 | 2 490 | 992.5 | 7.056 | 3 712.5 | 1 650 |
| 5.145 | 2 587.5 | 1 030 | 7.105 | 3 450 | 1 682.5 |
| 5.267 5 | 2 677.5 | 1 057.5 | — | — | — |

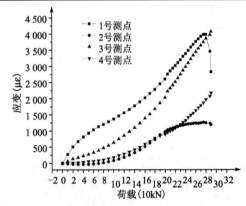

图 24-99　22 号试件荷载—应变关系曲线

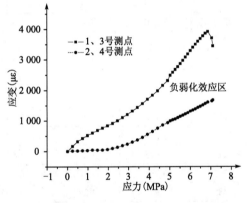

图 24-100　22 号试件平均应力—应变关系曲线

**3）23 号试件**

**（1）宏观破坏**

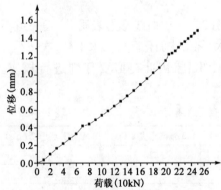

图 24-101　23 号试件荷载—位移关系（曲线）

（百分表测量）

23 号试件在加载至 80kN 时，其表面出现微小裂缝，试件进入临界破坏状态。在加载至 160kN 时，试件中部出现裂缝；在加载至 205kN 时，加载出现不稳定的情况。加载至 255kN 时，试件完全破坏。

**（2）测量结果及分析**

**①测量结果**

23 号试件加载范围为 0～255kN，并在最后一级加载时试件达到极限破坏状态。试验测试结果见表24-44。

**②位移测量结果与分析**

23 号试件荷载—位移关系曲线如图24-101 所示。

该曲线具有以下特点:破坏荷载较大,位移较大,两者均介于 21 号试件和 22 号试件之间;位移随荷载增加近似呈线性增加,其形态与 21 号试件具有较大差异;造成这种差异的原因尚需进一步探讨。

23 号试件测量数据表　　　　　　　表 24-44

| 荷载(10kN) | 应　变　（με） | | | | 位　移 | | 备　　注 |
| | 1 | 2 | 3 | 4 | CGQ(με) | RG(mm) | |
| --- | --- | --- | --- | --- | --- | --- | --- |
| 0 | 0 | 0 | 0 | 0 | — | 0 | |
| 1 | 15 | 10 | 100 | 10 | — | 0.035 | |
| 2 | 40 | 25 | 175 | 10 | — | 0.1 | |
| 3 | 70 | 60 | 245 | 25 | — | 0.165 | |
| 4 | 110 | 100 | 320 | 40 | — | 0.22 | |
| 5 | 155 | 150 | 395 | 60 | — | 0.275 | |
| 6 | 205 | 200 | 485 | 105 | — | 0.33 | |
| 7 | 270 | 245 | 575 | 165 | — | 0.42 | |
| 8 | 335 | 290 | 670 | 225 | — | 0.44 | |
| 9 | 415 | 335 | 775 | 305 | — | 0.49 | |
| 10 | 490 | 375 | 895 | 395 | — | 0.54 | |
| 11 | 590 | 405 | 1 025 | 510 | — | 0.59 | |
| 12 | 690 | 435 | 1 175 | 650 | — | 0.645 | |
| 13 | 805 | 475 | 1 360 | 825 | — | 0.7 | |
| 14 | 900 | 530 | 1 490 | 1 030 | — | 0.76 | |
| 15 | 980 | 590 | 1 610 | 1 225 | — | 0.82 | — |
| 16 | 1 100 | 670 | 1 790 | 1 490 | — | 0.89 | |
| 17 | 1 230 | 815 | 1 985 | 1 735 | — | 0.955 | |
| 18 | 1 370 | 915 | 2 170 | 2 000 | — | 1.02 | |
| 19 | 1 500 | 1 030 | 2 375 | 2 275 | — | 1.08 | |
| 20 | 1 660 | 1 165 | 2 580 | 2 550 | — | 1.16 | |
| 20.5 | 1 760 | 1 270 | 2 730 | 2 780 | — | 1.23 | |
| 21 | 1 850 | 1 380 | 2 845 | 2 940 | — | 1.245 | |
| 21.5 | 1 935 | 1 495 | 2 975 | 3 130 | — | 1.27 | |
| 22 | 2 025 | 1 630 | 3 095 | 3 325 | — | 1.31 | |
| 22.5 | 2 115 | 1 830 | 3 220 | 3 470 | — | 1.35 | |
| 23 | 2 205 | 2 125 | 3 360 | 3 560 | — | 1.375 | |
| 23.5 | 2 315 | 2 495 | 3 485 | 3 650 | — | 1.41 | |
| 24 | 2 410 | 2 880 | 3 590 | 3 700 | — | 1.435 | |
| 24.5 | 2 530 | 3 470 | 3 720 | 3 735 | — | 1.47 | |
| 25 | 2 650 | 4 030 | 3 830 | 3 810 | — | 1.5 | |
| 25.5 | 2 835 | 4 860 | 3 955 | 4 080 | — | — | 极限破坏 |

③23 号测点应变测量结果与分析

23 号试件荷载—应变关系曲线如图 24-102 所示。由图 24-102 可见,应变随荷载的增加而增加;在中低压段,弱化部分的应变值均较小,在高压段均较大,由此曲线构成未完全闭合的"8"字形形状;未闭合的原因是弱化区产生应力集中并产生破坏时,人工逐点测读有时来不及。由表 24-45 和图 24-103 可见,该试件弱化区并不是很大,弱化效应较21 号和 22 号试件为小。

**23 号试件与平均应力相对应的应变实测值** 表 24-45

| 应力(MPa) | 1、3 号测点应变(με) | 2、4 号测点应变(με) | 应力(MPa) | 1、3 号测点应变(με) | 2、4 号测点应变(με) |
|---|---|---|---|---|---|
| 0 | 0 | 0 | 3.92 | 1 445 | 1 080 |
| 0.245 | 57.5 | 10 | 4.165 | 1 607.5 | 1 275 |
| 0.49 | 107.5 | 17.5 | 4.41 | 1 770 | 1 457.5 |
| 0.735 | 157.5 | 42.5 | 4.655 | 1 937.5 | 1 652.5 |
| 0.98 | 215 | 70 | 4.9 | 2 120 | 1 857.5 |
| 1.225 | 275 | 105 | 5.022 5 | 2 245 | 2 025 |
| 1.47 | 345 | 152.5 | 5.145 | 2 347.5 | 2 160 |
| 1.715 | 422.5 | 205 | 5.267 5 | 2 455 | 2 312.5 |
| 1.96 | 502.5 | 257.5 | 5.39 | 2 560 | 2 477.5 |
| 2.205 | 595 | 320 | 5.512 5 | 2 667.5 | 2 650 |
| 2.45 | 692.5 | 385 | 5.635 | 2 782.5 | 2 842.5 |
| 2.695 | 807.5 | 457.5 | 5.757 5 | 2 900 | 3 072.5 |
| 2.94 | 932.5 | 542.5 | 5.88 | 3 000 | 3 290 |
| 3.185 | 1 082.5 | 650 | 6.002 5 | 3 125 | 3 602.5 |
| 3.43 | 1 195 | 780 | 6.125 | 3 240 | 3 920 |
| 3.675 | 1 295 | 907.5 | 6.247 5 | 3 395 | 4 470 |

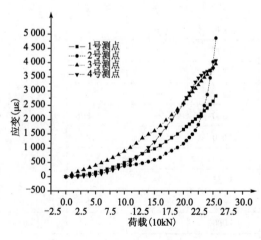

图 24-102 23 号试件荷载—应变关系曲线

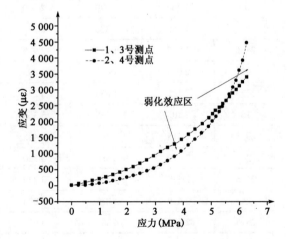

图 24-103 23 号试件平均应力—应变关系曲线

# 24.6 综合分析及结论

## 24.6.1 破坏荷载分析

（1）无论是混凝土试件还是水泥土试件，在破坏时均是弱化部位先破坏，表现为试件的下部边缘首先出现裂缝、小的脱落等临界破坏现象。这表明在荷载作用下，试件的弱化部位首先产生应力集中，并在弱化部首先产生破坏。

（2）到达极限破坏时，混凝土试件明显地表现出弱化和非弱化的区别。一般弱化部分的表面有多条裂缝，严重时有大量混凝土脱落，而非弱化部分均没有太大的破坏，说明弱化效应比较明显，业已达到预期目的。这些现象在水泥土试件中尤为突出，非弱化层的完好无损与弱化层的严重破坏形成了鲜明的对比。

（3）从宏观上看，试件的材质和所承受的荷载有很大关系，这在水泥土试件中反映得很明显。同样是孔间距18mm，孔深100mm，但是水泥掺量为30%的试件所承受极限荷载为280kN以上，而水泥掺量为15%的试件的极限破坏荷载仅为120kN，前者为后者的3倍。

（4）宏观上，水泥土试件的水泥掺量应该加大，因为水泥土试件一共浇筑了18块，但是由于试件水泥含量低的原因，水泥掺量为7.5%的试件完全干裂破坏，以至于无法贴片而不能试验，而水泥掺量为15%的坏了4块，剩下的15%含量的水泥土试件均有不同程度的裂缝，缝宽可达到1mm。而水泥掺量为30%的水泥土试件却完好无损，这些试件的损坏，对分析数据有较大影响。

## 24.6.2 荷载位移特性分析

本次试验中对位移参数的测量，采用了多种方法，如钢卷尺测量、百分表测量和位移传感器测量。但是钢卷尺测量误差较大，不能满足试件分析需要。传感器测量两次标定的结果均不甚满意。这种仪器精度较高，可靠性较差，数据只有一定的参考价值。采用百分表测量是比较成功的。它基本反映了试件在荷载作用下的位移变化，是分析的重要依据。

百分表测典型曲线（图24-42）较为明显的特点是，在加载之初位移较大，大多为1mm左右，这是因为试件在安放时上、下表面都有纱布找平，在0～100kN时，此变形中会掺有纱布变形，以及各部（试）件之间缝隙闭合的成分，并非完全是试件位移。曲线的bc段，是试件的稳定变形阶级，曲线具有明显的非线性性质。曲线进入c点之后，位移又陡然增大，这是试件破坏的预兆。

## 24.6.3 荷载应变特性分析

这次试验的数据较多，由于试件材质的问题，应变片的有效粘贴比较困难，使得这次测量数据部分不理想，还有少量测点由于应变片的脱落而无法测得数据。但是从所测得数据中还是有所发现的。

（1）在非弱化试件的应变曲线中，获得了试件两侧上、下部位对应应变曲线基本一致的分布规律。这表明相应试件的荷载较为均匀。这对比较分析弱化试件具有意义。

（2）在弱化试件的应变曲线中，较为典型的如图24-79所示。

从图 24-79 明显看出,弱化层所在测点应变值在 $a$ 点位置发生转折的特点,表明弱化层此时已达到极限破坏,应变值迅速下降,与此相反,在 2、4 号测点应变曲线从峰值开始跌落时,非弱化层所在测点应变曲线尚处在上升趋势。只有待非弱化层应变曲线从峰值跌落,并与弱化层曲线形成麻花形曲线时,整个受力变形过程才告结束。

上述过程可以说明弱化层所起的作用是显而易见的。它使应力集中首先发生在弱化区域,其完全破坏的情况下,试件非弱化部分仍完好无损,从而实现了弱化吸能的目的。

这次试验的许多结果是比较令人满意的。

# 24.7 小　结

(1)弱化效应是客观存在的。不同的介质具有不同的弱化效应。一个比较均匀的介质,在被弱化处理之后,相对于未被弱化的部分,在整体受力过程中,就会产生弱化效应。被弱化部分首先产生应力集中现象并首先出现破坏,与此同时非弱化部分因受力不大而完好无损。很好地利用这一效应,将会产生巨大的经济效益。

(2)试件无侧限单轴抗压试验条件下,弱化效应不仅是存在的,而且是显著的。但是较之三轴动载条件下的试件,其弱化效应仍将小得多。弱化效应的巨大效益潜藏在破碎介质中。单轴试验时因无侧限,使得荷载在弱化区被压碎后即无法加载,因而三轴静力或动力试验是十分必要的,它与实际情况也比较接近。

# 参 考 文 献

[1] Ana Ivanovic, Richard D Neilson, et al. Influence of prestress on the dynamic response of ground anchorages[J]. Journal of Geotechnical and Geoenvironmental Engineering. 2002, 128(3):237-249

[2] Zhao P J, Lok T S, et al. Simplified spall – resistance design for combined rock bolts and steel fiber reinforced shotcrete support system subjected to shock load[A] // Proceedings of 5th Asia-pacific conference on shock & impact loads on structures[C]. Changsha, China, 2003: 465-478

[3] Hagedorn H. Dynamic rock bolt test and UDEC simulation for a large carven under shock load [A] // Proceeding of International UDEC/3DEC Symposium on Numerical Modeling of Discrete Materialsin Geotechnical Engineering, Civil Engineering, and Earth Sciences[C]. Bochum, Germany, 2004:191-197

[4] 曾宪明,陈肇元,等.锚固类结构安全性与耐久性问题探讨[J].岩石力学与工程学报, 2004, 23(13): 2235-2242

[5] 李世民,韩省亮,曾宪明,等.锚固类结构抗爆性能研究进展[J].岩石力学与工程学报, 2008, 27(9):3553-3562

[6] 汪剑辉,阎顺,等.复合土钉支护在我国的研究与应用[J].施工技术,2006,35(1):15-19

[7] 曾宪明,李世民,林大路.新型复合锚固结构静力弱化效应试验研究[J].防护工程, 2008(4)

[8] 陈肇元,崔京浩.土钉支护在基坑工程中的应用[M].北京:中国建筑工业出版社,1998

[9]  中国工程建设标准化协会标准.CECS 96:97  基坑土钉支护技术规程[S].北京:中国工程建设标准化协会,1997

[10]  曾宪明.三区理论概述[J].辽宁工程技术大学学报(自然科学报),2001(4):390-392

[11]  (日)江守一郎.模型实验的理论与应用[M].郭廷玮,李安定,译.北京:科学出版社,1984

[12]  曾宪明,林润德.软土土钉支护作用机理相似模型试验研究[J].岩石力学与工程学报,2000,19(4):534-538

# 25 新型复合锚固结构静力弱化效应与机制三轴试验研究

本章为研究新型复合锚固类结构的弱化机制及其在静载作用下的特性,进行了静力三轴试验研究。研究表明:弱化试件同非弱化试件相比,其平均变形量为后者的2.7倍,最大为7.3倍,其平均承载力为后者的1.8倍,最大为3.2倍;在非弱化试件中的锚杆已达到很高应变状态或试件已产生极限破坏条件下,弱化试件中的锚杆尚处很低应变状态;弱化试件荷载—应变关系曲线中的"峡谷"现象是弱化孔间的孔壁介质由于应力集中而出现超载破坏,引起试件产生相对卸载的结果,而多次"峡谷"现象的发生,实质上反映了孔壁介质从破裂、破碎到压实的全过程效应;复合锚固类结构的弱化效应非常显著,其间存在极大潜能,充分利用这一潜能,将具有巨大的社会、经济和军事效益。

## 25.1 概　　述

复合锚固类结构以往在隧道、边坡工程中有大量应用,特别是1992年以来在城建基坑工程中大有取代单一土钉支护的趋势。与之相应的是开展了许多科研工作,提出了若干有价值的成果[1-4]。国外研究与应用情况亦大体如此[5-7],只是国外一般不作锚固类结构或复合锚固类结构这种称谓。但是上述工作大多是考虑静力问题,动力问题考虑较少。复合锚固类结构形式[8-9]很多,如常用的"锚杆—土钉—超前锚管微桩"、"土钉—锚索—搅拌桩"复合结构等。近年来,项目组提出了一种新型复合锚固结构,指出它具有超乎寻常的抗动载能力。这种复合锚固结构,就是在系统布置的锚杆端部,按照一定的比例,人为地预留一段空孔,使其系统地形成一个弱化区,对原有的围岩介质加以劣化,使该区域内介质强度和稳定性低于原岩区。这样做的结果,就在单一或复合的围岩介质中造成了三介质系统(图25-1):原岩区,被弱化区(空

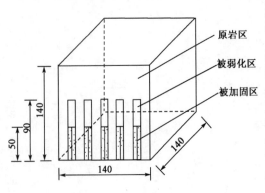

图25-1　弱化试件透视示意图(单位:mm)

孔区),被加固区。由于就材料强度和结构稳定性而言,总是有被加固区 > 原岩区 > 弱化区,因而当爆炸波在这三种介质中传播时,弱化区介质首先要产生应力集中并破坏,此时被加固区承载结构上受力较小。弱化区的高应力、大变形和碎裂破坏,换得了结构的安全、稳定及其时间。上述过程已为原型和相似模型动载试验所证实。但这种结构抗静载性能尚不清楚。为探讨这一问题,项目组进行了此种复合结构与无弱化区的试件的静力三轴对比试验。本章概述了该试验的主要条件、结果和结论。为叙述方便,下文所提新型复合锚固类结构就专指这种结构形式。

## 25.2 试验方法与条件

试验方法为制作不同类型复合锚固类结构试件进行静力三轴对比试验,并进行有关参数的量测。

共制作 2 组试件,每组为 3 块。一组为弱化试件,如图 25-1 所示。另一组为非弱化试件,如图 25-2 所示。试件采用水泥土制作,水泥含量为土的 18%。水泥强度等级为 32.5R。土为洛阳 $Q_2$ 黄土,制作前过筛,筛孔直径为 2mm。水泥土的水灰比为 0.6。弱化孔的密度和孔径与锚孔的相同,如图 25-3 所示。锚杆采用 $\phi2mm$ 的铅丝模拟。注浆为纯水泥浆,水泥强度等级为 32.5R,水灰比为 0.5。忽略锚杆垫板和钢筋网面层等因素。

图 25-1、图 25-2 分别是设有空孔的三介质系统和无空孔的双介质系统。由于只做弱化效应对比研究,采用图中试件样式,虽是一种简化处理,弱化效果还是有可能显现出来的。

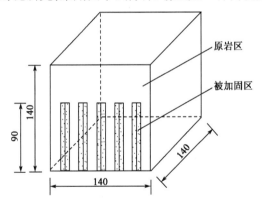

图 25-2 非弱化试件透视示意图(单位:mm)

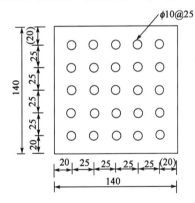

图 25-3 弱化孔布置平面图(单位:mm)

对两类试件中锚杆作应变量测,各测 3 根锚杆,每根设 5 个测点。测点布置在第 2 界面上(即锚固体上)。方法是:预先制作锚固体并贴片,然后将其插入灌满砂浆的锚孔中。第 1 界面因空间受限而未布测点。两类试件中锚杆应变测点布置如图 25-4 和图 25-5 所示。弱化试件中锚杆测点布置与非弱化试件的相对应。

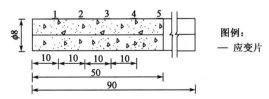

图 25-4 弱化试件中锚杆测点布置(单位:mm)

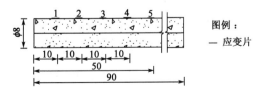

图 25-5 非弱化试件中锚杆测点布置(单位:mm)

对试件应变的测量采用在试件表面布设测点的方法。先用锉子在试件待贴片部位锉一小

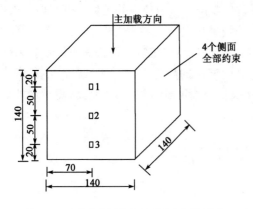

图 25-6　试件应变测点布置透视示意图(单位:mm)

槽,然后涂底胶粘贴应变片(连接导线亦用此方法),以免试验时测点被挤坏。两类试件应变测点布置如图 25-6 所示。

试件位移采用千分表量测。试验前,将千分表布置在试件主加载方向上。

将制作完毕的试件进行洒水养护,28d 后置于拉—压真三轴仪上进行对比试验。外加荷载采用三向受压方式,水平方向限制试件侧向变形和位移,垂直方向为主加载方向,用压力表测读并记录加载大小。为获得更多的试验数据,初始加载等级较低,且级差较小。加

载等级设计见表 25-1。加卸载采用缓慢的速率进行,直至产生极限破坏为止。

试 验 加 载 等 级

表 25-1

| 加 载 等 级 | 荷载($10^{-2}$kN) | 备　注 | 加 载 等 级 | 荷载($10^{-2}$kN) | 备　注 |
|---|---|---|---|---|---|
| 1 | 200 | | 8 | 2 800 | |
| 2 | 400 | | 9 | 3 200 | |
| 3 | 800 | | 10 | 3 600 | |
| 4 | 1 200 | 加载至每一等级后均卸载至零 | 11 | 4 000 | 加载至每一等级后均卸载至零 |
| 5 | 1 600 | | 12 | 4 400 | |
| 6 | 2 000 | | 13 | 4 800 | |
| 7 | 2 400 | | …… | …… | |

# 25.3　试　验　结　果

两类试件的荷载—位移曲线分别如图 25-7 和图 25-8 所示。

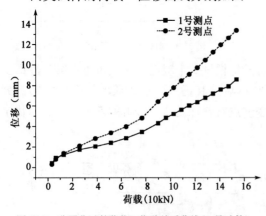

图 25-7　非弱化试件荷载—位移关系曲线(3 号试件)

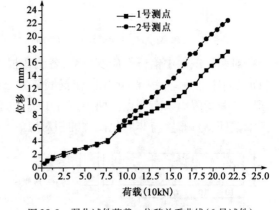

图 25-8　弱化试件荷载—位移关系曲线(6 号试件)

两类试件中锚杆荷载—应变关系曲线分别如图 25-9 和图 25-10 所示。

两类试件的荷载—应变关系曲线分别如图 25-11 和图 25-12 所示。

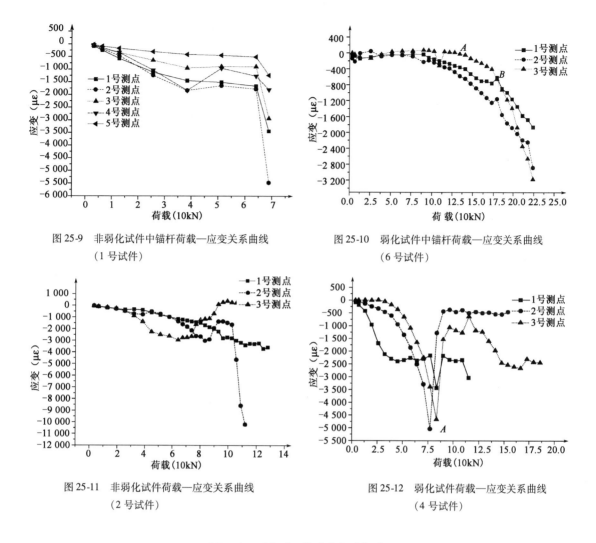

图 25-9　非弱化试件中锚杆荷载—应变关系曲线
（1 号试件）

图 25-10　弱化试件中锚杆荷载—应变关系曲线
（6 号试件）

图 25-11　非弱化试件荷载—应变关系曲线
（2 号试件）

图 25-12　弱化试件荷载—应变关系曲线
（4 号试件）

# 25.4　综合分析与结论

## 25.4.1　两类试件受力变位分析

分析比较两类试件的荷载—位移关系,它们存在以下特点:

(1)位移量值相差悬殊。非弱化试件,最大位移量值分别为 3.09mm(1 号试件)、7.14mm (2 号试件)和 13.37mm(3 号试件);弱化试件最大位移量值则分别为 22.58mm(4 号试件)、18.93mm(5 号试件)和 22.5mm(6 号试件)。前者平均位移量仅为后者的 30%。

(2)极限破坏荷载相差悬殊。非弱化试件,最大加载等级分别为 68.8kN(1 号试件)、128kN(2 号试件)和 153.5kN(3 号试件);弱化试件的最大加载等级则分别为 204.8kN(4 号试件)、192kN(5 号试件)和 217.6kN(6 号试件)。前者平均加载量级为后者的 57%。

(3)偏载问题。在理想状态下,两条位移曲线应重合,不重合就说明试件受力存在偏载问题。非弱化试件从一开始就出现曲线分岔现象,并随着荷载加大而增加。弱化试件在低压段曲线重合良好,此后随着荷载升高,同样出现曲线分岔现象。分析认为,这种偏载问题可能是试件材料不甚均匀以及试验装置本身性能所引起,可视为一种可容许的误差。

上述(1)和(2)的差异是如何造成的? 根据非弱化试件荷载—位移关系曲线形态以及试件在极限破坏时的爆裂声,可以认为此类试件材料属于脆性材料。但由于在弱化试件内设有弱化孔,加载过程中,弱化孔之间的间壁首先产生应力集中,导致间壁首先产生破坏。不过,这种破坏是局部性的,仅限于弱化区,在此区内破坏的产物(碎裂块体)被逐步压裂、压碎、压实之后,试件作为一个整体仍能承受较大的荷载,特别是位于加固区的结构依然完好。非弱化试件则不同,它一旦破坏就带有整体性,发生整体崩溃,无法再承受荷载。

弱化试件具有比非弱化试件大得多的位移。这一位移主要发生在弱化区内。产生大位移的结果必然要耗散大量能量。这里耗散的是弱化孔间的间壁介质的应变能,它由高度应力集中所引起。

### 25.4.2 两类试件中的锚杆受力变形分析

分析图 25-9 和图 25-10 知:

(1)两类试件中锚杆均置于相应试件的上端面,其轴线均与主加载方向一致。因而锚杆主要受压,所测得应变值绝大部分取负值,这是合理的。

(2)两类试件中锚杆应变存在以下显著差异:

①非弱化试件中锚杆,在加载至 65kN 之前,其应变值随荷载增加而增加,且靠近加载面者增加幅度较大,远离者较小;加载至 65kN 之后,应变曲线发生突变,随后试件产生极限破坏。

②弱化试件中锚杆,在加载至 80kN 之前,不随荷载增加而增加,其量值保持在一个很低的水平($0 \sim 200\mu\varepsilon$);加载至 80kN 之后,随着荷载升高,其应变值逐步增大,至试件产生极限破坏时止,应变曲线未发生突变现象。

(3)上述现象均因弱化区的存在所引起。弱化试件中锚杆的内锚固端与弱化孔相连。在弱化孔之间的间壁未破坏之前,锚杆整体随间壁的变形而变形,但锚杆与被加固介质不产生大的相对变形,因而受力不明显。

弱化试件中锚杆在承受很低应力水平同时,弱化孔间壁处于高度应力集中状态。待间壁破坏之后,锚杆才开始受力。这就是为什么在较高荷载下,弱化试件中测不到锚杆显著变形的原因。

(4)注意图 25-10 中的 A 和 B 点,在加载过程中,锚杆应变绝对值存在局部短时降低现象。这是弱化孔间壁破裂之后,进一步被压碎、压实的反映。这一过程从试件的荷载—应变关系曲线(图 25-12)中也可得到印证。这表明,在三介质系统中,最弱的弱化区介质是首先破坏的,其结果是使得此时加固结构依然完好无损。

### 25.4.3 两类试件受力变形分析

分析图 25-11 和图 25-12 可见:

(1)两类试件应变片的主要受力方向与主加载方向一致,主要受压。所测结果绝大多数为负应变。这是合理的。极个别点出现受拉,这是由材料不均匀性所致,没有代表性。

(2)两类试件最大的差异是:随着荷载增加,非弱化试件应变绝对值呈非线性增加,直至产生极限破坏;弱化试件应变绝对值最初随荷载增加而增大,在达到某一峰值后,随荷载增加而减小,在减小到一个很小值后再次随荷载增加而非线性地增大,于是曲线出现"峡谷"(图 25-12 的 A 点),此谷地在加载等级为 $60 \sim 90kN$ 的范围内。此时,弱化试件的荷载—位移关系曲线、锚杆的荷载—应变关系曲线均出现了短暂异常波动,表明"峡谷"现象不是偶然的。

(3)"峡谷"现象的实质是,弱化孔之间的孔壁由于应力高度集中而出现超载破坏和大变形,引起试件产生短时相对卸载。

(4)观察弱化试件的荷载—应变关系曲线尾端发现,此时曲线均有上翘趋势,即试件尚有二次相对卸载趋势。实际上,由于量测技术上的原因,数据不是自动采集,而是人工判读,限于时间,且接近破坏阶段,加载难于进行稳定控制,最终有若干数据未能及时获得。如能获得更完整的数据,试件荷载—应变关系曲线可能出现多次"峡谷"现象,即产生多次相对卸载。多次"峡谷"现象的本质,是弱化孔之间的孔壁由破裂→破碎→压实的全过程反映。这一过程极大地延缓了试件产生整体破坏的时间,其间隐含了极大的技术经济效果。

# 25.5 小　结

(1)弱化试件同非弱化试件相比,其平均变形量为后者的 2.7 倍,最大为后者的 7.3 倍;其平均承载能力为后者 1.8 倍,最大为后者的 3.2 倍。

(2)在非弱化试件中锚杆已达到很高应变值状态或试件已破坏条件下,弱化试件中锚杆还基本处于不受力或受力较小状态。这是弱化效应所致。

(3)"峡谷"现象是弱化孔之间的孔壁介质由于应力集中而出现超载破坏,引起试件产生相对卸载的结果。多次"峡谷"现象的产生,实质上反映了孔壁介质从破裂、破碎到压实的全过程。

(4)复合锚固结构的弱化效应非常显著,其间存在极大潜能,充分地利用这一潜能,将具有巨大的社会、经济和军事效益。

(5)受试验设备所能提供的极限荷载限制,且又要进行破坏试验,因此,所设计试件的整体强度偏低。

(6)取得最优的弱化效应是本项目研究目标。优化弱化效应牵涉到弱化孔的直径、密度和长度之间合理组合关系,并与围岩介质强度和稳定性密切相关。这些工作还有待下一步作深入探讨。

## 参 考 文 献

[1] 苏立君,韩波,廖红建,等.土钉支挡体系的稳定性研究[J].岩石力学与工程学报,2001,20(增1):1269-1273

[2] 曾宪明,林皋,易平,等.土钉支护软土边坡的加固机理实验研究[J].岩石力学与工程学报,2002,21(3):429-432

[3] 张晃,郑俊杰,辛凯.土钉支护技术在软土基坑中的应用[J].岩石力学与工程学报,2002,21(6):923-925

[4] 陈世勇,王元汉.土钉支护技术在风化岩边坡工程中的应用[J].岩石力学与工程学报,2002,21(11):1681-1684

[5] 宋二祥,邱玥.基坑复合土钉支护的有限元分析[J].岩土力学,2001,22(3):241-244

[6] 刘彦忠.复合土钉墙技术在杂填土层基坑支护中的应用[J].岩土力学,2002,23(4):

520-523

[7] 陈肇元, 崔京浩. 土钉支护在基坑工程中的应用[M]. 2 版. 北京: 中国建筑工业出版社, 2000

[8] 美国联邦公路局. FHWA-SA-96-069R 土钉墙设计施工与监测手册[M]. 佘诗刚, 译. 北京: 中国科学技术出版社, 2005

[9] Gyaneswor Pkharel, Tatsumi Ochiai, Design and Construction of a new Soil nailing (PAN Wall) method[J]. Ground Engineering, 1997, 30(5): 28

# 26 新型复合锚固结构抗爆效应与机制数值模拟分析

随着科学技术的发展,特别是计算技术和电子技术的发展,数值分析方法已逐渐成为结构强动力响应分析的重要手段之一。对于爆炸效应分析,目前的数值计算已可以从爆轰开始,一直计算到结构的动力响应,进行全过程、全区域的分析。数值方法能够解全套的流场方程,比各种代数方程有更大的适应性。

本次数值模拟涉及爆炸流场的传播、结构动力响应、围岩中应力波传播三个方面,传统动力有限元程序难于解决,因此,采用比较成熟的商业程序 LS-DYNA(970 版)来模拟分析❶。

## 26.1 LS-DYNA 程序简介

ANSYS/LS-DYNA[1-2]是著名的通用显式非线性动力分析有限元程序,可以求解各种二维、三维非线性结构的高速碰撞、爆炸和金属成型等接触非线性、冲击荷载非线性和材料非线性问题。DYNA 程序系列最初是 1976 年在美国 Lawrence Livermore 国防实验室由 J. O. Hallquist 主持开发完成的。后经多个版本的功能扩充和改进,在北约内部广为使用,成为国际著名的非线性动力分析软件,在武器结构设计、内弹道和终点弹道、军用材料研制等方面得到了广泛的应用。1996 年,LSTC 公司推出 LS-DYNA,并由 ANSYS 公司开发出接口,称为 ANSYS/LS-DYNA。

ANSYS/LS-DYNA 程序的单元类型众多,有二维、三维单元,薄壳、厚壳、体、梁单元,ALE、Euler、Larange 单元等。各类单元又有多种理论算法可供选择,具有大位移、大应变和大转动性能,单元积分采用沙漏黏性阻尼以克服零能模式,单元计算速度快,节省存储量并且精度都达到二阶,可以满足各种实体结构、薄壁结构和流固耦合的有限元网格剖分需要。

ANSYS/LS-DYNA 程序目前有百余种金属和非金属材料模型可供选择,如弹性、超弹性、泡沫、玻璃、地质、土壤、混凝土、流体、复合材料、炸药、刚性及用户自定义材料,并可考虑材料失效、损伤、黏性、蠕变、与温度相关、与应变率相关等性质。

ANSYS/LS-DYNA 程序具有很广泛的分析功能,可模拟二维、三维结构的物理特性:非线

---

❶ 此项计算由杨秀敏、邓国强等完成。

性动力分析,热分析,失效分析,裂纹扩展分析,接触分析,准静态分析,欧拉场分析,任意拉格朗日—欧拉(ALE)分析,流体—结构相互作用分析,实时声场分析,多物理场耦合分析。

## 26.2　程序主要算法

LS-DYNA 提供 Lagrange、Euler 和 ALE 三种算法供用户选择[3-7]。

Lagrange 方法多用于固体结构的应力应变分析,以物质坐标为基础,其所描述的网格单元以类似"雕刻"方式划分在用于分析的结构上,即采用 Lagrange 方法描述的网格和分析结构是一体的,有限元节点即为物质点。采用这种方法时,分析结构形状的变化和有限单元网格的变化完全是一致的,物质不会在单元与单元之间发生流动。该方法主要的优点是能够非常精确地描述结构边界的运动,但当处理大变形问题时,由于算法本身特点的限制,将会出现严重的网格畸变现象,因此不利于计算进行。

Euler 方法以空间坐标为基础,使用该方法划分的网格和所分析的物质结构是相互独立的,网格在整个分析过程中始终保持最初空间位置不动,有限元节点即为空间点,其所在空间位置在整个分析过程中始终不变。很显然,由于算法自身的特点,网格的大、小形状和空间位置不变,因此,在整个数值模拟过程中,各个迭代过程中计算数值的精度是不变的。但该方法在物质边界的捕捉上较为困难,多用于流体分析中。使用这种方法时网格与网格间的物质是可以流动的,即材料可在一个固定的计算域中流动。

ALE 方法兼具 Lagrange 方法和 Euler 方法二者的特长,即首先在结构边界运动的处理上它引进了 Lagrange 方法的特点,因此能够有效跟踪物质结构边界的运动;其次在内部网格划分上,它吸收了 Euler 的长处,既使内部网格单元独立于物质实体而存在,又不完全和 Euler 网格相同,网格可以根据定义的参数在求解过程中适当调整位置,使得网格不致出现严重畸变。该方法在分析大变形问题时是非常有利的。使用这种方法时网格与网格之间物质也是可以流动的。

## 26.3　基　本　原　理

### 26.3.1　控制方程

LS-DYNA 程序的主要算法采用 Lagrange 描述增量法[1]。取初始时刻的质点坐标为 $X_\alpha$ ($\alpha = 1,2,3$)。在任意时刻 $t$,该质点坐标 $x_i$($i = 1,2,3$),则该质点的运动方程为:

$$x_i = x_i(X_\alpha, t) \qquad (i = 1,2,3) \tag{26-1}$$

在 $t = 0$ 时刻,初始条件为:

$$x_i(X_\alpha, 0) = X_\alpha \tag{26-2}$$

$$\dot{x}_i(X_\alpha, 0) = v_i(X_\alpha) \tag{26-3}$$

式中,$v_i$ 为初始速度。

(1)质量守恒方程

$$\rho V = \rho_0 \tag{26-4}$$

式中,$\rho$ 为当前质量密度;$V$ 为相对体积,即变形梯度矩阵行列式 $F_{ij}$,$F_{ij} = \dfrac{\partial x_i}{\partial X_j}$;$\rho_0$ 为初始

质量密度。

（2）动量方程

$$\sigma_{ij} + \rho f_i = \rho \ddot{x}_i \qquad (26\text{-}5)$$

式中，$\sigma_{ij}$ 为柯西应力张量；$f_i$ 为单位质量体积力矢量；$\ddot{x}_i$ 为加速度矢量。

（3）能量守恒方程

能量守恒方程用于状态方程计算和总的能量平衡，其表达式为：

$$\dot{E} = V s_{ij} \dot{\varepsilon}_{ij} - (p + q)\dot{V} \qquad (26\text{-}6)$$

式中，$\dot{V}$ 为现时构形体积；$s_{ij}$ 为偏应力张量，$s_{ij} = \sigma_{ij} + (p + q)\delta_{ij}$；$p$ 为静水压力，$p = -\frac{1}{3}\sigma_{ij}\delta_{ij} - q = -\frac{1}{3}\sigma_{kk} - q$；$\dot{\varepsilon}_{ij}$ 为应变率张量；$q$ 为体积黏性阻力。

（4）边界条件（图 26-1）

① 面力边界条件

在边界 $s_1$ 上，

$$\sigma_{ij} n_i = t_i(t) \qquad (26\text{-}7)$$

式中，$n_i(i = 1, 2, 3)$ 为现时构形边界的外法线方向余弦；$t_i(i = 1, 2, 3)$ 为面力荷载。

② 位移边界条件

在边界 $s_2$ 上，

$$x_i(X_\alpha, t) = D_i(t) \qquad (26\text{-}8)$$

式中，$D_i(t)$ $(i = 1, 2, 3)$ 为给定位移函数。

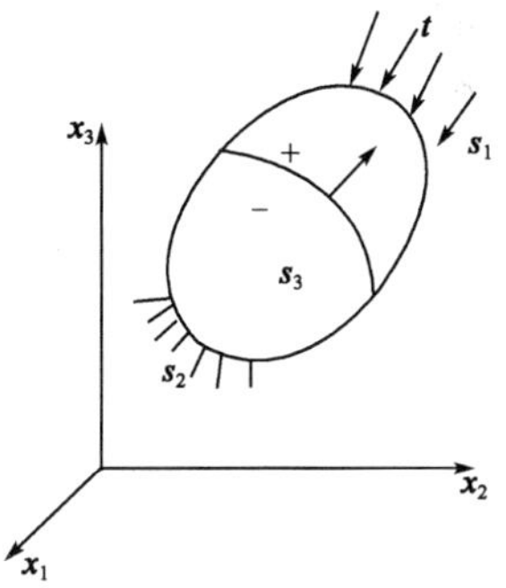

图 26-1  边界条件

③ 滑动接触面间断跳跃条件

当 $x_i^+ = x_i^-$ 时，沿内部边界 $s_3$ 上有：

$$(\sigma_{ij}^+ - \sigma_{ij}^-) n_i = 0 \qquad (26\text{-}9)$$

根据上述条件，有：

$$\int_V (\rho \ddot{x}_i - \sigma_{ij,j} - \rho f_i)\delta x_i \mathrm{d}v + \int_{s_1} (\sigma_{ij} n_j - t_i)\delta x_i \mathrm{d}s + \int_{s_3} (\sigma_{ij}^+ - \sigma_{ij}^-) n_j \delta x_i \mathrm{d}s = 0 \quad (26\text{-}10)$$

式中，$\delta x_i$ 在 $s_1$ 上满足位移边界条件。

由散度定律：

$$\int_V (\sigma_{ij}\delta x_i)_{,j} \mathrm{d}v = \int_{s_1} \sigma_{ij} n_j \delta x_i \mathrm{d}s + \int_{s_3} (\sigma_{ij}^+ - \sigma_{ij}^-) n_j \delta x_i \mathrm{d}s \qquad (26\text{-}11)$$

及

$$(\sigma_{ij}\delta x_i)_{,j} - \sigma_{ij,j}\delta x_i = \sigma_{ij}\delta x_i$$

得到伽辽金弱形式平衡方程的虚功原理变分列式：

$$\delta \pi = \int_V \rho \ddot{x}_i \delta x_i \mathrm{d}v + \int_V \sigma_{ij}\delta x_{i,j} \mathrm{d}v - \int_V \rho f_i \delta x_i \mathrm{d}v - \int_{s_1} t_i \delta x_i \mathrm{d}s = 0 \qquad (26\text{-}12)$$

若在初始构形上加上由节点定义的有限元网格，则质点运动方程为：

$$x_i(X_\alpha, t) = x_i[X_\alpha(\xi, \eta, \zeta), t] = \sum_{j=1}^{k} \phi_j(\xi, \eta, \zeta) x_i^j(t) \qquad (26\text{-}13)$$

式中，$\phi_j$ 为自然坐标 $(\xi, \eta, \zeta)$ 的形状函数；$k$ 为定义单元的节点数目；$x_i^j$ 为 $i$ 方向上第 $j$ 个节点的坐标值。

对于 8 节点六面体实体单元,方程为:

$$x_i(X_\alpha, t) = \sum_{j=1}^{8} \phi_j(\xi, \eta, \zeta) x_i^j(t) \tag{26-14}$$

形状函数为:

$$\phi_j = \frac{1}{8}(1 + \xi\xi_j)(1 + \eta\eta_j)(1 + \zeta\zeta_j) \tag{26-15}$$

式中,$\xi_j$、$\eta_j$、$\zeta_j$ 取值分别为( $\pm 1$, $\pm 1$, $\pm 1$ )。

### 26.3.2 时间步长计算

用中心差分法求解常微分方程时,具有二阶精度,又是显式的,但它是有条件稳定的,在 LS-DYNA 中采用变时步长增量解法。先计算每一个单元的极限时间步长 $\Delta t_{ei}$,$\Delta t_{ei}$ 为显式中心差分法稳定性条件允许的最大时间步长,则下一步时间步长 $\Delta t$ 取所有单元极限时间步长的极小值:

$$\Delta t = \min\{\Delta t_1, \Delta t_2, \cdots, \Delta t_N\} \tag{26-16}$$

式中,$N$ 为单元总数。

各种单元类型的极限时间步长 $\Delta t_{ei}$ 采用不同的算法,对于三维实体单元:

$$\Delta t_e = \frac{\alpha L_e}{Q + (Q^2 + c^2)^{\frac{1}{2}}} \tag{26-17}$$

式中,$\alpha$ 为时步因子,其值通常取 $0.6 \sim 0.9$;$L_e$ 为单元特征长度,对于 8 节点实体单元,$L_e = \frac{V_e}{A_{emax}}$;$V_e$ 为单元体积;$A_{emax}$ 为单元中最大的面积;$c$ 为等熵声速,由状态方程 $c = \left[\frac{4G}{3\rho_0} + \left.\frac{\partial P}{\partial \rho}\right|_s\right]^{\frac{1}{2}}$ 求出,其中,$\rho = \frac{1}{V}$;$G$ 是弹性剪切模量;$\rho_0$ 是初始密度;$P$ 是压力;$Q$ 为体积黏性系数,$Q = \begin{cases} C_1 c + C_0 L_e |\dot{\varepsilon}_{kk}| & \dot{\varepsilon}_{kk} < 0 \\ 0 & \dot{\varepsilon}_{kk} \geqslant 0 \end{cases}$,其中,$C_0$、$C_1$ 为无量纲常数(默认取值分别为 1.5 和 0.6)。

本次计算中通过添加关键字 * CONTROL-TIMESTEP 实现此项控制,取 $\alpha = 0.1$。

### 26.3.3 应力波与人工体积黏性

爆炸在结构内部产生应力波,形成压力、密度、质点加速度和能量的跳跃,给动力学微分方程组的求解带来困难。1950 年,Von Neumann 和 Richtmyer 提出,将一个人工体积黏性 $q$ 加进压力顶,使应力波的强间断模拟成在相当狭窄区域内急剧变化但却是连续变化的。此法后来被所有求解波传播的流体动力有限差分程序和有限元程序采用,只是在具体算法上各有改进。在 LS-DYNA 中,将一个人工体积黏性 $q$ 加进压力顶,来处理激波的强间断,使区间连续变化,标准算法是:

$$q = \begin{cases} \rho l |\dot{\varepsilon}_{kk}| (C_0 l |\dot{\varepsilon}_{kk}| - C_1 c) & \dot{\varepsilon}_{kk} < 0 \\ 0 & \dot{\varepsilon}_{kk} \geqslant 0 \end{cases} \tag{26-18}$$

式中,$C_0$、$C_1$ 为无量纲常数(默认取值分别为 1.5 和 0.6);$l$ 为单元体积的立方根(对三维问题);$c$ 为等熵声速;$\rho$ 为当前质量密度;$|\dot{\varepsilon}_{kk}|$ 为应变率张量的迹。

引入人工体积黏性后，应力计算公式变成：

$$\sigma_{ij} = S_{ij} + (P + q)\delta_{ij} \tag{26-19}$$

式中，$P$ 为压力；$S_{ij}$ 为偏应力张量。

本次数值模拟中通过添加关键字 *CONTROL-BULK-VISCOSITY 实现此项控制。

### 26.3.4 单点高斯积分和沙漏控制非线性动力分析程序

该程序用于工程计算，最大的困难是耗费机时过多。显式积分的每一时步，单元计算的机时占总机时的主要部分，采用单点高斯积分的单元计算可以极大地节省数据存储量和运算次数，但是单点积分可能引起零能模式，LS-DYNA 采用沙漏黏性阻尼算法，其中缺省算法为在单元各个节点处沿 $X$ 轴方向引入沙漏黏性阻尼力：

$$f_{ik} = - a_k \sum_{j=1}^{3} h_{ij} \Gamma_{jk} \tag{26-20}$$

式中，$h_{ij}$ 为沙漏模态的模，$h_{ij} = \sum_{k=1}^{8} \dot{x}_i^k \Gamma_{jk}$；$a_k = Q_{hg}\rho V_e^{\frac{2}{3}}c/4$；其中，$V_e$ 为单元体积；$c$ 为等熵声速；$\rho$ 为当前质量密度；$Q_{hg}$ 为用户定义的常数，通常取为 $0.05 \sim 0.15$。

将各单元节点的沙漏黏性阻尼组集成总体沙漏黏性阻尼力 $H$。此时，非线性运动方程组改写成如下形式：

$$M\ddot{x}(t) = P(x,t) - F(x,\dot{x}) + H \tag{26-21}$$

由于沙漏模态与实际变形的其他基矢量是正交的，沙漏模态在运算中不断进行控制，沙漏黏性阻尼力所做的功在总能量中可以忽略，沙漏黏性阻力的计算比较简单，耗费的机时极少。

本次数值模拟中通过添加关键字 *CONTROL-HOURGLASS 实现沙漏控制。

### 26.3.5 无反射边界条件

无反射边界（Non-reflecting boundary）又称透射边界（transmitting boundary）或无反应边界（silent boundary），主要应用于无限体或半无限体中，为减小研究对象的尺寸而采用的边界条件。无反射边界采用以下算法进行处理：先列出所有组成无反射边界的单元，在所有无反射边界的单元上加上黏性正应力和剪应力：

$$\sigma = - \rho v_p v_{normal} \tag{26-22}$$

$$\tau = - \rho v_s v_{tan} \tag{26-23}$$

式中，$\rho$ 为质量密度；$v_{normal}$ 为沿该人工边界上法向速度分量；$v_{tan}$ 为沿该人工边界上切向速度分量；$v_p$ 为入射的纵波波速；$v_s$ 为入射的横波波速。

本次数值模拟通过添加关键字 *BOUNDARY-NON-REFLECTING 实现此项条件。

### 26.3.6 流构耦合算法

LS-DYNA 程序中的流构耦合算法包括共节点、接触算法、欧拉/拉格朗日耦合算法三类，均可在一定程度上实现流体—结构耦合[1-8]。在这三类方法中，欧拉/拉格朗日耦合算法是真正意义上的流构耦合算法。在进行爆炸分析时，欧拉/拉格朗日流构耦合方法可以避免因为炸药网格畸变过大造成的计算发散、计算结果不可信等缺陷。同时，在建立几何模型和有限元网格划分时，结构与流体的几何模型以及网格可以重叠在一起，随意交叉。

LS-DYNA 程序中采用关键字 *CONSTRAINED-LAGRANGE-IN-SOLID 来实现欧拉/拉格朗日耦合算法。计算中则通过一定的约束方法将结构与流体耦合在一起，以实现力学参量的

< 359 >

传递。LS-DYNA 程序中欧拉/拉格朗日耦合算法的主要约束方法有:加速度约束、加速度和速度约束、加速度和速度法向约束及罚函数约束等。

本次计算采用欧拉/拉格朗日流构耦合方法,耦合类型选用允许 Lagrange 实体出现侵蚀的罚函数耦合。

# 26.4 有限元计算模型

本次数值模拟的主要目的是通过数值计算定量和定性地对比两种锚固结构的抗爆性能,与试验结果的可靠性相互验证,了解复合锚固结构构造措施段微观结构的演化过程,并对其作用机制得出一些初步认识。考虑到实际试验条件十分复杂,数值模拟不可能完全再现试验条件及试验中炸药爆炸与结构的相互作用过程,因此对问题做了简化处理。

计算模型对应于试验中第14炮时的情形,即装药量为 4 200g、单一锚固结构洞室首次出现破坏时情形。取实际问题正中间的一个薄层进行分析,作"准二维"的近似,使用单层网格计算。

有限元模型由炸药、空气、围岩和锚固区四部分组成,见图 26-2,其中,复合锚固结构模型中空孔的尺寸与试验设计尺寸一致。建立二分之一模型,单层网格。采用多物质流构耦合分析方法,炸药和空气采用欧拉算法,围岩和锚固区采用拉格朗日算法。炸药的起爆点与试验一致,在炸药上表面以下的 1.25cm 处(在炸药对称面上)。空气域与围岩结构相互交错,以提供炸药材料的可能流动空间。

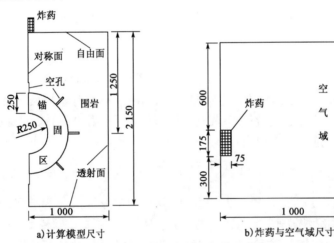

a)计算模型尺寸          b)炸药与空气域尺寸

图26-2　计算模型及尺寸(单位:mm)

在对称面上施加对称约束,对整个模型施加厚度方向的约束,对模型底面及侧面施加透射边界,结构上表面为自由面,如图 26-2a)所示。

单位制采用 cm-g-μs 制。计算时间取为 700μs,每 2.5μs 输出一个结果数据文件。

模型网格划分如图 26-3 所示。爆炸近区,单元大小为 1cm×1cm;锚固区及邻近锚固区的围岩网格较密,大小控制在 1cm×1cm 以内,爆炸远区及洞室远区围岩网格划分相对稀疏一些。炸药和空气域的网格共节点,大小控制在 1cm×1cm 以内。单一锚固结构整个计算模型的单元数量为 37 393 个,复合锚固结构整个计算模型的单元数量为 37 177 个。

除复合锚固结构有限元模型有构造措施段(空孔)外,两个计算模型的大小、边界条件及网格划分完全一致。

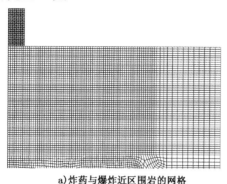

a)炸药与爆炸近区围岩的网格   b)锚固区及围岩的网格

图 26-3　计算模型的有限元网格

# 26.5　材料模型和状态方程

材料模型的选择及其参数正确与否直接决定着数值计算结果的可靠性。本报告中的材料模型及其参数均是在参考权威文献及实测的基础上给出的。

### 26.5.1　TNT 炸药材料模型及状态方程

采用 JWL 状态方程[1-2,9]和 LS-DYNA 中的高能炸药本构关系描述 TNT 炸药。

JWL 状态方程一般形式为：

$$P = A\left(1 - \frac{\omega}{R_1 V}\right)e^{-R_1 V} + B\left(1 - \frac{\omega}{R_2 V}\right)e^{-R_2 V} + \frac{\omega E_0}{V} \qquad (26\text{-}24)$$

式中，$P$ 为爆轰物的压力；$E_0$ 为爆轰物的比内能；$V$ 为爆轰产物比容；$A$、$B$、$R_1$、$R_2$、$\omega$ 为描述 JWL 方程的 5 个独立物理常数。

TNT 炸药的主要材料参数见表 26-1。

**TNT 炸药的主要材料参数**　　　　　　　　　　　表 26-1

| 符　号 | 物 理 意 义 | 单 位 | 取 值 |
|---|---|---|---|
| $\rho$ | 密度 | kg/m³ | $1.60 \times 10^3$ |
| $D$ | 爆速 | m/s | $6.9 \times 10^3$ |
| $P_{CJ}$ | CJ 爆轰压力 | Pa | $2.06 \times 10^{10}$ |
| $A$ | 材料常数 | Pa | $3.738 \times 10^{11}$ |
| $B$ | 材料常数 | Pa | $3.75 \times 10^9$ |
| $R_1$ | 材料常数 | — | 4.15 |
| $R_2$ | 材料常数 | — | 0.9 |
| $\omega$ | 材料常数 | — | 0.35 |
| $E_0$ | 初始内能 | J/m³ | $6.0 \times 10^9$ |
| $V_0$ | 初始相对体积 | — | 1.0 |

### 26.5.2 空气材料模型及状态方程

空气采用 LS-DYNA 中的空材料模型和线性多项式状态方程模拟[1-2]。线性多项式状态方程是指空气压力 $P$ 与单位初始体积内能 $E_0$ 呈线性关系：

$$P = C_0 + C_1\mu + C_2\mu^2 + C_3\mu^3 + (C_4 + C_5\mu + C_6\mu^2)E_0 \tag{26-25}$$

式中，$C_0 \sim C_6$ 为状态方程参数；$\mu = \dfrac{1}{V} - 1$；$V$ 为相对体积。

该方程式用于理想气体改为 $\gamma$ 状态方程，其中，$C_0 = C_1 = C_2 = C_3 = C_6 = 0$，而 $C_4 = C_5 = 5\gamma - 1$。

因此，

$$P = (\gamma - 1)\frac{\rho}{\rho_0}E_0 \tag{26-26}$$

式中，$\gamma$ 为理想气体等熵绝热指数，对于空气取 1.4；$\rho$ 为气体密度；$\rho_0$ 为参考质量密度；$E_0$ 为初始比内能。

空气的材料参数取为 $\rho_0 = 1.293 \times 10^{-3} \text{ g/cm}^3$，$E_0 = 2.5 \times 10^5 \text{ Pa}$，$C_4 = C_5 = 0.4$。

### 26.5.3 围岩材料模型

模拟围岩采用 HJC 模型（LS-DYNA 的 111 号材料模型），该模型是 T. J. Holmquist[10-11] 等在某国际会议上提出的，主要应用于高应变率、大变形下的混凝土和岩石，目前已被广泛地用于混凝土及岩石材料受爆炸或冲击的数值模拟分析中。

HJC 模型综合考虑了大变形、高应变率及高压效应。其等效屈服强度是压力、应变率及损伤的函数，见图 26-4；其损伤积累是塑性体积应变、等效塑性应变及压力的函数，见图 26-5；而压力是体积应变（包括永久压垮状态）的函数，见图 26-6。HJC 本构模型表达如下：

$$\sigma^* = [A(1 - D) + BP^{*N}](1 + Cln\dot{\varepsilon}^*) \tag{26-27}$$

式中，$\sigma^*$ 为归一化等效强度，$\sigma^* = \sigma/f_c$，且 $\sigma^* \leq S_{max}$；$\sigma$ 是真实等效强度；$f_c$ 是准静态单轴抗压强度；$P^*$ 为归一化的无量纲压力，$P^* = P/f_c$；$P$ 是真实压力；$\dot{\varepsilon}^*$ 为等效应变率，$\dot{\varepsilon}^* = \dot{\varepsilon}/\dot{\varepsilon}_0$；$\dot{\varepsilon}$ 是真实应变率，$\dot{\varepsilon}_0 = 1/s$ 是参考应变率；$D$ 为损伤因子 $(0 \leq D \leq 1.0)$；$A$ 为归一化的内聚强度；$B$ 为归一化的压力硬化系数；$N$ 为压力硬化指数；$C$ 为应变率系数；$S_{max}$ 为归一化的最大强度。

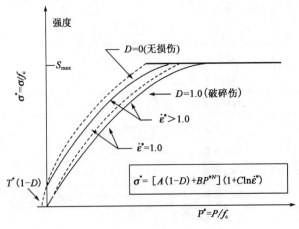

图 26-4　HJC 模型的屈服函数

损伤因子 $D$ 由等效塑性应变和塑性体积应变累加得到：

$$D = \sum \frac{\Delta \varepsilon_p + \Delta \mu_p}{\varepsilon_p^f + \mu_p^f} \quad (26\text{-}28)$$

式中，$\Delta \varepsilon_p$ 为等效塑性应变增量；$\Delta \mu_p$ 为等效塑性体积应变增量；$\varepsilon_p^f + \mu_p^f$ 为常压 $P$ 作用下材料破碎时的塑性应变和塑性体积应变，其表达式为：

$$f(P) = \varepsilon_p^f + \mu_p^f = D_1 (P^* + T^*)^{D_2} \quad [ \text{且} \; D_1 (P^* + T^*)^{D_2} \geqslant E_{fmin} ] \quad (26\text{-}29)$$

式中，$T^*$ 为材料所能承受的归一化最大拉伸静水应力，$T^* = T / f_c$；$T$ 是材料能够承受的最大抗拉流体静压；$D_1$、$D_2$ 为材料常数；$E_{fmin}$ 为最小破碎塑性应变。

由式（26-29）可以看出，当 $P^* = -T^*$ 时，混凝土材料不能经受任何塑性应变；当 $P^*$ 增加时，破碎塑性应变也增加。

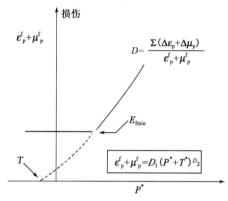

图 26-5　HJC 模型的损伤函数

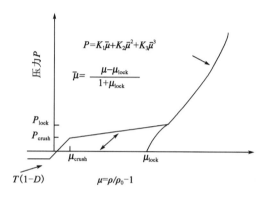

图 26-6　HJC 模型的压力—体积关系

由塑性体积应变引起的损伤包含在式（26-28）和式（26-29）中。在大多数情况下，损伤的主要部分是由等效塑性应变引起的。

单元的变形分为压缩和拉伸，与此对应，单元内的压力 $P$ 和单元体积应变 $\mu$ 的关系按下述情况确定。

1）混凝土压缩阶段

对于加载和卸载两种状态分为三个区进行讨论：

（1）第一个区是线弹性区（$0 \leqslant \mu \leqslant \mu_{crush}$）。当 $P \leqslant P_{crush}$ 时，材料位于线弹性状态。线弹性区加载或卸载的状态方程可写为：

$$P = K\mu \quad (26\text{-}30)$$

式中，$K$ 为混凝土弹性体积模量，$K = P_{crush} / \mu_{crush}$；$P_{crush}$ 和 $\mu_{crush}$ 分别为单轴强度抗压试验中得到的压碎压力和压碎体积应变；$\mu$ 为单元标准体积应变，$\mu = \rho / \rho_0 - 1$；$\rho$ 为单元当前密度；$\rho_0$ 为单元初始密度。

（2）第二个区是塑性过渡区（$\mu_{crush} \leqslant \mu \leqslant \mu_{plock}$）。当 $P_{crush} \leqslant P \leqslant P_{lock}$ 时，材料位于塑性过渡状态。在这个区，空气被逐渐地从产生塑性体积应变的混凝土中压出去，混凝土结构受到损伤，并开始产生破碎性裂纹。在该区的卸载是通过相邻区域间插值的一条修正路径进行的。

塑性过渡区加载的状态方程为：

$$P = P_{crush} + K_{lock} (\mu - \mu_{crush}) \quad (26\text{-}31)$$

式中，$K_{lock} = (P_{lock} - P_{crush}) / (\mu_{plock} - \mu_{crush})$；其中，$P_{lock}$ 为压实压力；$\mu_{plock}$ 为在 $P_{lock}$ 处的体积应变，称为永久压碎体积应变。

塑性过渡区卸载的状态方程为：

$$P = \left[ (1 - F)K + FK_1 \right](\mu - \mu_0) + P_{\max} \tag{26-32}$$

式中，$F$ 为插值因子，$F = (\mu_0 - \mu_{\text{crush}})/(\mu_{\text{plock}} - \mu_{\text{crush}})$；$K_1$ 为塑性体积模量，是一个常数；$\mu_0$ 为卸载前达到的最大体积应变；$P_{\max}$ 为卸载前达到的最大压力，$P_{\max} = P_{\text{crush}} + K_{\text{lock}}(\mu_0 - \mu_{\text{crush}})$。

（3）第三个区是完全密实材料区（$\mu \geq \mu_{\text{plock}}$）。这时混凝土材料已经完全破碎，加载大小不变的状态方程为：

$$P = K_1\bar{\mu} + K_2\bar{\mu}^2 + K_3\bar{\mu}^3 \tag{26-33}$$

式中，$\bar{\mu}$ 为修正的体积应变，$\bar{\mu} = (\mu - \mu_{\text{lock}})/(1 + \mu_{\text{lock}})$；$K_2$、$K_3$ 为常数；$\mu_{\text{lock}}$ 为压实体积应变，$\mu_{\text{lock}} = \rho_{\text{grain}}/\rho_0 - 1$，其中，$\rho_{\text{grain}}$ 为颗粒密度，它对应于材料完全没有空气间隙时的密度。

卸载的状态方程为：

$$P = K_1\bar{\mu} \tag{26-34}$$

2）混凝土拉伸阶段

当 $P > -T(1 - D)$ 时，$P = K\mu$；当 $P \leq -T(1 - D)$ 时，取 $P = P_{\min} = -T(1 - D)$，式中，$T$ 为混凝土的最大抗拉流体静压。

准确给出 HJC 模型的全部材料参数较困难。1995 年，Johnson G. R. 等在提出 HJC 模型时，只给出了在静态单轴抗压强度为 48MPa、拉伸强度为 4MPa 以及密度为 2 440kg/m³ 下混凝土的参数值。文献[11]分析了 HJC 模型的参数，给出了一种简易确定该模型参数值的方法。本部分的计算参数即是在实测和参照文献[11]方法基础上给出的，见表 26-2。此外，本次计算中单元的失效准则分压缩屈服失效和拉伸失效考虑，在压缩屈服状态通过规定一个最大等效塑性应变值规定单元的压缩屈服失效（在 K 文件中取 HJC 模型关键字中的 FS = 0.5），在拉伸状态用最大抗拉静压规定单元的失效（在 K 文件中添加关键字 * MAT-ADD-EROSION，取 PFAIL = -3MPa）。

围岩的 HJC 模型参数      表 26-2

| 参　数 | 取　值 | 参　数 | 取　值 |
|---|---|---|---|
| 初始密度 $\rho$（kg/m³） | $2.40 \times 10^3$ | 压垮静水压 $P_{\text{crush}}$（Pa） | $1.1 \times 10^7$ |
| 剪切模量 $G$（Pa） | $14.00 \times 10^9$ | 弹性极限体应变 $\mu_{\text{crush}}$ | 0.000 8 |
| 材料常数 $A$ | 0.75 | 压实压力 $P_{\text{lock}}$（Pa） | $8.0 \times 10^8$ |
| 材料常数 $B$ | 1.60 | 压实体应变 $\mu_{\text{lock}}$ | 0.1 |
| 材料常数 $C$ | 0.007 | 材料常数 $D_1$ | 0.03 |
| 材料常数 $N$ | 0.61 | 材料常数 $D_2$ | 0.8 |
| 单轴抗压强度 $f_c$（Pa） | $3.0 \times 10^7$ | 材料常数 $K_1$（Pa） | $8.5 \times 10^{10}$ |
| 最大抗拉静水压力 $T$（Pa） | $3.0 \times 10^6$ | 材料常数 $K_2$（Pa） | $-1.71 \times 10^{11}$ |
| 损伤常数 $E_{\text{fmin}}$ | 0.01 | 材料常数 $K_3$（Pa） | $2.08 \times 10^{11}$ |
| 最大无量纲强度 $S_{\max}$ | 7.0 | 失效等效塑性应变 $\varepsilon_{\max}$ | 0.5 |

### 26.5.4　锚固区材料模型

锚杆对锚固区的本构关系有着重要且复杂的影响，准确建立锚固区的本构关系是十分困难的，本次计算作简化分析，采用各向同性弹塑性模型（LS-DYNA 的 3 号模型）模拟锚固区介质。根据"等效材料"的概念,按照锚杆截面面积占锚固区总面积的比值,计入锚杆对锚固区刚度及强度的"贡献"[12](锚杆的刚度和强度值按普通碳钢考虑)。其材料参数见表26-3。未建立单元的失效准则。

锚固区的材料参数           表26-3

| 密度 $\rho(kg/m^3)$ | 弹性模量 $E(Pa)$ | 泊松比 $\nu$ | 屈服强度 $\sigma_s(MPa)$ | 切线模量 $E_t(Pa)$ | 硬化参量 $\beta$ |
|---|---|---|---|---|---|
| $2.45\times10^3$ | $3.53\times10^{10}$ | 0.3 | 35.0 | $3.50\times10^9$ | 0.5 |

# 26.6　计　算　结　果

计算单位制采用的是 cm-g-μs 制,因此输出的计算结果中,位移单位为 cm,时间单位为 μs,压力或应力单位换算为标准单位制后为 $10^{11}$Pa,加速度单位换算为标准单位制后为 $10^{10}$m/s$^2$。

## 26.6.1　应力波传播及爆坑形成过程

应力波在结构内的传播及爆坑的形成过程如图 26-7~图 26-11 所示。注意,应力波在经过复合锚固结构构造措施段区域的围岩介质时,围岩介质中出现了裂缝。

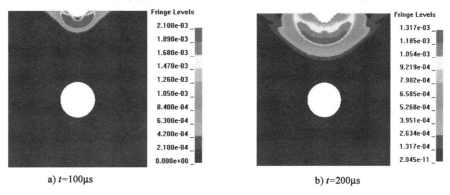

a) $t=100$μs                     b) $t=200$μs

图 26-7　$t=100$μs,$t=200$μs 时结构的等效应力分布及爆坑

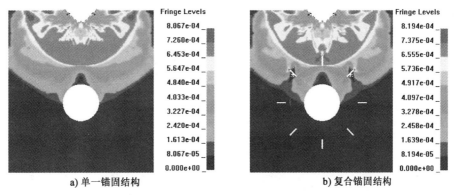

a) 单一锚固结构                 b) 复合锚固结构

图 26-8　$t=350$μs 时结构的等效应力分布及爆坑

## 26.6.2　爆炸近区围岩中的压力波

选取炸药下方 25cm、35cm 及 45cm 处的三个围岩介质单元(图 26-12,单元 16 293、单元 16 283 及单元 16 274),给出它们的压力时程曲线,如图 26-13 所示。

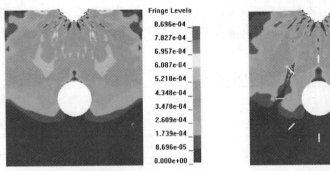
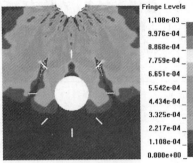

a) 单一锚固结构

b) 复合锚固结构

图 26-9　$t=450\mu s$ 时结构的等效应力分布及爆坑

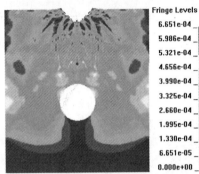
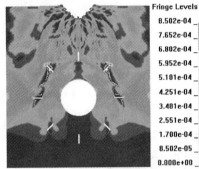

a) 单一锚固结构

b) 复合锚固结构

图 26-10　$t=550\mu s$ 时结构的等效应力分布及爆坑

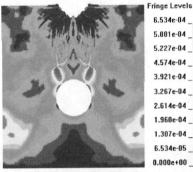
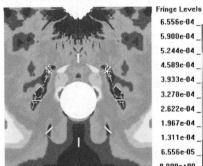

a) 单一锚固结构

b) 复合锚固结构

图 26-11　$t=700\mu s$ 时结构的等效应力分布及爆坑

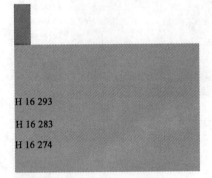

图 26-12　爆炸近区的三个围岩单元

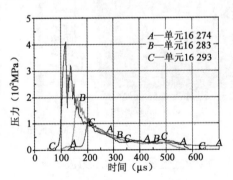

图 26-13　爆炸近区围岩中的压力波形

### 26.6.3 复合锚固结构构造措施段裂缝形成过程

计算结果显示,应力波经过复合锚固结构构造措施段时,在其周围围岩介质中出现了裂缝,其形成及发展过程见图26-14。

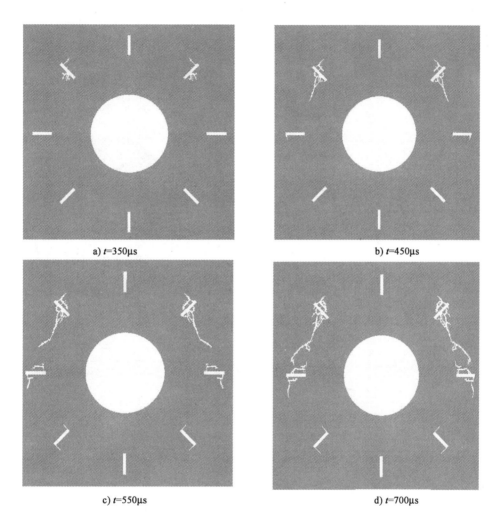

a) $t$=350μs

b) $t$=450μs

c) $t$=550μs

d) $t$=700μs

图26-14 构造措施段区域围岩中裂缝的形成和扩展

空孔区域围岩出现裂缝时,其压力场如图26-15所示。一个裂缝失效单元的压力时程曲线如图26-16所示。

### 26.6.4 洞室变形及响应

给出洞室拱顶、底拱节点(图26-17,节点27 958、节点33 008,两个模型节点编号相同)的垂直向位移,以描述洞室的垂直向变形,如图26-18和图26-19所示。

洞室拱顶垂直向位移减去拱底垂直向位移可以得出洞室垂直向位移差,见图26-19。

给出洞室拱腰节点(图26-17,节点28 008,两个模型节点编号相同)的水平向位移,以描述洞室的水平向变形,如图26-20所示。

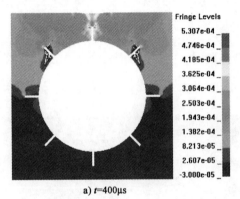
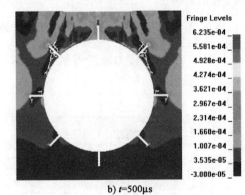

a) $t$=400μs　　　　　　　　　　　　　　　　b) $t$=500μs

图 26-15　空孔周围的压力分布

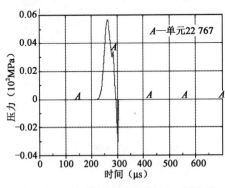

图 26-16　一个裂缝失效单元的压力时程曲线

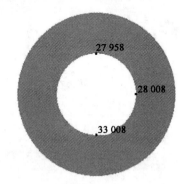

图 26-17　洞室的三个节点编号

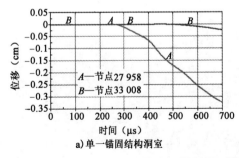

a) 单一锚固结构洞室

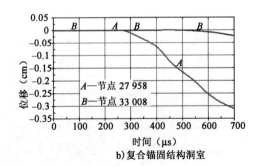

b) 复合锚固结构洞室

图 26-18　洞室拱顶、底拱的垂直向位移

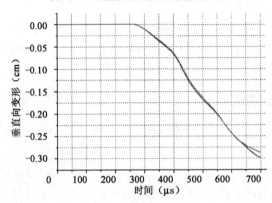

图 26-19　洞室的垂直向变形

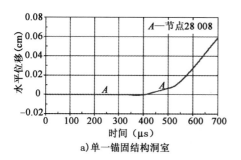
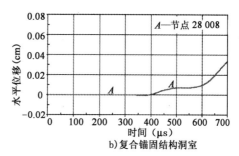

a)单一锚固结构洞室                    b)复合锚固结构洞室

图 26-20　洞室拱腰的水平向位移

给出洞室拱顶节点(图 26-17,节点 27 958)的垂直向加速度,以描述洞室的垂直向动力响应,如图 26-21 所示。

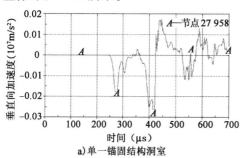
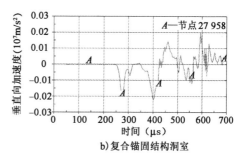

a)单一锚固结构洞室                    b)复合锚固结构洞室

图 26-21　洞室拱顶的垂直向加速度

### 26.6.5　锚固区的受力及变形

给出锚固区的等效应力、等效塑性应变和压力云图,以显示锚固区的受力及变形,如图 26-22 ~ 图 26-30 所示。

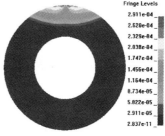

a)单一锚固结构锚固区                    b)复合锚固结构锚固区

图 26-22　$t = 250\mu s$ 时锚固区的等效应力分布

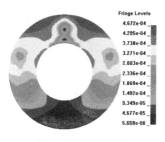

a)单一锚固结构锚固区                    b)复合锚固结构锚固区

图 26-23　$t = 450\mu s$ 时锚固区的等效应力分布

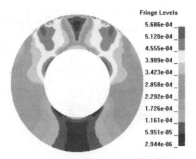 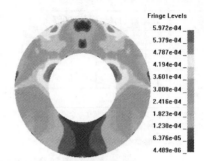

a)单一锚固结构锚固区                b)复合锚固结构锚固区

图 26-24    $t = 600\mu s$ 时锚固区的等效应力分布

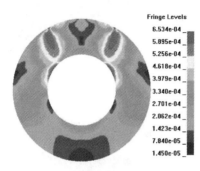 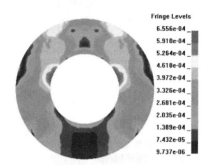

a)单一锚固结构锚固区                b)复合锚固结构锚固区

图 26-25    $t = 700\mu s$ 时锚固区的等效应力分布

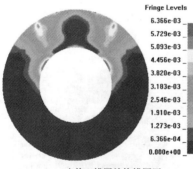 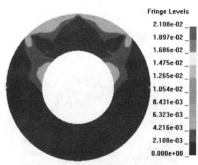

a)单一锚固结构锚固区                b)复合锚固结构锚固区

图 26-26    $t = 600\mu s$ 时锚固区的等效塑性应变分布

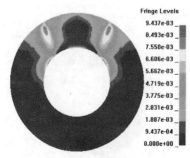 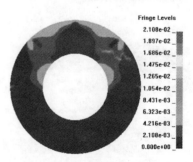

a)单一锚固结构锚固区                b)复合锚固结构锚固区

图 26-27    $t = 700\mu s$ 时锚固区的等效塑性应变分布

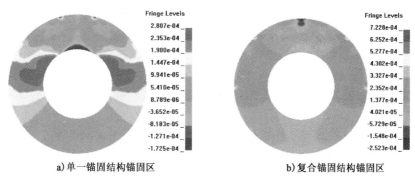

a) 单一锚固结构锚固区　　　　　　　b) 复合锚固结构锚固区

图 26-28　$t = 500\mu s$ 时锚固区的压力分布

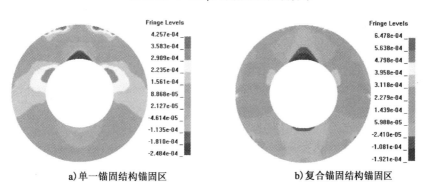

a) 单一锚固结构锚固区　　　　　　　b) 复合锚固结构锚固区

图 26-29　$t = 600\mu s$ 时锚固区的压力分布

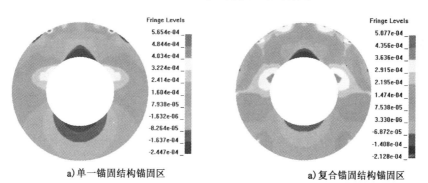

a) 单一锚固结构锚固区　　　　　　　a) 复合锚固结构锚固区

图 26-30　$t = 700\mu s$ 时锚固区的压力分布

# 26.7　分析与结论

### 26.7.1　爆坑形成及应力波传播分析

爆炸近区单元大小为 $1cm \times 1cm$。单一锚固结构模型爆坑中心垂直方向侵蚀单元数量为13 个,坑底单元节点的垂直向位移为 $-4.2cm$,因而得出计算爆坑深度为 $17.2cm$;爆坑边沿水平向侵蚀单元数量为 19 个,爆坑边沿单元节点的水平向位移为 $3.5cm$,因而得出计算爆坑口部大小为 $45cm(22.5cm \times 2)$。同理,得出复合锚固结构模型爆坑深度为 $17.8cm$,爆坑口部大小为 $45cm$。两个模型就爆坑大小而言,计算结果一致。

在试验第 14 炮后,两个试件爆坑深度都增加了 12cm。考虑到试验过程中由于受现场施工条件限制,清理爆坑时不可能完全挖至爆坑坑底,因此,试验中观测的爆坑深度可能偏小。这表明,计算爆坑的大小与试验结果是基本吻合的。

计算得到的爆炸近区的压力波具有典型的爆炸压力波形态,峰值和衰减特征明显,符合爆炸压力波的一般特征,与文献[13-14]给出的压力波或应力波形态基本一致,表明结构内的爆炸荷载具有较高置信度。

爆坑的形成是单元压缩屈服且以最大等效塑性应变作为材料屈服失效准则的结果。爆坑大小结果及爆炸近区荷载结果都表明计算中给定的材料参数值是较可靠的。

通过观察结构的等效应力云图及分析结构底部单元的压力时程曲线,可以得出 700μs 后,应力波峰值已基本传至整个模型。此外,由于在 LS-DYNA 中设定的透射边界并不是完全的非反射边界,当模型尺寸不大时,在透射边界上仍有一定强度的反射波,因而取 700μs 的计算时间是保守的,该时段内的计算结果是较可靠的。

与单一锚固结构模型相比,应力波在经过复合锚固结构构造措施段区域围岩介质时,波阵面形态明显不同,复合锚固结构的空孔对洞室起到了一定的屏蔽作用,在这些空孔区域围岩介质中的等效应力场强度很低。这是空孔的卸载作用所致。

### 26.7.2 复合锚固结构构造措施段裂缝成因分析

分析复合锚固结构空孔周围的压力场及裂缝失效单元的压力时程曲线表明,在空孔区域裂缝周围的压力场主要为拉力场。这是由于在空孔处存在局部自由面,当压力波经过这些空孔时,发生局部反射,空孔周围形成拉伸作用,而混凝土这类材料的抗拉强度相对较低,因而在空孔处出现了单元的拉伸失效,从而产生了裂缝。

本次计算中,围岩介质单元拉伸失效的准则是按照"当 $P \leqslant -T$ 时单元失效"规定的,未考虑损伤的影响,即不是按照"当 $P \leqslant -T(1-D)$ 时单元失效"规定的,因而出现的破坏偏少,如果考虑损伤,将会出现更多的破坏(如裂缝增多)。

在动载作用下,构造措施段的作用可以认为包括三介质效应、动应力集中效应、材料效应、应力波导流效应[15]、应力波会聚效应[16]等。其中,三介质效应是指在锚固区以外的介质中布设大量空孔后,使该区域介质产生整体弱化,稳定性降低,且降低了构造措施段周围介质的波阻抗($\rho_c$),降低了应力波的透射系数,使得原有介质从二介质系统(围岩—锚固区)变为三介质系统(围岩—弱化区—锚固区),从而降低了传至锚固区介质的应力波峰值;材料效应是指围岩介质通常属于抗拉性能很低的脆性介质,而构造措施段使得围岩介质的这种材料性质表现出来,构造措施段使得锚固区以外的围岩介质出现了局部自由面,爆炸压力波经过这些局部自由面时产生反射的卸载拉伸波,使这些局部自由面处的介质出现了破坏,从而有效地降低了爆炸波强度。

构造措施段的这些综合作用减弱了锚固区的受力。本次数值模拟仅是较好地显示了构造措施段的材料效应等,但定量地区分这些效应的"贡献"份额是较困难的。

实际试验过程是由低到高逐级累次加载的,构造措施段处已产生的裂缝必将为下次加载进一步增强其效应。因而,在累次加载作用下,相对于单一锚固结构,复合锚固结构构造措施段将会产生更明显的抗爆效应。如果数值模拟采用重启动分析的方法,将会观察到这种累次爆炸作用后的结果。

### 26.7.3　洞室变形及响应分析

由于计算时间较短,而通常位移响应比加速度响应滞后,因而给出的洞室变形结果不是最终的变形结果,但还是能够对两个洞室的变形作比较分析。

作用时间为 $700\mu s$ 时,复合锚固结构洞室的垂直向变形和水平向变形分别为 2.87mm 和 0.66mm($2\times0.33$mm),单一锚固结构洞室的垂直向变形和水平向变形分别为 3.00mm 和 1.16mm($2\times0.58$mm)。这表明,复合锚固结构洞室垂直向变形比单一锚固结构洞室约小 4.3%,而水平向变形约小 30.1%。

复合锚固结构洞室拱顶垂直向振动加速度峰值约为 $-2.19\times10^5\text{m/s}^2$,而单一锚固结构洞室拱顶垂直向振动加速度峰值约为 $-2.87\times10^5\text{m/s}^2$,两者出现的时间大致相同,均在 $400\mu s$ 附近。这表明,复合锚固结构洞室拱顶垂直向振动加速度峰值比单一锚固结构的约低 23.7%。

### 26.7.4　锚固区受力分析

锚杆对锚固区介质的本构关系有着重要且复杂的影响,由于锚杆的作用,使锚固区成为各向异性体[12],准确建立该区域的本构关系是较困难的。本次计算作简化处理,按照"等效材料"的概念考虑锚杆对该区域刚度及强度的贡献,将锚固区按各向同性弹塑性介质考虑。由于未建立单元的失效准则,因而不能模拟该区域的破坏,但通过等效应力场、压力场和等效塑性应变场仍能很好地定性分析该区域的受力和变形特征。

在 $600\mu s$ 和 $700\mu s$ 时,复合锚固结构锚固区的高等效应力区域明显少于单一锚固结构锚固区。复合锚固结构锚固区仅是在拱顶洞壁附近出现了较高的等效应力,而单一锚固结构锚固区高等效应力区域则斜贯穿于锚固区拱顶部位。类似的特征也可在等效塑性应变云图上看到。这表明,在锚固区拱顶部位,单一锚固结构在该区域的受力和变形明显高于复合锚固结构,相对于复合锚固结构洞室,单一锚固结构洞室更易出现结构性的冲切破坏。

锚杆能够显著改善锚固区的抗拉性能,但洞室拱顶部分通常是受拉较严重的部位,在该区域易出现拉伸剥落形式的破坏。比较两种锚固结构洞室在该区域的压力场可以看出,在洞室顶部,单一锚固结构锚固区的拉压力强度分布均要明显高于复合锚固结构锚固区的,其范围分布也明显多于复合锚固结构锚固区的。例如,$600\mu s$ 时,单一锚固结构锚固区拱顶最大拉压力为 24.84MPa,而复合锚固结构锚固区拱顶为 19.21MPa,复合锚固结构的比单一锚固结构的约低 22.7%。这表明,在洞室拱顶部位,与复合锚固结构相比,单一锚固结构锚固区更易出现拉伸剥落破坏。

以上规律与试验结果规律是一致的。

# 26.8　小　　结

采用 LS-DYNA 程序较成功地模拟了两种锚固结构的抗爆性能,较好地动态显示了整个结构的微观演化过程,对计算中所给定的材料参数具有较高的置信度,所采用的模拟方法也是合理的,主要得出了以下结论。

(1)两个模型的计算爆坑大小与试验结果基本吻合。

(2)复合锚固结构构造措施段周围出现了裂缝,主要是构造措施段的材料效应所致,即构造措施段使得锚固区外的介质内出现了局部自由面,当爆炸应力波经过构造措施段时,在这些局部自由面处产生反射拉伸波,而围岩又是抗拉性能很低的介质,因而在构造措施段处产生了裂缝。

(3)复合锚固结构洞室的变形显著小于单一锚固结构洞室,其洞室拱顶垂直向振动加速度峰值比单一锚固结构洞室的约小23.7%。

(4)在锚固区拱顶部位,单一锚固结构锚固区的等效应力场和等效应变场分布明显多于复合锚固结构锚固区,因而相对于复合锚固结构洞室,单一锚固结构洞室易出现结构性的冲切破坏;在洞室拱顶部位,单一锚固结构锚固区的拉压力场强度分布明显高于复合锚固结构锚固区,因而与复合锚固结构相比,单一锚固结构锚固区易出现拉伸剥落破坏。这一规律与试验结果一致。

# 参 考 文 献

[1] HALLQUIST J O. LS-DYNA 970 Theoretical Manual [R]. Livermore Software Technology Corporation, Livermore, 1998

[2] LS-DYNA Keyword Manual version970 [R]. Livermore Software Technology Corporation, Livermore, 2003

[3] 李裕春,时党勇. ANSYS LS-DYNA10.0 基础理论与工程实践[M]. 北京:中国水利水电出版社,2006

[4] 赵海鸥. LS-DYNA 动力分析指南[M]. 北京:兵器工业出版社,2004

[5] M'hamed Souli. LS-DYNA Advanced Course in ALE and Fluid – Structure Coupling[R]. Livermore Software Technology Corporation. Livermore, 2002

[6] L Olovson, M'hamed Souli, Ian Do. LS-DYNA-ALE Capabilities (Arbitrary-Lagrangian-Eulerian) Fluid-Structure Interaction Modeling[R]. Livermore Software Technology Corporation. Livermore, 2003

[7] 北京理工软件技术开发有限公司. ANSYS/LS-DYNA 算法基础和使用方法(5.6 版)[M]. 2002

[8] 时党勇,李裕春,等. 基于 ANSYS/LS-DYNA8.1 进行显式动力分析[M]. 北京:清华大学出版社,2005

[9] Lee E,Finger M,Collins W. JWL Equation of State Coefficients for High Explosives[R]. Lawrence Livermore Laboratory, University of California/Livermore, 1973

[10] Ma G W, Hao H,Zhou Y X. Modeling of wave propagation induced by underground explosion [J]. Computers and Geotechnics, 1998,22(3/4): 283-303

[11] 董永香,夏昌敬,等. 平面爆炸波在半无限混凝土介质中传播与衰减特性的数值分析[J]. 工程力学, 2006, 23(2):812-817

[12] Holmquist T J, Johnson G R, Cook W H. A Computational constitutive model for concrete subjected to large strains, high strain rates and high pressures [C]. 14th International Symposium on Ballistics, 1995, 591-600

[13] 张凤国,李恩征. 混凝土撞击损伤模型参数的确定方法[J]. 弹道学报,2001,13(4): 12-16

［14］张玉军,刘谊平.锚固正交各向异性岩体的本构关系［J］.力学学报,2002,34(5)：812-817

［15］王成,付晓磊,等.柱形装药爆炸破坏混凝土的数值模拟分析［J］.计算力学学报,2007,24(3):318-322

［16］赵凯,王肖钧,等.混凝土介质中不同药形装药爆炸波传播特性的数值模拟［J］.中国科技大学学报,2007,37(7)：711-716

［17］Zheng Quanping, Zhou Zaosheng, et al. Study on application of principle of dynamic stress detour to increase resistance of protective structure. Proc of the 9th Int Conf on Computer Methods and Advances in Geomechanics, WUHAN CHINA, Nov, 1997

［18］宋守志.固体介质中的应力波［M］.北京:煤炭工业出版社,1989

# 27 新型锚固结构瞬态应力特性研究

本章概述了洞室土钉支护抗动载试验的基本情况与要素,并给出了洞室拱顶土钉的测试数据。依照一维黏弹性理论对拱顶土钉进行了 Maxwell 模型的移植拟合。考察对比了毛洞与构措试验段的瞬态应力与埋深位置的关系及其相对应力与改造的相对点距离的关系,试验表明,构造措施对抗结构失效而言具有良好的黏弹性动力性能。

## 27.1 概　　述

为了描述复合土钉支护抗动载机制,进行了洞室土钉支护抗动载性能试验。土钉支护法应用于地下洞室是探索性课题,类似的试验,国内外鲜有报道。本章分析了测试土钉的瞬态应力数据;以黏弹性理论为基础,推导了 Maxwell 模型下的拱顶测试土钉应力解,通过与试验数据的耦合,得到了洞室顶部土钉在爆炸应力波作用下瞬态应力公式;另从相对应力的角度检验了结果的正确性❶。

## 27.2 复合土钉支护抗动载试验及其结果

### 27.2.1 试验条件

1)试验方法与加载技术

本试验以实际洞室为母体,洞形为直墙半圆拱形,用一段水平洞体,分毛洞、支护段及构措段等情形进行试验。爆炸荷载以 TNT 炸药点爆方式产生,爆心位于洞室测试横断面拱顶正上方。爆炸荷载的大小则以装药量控制,用逐级加载的方法实现。相对平面度为0.6。

2)试验场区工程地质条件

洞体所处介质主要是粉性黏土。其主要物理力学指标值为:含水率21%,密度1.85g/cm³,孔

---

❶ 本项研究由喻晓今、曾宪明等完成。第28、29章同。

< 376 >

隙比70.7%,弹性模量66.64MPa,泊松比0.13~0.27,黏聚力27.4kPa,内摩擦角29°。

3)量测系统

本试验采用动态应变仪同时采集多点应变数据,数据的记录和储存则使用磁带记录仪和数据动态采集测试记录系统。应变片沿测试土钉轴向均匀布置5个测点,测试土钉位于各段垂直投影形心处拱顶。

### 27.2.2 试验结果及分析

由于洞室拱顶土钉位置特殊,其轴线延长线通过爆心,且钉体钢筋直径与爆心距之比在0.004以下,加之土钉钢筋与黏结体、土体的波阻抗相差比较大,低碳钢的波阻抗比混凝土、土体者分别大数倍、数十倍,故可以将研究对象土钉钢筋视为在一维平面波作用下的长杆,同时受应力波作用和土体黏结阻碍作用。

毛洞拱顶测试土钉首波波峰波谷应变差如表27-1所示。

**毛洞拱顶土钉首波波峰波谷应变差($\mu\varepsilon$)**　　　　　　　　表27-1

| 药量(g) | 距 爆 心 (m) | | | | |
|---|---|---|---|---|---|
| | 1.71 | 1.91 | 2.11 | 2.31 | 2.51 |
| 200 | 139.0 | 114.60 | — | — | — |
| 500 | 585.494 3 | 444.431 2 | 312.490 5 | 333.323 4 | 185.179 5 |
| 300 | 194.748 7 | 154.296 8 | 117.141 8 | 78.086 3 | 53.405 8 |
| 1 000 | 1 028.40 | 914.825 1 | 480.80 | — | 813.60 |

文献[1-3]依试验数据结果得出结论,低碳钢在不同加载速率情况下,在弹性阶段的弹性模量变化甚微。忽略这种微小的变化,取低碳钢Q235的弹性模量$E = 203\,508$MPa。将以上应变数据转化为应力,其数据见表27-2。

**毛洞拱顶土钉首波波峰波谷应力差(MPa)**　　　　　　　　表27-2

| 药量(g) | 距 爆 心 (m) | | | | |
|---|---|---|---|---|---|
| | 1.71 | 1.91 | 2.11 | 2.31 | 2.51 |
| 200 | 28.287 6 | 23.322 0 | — | — | — |
| 500 | 119.152 8 | 90.445 3 | 63.594 3 | 67.834 | 37.685 5 |
| 300 | 39.632 9 | 31.400 6 | 23.839 3 | 15.891 2 | 10.868 5 |
| 1 000 | 209.287 6 | 192.111 6 | 97.846 6 | — | 165.574 1 |

同样处理过程,爆炸作用下构措段顶部土钉应力测试值见表27-3。

**构措段拱顶土钉首波波峰波谷应力差(MPa)**　　　　　　　　表27-3

| 药量(g) | 距 爆 心 (m) | | | |
|---|---|---|---|---|
| | 1.71 | 1.91 | 2.11 | 2.31 |
| 200 | 271.551 0 | 218.053 2 | 187.522 0 | 153.575 0 |
| 500 | 37.080 2 | 35.036 9 | 27.183 7 | 12.924 2 |
| 300 | 145.650 3 | 119.056 7 | 102.511 7 | 96.773 1 |
| 1 000 | 58.876 2 | 56.628 0 | 48.169 2 | 37.462 2 |

| 药量(g) | 距 爆 心 （m） | | | |
|---|---|---|---|---|
| | 1.71 | 1.91 | 2.11 | 2.31 |
| 1 500 | 39.244 6 | 42.477 2 | 32.993 7 | 19.740 3 |
| 2 000 | 199.856 2 | 188.962 8 | 147.352 0 | 114.398 7 |
| 2 500 | 84.513 5 | 79.706 5 | 65.794 8 | 58.752 0 |
| 6 000 | 418.033 6 | 385.676 5 | 374.186 9 | 304.318 |
| 7 000 | 335.445 4 | 337.258 9 | 287.872 4 | 189.347 9 |
| 10 000 | 414.816 5 | 371.864 2 | 357.728 9 | 195.459 1 |

表 27-3 中数据明显地呈现沿波行方向数值走低特点。但沿着加载次数增多的方向，数据的增加不是很规律。毛洞、构措段近末次加载都出现了临界破坏的迹象。

## 27.3 一维黏弹性波的运动方程、本构方程及一般解

将研究对象确定为长直柱杆，文献[4]介绍了波阵面形成的轴力增量的一般解法。以 Maxwell 体为模型，观察波的传输过程中波阵面的强度由于黏性效应而逐渐降低的情况，可解得：

$$\Delta N = - B\rho A c \exp\left( - \frac{x}{2p_1 c_0} \right) \tag{27-1}$$

式(27-1)即为长直柱体的轴力增量公式。

## 27.4 一维黏弹性波作用下 Maxwell 模型的土钉解

土钉工程状况是，由水泥浆包裹钢筋土钉体，置入土体之中。土钉与应力波源的关系是：土钉一端与面层相连，面层为自由面；另一端指向爆心位置。装药形式为球状集团装药，爆炸应力波作用于土钉的情形可视为一维黏弹性波。

由于土钉是在黄土成孔之后灌浆黏结而成，加之土钉最内端上方的覆盖土体厚度只有 1.6m，故覆土重荷相对较小，可忽略。鉴于土钉钢筋体、所包裹的水泥浆体和黄土体的物理力学性能的很大差异，这里直接引用前面所得的长柱体研究结论对土钉进行计算。

对式(27-1)进行变化，有：

$$\Delta \sigma = K \exp\left( - \frac{x}{2p_1 c_0} \right)$$

通过对文献[2-4]的综合分析，确定有关材料数据，低碳钢有：
$E = 203\,508\text{MPa}，c_0 = 5\,151\text{m/s}$，故有：

$$\frac{x}{2p_1 c_0} = \frac{Ex}{2\eta c_0} = \frac{203\,508x}{2 \times 5\,151\eta} = 19.754\,2 \times 10^6 \frac{x}{\eta}$$

将其代入上式，并令 $J = - 19.754\,2 \times 10^6 \frac{1}{\eta}$，得：

$$\Delta \sigma = K \exp(Jx) \tag{27-2}$$

式(27-2)即为拱顶土钉瞬态应力增量公式的通式。

### 27.4.1 毛洞顶位土钉爆炸作用应力响应的曲线拟合

毛洞顶位土钉所测的应变显示,沿着应力波传播方向,也即此时的土钉轴线方向,应变呈现逐渐降低的趋势。通过对测试波形的观察,可见首波的特征为:普遍是所测到波形的极值幅值者;普遍是拉压连续变化者,并且变化较为急剧者。基于对土体在动荷作用下破坏机制、土体抗拉压交变能力与失效的关系的考虑,再顾及黏弹性本质意义,拟合曲线所使用的数据,无疑以此首波较为合理。

下面以式(27-2)为目标曲线,对以上数据进行拟合,$x$ 为应力波行进方向位置坐标。

将式(27-2)改造为对数方程,把试验数据代入其中,可得法方程组,解此法方程组,便可确定式(27-2)中的待定常数 $K$、$J$,从而得到对应于不同药量的拟合曲线。以下用 500g 药量情况为例来说明拟合过程。

对式(27-2)两边取对数,得:

$$\ln\Delta\sigma = \ln K + Jx$$

令 $H = \ln\Delta\sigma, I = \ln K$,上式可化为:

$$H = I + Jx \tag{27-3}$$

将试验应力值代入上式,得法方程组:

$$21.2840 = 5 \times I + 10.55 \times J$$

$$44.3913 = 10.55 \times I + 22.6605 \times J \tag{27-4}$$

解此法方程组,可得:$I = 6.9887, J = -1.2948$,进而得:

$K = 1084.3110 \text{MPa}, \eta = 15.2566 \times 10^6 \text{MPa} \cdot \text{s}$,故拟合公式即毛洞拱顶瞬态应力公式为:

$$\Delta\sigma = 1084.311\exp(-1.2948x)$$

按拟合公式计算本土钉五个测点的应力,所得的相对误差的平均值为 0.006729。

毛洞各点的拟合公式的主要参数结果见表 27-4。

**毛洞拱顶土钉瞬态应力拟合公式主要参数**　　　　　表 27-4

| 加载次序 | 药量(g) | $K$ | $J$ | $\eta$ (MPa·s) | 应力差 (MPa) | 平均误差 | 备 注 |
|---|---|---|---|---|---|---|---|
| 1 | 200 | 147.3170 | −0.9650 | 20.4707 | 28.2880 | 0.0000526 | 应力差指距爆心1.71m处应力。平均动力黏性因数为25.1478$\eta$(MPa·s) |
| 2 | 500 | 1084.3110 | −1.2948 | 15.2566 | 118.462 | 0.006729 | |
| 3 | 300 | 691.0416 | −1.6343 | 12.0873 | 42.2476 | 0.001348 | |
| 4 | 1000 | 345.4334 | −0.3743 | 52.7764 | 182.1348 | 0.042 | |

公式计算值与实测值的相对误差均在 0.05 以下。

### 27.4.2 构措段顶位土钉爆炸作用应力响应曲线拟合

按与毛洞同样的处理程序,进行爆炸作用下构措段拱顶土钉应力响应的曲线拟合。构措段各点的拟合公式的主要参数结果见表 27-5。

| 加载次序 | 药量(g) | $K$ | $J$ | $\eta$<br>(MPa·s) | 应力差<br>(MPa) | 平均误差 | 备 注 |
|---|---|---|---|---|---|---|---|
| 1 | 200 | 1 316.194 6 | −0.929 5 | 21.252 5 | 268.554 8 | 0.000 061 7 | |
| 2 | 500 | 805.046 5 | −1.708 | 11.565 7 | 43.389 6 | 0.015 28 | |
| 3 | 300 | 456.550 8 | −0.688 0 | 28.712 5 | 140.783 | 0.000 690 6 | |
| 4 | 1 000 | 227.944 0 | −0.759 5 | 26.009 5 | 62.200 0 | 0.001 423 | |
| 5 | 1 500 | 329.343 1 | −1.155 8 | 17.091 4 | 45.635 3 | 0.010 5 | 应力差指距爆心 1.71m 处应力。平均动力黏性因数为 23.446 7$\eta$(MPa·s) |
| 6 | 2 000 | 1 096.304 2 | −0.961 1 | 20.553 7 | 211.922 1 | 0.005 594 | |
| 7 | 2 500 | 259.485 3 | −0.641 8 | 30.779 4 | 86.593 3 | 0.001 08 | |
| 8 | 6 000 | 988.017 1 | −0.491 2 | 40.216 2 | 426.557 9 | 0.003 403 | |
| 9 | 7 000 | 1 843.092 2 | −0.937 1 | 21.080 1 | 371.206 7 | 0.005 712 | |
| 10 | 10 000 | 3 238.935 5 | −1.148 1 | 17.206 0 | 454.750 5 | 0.009 914 | |

公式计算值与实测值的相对误差均在 0.05 以下。

### 27.4.3 拱顶土钉相对应力与相对点距离关系

文献[5-9]都分别将相对点距离作为考察特定介质中动力性能的一个参变量。由于此处主要牵涉土体和钢筋,为了得到土钉支护动载下具有可比性的一般规律,对原相对点距离 $R^o$ 做相应的改变,将波在钢筋中的传播距离折算成黄土中的,$R^o$ 成为 $R^{o1}$,其表达式如下:

$$R^{o1} = \left( r + \frac{c_{02}}{c_{01}} \cdot x \right) \Big/ \sqrt[3]{Q} \tag{27-5}$$

式中,$r$ 是爆心至波行方向钢筋始端的距离;$c_{01}$、$c_{02}$ 分别为黄黏土与低碳钢的纵波速度;$x$ 是钢筋始端起计的钢筋位置;$Q$ 为炸药量;$R^{o1}$ 单位为 m·kg$^{-1/3}$。

为了得到更为普遍的试验结论,令 $\Delta\sigma_0$ 为钢筋波行方向始端之应力,将 $R^{o1}$ 称作相对点距离并作为自变量,$\Delta\sigma/\Delta\sigma_0$ 称作相对应力并为因变量,将黄土洞室拱顶土钉相对应力与相对点距离关系做成拟合曲线,有如下结果:1 000g 药量以下同比,毛洞与构措段当 $R^{o1} = 0$ 时,$\Delta\sigma/\Delta\sigma_0$ 落于 1.0~1.1 之间;随 $R^{o1}$ 增加,$\Delta\sigma/\Delta\sigma_0$ 减少;当 $R^{o1} = 6$ 时,$\Delta\sigma/\Delta\sigma_0$ 落于 0~0.5 之间。说明土钉瞬态应力确在波行方向衰减。

# 27.5 小 结

(1)相对平面度为 0.6 时,毛洞、构措段拱顶土钉黏弹性拟合公式的平均动力黏性因数相对误差为 0.067 64,毛洞大于构措段。构措段具有较长的累次加载过程。

(2)两种介质所确定的相对点距离作为变量来观察,无论是毛洞还是构措段,相对点取 0时,相对应力在 1.0~1.1 之间。同药量比,相对点取 6 时,相对应力在 0~0.5 之间。说明拟合公式较为可靠。

# 参 考 文 献

[1] 王礼立. 应力波基础[M]. 2 版. 北京:国防工业出版社,2005
[2] 史巨元. 钢的动态力学性能及应用[M]. 北京:冶金工业出版社,1993
[3] 过镇海. 钢筋混凝土原理[M]. 北京:清华大学出版社,1999
[4] 杨桂通. 土动力学[M]. 北京:中国建材工业出版社,2000
[5] 胡昌明,贺红亮,胡时胜. 不同应变率下 45 钢的层裂研究[J]. 实验力学,2003,18(2): 246-250
[6] 王明洋,赵跃堂,钱七虎. 饱和砂土动力特性及数值方法研究[J]. 岩土工程学报,2002,24 (6):737-742
[7] 庞伟宾,何翔,李茂生,等. 空气冲击波在坑道内走时规律的实验研究[J]. 爆炸与冲击, 2003,23(6):573-576
[8] 总参工程兵科研三所. 土中喷锚网支护抗爆设计方法现场试验研究报告[R]. 1989:25-28
[9] 喻晓今,陈梦成,曾宪明. 轴向荷载下单一土钉应力的试验对比分析[C]//扶名福,宋固全,刘英卫. 力学与工程实践. 南昌:江西科学技术出版社,2004:50-56

# 28 新型锚固结构瞬态应变累积效应研究

本章概述了洞室土钉支护抗动载试验的基本情况,并给出了洞室拱顶土钉的测试数据。依照试验现象,考察对比了毛洞和支护段与构措段的瞬态应变和炸药药量的关系及其三者的瞬态应变和加载次数的关系;指出了药量、加载次数、不同的支护参数是影响瞬态应变的重要因素,构措段具有显著地降低应变的能力和抵抗变形的能力。综合考虑前两方面的情况,提出了累次应变综合值的概念。

## 28.1 概　　述

为了描述土钉支护抗动载机制,进行了洞室土钉支护抗动载性能试验。土钉支护法应用于地下洞室是探索性课题,类似的试验国内外鲜有报道。本报告对土钉支护抗动载试验中的测试土钉的瞬态应变进行了试验数据的分析整理、理论模型的研究探讨。

以试验所察现象为依据,考察对比毛洞和支护段与构措段的瞬态应变和炸药药量的关系及其三者的瞬态应变和加载次数的关系,观察有关量的走势,指出临界破坏的影响因素[1-3]。根据临界破坏现象的宏观约定,得到洞室相应的临界应变和相应的临界加载次数[4-6]。此外,综合考虑前两方面的情况,在无前人经验的情况下,提出新的概念和新的表达参量。

## 28.2 土钉支护抗动载试验概况

### 28.2.1 试验条件

本次试验的试验方法与加载技术、试验场地工程地质条件以及量测系统等同第 27 章。

### 28.2.2 试验假定

由于洞室拱顶土钉位置特殊,其轴线延长线通过爆心,且钉体钢筋直径与爆心距之比在 0.004 以下,加之土钉钢筋与黏结体、土体的波阻抗相差比较大,低碳钢的波阻抗比混凝土、土体者分别大数倍、数十倍,故可将研究对象土钉钢筋视为在一维平面波作用下的长杆,同时受应力波作用和土体黏结阻碍作用。

## 28.3 土钉瞬态应变的比较

有成果介绍了爆炸荷载作用下土体介质应力波的衰减情况等(总参工程兵科研三所,1989 年)[7.9]。本试验的不同之处在于加有不同的支护,试验进行了爆炸荷载下洞室有无土钉支护、数种支护方式等变化的拱顶土钉应变测试等。以下对瞬态应变、药量、加载次序关系进行分析,以了解相关条件下诸参数之间的规律。

瞬态应变与药量关系对于不同支护参数的变化特点是洞室抗动载性能的重要指标。此关系可揭示应力波在包括因不同支护等原因而改变了的介质中的传播特点。

为了避开可能的系统、随机等误差的影响,让每根土钉在一次加载中的 5 个测点应变值用一个值来代表,此值取为此 5 个样本值的中位数 $\bar{\varepsilon}$。毛洞、支护段、构措段顶位土钉应变峰值中位数分别见表 28-1 ~ 表 28-3。

**毛洞顶位土钉应变峰值中位数** 表 28-1

| 加载次序 | 1 | 2 | 3 | 4 |
|---|---|---|---|---|
| 药量(kg) | 0.2 | 0.5 | 0.3 | 1 |
| 应变(με) | 132.9 | 377.7 | 67.474 4 | 373.7 |

**支护段顶位土钉应变峰值中位数** 表 28-2

| 加载次序 | 药量(kg) | 应变(με) | 加载次序 | 药量(kg) | 应变(με) |
|---|---|---|---|---|---|
| 1 | 0.2 | 1 099.4 | 6 | 2 | 2 646.026 6 |
| 2 | 0.5 | 1 170.9 | 7 | 2.5 | 2 137.939 5 |
| 3 | 0.3 | 778.106 7 | 8 | 3 | 3 704.223 6 |
| 4 | 1 | 1 959.075 9 | 9 | 4 | 4 563.598 6 |
| 5 | 1.5 | 2 386.169 4 | 10 | 5 | 8 505.249 0 |

**构措段顶位土钉应变峰值中位数** 表 28-3

| 加载次序 | 药量(kg) | 应变(με) | 加载次序 | 药量(kg) | 应变(με) |
|---|---|---|---|---|---|
| 1 | 0.2 | 996.46 | 9 | 4 | 4 341.583 2 |
| 2 | 0.5 | 725 | 10 | 5 | 3 417.205 8 |
| 3 | 0.3 | 714.813 2 | 11 | 6 | 1 974.639 9 |
| 4 | 1 | 1 101.684 6 | 12 | 7 | 1 899.292 |
| 5 | 1.5 | 191.650 4 | 13 | 8 | 2 310.791 |
| 6 | 2 | 1 883.633 5 | 14 | 9 | 2 183.837 9 |
| 7 | 2.5 | 1 194.134 9 | 15 | 10 | 2 041.784 7 |
| 8 | 3 | 2 171.402 | 16 | 33 | 2 465.087 9 |

由以上数据可知,毛洞应变走势不规律,应该是土体压密效应和黏结松脱效应综合作用所致。有资料显示,等量重复加载时,土体介质存在明显的压密效应,即介质通导应力波能力加强,土钉应变参数变大。这里提出的黏结松脱效应特指土钉与各黏结介质之间的宏、微观脱离

<383>

粘连,其伴随动力压密效应发生,机制目前尚未完全明确,这里,总的效应应是松脱使土钉应变参数减小。

支护段应变经两个起伏后,随药量加大而变大,说明土钉支护改变了土体介质动载下的物理力学性能,改变了前述无支护情况下的压密和松脱效应,使土体朝减弱这种效应作用的方向发展,即向成为相对典型的单一连续介质方向变化。支护段药量与应变基本成正向关系。

构措段虽然应变总体逐渐抬升,但起伏交错,很明显地展示出相对支护段而言,随加载过程加大了压密和松脱效应。

显见,药量、加载次数、不同的支护情况等因素直接影响瞬态应变和洞体的破坏进程。由于每段相应的最后一次加载即出现临界破坏迹象,故试验显示破坏数据:

(1)毛洞,动载作用 4 次,应变值为 373.7 $\mu\varepsilon$。

(2)支护段,动载作用 10 次,应变为 8 505.249 0 $\mu\varepsilon$。

(3)构措段,动载作用 16 次,应变为 2 465.087 9 $\mu\varepsilon$。

构措段具有最好的抗动载反复作用的能力。

# 28.4 试验数据处理

### 28.4.1 瞬态应变中位值与加载次数拟合曲线

从表 28-1 ~ 表 28-3 可知,瞬态应变中位值的变化规律不甚明确,若以最小二乘拟合曲线来描述其与加载次数的关系,则得如下三个三次方程

毛　洞: $\tilde{\varepsilon} = 0.195\,2x^3 - 1.449\,0x^2 + 3.225\,0x - 1.838\,4$ 　　　　(28-1)

支护段: $\tilde{\varepsilon} = 0.029\,6x^3 - 0.366\,7x^2 + 1.553\,8x - 0.490\,8$ 　　　　(28-2)

构措段: $\tilde{\varepsilon} = -0.002\,7x^3 + 0.051\,6x^2 - 0.059\,6x + 0.658\,8$ 　　　　(28-3)

式中,$x$ 为加载次数。

各段最后一个瞬态应变的计算值与实测值的相对误差分别为:毛洞 - 0.008 8;支护段 - 0.062 1;构措段 - 0.247 2。可见,要达到一定精度的曲线,其方程较为复杂,且不易直接观察数据的具体走向。因此,需再找既揭示复合作用规律又指向较为明确的更为方便的公式。

### 28.4.2 累次应变综合值的提出

由于客观条件的限制,不可能像做金属材料的 *S-N* 曲线试验一样地多试件逐一测试,而是原位原土反复试验,如此,压密和松脱效应、药量与加载次数因素等交织在一起,使前表中的数据散布呈现某种不规则情况,即不能以应变的简单极值来推断破坏值,如,三个试验段的临界破坏应变有两个并非自己出现的最大值。试验表明,临界破坏的发生与药量大小有关,也与瞬态应变反复作用有关,是两者综合影响的结果。

为了方便综合辨别药量加大和加载次数增多这双重作用因素,找出一个简捷的表达式在所必然,这里建造一个累次应变综合值以达此目的。

以复变函数形式来表达此两方面综合效果,使临界破坏信号成为综合效果值中的模的极限,以便确认。设:

$$Z = X + i\bar{\varepsilon}$$ 　　　　(28-4)

式中,$Z$ 为累次应变综合值;$X$ 为加载次数;$\bar{\varepsilon}$ 为土钉应变中位数。

将试验数据代入上式,达到预期的目标,$Z$ 的模为单增函数,为增加精度而确定以上应变中位数的单位。临界破坏时,累次应变综合值的模确定为模的极限值,它们分别为:

(1)毛　洞　　　$X=4$, $\bar{\varepsilon}=0.3737$,模 $Z$ 为 4.017。

(2)支护段　　　$X=10$, $\bar{\varepsilon}=8.5052$,模 $Z$ 为 13.13。

(3)构措段　　　$X=16$, $\bar{\varepsilon}=2.4651$,模 $Z$ 为 16.19。

数据显示,对于临界破坏,构措段历程最长,毛洞最短。

# 28.5　小　　结

1)瞬态应变与药量关系

药量、有无支护、不同的支护参数是影响瞬态应变的因素。毛洞在较小的药量、应变下即达临界破坏。支护段各级加载产生的应变值都大于构措段的相应值。构措段相对支护段而言达到了降低动应变的目的。

2)瞬态应变与加载次数关系

加载次数、有无支护、不同的支护参数是影响瞬态应变的因素。毛洞应变走势不规律,是土体压密效应和黏结松脱效应综合作用的结果,需进一步研究。构措段具有最好的降低应变的能力和抵抗变形的能力。相应的拟合曲线见式(28-1)~式(28-3)。

3)累次应变综合值

一方面能反映加载强度大小,另一方面又表现加载历史长短,所得式(28-4)用以表示毛洞、支护段和构措段在动载下的瞬态应变、加载次数等综合因素之间的复杂关系。对应条件:直墙半圆拱黄土洞室,直径 1m;TNT 药量最大值,毛洞 1kg,支护段 5kg,构措段 33kg。

# 参 考 文 献

[1] 王礼立.应力波基础[M].2 版.北京:国防工业出版社,2005

[2] 史巨元.钢的动态力学性能及应用[M].北京:冶金工业出版社,1993

[3] 过镇海.钢筋混凝土原理[M].北京:清华大学出版社,1999

[4] 杨桂通.土动力学[M].北京:中国建材工业出版社,2000

[5] 胡昌明,贺红亮,胡时胜.不同应变率下 45 钢的层裂研究[J].实验力学,2003,18(2):246-250

[6] 王明洋,赵跃堂,钱七虎.饱和砂土动力特性及数值方法研究[J].岩土工程学报,2002,24(6):737-742

[7] 庞伟宾,何翔,李茂生,等.空气冲击波在坑道内走时规律的实验研究[J].爆炸与冲击,2003,23(6):573-576

[8] 总参工程兵科研三所.土中喷锚网支护抗爆设计方法现场试验研究报告[R].1989:25-28

[9] 喻晓今,陈梦成,曾宪明.轴向荷载下单一土钉应力的试验对比分析[C]//扶名福,宋固全,刘英卫.力学与工程实践.南昌:江西科学技术出版社,2004:50-56

# 29 新型锚固结构动力特性对比研究

本章基于探索性的洞室土钉支护试验,概述了洞室土钉支护抗动载试验的基本情况,并给出了洞室拱顶土钉的测试数据。依照试验现象,对比分析了毛洞与构措段的瞬态应变和炸药药量的关系及其二者的瞬态应变和加载次数的关系,构措段具有较好的降低应变的能力。依照一维黏弹性理论对拱顶土钉进行了 Maxwell 模型的数拟合;并用此模型确定了土钉用建筑钢的动力黏性因数,结果表明,它与第 28 章中给出的拟合公式者相近。

## 29.1 概　　述

在地下洞室中应用土钉支护法是探索性课题,类似的试验国内外鲜见报道。进行洞室土钉支护抗动载性能试验,目的在于探索土钉支护抗动载机制。

对测试土钉的瞬态应力进行试验数据分析,考察对比毛洞与构措段的拱顶测试土钉瞬态应力和炸药药量、加载次数的关系。为了进一步确证试验数据的有效性,以黏弹性 Maxwell 模型为目标,对实验数据进行拟合,考察所得公式的动力黏性因数;再以土钉钢筋为目标进行计算,对同一特征量进行对比研究,以探讨此种情况下的土钉瞬态应力的特征参数。

## 29.2 洞室土钉支护抗动载试验概况

### 29.2.1 试验方法与加载技术

试验方法与加载技术参见 27.2.1 中 1)。

### 29.2.2 试验场区工程地质条件

试验场区工程地质条件参见 27.2.1 中 2)。

### 29.2.3 量测系统

本次试验的量测系统参见 27.2.1 中 3)。

## 29.3 拱顶土钉瞬态应力试验值分析

对测试波形进行观察,波阵面首波的特征有:普遍是所测到波形的极值幅值者;普遍是拉压连续变化者,并且变化较为急剧者,举例如图 29-1 所示。

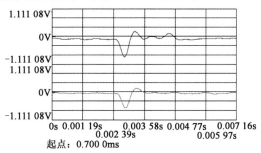

图 29-1 毛洞拱顶土钉在 1 000g 药量作用下
1 号、5 号点贴片处的应变波形

基于对在动荷作用下失效破坏机制的考虑,再顾及土体抗拉压交变时能力减弱的推断,分析所使用的数据,无疑以此首波较为合理。此时,低碳钢中应力波首波较水泥浆体和土体中的超前作用自然十分明显,加之单波作用时间较短,故可认为主要是低碳钢中的首波效应在黏结关系中起作用。

### 29.3.1 毛洞拱顶测试土钉应力

依试验数据结果得出结论,低碳钢在不同加载速率情况下,在弹性阶段的弹性模量变化甚微。忽略这种微小的变化,取低碳钢 Q235 的弹性模量 $E = 203\ 508\text{MPa}$,将毛洞拱顶测试土钉首波波峰波谷应变差数据转化为应力,其数据见表 29-1。

表 29-1

毛洞拱顶土钉首波波峰波谷应力差(MPa)

| 药量(g) | 距 爆 心 (m) | | | | |
|---|---|---|---|---|---|
| | 1.71 | 1.91 | 2.11 | 2.31 | 2.51 |
| 200 | 28.287 6 | 23.322 0 | — | — | — |
| 500 | 119.152 8 | 90.445 3 | 63.594 3 | 67.834 | 37.685 5 |
| 300 | 39.632 9 | 31.400 6 | 23.839 3 | 15.891 2 | 10.868 5 |
| 1 000 | 209.287 6 | 192.111 6 | 97.846 6 | — | 165.574 1 |

表中数据明显地呈现沿波行方向数值走低的特点。

### 29.3.2 构措段拱顶测试土钉应力

同比条件下,瞬态应力的涨落可以反映在平均量上。由于支护段具有可比性的第一至第四个药量所对应的应变大部分超出弹性范围[1-3],故不进行比对。此外,构措段部分超弹性极限和应变率较小的测试数据未予列入。

通过与毛洞同样处理过程,爆炸作用下构措段顶部土钉应力测试值见表 29-2。

表中数据明显地呈现沿波行方向数值走低的特点。但沿着加载次数增多的方向,数值的增加不是很有规律。显见,同药量时,构措段动应变普遍低于毛洞;前者破坏前所经历的加载次数多于后者。

| 药量（g） | 距爆心（m） | | | |
|---|---|---|---|---|
| | 1.71 | 1.91 | 2.11 | 2.31 |
| 200 | 271.551 0 | 218.053 2 | 187.522 0 | 153.575 0 |
| 500 | 37.080 2 | 35.036 9 | 27.183 7 | 12.924 2 |
| 300 | 145.650 3 | 119.056 7 | 102.511 7 | 96.773 1 |
| 1 000 | 58.876 2 | 56.628 0 | 48.169 2 | 37.462 2 |
| 1 500 | 39.244 6 | 42.477 2 | 32.993 7 | 19.740 3 |
| 2 000 | 199.856 2 | 188.962 8 | 147.352 0 | 114.398 7 |
| 2 500 | 84.513 5 | 79.706 5 | 65.794 8 | 58.752 0 |
| 3 000 | 526.809 8 | 550.223 6 | 484.174 2 | 422.734 4 |
| 4 000 | 1 060.856 5 | 1 107.311 6 | 977.572 8 | 848.827 6 |
| 6 000 | 418.033 6 | 385.676 5 | 374.186 9 | 304.318 |
| 7 000 | 335.445 4 | 337.258 9 | 287.872 4 | 189.347 9 |
| 8 000 | 531.500 7 | 409.028 2 | 324.514 8 | 287.002 9 |
| 10 000 | 414.816 5 | 371.864 2 | 357.728 9 | 195.459 1 |

# 29.4　一维黏弹性波作用下 Maxwell 模型的土钉解

土钉支护试验数据明显带有衰减趋向。这里以黏弹性 Maxwell 模型来描写土钉应力。爆炸应力波作用于土钉的情形可视为一维黏弹性波。

由于土钉是在黄土成孔之后灌浆黏结而成，加之土钉最内端上方的覆盖土体只有 1.6m，故覆土重荷相对较小，忽略不计。此外，由土重带来的摩擦力为零。鉴于土钉钢筋体、包裹的水泥浆体和黄土体的物理力学性能的很大差异，这里引用文献[3-4]长柱体研究结论对土钉进行计算。其波阵面形成的轴力增量的一般解法为：

$$\Delta N = -B\rho Ac\exp\left(-\frac{x}{2p_1 c_0}\right) \tag{29-1}$$

式(29-1)即为长直柱体的轴力增量公式。通过对文献[2-5]的综合分析，确定有关材料数据，低碳钢有：$c_0 = 5\ 151\text{m/s}$，对式(29-1)进行变化，将其代入上式，并令 $J = -19.754\ 2 \times 10^6\ \dfrac{1}{\eta}$，得：

$$\Delta\sigma = K\exp(Jx) \tag{29-2}$$

式中，$x$ 为应力波行进方向位置坐标。

### 29.4.1　毛洞顶部土钉应力响应的曲线拟合

将式(29-2)改写为对数方程，把试验数据代入其中，便可确定式(29-2)中的待定常数 $K$、$J$，从而得到对应不同药量的拟合曲线。以下是 500g 药量情况拟合结果：动力黏性因数为 $\eta = 15.256\ 6 \times 10^6\text{MPa} \cdot \text{s}$，拟合公式即毛洞拱顶瞬态应力半经验公式为：

$$\Delta\sigma = 1\ 084.311\exp(-1.294\ 8x)$$

< 388 >

按拟合公式计算本土钉5个测点的应力,所得的相对误差的平均值为0.006 729。

毛洞各点的拟合公式(29-2)的主要参数结果见表29-3。

**毛洞拱顶土钉瞬态应力拟合公式主要参数** 表29-3

| 加载次序 | 药量 (g) | $K$ | $J$ | $\eta$ (MPa·s) | 应力差 (MPa) | 平均误差 | 备　注 |
|---|---|---|---|---|---|---|---|
| 1 | 200 | 147.317 0 | −0.965 0 | 20.470 7 | 28.288 0 | 0.000 052 6 | 应力差指距爆心1.71m处应力 |
| 2 | 500 | 1 084.311 0 | −1.294 8 | 15.256 6 | 118.462 | 0.006 729 | |
| 3 | 300 | 691.041 6 | −1.634 3 | 12.087 3 | 42.247 6 | 0.001 348 | |
| 4 | 1 000 | 345.433 4 | −0.374 3 | 52.776 4 | 182.134 8 | 0.042 | |

从表29-3中可得:平均动力黏性因数为25.148 7MPa·s。

从毛洞拱顶拟合公式主要参数可知,$K$、$J$等参数的变化规律不太明显,可能是由于土体压密等综合作用所致。重要的是公式值与实测值的相对误差均在0.05以下。

### 29.4.2 构措段拱顶土钉应力响应的曲线拟合

按与毛洞同样的处理程序,进行爆炸作用下构措段拱顶土钉应力响应的曲线拟合。构措段各点的拟合公式的主要参数结果如表29-4所示。

**构措段拱顶土钉瞬态应力拟合公式主要参数** 表29-4

| 加载次序 | 药量 (g) | $K$ | $J$ | $\eta$ (MPa·s) | 应力差 (MPa) | 平均误差 | 备　注 |
|---|---|---|---|---|---|---|---|
| 1 | 200 | 1 316.194 6 | −0.929 5 | 21.252 5 | 268.554 8 | 0.000 061 7 | |
| 2 | 500 | 805.046 5 | −1.708 | 11.565 7 | 43.389 6 | 0.015 28 | |
| 3 | 300 | 456.550 8 | −0.688 0 | 28.712 5 | 140.783 | 0.000 690 6 | |
| 4 | 1 000 | 227.944 0 | −0.759 5 | 26.009 5 | 62.200 0 | 0.001 423 | |
| 5 | 1 500 | 329.343 1 | −1.155 8 | 17.091 4 | 45.635 3 | 0.010 5 | |
| 6 | 2 000 | 1 096.304 2 | −0.961 1 | 20.553 7 | 211.922 1 | 0.005 594 | |
| 7 | 2 500 | 259.485 3 | −0.641 8 | 30.779 4 | 86.593 3 | 0.001 08 | 应力差指距爆心1.71m处应力 |
| 8 | 3 000 | 1 081.387 | −0.390 | 50.652 0 | 555.073 | 0.010 7 | |
| 9 | 4 000 | 2 221.638 | −0.40 | 49.386 0 | 1 121.026 | 0.001 8 | |
| 10 | 6 000 | 988.017 1 | −0.491 2 | 40.216 2 | 426.557 9 | 0.003 403 | |
| 11 | 7 000 | 1 843.092 2 | −0.937 1 | 21.080 1 | 371.206 7 | 0.005 712 | |
| 12 | 8 000 | 3 080.970 | −1.045 | 18.904 0 | 515.970 | 0.000 4 | |
| 13 | 10 000 | 3 238.935 5 | −1.148 1 | 17.206 0 | 454.750 5 | 0.009 914 | |

从表29-4中可得:平均动力黏性因数为27.185 3MPa·s。

从构措段拱顶拟合公式主要参数可知,$K$、$J$等参数的变化规律仍不太明显,仍可能是由于土体压密等综合作用所致[6-9]。公式值与实测值的相对误差均在0.05以下。

毛洞、构措段的平均动力黏性因数较接近,但还是前者小于后者。

# 29.5　低碳钢长杆的动力黏性因数

　　黏弹性拟合公式中的动力黏性因数准确性如何,需要其他方法提供旁证。根据资料给出的低碳钢中屈服应力与应变率的测试值、屈服应力与加载时间测试值的数据,对其进行计算,得出钢中屈服应力与应力率的关系。把这些数据代入 Maxwell 黏弹性模型,以确定动力黏性因数。

## 29.5.1　屈服应力与应变率

　　低碳钢中屈服应力与应变率的测试值由文献[2]给出。其数据列入表 29-5。

| 低碳钢中屈服应力与应变率的测试值 | | | | 表 29-5 |
| --- | --- | --- | --- | --- |
| $\sigma$（MPa） | 191 | 223 | 280 | 458 |
| 应变率 lg(s) | $9.5 \times 10^{-7}$ | $8.5 \times 10^{-4}$ | 0.5 | 100 |
| 应变率（lg/s） | $-6.0223$ | $-3.0706$ | $-0.3010$ | 2 |

　　将以上数据依最小二乘法拟合成曲线,曲线方程见下式:

$$\sigma = 1.1836\,w^3 + 12.8207\,w^2 + 51.4463w + 294.356$$

　　式中,$\sigma$ 为屈服应力;$w$ 为对数应变率。以此公式来计算所需数据,所得结果见表 29-6。

| 低碳钢中屈服应力与应变率的关系计算值 | | | | 表 29-6 |
| --- | --- | --- | --- | --- |
| $\sigma$（MPa） | 286 | 326 | 353 | 413 |
| 应变率 lg(s) | 0.6769 | 3.4602 | 8.2054 | 38.6189 |
| 应变率（lg/s） | $-0.1695$ | 0.5391 | 0.9141 | 1.5868 |

　　由于所需的应力值在较小的范围内,故应变率也在一个可期的合理的范围内。

## 29.5.2　屈服应力与应力率

　　按文献[3],由普通热轧钢的动载作用屈服强度值与相应的加载时间的关系,屈服应力与加载时间数据见表 29-7。

| 屈服应力与加载时间测试值 | | | | 表 29-7 |
| --- | --- | --- | --- | --- |
| 加载时间（s） | 0.002 | 0.03 | 0.15 | 10 |
| 屈服应力（MPa） | 413.3333 | 353.3333 | 326.6667 | 286.6667 |

　　按表 29-7 所得应力率与应力的关系计算值如表 29-8 所示。

| 应力率与应力的关系计算值 | | | | 表 29-8 |
| --- | --- | --- | --- | --- |
| 应力（MPa） | 413.3333 | 353.333 | 326.6667 | 286.6667 |
| 应力率（MPa/s） | 206666.7 | 11777.8 | 2177.8 | 28.6667 |

## 29.5.3　动力黏性因数

　　Maxwell 模型有关系:

$$\sigma + p_1 \frac{\mathrm{d}\sigma}{\mathrm{d}t} = q_1 \frac{\mathrm{d}\varepsilon}{\mathrm{d}t} \tag{29-3}$$

式中，$p_1 = \dfrac{\eta}{E}, q_1 = \eta, \eta$ 为动力黏性因数。

将应力、应力率、应变率和低碳钢弹性模量代入式(29-3)，得超定方程组：

$$
\left.
\begin{array}{l}
413.333\,3 + 206.666\,7 \times 10^3 p_1 = 38.618\,9 q_1 \\[4pt]
353.333\,3 + 11.777\,8 \times 10^3 p_1 = 8.205\,4 q_1 \\[4pt]
326.666\,7 + 2.177\,8 \times 10^3 p_1 = 3.460\,2 q_1 \\[4pt]
286.666\,7 + 28.666\,7 p_1 = 0.676\,9 q_1
\end{array}
\right\}
\qquad (29\text{-}4)
$$

解式(29-4)可得动力黏性因数为：27.668 0MPa·s，也即其为动载作用下的长钢筋中的动力黏性因数值。此值比毛洞与构措段动力黏性因数平均值 26.166 6MPa·s 稍大一点，可能是由于钢筋试件比较规整，钢长柱模型更为理想所致。而土钉顶位工程安装的困难，会使黏结不够理想，多介质的黏结关系的滑错可能性加大、致使动力黏性因数下降。

# 29.6　小　结

(1)观察毛洞、构措段的不同波行深度的均值瞬时应力，构措段确有改造土体动力性能的作用，且此改变的影响范围在土钉长度所括范围之内。构措段比毛洞有比较好的远距性能，即波行深度较大的靠近洞壁临空面处，瞬时应力下降幅度较大，只有毛洞的 0.67 倍左右。

(2)从以上拟合曲线来看，由 $J$ 值导出的动力黏性因数 $\eta$ 很相近，但不同药量的 $K$ 值则相差较大。出现此种现象的原因大致可作如此分析：一是 $K$ 值的大小取决于入射到钢筋端的应力波幅的大小，其进而取决于爆源入射至土体的应力波幅和药量及空腔参数等，而这些值是动态的。二是 $\eta$ 不完全相等的原因可以追究为重复加载导致了土钉黏结体的黏结程度的变化，这种变化可以从两个方面考虑，即循环荷载导致的振动固结和微观脱黏现象，前者可能使动力黏性因数增大，而后者则可能使其减小。

(3)当相对平面度 $\zeta = 0.6$ 时，毛洞、构措段拱顶土钉黏弹性拟合公式的平均动力黏性因数相对误差为 0.081，毛洞的平均动力黏性因数接近构措段者，构措段的稍大。理论计算的动力黏性因数与拟合公式的动力黏性因数的均值之间的相对误差为 0.057 4。故黏弹性拟合公式适用于除临近临空面部分外的各部位土钉。

(4)在各种支护条件下，土钉支护加构造措施具有较强的抗动载性能，因而具有较大的经济技术效果。

## 参 考 文 献

[1] 王礼立. 应力波基础[M]. 2 版. 北京：国防工业出版社，2005

[2] 史巨元. 钢的动态力学性能及应用[M]. 北京：冶金工业出版社，1993

[3] 过镇海. 钢筋混凝土原理[M]. 北京：清华大学出版社，1999

[4] 杨桂通. 土动力学[M]. 北京：中国建材工业出版社，2000

[5] 胡昌明，贺红亮，胡时胜. 不同应变率下 45 钢的层裂研究[J]. 实验力学，2003，18(2)：246-250

< 391 >

[6] 王明洋,赵跃堂,钱七虎.饱和砂土动力特性及数值方法研究[J].岩土工程学报,2002,24(6):737-742

[7] 庞伟宾,何翔,李茂生,等.空气冲击波在坑道内走时规律的实验研究[J].爆炸与冲击,2003,23(6):573-576

[8] 总参工程兵科研三所.土中喷锚网支护抗爆设计方法现场试验研究报告[R].1989:25-28

[9] 喻晓今,陈梦成,曾宪明.轴向荷载下单一土钉应力的试验对比分析[C]∥扶名福,宋固全,刘英卫.力学与工程实践.南昌:江西科学技术出版社,2004:50-56

# 第七篇

## 新型锚固结构的
## 优化设计研究与应用

本篇含第30~35章。第30~35章依次阐述了优化锚固结构抗爆性能数值模拟分析、现场试验研究、对比试验研究、设计方法和工程应用技术,大跨度土质洞库中新型锚固结构的设计与应用,新型锚固结构工程受力变形特性研究。

# 30 优化锚固结构抗爆性能数值模拟分析

新型复合锚固结构是指"锚杆—构造措施"型复合锚固结构。其优化设计因素包括:弱化孔直径 $d$;弱化孔密度 $\rho$;弱化孔长度 $l$;锚固区厚度 $t$。利用 LS-DYNA 程序依次对 4 个因素的优化设计进行了数值计算分析,结果表明:在计算模型条件下,弱化孔孔径的优化设计值为 $d = 1.0cm$;弱化孔孔密度的优化设计为沿环向布设 24 个弱化孔;弱化孔孔长的优化设计值是 $l = 25cm$;锚固区厚度的优化设计值是 $t = 25cm$。经现场大比例尺模型对比试验验证,这一计算结果比较可靠,从而为优化设计提供了依据。

## 30.1 概 述

锚固类结构和复合锚固类结构不仅在一般岩土工程而且特别是在新奥法不建议使用的软土、流沙、厚杂填土等一类复杂地质体工程中已有大量成功应用,其对人类工程建设的贡献和所产生的社会、经济效益公认是无法估量的。复合锚固类结构种类繁多,如城建工程中常用的桩—锚(杆、索、钉)结构,墙(地下连续墙、搅拌桩墙等)—锚(杆、索、钉)结构等。其间存在优化复合问题,并非简单组合即可。国内外关于锚固类结构和复合锚固类结构的研究与应用成果数不胜数,但本章所述新型锚固类结构的相应成果,国内外均未见报道。

本章所研究"新型复合锚固结构"是指"锚杆—构造措施"型[1]。这种复合结构形式是由均匀布设的锚杆结合其里端规律设置的一段表面经过处理的空孔填以特殊材料构成,主要用于地下空间工程的加固支护上,如图 30-1 所示。

现场原型和模型试验已证实这种复合锚固结构可显著提高岩土洞室的抗动静载性能[1-3]。在土洞同等顶爆条件下,新型复合锚固结构临界抗动载能力和临界破坏装药量是单一锚固结构的 4.6 倍和 6.6 倍。在岩洞同等顶爆条件下,出现同等震塌破坏的装药量,复合锚固结构是单一锚固结构的 1.71 倍;单一锚固结构洞室震塌落石高度是复合锚固结构的 2.5 倍,实测锚杆动应变峰值,前者是后者的 2~4 倍。

---

❶ 本项计算由李世民等完成。

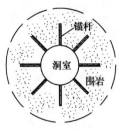

a)单一锚固结构加固洞室

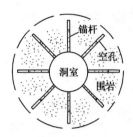

b)新型复合锚固结构加固洞室

图30-1　单一锚固结构与新型复合锚固结构加固洞室示意图

此外,这种复合锚固结构的构筑成本很低,十分利于推广和应用,目前已有成功应用的工程实例[4]。这种复合锚固结构存在优化设计问题。其优化设计因素在介质材料一定条件下,包括:弱化孔密度 $\rho$;弱化孔长度 $l$;弱化孔直径 $d$;锚固区厚度 $t$。其中,弱化孔密度通过改变弱化孔沿锚固区环向布设的个数而改变。本文采用数值模拟方法探寻上述 4 个因素的优化组合模式,为复合锚固结构优化设计提供一定依据。

# 30.2　数值模拟分析方法

所模拟的物理模型如图 30-2 所示。试件尺寸为 $2m \times 2m \times 2m$。试件埋于地下。洞室半径为 25cm。TNT 炸药为 1 600g。炸药放在试件表面中心,接触试件表面爆炸。起爆点位于炸药中心。炸药尺寸为 $10cm \times 10cm \times 10cm$。复合锚固结构构造措施段(空孔轴线)沿洞室轴向布设的间距为 7cm。

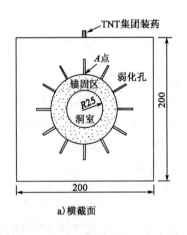

a)横截面

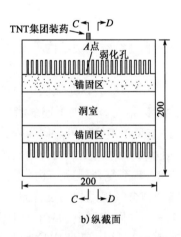

b)纵截面

图30-2　物理模型截面示意图(单位:cm)

数值模拟分析的具体方法是选取锚固区上一定点(本次计算选取的是爆心正下方试件弱化孔孔底中心点,即图 30-2 中所示 A 点),通过对不同设计方案模型的该点(单元)压力峰值进行比较,确定压力峰值较小的复合锚固结构便是较优化的结构。由于介质的抗拉性能较低,因而,分析中应重点考虑负压力(拉伸)绝对值的大小。对其他计算结果,如锚固区的损伤值、洞室拱顶的位移值等则进行综合考虑。

## 30.3  材料模型、状态方程及材料参数

本次数值模拟需要考虑混凝土、炸药、空气三种材料的材料模型和状态方程。

混凝土采用混凝土损伤模型(LS-DYNA 的 72 号材料模型)。该模型是 Marlvar[5] 等人于 1995 年对 LLNL 模型进行修正后建立。该模型采用 8 个独立的参数定义子午面上的 3 个固定失效面,即初始屈服面、极限强度面和残余强度面,函数式如下:

$$\Delta\sigma_y = a_{0y} + \frac{p}{a_{1y} + a_{2y}\sigma_0} \qquad (初始屈服面) \qquad (30\text{-}1)$$

$$\Delta\sigma_m = a_0 + \frac{p}{a_1 + a_2\sigma_0} \qquad (极限强度面) \qquad (30\text{-}2)$$

$$\Delta\sigma_r = \frac{p}{a_{1f} + a_{2f}\sigma_0} \qquad (残余强度面) \qquad (30\text{-}3)$$

式中,$\Delta\sigma_i (i = y, m, r) = \sqrt{3J_2}$,$J_2(s_1^2 + s_2^2 + s_3^2)/2$,$p = -(\sigma_1 + \sigma_2 + \sigma_3)/3$(其中,应力以拉伸为正、压缩为负,压力以压缩为正,拉伸为负);$a_{0y}$、$a_{1y}$、$a_{2y}$、$a_0$、$a_1$、$a_2$、$a_{1f}$、$a_{2f}$ 分别为不同的材料常数;$s_1$、$s_2$、$s_3$ 分别为第 1、2、3 偏应力;$\sigma_1$、$\sigma_2$、$\sigma_3$ 分别为第 1、2、3 主应力。

计算中锚固区以外的围岩介质按 C30 混凝土设计。假设锚固区有足够高的强度,按 C50 混凝土设计。其材料参数及取值方法见文献[6-7]。

混凝土的应变率效应采用欧洲规范 CEB 给出的指数形式关系[8];混凝土状态方程采用 LS-DYNA 的 8 号状态方程[6]。炸药和空气的本构关系、状态方程及材料参数见文献[6,9-10]。

## 30.4  有限元模型

根据问题的对称性,取 1/4 的物理模型进行计算。考虑计算机的硬件性能,有限元模型的厚度取为 14cm[沿洞室轴线方向,取图 30-2b)中 C—C 截面至 D—D 截面间的部分],因而,计算模型的大小为 100cm×200cm×14cm,如图 30-3 所示。以炸药接触的上表面为自由边界,对模型的对称面施加对称约束,其余边界则设为透射边界。单位制采用 cm-g-μs 值。输出的计算结果中,位移单位为 cm,时间单位为 μs,压力或应力单位换算为标准单位制后为 $10^{11}$ Pa。计算时间长度取为 700μs,每 5μs 输出一个计算结果文件。炸药、爆炸近区、锚固区、弱化孔区域的网格划分较密,单元大小均控制在 1cm×1cm×1cm 以内。爆炸远区网格相对较稀疏。所有计算模型的单元数量接近,均在 32 万个单元左右。对于不同的计算模型,相同区域的单元大小基本一致,因而可忽略由于单元大小略微变动而引起的计算相对误差。流固耦合方法采用罚函数耦合方法[6]。

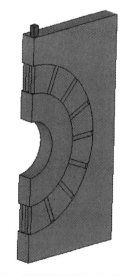

图 30-3  有限元计算模型(以模型 1 为例)

为便于建模和划分网格,有限元模型的弱化孔用方形孔简化代替实际的圆形孔。即$\phi$1cm的孔简化为1cm×1cm的孔,类似地,$\phi$2cm的孔简化为2cm×2cm的孔。

# 30.5 优化设计计算及结果

## 30.5.1 孔径的优化设计计算及结果

分别计算分析四种不同孔径方案。模型1:弱化孔截面面积大小为4cm×4cm,孔深为25cm,弱化孔沿环向布设16个孔,锚固区厚度为25cm;模型2、模型3和模型4:在模型1方案基础上仅改变孔径大小,即弱化孔横截面面积大小分别为2cm×2cm、3cm×3cm、1cm×1cm。

模型1孔底中心单元的压力时程曲线如图30-4所示,第一个峰值为3.11MPa,第二个峰

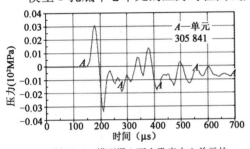

图30-4 模型爆心下方孔底中心单元的
压力时程曲线(模型1)

值为－3.34MPa(负号表示拉伸);其余模型孔底中心单元的压力时程曲线类似。混凝土是抗拉强度较低的介质,因而,在正压力峰值较小时,应主要考虑负压力的绝对值大小(即此时拉伸破坏是主要的可能破坏形式)。

计算获得孔径大小与孔底中心单元的负压力峰值绝对值关系曲线如图30-5所示,从图30-5中可看出,孔径为1.0cm的新型复合锚固结构是优化程度最高的,此时孔底具有最小的压力值。因而,在此后的计算模型中,将弱化孔径均固定取为1.0cm。

## 30.5.2 孔密度的优化设计计算

分别计算分析沿环向布设的4种空孔密度布设方案。模型5、模型6、模型7和模型8:在模型4方案基础上仅改变孔密度大小,即弱化孔沿环向布设个数分别为24个、32个、20个、28个。

计算获得空孔布设密度与孔底中心单元负压力峰值绝对值关系曲线,如图30-6所示(包括模型4),从中可看出沿锚固区环向布设的空孔个数为24个的新型复合锚固结构(即模型5)具有最小的压力值,是优化的。因而,在此后的计算模型中,将空孔布设个数固定取为24个。

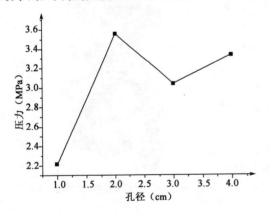

图30-5 孔径与孔底单元压力峰值关系

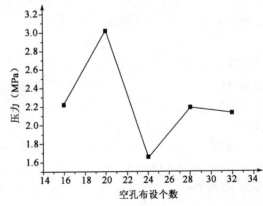

图30-6 空孔布设个数与孔底单元压力峰值关系

### 30.5.3　孔深的优化设计计算

分别计算分析不同孔深的 4 种空孔方案。模型 9、模型 10、模型 11 和模型 12：在模型 5 方案基础上仅改变孔长大小，即孔长分别为 30cm、20cm、27cm、23cm。

计算获得弱化孔长度与孔底中心单元的拉伸压力峰值绝对值关系曲线如图 30-7 所示（包括模型 5）。由图 30-7 可看出，沿锚固区环向布设的孔长为 25cm 的复合锚固结构（即模型 5）是优化的，此时孔底压力具有最小值。因而，在此后的计算模型中，将空孔长度固定取为 25cm。

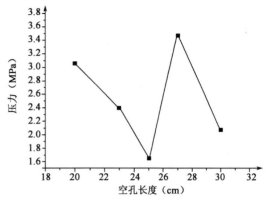

图 30-7　空孔长度与孔底单元压力的关系

### 30.5.4　锚固区厚度的优化计算

分别计算分析不同锚固区厚度方案。模型 13、模型 14：在模型 5 方案基础上仅改变锚固区厚度，即锚固区厚度分别为 30cm、20cm。

计算获得锚固区厚度与孔底中心单元的负压力峰值绝对值关系曲线如图 30-8 所示（包括模型 5）。由图 30-8 可看出沿锚固区厚度为 25cm 的复合锚固结构（即模型 5）是优化的。

由上述所有计算结果可得到各模型孔底中心单元的负压力峰值绝对值的比较图，如图 30-9 所示。由图 30-9 可看出，就孔底中心单元的负压力峰值绝对值而言，模型 5 是最小的。

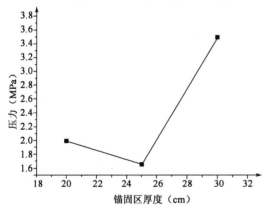

图 30-8　锚固区厚度与孔底单元压力的关系

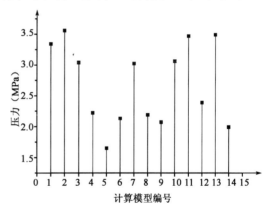

图 30-9　各模型孔底中心单元的拉伸压力峰值绝对值

### 30.5.5　锚固区损伤值的比较

后处理程序 LS-PRE/POST 可显示混凝土损伤模型的损伤参数 $\delta$[6]。应力状态在到达初始屈服面之前，$\delta = 0$；应力状态在初始屈服面和极限强度面之间时，$0 < \delta < 1$；应力状态到达极限强度面上时，$\delta = 1$；应力状态在极限强度面和残余强度面之间时，$1 < \delta < 2$；应力状态到达残余强度面时，$\delta \approx 2$。

模型锚固区的最终损伤参数 $\delta$ 的分布如图 30-10 所示。从图 30-10 可看出，模型锚固区的损伤均出现在锚固区顶部，锚固区的侧部和底部未出现损伤。这表明锚固区的顶部是受力最严重的部位，出现了塑性变形[11-13]；而锚固区的侧部和底部受力状态尚处于弹性阶段，未出现塑性变形,受力相对较小[13-15]。

计算给出各模型锚固区损伤参数 $\delta$ 的最大值 $\delta_{max}$ 的比较结果,如图 30-11 所示。由图 30-11可看出,对于所有计算模型,模型 5 锚固区的损伤参数 $\delta_{max}$ 是最小的。这表明,就锚固区的损伤而言,模型 5 的最小,因而模型 5 的新型复合锚固结构设计是所有计算模型中最优的。这一计算结果和上述以孔底单元负压力峰值绝对值最小作为新型复合锚固结构优化设计判据的计算结果是一致的,同时也说明以孔底单元负压力(拉伸)作为新型复合锚固结构优化设计的判据较为可靠。

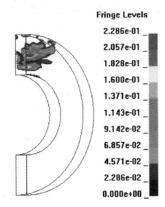

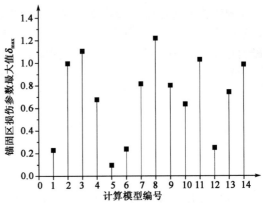

图 30-10　锚固区最终损伤参数 $\delta$ 的分布(模型 1)　　图 30-11　各模型锚固区损伤参数 $\delta_{max}$

### 30.5.6　洞室拱顶的竖直向位移

为比较各模型洞室拱顶的竖直向位移峰值(向上为正,向下为负),给出爆心投影点正下方洞室拱顶节点的竖直向位移,如图 30-12 和图 30-13 所示。

从图 30-13 可看出,由于炸药的装药量不是很高,且锚固区介质强度较高,因而洞室拱顶向下的竖直向位移峰值较小,且各模型较接近。出现位移峰值时间均在 $t = 300\mu s$ 附近。模型 1 ~ 14 在爆心投影点正下方洞室拱顶节点的竖直向位移峰值分别为 $-8.07 \times 10^{-3}$ cm、$-7.98 \times 10^{-3}$ cm、$-7.93 \times 10^{-3}$ cm、$-7.23 \times 10^{-3}$ cm、$-6.72 \times 10^{-3}$ cm、$-7.18 \times 10^{-3}$ cm、$-7.88 \times 10^{-3}$ cm、$-7.98 \times 10^{-3}$ cm、$-7.55 \times 10^{-3}$ cm、$-7.70 \times 10^{-3}$ cm、$-8.18 \times 10^{-3}$ cm、$-7.50 \times 10^{-3}$ cm、$-7.68 \times 10^{-3}$ cm、$-7.92 \times 10^{-3}$ cm,如图 30-13 所示。其中,模型 5 的为最小。这表明,就洞室拱顶的竖直向位移而言,模型 5 也是最优的。这一结果与上述以压力和损伤为判据的计算结果一致。

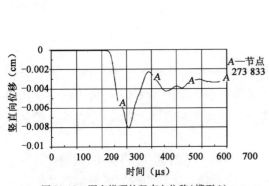

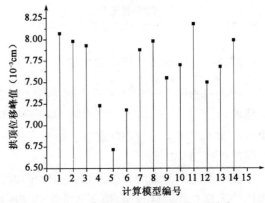

图 30-12　洞室拱顶的竖直向位移(模型 1)　　图 30-13　各模型洞室拱顶的向下位移峰值

# 30.6  试 验 验 证

为证实计算结果的可靠性,与计算方案相对应地在现场进行了大比例尺相似模型对比试验,并与无弱化的试洞抗力作了比较。验证性试验结果表明:洞室达到临界破坏时的抗力,弱化优化洞室是弱化非优化的2.1倍以上,并为无弱化区(单一锚固结构)洞室的5倍。由此验证了计算结果的正确性。

# 30.7  小     结

利用 LS-DYNA 程序对新型复合锚固结构的优化设计问题进行了数值模拟分析。在给定物理模型,假定影响新型复合锚固结构弱化效应优化设计4因素彼此不相关基础上,通过以爆心正下方弱化孔孔底单元压力大小为判据,依次对4个因素的优化设计进行了数值模拟分析,并综合考虑了各计算模型锚固区的最终损伤分布、洞室拱顶的位移峰值分布结果。主要得出以下结论:

(1)弱化孔孔径的优化设计值为 $d = 1.0\,cm$。

(2)弱化孔孔密度的优化设计为沿环向布设24个弱化孔。

(3)弱化孔孔长的优化设计值是 $l = 25\,cm$。

(4)锚固区厚度的优化设计值是 $t = 25\,cm$。

(5)在所有计算模型中,各设计参数优化组合的计算模型(模型5)的弱化孔孔底单元压力最小,锚固区损伤参数 $\delta_{max}$ 最小,洞室拱顶位移峰值最低,因而,其洞室抗力最高,模型的设计参数最优。

(6)新型锚固结构优化弱化效应具有十分重要的经济技术效果,它可在不明显增加工程成本基础上,成倍地提高工程抗力,可在所有地下空间工程中推广应用。

(7)新型复合锚固结构显著提高地下空间工程抗力的机制,主要在于弱化区在变形破坏过程中吸收大量爆炸能,使锚固区危机得以转移。

# 参 考 文 献

[1] 陈肇元,崔京浩.土钉支护在基坑工程中的应用[M].2版.北京:中国建筑工业出版社,2000

[2] 中国工程建设标准化协会标准. CECS 96:97  基坑土钉支护技术规程[S].北京:中国工程建设标准化协会,1997.

[3] 杨志银,蔡巧灵,陈伟华,等.复合土钉墙模式研究及土钉应力的监测试验[J].建筑施工,2001,23(6):427-430

[4] 徐水根,吴爱国.软弱土层复合土钉支护技术应用中的几个问题[J].建筑施工,2001,23(6):423-424

[5] 张明聚.复合土钉支护及其作用原理分析[J].工业建筑,2004:60-68

[6] 张明聚.复合土钉支护技术研究[D].南京:解放军理工大学工程兵工程学院,2003

[7] 孙铁成.复合土钉支护理论分析与试验研究[D].石家庄:石家庄铁道学院交通工程

< 401 >

系,2003

[8] 徐水根,李寒,严广义.上海地区基坑围护复合土钉墙施工技术要求[J].建筑施工,2001, 23(6):387-389

[9] 中华人民共和国国家标准.GB 50086—2001 锚杆喷射混凝土支护技术规程[S].北京: 中国计划出版社,2001

[10] 中华人民共和国行业标准.YBJ 226—91 喷射混凝土施工技术规程[S].北京:冶金工 业出版社,1991

[11] 代国忠.土钉与锚杆组合式支护技术在深基坑工程中的应用[J].探矿工程,2001(5): 11-12

[12] 刘雷,薛守良.土钉与预应力锚索复合支护技术的应用[J].铁道建筑,1998(9):29-31

[13] 汤凤林,林希强.复合土钉支护技术在基坑支护工程中的应用——以广州地区为例[J]. 现代地质,2000,14(1):100-104

[14] 黄力平,何汉金.挡土挡水复合型土钉墙支护技术[J].岩土工程技术,1999(1):17-21

[15] 李元亮,李林,曾宪明.上海紫都莘庄 C 栋楼基坑喷锚网(土钉)支护变形控制与稳定性 分析[J].岩土工程学报,1999,21(1):77-81

# 31 优化锚固结构抗爆性能现场试验研究

本章论述了新型优化弱化与非优化弱化复合锚固结构抗爆性能现场试验的目的、条件、方法、结果和分析结论❶,指出两者的唯一差异是弱化孔长度不同,前者是优化的,后者是据经验确定的。试验特点是爆炸加载起始荷载低,级差小,试验真实地演绎了洞室结构从变形→破坏→震塌堵塞的全过程。试验结果表明,非优化者的拱顶动应变峰值是优化者的2.1倍以上,非优化者的质点加速度峰值是优化者的2(拱顶)~5倍(底板),并与宏观结果相吻合。宏观结果表明,优化者的临界破坏抗力是非优化者的2.1倍以上,极限破坏条件下,拱顶下凸大变形尺度和面层脱落范围,优化者仅为非优化者的25%和33%。

## 31.1 概　　述

新型复合锚固结构是指在单一锚固结构[1-2]基础上,于土钉里端部系统而规律地增设了一段经特殊处理的空孔而形成的复合锚固结构[3-5]。这种结构形式具有优异的抗动静载性能[6],国内外未见发表。

弱化孔群的作用就是在围岩介质中形成一个介于支护结构与围岩之间的弱化区,其整体力学强度与稳定性满足:弱化区＜围岩＜支护结构,使原有的二介质系统(支护结构和围岩)成为三介质系统(支护结构,弱化区和围岩),并在爆炸加载过程中优先由弱化区大量吸收爆炸能,同时使支护结构的危机得以转移至弱化区而本身不至于受损,从而达到提高结构抗力、延缓结构破坏的目的。

优化弱化复合锚固结构是指在分析假设基础上,采用数值模拟的方法,定量地分析并初步确定的弱化孔孔径、孔密度、孔长度、锚固区厚度4因素之间的相互关系。非优化弱化复合锚固结构是指根据工程经验所确定的上述4因素之间的相互关系,此时不可避免地带有随机性和不确定性。为验证分析假设和数值计算结果,证实优化结论的可靠性,进行了优化弱化与非优化弱化复合锚固结构抗爆性能现场对比试验。

---

❶　本项工作由曾宪明、李世民、林大路等完成。第32、33章同。

该项试验存在较大风险。风险在于两类不同结构的受力变形和破坏效应差异原本可能不大,但地层存在差异,量测存在误差,洞室开挖和支护也存在程度不同的施工差别。这些误差和差异的累积影响有可能使两类结构的破坏效应差异显现不出来,从而使试验达不到目的。为此,试验设计时就严格要求试验的每一个环节都必须做得很精细,尽可能使试验达到目的。需要强调指出,非优化弱化复合锚固结构洞室还是一个真实洞库的缩尺模型,本身就具有重要意义;优化弱化复合锚固结构则是在非优化弱化复合锚固结构基础上进行的优化设计。

# 31.2 试验方案设计

## 31.2.1 两个洞室的设计与施工

选择合适的试验场地,构筑两个洞室,分别采用优化弱化与非优化弱化复合锚固结构进行

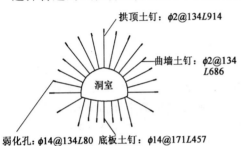

图 31-1 非优化弱化复合锚固结构支护
(2 号洞室)(单位:mm)

加固支护。两个洞室的设计尺寸和加固支护方案完全相同,仅弱化孔设计参数指标值有差异。两个洞室的最大跨度、最大高度和长度均分别为:1.2m、0.8m 和 4m。洞室截面由四心圆连接而成。2、3 号洞室分别为非优化弱化和优化弱化复合锚固结构加固支护洞室,其加固支护方案分别如图 31-1 和图 31-2 所示。2 号洞室弱化孔长度均为 80mm,弱化孔直径与钻孔直径一致,为 14mm。3 号洞室弱化孔长度和孔径与相应土钉

的长度和孔径一致。两个洞室的土钉轴向间距相同,均为 20cm,试验洞室平面布置如图 31-3 所示。

两个洞室采用人工法开挖,边开挖边支护。

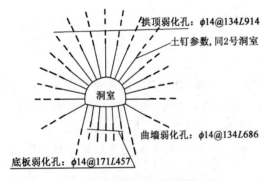

图 31-2 优化弱化复合锚固结构支护
(3 号洞室)(单位:mm)

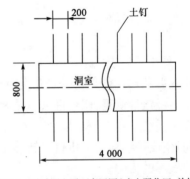

图 31-3 试验洞室平面布置图(略去弱化区;单位:mm)

## 31.2.2 两种复合锚固结构设计与施工

本次试验场地土为典型的洛阳黄土($Q_2$),其物理力学参数指标值见表 31-1。

非优化弱化复合锚固结构设计参数指标值如下:

(1)拱顶土钉:$\phi 2mm@134mmL914mm$。

| 含水率 $w$ | 密度 $\rho_n$ | 相对密度 $G_s$ | 孔隙比 $e$ | 孔隙度 $n$ | 干密度 $\rho_d$ | 无侧限抗压强度 $R$ | 弹性模量 $E$ | 割线模量 $E_0$ | 泊松比 $\nu$ | 黏聚力 $c$ | 内摩擦角 $\varphi$ |
|---|---|---|---|---|---|---|---|---|---|---|---|
| (%) | (g/cm³) | | (%) | (%) | (g/cm³) | (kPa) | (MPa) | (MPa) | | (kPa) | (°) |
| 21 | 1.85 | 2.61 | 70.7 | 41.4 | 1.53 | 86.3 | 66.64 | 19.60 | 0.13 ~ 0.27 | 27.4 | 29 |

(2)曲墙土钉:$\phi2mm@134mmL686mm$。

(3)底板(仰拱)土钉:$\phi2mm@171mmL457mm$。

(4)面层:C30$\delta$30mm。

(5)双层钢筋网:

①$\phi1mm$(环向)/$\phi1mm$(纵向) - 30mm × 30mm。

②$\phi1mm$(环向)/$\phi1mm$(纵向) - 30mm × 30mm。

③双层网层间距:11mm。

(6)空孔长度:80mm。

(7)空孔直径:$\phi14mm$。

(8)空孔密度:(拱顶及曲墙)@134mm;(底板)@171mm,即与土钉布设密度一致。

优化复合锚固结构的土钉与面层(含钢筋网)参数均与非优化者的完全相同,即与上述参数(1)~(5)、(7)~(8)项完全相同,差异仅在于第(6)项,即:

拱顶土钉空孔长度:914mm;

曲墙土钉空孔长度:686mm;

底板土钉空孔长度:457mm。

支护工序与实际相同,只是弱化孔长度应严格控制。

# 31.3 两种复合锚固结构洞室测点布设

两种复合锚固结构洞室中各种测点的布设方法相同,且彼此相对应,见图31-4。

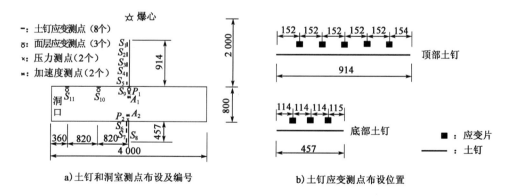

a)土钉和洞室测点布设及编号    b)土钉应变测点布设位置

图 31-4 土钉和洞室测点布设图(单位:mm)

动应变测点:土钉和洞室拱顶内表面动应变测点共布设11个,其编号依次为$S_1,\cdots,S_{11}$,其中,顶部土钉5个点($S_1 \sim S_5$),底部土钉3个点($S_6 \sim S_8$);洞室拱顶内表面3个点($S_9 \sim S_{11}$)。

质点加速度测点:洞室内表面质点加速度测点共 2 个,编号为 $A_1$、$A_2$,分别位于拱顶和底板部位。

压力测点:面层压力测点共 2 个,编号为 $P_1$、$P_2$,分别位于拱顶和底板部位的面层之内。

在安装工程支护土钉时,将贴有应变测点的土钉一同安装;压力传感器需在挂网前安装;加速度传感器在面层养护完毕后安装。

# 31.4 两种复合锚固结构洞室的爆炸加载设计

两种复合锚固结构洞室的装药与爆炸加载方式完全相同。

## 31.4.1 爆距设计

装药方式为集团装药,爆炸方式为洞室拱顶上方满填塞爆炸即顶爆。爆距设计与围岩区的厚度有关。按一般情形,围岩区的厚度(此处约为 10m)应远大于锚固区厚度,同时应足以涵盖弱化区厚度。综合上述考虑,爆心距拱顶的距离取为 2m。实际爆心位置及装药方法见图 31-5。炮眼用洛阳铲沿洞室轴向水平掏孔(孔径约为 10cm),将 TNT 炸药推送到位后,用稍湿黄土满填塞,边填塞边用木棍细心将黄土捣实。

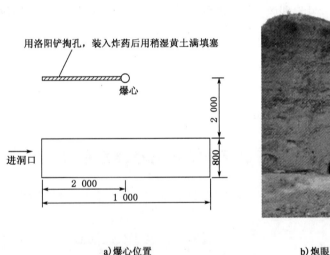

a)爆心位置　　　　　　　　　　b)炮眼位置（3号洞室）

图 31-5 爆心位置和装药方法(单位:mm)

## 31.4.2 爆炸加载等级设计

两个洞室的加载等级完全相同。爆炸加载所采用起始装药量很小,级差很低,目的是获取洞室结构破坏的演绎过程。试验中,实际爆炸加载级序见表 31-2。

爆炸加载级序　　　　　　　　　　　　　　　　表 31-2

| 炮号 | 装药量(g) | 备 注 |
|---|---|---|
| 1 | 10 | 洛阳铲掏孔,用稍湿黄土填塞炮眼 |
| 2 | 20 | 洛阳铲掏孔,用稍湿黄土填塞炮眼 |
| 3 | 20 | 洛阳铲掏孔,用稍湿黄土填塞炮眼 |

| 炮号 | 装药量(g) | 备　注 |
|---|---|---|
| 4 | 50 | 洛阳铲掏孔,用稍湿黄土填塞炮眼 |
| 5 | 50 | 洛阳铲掏孔,用稍湿黄土填塞炮眼 |
| 6 | 50 | 洛阳铲掏孔,用稍湿黄土填塞炮眼 |
| 7 | 50 | 洛阳铲掏孔,用稍湿黄土填塞炮眼 |
| 8 | 60 | 洛阳铲掏孔,用稍湿黄土填塞炮眼 |
| 9 | 60 | 洛阳铲掏孔,用稍湿黄土填塞炮眼 |
| 10 | 70 | 洛阳铲掏孔,用稍湿黄土填塞炮眼 |
| 11 | 80 | 洛阳铲掏孔,用稍湿黄土填塞炮眼 |
| 12 | 90 | 洛阳铲掏孔,用稍湿黄土填塞炮眼 |
| 13 | 100 | 洛阳铲掏孔,用稍湿黄土填塞炮眼 |
| 14 | 100 | 洛阳铲掏孔,用稍湿黄土填塞炮眼 |
| 15 | 125 | 洛阳铲掏孔,用稍湿黄土填塞炮眼 |
| 16 | 150 | 洛阳铲掏孔,用稍湿黄土填塞炮眼 |
| 17 | 175 | 洛阳铲掏孔,用稍湿黄土填塞炮眼 |
| 18 | 200 | 洛阳铲掏孔,用稍湿黄土填塞炮眼 |
| 19 | 250 | 洛阳铲掏孔,用稍湿黄土填塞炮眼 |
| 20 | 300 | 洛阳铲掏孔,用稍湿黄土填塞炮眼 |
| 21 | 350 | 洛阳铲掏孔,用稍湿黄土填塞炮眼 |
| 22 | 400 | 洛阳铲掏孔,用稍湿黄土填塞炮眼 |
| 23 | 500 | 洛阳铲掏孔,用稍湿黄土填塞炮眼,爆后洞侧壁坍塌 |
| 24 | 600 | 爆心距洞室顶180cm;装药上堆填20袋稍湿黄土 |
| 25 | 700 | 爆心距洞室顶180cm;装药上堆填30袋稍湿黄土;爆后1号洞室完全震塌并发生堵塞,停止1号洞室试验 |
| 26 | 800 | 爆心距洞室顶180cm;装药上堆填30袋稍湿黄土;仅对2号洞室和3号洞室进行爆炸试验 |
| 27 | 900 | 爆心距洞室顶180cm;装药上堆填30袋稍湿黄土;仅对2号洞室和3号洞室进行爆炸试验 |

# 31.5 宏观观测结果与结论

## 31.5.1 宏观观测结果

(1)在装药量10~600gTNT的前24次爆炸试验中,2、3号洞室结构均无异常反应。

(2)700gTNT装药爆炸后,2号洞室爆心下方洞顶出现了几条环向裂缝和零星的局部剥落点,见图31-6,而3号洞室此时仍未出现任何破坏迹象。

(3)800gTNT装药爆炸后,2号洞室顶部爆心正下方面层出现大面积外鼓,外鼓最大厚度约有8cm,顶部面层严重破裂,钢丝网大面积外露,洞室严重变形,如图31-7所示;而3号洞室爆心正下方拱顶出现较大面积面层剥落,爆心正下方面层微鼓(最大厚度约2cm),部分钢丝网外露,如图31-8所示。

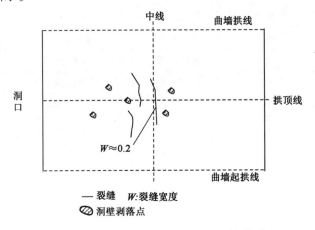

图 31-6　700gTNT 装药爆炸后,2 号洞室破坏情形

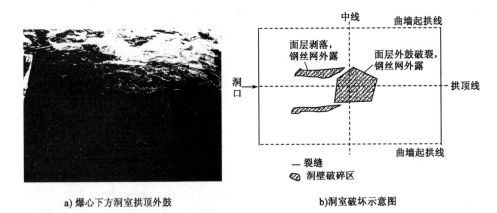

a) 爆心下方洞室拱顶外鼓　　　　　　b)洞室破坏示意图

图 31-7　800gTNT 装药爆炸后,2 号洞室破坏情形

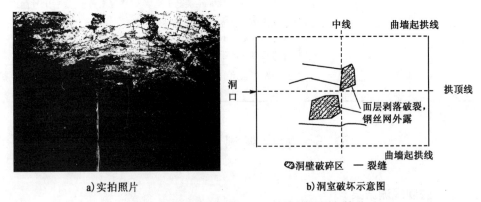

a)实拍照片　　　　　　　　　b)洞室破坏示意图

图 31-8　800gTNT 装药爆炸后,3 号洞室洞顶破坏情形

(4)900gTNT 装药爆炸后,2、3 号洞室均发生震塌堵塞,2 号洞室顶部大面积面层掉落;3 号洞室也有大面积面层掉落,但明显少于 2 号洞室,如图31-9 所示。经现场观察和测量,2 号洞室顶部脱落面层大约是 3 号洞室顶部脱落面层的 3 倍,至此试验结束。

(5)所有炮次中,两个洞室底部均未观测到任何破坏迹象,说明洞室底部是受力较小部位。

a)2号洞室口部        b)2号洞室内部

c)3号洞室口部        d)3号洞室内部

图31-9     900gTNT 装药爆炸后,2、3 号洞室洞顶破坏情形

### 31.5.2   宏观破坏结果分析

（1）700gTNT 装药爆炸（第 25 炮）后,2 号洞室在爆心下方拱顶顶部位出现了几条环向裂缝和几处零星的剥落点（图 31-6）。这表明 700gTNT 装药是 2 号洞室的临界破坏药量级;而 3 号洞室在此时仍未出现任何破坏迹象。这说明该炮次下 3 号洞室的临界破坏装药量级仍未达到,其抗力显然高于 2 号洞室。

（2）800gTNT 装药爆炸（第 26 炮）后,2 号洞室拱顶面层产生大面积下凸大变形,最大下凸厚度为 8cm,面层内的钢丝网大面积外露,洞室变形严重;此时 3 号洞室拱顶面层也产生较大范围剥落,拱顶下凸变形约为 2cm。就面层下凸变形大小而言,2 号洞室是 3 号洞室的 4 倍左右。从图 31-7 和图 31-8 还可比较看出,2 号洞室面层剥落面积是 3 号洞室的 3 倍。

（3）3 号洞室在经历 700gTNT 装药爆炸后,未出现以肉眼可见裂缝为标准的临界破坏,而在经历 800gTNT 装药爆炸后,洞室拱顶则出现了局部剥落破坏,面层还产生一定下凸变形,表明对 3 号洞室而言,该炮次（第 26 炮）800gTNT 装药量爆炸已略微超过了该洞室的临界破坏状态。因此,可近似认为 750gTNT 装药是 3 号洞室的临界破坏加载量级。

（4）900gTNT 装药爆炸（第 27 炮）后,2、3 号洞室都被炸穿透（图 31-9）,面层大面积脱落,上部土体在爆炸波作用下,产生震塌破坏致使洞室被完全堵塞。此时,2 号洞室拱顶及其邻近面层的脱落面积大约是 3 号洞室的 3 倍。再次说明,就极限破坏而言,3 号洞室的抗爆性能也明显优于 2 号洞室。

（5）上述分析归纳如表31-3所示。

**2、3号洞室抗爆性能比较**　　　　　　　　表31-3

| 洞室类别 | 2号 | 3号 | 3号/2号 | 备注 |
|---|---|---|---|---|
| 临界装药量级(g) | 700 | 750 | 1.07 | 临界破坏 |
| 拱顶下凸大变形(800gTNT)(cm) | 16 | 4 | 0.25 | 大变形 |
| 面层脱落面积(900gTNT)(m²) | 3 | 1 | 0.33 | 极限破坏 |

表31-3说明，2、3号洞室结构临界破坏装药量级比值为1.07，说明按经验设计的非优化弱化洞室抗爆性能也很好，但仍不如优化弱化洞室结构的高，从大变形和极限破坏程度的比值也可说明这一点。研究指出，采用临界破坏装药量级之比无法准确描述两者的抗爆性能差异，因为3号洞在700gTNT装药量级爆炸时结构破坏的累积效应被不合理地忽略了。因此，3号/2号 = (700g + 750g)/700g = 2.1，即就临界破坏而言，优化弱化结构抗力是非优化弱化结构的2.1倍以上，就大变形和极限破坏而言，前者仅为后者的25%～33%。

## 31.6　量测结果与结论

本节给出了试验的主要结果与分析。

### 31.6.1　两种支护结构洞室振动特性

将2、3号洞室的质点振动加速度峰值列于表31-4，并给出对应的 $A_1/A_2$ 值。分析表31-4和质点振动加速度波形（图31-10和图31-11），可看出如下结构振动特性：

**2、3号洞室质点振动加速度峰值比较**　　　　　　　　表31-4

| 炮次 | 药量(g) | 2号洞室 | | | 3号洞室 | | | 备注 |
|---|---|---|---|---|---|---|---|---|
| | | $A_1$ | $A_2$ | $A_1/A_2$ | $A_1$ | $A_2$ | $A_1/A_2$ | |
| 1 | 10 | 2.6 | — | ∞ | 6.3 | 1.1 | 5.7 | |
| 2 | 20 | 9.3 | 1 | 9.3 | 9.6 | 1 | 9.6 | |
| 3 | 20 | 6.8 | 0.7 | 9.7 | 17 | 1.4 | 12.1 | |
| 4 | 50 | 10.4 | 1.3 | 8 | 19 | 1.6 | 11.9 | |
| 5 | 50 | 10 | 1.2 | 8.3 | 13 | 1.3 | 10.0 | 1. 数据均为第1波峰值。 |
| 6 | 50 | — | — | — | 20.2 | 1.4 | 14.4 | |
| 7 | 50 | 14.4 | 1.3 | 11.1 | 19.4 | 1.5 | 12.9 | 2. 括号内数据仅供参考 |
| 8 | 60 | 14.5 | 1.4 | 10.4 | 20.2 | 1.4 | 14.4 | |
| 9 | 60 | 17.4 | — | ∞ | 24.4 | 1.8 | 13.6 | |
| 10 | 70 | 19.3 | 1.5 | 12.9 | 13.6 | 1.2 | 11.3 | |
| 11 | 80 | 20.8 | 1.7 | 12.2 | 27.6 | 2 | 13.8 | |
| 12 | 90 | 22.2 | 1.6 | 13.9 | 34 | 1.8 | 18.9 | |

| 炮次 | 药量(g) | 2 号洞室 | | | 3 号洞室 | | | 备 注 |
|---|---|---|---|---|---|---|---|---|
| | | $A_1$ | $A_2$ | $A_1/A_2$ | $A_1$ | $A_2$ | $A_1/A_2$ | |
| 13 | 100 | 23 | 1.8 | 12.8 | 36.5 | 2.3 | 15.9 | |
| 14 | 100 | 24.5 | 1.8 | 13.6 | 36.7 | 2.4 | 15.3 | |
| 15 | 125 | 26.6 | 1.8 | 14.8 | 50 | 2.5 | 20 | |
| 16 | 150 | 31.6 | 2.0 | 15.8 | 39 | 2.4 | 16.3 | |
| 17 | 175 | 28.2 | 2.5 | 11.3 | 57.9 | 2.7 | 21.4 | 1. 数据均为第 1 波峰值。 |
| 18 | 200 | (327) | 2 | (163.5) | 41.7 | 2.8 | 14.9 | 2. 括号内数据仅供参考 |
| 19 | 250 | 37.7 | 2.5 | 15.1 | 59 | 2.8 | 21.1 | |
| 20 | 300 | 36 | 2.8 | 12.9 | 74 | 3.4 | 21.8 | |
| 21 | 350 | 42 | 2.6 | 16.2 | 71 | 2.8 | 25.4 | |
| 22 | 400 | 48 | 2.3 | 20.9 | 48.6 | 2.9 | 16.8 | |
| 23 | 500 | 32 | 1.9 | 16.8 | 113 | 4.5 | 25.1 | |

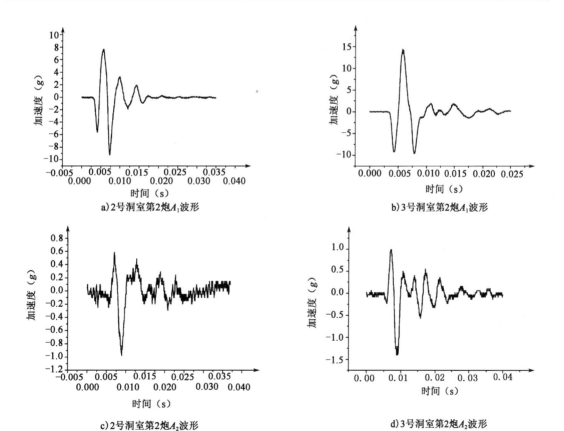

图 31-10　低爆炸荷载条件下 2、3 号洞室质点加速度波形和峰值比较

< 411 >

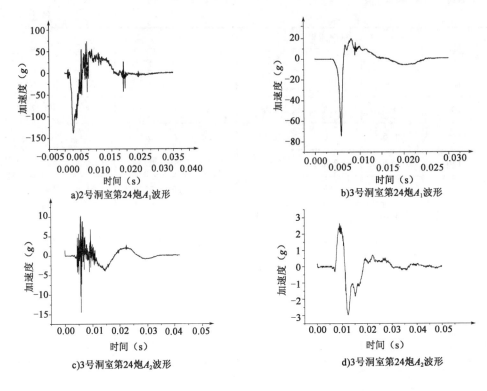

图 31-11　在较高爆炸荷载作用下 2、3 号洞室质点振动加速度波形和峰值比较

（1）2、3 号洞室的 $A_1$ 点均位于拱顶部位，$A_2$ 点均位于底板部位。爆炸后，拱部首先向下运动，然后向上运动；几乎与此同时（相差 $0.0025 \sim 0.005 \mathrm{s}$），底部首先向上运动，然后向下运动。整个支护是一个整体，且近于圆性，爆炸条件下结构的受力变形特点类似于弹性环受对称集中静力作用情形，因而对称质点振动方向相反。

（2）拱顶和底板质点加速度振动量值相差悬殊。2 号洞室 $A_1/A_2$ 值大部分在 $10 \sim 16$ 范围内，平均值为 13；3 号洞室的 $A_1/A_2$ 值大部分在 $10 \sim 25$ 范围内，平均值为 17。这是一个比较明显的规律性的差异。这表明，2、3 号洞室拱顶的加速度量值是对应底板的 13 倍和 17 倍，也说明优化结构的柔性更好。

（3）在小药量爆炸条件下，2 号与 3 号洞室的质点振动加速度量值相差不大（如第 $1 \sim 5$ 炮的对应波形，参见图 31-10），并且，3 号洞室的加速度值略大于 2 号洞室的对应值（3 号洞室爆心上部有一层厚度为 30cm 胶结紧密的砾石层，2 号洞室没有）。这是因为：地层差异；药量较小，系统误差比重增大；特别是支护结构均处于弹性变形和弹性振动阶段，弱化孔吸收爆炸波能量的作用尚未开始发挥。

（4）在较大药量爆炸条件下，2 号与 3 号洞室的质点振动加速度量值差异增大，如图 31-11 所示，2 号洞室的质点加速度峰值是 3 号洞室的 2（拱顶）~ 5 倍（底板）。药量增大，砾石层被炸除，系统误差比重减小，特别是在较强爆炸波作用下，孔壁群开始变形、破裂、破碎并压密，更多地吸收爆炸能，致使 3 号洞室优化结构表面质点加速度量值比 2 号洞室增幅显著降低，结果使支护结构的"危机"得以转移至弱化区而本身不受损。在结构经受从低药量到高药量爆炸加载过程中，3 号洞室质点加速度峰值发生了从略大于到显著小于 2 号洞室对应值的奇异变化，反映了优化弱化区的优异吸能本质。

### 31.6.2 两种支护结构洞室顶部土钉动应变特性

(1)2、3号洞室拱部土钉首先受压,然后反弹受拉并作迫振运动,经20ms后衰减至零。这一受力变形特征具有普遍规律性。

(2)在低动载条件下,2、3号洞室顶部土钉动应变量值相差不大,后者规律地偏高(第1~7炮),其原因同前,见图31-12。此后随着加载等级提高,3号室的拱顶应变量值增幅逐渐减小,2号洞室的增大(图31-13和表31-5中$S_1$对应测点数据),2号洞室/3号洞室值在1.2~3.0范围,平均值为2.1。实际上这个值还是整个爆炸加载过程中的阶段值,根据宏观破坏结果,在更高动荷载作用下,洞室顶部土钉的上述受力变形特性还会进一步加剧,只是此时已有不少应变片已处于损坏状态。

2、3号洞室拱部土钉动应变峰值比较 表31-5

| 炮号 | | 8 | 9 | 10 | 11 | 12 | 13 | 14 | 15 | 16 | 17 | 18 | 19 | 20 | 21 | 22 |
|---|---|---|---|---|---|---|---|---|---|---|---|---|---|---|---|---|
| 测点号 $S_1$ ($\mu\varepsilon$) | 2号洞室 | 490 | 520 | 324 | 314 | 311 | 390 | 319 | 339 | 359 | 345 | 413 | 410 | 430 | 424 | 452 |
| | 3号洞室 | 166 | 197 | 93.5 | 223 | 228 | 236 | 262 | 263 | 220 | 272 | 270 | 309 | 339 | 247 | 242 |
| | 2号洞室/3号洞室 | 3.0 | 2.6 | 3.5 | 1.4 | 1.4 | 1.7 | 1.2 | 1.3 | 1.6 | 1.3 | 1.5 | 1.3 | 1.4 | 1.7 | 1.9 |

(3)拱顶土钉受力变形形态。在爆炸条件下,由于土钉里端距爆心较近,外端距爆心较远,顶部土钉受力变形的总趋势是里端部大,外端部小,呈衰减规律变化。但未出现零值点,表明动载条件下复合土钉杆体临界锚固长度尚未达到。动载条件下,拱部土钉这一动应变分布形态与静力条件下自滑移面处或静力拉拔时自土钉外端部的界面剪应力(应变)作衰减规律变化是相似的。

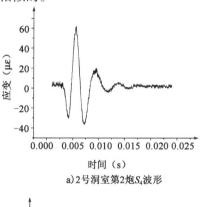

a)2号洞室第2炮$S_4$波形

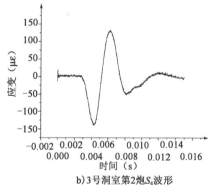

b)3号洞室第2炮$S_4$波形

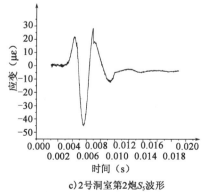

c)2号洞室第2炮$S_5$波形

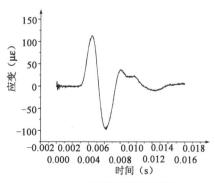

d)3号洞室第2炮$S_5$波形

图31-12 低动载下顶部土钉动应变波形与峰值比较

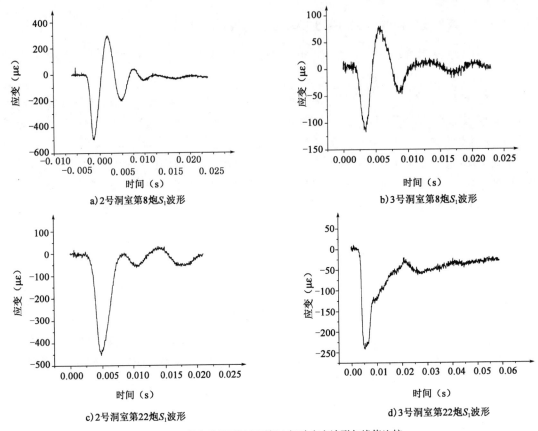

a)2号洞室第8炮$S_1$波形

b)3号洞室第8炮$S_1$波形

c)2号洞室第22炮$S_1$波形

d)3号洞室第22炮$S_1$波形

图 31-13　较高动载下洞室顶部土钉动应变波形与峰值比较

（4）上述 2 号与 3 号洞室顶部土钉的受力变形规律和显著差异，与土钉振动特性和规律完全吻合。

### 31.6.3　两种支护结构洞室底部土钉动应变特性

（1）2、3 号洞室底部土钉首先向上运动受压，而后向下运动受拉，进而作迫振运动衰减至零，其运动方式与拱部土钉刚好相对应。这是因为土钉与支护结构连为一体，当洞室顶部向下运动时，底部向上运动并使土钉首先受压（图 31-14）。

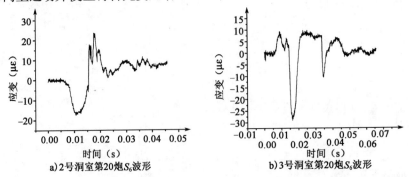

a)2号洞室第20炮$S_6$波形

b)3号洞室第20炮$S_6$波形

图 31-14　2、3 号洞室底部土钉动应变波形与峰值比较

（2）两种支护结构洞室底部土钉的动应变值均较小。这对底板质点振动加速度的量测结果和分析是一个印证。随着爆炸荷载增大，底部土钉动应变值略有增加，幅度甚小。

（3）与顶部土钉相比，两种洞室底部土钉动应变峰值到达时间明显滞后，大约为0.005s。

（4）自始至终，2、3号洞室底部土钉动应变量值相差无几，3号洞室的往往略大。但总的来说，量值均很小，以至于可以忽略。也正是因为底部土钉受力小，才未出现3号洞室顶部土钉应变值先是略小于、后是显著大于2号洞室顶部土钉动应变值的奇异现象。

（5）鉴于底部土钉受力变形及振动加速度量值均较小，在类似地层条件下，一般可考虑不设置底板土钉或复合土钉。但特殊情况下仍应设置。

# 31.7 小　　结

### 31.7.1 宏观效应小结

（1）在介质一定条件下，弱化孔孔径、密度、长度和锚固区厚度存在优化组合关系，在优化条件下，可能取得最大的经济效益。

（2）在试验条件下，非优化弱化复合锚固结构洞室（2号洞室）的临界破坏加载等级为700gTNT，弱化优化复合锚固结构洞室（3号洞室）的临界破坏加载等级为750gTNT，后者的抗力是前者的2.1倍以上。

（3）在极限破坏条件下，就拱顶下凸大变形尺度和面层脱落面积而言，优化弱化复合锚固结构洞室（3号洞室）分别为非优化弱化复合锚固结构洞室（2号洞室）的25%和33%。

（4）试验取得意想不到的效果，完全达到了试验目的，试验结果与计算结果可以相互印证。

### 31.7.2 量测分析小结

（1）低爆炸荷载作用下，由于地层条件的差异以及量测误差，特别是支护结构尚处于弹性变形和弹性振动阶段，弱化孔吸收爆炸波能量的作用还未开始发挥，优化弱化复合锚固结构拱顶和底板质点加速度量值总是规律地略大于非优化弱化复合锚固结构的对应值；在高爆炸荷载作用下，这一规律发生逆转，前者显著小于后者，后者是前者的2（拱顶）~5倍（底板），表明优化弱化结构具有更优异的减振性能。

（2）2、3号洞室顶部土钉动应变分布形态是相近的：土钉动应变量值靠近爆心的里端部较大，远离爆心的外端部较小，远不是均匀分布的，这与静力条件下的分布形态相似；两者最大的差异是峰值大小的差异。在很低爆炸荷载作用下，两者量值相近，3号洞室洞拱部土钉动应变值规律性地偏高；随着爆炸荷载加大，2号洞室/3号洞室的平均值较规律地在2.1左右变化。

（3）宏观结果表明，优化弱化复合锚固结构洞室临界破坏抗力是非优化者的2.1倍以上；在极限破坏条件下，拱顶下凸大变形尺度和面层脱（坍）落范围，前者仅为后者的25%和33%。结合宏观结果进行综合分析，可以判定非优化弱化复合锚固结构洞室顶部土钉动应变峰值是优化弱化者的2.1倍以上。

（4）2、3号洞室底部土钉的分布形态相近，3号洞室的规律性地偏高，均呈里端大而外端小的分布形态；但量值均很小。同一洞室顶部与底部土钉动应变量值相比，前者要高一个数量级。这表明底部土钉和弱化区在试验条件下均未充分发挥作用，在类似土层条件下，一般可不设置土钉或复合土钉。

（5）试验取得意想不到的效果，完全达到了试验目的，试验结果与计算结果可以相互印证。试验证实,理论分析所确定的前述影响弱化效应的 4 因素之间的相互关系,是优化关系,可以推广应用,其间潜藏有巨大的经济效益和社会效益。

## 参 考 文 献

[1] 程良奎,张作湄,杨志银.岩土加固实用技术[M]. 北京:地震出版社,1994

[2] 程良奎,范景伦,韩军,等.岩土锚固[M]. 北京:中国建筑工业出版社,2003

[3] L Hobst, J Zaji. 岩层和土体的锚固技术[M].陈宗严,王绍基,译.冶金部建筑研究总院施工技术和技术情报研究室,1982

[4] 梁炯鋆. 锚固与注浆技术手册[M]. 北京:中国电力出版社,1999

[5] 程良奎. 深基坑锚杆支护的新进展[C] ∥ 中国岩土锚固工程协会.岩土锚固新技术. 北京:人民交通出版社,1998

[6] 徐祯祥.岩土锚固工程技术发展的回顾[C] ∥徐祯祥,等. 岩土锚固技术与西部开发. 北京:人民交通出版社,2002

# 32 优化锚固结构抗爆性能对比试验研究

本章简介了新型优化复合锚固结构的概念与构成形式及其与单一锚固结构对比试验的目的、方法、条件、过程、量测结果、分析及结论。量测结果表明，在支护结构产生临界破坏前后，单一锚固结构的质点加速度量值是优化复合锚固结构的 2.22 倍以上，前者的动应变量值是后者的 5.3～4.5 倍以上；宏观结果表明，在临界破坏条件下，优化复合锚固结构的抗力是单一锚固结构的 5.10 倍以上，在极限破坏状条件下，前者是后者的 4.13～3.40 倍以上。本章着重指出，量测结果与宏观结果能很好吻合；优化复合锚固结构具有优异的抗动静载性能，并具有很高的效费比和极重要的推广应用价值。优化弱化区介于加固支护结构（包括二次永久衬砌）与围岩介质之间，从而将原有的二介质系统（支护结构和围岩）改变为三介质系统（支护结构、弱化区和围岩），并且就整体力学强度和稳定性而言，有：弱化区＜围岩＜支护结构。爆炸条件下，优先由弱化区产生变形、破裂、破碎、压实（岩石介质）或压密（土介质），同时大量吸收爆炸能，从而使加固支护结构的危机得以转移至弱化区而本身不受损。

## 32.1 概　　述

新型复合锚固结构由单一锚固结构[1-3]加构造措施构成[4-6]。构造措施就是在土钉里端部系而规律地设置的一定长度的经特殊处理的空孔段群组成。空孔群在围岩介质中造成一个弱化区。此弱化区介于加固支护结构（包括二次永久衬砌）与围岩介质之间，从而将原有的二介质系统（支护结构和围岩）改变为三介质系统（支护结构、弱化区和围岩），并且就整体力学强度和稳定性而言，有：弱化区＜围岩＜支护结构。爆炸条件下，优先由弱化区产生变形、破裂、破碎、压实（岩石介质）或压密（土介质），同时大量吸收爆炸能，使加固支护结构的危机得以转移至弱化区而本身不受损[7-8]。这就是新型锚固结构的作用机制。

这种新型复合锚固结构具有优异的抗动静载性能，此前，国内仅限于本所发表的几篇论文，国外未见发表[9]。文献[10-13]报道了锚固类结构抗动载的先进模拟试验方法与结果，文献[14-16]报道了锚固类结构抗动载的理论分析方法和结果。其中有的涉及单一锚固结构，有的涉及复合锚固结构，特别是文中所述及的"屈服锚杆"、"吸能锚杆"结构非常新颖和先进，与普通锚杆相比,有的效率高达20倍,很值得我国学习与借鉴。但文献[10-16]与本章所述新型优化复合锚固结构相比较,均系相关研究成果,从结构形式到作用机制方面与本章均有很大差异。

笔者分析并推断,此种新型结构的弱化区可能存在优化问题,并通过理论分析计算和一次优化弱化与非优化弱化复合锚固结构支护洞室现场系统对比试验,证明和证实了优化弱化区确与下列四因素有关:弱化孔孔径;孔密度;孔长度;锚固区厚度,同时建立了四因素之间的相互关系。

在优化条件下,新型复合锚固结构与单一锚固结构支护洞室的抗力是否存在差异,差异有多大,效率如何,这些问题搞清楚了,就可为这种结构的优化设计提供基本依据,这就是本次试验的主要目的。

为此,进行了新型优化复合锚固结构与单一锚固结构抗爆性能现场对比试验研究。

## 32.2　试验方案设计

### 32.2.1　两种锚固结构支护洞室设计与施工

单一锚固结构支护洞室(1号洞室)和新型优化复合锚固结构支护洞室(3号洞室)设计断面如图32-1所示。两种洞室的断面形状和所有对应的长度参数完全相同,两洞室相邻曲墙最短间距(间壁)大于5m。两洞室平面布置图(略去3号洞室的弱化孔群)如图31-2所示。

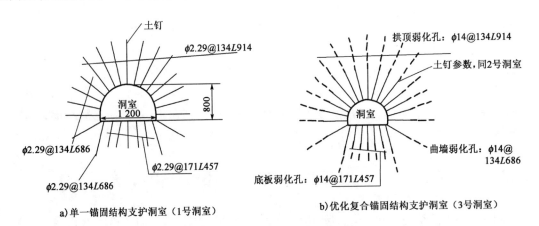

a)单一锚固结构支护洞室（1号洞室）　　b)优化复合锚固结构支护洞室（3号洞室）

图32-1　两种锚固结构支护洞室断面图(单位:mm)

试验场地土为典型的洛阳黄土($Q_2$)。

两种洞室开挖均采用相同的人工法施工,边开挖边支护。

### 32.2.2　两种锚固结构支护参数设计与施工

1号单一锚固结构洞室设计支护参数如下:

(1)拱顶土钉:$\phi2.29$mm@134mm$L$914mm。

(2)曲墙土钉:$\phi2.29$mm@134mm$L$686mm。

(3)底板(仰拱)土钉:$\phi2$mm@171mm$L$457mm。

(4)面层:C30$\delta$30 mm。

(5)双层钢筋网：

①$\phi 1mm$（环向）/$\phi 1mm$（纵向）—30mm × 30mm。

②$\phi 1mm$（环向）/$\phi 1mm$（纵向）—30mm × 30mm。

③双层网之层间距：11mm。

3 号洞室优化弱化复合锚固结构洞室支护参数，除与上述 1 号洞室的（1）～（5）完全相同外，每根土钉里端又增设了一段优化弱化孔：

拱顶土钉弱化孔长度：914mm。

曲墙土钉弱化孔长度：686mm。

底板土钉弱化孔长度：457mm。

支护工序和养护方法与实际相同，只是 3 号洞室的弱化孔段长度应严格控制。

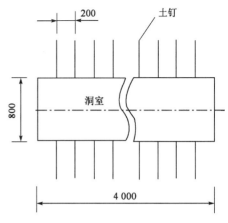

图 32-2　两种锚固结构支护洞室平面布置图（单位：mm）

### 32.2.3　两种锚固结构支护洞室的测点布置

两种锚固结构支护洞室测点布置见图 32-3。

土钉和洞室应变测点：共布设 11 个测点，其编号依次为 $S_1$，……，$S_{11}$，其中，拱部土钉 5 个点（$S_1 \sim S_5$），底部土钉 3 个点（$S_6 \sim S_8$），洞室拱顶壁面 3 个点（$S_9 \sim S_{11}$）。

洞室加速度测点：共 2 个，编号为 $A_1$、$A_2$，分别位于拱顶和底板正中部位。

面层衬砌压力测点：共 2 个，编号为 $P_1$、$P_2$，分别位于拱顶和底板正中部位。

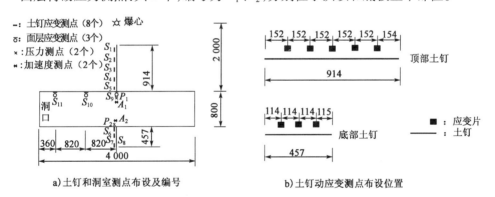

a) 土钉和洞室测点布设及编号　　　b) 土钉动应变测点布设位置

·图 32-3　土钉和洞室测点布置图（单位：mm）

在安装工程支护土钉时，将贴有应变测点的土钉一同安装；压力传感器需在挂网前安装；加速度传感器在喷层养护完毕后安装。

## 32.3　两种锚固结构支护洞室的爆炸加载设计

两种锚固结构支护洞室的爆炸加载设计见31.4节。

### 32.3.1　爆距设计

装药方式为集团装药，爆炸方式为洞室拱顶上方满填塞爆炸即顶爆。爆距设计与围岩区的厚度有关。按一般情形，围岩区的厚度（此处约为 10m）应远大于锚固区厚度，同时应足以涵盖弱化区厚度。综合考虑上述因素,爆心距拱顶的距离取为2m。实际爆心位置及装药方法见图32-4。炮眼用洛阳铲沿洞室轴向水平打孔(孔径约为100mm),将TNT炸药推送到位后,用稍湿黄土满填塞,边填塞边用木棍细心将土捣实。

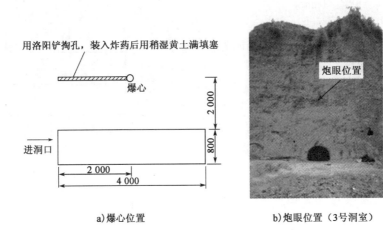

a)爆心位置　　　　　　　　　　b)炮眼位置（3号洞室）

图32-4　爆心位置和装药方法(单位:mm)

### 32.3.2　爆炸加载等级与临界破坏装药量

临界破坏装药量是指不同洞室结构表面由爆炸应力波作用所产生的正常肉眼(视力1.5)可见的细小裂纹(宽度为0.1~0.3mm)时的装药量,此时结构的整体稳定性依然完好,不影响正常使用。约定临界破坏装药量有利于对不同洞室结构破坏状态及抗力效应进行对比分析。

## 32.4　两种锚固结构支护洞室的宏观破坏效应与分析

### 32.4.1　两种锚固结构支护洞室的宏观破坏效应

在400gTNT装药量爆炸加载时及之前的多级加载条件下,1、3号洞室结构表面均无细小裂纹产生。在500gTNT装药量爆炸后,1号单一锚固结构支护洞室爆心正下方洞顶出现了3条细小裂纹,如图32-5所示。此时3号优化复合锚固结构支护洞室无破损反应。

600gTNT装药量爆炸后,1号单一锚固结构支护洞室爆心下方洞顶出现局部剥落,部分钢丝网外露,如图32-6所示。此时3号复合锚固结构支护洞室仍无裂纹产生。

700gTNT装药爆炸后,1号洞室发生拱顶震塌破坏,并造成完全堵塞,面层出现大

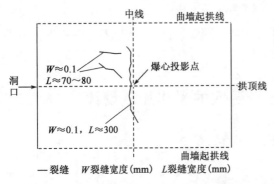

图32-5　500gTNT装药量爆炸后1号洞室拱顶破坏状态展开图

面积脱落(图32-7),试验停止。此时3号洞室还是无细小裂纹产生。

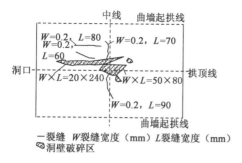

a) 洞室拱顶破坏素描图

b) 拱顶剥落破坏情形（钢丝网外露）

图 32-6　600gTNT 装药量爆炸后 1 号洞室拱顶破坏状态

对 3 号洞室继续进行爆炸加载试验。800gTNT 装药爆炸后，3 号洞室出现过临界破坏：爆心投影点下方拱顶面层出现下凸变形（鼓出厚度约 2cm），周围面层有两小片剥落，造成部分钢丝网外露，另有几条细小裂缝产生，如图 32-8 所示。

900gTNT 装药爆炸后，3 号洞室拱顶被炸穿，面层大范围脱落，拱部土体在爆炸波作用下产生震塌破坏致使洞室被堵塞，如图 32-9 所示。但其破坏程度仍不及单一锚固结构在经 700gTNT 装药量爆炸后的严重。

图 32-7　700gTNT 装药量爆炸后 1 号洞室被完全堵塞

在所有炮次中，1 号和 3 号洞室底板均未观测到任何破坏迹象。

### 32.4.2　两种锚固结构支护洞室破坏效应分析

（1）500gTNT 装药量爆炸（第 23 炮）后，1 号单一锚固结构支护洞室爆心正下方拱顶出现了 1 条约 30cm 长的环向裂纹和 2 条近轴向裂纹（图 32-5），而此时 3 号优化复合锚固结构支护洞室未出现任何破坏。由此可知 1 号洞室的临界破坏药量在 500gTNT 加载等级，而 3 号洞室的显然高于此等级。

a) 洞室拱顶过临界破坏情形

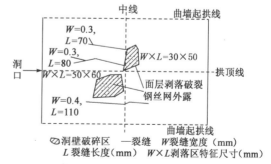

b) 洞室拱顶破坏素描图

图 32-8　800gTNT 装药量爆炸后 3 号洞室拱顶过临界破坏状态

（2）600gTNT 装药量爆炸（第 24 炮）后，1 号洞室爆心正下方拱顶出现了局部剥落破坏（图 32-6），这是由于爆炸应力波在洞室顶部反射形成卸载拉伸波所致。而此时 3 号洞室仍未出现任何破坏迹象。这说明设有优化弱化区的复合锚固结构支护洞室,其抗爆性能显著优于单一锚固结构支护洞室。弱化区介于支护结构与围岩之间,将原有的二介质系统(支护结构和围岩)改变为三介质系统(支护结构、弱化区和围岩),并就整体力学强度和稳定性而言,应有:弱化区<围岩<支护结构。爆炸条件下,由弱化区优先产生变形、破裂、破碎、压密,同时大量吸收爆炸能,使支护结构的危机得以转移至弱化区而本身不受损。

a) 爆炸后3号洞室口部破坏情形

b) 爆炸后3号洞室口部破坏情形

图 32-9    900gTNT 装药量爆炸后 3 号洞室顶部发生震塌堵塞破坏情形

(3)700gTNT 装药量爆炸(第 25 炮)后,1 号洞室顶部被震塌并发生堵塞(图 32-7),面层大范围脱落,洞室整体稳定性尽失,确认已达极限破坏状态,爆炸试验遂停止。而此时 3 号洞室依然完好无损。这说明该炮次下 3 号洞室的临界破坏装药量仍未达到。

(4)800gTNT 装药量爆炸(第 26 炮)后,3 号洞室爆心投影点下方拱顶面层出现两小块剥落和 3 条细小裂纹,拱顶结构产生下凸变形约 2cm(图 32-8)。

(5)3 号洞室在经受 700gTNT 装药量爆炸后,未达到临界破坏状态,而在承受 800gTNT 装药量爆炸后,洞室拱顶则出现了过临界破坏,面层有明显下凸变形和小的剥落。这说明对 3 号洞室而言,该炮次装药量已略微超过了该洞室的临界破坏装药量。因此,可近似认为 3 号洞室结构的临界破坏装药量为 750gTNT。

(6)900gTNT 装药量爆炸(第 27 炮)后,3 号洞室发生震塌堵塞破坏,面层大范围脱落(图 32-9),试验遂停止。但其破坏程度仍不及 1 号洞室严重。

(7)爆炸效应综合比较分析。将 1、3 号洞室结构产生临界破坏、震塌堵塞(极限)破坏时的装药量分析数据列于表 32-1。

**爆炸装药量比较分析**                                    表 32-1

| 洞室类别 | 1 号洞室 | 3 号洞室 | 3 号洞室/1 号洞室 | 分析结果 |
|---|---|---|---|---|
| 临界装药量级(g) | 500 | 750 | 1.50 | × |
| 临界前累积装药量(g) | 3 260 | 4 610 | 1.41 | × |
| 临界后累积装药量(g) | 500 | 2 550 | 5.1 | √ |
| 震塌堵塞装药量级(g) | 700 | 900 | 1.30 | × |
| 震塌堵塞前累积装药量(g) | 4 560 | 6 260 | 1.40 | × |
| 震塌堵塞后累积装药量(g) | 700 | 2 400 | 3.4 | |
| 临界至震塌堵塞累积装药量(g) | 1 200 | 4 950 | 4.13 | √ |

分析表 32-1 知：

(1)临界装药量级是指两种锚固结构支护洞室表面产生宏观可见裂纹时的装药量级,二者之比为 1.50。该比值只能表示两种洞室的加载量级的倍数关系,不能准确表征优化结构的抗力提高倍数。其原因是此处忽略了居于两个临界装药量级之间的其他几个装药量级所施加于 3 号洞室结构的破坏能量积累。

(2)临界前累积装药量是指两种洞室结构在分别达到临界破坏时和之前各自所有装药量级之和,其比值为 1.41。在结构产生临界破坏之前,围岩介质和结构主要尚处于弹性阶段,弹塑性和塑性性质未充分显现;结构材料在线弹性阶段,爆炸能量对结构的作用应不具有累积效应,因此,弹性阶段爆炸荷载对结构的破坏累积效应的贡献份额似应忽略,将其计入定将带来较大误差。从其比值(1.41)与临界装药量级之比值(1.50)相近即可得到印证。

(3)临界后累积装药量是指,自 1 号洞室结构产生临界破坏时起,至 3 号洞室结构产生临界破坏时止的累积装药量,为 3 号洞室临界后累积装药量,其与 1 号洞室临界装药量之比 3 号洞室/1 号洞室 =5.10。此时,1 号洞室已产生临界破坏,对 3 号洞室而言,爆炸荷载已使结构进入弹塑性变形阶段,爆炸所产生的累积破坏效应已不可忽略。这意味着在同等条件下,由于优化弱化区的存在,洞室抗力可提高 4.1 倍以上。这是十分令人振奋的结果。

(4)震塌堵塞装药量级是指发生此破坏时两洞室对应的加载量级,两者之比为 1.30。在表征洞室抗力时,这个数据明显不合理之处在于,它没有包括介于两个震塌堵塞装药量级之间的其他加载量级(800g)对结构的累积破坏效应。而结构材料进入非线弹性阶段后,爆炸能量对结构的破坏作用应具有累积效应。依据 1 号洞室此时已发生震塌堵塞的破坏结果,此时结构已达到塑性和大变形阶段,不计入是不合适的。

(5)震塌堵塞前累积装药量是指两洞室分别在震塌堵塞发生时和之前全部爆炸装药量之和,两者之比为 1.40。该值不合理之处在于,低压阶段,即围岩介质和结构均处于线弹性阶段时,爆炸荷载对结构的极限破坏的累积效应宜予以忽略,否则将给结果带来较大误差,造成结论出现偏差。其值(1.40)与震塌堵塞装药量级比值(1.30)相当也说明了这一点。

(6)震塌堵塞后累积装药量是指,自 1 号洞室结构产生震塌堵塞爆炸(700g)时起,至 3 号洞室结构发生震塌堵塞破坏时止的累积装药量(700g、800g、900g),为 3 号洞室震塌堵塞后累积装药量,其与 1 号洞室震塌堵塞爆炸装药量之比值 3 号洞室/1 号洞室为 3.40。这意味着,即使以极限破坏为标准,在同等条件下,由于优化弱化区的存在,将使洞室抗力提高 2.4 倍以上。

(7)临界至震塌堵塞累积装药量是指,自 1 号洞室结构发生临界破坏时起,分别至 1、3 号洞室结构发生震塌堵塞破坏时止的累积装药量,其比值 3 号洞室/1 号洞室 =4.13。由于爆炸能量对结构破坏效应的积累作用主要是从临界破坏开始的,因而把从临界至震塌堵塞这一区间的装药量作求和处理,似比"震塌堵塞后累积装药量"更趋合理。

综上所述,优化复合锚固结构临界破坏荷载和极限破坏荷载分别是单一锚固结构的 5.1 倍和 3.40 ~ 4.13 倍。

# 32.5 两种锚固结构洞室抗爆性能量测结果与分析

## 32.5.1 两种锚固结构的振动特性

1、3 号洞室拱顶与底板的加速度量值见表 32-2。分析该表可知：

（1）无论是 1 号单一锚固结构，还是 3 号复合锚固结构洞室，质点加速度值的平均值 $\overline{A_{11}/A_{21}}$ 值均大于 10，即 $A_1$ 比 $A_2$ 值高一个数量级。这是一个普遍的规律。这表明洞室拱顶的质点加速度值比底板的大得多。在两个洞室拱顶从发生临界破坏到极限破坏（震塌堵塞）的全过程中，相对应的底板均未发生任何破坏迹象，也可印证上述量测结果的可靠性。

（2）非比寻常的是，在 1 号单一锚固结构洞室发生临界破坏（第 23 炮）之前，$A_{11}/A_{13}$ 之值大都小于 1，而在临界破坏状态发生附近（第 22、23 炮），该比值显著大于 1，为 1.85～1.50，见表 32-2 和图 32-10 中相应数据。如果把第 1 炮至第 21 炮、第 22 炮至第 23 炮分别作均值处理，则 $\overline{A_{11}/A_{13}}$ 的值分别为 0.41～0.66（即 0.54）和 1.68。即 3 号洞室的质点加速度均值从小于 1（0.54）转变到大于 1（1.68），其间发生突变的反向比率的绝对值为两者之和，即 1 号洞室的质点加速度量值是 3 号洞室对应量值的 2.22 倍。

1、3 号洞室拱顶（$A_{11}$、$A_{13}$）和底板（$A_{21}$、$A_{23}$）加速度量值比较　　　　　　表 32-2

| 炮号 | | 1 | 2 | 3 | 4 | 5 | 6 | 7 | 8 | 9 | 10 | 11 |
|---|---|---|---|---|---|---|---|---|---|---|---|---|
| 1 号洞室 | $A_{11}$ | 5.7 | 5.9 | 9.7 | 11.4 | 10.0 | 10.2 | 8.3 | 12.7 | 9.0 | 12.5 | 14.4 |
| | $A_{21}$ | 0.3 | 0.4 | 0.8 | 0.9 | 0.8 | 0.8 | 0.8 | 0.8 | 0.8 | 1.1 | 0.9 |
| | $A_{11}/A_{21}$ | 19 | 15 | 12 | 13 | 13 | 13 | 10 | 16 | 11 | 11 | 16 |
| | $\overline{A_{11}/A_{21}}$ | | | | | | 13.5 | | | | | |
| 3 号洞室 | $A_{13}$ | 6.3 | 9.6 | 17.0 | 19.0 | 8.0 | 20.2 | 19.4 | 20.2 | 24.4 | 13.6 | 27.6 |
| | $A_{23}$ | 0.7 | 1 | 1.6 | 1.9 | 1.0 | 1.7 | 1.7 | 1.8 | 1.9 | 1.3 | 2.0 |
| | $A_{13}/A_{23}$ | 9 | 10 | 11 | 10 | 8 | 12 | 11 | 11 | 13 | 10 | 14 |
| | $\overline{A_{13}/A_{23}}$ | | | | | | 10.8 | | | | | |
| | $A_{11}/A_{13}$ | 0.9.0 | 0.61 | 0.57 | 0.60 | 1.25 | 0.50 | 0.43 | 0.63 | 0.37 | 0.92 | 0.52 |
| | | | | | | | 0.66 | | | | | |

| 炮号 | | 12 | 13 | 14 | 15 | 16 | 17 | 18 | 19 | 20 | 21 | 22 | 23 |
|---|---|---|---|---|---|---|---|---|---|---|---|---|---|
| 1 号洞室 | $A_{11}$ | 13.5 | 15.0 | 15.0 | 16.8 | 20.0 | 18.3 | 20.0 | 23 | 25.0 | 37.5 | 90.2 | 169 |
| | $A_{21}$ | 1.1 | 1.2 | 1.4 | 1.4 | 1.8 | 1.2 | 1.9 | 2.1 | 2.1 | 3.2 | 6.3 | — |
| | $A_{11}/A_{21}$ | 12 | 13 | 11 | 12 | 11 | 15 | 11 | 11 | 12 | 12 | 14 | ∞ |
| | $\overline{A_{11}/A_{21}}$ | 12.2 | 36.5 | 36.7 | 50.0 | 39.0 | 57.9 | 41.7 | 59.0 | 74.0 | 71.0 | 48.6 | 113 |
| 3 号洞室 | $A_{13}$ | 34 | 2.6 | 2.5 | 3.3 | 2.4 | 3.3 | 2.2 | 2.7 | 3.2 | 3.3 | 3.5 | 5.3 |
| | $A_{23}$ | 2.5 | .14 | 15 | 15 | 16 | 18 | 19 | 22 | 23 | 22 | 14 | 21 |
| | $A_{13}/A_{23}$ | 14 | 0.41 | 0.41 | 0.34 | 0.51 | 0.32 | 0.48 | 0.39 | 0.34 | 0.53 | 1.85 | 1.50 |
| | $\overline{A_{13}/A_{23}}$ | | | | | | 17.8 | | | | | | |
| | $A_{11}/A_{13}$ | | | | | | 0.40 | | | | | | |
| | $A_{11}/A_{13}$ | | | | | | $\dfrac{0.41}{1.68}$ | | | | | | |

（3）在临界破坏状态出现之前，弱化孔尚未产生弱化作用，1 号单一锚固结构的拱顶质点加速度值应与 3 号复合锚固结构洞室的相当。后者规律地大于前者的主要原因是地层条件的差异所致。紧靠 3 号洞室爆心之上，出露有一层胶结紧密、厚度为 30cm 的砾石层，见图 32-9b），而 1 号洞室没有。由于砾石层的反射抑制作用，使得作用于 3 号复合锚固结构的爆炸波能量明显大于 1 号洞室。

（4）随着1号单一锚固结构进入临界破坏状态，3号复合锚固结构的弱化区已率先达到过临界破坏状态而开始发挥作用，这是突变的开始。这表明弱化区首先产生变形，继而产生破裂、破碎、压密效应，同时越来越显著地吸收爆炸能，使得相应结构的危机得以转移。于是，由弱化区破坏的代价换得了优化结构的整体安全稳定。根据宏观结果，这一突变过程在极限破坏阶段应更强烈和更精彩，可惜此时量测探头大都已损坏。

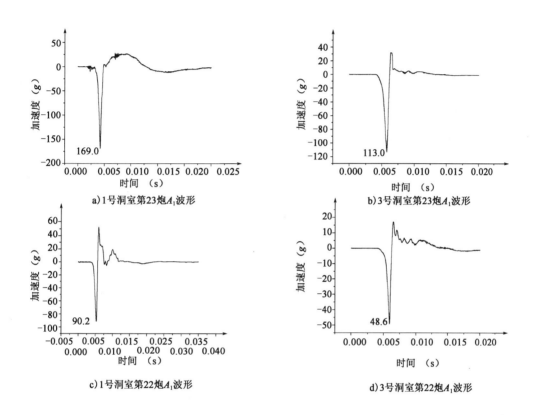

图 32-10　　1、3 号洞室拱顶加速度波形和峰值比较

### 32.5.2　两种锚固结构洞室拱部土钉动应变特性

（1）拱部土钉动应变分布形态。

拱顶土钉首先受压，作用时间约为 5ms，而后反弹受拉并作迫振运动，经 20ms 后衰减至零。动应变量值的分布规律是：土钉靠近爆心一端的动应变值较大，远离爆心的较小。无论是1 号单一锚固结构洞室或 3 号复合锚固结构洞室拱部土钉动应变分布形态均如此。

（2）两种锚固结构洞室拱部土钉动应变量值与波形的比较。

在较低爆炸压力条件下，1、3 号洞室的拱部土钉对应动应变量值相当，或 3 号洞室规律地略大于 1 号洞室。当压力升高时，这一情势发生突变性逆转，3 号洞室拱顶土钉动应变值显著小于 1 号洞室的对应值，并且此后装药量越大，3 号洞室的对应值增幅越小，其实测波形如图32-11 所示，相应的峰值比较见表 32-3。

（3）在低爆炸荷载作用下，结构和围岩介质均处于线弹性阶段，此时弱化孔完好无损，尚未开始发挥吸收爆炸能作用，因而 1、3 号洞室拱部土钉动应变量值相当，或后者较规律地略大于前者。其情形与质点加速度量测结果相似，原因系地层条件差异所致。

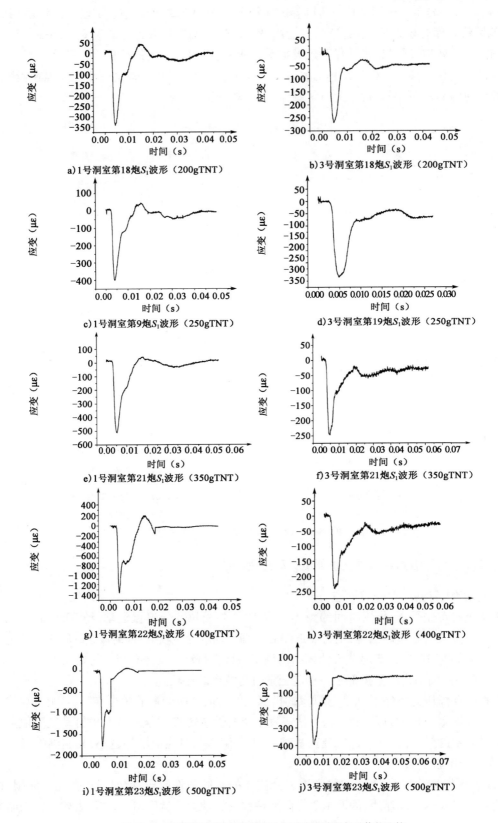

a)1号洞室第18炮$S_1$波形（200gTNT）

b)3号洞室第18炮$S_1$波形（200gTNT）

c)1号洞室第9炮$S_1$波形（250gTNT）

d)3号洞室第19炮$S_1$波形（250gTNT）

e)1号洞室第21炮$S_1$波形（350gTNT）

f)3号洞室第21炮$S_1$波形（350gTNT）

g)1号洞室第22炮$S_1$波形（400gTNT）

h)3号洞室第22炮$S_1$波形（400gTNT）

i)1号洞室第23炮$S_1$波形（500gTNT）

j)3号洞室第23炮$S_1$波形（500gTNT）

图 32-11　两种锚固结构洞室拱部土钉动应变波形与量值的比较

< 426 >

两种锚固结构洞室拱部土钉动应变峰值的比较　　　　　　表 32-3

| 炮　号 | 18 | 19 | 21 | 22 | 23 | 备　注 |
|---|---|---|---|---|---|---|
| 1 号洞室 $S_1$（με） | 341 | 400 | 512 | 1 271 | 1 770 | 结构破坏 |
| 3 号洞室 $S_1$（με） | 270 | 309 | 247 | 242 | 397 | 结构完好 |
| 1 号洞室 $S_1$/3 号洞室 $S_1$ | 1.3 | 1.3 | 2.1 | 5.3 | 4.5 | —— |

（4）从表 32-3 可清楚看出,随着爆炸荷载加大,1 号单一锚固结构的动应变值比 3 号复合锚固结构的增大倍数在显著增加,较高者达到 5.3～4.5 倍。这一结果与质点加速度振动突变性能在炮号上也是一致的。随着爆炸荷载加大,孔壁群开始变形、破裂、破碎并压密,与此同时越来越多地吸收爆炸能。其结果造成无弱化区的单一锚固结构已被炸塌的情况下,弱化区的优化复合锚固结构仍完好无损。将药量与动应变值的对应关系曲线绘于图 32-12 中。由该图可见,随着装药量增加,3 号洞室 $S_1$ 测点动应变量值几乎无变化,大体呈一条水平波动曲线,而 1 号洞室 $S_1$ 测点动应变量值在装药量为 300gTNT 后则呈直线上升状态。这一结果具有极重要的科学和应用价值,主要表明以下几点:

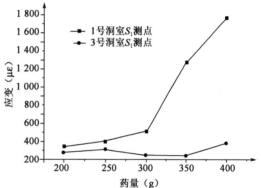

图 32-12　1、3 号锚固结构洞室拱部土钉动应变量值与装药量关系曲线

①在 1 号单一锚固结构支护洞室产生临界破坏时,3 号复合锚固结构支护洞室的弱化区已先于此破坏开始吸收爆炸能。

②同 1 号单一锚固结构相比,3 号新型复合锚固结构抗力有大幅度提高,较保守地可提高 4.3～3.5 倍。这一结果与宏观破坏结果有很好的对应关系。

③新型复合锚固结构优化设计参数可靠,研究达到了优化目的。

### 32.5.3　两种锚固结构洞室底部土钉动应变特性

（1）底部土钉首先向上运动（受压）,然后向下运动（受拉）,继而作迫振运动,其运动方式与拱部土钉刚好相反。这是因为土钉与支护结构连为一体,当结构拱部向下运动时,底部向上运动并使土钉首先受压,其情形类似于弹性环受集中力作用。

（2）底部土钉动应变量值随爆炸荷载增大而增大,但增加幅度甚小,材料与结构的抗力作用以及弱化区的吸能作用均未发挥出来,故一般条件下可不考虑在底部设置土钉或复合土钉。但特殊情况下仍应考虑。

# 32.6　小　　结

## 32.6.1　宏观效应小结

（1）进行优化弱化复合锚固结构与单一锚固结构支护洞室抗爆对比试验,其目的就是要确定在优化条件下,前者抗力所提高的倍数,为研究提出相应的优化设计方法奠定基础。由于存在地质条件差异和量测系统误差,为确保研究结果的可靠性,应以约定的临界破坏状态作为比较标准,同时辅以量测结果加以印证。

(2)锚固类结构材料在线弹性阶段,爆炸能量对结构的破坏作用不存在累积效应;在进入非线弹性阶段后,爆炸能量对结构的破坏作用具有累积效应。这是一个重要的分析假设。后续的研究将要对之加以证明和证实。

(3)宏观结果表明:以临界破坏状态作为比较标准,在优化弱化条件下,新型复合锚固结构洞室抗力是单一锚固结构洞室的 5.10 倍以上;以极限破坏状态作为比较标准,前者是后者的 3.40 ~ 4.13 倍以上,且上限值更为合理。

(4)根据 3 号洞室在极限破坏条件下,其破坏程度仍不及 1 号洞室严重的情况和量测结果,以及同样地层中非优化复合锚固结构与单一锚固结构原型抗力对比试验结果(前者是后者的 4 倍),可偏于保守地确定临界破坏比值 3 号洞室/1 号洞室为 5.00。即在同等条件下,优化复合锚固结构抗力与单一锚固结构相比,可提高 4.00 倍。此值可作为相同和相近地层中增强设计的建议值。

(5)优化复合锚固结构与单一锚固结构支护洞室的本质区别是:前者为三介质系统,后者为二介质系统。优化复合锚固结构的抗爆作用机制,就是利用弱化区在爆炸过程中优先产生变形、破裂、破碎并压密(土介质)或压实(岩石介质),同时大量吸收爆炸能,将支护结构的危机转移至弱化区而本身不受损,从而达到提高洞室结构抗力、延缓结构破坏的目的。

(6)优化弱化孔在钻土钉孔时可顺便钻出,十分便捷、效费比极高、安全性良好,其间潜藏着巨大的经济效益和社会效益,可以广泛推广应用于岩土地下空间的加固、支护、改造与增强设计与施工。

(7)对地下防护结构抗爆宏观破坏效应的量测、分析、评价等尽管难以做到很精准,但却具有很可靠的特点,不失为一种很重要的技术科学分析方法。

### 32.6.2 量测结果分析小结

(1)在低荷载条件下,两类锚固结构洞室表面质点振动加速度峰值相当,或 3 号复合锚固结构洞室的测值规律地大于 1 号单一锚固结构洞室的对应值,这是地层条件差异所致。在临界破坏装药量级附近,上述现象即出现突变性逆转,1 号单一锚固结构洞室的质点加速度峰值是 3 号复合锚固结构洞室的 185% ~ 150%;实际上,反向比率的绝对值之和为 2.22 倍。这说明优化弱化区具有优异的吸能减振效应。

(2)在低荷载条件下,两类锚固结构洞室拱部土钉受力变形无明显差异,或 3 号复合锚固结构洞室拱部土钉动应变量值较规律地大于 1 号单一锚固结构洞室的对应值,其原因为地层差异所致。随着爆炸装药量级向临界破坏装药量级靠近,这一情形发生突变性逆转,且两者的反差越来越大,1 号洞室拱部土钉动应变峰值是 3 号洞室的 5.3 ~ 4.5 倍。

(3)宏观结果表明:以临界破坏状态为标准,在优化弱化条件下,新型复合锚固结构的抗力是单一锚固结构的 5.1 倍以上;以极限破坏为标准,则前者是后者的 4.13 ~ 3.40 倍。综合考虑宏观结果与量测结果,可偏于保守地认为,新型优化复合锚固结构支护洞室,由于弱化区的存在,其抗力是单一锚固结构的 5.0 倍。此值可作为设计建议值。

(4)在试验条件下,两种锚固结构支护洞室底部土钉动应变和底板质点加速度量值均很小,小于对应部位一个数量级,土钉和弱化区均未发挥有效作用,一般可考虑不予设置。

(5)两种锚固结构支护洞室产生临界破坏之后,特别是在极限破坏阶段,许多测点探头相继发生损坏,使得量测数据不够完备,这是一个量测技术的老大难问题,亟须加以改进。

# 参 考 文 献

[1] 钱七虎,等.岩土工程师手册[M].北京:人民交通出版社,2010

[2] 苏自约,陈谦,徐祯祥,等.锚固技术在岩土工程中的应用[M].北京:人民交通出版社,2006

[3] 曾宪明,林润德,易平.基坑与边坡事故警示录[M].北京:中国建筑工业出版社,1999

[4] 陆卫国,高谦,曾宪明,等.岩石中新型复合锚固类结构抗爆性能现场试验研究[J].岩石力学与工程学报,2009,28(8):1704

[5] 曾宪明,李世民,林大路,等.复合锚固结构弱化效应研究[J].岩石力学与工程学报,2009,26

[6] 曾宪明,等.新型复合锚固结构静力弱化机理研究[J].防护工程,2008,30(4)

[7] 赵健,曾宪明,孙杰,等.新型锚固类结构抗爆性能数值分析[J].岩土力学,2009,30:255-259

[8] 李世民,曾宪明,林大路.新型复合锚固结构抗爆优化设计数值模拟分析[J].岩土力学,2009,30:276-281

[9] 李世民,韩省亮,曾宪明,等.锚固类结构抗爆性能研究进展[J].岩石力学与工程学报,2008,27:3553-3562.

[10] Ortlepp W D, Stacey T R. Performance of tunnel support under large deformation static and dynamic loading. Tunneling and Underground Space Technology, 1998,13(1):15-21

[11] Anders Ansell. Testing and modelling of an energy absorbing rock bolt. In: Jones N, Brebbia C A, Structure under shock and impact VI. The University of Liverpool, U. K. and Wessex Institute of Technology, U. K. , 2000:417-424

[12] Anders Ansell. Laboratory testing of a new type of energy absorbing rock bolt. Tunneling and Underground Space Technology, 2005, 20(4):291-300

[13] Anders Ansell. Dynamic testing of steel for a new type of energy absorbing rock bolt. Journal of Constructional Steel Research,2006, 62(5):501-512

[14] Ana Ivanovic, Richard D Neilson, et al. Influence of prestress on the dynamic response of ground anchorages. Journal of Geotechnical and Geoenvironmental Engineering. 2002, 128(3): 237-249

[15] Hagedorn H. Dynamic rock bolt test and UDEC simulation for a large carven under shock load. In: Proceeding of International UDEC/3DEC Symposium on Numerical Modeling of Discrete Materialsin Geotechnical Engineering, Civil Engineering, and Earth Sciences. Bochum, Germany, 2004: 191-197

[16] Zhao P J, Lok T S, et al. Simplified spall-resistance design for combined rock bolts and steel fiber reinforced shotcrete support system subjected to shock load. In:Proceedings of 5th Asia-pacific conference on shock & impact loads on structures. Changsha, China, 2003:465-478

# 33 优化锚固结构抗爆性能设计方法 与应用技术

本章阐述了优化复合锚固结构设计方法,提出了优化设计的基本依据,优化设计的基本条件、优化设计所适用的地层条件和岩土介质类别、优化设计基本方法和接近优化方法,以及优化复合锚固结构的施工方法。为方便应用,给出了一个算例。试验结果表明,在基本不增加工程投资成本条件下,优化复合锚固结构工程抗力可提高 4 倍(黄土)和 2 倍(岩石)以上,且设计与施工极为简便。

## 33.1 概 述

新型复合锚固结构具有优异的抗爆性能,与单一锚固结构相比,在增加工程投资很小情况下(0.01%),可提高工程抗力 4 倍(黄土介质)和 2 倍(岩石介质)以上。这一结论源于土中 2 次大比例尺复制模型试验和 1 次原型试验,岩石中 1 次大比尺复制模型试验,以及多次理论分析计算。

新型复合锚固结构优化问题主要涉及四个因素:弱化孔密度;弱化孔长度;弱化孔直径;锚固区厚度。在优化条件下,这四个因素之间的相互关系是唯一确定的。

新型复合锚固结构的设计还与地质条件有关。此结构一般只适用于中等以上的岩土介质,而不适用于不良地层。其原因是,不良地层已被自然弱化,再弱化将适得其反。但如果在较大范围内采用充分压力注浆也是适用的。

新型复合锚固结构的设计还与原设计锚固参数的合理性有关。如果原设计锚固参数不尽合理,优化弱化也将达不到目的。其原因是影响优化弱化孔的四个因素均受控于原设计锚孔。实际上,弱化孔长度就是锚孔的延伸长度,弱化孔密度就是锚孔密度,弱化孔直径就是锚孔直径,锚固区厚度就是锚杆长度。

新型锚固结构的优化设计还与施工质量有关。如果施工质量没有保障,优化目的同样不能实现。

## 33.2　优化设计的基本依据

优化设计的基本依据是本项目试验研究成果和应用成果。其中主要是:

(1)土中新型锚固结构与毛洞、单一锚固结构原型对比试验(洞跨为 2.6m,长度为 12m,分 3 个试验段,顶爆,2003 年)。

(2)岩石中新型锚固结构与单一锚固结构大比例尺复制模型试验(洞跨 60cm,长 2.4m,顶爆,2007 年)。

(3)土中优化弱化锚固结构与非优化弱化锚固结构大比例尺现场复制模型对比试验(洞跨 1.2m,长 4.0m,顶爆,2009 年)。

(4)土中优化弱化锚固结构与单一锚固结构大比例尺现场复制模型对比试验(洞跨等参数指标值同(3))。

(5)与上述(1)~(4)相对应的理论分析计算。

(6)新型锚固结构在某洞库中的应用(毛跨为 10m,长度为 90m,弱化孔深度为 30cm)。

上述工作是本优化设计的基本依据。

## 33.3　优化设计的基本条件

优化设计的基本条件是:

(1)掌握所设计地下工程的勘察资料,包括岩土分类,地下水情况等。

(2)熟悉原设计方案,并对方案的合理性进行分析考察。如不合理,应修改原设计参数。

(3)掌握所设计地下工程的抗动、静力标准和安全储备指标。

(4)掌握所设计地下工程的功能性质,应区分:加固设计、改造设计、增强设计、超强设计,以及拟建工程设计。

## 33.4　优化设计的适用范围

优化设计适用的工程条件和岩土介质条件是:

(1)适用于一般地下岩土空间的补强、增强、超强设计。

(2)适用于一般地下岩土空间的改造设计、加固设计和拟建工程设计。

(3)适用于一般土层介质和Ⅰ、Ⅱ、Ⅲ类围岩。

(4)对Ⅳ、Ⅴ类围岩,如注浆充分且高压注入,也可以适用。

(5)不适用于软土和流沙介质以及类似不良介质,但如采用大范围压力注浆且灌注充分,也可适用。

## 33.5　优化设计的基本方法

### 33.5.1　设计程序

设计程序按以下步骤进行:

(1)锚固区设计

锚固区即是单一锚固结构设计,应按现行地下工程锚固设计规范进行,应进行严格的强度和稳定性校核,应有足够的安全储备。

(2)弱化区设计

弱化区设计在锚固区设计的基础上进行。弱化区设计目前没有相应技术标准,只能依据本项成果进行设计。

### 33.5.2 设计方法

在优化条件下,弱化孔孔径 $\phi$、弱化孔密度 $a$、弱化孔长度 $b$ 与锚固区厚度 $L$ 之间具有一定的相关关系,可表示为:

$$F(L) = F\{\phi, a, b\} \qquad (33\text{-}1)$$

锚固区厚度 $L$ 就是锚杆或锚索或土钉设计长度,弱化孔孔径 $\phi$ 就是锚杆孔或锚索孔或土钉孔的设计直径,弱化孔密度 $a$ 就是设计锚杆间距或锚索间距或土钉间距,弱化孔长度 $b$ 就是设计锚孔的延长长度。只要确定了其中一个参数指标值,据式(33-1),其他 3 个参数的指标值即随之可以确定,设计异常简便。

以上是一种理想情况。限于工程条件、地质条件和其他复杂因素,有时理想条件难以实现。此时,可采用接近理想条件的原则,即接近原则。此时可以有以下多种选择,即可选用以下任一式进行设计计算:

$$F(L + \Delta L) = F\{\phi + \Delta\phi, a, b\} \qquad (33\text{-}2)$$

$$F(L + \Delta L) = F\{\phi, a + \Delta a, b\} \qquad (33\text{-}3)$$

$$F(L + \Delta L) = F\{\phi, a, b + \Delta b\} \qquad (33\text{-}4)$$

$$F(L + \Delta L) = F\{\phi + \Delta\phi, a + \Delta a, b\} \qquad (33\text{-}5)$$

$$F(L + \Delta L) = F\{\phi, a + \Delta a, b + \Delta b\} \qquad (33\text{-}6)$$

$$F(L + \Delta L) = F\{\phi + \Delta\phi, a, b + \Delta b\} \qquad (33\text{-}7)$$

$$F(L + \Delta L) = F\{\phi + \Delta\phi, a + \Delta a, b + \Delta b\} \qquad (33\text{-}8)$$

式中,$\Delta L$、$\Delta\phi$、$\Delta a$、$\Delta b$ 分别为 $L$、$\phi$、$a$、$b$ 的修正值的绝对值。

# 33.6 优化复合锚固结构的施工

优化复合锚固结构的施工分为锚固区施工和优化弱化区施工。

### 33.6.1 锚固区的施工

锚固区的施工应按现行规范进行。

### 33.6.2 优化弱化区施工

优化弱化区由一系列优化弱化孔构成。每一个弱化孔的施工方法均相同。优化弱化孔的施工步骤如下:

(1)钻弱化孔:锚孔钻至设计长度后,按照设计给定的弱化孔长度参数,继续钻孔至底。

(2)封堵弱化孔:采用海绵球,外包塑料布,使其直径大于弱化孔直径约30%,将其推入孔段设计部位(弱化孔前段),亦即锚杆孔或锚索孔或土钉孔的底端部。

(3)注浆:按常规方法注浆至满,弱化孔即制成。当采用压力注浆或高压注浆时,应采用专门的封堵器替代海绵球堵浆。

# 33.7 算 例

在某黄土地区拟建一地下洞库,其跨度为5m,埋深为50m,洞室为直墙拱顶形,长度为80m,拟采用永久支护结构形式。原设计采用土钉喷射混凝土支护,抗力等级为1.0MPa,依据现行规范,所设计支护参数如下。

土钉:

拱顶:$\phi$28mm@1 000mm$L$5 000mm;

边墙:$\phi$28mm@1 000mm$L$4 000mm;

底板:$\phi$28mm@1 000mm$L$1 000mm;

土钉孔孔径一律为$\phi$100mm。

喷射混凝土面层:

拱顶与边墙:$\delta$200mmC30;

底板:$\delta$300mmC30;

单层钢筋网:$\phi$8mm—150mm×150mm。

原设计断面见图33-1。

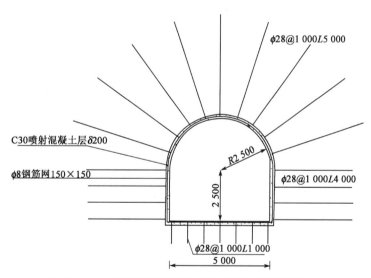

图33-1 5m跨黄土洞室抗1MPa压力支护设计断面(单位:mm)

现支护参数不变,但抗力需提高到抗5.0MPa压力,故采用优化复合锚固结构形式。

原设计锚固参数经严格检验确认是可靠的。新的设计参数指标是:原支护参数不变,只是增设一个弱化区。依据式(33-1)~式(33-8),求得弱化区的弱化孔参数指标值如下:

拱顶:$\phi$100mm@1 000mm$L$2 000mm;

边墙:$\phi$100mm@1 000mm$L$1 500mm;

底板:$\phi$100mm@1 000mm$L$500mm。

新设计复合结构经验算可满足抗5.0MPa压力要求。

新设计复合锚固结构支护断面如图33-2所示。图中只标注优化弱化孔设计参数,未标注所保留的原设计土钉喷混凝土面层及钢筋网参数。

新设计的支护参数与原设计的相比,只是增加了每根土钉末端经特殊处理的空孔段,其耗资不及工程投资总造价的 0.01%,而其抗力则可提高 4 倍以上,效费比极为显著。

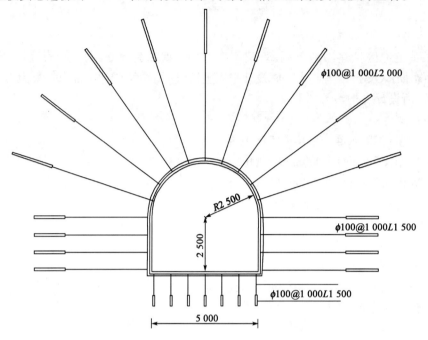

图 33-2　5m 跨黄土洞室抗 5MPa 压力支护设计断面(单位:mm)

# 33.8　小　　　结

本章阐述了优化复合锚固结构设计方法,提出了优化设计的基本依据,优化设计的基本条件,优化设计所适用的地层条件和岩土介质类别,优化设计的基本方法和接近优化方法,以及优化复合锚固结构的施工方法。最后,为方便应用,给出了一个算例。

无论是优化复合锚固结构的设计,还是施工,它们都具有以下特点:

(1)安全可靠,结果可以重现。

(2)简便实用,操作方便,占用施工空间少。

(3)造价低廉。

(4)特别适用于一般地下工程的新建工程、加固工程、改造工程、增强工程和超强工程的设计与施工。

需要指出,鉴于本项目成果已申请国家专利,按专利法规定,报告中某些核心数据未能给出,敬请读者鉴谅。

## 参 考 文 献

[1] 曾宪明,杜云鹤,等. 土钉支护抗动载原型与模型对比试验研究[J]. 岩石力学与工程学报, 2003, 22(11):1892-1897

[2] 曾宪明,林大路,等.新型复合土钉支护结构抗动载性能试验研究[J].防护工程,2009,9(1)50-55

< 434 >

［3］ 总参工程兵科研三所. 新型复合土钉抗爆性能研究［R］. 2008

［4］ 宋红民, 曾宪明, 等. 新型复合土钉支护在大跨度土洞中的应用［J］. 防护工程, 2009, 12 (3)27-31

［5］ Malvar L J, et al. A plasticity concrete material model for dyna3d［J］. International Journal of Impact Engineering, 1997, 19:847-873

［6］ LS-DYNA Keyword Manual version971［R］. Livermore Software Technology Corporation, Livermore, 2007

［7］ 中国建筑科学研究院. GB 50010—2010 混凝土结构设计规范［S］. 北京:中国建筑工业出版社, 2010

［8］ CEB. Concrete structures under impact and implosive loading［R］. Synthesis report. Lausanne: Committee Euro-International du Beton, 1998: 187

［9］ Lee E, Finger M, Collins W. JWL Equation of State Coefficients for High Explosives［R］. Lawrence Livermore Laboratory, University of California/Livermore, 1973

［10］ 董永香, 夏昌敬, 等. 平面爆炸波在半无限混凝土介质中传播与衰减特性的数值分析 ［J］. 工程力学, 2006, 23(2):812-817

# 34 大跨度土质洞库中新型锚固结构的设计与应用

## 34.1 概　述

复合锚固技术在我国岩土工程领域已得到了广泛应用,在建筑基坑、地基、边坡、港口、地下洞室和隧道工程加固支护中取得了很大成功,工程范例很多。地下洞室和隧道建设的传统做法是:喷锚临时支护加二次永久衬砌,如宁夏三十里铺隧道、函谷关隧道和嵝岘河隧道等。它们均采用了传统的联合支护结构形式,即初期支护以喷锚网为主要支护手段,同时辅以型钢或钢拱架支护的加劲措施,最后再做二次永久衬砌。山体压力主要由喷锚支护承担,二次混凝土衬砌主要提供安全储备。这种方法在国内外得到了普遍应用,已成为一种常规方法,其设计理论已较为成熟。从所查文献看,不设二次永久衬砌,采用本章所述单一锚固支护加构造措施(构造弱化区)这种形式的复合锚固结构作为大跨度洞室永久支护的岩土质工程均未见报道。

本章❶介绍新型复合锚固结构在土质洞室中的设计和应用。在实际工程中,除使用新型复合锚固结构外(土钉+喷层+双层钢筋网+弱化区),没有设置二次衬砌。这从结构上说既节省了材料又显著提高了结构的抗爆能力;从施工和经济方面来说,则可缩短建造工期,降低工程造价。

## 34.2　土质洞库新型复合锚固结构的设计方法

### 34.2.1　设计思想

土质洞库复合土钉支护的设计目前主要依据工程类比法和设计者个人工程经验,同时充分考虑投资者提出的设计要求和现行土钉支护设计指南、手册、规程和规范的要求进行,因土质洞库新型复合锚固支护目前尚无专门技术标准。根据锚固杆体极限承载力试验和理论计算分析,在静载下新型复合锚固结构杆体极限承载力与普通土钉极限承载力基本一样,所以可参

---

❶ 本章工作由宋红民等完成。

照一般土钉支护的原理和方法进行设计和计算。设计主要考虑以下几方面内容：

（1）通过土钉和高压注浆加固，使加固区内土体物理力学性能指标值有明显提高，并形成一道连续的、闭合的环状承载结构，使不稳定围岩成为承载结构的一部分。

（2）使土钉长度不短于其临界锚固长度，利用其深入于稳定围岩内的部分，平衡局部不稳定岩土体（锚固作用）。

（3）以工程经验和普氏理论❶确定毛洞最大可能坍落高度。

（4）通过试验并按相应的判别方法判定土钉的临界锚固长度。

（5）土钉的长度和方位也可用数值计算所得的主应力分布和土体塑性区分布作为具体设计参考。

### 34.2.2 新型复合锚固类结构的设计计算

锚固类结构支护的地下洞室的稳定包括内部稳定和外部稳定两部分。

外部稳定要求：锚固类结构必须能抵抗周围土体变形产生的应力而不致产生过大位移和变形以及围岩体深层土体的失稳。

内部结构的稳定：土钉必须安装牢固，以保证锚固杆体与围岩有效的相互作用。土钉应具有足够的长度和密度以保护锚固区的稳定。设计时必须考虑：单根土钉必须能够维持其周围土体的平衡，并设计其合理间距；为防止土钉与围岩土体结合力不够，或土钉断裂而引起锚固土体整体滑动破坏，要求控制土钉的长度。

因此，土钉设计一般包括：

（1）根据围岩的土质情况和几何尺寸，以工程经验和普氏理论确定毛洞最大可能坍落高度和滑移面位置，或由有限元方法计算围岩主应力分布和土体塑性区分布等。

（2）选择土钉的截面面积、长度、角度和间距。

（3）验算锚固类结构的内部和外部稳定性。

1）新型复合锚固支护参数的设计

（1）土钉长度

一般部位的土钉长度，可按其拉拔试验确定锚固长度，一般应大于临界锚固长度。考虑其悬吊作用，对其他应变率较大或存在潜在滑移面的部位，如洞室拱顶、拱脚等部位，土钉长度的设计应考虑穿过滑移面的锚固长度。

（2）土钉孔径与间距

土钉孔径 $d_h$ 可根据成孔机械选定。国内的土钉孔径一般为 $100 \sim 200 \text{mm}$。

土钉间距包括纵向间距和横向间距。对钻孔注浆型土钉，应按 $6 \sim 8$ 倍土钉钻孔直径选定纵向和横向间距，且应满足：

$$S_x S_y = K d_h L$$

式中，$S_x$、$S_y$ 分别为土钉的纵向和横向间距；$L$ 为土钉的长度；$K$ 为注浆工艺系数，对一次性压力注浆工艺，取 $K = 1.5 \sim 2.5$；$d_h$ 为土钉孔径。

---

❶ 普氏理论即 Протодьяконов М. М. 压力拱理论。该理论认为，隧洞开挖后，顶部岩体失去平衡，产生坍塌，最终形成自然拱。拱内岩体自重即为作用在隧洞支护上的围岩压力，故称为压力拱理论。普氏据不同岩土性质给出了相应的普氏系数 $f$，也可按式 $f = R_c/100$（$R_c$ 为岩土抗压强度）求得该系数。实际工程中，决定围岩稳定的因素远非上述两项参数指标值，故设计单位一般据工程类比法确定 $f$ 值。这种做法从 20 世纪 50 年代以来一直沿用至今，以此作为工程设计的参考方法之一。

(3)土钉主筋直径 $d_b$ 的选取

为增强土钉中钢筋与砂浆(或细石混凝土)的握裹力和抗拉强度,钻孔注浆型土钉一般采用高强度钢筋,钢筋直径可按下式估算:

$$d_b = (20 \sim 25) \times 10^{-3} \sqrt{S_x S_y}$$

式中, $d_b$ 为土钉直径;其余符号意义同上。

(4)喷层厚度

合理的喷层厚度应能充分发挥柔性支护的优越性,既要求围岩有一定的塑性位移,以降低围岩压力和喷射混凝土面层的弯矩,同时还应维持围岩的稳定和保证喷层不被破坏。因此,对要求作为柔性结构的喷层存在一个最佳厚度,一般总厚度不宜超过 $10 \sim 20cm$ ,而对于大断面洞库或不做二次衬砌的支护结构,可增大喷层厚度至 $25cm$ 左右。

2)锚固结构内部稳定分析

锚固结构内部稳定性分析,国内外有不同的设计计算方法。但这些方法的设计计算原理都是考虑土钉被拔出或被拉断几种状况。

(1)土钉抗拉断裂极限状态

在土压力作用下,土钉大多承受拉应力。为保证土钉结构内部的稳定性,应使土钉主筋具有一定安全系数的抗拉强度。为此,土钉主筋的直径 $d_b$ 应满足下式:

$$\frac{\pi d_b^2 f_y}{4E_i} \geqslant 1.5 \tag{34-1}$$

式中, $f_y$ 为主筋抗拉强度设计值; $E_i$ 为第 $i$ 列单根土钉支护范围内面层上的土压力,可按下式计算: $E_i = q_i S_x S_y$ ,其中, $q_i$ 为第 $i$ 列土钉处的面层土压力,可按下式计算:

$$q_i = m_e K \gamma h_i \tag{34-2}$$

式中, $h_i$ 为土压力作用点处的埋深,当 $h_i > \frac{H}{2}$ 时, $h_i$ 取 $\frac{H}{2}$ ; $H$ 为埋深; $\gamma$ 为土的重度; $m_e$ 为工作条件系数,一般取 $m_e = 1.2$ ; $K$ 为土压力系数;其余符号意义同前。

(2)锚固体极限状态

在围岩压力作用下,土钉内部潜在滑裂面内的有效锚固段应具有足够的界面摩阻力而不被拔出。为此,应满足:

$$\frac{F_i}{E_i} \geqslant K \tag{34-3}$$

式中, $F_i$ 为第 $i$ 列单根土钉的有效锚固力, $F_i = \pi \tau d_h L_{ei}$ ; $L_{ei}$ 为土钉有效锚固长度(进入破裂面内的长度); $\tau$ 为土钉与土间的极限界面摩阻力,应通过抗拔试验确定,无实测资料时,可参考表34-1取值; $K$ 为安全系数,一般取 $K = 1.5 \sim 2.0$ ,对重要工程应取大值;其余符号意义同前。

3)外部稳定性分析

土钉、围岩和喷层共同组成承载结构阻止洞室围岩产生过大剪切变形。外部稳定计算,可把土钉、围岩和喷层作为一个整体承载结构来考虑,研究其在围岩压力作用下的受力状态,包括锚固结构加固区之外的土体稳定性验算。

不同土层中土钉的极限界面摩阻力 $\tau$ 表 34-1

| 土 类 别 | $\tau$（kPa） | 土 类 别 | $\tau$（kPa） |
|---|---|---|---|
| 黏土 | 130～180 | 黄土类粉土 | 52～55 |
| 弱胶结砂土 | 90～150 | 杂填土 | 35～40 |
| 粉质黏土 | 65～100 | | |

### 34.2.3 地下洞室的施工方法

地下洞室围岩稳定特性受天然形成的地质状态和人工开挖影响很大,不同的开挖方式将导致不同的围岩应力应变关系,并具有不同的围岩稳定效果。目前地下洞室结构的规模越来越大,地下洞室群的布局和所处的地质环境也越来越复杂。对于大型和超大型地下洞室群,采用优化合理的施工开挖方式,研究施工开挖动态过程的围岩稳定特性,对于加快施工速度,保证工程既稳定又经济有着重大的作用。

地下防护结构洞库施工方法一般分为三种:全断面开挖法;台阶法;分步开挖法(包括环形开挖留核心土法、双侧壁导洞法、中洞法、中隔壁法、交叉中隔壁法)。对浅埋大断面地下洞库工程一般应化大为小,采用分步开挖法。具体工程可依据不同情况采用不同的方法。

### 34.2.4 地下洞库的变形监测

洞库内空变形与多种因素有关,它既有时间效应,又有空间效应,同时还与洞室所处位置的地质条件有关。具体设计时应考虑:洞室跨度、围岩特性、施工方法、支护类型、支护时机等。

及时并有效的变形监测,可据以判定围岩的稳定状态,所设计支护参数和施工工艺的合理性。主要量测内容应包括洞库内目测观察、内空变位量测、拱顶下沉量测、锚固体抗拔力量测等。

洞库围岩周边各点趋向洞库中心的变形称为收敛。洞库收敛位移量测主要是指对洞库壁面两点间水平距离的变形量量测和拱顶下沉量以及底板隆起量的量测等。它是判定围岩动态的主要量测项目,特别是对于大跨度的土质洞库,其内空收敛量往往较大,因而位移量测更具有非常重要的意义。

## 34.3 新型复合锚固结构在大跨度土质洞库中的应用

### 34.3.1 工程水文地质条件

该工程位于山西省某县境内,属太行山脉系,洞库场地所处宏观地貌单元为侵蚀性构造中山区,场地下伏地基土均系第四系全新统坡、洪积成因（$Q_4^{dl+pl}$）。自 ±0.000（洞库地面）以下依次为:

第一层素填土:以粉土为主,含砖屑,稍湿,稍密,具有低压缩性。

第二层粉质黏土（$Q_4^{dl+pl}$）:褐黄色、含云母、氧化铁,局部混有砂土,硬塑～坚硬状态（局部为可塑）,具有低及中等压缩性,无摇振反应,稍有光滑光泽,干强度高,韧性中等。其承载力为 $f_{ak} = 200kPa$。

第三层粉土（$Q_4^{dl+pl}$）:黄褐及褐黄色,含云母、煤屑,偶见钙质菌丝、大孔隙,局部夹粉细砂薄层,稍湿,中密~密实状态,具有低压缩性,摇振反应中等,无光泽,干强度低,韧性低,承载力为 $f_{ak} = 220kPa$。

第四层粉砂($Q_4^{dl+pl}$):褐及褐黄色,矿物成分以石英、长石为主,局部含土量较大,稍湿,中密,承载力特征值为 $f_{ak} = 180kPa$。

第五层碎石($Q_4^{dl+pl}$):褐灰色,母岩矿物以灰岩、砂岩为主,砂土及黏性土混砂填充,中密,承载力特征值为 $f_{ak} = 350kPa$。

拟建场地土层等效剪切波速在250m/s以上,建筑场地类别为Ⅱ类,场地介于对建筑抗震有利与不利之间,属于一般地段,设防烈度为8度,设计基本地震加速度值为0.20g,设计地震分组为第一组。地区气候为大陆性气候,地下水位较深。在勘察深度范围内未见地下水。场地范围内未发现影响地质稳定的断层及泥石流环境。

该土质洞库主要位于第二层粉质黏土内,该层土的主要物理力学参数指标值见表34-2。

洞库周围粉质土的物理力学参数指标值 表34-2

| 含水率 $w$（%） | 重度 $\gamma$（kN/m³） | 饱和度 $S_r$（%） | 液限 $w_L$（%） | 弹性模量 $E$（MPa） | 泊松比 $\nu$ | 黏聚力 $c$（kPa） | 内摩擦角 $\varphi$（°） | 塑性指数 $I_P$ |
|---|---|---|---|---|---|---|---|---|
| 19 | 20 | 65 | 34 | $2.54 \times 10$ | 0.19 | 25 | 28 | 13 |

### 34.3.2 土质洞库新型复合锚固结构设计

1)土钉长度的确定

土质洞库复合土钉支护的设计目前主要依据工程类比法和设计者个人工程经验,同时充分考虑投资者提出的设计要求和现行土钉支护设计指南、手册、规程和规范的要求进行。根据土钉支护的原理,设计主要考虑使土钉长度不短于其临界锚固长度,利用其深入于稳定围岩内的部分,平衡局部不稳定岩土体,并根据工程经验和普氏理论确定毛洞最大可能坍落高度以及可能出现的滑移面来确定。该工程土钉杆体设计长度经现场拉拔试验确定为8m。

2)洞形及洞库尺寸设计

在地下洞库的拱角、墙角部位易产生应力集中。为避免和减小应力集中现象发生,将洞形设计成拱顶曲墙仰拱形,最大毛洞跨度为10.5m,最大毛洞高度为7.07m。洞库长度主要依据设计要求、现有环境条件、山体厚度、最小覆盖层厚度等因素进行设计。设计洞库长度为120m。

3)支护参数设计

支护参数包括土钉长度、直径、钻孔直径、垫板尺寸、喷射混凝土面层厚度、钢筋网直径和网格大小等。上述参数根据现有技术标准和相关研究成果确定,但主要是工程类比法。

土质洞室及其土钉支护参数设计断面见图34-1。

在初设支护参数的情况下,通过数值计算,洞室还存在很小的塑性区(拱顶和墙脚部位),且喷射混凝土面层受力较大,最终决定加大喷网支护参数:

喷射混凝土:C30 δ260mm;钢筋网:2φ8mm(10mm)@250mm;其余参数不变。

4)构造措施设计

构造措施就是在所有设计土钉里端,按照一定的比例,构造一段空孔,填以特殊材料构成。该工程设计构造措施孔深接近优化设计,均为700mm,其孔径与土钉孔相同,为150mm。近优化的构造措施孔与土钉加固区厚度、孔直径、孔密度和孔长度相关。

### 34.3.3 土质洞室新型复合锚固结构的施工

1) 洞脸施工

洞脸施工是土质洞库库复合土钉支护施工的重要一环。洞脸施工的程序是:削坡→喷射混凝土→土钉支护。削坡时,因山坡陡立,故削成直立面,主要是削去酥松、风化的表土层,其厚度约为30cm。削坡范围为洞库幅圆线以外2~3m之内。然后将幅圆线以外的削面(洞脸部分)喷上一层混凝土,其厚度 $\delta = 20~30mm$。接着钻孔、安装水平土钉,其参数为: $\phi 20mm@1\,500mm L6\,000mm$。土钉施工完毕,再喷一层混凝土($\delta = 20~30mm$),使其总厚度达到50mm左右,并将钉头予以覆盖。

2) 开挖

开挖分步骤进行。先开挖出拱顶,接着开挖两侧曲墙,最后挖除核心,形成底拱,如图34-2所示。一次开挖长度为1.5~2.0m。上部台阶延伸至5m以后,"1"和"2"可同时开挖。"3"在"2"加固支护完毕后予以挖除。开挖时,先采用小型挖掘机在设定范围内进行欠挖,然后用人工削至设计形状。

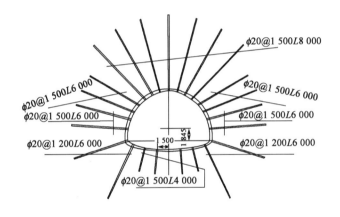

图34-1 土质洞库复合土钉支护参数设计(单位:mm) 　　　　图34-2 土质洞库开挖次序

3) 复合土钉支护施工

复合土钉支护的施工原则是及时、快速,开挖面一出来马上支护。支护程序为:初次湿喷混凝土→钻孔→安装土钉并注浆→铺设钢筋网→复喷混凝土(50mm)至设计厚度。初喷时,因土质较硬,可先喷少许水,使受喷面湿润,再喷薄层(2~3mm)混凝土。拱顶需喷3~4次,边墙需喷2~3次混凝土,方能喷至设计厚度。底板混凝土可采用逐次喷射法,也可以采用一次打筑法。但底板土钉施工应随掘随支。

土钉孔最初采用洛阳铲成孔,因土质较硬,施工甚难;后来采用电动麻花钻成孔,效率尚可。条件允许时也可用地质钻成孔。钢筋网片可采用预制法制作。需特别注意的是:土钉应居中;堵浆要可靠,浆压应不小于1MPa。

4) 塌方处理

开挖中有时会遇到塌方情况。处理方法是:先将塌方处及其附近喷上薄层混凝土(加大速凝剂掺量至水泥掺量的10%,或为平时掺量的3倍),然后在塌方区及其周围增设土钉。

### 34.3.4 地下洞库的变形量测

1) 内空收敛位移量测

周边位移是地下洞库围岩应力状态变化的最直观反映，量测周边位移可为判断洞库空间稳定性提供可靠信息，指导现场设计和施工。根据对量测结果的分析，还可预测预报事故和险情，以便及时采取措施，防患于未然。根据变位速率判断洞库围岩的稳定程度，为二次衬砌提供合理的支护时机。量测数据经分析处理与必要的计算后，应及时反馈于施工，以确保施工安全和工程稳定。

2) 量测设备

采用 KM-1 型收敛计进行位移量测。这是一种能量测两点间距离或距离变化的仪器，并具有重量轻、体积小、精度高和稳定性好等特点。

3) 量测结果及分析

量测结果如图 34-3 ~ 图 34-6 所示。

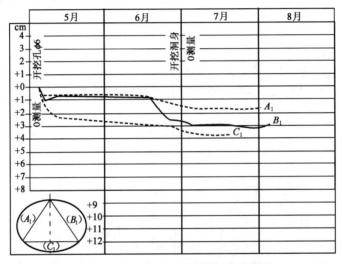

图 34-3　洞内进尺 0m 处变形收敛时程曲线

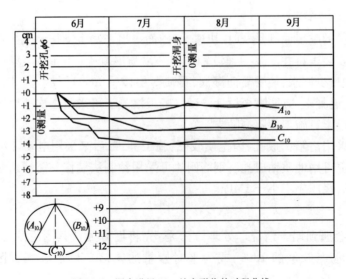

图 34-4　洞内进尺 10m 处变形收敛时程曲线

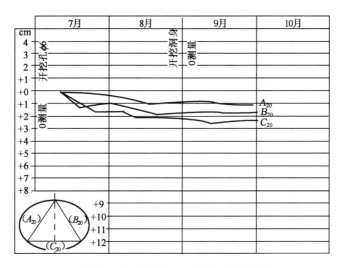

图 34-5　洞内进尺 20m 处变形收敛时程曲线

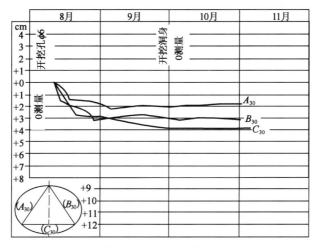

图 34-6　洞内进尺 30m 处变形收敛时程曲线

由图 34-3 ~ 图 34-6 可以看出,变形曲线具有以下特点:

(1)所有曲线最终都趋于收敛,即随着洞库开挖逐步向前延伸,变形不再增加,而趋于稳定。

(2)所有测点变形量都不大,其中最大者为 40mm,与计算结果相近。

(3)发生最大变形部位不是拱顶相对于底板的位移,而是两侧曲墙间的相对位移。这表明,最初将边墙设计为曲墙型是合适的。

(4)每组曲线的 $A_i$、$B_i$($i = 1, 10, 20, 30$)测点是对称布置的,但变形量和逐点变形速率明显不相等,并且总是右侧大于左侧。这说明上部荷载不对称,存在偏压问题。这可能是上部土体中存在不利于结构右侧受力的节理组。

(5)变形时程曲线还表明,洞室开挖支护后 45 ~ 60d 开始趋向稳定。

### 34.3.5　土质洞库复合锚固结构支护稳定性评价

(1)施工过程中,只出现了几次小型塌方,其中最大者坍落深度为 1.5m,采用前述塌方治理方法随即得到妥善处理。

(2)施工完成 1 年多后,至今喷混凝土面层表面无裂缝、土钉无破坏、钢筋网无脱落和外露等现象发生。

(3)随施工进展,逐步安装多个位移测点,对洞室支护结构进行了严密监测监控,典型位移曲线表明,其变形已基本收敛,结构处于稳定状态。

综上所述,该大跨度土质洞库采用台阶和导洞式开挖方法和新型复合锚固结构支护方案是成功的,60d后支护结构已完全稳定。所测变形量与数值计算值接近,两者可相互印证。该工程中所积累的设计施工经验对于类似条件下的工程建造具有参考价值。

# 34.4 小 结

(1)根据土质洞库土钉支护经验和设计方法,提出了新型复合锚固结构支护土质洞库的设计方法。该方法在较均质的土质洞库的实际应用中经实践检验是可行和有效的。

(2)该工程竣工并投入使用至今,未发现任何破坏迹象,所测变形量与数值计算结果接近。说明此种新型复合锚固支护结构的设计与施工比较成功,其经验和方法对于类似条件下的工程建设具有参考价值。

(3)同传统喷锚临时支护加二次永久衬砌的隧道和地下洞库建设方法相比,这种不设二次永久衬砌的特殊形式的新型复合锚固结构支护形式可显著降低工程造价,具有优越的经济技术效果。

(4)经验表明,在进行土质洞库新型复合锚固结构支护时,开展详细地质勘察,进行理论分析和必要的试验,特别是土钉临界锚固长度的确定,以及正确的开挖和必要的量测与反馈,都是十分必要和重要的。

(5)土质洞库边墙水平位移较大,还可能存在偏压问题,这些均应在设计施工中给予关注和重视。

## 参 考 文 献

[1] 钱七虎,等.岩土工程师手册[M].北京:人民交通出版社,2010

[2] 苏自约,陈谦,徐祯祥,等.锚固技术在岩土工程中的应用[M].北京:人民交通出版社,2006

[3] 曾宪明,林润德,易平.基坑与边坡事故警示录[M].北京:中国建筑工业出版社,1999

[4] 陆卫国,高谦,曾宪明,等.岩石中新型复合锚固类结构抗爆性能现场试验研究[J].岩石力学与工程学报,2009,28(8):1704

[5] 曾宪明,李世民,林大路,等.复合锚固结构弱化效应研究[J].岩石力学与工程学报,2009,26

[6] 曾宪明,等.新型复合锚固结构静力弱化机理研究[J].防护工程,2008,30(4)

[7] 赵健,曾宪明,孙杰,等.新型锚固类结构抗爆性能数值分析[J].岩土力学,2009:255-259

[8] 李世民,曾宪明,林大路.新型复合锚固结构抗爆优化设计数值模拟分析[J].岩土力学,2009,30(1):276-281

[9] 李世民,韩省亮,曾宪明,等.锚固类结构抗爆性能研究进展[J].岩石力学与工程学报,2008,28:3553-3562

# 35 新型锚固结构工程受力变形特性研究

## 35.1 概　　述

　　隧道施工过程中围岩的力学性态不仅受到岩、土的生成条件和地质作用的影响,还受到隧道开挖方法、支护类型、支护时机、支护参数等的影响,寻求正确反映岩体性态的物理力学模型是非常困难的。因此,通过施工过程对围岩的实时监控,对监控数据进行隧道围岩稳定状态分析、判定是非常必要的,这也是采用新奥法构筑隧道的重要组成部分。

　　隧道施工过程中的静力监测,国内外已做了不少研究。但对于考虑隧道开挖方法、支护类型、降雨影响、爆炸作用等综合因素的全时程监测研究尚不多见。为探讨以上综合因素影响条件下洞室土钉支护受力变形特性,项目组依据相似模型原理所建立的相似法则,进行了施工阶段、养护阶段、降雨条件下、爆炸条件下模型洞室拱顶应变随时间的变化规律观测❶,主要目的是考察各种因素作用下模型洞室的变形特性。

## 35.2 试 验 目 的

本项试验目的的主要包括以下几点:

(1)利用超前埋入的应变监测装置,研究施工全时程中洞室的变形规律。

(2)研究动—静荷载交替作用条件下,洞室的受力变形规律。

(3)根据采集的复制模型试验变形数据,反演原型隧道的变形。

## 35.3 试 验 方 法

　　在削坡之后、开洞之前,在复制模型洞室拱顶上方8cm位置处,钻一个平行于洞室轴线、长度为4m、直径为3cm的孔。向孔内灌注砂浆,插入长度为4m、贴有系列应变片的顺直8号

---

❶　本章工作由曾宪明、李世民、林大路等完成。

铅丝。应变片一律位于铁丝下部。

依照设计的比例尺寸,采用与原型洞室一致的施工方法,进行复制模型洞室的分段开挖,分段支护(以 2m 为一段,共两段)。与此同时,全时程监测洞室拱顶的应变值。待全洞室施工完毕,进行洞室养护,量测继续进行,直至变形趋于收敛为止。

进行洞室 TNT 集团装药顶部爆炸试验时,采用动—静态荷载交变测量手段。爆炸加载采用逐级加载方式,对每次爆炸前、后均进行量测与分析。

洞室施工应确保与原型施工方式一致,尽可能减少试验条件的人为误差。

# 35.4 相似模型的建立

### 35.4.1 现象的物理解释

土壤变形与下述力有关:

(1)土壤颗粒的惯性力;

(2)土壤颗粒间的摩擦力;

(3)土壤粒间的黏聚力;

(4)土壤的重量;

(5)土壤的弹性力;

(6)土壤与开挖工具的黏结力。

此外,摩擦力、黏聚力、黏结力、弹性力受到土壤的变形、变形速度、土与工具黏结面的几何形状,由于土壤变形而使土壤变硬的程度等影响。

多数情况下,由于土壤的弹性力很小,变形速度的影响也很小,所以这两种因素都可以忽略。欲使土壤变硬程度相同,只要在模型中使用与原型相同的土壤,使其应力和压力相等即可。至于土壤与工具的黏结力,若假定工具表面上的薄土层与工具黏结而不作相对运动,则此黏结力可以忽略。

### 35.4.2 支配现象的物理法则

根据以上分析,支配现象的物理法则为

$$
\left.
\begin{aligned}
\text{惯性力 } F_i: \qquad & F_i = \rho l^2 v^2 \\
\text{重力 } F_g: \qquad & F_g = \rho g l^3 \\
\text{黏聚力 } F_c: \qquad & F_c = c l^2 \\
\text{内摩擦力 } F_f: \qquad & F_f = N \mu \\
\text{外力 } F: \qquad & F
\end{aligned}
\right\} \qquad (35\text{-}1)
$$

式中,$\rho$ 为土壤密度;$c$ 为土壤的黏聚力;$\mu = \tan\varphi$ 为土壤的内摩擦力系数;$\varphi$ 为土壤的内摩擦角,假定它是与土壤变硬程度、变形及变形速度无关的常数。此外,$l$ 为长度;$v$ 为速度;$N$ 为力,它们都是代表值;$g$ 为重力加速度。

### 35.4.3 相似法则

黏土由微米级的小颗粒构成,颗粒间作用力比摩擦力大得多。此外,土壤被挖除后,洞库

的变形主要是重力作用所致,开挖工具作用于壁面的力是外力,但其作用较小,可以忽略,故式(35-1)成为以下形式:

$$\left. \begin{array}{l} F_i = \rho l^2 v^2 \\ F_g = \rho g l^3 \\ F_c = c l^2 \end{array} \right\} \tag{35-2}$$

据式(35-2)有相似法则:

$$\left. \begin{array}{l} \pi_1 = \dfrac{F_g}{F_i} \to \pi_1 = \dfrac{\rho g l^3}{\rho l^2 v^2} \to \pi_1 = \dfrac{gl}{v^2} \\ \pi_2 = \dfrac{F_g}{F_c} \to \pi_2 = \dfrac{\rho g l^3}{c l^2} \to \pi_2 = \dfrac{\rho g l}{c} \end{array} \right\} \tag{35-3}$$

以下分两种情况对式(35-3)进行讨论:

(1)土壤变形速度缓慢的情况

由于土壤变形速度缓慢,$\pi_1$ 被忽略。式(35-3)成为:

$$\pi_2 = \frac{\rho g l}{c} \tag{35-4}$$

因惯性力可以被忽略,所以这时若保持几何相似,则模型与原型应当相似。

(2)土壤变形快的情况

在土壤变形非常快的情况下,只有惯性力和重力起作用,黏聚力、内摩擦力都成为次要因素。因此,在这种情况下,只要保持几何相似,现象就会相似。也就是说,由于支配现象的力是惯性力和重力,则相似法则为:

$$\pi_1 = \frac{gl}{V^2} \tag{35-5}$$

但是,所谓土壤变形非常快,就是洞库拱顶土壤发生瞬间坍落的过程。这个过程由于两个原因并不被人们关心:这个过程不会发生,这是前提条件,因为还要对洞库进行加固支护;只关心复制模型变形量的大小,进而推断原型的变形量。因此,$\pi_1$ 被略去。

综上所述两种情况,由式(35-4)知,复制模型的相似法则为:

$$\frac{\rho g l}{c} = \frac{\rho' g' l'}{c'} \xrightarrow{\begin{array}{c} g = g', c = c', l = l' \\ \downarrow \end{array}} l = l' \to \frac{l'}{l} = 1 \tag{35-6}$$

式中,$\rho$、$g$、$l$、$c$ 分别为复制模型土洞的密度、重力加速度、长度和黏聚力;$\rho'$、$g'$、$l'$、$c'$ 分别为原型土洞的密度、重力加速度、长度和黏聚力。

式(35-6)表明,欲使复制模型与原型相似,两者的长度应相等[包括所有具有长度量纲的参数,洞室:长度、跨度、高度、位移、变形;土钉:直径、长度、间距、孔径;面层:厚度、混合料粒径(主要是石子);钢筋网:直径、网格大小;测点:应变量、位移等]。

令 $\dfrac{l}{l'} = k$,其中,$k$ 为比例系数,$k \leqslant 1$;$k = 1$ 即为原型试验,$k < 1$ 为复制模型相对于原型的比例。

# 35.5  试验参数设计

## 35.5.1  试验场地工程地质条件

试验场地位于河南洛阳洛南区境内的郭寨村老虎山黄土阶地上,场地土为典型的洛阳黄土($Q_2$)。

## 35.5.2  复制模型洞室支护参数设计

原型洞库跨度设计为 10.5m。取 $k = 1/8.75$,则复制模型的跨度为 1.2m,形状与原型相同,为拱顶曲墙仰拱形,由四心圆构成,支护结构所需材料质地相同,几何尺寸均缩小 8.75 倍(包括面层喷混凝土中的石子)。而原型洞库的变形量,应为 $l' = kl = 8.75l$,即是复制模型洞库变形量的 8.75 倍。这意味着,模型比例越小,相应变形量就越小。如模型比例过小,则其变形量可能测不出来,而为量测误差所掩盖。如此,试验将难以达到目的,这是要特别注意避免的。

复制模型洞室的长度,考虑端部空间效应影响,取为 $3d$($d$ 为洞库跨度),实际取为 4m。复制模型没有必要复制整个原型洞库的长度。

将原型支护参数按相似比尺 1/8.75 缩小,得到模型洞室支护参数如下:

(1)拱顶锚杆:$\phi2.29$mm@134mm$L$914.3mm。

(2)曲墙锚杆:$\phi2.29$mm@134mm$L$685.7mm。

(3)底板(仰拱)锚杆:$\phi2.29$mm@171mm$L$457.1mm。

(4)面层:C30$\delta$30mm。

(5)双层钢筋网:

①$\phi1$mm(环向)/$\phi1$mm(纵向)—30mm × 30mm;

②$\phi1$mm(环向)/$\phi1$mm(纵向)—30mm × 30mm;

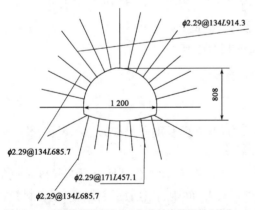

③双层网层间距:11mm。

复制模型洞库及其土钉支护参数设计如图 35-1 所示。

## 35.5.3  洞室施工

模型洞室施工与原型洞室同:边开挖边支护;开挖采用人工法。为维护和利用围岩的自身承载能力,以土钉和钢筋网喷射混凝土面层为主要支护手段,使围岩成为支护体系的组成部分。弱化孔长度按设计比尺严格控制。其施工方法,原则上与原型洞库的相

图 35-1  复制模型洞库及其土钉支护参数设计(单位:mm)

同,即边开挖、边支护、边量测。略有不同的是,原型洞库因其跨度大,采用导洞和台阶式开挖方法,复制模型洞库因其跨度小,可采用全断面一次开挖成形。模型洞室一次开挖长度为 2m。

## 35.6 静载测点布置和测量方法

复制模型洞室的量测属于静力量测,洞室跨度较小,变形相应也小,为使量测结果较为可靠,并达到试验目的,可采用以下方法量测:超前布置测点,进行超前量测。即在修整壁面(洞脸)之后、开挖进洞之前布设测点并量测。如此,开挖过程中的土体变形有可能反映出来(图35-2)。这种量测方法是新颖的。

土钉应变采用真实的模型土钉粘贴应变片进行量测。超前土钉应变量测方法为:钻孔→注浆→插入贴有应变片的8号铅丝,养护5d后开始开挖进洞并量测。

洞室应变测点布置详如图35-3所示。平行于洞室轴线的应变测点共9个,编号依次为:$S_1,S_2,\cdots\cdots,S_9$。

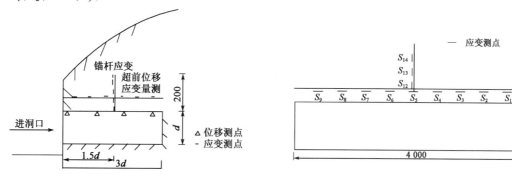

图35-2 复制模型洞室测点布置(单位:mm)
d-洞室跨度

图35-3 洞室应变测点布置(单位:mm)

应变片采用航空工业总公司七○一所研制的高精度、低蠕变、小温漂的单轴缩醛箔式型电阻应变片。土钉应变采用"BX120-1AA"型应变计量测,锚固体及洞室采用"BX120-8AA"型应变计量测。所采用应变片的基本参数见表35-1和表35-2。

"BX120-1AA"型应变计的主要参数(土钉应变) 表35-1

| 序　号 | 主　要　指　标 | 单　位 | 参　数 |
|---|---|---|---|
| 1 | 温度范围 | ℃ | $-30\sim+80$ |
| 2 | 应变极限 | % | 3.0 |
| 3 | 电阻值 | Ω | $120\pm0.1$ |
| 4 | 疲劳寿命 | — | $10^7$ |
| 5 | 黏结剂 | — | AST-610 |
| 6 | 敏感栅尺寸 | mm | $1\times1$ |
| 7 | 基底尺寸 | mm | $3\times2$ |

"BX120-15AA"型应变计的主要参数(洞室应变) 表35-2

| 序　号 | 主　要　指　标 | 单　位 | 参　数 |
|---|---|---|---|
| 1 | 温度范围 | ℃ | $-30\sim+80$ |
| 2 | 应变极限 | % | 3.0 |
| 3 | 电阻值 | Ω | $120\pm0.1$ |
| 4 | 疲劳寿命 | — | $10^7$ |
| 5 | 黏结剂 | — | AST-610 |
| 6 | 敏感栅尺寸 | mm | $15\times3$ |
| 7 | 基底尺寸 | mm | $20\times4$ |

应变仪采用北戴河电子技术研究所研制的 SDY2205 程控静态电阻应变仪,如图 35-4 所示。

图 35-4　静态电阻应变仪

# 35.7　爆炸加载等级

爆炸加载等级见表 35-3。加载等级按照由低到高的原则进行。爆心位于洞室 2m 段拱顶正上方 1.8m 处。爆炸前、后,对洞室应变值分别进行量测与分析。

爆　炸　加　载　等　级　　　　　表 35-3

| 炮　号 | 装药量(g) | 备　注 |
|---|---|---|
| 1 | 10 | 洛阳铲掏孔,用稍湿黄土填塞炮眼 |
| 2 | 20 | 洛阳铲掏孔,用稍湿黄土填塞炮眼 |
| 3 | 20 | 洛阳铲掏孔,用稍湿黄土填塞炮眼 |
| 4 | 50 | 洛阳铲掏孔,用稍湿黄土填塞炮眼 |
| 5 | 50 | 洛阳铲掏孔,用稍湿黄土填塞炮眼 |
| 6 | 50 | 洛阳铲掏孔,用稍湿黄土填塞炮眼 |
| 7 | 50 | 洛阳铲掏孔,用稍湿黄土填塞炮眼 |
| 8 | 60 | 洛阳铲掏孔,用稍湿黄土填塞炮眼 |
| 9 | 60 | 洛阳铲掏孔,用稍湿黄土填塞炮眼 |
| 10 | 70 | 洛阳铲掏孔,用稍湿黄土填塞炮眼 |
| 11 | 80 | 洛阳铲掏孔,用稍湿黄土填塞炮眼 |
| 12 | 90 | 洛阳铲掏孔,用稍湿黄土填塞炮眼 |
| 13 | 100 | 洛阳铲掏孔,用稍湿黄土填塞炮眼 |
| 14 | 100 | 洛阳铲掏孔,用稍湿黄土填塞炮眼 |
| 15 | 125 | 洛阳铲掏孔,用稍湿黄土填塞炮眼 |
| 16 | 150 | 洛阳铲掏孔,用稍湿黄土填塞炮眼 |
| 17 | 175 | 洛阳铲掏孔,用稍湿黄土填塞炮眼 |
| 18 | 200 | 洛阳铲掏孔,用稍湿黄土填塞炮眼 |
| 19 | 250 | 洛阳铲掏孔,用稍湿黄土填塞炮眼 |
| 20 | 300 | 洛阳铲掏孔,用稍湿黄土填塞炮眼 |

| 炮　号 | 装药量(g) | 备　注 |
|---|---|---|
| 21 | 350 | 洛阳铲掏孔,用稍湿黄土填塞炮眼 |
| 22 | 400 | 洛阳铲掏孔,用稍湿黄土填塞炮眼 |
| 23 | 500 | 洛阳铲掏孔,用稍湿黄土填塞炮眼,爆后洞室侧壁坍塌 |
| 24 | 600 | 爆心距洞室顶180cm;装药上堆填20袋稍湿黄土 |

# 35.8　量测结果与讨论

## 35.8.1　1号测点

1号测点的应变—时间关系曲线如图35-5所示。

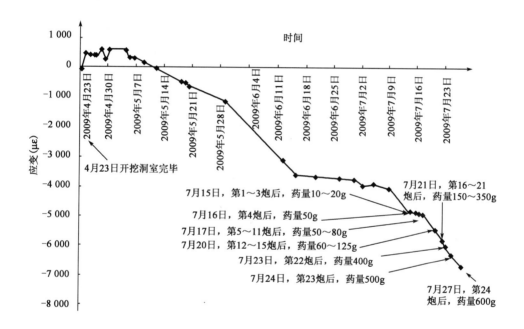

图35-5　1号测点应变—时间关系曲线

由图35-5可知:

(1)模型洞室前2m段开挖、支护历时共5d,应变值由负值向正值增加,共390με;洞室后2m段施工历时4d,应变值增加190με,累计达到580με。由此看出,后2m段施工对1号测点的变形影响远小于前段施工。这是因为洞室愈长,口部变形效应愈显著的原因。整个施工阶段,由于施工荷载对洞室拱顶的影响大于土体沉降荷载的影响,所以洞室拱顶应变片受拉,应变值出现正值。

(2)洞室的养护期为2009年5月5日至7月14日,历时70d,应变值的增长最后趋于收敛,达到-4 887με。养护期间,项目组还考察了降雨对洞室应变的影响:2009年5月29日至6月12日连续降雨,15d内应变值增长近2 000με,占总应变的41%。可见降雨对洞室的变形影响不容忽视。

（3）进行洞室 TNT 集团装药顶部爆炸试验时，土体内的平衡再次被打破，1 号测点又产生了新的附加应变值。试验历时 10d，1 号测点远离爆心，爆炸条件下新增 $1\,800\mu\varepsilon$ 的附加应变值，应变值随药量增加呈线性增长趋势。洞室完全破坏时，极限应变值为 $-6\,733\mu\varepsilon$。

### 35.8.2　2 号测点

2 号测点的应变—时间关系曲线如图 35-6 所示。

由图 35-6 可知：

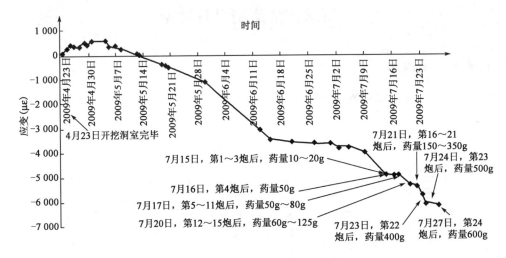

图 35-6　2 号测点应变—时间关系曲线

（1）模型洞室前 2m 段开挖、支护历时 5d，应变值均为正值增长，共 $378\mu\varepsilon$；洞室后 2m 段施工历时 4d，应变值增加 $217\mu\varepsilon$，累计达到 $595\mu\varepsilon$。由此看出，后 2m 段施工对 2 号测点的变形影响小于前 2m 段施工。整个施工阶段，应变值出现正值的原因与 1 号测点原因相同。

（2）洞室的养护期为 2009 年 5 月 5 日至 7 月 14 日，历时 70d，应变值的增长最后趋于收敛，达到 $-4\,863\mu\varepsilon$。养护期间，2009 年 5 月 29 日至 6 月 12 日连续降雨，15d 内应变值增长 $1\,949\mu\varepsilon$，占总应变的 40%。降雨对洞室的变形影响不容忽视。

（3）进行洞室 TNT 集团装药顶部爆炸试验，历时 10d，2 号测点新产生的附加应变值为 $-1\,287\mu\varepsilon$。洞室完全破坏时，极限应变值为 $-6\,150\mu\varepsilon$。

### 35.8.3　3 号测点

3 号测点的应变—时间关系曲线如图 35-7 所示。

由图 35-7 可知：

（1）模型洞室前 2m 段开挖、支护历时 5d，应变值均为正值增长，共 $220\mu\varepsilon$；洞室后 2m 段施工历时 4d，应变值增加 $180\mu\varepsilon$，累计达到 $400\mu\varepsilon$。由此看出，后 2m 段施工对 3 号测点的变形影响略小于前段施工。整个施工阶段，应变值出现正值的原因与 1 号测点同。

（2）洞室的养护期为 2009 年 5 月 5 日至 7 月 14 日，历时 70d，应变值的增长最后趋于收敛，达到 $-4\,963\mu\varepsilon$。养护期间，2009 年 5 月 29 日至 6 月 12 日连续降雨，15d 内应变值增长 $2\,155\mu\varepsilon$，占总应变的 43%。降雨对洞室的变形影响不容忽视。

（3）进行洞室 TNT 集团装药顶部爆炸试验，历时 10d，3 号测点新产生的附加应变值为 $-1\,434\mu\varepsilon$。洞室完全破坏时，极限应变值为 $-6\,397\mu\varepsilon$。

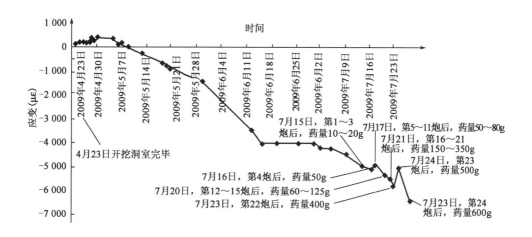

图 35-7　3 号测点应变—时间关系曲线

### 35.8.4　4 号测点

4 号测点的应变—时间关系曲线如图 35-8 所示。

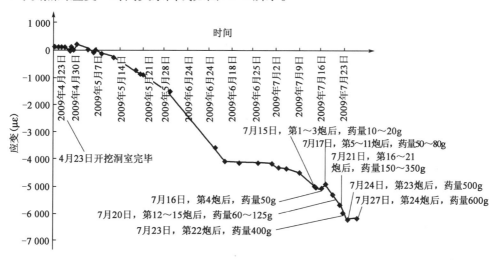

图 35-8　4 号测点应变—时间关系曲线

由图 35-8 可知：

（1）模型洞室前 2m 段开挖、支护历时 5d，应变值增长不大，最大达到 $100\mu\varepsilon$，最小值为 0；洞室后 2m 段施工历时 4d，应变值增加 $220\mu\varepsilon$。4 号测点位于距洞口 1.6m 处，由于空间效应的作用，前 2m 段施工对 2 号测点的变形影响不大。

（2）洞室的养护期为 2009 年 5 月 5 日至 7 月 14 日，历时 70d，应变值的增长最后趋于收敛，达到 $-5\,028\mu\varepsilon$。养护期间，2009 年 5 月 29 日至 6 月 12 日连续降雨，15d 内应变值增长 $-2\,060\mu\varepsilon$，占总应变的 41%。降雨对洞室的变形影响非常显著。

（3）进行洞室 TNT 集团装药顶部爆炸试验，历时 10d，4 号测点新产生的附加应变值为

−1 148με。洞室完全破坏时,极限应变值为 −6 176με。

### 35.8.5　5 号测点

5 号测点的应变—时间关系曲线如图 35-9 所示。由图 35-9 可知:

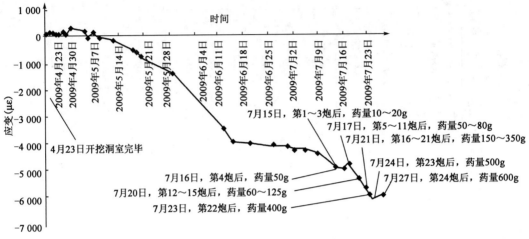

图 35-9　5 号测点应变—时间关系曲线

(1)模型洞室前 2m 段开挖、支护历时 5d,应变值为 74με;洞室后 2m 段施工历时 4d,应变值增加 246με,到达 320με。由此看出,后 2m 段施工对 5 号测点的变形影响大于前段施工。整个施工阶段,应变值出现正值的原因与 1 号测点同。

(2)洞室的养护期为 2009 年 5 月 5 日至 7 月 14 日,历时 70d,应变值的增长最后趋于收敛,达到 −4 473με。养护期间,2009 年 5 月 29 日至 6 月 12 日连续降雨,15d 内应变值增长 −2 030με,占总应变的 45%。降雨对洞室的变形影响不容忽视。

(3)进行洞室 TNT 集团装药顶部爆炸试验,历时 10d,5 号测点新产生的附加应变值为 −1 516με。洞室完全破坏时,极限应变值为 −5 989με。

### 35.8.6　6 号测点

6 号测点的应变—时间关系曲线如图 35-10 所示。

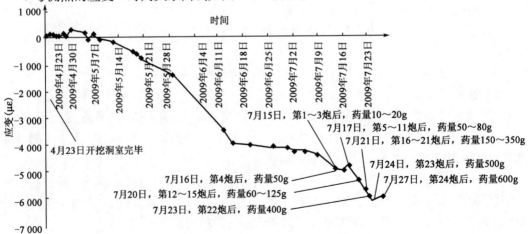

图 35-10　6 号测点应变—时间关系曲线

由图 35-10 可知：

（1）模型洞室前 2m 段开挖、支护历时 5d，应变值为 $65\mu\varepsilon$；洞室后 2m 段施工历时 4d，应变值增加 $195\mu\varepsilon$，到达 $260\mu\varepsilon$。由此看出，后 2m 段施工对 6 号测点的变形影响大于前段施工，其原因为洞室空间效应所致。整个施工阶段，应变值出现正值的原因与 1 号测点同。

（2）洞室的养护期为 2009 年 5 月 5 日至 7 月 14 日，历时 70d，应变值的增长最后趋于收敛，达到 $-4\,503\mu\varepsilon$。养护期间，2009 年 5 月 29 日至 6 月 12 日连续降雨，15d 内应变值增长 $-2\,045\mu\varepsilon$，占总应变的 45%。降雨对洞室的变形影响不容忽视。

（3）进行洞室 TNT 集团装药顶部爆炸试验时，历时 10d，6 号测点新产生的附加应变值为 $-1\,466\mu\varepsilon$。洞室完全破坏时，极限应变值为 $-6\,479\mu\varepsilon$。

### 35.8.7  7 号测点

7 号测点的应变—时间关系曲线如图 35-11 所示。

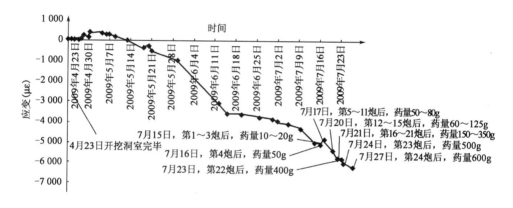

图 35-11  7 号测点应变—时间关系曲线

由图 35-11 可知：

（1）模型洞室前 2m 段开挖、支护历时 5d，应变值为 $62\mu\varepsilon$；洞室后 2m 段施工历时 4d，应变值增加 $338\mu\varepsilon$，累计达到 $400\mu\varepsilon$。由此看出，后 2m 段施工对 7 号测点的变形影响大于前 2m 段施工。整个施工阶段，应变值出现正值的原因与 1 号测点同。

（2）洞室的养护期为 2009 年 5 月 5 日至 7 月 14 日，历时 70d，应变值的增长最后趋于收敛，达到 $-4\,282\mu\varepsilon$。养护期间，2009 年 5 月 29 日至 6 月 12 日连续降雨，15d 内应变值增长 $-2\,171\mu\varepsilon$，占总应变的 50%。降雨对洞室的变形影响显著。

（3）进行洞室 TNT 集团装药顶部爆炸试验，历时 10d，7 号测点新产生的附加应变值为 $-2\,020\mu\varepsilon$。洞室完全破坏时，极限应变值为 $-6\,302\mu\varepsilon$。

### 35.8.8  8 号测点

8 号测点的应变—时间关系曲线如图 35-12 所示。

由图 35-12 可知：

（1）模型洞室前 2m 段开挖、支护历时 5d，应变值为 $72\mu\varepsilon$；洞室后 2m 段施工历时 4d，应变值增加 $612\mu\varepsilon$，累计达到 $684\mu\varepsilon$。由此看出，后 2m 段施工对 8 号测点的变形影响远大于前段施工。整个施工阶段，应变值出现正值的原因与 1 号测点同。

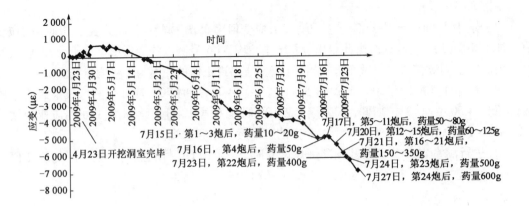

图 35-12　8 号测点应变—时间关系曲线

（2）洞室的养护期为 2009 年 5 月 5 日至 7 月 14 日，历时 70d，应变值的增长最后趋于收敛，达到 $-4\,013\mu\varepsilon$。养护期间，2009 年 5 月 29 日至 6 月 12 日连续降雨，15d 内应变值增长 $-1\,915\mu\varepsilon$，占总应变的 47%。降雨对洞室的变形影响不容忽视。

（3）进行洞室 TNT 集团装药顶部爆炸试验，历时 10d，8 号测点新产生的附加应变值为 $-2\,889\mu\varepsilon$。洞室完全破坏时，极限应变值为 $-6902\mu\varepsilon$。

### 35.8.9　9 号测点

9 号测点的应变—时间关系曲线如图 35-13 所示。

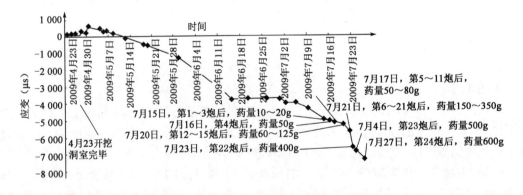

图 35-13　9 号测点应变—时间关系曲线

由图 35-13 可知：

（1）模型洞室前 2m 段开挖、支护历时 5d，应变值为 $58\mu\varepsilon$；洞室后 2m 段施工历时 4d，应变值增加 $507\mu\varepsilon$，到达 $565\mu\varepsilon$。由此看出，后 2m 段施工对 9 号测点的变形影响远远大于前段施工。整个施工阶段，应变值出现正值的原因与 1 号测点同。

（2）洞室的养护期为 2009 年 5 月 5 日至 7 月 14 日，历时 70d，应变值的增长最后趋于收敛，达到 $-4\,307\mu\varepsilon$。养护期间，2009 年 5 月 29 日至 6 月 12 日连续降雨，15d 内应变值增长 $-1\,963\mu\varepsilon$，占总应变的 45%。降雨对洞室的变形影响不容忽视。

（3）进行洞室 TNT 集团装药顶部爆炸试验，历时 10d，9 号测点新产生的附加应变值为 $-3\,010\mu\varepsilon$。洞室完全破坏时，极限应变值为 $-7\,317\mu\varepsilon$。

# 35.9　综合分析结论

洞室拱顶测点的应变—时间关系曲线综合如图 35-14 所示。

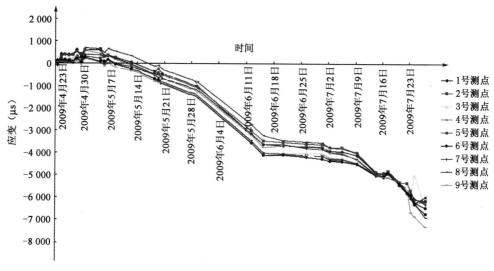

图 35-14　洞室拱顶测点应变—时间关系曲线综合

### 35.9.1　施工对洞室变形的影响

分析洞室拱顶测点的应变—时间关系曲线(图 35-14)可知:

(1)前 2m 段施工时,靠近洞脸处(1 号测点)的应变值最大,远离洞脸者较小,随着洞室深度增加,测点应变值呈递减趋势。后 2m 段施工对本段洞室范围内的拱顶应变值影响明显大于前段应变值。

(2)整个洞室的应变值大部分发生在养护期阶段,洞室拱顶应变值在开工后 80d 附近趋于收敛。

(3)在合理安排工期的情况下,施工阶段洞室拱顶产生的应变值占最终收敛应变值的比例不大。

(4)收敛应变值呈现出洞脸附近应变值最大,随着洞室深度增加呈逐渐递减的趋势。所以洞室施工完毕后的变形监测是一项重要的工作。

### 35.9.2　降雨对洞室变形的影响

2009 年 5 月 29 日至 6 月 29 日为降雨期,洞室拱顶应变值的曲线特点为:

(1)洞室拱顶应变值增加的速率明显大于正常养护阶段,为正常养护阶段的 2.1 倍,占洞室总应变值的 40% ~50%。

(2)造成上述降雨后应变值显著增大的原因分析如下:由于洞室覆盖层地表面不是很均匀,暴雨期间,致使该处地面低洼处发生局部积水现象;本地区黄土地质本身也具有良好的渗水性能,在降雨渗透浸泡作用下,土体自重应力增加而凝聚力下降,从而导致上述现象发生。

(3)由此值得关注的是:连续降雨对土体的自重应力和附加应力的影响,是隧道洞室设计施工中应充分考虑的关键因素之一。

### 35.9.3　爆炸作用对洞室变形的影响

2009 年 7 月 15 日至 7 月 24 日,进行洞室 TNT 集团装药顶部爆炸试验。爆心位于洞室 2m 段拱顶正上方 1.8m 处。洞室拱顶应变曲线特点为:

(1)洞室拱顶应变值在试验短时间内急速增加,由爆炸作用产生的附加应变平均值达到 1 800$\mu\varepsilon$。

(2)爆炸作用后,整个洞室应变值呈现出内 2m 段普遍大于外 2m 段。其原因是:土体中集中装药爆炸条件下,爆炸波向四周传播,洞脸为一个自由面,爆炸波传播至自由面后能量在短时间内耗散。

(3)爆炸作用下,直至洞室完全破坏,洞室拱顶极限应变值为收敛应变值的1.23 ~ 1.7 倍。

(4)在极限破坏条件下,洞室里、外端部拱部应变出现最大值,其余测点大都显著偏小。这是大药量条件下拱顶震塌区域增大的反映,位于震塌区边沿的测点应变值较大,位于震塌区内的反而较小。

# 35.10　小　结

(1)施工对本试验段范围内洞室拱顶应变值有一定影响。在合理安排工期情况下,施工阶段洞室拱顶产生的应变值占最终收敛应变值的比例不大。

(2)洞室拱顶应变值大部分发生在养护期阶段,洞室拱顶应变值在开工后 80d 附近趋于收敛。

(3)在静力条件下,收敛应变值呈现出洞脸附近应变值最大,随着洞室深度增加逐渐递减的趋势。这一特点与爆炸条件下的恰好相反。

(4)在连续降雨情况下,洞室拱顶应变值增加的幅值明显大于正常养护阶段,为正常养护阶段的 2.1 倍,并为洞室拱顶总应变的 40% ~ 50%。

(5)进行洞室 TNT 集团装药顶部爆炸条件下,洞室拱顶应变值在试验短时间内急速增加,增加的平均值为 1 800$\mu\varepsilon$。

(6)随着装药量增大,拱顶潜在震塌区扩大,位于震塌区边沿处的测值取得最大值。

(7)在爆炸条件下,洞室拱顶产生极限破坏(爆炸震塌堵塞)时的应变值为收敛应变值的 1.23 ~ 1.7 倍。这表明,洞室变形收敛时支护结构已承受了较高的静力荷载,进一步承受动载的余地(至极限破坏)并不是很大,平均约为收敛值的一半。这是一个很重要的经验和启示。

## 参 考 文 献

[1] 钱七虎,等.岩土工程师手册[M].北京:人民交通出版社,2010

[2] 苏自约,陈谦,徐祯祥,等.锚固技术在岩土工程中的应用[M].北京:人民交通出版社,2006

[3] 曾宪明,林润德,易平.基坑与边坡事故警示录[M].北京:中国建筑工业出版社,1999

[4] 陆卫国,高谦,曾宪明,等.岩石中新型复合锚固类结构抗爆性能现场试验研究[J].岩石力学与工程学报,2009,28(8):1704

[5] 曾宪明,李世民,林大路,等.复合锚固结构弱化效应研究[J].岩石力学与工程学报,

2009,26

[6] 曾宪明,等.新型复合锚固结构静力弱化机理研究[J].防护工程,2008,30(4)

[7] 赵健,曾宪明,孙杰,等.新型锚固类结构抗爆性能数值分析[J].岩土力学,2009,30(1):255-259

[8] 李世民,曾宪明,林大路.新型复合锚固结构抗爆优化设计数值模拟分析[J].岩土力学,2009,30(1):276-281

[9] 李世民,韩省亮,曾宪明,等.锚固类结构抗爆性能研究进展[J].岩石力学与工程学报,2008,27:3553-3562

[10] Ortlepp W D, Stacey T R. Performance of tunnel support under large deformation static and dynamic loading[J]. Tunneling and Underground Space Technology, 1998,13(1):15-21

[11] Anders Ansell. Testing and modelling of an energy absorbing rock bolt // Jones N, Brebbia C A, Structure under shock and impact VI. The University of Liverpool, U. K. and Wessex Institute of Technology, U. K. , 2000:417-424

[12] Anders Ansell. Laboratory testing of a new type of energy absorbing rock bolt[J]. Tunneling and Underground Space Technology, 2005, 20(4):291-300

[13] Anders Ansell. Dynamic testing of steel for a new type of energy absorbing rock bolt. Journal of Constructional Steel Research. 2006, 62(5):501-512

[14] Ana Ivanovic, Richard D Neilson, et al. Influence of prestress on the dynamic response of ground anchorages[J]. Journal of Geotechnical and Geoenvironmental Engineering. 2002, 128(3):237-249

[15] Hagedorn H. Dynamic rock bolt test and UDEC simulation for a large carven under shock load // Proceeding of International UDEC/3DEC Symposium on Numerical Modeling of Discrete Materialsin Geotechnical Engineering, Civil Engineering, and Earth Sciences. Bochum, Germany:2004:191-197

[16] Zhao P J, Lok T S, et al. Simplified spall-resistance design for combined rock bolts and steel fiber reinforced shotcrete support system subjected to shock load // Proceedings of 5th Asia-pacific conference on shock & impact loads on structures. Changsha, China, 2003:465-478

# 第八篇

## 锚固类结构设计理论与应用技术

本篇含第36~40章。在前述研究基础上,第36~40章分别系统地提出了土钉支护结构、复合土钉支护结构、预应力锚索结构、预应力锚杆柔性支护结构、加筋土结构设计理论与应用技术。

# 36 土钉支护结构设计理论与应用技术

## 36.1 土钉支护的概念与应用范围

土钉支护是指以土钉作为主要受力构件的岩土工程加固支护技术,它由密集的土钉群、被加固的原位土体、喷混凝土面层、置于面层中的钢筋网和必要的防水系统组成。在软土等不良地质条件下,还须设置超前竖直高压注浆锚管。土钉支护的概念与设计方法一般不同于土钉墙。土钉是指同时用来加固和锚固现场原位土体的细长杆件。土钉通常采取在岩土介质中钻孔、置入变形钢筋(即带肋钢筋)并沿孔全长注浆的方法做成。土钉依靠与土体之间的界面黏结力或摩擦力,在土体发生变形的条件下被动受力,并主要承受拉力作用;在用于须严格控制变形的工程中时,可视情况设计预应力。土体中土钉的预应力值不宜超过其极限抗拔力值的30%。在用作临时性工程的场合,土钉也可用钢管、角钢等作为钉体,采用直接击入的方法置入岩土体中。

土钉支护适用于地下工程和边坡工程的永久性支护、基坑直立开挖或放坡开挖时临时性支护的设计与施工,采用以钢筋作为中心钉体的钻孔注浆型土钉,基坑的深度不宜超过21m,临时支护使用期限不宜超过24个月。

对于其他类型的土钉如注浆的钢管、击入型土钉或不注浆的角钢击入型土钉,可参照本章的基本计算原则进行支护的稳定性分析。

土钉支护适用于一般岩土介质,也适用于下列不良地质体:可塑黏性土,弱胶结(包括毛细水黏结)的粉土、砂土和角砾,软土,填土,风化岩层等。

在松散砂土和夹有局部软塑、流塑黏性土的土层中采用土钉支护时,应在开挖前预先对开挖面上的土体进行加固,如采用超前锚管支护或采用复合土钉支护。

耐久性设计的适用范围。耐久性设计一般只适用于永久性工程,对于临时性工程可不予考虑。

抗动载设计适用范围。抗动载设计只适用于承受地震荷载、偶然性爆炸荷载作用的场合,否则可不予考虑。

监测设计适用范围。一般临时性工程均应进行监测,测点不少于3个;重要和险要临时性工程,特别是永久性工程必须进行系统监测设计。

土钉现场测试的适用范围。永久性工程和重要临时性工程均须进行土钉现场测试;一般临时性工程应做一组土钉的拉拔试验。

土钉支护工程的设计、施工与监测宜统一由承担支护工程的施工单位负责,以便于及时根据现场测试与监控结果进行反馈设计。

# 36.2 土钉支护基本要求

土钉支护用于洞室工程应从外至里分段开挖支护,用于基坑开挖应采取从上到下分层支护的施工工序:

(1)开挖合理的洞室长度,或基坑边壁深度(边坡高度)。

(2)在这一长(深)度的作业面上设置一排土钉,并施作喷射混凝土面层。

(3)继续向里(向下)开挖,并重复上述步骤,直至所需的洞室长度和基坑深度。

土钉支护的设计施工应重视地表和地下水的不良影响,并应在地表和支护内部设置适宜的排水系统以疏导地表径流和地表、地下渗透水。当地下水的流量较大,在支护作业面上难以成孔和形成喷射混凝土面层时,应在施工前降低地下水位或进行地面预注浆堵水,并在地下水位以上或止水后进行支护施工。

土钉支护的设计施工应考虑施工作业周期和降雨、振动等环境因素对陡坡开挖面上暂时裸露土体稳定性的影响,应随开挖随支护,以减少洞室、边坡变形。

土钉支护的设计施工应包括现场测试与监控以及反馈设计的内容。施工单位应制订详细的监测方案,无监测方案不得进行施工。

(1)土钉支护施工前应具备下列设计文件。

(2)工程调查与岩土工程勘察报告。

(3)支护施工图,包括支护平面、剖面图及总体尺寸;标明全部土钉(包括测试用土钉)的位置并逐一编号,给出土钉的尺寸(直径、孔径、长度)、倾角和间距,喷射混凝土面层的厚度与钢筋网尺寸,土钉与喷射混凝土面层的连接构造方法;规定钢材、砂浆、混凝土等材料的规格与强度等级。

(4)排水系统施工图以及必要的降水方案设计。

(5)施工方案和施工组织设计,规定基坑分层、分段开挖的深度和长度,边坡开挖面的裸露时间限制以及地下洞室分段开挖长度和方法等。

(6)支护整体稳定性分析与土钉及喷射混凝土面层设计计算书。

(7)现场测试监控方案以及为防止危及周围建筑物、道路、地下设施而采取的措施和应急方案。

当支护变形需要严格限制且在不良土体中施工时,可采用软土边壁(坡)土钉支护技术进行设计施工。

# 36.3 土钉支护工程勘察

土钉支护设计前必须进行充分的工程勘察,内容包括:收集场地周围已建工程及本项拟建工程的设计施工文件与工程地质和水文地质勘察资料;进行现场考察和必要的勘

< 464 >

察;查明基坑周围已有建筑物、构筑物、埋设物和道路交通等周边环境条件;了解当地气象条件;掌握地层结构和岩土物理力学性质,水文地质条件及与周围地表水的补给排泄关系等。

基坑土钉支护工程勘察宜与拟建工程的建筑地基勘察同步进行,勘察的范围应根据基坑开挖深度、场地的工程地质条件和环境条件确定,可在基坑开挖线外按开挖深度的 1~2 倍范围内布置勘探点。开挖线外和沿基坑周边的勘探点间距视岩土介质和工程的复杂程度而定,可为 15~30m,但每一剖面线上不宜少于 2~3 个点。勘探点的深度可取土钉最大埋深以下 5~8m。当场地有不良土层、暗沟、暗浜等异常地段时,应加密勘探点。

如拟建工程的建筑地基勘察业已完成且所获资料不能完全满足土钉支护设计与施工要求时,则应进行补充勘察;此时勘察点的布置可视具体情况和要求而定。

全部勘探点均应分层取土做土工试验或进行原位测试,主要土层的每一重点试验项目要求不少于 6 个数据。室内测试项目应有重度,含水率,抗剪强度(砂土的直剪、黏性土的固结快剪、快剪或三轴固结不排水剪等),黏性土的可塑性、压缩性,砂土的颗粒分析与休止角等。当人工填土层厚度大于 1m 时,应进行重度和抗剪强度测试。

通过测试确定每一层土的分类和状态,给出相应土层的内摩擦角和黏聚力等抗剪强度指标。

对场地水文地质条件,应查明滞水层、潜水层和承压水的位置,给出滞水层的范围、潜水层的水位和承压水的压力,并根据需要进行抽水试验以测定土层的渗透性。

为土钉支护设计提供的工程地质勘察报告应包括以下主要内容:

(1)洞室、基坑情况概述。其内容包括对一般岩土洞室、基坑边壁、岩土边坡、不良岩土工程(洞室、边壁、边坡)的名称、地点、性质、用途及其他情况的简要说明。

(2)勘察方法和勘察工作布置。

(3)场地地形地貌、地层结构、岩土物理力学性质、岩土参数的分析评价及建议值。

(4)场地水文地质条件。其内容包括地下各含水层、隔水层埋深和分布;水位及其变化幅度和各含水层渗透系数,地下水的类型、压力、流向、补给来源与排泄方向;评价地下水对土钉支护设计和施工及使用期的影响;对基坑施工的工程降水方案及其设计参数提出建议,并估计由于降低地下水位所引起的地表沉降值及其对周围环境安全的影响。

(5)洞室、基坑周边影响范围内各种建筑物、构筑物、道路和地下管线等设施的结构类型、准确位置和工作状态,以及开挖支护过程对这些地面、地下工程的影响及分析。

(6)对土钉支护的设计、施工及监测提出建议。

勘察报告应附以下主要图表:

(1)勘察点平面位置图,其上应附有洞室、基坑和边坡的相对位置、开挖线以及周边已有工程设施等。

(2)沿基坑边线的岩土工程地质剖面图。

(3)代表性的钻孔柱状图。

(4)室外和室内试验的有关图表。

(5)岩土工程计算的有关图表。

# 36.4   土钉支护抗静载设计

## 36.4.1   边壁(坡)抗静载一般要求

土钉支护抗静载设计应包括下列内容:

(1)根据工程类比法和工程经验,初选支护各部件的尺寸和材料参数。

(2)进行计算分析,主要有:

①支护的内部整体稳定性分析与外部整体稳定性分析。

②土钉的设计计算。

③喷射混凝土面层的设计计算以及土钉与面层的连接计算。

通过上述计算对各部件的初选参数做出修改和调整,给出施工图。

对重要的工程,宜采用有限元法对支护的内力与变形进行分析。

(3)根据施工过程中所获得的量测监控数据和发现的问题,进行反馈设计。

土钉支护的整体稳定性计算和土钉的设计计算采用总安全系数设计方法,其中,以荷载和材料性能的标准值作为计算值,并据此确定土压力。

喷射混凝土面层的设计计算,采用以概率理论为基础的结构极限状态设计方法,设计时对作用于面层上的土压力,应乘以荷载分项系数1.2后作为设计值,在结构的极限状态设计表达式中,应考虑结构重要性系数。

土钉支护设计应考虑的荷载除土体自重外,还应包括地表荷载如车辆、材料堆放和起重运输造成的荷载,以及附近地面建筑物基础和地下构筑物所施加的荷载,并按荷载的实际作用值作为标准值。当地表荷载小于 $15kN/m^2$ 时,则按 $15kN/m^2$ 取值。此外,当施工或使用过程中有地下水时,还应计入水压对支护稳定性、土钉内力和喷射混凝土面层的作用。

土钉支护设计采用的土体物理力学性能参数以及土钉与周围土体之间的界面黏结力参数均应以实际测试结果作为依据,取值时应考虑到工程施工及使用过程中由于地下水位和土体含水率变化对这些参数的影响,并对其测试值做出偏于安全的调整。

土的力学性能参数 $c$、$\varphi$,土钉与土体界面黏结强度 $\tau$ 的计算值取标准值,界面黏结强度的标准值可取为现场实测平均值的 0.8 倍。以上参数应按不同土层分别确定。进行初步设计时,界面黏结强度的标准值可参照表 36-1 的数据取值。

界面黏结强度标准值                                   表 36-1

| 土 层 种 类 | 黏结强度 $\tau$(kPa) | | 土 层 种 类 | 黏结强度 $\tau$(kPa) | |
|---|---|---|---|---|---|
| 素填土 | 30 ~ 60 | | 粉土 | 50 ~ 100 | |
| 黏性土 | 软塑 | 15 ~ 30 | 砂土 | 松散 | 70 ~ 90 |
| | 可塑 | 30 ~ 50 | | 稍密 | 90 ~ 120 |
| | 硬塑 | 50 ~ 70 | | 中密 | 120 ~ 160 |
| | 坚硬 | 70 ~ 90 | | 密实 | 160 ~ 200 |

注:表中数据作为低压注浆时的极限黏结强度标准值。

土钉支护的设计计算可取单位长度支护按平面应变问题进行分析。对基坑平面上靠近凹角的区段,可考虑三维空间作用的有利影响,对该处的支护参数(如土钉的长度和密度)作部分调整。对基坑平面上的凸角区段,应作局部加强处理。

### 36.4.2 边壁(坡)土钉支护各部件参数

主要承受土体自重作用的钻孔注浆钉支护,其各部件(图36-1)尺寸可参考以下数据初步选用:

(1)土钉钢筋用 HRB400 级或 HRB335 级热轧螺纹钢筋,直径在 18~32mm 的范围内。

(2)土钉孔径在 75~150mm 之间,砂浆凝固体强度等级不低于 12MPa,3d 不低于 6MPa。

(3)土钉长度 $l$ 与基坑深度 $H$ 之比对非饱和土宜在 0.6~1.2 的比值范围内,密实砂土和坚硬黏土中可取低值;对软塑黏性土,比值 $l/H$ 不应小于 1.0。为了减少支护变形,控制地面开裂,顶部土钉的长度宜适当增加。非饱和土中的底部土钉长度可适当减小,但不宜小于 0.5H;含水率高的黏性土中的底部土钉长度则不应缩减。

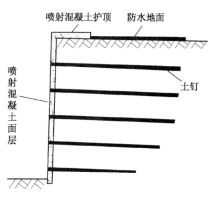

图 36-1 土钉支护

(4)任一土钉至周围邻近土钉的距离宜相等,即按梅花形布置;土钉间距宜在 1.2~2m 范围内,在饱和黏性土中可小于 1m,在干硬黏性土中可超过 2m;土钉的间距应与每步开挖深度相适应。沿面层布置的土钉密度不应低于每 6m² 一根。

(5)喷射混凝土面层的厚度在 50~150mm 之间,混凝土强度等级应不低于 C20,3d 龄期应不低于 10MPa。喷射混凝土面层内应设置钢筋网,钢筋网的钢筋直径宜为 6~8mm,网格尺寸宜为 150~300mm。当面层厚度大于 120mm 时,宜设置双层钢筋网。

喷射混凝土护顶宽度应不小于 50cm,并应与防水地面相衔接。

防水地面的材料可为混凝土或防水砂浆,其厚度应不小于 5cm。

防水地面一般应与混凝土路面、建筑物墙脚相连接;无条件时其宽度应不小于 2m。

土钉钻孔的向下倾角宜在 0°~20°的范围内,当利用重力向孔中注浆时,倾角不宜小于 15°,当用压力注浆且有可靠排气措施时倾角宜接近水平。当上层土软弱时,可适当加大下倾角,使土钉插入强度较高的下层土中。当遇有局部障碍物时,允许适当调整钻孔位置和方向。

土钉钢筋与喷射混凝土面层的连接采用图 36-2 所示的方法。可在土钉端部两侧沿土钉长度方向焊上短段钢筋,并与面层内连接相邻土钉端部的通长加强筋互相焊接。对于重要的工程或支护面层受有较大侧压时,宜将土钉做成螺纹端,通过螺母、楔形垫圈及方形钢垫板与面层连接。

土钉支护的喷射混凝土面层宜插入基坑底部以下,插入深度应不少于 0.2m。

当土质较差,且基坑边坡靠近重要建筑设施需严格控制支护变形时,宜在开挖前先沿基坑边缘设置密排的超前竖直锚管(图36-3),其间距不宜大于 0.5m,深入基坑底部不小于 $H/3$。锚管可用无缝钢管或焊管,直径 48~150mm,管壁上应设置出浆孔。小直径的钢管可分段在不同挖深处用击入方法设置并注浆;较大直径(大于100mm)的钢管宜采用钻孔置入并注浆,在距孔底 1/3 孔深范围内的管壁上设置注浆孔,注浆孔直径 10~15mm,间距 400~500mm。

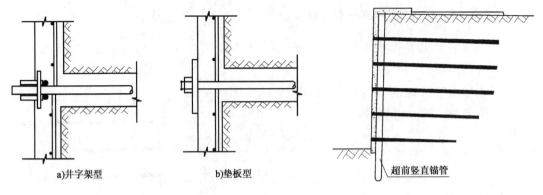

a)井字架型                  b)垫板型

图 36-2   土钉与面层的连接形式          图 36-3   土钉支护系统中的超前竖直锚管

### 36.4.3   边壁(坡)土钉支护整体稳定性分析

土钉支护的内部整体稳定性分析,是指边坡土体中可能出现的破坏面发生在支护内部并穿过全部或部分土钉条件下的稳定性分析。假定破坏面上的土钉只承受拉力且达到按式(36-6)和式(36-7)所确定的最大抗力 $R$,按圆弧破坏面采用普通条分法对支护作整体稳定性分析[图36-4a)],取单位支护长度进行计算,按下式算出内部整体稳定性安全系数 $F_s$:

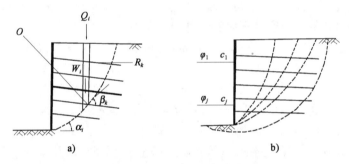

图 36-4   内部整体稳定性分析

$$F_s = \frac{\sum [(W_i + Q_i)\cos\alpha_i \cdot \tan\varphi_j + (R_k/S_{hk})\sin\beta_k \cdot \tan\varphi_j + c_j(\Delta_i/\cos\alpha_i) + (R_k/S_{hk})\cos\beta_k]}{\sum [(W_i + Q_i)\sin\alpha_i]}$$

(36-1)

式中,$W_i$、$Q_i$ 为作用于土条 $i$ 的自重和地面、地下荷载;$\alpha_i$ 为土条 $i$ 圆弧破坏面切线与水平面的夹角;$\Delta_i$ 为土条 $i$ 的宽度;$\varphi_j$ 为土条 $i$ 圆弧破坏面所处第 $j$ 层土的内摩擦角;$c_j$ 为土条 $i$ 圆弧破坏面所处第 $j$ 层土的黏聚力;$R_k$ 为破坏面上第 $k$ 排土钉的最大抗力,按式(36-6)和式(36-7)确定;$\beta_k$ 为第 $k$ 排土钉轴线与该处破坏面切线之间的夹角;$S_{hk}$ 为第 $k$ 排土钉的水平间距。

当有地下水时,在式(36-1)中尚应计入地下水压力的作用及其对土体强度的影响。

作为设计依据的临界破坏面位置需根据试算确定,与其相应的稳定性安全系数在各种可能的破坏面[图36-4b)]中为最小值,并不低于表36-2中规定的数值。

支护内部整体稳定性安全系数                                    表36-2

| 基坑深度(m) | ≤6 | 6~12 | ≥12 |
|---|---|---|---|
| 安全系数最低值 | 1.2 | 1.3 | 1.4 |

注:当支护变形较大会造成严重环境安全问题时,表中安全系数值应增加0.1~0.3,表中安全系数值不适用于软塑、流塑黏性土。

土钉支护还应验算施工各阶段的内部稳定性（图36-5），此时的开挖已达该步作业面的深度，但这一作业面上的土钉尚未设置或其注浆尚未能达到应有的强度。施工阶段内部稳定性验算所需的安全系数可比表36-2中的数值低0.1～0.2，但不小于1.1。

土钉支护的外部整体稳定性分析与重力式挡土墙的分析相同（图36-6），可将由土钉加固的整个土体视作重力式挡土墙，分别验算：

(1) 整个支护沿底面水平滑动[图36-6a)]。

(2) 整个支护绕基坑底角倾覆，并验算此时支护底面的地基承载力[图36-6b)]。

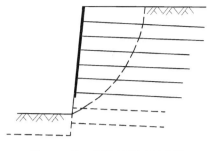

图36-5　施工阶段内部稳定性验算

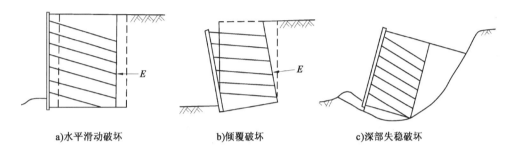

a)水平滑动破坏　　　b)倾覆破坏　　　c)深部失稳破坏

图36-6　支护外部稳定性分析

以上验算可参照《建筑地基基础设计规范》（GB 50007—2011）中的计算公式，计算时可近似取墙体背面的土压力为水平作用的朗金主动土压力，取墙体的宽度等于底部土钉的水平投影长度。抗水平滑动的安全系数应不小于1.2；抗整体倾覆的安全系数应不小于1.3，且此时的墙体底面最大竖向压应力不应大于墙底土体作为地基持力层的地基承载力设计值$f$的1.2倍。

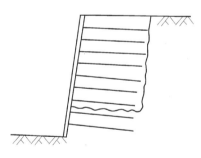

图36-7　沿薄弱土层或层面滑动失稳

(3) 整个支护连同外部土体沿深部的圆弧破坏面失稳[图36-6c)]，可按式(36-1)进行验算，但此时的可能破坏面在土钉的设置范围以外，计算时式(36-1)中的土钉抗力为零，相应的安全系数要求同表36-2。

当土体中有较薄弱的土层或薄弱层面时，还应考虑上部土体在背面土压作用下沿薄弱土层或薄弱层面滑动失稳的可能性（图36-7）。

### 36.4.4　边壁(坡)土钉支护时的土钉设计计算

土钉的设计计算应遵循下列原则：

(1) 只考虑土钉的受拉作用。

(2) 土钉的设计内力按图36-8所示的侧压力图形算出。

(3) 土钉的尺寸应满足设计内力的要求，同时还应满足式(36-1)的支护内部整体稳定性的需要。

在土自重和地表均布荷载作用下，每一土钉所受的最大拉力或设计内力$N$，可按图36-8所示的侧压力分布图形，用下式求出：

$$N = \frac{1}{\cos\theta} p S_v S_h \qquad (36\text{-}2)$$

$$p = p_1 + p_q \qquad (36\text{-}3)$$

式中, $\theta$ 为土钉的倾角; $p$ 为土钉长度中点所处深度位置上的侧压力; $p_1$ 为土钉长度中点所处深度位置上由支护土体自重引起的侧压力; $p_q$ 为地表均布荷载引起的侧压力; $S_v$ 为土钉垂直间距; $S_h$ 为土钉水平间距。

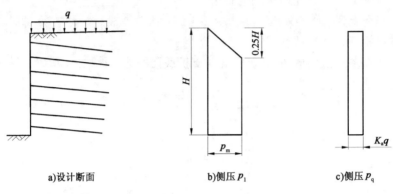

a)设计断面       b)侧压 $p_1$       c)侧压 $p_q$

图 36-8   侧压力的分布

由自重引起的侧压力峰压 $p_m$:

对于 $\frac{c}{\gamma H} \leq 0.05$ 的砂土和粉土:

$$p_m = 0.55 K_a \gamma H$$

对于 $\frac{c}{\gamma H} > 0.05$ 的一般黏性土:

$$p_m = K_a \left( 1 - \frac{2c}{\gamma H} \frac{1}{\sqrt{K_a}} \right) \gamma H \leq 0.55 K_a \gamma H$$

黏性土 $p_m$ 的取值应不小于 $0.2\gamma H$。

由地表均布荷载引起的侧压力取为:

$$p_q = K_a q$$

式中, $\gamma$ 为土的重度; $H$ 为基坑深度; $K_a$ 用下式计算:

$$K_a = \tan^2 \left( 45° - \frac{\varphi}{2} \right)$$

对性质相差不大的分层土体,上式中的 $\varphi$、$c$ 及 $\gamma$ 值可取各层土的参数 $\varphi_j$、$c_j$ 及 $\gamma_j$ 按其厚度 $h_j$ 加权的平均值求出。

对于流塑黏性土,侧压力 $p_1$ 的大小及其分布需根据相关测试数据专门确定。

当有地下水及其他地面、地下荷载作用时,应考虑由此产生的侧向压力,并在确定土钉设计内力 $N$ 时,在式(36-2)和式(36-3)的侧压力 $p$ 中计入其影响。

各层土钉在设计内力作用下应满足下式:

$$F_{s,d} N \leq 1.1 \frac{\pi d^2}{4} f_{yk} \qquad (36\text{-}4)$$

式中,$F_{s,d}$ 为土钉的局部稳定性安全系数,取 $1.2 \sim 1.4$,基坑深度较大时取高值;$N$ 为土钉设计内力;$d$ 为土钉钢筋直径;$f_{yk}$ 为钢筋抗拉强度标准值,按《建筑地基基础设计规范》(GB 50007—2011)取用。

各层土钉的长度尚宜满足下列条件:

$$l \geqslant l_1 + \frac{F_{s,d}N}{\pi d_0 \tau} \tag{36-5}$$

式中,$l_1$ 为土钉轴线与图 36-9 所示倾角等于 $(45° + \varphi/2)$ 斜线的交点至土钉外端点的距离;对于分层土体,$\varphi$ 值根据各层土的 $\varphi_i$ 值按其层厚加权的平均值算出;$d_0$ 为土钉孔径;$\tau$ 为土钉与土体之间的界面黏结强度;其余符号意义同前。

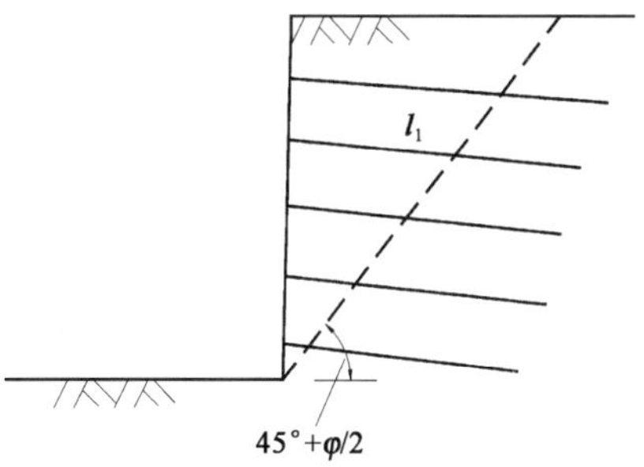

对支护作内部整体稳定性分析时,土体破坏面上每一土钉达到的极限抗拉能力 $R$ 按下列公式计算,并取其中的最小值:

按土钉受拔条件:

$$R = \pi d_0 l_a \tau \tag{36-6}$$

按土钉受拉屈服条件:

$$R = 1.1 \frac{\pi d^2}{4} f_{yk} \tag{36-7}$$

图 36-9　土钉长度的确定

式中,$d_0$ 为土钉孔径;$d$ 为土钉钢筋直径;$l_a$ 为土钉在破坏面一侧伸入稳定土体中的长度;$\tau$ 为土钉与土体之间的界面黏结强度;$f_{yk}$ 为钢筋抗拉强度标准值,按《建筑地基基础设计规范》(GB 50007—2011)取用。

对于靠近支护底部的土钉,尚应考虑破坏面外侧土体和喷射混凝土面层脱离土钉滑出的可能,其最大抗力尚应满足下列条件:

$$R \leqslant \pi d_0 (l - l_a) \tau + R_1 \tag{36-8}$$

式中,$R_1$ 为土钉端部与面层连接处的极限抗拔力。

### 36.4.5　边壁(坡)土钉支护时的喷射混凝土面层设计

在土体自重及地表均布荷载 $q$ 的作用下,喷射混凝土面层所受的侧向土压力 $p_0$ 可按下式估算:

$$p_0 = p_1 + p_q \tag{36-9}$$

$$p_0 = 0.7\left(0.5 + \frac{s - 0.5}{5}\right)p_1 \leqslant 0.7 p_1 \tag{36-10}$$

式中,$s$ 为土钉水平间距和竖向间距中的较大值(m);其余符号意义同前。

当有地下水及其他荷载时,尚应计入这些荷载在混凝土面层上产生的侧压力。

喷射混凝土面层按《建筑地基基础设计规范》(GB 50007—2011)设计,取荷载分项系数为 1.2。根据支护工程的重要性,当环境安全有严格要求时,另取结构的重要性系数为 $1.1 \sim 1.2$。

喷射混凝土面层可按以土钉为点支承的连续板进行强度验算,作用于面层的侧向压力在同一间距内可按均布考虑,其反力作为土钉的端部拉力。验算的内容包括在板跨中和支座截面的抗弯强度以及板在支座截面的抗冲切强度等。

土钉与喷射混凝土面层的连接,应能承受土钉端部拉力的作用。当用螺纹、螺母和垫板与面层连接时,垫板边长及厚度应通过计算确定。当用焊接方法通过不同的部件与面层相连时,应对焊接强度进行验算。此外,面层连接处尚应验算混凝土局部承压作用。

### 36.4.6 软土边壁(坡)土钉支护设计

天然孔隙比大于或等于 1.0,压缩系数大于 $0.5 MPa^{-1}$,不排水抗剪强度小于 30kPa,且天然含水率大于液限的细粒土应判定为软土,包括淤泥、淤泥质土、泥炭和泥炭质土等。软土应按流鼓破坏模式进行边壁稳定性分析计算。

1)软土计算

(1)软土边壁最大滑移宽度的计算

$$x' = \sqrt{\frac{1}{a}y'} \tag{36-11}$$

式中,$x'$ 为基坑边壁(坡)滑移线上的点,在 $x$ 坐标轴上的投影值函数;$y'$ 为基坑边壁(坡)高度变量;$a$ 为与介质特性有关的系数。

令 $y' = H_{max}$(基坑最大深度)并代入式(36-11),即可求得已知基坑的最大纵深失稳宽度。

当每层开挖深度为 $h_i (i=1,2,3,\cdots)$ 时,相应的滑塌宽度为 $l_i = \sqrt{\frac{1}{a}h_i}$,由此可以设计每层土钉的长度。

(2)软土边壁最大滑移深度的计算

$$H_{max} = (1+d)H \tag{36-12}$$

式中,$H_{max}$ 为最大滑移深度;$H$ 为基坑深度,$H \leqslant 10m$;$d$ 为与介质特性有关的系数。

(3)软土边壁最大隆起范围

$$X_{max} = \frac{1}{e}H \tag{36-13}$$

式中,$X_{max}$ 为最大隆起范围;$H$ 为基坑深度;$e$ 为与介质特性有关的系数。

(4)软土边壁最大滑移体积的计算

$$V = \frac{2}{3}H\sqrt{\frac{H}{a}} \tag{36-14}$$

式中,$V$ 为单位长度滑移体积;$H$ 为基坑深度;其余符号意义同前。

(5)软土边壁最大滑移重量的计算

$$W = \frac{2}{3}\rho H\sqrt{\frac{H}{a}} \tag{36-15}$$

式中,$W$ 为最大滑移体重量;$\rho$ 为基坑边壁(坡)内介质密度;其余符号意义同前。

(6)软土边壁滑移线长度的计算

$$l = \frac{1}{2a}\left\{\sqrt{aH(1+4aH)} + \frac{1}{2}\ln(2\sqrt{aH} + \sqrt{1+4aH})\right\} \tag{36-16}$$

式中,$l$ 为软土边壁(坡)滑移线长度;$H$ 为基坑深度。

(7)软土边壁稳定性系数的计算

$$K = \frac{W\cos\alpha\tan\varphi + cl}{W\sin\alpha} \tag{36-17}$$

式中,$K$ 为软土边壁(坡)稳定性系数;$W$ 为滑移体重量;$\varphi$ 为软土介质内摩擦角;$c$ 为软土介质黏聚力;$\alpha$ 为滑弧二端连线的倾角,$\alpha = \text{arcot}\sqrt{aH}$;$l$ 为滑移线(弧线)的长度。

2)土钉支护软土边壁稳定性分析计算

土钉支护软土边壁的设计计算包括素喷面层厚度的计算、喷网面层的计算、土钉的设计计算以及超前竖直锚管的计算。

(1)素喷面层厚度的计算

$$K = \frac{\pi d_0 \delta \tau_{\text{喷}}}{N} \tag{36-18}$$

式中,$K$ 为素喷面层的安全系数;$N$ 为土钉设计抗拔力;$d_0$ 为土钉垫板直径;$\delta$ 为设计喷层厚度;$\tau_{\text{喷}}$ 为喷层许用抗剪强度。

(2)喷网面层的计算

$$K = \frac{\pi\left[ 4 \times 43 D\delta @ R_{\text{压}} - d^2 D(43R_{\text{压}} - 100R_{\text{剪}}) \right]}{400 @ N} \tag{36-19}$$

式中,$K$ 为喷网面层的安全系数;@ 为钢筋网间距;$D$ 为计算加固范围;$R_{\text{压}}$ 为喷层的抗压强度;$d$ 为钢筋网直径;$R_{\text{剪}}$ 为钢筋抗冲剪强度;$N$ 为土钉设计抗拔力。

(3)超前竖向锚管的设计计算

$$K = \frac{S_0}{[M]} \cdot \frac{d^2 H^2}{3}\left[ \frac{\gamma H}{\tan^2\left(45° + \dfrac{\varphi}{2}\right)} - \frac{2c}{\tan\left(45° + \dfrac{\varphi}{2}\right)} \right] \tag{36-20}$$

式中,$K$ 为锚管抗弯安全系数;$S_0$ 为设计锚管间距;$[M]$ 为锚管的许用弯矩;$d$ 为与介质特性有关的系数;$H$ 为基坑深度;$c$ 为介质黏聚力;$\varphi$ 为介质内摩擦角。

(4)土钉的设计计算

①简化分析方法

$$K = \frac{\sum\limits_{i=1}^{n}\left\{ c'\Delta L_i + \left[ (W_i + Q_i)\cos\alpha_i - u\Delta L_i \right]\tan\varphi' \right\}}{\sum\limits_{i=1}^{n}(W_i + Q_i)\sin\alpha_i} \tag{36-21}$$

式中,$K$ 为土条总安全系数;$n$ 为土条总数;$c'$ 为土条有效黏聚力;$\Delta L_i$ 为土条宽度;$W_i$ 为土条重量;$Q_i$ 为土条附加荷载;$\alpha_i$ 为土条倾角;$u$ 为孔隙水压力;$\varphi'$ 为土条有效内摩擦角。

②考虑土条侧向力作用的计算

$$K = \frac{\sum\limits_{i=1}^{n}\left\{ c'b + \left[ (W_i + Q_i) + (D_i - D_{i+1}) - \gamma_u W_i \right]\tan\varphi' \right\}\dfrac{\sec\alpha_i}{1 + \tan\varphi'\tan\alpha_i/K}}{\sum\limits_{i=1}^{n}(W_i + Q_i)\sin\alpha_i} \tag{36-22}$$

式中,$K$ 为土条安全系数;$D_i$、$D_{i+1}$ 为土条两侧切向力;其余符号意义同前。

③边壁(坡)直立条件下土钉安全系数的计算

$$K = \frac{\sum\limits_{i=1}^{m} \frac{1}{m_{ai}}[cb + (W_i + qb)\tan\varphi] + \frac{\pi D \sin\beta}{S_h} \sum\limits_{j=1}^{n} l_{bj}\tau_{fj}\tan\varphi}{\sum\limits_{i=1}^{m}(W_i + qb)\sin\alpha_i + \sum\limits_{j=1}^{n} T_j d_j / R} \tag{36-23}$$

式中,$K$ 为土钉支护条件下的安全系数;$b$ 为土条宽度;$q$ 为土条附加荷载集度;$m_{ai}$ 为与安全系数有关的函数,$m_{ai} = \dfrac{\tan\varphi\sin\alpha_i}{K} + \cos\alpha_i$;$T_i$ 为滑动面处土钉的拉力,$T_j = \dfrac{1}{S_h}\pi D l_b \tau_f$;$d_j$ 为第 $j$ 排土钉对圆心的力臂;$D$ 为钻孔直径;$l_{bj}$ 为第 $j$ 排土钉在滑动面外的长度;$m$ 为土条数;$n$ 为土钉层数;$S_h$ 为土钉水平间距,设 $S_h = S_v$;$S_v$ 为土钉垂直间距;$R$ 为滑弧半径;$\tau_{fj}$ 为第 $j$ 排土钉抗剪强度;$W_i$ 为第 $i$ 个土条重量;$\beta$ 为土钉设计倾角;其余符号意义同前。

④土钉长度的设计

第 $i$ 排土钉在滑移面内的长度 $l_i$:

$$l_{ai} = \sqrt{\left(\frac{\tan\beta + \sqrt{\tan^2\beta + 4a(H - iS)}}{2a}\right)^2 + \left(H - iS - \frac{\tan^2\beta + 2a(H - iS) + \tan\beta \cdot \sqrt{\tan^2\beta + 4a(H - iS)}}{2a}\right)^2}$$

$$\tag{36-24}$$

式中,$S$ 为土钉间距;$\beta$ 为土钉倾角;$H$ 为基坑深度;$i$ 为土钉排数。

若设计土钉长度为 $L_i$,则第 $i$ 排土钉在滑移面一侧不稳定土体中的长度 $l_{bi}$:

$$l_{bi} = L_i - l_{ai} \tag{36-25}$$

### 36.4.7　地下洞室土钉支护设计

设置在岩体、黄土、碎石土或非饱和黏性土中的洞室,可采用土钉支护作为永久支护。

设置在 Ⅴ 类围岩中的洞室,其断面形状宜采用曲墙圆拱形式。

设置在具有严重腐蚀性地层中的洞室,必须采用防腐蚀措施后,方可采用土钉支护作为永久支护。

当岩体中的洞室只承受静荷载作用时,土钉支护的参数,在确定荷载性状基础上,按加固基础上的锚固原理设计。

一般黄土中毛洞跨度不大于 5m、碎石土和黏性土中毛洞跨度不大于 3m 的洞室,当只承受静荷载作用时,土钉支护类型及参数可参见表 36-3。

**土中土钉支护类型及参数**　　表 36-3

| 毛洞跨度(m) | 面层支护(mm) | | | 土钉支护(mm) | | | | | |
|---|---|---|---|---|---|---|---|---|---|
| | 面层厚度 | 钢筋网 | | 面层厚度 | 土钉 | | | 钢筋网 | |
| | | 直径 | 间距 | | 直径 | 长度 | 间距 | 直径 | 间距 |
| ≤3 | 80～120 | 8 | 150×150 | 80～120 | 16～18 | 1 500～2 000 | 1.0～1.2 | 6 | 200×200 |
| 3～5 | 120～160 | 10 | 150×150 | 120～150 | 18～20 | 2 500～3 500 | 1.2～1.5 | 8 | 200×200 |

注:跨度小时,支护参数取小值。

# 36.5 土钉支护抗动载设计

## 36.5.1 一般要求

土钉支护适于在任何可以成洞的介质中建造的地下空间用作临时支护。当岩石坑道在 6m 以内,黄土坑道在 5m 以内,砂砾土层坑道在 3m 以内时,土钉支护也可用作永久支护。

凡静荷载条件下规定土钉支护应慎用或应采取相应有效措施的特殊地质条件地段,也同样适用于偶然性爆炸动载条件下的土钉支护。

地下空间的截面设计,除直墙拱形外,Ⅳ、Ⅴ类围岩和不良地质岩体以及黄土地层宜采用曲墙、仰拱或其他形式的连续曲线形结构。

用作抗偶然性爆炸的地下空间土钉支护必须首先保证在静荷载作用下的稳定和限界尺寸,然后才能承受后加的动荷载。

凡是抗偶然性爆炸的地下空间,原则上不应采用单一的素喷混凝土面层或单一的土钉进行支护,宜采用完备的土钉支护形式。

## 36.5.2 抗震设计

下列土钉支护需作永久和地震组合下的抗震验算:

(1)抗震烈度 9 度以上地区非主要公路上的路堑与路基支护(处于液化或软土地基上的支护除外)。

(2)抗震烈度 8 度以上地区高速或主要公路上的路堑与路基支护(处于液化或软土地基上的支护除外)。

(3)抗震烈度 7 度以上地区的桥台支护。公路土钉支护的抗震设计可按照《公路桥梁抗震设计细则》(JTG/T B02-01—2008)有关规定。在进行支护的整体稳定性验算时,作用于土体或土条上的水平地震荷载可按抗震规范中路基的水平地震荷载公式计算,式中的综合影响系数按规范规定的 0.25 取用(但桥台为 0.35),式中的重要性修正系数也按规范规定的取用。在进行支护作为刚性挡土墙的整体抗滑、抗倾和地基承载力验算时,作用于挡土墙的地震荷载和地震情况下的土压力均按规范的公式和规定计算,地震作用下的基土抗震容许承载力提高系数也按规范的规定取用。

土钉支护设计采用的土体物理力学参数(重度、抗剪强度、土钉界面黏结强度等)应以实测结果为依据,取值时应考虑到施工及长期使用过程中由于土体含水率可能变化对这些参数所造成的影响。土体与结构材料强度的设计值如下:

(1)土体 $c$、$\varphi$ 的设计值定为标准值,一般情况下可取其极限强度均值的 0.8 ~ 0.9 倍(对 $c$ 取 0.8,对 $\varphi$ 取 0.9)。沿岩体结构面破坏时的界面抗剪强度标准值可近似按表 36-4 取用。

(2)土钉与周围土体的界面黏结强度 $\tau$ 的标准设计值,一般应根据现场抗拔试验确定。对同一土层取其实测均值的 0.8 倍作为标准值。土钉支护中土钉周边的界面黏结强度与土钉的埋深无关。

(3)土钉抗拉只考虑钉体钢筋的作用,钢筋强度的设计值 $f_s$ 按现行的混凝土结构设计规范取用,即 HRB335 钢筋为 300MPa,HRB400 钢筋为 360MPa。

(4)支护面层及其土钉连接的材料强度设计值按现行的混凝土结构设计规范取用。

岩体结构面抗剪强度标准值 表 36-4

| 结合程度 | 结合面特征 | 内摩擦角 $\varphi(°)$ | 黏聚力 $c$(MPa) |
|---|---|---|---|
| 好 | 张开度小于1mm,胶结良好,无充填;<br>张开度1~3mm,硅质或铁质胶结;<br>张开度大于3mm,表面粗糙,钙质胶结 | >35 | >0.15 |
| 一般 | 张开度1~3mm,钙质胶结;<br>张开度大于3mm,表面粗糙,钙质胶结 | 35~27 | 0.15~0.10 |
| 差 | 张开度1~3mm,表面平直,无胶结及充填;<br>张开度大于3mm,岩屑充填或岩屑夹泥质充填 | 27~18 | 0.10~0.06 |
| 很差 | 泥质充填或泥质夹岩屑充填,充填物厚度大于起伏差;<br>未胶结的或强风化的小型断层破碎带 | 18~12 | 0.06~0.02 |
| | 分布连续的泥化层 | <12 | 0.02 |

土钉支护整体稳定性分析的安全系数应不低于表 36-5 所示的数值。地震组合作用下的安全系数按表中的数值加 0.1 取用。

支护稳定性安全系数 $K$ 表 36-5

| 内部整体稳定性 | | 1.25~1.3 | 重要工程可取 1.3 |
|---|---|---|---|
| 外部整体稳定性(沿底部以下滑动) | | 1.25 | — |
| 按刚性挡土墙<br>验算稳定性 | 基底抗滑 | 1.2 | 土钉加固边坡不作此项验算 |
| | 整体倾覆 | 1.3 | |
| | 地基承载力 | 见表注 | |

注:刚性挡土墙地基承载力按《人民防空工程设计规范》(GB 50225—2005)的规定验算。

用于支护内部整体稳定性分析时的土钉抗拉强度安全系数 $k_{di}$(对钢筋抗拉强度的设计值 $f_y$)取 1.25,土钉抗拔强度的安全系数 $k_{db}$(对土钉界面黏结强度标准值 $\tau$)取 1.50。施工阶段验算时,土钉抗拉和抗拔安全系数分别取 1.05 和 1.2。

在地震作用下,上述抗拉和抗拔的安全系数分别取 1.0 和 1.2,与此相对应,在确定地震作用下的土钉极限抗力时,钢材强度与土体黏结强度不再提高。

土钉支护的设计计算可取单位长度支护按平面应变问题进行分析。对支护沿长度有突变转角的区段,在凹角处可适当考虑三维空间作用的有利影响,对该处的支护参数作部分调整,而在凸角处则必须局部加强。

# 36.6 土钉支护耐久性设计

## 36.6.1 一般要求

在永久性土钉支护设计中,应充分考虑地层的腐蚀性质和腐蚀造成的后果。临时性土钉支护一般不考虑其防腐问题。

应根据工程服务年限和重要性程度、地层及地下水的腐蚀特性,采用不同的防腐措施。

在下列地层中设置永久性土钉,需将钉孔直径加大,使砂浆握裹层的厚度不小于 40mm:

(1)地层对土钉体腐蚀等级在中等以上。

（2）地层对注浆体腐蚀等级在 3 级以上。

### 36.6.2 耐久性与腐蚀

应对地层和地下水进行化学试验与分析，以确定其腐蚀等级。试验分析包括下列内容：

（1）地层的成分和地下水位。

（2）地层的有效电阻。

（3）水的导电率。

（4）地层的化学成分和含量。

（5）水的化学成分及 pH 值。

（6）地层与金属的氧化还原势。

（7）杂散电流。

在下列环境中工作的土钉，应特别注意其防腐问题：

（1）出露于海水、含有氯化物和硫酸盐环境中。

（2）氧含量低而硫含量高的饱和黏土中。

（3）含有氯化物蒸发盐的环境中。

（4）在有腐蚀性废水或受腐蚀性气体污染的化工厂附近。

（5）穿过地下水位起伏变化较大区域内。

（6）穿过部分饱和土。

（7）穿过化学组成特征不同、水或气体含量差异较大地层中。

（8）应力受到循环波动的环境。

在外加剂中，氯化物、硫酸盐和硝酸盐总含量不应超过 0.1%。

硅酸盐水泥的氯离子含量应小于水泥重量的 0.4%。

应根据测试结果划分地层对注浆体和土钉体的腐蚀等级（表 36-6 和表 36-7）。

**地层对土钉体腐蚀等级**　　　　　　表 36-6

| 地层腐蚀等级 | | 很　强 | 强 | 中　等 | 弱 |
|---|---|---|---|---|---|
| 地层有效电阻（Ω/m） | | <700 | 700 ~ 2 000 | 2 000 ~ 5 000 | >5 000 |
| 氧化还原势（修正到 pH=7）正常氧电极（mV） | | <100 | 100 ~ 200 | 200 ~ 400 | >400 |
| 水的导电率（μs/cm） | | >430 | 430 ~ 120 | 200 ~ 100 | <100 |
| 地层电流密度（mA/m²） | | $>1 \times 10^{-1}$ | $1 \times 10^{-1} \sim 3 \times 10^{-3}$ | $3 \times 10^{-3} \sim 1 \times 10^{-1}$ | $<1 \times 10^{-4}$ |
| pH 值 | | <6.0 | 6.0 ~ 6.5 | 6.5 ~ 8.5 | 8.5 ~ 14 |
| 地层腐蚀物含量（%） | $SO_3$ | >0.3 | 0.2 ~ 0.3 | 0.1 ~ 0.2 | <0.1 |
| | Cl | >0.1 | 0.1 ~ 0.05 | 0.05 ~ 0.02 | <0.02 |
| 地下水腐蚀物含量（mg/L） | $SO_3 + Cl$ | >300 | 200 ~ 300 | 100 ~ 200 | <100 |
| | $CO_2$ | 5 | 5 | 0 | 0 |

注：当地层的实测值至少有两项与表中相符时，即可将该地层划分为该腐蚀级别。

永久性土钉设置在下列地层中时，应减小水灰比至 0.35，加大注浆压力至 1MPa 以上，增加砂浆握裹层厚度至 40mm。

| 腐蚀级别 | 以 $SO_3$ 表示的硫酸盐浓度 | | | 使用水泥的种类 | 最大水灰比 $W/C$ |
|---|---|---|---|---|---|
| | 土 层 | | 地下水 （g/L） | | |
| | 总的 $SO_3$ 含量（%） | 水:土 = 2:1时 提取的 $SO_3$（g/L） | | | |
| 1 | <0.20 | <1.00 | <0.30 | 普通硅酸盐水泥 快硬硅酸盐水泥 矿渣硅酸盐水泥 粉煤灰水泥 | 0.60 |
| 2 | 0.20～0.50 | 1.00～1.90 | 0.30～1.20 | 普通硅酸盐水泥 矿渣硅酸盐水泥 抗硫酸盐水泥 | 0.55 |
| 3 | 0.50～1.00 | 1.90～3.10 | 1.20～2.50 | 抗硫酸盐水泥 | 0.50 |
| 4 | 1.00～2.00 | 3.10～5.60 | 2.50～5.00 | 抗硫酸盐水泥 高抗硫酸盐水泥 | 0.45 |
| 5 | >2.00 | >5.60 | >5.00 | 高抗硫酸盐水泥 | 0.40 |

(1)地下水 pH 值小于 6.5 的地层。

(2)地下水中 CaO 的含量大于 30mg/L 的地层。

(3)$CO_2$ 含量大于 15mg/L 的地层。

(4)$NH_4^+$ 含量大于 15mg/L 的地层。

(5)$Mg^{2+}$ 含量大于 100mg/L 的地层。

(6)$SO_4^{2-}$ 含量大于 200mg/L 的地层。

### 36.6.3 防腐措施

1)一般要求

(1)土钉各个部位的防腐等级应相互匹配,防腐系统有效使用年限不应小于土钉的服务年限。

(2)防腐系统应具有足够的化学稳定性,且不能与土钉和环境发生化学反应。

(3)防腐系统材料应有足够的厚度、强度、抗渗性和韧性,应确保土钉在制作、运输、安装过程中不被破坏。

(4)防腐系统应在保证其有效性的同时,不影响系统的工作性能。

(5)在防腐设计时,应对土钉受到腐蚀破坏的可能性、破坏后与施加防腐措施的造价进行综合比较。

(6)在确定防腐措施时,要考虑服务年限、地层的腐蚀级别、工程重要性程度、破坏后果及造价因素等。

2)土钉的防腐措施

(1)永久性土钉应采用注浆土钉,而不应采用击入土钉。

(2)土钉应有足够的砂浆保护层厚度,即对钉孔应有明确要求。

(3)钉头的防护。钉头应置于面层中一定深度处。

（4）对中支架不宜采用金属材料制作，应采用塑料类制品制作。

（5）永久性土钉可采用扩大土钉体材料截面面积来取代土钉防腐层的措施。

（6）在土体腐蚀性不高的永久工程中，通常根据结构使用寿命期间预期出现的腐蚀损害来确定所允许的消耗钢材厚度。

（7）对于没有腐蚀性的地层，可采用环氧涂层措施加以防护，涂层厚度不得小于0.3mm，完整的环氧薄膜可以分隔土钉体与外部环境，以达到抗腐蚀的作用。所建议保护膜最小厚度能够防止由于正常操作和施工引起的损害。

（8）对有腐蚀性的地层，可采用波纹管防护措施。波纹管与钻孔孔壁间水泥砂浆保护层厚度不得小于30mm。

（9）速凝剂的使用应与所使用的水泥相容，对土钉体无腐蚀性，并不致使浆体产生开裂或过多收缩的不利影响。

# 36.7　土钉支护施工

## 36.7.1　一般要求

土钉支护施工前施工管理者必须熟悉工程的质量要求以及施工中的测试监控内容与要求，如基坑、洞室支护尺寸的允许偏差量，支护坡顶的允许最大变形量，对邻近建筑物、管线、道路等环境安全影响的允许程度。

土钉支护施工前应确定基坑、洞室开挖线、轴线定位点、水准基点、变形观测点等，并在设置后加以妥善保护。

土钉支护施工应按施工组织设计制订的方案和顺序进行，合理安排土方开挖、出土和支护等工序，以做到连续快速施工；在开挖完毕后，基坑应立即构筑底板，洞室应迅速初喷、复喷或施作衬砌。

土钉支护的施工机具和施工工艺应按下列要求选用：

（1）成孔机具的选择和工艺要适应现场土质特点和环境条件，保证进钻和抽出过程中不引起塌孔。在一般岩土介质中钻孔时，可选用冲击钻机、螺旋钻机、回转钻机、洛阳铲等；在易塌孔的岩土介质中钻孔时宜采用套管成孔或挤压成孔技术。

（2）注浆泵的规格、压力和输浆量应满足施工要求。

（3）混凝土喷射机的输送距离应满足施工要求，供水设应保证喷头处有足够的水量和水压，水压应不小于0.2MPa。

（4）空压机应满足喷射机工作风压和风量要求，可选用风量$9m^3/min$以上、风压大于0.5MPa的空压机。

土钉支护施工的一般流程如下：

（1）开挖工作面，修整边坡（壁）面或洞室幅员。

（2）设置土钉（包括成孔、置入钢筋、注浆、补浆）。

（3）铺设并固定钢筋网。

（4）施作喷射混凝土面层，并按相应规定养护。

根据不同的土性特点和支护构造方法，上述的一般流程可以灵活、合理变化。

支护内、外排水系统应按整个支护的施作顺序，在施工过程中穿插设置。

施工开挖和土钉成孔过程中应随时观察岩土体变化情况并与原设计所认定的加以对比，如发现异常应及时进行反馈设计。

### 36.7.2 开挖

1) 基坑开挖

土钉支护应按设计规定的分层开挖深度按作业顺序施工，在完成上层作业面的土钉与喷射混凝土面层以前，不得进行下一层深度的开挖。当基坑面积较大时，允许在距离四周边壁（坡）8~10m 的基坑中部自由开挖，但应注意与分层作业区的开挖相协调。

当用机械进行土方作业时，严禁边壁出现超、欠挖或造成边壁土体松动。基坑的边壁宜采用小型机具或铲锹进行切削清坡，以保证边坡平整并符合设计规定的坡度。

支护分层开挖深度和施工的作业顺序应保证修整后的裸露边坡能在规定的时间内保持自立并在限定的时间内完成支护，即及时设置土钉或喷射混凝土面层。

基坑在水平方向的开挖应分段进行，在保证及时支护条件下，每段可取 30~50m。

应尽量缩短边壁土体的裸露时间。对于自稳性差的土体如软土、高含水率的黏性土和无天然黏结力的砂土，应进行超前支护或立即进行支护。

为防止基坑边坡的裸露土体发生坍塌，对于软土及其他易坍塌、失稳的土体可采用以下措施施工：

（1）对修整后边壁立即喷上一层厚为 1~3cm 的砂浆或混凝土，待凝结后再进行钻孔。

（2）在作业面上先构筑钢筋网混凝土面层，然后进行钻孔并设置土钉。

（3）在水平方向上分小段间隔开挖。

（4）先将作业深度上的边壁做成斜坡，待钻孔并设置土钉后再清坡。

（5）在开挖前，沿开挖面垂直击入钢筋或钢管，或注浆加固土体（图 36-10）。

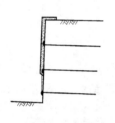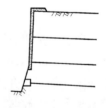

a)先喷浆护壁后钻孔置钉　　b)水平方向分小段间隔开挖　　c)预留斜坡设置土钉后清坡

图 36-10　易塌土层的施工措施

2) 土洞开挖

跨度为 5m 及以下的土洞可采用人工或机械法全断面开挖，一次开挖长度应不大于 2m。

人工开挖应严格控制洞室形状。可先作小量欠挖，待修整幅员时再作细部处理，以减少超挖。

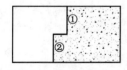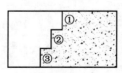

a)二台阶开挖法　　b)三台阶开挖法

图 36-11　土洞台阶开挖法

一次开挖长度完成后，应立即施作初次喷射混凝土面层对裸露土体进行封闭，接着进行土钉施工。不完成土钉施工，不宜进行下一次开挖。

跨度大于 5m 的土洞应采用二台阶或三台阶开挖方法，如图 36-11 所示。

二、三台阶开挖均按①、②、③的顺序开挖,每个台阶的开挖长度宜相同。每个台阶开挖完毕后均应立即做封闭处理和土钉支护,否则不得进行下一个台阶的开挖。

无论是全断面开挖还是台阶式开挖,其钢筋网的铺设和终喷混凝土支护,可视情况按10～20m为一施工段。

遇到不良地质地段且易产生坍塌时,可先做土钉超前支护,再按设计要求进行开挖。

当开挖断面较大且地质条件较差时,开挖面(掌子面)应采用喷射混凝土作临时封闭处理,喷层厚度不宜小于10mm。

当地质条件过差,难以成洞时,可采用全断面超前土钉支护法施工,其注浆压力应不小于1MPa,并把一次开挖长度减短至1m左右。此条件下还要求开挖、封闭快速,相应地支护方法应采用土钉加预制钢拱架的复合支护形式。

3)岩洞开挖

一般岩洞可采用钻爆法施工,并执行相关技术标准。

某些高度风化、变质岩体(如页岩),可采用人工或机械法开挖。

当围岩高度破碎、软弱,无法成洞时,可采用土钉支护加管棚法构筑地下洞室。其施工程序应为:

(1)施作管棚并高压注浆。

(2)短开挖或台阶开挖。

(3)喷射混凝土封闭。

(4)施作土钉。

(5)完成面层施工。

(6)进入下一个循环的开挖与支护。

### 36.7.3 排水系统

1)基坑边壁(坡)排水

土钉支护宜在排除水患的条件下进行施工,以避免土体处于饱和状态并减轻作用于面层上的静水压力。排水措施包括地表排水、支护内排水以及基坑排水等。

基坑四周支护范围内的地表应加以修整,构筑排水沟和水泥砂浆或混凝土地面,防止地表水向地下渗透。靠近基坑坡顶宽2～4m范围内的地面应适当垫高,并且里高外低,便于径流远离边坡。

在支护面层背部应插入长度为400～600mm、直径不小于40mm的水平排水管,其外端伸出支护面层,间距可为1.5～2m,以便将喷射混凝土面层后的积水排出(图36-12)。

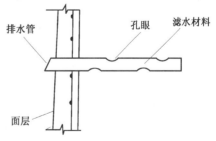

图36-12　面层背部排水

为排除积聚在基坑内的渗水和雨水,应在坑底设置排水沟及集水坑。排水沟应离开边壁0.5～1m,排水沟及集水坑宜用砖砌并用砂浆抹面以防止渗漏,坑中积水应及时抽出并排走。

当钻孔中有少量水流出时,可采用压力注浆法快速灌注土钉孔,注浆压力应不小于1MPa,浆液水灰比应不大于0.4。

当钻孔中有大量水涌出、无法进行上述封堵时,可先对该孔周围的土钉孔实施压力注浆,并视情况在其邻近部位增加注浆孔眼进行压力注浆,使涌水量逐步减小,然后再同上实施压力注浆封堵。

当土钉孔内有水直射而出,涌水量巨大,应迅速查明原因,有效截断水源。此种情况常常是地下净水管或污水管断裂所致,处理不当或不及时均会酿成工程事故。

2)地下岩土洞室排水

地下土洞洞内水源主要是施工用水。对施工水必须进行严格控制,有积水时应迅速排除,并及时做好混凝土底板或反拱。

地下土洞洞外水源主要是雨水。应做好洞外排水设施,并使洞口地势显著高于周围地形,不得使大雨或暴雨期间发生雨水倒灌进入洞内现象。

地下岩洞一般都存在裂隙水、淋水、涌水、泉眼水等,开挖前应制订周密、可行、优化的防排水方案及应对紧急情况预案。

地下岩洞开挖完毕,对一般淋水和裂隙水,可采用初喷混凝土的措施对洞室表面作封闭处理。

对喷射混凝土不易黏结的岩洞涌水部位,应先对该部位周围的土钉孔进行压力注浆,浆液水灰比为 0.40,待涌水变小后再喷射混凝土。如涌水情况依旧,则应在该部位钻孔,插入胶管将水暂时引入排水沟,待施工结束时再利用胶管进行压力注浆封堵。

对地下岩洞高水头、大规模的涌水,应在查清并切断水源后,再进行正常开挖、支护作业。

对地下岩洞土钉支护面层表面渗漏水的处理方法,可参照《地下工程防水技术规范》(GB 50108—2008)执行。

### 36.7.4 土钉设置

1)土层中土钉设置

土钉成孔前,应按设计要求定出孔位并做出标记和编号。孔位的允许偏差应不大于150mm,钻孔的倾角误差应不大于3°,孔径允许偏差应为 −5 ~ +20mm,孔深允许偏差应为 −50 ~ +200mm。成孔过程中遇有障碍物需调整孔位时,先对废孔插入土钉并注浆,再在废孔附近钻出符合设计要求的土钉孔。

成孔过程中应做好成孔记录,按土钉编号逐一记载取出的土体特征、成孔质量、事故处理过程及结果等。应将取出的土体与初步设计时所认定的加以对比,有偏差时应及时修改土钉的设计参数。

钻孔后应进行清孔检查,对孔中出现的局部渗水塌孔或掉落松土应立即处理。成孔后应及时安设土钉并注浆。

土钉置入孔中前,应先设置定位支架,保证钉体处于钻孔的中心部位,支架沿钉长的间距可为 2 ~ 3m,支架的构造应不妨碍注浆时浆液的自由流动。临时土钉的支架可为金属或塑料件,永久土钉的支架应为塑料件。

土钉置入孔中后,可采用重力、低压 0.4 ~ 0.6MPa 或高压 1 ~ 2MPa 方法对孔眼进行注浆。水平孔应采用低压或高压方法注浆。压力注浆时应在钻孔口部设置止浆塞(如为分段注浆,止浆塞应置于钻孔内规定的位置),注浆饱满后应保持压力 3 ~ 5min。重力注浆以满孔为止,但在初凝前需补浆 1 ~ 2 次。

对于下倾的斜孔采用重力或低压注浆时宜采用底部注浆方式,先将注浆管出浆端插入孔底,在注浆同时将注浆管以匀速缓慢抽出,注浆管的出浆口应始终处于孔中浆体的表面以下,保证孔中气体能全部逸出。

对于水平钻孔,应用口部压力注浆或分段压力注浆,此时须配置排气管并将其与土钉杆体绑牢,在注浆前与土钉同时送入孔中。

向孔内注入浆体的充盈系数必须大于1。每次向孔内注浆时,宜预先计算所需的浆体体积并根据注浆泵的冲程数求出实际向孔内注入的浆体体积,以确认实际注浆量超过孔的体积。

注浆用水泥砂浆的水灰比不宜超过0.4,当用水泥净浆时,水灰比不宜超过0.38,并宜加入适量的速凝剂等外加剂用以促进早凝和控制泌水。施工时当浆体工作度不能满足要求时,可外加高效减水剂,不允许任意加大用水量。浆体应搅拌均匀并立即使用,开始注浆前、中途停顿或作业完毕后均须用净水冲洗管路。

用于注浆的砂浆强度应用70mm×70mm×70mm立方试件经标准养护后测定,每批至少制3组(每组3块)试件,并给出28d强度。

当土钉端部通过锁定筋与面层内的加强筋及钢筋网连接时,相互之间应焊结牢靠。当土钉端部通过其他形式的焊接件与面层相连时,应事先对焊接强度做出检验。当土钉端部通过螺纹、螺母、垫板与面层连接时,宜在土钉端部60~80mm的长度段内,用塑料包裹土钉钢筋表面使之形成自由段,以便于喷射混凝土凝固后拧紧螺母;垫板与喷混凝土面层之间的空隙用高强水泥砂浆填平。

土钉支护成孔和注浆工艺的其他要求与注浆锚杆相同,可参照《岩土锚杆(索)技术规程》(CECS 22—2005)执行。

土质工程中的永久性土钉须作耐久性设计。

2)岩石中土钉设置

岩石中土钉孔可根据需要采用风钻、凿岩机或锚杆机成孔。成孔后应用净水将孔内石屑、岩粉冲洗干净。

钻孔过程中难免出现钻头掉落、卡钻、断钻问题。此时应及时进行排除,若无法排除,则应作废孔处理,并将废孔用砂浆注满,另须在该废孔近旁钻一符合设计要求的土钉孔。

对岩石中土钉孔的要求以及土钉的制作、安设、相互连接等要求与1)同。

### 36.7.5 喷射混凝土面层

1)土质工程中的喷射混凝土面层

在喷射混凝土前,面层内的钢筋网片应牢固固定在边壁上,并应符合规定的保护层厚度要求。钢筋网片可用插入土中的钢筋固定,在喷射混凝土冲击作用下应不出现大的振动。

钢筋网片的连接可用焊接法,网格允许偏差为±10mm。铺设钢筋网时每边的搭接长度应不小于一个网格边长或200mm,搭焊时焊接长度应不小于网筋直径的10倍。

喷射混凝土配合比应通过试验确定,粗集料最大粒径不宜大于15mm,水灰比不宜大于0.45,并应通过外加剂来调节所需工作度和早强时间。

当采用干喷法施工时,应事先对操作手进行技术培训和考核,保证喷射混凝土的水灰比和质量能达到设计要求和规定标准。喷射混凝土前,应对机械设备、风、水管路和电路进行全面检查及试运转。

喷射混凝土的喷射顺序应自下而上,喷头与受喷面距离宜控制在0.8~1.2m范围内,喷枪轴线垂直指向喷射面,但在有钢筋部位,应先斜向喷填钢筋后方,然后再垂直喷射钢筋前方,防止在钢筋背面出现空隙。

为保证施工时的喷射混凝土面层厚度达到规定值,可在边壁面上垂直打入短的钢筋段并以其外露部分作为控制标志。当面层厚度超过 100mm 时,应分两次喷射,每次喷射厚度宜为 50~70mm。在继续进行下步喷射混凝土作业时,应仔细清除预留施工缝接合面上的浮浆层和松散碎屑,并喷水使之潮湿。

土洞拱顶初次喷射混凝土面层时,其厚度不宜过大(10~30mm),否则在自重作用下易产生坍落。土洞内喷射混凝土的顺序,应先边墙,后拱顶。对特别干燥、质地酥松的土层,应先喷少许雾化雨,初喷混凝土厚度不大于 10mm。

喷射混凝土终凝后 2h,应根据当地条件,采取以下方法进行养护:连续洒水 5~7d;喷涂养护剂。

喷射混凝土强度可用边长为 100mm 立方试块进行测定,制作试块时应将试模底面紧贴边壁,从侧向喷入混凝土,每批至少做 3 组(每组 3 块)试件。对于重要工程,试件的制作应采用大板切割法。

用作永久支护的钢筋网片应做除锈处理,并置于面层内使其保护层厚度不得小于 30mm。

2)岩质工程中的喷射混凝土面层

喷射混凝土前应用净水冲洗受喷面上的碎屑、石粉,以保证面层与受喷面之间的黏结强度。

遇有裂缝、断层和超挖,应先对这些部位进行喷射混凝土,然后按正常程序作业。

遇有岩石坍塌、岩面大范围淋水及滴水,可以超常比例的速凝剂掺入喷射混凝土中,对这些部位首先进行临时处理,其掺量可达水泥质量的 4%~8%;必要时可将速凝剂直接撒于水患部位,然后按正常工序施作喷射混凝土面层。

岩质工程中施作喷射混凝土面层的其他要求应符合 1)的规定。

# 36.8  土钉现场测试

## 36.8.1  一般要求

设计土钉支护结构前应进行土钉的现场抗拔试验,应在工程现场专门设置非工作土钉进行抗拔破坏试验,以确定其极限荷载,并据此估计土钉的界面极限黏结强度。

每一典型土层中至少应有一组 3 根专门用于测试的非工作土钉。测试土钉除其总长度和黏结长度可与工作土钉有区别外,其他施工工艺应与工作土钉相同,测试土钉的注浆黏结长度应不小于工作土钉的 1/2 且不短于 5m。在满足钢筋不发生屈服并最终发生拔出破坏的前提下宜取较长的黏结段。为消除加载试验时支护面层变形对界面黏结强度的影响,测试土钉在距孔口处应保留不小于 1m 长的非黏结段。在试验结束后,非黏结段应采用浆体回填。

土钉的现场抗拔试验宜用液压千斤顶加载,土钉、千斤顶、测力杆三者应在同一轴线上,千斤顶的反力支架距张拉钉孔位的距离,应大于 $S/2$($S$ 为土钉间距),且在此范围内不应设置喷射混凝土面层。加载时可用油压表大体控制加载值并由测力杆准确予以计量。土钉的(拔出)位移量应用百分表(精度不小于 0.02mm,量程不小于 50mm)测量,百分表的支架应远离混凝土面层着力点。

用测试土钉进行抗拔试验时,其注浆体的抗压强度应不低于 6MPa。试验采用分级连续加载,首先施加少量初始荷载(不大于土钉设计荷载的 1/10)使加载装置保持稳定,以后的每级荷载增量应不超过设计荷载的 20%。在每级荷载施加完毕后,应立即记下位移读数并保持荷载稳定不变,继续记录以后 1min、6min、10min 的位移读数。若同级荷载下 10min 与 1min 的位移增量小于 1mm,即可立即施加下级荷载,否则应保持荷载不变继续测读 15min、30min、60min 时的位移。此时,若 60min 与 6min 的位移增量小于 2mm,可立即进行下级加载,否则即认为达到极限荷载。

根据试验得出的极限荷载,可算出界面黏结强度的实测值。此试验平均值应大于设计计算所用标准值的 1.25 倍,否则应进行反馈修改设计。

极限荷载下的总位移必须大于测试土钉非黏结长度段土钉弹性伸长理论计算值的 80%,否则这一测试数据被视为无效。

上述试验也可不进行至破坏状态,但此时所加的最大试验荷载值应使土钉界面黏结应力的计算值超出设计计算所用标准值的 1.25 倍。

### 36.8.2 土钉现场测试方法

1)土钉内锚固段承载力试验

为使试验结果能较好地反映工程实际,可采用顾金才推荐的土钉现场拉拔试验方法。该方法的原理是把土钉的受力分成两部分,一部分是受岩体的外鼓变形作用,即图 36-13 中的 $L_a$ 段,另一部分是受岩土体的约束作用,即图中的 $L_b$ 段,土钉的承载力大小只与受约束的部分 $L_b$ 段有关,与 $L_a$ 段无关。现场试验的目的就是要确定 $L_b$ 段的长度与土钉张力 $P$ 的对应关系。具体做法是:用千斤顶的张力 $P$ 代替表层岩土体的外鼓力,作用到 $L_b$ 段的外端上,同时对 $L_b$ 段的岩土体表面(原是分界面)创造一个自由变形条件,为此使千斤顶的反力通过托梁支座传到远离 $L_b$ 段的岩土体表面上去,如图 36-14 所示。此试验方法称作土钉的内锚固段承载力试验。

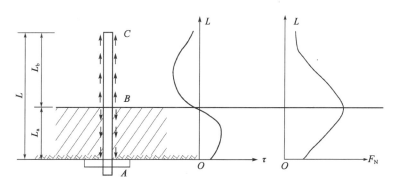

图 36-13 实际工程中土钉的受力状态

2)峰值抗剪强度试验

现行土钉承载力计算一般是假定剪应力沿钉体全长均匀分布,用此平均剪应力乘以钉体表面积,就可求出土钉的承载力。由于土体受力不均匀,在钉端附近将产生剪应力集中现象,由此可能引起的注浆体局部破坏及其扩展和传递,因此这种计算方法是不合理的。合理的计算方法应当考虑钉体上的实际不均匀剪应力分布状态,并应保证其峰值剪应力不超过其极限抗剪强度。因此,掌握在给定现场条件下的注浆体与孔壁和注浆体与钉体之间的峰值抗剪强度,是建立合理的土钉加固设计计算方法的前提条件之一。试验方法如图 36-15 所示。

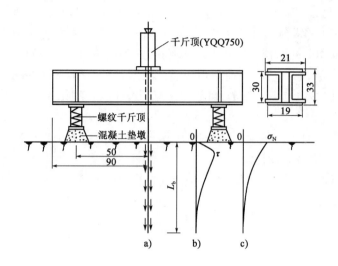

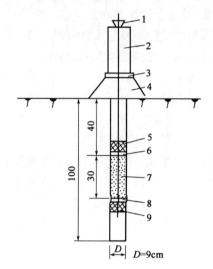

图 36-14　土钉现场拉拔试验方法(单位:cm)

图 36-15　注浆体与孔壁之间峰值抗剪强度
试验方法(单位:cm)

1-锚具;2-千斤顶;3-钢垫板(20cm × 20cm × 20cm);4-混凝土垫墩;5、9-止浆环;6、8-钢垫板;7-试验段

3)张拉设备与试验步骤

试验中土钉的张拉设备是两台张拉千斤顶,型号为 YQQ750 和 YLQ400,该千斤顶的最大出力分别为 750kN 和 400kN,最大行程分别为 150mm 和 50mm。该设备体积小,性能稳定,操作使用方便。千斤顶油压由手动油压泵提供,中间用高压油管相连接,整个加压系统油压稳定,出力均匀,能较好地满足试验要求。具体试验步骤是:先设置垫墩,安装托梁,调整千斤顶高度,使托梁平面与杆体轴线基本垂直,安装千斤顶,连接油路,测试连线,调平仪器,试压(20kN 左右),一切正常后卸压,再调平仪器,记下初读数,正式开始加载试验。试验时土钉张力应分级施加,每级增量一般为 25kN 左右。每加一级荷载应稳定 5min 左右,进行测试记录,然后再加下一级荷载,直至加到最大试验荷载为止。

# 36.9　土钉支护施工监测

土钉支护的施工监测应包括下列内容:

(1)支护位移的量测。

(2)地表开裂状态(位置、裂宽)的观察。

(3)附近建筑物和重要管线等设施的变形测量和裂缝观察。

(4)工程渗、漏水及地下水位变化的监测。

在支护施工阶段,每天监测不少于 1～2 次;在完成开挖、变形趋于稳定的情况下可适当减少监测次数。施工监测过程应持续至整个工程竣工为止。

(5)对于永久工程,个别点要进行长期监测。

测点位置应选在变形最大或局部地质条件最为不利的地段,如边坡坡顶、基坑壁顶、洞室拱顶及边墙等,测点数不宜少于 3 个,测点间距不宜大于 30m。当工程附近有重要建筑物等设施时,也应在相应位置设置测点。测试仪器宜用精密水准仪和精密经纬仪。必要时还可用测斜仪量测支护土体的水平位移,用收敛计监测位移的稳定过程等。

在可能的情况下,宜同时测定工程边壁(坡、边墙和拱顶)不同深度位置处的水平和垂直位移以及地表离工程边壁(坡、边墙和拱顶)不同距离处的沉降(位移),给出相应的变形曲线。

应特别加强持续降雨期内和雨后的监测,并对各种可能危及支护结构安全的水害来源(如场地周围生产、生活排水,因开挖后土体变形造成地下管道漏水等)进行仔细观察。

在施工开挖过程中,基坑顶部的侧向位移与当时的开挖深度之比如超过0.3%(砂土中)和0.3% ~0.5%(一般黏性土中)时,应密切加强观察、分析原因并及时对支护结构采取加强措施。应加强对监测信息的分析反馈工作,即根据测试结果,必要时应修改设计,调整施工工序。

# 36.10　工程质量检查与工程验收

土钉支护的施工应在监理的参与下进行。施工监理的主要任务是随时督促和检查施工全过程,根据设计要求和规范规定进行施工质量检查和工程验收。

土钉支护施工所用材料(水泥、砂石、混凝土外加剂、钢筋等)的质量要求以及各种材料性能的测定,均应以现行的相关国家标准为依据。

工程发包方应按施工进程,及时向支护施工单位提供以下资料:

(1)工程调查与工程地质勘察报告及周围的建筑物、构筑物、道路、管线图。

(2)工程规模,开挖(埋置)深度,地下空间及边壁(坡)工程设计尺寸。

(3)工程的耐久性要求。

(4)工程抗动载要求。

(5)其他建造设计要求。

土钉支护的设计和施工单位应按施工进程,及时向工程发包及监理方提供以下资料:

(1)初步设计施工图。

(2)各种原材料的出厂合格证及材料试验报告。

(3)工程开挖记录。

(4)钻孔记录(钻孔尺寸误差、孔壁质量以及钻取土样特征等)。

(5)注浆记录以及浆体的试件强度试验报告等。

(6)喷射混凝土记录(面层厚度检测数据,混凝土试件强度试验报告等)。

(7)设计变更报告及重大问题处理文件,反馈设计图。

(8)土钉抗拔测试报告。

(9)支护位移、沉降及周围地表、地物等各项监测内容的量测记录与观察报告。

土钉支护工程竣工后,应由工程发包和监理单位以及支护的设计和施工单位共同按设计要求进行工程质量验收,认定合格后予以签字。工程验收时,支护施工单位应提供竣工图以及上述所列需提交的全部资料。

# 36.11　工　程　维　护

工程维护的目的是确保工程的整体稳定性不受影响,设计功能能正常发挥作用。工程维护分为对临时工程的维护和对永久工程的维护。

临时性土钉支护工程的维护期应为设计要求的保修期。永久性土钉支护工程的维护期应为设计寿命期。在该期限内,土钉支护施工单位应继续对支护的变形等进行定期监测。

对土钉支护的基坑、边坡和洞室工程等,应进行定期的检测和永久性维护,使之在使用寿命期内保持良好的工作状态。维护的方法是仪器监测和宏观观察。如有变形应采取措施遏制,如有破坏应迅速修缮。

对于重要的以及处于不良环境下的土钉支护工程,应在竣工使用后的 3 ~ 5 年内,对表层混凝土的耐久性现状做出检测和评价,内容可分为混凝土的碳化度测定,氯盐或硫酸盐侵蚀下混凝土表层内的氯离子或硫酸盐分布浓度测定等。

# 36.12　设计施工范例

在深基基础打筑完毕之后,一般要支模浇筑地下结构基础墙,然后进行地下室施工,并在外墙与边壁间作回填处理。如能将基坑边壁作为外模板,不仅可大量减少开挖量(或增大建筑面积),而且可省去回填工序及支外模时间,其经济技术效果将十分优越。采用土钉支护模板墙技术方法即可实现这一设想。

土钉支护模板墙技术是指直接利用土钉支护面层,作为地下室基础墙外模板的技术方法,在施工过程中,通过严格控制基坑边壁变形和平整度,使之满足外模板的设计要求。在基础施工完毕后,即支内模板,浇筑基础墙混凝土,此后也不再回填。该技术最初在北京庄胜广场基坑部分地段作了尝试,然后在北京万富大厦工程、建设部建筑文化中心工程和中国社会科学院中心图书馆工程进行了全面应用,均取得了很好的效果。

下面介绍土钉支护模板墙技术(SNSFWT)在万富大厦工程中的应用。

## 36.12.1　工程概况

万富大厦位于北京市东城区王府井大街东侧的金鱼胡同内。该工程主楼为 10 ~ 15 层框架结构,地下 4 层。基坑深度为 17.00m,平面尺寸为 76.32m × 40.32m,支护面积约为 3 960m² (图 36-16)。

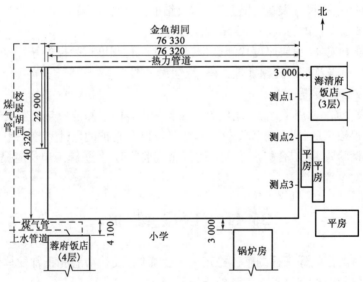

图 36-16　北京万富大厦基坑平面图(单位:mm)

基坑周边环境较复杂。北侧为金鱼胡同马路,并有一条平行于基坑的热力管道,相距约3.0m,南侧为一小学及蓉府饭店和锅炉房。蓉府饭店为4层楼房,建有1层地下室,与万富大厦基坑相距4.1m,锅炉房与基坑相距3.0m。西侧为校尉胡同,并有一条平行于基坑的煤气管道(相距约12m)。东侧距海清府饭店(3层)3.0m,另有紧邻纸盒厂的部分简易平房。此外,场区地下有深浅不一的地下人防通道多条,其具体位置、埋深、结构尺寸等情况不详。

### 36.12.2 场区地质概况

场区地质为第四纪沉积土层。基坑所涉及的共有4个主地质层和5个亚层,自上而下分述如下:

(1)人工堆积粉质黏填土和房渣土:层厚为3.50~6.10m,平均厚度为5m。

(2)黏质粉土、砂质粉土:层厚为7.86m,褐黄色,中密~密实,湿~饱和,可塑,含水率$w = 21.3\%$,天然孔隙比$e = 0.61$,塑性指数$I_P = 7.2$,液性指数$I_L = 0.29$,黏聚力$c = 15\text{kPa}$,内摩擦角$\varphi = 31°$;层间有粉质和重粉质黏土层,中密,湿~饱和,可塑,$w = 23.7\%$,$e = 0.66$,$I_P = 12.6$,$I_L = 0.32$,$\varphi = 16.3°$;

(3)细粉砂层:层厚3~4m,褐黄色,湿—饱和,低压缩性。

(4)卵石层:层厚3m左右,湿—饱和,密实。

另外,场区有两层地下水,第一层为上部滞水,埋深为5.3m;第二层为地下潜水,埋深为15.0~16.2m。

### 36.12.3 土钉支护参数设计

根据地层条件及地下水分布情况,采用圆弧条分法对边坡可能滑移体进行力矩极限平衡分析,不平衡力矩由滑移面以外的土钉补偿,同时考虑由于土体变形引起的土钉抗剪力以及抗拉力的作用。设计中考虑了土钉轴向受力的不均匀性,通过适当增加土钉密度和长度,使设计达到最佳支护效果。根据现场地质条件与计算,土钉支护断面设计参数如图36-17所示。

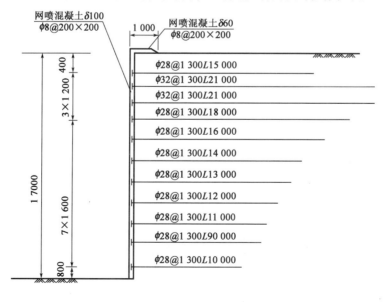

图 36-17　基坑边壁土钉支护设计断面图(单位:mm)

### 36.12.4 土钉支护边壁稳定性分析

1）土钉支护体系的内部稳定性

土钉置入土体后，由于土钉设置较密，并采用高压注浆，使部分浆液挤、渗入土体孔隙中，从而显著改善了土体的物理力学性能，使之成为一种"新地质体"或新介质。新介质仍有一个稳定性的问题需要考虑。因此再引入锚固的概念和机制来验算土钉支护内部整体稳定性。

土钉支护内部稳定性分析通常是指边坡土体中可能出现的破坏面发生在土钉支护内部，并穿过全部或部分土钉。假定土体破坏取圆弧破坏模式，破坏面上的土钉仅承受拉力，则单位长度内，土钉支护内部稳定性的安全系数按下式计算：

$$F_s = \frac{\sum\left[(W_i + Q_i)\cos\alpha_i\tan\varphi_j + \left(\dfrac{R_k}{S_{hk}}\right)\sin\beta_k \cdot \tan\varphi_j + c_j\left(\dfrac{\Delta_i}{\cos\alpha_i}\right) + \left(\dfrac{R_k}{S_{hk}}\right)\cos\beta_k\right]}{\sum\left[(W_i + Q_i)\sin\alpha_i\right]} \qquad (36\text{-}26)$$

式中，$W_i$、$Q_i$ 为作用于土条 $i$ 的自重和地面、地下荷载；$\alpha_i$ 为土条 $i$ 圆弧破坏面切线与水平面的夹角；$\Delta_i$ 为土条 $i$ 的宽度；$\varphi_j$ 为土条 $i$ 圆弧破坏面所处第 $j$ 层土的内摩擦角；$c_j$ 为土条 $i$ 圆弧破坏面所处第 $j$ 层土的黏聚力；$\beta_k$ 为第 $k$ 排土钉轴线与该处破坏面切线之间的夹角；$S_{hk}$ 为第 $k$ 排土钉的水平间距；$R_k$ 一般由现场拉拔试验测定。限于条件，设计取值据下列算式求得：

土钉拔出强度条件：　　　　　　　$R_k = \pi d_0 l_a \tau$

土钉受拉屈服条件：　　　　　　　$R_k = 1.1\dfrac{\pi d^2}{4}f_{yk}$

式中，$d_0$ 为土钉孔径；$d$ 为土钉钢筋直径；$l_a$ 为土钉伸入被动土体内的长度；$\tau$ 为土钉与土体之间的界面黏结强度；$f_{yk}$为钢筋抗拉强度标准值，取 $f_{yk} = 290\text{N}/\text{mm}^2$。

计算中，将上述两个强度条件计算值的较小者作为 $R_k$ 值。将有关参数代入式（36-26）中，求得 $F_s \approx 1.454$，满足设计要求。

按有关设计规定，每层土钉在设计内力作用时还应满足土钉支护体系局部稳定性的要求，即满足下式成立：

$$F_{s,d}N \leqslant 1.1\frac{\pi d^2}{4}f_{yk} \qquad (36\text{-}27)$$

式中，$F_{s,d}$ 为土钉的局部稳定性安全系数，取 1.4；$N$ 为土钉设计内力，$N = \dfrac{1}{\cos\theta}PS_v S_h$；$\theta$ 为土钉的倾角；$P$ 为土钉长度中点所处深度位置上的侧压力；$S_h$ 为土钉的水平间距；$S_v$ 为土钉的竖向间距。

各层土钉的长度尚应满足下列条件：

$$L \geqslant L_1 + \frac{F_{s,d}N}{\pi d_0 \tau} \qquad (36\text{-}28)$$

式中，$L_1$ 为土钉轴线与倾角等于 $\left(45° + \dfrac{\varphi}{2}\right)$ 斜线的交点至土钉外端点的距离，对于分层土体，$\varphi$ 值根据各层土的 $\tan\varphi_j$ 值按其层厚加权的平均值算出；$d_0$ 为土钉孔径，取 0.12m；$\tau$ 为土钉与土体之间的界面黏结强度。

计算结果综合于表 36-8 中。

---

| 土钉排号 | $P$ (kPa) | $S_v$ (m) | $S_h$ (m) | $N$ (kN) | $F_{s,d}N$ (kN) | $\dfrac{1.1\pi d^2 f_{yk}}{4}$ (kN) | $L_1$ (m) | $L$ (m) | $L_1 + \dfrac{F_{s,d}N}{\pi d_0 \tau}$ (m) |
|---|---|---|---|---|---|---|---|---|---|
| 1 | 23.6 | 1.3 | 1.3 | 39.9 | 55.8 | 196.3 | 9.4 | 15 | 11.9 |
| 2 | 41.0 | 1.2 | 1.3 | 64.0 | 89.5 | 256.4 | 8.8 | 21 | 12.8 |
| 3 | 58.5 | 1.2 | 1.3 | 91.3 | 127.8 | 256.4 | 7.8 | 21 | 13.5 |
| 4 | 65.0 | 1.2 | 1.3 | 101.4 | 142.0 | 196.3 | 7.2 | 18 | 13.5 |
| 5 | 65.0 | 1.4 | 1.3 | 118.3 | 165.6 | 196.3 | 6.4 | 16 | 13.7 |
| 6 | 65.0 | 1.6 | 1.3 | 135.2 | 189.3 | 196.3 | 5.4 | 14 | 13.8 |
| 7 | 65.0 | 1.6 | 1.3 | 135.2 | 189.3 | 196.3 | 4.5 | 13 | 12.9 |
| 8 | 65.0 | 1.6 | 1.3 | 135.2 | 189.3 | 196.3 | 3.4 | 12 | 11.8 |
| 9 | 65.0 | 1.6 | 1.3 | 135.2 | 189.3 | 196.3 | 2.4 | 11 | 10.8 |
| 10 | 65.0 | 1.6 | 1.3 | 135.2 | 189.3 | 196.3 | 1.4 | 10 | 9.8 |
| 11 | 65.0 | 1.6 | 1.3 | 135.2 | 189.3 | 196.3 | 0.4 | 9 | 8.8 |

由上表可见：

(1) 所设计土钉能满足局部稳定性的要求,即满足式(36-2)。换言之,土钉局部稳定性安全系数均大于 1.4。

(2) 所设计土钉的长度满足式(36-5),即设计内力最大值小于土钉受拉屈服应力。所设计土钉同时满足边坡局部稳定性要求,说明抗拔区内的土钉能够提供足够的锚固力,加固后的边坡最危险滑移面位于土钉支护区的内部。

(3) 为控制边坡顶部水平位移,适当加长和加密边坡上部土钉是十分必要的。从工程宏观观察结果看,效果较为理想;后面将述及的监测结果也表明,边壁变形被控制在允许范围之内。

2) 土钉支护外部整体稳定性分析

土钉支护体系的外部整体稳定性也是非常重要的。现将土钉加固后的土体作为重力式挡土墙进行验算。设土钉平均长度为墙宽 $b$,则:

墙宽　　　　　　　$b = \sum_{i=1}^{m} \dfrac{L_i}{m} = 15.1 \,(\text{m}) \qquad (i = 1, 2, \cdots, m)$

墙重　　　$W = \gamma \cdot b \cdot H = 19.8 \times 15.1 \times 17 = 5082.7 \,(\text{kN})$

由土自重引起的侧压力 $P_m$ 的计算首先判别：$\dfrac{c}{\gamma H} \approx 0.068 > 0.05$,于是按一般黏土计算：

$$P_m = K_a\left(1 - \dfrac{2c}{\gamma H}\dfrac{1}{\sqrt{K_a}}\right)\gamma H \leqslant 0.55 K_a \gamma H$$

将有关参数值代入求得 $P_m = 61.7\,\text{kPa}$。

取地面荷载为 $10\,\text{kN/m}^2$,则 $P_1 = K_a q = 3.3\,\text{kPa}$,$P = P_1 + P_m = 65\,\text{kPa}$,$E_a = 917.8 + 56.1 = 973.9\,\text{kN}$。

抗滑安全系数计算：因基底为卵石层,$\mu$ 取 0.5,则 $F_{wh} = (W\mu - E_a)/E_a = \dfrac{5079.6 \times 0.5 - 973.9}{973.9} = 1.61$。

抗倾覆安全系数计算：$F_{wq} = \dfrac{W \cdot b_a}{E_s \cdot h_a} = \dfrac{5\,082.7 \times 7.55}{973.9 \times 8.5} = 4.64$。

计算表明，支护体系（墙）基底抗滑移和整体抗倾覆安全系数分别为 1.61 和 4.64，完全满足外部整体稳定性的要求。

### 36.12.5 控制变形的措施

土钉支护模板墙技术主要包括两个方面：边壁平整度控制；边壁位移控制。

1）边壁的平整度控制

土钉支护模板墙技术对边壁平整度的控制要求通常为 ±10mm，要满足这样的严格要求，必须从以下几个方面加以控制：

（1）放线定位必须准确。通常采用吊线和经纬仪测量相结合的方法。首先用经纬仪测出边壁当前状况，然后根据施工要求定出多个测点，再由上层测点吊线确定当前开挖层测点距边壁的距离，并打上钢钎作为标记。

（2）修坡。修坡可以分两步进行：第一步为粗修，即人工用镐、锹、五齿扒等将边壁土体大致修平；第二步为细修，以测试线和有关标记为准，将壁面削平。

（3）控制喷层厚度。坡面修好后，根据喷层厚度，在修好的坡面上每隔一定距离钉上短钢筋，使其长度等于喷层厚度，然后在设定位置编网，使网与标志性钢筋头相连，并初喷混凝土。终喷混凝土厚度以略见小钢筋头为限，喷平即止。

2）边壁位移控制

位移监测是控制边壁变形的极重要一环。在本工程中，位移测点的布置如图 36-16 所示。设计要求边壁水平位移控制量为 ±50mm。实测边坡位移时程曲线见图 36-18。图中曲线表明，东坡最大水平位移仅为 28mm，为基坑深度的 0.165%。而且自 5 月 22 日以后，位移时程曲线发展态势接近平行水平轴，说明随着时间延长，位移增量约等于零。这与宏观结果十分吻合。整个基坑边壁处于稳定状态，基坑周围地表未见裂缝，地面建筑和地下各种管线安全无恙，并经历了几场暴雨的考验。边壁位移控制须注意以下几点：

（1）基坑支护模板墙工程设计时，首先应根据现场地质情况以及以往工程的实践经验确定基坑边壁的预留位移量，并据此确定基坑开挖线。

（2）在施工过程中应实施信息化施工，即根据实际边壁位移测量结果和地质条件变化情况，及时反馈设计，调整施工方案。

（3）理论分析及经验表明，土钉设置成水平状，基坑边壁位移较小，因此，设计时尽量将土钉水平设置。但为保证注浆方便，通常将土钉设置角度控制在 0°~5°之间。

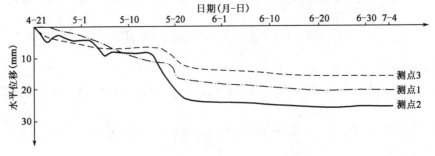

图 36-18 基坑东坡测点水平位移示意图

(4)对土钉须设置排气管,并采用孔口高压注浆工艺,以确保注浆质量。

(5)如地质条件较差,钉头锁定筋可设计成"井"字形连接,以确保喷层刚度及喷层与土钉的结构整体性。

(6)通常可以认为土钉密度较大时,对控制土体变形较为有效;土钉较长时,能提供较大的界面黏结力。但考虑到经济效益和工作机制,可将土钉设计成长短结合形式,这对边坡整体稳定和控制变形十分有效。

(7)根据基坑周边监测情况,合理安排基坑的开挖顺序、一次开挖深度和长度,有利于对基坑边壁变形进行有效控制。对变形较大部位,采用跳挖方式,可减小边壁土体变形。

(8)对已开挖部位应及时支护,尽量缩短边壁裸露时间。

(9)对坑壁变形控制要求较为严格的场合,当每排土钉注浆 36h 后,边壁水平位移速率仍大于 0.1mm/d 时,即需补打土钉,否则开挖下层土时,基坑边壁将产生较大位移。

### 36.12.6 总结

土钉支护模板墙技术除合理考虑预留位移量、确保面层平整外,关键就是控制边坡变形。而控制边坡变形又是一项涉及勘察、设计、施工等许多因素的复杂问题。本节仅提供了一些初步的经验,尚需作进一步探讨。土钉支护模板墙技术融支护与外模板为一体,具有经济、快速、安全、灵活、无污染、无噪声等特点,适合城建工程施工,并具有较强的市场竞争力和较广阔的发展空间。

## 参 考 文 献

[1] 程良奎,张作湄,杨志银.岩土加固实用技术[M].北京:地震出版社,1994

[2] 程良奎,范景伦,韩军,等.岩土锚固[M].北京:中国建筑工业出版社,2003

[3] Hobst L,Zaji J.岩层和土体的锚固技术[M].陈宗平,王绍基,译.冶金部建筑研究总院施工技术和技术情报研究室,1982

[4] 梁炯鋆.锚固与注浆技术手册[M].北京:中国电力出版社,1999

[5] 程良奎.深基坑锚杆支护的新进展[M].北京:人民交通出版社,1998

[6] 陈肇元,崔京浩,土钉支护在基坑工程中的应用[M].2 版.北京:中国建筑工业出版社,2000

[7] 中国工程建设标准化协会标准.CECS 96:97 基坑土钉支护技术规程[S].北京:中国工程建设标准化协会,1997

[8] 杨志银,蔡巧灵,陈伟华,等.复合土钉墙模式研究及土钉应力的监测试验[J].建筑施工,2001,23(6):427-430

[9] 徐水根,吴爱国.软弱土层复合土钉支护技术应用中的几个问题[J].建筑施工,2001,23(6):423-424

[10] 张明聚.复合土钉支护及其作用原理分析[J].工业建筑,2004:60-68

[11] 张明聚.复合土钉支护技术研究[D].南京:解放军理工大学工程兵工程学院,2003

[12] 孙铁成.复合土钉支护理论分析与试验研究[D].石家庄:石家庄铁道学院交通工程系,2003

[13] 徐水根,李寒,严广义.上海地区基坑围护复合土钉墙施工技术要求[J].建筑施工,

2001,23(6):387-389

[14] 中华人民共和国国家标准.GB 50086—2001 锚杆喷射混凝土支护技术规范[S].北京：中国计划出版社,2001

[15] 代国忠.土钉与锚杆组合式支护技术在深基坑工程中的应用[J].探矿工程,2001(5):11-12

[16] 刘雷,薛守良.土钉与预应力锚索复合支护技术的应用[J].铁道建筑,1998(9):29-31

[17] 汤凤林,林希强.复合土钉支护技术在基坑支护工程中的应用——以广州地区为例[J].现代地质,2000,14(1):100-104

[18] 黄力平,何汉金.挡土挡水复合型土钉墙支护技术[J].岩土工程技术,1999(1):17-21

[19] 李元亮,李林,曾宪明.上海紫都莘庄C栋楼基坑喷锚网(土钉)支护变形控制与稳定性分析[J].岩土工程学报,1999,21(1):77-81

[20] 徐祯祥.岩土锚固工程技术发展的回顾[M].北京：人民交通出版社,2002

[21] 铁道部第四勘测设计院科研所.加筋土挡墙[M].北京：人民交通出版社,1985

[22] 赵明华.土力学与基础工程[M].武汉：武汉工业大学出版社,2000

[23] 李光慧.对拉式加筋土挡土墙设计简介[C]∥全国岩土与工程学术大会论文集.北京：人民交通出版社,2003

[24] 林宗元.岩土工程治理手册[M].沈阳：辽宁科学技术出版社,1993

[25] 梁炯鏊.锚固与注浆技术手册[M].北京：中国电力出版社,1999

# 37 复合土钉支护结构设计理论与应用技术

## 37.1 概　述

### 37.1.1 复合土钉支护概念

以土钉支护概念为基础发展的土钉与搅拌桩、锚杆、微型桩等支护措施联合，或多种措施并用，形式灵活多样，用于基坑开挖支护的新技术，称为复合土钉支护技术。

土钉支护具有材料用量少、施工速度快、操作方法简单、所占场地小、安全可靠、经济等优点。但一般土钉支护仅适用于有一定胶结能力和密实程度的砂土、粉土和砾石土、素填土，坚硬或硬塑的黏性土，以及风化岩层等一般岩土介质。因为这些岩土介质能为土钉支护作用提供如下必备条件：

（1）土钉与岩土介质之间有足够的抵抗拉拔作用的黏结力。

（2）岩土介质有一定自立性，可利用其时空效应进行土钉施工作业。

（3）喷射混凝土与岩土介质开挖面能够有效、快速地黏结在一起。

地下水丰富的地层、软弱土层或粉细砂层等不良地质条件不具备上述必备条件。因此，采取必要的辅助措施后土钉支护才能在这些地质条件下应用，从而发展了针对这种软弱土层的复合土钉支护技术。这类复合土钉支护就是把土钉与其他支护形式或施工措施联合应用，在保证支护体系安全稳定的同时特别强调阻止边坡内地下水的渗出、增强开挖面的自立性或阻止基坑底面隆起等特殊的工程需要。

对于硬度较大的卵砾石地层，可钻性差，易坍塌，基坑支护若单纯采用桩锚支护，施工难度大，工效低，工程造价高。另外，对于开挖深度较大的基坑，如完全采用锚杆桩墙支护体系，需要多层锚杆或支承，且护壁桩所承受的水平力过大，为满足受弯要求，需增加护壁桩的配筋，工程造价也很高。为节省工程投资，减少基坑变形，也发展了针对这种地层的复合土钉支护技术，即土钉支护与其他多种形式的联合应用，如土钉与桩锚支护体系联合应用，可缩短护壁桩的长度，减小护壁桩承受的弯矩，也可减少护壁桩的数量。

综上所述，根据岩土条件和工程条件要求，土钉与钻孔灌注桩、深层搅拌桩、旋喷桩、微型钢管桩和预应力锚杆等支护措施联合,或与多种措施并用,形成复合土钉支护体系。它弥补了一般土钉支护的许多缺陷和使用限制,极大地扩展了土钉支护技术的应用范围,保持了一般土钉支护的许多优点,获得了越来越广泛的工程应用。

### 37.1.2 复合土钉支护的优点与应用前景

复合土钉支护采取多种措施并用,弥补了一般土钉支护的许多缺陷和使用限制,极大地扩展了土钉支护技术的应用范围,保持了一般土钉支护的许多优点,获得了越来越广泛的工程应用。主要表现如下:

(1)将土钉主动加固与其他支护措施的被动受力有机结合起来,形成了完整的围护结构受力体系。

(2)可有效地控制基坑的水平位移。实测表明,在较差的地质条件下或对基坑水平位移有较高要求时,复合土钉支护能够很好地控制坑壁变形。

(3)超前支护加固了开挖面附近的土体,使开挖面有一定的自立高度,改善了土体性能,解决了软弱土层中土钉抗拔力不够的问题。

(4)搅拌桩、旋喷桩等止水帷幕可防止地下水向坑内流动,保持基坑内开挖土层较为干燥。

(5)搅拌桩、旋喷桩等超前支护具有相对较长的插入深度,有效地解决了坑底隆起、渗流等稳定性问题。

(6)同时具备土钉支护的经济安全、施工方便、施工周期短、延性好等特点。

(7)比土钉支护有着更广泛的地层适用范围。

经济建设和社会进步对地下空间的迫切需求,使得复合土钉支护有着广阔应用前景,具体来讲:

(1)土层适用范围更宽。复合土钉支护突破了现有土钉支护的应用范围限制,开始在软土、流沙、厚杂填土、厚砾石层中大量应用,所取得的经济技术效果也更加显著。随着对复合土钉支护设计方法的不断深入,复合土钉支护将可以应用到更多的不良岩土条件中去。

(2)应用地区更广。复合土钉支护应用最多的是在沿海地区软弱土层中,但在内陆地区也出现了许多成功的应用实例,比如有效控制相邻建筑物的沉降裂缝、减小基坑侧壁水平位移、增加基坑开挖深度等,必将应用到更多的地区。

(3)应用领域更多。复合土钉支护从主要应用在建筑工程扩展到交通、水电、人防等土木工程。随着这项技术的不断完善,它将在防护工程、防洪、冶金、煤炭等工程领域得到推广应用。

# 37.2 复合土钉支护类型及使用条件

### 37.2.1 复合土钉支护常见形式

复合土钉支护结构形式主要有下列几种类型:

1)土钉与桩锚复合支护

对于硬度较大的卵砾石地层,可钻性差,易坍塌,基坑支护若单纯采用桩锚支护,施工难度大,工效低,工程造价高。另外,对于开挖深度较大的基坑,如完全采用锚杆桩墙支护体系,需要多层锚杆或支承,且护壁桩所承受的水平力过大,为满足受弯要求需增加护壁桩的配筋,工程造价也很高。采用土钉和锚杆桩联合支护技术进行深基坑支护,可大幅度减少桩的数量,节省工程投资,提高工效,缩短施工工期。

常见的有两种形式:一种形式为上部一定深度采用土钉支护,下部采用桩锚支护形式,见图37-1a);另一种形式为沿基坑开挖线以一定间距设置桩锚支护,桩与桩之间再设置土钉,见图37-1b)。

2)土钉与预应力锚杆复合支护

对于基坑周围变形要求比较严格的情况,单独使用土钉支护往往造成基坑边坡侧向位移过大,影响周围建筑物的正常使用。采用土钉与锚杆组合式支护技术[图37-1c)],是复合土钉支护常用而有效的形式,可以较好地解决此类基坑的支护问题,有效地控制基坑变形,大大提高基坑边坡的稳定性。

预应力锚杆主要特点是通过施加预应力来约束边壁变形,特别是在基坑比较深、地质条件、周围环境比较复杂,而对基坑变形又有严格要求时,这种联合支护形式更显示出它的优点。

3)土钉与止水帷幕复合支护

为防止因基坑外地下水位下降而引起地面沉降,对基坑有防渗要求,可以采用土钉与止水帷幕复合支护形式[图37-1d)]。该支护形式通常在基坑内降水,基坑外不进行降水。采用止水帷幕结合土钉支护,避免了土体开挖后土体渗水、土体强度降低,以至不能临时直立而失稳及基底隆起、管涌等问题,并且由于立即进行基坑支护,在支护完成后,坡面基本是直立平整且干燥无水。

4)土钉与微型桩复合支护

对基坑没有防渗止水要求或地下水位较低,不必要进行防渗处理,可采用该复合支护形式[图37-1e)]。超前微型桩以一定间距间隔布置,主要作用是超前加固开挖面的局部土体,不能止水防渗,与水泥土搅拌桩的比较见表37-1。

**微型桩与水泥土搅拌桩的比较**　　　　　　　表37-1

| 项　　　目 | 水泥土搅拌桩 | 超前微型桩 |
|---|---|---|
| 是否止水防渗 | 面层为一整体,止水防渗 | 面层间隔布设,不止水防渗 |
| 面层强度 | 有柔性,刚度小 | 刚度大 |
| 经济性 | 成本高 | 成本低 |
| 作业空间 | 基槽边,要有安设机械设备的作业空间 | 可在基槽内施作,不需槽外作业空间 |
| 制作时间 | 基坑开挖之前制作 | 既可在开挖之前制作,也可与土钉支护同时进行 |

5)土钉与止水帷幕、预应力锚杆复合支护

当环境条件不允许降水时,基坑围护需设置止水帷幕,止水后围护结构的变形一般比较大。在基坑较深、变形要求严格的情况下,需要设置预应力锚杆限制基坑变形,这样就形成了土钉与止水帷幕、预应力锚杆复合支护体系[图37-1f)],是最为广泛的一种复合土钉支护形式。

在设计中,根据基坑深度、地质条件和环境条件,计算选择这种复合土钉支护的各种参数,一般情况下设置1~2排搅拌桩、1~3排预应力锚杆。

6)土钉与止水帷幕、微型桩、预应力锚杆复合支护

当基坑深度较大、变形控制要求高、地质条件和环境条件复杂时,采用土钉与止水帷幕、微

型桩、预应力锚杆复合支护形式［图37-1g）］。在这种支护形式中，一般设置2～3排预应力锚杆，施作搅拌桩或旋喷桩形成止水帷幕，采用型钢桩或直径较大的微型桩。

7）土钉与止水帷幕、插筋、预应力锚杆复合支护

这种复合形式与上一种类似，只是取消微型桩，在搅拌桩或旋喷桩中插筋来加强支护结构的抗弯、抗剪性能，在单排桩中常插入型钢，在多排搅拌桩时插入多排钢筋或钢管，形成配筋的止水帷幕墙，再设置多排预应力锚杆［图37-1h）］。

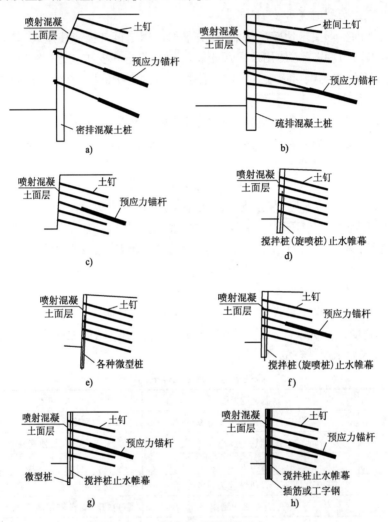

图37-1　复合土钉支护结构形式

### 37.2.2　复合土钉支护构造方法

复合土钉支护技术采用的工程措施较多，以下对其组成主要部件的构造方法作一简要归纳：

1）土钉与面层

当地质条件较好时，采用常见的钻孔注浆土钉。当处于粉土、粉砂等软弱地层时，成孔很困难，且成孔过程中易引起水土流失，导致地表下沉。这时可采用击入钢管注浆钉，即将钢管直接打入或顶入，再由管内注浆形成土钉。一般土钉长度为6～12m，间距为1～2m。对于软

弱地层,土钉长度一般可取基坑深度的 1 ~ 1.5 倍,当基坑周边环境要求高时,土钉长度甚至取到 2 倍的基坑深度。土钉筋体通常采用 $\phi22mm$、$\phi25mm$ 的变形钢筋或 $\phi48mm \times 3.0mm$ 的钢管。土钉间距为 1.0 ~ 1.5m,土钉倾角以 10°左右为宜,对软弱土层下部土钉应采用较大的倾角,通常为 20° ~ 25°。面层钢筋网为 $\phi6.5mm@150mm \times 150mm$ 或 $\phi8mm@200mm \times 200mm$,喷射混凝土厚度 100mm,宜分成两次喷射,喷射混凝土强度等级为 C20。

2)预应力锚杆

预应力锚杆可采用钢绞线预应力锚索和钢筋预应力锚杆,也可采用钢管预应力锚杆,锚杆锚头必须与喷射混凝土面层连接可靠,可设置承压板或喷射混凝土连梁,锚头承压板或连梁的尺寸通过计算确定,保证足够的强度和刚度,宜将锚固力有效地传递到面层或土层中,复合土钉支护的预应力锚杆与桩锚体系中的有所不同,设计荷载不宜过大,一般应以小于 300kN 为宜。

3)止水帷幕

土钉与止水帷幕复合支护形式的施工步骤是在开挖基坑之前沿开挖线施作止水帷幕,等止水帷幕达到一定强度后,再进行基坑土体的开挖与土钉支护。止水帷幕一般采用相互搭接的深层搅拌桩或高压旋喷桩,深入基坑底部 2 ~ 3m,并需要穿过强透水层,进入不透水层 1 ~ 2m。深层搅拌桩的造价比较便宜,它适合于人工填土、一般黏性土和中粗砂以下的砂土地层,单头搅拌桩直径常采用 500 ~ 600mm,间距 400 ~ 450mm,当土质较差及水量较大时,可采用两排或三排搅拌桩形成止水帷幕并加固土体。新开发的多头大功率深层搅拌机,一般地层均可适用。高压旋喷桩造价较高,但它适用范围广,施工空间要求小,作止水帷幕时,一般地层均可适用,旋喷桩直径一般为 600 ~ 1 000mm,搭接 100 ~ 200mm,也可做成相互搭接的定喷或摆喷止水帷幕,这样可以降低工程造价。止水帷幕除有止水功能外,常有加固地层和稳定开挖面的作用,所以对搅拌桩或旋喷桩的强度有一定的要求,其水泥掺量也较常规的搅拌桩或旋喷桩高,并常选用早强型水泥品种,桩身强度一般可达 1 ~ 3MPa。

4)微型桩与插筋

微型桩常采用直径为 100 ~ 300mm 的钻孔灌注桩,桩插入基坑底面以下 2 ~ 3m,微型桩配置钢筋笼或型钢,配置型钢时,以 16 ~ 22 号工字钢应用最多,微型桩上常设置小型冠梁或连梁,将桩连接在一起,连梁上设置预应力锚杆或土钉。另一种微型桩为竖直超前锚管,一般采用的钢管直径为 $\phi48 ~ \phi108mm$,通常用 $\phi48mm$。超前锚管在布置时通常有两种方式:沿基坑深度通长布设;基坑深度范围内不通长布设。后者又分两种形式:一种形式为每开挖一层布设一次,在上层支护完毕、下一层开挖之前,顺着边壁向下打入超前锚管,长度通常是下一层开挖深度的 1.5 ~ 2 倍(图 37-2)。另一种形式是自基坑某一部位以下沿基坑通长布设,这种情况一般是地层上表面有较好的土层,没必要从地面起进行超前支护。也可用密排木桩作微型桩。实践表明,木桩起抗

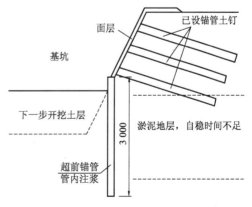

图 37-2　分步布设超前锚管(单位:mm)

滑、抗弯、提高地基承载力的作用,木桩超前打入软土中,能避免淤泥直接暴露,减少淤泥蠕变产生的位移,对于开挖较大的基坑,可打入多排木桩,但木桩的打入角度和木桩长度应严格控

< 499 >

制。在设置止水帷幕时,在搅拌桩或旋喷桩中插入钢筋或钢管以提高帷幕墙的抗弯能力,插筋以 $\phi 25mm$ 以上粗钢筋或 $\phi 40mm$ 以上钢管为宜,插筋一般通长设置,双排插筋时顶部设盖梁,加强整体作用。当强度要求较高时,帷幕中可插入 16 号以上的工字钢。

### 37.2.3 复合土钉支护使用条件

上述不同的复合土钉支护形式适用于不同的基坑深度、岩土条件和环境要求,见表 37-2。

复合土钉支护使用条件 表 37-2

| 序号 | 结构形式 | 使用条件 |
|---|---|---|
| 1 | 土钉与桩锚复合支护 | 硬度较大、可钻性差、易坍塌的卵砾石地层,周边允许降水 |
| 2 | 土钉与预应力锚杆复合支护 | 黏性土层、周边允许降水,基坑位移要求严格 |
| 3 | 土钉与止水帷幕复合支护 | 土质条件较差、开挖后容易塌方,周围环境要求不能降水,基坑深度小于 6m 或对基坑变形要求较低 |
| 4 | 土钉与微型桩复合支护 | 土质条件较差,周边允许降水,施工场地狭小 |
| 5 | 土钉与止水帷幕、预应力锚杆复合支护 | 土质条件较差、开挖后容易塌方,周围环境要求不能降水,基坑深度 6~8m,对基坑变形控制要求严格 |
| 6 | 土钉与止水帷幕、微型桩、预应力锚杆复合支护 | 地质条件和环境条件复杂,基坑深度较大,变形控制要求较高 |
| 7 | 土钉与止水帷幕、插筋、预应力锚杆复合支护 | 地质条件和环境条件复杂,基坑深度较大,变形控制要求较高 |

### 37.2.4 复合土钉的支护作用分析

复合土钉支护是将主动支护和被动支护联合应用,柔性支护与刚性支护相结合,根据具体工程情况灵活运用土钉及其他各种支护构件的支护原理,创造性地对基坑进行支护,来控制基坑开挖过程中的变形,提高基坑的稳定性,以达到安全、经济、实用的目的。其支护作用归纳为以下几个方面:

1)分担荷载作用

土钉与桩锚支护体系的设计思路是通过土钉来调动土体浅部滑裂面外潜能,通过预应力锚杆的预应力来调动土体深部潜能,通过密排微型桩的被动挡土作用控制上层开挖过程中的侧向位移,主动支护与被动支护有机地结合,大大提高边坡的稳定性,有效地控制开挖过程中的坡顶变形量。完全采用锚杆与桩、墙支护体系,需要多层锚杆或支承,且护壁桩所承受的水平力过大,为满足受弯要求需增加护壁桩的配筋。采用土钉和锚杆桩联合,即上部一定深度采用土钉支护,下部采用桩锚支护形式进行深基坑支护,基坑上部的土钉承受一部分水平荷载,并使得桩的长度缩短,所承受的弯矩也相应减小,因此护壁桩可采用较小的截面尺寸和配筋量。采用土钉和桩、锚联合支护技术,即沿基坑开挖线以一定间距设置桩、锚支护,桩与桩之间再设置土钉,桩间土钉有两方面的作用:一是稳定桩间的局部土体,承受一部分土压力荷载;二是通过注浆对土体起到加固作用,减少作用在护壁桩上的土压力。这种联合形式可减少桩承受的土压力,从而减少桩的设置数量。止水帷幕和微型桩也有分担荷载的作用。通过提前设置的止水帷幕和微型桩,可提高支护体系的抗弯刚度、抗倾覆能力和抗剪能力,像排桩或地下连续墙一样起到挡土作用,分担一部分土压力荷载,提高了基坑边坡的稳定性,控制开挖过程中的侧向位移。

2)止水抗渗作用

止水帷幕除了分担荷载作用外,还起止水抗渗作用,其作用机制主要有两方面:一是提高基坑边壁土体的自稳性及隔水性,当边壁土体含水率较大时,网喷混凝土面层不易与土体黏结在一起,若喷层直接喷在水泥土搅拌桩或旋喷桩上,则很容易黏结在一起;二是在软弱富水地层中,由于水泥土比原状土的力学性能有所改善,当水泥土桩置于基底以下一定深度(入土比在 0.7 ~ 1.0 之间)后,对抵抗基底隆起、管涌等起重要作用。

3)传递荷载作用

在土钉与预应力锚杆复合支护中,基坑边壁通过土钉注浆体的挤压和渗透,改变了原土体的黏聚力、摩擦角和弹性模量等参数,使土体的物理力学性质明显不同于原地质体,成为一种强度较高的、新的地质体。这种地质体能够满足预应力锚杆的施作要求,为预应力锚杆与土钉联合支护提供了可能。预应力锚杆锚固段设置在较好的土层中或锚固段设置在估算的滑移面以外,通过预加应力限制基坑的位移,把土压力荷载传递到深部的稳定地层中,调动深部稳定地层的潜能,土钉支护体系、锚杆、深部稳定土层紧密联系在一起,共同承受荷载,使边壁稳定并减小位移。

4)局部稳定作用

在复合支护体系中,许多部件起到稳定局部土体的作用,如喷射混凝土面层、止水帷幕、桩间土钉等。喷射混凝土面层背后的土压力大小与面层刚度有关,其压力的合力值比朗金主动土压力低得多,表明在土钉支护中面层的作用与一般挡土墙完全不同,只是起到稳定局部土体作用。在土钉与止水帷幕复合支护中,搅拌桩或旋喷桩的水泥掺量较常规搅拌桩或旋喷桩高,并常选用早强型水泥品种,桩身强度一般可达 1 ~ 3MPa,除止水功能外,常有加固地层和稳定开挖面的作用。在土钉与桩锚支护复合支护体系中,桩间土钉的作用之一就是承受一部分土压力荷载,稳定桩间的局部土体。

5)超前加固作用

在复合土钉支护中,钻孔灌注桩、水泥土搅拌桩、微型桩等措施对邻近开挖面的土体起到超前加固作用,其中,通过注浆形成的微型桩的超前加固作用更为明显。在注浆压力作用下,浆液沿软弱土层、土壤孔隙扩散,尤其是在砂、砾、卵石层中,由于水泥浆体被挤压扩散到松散的砂、砾、卵石层中,形成固结体,大大提高了边坡开挖过程中的稳定性,有效地控制了开挖过程中的坡顶变形量。

# 37.3 复合土钉支护设计

## 37.3.1 复合土钉支护设计内容

复合土钉支护设计分析包括极限状态和使用状态的受力分析。极限状态分析包括强度破坏分析、边坡稳定性分析和渗流稳定性分析,均要求有一定安全储备,在使用状态下能满足对变形的限制要求。主要分析内容有:

(1)整体稳定性分析:包括外部稳定性分析和内部稳定性分析。前者发生失稳的破坏面是在复合土钉支护加固土体的外部,后者发生失稳的破坏面则穿过复合土钉支护体的内部。

（2）土钉、锚杆、桩体等主要构件的内力分析：分析这些部件在使用状态下所受内力的大小，验算其截面、长度是否满足强度或稳定性要求。也称这种分析为复合土钉支护的局部稳定性分析。

（3）喷射混凝土面层、止水帷幕等开挖面加固部件的内力分析及强度验算：分析其在水土压力、土钉（锚杆）拉力、地面超载引起的压力作用下承受的内力，并验算其强度是否满足要求。

（4）渗流稳定性验算：对于设有防渗帷幕的基坑，当插入深度不能进入隔水层时，应按渗流理论分析产生动水压力的大小以及产生涌土、涌沙的可能性。

（5）支护变形及其对周围建筑物、道路和地下设施影响的安全评价。

进行上述分析，可相应地采用如下几种方法：

（1）极限平衡分析方法：假定各种可能的破坏面位置，从中寻求临界破坏面及对应的最小安全系数。

（2）工程简化分析方法：凭经验直接给定临界破坏面的位置及土压力分布，从而计算出土钉或其他部件内力，作为局部稳定性验算的依据。

（3）有限元分析方法：以岩土材料非线性应力应变关系为基础，进行应力应变分析，可给出变形数据。

（4）挡土墙及土压力理论：将土钉、喷射混凝土面层及开挖面附近经加固的土体看作挡土墙，按照土压力理论验算其整体稳定性。

现针对几种不同形式的复合土钉支护给出整体稳定性的计算模式和设计思路：

1）土钉与桩锚复合支护

对于上部一定深度采用土钉支护，下部采用桩锚支护形式的复合支护体系，应分别对上部的土钉支护和下部的桩锚支护体系进行分析（图37-3），设计下部桩锚体系时，把上部土钉支护高度的土层作为超载考虑。

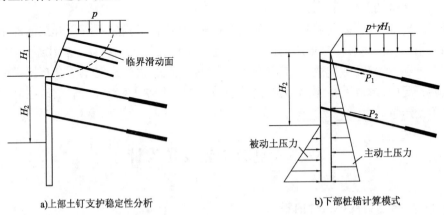

a)上部土钉支护稳定性分析      b)下部桩锚计算模式

图37-3　土钉与桩锚复合支护计算模式

2）土钉与预应力锚杆复合支护

对于土钉与预应力锚杆复合支护的形式，如果锚杆与土钉的长度相差不多，就采用土钉支护的分析方法，如果锚杆长度较长，则假定锚杆提供的极限抗力是恒定的，分别进行内部整体稳定性和外部整体稳定性分析，如图37-4所示。

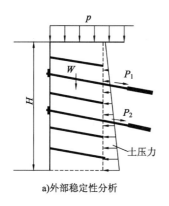
a)外部稳定性分析

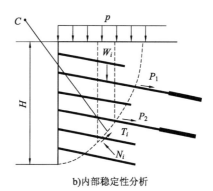
b)内部稳定性分析

图 37-4　土钉与锚杆复合支护计算模式

3）土钉与止水帷幕复合支护

计入水泥土止水帷幕的抗剪强度,按土钉支护稳定性分析方法进行分析,如图 37-5 所示。

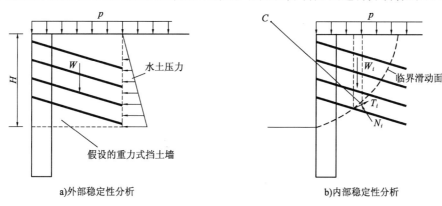

a)外部稳定性分析　　　　　　　　　　　b)内部稳定性分析

图 37-5　土钉与止水帷幕复合支护的计算模式

4）土钉与微型桩复合支护

由于微型桩内配有钢筋,不可能发生剪切破坏,微型桩像一个连续弹性支撑的地基梁,在土压力作用下产生弯曲而挤压周围的土体,土体受挤压而发生破坏,计算中应计入按挤压破坏的极限状态确定的极限抗力力矩 $M_0$,如图 37-6 所示。

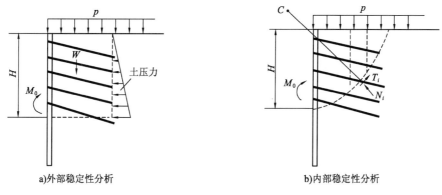

a)外部稳定性分析　　　　　　　　　　　b)内部稳定性分析

图 37-6　土钉与微型桩复合支护计算模式

上述几种计算模式是复合土钉支护整体稳定性分析的基本模式,对于多种措施复合的支护模式应综合考虑上述因素的影响。

< 503 >

### 37.3.2　复合土钉支护稳定性分析

为推导稳定性安全系数的计算公式,土条受力按照 Bishop 方法进行分析,并做如下假定:

(1)复合土钉支护边坡的可能滑移面为圆弧面,破坏形式为主动土体绕圆心产生微小转动。

(2)在滑移面上土的极限平衡条件符合 Mohr-Coulomb 破坏准则,同时假定全部土钉达到抗拉或拔出的极限状态,水泥土搅拌桩的抗剪强度达到极限状态或坡趾附近土体的局部抗挤压能力达到极限状态。

(3)将主动区的土体分割成较小宽度的竖直条块,考虑土条法向力及切向条间力。

(4)土钉采用等间距、等倾角设置方式,土钉水平间距为 $S_h$,垂直间距为 $S_v$,且 $S_h = S_v$,倾角为 $\beta$。

(5)只考虑土钉的拉力。

(6)不考虑土钉支护的三维空间效应,按平面状态进行分析。

定义稳定性安全系数为边坡可以达到的强度与维持边坡稳定平衡时所需的强度之比,用 $K$ 表示。

假设复合土钉支护边坡为直角,建立如图 37-7 所示的 $xoy$ 平面直角坐标系。假设滑移面为过坡趾 $A$ 的圆弧形曲面,$C$ 为圆弧的圆心。土条按等宽度划分,宽度为 $b$,取第 $i$ 个土条作为研究对象,设土条重心的横坐标为 $x_i$。沿土坡纵向取单位长度进行分析,并设 $W_i$ 为土条自重,$E_i$、$E_{i+1}$ 为土条法向力,$X_i$、$X_{i+1}$ 为切向条间力,$N_i$、$S_i$ 分别为土条底部的法向力和切向力,$T_{i1}$、$T_{i2}$、……、$T_{in}$ 分别为第 1、2、……、$n$ 层土钉对第 $i$ 个土条提供的拉力,$q(x)$ 为地表线荷载集度,$F_R$ 为水泥土搅拌桩或坡趾处土体提供的抗力,$\alpha_i$ 为法向力 $N_i$ 与 $y$ 坐标轴之间的夹角,$\theta$ 为圆弧滑移面在坡趾处的切面与水平面的夹角,$\beta$ 为土钉倾角,$H$ 为基坑开挖高度,$D_H$ 为水泥土搅拌桩的入土深度,$l_i$ 为土条底部滑弧的长度。

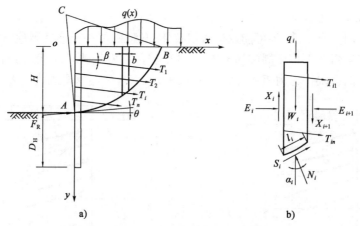

图 37-7　复合土钉支护圆弧滑移面条分法受力图

根据土条在垂直方向力的平衡条件有:

$$(W_i + qb) + X_{i+1} + \sum_{j=1}^{n} \frac{T_{ij}}{K}\sin\beta - X_i - S_i \cdot \sin\alpha_i - N_i \cdot \cos\alpha_i = 0 \tag{37-1}$$

在极限平衡时,各土条上的力对圆心 $C$ 的力矩之和应为零,此时条间力的作用将相互抵消。因此,根据力矩的平衡关系可得:

$$\sum_{i=1}^{m} \left[ (W_i + qb) \cdot R \cdot \sin\alpha_i \right] - \left( \sum_{i=1}^{m} S_i \cdot R + \frac{F_R \cdot R}{K} + \sum_{i=1}^{m} \sum_{j=1}^{n} \frac{M_{ij}}{K} \right) = 0 \tag{37-2}$$

式中,$m$ 表示土条数;$M_{ij}$ 表示第 $i$ 个土条中的第 $j$ 层土钉对于圆心的力矩;$F_R$ 表示水泥土搅拌桩和基底土体所提供的抵抗土体滑动的抗力。

土体强度发挥值 $\tau_i$ 为:$\tau_i = \dfrac{c + \sigma_n \cdot \tan\varphi}{K}$,所以土条底部的切向力 $S_i$ 为:

$$S_i = \tau_i \cdot l_i = \frac{c \cdot l_i + N_i \cdot \tan\varphi}{K} \tag{37-3}$$

将式(37-1)、式(37-2)和式(37-3)化简整理后,得:

$$K = \frac{\displaystyle\sum_{i=1}^{m} \frac{1}{m_{\alpha i}} \cdot \left[ (W_i + q_i b)\tan\varphi + cb \right] + \sum_{i=1}^{m}\sum_{j=1}^{n} \frac{T_j \sin\beta \tan\varphi}{K \cdot m_{\alpha i}} + F_R + \frac{1}{R}\sum_{i=1}^{m}\sum_{j=1}^{n} M_{ij}}{\displaystyle\sum_{i=1}^{m} (W_i + q_i b) \cdot \sin\alpha_i} \tag{37-4}$$

考虑到上式中的 $\sum_{i=1}^{m}\sum_{j=1}^{n} M_{ij}$ 表示所有土钉对滑动体所有土条的力矩之和,它应等价于所有土钉对整个滑动体的力矩之和,因此有:

$$\sum_{i=1}^{m}\sum_{j=1}^{n} M_{ij} = \sum_{j=1}^{n} T_j d_j \tag{37-5}$$

将式(37-5)代入到式(37-4)中,得:

$$K = \frac{\displaystyle\sum_{i=1}^{m} \frac{1}{m_{\alpha i}} \cdot \left[ (W_i + q_i b)\tan\varphi + cb \right] + \sum_{i=1}^{m}\sum_{j=1}^{n} \frac{T_j \cdot \sin\beta \tan\varphi}{K \cdot m_{\alpha i}} + F_R + \frac{1}{R}\sum_{j=1}^{n} T_j d_j}{\displaystyle\sum_{i=1}^{m} (W_i + q_i b) \cdot \sin\alpha_i} \tag{37-6}$$

$$m_{\alpha i} = \frac{\tan\varphi \cdot \sin\alpha_i}{K} + \cos\alpha_i$$

式中,$c$ 为土体黏结力;$\varphi$ 为土体内摩擦角(°);$T_j$ 为滑移面上第 $j$ 层土钉的拉力(kN);$d_i$ 为圆心 $C$ 到第 $j(j = 1、2、\cdots、n)$ 层土钉轴线的距离(m)。

当假定一个滑移面时,可按式(37-6)计算相应的安全系数。选取不同的滑移面所计算出的安全系数不同,所有安全系数中的最小值将反映基坑边坡的稳定程度,对应于最小安全系数的滑移面便是最危险滑移面。

建立如图 37-8 所示的直角坐标系,由 $A$、$B$、$E$ 三点便确定一个可能的滑移面圆弧。由于三点可以唯一确定一个圆弧,所以 $B$、$F$ 点确定后,圆弧 $CAFB$ 中只要确定出 $A$ 或 $C$ 点,便可以定出圆弧 $CAFB$,且 $A$、$C$ 点一一对应。为便于用计算机对滑移面准确地搜索,选择 $A$ 点沿纵坐标上下移动,$B$ 点沿横坐标左右移动。在可能的滑动范围内,滑移面按下列规则给出:

(1)假定 $A$ 点不动,$B$ 点在可能的破坏范围内开始以 $\Delta x_B$ 递增至 $x_S$;对于每一个 $B$ 点,$x_E$ 从 $D$ 点开始以 $\Delta x_B$ 递增至 $F$ 点的横坐标 $x_F$,圆弧 $CAFB$ 与基底的交点 $C'$ 将由 $x$ 轴的 $-\infty$ 移动到 $C$ 点。

(2)$A$ 点在可能的破坏范围内开始以 $\Delta y_A$ 递增至 $y_{AS}$;$A$ 点纵坐标增加 $\Delta y_A$ 后到达 $A'$ 点,重复(1)的搜索步骤。

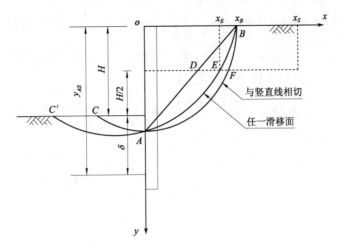

图 37-8　最危险滑移面确定方法

只要 $\Delta x_A$、$\Delta x_B$ 和 $\Delta x_E$ 取得足够小,就可以均匀地搜索到所有可能的滑移面,不会遗漏。在所有安全系数中,最小安全系数便是边坡最危险的安全系数,对应的滑移面便是最危险滑移面。

# 37.4　复合土钉支护施工要点

## 37.4.1　复合土钉支护技术应用原则与要求

(1)复合土钉支护技术保持了土钉支护的许多优点,同时具有支护位移小、适用范围宽、安全经济等显著优点,在基坑支护工程中具有广阔的应用前景,应对该项技术给予足够的重视,大力推广使用。

(2)复合土钉支护的设计应该充分考虑场地岩土条件及周边环境,有针对性地选择安全可靠、经济合理、施工方便的支护方案和辅助措施,在工程类比的同时,进行必要的稳定性分析计算,对于重要工程还应采用有限元等手段进行变形分析。

(3)坚持动态设计、信息化施工的原则,做到设计与施工密切配合。在施工过程中,应自始至终对支护结构和周边构筑物进行变形观测,根据对地质情况、支护结构和周边构筑物的各种观测、试验数据,及时反馈设计,发现问题及时采取有效补救措施。

(4)复合土钉支护体系包括土层、土钉及其他固构件,由于土层性质有很大差异,土钉设置方式、状态以及复合加固构件的多样性,这种支护技术中尚有许多问题需要进行研究、试验加以解决。

## 37.4.2　复合土钉支护施工关键技术

1)施工排水

(1)对含水丰富的地层,采用井点降水、明排水(基坑内和地表)及面层背部排水相结合的排水系统。

(2)基坑内水位应降至开挖面以下 0.5～1.0m,以利于基坑稳定和挖土施工。

(3)基坑周围地表应加以修整、封闭,防止地表水渗入地下或流入基坑内。

（4）在基坑转角等对边坡稳定影响较小处设置排水沟、集水井,深度为 0.5～1.0m,排除基坑内积水。

（5）水量较大影响面层喷射施工时,可埋入塑料导水管将水排出,等面层凝固后再将导水管封闭。

2）挖土施工

（1）土方开挖应与土钉支护施工相协调,分层挖土,分层厚度与土钉竖向间距相一致,不得超挖。

（2）基坑某方向较长时,应分段挖土,分段长度一般为 20～30m。

（3）对基坑较宽部分,采用岛式挖土方法,即先沿基坑四周分段分层开挖,宽度为 6～8m,开挖到基坑底并设置好最后一排土钉后,再挖除中心岛的土方。

（4）基坑底部留 0.3m 左右用人工挖除,以减少对基坑底部的扰动。

（5）机械挖土时,严禁超挖或造成边坡松动。基坑的边坡宜采用小型机具或锹铲进行切削清坡,以保证边坡的平整并符合设计规定的坡度。

（6）尽量减少边坡的暴露时间,立即进行支护施工,对于易坍塌土层采取如下措施:挖后立即喷射混凝土面层,待凝固后再钻孔、设置土钉;或在作业面上,先铺设预制或现场焊接的钢筋网片或竹笆、木板等;或以较小的分段长度分段跳挖及支护;或开挖前预先打入超前钢管或钢筋;或采用注浆等超前加固措施。

3）土钉设置

（1）对于钻孔注浆土钉,沿土钉每 2 500～3 000mm 设置居中定位托架,使注浆体将杆体包裹起来;对于易液化地层,采用静力顶入,用锚管作为注浆管,进行二次注浆。

（2）锚管每隔 500～800mm 设置 5～10mm 的出浆孔,所有出浆孔面积的总和应不超过锚管口径的 30%,锚端部位 3m 内不布置出浆孔。出浆孔用倒刺或胶布覆盖,形成单向阀。

（3）土钉定位误差上下左右均小于 150mm,倾角误差均小于 3°。

（4）土钉（或锚管）置入后,应立即进行注浆并封闭以避免水土流失。

4）土钉注浆

（1）采用压力恒定的注浆泵,并对注浆量和压力进行计量,注浆压力取 0.5～0.8MPa,流量不大于 5L/min。

（2）注浆采用二次注浆工艺,第一次注水泥砂浆,第二次注纯水泥浆,其配合比见表 37-3。

注 浆 浆 液 配 比

表 37-3

| 注浆次序 | 浆　　　液 | 42.5 级硅酸盐水泥 | 水 | 砂（<0.5mm） | 早 强 剂 |
|---|---|---|---|---|---|
| 第一次 | 水泥砂浆 | 1 | 0.4～0.45 | 0.3 | 0.035 |
| 第二次 | 水泥浆 | 1 | 0.4～0.45 | | |

（3）注浆量按土钉长度计算,视地层情况确定,水泥用是为 25～50kg/m。

（4）第一次注浆时,注浆前应将孔内或管内泥水清除,边注浆、边拔管,注浆管口应保持在浆液面以下。

（5）应在一次注浆初凝后进行二次注浆,间隔时间小于 4h。第二次注浆压力可取 1.0～1.2MPa。

5）喷射混凝土面层

（1）按设计要求绑扎钢筋网片,钢筋定位误差小于 20mm,网片钢筋可以绑扎或点焊均要符合混凝土结构设计规范的要求,相邻两钢筋接头错开 500mm 以上。

(2)网片钢筋应牢固固定在边坡上,不应出现晃动,横向、竖向或斜向联系钢筋应与土钉头部焊接牢固,井字形加强钢筋应与土钉端部焊接,锁定筋焊接长度大于或等于 30mm。

(3)喷射混凝土材料的要求见表 37-4。

(4)喷射混凝土混合料配合比的要求见表 37-5。

**喷射混凝土材料的要求**                                表 37-4

| 序号 | 配料 | 要　　求 |
|---|---|---|
| 1 | 水泥 | 优先选用普通硅酸盐水泥,也可用矿渣硅酸盐水泥或火山灰硅酸盐水泥,必要时用特种水泥,强度等级不低于 42.5MPa |
| 2 | 砂料 | 采用中砂或粗砂,细度模数宜大于 2.5,含水率宜控制在 5% ~7% 之间 |
| 3 | 石料 | 粒径不宜大于 15mm |
| 4 | 外加剂 | 掺加速凝剂,使喷射混凝土初凝时间小于 10min,终凝时间小于 30mn |
| 5 | 水 | 不得使用污水或 pH 值小于 4 的酸性水 |

**喷射混凝土混合料的配合比**                             表 37-5

| 水泥与砂石的重量比 | 砂　率 | 水 灰 比 | 速凝剂掺量 |
|---|---|---|---|
| 1:4 ~1:5 | 45% ~55% | 0.4 ~0.45 | 通过试验确定,通常为水泥用量的 3% ~5% |

(5)喷射混凝土作业分段分片依次进行,喷射顺序自下而上,一次喷射厚度 70 ~100mm,对于坡面有引排水地段,应先作引排水处理。

(6)喷射手应经常保持喷头具有良好的工作性能;喷头与受喷面应垂直,宜保持 0.6 ~1.0m 的距离,喷射混凝土的回弹率不应大于 20% 。

(7)喷射混凝土主要机具设备的要求见表 37-6。

**喷射混凝土主要机具设备的要求**                          表 37-6

| 序号 | 机　具 | 要　　求 |
|---|---|---|
| 1 | 混凝土喷射机 | 喷射能力为 3.0 ~5.0m³/h,输料距离水平间不大于 100m,垂直不大于 30m |
| 2 | 空压机 | 应满足喷射机工作风压和耗风量的要求,风量不小于 6.0m³/min,尽量采用电动风压机 |
| 3 | 输料管 | 能承受 0.8MPa 以上的压力 |
| 4 | 供水设备 | 应保证喷头处的水压为 0.15 ~0.20MPa |

6)竖直锚管施工

(1)竖直锚管应预先开设泄浆孔,泄浆孔直径为 10 ~15mm,间距为 500 ~800mm。

(2)锚管设置后,锚管内可采用压力灌浆,也可采用重力灌浆。

(3)土钉应与竖向锚管焊接,并将联系筋与喷射混凝土钢筋网连成整体。

# 37.5　工　程　实　例

1)北京海淀区某基坑工程

该工程主楼 23 层,地下 3 层,基坑平面呈不规则长方形,开挖尺寸约为 40m×90m,开挖深度 14.9m。基坑北侧 4m 外为一道路,东侧距一座 5 层住宅楼及地下车库仅 4m,南侧距地铁通风口 7m,西侧距两座高层住宅楼 10m。

拟建场地地层自上而下主要是第四纪黏性土、粉土、砂类土及碎石类土的交互层,地下水静止水位埋深为-20m。

本工程采用土钉与锚杆组合式支护方案,即基坑开挖深度内上部6m采用土钉支护,共布置4排土钉;下部8.9m采用一排锚杆与护桩组成的桩墙支护(图37-9)。

基坑开挖后,边坡最大水平位移不到30mm,地面最大沉降量及边坡水平位移均符合规定要求,达到了基坑变形控制保护的标准,使基坑邻近建筑物的使用安全得到了保障。

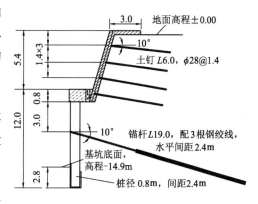

图37-9 北京海淀区某基坑支护方案(单位:m)

2)北京某改建工程

位于北京海淀区增光路的某改建工程,原为6层楼房,重建为L形(14~18层)的高层住宅,建筑面积为27 567m²,总高度为40.00~50.70m,基础埋深8.5m。场地北侧邻近增光路,西侧紧靠6层写字楼,新建工程基础距该楼墙体西边墙仅20cm。该楼为砖混结构,基础为钢筋混凝土条形基础,埋深2.00m。

场内地质情况如下:第1层为杂填土(厚0.5~2.6m);第2层为粉质黏土,稍湿,可塑状态(厚0~2.3m);第3层为粉土,稍湿,中等密度,局部夹透镜状粉砂(厚0~2.4m);第4层为粉质黏土,稍湿,可塑状态,有透镜状黏土夹层(厚0.8~1.4m);第5层为粉土,中等密度(厚0~1.4m);第6层为中、细砂(厚4.2~5.7m)。采用土钉与预应力锚索复合支护(图37-10),第一排锚索设计拉力为200kN,现场所有锚索均达到240kN,其中一组试验达到300kN。第二排锚索有2~3m伸至砾石层,锚固力增加,所有锚索均拉到270kN,其中一组达到320kN未被拉坏。施工过程中对建筑物附近的沉降和水平位移进行了观测,最大沉降量为7mm,边坡水平位移未超过10mm。

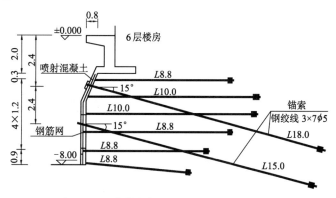

图37-10 北京某改建工程基坑支护方案(单位:m)

3)广州某商住楼基坑支护工程

该商住楼位于广州市海珠区下渡路,北邻珠江,拟建3幢30层住宅楼,设地下室1层,基坑长115.3m,宽42.8m,垂直开挖深度4.8~5.1m。基坑北侧邻近基坑边为一混凝土路面道路,有机动车行驶,30m外为珠江河道;西侧15m外为省水产公司冷冻厂房,离基坑开挖边线1m处为一排1层临建房;南侧离开挖边线1m也为一排1层临建房;东侧邻近基坑的地方为一条在建混凝土路面。

场地地层自上而下为:人工填土层($Q^{ml}$)为杂填土,由建筑垃圾和砂组成,松散(厚1.10~3.10m);冲积层($Q^{al}$)由细砂、淤泥(淤泥质土)和淤泥质粉砂3个亚层组成:细砂层顶埋深1.4~2.8m,厚度为0.5~5.1m,平均2.21m,饱和,松散;淤泥(淤泥质土)层顶埋深1.1~6.5m,厚度1.4~5.2m,平均3.14m,饱和,流塑~软塑;淤泥质粉砂仅于场区西北角和东侧有分布,层顶埋深4.7~6.5m,厚度0.6~2.85m,平均1.79m,由粉砂加淤泥组成,饱和,松散;残积层($Q^{el}$)层顶埋深6.3~8.2m,厚度0.6~4.2m,平均2.16m,由粉砂加淤泥组成,饱和,松散;基岩($K_2$)由白垩系泥质粉砂岩、泥质细砂岩和泥质粗砂岩,分为强风化、中风化和微风化,层顶埋深7.6~12.4m。

场区紧邻珠江河道,地下水受珠江水侧向直接补给,地下水位与珠江水位一致,埋深1.0~1.58m。地下水主要赋存于第四系冲积砂层中,该层空隙大,透水性强,渗透系数在1.93~34.4m/d之间。

根据周边环境条件和坡顶负荷情况,基坑北侧和东侧采用方案Ⅰ支护(图37-11),南侧和西侧采用方案Ⅱ支护(图37-12)。

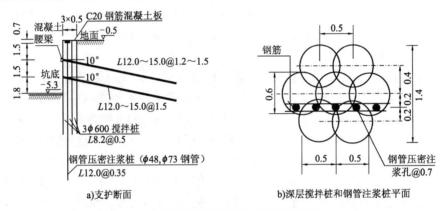

图37-11　广州某商住楼基坑第Ⅰ支护方案(单位:m)

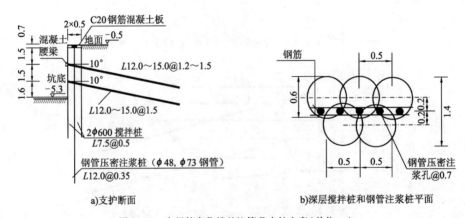

图37-12　广州某商住楼基坑第Ⅱ支护方案(单位:m)

在施工过程中,在基坑北侧刚完成第一排土钉施工、有的灌浆尚未完成的情况下,就开始开挖土方,一次开挖到基坑底即 -5.1m,致使该段出现两次险情:第一次发生在10号和11号观测点处,这两个测点的水平位移分别由30mm和33mm剧增到95mm和100mm,坡顶出现宽达50mm的裂缝并有下陷现象,在及时采取回填土的措施后才使险情得到控制,避免了事故的发生;第二次发生在11~13号观测点坡段,在施工第二排土钉后发现,搅拌桩身在第二排土钉之下约 300mm 处出现一条约 10m 长的横向裂缝,最宽处达 5mm,在及时回填土方、并在 −2.2m 处通长设置 30c 槽钢并用 I25b 工字钢斜撑支于基坑内工程桩头上后,才避免了事故的发生。

上述险情是由于超挖引起的,经加固后的该段边坡在后续施工期间是安全稳定的。基坑其他各段边坡的土钉施工基本上按设计要求,做到分层开挖、分层支护,在整个开挖支护施工过程中一直处于安全稳定状态。

4)深圳某大厦基坑工程

该工程地处景田住宅小区内,新洲河边,主楼由两幢 32 层塔楼及 4 层裙房组成,设两层地下室,地下室基坑深度为 8.4m。基坑三面邻近既有建筑物,一面邻近新洲河辅道,场地周围埋有煤气管、上水管等管网。

地层自上而下分别为填土、黏土、4~9.5m 厚的中粗砂层及花岗岩残积土;地下水主要赋存于中粗砂层,水量丰沛,稳定水位埋深为 3m。

采用土钉与三重管高压旋喷桩帷幕相结合的复合支护(图 37-13)。旋喷桩设计桩径 1.2m,桩中心距 1m,桩与桩相互搭接形成连锁状帷幕。帷幕入相对不透水层(残积土层)深度为 1.5m。土钉杆体分别采用单根 $\phi$25~32mm 螺纹钢筋,水平与竖向间距均为 1.2m。从基坑施工至地下室施工完毕,实测基坑边坡位移均小于 10mm。

5)上海紫都莘庄某大楼基坑工程

该工程位于沪闵路以东约 50m,主楼为 27 层及 5 层联结裙楼组成,设 1 层地下室。基坑周长约 212m,宽约为 40m,基坑深度为 4.1m、5.2m 和 7.1m 三个部分,其中,7.1m 深部位长度为 22m。基坑西侧约 15m 处有地下管线;东侧距基坑 1.5m 处是一条道路,距基坑约 5m 处立有轨道式 60t 吊车;距基坑南侧 5m 处为 3 层建筑施工住房。

场地地质条件自上而下由素填土、饱和的粉质黏土层、灰色淤泥质黏土层(流塑状,高压缩性)组成。场地地下水属潜水类型,水位埋深在 0.65~1.30m 之间。

采用轻型井管降水、土钉与微型桩复合支护。微型桩的插入深度要超出深部滑裂面以外,并进行压力注浆。基坑深度为 7.10m 区段的支护参数如图 37-14 所示。土钉水平间距均为 1.1m,钢筋直径均为 $\phi$25mm。

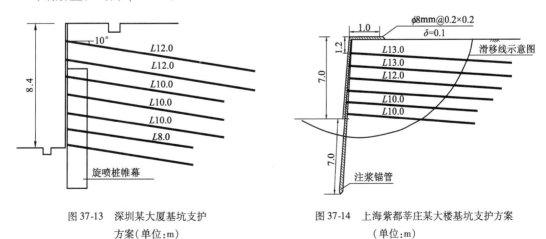

图 37-13　深圳某大厦基坑支护方案(单位:m)　　图 37-14　上海紫都莘庄某大楼基坑支护方案(单位:m)

基坑工程施工结束后,坡顶最大水平位移为 18mm,坡角最大水平位移为 11mm,基坑处于稳定状态。

# 参 考 文 献

[1] 程良奎,张作湄,杨志银.岩土加固实用技术[M].北京:地震出版社,1994

[2] 程良奎,范景伦,韩军,等.岩土锚固[M].北京:中国建筑工业出版社,2003

[3] Hobst L,Zaji J.岩层和土体的锚固技术[M].陈宗平,王绍基,译.冶金部建筑研究总院施工技术和技术情报研究室,1982

[4] 梁炯鎏.锚固与注浆技术手册[M].北京:中国电力出版社,1999

[5] 程良奎.深基坑锚杆支护的新进展[M].北京:人民交通出版社,1998

[6] 陈肇元,崔京浩,土钉支护在基坑工程中的应用[M].2版.北京:中国建筑工业出版社,2000

[7] 中国工程建设标准化协会标准.CECS 96:97 基坑土钉支护技术规程[S].北京:中国工程建设标准化协会,1997

[8] 杨志银,蔡巧灵,陈伟华,等.复合土钉墙模式研究及土钉应力的监测试验[J].建筑施工,2001,23(6):427-430

[9] 徐水根,吴爱国.软弱土层复合土钉支护技术应用中的几个问题[J].建筑施工,2001,23(6):423-424

[10] 张明聚.复合土钉支护及其作用原理分析[J].工业建筑,2004:60-68

[11] 张明聚.复合土钉支护技术研究[D].南京:解放军理工大学工程兵工程学院,2003

[12] 孙铁成.复合土钉支护理论分析与试验研究[D].石家庄:石家庄铁道学院交通工程系,2003

[13] 徐水根,李寒,严广义.上海地区基坑围护复合土钉墙施工技术要求[J].建筑施工,2001,23(6):387-389

[14] 中华人民共和国国家标准.GB 50086—2001 锚杆喷射混凝土支护技术规范[S].北京:中国计划出版社,2001

[15] 代国忠.土钉与锚杆组合式支护技术在深基坑工程中的应用[J].探矿工程,2001(5):11-12

[16] 刘雷,薛守良.土钉与预应力锚索复合支护技术的应用[J].铁道建筑,1998(9):29-31

[17] 汤凤林,林希强.复合土钉支护技术在基坑支护工程中的应用——以广州地区为例[J].现代地质,2000,14(1):100-104

[18] 黄力平,何汉金.挡土挡水复合型土钉墙支护技术[J].岩土工程技术,1999(1):17-21

[19] 李元亮,李林,曾宪明.上海紫都莘庄C栋楼基坑喷锚网(土钉)支护变形控制与稳定性分析[J].岩土工程学报,1999,21(1):77-81

[20] 徐祯祥.岩土锚固工程技术发展的回顾[M].北京:人民交通出版社,2002

[21] 铁道部第四勘测设计院科研所.加筋土挡墙[M].北京:人民交通出版社,1985

[22] 赵明华.土力学与基础工程[M].武汉:武汉工业大学出版社,2000

[23] 李光慧.对拉式加筋土挡土墙设计简介[C]//全国岩土与工程学术大会论文集.北京:人民交通出版社,2003

[24] 林宗元.岩土工程治理手册[M].沈阳:辽宁科学技术出版社,1993

# 38 预应力锚索结构设计理论与应用技术

## 38.1 预应力锚固定义与基本概念

### 38.1.1 预应力锚固的定义

把结构或不稳定岩土体锚固在稳定的岩层上,使其互相连接,以传递拉力和剪力的技术称为锚固技术(anchoring technique)。此种加固效果取决于连接体(锚杆或锚索)的结构、工艺与施工质量。对于给予杆体施加预应力,以提高锚固效果的工艺称为预应力锚固技术(prestressing anchoring technique)。锚固的连接体通常有锚杆(bolt)或锚索(cable)。因此,习惯上称为预应力锚杆或预应力锚索,在本章称为预应力锚索。

预应力锚索是由锚头、杆体和锚固体三部分组成(图38-1)。锚头位于锚索的外露端,通过它最终实现对锚索施加预应力,并将锚固力传给结构物或被锚固体。杆体连接锚头和锚固体,其材料可以是钢棒、钢筋和钢

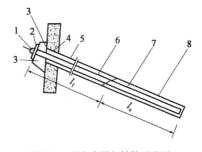

图 38-1 预应力锚杆结构示意图
1-锚具;2-承压板;3-台座;4-支挡结构;5-钻孔;6-自由隔离层;7-预应力拉筋;8-注浆体;$l_a$-自由段长度;$l_f$-锚固段长度

绞线。可以将几根钢棒、钢筋或钢绞线组合成钢索,以提高连接体的抗拉强度或抗变形能力,以便在锚固过程中施加更高的预应力。锚固体位于锚索的根部,将拉力传给稳固的地层。

### 38.1.2 预应力锚固的基本概念

1)锚固结构的临时性和永久性概念
(1)临时性锚固结构。一般是指使用年限不超过2年的锚固结构。
(2)永久性锚固结构。一般是指使用年限超过2年的重要锚固结构。
2)锚固结构的预应力和非预应力概念
(1)预应力锚固结构是通过预留的自由段实施张拉,给锚固体施加一定的预应力。

< 513 >

（2）非预应力锚固一般采取全长锚固，没有自由段杆体，因此，通常不施加预应力。非预应力锚固是基于围岩的不均匀变形，使杆体产生约束力，起到加固作用。

3）锚索的预应力和锚固力概念

（1）锚索的预应力是对锚索预先施加张力，属于锚固施工工艺。

（2）锚索的锚固力是锚索传入地层的力。它是施加的预应力和围岩变形产生锚固力的综合结果，是对结构或锚固体产生实际的加固力。

4）锚索资用荷载和容许荷载概念

（1）锚索的资用荷载是在整个使用期限内锚索应能继续传递的力（实际锚固力）。

（2）锚索的容许荷载是根据锚索的极限承载力留有一定的安全余地后的荷载（设计荷载）。

（3）锚索的极限承载力是锚固系统（地层、锚固结构和杆体）中任一机能抗力失效使锚固作用终止时的最小荷载。

（4）安全系数是锚索极限荷载或极限变形时的荷载与其容许荷载或资用荷载的比值。

# 38.2  预应力锚固技术的应用领域

预应力锚固技术是岩土工程稳固措施中较经济和安全的有效方法，因此，在岩土锚固工程中占有重要地位。目前主要用于以下各类工程：

## 38.2.1  边坡稳定工程

该类工程包括边坡加固、斜坡稳定、挡墙锚固和滑坡防治等，如图38-2所示。

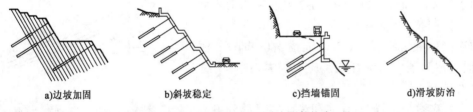

a)边坡加固          b)斜坡稳定          c)挡墙锚固          d)滑坡防治

图38-2  预应力锚索用于边坡稳定与滑坡整治工程

## 38.2.2  深基础工程

深基础工程包括深基坑支挡、地下室或坑洼式结构物的抗浮、地下停车场抗倾覆与抗浮、地下铁道或地下街的稳定等，如图38-3所示。

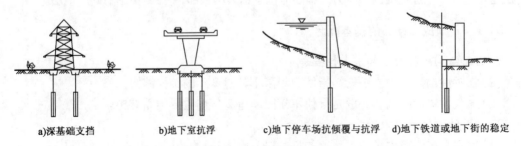

a)深基础支挡     b)地下室抗浮     c)地下停车场抗倾覆与抗浮   d)地下铁道或地下街的稳定

图38-3  预应力锚索用于基础工程

### 38.2.3 抵抗倾覆的结构工程

抵抗倾覆的工程有防止高塔及高架桥的倾倒、坝体与挡墙的加固等,如图 38-4 所示。

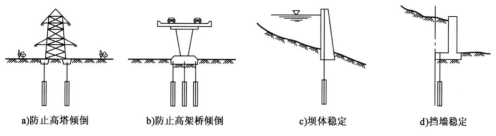

a)防止高塔倾倒　　　b)防止高架桥倾倒　　　c)坝体稳定　　　d)挡墙稳定

图 38-4　预应力锚索用于抗倾覆的结构工程

### 38.2.4 隧道与地下工程

该类工程包括防止大跨度隧道和地下工程的坍塌,控制地下工程围岩的变形破坏等,如图 38-5 所示。

### 38.2.5 冲击区的抗浮与防护

如坝下游冲击区的抗浮与保护,排洪隧洞冲击区的保护等,如图 38-6 所示。

a)隧道支护　　　　b)控制隧道（竖井）变形

图 38-5　预应力锚索用于隧道和地下工程

### 38.2.6 加压装置

加压装置包括桩的荷载试验和沉箱下沉的加重,如图 38-7 所示。

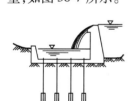  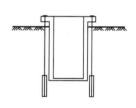

a)坝下游冲击区抗浮与保护　　　b)排洪隧洞冲击区的保护　　　a)桩的荷载试验　　　b)沉箱下沉的加重

图 38-6　预应力锚索用于冲击区的抗浮与保护　　　　图 38-7　预应力锚索用于加压装置

### 38.2.7 各种构筑物的锚固

这类结构包括防止桥墩基础滑动、悬臂桥的锚固、悬索桥受拉基础的锚固和大跨度拱结构的稳定等,如图 38-8 所示。

  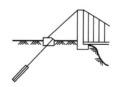 

a)防止桥墩基础滑动　　　b)悬臂桥的锚固　　　c)悬索桥受拉基础的锚固　　　d)大跨度拱结构的稳定

图 38-8　预应力锚索用于结构物的稳定

# 38.3 预应力锚索锚固段类型与受力特征

## 38.3.1 预应力与非预应力锚索的比较

### 1)非预应力锚杆

非预应力锚杆通常采用全长黏结,因此也称为全长锚固锚杆或简称全长锚杆。全长锚杆的锚固机制是依赖于杆体围岩不均匀变形产生的相互约束力,从而产生作用于结构物或加固体的锚固力。因此,对于围岩变形量不大或结构工程对岩体变形有较高要求的情况,就不宜采用非预应力锚杆。

### 2)预应力锚索

预应力锚索是对固定在结构物、地面厚板或其他构件上的锚索施加张拉力,在岩体中产生主动张拉力,从而提高锚索的主动加固效果,充分发挥锚索的高强度材料性能。

由于预应力锚索与非预应力(普通)锚杆在结构构造存在显著的差异(图 38-9),因此,两者在地层中的锚固方式与作用机制是截然不同的;图 38-10 给出了它们的一般力学特性。表 38-1 列出了两类锚索的工程特点。

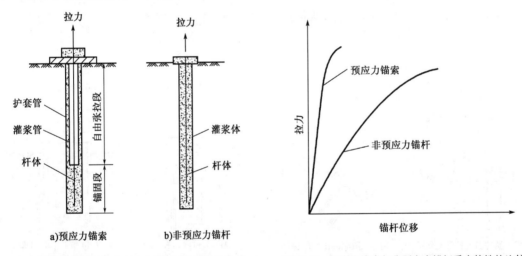

图 38-9　预应力锚索与非预应力锚杆结构构造的比较　　图 38-10　预应力锚索与非预应力锚杆受力特性的比较

**预应力锚索与非预应力锚杆的比较**　　　　　　　　　　表 38-1

| 预 应 力 锚 索 | 非 预 应 力 锚 杆 |
|---|---|
| 1.安装后能及时提供支护抗力,使岩体处于三轴应力状态; <br> 2.能够通过调节预应力来控制地层和结构物的变形; <br> 3.按一定密度布置锚索,施加预应力后能在地层中形成压缩区,有利于地层的稳定; <br> 4.施加预应力后,能明显地提高潜在滑移面或软弱结构面上的抗剪强度; <br> 5.张拉工序能检验锚索的承载力,质量易保证; <br> 6.施工工艺较复杂,投资费用较高,施工期较长 | 1.安装后围岩产生不均匀变形,锚杆才能被动地发挥作用; <br> 2.控制地层与结构物的变形能力较差; <br> 3.难以在地层中形成压缩区; <br> 4.仅靠杆体自身强度发挥其抗拉.抗剪作用; <br> 5.缺乏检验锚索施工质量与承载力的有效方法; <br> 6.施工简单,成本较低,能适应大变形 |

### 38.3.2 预应力锚索锚固的力学作用

**1）预应力锚固的基本原理**

预应力锚固技术是一种把锚索埋入地层进行施加预应力的锚固技术。锚索插入预先钻凿的孔眼并固定于其底端,固定后对其施加拉力。锚索外露于地面的一端用锚头固定。一种情况是锚头直接附着在结构上,以保证结构的稳定;另一种情况是通过梁板、格构或其他部件将锚头施加的应力传递到更宽广的岩土体表面。预应力锚索锚固作用的基本原理就是依靠锚索锚固周围地层的抗剪强度来传递结构物的拉力或保持地层开挖面自身的稳定,其主要功能如下:

（1）提供作用于结构物上以承受外荷的抗力,其方向朝着锚索与岩土体相接触的点(图38-11)。

（2）加固并增加地层强度,也相应地改善了地层的其他力学性能,这对于实施二次高压灌浆预应力锚固尤为明显。

（3）当锚索通过被锚固结构时,能使结构本身产生预应力。

（4）通过锚索施加的预应力,能够有效地增大潜在的破裂面上的压力,从而提高滑动面的抗滑阻力;同时,锚索将结构面"缝合",形成一种共同工作的组合结构,使岩石能更有效地承受拉力和剪力。

**2）预应力锚索锚固的力学作用**

**（1）抵抗竖向位移**

对于水池、车库、水库、船坞等坑洼式结构物,当地下水的上浮力大于结构物重量时,将导致结构物上漂、倾斜和破坏。为了抵抗竖向位移,传统的

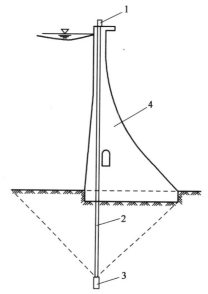

图38-11 坝体与基岩的锚固原理简图
1-锚头;2-锚杆;3-锚根(锚固体);4-被锚固的结构

方法采用压重法,即加厚结构的尺寸,这会使基底进一步下降,从而又增大了上浮力(图38-12),因而增大结构工程量的作用又会部分地被增大体积所排开的水所抵销。

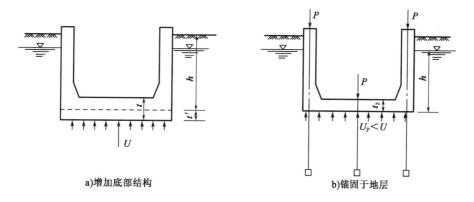

a)增加底部结构  b)锚固于地层

图38-12 用不同方法抵抗上浮力引起的竖向位移

517

采用预应力锚固结构抵抗竖向位移,可大大地减小坑洼式结构的体积,而且由于对锚固结构施加预应力,当地下水上浮力不大于预应力值时,就不会出现竖向位移。与上浮力相抗衡的锚索锚固力 $P$,可由下式求得:

$$P = F_s U - Q = F_s h A - V\gamma \tag{38-1}$$

式中,$F_s$ 为抵抗上浮力的安全系数(取 $1.05 \sim 1.2$);$U$ 为地下水浮力;$h$ 为基底以上的地下水位;$V$ 为结构体积;$\gamma$ 为结构物材料的重度;$A$ 为结构的基底面积。

(2)抵抗倾倒

对于坝工建筑,坝体的稳定性常取决于作用在结构上的绕转动边的正负力矩之比,如图 38-13 所示。结构物的重力 $G$ 和该重心至基础转动边的距离产生有利于稳定的负力矩(逆时针方向)。水压力 $V$ 和上浮力 $U$ 则产生不利于稳定的正力矩(顺时针方向)。若完全依赖坝体体积,即结构物重力 $G$ 来平衡产生抗倾覆的负力矩,这不仅需要庞大的混凝土体积,而且产生抗倾倒的力也难以根据混凝土体积来加以调整。

用预应力锚固技术抵抗倾覆,其锚固力中心可以位于转动点的最大距离处,就能以较小的锚固力产生较大的抗倾覆力矩。坝工结构抵抗倾覆所需的锚索锚固力可由下式确定:

$$P = \frac{F_s M^+ - M^-}{t_p} \tag{38-2}$$

式中,$P$ 为抵抗倾覆所需的锚索锚固力;$F_s$ 为抵抗倾覆的安全系数;$M^+$、$M^-$ 分别为预应力锚固前作用于结构上的正、负力矩;$t_p$ 为锚固力与转动边间的垂直距离。

对于基坑工程,采用护壁桩或连续墙维护基坑的稳定,也常出现倾倒的危险。采用锚拉式护壁桩,既能抵抗倾倒,也有利于减小护壁桩的力矩(图 38-14)。阻止倾倒的锚索的锚固力可由以 $L$ 点为矩点的力矩平衡 $\sum M_e = 0$ 求得。对于埋深较大,土质软弱的基坑,可采用挡土(桩)墙与多排锚拉式支挡结构。

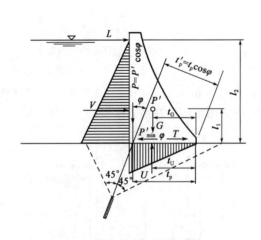

图 38-13 锚固体对结构的抗倾覆作用

$L$ -冰的压力;$V$ -水压力;$U$ -上浮力;

$G$ -结构物自重;$P$ -锚固力

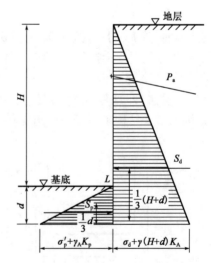

图 38-14 用锚杆加固土压力作用下的挡土桩墙

(3)阻止地层剪切滑移破坏

在边坡工程中,当潜在滑体沿着剪切面的下滑力超过抗滑力时,即会出现沿剪切面的滑移失稳。在坚硬岩体中,剪切面多发生在断层、节理裂隙等软弱结构面上。在土层中,砂质土的滑移面多为平面,黏性土多为圆弧状。有时也会出现沿上覆土层和下卧岩层的临界面滑动的情况。

为了保持边坡的稳定,一种措施是削坡减载,直至达到稳定的坡角;另一种办法是设置挡墙结构。在许多情况下,这些措施往往是不经济的,或难以实现的。

采用预应力锚索加固边坡,能够提供足够的抗滑力(图38-15),并能提高潜在滑面上的抗剪强度,有效地阻止滑体的位移,这是被动支挡结构所不具备的力学作用。在土层中,边坡稳定问题通常采用条分法计算边坡的稳定性,边坡安设预应力锚索后所提高的安全系数可以用下式表示:

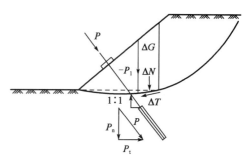

图38-15　预应力锚杆用于边坡的抗滑作用

$$F_s = \frac{f(\sum \Delta N + P_n) + \sum c \cdot \Delta L}{\Delta T - P_t} \qquad (38-3)$$

式中,$\Delta N$ 为作用在一土条剪切面上的重量 $G$ 的垂直分力;$f = \tan\varphi$,$f$ 为剪切面的摩擦因数;$c$ 为剪切面上的黏聚力;$\Delta L$ 为剪切面长度;$\Delta T$ 为作用在土条剪切面上的重力 $G$ 的切向分力;$P_n$、$P_t$ 分别为锚索锚固力在剪切面上的垂直分力和切向分力。

$$F_s \geq 1.5 \sim 2.0$$

在岩土中,由于岩层产状及软硬程度存在较大差异,岩石边坡可能出现不同的失稳破坏模式。如滑移、倾倒、转动破坏或软弱风化带剥蚀等。锚索的安设部位,倾角应当最有利于抵抗边坡的失稳破坏。一般锚索轴线应与岩石主结构面或潜在的滑动面呈大角度相交(图38-16)。

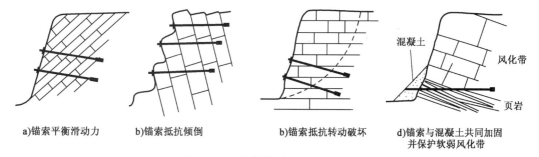

a)锚索平衡滑动力　　b)锚索抵抗倾倒　　　b)锚索抵抗转动破坏　　d)锚索与混凝土共同加固并保护软弱风化带

图38-16　用锚索增强岩石边坡的稳定性

(4)抵抗结构物基底的水平位移

坝体等结构对水平位移的阻力在很多情况下是由其自重决定的。除自重外,水平方向的稳定也依靠基础底平面的摩擦系数。结构抵抗沿基底面剪切破坏的安全系数可由下列关系式求得:

$$F_s = \frac{f \cdot N}{T} \qquad (38-4)$$

式中,$F_s$ 为剪切破坏安全系数;$f = \tan\varphi$,$f$ 为基底面上的摩擦因数;$N$ 为垂直作用于基础平面的力的总和;$T$ 为使结构产生水平位移的平行于基础底面的切向力总和。

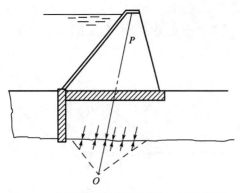

图 38-17　用预应力锚杆锚固多拱坝以抵抗覆盖层
　　　　　与基底间接接触面上的剪切破坏

如果计算得出的安全系数不能满足要求,则可用预应力锚索将结构锚固于下卧地层的方法取代增加结构重量的方法(图 38-17)。这样,就能大量地节约工程材料,显著地降低工程造价。采用预应力锚固方法,垂直于基础底面的锚固力 $P$ 值可由下式求得:

$$P = \frac{F_s \cdot T}{f} - N \qquad (38\text{-}5)$$

若抵抗结构剪切破坏的锚固力的作用线与基础底面的垂线成 $\psi$ 角,并引入安全系数 $F_s$,则式(38-5)可修正为:

$$P = \frac{T - fN/F_s}{\sin\psi + f\cos\psi/F_s} \qquad (38\text{-}6)$$

锚索的最优倾角,可根据对式(38-6)的微分方程等于零后求得:

$$\tan\psi = \frac{1}{f} = \frac{1}{\tan\varphi} \qquad (38\text{-}7)$$

(5)预加固地基

锚固处理能使地基受到压缩,因此,锚固技术可以在各类结构物建造前,使地基得到加固,以消除地基不均匀沉陷对结构产生附加应力。

预应力锚固也可用于紧靠新筑土石方工程(堆石坝、堆土坝)的超静定结构基础,以调整结构的任何不均匀沉降,而避免结构物的破坏。在不同土层上建造基础会出现不均匀沉降,由于在建筑物边缘区受荷(图 38-18),或在靠近已有建筑物建造新建筑物(图 38-19),会使变形集中于结构物中心,都可用预应力锚固消除或减小不均匀变形和沉降。

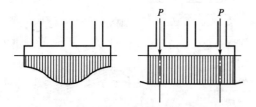

图 38-18　对结构边缘进行锚固以消除可压缩地基的
　　　　　差异变形

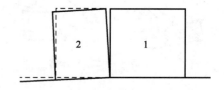

图 38-19　用预锚固土层消除不均匀沉降
1-原有建筑物;2-新建建筑物

### 38.3.3　预应力锚索锚固段的类型与特点

锚索的锚固力是通过锚索根部锚固段的黏结摩阻力或机械作用传入地层的。因此,预应力锚索锚固段的结构类型,对预应力锚索设计是至关重要的。目前最常用的三种基本结构类型:

1)机械式锚固结构

机械式锚固结构依靠杆体端部的特别部件或空心钢管与岩层间的摩擦力来固定锚杆。

机械式固定方法主要适用于岩层中的临时性短锚杆。国内外矿山工程中应用最早的楔缝式和胀壳式锚杆就是典型的端头式机械固定锚杆。端头式机械固定式锚杆具有以下特性：

(1)锚杆固定后立即达到足够强度,能及时提供支护抗力或施加预应力。

(2)采用杆体端部固定装置紧贴在长度为 10~20cm 的钻孔壁上,会在岩层中产生较大的集中应力,因而对岩层固定点的强度要求很高。

(3)当机械式锚杆超载时,在坚硬岩层中会出现底端的滑移;在软弱岩层中则会出现底端岩层的破裂现象。

(4)这类锚杆通常无防腐措施,其使用寿命是有限的,一般用于临时稳定岩层。

(5)加工工艺较复杂,造价较黏结式锚杆高。对钻孔的直径、深度的控制要求较严。

目前,国内外端头机械式锚固的锚杆应用日趋减少,但缝管式锚杆和水胀式锚杆的应用却与日俱增。

2)胶结料固定方式

采用水泥砂浆、树脂等胶结料,将杆体锚固段的杆体与岩土体固结在一起,依靠杆体与胶结材料与岩土体间的黏结强度来固定锚索。

采用胶结料(水泥砂浆、合成树脂等锚固材料)把锚索杆体和地层黏结起来,是预应力锚索最常用的方法。这种方法是沿锚索较长范围用胶结料固定在钻孔中,因此,岩层和土体的单位面积负荷量较小。由于这种固定方法具有较长的锚固段(锚根),所以特别适用于软弱岩层和土体;同时,也可以用来将较大的拉力传入坚硬岩石中,但在锚固段产生较高的应力导致胶结体破坏。

为了改善锚固段的受力状态,提高锚固段的锚固能力,近年来,对锚固段的结构构造进行改进,以及对围岩实施二次高压灌浆,从而提高预应力锚索的承载能力。

3)扩张基底固定方式

采用机械钻挖或爆炸方式在锚索孔部扩孔形成扩大直径的扩张体,从而增大围岩与杆体的接触面积和扩体的抗阻力来提高锚索的锚固力,这就是扩张基底固定方式。

扩张锚根固定的锚索主要有两种形式:一种是仅在锚根底端扩成一个大的扩体,称为底端扩体型锚索;另一种是在锚根(锚固体)上扩成多个扩体,称为多段扩体型锚索。

(1)底端扩体型锚索

底端扩体型锚索主要用于黏性土中,因为在黏性土中形成的孔穴不易坍陷。钻孔底端的孔穴可在钻孔内放置少量炸药爆破而成(图 38-20),而用爆破方法来扩张钻孔又只能适应埋置较深的锚索,因为接近地面(深度小于 5m)会加大周围土体的破坏区,影响锚索的锚固强度。也可用配有铰刀的专用钻机钻挖而成,但钻机钻挖要解决在钻进过程清除孔穴内的松散物料的问题。图 38-21 是我国台湾省在砂土中的抗浮工程中,应用了钻孔底端扩成圆柱体的锚索所使用的旋转叶片钻机,底端可扩成直径为 0.6m 的锥体。

(2)多段扩体型锚索

台湾大地工程公司采用特制的扩孔器,可在锚固段上扩成多个圆锥形扩体,每个圆锥体的承载力为 250~300kN,已广泛地应用于台湾各种用途的岩土工程中。

英国通用锚固工程公司使用专门的铰刀设备,能在钻孔内制作几个两倍或四倍于钻孔直径的扩张孔穴,其形状如圆锥形或铃形。使用这种方法,单个圆锥形扩体所得的承载力分别为:在黏聚力 $c=0.1MPa$ 的黏土中为 0.25MN;在砾石和砂土中为 0.5MN;岩层中 1~4MN。英国 Fondedile 基础公司制作的多个圆锥形锚固系统,其近似的极限承载力见表 38-2。

图 38-20 爆炸形成的底端扩体型锚索

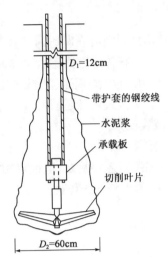

$D_1=12\text{cm}$
带护套的钢绞线
水泥浆
承载板
切削叶片
$D_2=60\text{cm}$

图 38-21 底端呈圆锥的扩体锚索结构图

**多个圆锥体锚索的极限承载力** 表 38-2

| 圆锥体数量（个） | 黏土的抗剪强度（kPa） | | |
|---|---|---|---|
| | 120 | 160 | 200 |
| 2 | 400 | 520 | 660 |
| 3 | 590 | 790 | 980 |
| 4 | 790 | 1 050 | 1 310 |
| 5 | 980 | 1 310 | 1 640 |
| 6 | 1 180 | 1 540 | 1 970 |
| 7 | 1 380 | 1 830 | 2 300 |

此外，尚有近年来在国内外广泛兴起的可回收式锚索（杆，钉）。它们主要用于周边环境复杂、毗邻区域地下空间产权要求高、杜绝产生地下建筑垃圾、地质条件差以致造成成孔极其困难的场合。

### 38.3.4 胶结锚固型锚索类型与结构

预应力锚索的锚固能力主要取决于锚索底端锚固段长度、固定方式和地层的质量。为了提高锚固段的锚固能力，近年来，锚固结构与工艺的发展与变革，主要是围绕提高单位锚固体长度上的锚固力而展开，突出的发展体现在分散压缩型锚索和二次高压灌浆型锚索。

对于胶结锚固型锚索，锚固段的结构和作用机制直接决定预应力锚索的极限承载能力和锚固效果。根据胶结锚固段的结构与作用机制，可分为以下几种类型：

1）拉力型与压力型锚索

（1）拉力型锚索。拉力型锚索就是普通的黏结式锚索，因此，也称为普通黏结式锚索。如前所述，拉力型锚索锚固段的杆体直接与黏结剂接触，通过杆体与灌浆体接触界面上的剪应力（黏结应力）由顶端（固定端与自由段交界处）向底端传递锚固力，如图 38-22a）所示。由于接触面摩阻剪力使锚固段内的灌浆体产生拉力，故称为拉力型锚索。该种锚固段结构施工简易、造价较低，是最早使用的传统锚固方式。但是其内锚段的锚固体承受的是拉应力，易使锚固浆体产生开裂，而不能充分利用灌浆锚固体的抗压能力，因此，不仅锚固承载力低，而且锚固体开裂导致杆体锈蚀,应力损失,因此锚固效果一般较差。

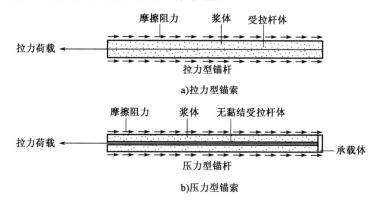

图 38-22  拉力型和压力型锚索结构示意图

(2)压力型锚索。该类锚索的锚固段结构如图 38-22b)所示,它是借助于无黏钢绞线或带套管钢筋,使之与灌浆体隔开,并采用特制的"承载体"结构,将荷载直接传至底部的承载体,由底端向锚固段的顶端传递。在此情况下,承载体将所承受的荷载以压力形式施于灌浆体,故称为压力型锚索。这种锚索虽然成本略高于拉力型锚索,但由于固定段灌浆体承受压应力,不易开裂,有效地防止杆体的锈蚀,一般用于永久性锚固工程。

2)拉力分散型和压力分散型锚索

上述的拉力型或压力型锚索是通过底端锚固段或承载体传递锚固力。无论是拉力还是压力,过大的应力集中必然造成该段砂浆体拉裂(拉力型锚索)或压碎破坏(压力型锚索)。为此,人们又提出了将锚固力分散在不同位置的锚固段或承载体上,从而能够有效地提高锚索极限锚固力,这就是拉力分散型和压力分散型锚索。图 38-23 是拉力分散型和压力分散型锚索的结构示意图。

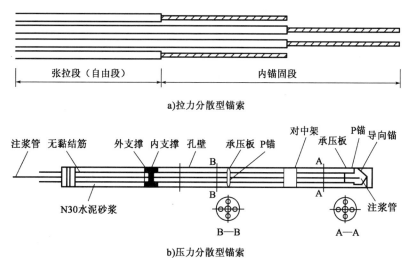

图 38-23  拉力分散型和压力分散型锚索结构示意图

(1)拉力分散型锚索。该类锚索是在同一钻孔中安装几个单元锚索,而每个单元锚索均有自己的杆体、自由段和锚固段,而且承受的荷载也是通过各自的张拉千斤顶施加的,并通过预先的补偿张拉而使所有单元锚索始终承受相同的荷载。采用上述单孔复合锚固,尽管每一锚固段灌浆体仍承受拉力,但由于位于不同位置的锚固段能够将锚固力分散为若干个较小的拉力分别作用于长度较小的锚固段上,导致固定段上的黏结应力大大减小,且分布也较为均匀,能最大限度地调用锚索整个固定范围内的地层强度。这就是拉力分散型锚索的受力特点。

(2)压力分散型锚索。该类锚索的结构类似于拉力分散型锚索,但不同之处在于:分散于不同位置的锚固力是通过"承压体"将锚固力以压力形式分散作用在不同深度的灌浆体上。目前,国内研究开发的压力分散型锚索的承压体结构构造主要有以下几种:

①一种是无黏结钢绞线绕过承压体弯成 U 字形,构成单元锚索,再由若干个单元锚索组成总体锚索(图 38-24)。

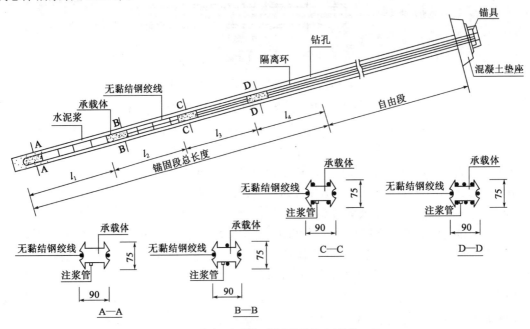

图 38-24　单孔压力分散型锚索结构构造(单位 cm)

②另一种结构构造的主要区别在于承载体由钢板制成,钢板上开有若干个直径为 20mm 的圆孔,与承载板相固定的无黏结钢绞线穿过圆孔借助于压簧与挤压套相压接(图 38-25)。这种结构构造可用于承载力设计值大于 1 000kN 的压力分散型锚索。

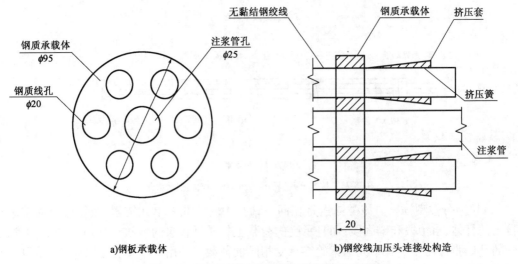

图 38-25　钢板承载体与钢绞线连接图(单位:mm)

< 524 >

3）剪力分散型锚索

图38-26是剪力分散型锚索,其特点是在不同长度的无黏结钢绞线末端用环氧树脂砂浆黏结,靠其与承载体本身砂浆的剪力和压力分散传递给整个锚固段。

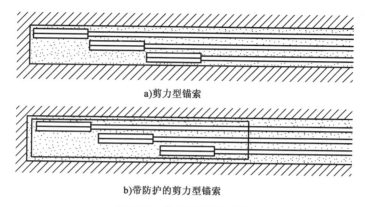

a)剪力型锚索

b)带防护的剪力型锚索

图38-26　剪力分散型锚索结构

4）可回收式锚索

可回收式锚索实质上是一种改良承压型锚索。它通过在承压型锚索中设置一回收锚索装置替代一般拉力型锚索,从而实现回收锚索的目的。

### 38.3.5　高压灌浆型锚索类型与作用机制

二次高压灌浆型锚索不同于一次常压灌浆型锚索,是在对锚索锚固段施作一次低压灌浆后所形成的浆体达到一定强度后,再施作二次高压劈裂灌浆,来提高锚固体周边岩土体的抗剪强度和锚固体与围岩间的黏结摩阻强度。

1）二次高压灌浆型锚索的工艺特征

二次高压灌浆型锚索又分为标准型和简易型两种。

（1）标准型二次高压灌浆锚索

该种锚索在结构上与普通一次低压灌浆锚索的主要区别在于,它附有密封袋和注浆套管部件,如图38-27a)所示。密封袋绑扎在自由段与锚固段交界处,通常长为1.5~2.0m,周长为0.6m(或视钻孔直径调整),为无丝土工织布。当锚索放入带套管的钻孔及拔出护壁套管后(或直接放入钻孔后),以低压注入水泥浆体的密封袋将挤压钻孔孔壁,并把自由段与锚固段分开,形成严实的堵浆塞。

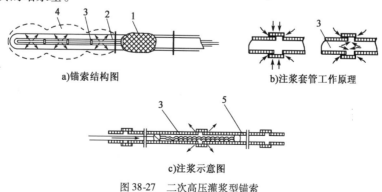

a)锚索结构图

b)注浆套管工作原理

c)注浆示意图

图38-27　二次高压灌浆型锚索

1-密封袋;2-钢绞线;3-注浆套管;4-异形扩体;5-注浆枪

注浆套管(国外也称袖阀管)为直径5cm的弹性很强的塑料管,在侧壁上每隔0.5m(或1m)开有8个小孔。在灌浆套管开孔处的外部用橡胶盖住,使得浆液只能从该管内注入钻孔,而不能反向流动,其工作原理如图38-27b)所示。灌浆套管通常绑扎在钢绞线锚索的中间。

高压灌浆工艺:首先,采用通常的灌浆方法通过灌浆管或灌浆套管完成锚固段的一次灌浆,形成圆柱形锚固体。然后,将密封袋灌注密实,在自由段和锚固段交界处形成可靠的堵塞装置,使得二次或多次高压劈裂灌浆成为可能。其次,采用独特的注浆枪和注浆套管[图38-27c)],在一次灌浆形成圆柱形锚固体的基础上,将灌浆枪插入灌浆套管底部,依次由下往上进行二次劈裂灌浆。浆体向土体扩散、渗透和挤压,形成一串大小不等、形状各异的扩体,形似"糖葫芦"。根据需要可采用多次高压灌浆。

(2)简易型二次高压灌浆锚索

该种锚索不设置密封袋和灌浆套管,只是在杆体上附有二次灌浆管,在该管位于锚固段前端的一定长度范围内开有若干排小孔,小孔处缠有胶布,待一次灌浆形成的圆柱状浆体达一定强度后,再采用3.0~3.5MPa的高压劈裂灌浆,水泥浆液向锚固体周围的土层渗透、挤压、扩散,使锚固体周围的土层强度得以提高。

2)二次高压灌浆锚索的力学效果及作用机制

试验研究与工程实践证明,无论在淤泥质土、黏性土或砂性土地层中采用二次高压灌浆型锚索,均能明显地提高锚索的承载力。与一次灌浆型锚索相比,在同等锚固长度条件下,承载力可增高60%~100%(表38-3)。

不同灌浆方式的锚索承载力 表38-3

| 工程名称 | 地层条件 | 钻孔直径(mm) | 锚固段长度(m) | 灌浆方式 | 灌浆水泥量(kg) | 锚索极限承载力(kN) | 资料来源 |
|---|---|---|---|---|---|---|---|
| 上海太平洋饭店基坑工程 | 淤泥质土 | 168 | 24 | 一次灌浆 | 1 200 | 420 | 冶金部建筑研究总院 |
| | | 168 | 24 | 二次高压灌浆 | 2 500 | 800 | |
| | | 168 | 24 | 二次高压灌浆 | 2 500 | 800 | |
| | | 168 | 24 | 二次高压灌浆(标准型) | 3 000 | 1 000 | |
| 天津华信商厦基坑工程 | 饱和粉质黏土 | 130 | 16 | 一次灌浆 | 800 | 210~230 | 冶金部建筑研究总院 |
| | | 130 | 16 | 二次高压灌浆(简易型) | 1 500 | 410~480 | |
| 深圳海神广场基坑工程 | 黏土 | 168 | 19 | 三次高压灌浆(标准型) | | >1 260 | 冶金部建筑研究总院 |
| 武汉百营广场基坑工程 | 粉质黏土 | 130 | 16 | 二次高压灌浆(简易型) | 1 500 | >470 | 北京京冶大地工程有限公司 |

二次或多次高压灌浆锚索承载力的增高原因是浆液在锚固体周边土体中渗透、扩散,使得原状土体得以加固,水泥浆在土中硬化后,形成水泥土结构,其抗剪强度远大于原状土,因而锚固体与土体间界面上的黏结摩阻强度会大幅度提高。

二次或多次高压灌浆型锚索承载力增高的另一个原因是高压劈裂灌浆使得锚固体与土体间的法向(垂直)应力显著增大。据德国 Ostermayer 的研究显示,由于高压劈裂注浆对周围土体的挤压,锚固体表面法向(垂直)应力可增大到覆盖层产生应力的 $2 \sim 10$ 倍。

# 38.4 预应力锚固设计原则与安全系数

## 38.4.1 锚索设计原则与设计流程

1)预应力锚索的设计原则

(1)预应力锚索设计时应根据计划与调查结果,充分考虑与其使用目的相适应的安全性、经济性与可操作性,并使其对周围构筑物、埋设物等不产生有害的影响。

(2)设计预应力锚索时应确保锚固的结构物或构筑物,受施工荷载及竣工后荷载作用时有一定安全度,并不产生有害变形。

(3)设计预应力锚索时,除与本工程条件相似并有成熟的试验资料及工程经验可以借鉴外,一般均应进行锚索的现场试验或室内试验。

(4)在特殊条件下,为特殊目的所使用的预应力锚索,如水中的锚索、可除芯式锚索及承受疲劳荷载的锚索,则必须在充分调查研究和试验结果的基础上进行设计。

2)预应力锚索设计流程

预应力锚索设计包括计算外荷载、决定锚索布置和安设角度、锚索锚固体类型与尺寸、自由段长度和预应力筋截面的确定、稳定性验算和锚头设计等主要步骤。同时,应加强施工后的管理工作,特别要做好长期观测。当观测得到的锚索预应力变化不符合设计要求时,应立即寻求对策,以保证锚索的长期可靠性。预应力锚索设计流程如图38-28所示。

## 38.4.2 锚索设计的安全系数

锚索的安全系数是对锚索的工作荷载或锚索轴向拉力设计值而言的,即设计时所规定的锚索极限状态时的承载力(锚索轴向拉力极限值)应当是锚索的工作荷载与安全系数的乘积。预应力锚索设计主要考虑两类安全系数:单根锚索的安全系数和整个锚固结构的安全系数。

(1)单根锚索的安全系数对应单根锚索的破坏模式,如杆体拉断破坏、锚固段杆体与注浆体界面或注浆体与岩土体界面的剪切破坏等。

(2)整体结构的安全系数是考虑不同锚固参数的群锚加固后,整体结构的稳定性的定量描述。不同的锚固结构,其潜在的破坏模式也不尽相同,如锚固结构倾倒、变形破坏、结构基底整体滑移或群锚的整体拔出等。

为了确保预应力锚固结构的安全可靠,需要对预应力锚固结构潜在的各种破坏模式进行强度、变形和稳定性验算,并在设计中给予适当的安全储备。由于预应力锚固结构的类型、锚固段结构以及所受到的影响因素的复杂性和不确定性,使得安全系数的确定也存在很大困难。锚固体设计的安全系数一般应考虑锚索结构设计中的不确定性因素和危险程度,如地层性态、地下水或周边环境的变化、灌浆与杆体材料的不稳定性、锚索群中个别锚索承载力下降或失效对周边锚索的工作荷载的影响等。表38-4给出了我国岩土预应力单根锚索锚固设计的安全系数。

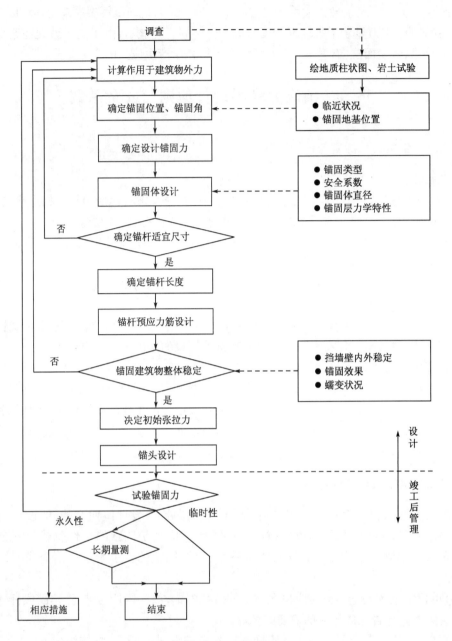

图 38-28　预应力锚索设计流程图

　　多数国家锚索设计规范中,锚索安全系数的数值取决于锚索的工作年限与破坏后产生的危害程度。表 38-5 列出了部分国外岩土锚索设计设计安全系数。

　　预应力锚索杆体设计的安全系数,多数国家规定为不小于 1.67,即设计荷载不大于预应力锚索抗拉标准值的 60% 。我国《锚杆喷射混凝土支护技术规范》(GB 50086—2001)规定,锚索杆体预应力的安全系数,永久性锚索为 1.8,临时性锚索为 1.6。如果预应力锚索杆体的设计安全系数小于上述规定数值是不安全的。这主要是因为锚索张拉后组成预应力筋的各股钢绞线的受力常常是不均匀的。此外,当被锚固结构物发生显著位移,相当于对预应力筋进一步张拉,也会使预应力筋的实际拉力值超过设计拉力值。

| 分　类 | 安 全 系 数 | | | |
|---|---|---|---|---|
| | 锚索体 | 注浆体与地层界面 | 注浆体与杆体或注浆体与套管 | 锥体破坏 |
| 服务年限小于 6 个月的临时性锚索,破坏后不会产生严重后果,且不会增加公共安全危害 | 1.40 | 2.00 | 2.00 | 2.00 |
| 服务年限不超过 2 年的临时性锚索,破坏后尽管会产生严重后果,但有事先预报也不会增加公共安全危害 | 1.60 | 2.50 * | 2.50 | 3.00 |
| 永久性锚索,高腐蚀地层,破坏后果相当严重 | 2.00 | 3.00 * * | 3.00 | 4.00 |

注:1. * 表示如果现场试验已经进行,可取 $F_s = 2.00$。
    2. * * 表示如果在黏性土中,可取 $F_s = 4.00$。

| 国家(地区) | 规　范 | 安 全 系 数 | |
|---|---|---|---|
| | | 临时性锚杆 | 永久性锚杆 |
| 瑞士 | SLA191 | 1.3、1.5、1.8 | 1.3、1.5、1.8 |
| 美国 | PTI-Recom | | 2.0 |
| 英国 | DDSI | 1.4、1.6、2.0 | 2.0 |
| 国际预应力混凝土协会 | Recom | | 2.0 |
| 日本 | JSF:D1-88 | 1.5 | 2.5 |
| 前苏联 | Recom | | 2.0 |
| 中国香港 | Modelspccir | 1.6、1.6、1.8 | 2.0 |

# 38.5　锚索锚固段极限承载力

在不同的地层中的锚固段形式有较大的差别,因此,其锚固体极限承载力的计算方法也不同。工程中常用的锚索锚固段形式可划分为 A ~ D 四种(图 38-29)。

## 38.5.1　A 型锚固段的极限锚固力

如图 38-29 所示,A 型锚固段的形式是直孔拉力型锚索,这种岩土锚通常用于岩石和十分坚硬的黏性沉积物,它的承载力取决于混凝土和岩体周边上的剪力。其承载力的计算是基于如下假设得到:

(1)锚固段传递给岩体的应力沿锚固段全长均匀分布。

(2)钻孔直径和锚固段注浆体直径相同,即在注浆时地层无被压缩现象。

(3)岩石与注浆体界面产生滑移(硬岩、孔壁光滑)或剪切(软岩、孔壁粗糙)破坏。

事实上,应力均匀分布的假设在岩体中并不适用,界面剪切应力的分布形式取决于锚索的弹性模量($E_a$)与地层的弹性模量($E_g$)的比值(刚度比)。除了短锚索(长径比≤6)外,$E_a/E_g$ 越小(硬地层),锚索锚固段应力越集中;反之,$E_a/E_g$ 越大(软地层),应力分布越均匀。

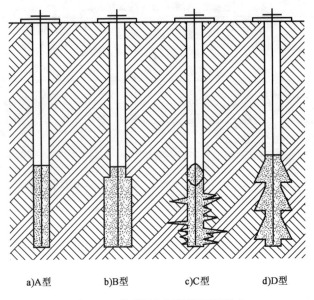

图38-29 普通预应力锚杆锚固段形式

在以上假设的条件下,锚索在岩体和黏性土层中的极限锚固力可用公式表示为:

$$T_u = \pi D L \tau_s \qquad (38\text{-}8)$$

$$T_u = \alpha \pi D L C_u \qquad (38\text{-}9)$$

锚固段长度的计算公式为:

$$L = \frac{T_w F_s}{\pi D \tau_s} \qquad (38\text{-}10)$$

$$L = \frac{T_w F_s}{\alpha \pi D C_u} \qquad (38\text{-}11)$$

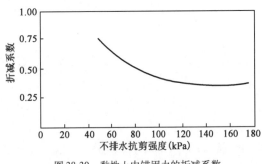

图38-30 黏性土中锚固力的折减系数

式中,$T_u$ 为锚索极限锚固力(kN);$T_w$ 为锚索的工作锚固力(kN);$D$ 为钻孔直径(m);$L$ 为锚固段长度(m);$F_s$ 为单根锚索的锚固安全系数;$\tau_s$ 为孔壁与注浆体之间的极限黏结强度(kPa);$\alpha$ 为与黏性土不排水抗剪强度有关的系数,与黏性土全长不排水抗剪强度有关,其值可按图38-30得到;$C_u$ 为锚固段范围内黏性土不排水抗剪强度的平均值(kPa)。

由于岩体强度、锚索类型和施工方法都控制着锚固段黏结强度的发挥,而岩体的类型千差万别,所以,各种现有资料所提供的数据和实际的黏结强度可能存在较大出入。在一般情况下,岩体与注浆体之间黏结强度应在现场试验的基础上确定。在无试验条件的情况下,极限黏结强度可按表38-6选取,也可根据岩石强度确定。对于单轴抗压强度小于7MPa的软岩,应对有代表性的岩石进行剪切试验,设计采用的极限黏结强度不应大于最小剪切强度;对于缺乏剪切强度试验和拉拔试验资料的硬岩,极限黏结强度可采取岩石单轴抗压强度的10%且不大于4MPa。Littlejohn 和 Bruce 对岩体与注浆体之间的黏结强度作了大量的调查研究,表38-7是其成果的一部分,可作为设计时的参考。

| 岩 体 类 型 | 结合强度(MPa) | 岩 体 类 型 | 结合强度(MPa) |
|---|---|---|---|
| 花岗岩、玄武岩 | 1.70 ~ 3.10 | 板岩 | 0.80 ~ 1.40 |
| 白云岩 | 1.40 ~ 2.10 | 页岩 | 0.20 ~ 0.80 |
| 灰岩 | 1.10 ~ 1.50 | 砂岩 | 0.80 ~ 1.70 |

**设计推荐的岩体与注浆体界面黏结强度**     表 38-7

| 岩 石 类 型 | | 容许黏结强度(MPa) | 极限黏结强度(MPa) | 安 全 系 数 | 资 料 来 源 |
|---|---|---|---|---|---|
| 火成岩 | 中硬度玄武岩 | — | 5.73 | 3.40 | 印度 |
| | 风化花岗岩 | — | 1.50 ~ 1.50 | — | 日本 |
| | 玄武岩 | 1.21 ~ 1.39 | 3.86 | 2.80 ~ 3.20 | 英国 |
| | 花岗岩 | 1.38 ~ 1.55 | 4.83 | 3.10 ~ 3.50 | 英国 |
| | 蛇纹岩 | 0.45 ~ 0.59 | 1.55 | 2.60 ~ 3.50 | 英国 |
| | 花岗岩和玄武岩 | — | 1.72 ~ 3.10 | 1.50 ~ 2.50 | 美国 |
| 变质岩 | 片麻岩 | 0.70 | 2.80 | 4.00 | 美国 |
| | 板岩与坚硬页岩 | — | 0.83 ~ 1.38 | 1.50 ~ 2.50 | 美国 |
| 石灰质沉积物 | 石灰岩 | 1.00 | 2.83 | 2.80 | 瑞士 |
| | 白垩—标号 Ⅰ ~ Ⅲ | $0.01N$($N$ 为标准贯入试验打入 0.3m 的击数) | 0.22 ~ 1.07 | 1.50 ~ 2.0(临时) 3 ~ 4(永久) | 英国 |
| | 第三纪石炭岩 | 0.83 ~ 0.97 | 2.76 | 2.90 ~ 3.30 | 英国 |
| | 白垩石灰岩 | 0.86 ~ 1.00 | 2.76 | 2.80 ~ 3.20 | 英国 |
| | 软质石灰岩 | — | 1.03 ~ 1.52 | 1.50 ~ 2.50 | 美国 |
| | 白云质石灰岩 | — | 1.38 ~ 2.07 | 1.50 ~ 2.50 | 美国 |
| 砂质沉积物 | 硬质粗晶砂岩 | 2.45 | — | 1.75 | 加拿大 |
| | 风化砂岩 | — | 0.69 ~ 0.85 | 3.00 | 新西兰 |
| | 良好胶结泥岩 | — | 0.69 | 2.0 ~ 2.50 | 新西兰 |
| | 砂岩 | 0.40 | — | 3.0 | 英国 |
| | 砂岩($\sigma_c$ >2MPa) | 0.60 | — | 3.0 | 英国 |
| | 硬质细砂岩 | 0.69 ~ 0.83 | 2.24 | 2.70 ~ 3.30 | 英国 |
| | 砂岩 | — | 0.83 ~ 1.73 | 1.50 ~ 2.50 | 美国 |
| 泥质沉积物 | 泥灰岩 | — | 0.17 ~ 0.25(0.45$C_u$) | 3.00 | 英国 |
| | 易碎页岩 | — | 0.35 | — | 加拿大 |
| | 软质砂岩与页岩 | 0.10 ~ 0.14 | 0.37 | 2.70 ~ 3.70 | 英国 |
| | 软质页岩 | — | 0.21 ~ 0.83 | 1.50 ~ 2.50 | 美国 |

## 38.5.2 B 型岩土锚索的锚固力

B 型岩土锚索是底部用机具或钻孔边坡扩大的直孔,属于底部扩孔类拉力型锚索,它可用于软弱裂隙岩石和粗粒的淤积层,普遍用在细粒黏性土壤,灌浆采用低压力,一般不超过全部覆盖层的重量,岩土锚承载力主要决定于周边上的剪力,但在计算中包括了岩土锚底部的阻抗力在内。

< 531 >

对于低压($P_g < 1\text{MPa}$)注浆的 B 型锚固类锚索,参照桩的设计方法,由 Littlejohn(1970 年)和 Osterbaan(1972 年)等人提出了锚固力的计算公式:

$$T_u = nL\tan\varphi' \tag{38-12}$$

或

$$L = \frac{T_w F_s}{\pi\tan\varphi'} \tag{38-13}$$

式中,$n$ 为系数,与钻孔工艺、埋深、注浆压力、锚固段直径有关,Littlejohn 通过试验给出了在粗砂、卵石和中细砂中系数 $n$ 的取值范围,见表 38-8;当钻孔直径为 0.1m、注浆压力小于 1MPa 时,$n$ 值可按表 38-8 选取;当钻孔直径明显地增大或减小时,$n$ 值也应按比例增大或减小;其余符号意义同前。

$n$ 的 取 值      表 38-8

| 地层类型 | 渗透系数(km/s) | $n$ |
|---|---|---|
| 粗砂、卵石 | $>10^{-4}$ | 400 ~ 600 |
| 中细砂 | $10^{-4} \sim 10^{-6}$ | 130 ~ 165 |

当锚索的极限锚固力与锚索的尺寸和地层的性质有关时,其较好的表达式为:

$$T_u = A\sigma_v\pi DL\tan\varphi' + B\gamma \cdot h\frac{\pi}{4}(D^2 - d^2)$$

（周边剪力）    （端承载力） $\tag{38-14}$

$$L = \frac{T_w F_s - B\gamma \cdot h\pi(D^2 - d^2)/4}{A\sigma_v\pi D\tan\varphi'} \tag{38-15}$$

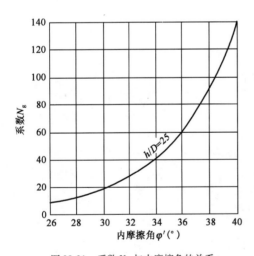

图 38-31 系数 $N_g$ 与内摩擦角的关系

式中,$A$ 为锚固段与地层界面接触土压力与平均有效土压力之比值,$A$ 值与施工工艺和地层类型有关,其值一般为 1 ~ 2;对于致密的砂砾层($\varphi' = 40°$),$A = 1.7$;对于细砂层($\varphi' = 35°$),$A = 1.4$;$\sigma_v$ 为作用于锚固段上的平均有效土压力(kPa);$h$ 为锚固段埋置深度(m);$L$ 为锚固段长度(m);$D$ 为锚固段有效直径(m);$\varphi'$ 为有效内摩擦角;$d$ 为直杆段孔径(m);$B$ 为承载力系数(图 38-31),$B = N_g/1.4$。

研究结果表明,当 $h/D > 15$ 时,$N_g$ 值主要受 $\varphi'$ 影响,$h/D$ 值不再对 $N_g$ 值有明显影响,且 $N_g/B$ 为等于 1.4 的常数(表 38-9),系数 $N_g$ 与 $\varphi'$ 的关系如图 38-31 所示。

系数 $N_g$ 与埋深的关系      表 38-9

| $h/D$ | 内摩擦角 $\varphi'$ | | | | |
|---|---|---|---|---|---|
| | 26° | 30° | 34° | 37° | 40° |
| 15 | 11 | 20 | 43 | 75 | 143 |
| 20 | 9 | 19 | 41 | 74 | 140 |
| 25 | 8 | 18 | 40 | 73 | 139 |

有效直径 $D$ 的精确确定也很困难,通常的做法是依据与地层孔隙率有关的注浆量进行现场破坏试验后反算作近似评估。表38-10给出了一些有代表性地层的 $D$ 值。一般来说,土粒越粗、注浆压力越大, $D$ 值也就越大。

**非黏性土中有效直径**　　　　表38-10

| 土 的 类 型 | 有效直径(m) | 注浆压力(MPa) | 备　注 |
|---|---|---|---|
| 粗砂、砾石 | $\leqslant 4d$ | 低压 | 渗透作用 |
| 中密度砂 | $(1.5 \sim 2.0)d$ | $< 1.0$ | 局部压缩、渗透 |
| 密砂 | $(1.1 \sim 1.5)d$ | $< 1.0$ | 局部压缩 |

当忽略锚索端部承载力时,可用下式求锚索的极限承载力:

$$T_{u} = k\pi D L\sigma_{v}\tan\varphi' \tag{38-16}$$

或

$$L = \frac{T_{w}S_{f}}{k\pi D\sigma_{v}\tan\varphi'} \tag{38-17}$$

式中, $k$ 为锚固段上的土压力系数,见表38-11; $D$ 为锚固段有效直径(m); $L$ 为锚固段长度(m); $\sigma_{v}$ 为作用于锚固段上的平均有效土压力(kPa)。

**土 压 力 系 数**　　　　表38-11

| $k$ | 土 的 类 型 | 注 浆 压 力 |
|---|---|---|
| $1.4 \sim 2.3$ | 致密的砂砾石 | 低压注浆 |
| $0.5 \sim 1.0$ | 细砂和砂质粉土 | 低压注浆 |
| $1.40$ | 致密的砂 | 低压注浆 |

### 38.5.3　C 型岩土锚索的锚固力

C 型岩土锚是直孔,但底部采用二次或多次高压灌浆,使其浆体在一定范围内扩散,改善围岩的质量与强度,属于高压灌浆普通拉力型锚索。这种岩土锚固结构类型主要用于黏性土。由于高压灌浆改善了锚索与围岩的刚度比,设计时可近似地考虑沿固定段上的剪力为均匀分布。

目前,对 C 型锚索的作用机制的研究尚不充分,确定其锚固力尚没有成熟可靠的理论或经验公式。一般的方法是采用在现场试验得到的一组设计曲线来初步确定其锚固力。近年来国内外大量试验结果可供设计时参考。

对于非黏性土,在确定锚索的极限锚固力时,图38-32的试验结果可供设计时参考。在黏性土中,图38-33的试验结果可作为钻孔直径 0.08 ~ 0.16m 时的设计参考。由图38-34可以看出,C 型锚固段的黏结强度随注浆压力的增大而直线上升,而当注浆压力大于 3MPa 时,对锚固力就不再有明显的影响。

### 38.5.4　D 型岩土锚索锚固力

D 型岩土锚是底部用机具使成为一系列喇叭形的扩大体,属于底部扩孔式普通拉力性锚索,它用于坚硬的黏性沉积层,承载力主要是周边上的剪力和岩土锚底部的阻抗力。

D 型岩土锚适用于 $C_{u}$ 值大于 0.09MPa 的黏性土,当 $C_{u}$ 值为 0.06 ~ 0.07MPa 时,扩孔时可能会造成局部塌孔;当 $C_{u}$ 值小于 0.05MPa 时,扩孔几乎是不可能的。对于多处扩孔的 D 型岩土锚,锚索的极限锚固力可按下式计算:

$$T_u = \pi DLC_u + \frac{\pi}{4}(D^2 - d^2)N_cC_{ub} + \pi dl\tau_s \tag{38-18}$$

（周边剪力）+（端承载力）+（直杆段承载力）

$$L = \frac{T_wF_s - \frac{\pi}{4}(D^2 - d^2)N_cC_{ub} - \pi dl\tau_s}{\pi DC_u} \tag{38-19}$$

式中，$D$ 为扩孔后钻孔直径(m)；$L$ 为锚固段长度(m)；$C_u$ 为锚固段全长不排水抗剪强度的平均值(kPa)；$d$ 为钻孔直杆段直径(m)；$l$ 为直杆段长度(m)；$N_c$ 为承载力系数，一般 $N_c = 9$；$C_{ub}$ 为锚固段近端不排水抗剪强度(kPa)；$\tau_s$ 为孔壁与注浆体之间的黏结强度(表38-12)(kPa)。

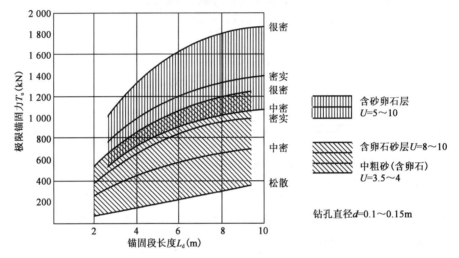

图 38-32　非黏性土中的锚固长度与极限锚固力

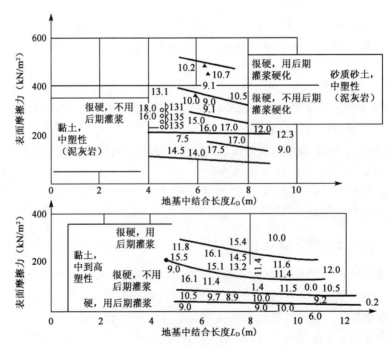

图 38-33　黏性土中的锚固长度与极限锚固

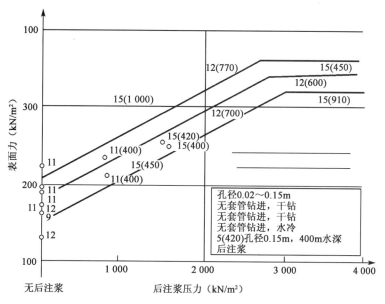

图 38-34　黏性土中后注浆压力对黏结强度的影响

**注浆体与地层界面的黏结强度**　　　　　　　　　　　　表 38-12

| 地 层 类 型 | 状　　态 | 黏结强度（MPa） | 地 层 类 型 | 状　　态 | 黏结强度（MPa） |
|---|---|---|---|---|---|
| 黏性土 | 坚硬 | 0.06 ~ 0.07 | 砂土 | 松散 | 0.09 ~ 0.14 |
| | 硬塑 | 0.05 ~ 0.06 | | 稍密 | 0.16 ~ 0.20 |
| | 可塑 | 0.04 ~ 0.05 | | 中密 | 0.22 ~ 0.25 |
| | 软塑 | 0.03 ~ 0.04 | | 密实 | 0.27 ~ 0.40 |
| 粉土 | 中密 | 0.10 ~ 0.15 | — | — | — |

　　设计时,在缺乏现场试验资料的情况下,应考虑到施工技术和扩孔的几何尺寸等的影响。建议采用 0.75 ~ 0.95 的折减系数来估算式(38-18)中的周边剪力和端承载力。当锚固段地层含有砂充填的裂隙时,计算周边和端承载力建议取 0.5 的折减系数。Bassett 用不同间距的三个扩孔锥试验的结果与式(38-18)的理论值取得了非常好的一致。图 38-35 显示了三个扩孔锥时,扩孔间距和锚索锚固力的关系,它表明当扩孔间距约为 3D 时,可以达到较为满意的锚固效果。而图 38-36 显示了在恒定的扩孔间距时,扩孔锥数对锚索锚固力的影响。显然,锚索的锚固力随扩孔锥数的增加而线性增大,但由于黏性土的软化和锚固段产生不同程度的位移时,锚索的锚固力会大大降低。图 38-37 的试验结果表明,当锚固段产生的位移达到扩孔直径的 0.165 时,扩孔锥数超过 6 个月,增加扩孔锥数对锚索的锚固力的提高就不太明显。

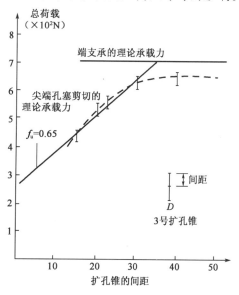

图 38-35　黏性土中三个扩孔锥时扩孔间距和锚杆锚固力的关系

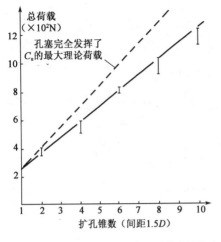

图 38-36　在恒定的扩孔间距时扩孔锥数对
锚索锚固力的影响

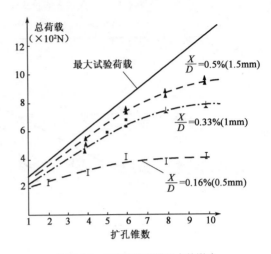

图 38-37　锚索位移对锚固力的影响

对于黏性沉积土来说,尽量缩短钻孔、扩孔和注浆时间是提高锚固力的有效方法。考虑到水对土的软化作用,应保证在最短时间内完成作业,否则,哪怕仅几个小时的时间拖延,其后果将造成预应力的减小和锚固力的明显降低。例如,在裂隙充填砂子的情况下,3~4h 足以使土的不排水抗剪强度 $C_u$ 减小到接近软化值。

D 型岩土锚最适合于 $C_u$ 值大于 0.09MPa 的黏性土,当 $C_u$ 值为 0.06~0.07MPa 时,应估计到各扩孔段之间缩口处钻孔的局部塌孔;当 $C_u$ 小于 0.05MPa 时,扩孔几乎是不可能的。对于低塑性指数的土(例如塑性指数小于 20 时),扩孔也是十分困难的。

关于 D 型锚固各扩孔段的扩孔间距,可用下式估算导致土层圆柱形剪坏的最大允许间距。它要求锚固段在产生较小位移时产生的锚固力,当锚固段位移不会产生严重后果时,可采用较大的间距以使各扩孔段相互独立发挥作用。

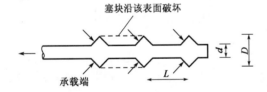

图 38-38　作用在扩孔段锚索上的力系

当锚固段地层发生圆柱形剪切破坏时,扩孔圆锥与端承载力相等(图 38-38),即:

$$\pi D \delta_u C_u \leqslant \frac{\pi}{4}(D^2 - d^2) N_c C_u$$

由此得:

$$\delta_u \leqslant \frac{D^2 - d^2}{4D} N_c \qquad (38\text{-}20)$$

【算例 38-1】　在一密实的砂砾地层中构筑一锚拉轻型挡土墙,采用 B 型锚固段,已知条件如下:

单根锚索的工作锚固力 $T_w = 1\,000\text{kN}$,锚固段埋深 $h = 15\text{m}$,钻孔直径 $d = 100\text{mm}$,地层介质重度 $\gamma = 20\text{kN/m}^3$,内摩擦角 $\varphi = 35°$,取安全系数 $F_s = 2.5$,试确定锚固段的长度。

**解**:(1)计算锚固段上的平均有效土压力 $\sigma_v$:$\sigma_v = \gamma h = 20 \times 15 = 300\text{kN/m}^2$。

(2)确定锚固段的有效直径 $D$。查表得,$D = 3d = 0.3\text{m}$。

(3)确定承载力系数 $B$。根据内摩擦角,当 $\varphi = 35°$ 时,$N_g = 50$,$B = N_g/1.4 = 35.7$。

(4)确定系数 $A$。根据地层性质,可取 $A = 1.5$。

(5)由公式(38-15)计算锚固段长度:

$$L = \frac{T_{w}F_{s} - B\gamma h\pi(D^{2} - d^{2})/4}{A\sigma_{v}\pi D\tan\varphi'} = \frac{1\ 000 \times 2.5 - 35.7 \times 20 \times 15 \times \pi \times (0.3^{2} - 0.1^{2})/4}{1.5 \times 300 \times \pi \times 0.3 \times \tan 35°}$$

$$= 6.25\text{m}$$

由此可知,该锚索的锚固长度为6.25m。

### 38.5.5 锚索与注浆体界面的锚固力

目前,国内外对锚索与注浆体之间剪应力的分布与传递机制的研究尚不成熟,很多资料提供的数据都是在预应力钢筋混凝土研究中得到的。所以,对于这一问题,仍需要进行大量的试验研究工作。

在岩体中的锚索,锚固力主要受注浆体与锚索体界面的剪应力的控制和影响,在该界面上剪应力包括以下三个因素:

(1)黏结力:锚索体表面与注浆体之间的物理黏结力,当该界面上由于剪力作用而产生应力时,黏结力就成为发生作用的基本抗力;当锚索锚固段产生位移时,这种力就会消失。

(2)机械嵌固力:由于锚索体材料表面的肋节、螺纹和沟槽等的存在,注浆体与锚索之间形成机械联锁,这种力与黏结力一起发生作用。

(3)表面摩擦力:枣核状锚固段在受力时,注浆体有一部分被锚索夹紧,表面摩擦力的产生与夹紧力和材料表面的粗糙度成函数关系。

目前,在许多资料中给出的锚索体与注浆体界面的剪应力值,通常是指以上这三个力的合力。

对于拉力型锚索,其表面剪应力沿锚固段长度上的分布呈指数关系,Phillips(1970年)将其表述为下式:

$$\tau_{x} = \tau_{0}e^{\frac{A}{d}} \tag{38-21}$$

式中,$\tau_{x}$ 为距锚固段近端 $x$ 处剪应力;$\tau_{0}$ 为锚固段近端的剪应力;$d$ 为锚索直径;$A$ 为锚索中结合应力与主应力相关的常数。

沿锚固段长度 $L$ 积分,可得到极限锚固力的理论表达式:

$$T_{u} = \frac{1}{A}\pi d\tau_{0} \tag{38-22}$$

但该公式在实际使用中有所不便,一般来说,随着施加应力的增加,剪应力的最大剪应力 $\tau_{0}$ 将以渐进方式向锚固段远端转移,并改变剪应力的分布(图38-39)。在设计中,确定锚索体在注浆

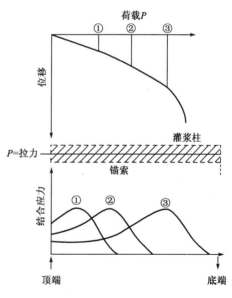

图38-39 锚固段长度上剪应力的分布与变化情况

体中锚固长度的计算公式是根据剪应力均匀分布的假定得到的,其极限锚固力为:

$$T_{u} = n\pi dL\tau_{u} \tag{38-23}$$

或

$$L = \frac{F_{s}T_{w}}{n\pi d\tau_{u}} \tag{38-24}$$

式中,$n$ 为锚索钢绞线的根数;$d$ 为钢绞线直径(m);$L$ 为锚固段长度(m);$\tau_{u}$ 为极限剪应

力(kPa)。

极限剪应力的大小与锚索体材料表面粗糙度和注浆体强度有关,建议注浆体抗压强度不小于30MPa,但过高的强度对剪应力的增加并无明显作用。对于任何情况,剪应力不应大于注浆抗压强度的1/10,且不大于4MPa。对于不同的界面,剪应力的取值可按以下不同情况选取:

(1)对于干净的光面钢筋或钢丝

$$\tau_u \leqslant 1.0MPa$$

(2)刻痕钢丝

$$\tau_u \leqslant 1.5MPa$$

(3)钢绞线

$$\tau_u \leqslant 2.0MPa$$

(4)有枣核状的钢绞线

$$\tau_u \leqslant 3.0MPa$$

(5)波纹套管

$$\tau_u \leqslant 3.0MPa$$

【算例38-2】 使用预应力锚索加固岩石边坡,内锚固段采用枣核状结构,已知单根锚索的工作锚固力 $T_w = 1\,500kN$,注浆体抗压强度为30MPa,经计算决定使用9根7$\phi$5mm钢绞线(公称直径为15mm),试计算锚固段的长度。

解:(1)查表,取 $F_s = 2.5$。

(2)根据上节内容,取 $\tau_u = 2.5MPa = 2\,500kN/m^2$。

(3)由式(38-24)计算其锚固长度为 $L = \dfrac{F_s T_w}{n\pi d\tau_u} = \dfrac{2.5 \times 1\,500}{9 \times \pi \times 0.015 \times 2\,500} = 3.5m$。

由计算可知,该锚索的锚固段长度为3.5m。

# 38.6　预应力锚固设计与计算

## 38.6.1　概述

1)预应力锚索设计的主要内容

(1)根据地层情况和设计锚固力,合理选择锚索锚固类型及结构尺寸。

(2)确定设计锚固力及预应力量值。

(3)确定锚索杆体材料及截面面积。

(4)计算锚索注浆体与地层之间的黏结强度。

(5)计算锚索注浆体与杆体之间的黏结强度。

(6)确定锚索锚固段长度、张拉段长度及锚固深度。

(7)根据所选用的张拉设备及锚具,确定锚索的张拉长度。

(8)确定锚索的结构形式及防腐措施。

(9)确定锚头的锚索形式及防腐措施。

2)预应力锚索锚固体潜在的破坏模式

预应力锚固参数设计与力学计算是建立在预应力锚索系统的破坏机制与失稳模式的基础上。对于岩土工程中的预应力锚固系统,主要存在以下四种破坏模式:

（1）灰浆和锚索体之间的黏结发生破坏。

（2）岩土体与和灌浆体黏结面的破坏。

（3）在岩土体内部发生剪切破坏或沿地质弱面的滑移失稳。

（4）锚索杆体拉断或锚座顶部发生破坏。

### 38.6.2　锚索锚固段长度的确定

1）锚固段长度设计的基本准则

锚固段设计计算是根据上述四种破坏模式中的（1）和（2）两种失稳模式。其计算公式上节已经给出。为了保证锚固段的锚固力达到设计要求，每根锚索锚固段的锚固力应满足以下条件：

$$\left.\begin{array}{l} T_a = T_u/F_s \\ T_a \geq T_w \\ T_d \geq T_w \end{array}\right\} \tag{38-25}$$

式中，$T_a$ 为单根预应力锚索的容许锚固力（kN）；$T_u$ 为单根预应力锚索的极限锚固力（kN）；$F_s$ 为预应力锚索的最小安全系数；$T_d$ 为预应力锚索设计的锚固力（kN）。

由于锚索锚固段的实际锚固力受多种因素的影响，其计算结果可能与实际情况存在较大差异。因此，在锚固段长度设计基本准则的基础上，还应借助于工程类比与设计经验，在必要情况下要进行一定量的现场试验。

2）设计经验和研究资料

对于岩体中的锚索，在某些条件下，即使采用较大的安全系数，远小于 3m 的锚固段长度也已足够。现场试验表明，对于钢绞线，每厘米锚固长度可承受约 10kN 的抗拔力。但对于应力较大的锚索，若是锚固长度过短，锚固段岩体质量的突然下降或由于施工质量的原因，可能会严重降低锚索的锚固力。建议锚固段的实际长度不宜小于 2m，对于锚固力较大的锚索，锚固段的实际长度不宜小于 3m。

关于非黏性土中锚固段长度的确定，Ostermayer 和 Scheele（1977）进行了大量的试验，获得以下几点重要结论：

（1）致密砂岩层中，最大表面黏结力仅分布在很短的锚固长度范围内。

（2）松散至中密砂层中，表面黏结力接近于理论假定的均匀分布。

（3）随着外荷载的增加，表面黏结力的峰值点向锚固段远端转移。

（4）较短锚索锚固段表面黏结力的平均值大于较长锚固段表面黏结力的平均值。

（5）锚索的锚固力对地层密实度的变化反应较敏感，从松散至密实地层中，平均表面黏结强度值要增大 5 倍。

因此，在锚索正常工作状态下，存在一个有效锚固段长度的临界值，超过该值后再增加锚固段长度对锚索承载力的增加并不产生显著影响。考虑到非黏结性土中锚固段的这个特点，Fujita（1978）等提出锚固段有效长度 6~7m 为最优值，这也与 Ostermayer（1974）等人的观点相一致。

黏性土中锚固段有效长度的确定，取决于对锚固段黏结应力分布的认识。D 型锚固段的性能复杂，这是由于沿锚固长度上各扩孔锥之间相互影响所致。Bassett（1977）通过试验发现，黏性土中锚索的极限锚固力与锚固长度在一定范围内呈直线关系，当扩孔锥超过 6 个以后，扩孔锥的增加对承载力并不产生显著影响。考虑到施工中扩孔的效果及地层软化的影响，建议

D 型锚固长度不宜小于 3m,且不宜大于 10m;当采用 A 型锚固时,其长度可由试验结果而定。值得说明的是,如果采用后期二次或三次高压注浆,A 型锚固同样可以取得满意的锚固效果,其锚固力可增加 25% ~ 100% 。

在确定锚固段的长度时,应具体分析锚固段处地层情况:对于硬岩,锚索锚固力一般受注浆体与杆体界面所控制,所以,锚固段长度应按 38.5.5 节的方法确定;在软弱的地层中,锚固力一般受注浆体与地层界面所控制,锚固段长度应按 38.5.4 的方法确定;但对于软岩或坚硬的土层,最妥善的办法是按上述两节的方法分别进行计算,锚固段的长度应取其中的较大值。

3)一般要求

确定锚索的锚固长度时,应符合下列要求:

(1)在确定锚索锚固长度时,应分别对锚索结合长度和握裹长度进行计算,实际锚固段的长度取其大值。

(2)对于岩体中的锚索,当锚索锚固力 $T_{\mathrm{w}} < 200\mathrm{kN}$ 时,锚固长度不宜小于 2m;当锚索锚固力 $T_{\mathrm{w}} > 200\mathrm{kN}$ 时,锚固长度不宜小于 3m,且不宜大于 10m。

【算例 38-3】 拟在一砂岩地层中设置预应力锚索,通过试验,其最大抗压强度为 25MPa。已知单根锚索的工作锚固力 $T_{\mathrm{w}} = 1\,500\mathrm{kN}$,使用 9 根 $7\phi5\mathrm{mm}$ 钢绞线,钻孔直径为 $d = 120\mathrm{mm}$,注浆体强度为 30MPa,试确定锚索的锚固长度。

解:(1)计算地层与注浆体界面的长度 $L_1$。

按 38.5.4 节的内容,可取其极限黏结强度 $\tau = 2.5\mathrm{MPa}$,查表取 $F_{\mathrm{s}} = 2.5$,由式(38-24)确定地层与注浆体界面的锚固长度 $L_1$:

$$L_1 = \frac{F_{\mathrm{s}}T_{\mathrm{w}}}{n\pi d\tau_{\mathrm{u}}} = \frac{2.5 \times 1\,500}{9 \times \pi \times 0.012 \times 2\,500} = 4.0\mathrm{m}$$

(2)计算注浆体与杆体界面的锚固长度 $L_2$:

根据上述 38.5.5 节的算例可知,注浆体与杆体界面的锚固长度 $L_2 = 3.5\mathrm{m}$。

由上述分析可知,该锚索的锚固力受注浆体与地层界面控制,所以,应取锚固段长度 $L = 4.0\mathrm{m}$。

### 38.6.3 在不同地层中的锚固深度

1)概述

锚固段在地层中锚固深度的设计依据是岩土体的破坏模式。预应力锚索设计不仅要保证锚固段具有足够的锚固力,以保证锚索不被拔出;而且,还应考虑沿着岩土体内的破坏,即 38.6.1 中的第(3)种破坏失稳模式。

岩土体介质的破坏模式取决于岩土体材料、地质结构与软弱结构面的产状与位置,同时还与锚索的间、排距以及锚固深度密切相关。

在单根岩锚的情况下,如果没有控制性结构面,目前大多数都假定岩土破坏时从岩土中拖出一个倒锥形岩土体(图 38-40)。在均质材料中,地层的倒锥形破坏的角度为 90°,然而,在其他情况下,该角度可能降至 60°,所以,在设计时应对地层的稳定性进行验算。

2)锚固段在岩体中的锚固深度

(1)坚硬岩体中的锚固深度

在均质岩石中,锚索的影响区发展成为顶角为 90°,轴线与锚索中心线相重合的圆锥形,单根锚索所需的锚固深度可按式(38-26)计算;对于群锚锚索,其影响区成为顶角为 90° 的三

棱柱体,锚索的锚固深度可按式(38-27)计算:

$$h = \sqrt{\frac{F_s T_w}{4.44\tau}} \tag{38-26}$$

$$h = \frac{F_s T_w}{2.83\tau \cdot a} \tag{38-27}$$

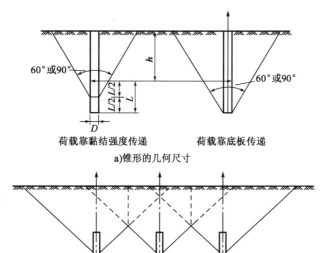

a)锥形的几何尺寸

b)用于总体稳定性分析的锥体的相互作用

图38-40  地层中锚索的锥形破坏

(2)在层状节理或软弱岩体中的锚固深度

对于节理岩体,单根锚索的锚固深度按式(38-28)计算,群锚锚索的锚固深度可采用式(38-29)计算:

$$h = 3\sqrt{\frac{3F_s T_w}{\gamma\pi\tan^2\varphi'}} \tag{38-28}$$

$$h = \sqrt{\frac{F_s T_w}{\gamma a\tan\varphi'}} \tag{38-29}$$

(3)不规则节理岩体中的锚固深度

对于不规则节理岩体,单根锚索的锚固深度可采用式(38-30)计算,对于群锚锚索的锚固深度可按式(38-31)进行计算:

$$h = 3\sqrt{\frac{3F_s T_w}{(\gamma - \gamma_w)\pi\tan^2\varphi'}} \tag{38-30}$$

$$h = \sqrt{\frac{F_s T_w}{(\gamma - \gamma_w)a\tan\varphi'}} \tag{38-31}$$

式中,$F_s$ 为抗破坏的安全系数;$a$ 为锚索间距(m);$\varphi'$ 为岩体有效内摩擦角(°);$T_w$ 为锚索的锚固力(kN);$\gamma$ 为岩体重度(kN/m³);$\gamma_w$ 为水的重度(kN/m³)。

3）锚固段在非黏性土中的锚固深度

（1）松散干燥土壤中的锚固深度

①当锚索轴向间距 $a \geqslant \sqrt{\dfrac{12 T_w}{\pi \sigma_v}}$ 时，单根锚索的锚固深度按公式（38-32）进行计算：

$$h = \sqrt{\dfrac{3 F_s T_w}{\pi \sigma_r \tan^2 \varphi} + 1} \tag{38-32}$$

②对于锚索轴向间距 $a < \sqrt{\dfrac{12 T_w}{\pi \cdot \sigma_v}}$ 的群锚锚索，锚固深度可按下式计算：

$$h = \dfrac{a}{2 \tan \varphi} + \dfrac{B + \sqrt{B^2 - a^4 \sigma_v^2 / \tan^2 \varphi}}{2 \cdot a \cdot \sigma_v} + 1 \tag{38-33}$$

$$B = \dfrac{a^2 \cdot \sigma_v}{2 \tan \varphi} + 2 \cos \varphi \left( F_s T_w - \dfrac{a^2 \pi \cdot \sigma_v}{12} \right)$$

式中，$h$ 为锚固深度（m）；$T_w$ 为锚固力（kN）；$\varphi$ 为岩体内摩擦角（°）；$\sigma_v$ 为作用于锚根以上受影响土体侧面的应力（kPa）；$a$ 为锚索的轴向间距（m）；$F_s$ 为锚索抗拔出的安全系数；$B$ 为系数。

（2）饱和非黏性土中的锚固深度

①对于垂直锚索，其锚固深度应按下式计算：

$$h_v = \sqrt{\dfrac{F_s \cdot T_w}{\pi \cdot d(\gamma - 1) k_0 \cdot \tan \varphi}} \tag{38-34}$$

$$k_0 = \dfrac{\gamma}{1 - \gamma}$$

式中，$\gamma$ 为土体的泊松比。

②对于水平锚索，其锚固深度的计算公式为：

$$h_h = \dfrac{F_s \cdot T_w}{\pi \cdot d(\gamma - 1) h_v \cdot \tan \varphi} \tag{38-35}$$

③倾斜锚索的埋设深度为：

$$h_s = \dfrac{F_s \cdot T_w}{\pi \cdot d(\gamma - 1) h_v \cdot \cos \psi (\tan \varphi + \tan \psi)} \tag{38-36}$$

式中，$h_v$、$h_h$、$h_s$ 分别为饱和非黏性土中垂直、水平和倾斜锚固的锚固深度（m）；$F_s$ 为锚索抗拔出的安全系数；$T_w$ 为锚固力（kN）；$d$ 为锚索钻孔的直径（m）；$\gamma$ 为岩体重度（kN/m³）；$\varphi$ 为岩体内摩擦角（°）；$\psi$ 为锚索与水平方向的夹角（°）。

4）锚固段在黏性土中的锚固深度

（1）单根锚索的锚固深度

对于单根或其间距 $a \geqslant L \tan \varphi$ 的锚固，其锚固深度的计算公式为：

$$h = \sqrt{\dfrac{3 F_s \cdot T_w \cdot \cos \varphi}{\pi \cdot \tan \varphi (3c + \sigma_v \sin \varphi)}} \tag{38-37}$$

（2）群锚锚索的锚固深度

对于锚索间距 $a < L\tan\varphi$ 的锚索群，其锚固深度的计算公式为：

$$h = \frac{F_s \cdot T_w\cos\varphi}{a(2c + \sigma_v \cdot \tan\varphi)} \qquad (38\text{-}38)$$

式中，$h$ 为锚索锚固深度（m）；$F_s$ 为锚索抗拔出的安全系数；$T_w$ 为锚固力（kN）；$L$ 为锚索锚固段长度（m）；$\sigma_v$ 为锚固段上土体侧面的应力（kPa）；$a$ 为锚索间距（m）；$\varphi$ 为岩体内摩擦角（°）；$c$ 为地层的黏聚力（kPa）。

### 38.6.4　锚索杆体截面面积

锚索体的截面面积按下式进行计算：

$$A = \frac{F_s \cdot T_w}{f_{ptk}} \qquad (38\text{-}39)$$

式中，$A$ 为锚索杆体截面面积（$m^2$）；$f_{ptk}$ 为锚索材料破断应力（kPa）。

【算例38-4】　使用按美国标准（ASTMa416-96）生产的 $7\phi5mm$ 钢绞线制作预应力锚索，已知钢绞线强度级别为270K，锚索的工作锚固力为 $T_w = 2\,500kN$，试计算每根锚索所需钢绞线的数量。

**解**：（1）查表得钢绞线公称抗拉强度 $f_{ptk} = 1\,860MPa$，截面面积 $A = 140mm^2$。

（2）查表，确定其安全系数 $F_s = 1.6$。

（3）按式（38-39）计算锚索体材料的总截面面积 $A = \dfrac{F_s \cdot T_w}{f_{ptk}} = \dfrac{1.6 \times 2\,500}{1\,860} = 2\,150mm^2$。

（4）计算钢绞线根数 $n = A_t/A = 2\,150/140 = 15.3$。

由计算可知，该锚索可使用 15～16 根钢绞线。

### 38.6.5　压力分散型锚索的锚固设计

由于普通锚索的锚固结构采用是集中于锚根的锚固方式，因此，与分散型锚索相比，此类锚索属于集中锚固类锚索。

该类锚索的问题是：当锚固段长度达到一定数值时，锚固力随锚固长度的增加并不显著，甚至没有作用。在需要提高锚索的极限锚固力的情况下，集中锚固锚索的使用就受到限制。

分散型锚索的结构特征是，通过采取分布于不同位置的锚固段使锚固力得以分散，从而解决了集中锚固段的应力集中问题。尤其是压力分散型锚索，不仅将锚固体加以分散，而且还通过数个承载体，将普通锚固力在灌浆体内产生的拉应力转变为压应力，从而有效改善灌浆体的应力状态，发挥灌浆体的力学特性，大大地提高了预应力锚索的锚固力。本节将简单介绍压力分散型锚索的作用机制和锚固设计。

1）压力分散型锚索的作用机制

压力分散型锚索与普通拉力集中型锚索相比，前者具有独特的传力机制和良好的工作特性，这主要表现在以下几个方面：

（1）锚固体长度上的黏结摩阻应力分布比较均匀，能较充分地调用土体的抗剪强度。

拉力型锚索在张拉时，在临近张拉段处的锚固段界面，呈现最大的黏结摩阻应力。随着张拉力的增大，黏结摩阻应力峰值逐步向深部移动，欲保持恒定的张拉力，则锚固体周边界面上将出现渐进破坏,如图38-41a)所示。

压力分散型锚索在张拉时,则可借助于一定间距分布的承载体,使较大的总拉力值转化为几个作用于承载体上的较小的(仅为总拉力的几分之一)压缩力,避免了严重的黏结摩阻应力集中现象。在整个锚固体的长度上,黏结摩阻应力分布较均匀[图38-41b)],因而其峰值也得以大幅度降低,这就能较充分地利用土体的抗剪强度,在同等锚固体长度的条件下,它比拉力型锚索具有更大的承载力。

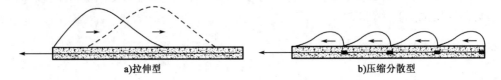

图38-41　拉伸型与压缩型分散锚索锚固体周边黏结摩阻应力分布形态

(2)分散压缩型锚索的锚固体承受的是压缩应力,因此,在压应力的作用下,引起灌浆体的径向扩张,因而能提高摩擦强度。

(3)当锚索使用功能完成后,作为锚索预应力筋的无黏结钢绞线可以被抽出,这就不会构成对诸如基坑之类的建筑物周边地下设施建造的干扰。

(4)锚固体内灌浆材料均处于受压工作状态,充分利用灌浆体的抗压而非抗拉材料的性能;同时,灌浆体承受压力,不会出现拉裂破坏,灌浆材料与外裹塑料层一道,构成钢绞线可靠的双重防腐体系,显著提高了锚索的耐久性。

2)压力分散型锚索锚固体的设计

(1)锚固体的极限承载力计算

锚索锚固体的极限承载力 $T_u$ 应满足以下三个条件:

① $$T_u \leq A_s f_{ptk}$$

式中,$A_s$ 为钢绞线的截面面积($m^2$);$f_{ptk}$ 为钢绞线破断强度标准值(kPa)。

② $$T_u \leq n A_c f_c$$

式中,$n$ 为承载体的个数;$A_c$ 为灌浆体受压面积($m^2$);$f_c$ 为灌浆体的抗压强度标准值(kPa)。

③ $$T_u \leq q_{s1} \pi D L_1 + q_{s2} \pi D L_2 + \cdots + q_{sn} \pi D L_n$$

式中,$q_{s1}$、$q_{s2}$、$\cdots$、$q_{sn}$ 为不同承载区段上的平均黏结满足强度标准值(kPa);$L_1$、$L_2$、$\cdots$、$L_n$ 为不同承载区的长度(m);$D$ 为锚固段灌浆体直径(m)。

(2)承载体的合理间距

压力分散型锚索的设计原则应使每个承载体受力均等,而每个承载体上所受的力应与该承载段灌浆体表面上的黏结摩阻抗力相平衡。因而,当承载体的承载力恒定时,在软黏土中,由于灌浆体与土体界面上的黏结摩阻强度较低,因而承载体的间距应大些。而在硬黏土或砂质土中,灌浆体表面的黏结摩阻强度较高,则承载体的间距可小些。

(3)压力分散型锚索的工程应用

压力分散型锚索于1997年由北京京冶大地工程有限公司研究开发成功,已先后用于北京中银大厦和华奥中心基坑工程。中银大厦是中国银行在北京的主办公楼,地下4层,基坑深度−20.5~−24.5m。基坑平面面积13 100$m^2$,基坑东侧采用厚800mm的地连墙与四排可拆芯式(压力分散型)锚索,共用可拆芯式锚索337根,单根锚索的极限承载力大于1 475kN,锚索钢绞线的抽芯率达96%。

(4)可回收锚索的应用

某建筑地下室共3层及1个夹层,层高从上往下分别为2.3m、5.9m、3.3m、3.3m,地下-1层外挑5.1~8.5m。

该工程±0.000高程为1 890.800m,设置3层地下室及自行车停放库夹层,基坑开挖深度计算至地下室底板垫层底部,筏板底高程为-15.8m,垫层厚度为0.10m,基坑底高程为1 874.90m,主楼位置加深0.8m,垫层底高程为1 874.10m;地下室-1层主体外挑部分,板底高程为-8.6m,考虑垫层厚度0.1m,基坑底高程为1 882.10m。该基坑实际开挖深度14.30~14.60m,属滇池路典型软土片区深基坑支护工程,基坑垂直开挖线周长为402.9m,垂直开挖线内面积为21 355.75m²。

基坑东侧紧邻滇池路地铁5号规划线盾构区间,地铁5号线详细规划控制边线与地下-2、-3层地下室轮廓线基本重合,基坑支护结构锚索超出地铁5号线详细规划控制边线约30.0m,超出红线约12.8m。

该工程地貌上处于昆明滇池盆地的中部,处于船房河与采莲河一级阶地上,为冲湖积平原地貌。场地原为金色池塘温泉度假酒店,原有建筑物经拆除、人工整平后,场地呈现多级小台阶,场地整体走势为东高西低,地形高程为1 888.27~1 891.45m,总体高差约为3m。地形相对较平坦。

拟建场地地层主要由表层人工填土层、第四系冲湖积相地层组成。根据岩土的成因、物理力学性质及工程特性分为三类、七个大层、数个亚层及透镜体。

第一类:填土层($Q_4^{ml}$),主要为杂填土及素填土。

第二类:第四系冲洪积层($Q_4^{al+l}$),主要为黏土。

第三类:第四系湖沼相地层($Q_4^{l+h}$),主要以泥炭质土、黏土、粉土为主。

拟场场地下水为第四系松散层孔隙水,地下水主要赋存于粉土层与上部松散填土层中,粉土为主要的含水层,富水性中等。

"冠梁以上部分喷锚支护+地下-1层基坑底高程以上部分采用φ800mm@1 100mm(1 300mm)灌注桩+锚固段扩孔至250mm、压力分散型、二次劈裂注浆预应力锚索"支护方案。

"地下-2、-3层基坑采用φ800mm(1 000mm)@1 100mm(1 300mm)灌注桩+锚固段扩孔至250mm、压力分散型、二次劈裂注浆预应力锚索"支护方案。

工程锚索在靠近滇池路一侧、昆明市公安局住宿区及云南省检察院住宿区一侧,采用锚固段扩孔至250mm、压力分散型、二次劈裂直列式可回收预应力锚索支护方案。

可回收锚索施工工法流程见附录A。

## 参 考 文 献

[1] 程良奎,张作湄,杨志银.岩土加固实用技术[M].北京:地震出版社,1994

[2] 程良奎,范景伦,韩军,许建平.岩土锚固[M].北京:中国建筑工业出版社,2003

[3] Hobst L,Zaji J.岩层和土体的锚固技术[M].陈宗平,王绍基,译.冶金部建筑研究总院施工技术和技术情报研究室,1982

[4] 梁炳鳌.锚固与注浆技术手册[M].北京:中国电力出版社,1999

[5] 程良奎.深基坑锚杆支护的新进展[M].北京:人民交通出版社,1998

[6] 陈肇元,崔京浩,土钉支护在基坑工程中的应用[M].2版.北京:中国建筑工业出版社,2000

[7] 中国工程建设标准化协会标准.CECS 96:97 基坑土钉支护技术规程[S].北京:中国工程建设标准化协会,1997

[8] 杨志银,蔡巧灵,陈伟华,等.复合土钉墙模式研究及土钉应力的监测试验[J].建筑施工,2001,23(6):427-430

[9] 徐水根,吴爱国.软弱土层复合土钉支护技术应用中的几个问题[J].建筑施工,2001,23(6):423-424

[10] 张明聚.复合土钉支护及其作用原理分析[J].工业建筑,2004:60-68

[11] 张明聚.复合土钉支护技术研究[D].南京:解放军理工大学工程兵工程学院,2003

[12] 孙铁成.复合土钉支护理论分析与试验研究[D].石家庄:石家庄铁道学院交通工程系,2003

[13] 徐水根,李寒,严广义.上海地区基坑围护复合土钉墙施工技术要求[J].建筑施工,2001,23(6):387-389

[14] 中华人民共和国国家标准.GB 50086—2001 锚杆喷射混凝土支护技术规范[S].北京:中国计划出版社,2001

[15] 代国忠.土钉与锚杆组合式支护技术在深基坑工程中的应用[J].探矿工程,2001(5):11-12

[16] 刘雷,薛守良.土钉与预应力锚索复合支护技术的应用[J].铁道建筑,1998(9):29-31

[17] 汤凤林,林希强.复合土钉支护技术在基坑支护工程中的应用——以广州地区为例[J].现代地质,2000,14(1):100-104

[18] 黄力平,何汉金.挡土挡水复合型土钉墙支护技术[J].岩土工程技术,1999(1):17-21

[19] 李元亮,李林,曾宪明.上海紫都莘庄C栋楼基坑喷锚网(土钉)支护变形控制与稳定性分析[J].岩土工程学报,1999,21(1):77-81

[20] 徐祯祥.岩土锚固工程技术发展的回顾[M].北京:人民交通出版社,2002

[21] 铁道部第四勘测设计院科研所.加筋土挡墙[M].北京:人民交通出版社,1985

[22] 赵明华.土力学与基础工程[M].武汉:武汉工业大学出版社,2000

[23] 李光慧.对拉式加筋土挡土墙设计简介[C]//全国岩土与工程学术大会论文集.北京:人民交通出版社,2003

[24] 林宗元.岩土工程治理手册[M].沈阳:辽宁科学技术出版社,1993

# 39 预应力锚杆柔性支护结构设计理论与应用技术

## 39.1 预应力锚杆柔性支护法的基本概念

### 39.1.1 预应力锚杆柔性支护法

1)预应力锚杆柔性支护结构的基本组成

预应力锚杆柔性支护结构由预应力锚杆(索)、面层、锚下承载结构和排水系统组成,如图39-1 所示。

预应力锚杆分为自由段和锚固段,锚固段设置于潜在滑移面外的稳定土体中。预应力锚杆(索)可以采用拉力型、压力型或压力分散型等形式;预应力锚杆杆体可以采用钢筋、钢管、钢绞线等;注浆通常采用常压注浆,并且锚杆全长注浆,通过一定构造措施使锚杆在自由段内能自由伸缩,对抗拔力较低的地层,也可以采用二次高压注浆。

面层是预应力锚杆柔性支护法的必不可少的组成部分,常采用挂钢筋网喷射混

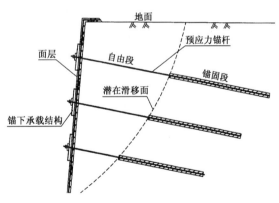

图 39-1 预应力锚杆柔性支护法构造

凝土,也可以采用木板或者将木板和喷射混凝土结合共同用作面层,通常需根据具体土层情况和施工季节确定。由于面层厚度薄,相对于传统的桩锚支护、地下连续墙等支护而言,其刚度要小得多,柔性大,这就是称为预应力锚杆柔性支护法的缘由,以示与桩锚支护的区别,按照支护面层刚度的大小,将基坑支护分成了柔性支护体系和刚性支护体系。

锚下承载结构简称锚下结构,是预应力锚杆柔性支护法的重要组成部分。在锚杆上施加的预应力通过锚下承载结构传递至需要锚固的岩土体上。锚下结构通常由型钢(工字钢、槽钢)、垫板、锚具组成。型钢可竖直分段放置,也可水平多跨连续放置或通常连续放置。

排水系统,通常设置排水沟,将地表水排走,防止地表水渗透到土体中。在地下水以下的坑壁上设泄水孔,以便将喷射混凝土面层背后的水排走。在基坑底部应设排水沟和集水坑,必要时采用井点降水法降低地下水水位。

预应力锚杆柔性支护法将锚杆锚固于潜在滑移面以外的稳定岩土体中,对锚杆施加的预应力通过锚下结构和面层对潜在滑移面以外的稳定岩土体进行锚固。由于在非稳定岩土体内设置了自由段,锚杆在自由段中可以自由伸缩,因此预应力对整个非稳定岩土体进行了主动的约束锚固。预应力还产生了如下效应:在锚杆周围岩土中产生压应力区,增加了潜在滑动面上的正应力和抗剪阻力,减少了非稳定土体的下滑力。因此,预应力锚杆柔性支护法通过预应力有效地控制了坑壁位移,增加了基坑的稳定性,它是一种主动的支护形式,而土钉支护只有在土体发生变形后才能被动受力,土钉对土体的约束需以土体的变形作为补偿,这也是预应力锚杆柔性支护法有别于土钉支护的又一特征。

2)预应力锚杆柔性支护法的施工步骤

预应力锚杆柔性支护体系采用从上到下、分层开挖、分层支护的施工方法,如图39-2所示。具体施工步骤为:

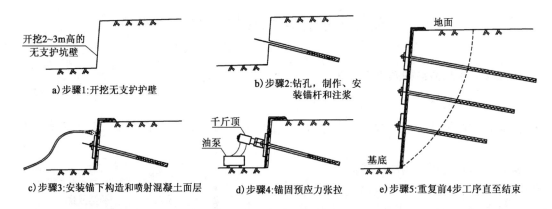

图 39-2　预应力锚杆柔性支护法施工步骤

(1)分层向下开挖一定的深度。

开挖深度根据锚杆的竖向间距、土体自稳高度、锚杆钻机类型及锚下结构确定。预应力锚杆的间距通常为 2.0 ~ 3.0m,开挖的深度一般为 2.0 ~ 3.0m,每层开挖位置在锚杆下 0.5 ~ 1.0m,由于预应力锚杆的间距大于土钉间距,每次开挖的深度也较土钉支护大。

(2)设置预应力锚杆。

在该层作业面上设置预应力锚杆,包括钻孔、制作安装锚杆、注浆等几个环节。钻孔需按设计的长度和角度,采用适用于岩土条件的钻进方法成孔。通过一定措施使自由段内的锚杆杆体与注浆体绝缘,以使锚杆在施加预应力时能自由伸缩。

(3)安装锚下承载结构和喷射混凝土。

先布设钢筋网,然后安放锚下承载结构,锚下承载结构与坑壁应保持一定的间距,喷射混凝土应将型钢翼缘喷满,这样可以提高型钢局部稳定性和整体稳定性,同时增加锚下承载结构的刚度。

(4)锚杆预应力张拉。

待注浆体强度和喷射混凝土的强度达到设计要求,方可进行预应力张拉。张拉时可适当地进行超张拉,以减小预应力损失。预应力张拉同时也是对锚杆质量的一次检验。

（5）继续向下开挖一定的深度，并重复上述步骤，直至设计开挖深度。

若初始开挖无支护状态或完成一层锚杆支护后再行向下开挖而无支护状态下，开挖面的稳定性存在着问题时，可以通过下列途径予以解决：开挖完后立即喷射混凝土，对土体予以封闭；开挖前设置竖向微型桩；采用跳挖"马口"的方法分段支护。

### 39.1.2 预应力锚杆柔性支护法的特点

预应力锚杆柔性支护是通过"自上而下"设置一定间距的预应力锚杆来锚固开挖基坑的原位土体。由于对锚杆施加了预应力，增加了岩土中潜在滑动面上的正应力和相应土的抗剪阻力，减少了岩土中沿潜在滑动面的下滑力，因此，预应力锚杆柔性支护是主动的支护形式。由于支护坑壁的面层厚度较薄，其刚度较小，柔性大，因此称为预应力锚杆柔性支护。

（1）预应力锚杆柔性支护与传统的刚性支护相比，其主要优点是：

①造价低廉。

主要体现在两方面：使用材料（包括混凝土、钢材）较少，材料用量远低于桩锚支护及地下连续墙支护；土石方开挖和回填工程量少。根据研究调查，预应力锚杆柔性支护仅为桩锚支护工程造价的 $1/3 \sim 1/2$。

②工期快。

传统的桩锚支护或墙锚支护需在基坑开挖前进行混凝土桩或连续墙的施工，而预应力锚杆柔性支护为边开挖边支护，使土石方开挖和支护同步进行，因而工期大大缩短。

③施工占地小。

预应力锚杆柔性支护法占用的空间小。在一些特殊的地段，如基坑紧贴建筑或基坑周围有地下管网，传统的桩锚或墙锚则无法做到，而采用预应力锚杆柔性支护则能满足这种要求。

④施工简单。

预应力锚杆柔性支护所需要的设备主要为钻孔机、喷射机、注浆机及电焊机等，均为小型施工设备，操作简便，施工简单，对周边环境干扰较小，特别适合于城市施工。

⑤安全性好。

由于锚杆均为预应力锚杆，对每一根锚杆均进行了张拉，这实际上也是对每一根锚杆的检验，发现有问题的锚杆可以及时进行补做，避免潜在的隐患。另一方面，在使用期间，由于锚杆数量众多，单根锚杆承受的荷载相对较小，即使个别失效，对整体影响也不大。

（2）预应力锚杆柔性支护与土钉支护同为柔性支护，与土钉支护相比，尚有其优点：

①基坑变形小。

土钉支护只有当土体发生一定变形后才能被动受力，随着开挖深度的加深，坑壁的位移也不断加大；而预应力锚杆柔性支护由于施加了预应力，在土体中产生压应力，减小了土体剪切变形，同时锚固段内砂浆锚固体与岩土间的剪切变形以及锚杆的弹性变形也随着预应力的施加而相继发生，因此，预应力锚杆柔性支护的坑壁变形大大减小。根据国内外的研究和实测资料，土钉支护的最大水平位移发生在基坑顶部，其最大值与坑深的比值为 0.1% ~ 0.4%。基坑支护的变形性能对城市地区基坑开挖是非常重要的，尤其是在紧靠建筑物和重要管网基坑的支护，要求基坑变形很小，在这种情况下，预应力锚杆柔性支护在控制位移上则表现出良好的性能。

②施工工期短。

由于预应力锚杆柔性支护中单根锚杆的承载力要比单根土钉的承载力大，锚杆的水平间距和竖向间距要比土钉的大，对相同深度的基坑，锚杆的层数要比土钉少，需要分层循环施工的次数减少,尤其浆体达到一定强度需要一定的时间。因此,相对而言,预应力锚杆柔性支护的工期较短。

③支护基坑的深度大。

对两种支护方法基坑的极限深度做出估计是件困难的事情。由于预应力的存在,预应力锚杆柔性支护的坑壁位移比土钉支护的位移要小得多,特别是对坑壁位移有严格要求的城市区域,预应力锚杆柔性支护的基坑可以做得深一些。另一方面,由于预应力改变了土体单元的受力状态,延缓了土体单元发生剪切破坏或主拉应力破坏的过程,提高了坑壁的稳定性。因此,从理论上讲,预应力锚杆支护基坑的深度要大一些。国内工程实例表明,预应力锚杆支护的大连远洋大厦基坑深度已达25.6m,土钉支护的广州安信大厦基坑的最大深度达18m。

### 39.1.3 预应力锚杆柔性支护法与其他支护方法的比较

土钉支护是一种原位加固的方法,预应力锚杆支护与土钉支护均属于柔性支护,在外观上有相似之处,但在作用机制上是有区别的。拉锚式支护结构包括桩锚支护和墙锚支护,属刚性支护体系,它与预应力锚杆柔性支护法在施工方法、变形形态等方面存在着一些差异。

1)预应力锚杆柔性支护与土钉支护的比较

(1)二者的相似点

①施工方法均是自上而下分层开挖,分层支护,随挖随支。

②均是对原位土体的支护。

③相对传统的支护而言,二者坑壁面层的刚度较小,均属于柔性支护。

④基坑坑壁位移的形态是相似的,在地面处最大,随深度的增加逐渐减小,只是预应力锚杆支护的位移要比土钉支护的位移小得多,如图39-3所示。

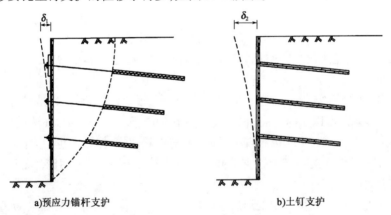

图39-3　预应力锚杆支护与土钉支护坑壁变形比较

(2)二者的区别

①作用机制不同。

预应力锚杆支护对潜在滑移区内的岩土体进行锚固,锚杆设置时施加预应力,预应力增加了岩土体潜在滑动面上的正应力和相应的抗剪阻力,减少了沿潜在滑动面的下滑力,增加了岩土体整体稳定性,对岩土介质的潜在滑移面起"超前缝合"作用,具有主动的约束锚固机制。土钉支护是对原位土体进行加固,以土钉与其周围被加固的土体形成的复合土体作为挡土结构,类似重力式挡墙。土钉一般是不加预应力,只有当坑壁发生位移后,土钉才能对土体产生约束,使土钉被动受力,因此土钉主要取其加固机制。

②稳定验算的内容有区别。

预应力锚杆柔性支护的锚固段位于潜在滑裂面以外,其只需进行滑裂面以内岩土体的稳定验算(包括施工阶段的最不利工况)和坑底隆起验算。土钉支护除进行上述两项验算外,还需进行外部稳定验算。

③锚杆沿全长分为自由段和锚固段,锚杆杆体与土体之间的剪切荷载传递只发生在锚固段(抵抗区),在自由段(活动区)不允许传递剪切荷载,锚杆在自由段长度上拉力大小是相等的。土钉杆体与土体之间的剪切荷载传递沿全长发生,一般是中间大、两头小,因此二者在杆体长度方向上的拉力分布是不同的,如图39-4所示。

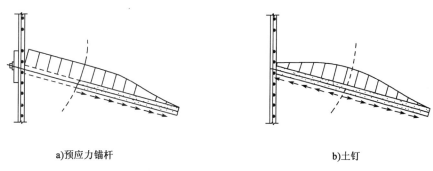

a)预应力锚杆　　　　　　　　　　　　　　　　b)土钉

图39-4　杆体钢筋拉力沿长度的分布

④锚杆通过自由段将最大的锚固荷载传递给坑壁上,因此需要锚下承载结构,以防止"刺穿"挡土结构面层。而土钉最大荷载只有一部分通过土钉传到面层,因此,面层上只需较小的传力结构即可,一般来说,其端部用一小钢板与土钉相连后直接喷于混凝土中即可满足承载要求。

⑤在预应力锚杆柔性支护和土钉支护中,单根锚杆的承载力比单根土钉的大,因此,锚杆的间距要比土钉的间距大,预应力锚杆的间距通常为 $1.8 \sim 3.0$ m,土钉的间距通常为 $1.0 \sim 1.5$ m,当然锚杆或土钉间距大小与岩土性质有关。

2)预应力锚杆柔性支护与拉锚式支护结构比较

预应力锚杆柔性支护与拉锚式支护结构的区别主要体现在以下几个方面:

(1)预应力锚杆支护属柔性支护体系,面层受力较小;而拉锚式支护结构属刚性支护体系,挡土结构受力很大。

(2)从施工方法上,前者施工是分层开挖、分层支护;后者施工则是在基坑开挖前先进行桩或墙的施工,开挖后进行锚杆施工。

(3)二者的锚杆均是预应力锚杆,其做法和受力状态是相同的,但前者的锚杆密度和数量比后者锚杆要大得多,而前者单根锚杆的承载力则比后者锚杆的承载力小得多。因此,可以形象地说,预应力锚杆柔性支护是由数量多的、承载力较小的系统预应力锚杆构成的。

(4)预应力锚杆柔性支护开挖面最大变形发生在坑壁顶部,而拉锚式支护结构的最大变形发生的位置取决于锚杆的位置和如何受力。

### 39.1.4　预应力锚杆柔性支护的适用土层及应用范围

1)最适用于预应力锚杆柔性支护的土层

一般来讲,从经济效益看来,预应力锚杆柔性支护的经济使用要求土层在垂直或陡斜边上开挖2m左右高时,不加支护条件下能保持自稳 $1 \sim 2$ d。另外,特别要求钻孔孔壁能保持稳定至少数小时。

预应力锚杆柔性支护可适用于下列土层类型：

(1)无不良方向性和低强度结构的残积土和风化岩。

(2)粉质黏土和不易于产生蠕变的低塑性黏土之类的硬黏土。

(3)天然胶结砂或密实砂和具有一定黏结力的砾石。

(4)天然含水率至少为5%的均匀中、细砂。

2)不适合用预应力锚杆柔性支护的土层

任何一种支护方法均有其适用的土层条件，在此条件能做到安全、经济、快捷。在不太适宜的岩土地层中可以通过技术措施来实施某种支护方法，但往往导致该方法在经济上是不合理的。

下列土层被认为不适用或应有限制地使用预应力锚杆柔性支护法：

(1)现场标准贯入击数 $N$ 值低于10或相对密度小于30%的松散规则粒状土。这些类型的土通常没有足够的自稳时间，并对施工设备的振动敏感性很强。

(2)不均匀系数 $C_u$ 小于2的粒度均匀的粒状无黏性土(级配不良)，非常密实的除外。在施工过程中，这些类型的土缺乏明显的黏聚力，在暴露时将趋于松散状态。

(3)有过高含水率或潮湿的土，这类土暴露时趋于滑坍或产生开挖面不稳定问题，即明显的黏聚力损失。

(4)液性指数 $I_L$ 大于0.2，不排水抗剪强度 $C$ 小于50kPa的有机质土或黏性土。该类土体中会产生连续长期蠕变，在饱和状态下施工还会明显减小土体与水泥浆黏合力和抗拔阻力。因此，锚杆在这类土中应用是应事先进行长期蠕变状态的试验测试，符合要求时方可投入使用。

(5)对具有张开节理或孔隙的高度破裂岩石(包括孔状灰岩)和多孔、级配粗糙的粒状材料(如卵石)，困难在于难以获得令人满意的灌浆锚杆而要特别小心。低坍落度灌浆之类的施工措施有时可优先在这类材料中使用。

(6)有软弱结构不连续面的岩石或风化岩(如填满的断层泥)。

3)预应力锚杆柔性支护的应用范围

(1)临时性支护。

主要用于高层建筑、地下结构的深基坑支护，面层可以使用喷射混凝土，也可以使用木板。

(2)永久性支护。

城市地区的建筑边坡加固，公路、铁路路堑边坡加固，隧道洞口挖方工程加固等。垂直或近乎垂直的开挖施工使开挖量降至最少，同时还减少了公路用地。

(3)原有支挡结构修整加固。

预应力锚杆可通过原有挡土墙来设置，用来加固或加强原有失效或危险的挡土结构。这些挡土结构主要有：已遭受结构破坏或过量挠曲的毛石挡墙或钢筋混凝土挡墙，造成的原因通常是由于松散或软弱回填土以及墙后渗水；由于钢筋腐蚀或回填质量差，损坏了加筋土墙。

在20世纪七八十年代，我国修建的一批加筋土桥头路堤，不少出现了侧向过量挠曲的问题，现已有部分工程采用了本方法进行了加固，效果良好。

4)预应力锚杆柔性支护的局限性

就像大多数支护方法一样，预应力锚杆柔性支护技术不是普遍适用的，必须清楚了解其局限性。在通常情况下，通过恰当的设计或施工预防措施，从技术上可以解决这些局限性，但这样又往往导致该方法不再具有经济实用的特点。

（1）锚杆施工要求在土体中形成一般为 2m 左右高的路堑。因此，土体必须有一定程度的天然"黏结"和胶结，否则就需要进行掏槽、护道或减少路堑开挖层高度以稳定开挖面，这就增加了施工的复杂性和施工费用。

（2）现场需要有允许设置锚杆的地下空间。在城市中心地带，拟开挖基坑邻近的建筑有地下室或建筑物基础且水平距离较小，锚杆无法设置，这时可用桩锚技术来完成支护，通过下调锚杆的位置和加大倾角使锚杆在地下室或建筑物基础下穿过，如图 39-5 所示。

（3）对钻孔困难的地层或限于当地设备条件而钻孔困难的地层，钻孔费用过高，导致整体造价提高。

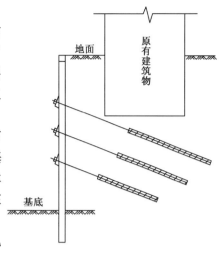

图 39-5　桩锚支护结构形式

（4）在软黏土或易发生蠕变的黏土等土层，由于锚杆在这些土层中的摩阻力低，锚杆不可能有效的发挥其支撑能力，为了保持足够的稳定水平，需要较长和高密度的锚杆，这在经济上是不合理的。

## 39.1.5　锚杆构造及受力状态

锚杆是预应力锚杆柔性支护法的主要受力结构，锚杆既要提供足够抗拔力，又要力求施工简便。锚杆的种类很多，在实际工程中具体使用何种锚杆，主要根据岩土情况、机具设备情况以及经济效益、工期长短等因素综合考虑。以下按锚杆不同的分类方法予以简述：

**1）按是否施加预应力**

按是否施加预应力情况可分为预应力锚杆与非预应力（普通）锚杆。

对无初始变形的锚杆，要使其发挥全部承载力，则要求锚杆端部有较大的位移。为了减少这种位移直至达到结构物所能容许的程度，一般是通过将早期张拉的锚杆固定在锚下承载结构上，以对锚杆施加预应力，同时也在结构物和地层中产生预加的应力，即预应力锚杆。

普通锚杆因锚头与腰梁和支护结构之间、锚固体与土体之间均无应力状态，只有当潜在滑动面内的土体发生滑动或存在滑动趋势时，锚杆才发挥作用，即普通锚杆要发挥作用，土体和支挡结构必须产生一定的位移。

预应力锚杆与非预应力（普通）锚杆的结构构造与基本原理间存在着差异，两者在地层中的力系也是截然不同的，如表 39-1 所示。

**2）按传力方式**

**（1）拉力型锚杆**

锚杆承受的外力，首先通过锚杆与周边水泥砂浆握裹力传到砂浆锚固体中，然后通过砂浆锚固段传到周围土体。

对于拉力型锚杆而言，3 个强度指标决定了锚杆抗拔力的大小，即杆体抗拉强度、杆体与注浆间的抗剪强度以及砂浆锚固体与周围土体的抗剪强度，通常情况下 3 个强度中最后一项最小，所以一般情况下拉力型锚杆的抗拔力最终受锚固体与土体间的剪切强度控制。

| 预 应 力 锚 杆 | 非 预 应 力 锚 杆 |
|---|---|
| 1. 安装后能及时提供支护抗力,使岩土体处于三轴应力状态;<br>2. 控制地层和结构物变形的能力强;<br>3. 按一定密度布置锚杆,施加预应力后能在地层内形成缩区,有利于地层稳定;<br>4. 预加应力后,能明显地提高潜在滑移面或岩石软弱机构面的抗剪强度;<br>5. 张拉工序能检验锚杆的承载力,质量易保证;<br>6. 施工工艺较复杂 | 1. 安装后,岩石移动锚杆才能被动地发挥作用;<br>2. 控制地层与结构物变形能力差;<br>3. 难于在地层内形成压缩区;<br>4. 紧靠杆体自身强度发挥其抗拉抗剪作用;<br>5. 缺乏检验锚杆施工质量与承载力的有效方法;<br>6. 施工简单 |

(2)压力型锚杆

与拉力型锚杆不同,压力型锚杆杆体采用全长自由的无黏结预应力钢绞线,再加上锚杆底端与钢绞线可靠连接的传力锚具,使得杆体受力时,拉力直接由无黏结钢绞线传至底端传力锚具,通过传力锚具对注浆体施加压应力,以此提供锚杆所需的承载力。正因为锚固注浆体为受压状态,所以称其为压力型锚杆。

与拉力型锚杆相比,压力型锚杆有其特有的优点:

①由于锚固注浆体承受压应力,注浆体无裂缝,抗腐蚀性能好,这一点对于永久性锚杆尤为重要。

②由于杆体全长自由,在相同锁定荷载下,压力型锚杆预应力损失比拉力型锚杆小得多。

③无须设锚杆自由段,可全长注浆,施工方便。

④锚固体与周围土体间的剪应力由孔底向前传递,剪应力分布较拉力型锚杆均匀,且相同荷载下剪切应变小。

压力型锚杆与拉力型锚杆的荷载传递性状不同。在拉力作用下,拉力型锚杆杆体的拉应力首先通过杆体周边与砂浆锚固体握裹力而传递到砂浆锚固体中,然后再通过锚固体与周围土体的摩阻力而提供锚固力,而压力型锚杆将杆体拉应力先通过孔端锚具对注浆体底端施加的压应力而传递到锚固体中,然后再通过底部锚固体与周围土体的摩阻力而提供锚固力,两者的传力渠道不同。拉力型锚杆的拉力是从前向后逐步传给锚固段土体,而压力型锚杆的拉力是从后向前逐步传递的。图 39-6a)和 b)分别为拉力型锚杆和压力型的传力示意图。

(3)压力分散型锚杆

分散压缩型锚杆作为一种新型锚杆,具有结构构造新颖、承载力高、耐久性好、杆体可拆除等性能。

压力分散型锚杆克服了拉力型锚杆承载力与锚固段长度非正比增加、黏结应力峰值突出、防腐性能较差、杆体无法拆除等性能缺陷而形成的具有独特传力机制和良好工作性能的单孔复合锚固体系,其杆体采用独特的结构构造和施工工艺,将锚杆受到的集中压力分散为几个较小的压力,分段作用于较短的锚固体上,使锚固体与周围土体的黏结应力峰值大幅降低并较均匀地分散到整个锚固段长度上,从根本上充分调用了土体的抗剪强度,显著地提高了锚杆的承载力,如图 39-6c)所示。

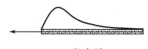 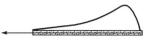 

| a)拉力型 | b)压力型 | c)压力分散型 |

图 39-6 锚杆按传力方式分类

**3）按注浆形式**

**（1）常压注浆锚杆**

注浆作业从钻孔底部开始，注浆过程中应确保从钻孔中顺利地排水、排气，直到放气管排出素浆为止。注浆作业不得中断，常压注浆压力通常采用 0.3 ~ 0.5MPa。从钻孔到一次常压注浆完成尽可能快速进行，通过常压注浆在规定的位置上形成锚固体。

**（2）高压注浆锚杆**

为了进一步提高锚杆的拉拔能力，可在常压注浆完成后，锚固体达到一定强度时可进行二次高压注浆，二次注浆的注浆压力可高达 6 ~ 8MPa。

二次高压注浆主要是劈裂一次注浆形成的锚固体结石，并向周围土体渗透、挤压、扩散，以形成连续球体形。这样，一方面通过二次（多次）高压灌浆增大了锚固体与周围土体的摩擦接触面积，另一方面由于高压注浆对土体的挤压、渗透作用，提高了土层的力学指标。若一次注浆的浆体尚未形成一定强度结石时，劈裂注浆难以实现。若结石强度过高时，则二次注浆不能冲开水泥结石体。因此，对于二次高压注浆必须掌握一次注浆结石的强度与时间，为此除凭以往工作经验外，可对不同土层进行必要的先期试验。

**4）按锚固体形态**

**（1）圆柱型锚杆**

这种锚杆是国内外早期使用的一种锚杆形式，施加拉力时，预应力由自由端传递给锚固体，再从锚固体上段逐渐往下传递，靠锚固体与周围岩土介质间的摩阻力传递锚杆拉力。圆柱型锚杆工艺简单，适用于各类较坚硬的土层，应用广泛，但在软弱黏土中，往往拉拔力较低。

**（2）端部扩大头型锚杆**

端部扩大头型锚杆靠锚固体与土体间的摩阻力及扩体处土层的端承强度来传递结构拉力，在相同的锚固长度条件下，端部扩大头型锚杆的承载力远比圆柱型锚杆大。该种锚杆适用于黏土等软弱土层以及受毗邻地界限制锚杆长度不宜过长的土层和一般圆柱型锚杆无法满足要求的情况。

**（3）连续球体型锚杆**

这种锚杆利用设于自由段与锚固段交界处的密封袋和带许多环圈的套管，可对锚固段进行高压灌浆处理，必要时还可使用高压破坏原来已有一定强度的灌浆体，对锚固段进行二次或多次灌浆处理，使锚固段形成一连串球状体，使之与周围土体有更高的嵌固强度。对锚固于淤泥、淤泥质黏土地层或要求较高锚固力的土层锚杆，宜采用连续球体型锚杆。

**5）按锚杆形成方式**

**（1）钻孔式锚杆**

钻孔式锚杆是一种传统的锚杆施工工艺，首先采用钻机成孔，然后安放锚杆的施工顺序。

**（2）自钻式锚杆**

自钻式注浆锚杆是近年来发展起来的一种新型锚固工艺，适用于各种复杂地质条件和施工现场环境，具有自动化程度较高、工艺流程简单、工期短、强度高、经济效果好等优点。自钻式锚杆的本身兼作钻杆和灌浆管，浆液通过锚杆空心从钻头两侧灌浆孔喷出，与岩屑、砾石或土混合后凝固，对岩土体形成加固作用。因此，利用自钻式锚杆钻进时无须套管和灌浆管，避免了普通锚杆或锚索钻进的塌孔和埋钻事故。

6）按使用年限

基坑支护锚杆的使用年限一般较短，大多按临时性锚杆考虑，对于个别使用年限超过2年的锚杆则按永久性锚杆考虑，临时性锚杆和永久性锚杆的区别在于其防腐处理及安全系数的大小取值。

（1）临时性锚杆

使用年限在2年以内的锚杆。

（2）永久性锚杆

使用年限在2年以上的锚杆。永久性锚杆即使超过使用期，也必须满足其功能要求，因而安装时需有专门的设计、防腐保护措施与监测。

锚杆分类
- 按是否施加预应力
  - 预应力锚杆
  - 非预应力锚杆
- 按传力方式
  - 拉力型锚杆
  - 压力型锚杆
  - 压力分散型锚杆
- 按注浆形式
  - 常压注浆锚杆
  - 高压注浆锚杆
- 按锚固体形态
  - 圆柱型锚杆
  - 端部扩大型锚杆
  - 连续球体型锚杆
- 按锚杆形成方式
  - 钻孔式锚杆
  - 白钻式锚杆
- 按使用年限
  - 临时性锚杆
  - 永久性锚杆
- 按锚杆使用地层
  - 岩石锚杆
  - 土层锚杆

图39-7　锚杆分类图

7）按锚杆使用地层

（1）岩石锚杆

岩石锚杆的一端与承载结构连接，另一端锚固在岩层中，以承受拉力。它利用岩层的锚固力维持结构物的稳定。岩层锚杆一般都不加压灌浆，因为岩层中很容易获得所需的承载力，除非是强风化岩石或节理裂隙岩体。

（2）土层锚杆

土层锚杆一般为灌浆锚杆，它是用水泥砂浆（或水泥浆、化学浆液）将锚杆筋（粗钢筋或钢丝束等）锚固在钻孔中，并承受拉力。它的中心受拉部分是钢拉杆，钢拉杆所受的拉力首先通过拉杆周边的砂浆握裹力而传递到水泥砂浆中，然后再通过锚固段周边地层的摩阻力传递到稳定的地层中。在实际工程中，以摩擦型水泥砂浆灌浆锚杆占绝大多数。

按照上述不同分类，将锚杆形式和种类，汇总于图39-7中。

### 39.1.6　支护面层

预应力锚杆柔性支护的支护面层是柔性的，承受的荷载较小。面层的主要作用表现为：

（1）承受岩土侧向压力，并将岩土侧向压力传递至锚下承压体进而传递到锚杆上。

（2）限制岩土体局部坍塌。

（3）面层、锚下承压体以及锚杆共同作用形成支护整体，维护基坑稳定。

面层可以采用挂网喷射混凝土、木板及预制混凝土板。对临时支护而言，采用挂网喷射混凝土和木板施工较为方便，但使用最广泛的还是挂网喷射混凝土。

1）喷射混凝土面层

基坑支护的喷射混凝土厚度通常为
100～150mm，一般用一层钢筋网，钢筋直径为
$\phi 6\sim\phi 8$mm、间距为 150～250mm，对较深基坑，
则喷射混凝土的厚度厚一些，钢筋间距小一些。
为了最大限度地减小喷射混凝土的用量，开挖
面应尽量平整、规矩，必要时可用人工修整坡
面。锚杆（索）端部用锚具与锚下承载结构连
接，其中，锚杆的锚具采用螺丝杆、螺母；锚索的
锚具则多采用锥形群锚。锚杆（索）通过锚具将
锚下承载结构与喷射混凝土面层连接，并将锚
下承载结构喷入混凝土一定深度中，做法如图
39-8 所示。

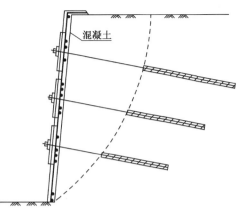

图 39-8　喷射混凝土面层

2）木板面层

在临时支护中，可采用木板作支护面层。木板通常采用 50～60mm 的落叶松木板，使用木
板作支护面层具有施工方便、快捷的特点，尤其是当冬季温度在 0℃ 以上的情况下施工时，喷
射混凝土用水需要加热，但水管仍时常冰冻无法通水，同时混凝土需加防冻剂，喷射混凝土的
效率大大降低，在这种情况下使用木板作支护面层则较好地解决了上述问题。但使用木板作
支护面时，要求锚下承载结构的刚度和强度要大，因为用木板作支护面时不像喷射混凝土对锚
下承载结构有一定的约束，同时要求坑壁平整，以使木板与坑壁压密。用木板作支护面层的预
应力锚杆柔性支护法已取得成功的工程实例，如在 1994 年支护的大连友谊商城基坑工程深度
达 15m，做法如图 39-9 所示。

3）喷射混凝土与木板组合面层

对于基坑坑壁土层强度较低的情况，锚杆施加预应力或在土压力作用下，锚下结构变形较
大，喷射混凝土容易发生冲剪破坏，工程实践也证明了这一点。在这种情况下，先铺设一层木
板，然后再挂网喷射混凝土。木板不需满铺，可按 50% 左右的覆盖率铺设，由于有 50% 的间
隔，可使喷射混凝土与坑壁有效地黏结。铺设木板后的面层增加了传力面积，减小了锚下结构
的变形，提高锚下结构的承载能力，效果很好，做法如图 39-10 所示。

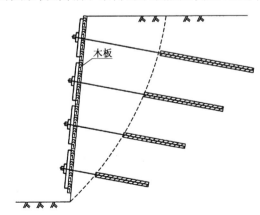

图 39-9　木板面层

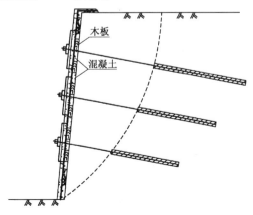

图 39-10　喷射混凝土与木板组合面层

### 39.1.7 锚下承载结构

预应力锚杆分为自由段和锚固段,在自由段范围内锚杆内力是相同的,潜在滑动体的侧压力通过面层全部作用在锚下结构上,进而传递给锚杆。这一点与土钉支护不同,对土钉支护而言,岩土体的侧压力部分通过锚固体(水泥浆或水泥砂浆)和岩土体的握裹传递给土钉,只有部分侧压力传递给钉头。因此,对预应力锚杆柔性支护法而言,锚下结构承受很大荷载,需要一定的措施和结构体系来保证。

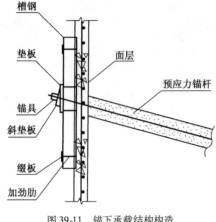

图 39-11　锚下承载结构构造

锚下承载结构由锚头(具)、支承板和型钢等构成的组合构件,它能将预应力从预应力筋传递到支护面层或者地面上,如图 39-11 所示。

在预应力锚杆柔性支护体系中,锚头是对锚杆施加预应力、实现锚固的关键部位,用来将预应力从预应力筋永久地传递到支承板上。但往往预应力筋的品种决定了锚头的形式,锚头的固定是用锚具(金属加工而成的机械部件)通过张拉锁定的,固定锚头的锚具主要有以下类型:用于锁定预应力钢丝的锥形锚具;用于锁定预应力钢绞线的挤压锚具,如 XM 锚具、OVM 锚具;用于锁定钢筋的螺丝杆锚具等。

支承板,即安装在锚头下的钢垫板(斜垫板),它的作用是将预应力均匀分布到锚固结构(型钢、槽钢)上。

施工安装时,锚杆的支承板和锚头应垂直于预应力筋安装(容许误差为 3°),锚杆穿过支承板的中部,预应力筋和型钢不得弯曲或扭曲,锚头张拉端应保持清洁,以防止受损,直到最终试验和锁定。

锚头附近预应力筋的防腐蚀设计,应仔细谨慎,对关键部位予以妥善保护。因为大多数锚杆的腐蚀破坏往往都出现在锚具附近未予保护的预应力钢筋,如果没有采取妥善的保护措施,往往此部位容易流出含杂质的浆液,会因侵蚀性元素的存在而对预应力钢筋造成损害。

锚下结构强度定义为锚下承载结构部分有效承载能力,这是预应力锚杆全部承载能力的要素之一。预应力锚杆整体承载力取决于:

(1)锚杆杆体材料的承载力。

(2)锚杆在锚固段中的抗拔力,抗拔力大小又由以下两个因素决定:锚固体与岩土体间的摩擦力,对扩孔锚杆还包括端部承压力;锚杆锚体与锚固体的握裹力,锚固体强度达到一定值后,这一项一般不控制。

(3)锚下结构承载力。

设计锚杆时要考虑上述三个要素,尽量使三个要素的承载力接近,才是最经济合理的,因为锚杆的整体承载力取决三个要素中承载力最小的要素。这在锚杆设计中应该引起注意的,不能只考虑单一因素的承载力。

锚下承载结构受力是十分复杂的,有可能发生几种潜在的破坏模式,可能的破坏模式为:面层和锚下承压体(型钢)间的冲剪破坏;锚下承载体的挠曲破坏和失稳;锚具的拉伸破坏。

---

锚下结构的承载能力取决于上述几种破坏模式,其承载力为上述几种可能破坏的最小承载力,关于锚下结构承载力的计算另行研究。

### 39.1.8　排水系统

当采用预应力锚杆柔性支护体系对基坑进行垂直开挖时,若施工地区的地下水位较高,将涉及地下水对基坑施工的影响。从基坑开挖施工的安全角度出发,对于采用预应力锚杆柔性支护体系的垂直开挖,坑内被动区土体由于含水率增加导致强度、刚度降低,对控制支护体系的稳定性、强度和变形都是十分不利的;从施工角度出发,在地下水位以下进行开挖,坑内滞留水,一方面增加了土方开挖施工的难度,另一方面也使地下主体结构的施工难以顺利进行。因此,为保证深基坑工程开挖施工的顺利进行,同时为了防止地表水渗透对喷射混凝土面层产生压力,并降低土体强度和土体与锚杆之间的界面黏结力,预应力锚杆柔性支护必须有良好的排水系统。

恰当的设计排水系统,将为施工带来下列各项好处:

(1)防止基坑坡面和基底的渗水,保证坑底干燥、便于施工。

(2)增加坑底的稳定性,防止基坑底部的土颗粒流失。这是因为基坑开挖至地下水位以下时,周围地下水会向坑内渗流,从而产生渗流力,对基底稳定产生不利影响,此时采用井点降水的方法可以把基坑周围的地下水降到开挖面以下,不仅保持坑底干燥,而且消除了渗流力的影响,防止流沙产生,增加了基底的稳定性。

(3)减少土体含水率,有效提高土体物理力学性能指标。对于预应力锚杆柔性支护体系可增加被动区土体抗力,减少主动区土体侧压力,从而提高支护体系的稳定性和强度保证,减少支护体系的变形。

(4)防止可能发生的冻害。

基坑施工在开挖前,要先做好地面排水,设置地面排水沟引走地表水,或设置不透水的混凝土地面防止近处的地表水向下渗透。沿基坑边缘地面要垫高防止地表水注入基坑内。随着向下开挖和支护,可从上到下设置浅表排水管,即用直径 60~100mm、长 300~400mm 短塑料管插入坡面以便将喷混凝土面层背后的水排走,其间距和数量随水量而定。在基坑底部应设排水沟和集水井,排水沟需防渗漏,并宜离开面层一定距离,必要时可采用井点降水。

井点降水是人工降水常采用的措施之一,它是指在基坑的周围埋入深于基坑底部的井点或管井。以总管连接抽水(或每个井单独抽水),使地下水下降,形成一个降落漏斗,并将地下水降低到坑底以下 0.5~1.0m,从而保证可在干燥无水的状态下挖土,不但可防止流沙、基坑失稳等问题,而且便于施工。

井点降水可根据基坑范围、开挖深度、工程地质条件、环境条件等合理选择井点类型。常用的井点类型主要有轻型井点、喷射井点、深井泵和电渗法等,其适用范围如表 39-2 所示。

各种井点降水的适用范围　　　　　　　　　　　　　　　　表 39-2

| 井点类型 | 土层渗透系数(m/d) | 降低水位深度(m) | 井点类型 | 土层渗透系数(m/d) | 降低水位深度(m) |
|---|---|---|---|---|---|
| 一级轻型井点 | 0.1~80 | 3~6 | 管井井点 | 20~200 | 3~5 |
| 二级轻型井点 | 0.1~80 | 6~9 | 喷射井点 | 0.1~50 | 8~20 |
| 电渗井点 | <0.1 | 5~6 | 深井泵 | 10~80 | >15 |

# 39.2　预应力锚杆柔性支护的设计计算

## 39.2.1　基坑支护设计计算方法综述

随着基坑工程数量的增多和规模的扩大,人们对基坑工程特性的认识日益丰富,设计计算理论也不断完善,已经从侧重于支护结构内力大小和基坑稳定性的传统设计观念扩展到同时考虑基坑周围土体变形,以满足正常使用极限状态的设计观念。然而,基坑工程是一个实践性很强的岩土工程问题。目前,基坑的稳定性、支护结构的内力和变形及基坑周围地层位移的计算分析尚不能准确地得出定量结果,故在工程实践中常采用理论分析、经验判断及现场信息反馈三者结合的方法,在某些情况下,工程经验往往显得更重要。

对支护结构的设计计算,目前有多种多样的方法,但没有一种方法得到普遍的认可。在支护稳定性和内力分析方法上大体可分为三类:

(1)极限平衡分析方法,这类方法需要假定各种可能的破坏面位置,从中寻求临界破坏面,并满足规定的安全系数要求。但极限平衡分析方法不能提供任何有关变形的信息,包括坑壁水平变形和地面沉降。

(2)数值计算方法,包括有限元法、有限差分法、离散元法、边界元法等,不同方法用于不同岩土条件、变形条件及边界条件等,能得出支护结构的内力和变形数据。

(3)工程经验法,或称工程简化分析方法、工程类别法,其特点是凭经验直接给定临界破坏面的位置,并根据一些实测结果进行统计得出土压力的分布图形计算出支护结构的内力。

目前,基坑支护设计处于工程经验和理论分析方法相结合使用的阶段。

1)极限平衡法

目前,用于基坑稳定性分析的方法很多,如极限平衡法,有限差分法,有限元法等。虽然每一类方法都有自己的优点,但在实际工程中极限平衡法应用的最多,其主要原因是在使用上的方便。

在基坑工程中,极限平衡法假定作用在结构物前后墙上的土压力分别达到被动土压力和主动土压力,在此基础上再作简化,通过有限元分析方法计算出可能滑动面上各点的应力,然后再利用极限平衡原理计算滑动面上各点的安全系数及沿整个滑动面滑动破坏的安全系数。与其他方法相比,极限平衡法的缺点是在力学上作了一些简化假设,其优点是该方法抓住了问题的主要矛盾,且简易直观,并有多年的应用经验,若使用得当,将得到比较满意的结果,它是目前应用最多的一种理论分析方法。

从 1916 年 Pettersson 提出圆弧滑动面分析方法,即最初的瑞典圆弧法以来,近百年来,许多学者提出了十多种极限平衡法。瑞典学者 Fellenius 将圆弧法推广到有摩擦力和黏聚力的土体稳定性计算中去,并初步探讨了最危险圆弧滑动面位置的规律。这方面比较著名的方法有 Spencer 方法、美国的 Davis 方法、德国的 Stocker 和 Gasler 方法及 Bishop 方法等。这些方法的区别在于对滑动土体内部土条间的相互作用力的假定不同以及能否用于任意形状的滑动面。Espinoza 等按条间力假定不同,将这些方法分为三类:假定条间力合力的方向,如 Bishop 方法;假定推力线的高度,如 Janbu 法;假定条间力的分布形式,如 Sarma 方法。根据 Freollund D. J. 和 Krahn J. 1973 年所做的比较分析,采用各种方法计算出的安全系数差别不大。

以上传统的分析方法都是在极限平衡分析的基础上设计的,它们共同的缺点如下:

（1）用极限平衡理论设计的支护措施,是针对先开挖后填筑的情况设计的,它研究的土体是人工填土,它研究的平衡是主动平衡和被动平衡,而要达到这样的平衡,需要挡土墙顶产生足够的位移。而对于深基坑开挖工程来说,基坑开挖的实际情况是在设置支护措施后,再在基坑内开挖土方,支护结构允许的变形是很小的,因而这时的平衡是介于主动平衡和被动平衡之间的一种平衡形式,并且它所研究的土体是多年形成的具有一定强度的天然土体。

（2）因为极限平衡理论不能考虑开挖过程中的一些重要因素,如作用于支护结构上的土压力与支护形式、开挖速率等多种因素有关,从而它不能准确预测基坑开挖过程中的位移和稳定情况。

（3）传统的设计思想是用强度和稳定来控制验算的。而在深基坑支护结构的设计中,随着基坑深度的加大及环境条件的复杂化,对深基坑支护结构设计的要求愈加严格,特别是基坑工程周边的建筑物或地下管线或隧道的抵抗变形及不均匀变形的能力是有一定限制。除了考虑强度和稳定,还必须考虑变形、土体与支护结构的相互关系。

（4）传统的极限平衡方法往往不能很好解决土体本身的复杂性,如:非线性、材料的不均匀性、各向异性及复杂的边界条件等。

2）数值计算法

基坑开挖支护结构的设计计算方法与基坑工程规模及支护形式相适应,在不同的发展阶段有不同的设计理论。20世纪40年代,Terzaghi、Peck等人就提出了预估挖方稳定程度和支撑荷载大小的方法。20世纪60年代初期,在奥斯陆和墨西哥城软黏土的深基坑中采用了仪器进行监测,分析实测资料,提高了预测的准确性。

随着计算机的发展,数值分析方法,如有限元法、有限差分法、边界元法、离散元法及各种方法的耦合方法,在基坑工程分析中的应用逐步广泛起来。国内外学者按不同的本构模型、不同岩土性质及不同支护形式,对基坑的工作性能和力学行为进行了广泛的研究,得出了一些有价值的研究成果。20世纪70年代,Clough和Christian等人将有限元法最先应用于带支撑的基坑开挖,因其能模拟复杂的施工过程,详细考虑场地特性和周围土体的性状,现已广泛应用。有限差分法用于大变形的基坑计算分析是较适宜的,目前应用较广的如FLAC程序。

数值分析方法用于计算已很普遍,从其在基坑工程的应用来看,对其计算结果的有效性,不同学者有着不同的看法。其中,主要问题是如何选择合适的计算模型和计算参数。由于岩土工程的复杂性,要想完全依据数值分析方法进行基坑工程设计并期望得到较理想的计算结果将是很困难的。但一般认为,如果选择合适的计算模型和计算参数,将数值计算方法用来分析不同参数变化时的基坑支护结构力学性能的变化规律还是很有价值的。

基于此,本书有关章节中用有限差分程序FLAC,对预应力锚杆支护方法进行分析探讨,其中有些规律很能说明问题。用数值计算方法进行基坑工程分析时,需要在以下一些方面进行考虑:整体计算模型的选取、土与结构的本构模型、不同材料之间的接触模拟、土体参数的确定等,这里予以简单介绍。

（1）整体计算模型

由于数值计算的计算过程比较复杂,需要大量的计算空间和时间,因此,在实际应用中大部分基坑支护数值计算将三维空间问题简化为二维平面问题进行计算。三维空间分析主要是探讨基坑坑角效应对支护结构和周围土体变形的影响。研究表明基坑边长与深度之比越大,其坑角效应越小。考虑到岩土力学参数离散性比较大,在实际工程计算可以偏于安全地忽略坑角效应的有利影响,按平面问题考虑。研究表明,平面应变分析在大多情况下分析结果和三维分析结果差别不大,具有足够的可靠性,尤其是开挖区域较大,沿着基坑纵向地质条件没有明显变化时,平面应变假设是近似准确和合理的,但在分析中准确地考虑基坑开挖的实际情况,将理论分析和施工工艺设计结合起来还需要进一步研究。

(2)土体及支护材料的本构模型

岩土工程中所提出的土体本构模型很多,包括各种弹性本构模型,如线弹性模型、非线性弹性模型、超弹性模型、次弹性模型以及各种弹塑性模型,如弹性—理想塑性模型,弹性—硬化塑性模型等。然而在基坑开挖数值计算分析中用得最多的仍然是非线性弹性的 Duncan-Chang 模型和修正的剑桥模型,一般将非线性弹性模型用于无黏性土,而修正的剑桥模型用于黏性土。

开展岩土的本构模型研究可以从下述两个方面进行:一是努力建立用于解决实际工程问题的实用模型;二是为了建立能进一步反映某些岩土体应力应变特性的理论模型。理论模型包括各类弹性模型、弹塑性模型、黏弹性模型、黏弹塑性模型、内时模型和损伤模型,以及结构性模型等。它们应能较好反映岩土的某种或几种变形特性,是建立工程实用模型的基础。工程实用模型应是为某地区岩土、某类岩土工程问题建立的本构模型,它能反映这种情况下岩土体的主要性状。工程实用模型要求概念清楚、简单、实用、参数容易测定或选用,易于被工程师接受,用它进行工程计算分析,应可以获得工程建设所需精度的分析结果。例如建立适用于基坑工程分析的上海黏土实用本构模型。研究与建立多种工程实用模型可能是本构模型研究的方向。

在以往本构模型研究中,不少学者只重视本构方程的建立,而不重视模型参数测定和选用研究,也不重视本构模型的验证工作。在以后的研究中特别要重视模型参数测定和选用,重视本构模型验证以及推广应用研究,只有这样,才能更好地为工程建设服务。

(3)土体参数

在一个基坑场区范围内岩土情况变化很大,岩土力学参数的离散性也就很大,这是岩土工程的一个特点,尤其是岩土取样时岩土体的扰动对某些参数的影响很大。在这种背景下,虽然用数值计算方法本身的精度很高,但其计算结果受输入计算参数的影响较大,计算结果很难准确,在某些情况下计算结果与实测数据往往有很大的差异。正是由于确定土体参数的困难性,所以在基坑支护工程中倡导采用动态设计,用现场实测得到的受力和变形来反演土体参数,对基坑支护的计算和设计进行修改;另一方面,可根据实测数据进行土体本构模型的选择,两者分别称为参数反演和模型识别。一般来讲,模型识别需要在不同工况对不同的土体本构模型进行数值计算并与实测对比,分析数据的符合性,选出较为合适的土体本构模型。

3)工程经验法

工程经验法是综合了一些实测资料进行统计分析而得出的规律性结果。这些规律性结果可以直接用于工程设计,并可以用于与理论分析结果进行比较、检验。通常这些工程经验性结果用于实际工程是很方便的,并且具有一定安全性,即工程上常说的"包得住",因此在工程界中很受欢迎。

工程经验法也称为工程类比法,其实质上就是利用已有的基坑的稳定性状况及其影响因素、有关设计等方面的经验,并把这些经验应用到类似的所要研究基坑的稳定性分析和设计中的一种方法。它需要对已有的基坑和目前的研究对象进行广泛的调查分析,全面研究工程地质、水文地质因素等的相似性和差异性,分析影响基坑变形破坏的各种主导因素及发展阶段的相似性和差异性,分析它们可能的变形破坏机制、方法等的相似性和差异性,兼顾工程的等级、类别等的特殊要求。通过这些分析,来类别分析和判断研究对象的稳定性状况、发展趋势、支护与加固处理设计等,它是目前应用较广泛的一种基坑稳定性分析方法。

工程经验法中最常用的是土压力图形。由于影响基坑支护土压力的因素较多,单纯用理论方法计算出的土压力在有些情况下与实际相差较大,许多学者通过大量的工程实测提出各种实用的土压力模式。Terzaghi 对柏林地铁砂土挖方支撑压力的量测结果表明,虽然砂土分布十分均匀,但土压力差异较大。从总体上看,分布曲线接近于抛物线,如图 39-12 所示。根据美国西雅图 Columbia 大厦基坑锚杆支护的工程实测结果,表明土压力的分布规律接近于梯形,如图 39-13 所示。

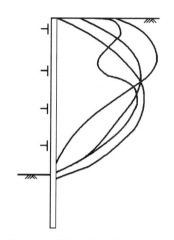

图 39-12 柏林地铁开挖实测土压力

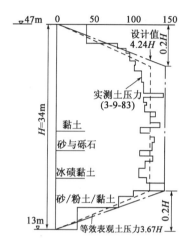

图 39-13 Columbia 大厦基坑实测土压力

### 39.2.2 预应力锚杆柔性支护设计计算内容

支护结构应满足承载能力极限状态和正常使用极限状态的要求。支护结构对承载能力极限状态而言(包括强度破坏和稳定破坏)应有一定安全储备;对正常使用极限状态而言应满足变形限制的要求。根据上面的两条基本原则,预应力锚杆柔性支护结构设计计算内容主要有以下四部分。

1)稳定分析、计算

预应力锚杆柔性支护结构,由于预应力锚杆的锚固段设在潜在危险滑动面以外,因此可只做内部整体稳定分析,一般不会发生类似土钉支护的外部稳定破坏,这里将其定义为整体稳定分析。

预应力锚杆支护还需进行各个不同施工阶段的稳定性验算,即开挖到不同深度时的稳定性。有两种不利的情况:其一,基坑刚开挖后无支护状态,这可由岩土的力学参数计算出基坑的临界高度来分析;其二,开挖到某一作业面的深度,但尚未进行该层锚杆的施工,将这一部分的计算定义为局部稳定分析。

因此,预应力锚杆支护的稳定分析计算包括两方面的计算:整体稳定分析与局部稳定分析。

2)预应力锚杆计算分析

锚杆除应满足基坑稳定性要求,还应满足设计内力的要求。按照一般的极限平衡分析方法进行结构的稳定性分析时,假定岩土体破坏面上的所有锚杆都达到了极限抗拉能力,其间距和抗拉能力应满足稳定要求;另一方面计算出荷载作用下锚杆的间距和内力,根据锚杆内力确

定锚杆间距和尺寸,锚杆内力可通过数值方法、经验方法等方法计算得出。预应力锚杆支护中锚杆设计计算的内容为:

(1)按作用在支护结构上的荷载计算出锚杆的间距和内力。

(2)由锚杆的计算内力确定锚杆尺寸,包括锚杆的截面和锚固段长度。

(3)按基坑稳定要求设计系统锚杆的间距和尺寸,或根据上述(1)、(2)确定的锚杆的间距和尺寸,验算基坑稳定。

3)面层计算分析

(1)支护面层的内力分析

面层的工作机制是预应力锚杆设计中不很清楚的问题之一,现在已积累了一些喷射混凝土面层所受土压力的实测资料,但是,测出的土压力显然与面层刚度有关。在具体工程中,多采用工程类比法进行施工作业,一些临时支护的面层往往不做计算,仅按构造规定一定厚度的喷射混凝土和配筋数量,目前还没有发现面层出现破坏的工程事故。在国外所做的有限数量的大型足尺试验中,也仅发现在故意不做钢筋网片搭接的喷射混凝土面层才出现了问题。当支护有地下水作用或地表有较大均布荷载或集中荷载时,支护面层则有可能成为重要的受力构件。

(2)支护面层的强度验算

钢筋网、喷射混凝土板上的荷载按下式计算:

$$q = \frac{p_0}{Lh} \tag{39-1}$$

式中,$q$ 为板上均布荷载(kPa);$p_0$ 为锚杆锚头对喷射混凝土板实际施加的轴向力(kN);$L$ 为混凝土板的计算宽度(m);$h$ 为混凝土板的计算高度(m)。

对于软弱土层,可根据场地条件设置竖向锚管,以增加喷锚面层的整体性和承受喷锚混凝土面层的重量。

4)锚下结构计算分析

锚下承载结构是预应力锚杆支护方法中重要的组成部分,锚杆上的内力是通过锚下结构传递的。锚下结构承载力是确定锚杆承载能力所需的要素之一,其计算内容为:

(1)锚下面层和承载体的冲剪强度,简称锚下冲剪强度。

(2)锚具的抗拉强力。

(3)承载体的承载力。

### 39.2.3 预应力锚杆柔性支护稳定性分析

基坑工程除了支护结构强度而发生破坏外,还可能由于各种原因而发生稳定性破坏。整体稳定破坏是一种很严重的破坏,往往导致坑壁整体坍塌。在预应力锚杆支护结构的计算中,整体稳定分析是一项很重要的内容,为了保证锚杆的锚固段处于可靠的稳定岩土体中,必须进行整体稳定性计算。基坑支护结构整体稳定性计算可以采用极限平衡法。极限平衡法因简单实用且计算精度也能满足工程需要,同时又能处理各种地层情况而在基坑及边坡稳定分析中广泛应用。

1)预应力锚杆支护结构的失稳模式

稳定分析对破坏模式的合理选择具有依赖性。基坑破坏模式在一定程度上揭示了基坑破坏形态和破坏机制,因此可以说是稳定分析的基础。所谓稳定分析是按照基坑的某一种破坏形态和破坏机制,根据岩土工程条件、荷载条件以及支护情况所进行的定量的受力平衡分析。离开破坏模式的稳定分析必然具有某种盲目性。基坑的破坏模式有很多类型,本节对不同岩土条件可能发生的破坏进行了归纳。

（1）土层基坑

这里的土层包括黏土、粉质黏土、砂质黏土、杂填土等。支护结构滑动所形成的滑动面不很规则,如图39-14所示,但多呈曲线形状,为了对其进行理论研究和工程应用,只能对滑动面的形状进行假设。目前常用的滑动面为圆弧线滑动面、折线滑动面、对数螺旋曲线滑动面等,其中,最常用的是圆弧线滑动面。

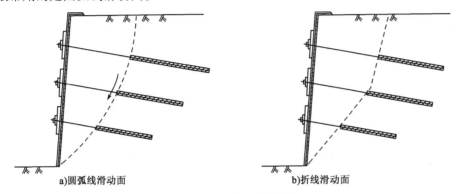

a)圆弧线滑动面                    b)折线滑动面

图39-14　土层基坑破坏模式

（2）风化岩基坑

根据不同的岩石情况,大致分为平面破坏模式和圆弧破坏模式。

①平面破坏

平面破坏通常发生在层状岩体中或岩石为非层状岩体但存在软弱结构面的情况下。其破坏方式及形态为,上部不稳定岩层沿层状结构面下滑,滑移后的破坏面上擦痕明显,并散布着部分充填物或岩屑。其稳定性受岩层走向夹角大小、软弱结构面的发育程度及强度控制。

平面破坏的机制是在自重及附加荷载作用下岩体内产生的剪应力超过层面结构面的抗剪强度而导致不稳定岩体作顺层滑动。因此,较好的确定滑动面的抗剪强度参数和侧限阻滑力的有无及大小是工程设计的关键,平面破坏模式如图39-15所示。

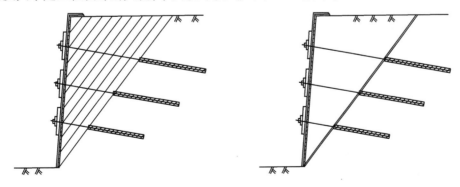

图39-15　风化岩基坑平面破坏模式

②圆弧破坏

这类破坏多发生在岩体结构类型为碎裂结构或散体结构。其岩石类型是各种岩石的构造带、破碎带、蚀变带或风化破碎带,如地震断裂破碎等。

对散体结构而言,其岩体特征是由碎屑泥质物夹大小不规则的岩块组成,软弱结构面发育成网;风化较重的层状岩体在岩层倾向平缓或逆向基坑或侧向基坑的情况下,都可能会发生圆弧破坏。

圆弧破坏的机制为在自重及附加荷载作用下岩土体内产生的剪应力超过优势滑移面抗剪强度,致使不稳定体沿该滑移面下滑,圆弧破坏模式如图39-16所示。

（3）土层岩石基坑

一般来讲,全岩石基坑是较少的。基坑的岩土情况通常是上部为第四系土层,下部依次为残积土、强风化板岩、中风化板岩等,向下风化程度依次减弱。依据不同的岩石产状、走向以及破碎程度,大致发生两种破坏模式。

①圆弧—平面破坏

圆弧—平面破坏通常发生在上部为杂填土层或一般土层,下部为层状岩层的基坑地层中。圆弧—平面破坏滑移线特征为上部呈圆弧破坏,下面呈平面破坏,二者滑动方向相同。它是两条不同的破坏形态的滑移线在一定工程地质条件下的组合,而下部岩层的破坏大多与地下水有关。

圆弧—平面破坏的破坏机制一方面是在自重及附加荷载作用下,岩土体内产生较高的剪应力,另一方面是由于地下水的作用使剪切滑移面抗剪强度降低,以至岩土层内剪应力超过剪切滑移面的抗剪强度导致这种类型的破坏产生,圆弧—平面破坏模式如图39-17所示。

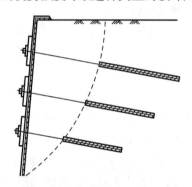

图39-16 风化岩基坑圆弧破坏模式

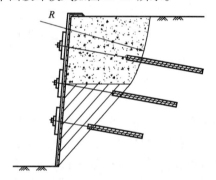

图39-17 圆弧—平面破坏模式

②圆弧破坏

基坑上部为第四系土层,下部岩体的状态为:松散碎裂岩体;松散页岩;风化严重的层状岩体在岩层倾角平缓时,例如板岩;风化严重的层状岩体在岩层逆向基坑时;风化严重的层状岩体在岩层侧向基坑时,这几种情况下均可能发生圆弧破坏。上部土层滑动的圆弧与下部岩层滑动的圆弧不一定是同一半径的光滑圆弧,有可能会产生两个独立的又相连续的圆弧的,为计算的方便可按一个圆弧滑动考虑。

2）预应力锚杆支护结构的稳定性分析

将原来边坡稳定分析的极限平衡法用于基坑稳定分析时,除考虑岩土体的力学指标外,尚应考虑预应力锚杆的作用。极限平衡法的实用价值主要取决于对岩土体各项力学指标的正确认识以及对客观存在的多种控制稳定性的条件的正确反映程度。根据上一节的分析,对不同的破坏形态采用不同的稳定分析方法。

（1）圆弧破坏的稳定性分析

对预应力锚杆柔性支护的基坑进行稳定性分析时,参照边坡稳定性分析的瑞典条分法,并考虑预应力锚杆的作用。作用在坑壁上的集中荷载会在岩土体中扩散,且本支护方法中锚下承载结构作用坑壁一定范围,因此在整体稳定分析时,将锚杆拉力分配到整个滑动面上比较合理。为推导稳定性安全系数的计算公式,作如下假定:

①预应力锚杆柔性支护基坑的潜在破坏面为圆弧面。

②预应力锚杆均达到极限承载力。

③潜在滑动面上岩土体的极限平衡条件符合 Mohr-Coulomb 破坏准则。

④将非稳定区的岩土体分割成若干较小宽度的竖直条块,并忽略条块间作用力的影响。

取单位长度支护作计算,并将破坏面上的下滑力和抗滑力分别对圆心取矩,则抗滑力矩 $M_R$ 与下滑力矩 $M_S$ 之比即为稳定性安全系数 $K$:

$$K = \frac{M_R}{M_S} \tag{39-2}$$

为推导稳定性安全系数的计算公式,假定任一支护基坑及条分法受力分析图,如图 39-18 和图 39-19 所示。

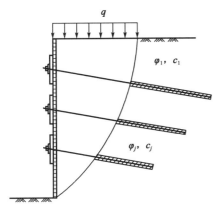

图 39-18　基坑支护图

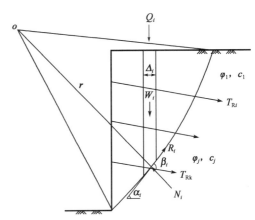

图 39-19　圆弧破坏面及土条受力分析

设基坑有 $m$ 层预应力锚杆,将滑动土体分成 $n$ 条,土条 $i$ 的宽度为 $\Delta i$,作用在土条 $i$ 上的力有岩土体自重 $W_i$,地面荷载为 $Q_i$,锚杆的极限承载力 $T_{Rk}$。

根据任意一土条径向力的平衡条件,可得:

$$N_i = (W_i + Q_i)\cos\alpha_i + \frac{T_{Rk}}{S_H}\sin\beta_i \tag{39-3}$$

根据滑动体上极限平衡条件,可得:

$$R_i = c_j\Delta_i\sec\alpha_i + N_i\tan\varphi_j \tag{39-4}$$

将式(39-3)代入式(39-4)得:

$$R_i = c_j\Delta_i\sec\alpha_i + (W_i + Q_i)\cos\alpha_i\tan\varphi_j + \frac{T_{Rk}}{S_H}\sin\beta_i\tan\varphi_j \tag{39-5}$$

式中,$\alpha_i$ 为土条 $i$ 下部圆弧破坏面切线与水平线的夹角;$\Delta_i$ 为土条 $i$ 的宽度;$S_H$ 为锚杆的水平间距;$\beta_i$ 为锚杆与圆弧破坏面切线夹角;$\varphi_j$ 为土条 $i$ 圆弧破坏面所处第 $j$ 层土的内摩擦角;$c_j$ 为土条 $i$ 圆弧破坏面所处第 $j$ 层土的黏聚力。

作用于滑动面上的力对圆心产生的滑动力矩和抗滑力矩分别为:

$$M_S = \sum (W_i + Q_i)r\sin\alpha_i \tag{39-6}$$

$$M_R = \sum \left( R_i + \frac{T_{Rk}}{S_H}\cos\beta_i \right)r \tag{39-7}$$

将式(39-5)代入式(39-7)得：

$$M_R = \sum \left[ c_j \Delta_i \sec\alpha_i + (W_i + Q_i)\cos\alpha_i \tan\varphi_j + \frac{T_{Rk}}{S_H}\sin\beta_i \tan\varphi_j + \frac{T_{Rk}}{S_H}\cos\beta_i \right] r \tag{39-8}$$

将式(39-6)和式(39-8)代入式(39-2)，可得：

$$K = \frac{\sum \left[ c_j \Delta_i \sec\alpha_i + (W_i + Q_i)\cos\alpha_i \tan\varphi_j + \dfrac{T_{Rk}}{S_H}\sin\beta_i \tan\varphi_j + \dfrac{T_{Rk}}{S_H}\cos\beta_i \right] r}{\sum [ (W_i + Q_i)\sin\alpha_i ]} \tag{39-9}$$

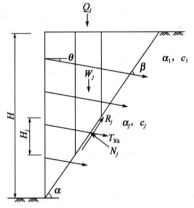

图 39-20 平面破坏受力分析

与土坡稳定分析的瑞典条分法相比，式(39-9)的分子项中多了一项锚杆的影响因素，说明锚杆对基坑的稳定性发挥了作用。值得说明的是，从式(39-9)中可以看出，锚杆预应力对基坑在极限状态下的稳定并不产生影响，亦即锚杆的预应力并不能提高基坑极限平衡状态下的稳定性。但锚杆的预应力能改善基坑正常使用状态下的性能，如坑壁变形、沉降等。

(2)平面破坏的稳定性分析

平面破坏的受力如图 39-20 所示，设岩土层分若干层，作用在 $j$ 层岩土层的自重为 $W_j$，地面荷载 $Q_j$，锚杆的极限承载力 $T_{Rj}$，则作用 $j$ 层岩土层的破坏平面上引起岩土体失稳的下滑力和抗滑力分别为 $S_j$ 和 $R_j$。

$$S_j = (W_j + Q_j)\sin\alpha \tag{39-10}$$

$$R_j = \left[ (W_i + Q_i)\cos\alpha_i + \frac{T_{Rj}}{S_H}\sin\beta_i \right]\tan\varphi_j + c_j H_j/\sin\alpha + \frac{T_{Rj}}{S_H}\cos\beta_i \tag{39-11}$$

破坏面上的下滑力之和 $S$、抗滑力之和 $R$ 分别为：

$$S = \sum S_j = \sum (W_j + Q_j)\sin\alpha \tag{39-12}$$

$$R = \sum \left[ (W_i + Q_i)\cos\alpha_i + \frac{T_{Rj}}{S_H}\sin\beta_i \right]\tan\varphi_j + c_j H_j/\sin\alpha + \frac{T_{Rj}}{S_H}\cos\beta_i \tag{39-13}$$

破坏面上的抗滑力 $R$ 与下滑力 $S$ 比即为稳定安全系数 $K$：

$$K = \frac{\sum \left[ (W_i + Q_i)\cos\alpha_i + \dfrac{T_{Rj}}{S_H}\sin\beta_i \right]\tan\varphi_j + \sum \left[ c_j H_j/\sin\alpha + \dfrac{T_{Rj}}{S_H}\cos\beta_i \right]}{\sum (W_j + Q_j)\sin\alpha} \tag{39-14}$$

式中，$H_j$ 为 $j$ 层岩土层的厚度；$\alpha$ 为破坏面与水平面的夹角；$\beta_i$ 为锚杆与破坏面的夹角；$T_{Rj}$ 为锚杆的承载力。

式(39-14)与式(39-9)形式上相同，但式(39-14)中，$\alpha$、$\beta$ 为常数，可以认为平面破坏的稳定分析是"大条分法"，每一层介质上作用一个"大土条"。当岩土体为单一介质时，式(39-14)可写为：

$$K = \frac{\left[ (W + Q)\cos\alpha + \dfrac{T_R}{S_H}\sin\beta \right]\tan\varphi + cH/\sin\alpha + \dfrac{T_R}{S_H}\cos\beta}{(W + Q)\sin\alpha} \tag{39-15}$$

式中，$T_R$ 为全部锚杆的承载力之和。

(3)圆弧—平面破坏稳定分析

对这种破坏形式可采用条分法进行稳定分析。具体做法是直接采用式(39-9)进行计算，只是在平面破坏部分的 $\alpha_i$ 和 $\beta_i$ 均为常数。也可采用近似简化的方法：上部土层厚度小于下部岩层厚度时,可近似地按平面破坏进行稳定计算;上部土层厚度大于下部岩层厚度时,可近似地按圆弧破坏进行稳定计算。这样简化会与实际情况有一定误差,但这种误差从实际工程角度是可以接受的。

（4）最危险滑动面的搜索

对于最危险滑动面的确定,有多种搜索方法。当地层条件比较复杂时,可能存在多个局部极小值。因此,采用任何一种搜索方法寻找最危险滑动面时,都必须对结果的合理性做出判断,最好能采用多次搜索,以确保找到真正的最危险滑动面。随机生成方法是常用的一种搜索最危险滑裂面的方法。首先在一个较大的范围内进行初步搜索,记录安全系数最小的一部分滑动面,这一小部分滑动面一般会处于一个较小的范围之内,然后可以在这个缩小的范围内进行新一轮的搜索,如果前后两次搜索的结果相差不大,则可以认为找到了最危险滑动面。

圆弧滑动面和非圆弧滑动面随机生成的基本原理是一样的,都是给定一个步长,从坑壁上某点开始,随机生成一组等长的直线段,直到与边坡坡面相交为止,这样就生成了一个试算滑动面,具体过程如下所述。

生成试算滑动面必须从基坑坑脚处坑壁上的某一点 $A$ 开始,这个点称为始发点,如图39-21所示。确定试算滑动面的第一条线段 $AB$ 的方向,其与水平线的夹角 $\theta$ 是在指定的范围内随机选择的。生成了第一条线段 $AB$ 后,改变后续线段的方向,每一条线段相对于它前面的线段偏转一个角度 $\delta$,直到最后生成一条与边坡坡面相交的线段为止,即生成了一个试算滑动面。

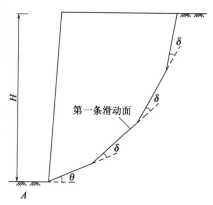

图39-21　试算滑动面生成图

对应于不同的破坏模式,有以下3种情况：

①对平面破坏模式,假定不同角度 $\alpha_i$,求出相对应的稳定系数 $K_i$,其最小值所对应的滑动面即为最危险滑动面。

②对圆弧破坏模式,将偏转角度 $\delta_i$ 设为常数,设定一组等长线段,直到与坡面相交,即生成了一个圆弧滑动面,用条分法求出相应的稳定系数 $K_i$。在所有可能的滑动面所对应的稳定系数中,其最小值对应的滑动面即最危险滑动面。

③对圆弧—平面破坏模式,先在发生平面破坏的岩层设定破坏面与水平面夹角 $\alpha_i$,在发生圆弧破坏的土层范围内,按上述情况②的做法,设定一偏转角 $\delta_i$ 为常数,再设定一组等长线段,直到与坡面相交,即形成了圆弧—平面滑动面,求出相应的稳定系数 $K_i$。在所有可能滑动面对应的稳定系数中,其最小值对应的滑动面即为最危险滑动面。

最危险滑动面以外的岩土体为稳定岩土体,根据最危险滑动面的位置即可确定锚杆的自由段与锚固段的长度。

### 39.2.4　锚杆计算分析

预应力锚杆柔性支护稳定性分析方法不能给出使用阶段锚杆的内力,锚杆内力计算可以采用经验方法、反力法、数值计算方法等,本节主要探讨用于锚杆内力计算的经验法和反力法,至于数值计算方法则在下一章中详细介绍。

1）作用于支护结构上的荷载

通常情况下，作用在支护结构上的荷载有：土压力、水压力及附加荷载引起的侧向压力。当围护结构作为主体结构的一部分时，还应考虑人防和地震荷载等。

（1）土压力

土压力是指土体作用在围护结构上的侧向土压力，是基坑工程问题中一个重要的因素。用经典的朗金理论和库仑理论计算土压力时，假定支护结构和土体处于极限平衡状态，而支护结构后面的土体达到主动极限状态以及基底以下被动土体达到被动极限状态需要产生足够大的位移。对于悬壁桩、水泥土搅拌桩等无横向支撑的支护结构在荷载作用下变形较大，主动土压力和被动土压力容易达到。但像地下连续墙、柱列式灌注桩与内支撑或锚杆组成的支护体系以及预应力锚杆柔性支护体系等，由于强大的内支撑或预应力的作用，其基坑内侧变形很小，特别是在建筑物密集的大城市施工，对基坑工程的环境保护提出了很高的要求。在基坑变形很小的条件下，土体不能达到极限平衡状态，用经典土压力理论计算基坑的土压力是不合适的，在这种条件下应该考虑结构和土体之间的变形协调，即按照变形的大小确定土压力的大小，这种思想已被工程界所接受。

对于预应力锚杆柔性支护，在强大预应力的作用下基坑变形较小，其土压力分布情况比较复杂，加之对这种支护形式研究较少，因此，在设计时应根据具体情况分析，选择合适的土压力值。有条件时应采用现场实测土压力值、反演分析法总结地区经验，使设计更趋于符合实际。在目前无太多可靠资料和数据的情况，参照已有的经验方法是可行的。

土压力计算的经验方法是根据实测资料进行统计分析得出近似土压力图形，这些图形尽管具有一定的经验性，但往往较符合实际情况，并且具有一定的安全性，因此在工程中应用的较为广泛。许多学者通过工程实测提出了不同的土压力模式，应用较多的有 Terzaghi-Peck 模型（图 39-22）、铃木音彦模型（图 39-23、图 39-24）。

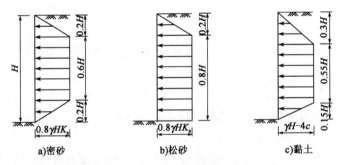

图 39-22　Terzaghi 和 Peck 建议的土压力分布

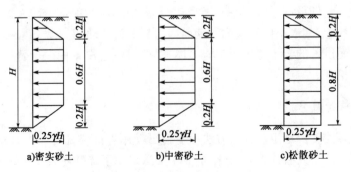

图 39-23　铃木音彦建议的砂土土压力分布

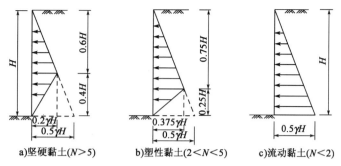

a)坚硬黏土(N>5)　　b)塑性黏土(2<N<5)　　c)流动黏土(N<2)

图39-24　铃木音彦建议的黏土土压力分布

（2）水压力

处于地下水位以下的水压力和土压力,按有效应力原理分析时,水压力和土压力是分开计算的。这种方法概念比较明确。但是在实际使用中有时还存在一些困难,特别是对黏性土有效抗剪强度指标的确定,在实际工程中往往难以解决。因此,在许多情况下,往往采用总应力法计算土压力,即将水压力和土压力混合计算。这种方法中也存在一些问题,有可能低估了水压力的作用。目前岩土工程界一般认为,对地下水的考虑应分成两种情况,对于砂性土采用"水土分算法",而对黏性土采用"水土合算法"。对于分算的情况,水压力可近似地按三角形分布计算,这是偏于保守的算法,实际上随着基坑开挖和降水,基坑周边地下水按漏斗效应随之变化,亦即作用在基坑支护结构的地下水位下降了。

（3）地面附加荷载引起的侧压力

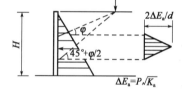

附加荷载包括邻近建筑物、施工荷载等。其中,施工荷载包括载重汽车、吊车及场地堆载物。附加荷载作用下引起的侧压力按以下近似简化方法计算：

①对于集中荷载在支护结构上产生的土压力,可采用图39-25所示的方法计算。

图39-25　集中荷载作用的主动土压力

②对于均布和局部均布荷载在支护结构上产生的主动土压力,可采用图39-26所示的方法计算。

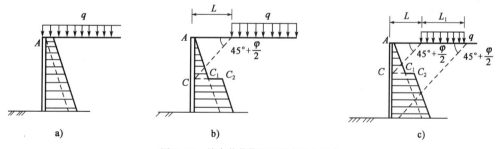

a)　　　　　　　b)　　　　　　　c)

图39-26　均布荷载作用下的主动土压力

2）锚杆内力计算的经验方法

锚杆在使用阶段下的内力可近似地用每根锚杆分担的基坑壁面积与作用在锚杆处侧向土压力值的乘积,即：

$$T\cos\varphi = S_h S_v p \qquad (39\text{-}16)$$

$$p = p_1 + p_2 \qquad (39\text{-}17)$$

式中, $\varphi$ 为锚杆与水平线的倾角； $S_h$ 、 $S_v$ 为锚杆的水平间距和竖直间距； $p_1$ 为与锚杆高度位

< 571 >

置相应的侧向土压力；$p_2$ 为地面荷载引起的侧压力。

3）锚杆内力计算的反力法

弹性反力法是一种杆系有限元法，是一种半经验、半解析的设计计算方法，这里只讨论用于预应力锚杆柔性支护法的弹性反力法。由于它能模拟基坑开挖施工各个工况，故计算结果较为符合实际情况。作用在支护结构上的荷载采用前述讨论的土压力图式。图 39-27 为预应力锚杆柔性支护法的计算简图。锚杆的刚度系数可通过锚杆的抗拔试验确定，无试验资料可按下式计算：

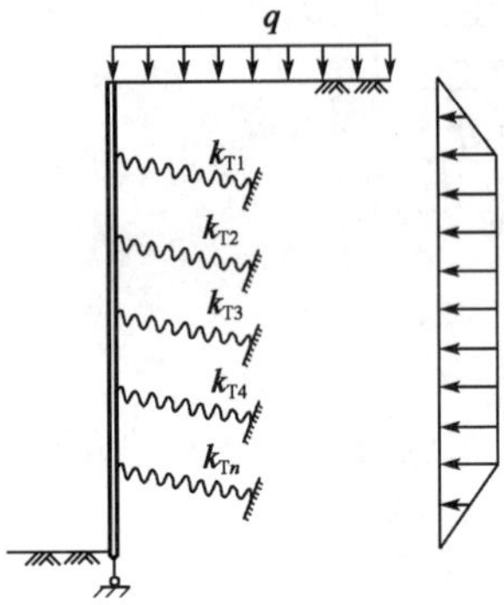

图 39-27　反力法计算简图

$$k_{T} = \frac{3AE_sE_cA_c}{3l_fE_cA_c + E_sAl_a}\cos^2\theta \tag{39-18}$$

式中，$k_T$ 为锚杆刚度系数；$A$ 为杆体截面面积；$E_s$ 为杆体弹性模量；$E_c$ 为锚固体组合弹性模量，可按式（39-19）确定；$A_c$ 为锚固体截面面积；$l_f$ 为锚杆自由段长度；$l_a$ 为锚杆锚固段长度；$\theta$ 为锚杆水平倾角。

锚固体组合弹性模量或按下式确定：

$$E_c = \frac{AE_s + (A_c - A)E_m}{A_c} \tag{39-19}$$

式中，$E_m$ 为锚固体中注浆体弹性模量。

对有微型桩的情况，嵌入基底以下的部分按土体的基床系数设置若干弹性约束，将上述分析的土压力作用在支护结构上，采用杆系有限元法平面问题分析，即可得出锚杆内力及支护结构的变形。采用反力法不仅可以求出锚杆的内力，而且可得出支护结构的变形，当然这也是一种近似计算，但应用在实际工程中比较方便。

4）锚杆承载力计算及设计

锚杆计算时一般不计其抗剪、抗弯作用，假定锚杆为受拉工作状态。锚杆的承载力取决以下三种破坏：锚杆杆体强度破坏；锚固体从岩土中拔出破坏；锚下承载结构破坏。

前述锚杆的承载力不但应满足基坑整体稳定的要求，同时还应满足内力计算的要求。在极限状态下，用于整体稳定计算时采用总安全系数 $K$，锚杆的承载力采用标准值；在使用阶段按锚杆计算内力确定锚杆承载力时的安全系数 $K_T$ 取值可与稳定性计算的总安全系数 $K$ 相同。

（1）锚杆极限承载力

锚杆承载力直接取用下列三式中较小者：

①杆杆体抗拉承载力

$$T_1 = \frac{\pi}{4}d^2f_{yk} \tag{39-20}$$

②锚杆抗拔承载力

$$T_2 = \pi D l_a \frac{\tau_k}{\gamma} \tag{39-21}$$

③锚下结构承载力

$$T_3 = \min(R_1, R_2, R_3) \tag{39-22}$$

式中，$d$、$f_{yk}$ 为锚杆杆体的直径和强度标准值；$D$、$l_a$ 为钻孔直径和锚固段长度；$\tau_k$ 为锚固体与岩土体间摩擦力；$\gamma$ 为岩土体摩擦力不稳定的影响系数，通常 $\gamma$ 取 1.2，主要考虑岩土摩擦力的离散性大,在相同安全系数下,比其他两项承载力的可靠程度差,因此,对抗拔承载力适当增加一些安全储备;$R_1$、$R_2$、$R_3$分别为锚下冲剪强度、锚具抗拉强度和承载体的承载力;锚杆冲剪强度$R_1$按《混凝土结构设计规范》(GB 50010—2010)计算;锚具抗拉强度$R_2$根据螺杆直径计算其强度,对于锚索则有相对应的锚具,无须计算;锚下承载体的承载力$R_3$由型钢的强度和稳定计算确定。

(2)使用阶段锚杆设计计算

每层锚杆在计算内力$T$作用下,其材料强度及锚固段抗拔力应满足以下三式:

$$K_T T \leqslant \frac{\pi}{4} d^2 f_{yk} \tag{39-23}$$

$$K_T T \leqslant \pi D l_a \tau_k / \gamma \tag{39-24}$$

$$K_T T \leqslant T_3 = \min(R_1, R_2, R_3) \tag{39-25}$$

# 39.3 预应力锚杆柔性支护法力学行为的分析

### 39.3.1 概述

上述章节提出的预应力锚杆支护设计的极限平衡分析方法,不能得到任何有关变形的信息。在深基坑开挖过程中,基坑周围的水平位移和沉降是不可避免的。当基坑周围有建筑物或市政设施时,控制基坑变形显得尤为重要,因此,要对基坑开挖引起的变形进行分析和预测。基坑开挖数值模拟计算可对基坑支护的受力、变形及破坏模式等力学行为进行较全面的分析研究,可为基坑工程的设计和施工提供指导。

数值计算方法用于岩土工程问题的分析已很普遍,但其有效性和可靠性经常受到质疑。由于地基土体的复杂性和不确定性,数值计算方法用于岩土工程问题的确有一定的困难,主要在于土的本构模型,包括模型参数的确定。但是,如果选择合适的模型,将数值计算方法来分析不同参数变化时支护结构力学行为的变化规律还是有意义的。

### 39.3.2 有限差分法

本节数值模拟计算研究采用拉格朗日有限差分方法。有限差分法可能是解算给定初值和(或)边值的微分方程组的最古老的数值方法。近年来,随着计算机技术的快速发展,有限差分法以其独特的计算风格和计算流程在数值计算方法中活跃起来,应用于众多科学领域的复杂问题计算分析中。在有限差分法中,基本方程组和边界条件(一般均为微分方程)近似地改用差分方程(代数方程)来表示,即:由空间离散点处的场变量(应力,位移)的代数表达式代替。这些变量在单元内是非确定的,从而把求解微分方程的问题改换成求解代数方程的问题。相反,有限元法则需要场变量(应力,位移)在每个单元内部按照某些参数控制的特殊方程产生变化,公式中包括调整这些参数以减小误差项和能量项。

有限差分法和有限元法都产生一组待解方程组。尽管这些方程是通过不同方式推导出来的,但两者产生的方程是一致的。另外,有限元程序通常要将单元矩阵组合成大型整体刚度矩阵,而有限差分则无须如此,因为它相对高效地在每个计算步重新生成有限差分方程。在有限元法中,常采用隐式、矩阵解算方法,而有限差分法则通常采用"显式"、时间递步法解算代数方程。下面,先简要介绍弹性力学中常用的差分公式,它们是建立差分方程的基础上。

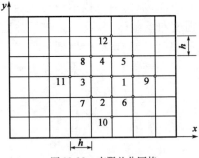

图 39-28  有限差分网格

1)有限差分基本方程

在弹性体上用相隔等间距 $h$ 而平行于坐标轴的两组平行线划分成网格(图 39-28)。设 $f = f(x,y)$ 为弹性体内某一个连续函数,它可能是某一个应力分量或位移分量,也可能是应力函数、温度、渗流等。这个函数,在平行于 $x$ 轴的一根格线上,例如在 3-0-1 上(图 39-28),它只随 $x$ 坐标的便化而改变。在邻近节点 0 处,函数 $f$ 可以展开为泰勒级数:

$$f = f_0 + \left(\frac{\partial f}{\partial x}\right)_0 (x - x_0) + \frac{1}{2!}\left(\frac{\partial^2 f}{\partial x^2}\right)_0 (x - x_0)^2 +$$

$$\frac{1}{3!}\left(\frac{\partial^3 f}{\partial x^3}\right)_0 (x - x_0)^3 + \frac{1}{4!}\left(\frac{\partial^4 f}{\partial x^4}\right)_0 (x - x_0)^4 + \cdots \tag{39-26}$$

在节点 3 及节点 1 处,$x$ 分别等于 $x_0 - h$ 及 $x_0 + h$,即:$x - x_0$ 分别等于 $-h$ 和 $h$。将其代入式(39-26),得:

$$f_1 = f_0 + h\left(\frac{\partial f}{\partial x}\right)_0 + \frac{h^2}{2}\left(\frac{\partial^2 f}{\partial x^2}\right)_0 + \frac{h^3}{6}\left(\frac{\partial^3 f}{\partial x^3}\right)_0 + \frac{h^4}{24}\left(\frac{\partial^4 f}{\partial x^4}\right)_0 + \cdots \tag{39-27}$$

$$f_3 = f_0 - h\left(\frac{\partial f}{\partial x}\right)_0 + \frac{h^2}{2}\left(\frac{\partial^2 f}{\partial x^2}\right)_0 - \frac{h^3}{6}\left(\frac{\partial^3 f}{\partial x^3}\right)_0 + \frac{h^4}{24}\left(\frac{\partial^4 f}{\partial x^4}\right)_0 - \cdots \tag{39-28}$$

假定 $h$ 是充分小的,因而可以不计它的三次幂及更高次幂的各项,则式(39-27)及式(39-28)简化为:

$$f_1 = f_0 + h\left(\frac{\partial f}{\partial x}\right)_0 + \frac{h^2}{2}\left(\frac{\partial^2 f}{\partial x^2}\right)_0 \tag{39-29}$$

$$f_3 = f_0 - h\left(\frac{\partial f}{\partial x}\right)_0 + \frac{h^2}{2}\left(\frac{\partial^2 f}{\partial x^2}\right)_0 \tag{39-30}$$

联立求解式(39-29)及式(39-30),得到差分公式:

$$\left(\frac{\partial f}{\partial x}\right)_0 = \frac{f_1 - f_3}{2h} \tag{39-31}$$

$$\left(\frac{\partial^2 f}{\partial x^2}\right)_0 = \frac{f_1 + f_3 - 2f_0}{h^2} \tag{39-32}$$

同样,可以得到:

$$\left(\frac{\partial f}{\partial y}\right)_0 = \frac{f_2 - f_4}{2h} \tag{39-33}$$

$$\left(\frac{\partial^2 f}{\partial^2 y}\right)_0 = \frac{f_2 + f_4 - 2f_0}{h^2} \tag{39-34}$$

式(39-31)~式(39-34)是基本差分公式,通过这些公式可以推导出其他的差分公式。例如,利用式(39-31)和式(39-33),可以导出混合二阶导数的差分公式:

$$\left(\frac{\partial^2 f}{\partial x \partial y}\right)_0 = \left[\frac{\partial}{\partial x}\left(\frac{\partial f}{\partial y}\right)\right]_0 = \frac{1}{4h^2}[(f_6 + f_8) - (f_5 + f_7)]_0 \tag{39-35}$$

用同样的方法,由式(39-32)及式(39-34)可以导出四阶导数的差分公式。

应该指出,有限差分法不仅仅局限矩形网格,Wilkins(1964)提出了推导任何形状单元的有限差分方程的方法。与有限元法类似,有限差分方法单元边界可以是任何形状、任何单元,可以具有不同的性质和值的大小。

2）平面问题有限差分方程

为简明起见,这里通过平面问题阐述有限差分的基本理论和算法。对于平面问题,将具体的计算对象用四边形单元划分成有限差分网格,每个单元可以再划成两个常应变三角形单元（图39-29）。

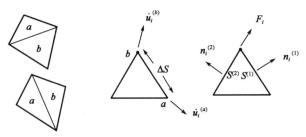

图 39-29 四边形单元划分成两个常应变三角形单元

三角形单元的有限差分公式用高斯发散量定理的广义形式推导得出（Malvern,1969年）：

$$\int_S n_i f \mathrm{d}S = \int_A \frac{\partial f}{\partial x_i} \mathrm{d}A \tag{39-36}$$

式中,$\int_S$ 为绕闭合面积边界积分;$n_i$ 为对应表面 $S$ 的单位法向量;$f$ 为标量、矢量或张量;$x_i$ 为位置矢量;$\mathrm{d}S$ 为增量弧长;$\int_A$ 为对整个面积 $A$ 积分。

在面积 $A$ 上,定义 $f$ 的梯度平均值为：

$$< \frac{\partial f}{\partial x_i} > = \frac{1}{A} \int_A \frac{\partial f}{\partial x_i} \mathrm{d}A \tag{39-37}$$

将式（39-36）代入上式,得：

$$< \frac{\partial f}{\partial x_i} > = \frac{1}{A} \int_S n_i f \mathrm{d}S \tag{39-38}$$

对一个三角形子单元,式（39-38）的有限差分形式为：

$$< \frac{\partial f}{\partial x_i} > = \frac{1}{A} \sum_S < f > n_i \Delta S \tag{39-39}$$

式中,$\Delta S$ 是三角形的边长,求和是对该三角形的三个边进行;$<f>$ 的值取该边的平均值。

平面问题有限差分法基于物体运动与平衡的基本规律。最简单的例子是物体质量为 $m$、加速度为 $\mathrm{d}\bar{u}/\mathrm{d}t$ 与施加力 $F$ 的关系,这种关系随时间而变化。牛顿定律描述的运动方程为：

$$m \frac{\mathrm{d}\bar{u}}{\mathrm{d}t} = F \tag{39-40}$$

当几个力同时作用与该物体时,如果加速度趋于零,即：$\sum F = 0$（对所有作用力求和）,式（39-40）也表示该系统处于静力平衡状态。对于连续固体,式（39-40）可写成如下广义形式：

$$\rho \frac{\partial \dot{u}}{\partial t} = \frac{\partial \sigma_{ij}}{\partial x_i} + \rho g_i \tag{39-41}$$

式中,$\rho$ 为物体的质量密度;$t$ 为时间;$x_i$ 为坐标矢量分量;$g_i$ 为重力加速度（体力）分量;$\sigma_{ij}$ 为应力张量分量。

该式中,下标 $i$ 表示笛卡尔坐标系中的分量,复标为求和。

利用式（39-39）,将 $f$ 替换成单元每边平均速度矢量,这样,单元的应变速率 $\dot{e}_{ij}$ 可以用节点

速度的形式表述:

$$\frac{\partial \dot{u}_i}{\partial x_j} \cong \frac{1}{2A} \sum_S \left[ \dot{u}_i^{(a)} + \dot{u}_i^{(b)} \right] n_j \Delta S \tag{39-42}$$

$$\dot{e}_{ij} = \frac{1}{2} \left[ \frac{\partial \dot{u}_i}{\partial x_j} + \frac{\partial \dot{u}_j}{\partial x_i} \right] \tag{39-43}$$

式中,$(a)$和$(b)$是三角形边界上两个连续的节点。注意到,如果节点间的速度按线性变化,式(39-42)平均值与精确积分是一致的。通过式(39-42)和式(39-43),可以求出应变张量的所有分量。

根据力学本构定律,可以由应变速率张量获得新的应力张量:

$$\sigma_{ij} := M(\sigma_{ij}, \dot{e}_{ij}, k) \tag{39-44}$$

式中,$M(\cdots)$表示本构定律的函数形式;$k$为历史参数,取决于特殊本构关系;$:=$表示"由…替换"。

通常,非线性本构定律以增量形式出现,因为在应力和应变之间没有单一的对应关系。当已知单元旧的应力张量和应变速率(应变增量)时,可以通过式(39-44)确定新的应力张量。例如,各向同性线弹性材料本构定律为:

$$\sigma_{ij} := \sigma_{ij} + \left\{ \delta_{ij} \left( K - \frac{2}{3}G \right) \dot{e}_{kk} + 2G\dot{e}_{ij} \right\} \Delta t \tag{39-45}$$

式中,$\delta_{ij}$为 Kronecker 记号;$\Delta t$为时间步;$G$、$K$为分别是剪切模量和体积模量。

在一个时步内,单元的有限转动对单元应力张量有一定的影响。对于固定参照系,此转动使应力分量有如下变化:

$$\sigma_{ij} := \sigma_{ij} + (\omega_{ik}\sigma_{kj} - \sigma_{ik}\omega_{kj}) \Delta t \tag{39-46}$$

$$\omega_{ij} = \frac{1}{2} \left\{ \frac{\partial \dot{u}_i}{\partial x_j} - \frac{\partial \dot{u}_j}{\partial x_i} \right\} \tag{39-47}$$

在大变形计算过程中,先通过式(39-46)进行应力校正,然后利用式(39-45)计算当前时步的应力。

计算出单元应力后,可以确定作用到每个节点上的等价力。在每个三角形子单元中,应力如同在三角形边上的作用力,每个作用力等价于作用在相应边端点上的两个相等的力。每个角点受到两个力的作用,分别来自各相邻的边(图39-29)。

$$F_i = \frac{1}{2} \sigma_{ij} \left[ n_j^{(1)} S^{(1)} + n_j^{(2)} S^{(2)} \right] \tag{39-48}$$

因此,由于每个四边形单元有两组两个三角形,在每组中,对每个角点处相遇的三角形节点力求和,然后将来自这两组的力进行平均,得到作用在该四边形节点上的力。

在每个节点处,对所有围绕该节点四边形的力求和 $\sum F_i$,得到作用于该节点的纯粹节点力矢量。该矢量包括所有施加的载荷作用以及重力引起的体力 $F_i^{(g)}$

$$F_i^{(g)} = g_i m_g \tag{39-49}$$

式中,$m_g$是聚在节点处的重力质量,定义为连接该节点的所有三角质量和的三分之一。如果四边形区域不存在(如空单元),则忽略对 $\sum F_i$ 的作用;如果物体处于平衡状态或处于稳定的流动(如塑性流动)状态在该节点处的 $\sum F_i$ 将视为零。否则,根据牛顿第二定律的有限差分形式,该节点将被加速。

$$u_i^{(t+\Delta t)} \ = \ u_i^{(t-\Delta t/2)} \ + \ \sum F_i^{(t)} \ \frac{\Delta t}{m} \tag{39-50}$$

式中,上标表示确定相应变量的时刻。对大变形问题,对式(39-50)再次积分,可确定出新的节点坐标:

$$\dot{x}_i^{(t+\Delta t)} \ = \ \dot{x}_i^{(t)} \ + \ \dot{u}_i^{(t+\Delta t/2)} \Delta t \tag{39-51}$$

注意到式(39-50)和式(39-51)都是在时段中间,所以对中间差分公式的一阶误差项消失。速度产生的时刻,与节点位移和节点力在时间上错开半个时步。

3)显式有限差分算法——*时间递步法*

我们期望对问题能找出一个静态解,然而在有限差分公式中包含有动力方程。这样,可以保证在被模拟的物理系统本身是非稳定的情况下,有限差分数值计算仍有稳定解。对于非线性材料,物理不稳定的可能性总是存在的,例如:岩土体的突然垮塌。在现实中,系统的某些应变能转变为动能,并从力源向周围扩散。有限差分方法可以直接模拟这个过程,因为惯性项包括在其中——动能产生与耗散。相反,不含有惯性项的算法必须采取某些数值手段来处理物理不稳定。尽管这种做法可有效防止数值解的不稳定,但所取的"路径"可能并不真实。

图39-30是显式有限差分计算流程图。计算过程首先调用运动方程,由初始应力和边界力计算出新的速度和位移。然后,由速度计算出应变率,进而获得新的应力或力。每个循环为一个时步,图中每个图框是通过那些固定的已知值,对所有单元和节点变量进行计算更新。

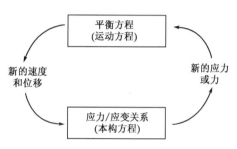

图39-30  有限差分计算流程图

例如,从已计算出的一组速度,计算出每个单元的新的应力。该组速度被假设为"冻结"在框图中,即:新计算出的应力不影响这些速度。这样做似乎不尽合理,因为如果应力发生某些变化,将对相邻单元产生影响并使它们的速度发生改变。然而,如果我们选取的时步非常小,乃至在此时步间隔内实际信息不能从一个单元传递到另一个单元。因为每个循环只占一个时步,对"冻结"速度的假设得到验证——相邻单元在计算过程中的确互不影响。当然,经过几个循环后,扰动可能传播到若干单元,正如现实中产生的传播一样。

显式算法的核心概念是计算"波速"总是超前与实际波速。所以,在计算过程中的方程总是处在已知值为固定的状态。这样,尽管本构关系具有高度非线性,显式有限差分数值法从单元应变计算应力过程中无须迭代过程,这比通常用于有限元程序中的隐式算法有着明显的优越性,因为隐式有限元在一个解算步中,单元的变量信息彼此沟通,在获得相对平衡状态前,需要若干迭代循环。显式算法的缺点是时步很小,这就意味着要有大量的时步。因此,对于病态系统——高度非线性问题、大变形、物理不稳定等,显式算法是最好的。而在模拟线性、小变形问题时,效率不高。

由于显式有限差分法无须形成总体刚度矩阵,可在每个时步通过更新结点坐标的方式,将位移增量加到节点坐标上,以材料网格的移动和变形模拟大变形。这种处理方式称为"拉格朗日算法",即:在每步计算过程中,本构方程仍是小变形理论模式,但在经过许多步计算后,网格移动和变形结果等价于大变形模式。

用运动方程求解静力问题,还必须采用机械衰减方法来获得非惯性静态或准静态解,通常采用动力松弛法,在概念上,等价于在每个节点上连接一个固定的"黏性活塞",施加的衰减力大小与结点速度成正比。

前已述及,显式算法的稳定是有条件的:"计算波速"必须大于变量信息传播的最大速度。因此,时步的选取必须小于某个临界时步。若用单元尺寸为 $\Delta X$ 的网格划分弹性体,满足稳定解算条件的时步 $\Delta t$ 为:

$$\Delta t < \frac{\Delta x}{C} \tag{39-52}$$

式中,$C$ 是波传播的最大速度,典型的是 P-波,$C_p$:

$$C_p = \sqrt{\frac{K + 4G/3}{\rho}} \tag{39-53}$$

对于单个质量—弹簧单元,稳定解的条件是:

$$\Delta t < 2\sqrt{\frac{m}{k}} \tag{39-54}$$

式中,$m$ 是质量;$k$ 是弹簧刚度。在一般系统中,包含有各种材料和质量—弹簧连接成的任意网络,临界时步与系统的最小自然周期 $T_{min}$ 有关:

$$\Delta t < \frac{T_{min}}{\pi} \tag{39-55}$$

在显式算法中,所有有限差分方程右端的值均是已知的。因此,必须先算出所有单元的应力,然后再计算所有节点的速度和位移。

### 39.3.3 计算程序与计算模型

1)FLAC 程序简介

本研究运用美国明尼苏达大学和美国 Itasca Consu lting Group Inc. 开发的二维有限差分计算程序 FLAC[2D]( Fast Lagrangian Analysis of Continua)进行计算。该程序主要适用模拟计算地质材料和岩土工程的力学行为,特别是材料达到屈服极限后产生的塑性流动。材料通过单元和区域表示,根据计算对象的形状构成相应的网格。每个单元在外载和边界约束条件下,按照约定的线性或非线性应力—应变关系产生力学响应。由于 FLAC 程序主要是为岩土工程应用而开发的岩石力学计算程序,程序中包括了反映岩土材料力学效应的特殊计算功能,可解算岩土类材料的高度非线性(包括应变硬化/软化)、不可逆剪切破坏和压密、黏弹(蠕变)、孔隙介质的固—流耦合、热—力耦合以及动力学行为等。FLAC 程序设有多种本构模型:

(1)各向同性弹性材料模型。

(2)横观各向同性弹性材料模型。

(3)莫尔—库仑弹塑材料模型。

(4)应变软化/硬化塑性材料模型。

(5)双屈服塑性材料模型。

(6)遍布节理材料模型。

(7)空单元模型,可用来模拟地下硐室的开挖和矿体开采。

另外,程序设有界面单元,可以模拟断层、节理和摩擦边界的滑动、张开和闭合行为。支护结构,如砌衬、锚杆、可缩性支架或板壳等与围岩的相互作用也可以在 FLAC 中进行模拟。此外,程序允许输入多种材料类型,亦可在计算过程中改变某个局部的材料参数,增强了程序使用的灵活性,极大地方便了在计算上的处理。同时,用户可根据需要在 FLAC 中创建自己的本构模型,进行各种特殊修正和补充。

FLAC 程序建立在拉格朗日算法基础上,特别适合模拟大变形和扭曲。FLAC 采用显式算法来获得模型全部运动方程(包括内变量)的时间步长解,从而可以追踪材料的渐进破坏和垮落,这对研究基坑支护是非常重要的。FLAC 程序具有强大的后处理功能,用户可以直接在屏幕上绘制或以文件形式创建和输出打印多种形式的图形。使用者还可根据需要,将若干个变量合并在同一副图形中进行研究分析。基于上述计算功能与特点,本研究应用 FLAC$^{2D}$ 程序进行数值模拟计算分析。

2)本构模型

近年来,岩土力学领域的学者提出的本构关系有很多种,尽量选用简单的而又能解决问题的模型。目前基坑支护数值计算分析采用的本构模型主要有三种:非线性 $E$-$v$ 模型、Mohr-Coulomb弹性—完全塑性模型和渐进单屈服面模型。虽然采用这些模型应用于支护分析都得到了一些有价值的结果。由于岩土工程的复杂性,每种模型都存在一些问题。

力学试验表明,当荷载达到屈服极限后,岩土体在塑性流动过程中,随着变形的保持一定的残余强度。因此,本计算采用理想弹塑性本构模型——莫尔—库仑(Mohr-Coulomb)屈服准则。

$$f_s = \sigma_1 - \sigma_3 \frac{1 + \sin\varphi}{1 - \sin\varphi} - 2c\sqrt{\frac{1 + \sin\varphi}{1 - \sin\varphi}} \quad (39\text{-}56)$$

式中,$\sigma_1$、$\sigma_3$ 分别是最大和最小主应力;$c$、$\varphi$ 分别是黏结力和摩擦角。当 $f_s > 0$ 时,材料将发生剪切破坏。在通常应力状态下,岩体的抗拉强度很低,因此可根据抗拉强度准则($\sigma_3 \geqslant \sigma_T$)判断岩体是否产生拉破坏。

3)计算模型和参数

(1)计算模型

本节采用数值计算方法,对深基坑柔性支护的工作性能进行研究。由于所假定的深基坑范围较大,整个基坑在环线方向的变形很小,可以忽略不计,因此选择其中一个剖面在进行力学分析,用平面应变模型假设,即垂直于计算剖面方向的变形为零。

深基坑模拟宽度为 50m,深度从水平 0m 起,模拟深度为 35m。基坑深度 25m。根据模型的尺寸,模型共划分为 7 000 个平面单元,构成计算模型单元网格尺寸平均为 0.5m × 0.5m,图 39-31 是计算机生成的剖面计算模型。模型两侧限制水平方向移动,模型底面限制垂直方向移动。

本模拟计算主要研究预应力锚杆柔性支护的力学性能,同时假设在相同岩土条件,对两种间距的土钉支护进行研究,分析其在超深基坑支护中的力学行为,以便两种支护方法进行比较。

图 39-31　深基坑计算模型

(2)岩土力学参数

岩土力学参数、锚杆参数及土钉参数见表 39-3 ~ 表 39-6。

基坑岩土力学参数 表 39-3

| 力学参数 | 变形模量 $E$(MPa) | 泊松比 $v$ | 黏聚力 $c$(kPa) | 内摩擦角 $\varphi$(°) | 平均重度(kN/m³) |
|---|---|---|---|---|---|
| 杂填土 | 13 | 0.3 | 12 | 13 | 18 |
| 残积土 | 18.95 | 0.295 | 20 | 18 | 18 |
| 强风化辉绿岩 | 250 | 0.24 | 50 | 25 | 22 |
| 中风化辉绿岩 | 487.5 | 0.25 | 80 | 35 | 26.5 |

预应力锚杆长度一览表(间距2.0m×1.6m)　　　　　　　表39-4

| 锚杆排号 | 1 | 2 | 3 | 4 | 5 | 6 | 7 | 8 | 9 | 10 | 11 |
|---|---|---|---|---|---|---|---|---|---|---|---|
| 长度(m) | 11+9 | 10+9 | 9+10 | 8.5+10 | 8+9 | 7+9 | 6+8 | 5+8 | 4+7 | 3+6 | 2+3 |

注:"10+9"中10代表自由段长度,9代表锚固段长度。

土钉支护方案1长度一览表(间距2.0m×1.6m)　　　　　　　表39-5

| 土钉排号 | 1 | 2 | 3 | 4 | 5 | 6 | 7 | 8 | 9 | 10 | 11 |
|---|---|---|---|---|---|---|---|---|---|---|---|
| 长度(m) | 19 | 18 | 17.5 | 16.5 | 15 | 14 | 12 | 10 | 8 | 6 | 5 |

土钉支护方案2长度一览表(间距1.5m×1.5m)　　　　　　　表39-6

| 土钉排号 | 1 | 2 | 3 | 4 | 5 | 6 | 7 | 8 | 9 | 10 | 11 | 12 | 13 | 14 | 15 |
|---|---|---|---|---|---|---|---|---|---|---|---|---|---|---|---|
| 长度(m) | 19 | 18 | 17.5 | 16.5 | 15 | 15 | 14 | 13 | 11 | 9 | 8 | 8 | 7 | 5 | 5 |

### 39.3.4 数值模拟结果分析

1)基坑位移分布

预应力锚杆支护下的基坑位移矢量场如图39-32所示,锚杆的预应力值为300kN。

(1)水平位移的分布

预应力锚杆柔性支护下基坑的水平位移分布如图39-33所示。由该图可知,基坑水平位移沿深度呈曲线分布,最大位移发生在基坑顶面,随深度的增加逐渐减小。本例的最大水平位移为26mm。图39-33中也给出了相同条件下两种间距的土钉支护的水平位移分布曲线,从图中可以看出,土钉支护下基坑的水平位移比预应力锚杆支护的位移大得多。土钉支护方案1的水平位移为81mm,是预应力锚杆支护位移的3.1倍;土钉支护方案2的水平位移为68mm,是预应力锚杆支护位移的2.6倍。与拉锚式支护体系不同,预应力锚杆支护是一种柔性支护,没有刚度较大的挡土结构抵抗基坑侧向变形,所以预应力锚杆柔性支护水平位移的分布与拉锚式支护结构的变形曲线是不同的,前者最大水平位移发生在基坑顶部,而后者最大变形的位置取决于锚杆的位置和如何受力。

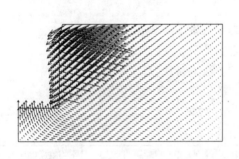

图39-32　预应力锚杆支护下基坑的位移矢量场　　　　　　图39-33　不同支护下基坑的水平位移分布

（2）基坑地表沉降分布

预应力锚杆支护下基坑地表沉降分布如图 39-34 所示,基坑地表沉降沿地表水平方向呈曲线分布,坑壁处最大,沿远离坑壁方向逐渐减小。地表沉降和水平位移是相互对应的,水平位移越大,地面沉降也越大,从位移矢量场上(图 39-32)也能反映出这一点。从图中可以看出,土钉支护下基坑地表沉降明显比预应力锚杆支护大,即使在间距比较小的情况,二者沉降量差一倍多。

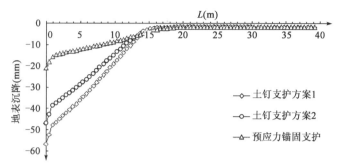

图 39-34　不同支护下基坑的地表沉降分布

综上分析,预应力锚杆支护对基坑位移的控制是很有效的,该方法可用于对位移要求严格的基坑支护工程中。

2）预应力锚杆轴拉力分布

图 39-35 为预应力锚杆支护下各层锚杆轴力分布图。从图 39-35 中可以看出,锚杆轴力最大值在自由段,且在自由段轴力相同,在锚固段逐渐减小,末端为零;各层锚杆轴拉力分布曲线形态相似,但各层锚杆轴力大小是不相同的。

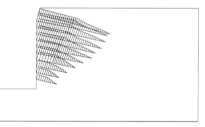

图 39-35　预应力锚杆支护下的各层锚杆轴力分布图

预应力锚杆轴力分布与土钉轴力分布(图 39-36、图 39-37)是不相同的。土钉轴力沿其长度呈凸曲线分布,最大轴力出现在土钉中部,向两侧逐渐递减,土钉末端为零,外端递减至一个较小值,该轴拉力由土钉端部承担,因此,土钉端部承担的值较小。由于预应力锚杆轴力最大值在整个自由段是相同的,因此,锚杆端部承受同样的轴力,该轴力是通过前述的锚下承载结构传递的。

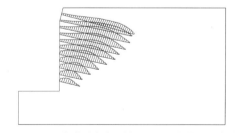

图 39-36　土钉支护方案 1 情况下的土钉轴力分布图

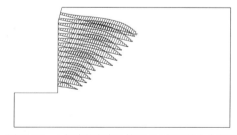

图 39-37　土钉支护方案 2 情况下土钉的轴力分布图

3）预应力大小对基坑变形的影响

（1）预应力大小对基坑变形的影响

为研究锚杆预应力对基坑位移的影响,假定基坑深度、岩土力学性质、锚杆长度、锚杆间距等参数不变的前提下,分别对锚杆施加 $T=0kN$、100kN、200kN、300kN、400kN 和 500kN 的预应力进行计算分析,并给出了三个锚杆预应力值位移矢量场,如图 39-38 ~ 图 39-40 所示。从图中可知,预应力 $T=0$kN 时,基坑位移矢量值为 84.3mm,将锚杆预应力施加至 200kN 时,位移矢量值减小为 40.8mm,将锚杆预应力施加至 400kN 时,位移矢量值减小为 20.4mm。

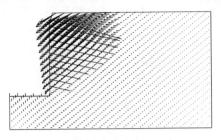

图 39-38　预应力 $T=0$kN 时的位移矢量场

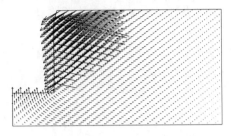

图 39-39　预应力 $T=200$kN 时的位移矢量场

图 39-41 为锚杆在不同预应力时基坑水平位移的变化曲线比较图,从图 39-41 中可以看出,在相同条件下,基坑水平位移随预应力的加大而变小。预应力值等于零时,基坑最大水平位移 70mm;当预应力施加至 100kN 时,最大水平位移减小至 47mm;当预应力施加至 200kN 时,最大水平位移减小至 33mm,位移减幅比较大;但预应力值大于 300kN 时,随预应力增大位移减小的幅度变小,即预应力超过一定值后对限制基坑位移的效果不明显,但此时的位移值已比较小,能满足工程的要求。

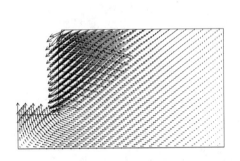

图 39-40　预应力 $T=400$kN 时的位移矢量场

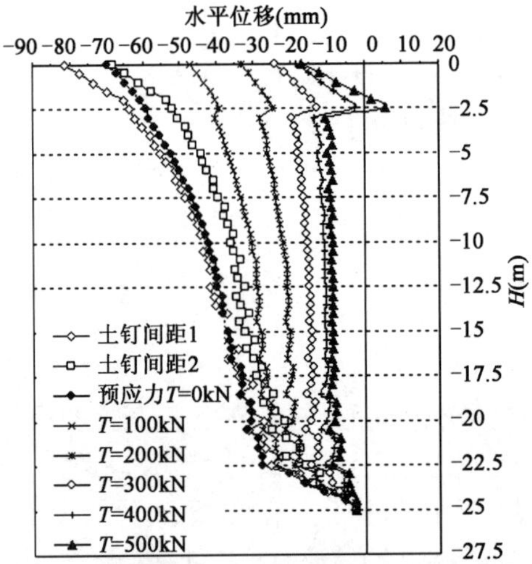

图 39-41　锚杆不同预应力条件下基坑的水平位移比较

图 39-42 锚杆不同预应力时基坑地表沉降比较图,与基坑水平位移值相似,当预应力 $T=$ 100kN 时,基坑地表沉降由 $T=0$kN 时的 52mm 减小到 37mm,当预应力 $T>300$kN 时,基坑地表沉降仍有减小,但减小的幅度变小。

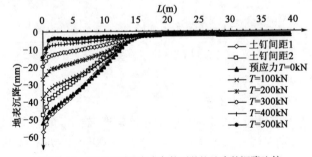

图 39-42　锚杆不同预应力条件下基坑地表的沉降比较

（2）预应力锚杆支护与土钉支护的位移比较

图 39-43、图 39-44 给出了两种间距的土钉支护位移矢量场。与图 39-38~图 39-40 相比，土钉支护时基坑位移矢量大小与锚杆支护时预应力为零时的位移矢量大小相当，比锚杆施加预应力时的位移矢量大得多。再从图 39-43 中可以清楚地看出，土钉支护下基坑水平位移与锚杆支护时预应力为零时大致相当，与锚杆预应力为 300kN 时相比，土钉支护的水平位移是预应力锚杆支护下水平位移的 3 倍多。从图 39-44 中可以看出，两种支护方法的地表沉降情况与上述水平位移情况相似，不再赘述。

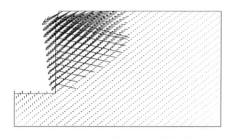 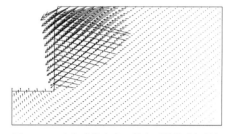

图 39-43　土钉支护方案 1 状态下的位移矢量场　　　　图 39-44　土钉支护方案 2 状态下的位移矢量场

综上分析，可以得出如下结论：锚杆预应力对基坑位移影响很大，基坑位移随着锚杆预应力的增加而减小，随锚杆预应力的减小而增大；当预应力增加到一定值后，预应力对基坑位移改善的幅度变小。

4）预应力对基坑滑移场的影响

从理论上讲，由于锚杆预应力的存在，减小了基坑坑壁位移，约束了岩土体的滑动，减小了岩土体的剪切变形，当然也减小了潜在滑动面上岩土体的剪切变形，延缓岩土体塑性区的发生，缩小了潜在滑移区的范围，图 39-45~图 39-49 为锚杆支护在不同预应力的基坑滑移场。从图中可以看出，随着锚杆预应力值的增加，潜在滑移面上剪切应变减小，滑移区变小，当预应力大于 400kN 后，滑移区大范围消失，只在基坑底隅处尚有小

图 39-45　预应力 $T=0kN$ 时基坑的滑移场

范围存在。因此，锚杆的预应力不仅减小了基坑变形，缩小于基坑岩土体塑性区的范围，延缓或阻止了岩土体潜在滑动区的出现。

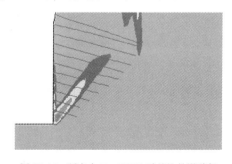 

图 39-46　预应力 $T=100kN$ 时基坑的滑移场　　　　图 39-47　预应力 $T=200kN$ 时基坑的滑移场

图 39-50 给出了土钉支护情况基坑的滑移场，为便于分析比较，也给出相同条件下基坑无支护状态下的滑移场，如图 39-51 所示。从图中可以看出，无支护状态下，基坑滑移区已互相连通，基坑是不稳定的，当然对于深度 25m 基坑而言，无支护状态下也不能是稳定的。土钉支

护情况下,滑移区范围比无支护状态略小,但也基本相互连通,此种情况下基坑位移已很大,因此土钉支护很难保证基坑的稳定性,破坏的形态为基坑上部开裂下部滑动。由此可见,土钉支护用于超深基坑是值得探讨的。

图 39-48　预应力 $T=300\text{kN}$ 时基坑的滑移场

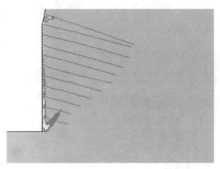

图 39-49　预应力 $T=400\text{kN}$ 时基坑的滑移场

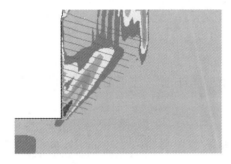

图 39-50　土钉支护方案 2 情况下基坑的滑移场

图 39-51　无支护情况下基坑的滑移场

# 39.4　工　程　实　例

大连某广场深基坑支护工程于 1993 年开始施工。在这个时期,我国高层建筑大量兴建,基坑支护基本上采用传统的支护方法,同时新的支护形式不断出现,并在工程中尝试应用,如土钉支护方法也是在这个时期发展和应用的。预应力锚杆柔性支护法作为一种新的支护方法,在施工工期、工程造价方面具有很强的优势,尤其是该方法在基坑位移控制上更具突出优点。大连某广场支护工程的成功完成,对该方法的推广和应用起到了积极作用。

### 39.4.1　工程概况与地质条件

大连某广场位于大连市市中心商业繁华地区,占地面积约 $40\ 000\text{m}^2$,主要以地下建筑为主,地下为综合商场,共 4 层,最深达 22.2m。基坑平面大体呈正方形,地势由南向北略有倾斜,南高北低。该工程基坑平面布置如图 39-52 所示。

根据地质勘探资料,场区地层主要由第四系松散堆积物和风化岩组成。由上而下分述如下:

1)第四系松散堆积物

场地内的第四系松散堆积物,绝大多数为人工填土,局部分布有轻亚黏土、亚黏土,还有极少量呈夹层或透镜体的碎石土、亚黏土或碎石、残积土等。

(1)人工填土:主要为杂填土,少部分素填土。杂填土颜色为灰褐色和灰黄色,主要成分为回填黏性土、炉灰渣、砖块、垃圾等,呈松散状态,少量呈可塑状态。人工填土厚度0.9~7.4m不等,由东到西厚度由小到大。

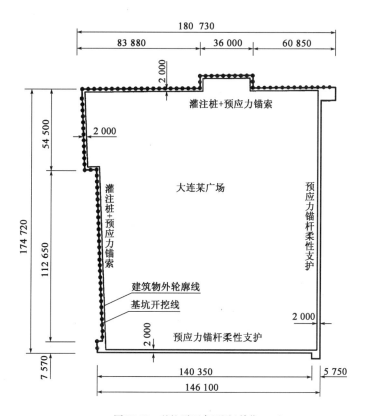

图39-52 基坑平面布置图(单位:mm)

(2)轻亚黏土:黄褐色,硬塑坚硬状态,地下水位以下为软可塑。主要成分为粉土、粉细砂,有砂感。厚度0.6~3.5m,呈透镜体状分布。其主要物理力学指标平均值为:含水率$w=18.08\%$,孔隙比$e=0.59$,塑性指数$I_P=4.53$,液性指数$I_L=0.13$,压缩模量$E_s=8.63$MPa,压缩指数$a_{1-2}=0.21$MPa$^{-1}$,抗剪强度综合指标$\varphi=13.48°$,$c=25$kPa。

(3)亚黏土:黄褐色,硬塑状态,含氧化铁结膜,厚度0.6~2.5m,呈透镜体状,局部混角砾。其主要物理力学指标平均值为:含水率$w=21.45\%$,孔隙比$e=0.67$,塑性指数$I_P=12.80$,液性指数$I_L=0.05$,压缩模量$E_s=6.46$MPa,压缩指数$\alpha_{1-2}=0.25$MPa$^{-1}$,抗剪强度综合指标$\varphi=15.38°$,$c=35$kPa。

2)风化岩

(1)全风化板岩:黄色,呈碎屑状及土状,具有板岩层理及板理,碎屑用物可以捏碎,厚度为0.5~0.95m,呈透镜体状分布,冲击钻可以钻进。

(2)强风化板岩:黄褐色,岩芯呈碎块状、短柱状、片状、饼状,碎片用手可以掰断。板岩层理发育,并有软弱夹层,厚度为10~20m。强风化板岩在本场地分布较广,厚度较大,埋深西部大于东部。

(3)中等风化板岩:灰黄色,岩芯呈块状、板状、短柱状,层理发育,有软弱夹层。厚度为6.2~10.5m,多在20m以下深度。

(4)全风化辉绿岩:属于燕山期侵入的超基性岩体,经剧烈风化作用形成。岩芯呈棕黄色,土状及碎屑状,原岩结构清晰,碎屑用手可以捏成粉末状,冲击钻可以钻进。厚度为1m左右,主要分布在南半部,呈透镜体状。

(5)强风化辉绿岩:黄色,节理裂隙发育,辉绿结构,块状构造。岩芯呈碎块状,用手可以掰断,里外颜色一致,厚度为2~8m,多分布在南部。

### 39.4.2 支护设计方案

大连某广场从地质构造上分为两个区域。占场区大部分面积的北部区域上层为第四系松散堆积物,厚度为1~8m,由东向西变深;下层为强风化板岩,由北向南倾斜,层理发育,有软弱夹层,倾角40°~90°。南部区域上层为第四系松散堆积物,下层为辉绿岩。在广场的西部为一地震断裂带,岩石破碎(古冲沟所在处,现地下排污暗沟)。根据场区地质构造、岩性分析、地下管网等情况,采用不同的支护方式:

(1)基坑东壁及南壁采用预应力锚杆柔性支护法。东壁地层情况依次为:第四系覆盖层、全风化板岩、强风化板岩,坑壁岩层侧倾。南壁地层情况依次为:第四系覆盖层、全风化辉绿岩、强风化辉绿岩,节理发育,呈碎块状。综合考虑后,决定在这两侧采用预应力锚杆喷射混凝土支护。

(2)基坑西壁及北壁采用灌注桩与预应力锚索联合支护。基坑西壁离基坑4~5m处有一平行于基坑的大断面排污暗渠。根据计算,第一层锚杆位置设在距地面8m处才能通过该暗渠,在这种情况下无法使用预应力锚杆柔性支护法施工。因此,采用传统的灌注桩与预应力锚索联合支护。基坑北壁地层依次为:第四系覆盖层、强风化板岩,强风化板岩倾向由北向南,层理发育,且有软弱夹层,自立高度低,从地质上讲是不利的,加之北邻东西交通干路,在这种情况下,采用了比较保守的桩锚联合支护形式。

预应力锚杆柔性支护典型剖面(基坑南壁)如图39-53所示。该处基坑深度达22.2m,共设置12排预应力锚杆,长7~19m,竖向间距1.8m,水平间距1.6m。锚杆采用$\phi$28mm的Ⅱ级钢筋,除第一排采用1根$\phi$28mm钢筋以外,其余均采用2根$\phi$28mm钢筋。其中,第一排锚杆倾角30°,第二排倾角25°,其余锚杆倾角均为20°。第一排锚杆的设计张拉值100kN,其余锚杆的设计张拉值150kN。基坑面层采用钢筋网喷射混凝土,钢筋网采用$\phi$8mm@150mm×150mm,混凝土强度等级为C20,喷射厚度为150mm。为防止上部土体坍塌下滑,在第一、第二排锚杆处设置竖向槽钢。为了便于施工,从第三排开始,槽钢水平放置,均采用2[10槽钢,用作锚下承载结构。锚杆从两个槽钢之间穿过,用锚具与槽钢连接。锚具由螺丝和螺母组成。

### 39.4.3 预应力锚杆柔性支护法的施工

1)施工工艺流程
预应力锚杆柔性支护法的主要施工程序如图39-54所示。由于不同岩土体的力学性质有差异,故其自立高度和稳定性是不同的,基坑开挖后根据岩土层的稳定情况分别按流程a和流程b进行施工。当然,流程中的一些施工步骤可以交换。

2)施工工艺
(1)基坑开挖
因本工程占地面积较大,为缩短整体工程工期,确保土石方工程与支护工程互不干扰,先开挖出支护施工所需的第一层支护作业通道。作业通道宽度应大于6m,开挖深度由第一排锚杆设计位置向下开挖0.5~1.0m。第一层锚杆张拉完后,方可开挖第二层。如土石方开挖速度快于支护速度,可在保留支护作业通道的情况下,开挖基坑中间区域土体,每层开挖必须在上层支护完工后(即锚杆施加预应力后)进行。开挖下层作业面时应注意严禁破坏已施工完的支护面,特别是施加预应力后的锚下承载结构部位。

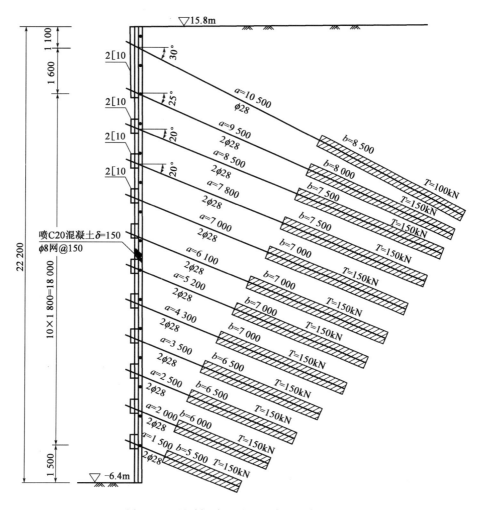

图 39-53　基坑剖面布置图(基坑南壁)(单位:mm)

a.开挖 → 坡面修整 ──边坡稳定── 成孔 → 注浆 → 锚杆制作安装 → 绑扎钢筋网

b.开挖 → 坡面修整 ──边坡不稳定── 喷射混凝土 → 设竖向微型桩 → 绑扎钢筋网 → 成孔 → 注浆

→ 喷射第一遍混凝土 ⎫
　　　　　　　　　　 ⎬ 锚下承载结构安装 → 喷射第二遍混凝土 → 锚杆预应力张拉
→ 锚杆制作安装 ⎭

图 39-54　施工流程图

(2)坡面修整

支护作业面形成后,施工人员应清理支护作业坡面上松动的岩土体及凹凸不平处,尽量使坑壁平整。

(3)锚杆成孔

支护坡面清理完后,依据施工图纸要求的钻孔位置和钻孔角度钻孔,钻孔位置和角度的偏差应符合现行国家规范。钻孔深度应满足设计要求,终孔时应用高压风将孔内岩粉、沉渣吹净。如遇到难以成孔的情况,可挪孔或变换钻孔角度。本工程采用的钻孔直径为 130mm。

（4）注浆

水泥砂浆强度等级为 M30，水泥砂浆中添加膨胀剂和早强剂。注浆采用常压注浆，注浆时将注浆管插入孔底（距孔底 100mm 左右），浆液从孔底开始向孔口灌注，待砂浆自孔口溢出后拔管。

（5）锚杆筋制作安装

锚杆所用的钢筋采用热轧螺纹钢筋，锚头采用 45 号钢。为保证锚杆筋能与砂浆充分握裹并定位于锚孔中心位置，两根锚杆筋之间每 3m 设一隔离点，每隔 2m 设一道船形定位支架。锚杆筋与锚头焊接应严格按国家规范要求进行，并做连接强度试验。制作锚杆筋时应控制好自由段长度，自由段长度以伸过预计土体滑移面 0.5m 为宜。锚杆筋自由段及锚头部位应用塑料薄膜包裹，以便锚杆在自由段自由伸缩。锚杆安插时应顺锚孔慢慢放入，以防碰塌孔壁，锚杆安插完后锚头部分应预留一定长度，以满足安放锚下承载结构的需要。

（6）绑扎钢筋网

本道工序在不妨碍成孔、注浆及安放锚杆筋的情况下可与其同步进行，钢筋网采用 $\phi8mm$ 钢筋，钢筋网间距 150mm。钢筋搭接长度不小于 200mm。钢筋网绑扎时钢筋接头同一截面不超过 50%。钢筋网竖向筋应预留搭接长度，并且在下层支护开挖前应向上弯至坑壁，从而防止开挖时挖掘机破坏钢筋网及喷射混凝土。

（7）锚下承载结构制作安装

本工程的锚下承载结构由 10 号槽钢、加劲肋、$200mm \times 200mm \times 20mm$ 钢垫板和钢垫楔等组成。各构件焊接符合焊接规范及图纸要求。锚下承载结构制作完毕自检合格后方可安装。锚下结构应在第一遍喷射混凝土后安装，尽量使其紧靠支护壁面。锚头外留长度满足预应力张拉需要。

（8）喷射混凝土

喷射混凝土强度等级为 C20，水泥采用 32.5R 普通硅酸盐水泥。采用的碎石最大粒径不宜超过 20mm。混凝土干料采用搅拌机搅拌或采用人工搅拌，拌和均匀。喷射混凝土前应在作业面上埋设控制混凝土厚度标志，并用高压风清扫坡面。作业面如有明显出水点时，可埋设导管排水。喷射时，向喷射机供料应连续均匀，喷射机的工作风压应满足喷头处的压力在 0.1MPa 左右时。喷射混凝土应分两次施喷，两次喷射应有一定时间间隔，否则混凝土容易脱落。喷射手应控制好水灰比，保持混凝土表面平整，锚下承载结构中槽钢的两侧应喷至 2/3 槽钢高，以便对槽钢提供侧向约束。

（9）预应力张拉

待锚杆内砂浆强度达到 20MPa，喷射混凝土强度达到 10MPa 后，方可施加预应力。预应力使用穿心式千斤顶张拉，一般超张拉 10%，然后拧紧螺母进行锁定。

3）防排水措施

防排水对保护基坑安全十分重要。根据以往诸多工程监测资料来看，大雨过后一定时间内基坑变形速率明显加快，其原因就是雨水浸入基坑壁，致使土体受力特性改变。为防止地表水渗透对喷射混凝土面层产生压力，并降低岩土体强度，基坑顶部地面要做好防水，并做好排水沟排走地面水。本工程地面采用混凝土面层，在基坑壁按 $2m \times 2m$ 间距设 $\phi60mm$ 的泄水管，以便将混凝土面层背后的水排走。

### 39.4.4 锚杆抗拔试验

本工程规模大、基坑支护深度大、地处市中心区域,亟须保证基坑的安全稳定,而锚杆是保证基坑稳定的关键。

根据设计要求,在现场进行了锚杆抗拔试验,以确定锚杆的抗拔力。该基坑预应力柔性支护部位共进行了 16 根锚杆破坏性试验,强风化板岩和强风化辉绿岩各 8 根。其中,强风化板岩每米长度的有效抗拔力为 56.8~73.9kN/m;抗拔力平均值为 64.9kN/m;砂浆锚固体与岩土体界面间的摩阻力为 0.142~0.185MPa,摩阻力平均值为 0.159MPa。强风化辉绿岩每米长度的有效抗拔力为 50.0~76.0kN/m,抗拔力平均值为 66.0kN/m;界面摩阻力为 0.120~0.19MPa,其平均值为 0.162MPa。

在部分试验中粘贴电阻应变片,以测试摩阻力的分布情况,通过试验得出如下结论:锚固段界面摩阻力沿锚孔口向孔底逐渐衰减,当外荷载达到极限状态时,极限摩阻力值趋于稳定并向深度发展,即摩阻力沿长度是不均匀分布的。

### 39.4.5 基坑位移

在基坑壁的每侧各设 6 个位移监测点,基坑南侧最大位移 42mm,位移与坑深之比为 1/530。在距基坑南侧 3~5m 处出现裂缝,裂缝宽约 5mm。究其原因,可能是由于该处杂填土深达 8m,加之雨水渗漏导致;同时锚杆预应力值偏小可能也是导致这一现象的原因之一。

### 39.4.6 工程造价

预应力锚杆柔性支护法在大连某广场的成功应用,促进了该方法在大连地区基坑支护中的广泛应用。该基坑工程支护面积为 14 000m²,其中,桩锚支护和预应力锚杆柔性支护各占一半。桩锚支护工程造价 1 200 万元,预应力锚杆柔性支护造价为 470 万元,只相当于传统桩锚支护造价的 40% 左右,节省 730 万元。由此可见,预应力锚杆柔性支护法在工程造价上是非常经济的。因此,如果在岩土情况及周围管网情况允许的条件下,采用预应力锚杆柔性支护法无论是经济性还是工期都具有很强的竞争力。

## 参 考 文 献

[1] 程良奎,张作湄,杨志银. 岩土加固实用技术[M]. 北京:地震出版社,1994

[2] 程良奎,范景伦,韩军,等. 岩土锚固[M]. 北京:中国建筑工业出版社,2003

[3] Hobst L,Zaji J. 岩层和土体的锚固技术[M]. 陈宗平,王绍基,译. 冶金部建筑研究总院施工技术和技术情报研究室,1982

[4] 梁炯鎏. 锚固与注浆技术手册[M]. 北京:中国电力出版社,1999

[5] 程良奎. 深基坑锚杆支护的新进展[M]. 北京:人民交通出版社,1998

[6] 陈肇元,崔京浩. 土钉支护在基坑工程中的应用[M]. 2 版. 北京:中国建筑工业出版社,2000

[7] 中国工程建设标准化协会标准. CECS 96:97 基坑土钉支护技术规程[S]. 北京:中国工程建设标准化协会,1997

[8] 杨志银,蔡巧灵,陈伟华,等. 复合土钉墙模式研究及土钉应力的监测试验[J]. 建筑施

工,2001,23(6):427-430

[9] 徐水根,吴爱国. 软弱土层复合土钉支护技术应用中的几个问题[J]. 建筑施工,2001,23(6):423-424

[10] 张明聚. 复合土钉支护及其作用原理分析[J]. 工业建筑,2004:60-68

[11] 张明聚. 复合土钉支护技术研究[D]. 南京:解放军理工大学工程兵工程学院,2003

[12] 孙铁成. 复合土钉支护理论分析与试验研究[D]. 石家庄:石家庄铁道学院交通工程系,2003

[13] 徐水根,李寒,严广义. 上海地区基坑围护复合土钉墙施工技术要求[J]. 建筑施工,2001,23(6):387-389

[14] 中华人民共和国国家标准. GB 50086—2001 锚杆喷射混凝土支护技术规范[S]. 北京:中国计划出版社,2001

[15] 代国忠. 土钉与锚杆组合式支护技术在深基坑工程中的应用[J]. 探矿工程,2001(5):11-12

[16] 刘雷,薛守良. 土钉与预应力锚索复合支护技术的应用[J]. 铁道建筑,1998(9):29-31

[17] 汤凤林,林希强. 复合土钉支护技术在基坑支护工程中的应用——以广州地区为例[J]. 现代地质,2000,14(1):100-104

[18] 黄力平,何汉金. 挡土挡水复合型土钉墙支护技术[J]. 岩土工程技术,1999(1):17-21

[19] 李元亮,李林,曾宪明. 上海紫都莘庄C栋楼基坑喷锚网(土钉)支护变形控制与稳定性分析[J]. 岩土工程学报,1999,21(1):77-81

[20] 徐祯祥. 岩土锚固工程技术发展的回顾[M]. 北京:人民交通出版社,2002

[21] 铁道部第四勘测设计院科研所. 加筋土挡墙[M]. 北京:人民交通出版社,1985

[22] 赵明华. 土力学与基础工程[M]. 武汉:武汉工业大学出版社,2000

[23] 李光慧. 对拉式加筋土挡土墙设计简介[C]//全国岩土与工程学术大会论文集. 北京:人民交通出版社,2003

[24] 林宗元. 岩土工程治理手册[M]. 沈阳:辽宁科学技术出版社,1993

# 40 加筋土结构设计理论与应用技术

## 40.1 加筋土结构类型与特点

### 40.1.1 加筋土结构的组成部分

加筋土结构是由面板、拉筋、连接件和填料组成的整体结构。它借助于与面板相连接的筋带同填料之间的相互作用,使面板、拉筋和填料形成一种稳定而柔性的复合支挡结构。

1)面板类型

加筋土面板是为阻止填料倒塌而设置的支挡结构,它应满足坚固、美观、搬运方便和易于安装等要求。面板可按材料和形状分类:

(1)面板按材料分类:可分为金属、混凝土和土工织物三种类型。

①金属面板:金属面板一般采用钢板或镀锌钢板,也有采用铝合金板制作[图 40-1a)]。金属面板的最大优点是质轻、富有韧性、抗拉强度高,适用于软弱地基,可直接铺设在稍加平整的场地上。但金属面板的缺陷是易于腐蚀,寿命短,使用上受地区和土质的限制,故目前国内的加筋土挡墙面板一般多采用混凝土或钢筋混凝土面板。

②预制混凝土面板:最常用的是预制混凝土面板,面板尺寸一般为 $1.5m \times 1.5m$,每块板用 4 根拉筋连接,板间留有缝隙、间缝处夹软木板以适应变形[图 40-1b)]。

③土工织物结构:在挡土结构的土体中,每隔一定距离铺设加固作用的土工织物,由此起到加筋土的拉筋作用[图 40-1c)]。

(2)面板按形状划分:可分为曲壳形和平板形两类。

①曲壳形金属面板:这形状的面板多由金属制成的圆形或椭圆形曲壳面板。面板多采用 $3 \sim 5cm$ 厚的镀锌金属曲壳,高 25cm,长数米;镀锌钢板压制成半圆形,质量小,能适应地基或填土的沉降变形。

②平面形非金属面板:包括槽形、矩形、十字形或六边形等非金属面板。这类面板多由钢筋混凝土或素混凝土制作,预制时板与板之间一般有咬口,也有在十字的两端留有小孔,以便拼装时可用销钉串联起来以使各个面板连成一个整体墙面。各类面板形状及参考尺寸见表 40-1。

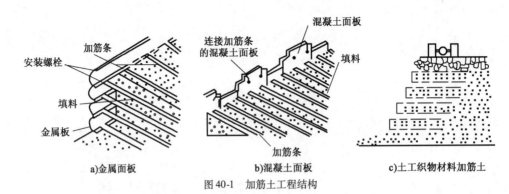

a)金属面板　　　　　b)混凝土面板　　　　c)土工织物材料加筋土

图 40-1　加筋土工程结构

各类面板形状及参考尺寸 表 40-1

| 面板形式 | | 简　　图 | | 高度(mm) | 长度(mm) | 厚度(mm) |
| --- | --- | --- | --- | --- | --- | --- |
| 立面 | 断面 | 正　面 | 侧　面 | | | |
| 矩形 | 槽形 | | | 250～750 | 500～1 500 | 80～200 |
| 矩形 | 矩形 | | | 500～1 000 | 1 000～2 000 | 80～200 |
| 六边形 | 矩形 | | | 500～1 000 | 500～1 200 | 80～200 |
| 十字形 | 矩形 | | | 500～1 500 | 500～1 500 | 80～200 |

注:槽形面板的腹板和翼缘厚度不宜小于50mm。

2)拉筋类型

拉筋的材料有钢筋混凝土、镀锌钢片、多孔废钢片及土工合成材料等,国内以聚丙烯土工带应用最广。拉筋的形状、结构、材质应最大限度地满足以下要求:

(1)具有较高的抗拉强度,延伸率小,以保证结构物的安全和一定的柔韧性。

(2)拉筋与填土之间应有较大的摩擦力。

(3)拉筋应具有较好的抗老化和耐腐蚀性能。

(4)拉筋宽度宜大于15mm,厚度大于0.8mm,拉伸时断裂强度不小于2kN,断裂时延伸率小于10%。

(5)拉筋与面板的连接必须牢固可靠。

(6)拉筋的断面形状简单,便于加工制作,适合工厂成批生产。

一般情况下,筋带宜水平布置,并尽可能垂直于板面。当从一个节点引出多根筋带时,可呈扇形散开,但在拉筋有效长度范围内彼此不得直接搭接。拉筋与板面应连接良好,拉筋的水平距离 $S_x$ 和垂直距离 $S_y$ 一般为 0.5～1.0m。

3)填土材料

一般采用砂类土、黏性土或杂填土,其要求易压实,同拉筋相互作用力可靠,不含可能损伤拉筋的尖利状颗粒。填料的设计参数应由试验确定。建筑填料的含水率应接近最佳含水率,压实度一般应达90%以上。

4)连接件

面板与拉筋之间必须连接才能形成整体,面板与面板之间也须经过连接才能形成完整的地面。

（1）对于拉筋为金属制品，面板是混凝土制品时，应在面板上安装预埋件和预留连接孔。面板预埋件与拉筋的连接可以电焊，也可以螺栓连接。面板预留孔可用拉筋穿入，再用垫板螺栓紧固。

（2）对于竹片拉筋大都用混凝土楔形锚头，自墙面穿入孔中，使之卡紧后受力，塑料包装带穿入槽形面板的预留孔内相连接。

（3）聚合物材料可用热压或胶合等方法连接。

### 40.1.2　加筋土作用原理

在加筋土结构中，填土与拉筋的作用有两种形式：即抗剪切（黏结）作用和抗拉拔（锚固）作用。

1）抗剪切作用机制

当在粗粒土上施加竖向压力时，会产生侧向膨胀，如图 40-2a）所示。当在土体中埋入拉筋时，土体与拉筋之间的摩擦作用所产生的摩擦力，抵抗土体的变形产生抗剪作用，阻止土体的侧向膨胀，这如同给土体施加一个水平作用力，如图 40-2b）所示。其抗剪作用力随着垂直压力的增大成正比例增加，直至达到土体与拉筋间的最大摩擦力或拉筋的极限抗拉力。

2）抗拉拔作用机制

埋于土体中的拉筋犹如土体中的全长锚固锚杆。当填土受到碾压和在土体自重压力作用下时，填土产生不均匀变形，这种沿拉筋方向的不均匀变形所产生的约束力施加于面板，从而起到锚固作用。

3）拉筋的拉力分布

图 40-3 为加筋土结构中拉筋的拉力分布曲线图。由此可以看出如下特征：

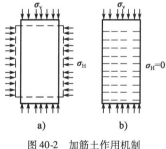

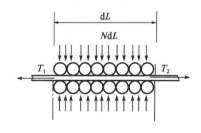

图 40-2　加筋土作用机制　　　　图 40-3　拉筋拉力分布曲线图

（1）拉筋上的最大拉力点位于内部而不是在拉筋与墙面板的连接处，拉筋端点的拉力约等于最大拉力的 3/4。

（2）各层最大拉力点连线的形状近似一对数螺旋线。为简化起见，下部与墙面板脚相连，以主动破裂角线交于墙高的 1/2 处，上部近似一垂直线至填土表面。面板距破裂面的水平距离小于 0.3H（图 40-4），其破裂面与库仑假设的直线破裂面不同，而是拉筋最大拉力的连线。靠近面板部分的土体为破坏区，该处土体有拉动拉筋的倾向，又称为非锚固区（Ⅰ区）。破裂区以后部分的称为稳定区（Ⅱ区），又称锚固区。该处土体有握住拉筋的倾向。

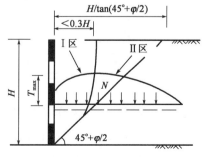

图 40-4　一般式加筋土挡墙计算简图

Ⅰ区内的拉筋长度称为无效长度,Ⅱ区内的拉筋长度称为有效长度。

(3)拉筋与填土的接触面上所产生的剪应力,将引起拉筋拉力发生不断的变化。

### 40.1.3　加筋土结构分类

1)按加筋土结构的用途分类

(1)加筋土挡墙:包括公路、铁路、海岸、河岸等一般式加筋挡墙(图40-5)和建筑在山坡上的房屋、仓库、货场、公共建筑的台阶式加筋挡墙(图40-6)。

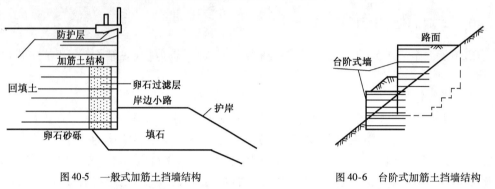

图40-5　一般式加筋土挡墙结构　　　　　　　图40-6　台阶式加筋土挡墙结构

(2)加筋土堤坝:加筋土堤坝用于小型过水坝和旧坝加固(图40-7)。

(3)加筋土桥台:混合式加筋土桥台(图40-8)、分离式加筋土桥台(图40-9)和普通式加筋土桥台(图40-10)。

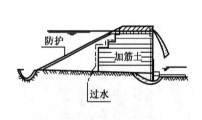

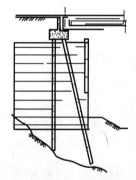

图40-7　加筋土过水坝结构　　　　　　　　　图40-8　混合式加筋土桥台结构

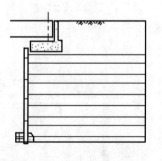

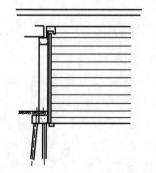

图40-9　分离式加筋土桥台结构　　　　　　　图40-10　普通式加筋土桥台结构

(4)加筋土料仓:这类结构物多用于矿山(图40-11)。

(5)加筋土拱(图40-12)。

（6）加筋土储液池（图 40-13）。

加筋土结构形式不限于以上几种，但作为一种新型结构，其设计原理基本上是相同的。

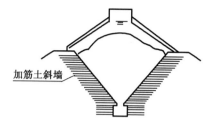

图 40-11　加筋土料仓结构

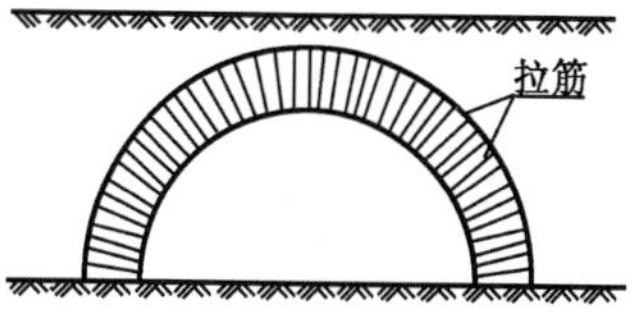

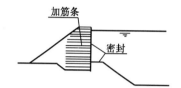

图 40-12　加筋土拱结构

2）按拉筋配置分类

（1）单面加筋土挡墙（图 40-14）。

（2）分隔式加筋土挡墙（图 40-15）。

（3）交错式加筋土挡墙（图 40-16）。

（4）对拉式加筋土挡墙（图 40-17）。

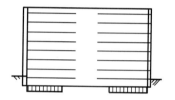

图 40-13　加筋土储液池结构

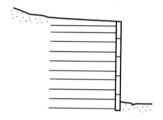

图 40-14　单面加筋土挡墙结构

图 40-15　分隔式加筋土挡墙结构

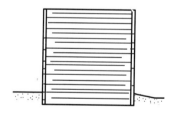

图 40-16　交错式加筋土挡墙结构

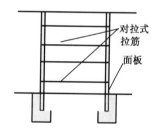

图 40-17　对拉式加筋土挡墙

### 40.1.4　加筋土结构的特点

加筋土结构是填土、拉筋和面板三者的结合体。土和拉筋之间的摩擦改善了土的物理力学性质（抗拉强度），使土与拉筋结合成为一个整体（结构）。在这个整体中起控制作用的是填土与拉筋间的摩擦力。面板的作用是阻挡填土或填砂的坍落挤出，迫使填料与拉筋结合在一起。加筋土挡墙就是利用填土与拉筋的摩擦力来平衡填土的侧压力，使加筋土挡墙更加轻型化和简单化。由此可见，加筋土结构具有以下特点：

（1）可以构筑较高的垂直填土结构，不仅可以减少占地面积，还可以在不允许开挖的地区修建工程。

国内加筋土挡墙高度一般在 3.6~12m 之间。日本使用金属拉筋和面板做成的挡墙高度为 18m，世界上最高的加筋土挡墙已达 42m。但由于地基承载力、填土沉降以及抵抗地震等方面的问题,挡墙高度也受到限制。

(2)面板形式可根据需要、结构受力特点进行美化设计,使图案清晰、造型美观,以适应城市道路的支挡工程。

(3)面板、拉筋、连接件等构件可以实现工厂化生产,既能保证构件质量,还可以降低原材料消耗。

(4)加筋土结构属于柔性结构,因此,对各种地基都有较好的适应性,因而对基础的承载力要求比其他支挡建筑物低,当遇到可压缩土的地基时,也不需要做大型基础,即可建起加筋土结构物。

(5)加筋土结构的施工过程(拼装、填土、碾压)既适于机械化施工,也适于人力施工。由于构件较轻,可用汽车吊、人字扒杆或用人抬,面板安装不需要大型起吊设备,因而施工设备简单,可以在狭窄的环境条件下施工。同时,施工质量容易控制,便于管理,还没有诸如噪声污染、施工垃圾的堆积等公路建筑公害。

(6)加筋土结构的突出优点是施工工期短。

(7)抗地震。加筋土结构所特有的柔性能够很好地吸收地震能量,具有刚性结构无法比拟的耐震性能。

(8)耐寒性。

(9)造价低。据国内部分工程的资料统计,加筋土结构物一般为普通挡土墙造价的40%~60%,并且挡墙越高节省投资比例越高。

# 40.2　加筋土挡墙设计

### 40.2.1　基本假定

(1)在墙面板背面作用的土压力为主动土压力。

(2)加筋土墙体内部填土分为稳定区和破坏区,两区的分界面即为主动土压力的破裂面。破裂区内的拉筋长度称为无效长度,稳定区内的拉筋长度称为有效长度。拉筋长度为有效长度和无效长度之和。

(3)由稳定区范围内的拉筋有效长度上的摩擦阻力抵抗拉拔,不计破坏区范围内拉筋的摩擦阻力。

(4)拉筋和填料之间的摩擦系数在拉筋长度范围内任何位置都是确定的值。

(5)每块墙面板上只是分别承受相应范围内的土压力。

(6)作用在墙面板上的土压力,在墙面板和拉筋的连接处产生了拉力,利用该拉力值设计拉筋和连接件。

(7)填土自重及墙顶荷载在拉筋的有效长度上均产生有效摩擦阻力(抗拔力)。

### 40.2.2　加筋土挡墙设计

1)墙面板材料的选择

(1)当墙高 $H \leqslant 12\text{m}$ 时,一般地基采用混凝土或钢筋混凝土墙面板。

(2)当墙高 $H \leqslant 12\text{m}$ 或地基较软弱时,一般宜采用镀锌钢板金属墙面板,以提高强度,增强柔性及适应地基可能的变形。当 $H \leqslant 15\text{m}$ 时,仍可采用钢筋混凝土墙面板。

2)墙面板尺寸的确定

墙面板尺寸与使用的材料有关。

（1）对于混凝土或钢筋混凝土墙面板，一般可采用矩形、十字形、六边形或多边形墙面板。将墙面板面积换算成矩形面积，其外形尺寸见表40-2。

混凝土或钢筋混凝土墙面板（换算矩形面积）参考尺寸　　　　　　表40-2

| 面板尺寸<br>拉筋根数 | 高度（cm） | 宽度（cm） | 厚度（cm） | 面 板 材 料 |
|---|---|---|---|---|
| 单 根 | 50～75 | 50～100 | 8～15 | 混凝土或钢筋混凝土 |
| 两 根 | 50～75 | 75～150 | 10～25 | |
| 四 根 | 100～175 | 100～200 | 15～30 | |

（2）对于钢筋混凝土槽形墙面板，其外形尺寸见表40-3。

钢筋混凝土槽形墙面板参考尺寸　　　　　　表40-3

| 面板尺寸<br>拉筋根数 | 高度（cm） | 宽度（cm） | 厚度（cm） | 翼宽（cm） | 面 板 材 料 |
|---|---|---|---|---|---|
| 两 根 | 30～50 | 100～150 | 4～6 | 10～15 | 钢筋混凝土 |
| 多 根 | 40～75 | 150～300 | 5～8 | 12～20 | |

（3）对于钢板墙面板，其外形尺寸见表40-4。

镀锌钢板墙面板参考尺寸　　　　　　表40-4

| 面板尺寸<br>拉筋根数 | 高度（mm） | 宽度（mm） | 厚度（mm） | 断面形状 | 面 板 材 料 |
|---|---|---|---|---|---|
| 多 根 | 333 | 3 000～6 000 | 3.2～4.5 | 半椭圆形 | 镀锌钢板 |

3）拉筋的材料

拉筋可用钢筋混凝土、钢板、镀锌钢板、合金钢板、合成纤维增强塑料、玻璃纤维组合材料及竹筋等材料制造。

4）拉筋的长度

拉筋的长度可由稳定验算确定，宽度及厚度见表40-5。

拉筋尺寸参考数据　　　　　　表40-5

| 拉筋尺寸<br>拉筋材料 | 厚 度（mm） | 宽 度（mm） | 长 度 | 使 用 范 围 |
|---|---|---|---|---|
| 钢板或镀锌钢板 | 3.2～5.0 | 60～100 | 由稳定验算确定 | 永久性工程 |
| 钢筋混凝土 | 50～100 | 100～250 | | |
| 毛 竹 | 原竹厚度 | 6～8 | | 临时性工程 |
| 合成纤维增强塑料 | 根据强度计算及拉拔试验确定 | | | |

5）拉筋的间距

拉筋间距应配合墙面板的材料及外轮廓尺寸而定，并考虑挡土墙墙背上作用的土压力大小和拉筋的强度、拉筋上承受的有效摩擦阻力等来分配拉筋平衡时确定其密度。拉筋间距的计算式为：

$$\frac{T}{S_x \cdot S_y} = \lambda \sigma_v \qquad (40\text{-}1)$$

式中, $T$ 为作用在单根拉筋上的拉力; $S_x$、$S_y$ 分别为拉筋的水平间距和垂直间距; $\lambda$ 为土体侧压系数; $\sigma_v$ 为拉筋所在位置的垂直应力。

表 40-6 给出了拉筋水平间距和垂直间距的参考值。

拉筋间距的参考值                        表 40-6

| 拉筋水平间距(cm) | 拉筋垂直间距(cm) | 备 注 |
|---|---|---|
| 50～100 | 30～75 | 特大面板可适当加大 |

# 40.3 加筋土挡墙土压力计算

### 40.3.1 第一种情况

墙顶无荷载作用(图 40-18),其土压力计算参数如下。

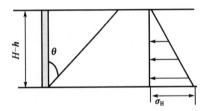

图 40-18 第一种情况的计算图

(1)填土破裂角 $\theta$ 的计算。

$$\tan\theta = -\tan\varphi + \sqrt{1 + \tan^2\varphi} \qquad (40\text{-}2)$$

式中, $\varphi$ 为填料介质的综合内摩擦角。

(2)侧向土压力系数 $\lambda$ 的计算。

$$\lambda = \frac{\tan\theta}{\tan(\theta + \varphi)} \qquad (40\text{-}3)$$

(3)填土产生的水平侧向应力的计算。

① 填土产生的总侧向应力 $\sigma_H$ 的计算。

$$\sigma_H = \lambda\gamma H \qquad (40\text{-}4)$$

② 第 $i$ 层拉筋处填土产生的侧向应力 $\sigma_{Hi}$ 的计算。

$$\sigma_{Hi} = \lambda\gamma H_i \qquad (40\text{-}5)$$

式中, $\gamma$ 为填料土的重度; $H$ 为加筋挡土墙墙高; $H_i$ 为第 $i$ 层拉筋处的墙高。

(4)作用在挡墙上的土压力的计算。

① 每延米墙上作用的土压力 $E_a$ 的计算。

$$E_a = \frac{1}{2}\gamma H^2\lambda = \frac{1}{2}H\sigma_H \qquad (40\text{-}6)$$

② 每单元(墙长度为拉筋水平间距 $S_x$ 时)墙上作用的土压力 $E$ 的计算。

$$E = E_a S_x = \frac{1}{2}H\sigma_H S_x \qquad (40\text{-}7)$$

③ 第 $i$ 层拉筋对应的墙面板上承受的土压力 $E_i$ 的计算。

$$E_i = \sigma_{Hi}S_x S_y \qquad (40\text{-}8)$$

(5)每单元墙上由于土压力产生的全墙倾覆力矩之和 $\sum M_E$ 的计算。

$$\sum M_E = \frac{1}{6}H^2\sigma_H S_x \qquad (40\text{-}9)$$

### 40.3.2 第二种情况

墙顶作用均布荷载(图 40-19),其土压力计算参数如下。

(1)填土破裂角 $\theta$ 的计算同式(40-2)。

(2)侧压系数 $\lambda$ 的计算同式(40-3)。

(3)填土产生的水平侧向应力的计算。

①填土产生的总侧向应力 $\sigma_H$ 的计算同式(40-4)。

②第 $i$ 层拉筋处填土产生的侧向应力 $\sigma_{Hi}$ 的计算同式(40-5)。

③墙顶荷载产生的侧压应力强度 $\sigma_0$ 为：

$$\sigma_0 = \lambda\gamma h_0 \qquad (40\text{-}10)$$

图 40-19  第二种情况的计算图

式中, $h_0$ 为墙顶产生均布荷载填土高度。

(4)作用在挡墙上的土压力的计算。

①每延米墙上作用的土压力 $E_a$ 的计算。

$$E_a = \frac{1}{2}H\sigma_H + H\sigma_0 \qquad (40\text{-}11)$$

②每单元(墙长度为拉筋水平间距 $S_x$ 时)墙上作用的土压力 $E$ 的计算。

$$E = \frac{1}{2}H\sigma_H S_x + H\sigma_0 S_x \qquad (40\text{-}12)$$

③第 $i$ 层拉筋对应的墙面板上承受的土压力 $E_i$ 的计算。

$$E_i = (\sigma_{Hi} + \sigma_0)S_x S_y \qquad (40\text{-}13)$$

(5)每单元墙上由于土压力产生的全墙倾覆力矩之和 $\sum M_E$ 的计算。

$$\sum M_E = \left(\frac{1}{6}\sigma_H + \frac{1}{2}\sigma_0\right)H^2 S_x \qquad (40\text{-}14)$$

### 40.3.3  第三种情况

距墙顶 $C$ 处作用长条形荷载,且破裂面交在荷载范围内(图 40-20),其土压力计算参数如下。

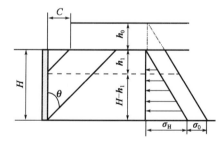

图 40-20  第三种情况的计算图

(1)填土破裂角 $\theta$ 的计算。

$$\tan\theta = -\tan\varphi + \sqrt{(1+\tan^2\varphi)\left(1+\frac{A}{\tan\varphi}\right)} \qquad (40\text{-}15)$$

$$A = \frac{2Ch_0}{H(H+2h_0)}$$

(2)侧压系数 $\lambda$ 的计算同式(40-3)。

(3)填土产生的水平侧向应力的计算。

①填土产生的总侧向应力 $\sigma_H$ 的计算同式(40-4)。

②第 $i$ 层拉筋处填土产生的侧向应力 $\sigma_i$ 的计算同式(40-5)。

③墙顶荷载产生的侧压应力强度 $\sigma_0$ 的计算同式(40-10)。

(4)作用在挡墙上的土压力的计算。

①每延米墙上作用的土压力 $E_a$ 的计算。

$$E_a = \frac{1}{2}H\sigma_H + (H-h_1)\sigma_0 \qquad (40\text{-}16)$$

式中，$h_1$ 为荷载内边缘点对土压力的影响高度，$h_1 = C/\tan\theta$。

②每单元（墙长度为拉筋水平间距 $S_x$ 时）墙上作用的土压力的计算。

$$E = \frac{1}{2}H\sigma_H S_x + (H - h_1)\sigma_0 S_x \tag{40-17}$$

③第 $i$ 层拉筋对应的墙面板上承受的土压 $E_i$ 力的计算。

a. 当 $iS_y \leqslant h_1$ 时，$E_i$ 的计算式同式（40-8）。

b. 当 $iS_y > h_1$ 时，$E_i$ 的计算式如下。

该段内第一层的土压力 $E_i$ 的计算式为：

$$E_i = (\sigma_{Hi} + \sigma_0)S_x S_y + (nS_y - h_1)\sigma_0 S_x \tag{40-18}$$

式中，$i$ 为自墙顶起算的拉筋层数。

该段范围内其余各层 $E_i$ 的计算同式（40-13）。

（5）每单元墙上由于土压力产生的全墙倾覆力矩之和 $\sum M_E$ 的计算。

$$\sum M_E = \frac{1}{6}H^2\sigma_H S_x + \frac{1}{2}(H - h_1)^2\sigma_0 S_x \tag{40-19}$$

### 40.3.4　第四种情况

距墙顶 $C$ 处作用长条形荷载，且破裂面交在荷载范围外（图 40-21），其土压力计算参数如下。

（1）填土破裂角 $\theta$ 的计算。

$$\tan\theta = -\tan\varphi + \sqrt{(1 + \tan^2\varphi)\left(1 - \frac{A}{\tan\varphi}\right)} \tag{40-20}$$

$$A = \frac{2l_0 h_0}{H^2}$$

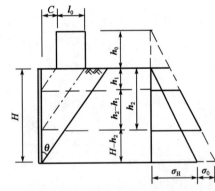

图 40-21　第四种情况的计算图

（2）土侧压系数 $\lambda$ 的计算同式（40-3）。

（3）填土产生的水平侧向应力的计算。

①填土产生的总侧向应力 $\sigma_H$ 的计算同式（40-4）。

②第层拉筋处填土产生的侧向应力 $\sigma_{Hi}$ 的计算同式（40-5）。

③墙顶荷载产生的侧压应力强度 $\sigma_0$ 的计算式同式（40-10）。

（4）作用在挡墙上的土压力的计算。

①每延米墙上作用的土压力 $E_a$ 的计算。

$$E_a = \frac{1}{2}H\sigma_H + (h_2 - h_1)\sigma_0 \tag{40-21}$$

式中，$h_2$ 为荷载外边缘点对土压力的影响高度，$h_2 = (C + l_0)/\tan\theta$。

②每单元（墙长度为拉筋水平间距 $S_x$ 时）墙上作用的土压力的计算。

$$E = \frac{1}{2}H\sigma_H S_x + (h_2 - h_1)\sigma_0 S_x \tag{40-22}$$

③第 $i$ 层拉筋对应的墙面板上承受的土压力 $E_i$ 的计算。

a. 当 $iS_y \leqslant h_1$ 时，$E_i$ 的计算式同式（40-8）。

b. 当 $h_1 < iS_y < h_2$ 时,$E_i$ 的计算式如下。

该段内第一层的土压力 $E_1$ 的计算式为:

$$E_i = \sigma_{Hi} S_x S_y + (iS_y - h_1) \sigma_0 S_x \tag{40-23}$$

式中,$i$ 为自墙顶起算的拉筋层数。

该段范围内其余各层 $E_i$ 的计算同式(40-13)。

c. 当 $iS_y > h_2$ 时,$E_i$ 的计算式如下。

该段内第一层的土压力 $E_i$ 的计算式为:

$$E_i = \sigma_{Hi} S_x S_y + [h_2 - (i-1)S_y] \sigma_0 S_x \tag{40-24}$$

该段范围内其余各 $E_i$ 层的计算同式(40-8)。

(5)每单元墙上由于土压力产生的全墙倾覆力矩之和 $\sum M_E$ 的计算。

$$\sum M_E = \frac{1}{6} H^2 \sigma_H S_x + \frac{1}{2}(h_2 - h_1)(2H - h_1 - h_2) \sigma_0 S_x \tag{40-25}$$

### 40.3.5　第五种情况

紧靠墙顶作用长条形荷载,破裂面交在荷载范围外(图40-22),其土压力计算参数如下。

(1)填土破裂角 $\theta$ 的计算同式(40-20)。

(2)侧压系数 $\lambda$ 的计算同式(40-3)。

(3)填土产生的水平侧向应力的计算。

①填土产生的总侧向应力 $\sigma_H$ 的计算同式(40-4)。

②第 $i$ 层拉筋处填土产生的侧向应力 $\sigma_{Hi}$ 的计算同式(40-5)。

③墙顶荷载产生的侧压应力强度 $\sigma_0$ 的计算同式(40-10)。

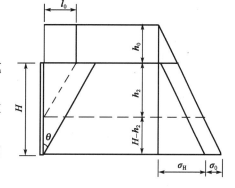

图40-22　第五种情况的计算图

(4)作用在挡墙上的土压力的计算。

①每延米墙上作用的土压力 $E_a$ 的计算。

$$E_a = \frac{1}{2} H \sigma_H + h_2 \sigma_0 \tag{40-26}$$

$$h_2 = \frac{l_0}{\tan\theta}$$

②每单元(墙长度为拉筋水平间距 $S_x$ 时)墙上作用的土压力 $E$ 的计算。

$$E = \frac{1}{2} H \sigma_H S_x + h_2 \sigma_0 S_x \tag{40-27}$$

③第 $i$ 层拉筋对应的墙面板上承受的土压力 $E_i$ 的计算。

a. 当 $iS_y \leqslant h_2$ 时,$E_i$ 的计算同式(40-13)。

b. 当 $iS_y > h_2$ 时,$E_i$ 的计算式如下。

该段内第一层的土压力 $E_i$ 的计算式为:

$$E_i = \sigma_{Hi} S_x S_y + (iS_y - h_2) \sigma_0 S_x \tag{40-28}$$

式中,$i$ 为自墙顶起算的拉筋层数。

该段范围内其余各层 $E_i$ 的计算同式(40-8)。

（5）每单元墙上由于土压力产生的全墙倾覆力矩之和 $\sum M_{\mathrm{E}}$ 的计算。

$$\sum M_{\mathrm{E}} = \frac{1}{6}H^2 \sigma_{\mathrm{H}} S_x + h_2\left(H - \frac{h_2}{2}\right)\sigma_0 S_x \tag{40-29}$$

### 40.3.6　第六种情况

墙顶无荷载，墙顶土坡与水平线成 $\beta$ 角，且 $\beta < \varphi$（图 40-23），其土压力计算参数如下。

（1）填土破裂角 $\theta$ 的计算。

$$\tan\theta = \frac{-\tan\varphi + \sqrt{(1 + \tan^2\varphi)\left(1 - \dfrac{\tan\varphi}{\tan\varphi}\right)}}{1 - (1 + \tan^2\varphi)\dfrac{\tan\beta}{\tan\varphi}} \tag{40-30}$$

（2）侧压系数 $\lambda$ 的计算。

$$\lambda = \frac{\tan\theta}{\tan(\theta + \varphi)(1 - \tan\beta \cdot \tan\theta)} \tag{40-31}$$

（3）填土产生的水平侧向应力的计算。

①填土产生的总侧向应力 $\sigma_{\mathrm{H}}$ 的计算同式（40-4）。

②第 $i$ 层拉筋处填土产生的侧向应力 $\sigma_{\mathrm{H}i}$ 的计算同式（40-5）。

（4）作用在挡墙上的土压力的计算。

①每延米墙上作用的土压力 $E_{\mathrm{a}}$ 的计算同式（40-6）。

②每单元（墙长度为拉筋水平间距 $S_x$ 时）墙上作用的土压力 $E$ 的计算同式（40-7）。

③第 $i$ 层拉筋对应的墙面板上承受的土压力 $E_i$ 的计算同式（40-8）。

（5）每单元墙上由于土压力产生的全墙倾覆力矩之和 $\sum M_{\mathrm{E}}$ 的计算同式（40-9）。

### 40.3.7　第七种情况

墙顶无荷载，墙顶土坡与水平线成 $\beta$ 角，且 $\beta = \varphi$（图 40-24），其土压力计算参数如下。

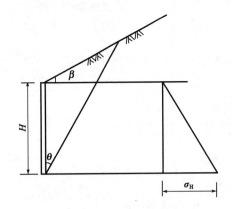
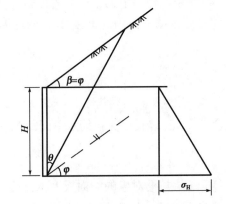

图 40-23　第六种情况的计算图　　　　图 40-24　第七种情况的计算图

（1）填土破裂角 $\theta$ 的计算公式如下：

$$\tan\theta = \frac{1}{\tan\varphi} \tag{40-32}$$

（2）侧压系数 $\lambda$ 的计算式如下：

$$\lambda = \cos^2\varphi \tag{40-33}$$

（3）填土产生的水平侧向应力的计算。

①填土产生的总侧向应力 $\sigma_H$ 的计算同式（40-4）。

②第 $i$ 层拉筋处填土产生的侧向应力 $\sigma_{Hi}$ 的计算同式（40-5）。

（4）作用在挡墙上的土压力的计算。

①每延米墙上作用的土压力 $E_a$ 的计算同式（40-6）。

②每单元（墙长度为拉筋水平间距 $S_x$ 时）墙上作用的土压力 $E$ 的计算同式（40-7）。

③第 $i$ 层拉筋对应的墙面板上承受的土压力 $E_i$ 的计算同式（40-8）。

（5）每单元墙上由于土压力产生的全墙倾覆力矩之和 $\sum M_E$ 的计算同式（40-9）。

### 40.3.8　第八种情况

墙顶有均布荷载，墙顶土坡与水平线成 $\beta$ 角，且 $\beta < \varphi$（图40-25），其土压力计算参数如下。

（1）填土破裂角 $\theta$ 的计算同式（40-30）。

（2）侧压系数 $\lambda$ 的计算同式（40-31）。

（3）填土产生的水平侧向应力的计算。

①填土产生的总侧向应力 $\sigma_H$ 的计算同式（40-4）。

②第 $i$ 层拉筋处填土产生的侧向应力 $\sigma_{Hi}$ 的计算同式（40-5）。

③墙顶荷载产生的侧压应力强度 $\sigma_0$ 的计算同式（40-10）。

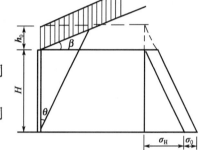

图40-25　第八种情况的计算图

（4）作用在挡墙上的土压力的计算。

①每延米墙上作用的土压力 $E_a$ 的计算同式（40-11）。

②每单元（墙长度为拉筋水平间距 $S_x$ 时）墙上作用的土压力 $E$ 的计算同式（40-12）。

③第 $i$ 层拉筋对应的墙面板上承受的土压力 $E_i$ 的计算同式（40-13）。

（5）每单元墙上由于土压力产生的全墙倾覆力矩之和 $\sum M_E$ 的计算同式（40-14）。

# 40.4　拉筋长度的计算

### 40.4.1　计算理论与方法

（1）假定条件。

①作用在墙顶的荷载换算成相应的土柱，作用在墙顶的对应位置。

②作用在破坏棱体顶部范围内的荷载，仅对墙背土压力产生作用，而对拉筋不产生抗拔力。

③作用在破坏棱体以外（稳定区）的荷载，按斜平行于破裂面的方向，投影于拉筋的对应位置上，对拉筋产生摩擦阻力。

④拉筋上的总摩擦阻力为填土自重及墙顶荷载各自产生的摩擦阻力的总和。

（2）拉筋长度的计算。

$$L = L_a + L_b \tag{40-34}$$

式中，$L$ 为拉筋的长度（m）；$L_a$ 为拉筋的无效长度（m）；$L_b$ 为拉筋的有效长度（m）。

（3）拉筋无效长度的计算。

$$L_a = H_b \tan\theta \tag{40-35}$$

式中，$\theta$ 为破裂角；$H_b$ 为拉筋中心至墙底的高度。

（4）拉筋的有效长度及作用在拉筋上的有效摩擦力 $F$ 的计算。

①考虑到墙顶分布荷载 $q$，由拉筋拉力与墙背土压力的平衡条件，有：

$$\frac{T}{S_x S_y} = \lambda \sigma_v = \lambda(\gamma H + q) \tag{40-36}$$

得到第 $i$ 层单根拉筋的平衡条件为：

$$T_i = \lambda \sigma_v S_x S_y = E_i \tag{40-37}$$

式中，$T_i$ 为第层单根拉筋所承受的拉力；$q$ 为墙顶每单位面积上作用的荷载重量，如为满布均布荷载，可直接应用上式，如为长条形荷载，应考虑荷载位置的影响；$E_i$ 为第 $i$ 层拉筋对应的墙面板上承受的土压力。

②作用在拉筋上的有效摩擦力的计算，在具体设计时，认为拉筋的无效长度上不产生有效摩擦力，所以，仅计算拉筋有效长度范围内的有效摩擦力 $F$。

$$F = 2f\gamma H_a B L_b + 2f\gamma h_0 B L_p \tag{40-38}$$

式中，$f$ 为填料与拉筋间的摩擦系数；$H_a$ 为从加筋挡土墙顶面到拉筋中心的高度；$B$ 为拉筋的宽度；$h_0$ 为墙顶荷载换算土柱的高度；$L_p$ 为稳定区的墙顶范围内的荷载宽度（即对拉筋产生有效摩擦力的荷载宽度）；$H$ 为加筋挡土墙的总高度，即 $H = H_a + H_b$。

拉筋有效长度的计算，应满足抗拉拔力应不大于填土于拉筋间的摩擦力，即 $KT_i \leqslant F_i$。

根据拉筋所产生的拉力应与其对应的墙面板上所承受的土压力相平衡，即 $T_i = E_i$ 或 $KE_i = F_i$。考虑式（40-38），有：

$$L_{bi} = \frac{KE_i}{2f\gamma B H_{ai}} - \frac{h_0 L_p}{H_{ai}} = \frac{KE_i}{k_1 H_{ai}} - \frac{h_0 L_p}{H_{ai}} = \frac{k_2 E_i}{H_{ai}} - \frac{h_0 L_p}{H_{ai}} \tag{40-39}$$

式中，$L_{bi}$ 为第 $i$ 层拉筋的有效长度；$K$ 为加筋土挡墙的总体安全系数；$H_{ai}$ 为从第 $i$ 层拉筋中心到墙顶的高度；$k_1$、$k_2$ 为系数，$k_1 = 2f\gamma B$；$k_2 = K/k_1$。

### 40.4.2　第一种情况的参数计算

墙顶无荷载（图 40-26）。

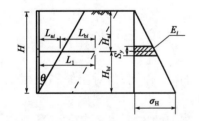

（1）第 $i$ 层拉筋的有效摩擦力 $F_i$ 的计算。

$$F_i = 2f\gamma B H_{ai} L_{bi} = k_1 H_{ai} L_{bi} \tag{40-40}$$

（2）第 $i$ 层拉筋的有效长度 $L_{bi}$ 的计算。

$$L_{bi} = \frac{KE_i}{2f\gamma B H_{ai}} = \frac{K\sigma_i S_x S_y}{2f\gamma B H_{ai}} = \frac{K\gamma H_{ai} \lambda S_x S_y}{2f\gamma B H_{ai}} = \frac{K\lambda}{2fB} S_x S_y \tag{40-41}$$

图 40-26　第一种情况拉筋长度计算图

由此可知，在墙顶没有荷载的情况下，拉筋的有效长度为常量，即每根拉筋的有效长度均相等。

### 40.4.3　第二种情况的参数计算

墙顶作用均布荷载（图 40-27）。

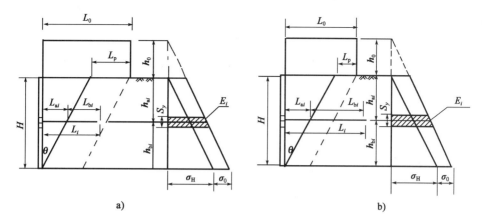

a)                                    b)

图 40-27　第二种情况拉筋长度计算图

（1）作用在第 $i$ 层拉筋上的有效摩擦力 $F_i$ 的计算。

$$L_p = L_0 - H\tan\theta \tag{40-42}$$

① 当 $L_{bi} \leqslant L_p$ 时［图 40-27a）］：

$$F_i = 2f\gamma B(H_{ai} + h_0)L_{bi} = k_1(H_{ai} + h_0)L_{bi} \tag{40-43}$$

② 当 $L_{bi} > L_p$ 时［图 40-27b）］：

$$F_i = 2f\gamma B(H_{ai}L_{bi} + h_0L_p) = k_1(H_{ai}L_{bi} + h_0L_p) \tag{40-44}$$

（2）第 $i$ 层拉筋的有效长度 $L_{bi}$ 的计算。

① 当 $L_{bi} \leqslant L_p$ 时［图 40-27a）］：

由 $E_i = 2f\gamma B(H_{ai} + h_0)L_{bi} = k_1(H_{ai} + h_0)L_{bi}$，得：

$$L_{bi} = \frac{KE_i}{2f\gamma B(H_{ai} + h_0)} = \frac{KE_i}{k_1(H_{ai} + h_0)} \tag{40-45}$$

② 当 $L_{bi} > L_p$ 时［图 40-27b）］：

由 $E_i = 2f\gamma B(H_{ai}L_{bi} + h_0L_p) = k_1(H_{ai}L_{bi} + h_0L_p)$，得：

$$L_{bi} = \frac{1}{H_{ai}}(k_2E_i - h_0L_p) \tag{40-46}$$

### 40.4.4　第三种情况的参数计算

在距墙顶 $C$ 处作用长条形荷载，破裂面交在荷载范围内（图 40-28）。

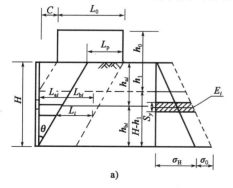
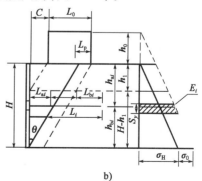

a)                                    b)

图 40-28　第三种情况拉筋长度计算图

（1）第 $i$ 层拉筋的有效摩擦力 $F_i$ 的计算。

$$L_p = C + L_0 - H\tan\theta \qquad (40\text{-}47)$$

① 当 $L_{bi} \leqslant L_p$ 时 [图 40-28a)]：

$$F_i = 2f\gamma B(H_{ai} + h_0)L_{bi} = k_1(H_{ai} + h_0)L_{bi} \qquad (40\text{-}48)$$

② 当 $L_{bi} > L_p$ 时 [图 40-28b)]：

$$F_i = 2f\gamma B(H_{ai}L_{bi} + h_0L_p) = k_1(H_{ai}L_{bi} + h_0L_p) \qquad (40\text{-}49)$$

（2）第 $i$ 层拉筋的有效长度 $L_{bi}$ 的计算。

① 当 $L_{bi} \leqslant L_p$ 时 [图 40-28a)]，计算同式（40-45）。

② 当 $L_{bi} > L_p$ 时 [图 40-28b)]，计算同式（40-46）。

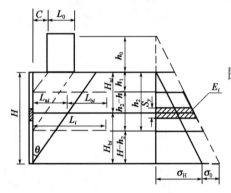

图 40-29　第四种情况拉筋长度计算图

### 40.4.5　第四种情况的参数计算

在距墙顶 $C$ 处作用长条形荷载，破裂面交在荷载范围外（图 40-29）。

（1）作用在第 $i$ 层拉筋上的有效摩擦力 $F_i$ 的计算。

$$F_i = 2f\gamma BH_{ai}L_{bi} = k_1 H_{ai}L_{bi} \qquad (40\text{-}50)$$

（2）第 $i$ 层拉筋的有效长度 $L_{bi}$ 的计算。

$$L_{bi} = \frac{k_2 E_i}{H_{ai}} \qquad (40\text{-}51)$$

### 40.4.6　第五种情况的参数计算

紧靠墙顶作用长条形局部荷载，破裂面交在荷载范围外（图 40-30）。

（1）作用在第 $i$ 层拉筋上的有效摩擦力 $F_i$ 的计算同式（40-50）。

（2）第 $i$ 层拉筋的有效长度 $L_{bi}$ 的计算同式（40-51）。

### 40.4.7　第六种情况的参数计算

墙顶无荷载，墙顶土坡与水平线成 $\beta$ 角，且 $\beta < \varphi$（图 40-31）。

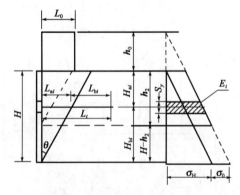

图 40-30　第五种情况拉筋长度计算图

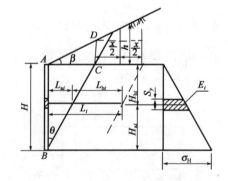

图 40-31　第六种情况拉筋长度计算图

（1）作用在第 $i$ 层拉筋上的有效摩擦力 $F_i$ 的计算。

$$F_i = 2f \cdot \gamma \cdot B\left(H_{ai} + H\tan\theta\tan\beta + \frac{1}{2}L_{bi}\tan\beta\right)L_{bi}$$

$$= k_1\left(H_{ai} + H\tan\theta\tan\beta + \frac{1}{2}L_{bi}\tan\beta\right)L_{bi} \tag{40-52}$$

（2）第 $i$ 层拉筋的有效长度 $L_{bi}$ 的计算。

$$L_{bi} = \frac{-H_{ai} - H\tan\theta\tan\beta}{\tan\beta} + \frac{\sqrt{(H_{ai} + H\tan\theta\tan\beta)^2 + 2k_2E_i\tan\beta}}{\tan\beta} \tag{40-53}$$

### 40.4.8　第七种情况的参数计算

墙顶无荷载,墙顶土坡与水平线成 $\beta$ 角,且 $\beta = \varphi$（图 40-32）。
（1）作用在第 $i$ 层拉筋上的有效摩擦力 $F_i$ 的计算同式（40-52）。
（2）第 $i$ 层拉筋的有效长度 $L_{bi}$ 的计算同式（40-53）。

### 40.4.9　第八种情况的参数计算

墙顶有均布荷载,墙顶土坡与水平线成 $\beta$ 角,且 $\beta < \varphi$（图 40-33）。

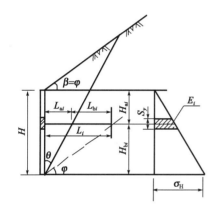

图 40-32　第七种情况拉筋长度计算图

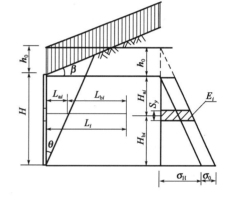

图 40-33　第八种情况拉筋长度计算图

（1）作用在第 $i$ 层拉筋上的有效摩擦力 $F_i$ 的计算。

$$F_i = 2f\gamma B\left(H_{ai} + h_0 + H\tan\theta\tan\beta + \frac{1}{2}L_{bi}\tan\beta\right)L_{bi}$$

$$= k_1\left(H_{ai} + h_0 + H\tan\theta\tan\beta + \frac{1}{2}L_{bi}\tan\beta\right)L_{bi} \tag{40-54}$$

（2）第 $i$ 层拉筋的有效长度 $L_{bi}$ 的计算。

$$L_{bi} = \frac{-(H_{ai} + h_0 + H\tan\theta\tan\beta)}{\tan\beta} +$$

$$\frac{\sqrt{(H_{ai} + h_0 + H\tan\theta\tan\beta)^2 + 2k_2E_i\tan\beta}}{\tan\beta} \tag{40-55}$$

### 40.4.10　加筋土内部稳定性验算

（1）单根拉筋的抗拔稳定验算单根拉筋抗拔安全系数

$$K_{pi} = \frac{F_i}{E_i} \qquad (40\text{-}56)$$

（2）全墙抗拔稳定性验算

$$K_{C} = \frac{\sum\limits_{i=1}^{n} F_i}{\sum\limits_{i=1}^{n} E_i} = \frac{\sum\limits_{i=1}^{n} F_i}{E} \qquad (40\text{-}57)$$

（3）全墙倾覆稳定性验算

①全墙稳定力矩 $\sum M_F$ 的计算。

$$\sum M_F = \sum_{i=1}^{n} F_i H_{bi} \qquad (40\text{-}58)$$

②全墙倾覆安全系数的计算。

$$K_0 = \frac{\sum M_F}{\sum M_E} = \frac{\sum\limits_{i=1}^{n} F_i H_{bi}}{\sum M_F} \qquad (40\text{-}59)$$

一般情况下，$K_p$、$K_C$、$K_0$ 可根据荷载情况及建筑物的重要性，取 $1.5 \sim 2.0$。

### 40.4.11　拉筋截面验算

$$\sigma_s = \frac{T_{max}}{A_s} = \frac{T_{max}}{B(t - C_m)} \leqslant [\sigma_s] \qquad (40\text{-}60)$$

式中，$\sigma_s$、$[\sigma_s]$ 分别为拉筋的拉应力和拉筋材料的容许拉应力；$T_{max}$ 为拉筋承受的最大拉力；$A_s$ 为拉筋的有效面积，若为钢筋混凝土拉筋，只计钢筋截面积；$B$ 为拉筋的宽度；$t$ 为拉筋的厚度；$C_m$ 为拉筋的腐蚀带平均厚度。

### 40.4.12　连接螺栓的强度验算

$$\tau = \frac{Q_{max}}{nA_n} \leqslant [\tau] \qquad (40\text{-}61)$$

式中，$\tau$、$[\tau]$ 分别为螺栓的剪切应力和容许剪切应力；$Q_{max}$ 为作用于螺栓上的最大剪力；$A_n$ 为单个螺栓的有效截面面积。

### 40.4.13　螺栓孔处拉筋的挤压强度验算

$$\sigma_C = \frac{Q_{max}}{nA_C} = \frac{Q_{max}}{bdt} \leqslant [\sigma_C] \qquad (40\text{-}62)$$

式中，$\sigma_C$、$[\sigma_C]$ 分别为螺栓孔处拉筋承受的挤压应力和容许挤压应力；$A_C$ 为拉筋上受挤压的面积；$d$ 为拉筋的直径；$t$ 为拉筋的厚度。

### 40.4.14　填土与拉筋间的摩擦系数

在进行加筋土挡墙设计分析中，填土与拉筋间的摩擦系数是一个重要参数。为了便于应用，本节列举了部分数据（表40-7 和表40-8）。

填土与拉筋间的摩擦系数值（室内试验结果）　　表 40-7

| 材质 | 钢筋混凝土板 | | 钢　板 | | 镀锌铁皮 | | 有机玻璃 | | 普通玻璃 | | 磷铜片 | |
|---|---|---|---|---|---|---|---|---|---|---|---|---|
| 填料 | 中砂 | 粗砂 | 中砂 | 粗砂 | 中砂 | 粗砂 | 中砂 | 粗砂 | 中砂 | 粗砂 | 中砂 | 粗砂 |
| $f$ | 0.54 ~ 0.907 | 0.54 ~ 0.920 | 0.36 ~ 0.821 | 0.39 ~ 0.820 | 0.320 ~ 0.350 | 0.43 ~ 0.470 | 0.278 ~ 0.835 | 0.490 ~ 0.778 | 0.12 ~ 0.160 | 0.19 ~ 0.230 | 0.19 ~ 0.220 | 0.32 ~ 0.400 |
| $\bar{f}$ | 0.64 | 0.64 | 0.46 | 0.52 | 0.34 | 0.45 | 0.40 | 0.63 | 0.13 | 0.21 | 0.21 | 0.37 |

填土与拉筋间的摩擦系数值（现场试验结果）　　表 40-8

| 工程名称 | 云南田坝堆煤场 | 葛店化工厂铁路专用线 | 大冶电厂铁路专用线 | 广州郊区鸡笼试验墙 | 浙江天台加筋土护岸 | 浙江临海加筋土路堤 |
|---|---|---|---|---|---|---|
| 材质 | 钢筋混凝土板 | 钢板 | 混凝土块穿钢筋 | 竹片 | 覆铜钢带 | 竹片 |
| 填料 | 砂黏土夹碎石 | 砂黏土 | 砂黏土及裂隙黏土 | — | 砂卵石 | |
| $f$ | 1.03 ~ 1.67 | 0.68 ~ 1.04 | 0.72 ~ 0.79 | 0.51 ~ 1.29 | 0.75 ~ 1.00 | 0.43 ~ 0.470 |
| $\bar{f}$ | 1.25 | 0.83 | 0.75 | 0.84 | — | |

### 40.4.15　加筋土挡墙与填料的参数

加筋土挡墙设计有关土工试验参数应根据试验确定。当无试验资料时,可参照表 40-9 ~ 表 40-13 确定。

基 底 摩 擦 系 数　　表 40-9

| 加筋土分类 | 摩擦系数 $f$ | 加筋土分类 | 摩擦系数 $f$ |
|---|---|---|---|
| 软塑黏土 | 0.25 | 砂类土 | 0.40 |
| 硬塑黏土 | 0.30 | 碎石类土 | 0.50 |
| 砂黏土、黏砂土、半干硬黏土 | 0.30 ~ 0.40 | 软质岩 | 0.40 ~ 0.50 |
| | | 硬质岩 | 0.60 ~ 0.70 |

注:$f$ 指混凝土基础底面与地基土间的摩擦系数。

填料的物理力学指标　　表 40-10

| 填 料 种 类 | | 计算内摩擦角 $\varphi(°)$ | 重度 $\gamma(kN/m^3)$ |
|---|---|---|---|
| 一般黏性土 | 墙高 $H \leqslant 6m$ | 25 ~ 40 | 17 |
| | 墙高 $H > 6m$ | 30 ~ 35 | 17 |
| 砂类土 | | 35 | 18 |
| 不易风化的岩石或碎石类土 | | 40 | 19 |
| 不易风化的石块 | | 45 | 19 |

填土与拉筋间的摩擦系数值（现场试验结果）　　表 40-11

| 材料名称 | 混凝土 | 片石混凝土 | 钢筋混凝土 | 浆砌粗料石 | 浆砌块石 | 浆砌片石 | 钢 材 |
|---|---|---|---|---|---|---|---|
| 重度 $\gamma(kN/m^3)$ | 23 | 23 | 25 | 25 | 33 | 32 | 7.85 |

混凝土的容许应力　　表 40-12

| 应 力 种 类 | 混 凝 土 强 度 等 级 | | | | |
|---|---|---|---|---|---|
| | C10 | C15 | C20 | C25 | C30 |
| 容许压应力 $[\sigma]$(MPa) | 3.5 | 5.5 | 7.0 | 9.0 | 10.5 |
| 容许剪应力 $[\tau]$(MPa) | 0.5 | 0.65 | 0.80 | 0.95 | 1.05 |

| 砌体类型<br>水泥砂浆或小石子混凝土强度等级 | 片石砌体 | 小石子混凝土片石砌体 | 块石砌体 | 粗料石砌体 | 混凝土石砌体强度等级 | | $[\tau]$ |
|---|---|---|---|---|---|---|---|
| | | | | | C15 | C20 | |
| M7.5 | 1.3 | 1.6 | | | | | 0.14 |
| M10 | 1.5 | 1.8 | 2.5 | 4.0 | 2.7 | 3.4 | 0.16 |
| M15 | 1.8 | 2.1 | 2.8 | 4.4 | 3.1 | 3.8 | 0.20 |
| M20 | 2.0 | 2.3 | 3.0 | 4.7 | | 4.1 | 0.23 |

石砌体的容许应力$[\sigma]$（MPa）　　表40-13

# 40.5　加筋土防腐与预防措施

1）影响钢材腐蚀的因素

（1）土壤腐蚀

腐蚀是一种电化学过程，由于土壤一般在潮湿状态含有各种可溶盐和酸碱物质，故可把土壤看作电解液，由于电离子的不断交换，从而引起钢材的腐蚀。

（2）钢材本身的电化腐蚀及杂电流引起的腐蚀

钢材冶炼后，置于空气之中，将会逐渐被氧化，形成腐蚀；同时由于钢材表面质地不够均匀，以及在应力作用下都能导致钢材本身产生电位差，形成局部的微电池作用而引起腐蚀。

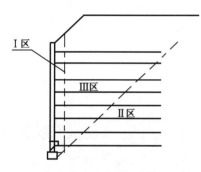

图40-34　加筋土挡墙墙体内部腐蚀区划分

2）加筋土挡墙墙体内部腐蚀区划分

根据加筋土挡墙的结构特点，结合其排水条件和填土的性质及质量，对于加筋土的钢拉条腐蚀情况，可划分为三个区域（图40-34）。

（1）Ⅰ区（强腐蚀区）为靠近墙面板与拉筋连接处的范围。因该区紧邻面板，施工时，一般填土夯填密实度均较差，加之路面及边坡表面的流水和面板的雨水渗入等不利因素，故该区内土壤的湿度经常处于反复干湿状态，因而促使钢拉条的加速腐蚀。

（2）Ⅱ区（中等腐蚀区）为路堤内部土壤的壤中排水区，其与Ⅲ区的分界线即为壤中水的坡降线。由于壤中水的运动而把后部土体中的可溶盐分带进了填料，从而降低了土的电阻率。

（3）Ⅲ区（弱腐蚀区）为Ⅰ、Ⅱ两区的中间地带，不论是地表（坡面）水还是土壤中的水，都能较快地排除，因而土壤经常处于较为干燥状态，只要注意填料的选择，并加强填土密度，一般来说该范围腐蚀较缓慢。

3）钢材腐蚀量的计算

一般认为，钢材腐蚀速度是随时间而降低，一般土壤中钢材腐蚀量的计算可参考下式：

$$x = Kt^n \tag{40-63}$$

式中，$x$为$t$时间内金属腐蚀的平均厚度；$t$为时间，按月计；$K$为介质特性参数，取决于金属与外界环境条件的系数；$n$为是$0\sim1$之间的衰减系数。

4）钢材防腐措施

（1）预留腐蚀量法

从目前国内已建成的加筋土挡墙来看,使用钢材作为拉筋材料的不多,大都在拉筋外包裹着混凝土保护层,但其连接的部位或连接件一般尚需处理。为此,在设计拉筋时应按建筑物的使用年限、拉筋所处周围介质的腐蚀性以及拉筋的防腐措施,适当地留有足够的腐蚀厚度,可采用 1~2mm 或参考表 40-14 所示法国加筋土规范中有关拉筋预留腐蚀层的厚度来取用。

拉筋预留腐蚀层厚度(单位:mm)　　　　　　　表 40-14

| 使用寿命 | 临时性工程(年) | | 永久性工程(年) | | | | | | 备　注 |
|---|---|---|---|---|---|---|---|---|---|
| | 5 | | 30 | | 70 | | 100 | | |
| 工程分类 | A | AZ | A | AZ | A | AZ | A | AZ | |
| 旱地工程 | 0.5 | 0 | 1.5 | 0.5 | 3.0 | 1.0 | 4.0 | 1.5 | A 为非镀锌软钢; |
| 淡水工程 | 0.5 | 0 | 2.0 | 1.0 | 4.0 | 1.5 | 5.0 | 2.0 | AZ 为镀锌软钢;<br>特殊腐蚀性地区另行 |
| 沿海工程 | 1.0 | 0 | 3.0 | — | 5.0 | — | 7.0 | — | 考虑 |

(2)镀层法

采用镀锌层以减少腐蚀量增加使用年限的方法,通常会改变原使用材料与填料之间的摩擦系数,是设计者首先应考虑的问题。镀层一般是采用锌作包裹层,锌表层的迅速腐蚀而产生大量的腐蚀物质,它能够通过抑制金属的溶解和氧的扩散来降低腐蚀速度,阻止锌膜的进一步损坏,故使用镀锌软钢作为构件或其他塑料涂层,如镀铝、环氧树脂等时,施工中应留心避免镀层的损坏层。

连接件的减少防腐方法尚可采用塑料包裹,但其效果较差。如采用铝合金材料或不锈钢材料作拉筋时,其连接件也应使用同一材料,否则如用一般钢材时,因螺栓帽下有裂隙的存在,将促使其腐蚀速度的加快。

(3)控制填土质量

为了降低钢材的腐蚀速度,在有条件的地方,应对填土质量进行选择。通常应选择电阻率较大的均质土,或渗水性较强的砂性土壤。而对电阻率较小和具有酸性介质的腐蚀性土,如炉渣、城市垃圾等均应严格禁止使用。

(4)柔性防腐层法

根据河港工程大量的经验,诸如沥青、麻布等一类塑性包裹防腐措施能够取得比较满意的结果。包裹层的层数通常不少于两油两布,对于腐蚀严重的地区,包裹层数尚需增加。沥青在涂刷前首先应加热煮沸,排除水分,涂刷时的温度不得低于 180~200℃,厚薄要均匀无空白,涂刷厚度以 2mm 为宜。

关于包扎布的选择,可根据施工条件而定,最好采用玻璃或聚氯乙烯塑料布,包扎布应清洁无水分,使用前最好经充分干燥处理,包缠时应密贴,相互搭接应均匀无空白,平稳粘牢。

(5)采用耐腐蚀材料

拉筋材料为玻璃纤维或其他人工合成时,主要应考虑老化问题,而这些物质的老化速度的快慢主要取决于日光的照射,也就是紫外线照射的强度和照射量。虽然在加筋土结构中,拉筋一般均不与日光直接接触,但由于对其性能尚缺乏足够的认识,尚需慎重和进一步研究。

# 40.6 铁路加筋土挡墙设计实例

## 40.6.1 设计资料

(1)线路等级为Ⅰ级次重型,路基宽度 $W = 6.7\text{m}$,计算荷载换算土柱高 $h_0 = 3.2\text{m}$,宽 $L_0 = 3.5\text{m}$。

(2)墙后填料采用砂黏土,重度 $\gamma = 18\text{kN/m}^3$,内摩擦角 $\varphi = 35°$,墙背摩擦角 $\delta = 0°$,拉筋与填土间的摩擦系数 $f = 0.3$。

(3)挡墙的构造:墙高 $H = 6\text{m}$;墙面板的形状为十字形,宽 $D = 0.8\text{m}$,高 $z = 0.6\text{m}$,厚 $t = 0.14\text{m}$。拉筋的尺寸:宽 $B = 0.2\text{m}$,厚 $d = 0.06\text{m}$。拉筋布置在墙面板的居中处,交错排列,均匀分布在土中。垂直间隔 $S_y = 0.6\text{m}$,水平间隔 $S_x = 0.8\text{m}$。

## 40.6.2 土压力计算

铁路加筋土计算挡墙设计图如图 40-35 所示。

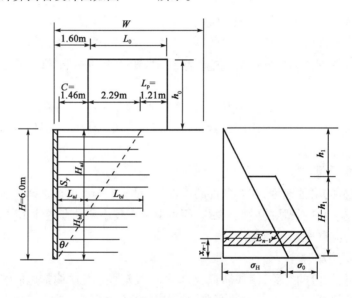

图 40-35　铁路加筋土挡墙设计计算图

(1)计算破裂角 $\theta$,假定 $\theta$ 交于荷载内,由前述公式得:

$$A = \frac{2 \times C \times h_0}{H(H + 2h_0)} = \frac{2 \times 1.46 \times 3.2}{6 \times (6 + 2 \times 3.2)} = 0.125\,59$$

$$\tan\theta = -\tan\varphi + \sqrt{(1 + \tan^2\varphi)\left(1 + \frac{A}{\tan\varphi}\right)} = 0.700\,21 +$$

$$\sqrt{(1 + 0.700\,21^2)\left(1 + \frac{0.125\,59}{0.700\,21}\right)} = 0.625\,53$$

$$\theta = 32°01'38''$$

验证:$H\tan\theta = 6 \times 0.625\,53 = 3.75\text{m}$,所以,$C + L_0 = 4.96\text{m} > H\tan\theta = 3.75\text{m} > C = 1.46\text{m}$。故符合要求,交于荷载范围内。

(2)计算侧压力系数和荷载作用于墙上的影响高度 $H-h_1$。

由公式得：$\lambda=\dfrac{\tan\theta}{\tan(\theta+\varphi)}=\dfrac{0.625\,53}{2.358\,97}=0.265\,2,h_1=\dfrac{C}{\tan\theta}=\dfrac{1.46}{0.625\,53}=2.33\text{m}$

$$H-h_1=6-2.33=3.67\text{m}$$

(3)绘制全墙应力图。

由公式得：

$$\sigma_H=\lambda\gamma H=0.265\,2\times18\times6.0=28.64\text{kPa}$$

$$\sigma_0=\lambda\gamma h_0=0.265\,2\times18\times3.2=15.28\text{kPa}$$

### 40.6.3 每块面板所受侧压力的计算

(1)距墙顶深度为 $H_a$ 处的第层拉筋对应的墙面板所受的侧压力。

①当 $iS_y\leqslant h_1$ 时，$E_i$ 的计算。

$$E_i=\lambda\gamma H_{ai}S_xS_y$$

②当 $iS_y>h_1$ 时，$E_i$ 的计算。

a. 第一层 $E_i$ 的计算：

$$E_i=\lambda\gamma H_{ai}S_xS_y+(iS_y-h_1)\sigma_0S_x$$

b. 其余各层的 $E_i$ 的计算：

$$E_i=\lambda\gamma H_{ai}S_xS_y+\sigma_0S_xS_y$$

(2)各层面板侧压力计算结果见表40-15。

**各层面板侧压力的计算结果**    表40-15

| 顺序 | $H_{ai}(\text{m})$ | $S_x(\text{m})$ | $S_y(\text{m})$ | $\sigma_{Hi}=\lambda\gamma H_{ai}(\text{kPa})$ | $\sigma_0=\lambda\gamma h_0(\text{kPa})$ | $E_i(\text{kN})$ |
|---|---|---|---|---|---|---|
| 1 | 0.3 | 0.8 | 0.6 | 0.143 | 0 | 0.069 |
| 2 | 0.9 | 0.8 | 0.6 | 0.430 | 0 | 0.206 |
| 3 | 1.5 | 0.8 | 0.6 | 0.716 | 0 | 0.344 |
| 4 | 2.1 | 0.8 | 0.6 | 1.002 | 1.528 | 0.567 |
| 5 | 2.7 | 0.8 | 0.6 | 1.289 | 1.528 | 1.352 |
| 6 | 3.3 | 0.8 | 0.6 | 1.575 | 1.528 | 1.489 |
| 7 | 3.9 | 0.8 | 0.6 | 1.862 | 1.528 | 1.627 |
| 8 | 4.5 | 0.8 | 0.6 | 2.148 | 1.528 | 1.764 |
| 9 | 5.1 | 0.8 | 0.6 | 2.435 | 1.528 | 1.902 |
| 10 | 5.7 | 0.8 | 0.6 | 2.721 | 1.528 | 2.040 |

### 40.6.4 拉筋长度的计算

拉筋的拉力是通过填土与加筋间的摩擦作用把每块墙面板所受的侧向压力传给拉筋,其值为 $T_i=E_i$。其中,$T_i$ 为作用在拉筋上的拉力。

拉筋无效长度 $L_{ai}=H_{bi}\tan\theta$；当 $L_p<L_{bi}$ 时（$L_p=L_0+1.46-H\tan\theta$,为稳定区内荷载对有效摩擦力的影响宽度）,拉筋的有效长度按公式计算为 $L_{bi}=\dfrac{KF_i}{2f\gamma BH_{ai.}}-\dfrac{h_0L_p}{H_{ai}}=L_{1i}-L_{2i}$；当 $L_p\geqslant L_{bi}$

时,拉筋的有效长度为 $L_{bi} = \dfrac{KF_i}{2f\gamma B(H_{ai}+h_0)}$;拉筋全长 $L = L_{ai} + L_{bi}$。安全系数取 $K = 2.0$,其他的符号意义同前。拉筋长度的计算结果列于表 40-16 中。

拉筋长度的计算结果

表 40-16

| 顺　序 | $T_i = E_i$(kN) | $L_p \geqslant L_{bi}$(m) | $L_p < L_{bi}$(m) | | | $H$(m) | $H_{ai}$(m) | $H_{bi}$(m) | $L_{ai}$(m) | $L$(m) |
|---|---|---|---|---|---|---|---|---|---|---|
| | | | $L_{1i}$ | $L_{2i}$ | $L_{bi}$ | | | | | |
| 1 | 0.69 | 0.183 | | | | 6 | 0.3 | 5.7 | 3.566 | 3.749 |
| 2 | 2.06 | 0.465 | | | | 6 | 0.9 | 5.1 | 3.190 | 3.655 |
| 3 | 3.44 | 0.678 | | | | 6 | 1.5 | 4.5 | 2.815 | 3.493 |
| 4 | 5.67 | 0.991 | | | | 6 | 2.1 | 3.9 | 2.440 | 3.431 |
| 5 | 13.52 | | 4.636 | 1.434 | 3.202 | 6 | 2.7 | 3.3 | 2.064 | 5.266 |
| 6 | 14.89 | | 4.178 | 1.173 | 3.005 | 6 | 3.3 | 2.7 | 1.689 | 4.694 |
| 7 | 16.27 | | 3.863 | 0.993 | 2.870 | 6 | 3.9 | 2.1 | 1.314 | 4.184 |
| 8 | 17.64 | | 3.630 | 0.860 | 2.770 | 6 | 4.5 | 1.5 | 0.938 | 3.708 |
| 9 | 19.02 | | 3.453 | 0.759 | 2.694 | 6 | 5.1 | 0.9 | 0.563 | 3.257 |
| 10 | 20.40 | | 3.314 | 0.679 | 2.635 | 6 | 5.7 | 0.3 | 0.188 | 2.823 |

### 40.6.5　分板与全墙稳定性计算

（1）分板稳定计算只考虑拉筋的抗拔强度是否满足稳定要求,抗拉强度的计算可按一般钢筋混凝土结构设计规范进行设计,故此处从略。拉筋的抗拔稳定计算方法如下:求分板的抗拔系数,$K_C = F_i/E_i \approx K$(取安全系数 $K = 2$)。当 $L_p \geqslant L_{bi}$ 时,$F_i = 2f\gamma BL_{bi}(H_{ai}+h_0)$;当 $L_p < L_{bi}$ 时,有 $F_i = 2f\gamma BL_{bi}(L_p h_0 + L_{bi}H_{ai})$。计算结果列于表 40-17。

分板抗拔稳定性的计算结果

表 40-17

| 顺　序 | $H_{ai}$(m) | $h_0$(m) | $L_p$(m) | $F_i$(kN) | | $E_i$(kN) | $K_C$ |
|---|---|---|---|---|---|---|---|
| | | | | $L_p \geqslant L_{bi}$ | $L_p < L_{bi}$ | | |
| 1 | 0.3 | 3.2 | 1.21 | 1.38 | | 0.69 | 2 |
| 2 | 0.9 | 3.2 | 1.21 | 4.12 | | 2.06 | 2 |
| 3 | 1.5 | 3.2 | 1.21 | 6.88 | | 3.44 | 2 |
| 4 | 2.1 | 3.2 | 1.21 | 11.34 | | 5.67 | 2 |
| 5 | 2.7 | 3.2 | 1.21 | | 27.04 | 13.52 | 2 |
| 6 | 3.3 | 3.2 | 1.21 | | 29.78 | 14.89 | 2 |
| 7 | 3.9 | 3.2 | 1.21 | | 32.54 | 16.27 | 2 |
| 8 | 4.5 | 3.2 | 1.21 | | 35.29 | 17.64 | 2 |
| 9 | 5.1 | 3.2 | 1.21 | | 38.04 | 19.02 | 2 |
| 10 | 5.7 | 3.2 | 1.21 | | 40.81 | 20.40 | 2 |
| 合　　计 | | | | 23.72 | 203.5 | 113.6 | 2 |

（2）全墙稳定性计算。

①全墙的抗拔稳定性系数计算:

$$K_{C} = \frac{\sum\limits_{i=1}^{10} F_i}{\sum\limits_{i=1}^{10} E_i} = \frac{227.22}{113.6} \approx 2$$

②全墙抗倾覆稳定安全系数计算：

$$K_0 = \frac{\sum M_{Fi}}{\sum M_E} = \frac{\sum\limits_{i=1}^{10} M_{Fi} H_{bi}}{\sum M_E}$$

计算结果表明,该挡墙满足设计要求,可以用于实施。

# 40.7　加筋土挡墙工程施工

## 40.7.1　施工机具

加筋土工程施工组织与路基填方工程施工基本相同,即分层填土夯实。与一般填方工程不同的是增加安装墙面板和铺设拉筋等工序,该项工作取决于填土和碾压的进度。

施工前,应根据当地地形、交通情况、气象与工程地质、水文地质以及设计文件,仔细研究合适的施工方案。施工准备除土方施工机械外,增加了加筋土专用的施工机具,如吊装机、电焊机、混凝土拌和机等。为了加快工程进度,提高工效,节约劳动力,减轻劳动强度,应尽量采用机械化施工。确因施工条件限制,不宜采用机械化施工时,可用人力配合小型机械施工,因地制宜选择施工机具。在挖、装、运、卸、夯与安装墙体构件等各工序中,施工用具应配套。辅助工作如回填墙背反滤层、连接件、钢筋防腐等工序,不应耽误工时而影响连续作业。对于常用的土方工程施工机械数量,依工程量的大小、工期长短和施工组织安排等因素考虑。

## 40.7.2　施工工艺流程

加筋土挡墙施工应根据有关土建工程施工技术规范、设计图纸和加筋土挡墙施工工艺流程进行。同时,在制订施工组织时订出保证工程质量的各种措施,施工过程中必须做好工程质量检查、评定和隐蔽工程验收。发现问题,应及时采取补救措施,不留隐患,确保工程质量。加筋土挡墙施工工艺流程如图40-36所示。

1）施工准备

加筋土挡墙施工前的各项准备工作包括预制墙体构件。

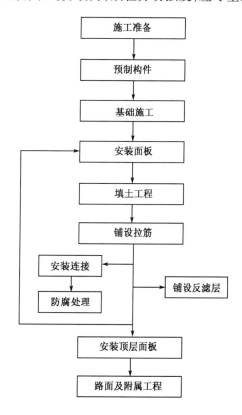

图40-36　加筋土挡墙施工工艺流程图

（1）首先熟悉设计图纸，进行现场踏勘，根据现场的具体情况，编制施工组织文件和工程预算。

（2）施工队伍进入现场，搭建生产、生活所用；临时房屋，做好三通一平，即铺设水、电管线，修整临时道路，平整预制构件场地和堆放构件场地，做好场地排水设施。

（3）选用机械施工时，应明确机械施工队伍任务，要求和进驻施工现场日期和施工日期。

同时要做好工程备料，包括钢筋、水泥、砂石和沥青、木板、填土料等。

预制墙体构件时的劳动组织有木工班、钢筋工班、电焊工班、运输工班和混凝土工班等，见表40-18。

构件预制劳动组织表     表40-18

| 组　别 | 工作内容 | 组　别 | 工作内容 |
|---|---|---|---|
| 木 工 班 | 做 模 型 板 | 运 输 工 班 | 各种材料运输 |
| 钢 筋 工 班 | 钢筋弯轧制作 | 混 凝 土 工 班 | 预制墙体构件 |
| 电 焊 工 班 | 钢 筋 连 接 | | |

墙体构件，包括墙面板、帽石、栏杆及钢筋混凝土拉筋等。如拉筋材质为塑料带、竹板、钢筋或薄钢板，则按设计要求尺寸和根数制作。墙体构件的预制，可以在现场预制厂进行，也可以在工厂成批生产，将构件运往工地使用。

挡墙正式施工前的准备工作包括测量放线，拆除障碍物，清除地表的腐殖土、草皮土、杂填土等软弱土层。做好施工期的临时排水设施，防止地表水、雨水直接流入填土内。

墙体施工的劳动组织包括基坑开挖工班、基础砌筑工班、运输工班、安装工班、电焊工班、反滤层铺设工班、钢筋防腐处理工班、人力填土工班、人力打夯工班等。墙体施工劳动组织见表40-19。

墙体施工劳动组织表     表40-19

| 组　别 | 工作内容 | 组　别 | 工作内容 |
|---|---|---|---|
| 基础开挖工班 | 开 挖 基 坑 | 铺反滤层铺设工班 | 铺设墙背反滤层 |
| 基础砌筑工班 | 砌筑基础坼工 | 钢筋防腐工班 | 钢筋防腐作业 |
| 运 输 工 班 | 运输各种材料 | 人力填土工班 | 回填土工作 |
| 电 焊 工 班 | 焊接连接件 | 人力打夯工班 | 回填土夯实 |

2）施工程序

（1）基础施工

开挖基坑，按设计基础类型进行施工。

（2）面板拼装

面板安装必须按设计规定的位置挂线施工，应安放平稳，保持墙面板的垂直及水平位置，最下一层面板与基础连接处宜坐浆施工或榫钉固定。

十字形墙面板、六角形墙面板，先将半块的墙面板安放在基础上，再在两个半块墙面板中间预留整块墙面板宽度的间隔，以上各层墙面板均交错排列施工（图40-37）。

矩形墙面板，一般在底层铺设整块墙面板，以上各层交错排列施工（图40-38）。

槽形墙面板，施工时按图40-38进行，但必须注意墙面板的错缝和连接件的位置，做到安装准确。

弧形墙面板,国内多做成钢筋混凝土薄壳形式,它与槽形面板同样容易安装,每块板质量约110kg,施工时两人可以抬动,安放后能自然稳定,不需另加支撑。国外的弧形墙面板多采用金属薄壳形式,安装墙面板过程中,都要在面板外侧使用木楔和弓形夹进行加固。挡墙建成后,为使墙面板恢复铰接,木楔可按顺序拆除。

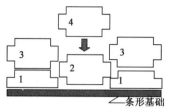

图40-37 十字形面板装配示意图

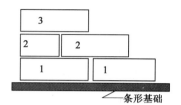

图40-38 矩形面板装配示意图

(3)填土工程

填土施工应顺序从纵向回填,严禁横向堆填。运土车辆在场外卸土,铲运机按每层第一根拉筋中部且平行于墙面板的方向进行平土,并向两边拔平。应避免与拉筋平行的方向作业,每层填土厚度应根据拉筋位置、填土层厚和碾压机具性能确定,一般压路机不超过0.3m,人工打夯不超过0.2m。

填土应分层填筑、分层碾压,以保证填料在最佳含水率时压实成型。压路机对每层填土的碾压次数,应事先根据填土厚度及所能达到的设计要求的密实度,通过试压决定。为确保填土质量,在施工过程中应配合专职试验员取样化验,试件应在填土层厚的中部取样。

碾压顺序应先从拉筋中部开始,且平行于墙面板方向进行,再转向尾部,逐步向墙面板方向进行碾压。为防止填土碾压引起墙面板的侧向位移,重型压路机不应进入距墙面板1m宽的地段,该范围内应用较轻型的压路机,如手扶滚筒、蛙式打夯机或人力打夯为宜。

(4)拉筋铺设

①钢板拉筋铺设:当墙面板拼装完成且填土至拉筋位置后,首先平整填土表面,并将有弯曲的钢板拉筋用填土压直拉平后便可铺设。拉筋与墙面板预埋件连接后,再在其上回填土,但要注意拉筋与填土表面保持密贴。

②钢筋混凝土板拉筋铺设:如前所述,拉筋与填土表面要密贴,如不密贴可垫砂找平。拉筋与墙面板的连接应尽量保持平直,不可歪曲,位置应符合设计要求。

③钢筋穿素混凝土块拉筋铺设:首先将钢筋置于墙面板预留孔内,按设计位置放好,并将各根素混凝土预制块组合好,然后与墙面板上的预埋件相连接,要求拉筋与填土表面保持密贴,如不密贴,可垫砂找平。

④竹板拉筋铺设:竹筋的前端装有一个方形的铅丝混凝土楔体,可与墙面板上的预留孔相连接。安装竹拉筋时,竹青向上,竹筋穿过墙面板后,尾部拉紧,摆直放平,使其与填土表面密贴,然后再在其上回填土。

⑤塑料包装带拉筋铺设:按设计图规定的不同长度和根数进行裁剪。填土到达拉筋位置处便可进行铺带。铺带时,先将拉带固定在墙面板上,然后在拉带尾部拉紧,再在其上填土。铺带时应将拉带束成扇形散开,不重叠,不交叉,各拉带的间距应大致相等。

⑥玻璃钢拉筋铺设:使用玻璃钢作拉筋,国内因价格高尚未采用,但国外已有研究和应用。目前使用的拉筋形式为扁平发卡形,以其环套套入墙面板内面的竖直杆件相连接。立杆由钢筋穿入聚乙烯套筒中组成。

⑦用聚酰胺和聚酯编织的土工编织物做拉筋的铺设:1981年,法兰克福国营土壤改良联

合企业进行了用聚酰胺和聚酯编织的土工编织物做拉筋的试验。填料采用风化岩石,编织物与U形金属稳定器用螺栓连接。

⑧用合成纤维做拉筋的铺设:合成纤维做拉筋与墙面板连接方式除螺栓连接外,尚有采用热压及胶合等方法与墙面板的预埋件连接。

### 40.7.3 施工注意事项与工程质量验收

1)施工注意事项

(1)土方工程必须按照有关土方工程施工及验收规范进行施工。加筋土墙体构件包括墙面板、拉筋、帽石、栏杆,如是钢筋混凝土材质的,必须按现行的钢筋混凝土施工及验收规范的规定进行施工。

(2)由于加筋土挡墙是依靠拉筋与填料之间的摩擦力以维持结构的稳定。因此,确保填土质量是个关键。施工中应做好临时排水设施,做到分层填筑,分层碾压,严格质量检查,保证达到设计要求的密实度。填料中遇到大的土块应打碎,以利碾压。施工时如遇雨天或过湿的土壤不得填筑。应及时采取晒干措施或掺生石灰吸水,过干的填料应洒水后碾压。

(3)施工过程中,面板拼装必须严密,防止产生过大的缝隙。同时必须做好墙面板与拉筋之间的连接质量。当采用打夯连接时,应按我国现行《混凝土强度检验评定标准》(GB/T 5010)进行施工,防止焊缝产生气泡,影响焊接质量。采用螺栓连接时,应注意拧紧。其中钢筋防腐处理应按设计图要求制作。

(4)墙面板和拉筋在运输、堆放、安装过程中要注意安全,防止破损。如有损坏,应视其破损程度,采取补救措施,使用时应置于受力较小的部位。破损严重的构件,不得继续使用。搬运钢筋混凝土板拉筋时,应将拉筋侧立,以增大刚度,并按设计吊点位置起吊搬运或安装。

(5)为使墙背反滤层的实际效果良好,防止淤塞,应做到各层反滤层材料筛洗干净,并严格按设计图规定的级配、尺寸和层厚进行施工。

(6)填土路堤内,含水率不断加大,将会降低土体的抗剪强度,这是造成路基病害的原因之一。因此,加筋土挡墙施工前,应做好施工场地的排水系统,防止地表水流入填方区域内。

2)工程质量验收

加筋土挡墙竣工后,应根据工程大小确定是否单独组织验收交接小组。但是,在有条件的地方,都应组织工程竣工验收交接小组进行验收。该小组的任务是检查工程质量是否符合有关技术规范、设计文件和造价要求,处理有关单位的不同意见,决定交接事宜。

在确认该工程已符合工程竣工验收要求时,并检查竣工文件及竣工图资料齐全后,方可进行交接,正式使用。

施工单位应提交的资料如下:

(1)加筋土挡墙竣工详图;

(2)路基工程检查记录;

(3)基础施工检查记录;

(4)面板安装检查记录;

(5)拉筋铺设检查记录;

(6)路基密实度试验记录;

(7)施工日志。

各项记录格式见表40-20~表40-23。

#### 路基工程检查记录

表 40-20

| 里 程 | 路肩高程(m) | | 路面宽度(m) | | 路基边坡情况 | 排水沟情况 | 取土、弃土情况 | 检查员 |
|---|---|---|---|---|---|---|---|---|
| | 设计 | 实测 | 设计 | 实测 | | | | |
| | | | | | | | | |

#### 基础施工检查记录

表 40-21

| 日 期 | 分段长度(m) | 基坑底高程(m) | 基坑底土壤及容许承载力(kPa) | 基础类型及尺寸 | 荷载强度(kPa) | 基础施工及基坑抽水情况 | 检查员 |
|---|---|---|---|---|---|---|---|
| | | | | | | | |

#### 面板安装检查记录

表 40-22

| 日 期 | 面板类型及质量 | 面 板 | | 拼装墙面板 | | | 铺设反滤层 | | 检查员 |
|---|---|---|---|---|---|---|---|---|---|
| | | 层次 | 块数 | 竖直 | 水平 | 垫块 | 材料粒径 | 厚度 | |
| | | | | | | | | | |

#### 拉筋铺设检查记录

表 40-23

| 日 期 | 拉筋类型及质量 | 拉 筋 | | 铺设拉筋情况 | 拉筋与面板 | | 拉筋与拉筋 | | 检查员 |
|---|---|---|---|---|---|---|---|---|---|
| | | 层次 | 块数 | | 连接 | 防腐 | 连接 | 防腐 | |
| | | | | | | | | | |

# 参 考 文 献

[1] 程良奎,张作湄,杨志银. 岩土加固实用技术[M]. 北京:地震出版社,1994

[2] 程良奎,范景伦,韩军,等. 岩土锚固[M]. 北京:中国建筑工业出版社,2003

[3] Hobst L,Zaji J. 岩层和土体的锚固技术[M]. 陈宗平,王绍基,译. 冶金部建筑研究总院施工技术和技术情报研究室,1982

[4] 梁炯鎏. 锚固与注浆技术手册[M]. 北京:中国电力出版社,1999

[5] 程良奎. 深基坑锚杆支护的新进展[M]. 北京:人民交通出版社,1998

[6] 陈肇元,崔京浩,土钉支护在基坑工程中的应用[M]. 2版. 北京:中国建筑工业出版社,2000

[7] 中国工程建设标准化协会标准.CECS 96:97 基坑土钉支护技术规程[S]. 北京:中国工程建设标准化协会,1997

[8] 杨志银,蔡巧灵,陈伟华,等. 复合土钉墙模式研究及土钉应力的监测试验[J]. 建筑施工,2001,23(6):427-430

[9] 徐水根,吴爱国. 软弱土层复合土钉支护技术应用中的几个问题[J].建筑施工,2001,23(6):423-424

[10] 张明聚. 复合土钉支护及其作用原理分析[J]. 工业建筑,2004:60-68

[11] 张明聚. 复合土钉支护技术研究[D]. 南京:解放军理工大学工程兵工程学院,2003

[12] 孙铁成. 复合土钉支护理论分析与试验研究[D]. 石家庄:石家庄铁道学院交通工程系,2003

[13] 徐水根,李寒,严广义. 上海地区基坑围护复合土钉墙施工技术要求[J]. 建筑施工,

2001,23(6):387-389

[14] 中华人民共和国国家标准.GB 50086—2001 锚杆喷射混凝土支护技术规范[S].北京:中国计划出版社,2001

[15] 代国忠.土钉与锚杆组合式支护技术在深基坑工程中的应用[J].探矿工程,2001(5):11-12

[16] 刘雷,薛守良.土钉与预应力锚索复合支护技术的应用[J].铁道建筑,1998(9):29-31

[17] 汤凤林,林希强.复合土钉支护技术在基坑支护工程中的应用——以广州地区为例[J].现代地质,2000,14(1):100-104

[18] 黄力平,何汉金.挡土挡水复合型土钉墙支护技术[J].岩土工程技术,1999(1):17-21

[19] 李元亮,李林,曾宪明.上海紫都莘庄C栋楼基坑喷锚网(土钉)支护变形控制与稳定性分析[J].岩土工程学报,1999,21(1):77-81

[20] 徐祯祥.岩土锚固工程技术发展的回顾[M].北京:人民交通出版社,2002

[21] 铁道部第四勘测设计院科研所.加筋土挡墙[M].北京:人民交通出版社,1985

[22] 赵明华.土力学与基础工程[M].武汉:武汉工业大学出版社,2000

[23] 李光慧.对拉式加筋土挡土墙设计简介[C]//全国岩土与工程学术大会论文集.北京:人民交通出版社,2003

[24] 林宗元.岩土工程治理手册[M].沈阳:辽宁科学技术出版社,1993

# 附录A 基坑工程桩锚支护结构可回收式锚索施工工法流程图❶

图 A-1　可回收式锚索加工

图 A-2　压力分散型锚索承压板及回收装置

❶该施工工法资料由昆明军龙岩土有限公司提供。

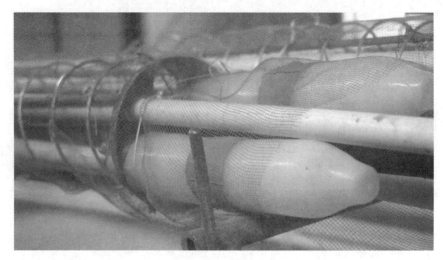

图 A-3　可回收锚索回收装置

图 A-4　可回收式锚索成孔（全套管跟管钻进工艺）

图 A-5　安装锚索

图 A-6　锚索二次高压注浆

图 A-7　回收锚索时卸除锚具

图 A-8　人工拆除钢绞线实景之一

图 A-9　人工拆除钢绞线实景之二

图 A-10　锚索回收后孔口实景

# 全书归纳与看点

 全书归纳

### 第 1 章

（1）根据锚固类结构研究与应用的历史，本章梳理提出了制约锚固技术进一步向前发展的 16 个问题。这些问题大都具有国际性，并非我国所特有。对其中某一问题的有效解决，都将会促进锚固技术科学的进步与发展。本章试图解决其中的 3～5 个问题。

### 第 2 章

（2）依据大量翔实文献，定量地统计分析了发生在我国的 243 个工程事故的 314 条原因，指出了各种工法的采用频率定量指标、失事频率和处理措施频率定量指标，其中锚固类结构采用频率最高，失事频率较低，处理措施采用频率也最高。工程失事原因从高到低依次为："施工"（46.9%）、"设计"（39.9%）、"投资方（大包方）"（6.4%）、"勘察"（3.9%）、"监理"（2.3%）、"规范"（0.6%）。

### 第 3～5 章

第 3～5 章阐述了临界锚固长度的明晰概念，详尽论述了国内外的相关研究成果，介绍了一次专门研究和测试临界锚固长度的现场试验，并提出了试验判别临界锚固长度的方法。

（3）国外没有关于锚固类结构杆体临界锚固长度的明确提法，但相关研究由来已久，直接的研究未见发表，尤其是系统的研究未见先例。国外关于锚固类结构杆体临界锚固长度问题的相关研究，一般都先于我国，且研究仍在继续，其原因是远未能完全解决此问题。

（4）国外关于锚固类结构杆体临界锚固长度问题研究，目前尚未提出试验判别临界锚固长度的方法，也未建立沿锚杆（索）体轴线和垂直于该轴线的两个正交方向上界面剪应力的衰减特性的概念和设计计算方法，也未建立由三个同时转移（峰值应力转移、零值应力转移、注浆体局部破坏转移）和一个常数（峰值应力点与零值点之间的空间距离为常数）确定的临界锚固锚固长度的概念和方法。

（5）国外采用缩短锚杆临界锚固长度以提高锚固效果的方法有：①采用高压注浆工艺提高介质物理力学参数指标值；②内锚端采用扩大头形式；③采用螺纹钢锚杆；④采用吸能锚杆；⑤采用新型复合筋材锚杆；⑥采用单孔复合锚固技术等。以上技术，我国均有研究与应用。

（6）关于锚固类结构杆体临界锚固长度问题的相关研究，我国滞后国外 15～30 年时间，并且长期以来，我国参考和借鉴了国外许多技术方法和经验。临界锚固长度问题的提出和持续研究，经历了数十年时间历程，至今也仅能认为已取得阶段性成果，仍有许多问题需研究解决。即使发现这一问题，我国至少晚于国外 10 年左右时间。

（7）缩短上述差别源于有我国特色的土钉支护的兴起和发展，特别是土钉支护技术在新奥法和土钉墙工法不建议使用的不良地质条件下（如软土等）的成功应用，又特别是锚固类和

复合锚固类结构概念的提出,使得注浆土钉、锚杆和锚索在一定条件下可以统一起来进行研究的结果。

(8)关于临界锚固长度问题研究,近年来我国开展得非常活跃,其认识深度已不亚于国外。特别是界面剪应力在两个正交方向上的衰减,以及以三个转移(峰值点、零值点、浆体局部破坏)确定临界锚固长度的试验方法等特色明显,在国外未见同类成果发表。

(9)提出、研究并解决锚固类结构杆体临界锚固长度问题的实质,旨在彻底告别界面平均剪应力的概念和设计方法,建立以临界锚固长度为基本依据的设计计算方法,显著提高工程安全度。

(10)锚固类结构杆体存在临界锚固长度是一个普遍现象,采用以临界锚固长度为依据进行工程设计是科学合理和优化的方法,也是一种必然趋势。

(11)临界锚固长度存在的意义在于它是对平均剪应力的理论基础即锚杆界面微观结构理论适用范围的商榷、质疑和挑战。世界大多数国家其中也包括我国在内的现行大多数相关技术标准至今仍采用平均剪应力的概念和设计方法。

(12)临界锚固长度存在的实质,是剪应力分布不均匀导致第1和(或)第2界面层不断产生局部破坏并发生向杆体深部转移的结果。

(13)判定临界锚固长度的方法,是确定上述界面层局部破坏转移、峰值和零值剪应力(应变)转移是否基本同时发生,峰值和零值剪应力(应变)测点之间的空间距离是否基本(忽略上述界面层破坏后仍存在的工程意义不大的摩阻力影响)为常数。若是,这个距离就是临界锚固长度,否则就不是。

(14)临界锚固长度值的试验误差是任意两个测点间的距离,此因素应在设计安全系数中予以考虑。

## 第6~7章

第6~7章主要研究了锚固类结构诸界面剪应力相互作用关系问题。首先对国内外的相关研究进行了详尽的阐述和综合分析研究,然后介绍了一次专门的室内试验研究结果,锚固类结构诸界面剪应力相互作用问题为本研究提出。此前国内外未见发表。这是一个十分前沿和复杂的问题。

(15)国内关于锚固类结构第1界面剪应力分布规律的研究,包括室内外试验和理论分析计算,已经做了较多的工作,成果较为丰富。但峰值剪应力转移等特性仍未搞清楚,强制和非强制性技术标准仍然不适当地采用了平均剪应力的概念和设计方法。

(16)国内对邻近第2界面上剪应力分布形态的研究,所做工作还很有限,有些问题还未真正搞清楚,如不同加固介质中锚固类结构杆体的临界锚固长度问题等。至于理想第2界面剪应力分布形态,我们还没有真正测到过,还有不少问题需要探讨。

(17)关于界面剪应力沿垂直于杆体轴线方向的衰减问题,所做工作不多,主要还停留在理论探讨阶段,系统的测试未见发表。在我国工程界和学术界,对锚固类结构的3个破坏界面给予明确区分的意识还不是很强。有时提得较为笼统,有时出现混淆和相互替代现象。

(18)将锚固类结构第1、第2和第3界面视为一个系统,进而研究诸界面剪应力的相互作用关系和机理,以及设计方法,这种研究方法、结果和结论,国内未见发表。

(19)国外尚没有"锚固类结构"、"锚固类结构第1、第2和第3界面"的明确概念,一般是混称的,有时需要仔细阅读才能分辨其所指。

（20）国外对锚固类结构界面剪应力分布规律的研究和实践比我国早10～15年时间，经费投入也大得多。尽管如此，关于理想第2、第3界面剪应力分布形态的试验研究成果同样未见报导（数值模拟的除外）。

（21）国外对第1界面受力性能的研究，明显多于第2界面；也有将前者替代后者或混为一谈的情况。这同我国工程界的有些作法是相似的。

（22）国外没有对界面剪应力的峰值点和零值点同浆体材料局部破坏部位同时发生转移、界面剪应力沿垂直于杆体轴线方向的衰减规律等进行系统研究，而这些问题均与诸界面剪应力相互作用关系密切相关。

（23）国外关于锚固类结构诸界面剪应力相互作用关系和机制研究成果未见发表。

（24）实测锚杆轴向应变呈衰减分布形态；对于不同介质，衰减速率不同，在高强介质中衰减更快；因而临界锚固长度在高强介质中最短，在低强介质中较长，在中强介质中居中。

（25）锚固类结构诸界面剪应力间存在显著相互作用关系，第3、第2界面剪应力是第2、第1界面剪应力不断衰减的结果。第1、第2界面剪应力发生沿杆体的衰减过程伴随有砂浆局部破坏转移、剪应力极限值点转移和零值点转移现象发生。上述3个"转移"大体是同时进行的。

## 第8～9章

第8～9章对锚固类结构界面平均剪应力问题进行了研究，主要是完成了一次系统的现场试验和一次理论分析计算。

（26）一般岩土中土钉应变沿钉长的分布形态为单弓形，填土中土钉应变沿钉长的分布形态之一为双弓形，它表明潜在滑移面有两个，推断甚至有多个。无论如何，它都不取平均分布形态。

（27）土钉应变峰值点与零值点向土钉里端的转移是同时发生的，它标志着土钉局部破坏已经发生（界面黏结力丧失），与此同时钉体释放了部分能量。这是一般锚固类结构（土钉、锚杆、锚索）的共同破坏特征。

（28）在同时转移的土钉应变峰值点与零值点之间的距离即为临界锚固长度。该试验条件下，土钉临界锚固长度约为9m。一般而言，超过临界锚固长度的设计不仅是一种浪费，而且是十分危险的，但存在多个潜在滑动面的情形又另当别论。

（29）土钉具有较好的抗拔承载力，这得益于土钉支护的加固（改性）作用。土钉抗拔承载力是其最终发挥锚固作用的前提和基础。

（30）理论分析表明，土钉在滑移面处取得剪应力（侧阻力）最大值，此后按指数规律衰减至零（土钉足够长），远不是平均分布的。

（31）平均剪应力分布形态不符合锚固类结构真实受力状态，其最大弊端就是锚固力不够就接每延米拉拔力指标增加杆体长度，从而给工程安全留下隐患。许多工程事故就是这样发生的。

（32）国外早期关于浆体材料的微观结构理论研究成果，以及将浆体材料中钢纤维的研究结果推广至混凝土中锚杆钢筋的结论，在国际上被广泛引用，可看作是平均剪应力的理论基础。但却具有不争的误导性而应停止应用。

（33）锚杆界面剪应力分布在沿杆体和垂直于杆体两个正交方向上都是衰减的，而不是均匀分布的。

## 第 10～11 章

第 10～11 章对 100 余年来岩土高边坡破坏模式、国内外关于岩土高边坡滑塌预测预警和防治方法、锚固类结构耐久性、抗动载性能研究现状与发展趋势作了系统的归纳、阐述,并作了综合分析研究,提出了若干有价值的成果。

(34)在岩土高边坡破坏模式、预测预警与防治方法研究方面,业已取得大量研究成果,将这些成果集成起来,组成相应的技术咨询系统,对于指导工程设计与施工是十分必要的。

(35)在岩土高边坡破坏模式、预测预警与防治方法研究方面,同时还存在许多难点、热点和未很好研究解决的问题。针对这些问题开展研究,是科学技术发展和工程建设的需要。

(36)锚固类结构的破坏在某些场合已经非常严重,其对重要或重大工程安全的威胁,随着时间推移将日渐显现出来,不可等闲视之。我国对锚固类结构的安全性与耐久性问题的研究尚少,对防护对策有效性的研究也很欠缺,见之于标准的防腐对策还缺少原创性。

(37)国外对锚固类结构的安全性与耐久性的研究起步较早,所做试验研究、理论分析、防腐技术措施和技术标准应用工作较多,值得借鉴,但也不能照搬。

(38)锚固类结构在我国各类岩土工程中的应用已有几十年的历史,使用数量巨大,且一般都是按主要承载结构设计的。目前我国对这类结构的使用寿命、残余寿命、设计寿命的研究还非常欠缺,很多问题说不清楚,甚至还未引起人们的足够重视。

(39)我们对锚固类结构的安全性与耐久性问题的严重性了解不多,研究尚少,并不是问题真的不严重。恶劣的地下腐蚀环境、普遍的基于各种原因引起的支护结构不同程度的缺陷、现行不正确且难以解决的施工工艺等,都会对支护结构的使用寿命带来严重影响。

(40)复合锚固类结构抗动、静载性能研究均很不够,尤其是对前者的研究与应用更为欠缺。

(41)国外提出的特殊型式的锚固结构(屈服锚杆和吸能锚杆支护结构),其抗爆性能极为优异,具有良好开发应用前景,我国应加以借鉴并深入研究。

(42)有关复合锚固类结构试验研究及应用成果,迄今还未能上升到系统、严密、公认的理论阐释程度。

(43)动载条件下,锚固类结构诸界面剪应力分布形态与静载条件下的具有相似性,同样是非均匀分布的,同样存在临界锚固长度和剪应力相互作用问题。

## 第 12～18 章

(44)在我国首次鲜明地提出了锚固类结构的耐久性和使用寿命问题("定时炸弹"问题),对其应用历史、现状进行了深入分析,在国内外具有较大影响,在学术界获得较好评价和认可,具有一定的指导意义。例如所提锚固类结构的临界锚固长度问题,目前在国内已掀起一个不大不小的研究热潮,近年来不少研究人员都在撰文讨论。尽管锚固类结构的安全性和耐久性问题眼下不可能有何经济效益,但它关系到千百万工程的安危,也关系到我们千百万子孙后代的安危,其社会效益是怎么估计也不为过的。目前,国务院有关部委,各省市已陆续开题开展这方面的研究。这一研究热潮的兴起,也与本项研究成果的发表和极呼有一定关系。

本课题是国家自然科学基金在该研究领域资助的第一项课题。

(45)在我国首次对长周期(17 年期)现场模拟锚杆进行了完整开挖、回收和系统测试。描述不良工况裸露锚杆腐蚀状况,采用平均腐蚀速率的概念和方法偏于危险,宜使用与最大坑蚀相对应的腐蚀速率进行描述。

不良工况裸露锚杆的失重、失重率和平均腐蚀速率分布曲线均为正态分布;其失重率极不均匀,最高者是最低者的 24.4 倍。

在中等腐蚀环境中,裸露锚杆 17 年期强度损失率约为 14%,直径损失率约为 10%,截面损失率约为 19%。这表明,以材料强度的标准值设计的、安全系数大于 1.14 的工程锚杆,此时已处于破坏状态。

在各种类型的砂浆保护层中,丙烯酸砂浆防护效果最优;只要有足够的砂浆保护层厚度,锚杆表面是否另加防护涂层其效果并不明显。

受综合因素影响,使用年限为 17 年的缩尺锚杆的破坏起始点和峰值点均显著提前,同使用年限为零的缩尺锚杆相比,前者的平均屈服荷载和极限荷载分别要低 52.9% ~49.2% 和 18.4% ~22.2%。这须引起人们高度重视。

上述工作的难度和宝贵之处在于罕见的试验周期和典型的腐蚀环境。

(46)在我国首次进行了锚杆和锚杆砂浆的大规模的腐蚀耦合效应和单因素效应对比试验研究。其成果十分丰富和新颖,得出重要结论如下:

处于腐蚀环境中的锚固类结构,其腐蚀速率并不随酸离子浓度的增加而单调增加,而是存在一个临界点,超过此临界点,腐蚀速率将随离子浓度的增加而降低。这意味着,目前国际上流行的、我国也在借鉴使用的腐蚀分类的 4 级制,存在严重不合理性。这就是:只有临界点值才应位于腐蚀等级的最高级别,而不是离子浓度最高者位于腐蚀等级的最高级别。

试验研究证明和证实了应力与腐蚀环境的结合是较强烈的耦合效应而不是简单的叠加。混凝土腐蚀的耦合效应研究是当今国内外研究的重要前沿热点难点问题,而锚固类结构的腐蚀耦合效应研究成果目前国内外均未见发表。因而上述研究成果具有重要原始创新性。

首次研究确定了耦合及单因素腐蚀条件下,锚杆极限承载力损失率与质量损失率的定量关系。

(47)在我国首次初步研究建立基于综合理论的锚固类结构使用寿命预测预报分析方法—综合预测法。迄今为止,国内外还没有预测锚固类结构使用寿命的分析方法,远不能指出处于某种腐蚀环境下的锚固类结构的使用寿命究竟是多少。本项研究打破了这一状况,使锚固类结构使用寿命预测从此进入定量阶段,尽管目前的预测还只是一个范围,还未能预测出其使用寿命的具体时日。

上述综合预测预报方法思路如下:

①锚固类结构长周期系列加速腐蚀试验(耦合因素与单因素);

②GM(1,1)模型预测和检验;在检验正确条件下;

③建立使用寿命与离子浓度间函数关系;

④用上述函数关系再次对试验结果进行系统验证;在证明结果正确条件下;

⑤将加速腐蚀试验结果退化至实际工程的耦合因素(或单因素)腐蚀环境的相应指标值,确定相应锚固类结构的使用寿命。

上述综合预测法,既可对单因素条件进行预测,也可对耦合因素条件进行预测;无论在理论上,还是在应用上,该方法都是有较大突破的。

(48)根据试验数据,采用灰理论对锚杆进行了其耐久性与使用寿命的预测,研究结论具有一定的创新性,且在国内外未见同类成果发表。

采用 GM(1,1)模型,利用一部分试验数据对另一部分试验数据进行检验,结果较为接近,表明采用该模型对锚固类结构使用寿命进行预测是可行的。

采用 GM(1,1)模型,利用已有试验数据,对试验周期以后的 4 种工况(密闭潮湿、永久浸泡、干湿交潜和弱酸性水浸泡)下锚杆的使用寿命进行了灰预测,它们分别是 8.2 年、8.4 年、3.2 年和 2.4 年。

根据对 17 年前现场缩尺锚杆的强度损失率和失重率等参数的测试结果和综合分析知,上述 4 种工况下锚杆使用寿命的预测结果具有较高的置信度。

破坏阈值是灰预测中一个极为重要的参数指标值,舍此将失去判别破坏的标准。

(49)根据试验数据,采用灰理论对锚杆砂浆耐久性进行了预测。

水泥砂浆的强度损失率随时间的增大而增大,在硫酸盐溶液腐蚀作用下,经过“腐蚀强化”阶段之后,强度损失率的增长速度明显变大;而在酸性溶液中,砂浆的强度损失率接近线性增长。

随着溶液中离子浓度的增大,浸泡在其中的水泥砂浆试件强度损失率增长很快,使用寿命明显缩短。

酸溶液对水泥砂浆的腐蚀作用明显强于盐溶液,而在相同浓度条件下,硫酸溶液的腐蚀作用又明显强于盐酸溶液。

根据水泥砂浆的强度损失率建立的 GM(1,1)模型,其计算理论是建立在严格的数学基础上,模型精度较高,预测结果较可靠,说明利用灰色理论来进行水泥砂浆使用寿命的预测是可行的,可避免进行长周期的试验观测。

在采取较为安全的强度损失率阈值 25%的基础上,提出仅考虑单因素 $SO_4^{2-}$ 离子作用时,中等腐蚀环境下的焦东矿锚杆使用寿命为 123 ~ 171 年。综合考虑实际工程中的各项因素,认为实际寿命将小于此值。

本部分的贡献在于以室内试验结果为依据采用灰理论首次对锚固类结构的使用寿命进行了预测预报,并尝试作出了如何将室内加速试验结果有效地加以退化并用于不同腐蚀环境的问题。

(50)对锚固类结构安全性与耐久性问题进行了综合分析研究。研究提出了锚固类结构的安全性与耐久性问题,概述了业已产生的破坏实例,评述了国内外的相关研究进展。在此基础上,分析提出了需着重解决的几个关键问题,并对开展锚固类结构使用寿命与防护对策问题研究的方法进行了探讨。

锚固类结构的腐蚀破坏在某些场合已经非常严重,而其潜在的对工程特别是对重要或重大工程安全的威胁,随着时间推移将日渐显现出来,不可等闲视之。

我国对锚固类结构的安全性与耐久性问题的研究尚少,对防护对策有效性的研究也很欠缺,见之于标准的防腐对策还缺少原创性。

国外对锚固类结构的安全性与耐久性的研究起步较早,所做试验研究、理论分析、防腐技术措施和技术标准应用工作较多,值得借鉴,但也不能照搬。

锚固类结构在我国各类岩土工程中的应用已有几十年的历史,使用数量巨大,且一般都是按主要承载结构设计的。目前我们对这类结构的使用寿命、残余寿命、设计寿命的研究还非常欠缺,很多问题说不清楚,甚至还未引起人们的足够重视。这无异于在我们的各类工程中埋下了数不清的“定时炸弹”隐患。一旦这些支护结构寿命终结,它们将给我们带来始料未及的灾难。

我们对锚固类结构的安全性与耐久性问题的严重性了解不多,研究尚少,并不是问题真的不严重。恶劣的地下腐蚀环境、普遍的基于各种原因引起的支护结构不同程度的缺陷、现行不正确且难以解决的施工工艺问题等,都会对支护结构的使用寿命带来严重影响。

重视对锚固类结构使用寿命的研究,以期对各种工况下的残余寿命有比较可靠的把握,在其寿终正寝之前,采用相应对策予以加固处理,"定时炸弹"问题亦可得到有效解决。

(51)按照研究计划,对早期锚杆进行了取样调查测试与分析。

锚杆的腐蚀直接影响着它的力学性能,也决定了它的使用寿命。而所有的取样测试结果都反映出砂浆保护层对锚杆的握裹对中程度及握裹层厚度与腐蚀环境因素相比,它对锚杆的锈蚀效应起着决定性作用。锚杆在砂浆握裹良好的情况下,它在锈蚀环境中的中性化速度十分缓慢。因此,在锚杆的施工中应严格控制砂浆握裹层的对中及厚度,进而降低锚杆腐蚀速度,提高其使用寿命。

传统做法是以普通水泥砂浆作为锚杆注浆材料,其碳化速度在地下工程锚杆孔中极为缓慢,可不考虑因砂浆碳化对锚杆锈蚀的影响。

早期安装锚杆方法(注浆后人力将钢筋插入,锚杆无对中支架)不能保证锚杆对中,砂浆握裹层厚度一般达不到最低设计要求(5mm)。锚杆孔中如果有水,水会在自握裹层薄弱处侵蚀锚杆。凡锚杆孔中有渗漏水、对中不良或无砂浆层的锚杆均产生了不同程度的锈蚀。

锚杆因环境条件、使用年限不同而锈蚀程度不同。处于干湿交替或接触水的锚杆部位锈蚀最为严重,其腐蚀速率为 $0.03 \sim 0.08$mm/年,承载力下降较大。裸露于腐蚀环境中但不直接与水接触的部位锈蚀最轻,为 $0.002 \sim 0.004$mm/年,承载力下降较小。砂浆握裹层良好的锚杆 $8 \sim 12$ 年无锈蚀。锈蚀最严重的楔缝式锚杆 28 年期已不能满足使用要求。

锚杆锈蚀程度越大,其承载力下降就越大。实际承载力损失值小于理论预测值。

(52)锚杆应力腐蚀速度试验结论。

承载力损失率按下式计算预测:

$$\eta = \frac{\Delta P}{P} = \frac{(r_0 + r_1)\Delta r}{r_0^2} \times 100\%$$

式中,$\eta$ 为承载力损失率;$P$ 为锚杆标准强度(MPa);$\Delta P$ 为锚杆强度的损失值(MPa);$r_0$ 是锚杆初始半径(mm);$\Delta r$ 系锈蚀后锚杆半径减少值(mm);$r_1$ 是锈蚀后锚杆半径(mm)。当很小时,上式近似为:

$$\eta = \frac{2\Delta r}{r_0} \times 100\%$$

在接近锚杆屈服极限应力作用下,其锈蚀深度以无涂料试件最深,半年达 0.13mm。

涂料对锚杆应力腐蚀有明显保护效果。其中环氧沥青较佳,而丙烯酸脂共聚乳液水泥浆则次之。

应力作用下,锚杆腐蚀速度随时间延长而加快。

试验(90d)后对锚杆试件进行抗拉强度试验,其承载力损失约为 5%。

(53)锚杆在握裹层存在裂缝时的腐蚀试验结论。

握裹层开裂对锚杆的锈蚀规律为:裂缝越宽,其锈蚀面积及深度越大。

掺有减水剂、膨胀剂和阻锈剂的砂浆锚杆的平均锈蚀程度最轻,普通硅酸盐水泥砂浆锚杆的最重,而"丙乳"锚杆的则居中。

对无涂层试件,密闭潮湿条件下均无锈蚀,永久浸泡试件锈蚀程度高于干湿交替试件。

对有涂料试件,环氧沥青涂料试件潮湿条件下无锈蚀,干湿交替条件下锈蚀面积大于永久浸泡试件。

"丙乳"试件潮湿条件下锈蚀面积小于相应的干湿交替试件,但锈蚀深度则大于后者。

(54)裸露锚杆腐蚀速度试验结论。

腐蚀速度测量计算采用失重法,即:

$$v = 3.65 \times 103 \cdot W/(S \cdot d \cdot T)$$

式中,$v$ 为腐蚀速度(mm/年);$W$ 为试件失重(g);$S$ 为试件表面积($cm^2$);$d$ 的试件密度($g/cm^3$);$T$ 为试验龄期(d)。

在永久浸泡三类试件中,锚杆体在弱酸性溶液中的平均腐蚀速度,较规律地为中性和弱碱性中的两倍以上,而在弱碱性溶液中的腐蚀速度又比在中性中的略高。这是缺氧条件下,弱酸性溶液中杆体腐蚀电池的阳极反应以氢的还原为主所致。氢气析出时所产生的逸出力,使得锈蚀产物不能很好地附着于钢筋表面。而酸性溶液对锈蚀产物的溶解作用则强于中性及碱性溶液。

置于密闭且空气相对湿度为100%条件下的锚杆,其腐蚀速度仅为永久浸泡和干湿交替试件腐蚀速度的1/5左右。这是因为,潮湿环境中杆体表面附着一层空气凝结水,其水离子含量及电导率均较低,使得腐蚀电池效率不高的缘故;该条件下不存在氧的浓差电池效应,也是产生上述差异的原因之一。

无论在何种试验环境中,锚杆腐蚀量均随时间延长而增加,腐蚀速度则随时间延长而减小。其缘盖出于,随着腐蚀产物在杆体表面增厚,氧或氢离子向其基面扩散、阳极溶解或氢气逸出所受阻力均增大所致。

(55)涂料对锚杆的保护作用试验结论。

三种涂料中,环氧沥青涂料屏蔽性最好。

对于永久浸泡于三种不同酸度溶液中试件,弱酸性和弱碱性溶液对涂料的侵蚀作用均比中性溶液的大。

干湿交替、永久浸泡、密闭潮湿条件下,三种涂料对锚杆的保护效果,以环氧沥青为最优。

"丙乳"试件密闭潮湿条件下点(孔)蚀深度半年高达0.195mm,其腐蚀速度远大于相应环境中的裸露试件。

(56)砂浆锚杆使用寿命评估(单因素)。

优质砂浆锚杆使用寿命:

优质锚杆指注浆及对中良好、握裹层密实、无孔洞及缝隙等缺陷、层厚至少为2~3mm、锚孔中无渗漏水。此条件下锚杆锈蚀主要受砂浆碳化速度制约:

$$x = \alpha t^b$$

式中,$x$ 为碳化深度(mm);$\alpha$ 为碳化深度系数;$t$ 为碳化龄期(年);$b$ 为常数,$b = 0.4 \sim 0.6$。

以焦东矿取样锚杆为例,其碳化深度12年期约为0.8mm,取 $b = 0.5$,$t = 12$ 年,$x = 0.8$mm,可求得 $\alpha = 0.23$。设当握裹层厚为2mm和3mm时,按式 $t = (x/\alpha)^2$ 计算,约需75年和169年才碳化至锚杆表面。

施工质量不良砂浆锚杆使用寿命:

施工质量不良砂浆锚杆主要指,握裹层存在孔洞、裂缝或大面积缺陷;锚杆局部或大部无握裹层;锚杆孔内无渗漏水(但可能潮湿)。条件类似于实验锚杆处于密闭潮湿环境条件,相应腐蚀速度为:30d 龄期 ,$v_1 = 0.012$mm/年;180d 龄期,$v_2 = 0.005$mm/年。其承载力损失率,分别为15%和6%。若锚杆设计强度安全系数不小于1.15,则此条件下锚杆使用寿命可估计为50年。

施工质量不良且环境恶劣时砂浆锚杆使用寿命:

施工质量同上,且锚孔中有非侵蚀性季节渗漏水,或有静水滞留于锚杆周围。此条件类似于试验锚杆处于干湿交替或永久浸泡环境。相应锚杆腐蚀速度为0.03~0.10mm/年。对$\phi16mm$杆体,其20年和50年承载力损失率,分别约为44%和34%。由此估计,此条件下砂浆锚杆使用寿命为20~25年。

需要指出,该条件下,当锚孔渗漏水具有侵蚀性(如富含硫化氢或二氧化碳的弱酸性水,硫酸盐或镁盐含量超过限值的水等)时,砂浆锚杆使用寿命将进一步缩短。

## 第19~29章

(57)国内对单一锚固类结构抗爆性能研究较多,而对复合锚固类结构抗爆效应与机制研究较少。

(58)我国对锚固类结构抗爆性能的研究总的来说还不甚深入、细致,试验研究和工程应用较多,理论研究还缺乏系统性和可靠性。

(59)复合锚固类结构抗爆性能研究还很不够,还有许多问题有待研究。

(60)特殊形式的新型锚固类结构(如屈服锚杆、吸能锚杆)具有优异的抗爆性能,还需进一步加以研究和开发。

(61)在所列举的国外文献中,研究对象均为单一锚固类结构。国外对锚固类结构抗爆性能的试验研究非常重视,试验做得较多、较全和较细,且近10年来在持续进行研究。

(62)国外对某些新型锚杆(如吸能锚杆)抗爆性能研究成果,对我国具有很好的借鉴意义。

(63)单一锚固类结构具有良好的抗爆性能,复合锚固类结构则具有更加优异的抗爆性能,但复合锚固类结构受力更加复杂,研究起来更困难。

(64)本书所研究的新型复合锚固结构是一种特殊形式的复合锚固结构,具有异乎寻常的研究、开发与应用价值,应深入研究。这种新型结构形式,国内外均未见发表。

(65)在相同装药量置于地面爆炸条件下,两个不同支护结构坑道顶部地面爆坑深度和大小基本一致,表明试验过程中两个洞室的加载条件基本相同,试验结果具有较高的置信度。

(66)在由低到高的累次加载作用下,单一锚固结构洞室在第14炮(药量:4.2kg)后出现了震塌破坏;复合锚固结构洞室在经受了第14炮、第15炮(药量:4.8kg)、第16炮(药量:5.4kg)后依然完好,在第17炮(药量:6.0kg)后出现了局部轻微爆皮,至18炮(药量:7.2kg)才出现了破坏程度仍略低的震塌破坏,其装药量为单一锚固结构的171%。

(67)复合锚固结构优异的抗爆性能是构造措施段区域的围岩介质首先变形、破坏后换得的。较之单一锚固结构洞室,复合锚固结构洞室加固区的危机,是通过构造措施段实现转移的。其作用机理主要是弱化区的变形和破坏吸收了大量爆炸能。

(68)在累次爆炸加载作用下,单一锚固结构洞室洞内落石高度是复合锚固结构洞室的2.5倍。

(69)复合锚固结构存在优化设计问题,优化设计因素包括:①空孔直径;②空孔密度;③空孔深度;④空孔区深度与加固区厚度的比值。

(70)在优化设计条件下,构造措施段区域介质的破坏过程应是:A变形→B大变形→C孔

< 633 >

壁破裂→D 孔壁破碎→E 碎石压实→F 大部分爆炸波能量传至加固区,如此将获得更大的技术经济效果。只有加固区有足够的厚度、强度、刚度和稳定性,构造措施段区域介质破坏过程的各个阶段才有实现的前提条件。

(71)集团装药坑道顶部爆炸条件下,应力波作用于一般锚固结构的时间为 2~4ms,作用于新型锚固结构的时间约为 10ms,后者比前者长 5~2.5 倍。这与应力波通过弱化区时具有迟滞效应有关。

(72)集团装药坑道顶部爆炸条件下,一般锚固结构的锚杆应变峰值是新型锚固结构的 2~4 倍,最大达 6.9 倍。后者是弱化区吸能作用所致。

(73)集团装药顶部爆炸条件下,一般锚固类结构拱顶表面应变峰值较大,新型锚固结构的较小,前者与后者之比在 1.97~2.09(第 4 炮)和 2.29~2.28(第 7 炮)之间。

(74)黄土毛洞在 $\xi=0.6$ 条件下具有一定抗动载能力;在相同条件下,土钉支护和复合土钉支护抗动载压力,分别为黄土毛洞的 3.7 倍和 17 倍,相应的装药量为黄土毛洞的 5 倍和 33 倍。

(75)各种支护条件下,复合土钉支护具有最好的抗动载性能,因而预期具有极大经济技术效果和广阔开发应用空间。

(76)土钉支护加构造措施这种新颖复合锚固结构优异地抗爆性能源于介质的弱化机理。弱化效应与弱化比面积、弱化区大小及介质特性等有关,因而存在抗爆效应的优化问题。

(77)研究建立的复制模型相似法则 $\pi_1=\dfrac{l^3}{l'^3}$,经试验验证是正确的,可据此进行类似试验设计。

(78)黄土毛洞在 $\xi=0.6$ 条件下的临界承载能力,比 $\xi=1.0$ 条件下的降低 42%~56%。这是需要设计者引起注意的。

(79)弱化效应是客观存在的。不同的介质具有不同的弱化效应。一个比较均匀的介质,在被弱化处理之后,相对于未被弱化的部分,在整体受力过程中,就会产生弱化效应。

(80)被弱化部分首先产生应力集中现象并首先出现破坏,与此同时非弱化部分因受力不大而完好无损。

(81)试件无侧限单轴抗压试验条件下,弱化效应不仅是存在的,而且是显著的。但是较之三轴动静载条件下的试件,其弱化效应仍将小得多。

(82)弱化效应的巨大效益潜藏在破碎介质中。单轴试验时因无侧限,使得荷载在弱化区被压碎后即无法加载,因而进行三轴静力或动力试验是十分必要的,它与实际情况也比较接近。

(83)弱化试件同非弱化试件相比,其平均变形量为后者的 2.7 倍,最大为后者的 7.3 倍;其平均承载能力为后者 1.8 倍,最大为后者的 3.2 倍。

(84)在非弱化试件中锚杆已达到很高应变值状态或试件已破坏条件下,弱化试件中锚杆还基本处于不受力或受力较小状态。这是弱化效应所致。

(85)"峡谷"现象是弱化孔之间的孔壁介质由于应力集中而出现超载破坏,引起试件产生相对卸载的结果。多次"峡谷"现象的产生,实质上反映了孔壁介质从破裂、破碎到压实的全过程。

(86)复合锚固结构的弱化效应非常显著,其间存在极大潜能,充分地利用这一潜能,将具有巨大的社会、经济和军事效益。受试验设备所能提供的极限荷载限制,且又要进行破坏试验,因此,所设计试件的整体强度偏低。

(87)取得最优的弱化效应是本项目研究目标之一。优化弱化效应牵涉到弱化孔的直径、密度和长度之间合理组合关系,并与围岩介质强度和稳定性密切相关。

(88)数值分析的关键在于分析模型的正确性和计算参数的可靠性。本项目的分析模型经过试题考量,计算参数指标值则通过专门试验测得,从而为数值分析奠定了坚实基础。

(89)在集团装药顶爆条件下,相同介质、相同装药量的两个复制地下洞室的地面计算爆坑的大小与试验结果基本吻合。

(90)复合锚固结构构造措施段区域内出现了裂缝,主要是构造措施段的材料效应所致,即构造措施段使得锚固区外的介质内出现了局部自由面,当爆炸应力波经过构造措施段时,在这些局部自由面处产生反射拉伸波,而围岩又是抗拉性能很低的介质,因而在构造措施段处产生了裂缝。

(91)计算清晰表明,复合锚固结构构造措施段区域内的裂缝条数和密度,是随荷载加大而增加的。

(92)复合锚固结构洞室的变形显著小于单一锚固结构洞室,其洞室拱顶垂直向振动加速度峰值比单一锚固结构洞室的约小23.7%。

(93)在锚固区拱顶部位,单一锚固结构锚固区的等效应力场和等效应变场分布明显高于复合锚固结构锚固区,因而相对于复合锚固结构洞室,单一锚固结构洞室易出现结构性的冲切破坏。

(94)在洞室拱顶部位,单一锚固结构锚固区的拉压力场强度分布明显高于复合锚固结构锚固区,因而较之复合锚固结构,单一锚固结构锚固区易出现拉伸剥落破坏。这一规律与试验结果一致。

(95)相对平面度为0.6时,毛洞、构措段拱顶土钉黏弹性拟合公式的平均动力黏性因数相对误差为0.067 64,毛洞的大于构措段者。构措段具有较长的累次加载过程。

(96)两种介质所确定的相对点距离作为变量来观察,无论毛洞还是构措段,相对点取为0时,相对应力在1.0~1.1之间。同药量比,相对点取为6时,相对应力在0.0~0.5之间。说明拟合公式较为可靠。

(97)药量、有无支护、不同的支护参数是影响瞬态应变的重要因素。毛洞在较小的药量、应变下即达临界破坏。单一土钉支护段各级加载产生的动应变值均大于构造措施段的相应值。构造措施段相对土钉支护段而言达到了降低动应变的目的。

(98)加载次数、有无支护、不同的支护参数是影响瞬态应变的重要因素。毛洞应变走势不规律,是土体压密效应和黏结松脱效应综合作用的结果,需进一步研究。构措段具有最好的降低应变和抵抗变形的能力。

(99)累次应变综合值一方面能反映加载强度大小,另一方面又体现加载时间历程,所得公式可用以表示毛洞、支护段和构措段在动载下的瞬态应变、加载次数等综合因素之间的复杂关系。对应条件:直墙半圆拱黄土洞室,直径1m;TNT药量最大值,毛洞1kg,支护段5kg,构措段33kg。

(100)观察毛洞、构措段的不同波行深度的均值瞬时应力,后者确有改造土体动力性能的作用,且此改变的影响范围在土钉长度所括范围之内。复合锚固结构段比毛洞具有好得多的远距性能,即波行深度较大的靠近洞壁临空面处,瞬时应力下降幅度较大,只有毛洞的0.67倍左右。

（101）从拟合曲线看，由 $J$ 值导出的动力黏性因数 $\eta$ 很相近，但不同药量的 $K$ 值则相差较大。出现此种现象的原因，一是 $K$ 值的大小取决于入射到钢筋端的应力波幅的大小，进而取决于爆源入射至土体的应力波幅和药量及空腔参数等，而这些值是动态的；二是 $\eta$ 不完全相等的原因可以探究为重复加载导致了土钉黏结体的黏结程度的变化，这种变化可以从两个方面考虑，即循环荷载导致的振动固结和微观脱粘效应，前者可能使动力黏性因数增大，而后者则可能使其减小。

（102）相对平面度 $\zeta = 0.6$ 时，毛洞、构措段拱顶土钉黏弹性拟合公式的平均动力黏性因数相对误差为 0.081。理论计算的动力黏性因数与拟合公式的动力黏性因数的均值之间的相对误差为 0.057 4。故黏弹性拟合公式适用于除临近临空面部分外的各部位土钉。

（103）各种支护条件下，构措段即复合锚固结构段具有较强的抗动载性能，因而具有显著的经济技术效果。

## 第 30～34 章

第 30～34 章对新型复合锚固结构进行了优化分析，优化验证，优化试验，在此基础上，提出了优化设计计算方法和接近优化设计方法，并给出了一个工程应用实例。

（104）模拟试验条件下，通过以爆心正下方弱化孔孔底单元压力指标值大小为判据，得出：弱化孔孔径的优化设计值为 $d = 1.0$ cm；弱化孔孔密度的优化设计为沿环向布设 24 个弱化孔；弱化孔孔长的优化设计值是 $l = 25$ cm；锚固区厚度的优化设计值是 $t = 25$ cm。

（105）所有计算模型中，各设计参数优化组合的计算模型（模型 5）的弱化孔孔底单元压力最小，锚固区损伤参数 $\delta_{max}$ 最小，洞室拱顶位移峰值最低，因而，其洞室抗力最高，模型的设计参数最优。

（106）新型锚固结构优化弱化效应具有十分重要的经济技术效果，它可在不明显增加工程成本基础上，成倍地提高工程抗力，可在所有地下空间工程中推广应用。

（107）新型复合锚固结构显著提高地下空间工程抗力的机理，主要在于弱化区在变形破坏过程中大量吸收爆炸能，同时使锚固区危机得于转移至弱化区而本身不受损。

（108）在介质一定条件下，弱化孔孔径、密度、长度和锚固区厚度存在优化组合关系，在优化条件下，可能取得最大的经济效益。

（109）试验条件下，非优化弱化复合锚固结构洞室（2 号）的临界破坏加载等级为 700gTNT，弱化优化复合锚固结构洞室（3 号）的临界破坏加载等级为 750gTNT，后者的抗力是前者的 2.1 倍以上。

（110）在极限破坏条件下，就拱顶下凸大变形尺度和面层脱落面积而言，优化弱化复合锚固结构洞室（3 号）分别为非优化弱化复合锚固结构洞室（2 号）的 25% 和 33%。试验取得意想不到的效果，完全达到了试验目的，试验结果与计算结果可以相互印证。

（111）低爆炸荷载作用下，由于地层条件的差异，以及量测误差，特别是支护结构尚处于弹性变形和弹性振动阶段，弱化孔吸收爆炸波能量的作用还未开始发挥，优化弱化复合锚固结构拱顶和底板质点加速度量值总是规律地略大于非优化弱化复合锚固结构的对应值；在高爆炸荷载作用下，这一规律发生逆转，前者显著小于后者，后者是前者的 2（拱顶）～5 倍（底板），表明优化弱化结构具有更优异的减振性能。

（112）2、3 号洞室顶部土钉动应变分布形态是相近的：土钉动应变量值靠近爆心的里端部较大，远离爆心的外端部较小，远不是均匀分布的，这与静力条件下的分布形态相似；二者最大的差异是峰值大小的差异。在很低爆炸荷载作用下,二者量值相近,3号洞室拱部土钉动应变值规律性地偏高;随着爆炸荷载加大,2号洞室/3号洞室的平均值较规律地在2.1左右变化。

(113)宏观结果表明,优化弱化复合锚固结构洞室临界破坏抗力是非优化者的2.1倍以上;极限破坏条件下,拱顶下凸大变形尺度和面层脱(塌)落范围,前者仅为后者的25%和33%。结合宏观结果进行综合分析,可以判定非优化弱化复合锚固结构洞室顶部土钉动应变峰值是优化弱化者的2.1倍以上。

(114)2、3号洞室底部土钉的分布形态相近,3号洞室的规律性偏高,均呈里端大而外端小的分布形态;但量值均很小。同一洞室顶部与底部土钉动应变量值相比,前者要高一个数量级。这表明底部土钉和弱化区在试验条件下均未充分发挥作用,在类似土层条件下,一般可不设置土钉或复合土钉。

(115)试验取得意想不到的效果,完全达到了试验目的,试验结果与计算结果可以相互印证。试验证实,理论分析所确定的前述影响弱化效应的四因素之间的相互关系,是优化关系,可以推广应用,其间潜藏有巨大的经济效益和社会效益。

(116)进行优化弱化复合锚固结构与单一锚固结构支护洞室抗爆对比试验,其目的就是要确定在优化条件下,前者抗力所提高的倍数,为研究提出相应的优化设计方法奠定基础。由于存在地质条件差异和量测系统误差,为确保研究结果的可靠性,应以约定的临界破坏状态作为比较标准,同时辅以量测结果加以印证。

(117)锚固类结构材料在线弹性阶段,爆炸能量对结构的破坏作用不存在累积效应;在进入非线弹性阶段后,爆炸能量对结构的破坏作用具有累积效应。这是一个重要的分析假设。后续的研究将要对之加以证明和证实。

(118)宏观结果表明:以临界破坏状态作为比较标准,在优化弱化条件下,新型复合锚固结构洞室抗力是单一锚固结构洞室的5.10倍以上;以极限破坏状态作为比较标准,则前者是后者的4.13~3.40倍以上,且上限值更为合理。

(119)根据3号洞室在极限破坏条件下,其破坏程度仍不及1号洞室严重的情况和量测结果,以及同样地层中另一次非优化复合锚固结构与单一锚固结构原型洞室抗力对比试验结果(前者是后者的4倍),可偏于保守地确定临界破坏比值3号洞室/1号洞室为5.00。即在同等条件下,优化复合锚固结构抗力,与单一锚固结构相比可提高4.00倍。此值可作为相同和相近地层中增强设计的建议值。

(120)优化复合锚固结构与单一锚固结构支护洞室的本质区别是:前者为三介质系统,后者为二介质系统。优化复合锚固结构的抗爆作用机制,就是利用弱化区在爆炸过程中优先产生变形、破裂、破碎并压密(土介质)或压实(岩石介质),同时大量吸收爆炸能,将支护结构的危机转移至弱化区而本身不受损,从而达到提高洞室结构抗力、延缓结构破坏之目的。

(121)优化弱化孔,在钻土钉孔时可顺便钻出,十分便捷、效费比极高、安全性良好,其间潜藏着巨大的经济效益和社会效益,可以广泛推广应用于岩土地下空间的加固、支护、改造与增强设计与施工。

(122)对地下防护结构抗爆宏观破坏效应的量测、分析、评价等尽管难以做到很精准,但却具有很可靠的特点,不失为一种很重要的技术科学分析方法。

(123)在低荷载条件下,两类锚固结构洞室表面质点振动加速度峰值相当,或3号复合锚固结构洞室的测值规律地大于1号单一锚固结构洞室的对应值,这是地层条件差异所致。在临界破坏装药量级附近,上述现象即出现突变性逆转,1号单一锚固结构洞室的质点加速度峰值是 3 号复合锚固结构洞室的 185% ~ 150% ;实际上,反向比率的绝对值之和为 2.22 倍。这说明优化弱化区具有优异的吸能减振效应。

(124)在低荷载条件下,两类锚固结构洞室拱部土钉受力变形无明显差异,或 3 号复合锚固结构洞室拱部土钉动应变量值较规律地大于 1 号单一锚固结构洞室的对应值,其原因为地层差异所致。随着爆炸装药量级向临界破坏装药量级靠近,这一情形发生突变性逆转,且二者的反差越来越大,1 号洞室拱部土钉动应变峰值是 3 号洞的 5.3 ~ 4.5 倍。

(125)试验条件下,两种锚固结构支护洞室底部土钉动应变和底板质点加速度量值均很小,小于对应部位一个数量级,土钉和弱化区均未发挥有效作用,一般可考虑不予设置。

(126)两种锚固结构支护洞室产生临界破坏之后,特别是在极限破坏阶段,许多测点探头相继发生损坏,使得量测数据不够完备,这是一个量测技术的老大难问题,亟需加以改进。

(127)本项目阐述了优化复合锚固结构设计方法,提出了优化设计的基本依据,优化设计的基本条件,优化设计所适用的地层条件和岩土介质类别,优化设计的基本方法和接近优化方法,以及优化复合锚固结构的施工方法。最后,为方便应用,给出了一个算例。

(128)无论是优化复合锚固结构的设计,还是施工,它们都具有下列特点:①安全可靠,结果可以重现;②简便实用,操作方便,占用施工空间少;③造价低廉;④特别适用于一般地下工程、国防地下工程、人防地下工程的新建工程、加固工程、改造工程、增强工程和超强工程的设计与施工。

(129)根据土质洞室土钉支护经验和设计方法,提出了新型复合锚固结构支护土质洞室的设计方法。该方法在较均质的土质洞室的实际应用中经实践检验是可行和有效的。

(130)该工程竣工并投入使用至今,未发现任何破坏迹象,所测变形量与数值计算结果接近。说明此种新型复合锚固支护结构的设计与施工比较成功,其经验和方法对于类似条件下的工程建设具有参考价值。

(131)同传统喷锚临时支护加二次永久衬砌的隧道和地下洞室建设方法相比,这种不设二次永久衬砌的特殊形式的新型复合锚固结构支护形式可显著降低工程造价,具有优越的经济技术效果。

(132)经验表明,在进行土质洞室新型复合锚固结构支护时,开展详细地质勘察,进行理论分析和必要的试验,特别是土钉临界锚固长度的确定,以及正确的开挖和必要的量测与反馈,都是十分必要和重要的。

(133)土质洞室边墙水平位移较大,还可能存在偏压问题,这些均应在设计施工中给予关注和重视。

## 第 35 章

(134)施工对本试验段范围内洞室拱顶应变值有一定影响。合理安排工期情况下,施工阶段洞室拱顶产生的应变值占最终收敛应变值的比例不大。

(135)洞室拱顶应变值大部分发生在养护期阶段,洞室拱顶应变值在开工后 80d 附近趋于收敛。

(136)静力条件下,收敛应变值呈现出洞脸附近应变值最大,随着洞室深度增加逐渐递减的趋势。这一特点与爆炸条件下的恰好相反。

(137)连续降雨情况下,洞室拱顶应变值增加的幅值明显大于正常养护阶段,为正常养护阶段的 2.1 倍,并为洞室拱顶总应变的 40% ~ 50%。

（138）进行洞室 TNT 集团装药顶部爆炸条件下，洞室拱顶应变值在试验短时间内急速增加，增加的平均值为 $1\,800\mu\varepsilon$。

（139）随着装药量增大，拱顶潜在震塌区扩大，位于震塌区边沿处的测值取得最大值。

（140）爆炸条件下，洞室拱顶产生极限破坏（爆炸震塌堵塞）时的应变值为收敛应变值的 $1.23\sim1.7$ 倍。这表明，洞室变形收敛时支护结构已承受了较高的静力荷载，进一步承受动载的余地（至极限破坏）并不是很大，平均约为收敛值的一半。这是一个很重要的经验和启示。

## 第 36～40 章

第 36～40 章在前述研究成果基础上，建立健全了土钉支护设计理论与施工方法、复合土钉支护设计理论与施工方法、预应力锚索结构设计理论与施工方法、柔性支护法设计理论与施工方法、加筋土结构设计理论与施工方法。

（141）土钉支护模板墙技术，除合理考虑预留位移量、确保面层平整外，关键就是控制边坡变形。而控制边坡变形又是一项涉及勘察、设计、施工等许多因素的复杂问题。土钉支护模板墙技术融支护与外模板为一体，具有经济、快速、安全、灵活、无污染、无噪声等特点，适合城建工程施工，并具有较强的市场竞争力和较广阔的发展空间。

（142）复合土钉支护将土钉与其他支护措施有机结合起来，形成完整的围护结构受力体系，可有效地控制基坑的水平位移。超前支护加固了开挖面附近的土体，使开挖面有一定的自立高度，改善了土体性能，解决了软弱土层中土钉抗拔力不够的问题。

（143）二次高压灌浆型锚索，不同于一次常压灌浆型锚索，是在对锚索锚固段施作一次低压灌浆后所形成的浆体达到一定强度后，再施作二次高压劈裂灌浆，以提高锚固体周边岩土体的抗剪强度及锚固体与围岩间的黏结摩阻强度。

（144）搅拌桩、旋喷桩等止水帷幕可防止地下水向坑内流动，保持基坑内开挖土层较为干燥，同时具有相对较长的插入杆体与介质间的黏结摩阻强度。

（145）无论在淤泥质土、黏性土或砂性土地层中采用二次高压灌浆型锚索，均能明显地提高锚索的承载力。与一次灌浆型锚索相比，在同等锚固长度条件下，承载力可增高 $60\%\sim100\%$。

（146）二次或多次高压灌浆锚索承载力显著提高的原因，是浆液在锚固体周边土体中渗透、扩散，使得原状土体得以加固，水泥浆在土中硬化后，形成水泥土结构，其抗剪强度远大于原状土，因而锚固体与土体间界面上的黏结摩阻强度会大幅度提高；同时高压劈裂灌浆使得锚固体与土体间的法向（垂直）应力显著增大。由于高压劈裂注浆对周围土体的挤压，锚固体表面法向（垂直）应力可增大到覆盖层产生应力的 $2\sim10$ 倍。

（147）预应力锚杆柔性支护是通过"自上而下"地设置一定间距的预应力锚杆来锚固开挖基坑的原位土体。由于对锚杆施加了预应力，增加了岩土中潜在滑动面上的正应力和相应土的抗剪阻力，减少了岩土中沿潜在滑动面的下滑力，因此，预应力锚杆柔性支护是主动的支护形式。

（148）预应力锚杆柔性支护与传统的刚性支护相比，具有：造价低廉（仅为桩锚支护工程造价的 $1/3\sim1/2$），工期快，施工占地小，施工简单，安全性好。且基坑变形小，施工工期短，支护基坑的深度大（已达 $25.6m$）。

（149）预应力锚杆支护对潜在滑移区内的岩土体进行锚固，锚杆设置时施加预应力，预应力增加了岩土体潜在滑动面上的正应力和相应抗剪阻力，减少了沿潜在滑动面的下滑力，增加了岩土体整体稳定性,对岩土介质的潜在滑移面起"超前缝合"作用,具有主动的约束锚固机制。

（150）当在粗粒土上施加竖向压力时,会产生侧向膨胀。当在土体中埋入拉筋,土体与拉筋之间的摩擦作用所产生的摩擦力,将抵抗土体的变形并产生抗剪作用,阻止土体的侧向膨胀,这如同给土体施加一个水平作用力,其抗剪作用力随着垂直压力的增大成正比例增加,直至达到土体与拉筋间的最大摩阻力或拉筋的极限抗拉力。

（151）拉筋上的最大拉力点位于筋体内部而不是在拉筋与墙面板的连接处,拉筋端点的拉力约等于最大拉力的 $3/4$;各层最大拉力点连线的形状近似一对数螺旋线。面板距破裂面的水平距离小于 $0.3H$,其破裂面与库仑假设的直线破裂面不同,而是拉筋最大拉力的连线。拉筋与填土接触面上所产生的剪应力,将引起拉筋拉力发生不断变化。

 全书看点

本书以国家自然科学基金项目《新型复合锚固结构抗动静载作用机理与优化设计方法研究》、国家"十一五"规划重点图书《岩土工程师手册》、《基坑与边坡事故警示录》编纂项目和部分工程项目等为经费支撑,针对制约锚固类结构应用与发展的一系列关键技术问题,先后完成了 7 次大规模现场试验、6 次二维和三维计算、5 次室内试验、多次综合研究和多次应用技术研究,取得重要科研与应用成果。主要看点如下:

（1）在国内外首次梳理了制约锚固类结构应用与发展一百余年至今尚存在的一系列亟待解决的关键技术问题,获得国内外同行专家认可和参与研究,并切实解决了其中多个问题,促进了锚固类结构的技术进步与发展。

（2）在我国首次完成了大规模工程事故调查研究,对 243 项工程事故、险情的 314 条原因进行了定量分析,对遏制、减少我国的工程事故起到了重要警示、启迪作用。

（3）在国内外首次提出了锚固类结构、复合锚固类结构、临界锚固长度和诸界面剪应力相互作用关系、效应与机制的概念和试验判定方法,证明和证实了在国内外至今处于主导地位的平均剪应力设计方法及其理论基础锚杆微观结构理论的不合理性和非适用性,指出现行设计理论和技术规范应作重大修改,以减少工程事故隐患。

（4）在国内外首次提出了地下新型复合锚固结构的概念、构成样式、优化设计方法和应用技术,改传统的二介质系统为三介质系统,使优化弱化区具有优异的吸收动静力能量的功效,较美国的"保护伞"结构更为合理、实用和优化,作为增强加固结构具有重要的科研价值和推广应用价值。

（5）以大量工程实践和科研成果为基础,系统提出了锚索、锚杆、土钉、复合土钉和加筋土的设计理论和应用技术,并已编入相关技术标准之中,为规范锚固类结构的设计与施工建立了可靠的、科学的基础性依据。

# 名 词 索 引

< 642 >

< 643 >

< 644 >